AF201637

Horst E. von Renouard

Fachwörterbuch Elektronische Medien und Dienste
Dictionary of Electronic Media and Services

Springer

Berlin
Heidelberg
New York
Barcelona
Hongkong
London
Mailand
Paris
Santa Clara
Tokio

Horst E. von Renouard

Fachwörterbuch Elektronische Medien und Dienste

Dictionary of Electronic Media and Services

Deutsch / Englisch – Englisch / Deutsch
German / English – English / German

2. Auflage

Springer

Horst E. von Renouard, BA, MIL, BDÜ
Kent, Großbritannien

ISBN 3-540-42186-6 2. Auflage Springer-Verlag Berlin Heidelberg New York
ISBN 3-540-61766-3 1. Aufl. Springer-Verlag Berlin Heidelberg New York

Die Deutsche Bibliothek – CIP-Einheitsaufnahme

Renouard, Horst E. von:
Fachwörterbuch elektronische Medien und Dienste : deutsch-englisch – englisch-deutsch = Dictionary of electronic media and services / Horst E. von Renouard. 2. Auflage – Berlin ; Heidelberg ; New York ; Barcelona ; Hongkong ; London ; Mailand ; Paris ; Tokio : Springer, 2001
ISBN 3-540-42186-6

Springer-Verlag Berlin Heidelberg New York
ein Unternehmen der BertelsmannSpringer Science+Business Media GmbH

http://www.springer.de

Satz: medio Technologies AG, Berlin
Einbandgestaltung: Künkel + Lopka, Heidelberg
Gedruckt auf säurefreiem Papier SPIN: 10841319 62/3020/M – 5 4 3 2 1 0 –

Geleitwort

Ein wirtschaftlicher Trend von herausragender Bedeutung für die Telekommunikations-, Computer- und Medienindustrie ist die zunehmende Integration der Weltwirtschaft mit der Globalisierung der Großunternehmen und mit der Vernetzung von kleinen und mittleren Unternehmen (zu virtuellen Unternehmungen) ohne Rücksicht auf nationale Grenzen. Viele Firmen verteilen ihr Geschäft global, um ihre Bedürfnisse den jeweiligen lokalen Bedingungen und Möglichkeiten anzupassen. Hierdurch entstehen riesige Bewegungen von Informationen rund um den Globus, wenn Unternehmen mit Hilfe von neuen Informations-Infrastrukturen ihre Forschung und Entwicklung mit ihrer Produktion, ihren Märkten und ihren Geldquellen vernetzen.
Die Telekommunikationsunternehmen erhalten in diesem Szenario eine bedeutende Rolle. Den Schlüssel für die Verteilung, den Abruf und den Austausch von Informationen bilden die Telekommunikationsnetze. Mit ihrer weiten Verbreitung können sie nahezu jedes Heim und jedes Unternehmen erreichen, um Informationen jeglicher Art verfügbar zu machen. Um dies wirtschaftlich zu ermöglichen, muß der Informationstransfer über die Netze unter wettbewerblichen Bedingungen erfolgen, wofür die Liberalisierung der Telekommunikationsnetze erforderlich ist, in Verbindung mit einer Überprüfung der Rahmenbedingungen, die zur Zeit die Branche regulieren.
An der Schwelle zur Informationsgesellschaft mit der einhergehenden Entwicklung und Anwendung von gemeinsamen Technologien und Techniken in allen Bereichen der Produktion, des Management, der Verteilung und des Austauschs von Informationen durch die Telekommunikations-, Computer- und Medienindustrie für viele Zwecke (zum Beispiel Beruf, Ausbildung, Unterhaltung und so weiter) kommt einer einheitlichen Verwendung von Fachbegriffen eine weitgehende Bedeutung zu, nicht zuletzt im Interesse des Wettbewerbs.
In dieser Hinsicht ist dem Autor mit dem vorliegenden Buch ein Werk gelungen, das nicht nur ein Fachwörterbuch im herkömmlichen Sinne ist, sondern das darüberhinaus durch seine vielfältigen Referenzen, zum Beispiel zu ITU-Empfehlungen und Internet-Protokollen, auch die Brücke bildet zu den jeweiligen Quellen der Begriffe. Mit großer Gewissenhaftigkeit wurde eine Fülle von Wortbildungen aus den unterschiedlichsten Bereichen der Informationsdienste und der Telekommunikation zusammengetragen. Dabei hat der Autor Wert darauf gelegt, daß die verwendeten Begriffe durch Standards beziehungsweise Empfehlungen internationaler Organisationen abgesichert sind, wobei ihm auch die langjährige Mitarbeit beim Übersetzen der ITU-Empfehlungen der I-Serie (ISDN-Empfehlungen) ins Deutsche zugute kam.
Dank der angegebenen Referenzen erlaubt dieses Werk dem Fachmann auch das Nachlesen der Quellentexte und notfalls sogar die direkte Verbindungsaufnahme mit den betreffenden Normierungsorganisationen. Auch dem Einstei-

ger in die Nachrichtentechnik steht hiermit ein Hilfsmittel zur Verfügung, das ihm erlaubt, sich schneller in der „Begriffswelt der elektronischen Kommunikation“ zurechtzufinden, ohne sich durch eine Vielzahl von Büchern hindurcharbeiten zu müssen.
Besonders beachtenswert ist, daß hier bereits die neuesten Begriffe des Breitband-ISDN, der dialogfähigen multimedialen Übertragungstechnik und Dienste sowie der digitalen Mobilfunktechnik der D- und E-Netze enthalten sind, wodurch die Aktualität und die Bedeutung des Buches einen besonderen Stellenwert einnimmt. So gesehen ist das Buch ohne Abstriche auch als ein Standardwerk für den Nachrichtentechniker anzusehen und gehört auf den Schreibtisch eines jeden Fachmanns.

Bonn, im Oktober 1996

Joachim Claus,
Direktor bei der
Deutschen Telekom AG, Bonn

Vorwort zur zweiten Auflage

Die erfreulich gute Aufnahme der Erstauflage dieses Wörterbuches zeigt, daß die Erkenntnis einer Informationslücke bei den verfügbaren Terminologiesammlungen der Fernmeldetechnik richtig war. Diese Lücke gibt es auch heute noch.
Inzwischen ist in jedem zweiten Heim und in jedem Unternehmen das Internet eingezogen, die Liberalisierung der Telekommunikationsnetze ist Tatsache und allerseits drängen sich die oft lautstarken, einseitigen Handy-Unterhaltungen ins Bewußtsein. Die Zukunftswelt der intelligenten digitalen Universalnetze und der weltweiten persönlichen Multimedia-Mobilkommunikation rückt unaufhaltsam näher.
Die vorliegende beträchtlich erweiterte und vollständig überarbeitete zweite Auflage trägt dieser Entwicklung Rechnung. Der Schwerpunkt der neu aufgenommenen Begriffe liegt beim Internet (u.a. Hinzunahme vieler IAB-,RFCs' in den Tabellen im Anhang), beim Mobilfunk der dritten Generation (Stichwort ,GPRS'), dem Breitband-ISDN und ATM sowie den verschiedenen Verfahren der Informationscodierung bzw. -kompression (,DVB', ,MPEG', ,VoIP'). Die Tabelle der Normierungsorganisationen wurde mit deren Internet- und E-Mail-Adressen vervollständigt. Der Inhalt wurde gestrafft, und Unregelmäßigkeiten, etwa in der alphabetischen Sortierung, wurden ausgemerzt, um ein mehr abgerundetes Werk zu schaffen, das seinen Benutzern als ausgereiftes und hochaktuelles Werkzeug dienen kann.
Wie zuvor ist mir auch diesmal von vielen Seiten großzügige Unterstützung gewährt worden. Allen möchte ich hiermit nochmals danken, nicht zuletzt dem Springer-Verlag und dort besonders Herrn Dr. Dietrich Merkle und seinen Mitarbeiterinnen und Mitarbeitern, die mich von Anfang an betreut haben und mir stets mit Geduld und hilfreicher Kritik zur Seite standen. Anregungen und Hinweise zur weiteren Verbesserung bitte ich, wie bisher an den Verlag zu richten.

London, im Sommer 2001 *H. v. Renouard*

Preface to the Second Edition

Keeping up with developments since the appearance of the successful first edition of this dictionary more than three years ago, especially with regard to the Internet (e.g., addition of RFCs in the Tables), third-generation digital mobile telephony, B-ISDN and ATM, narrow-band and broad-band data, picture and voice encoding and transmission techniques (e.g., 'DVB', 'MPEG', 'Voice over IP') and network management methods, this second edition has been considerably expanded and completely revised.

To accommodate the additional vocabulary and commentary, the contents have been generally tightened up whilst retaining the proven format. The overall result is a book which will be a reliable and up-to-date aid for all its users. Suggestions for further improvements or corrections are welcome as ever and should be directed to the Publishers.

London, Summer 2001 *H. v. Renouard*

Vorwort

Die sich mit der Telekommunikation befassenden Fachwörterbücher streifen größtenteils die von dieser Technik vermittelten Dienstleistungen nur am Rande, wenn überhaupt. Mit der rasanten Entwicklung dieser Dienste - man denke nur an Telefax, den Bildschirmtext, das Internet, an Multimedia und die damit verbundene Informationscodierung, an den Mobilfunk und das Satellitenfernsehen - sind aber aus den dafür entwickelten nationalen und internationalen Normen auch viele neue Wortprägungen entstanden. Die vorliegende Terminologiesammlung stellt einen Versuch dar, so viele dieser Begriffe wie möglich zusammenfassend festzuhalten. Das Buch gilt damit im Prinzip als Ergänzung zu den mehr hardwarebezogenen Standardwerken wie dem „Ferretti", „Brinkmann" oder „Wernicke", obwohl man naturgemäß hier und da Überschneidungen feststellen wird. Es wendet sich also nicht nur an Fachübersetzer und Nachrichtentechniker, sondern auch an Diensteanbieter und Bedarfsträger sowie die Berichterstatter über diese Technik.
Der Schwerpunkt des Werkes liegt bei den Übermittlungs- und Informationsdiensten. Die ausgewählten Schlüsselbegriffe sind oft weit über den Rahmen der üblichen Sachgebietsverweise hinausgehend um technische Angaben und Hinweise auf die einschlägigen Normen ergänzt worden. Damit werden, wo nötig, tiefergehende Definitionen vermittelt und Beziehungen zwischen verschiedenen Einzelbegriffen hergestellt. Nebenbei enthält diese Wortliste auch Ausdrücke, die mir während meiner Tätigkeit als Übersetzer auf diesem Gebiet als nützlich oder ungewöhnlich ins Auge gefallen sind. Im Anhang sind Tabellen der wichtigsten I-, V- und X-Empfehlungen der ITU(T) sowie der GSM-Spezifikationen, der wesentlichen ISDN-bezogenen NET-Normen, der gesamten ITU-T-Serie von Empfehlungen, der europäischen Videotexsysteme und der Schichten des ISO-Referenzmodells und auch die Adressen und Telefonnummern der wichtigsten nationalen und internationalen Normierungsorganisationen zu finden.
Von den deutsch- und englischsprachigen Fach- und Firmenschriften, vom Blaubuch der ITU(T) bis zum Postbuch sind alle verfügbaren Quellen bei der Erarbeitung der Termini in gründlicher und sorgfältiger Sichtungsarbeit ausgeschöpft worden. Diese, ohne Personal Computer nicht realisierbare Arbeit dürfte durch den noch in seiner Entwicklungsphase stehenden europäischen Binnenmarkt und die damit verbundenen sich ständig erweiternden internationalen Kommunikationsbedürfnisse eine zusätzliche Bedeutung gewinnen, nicht zuletzt als Informationsquelle. Die Sammlung schöpft auf der englischsprachigen Seite weitgehend aus dem Britischen. Dem wird jedoch durch die Vielzahl von US-Begriffen des umfangreichen AT&T-Wortschatzes mehr als genügend die Waage gehalten.

Für die Benutzung dieses Wörterbuches sind gewisse Sprachkenntnisse die Vorbedingung, und es werden daher außer dem Geschlecht der deutschen Substantiva keine grammatischen Hinweise gegeben. Alle Abkürzungen sind voll alphabetisch als Suchbegriff eingegliedert. Soweit sich diese nicht auf derselben Seite befinden, sind sie zusammen mit ihren deutschen und englischen Entsprechungen aufgeführt, womit sich das bei Weiterverweisungen so lästige Hin- und Herblättern erübrigt. Das trifft auch auf die in den kursiven Erklärungen erscheinenden Abkürzungen zu, die ebenfalls als Suchbegriff wiederzufinden sind (GB und US verweisen, wie üblich, auf den jeweiligen Sprachraum).

Es sei an dieser Stelle allen mein besonderer Dank ausgesprochen, die mir bei der Fertigstellung dieser Wortsammlung Beistand geleistet haben, im Ausland und zuhause, im Verlag, im FTZ, bei BTL in Suffolk und RWS in Buckinghamshire, Mitarbeitern der Mannesmann Mobilfunk GmbH und der Detecon GmbH und natürlich der Deutschen Telekom AG, Kollegen, Freunden und freundlichen Fremden, und allen voran meiner Familie für ihr tolerantes Verständnis, ohne das das Buch nie zustande gekommen wäre! Hinweise und Verbesserungsvorschläge, die gegebenenfalls in einer zukünftigen Ausgabe berücksichtigt werden können, bitte ich an den Verlag zu richten.

London, im Herbst 1996 *H. v. Renouard*

Preface

There are many excellent technical dictionaries covering the various aspects of telecommunications, but the services provided by means of these technologies are not usually given much space. In recent years, however, these services have expanded at a tremendous rate which has, in turn, been matched by the speed with which new terms have been created, e.g. in the relevant national and international standards. It is these terms which I have attempted to present here comprehensively for the first time and which have been collected from fields as diverse as telefax, videotex, multimedia PCs and information coding, digital mobile radio and satellite communications. The book is, therefore, intended to serve as a complement to the standard telecommunications dictionaries, although occasional overlaps are unavoidable.

Where necessary in order to provide a more detailed definition, explanations are given and references to relevant standards like the ITU(T) I, V and X Recommendations, GSM Specifications, NET standards, a complete list of the ITU-T Series of Recommendations, European videotex systems and ISO Reference Model layers (not to mention the addresses and telephone numbers of most of the important national and international standardisation organisations) are included, tables of which are appended at the back of the book which thus also serves as a source of up-to-date reference information. The inclusion of much AT&T terminology has ensured that there is a good balance between the essential US terms and British terminology.

Users of this dictionary are assumed to have a basic knowledge of the languages involved and, apart from the genders of German nouns, no grammatical references are, therefore, given. All abbreviations, included alphabetically in the main listing, are rendered with their corresponding equivalents unless these are located on the same page, when they are referred to in the usual manner by 's.'. This also applies to abbreviations appearing in the explanations in italics, which will all be found in the main list (*GB* and *US* still refer to usage, as elsewhere).

My special thanks go to all those who have assisted me in the compilation and completion of this book. Any suggestions for improvements, corrections or additions will be gratefully received, with a view to inclusion in a future edition, and should be addressed to the Publisher.

London, Autumn 1996 *H. v. Renouard*

Inhalt / Contents

Deutsch/Englisch 1
English/German 369

Anhang/Appendix

Tabelle I: Schichten im Referenzmodell für offene Kommunikation 769
Tabelle II: Europäische Telekommunikationsnormen NET. . . . 770
Tabelle III: The ITU-T Series of Recommendations 772
Tabelle IV: I Series of ITU-T Recommendations 778
Tabelle V: V Series of ITU-T Recommendations. 782
Tabelle VI: X Series of ITU-T Recommendations. 786
Tabelle VII: ETSI GSM-Spezifikationen 790
Tabelle VIII: Internet-IAB-Protokolle (RFCs). 796
Tabelle IX: V.24/RS232C-Schnittstelle 804
Tabelle X: TEMEX-Schnittstellen 805
Tabelle XI: Europäische Videotexnetze. 805
Tabelle XII: Kommunikationsschnittstellen 806
Tabelle XIII: Nationale und internationale Normierungsorganisationen. 809

Sachgebietsverweise und ihre Abkürzungen – Subjects and Abbreviations

ADSL	ADSL-Technik	ADSL technology
aero	Luftfahrt	Aeronautics
	Akustik	Acoustics
AF	Niederfrequenztechnik	Audio frequency engineering
AI	Künstliche Intelligenz	Artificial intelligence
Ant, ant	Antennentechnik	Antennas
	Anzeigentechnik	Displays
ATM	ATM-Technik	ATM technology
AT&T		American Telephone & Telegraph Company
AUS	Australien	Australia
B-ISDN	Breitband-ISDN	Broadband ISDN
	Bandleser	Tape reader
	Bauteil	Circuit component
	Bildcodierung	Image coding
	Bilddarstellung	Imaging
	Bildkompression	Image compression
	Bildreduktion	Image reduction
	Bildtelefone	Videophones
	Bildbe- und verarbeitung	Image processing
BK-Netz	Breitband-Kabelnetz	Broadband cable network
BT		British Telecom
Btx	Bildschirmtext	Videotex
Bus	Bustechnik	Bus technology
	Busverwaltung	Bus management
	Bürokommunikation	Office communications
CATV	Kabelfernsehen	Cable TV
	Groß-Gemeinschaftsanlage	Community antenna TV system
CCIR	CCIR-Definition	CCIR definition
CCITT	CCITT-Definition	CCITT definition
CD	Compact-Disk	Compact disk
CH	Schweiz	Switzerland
CT	Schnurloses Telefon	Cordless telephone
CTV	Kabelfernsehen	Cable TV
DAB	Digitaler Hörfunk	Digital Audio Broadcasting
Daten	Datenübertragung	Data transmission
	Datendienste	Data services
	Datensicherung	Data protection
DBP	Deutsche Bundespost	German Federal Post Office
DBT	Deutsche Bundespost Telekom	German Federal Post Office Telecom
DDS	Digitale Datensicherung	Digital data storage
DEE	Datenendeinrichtungen	Data terminal equipment

DF	Peilung	Direction finding
DFÜ	Datenfernübertragung	Remote data transmission
	Diensteanbieter	Service provider
	Digitale Signalverarbeitung	Digital signal processing
DK, DC	Datenkanal	Data channel
	Dokumente	Documents
DOV	Data-Over-Voice	Data over voice
DP	Datenverarbeitung	Data processing
DTAG	Deutsche Telekom AG	German Telecom
DTE	Datenendeinrichtungen	Data terminal equipment
DTP	Desktop-Publishing	Desk-Top Publishing
DÜE	Datenübertragungseinrichtungen	Data transmission facilities
DV	Datenverarbeitung	Data processing
DVB	Digitales Fernsehen	Digital video broadcasting
	Elektronischer Bankverkehr	Electronic banking
EB	Elektronische Berichterstattung	Electronic news gathering
EDI	Elektronischer Datenaustausch	Electronic data interchange
EDV, EDP	Elektronische Datenverarbeitung	Electronic data processing
EMA	Unternehmens-Management-Architektur	Enterprise management architecture
	E-Mail	Electronic mailbox
EMB, EMI	Elektromagn. Beeinflussung	Electromagnetic Interference
EMV, EMC	Elektromagn. Verträglichkeit	Electromagnetic compatibility
	Endgeräte	Terminals
ENG	Elektronische Berichterstattung	Electronic news gathering
EWS, ESS	Elektronisches Wählsystem	Electronic switching system
	Farbenlehre	Colour theory
Fax, fax	Telefax	Facsimile
F-R	Frame-Relay	Frame relay
FD	Disketten	Floppy disks
FDDI	FDDI-Technik	FDDI technology
	Fehlerkorrektur	Error correction
	Fernspeisung	Power feeding
	Filter	Filters
FO	Faseroptik	Fibre optics
FR	Frankreich	France
FS	Fernschreibtechnik	Teletype
	Funkortung	Radiolocation
	Funkruf	Paging
f.tel.	Komforttelefontechnik	Feature telephone technology
FTP	Dateiübertragungsprotokoll	File transfer protocol)
FW	Fernwirken	Telecontrol
GB	Großbritannien	Great Britain
	Gebührenberechnung	Charging
	Geräteprüfung	Equipment testing
	Gerätetechnik	Equipment engineering
Gestell	Gestelltechnik	Rack hardware
GGA	Groß-Gemeinschaftsanlage	Community antenna TV system

GPRS	GPRS-Dienst	general packet radio service
	Grafik	Graphics
GSM	Globaler Standard für Mobile Kommunikation	Global Standard for Mobile communication
GUI	Grafische Benutzeroberfläche	Graphical user interface
	Halbleiter	Semiconductors
	Hausnetze	In-house networks
HD	Festplatten	Hard disks
HDTV	Hochauflösendes Fernsehen	High definition TV
HF	Hochfrequenztechnik	Radio frequency engineering
HFC	gemischtes Glasfaser-Koaxialkabel(netz)	Hybrid fibre coax
HSCSD	HSCSD-Dienst	High-speed circuit switched data (service)
HTML	HTML-Sprache	Hypertext markup language
HTTP	HTTP-Protokoll	Hypertext transfer protocol
HW	Hardware	Hardware
	Hypermedien	Hypermedia
	Hypertext	Hypertext
IC	Integrierte Schaltung	Integrated circuit
IDTV		Integrated digital TV
	Impulstechnik	Pulse techniques
IMT		International Mobile Telecommunication
IN	Intelligentes Netz	Intelligent network
	Internet	Internet
ISDN	ISDN-Technik	ISDN technology
ISO	ISO-Standard	ISO standard
ITS	Integrierte Makleranlage	Integrated trading system
ITU-R	ITU-R-Definition, -Empfehlung	ITU-R definition, Recommendation
ITU-T	ITU-T-Definition, -Empfehlung	ITU-T definition, Recommendation
K.-Tel.	Komforttelefontechnik	Feature telephone technology
Kabel	Kabeltechnik	Cable engineering
KI	Künstliche Intelligenz	Artificial intelligence
	Kommunikationsdienste	Communications services
	Komprimierungsverfahren	Compression methods
	Konferenzschaltung	Conference circuit
	Koppelnetze	Switching networks
KTV	Kabelfernsehen	Cable TV
LAN	Ortsnetze	Local area networks
	Laser	Laser
	Leitungstechnik	Circuit engineering
	Leitweglenkung	Routing
LNB	rauscharmer Blockwandler	Low noise block converter
	Logik	Logic
	Luftfahrt	Aviation communication system
LWL	Lichtwellenleiter	Optical waveguide

MAN	Stadtnetze	Metropolitan area networks
Math	Mathematik	Mathematics
MAZ	Magnetbandaufzeichnung	Magnetic tape recording
	Meßtechnik	Instrumentation
MHS	Mitteilungsübermittlungsdienst	Message handling service
	Mikroelektronik	Microelectronics
	Mikrowellen	Microwaves
mobile RT	Mobilfunk	Mobile radiotelephony
	Modems	Modems
	Modulationsverfahren	Modulation techniques
	MS-Windows	MS Windows
MTR	Magnetbandaufzeichnung	Magnetic tape recordin
	Multimedia	Multimedia
MWD	Mehrwertdienst	Value-added service
	Navigation	Navigation
Netz	Netztechnik und -management	Network technology, management
	Netzarchitektur	Network architecture
	Netzbetreiber	Network operator
	Netzdienste	Network services
	Netzmanagement	Network management
	Netzsteuerung	Network control
NF	Niederfrequenztechnik	Audio frequency engineering
NLE	Nichtlinearer Schnitt	Non-linear editing
NMS	Netzkontrolleinrichtung	Network management system
	Normen	Standards
NStAnl	Nebenstellenanlagen	Private branch exchange
OCR	Optische Schrifterkennung	Optical Character Recognition
ODA	Offene Dokumentenarchitektur	Open document architecture
OSI	Offene Kommunikation	Open System Interconnection
	Optik	Optics
OWG	Lichtwellenleiter	Optical waveguide
PBX	Nebenstellenanlagen	Private branch exchange
PC	Personal Computer	Personal computer
PCB	Leiterplatte	Printed circuit board
PCM	Pulscodemodulation	Pulse code modulation
PCN	Persönliches Kommunikationsnetz	Personal Communications Network
	Peripheriegeräte	Peripheral devices
PLC	PLC-Kommunikation	powerline communication
PMR	Bündelfunk, Betriebsfunk	Trunking, professional mobile radio, private mobile radio
Programm	Programmierung	Programming
	Protokolle	Protocols
Prüfung	Prüfung des Übertragungsweges	Transmission path testing
PS	Stromversorgung	Power supply
PV, PS	Paketvermittlung	Packet switching
QOS	Dienstgüte	Quality of Service

QS, QA	Qualitätssicherung	Quality assurance
	Quantisierung	Quantisation
	Radar	Radar
	Raumfahrt	Space communication system
RDS	Radio-Datensystem	Radio Data System
	Rechner	Computer
	Regeltechnik	Feedback systems
RDT	Datenfernübertragung	Remote data transmission
Repro	Reprografik	Reprographics
RF	Hochfrequenztechnik	Radio frequency engineering
	Richtfunk	Microwave radio
RLL		Radio in the local loop
RT	Funkfernsprechen	Radio-telephony
	Rundfunk	Radio broadcasting
S	Schweden	Sweden
Sat, sat	Satellitenfunktechnik	Satellite communications
Schaltung	Schaltungstechnik	Circuit technology
	Schnittstellen	Interfaces
SDH	Synchrone Digitale Hierarchie	Synchronous digital hierarchy
	Sicherheitstechnik	Dependability systems
	Signalisierung	Signalling
	Signalvermittlung	Signal switching
	Signalverteilung	Signal distribution
SMS	Kurzmitteilungsdienst	Short message service
	Speicher	Memory
	Sprachcodierung	Voice coding
	Spracherkennung	Voice recognition
	Sprachkompression	Speech compression
	Sprachspeicherdienst	Voice mailbox
	Sprachsynthese	Speech synthesis
SS7	Zeichengabesystem Nr 7	Signalling System No 7
	Standards	Standards
	Statistik	Statistics
STB	Beistellgerät	Set-top box
Studio	Rundfunk-, Fernsehstudiotechnik	Radio, TV studio engineering
	Suchverfahren	Search methods
SV	Stromversorgung	Power supply
SW	Software	Software
sw. sys	Vermittlungsanlage u. -technik	Switching system and technology
	Taktversorgung	Clock supply
	Tastaturtechnik	Keyboard technology
TC	Fernwirken	Telecontrol
TCM	Zeitkompressionsmultiplex	Time compression multiplex
TDM	Zeitmultiplex	Time division multiplex
Tel, tel	Fernsprechwesen	Telephony
Tel-Anl, tel sys	Fernsprechanlage	Telephone system

Tel.-Verm., tel exch	Fernsprechvermittlung	Telephone exchange
	TEMEX	Telemetry exchange
Text	Textverarbeitung	Word processing
TMN	Fernmelde-Kontrollnetz	Telecommunications management network
transm.	Übertragung	Transmmission
	Transportdienste	Bearer services
TTY	Fernschreibtechnik	Teletype
TV	Fernsehtechnik	Television engineering
txt	Fernsehtext	Teletext
UM	UM-Dienst	Unified messaging (service)
UMTS	UMTS-System	Universal Mobile Telecommunication System
US	Ultraschalltechnik	Ultrasonics
US	Vereinigte Staaten von Amerika	United States of America
Übertr.	Übertragung	Transmmission
	Übertragungsstrekken	Transmmission links
	Übertragungsprotokolle	Transmmission protocols
VAS	Mehrwertdienst	Value-added service
VBN	Vermittelndes Breitbandnetz	Switched broadband network
VD	Vermittlungsdienst	Switching service
	Verbinder	Connectors
Verkehr	Verkehrsfluß	Traffic flow
Verm	Vermittlungsanlage u. -technik	Switching system and technology
	Verschlüsselung	Encryption
	Verteiltechnik	Distribution systems
	Video	Video
	Videocodierung	Video coding
	Videokonferenz	Video conference
VOD	Abruf-Video-Dienst	Video on demand
VoIP	VoIP-Sprachübertragung	Voice over IP
VR	Virtual Reality	Virtual reality
VSAT	Kleinstation	Very Small Aperture Termina
vtx	Bildschirmtext	Videotex
WLAN	Funk-LAN	Wireless LAN
WP	Textverarbeitung	Word processing
WWW		World Wide Web
ZGS7	Zeichengabesystem Nr 7	Signalling System No 7

A

A (Ampère) A (ampère) *(unit of current)*

A (Anlage *f*) system

AA (allgemeine Amtsabfrage *f*) unassigned (exchange line) answer *(exchange)*

AAC-Codierung *f* Advanced Audio Coding (AAC) *(Dolby replacement for MP3 (q.v.))*

a-Ader *f* a wire, tip wire, T wire, tip *(US)*, positive wire *(tel)*

AAE (Anrufbeantwortungs-Einrichtung *f*) answering equipment, telephone answering machine (TAM)

a/b-Anschluß *m* a/b line, tip-and-ring line, TR line *(US)*

abarbeiten process; run *(program)*, execute *(program steps, commands)*; service *(interrupts)*; answer *(calls)*

Abarbeitung *f* **mehrerer Aufgabenprogramme** multitasking *(DP)*

Abarbeitungszustand *m* (processing) status *(DP)*

Abbau *m* release *(data line, communication)*, clear-down *(connection)*, disestablishment *(ITU-T I.310, s. Table IV)*

abbauen reduce; crank back *(traffic, US)*; release, disconnect, take down *(connection)*; dismantle

Abbereitung *f* splitting up *(carrier frequency technique)*; demultiplexing

Abbild *n* image; capacity *(e.g. of system)*; equivalent circuit; waveform *(pulses)*; map *(memory)*

abbilden image, depict, copy, reproduce, map *(DP)*

Abbildspannung *f* representative voltage *(of a current)*

Abbildung *f* imaging, image formation; mapping *(logical association of e.g. values like addresses in one network with values like devices in another network, DP)*

Abbildung *f* **auf einen Kanal** channel mapping *(OFDM, relates to the transmission channel)*

Abbildungsmaßstab *m* image scale *(Repro)*

Abbildungsweg *m* imaging path *(FO)*

abbinden bind *(cable tree)*

Abblendung *f* fade *(video)*

abblocken block

abbonnieren subscribe *(cable TV)*

Abbrand *m* (arc) erosion *(contacts)*

Abbrandkontakt *m* arcing contact

abbrechen abandon, drop, disconnect *(protocol)*; abort, terminate *(program)*; cancel *(program run; call)*; truncate, discontinue; escape

Abbrennkontakt *m* arcing contact

Abbruch *m* disconnection *(tel)*

Abbruchhäufigkeit *f* call drop rate *(cellular mobile RT)*

Abbruchtaste *f* escape key *(keyboard)*

Abbruchverfahren *n* abortion procedure *(access control)*

a/b-Bürsten *fpl* line wipers *(on selectors, tel.)*

Abdeckungsbereich *m* coverage area

ABE (Aufbereitungseinrichtung *f*) processing equipment

Abend *n* abend *(abnormal ending, SW)*

A-Betrieb *m* class A mode *(linear AF amplification)*

abfahren depart; shut down *(process)*; trace *(cables, tracks)*, cover, travel *(track, area)*

Abfall *m* drop, dip *(voltage)*, slope *(characteristic)*, tilt *(pulse)*; drop-out *(relay)*; roll-off *(filter)*

abfallende Flanke *f* falling edge *(pulse)*

Abfallschwelle *f* drop-out value *(relay)*

Abfallverzögerung *f* releasing *or* drop-out delay *(relay)*; hangover *(PS)*

abfangen compensate, correct *(errors)*; clamp *(signal)*; intercept, lock out

Abfangung *f* restraint *(cable)*

abfertigen handle; dispatch

Abfertigung *f* **von Belegungen** handling of calls *(tel. sys.)*

Abfertigungsrate *f* dispatch rate *or* block dispatch rate *(transmitter, PCM speech channel)*

Abfertigungsreihenfolge *f* queue discipline *(delay system)*

Abfertigungsstrategie *f* dispatch strategy

Abfertigungszeit *f* service time

Abfrage *f* answering, interrogation *(tel)*; retrieval, query, enquiry, inquiry *(data)*; interrogation, polling *(data)*; reading *(values)*; scanning *(signalling, keyboard, subscriber lines)*, scanner *(subscriber lines)*; sensing, examination *(HW)*

Abfrageapparat *m* operator's (telephone) set, inquiry set

Abfragebedienplatz *m* (ABP) operator's console *(tel.)*

abfragebereit presented *(selection code)*

Abfragebetrieb *m* delivery *(message)*, retrieval mode; transmission on demand *(TC)*; direct trunking; ring down junction

Abfragedienst *m* retrieval service *(ISDN)*

Abfrageeingabe *f* sample input *(graphics)*

Abfrageeinrichtung *f* **für Telefonanschlüsse mit Datenverkehr** (AED) polling unit for telephone connections with data service *(FTZ)*

Abfragefolge *f* inquiry sequence

Abfragegarnitur *f* headset *(attendant's console)*

Abfragegerechtigkeit *f* first-come, first-served principle *(queuing protocol)*

Abfrageimpuls *m* scan pulse

Abfrageklinke *f* answering jack *(tel)*

Abfrageknoten *m* interrogating node (IN) *(GSM 01.04 (Table VII), interrogates an HLR)*

abfragen challenge *(identify)*; interrogate, scan *(addresses, keys, signalling)*; sense; check *(quality)*; accept a call, answer *or* interrogate a calling subscriber *(tel. exchange)*; retrieve *(message)*; read *(values)*

Abfragen *n* polling *(terminals, telefax stations)*; answering *(calls)*; Find *(user in MHS nameserver)*

Abfragenummer *f* access number *(voice messaging)*

Abfrageorgan *n* call key

Abfrageplatz *m* enquiry station *(telex)*

Abfragesender *m* challenger

Abfragesprache *f* structured query language (SQL) *(database access)*

Abfragestelle *f* (AbfrSt, AFT) operator position, operator's console, attendant's station, attendant's console (AC), answer desk *(US)*; extension *(tel)*; scanning point *(dig. exchange)*

Abfragetaste *f* speaking key, answering key *(PABX)*; request key; who-are-you (WRU) key

Abfrage und Antwort challenge and respone *(authentication)*

Abfrage- und Auskunftsystem *n* interrogation and information system

Abfrage- und Speicherglied *n* sample and hold circuit

Abfrage *f* **von Internrufen** (IA) answering internal calls *(PBX)*

Abfragewähler *m* answering selector

Abfragezusatz *m* answering equipment

AbfrSt s.Abfragestelle *f*

Abgabe *f* output, emission

Abgang *m* outgoing section

Abgangsamt *n* calling office *(US)*

Abgangsleitungsanschluß *m* outgoing trunk interface *(switch)*

Abgangsregister *n* outgoing register

Abgangszeit *f* departure time *(ATM cells from multiplexer)*

abgeben feed, provide, output, emit, deliver; source

abgefragte Verbindung *f* outgoing call, call answered

abgegrenzt demarcated, delimited

abgehend outgoing, originating *(call)*, mobile-originated (MO), mobile-to-base

abgehende Belegung *f* seizure in the outgoing direction, outgoing call

abgehende Fernleitung *f* outgoing trunk circuit (OGC)

abgehende Leitweglenkung *f* source routing

abgehende Nachricht *f* outgoing message (OGM) *(fax)*

abgehender Anschluß *m* outgoing access (OA) *(ISDN)*

abgehender Ruf *m* outgoing call, call request; mobile originated call (MOC) *(GSM)*

abgehender Verkehr *m* originating service, origination traffic *(US)*

abgehender Zugang *m* outgoing access *(from a network to a subscriber in another network, (ITU-T))*

abgehende Sperre *f* barring of all outgoing calls

abgehende Verbindung *f* originating connection *(ISDN)*

abgehobener Zustand *m* off-hook state *(of a tel.)*

abgeleiteter Prozess *m* child process *(DP)*

abgemeldete Endeinrichtung *f* deaffiliated terminal *(tel)*

abgeriegelt blocked *(line)*

abgeschaltete Leitung *f* dead line

abgeschirmte verdrillte Doppelleitung *f* shielded twisted pair (STP) *(FireWire and USB, for 12 Mb/s and 5 m length, s. Table XII)*

abgeschlossen terminated *(line)*; closed *(system)*; completed *(implementation)*

abgeschlossenes Zahlensystem *n* closed notation *or* number system *(math.)*

abgeschnitten cut off, truncated

abgeschnittener Zustand *m* detach status *(mobile station)*

abgesetzt remote, remoted; detached *(keyboard)*; interrupted *(dialling)*
vom Amt abgesetzt remotely located

abgesetzte periphere Einrichtung *f* (APE) remote switch *(exch.)*

abgesetzter Teilnehmer *m* remote user

abgesetztes Gerät *n* remote device *(a peripheral which is directly connected to the server and not to the workstation)*

abgesetzte Station *f* remote station *(PMP connection)*

abgesetzte Wahl *f* interrupted dialling

abgesichert fused; verified *(results)*

abgestrichen truncated *(digits after the decimal point)*

abgestuft graded, graduated

abgestumpft truncated *(cone)*

abgewickelte Lage *f* rolled-out layer *(coil, FE analysis)*

abgewiesene Verbindung *f* lost call

Abgleich *m* line-up *(circuit)*

abgleichen tune *(frequency)*; adjust, balance *(circuit)*

Abgriff *m* tap *(transformer, shift register)*

Abgriffswichtungskoeffizient *m* tap weight coefficient *(filter)*

abhängen off-hook, remove the handset

abhängiger Teilnehmer *m* slave *(Bluetooth q.v.)*

abhängiger Wartebetrieb *m* normal disconnected mode

Abhängigkeiten *fpl* circuit conditions

abheben go off-hook, remove *or* pick up the handset

abholen fetch

Abhörangriff *m* eavesdropping *or* bugging *or* monitoring attack, man-in-the-middle attack *(Internet, hacker attack on user traffic and network administration data)*

abhören monitor *(voice and data traffic)*; listen to *(voice message)*, snoop, tap *(information, unauthorized)*

Abhörer *m* snoop(er) *(telecom)*

Abhörintervall *n* monitoring interval *(Bluetooth, q.v.)*

abhörsicher interception-proof

Abhörsicherheit *f* listening protection, privacy *(tel)*, security against interception *or* monitoring

Abhörvorrichtung *f* monitoring device, bug *(eavesdropping)*

abisolieren strip *(cable)*

abisolierfrei non-stripping *(terminal)*

A bis-Schnittstelle *f* A bis interface *(interface between BTS and BSC, GSM Series 08, s. Table VII)*

a/b-Kabel *n* tip-and-ring pair, TR pair

Abklingen *n* decaying *(pulse)*, evanescence *(wave)*; ringdown *(ultrasonics)*

abklingendes Feld *n* decaying *or* evanescent field

Abkommutieren *n* turn-off *(thyristor)*

abkürzen shorten, abbreviate, truncate

ABL (alte Bundesländer *npl*) old (German) federal lands, Western Germany

Ablage *f* tray, storage bracket *(HW)*, cradle *(mobile unit)*; deviation, error *(frequency)*

Ablagebereich *m* storage area, bin

Ablagedatei *f* permanent file

Ablagefeld *n* panel for storing plugs

Ablageposition *f* stored position

Ablage- und Suchsystem *n* filing and retrieval system *(documents, files)*

Ablauf *m* run *(program)*; sequence *(process)*; procedure; supply *(cable, tape)*; expiry *(timer)*; operation *(service)*

Ablaufanalysator *m* tracer *(protocol)*

Ablaufdatum *n* expiry date *(credit card)*

Ablaufdiagramm *n* timing chart, timing diagram; structogram, flowchart

ablaufen elapse *(time)*, expire, run down, time-out *(timer)*; run, to be executed, execute *(itr., program)*; return *(tel. dial)*

ablaufen lassen run, execute *(program)*

ablauffähig executable, loadable *(program)*

Ablauffehler *m* procedure error *(DP)*

Ablaufgeschwindigkeit *f* sweep speed *(CRO)*

Ablauflogik *f* sequencing logic

Ablaufprotokoll *n* runtime log

ablaufsteuerndes Dienstelement *n* association control service element (ACSE) *(CMIP)*

Ablaufsteuerung *f* sequence control *(exch.)*; scheduler *(SW)*; sequencer

Ablaufsteuerungstabelle *f* scheduling table *(DP)*

Ablaufüberwachung *f* sequence supervisor, monitor

Ablaufunterbrechung *f* exception condition

Ablaufverfolgung *f* monitoring, tracing

Ablaufzeit *f* period *(delay element)*

Ablegebetrieb *m* (message) recording mode *(tel)*

ablegen file, store

ablehnen disregard *(a call, tel)*

ableiten derive; bypass, earth, bleed

ableiten gegen Erde discharge to earth

Ableiter *m* bypass *(overcurrent)*; arrester *(switchgear)*, diverter *(shunt)*

Ableitkondensator *m* bypass capacitor

Ableitung *f* downlead *(antenna)*; leakance *(cable, in kohm/km)*; derivation, inference

Ableitungsbelag *m* leakance *(cable, in kohm/km)*

Ableitungspunkt *m* earthing point

Ableitwiderstand *m* leakage resistance

Ablenkgeschwindigkeitsmodulation *f* scan velocity modulation *(PALplus)*

Ablenkung *f* deflection *(TV)*, sweep *(CRO)*; scanning *(receiver frequencies)*

Ablenkwinkel *m* scanning angle *(ant.)*, deflection angle *(TV)*

Ablesung *f* reading

abliefern transmit, forward, output

Ablieferungsbestätigung *f* delivery notification *(MHS)*

Ablösediversityverfahren *n* true diversity reception *(microphone)*

ablösen strip *(cable)*

abmanteln strip *(cable)*

Abmantelwerkzeug *n* (jacket) stripper *(FO cable)*

abmelden deactivate *(mobile RT)*; de-affiliate; close
sich abmelden sign off *(mobile RT)*, log off *(DP)*; go on-hook *(tel)*

Abmeldungsantrag *m* deactivation request *(mobile RT)*

Abmischen *n* mixing *(sound)*; downconverting *(frequ.)*

Abnahme *f* pick-up *(power, signal)*

Abnahmeprüfung *f* acceptance test

abnehmen lift *(receiver, tel)*

Abnehmer *m* serving line *(circuit switching)*, output line *(PCM data/speech)*, outgoing line *(ATM)*; server

Abnehmeradresse *f* serving port address

Abnehmerblockierung *f* outgoing line blocking *(ATM network)*

Abnehmerbündel *n* serving trunk group *(tel.sys., circuit switching)*

Abnehmerkanal *m* serving channel *(circuit switching)*

Abnehmerleitung *f* serving trunk, server *(tel.sys., circuit switching)*, highway *(exch.)*

Abnehmernetz *n* serving network *(circuit switching)*

Abnehmerortsnetz *n* local serving network

abnormale Beendigung *f* abnormal ending *or* termination, abend

Abo-Fernsehen *n* subscription TV, pay TV

Abokarte *f* subscription card *(pay TV)*

Abonnementdienst *m* subscription service *(CATV, sat.)*

Abonnementfernsehen *n* subscription TV, premium TV, pay TV *(CATV, sat.)*

Abonnentenverwaltung *f* subscriber service *(CATV, sat.)*

abpollen *n* poll

ABP s. Abfragebedienplatz *m*

abrastern scan

Abrechnen *n* accounting, charging; billing; invoicing

Abrechnung *f* accounting *(ISDN)*

Abrechnungsentgeld *n* accounting rate

Abreißen *n* **der Funkverbindung** loss of radio contact

abriegeln isolate

Abriegeln *n* **der Sprechwege** DC isolation of the speech paths

Abruf *m* polling *(dig. tel., fax)*; proceed-to-send signal; retrieval *(messages)*

abrufbar retrievable *(data, media)*

Abrufbetrieb *m* polling *(dig. tel.)*

Abrufdienst *m* conversational service; retrieval service; service on demand (SOD) *(e.g. VOD)*

abrufen recall, request *(messages in E-mail)*; poll; select; call up, call in, fetch *(from storage)*; invoke *(feature, function, f. tel)*; solicit *(a terminal response)*

abrufgesteuert demand driven

abrufgesteuerte Kanalzuteilung *f* demand assignment (DA) *(sat)*

Abruf-Video-Dienst *m* video-on-demand *(VOD)* service

Abrufzeichen *n* proceed-to-send signal

abrupter Empfangsausfall *m* brickwall effect *(digital video broadcasting)*

Absättigung *f* saturation (microelectr.)

Absatz *m* paragraph *(WP)*

Absatzlineal *n* ruler *(WP)*

absaugen filter out, suppress *(frequencies, e.g. harmonics)*, extract

abschaltbar switchable, interruptible *(load)*

Abschaltebereich *m* range of faulty operation *(signalling link)*; security block (SBL) *or* unit *(area of devices in exch.)*

Abschalteeinrichtung *f* disconnecting device

Abschalteingang *m* disable input *(decoder)*

abschalten switch off, turn off *(device)*; detach *(terminal)*; disable *(function, line)*; deactivate *(MS)*; disconnect *(subscriber)*; cancel *(program)*

Abschalteschwelle *f* failure threshold *(signalling link)*

Abschaltflanke *f* keying-off (pulse) edge *(transmitter keying)*

Abschaltkette *f* shutdown sequence *(process)*

Abschaltung *f* disconnection *(of the subscriber)*

Abschattung *f* shadowing, shading, screening *(wave propagation)*

abschätzen estimate

abschätzen nach oben majorize *(math)*

abschätzen nach unten minorize *(math)*

abschirmen shield, screen

Abschirmung *f* shielding, screening, screen *(RF)*

abschließen terminate

Abschluß *m* termination

Abschlußeinrichtung *f* network termination (unit)

Abschluß-Leistungsmesser *m* terminating power meter *(broadcast transmitter)*

Abschlußwiderstand *m* terminating impedance (TR), matching impedance

abschneiden truncate, clip *(signal)*

Abschneidepegel *m* clipping level, slicing level *(pulses)*

Abschnitt *m* section; slot *(time slot)*; link *(SS7)*; hop *(mobile transmission)*

Abschnittsdämpfung *f* section loss

Abschnittsfilter *n* section filter *(DVB receiver)*

Abschnittskopfteil *m* section overhead (SOH)

Abschnittsoverhead *n* section overhead (SOH)

Abschnittsprüfzeile *f* sequence test line *(TV)*

Abschnittsrahmenkopf *m* section overhead (SOH) *(SDH, STM-1, ITU-T G.70x, s. Table III)*

a/b-Schnittstelle *f* a/b interface *(tel. copper interface)*, analog interface

abschnittweise link by link *(SS7 network)*, section by section *(transmission)*, hop by hop *(routing)*

abschnittweise Zählung *f* multi-section count *(mech.)*

abschotten partition (off), seal (off)

Abschwächung *f* attenuation

Abschwingen *n* decay of oscillation

absenden send (off), despatch

Absender *m* sender, originator *(message)*

Absenderkennung *f* path trace *(SDH)*

Absenkung *f* lowering, depression

absetzen transmit *(signal)*, initiate *(calls)*, invoke *(calls, DP)*

absichern support, verify *(results)*

Absichtserklärung *f* letter of intent

absoluter Leistungspegel *m* absolute power level

absoluter Spannungspegel *m* absolute voltage level

Absolutwert *m* absolute value *(math)*

absondern isolate *(information)*

Absorberraum *m* anechoic chamber

absorbieren absorb

Absorptions-Leistungsmesser *m* absorption power meter *(broadcast transmitter testing)*

abspeichern save *(data)*

abspielen play back *(MTR, voice messaging)*

Abspielung *f* playback *(MTR)*

Absprache *f* negotiation, agreement

abspulen unwind *(tape, wire)*

Abstand *m* distance, spacing, separation, gap, span; range, proximity, clearance, interval; difference, ratio

Abstand *m* **zwischen Funkzonen** distance ratio (D/R) *(between cells of equal frequency)*

Absteuerung *f* run-down; ending *(command)*

Abstimmbereich *m* tuning range

Abstimmempfindlichkeit *f* tuning efficiency *(LL, GHz/mA)*

abstimmen align *(transmit/receive data synchronization)*; tune *(receiver)*; syntonize *(frequencies)*; adapt, tailor

Abstimmung *f* alignment; tuning; syntonization *(frequencies)*

Abstimmungszeichen *n* handshake signal

Abstrahlung *f* radiation, emission

abstrakt abstract; logical *(e.g. gateway)*

abstrakte Sprachfamilie *f* abstract family of languages (AFL) *(speech recognition)*

Abstraktionsebene *f* level of abstraction

abstreifen strip off *(z.B. Header)*

Abstrich *m* trade-off

Abstufung *f* gradation *(tonal values, repro.)*

Absturz *m* crash *(computer)*

abstützen support

auf etwas abstützen reference to something *(values)*

absuchen hunt; scan *(sat)*

Abtastabstand *m* sampling interval

abtasten scan, sweep *(analog)*; sample *(digital)*, strobe; trace *(mechanical)*

Abtaster *m* scanner, reader; sample and hold circuit *(ADC)*, sampler

Abtastfehler *m* tracking error *(e.g. audio/video tape)*, sampling error *(A/D conversion)*

Abtastfeld *n* raster

Abtastfrequenz *f* sampling rate

Abtastimpuls *m* sampling pulse, strobe (pulse)

Abtastkopf *m* scanning head *(VTR)*

Abtastperiode *f* sampling period

Abtastperiodendauer *f* sampling period

Abtastphase *f* sampling phase *(TDM)*

Abtastprobe *f* sample *(ATM etc.)*

Abtastpunkt *m* sampling point *(DP)*

Abtastraster *n* sampling pattern

Abtastrate *f* sampling rate *(samples/second)*

Abtastratenumsetzung *f* sampling rate alteration (SRA) *(VoIP)*

Abtastsystem *n* sampled-data system

Abtasttakt *m* scanning *or* sampling cadence *(tel)*, sampling rate, sampling clock *(IDTV)*

Abtasttheorem *n* sampling theorem, Nyquist theorem

Abtastumschaltung *f* sample and hold circuit

Abtast- und Halteschaltung *f* sample and hold circuit

Abtastung *f* scanning *(electronic/optical)*; sampling *(digital coding)*; sensing; hunting *(switching system)*
in Querrichtung *f* **zur Abtastung** cross-scan direction *(repro.)*

Abtastverstärker *m* sense amplifier *(switching matrix)*

Abtastvorgang *m* scanning process

Abtastwähler *m* sense selector *(switching matrix)*

Abtastwert *m* (AW) sample

Abtastzeile *f* scanning line

Abteilung *f* section *(in an organisation)*, department

abtrainieren untrain

abtrennen split *(connection)*

ABU (allgemeine Berechtigungsumschaltung *f*) general class-of-service selection

AB-Verstärker *m* class AB amplifier, s.a. ABVr

a/b-Vorrichtung *f* a/b device, tip-and-ring device, TR device *(ancillary tel. device)*

ABVr (Streckenverstärker *m*) trunk amplifier *(broadband)*

Abwahl *f* deselection

abwärts down

Abwärtsfrequenz *f* down-link frequency *(RT)*

Abwärtsfunkfeld *n* downlink path *(sat)*

abwärtsgemischt downconverted *(signal frequency)*

Abwärtskanal *m* downlink channel *(to the terminal, gen.)*, downstream channel *(ADSL, CTV)*

abwärtskompatibel downward compatible

Abwärtsladen *n* downloading

abwärtsmischen downconvert

Abwärtsmischer *m* down converter

Abwärtsrichtung *f* down-link (DL)

Abwärtsspitzenverkehr *m* downpeak

Abwärtsstrecke *f* down-link *(sat)*

Abwärtsübertragungsrichtung *f* down-link (DL)

Abwärtsumsetzer *m* downconverter *(VSAT)*

Abwärtsverbindung *f* down-link *(RT, base-mobile)*

Abwärtswandler *m* down converter; step-down tranformer

abwärtszählen decrement *(counter)*

Abwärtszähler *m* decrementer

Abweichung *f* deviation, variation, tolerance

Abweiseinrichtung *f* rejection device *(traffic control)*

Abweissignal *n* non-acceptance signal

Abweisung *f* rejection, refusal *(of call)*

Abweisung *f* **anonymer Anrufe** anonymous call rejection (ACR) *(US)*

abwerfbar discard eligible *(data)*

Abwerfen *n* lock-out; shedding, discarding, dropping *(calls, party; cells (ATM))*; release *(relay)*

Abwesenheitsauftrag *m* absent-subscriber job *(tel)*

abwickeln handle *(traffic, tel)*, serve *(calls)*; deal with, execute, run, perform *(signalling)*

Abwicklungszeit *f* serving time *(mobile RT)*; execution time *(computers)*

Abwurf *m* **nach Zeit** timed lockout *(PABX)*

Abzug *m* withdrawal; penalty

abzulehnen deprecated *(not now in use)*

Abzw. s. Abzweiger *m*

Abzweigdose *f* distribution box, junction box

abzweigen tap (off); drop *(time slots, crossconnect)*

Abzweiger *m* (Abzw) tap(-off) *(local line)*; directional tap *(LAN)*

Abzweigknoten *m* branch point *(tel)*

Abzweigleitung *f* branch line

Abzweigmultiplexer *m* (AZ-MUX) drop-insert multiplexer *(VBN)*

Abzweigstelle *f* branch, branch point, branch-off point

Abzweigung *f* tap *(local line)*

Abzweigung und Wiederbelegung *f* drop and insert (D/I)

Abzweigverstärker *m* (BVr) branch amplifier *(broadband)*

Accelerator-Karte *f* accelerator card *(graphics card, PC)*

achs(en)parallel axially parallel, parallel to the axis *(repro)*

Achterdiagramm *n* bidirectional pattern *(ant.)*

Achterform *f* figure-8 shape, figure-of-eight shape *(coil)*

Achterkreis *m* double-phantom circuit

Achternetz *n* figure-of-eight network

achtfach octuple, eightfold

Achtphasenumtastung *f* octonary phase shift keying (8PSK)

AC-Koeffizient *m* AC term *(all frequencies other than 0, DCT q.v.)*

AC-3-Codierung *f* AC-3 coding *(Dolby Digital (DD) multi-channel audio coding, 5.1 channels: 3 front channels and 2 surround channels and 1 subwoofer channel, bitstream sampling rate 48 kHz, 16 bits, max. data rate 448 kb/s, 3x5.1 channels, US standard for digital DVD audio coding; also called DSD (Dolby Stereo Digital) in the film industry; s.a. "MPEG-2-Audio" for comparison)*

AD (Ausfalldauer *f*) outage time

ADaM (Automatischer Datenmeßsender *m*) automatic data signal generator

Adapter *m* adapter, adapter card *(provides connectivity between PC and network)*

Adapter-Karte *f* adapter card *(PC)*

Adapter-ROM *m* adapter ROM *(provides operating program for its card)*

Adapterstecker *m* adapter plug *(travel, el.)*

Adaptionszeit *f* adjustment period *(echo canceller)*

adaptive Antenne *f* adaptive antenna *(active DVB-T antenna array)*

adaptive Cosinus-Transformationscodierung *f* adaptive cosine transform coding (ADCT) *(image processing)*

adaptive Deltamodulation *f* adaptive delta modulation (ADM) *(MAC audio, CCITT Rep. 953)*; continuously variable slope delta modulation (CVSD) *(voice mail processing code, ITU-T Rec. G.721, s. Table III)*

adaptive Differenz-PCM *f* adaptive differential PCM (ADPCM) *(ITU-T Rec. G.721, 726; s. Table III)*

adaptive diskrete Cosinus-Transformation *f* adaptive discrete cosine transform (ADCT)

adaptive Quantisierung *f* adaptive quantisation (AQ)

adaptive Ressourcenzuteilung *f* adaptive resource sharing (ARS) *(TDMA)*

adaptiver Takt(geber) *m* adaptive clock

adaptiver Transversalentzerrer *m* adaptive transversal equalizer *(sat)*

adaptives Caching *n* adaptive caching *(WWW, q.v.)*

adaptive Teilbandcodierung *f* (ATBC) adaptive subband coding (ASC)

adaptive Transformationscodierung *f* adaptive transform coding (ATC) *(data reduction, hybrid signal waveshape/source coding method)*

ADCT (adaptive Cosinus-Transformations-Codierung *f*) adaptive cosine transform coding *(image processing)*

Add/Drop-Multiplexer *m* add/drop multiplexer (ADM) *(SDH)*

Addierer *m* adder

additives Gaußsches Rauschen *n* additive white Gaussian noise (AWGN)

Additivkreis *m* supplementary circuit, applique circuit

Ader *f* wire, core, conductor *(cable)*; fibre *(FO cable)*

Adernpaar *n* conductor pair, wire pair *(tel. cable)*

Adernvertauschung *f* reversed wires

Aderplus *n* surplus wire

Ad-Lib-Karte *f* Ad-Lib card *(FM sound card, PC)*

ADM s. adaptive Deltamodulation *f*

ADM s. Add/Drop-Multiplexer *m*

ADo (Anschlußdose *f*) junction *or* connection box, wall socket
ADo6 (6-polige Anschlußdose *f*) 6-pin junction box *(tel)*
ADoS8 (8-poliger Anschlußdosenstecker *m*) 8-pin connector plug *(ISDN, X interface)*, modem socket

ADONIS Russian E-mail system

ADPCM s. adaptive Differenz-PCM *f*

a-Draht *m* a wire, tip wire (T wire) *(US)*

Adressat *m* addressee, destination *(message)*

Adreßbus *m* address bus *(DP)*

Adreßcode *m* adress code *(e.g. part of the paging number in "Cityruf")*

Adreßauflösung *f* address deinterleaving *(multiprocessor system)*, address resolution *(ATM)*

Adreßauflösungsprotokoll *n* address resolution protocol (ARP) *(mapping of network layer addresses to hardware addresses, IAB RFC0826, s. Table VIII)*

Adressenauswahlleitung *f* address select line *(DV)*

adressenfrei addressless, no-adress ...

Adressenhaschmittel *n* address hashing means

Adressenzuordnung *f* address mapping

adressierbarer Multiplexer *m* digital cross connect (DCC) *(multiplexer, ATM)*

Adressierungscode *m* address code *(network)*

Adreßinformationen *fpl* **austauschen** outpulse *(switching)*

Adreßliste *f* address map

Adreßraum *m* address space

Adreßübersetzer *m* address translator *(transmission)*

Adreßübersetzung *f* address conversion *(DP)*

Adreßumsetzer *m* address translator *(transmission)*

Adreßverschränkung *f* address interleaving *(multiprocessor system)*

ADSL-Übertragungseinheit *f* ADSL transmission unit (ATU)

ADU (Analog-Digital-Umsetzer *m*) analog/digital converter (ADC, A/D converter)

ADW (Analog-Digitalwandler *m)* analog/digital converter (ADC, A/D converter)

AE (Anschlußeinheit *f*, Anschalteeinrichtung *f*) line unit (LU), access unit (AU)

AE (Austauscheinheit *f*) field replaceable unit (FRU)

AED (Abfrageeinrichtung *f* für Telefonanschlüsse mit Datenverkehr) polling unit for telephone connections with data service

AEI-Schnittstelle *f* ancillary equipment interface (AEI) *(ISDN)*

AEK (Anschalteeinheit *f* Kartentelefon) phonecard telephone access unit

aeronautischer Mobilfunk *m* airphone *(supported by INMARSAT)*

AF s. alternative Frequenzen *fpl*

AFNOR (Association Francaise de Normalisation) French Standardisation Institute *(s. Table XIII)*

AFT s. Abfragestelle *f*

AFU s. Amateurfunk *m*

AG s. Amt *n* gehend belegen

AG s. Arbeitsgruppe *f*

AG (Auftraggeber *m*) principal; contracting authority

AGB s. allgemeine Geschäftsbedingungen *fpl*

Agent *m* agent *(network management function, interface between mail system and user)*

aggressive Umgebung *f* hostile environment

Agilität *f* agility *(frequency hopping etc)*

AGW (Auslandsgruppenwähler *m*) international group selector

ähnlich similar

Ähnlichkeitstransformation *f* similarity transform *(math.)*

AIS s. Alarm-Indikationssignal *n*

A-Kennlinie *f* A-law *(coding rule to G.711, s. Table III)*

Akku s. Akkumulator *m*

Akkumulator *m* (Akku) accumulator

Akkumulatorsatz *m* accumulator pack, battery pack

Akku-Pack *n* battery pack *(mobile phone)*

Akkusatz *m* accumulator pack, battery pack

Aktionsschaltstelle *f* action control point *(ACP)*

aktiv active, on-line

aktiver Sprachpegel *m* active speech level

aktiver Sternkoppler *m* (AS) active hub

aktives Fenster *n* active window *(Windows, PC)*

Aktivdatei *f* active subscribers file, check-in file *(mobile RT)*

aktivieren activate, enable, prime; bring on-line, bring up, turn up, wake up (DTE), awaken *(process)*; assert *(US, line)*; select, check *(MS Windows, PC)*

Aktivieren Select *(Check box, MS Windows, PC)*

aktivierter Befehl *m (MS Windows, PC)*

Aktivierung *f* activation *(ITU-T I.430, s. Table IV)*; Awake Indication (AWI) *(HW)*

Aktivitätsdaten *npl* activity data *(switching)*

Aktiv-Matrix-LCD *f* active matrix LCD (AMLCD)

Aktivposten *mpl* assets

Aktiv-Verkehr *m* calling subscribers

Aktor *m* actuator

Aktorik *f* actuator technology, (system of) actuators

aktualisieren update

Aktualisierung *f* **der Aufenthaltsregistrierung** location update (LU) *(GSM, s. Table VII)*

Aktualitätenspeicher *m* current status memory

aktuell topical *(e.g. news)*; current, actual *(e.g. signal values)*

A-Kurve *f* A-law *(coding rule to G.711, s. Table III)*

Akustikkoppler *m* acoustic coupler *(modem)*

Akustiksystem *n* sound system

akustisch acoustic, sonic, audible

akustische Anzeige *f* audible indication

akustische Ausgabe *f* sound output, voice output

akustische Bedienerführung *f* voice guidance *or* prompting *(public card phone)*

akustische Eingabe sound input, voice input

akustische Oberflächenwellen *fpl* (AOW) surface acoustic waves (SAW) *(filter)*

akustischer Alarm *m* audible alarm (signal)

akustische Schnittstelle *f* acoustic interface

akustisches Signal *n* sound signal

akustische Telegramme *npl* voice mail

akusto-optisch abstimmbares Filter *n* acousto-optically tunable filter (AOTF), piezo-optically tunable filter *(OXC)*

AKVSt s. Auslandskopfvermittlungsstelle *f*

Akzentuierung *f* preemphasis

akzeptables Gütemaß *n* acceptable quality level (AQL)

Akzeptanzbereich *m* range of acceptance

AL s. Amtsleitung *f*

Alarm *m* alarm, alarm signal

Alarmanzeigeeinheit *f* alarm display unit (ADU)

Alarmanzeigesignal *n* alarm indication signal (AIS) *(ISDN)*

Alarmauswertung *f* alarm evaluator

Alarmdatenschnittstelle *f* alarm data interface (ADI) *(TC)*

Alarmfeld *f* maintenance alarm panel (MAP) *(ISDN)*

Alarmgabe *f* alarm signal *(TC)*

Alarmierung *f* alarm activation *(OAM)*, sending AIS signals *(forward)*, sending RDI signals *(backward)*

Alarm-Indikations-Signal *n* (AIS) alarm indication signal *(PCM data, ISDN D channel, TC)*

Alarmmeldung *f* alarm signalling

Alarmsammler *m* (ASA) alarm collector

Alarmwächter *m* alarm monitor *(TC)*

Aldi-Telefonie *f* "cheap shop" telephony *(refers to VoIP)*

Alg (Auslandsleitung *f*) international circuit

Algorithmus *m* algorithm *(problem-solving set of rules)*

Alias-Filterung *f* filtering of aliasing

Aliasing *n* aliasing

Aliasing-Schaltung *f* aliasor *(US)*

Alleingerät *n* standalone device

alle Leitungen besetzt all circuits busy *(message)*

allgemein universal, general

allgemeine Amtsabfrage *f* (AA) unassigned (exchange line) answer

allgemeine Berechtigungsumschaltung *f* general class-of-service selection

allgemeine Geschäftsbedingungen *fpl* (AGB) general terms of business, General Terms and Conditions

allgemeine Nachtschaltung *f* (universal) night service (extension) *(tel)*

allgemeiner Zellratenalgorithmus *m* generic cell rate algorithm (GCRA) *(ATM)*

allgemeines Fernsprechwählnetz *n* General Switched Telephone Network (GSTN) *(ITU-T V.25 bis, s. Table V)*

Allgemeine Technische Vorschriften *fpl* Common Technical Regulations (CTR) *(ETSI)*

allgemeine Zulassungsvorschriften *fpl* Common Technical Regulations (CTR) *(ETSI)*

Allgemeinzulassung *f* general type approval *(FTZ)*

allmählich gradual

Allophon *n* allophone *(any of the sounds forming a phoneme (q.v.), speech recognition)*

Allpaß *m* all-pass filter

Allpolfilter *n* all-pole filter *(speech coding)*

Allrichtungsmikrofon *n* omnidirectional sensor *or* microphone

Allverstärker *m* universal amplifier

Aliasfrequenz *f* aliasing frequency

ALOHA *n* ALOHA *(sat., RMA method of the University of Hawaii)*

Alphageometrie *f* alphageometry *(vtx standard, CEPT profile 1)*

alphanumerisch alphanumeric *(e.g. PC keyboard)*

als Host *m* **dienen** host *(computer)*

alternativ alternative, alternate

alternative Frequenzen *fpl* (AF) Alternative Frequencies (list) (AF) *(RDS)*

alternative Gebührenberechnung *f* alternate billing service (ABS) *(IN)*

alternatives Bündel *n* alternative routing, second- *etc.* choice routing

Alternativweg *m* alternate route

Alterung *f* aging, ageing; degradation *(FO)*

Am (Anmeldestelle *f*) originating exchange

AMA-Ticket *n* AMA (Automated Message Accounting) ticket *(US, Centrex charging)*

AMDS (AM Datensystem *n*) AM Data System *(short wave)*

am gleichen Standort *m* co-located, collocated *(US)*

AMI (bipolare Schrittinversion *f*) alternate mark inversion *(pseudoternary PCM, redundant binary line code, ISDN D channel)*

AMIS-Protokoll *n* AMIS (Audio Message Interchange Specification) protocol *(for inter-vendor networking, issued Feb.92 by the Information Industry Association, Washington, DC*

am Mobiltelefon ankommender Ruf *m* mobile terminated call (MTC)

AmPl (Anmeldeplatz *m*) originating point

Amplitudenbereich *m* amplitude range, amplitude bin *(for frequency band)*

Amplitudendichteverteilung *f* amplitude density distribution

Amplitudenfrequenzgang *m* amplitude frequency response

Amplitudengang *m* **nach der Detektion** post-detection amplitude response

Amplituden-Phasenumtastung *f* amplitude phase shift keying (APK, APSK) *(hybrid modulation, sat., digital medium wave transmission)*

Amplitudensieb *n* sync separator *(TV)*

Amplitudensprungmodulation *f* amplitude shift keying (ASK)

amplitudenstabil amplitude-stabilized; constant-amplitude

Amplitudentastung *f* amplitude shift keying (ASK)

Amplitudenumtastung *f* amplitude shift keying (ASK)

Amplituden- und Phasendifferenzumtastung *f* differential amplitude phase shift keying (DAPK, DAPSK) *(hybrid modulation, DVB-T)*

AMR-Sprachcodierer *m* adaptive multi-rate (AMR) voice coder *(GSM)*

Amt *n* exchange, office *(US)*; station, centre

Amt *n* **gehend belegen** (AG) seize outgoing exchange line

Ämterverbindungsplan *m* interexchange connection diagram

Amtsabfrage *f* answer, exchange line answer

Amtsanlassung *f* exchange line access *or* seizure *(PBX)*

Amtsanruf *m* exchange line call; external *or* outside call *(PBX)*

Amtsaufschaltung *f* cut-in on exchange line

Amtsbatterie *f* station battery, central battery

Amtsbelegung *f* exchange line seizure *(PBX)*

amtsberechtigt unrestricted, non-restricted *(extension)*

Amtsberechtigung *f* exchange access; trunk-barring level, class of service *(tel)*

Amtsbereich *m* calling area *(tel)*

Amtsblatt *n* Official Gazette

Amtsbündel *n* exchange line group *(PABX)*

Amtsgabel *f* exchange hybrid

Amtsgespräch *n* external *or* outside call, exchange line call *(GB)*, CO (central office) call *(US)*

Amtsgruppe *f* exchange group

amtsintern intra-exchange *(GB)*, intra-office, cross-office *(US)*

Amtskennziffer *f* exchange identification code, exchange line code, central office code *(US)*

Amtskonferenz *f* exchange-line conference

Amtsleitung *f* (AL) exchange line; local loop; outside line *(PBX)*; trunk *(BT)*

Amtsleitung *f* **anlassen** seize exchange line

Amtsorgan *n* exchange circuit

Amtsrufweiterleitung *f* (ARW) exchange line transfer

Amtssatz *m* exchange (junction) circuit

Amtstakt *m* exchange clock pulse

Amtsteilnehmer *m* outside caller *(PBX)*

Amtston *m* dialling tone

Amtsübertragung *f* (AUe) exchange line interface *(PBX)*

Amtsverbindung *f* external *or* outside call *(PABX)*

Amtsverbindungskabel *n* interexchange trunk cable

Amtsverbindungsleitung *f* central office trunk, interoffice trunk *(US)*

Amtsverbindungsnetzbetreiber *m* interexchange carrier (IEC) *(US)*

Amtsverbindungssatz *m* (AVS) exchange-line connector set

Amtsverdrahtung *f* station wiring

Amtsverkehr *m* external *or* outside traffic *(PABX)*

Amtsvermittlungsanlage *f* central office switch *(US)*

Amtsvermittlungssatz *m* (AVS) exchange-line connector set *(tel)*

Amtswähler *m* code selector, office selector

Amtszeichen *n* dial tone, proceed-to-send signal

Amtszugriff *m* access to public exchange

AMTV-Richtfunk *m* AMTV (amplitude modulated television) microwave relay

A-µ-Umcodierung *f* Aµ law conversion

AN (Auftragnehmer *m*) supplier; contractor

An-/Abschaltung *f* **des Teilnehmers** connection/disconnection of subscriber

analog analog(ue) *(time- and value-continuous)*

Analog-Digital-Umsetzer *m* (ADU) *or* **-Wandler** *m* (ADW) analog/digital converter(ADC), A/D converter, digitizer

Analog-Digital-Zeichenumsetzer *m* Signalling converter, Analog/Digital (SAD)

analoges Signal *n* analog(ue) signal *(ITU-T I.112, s. Table IV)*

analoge Teilnehmerschaltung *f* (ATS) analog line interface circuit, analog extension circuit *(ISDX)*

analoge Telefonanschlüsse *mpl* **an ISDN-fähige Teilnehmernetzknoten** (ANIS) analog lines connected to digital exchanges

Analogmodem *m* analog modem

Analogsignal *n* analog(ue) signal *(ITU-T I.112, s. Table IV)*

Analogverfahren *n* analog(ue) method

Analysetool *n* analyzing tool, analyzer

Anbieten *n* offering *(marking of the serving trunks or paths available for setting up the call; also offering a call after breaking in on an existing call)*; providing *(coverage)*

Anbieter *m* (service) provider; reseller *(airtime, mobile RT)*

Anbieter *m* **drahtloser Dienste** wireless service provider (WSP)

Anbieter *m* **erweiterter Dienste** enhanced service provider

Anbieterschnittstelle *f* service provider interface *(TEMEX)*

anbinden connect, link (to), interface

Anbindung *f* interworking *(of networks)*; link-up, connection, interfacing

Anchoring *n* anchoring *(connecting "chunks" via "edges" in hypermedia, q.v.)*

andauernd erlaubte Zellrate *f* sustainable cell rate (SCR) *(ATM)*

andere Programme *npl* Other Networks (ON) *(service information) (RDS)*

ändern change, update; alter *(class of service)*

Änderung *f* change, update; patch *(SW)*

Änderung *f* **vorbehalten** subject to change

Andrahtung *f* (wire) connection *(at terminal block)*

aneinandergereiht cascaded, chained, connected together, combined; concatenated *(SW)*, aligned; placed side by side *or* end to end, ganged *(HW)*

Aneinanderkopplung *f* end-to-end coupling *(FO)*

anerkannte private Betriebsgesellschaft *f* recognized private operating company (RPOA)

Anfälligkeit *f* susceptibility, sensitivity, vulnerability

Anfang *m* start, beginning; starting point *(signal)*

Anfangsadresse *f* initial address message (IAM) *(ISDN)*

Anfangsadressennachricht *f* initial address message (IAM) *(ISDN)*

Anfangsbereichskennung *f* initial domain identifier (IDI) *(ISDN)*

Anfangsfeld *n* starting delimiter *(FDDI)*

Anfangspunkt *m* starting point *(link)*

Anfangssatz *m* start record *(PCM data)*

Anfangston *m* quote tone *(tel)*

Anfangswert *m* initial value; seed *(in memory, PN generator)*
als Anfangswert eingeben seed *(e.g. a PN generator)*

Anfangszeichen *n* start-of-text (STX) character

Anforderung *f* (REQ) request; call instruction *(PCM speech)*

Anforderung *f* **abweisen** fail a request

Anforderung *f* **der Gebühren(übernahme)** reverse charging request

Anforderung *f* **Selbsttest** self test (ST) *(ITU Rec. I.430, s. Table IV)*

Anforderungsdienst *m* demand service

Anforderungssperre *f* request lockout *(exch.)*

Anfrage *f* enquiry, inquiry *(US)*

Anfrage/Antwort-Kommunikation *f* handshake communication

Anfrage/Antwort-Verfahren *n* enquiry/acknowledge (ENQ/ACK), handshake method *(für Peripheriegeräte, HW)*

Anfragedienst *m* request service

Anfrageruf *m* inquiry call *(US)*

Angabe *f* entry

Angebot *n* provision; offered load *(traffic intensity of offered traffic, tel.sys.)*

Angebot *n* **aus einer Hand** one-stop shopping (OSS)

angebotene Belegung *f* offered call

angeklopft call waiting; intercepted *(call)*

angemessen fair, reasonable, appropriate

angemietet leased *(line)*

angenähert approximate *(math)*

angepaßter Viertelwellenlängen-Monopol *m* matched quarter-wave(length) monopole *(antenna)*

angepaßtes Filter *n* matched filter

angerufene Nummer *f* designational number

angeschlossen connected; on line

angeschlossene Aufgabe *f* attached task *(OS)*

angestrebte Werte *mpl* desired values

angewählt selected, dialled *(subscriber)*

angezeigt indicated, displayed, presented

Angleichsschaltung *f* interface circuit

angliedern attach, link

Angriff *m* attack *(chem., hacker)*

Angriffsrichtung *f* starting direction *(pulse)*

Anhalt *m* preference

anhalten inhibit *(clock)*; suspend *(program)*; stop, freeze *(count)*; pause

Anhaltepunkt *m* break point *(program)*

Anhaltesignal *n* break signal

Anhang *m* trailer *(PDU)*; appendix *(docum.)*

anhängen append; replace the handset

Anhäufung *f* accumulation, bunching *(traffic)*

ANIS s. analoge Telefonanschlüsse *mpl* an ISDN-fähige Teilnehmernetzknoten

anisochron anisochronous

Ankerpunkt *m* anchor point, point of entry *(data network)*

Ankertechnik *f* anchoring technique *(data network)*

anklammern clamp *(to a level, TV)*

anklicken click on *(computer mouse)*

Anklopfen *n* call waiting (CW) *(ISDN, ITU-T H.450.6)*; offering *(tel)*; sending call waiting tone *(interception indicating that a third party is requesting connection)*

Anklopfen *n* **mit Anzeige** call waiting with caller's number indication

Anklopfer übernehmen transfer call offering (TCO) *(tel)*

Anklopfmeldung *f* call waiting indication

Anklopfschutz *m* intrusion protection *(PBX)*

Anklopfton *m* call waiting tone

Anklopfverbindung *f* call waiting connection

ankommend incoming, mobile-terminated (MT), base-to-mobile *(call)*

ankommend belegt seized incoming *or* in the incoming direction

ankommende Fernleitung *f* incoming trunk circuit (ICC) *(ISDN)*

ankommende Nachricht *f* incoming message (ICM) *(fax)*

ankommender Anschluß *m* incoming access (IA) *(CUG)*

ankommender Ruf *m* INcoming Call (INC) *(V.25 bis, s. Table V)*; Ring Indicator (RI) *(V.24/RS232C, s. Table IX)*; mobile terminated call (MTC) *(GSM)*

ankommende Sperre *f* barring of all incoming calls

ankommende Verbindung *f* terminating connection *(ISDN)*; mobile terminated call (MTC) *(GSM)*

ankoppeln couple (to); interface

Ankopplung *f* coupling device *(bus, ring)*

Anlage *f* (A) installation, plant, system, site, station; annex *(document)*, attachment *(E-mail)*

Anlagenberechtigung *f* installation, system barring level

Anlagenschnittstelleneinheit *f* site interface unit (SIU)

anlagenunabhängige Systemdaten *npl* general system data *(i.e. data not connected with a specific system)*

anlassen start, initiate *(process)*;

Anlaßpotential *n* starting potential *(selector)*

Anlauf *m* startup

Anlauffeld *n* initial section *(power feeding)*

Anlaufprozedur *f* start-up procedure

Anlaufschritt *m* start signal, start bit *(TC)*

Anlaufstelle *f* help desk; web site *(WWW, q.v.)*

Anlaufverzögerung *f* start delay

anlegen apply *(a voltage)*; inject *(a tone)*; assert *(US, signal)*; set up *(entry)*

Anmeldeanforderung *f* log-on request *(data)*

anmeldebereit ready for booking *(DECT)*

anmelden book, affiliate; activate *(RT)*; register, sign on, apply; open *(file)*, enter; mount *(operating system)*
sich anmelden log on *(DP)*, sign on, request registration *(mobile RT)*; go off-hook *(tel)*

Anmeldeplatz *m* (AmPl) originating point

Anmelder *m* calling subscriber

Anmeldestelle *f* (Am) originating exchange *or* office *(US)*

Anmeldezeit *f* request time

Anmeldungsphase *f* request stage *(DECT)*

anmerken annotate

Anmerkung *f* annotation, comment

annähernd bestimmen approximate *(math)*

Annäherungsgeschwindigkeit *f* closure rate *(aero)*

Annäherungsgrad *m* level of approximation

Annahmealgorithmus *m* admission algorithm *(CAC, ATM TM)*

annehmbare Qualitätslage *f* acceptable quality level (AQL)

annehmen accept *(a call)*

annullieren cancel *(number)*

Anode *f* anode, plate

Anordnung *f* arrangement, disposition, layout, configuration, assembly, structure

anpassen adapt, match, tailor; interface

Anpaßglied *n* matching pad *(testing)*

Anpaßmöglichkeit *f* matching option

Anpassung *f* adaptation, interface, interfacing; matching pad *(testing)*

Anpassungsdämpfung *f* matching attenuation *(filter)*

Anpassungseinheit *f* interworking unit (IWU)

Anpassungseinrichtung *f* (ANPE) switching equipment *(sat., DFS local switch)*; modem *(transmission on analog lines)*; matching unit; mediation device (MD) *(TMN, GSM, s. Table VII)*

Anpassungsfilter *n* matched filter *(RAKE receiver, CDMA)*

Anpassungsfunktion *f* interworking function *(e.g. ATM/narrowband network)*

Anpassungsglied *n* adapter, matching element, pad *(transm. line)*, interface adapter *(data)*

Anpassungsprotokoll *n* convergence protocol

Anpassungsrechner *m* front-end processor (FEP)

Anpassungssatz *m* adaptation device, adapter circuit

Anpassungsschaltung *f* interface circuit

Anpassungsscheinwiderstand *m* matching impedance *(ant)*

Anpassungsschicht *f* adaptation layer *(B-ISDN)*

Anpassungsübertragung *f* interface circuit *(exch)*

ANPE s. Anpassungseinrichtung *f*

anpeilen home in on

Anpreßdruck *m* contact pressure

Anregungspulse *mpl* excitation pulses

Anregungssignal *m* excitation signal

Anregungsvektor *m* excitation vector *(CELP coder)*

Anreiz *m* stimulus; event *(exchange)*, alerting signal

Anreiz *m* **aus der Peripherie** peripheral event *(exch.)*

anreizen alert

Anreizerkennung *f* off-hook detection

anreizgesteuert event-controlled *(exch.)*

Anreizprotokoll *n* stimulus protocol *(layer 3 OSI RM)*

Anreiztelegramm *n* initiation message *(TC)*

Anreiz-Zustands-Diagramm *n* event/state diagram *(switching)*

Anruf *m* call, telephone call, ring, call arriving *or* arrival

Anrufablehnungsbefehl *m* disregard incoming call (DIC) *(V.25 bis, s. Table V)*

Anrufbeantworter *m* telephone answering machine (TAM), (message) answering machine *(to BS 6789, 6301, 6305)*, answerphone, voice mail, voice box

Anrufbeantwortung *f* answering

Anrufbeantwortungseinrichtung *f* (AAE) answering equipment, telephone answering machine (TAM)

Anrufbereich *m* calling area *(switch)*

Anrufblockierung *f* call congestion

Anrufeinrichtung *f* mailbox *(GSM)*

anrufen call (up), ring

anrufendes Endgerät *n* alerting terminal *(ISDN)*

Anrufen *n* **mit automatische Gebührenberechnung** Auto Bill Calling (ABC) *(US)*

Anrufer *m* caller

Anrufer-Anschlußkennzeichnung *f* incoming caller line identification (ICLID) *(US)*

Anrufererkennung *f* caller identification, caller ID *(US tel. service, CTI)*

Anruferidentifikation *f* caller ID *(ACR, US)*

Anruferidentifikationseinheit *f* caller identification unit (CIU)

Anruferstation *f* calling station, A party

Anruffilter *n* call screening

Anrufglocke *f* ringing bell *(tel)*

Anrufhäufigkeit *f* call density

Anrufidentifizierung *f* calling line identification (CLID) *(ACD)*

Anrufkarte *f* calling card *(smartcard, tel.)*

Anrufklinke *f* calling jack

Anrufkontrolle *f* call control *(UM)*

Anruflenkung *f* routing

Anrufliste *f* traffic list; log of incoming calls, call log

Anrufmelder *m* pager *(mobile RT)*

Anrufmeldung *f* call offering message

Anruforgan *n* calling *or* answering equipment

Anruf *m* **parken** call park *(ITU-T H.450.5)*

Anrufreihung *f* call queuing

Anrufrelais *n* ringing relay

Anrufschauzeichen *n* incoming-call signal light

Anrufschema *n* call (allocation) plan *(PBX)*

Anrufschutz *m* (ARS) incoming-call protection, station guarding, "do not disturb" (DND) *(PABX feature)*

Anrufsignal *n* calling signal *(tel)*; alerting signal

Anrufsignalisierung *f* call signalling; call indicator *(tel)*

Anrufsperrung *f* call restriction, call barring *(GSM, s. Table VII)*

Anrufsteuerung *f* call offering *(supplementary service, GSM, s. Table VII)*

Anrufsucher *m* (AS) line finder, line switch

Anruftaste *f* call button *(telex)*

Anrufticker *m* call progress ticking *(PBX)*

Anrufton *m* ringing tone *(tel)*

Anrufübernahme *f* call (re)acceptance, call pickup

Anrufübernahmegruppe *f* call acceptance group *(team, tel)*

Anrufüberwachung *f* call coverage *(PBX)*; call screening

Anrufumlegung *f* call forwarding

Anrufumleitung *f* call diversion, diversion service; call forwarding *(GSM, s. Table VII, ITU-T H.450.3)*

Anrufumleitung-Nachziehen *n* follow me *(f. tel)*

Anrufumlenkung *f* call redirection

Anrufverfolgung *f* call tracking

Anrufverlegung *f* call transfer

Anrufverteiler *m* traffic distributor

Anrufverteilung *f* call distribution system, queuing system; mobile access hunting (MAH)

Anrufverzögerung *f* alerting delay *(ISDN)*

Anrufvorabfrage *f* call screening

Anrufwartefunktion *f* camp-on function

Anrufwarteschleife *f* call hold

Anrufweiterleitung *f* call transfer *(GSM, ITU-T H.450.2)*

Anrufweiterschalter *m* (GEDAN) device for (decentralized) call forwarding *(tel)*

Anrufweiterschaltung *f* call forwarding; handoff *(mobile RT)*

Anrufwiederholung *f* camp-on-busy; callback *(service feature, to camp-on to a busy subscriber)*; reattempt; repertory dialling *(f. tel)*

Anrufzentrum *n* call centre *(to handle customers for a large company with branches in different regions)*

Anrufziel *n* call destination

Anrufzustand *m* alerting *(ISDN)*

AnS s. Anschaltesatz *m*

Ansage *f* (recorded) announcement

Ansage-Anfangston *m* quote tone *(tel)*

Ansagedienst *m* (public) recorded announcement service, recorded information service (RIS)

Ansage-Endton *m* unquote tone *(tel)*

Ansagegerät *n* recorded announcement equipment *(tel)*

Ansageschaltung *f* announcement circuit (ANC)

Ansatz *m* shoulder, extension *(mech.)*; approach *(theory)*, statement *(math.)*

Anschaltbox *f* access box, switching-in unit

Anschalteinheit *f* connector unit *(exch.)*

Anschalteinheit *f* **Kartentelefon** (AEK) phonecard telephone access unit *(exch., DOV)*

Anschalteeinrichtung *f* (AE) line unit (LU); access equipment *(vtx)*

Anschalteerlaubnis *f* connection licence

Anschaltefeld *n* interconnection panel

Anschaltemedium *n* interconnect medium

anschalten connect; attach *(DTE to network)*; enable *(function, line)*
sich anschalten interface; join *(conference)*

Anschaltenachricht *f* connection message *(switching)*

Anschaltenetz *n* access network

Anschaltepegel *m* interconnection level

Anschaltepunkt *m* (Ap) interconnection point

Anschalterelais *m* connecting relay *(tel)*

Anschaltesatz *m* access circuit *(exchange)*

Anschalteschwellwert *m* access threshold *(cellular mobile RT)*

Anschaltestelle *f* access point, interface

Anschaltezustand *m* connected/disconnected status, connection status

Anschaltkoppler *m* connecting matrix

Anschaltsatz *m* (AnS) access circuit; connector

Anschaltstelle *f* interface

Anschaltung *f* connection, transfer; insertion, access; access circuit *(bus)*; interconnect(ion)

Anschaltungsanforderung *f* connect request

Anschaltungsvertrag *m* interconnection contract *(betw. networks)*

Anschaltungswarteschlange *f* connect queue

Anschaltwähler *m* connecting selector *(exchange)*

anschaulich clear, graphic

Anschlagdrucker *m* impact printer *(e.g. daisywheel printer)*

Anschlagen *n* push-fitting *(cable)*

anschließbare Wohneinheiten *fpl* Homes Passed (HP) *(DOCSIS)*

Anschließbarkeit *f* connectivity

anschließen connect, interface, bring online; attach *(DP, e.g. task)*
sich anschließen interface; join *(conference)*

anschließende Aufgabe *f* attaching task *(OS)*

Anschluß *m* connection; line (circuit) *(exchange)*; access, access facility, access link *(network, e.g. 1.5-MHz access link)*; extension *(tel)*; feedpoint *(antenna)*; interface *(DC)*; link *(computer)*; outlet *(PS)*; port *(MUX, switching matrix, PABX)*; terminal *(component)*, pin *(IC)*; termination *(permanent connection)*; attachment *(program)*

Anschluß *m* **Belegt** Connection Busy (CB) *(local DCE busy, V.25 bis, s. Table V)*

Anschluß *m* **für Datenkanal** terminal for data channel

Anschlußader *f* connecting wire

Anschlußanordnung *f* pin configuration *(IC)*

Anschlußart *f* subscriber category *(exch.)*

Anschlußbaugruppe *f* subscriber line connection unit, subscriber line module, line/trunk module *(tel)*, access module *(ATM)*, terminal card *(DP)*

Anschlußbedingungen *fpl* supply conditions; terminal conditions

Anschlußbelastungs-Ersatzwert *m* ringer equivalent number (REN) *(BT tel)*

Anschlußbelegung *f* terminal *or* pin assignment *or* connections, pinout

Anschlußberechtigung *f* class of service, class of line

Anschlußbereich *m* (Asb) (local) exchange area, service area, serving area, telephone area; local loop, subscriber's loop *(tel)*

Anschluß-Bitrate *f* access rate

Anschlußbox *f* access unit *(vtx - ISDN)*

Anschlußdaten *npl* subscriber terminal data

Anschlußdichte *f* call density *(mobile RT)*

Anschlußdienstmerkmal *n* access-related service attribute

Anschlußdose *f* (ADo) junction *or* connection box, wall socket, connection socket

Anschlußdraht *m* lead *(component)*

Anschlußeigenschaften *fpl* access capabilities

Anschlußeinheit *f* (AE) line unit (LU) *(PCM data, exch.)*, line trunk unit (LTU) *(exch.)*; terminating unit *(tel)*; access unit (AU) *(ITU-T X.400 (Table VI), gateway to telematic services)*; (AS) terminal station *(sat)*; exchange connection

Anschlußeinheit *f* **für digitale Übertragungssysteme** digital interface unit (DIU)

Anschlußeinheit *f* **für physikalische Zustellgeräte** physical delivery access unit *(e.g. printer, ITU-T X.400, s. Table VI)*

Anschlußeinrichtungen *fpl* line circuit facilities; access facilities (AF)

Anschlußerkennung *f* line verification

Anschlußfaser *f* pigtail, fibre tail *(FO)*

Anschlußfläche *f* pad *(IC pin connection)*

Anschlußgebühr *f* activation charge *(mobile RT)*

Anschlußgerät *n* connecting device, peripheral (unit)

Anschlußgruppe *f* line trunk group (LTG) *(switching)*

Anschlußinhaber *m* owner of an access facility *(i.e. subscriber, s. "Teilnehmer")*

Anschlußkabel *n* (AsK) subscriber line cable, subscriber cable *(ITU-T I.430.E, s. Table IV)*

Anschlußkapazität *f* access capability

Anschlußkarte *f* adapter card *(PC)*

Anschlußkasten *m* access box *(Telepoint)*

Anschlußkennung *f* station answerback *(telex)*

Anschlußkennung *f* **gerufene Station** called line identification (CLI)

Anschlußkennung *f* **rufende Station** calling line identification (CLI)

Anschlußklasse *f* class of line

Anschlußklemme *f* terminal *(component)*

Anschlußkosten *fpl* initial connection charge

Anschlußlage *f* line location, equipment location *(exch.)*

Anschlußlasche *f* terminal clip

Anschlußleiste *f* terminal strip

Anschlußleistung *f* connected load

Anschlußleitung *f* (Asl) local loop, subscriber line *(general, collective term for all lines in local line distribution networks)*, branch line, junction line *(tel)*; local line *(ITU-T I.430.E, s. Table IV)*, access link *(network)*, port *(switch)*, connecting lead

Anschlußleitung *f* **Belegt** Connection Busy (CB) *(V.25 bis, s. Table V)*

Anschlußleitungsmultiplexer *m* (AslMx) subscriber line multiplexer *(ADSL)*

Anschlußleitungsnetz *n* local line distribution network *(ITU-T I.430, s. Table IV)*

Anschlußlinie *f* subscriber connection line *(line used for connecting terminal devices to endpoints or crosspoints or directly to one another)*

Anschlußliniennetz *n* subscriber line network

Anschlußmodul *n* line module *(MDF)*, subscriber line module (SLM)

Anschlußmöglichkeit *f* interconnection option, interconnectivity *(networking)*

Anschlußnetz *n* local line distribution network *(comprises vert. side of MDF)*, subscriber line network

Anschlußnetzbetreiber *m* local carrier *(s.a. "TNB")*

Anschlußnummer *f* access number *(ISDN)*

Anschlußorgan *n* access unit, line circuit

Anschlußort *m* access location

Anschlußplan *m* terminal connection diagram

Anschlußplatz *m* (connection) slot

Anschlußport *m* access port

Anschlußposition *f* line position

Anschlußpreis *m* initial connection charge

Anschlußprozessor *m* line processor

Anschlußpunkt *m* terminal, termination point *(network)*; connecting point, access point

Anschlußpunkt *m* **zu anderen Netzen** network access point (NAP)

Anschlußpunkt *m* **zu einem intelligenten Netz** intelligent network access point (INAP)

Anschlußquote *f* number of connections *(e.g. cable TV)*

Anschlußrufnummer *f* call number *(tel)*; network user address (NUA) *(ISDN)*

Anschlußschaltung *f* line circuit, termination circuit

Anschlußschnittstelle *f* station interface *(LAN)*

Anschlußschnur *f* flexible lead *or* cord

Anschlußseite *f* connection side; peripheral side *(exch.)*

Anschlußsperre *f* service denial *(tel)*; terminal restriction data; interface lockout

Anschlußstation *f* (AS) terminal station *(sat)*

Anschlußsteckplatz *m* slot

Anschlußstelle *f* access point; terminal device *(IEC)*; line position *(exchange)*

Anschlußsteuerung *f* terminal controller *(bus, ARINC)*

Anschlußstrecke *f* access link (AL) *(ISDN)*

Anschlußstruktur *f* structure of the exchange area

Anschlußtechnik *f* line interfacing system

Anschlußverarbeitungseinheit *f* line processing unit (LPU) *(ATM)*

Anschlußverbindung *f* terminal connection *(MDF)*

Anschlußüberwachung *f* loop supervision *(tel)*

Anschluß-Verbindungselement *n* access connection element (ACE) *(ITU-T I.430, s. Table IV)*

Anschlußvermittlung *f* access switch (ASW)

Anschlußverteiler *m* terminal block

Anschlußwert *m* ringer equivalent number (REN) *(BT tel)*

Anschwingdauer *f* build-up time *or* period *(tuned circuit)*, pre-oscillation period

Anschwingen *n* build-up of oscillation

ansetzen schedule

Ansicht *f* view; View *(MS Windows, PC)*; screen

Ansichtsplan *m* layout drawing

anspeisen: etwas mit einem Signal anspeisen supply a signal to something

Ansprechcharakteristik *f* response pattern

ansprechen address *(a subscriber, f. tel)*; reference *(a port or interface)*; operate

Ansprechpartner *m* contact (person)

Ansprechschutz *m* loudspeaker intrusion protection *(dig. f. tel)*

Ansprechwert *m* operating threshold *(circuit)*

Ansprechzeit *f* response time, attack time; operate time, operating time *(relay)*

anspringen hop to *(frequency)*

Anspruch *m* claim *(patents)*

anspruchsvoll demanding

Ansteckmikrofon *n* pin-on *or* clip-on microphone

anstehen be present, applied, available; be queued (up), be waiting *(messages, calls)*, wait to be served *(service request)* *or* answered *(call)* *or* attended *(subscriber)*

anstehende Anforderung *f* pending request *(switching)*

ansteigende Flanke *f* rising edge *(pulse)*

Ansteueradresse *f* select address *(memory)*

Ansteuereingang *m* selection input *(switching matrix)*

Ansteuerelektronik *f* electronic drive circuit *or* unit

Ansteuerfolge *f* switching sequence

Ansteuerleitung *f* selection line *(switching matrix)*

Ansteuerlogik *f* access logic; trigger logic

ansteuern select *(addresses)*, reference, access, address *(matrix, port)*, gate, drive; trigger; control, activate *(switching point)*; stimulate; assert *(US, line)*; operate; home in on *(network routing)*

Ansteuernetzwerk *n* selection network *(adaptive antenna)*

Ansteuerschaltung *f* control circuit, drive(r) circuit, selection circuit; bandgap reference *(for subcircuits in an IC)*

Ansteuersignal *n* trigger signal

Ansteuerstrom *m* drive current, bias *(laser)*

Ansteuerteil *m* drive section; operative portion *(of a signal)*

Ansteuerung *f* drive, input, selection *(data)*, activation *(gate)*

Ansteuerungssatz *m* access circuit

Anstieg *m* rise, increase; attack *(pulse edge)*

Anstiegssteilheit *f* steepness *(curve)*

Anstiegszeit *f* rise time, attack time *(pulse)*

anstoßen activate, initiate *(service)*, trigger, kick *(e.g. watchdog)*

Anteil *m* **zustandegekommener Verbindungen** call completion rate

Antenne *f* (At) aerial *(GB, radio)*; antenna *(TV, sat)*

Antennenanschluß *m* (antenna) feedpoint

Antennendiagramm *n* antenna pattern, radiation pattern, beam

Antennencharakteristik *f* antenna pattern, radiation pattern

Antennengruppe *f* antenna array

Antennenkeule *f* (antenna) beam

Antennenmehrfachausnutzung *f* antenna multiplexing

Antennenöffnung *f* (antenna) aperture

Antennenschwerpunkt *m* (antenna) radiation centre

Antennenspiegel *m* (antenna) reflector

Antennenträger *m* antenna support, antenna mast *or* tower *(TV)*

Antennenvielfachnutzung *f* antenna multiplexing

Antennenweiche *f* (AtWe) combiner, diplexer, multicoupler; antenna combining unit (ACU) *(GSM, s. Table VII)*; (antenna) splitter *(e.g. 1-to-3 splitter)*

Antext *m* lead-in (character) *(PCM data)*

Anti-Aliasing-Filter *n* anti-aliasing filter

Antiope *(acquisition numérique et télévisualisation d'images organisées en pages d'écriture)* videotex standard in France *(developed 1973 by the ITU-T, CEPT Profile 2, s. Table XI)*

antiparallel geschaltet connected back to back

antipodische Phasenumtastung *f* binary phase shift keying (BPSK)

antippen touch select *(on touch screen)*

antivalent non-equivalent

Antivalenz(glied *n*) *f* exclusive OR (element)

Antragstellung *f*: **Zeitpunkt der A.** subscription time *(service)*

Antwort *f* **mit Vorzeichen** signed response *(GSM 01.04, s. Table VII, security)*

Antwortblock *m* response block *(PCM)*

antworten answer, reply, respond

antwortende Instanz *f* responding entity *(ISDN)*

Antwortkanal *m* return control channel *(trunking)*

Antwortmeldung *f* response message *(DP)*

Antwortnachricht *f* response message *(voice messaging)*

Antwortpaket *n* response packet *(Bluetooth, q.v.)*

Antwortsender *m* responder

Antwortton *m* answer(ing) tone (ANS) *(ITU-T V.8)*

Antwortverzug *m* response time

Antwortzeit *f* round-trip delay *(sat) (= 2 x signal transit time)*; response time *(modem)*

Anwahl *f* dial up, selection *(tel., vtx)*; option *(screen menu)*

anwählen dial, select

Anwahlzeilen und -punkte select lines and poke points *(VDU)*

Anweisung *f* instruction *(DP)*; procedure *(management)*

Anweisungsstelle *f* accounts *(checking and clearing)* office *(ZZF)*

Anwender *m* user *(ITU-T I.112 (Table IV), also: a person using the access facilities of a subscriber (ITU-T definition), s. "Teilnehmer")*

beim Anwender on the premises, in the field

Anwender-Anwender-Protokoll *n* user-to-user protocol *(ITU-T I.112, s. Table IV)*

Anwender-Dienstinformation *f* user service information (USI) *(ISDN)*

anwendereigen proprietary

anwenderfreundlich user-friendly, user-oriented

Anwenderinstanz *f* user entity *(AAL)*

Anwenderprogramm *n* user program, application program

Anwendersoftware *f* application software *(the term includes CD-ROMs and floppy disks as well as the programs on them)*

anwenderspezifisch user-dependent

Anwenderteil *m* user part *(SS7, s. Table III)*

Anwenderteil *m* **des intelligenten Netzes** intelligent network application part (INAP)

Anwenderteil *m* **für Fernsprechen** telephone user part (TUP) *(SS7, ITU-T Q.721 - 725, s. Table III; ISDN)*

Anwenderzugriff *m* user (network) access *(ITU-T I.112, s. Table IV)*

Anwendung *f* application; plug-in *(PC SW)*

Anwendungsbeschreibung *f* application note

Anwendungs-Diensteanbieter *m* application service provider (ASP) *(enables application software to be accessed in an ASP server and used on-line for payment)*

Anwendungs-Dienstelement *n* application service element (ASE) *(GSM, B-ISDN functional blocks, s. Table VII)*

Anwendungsebene *f* application layer *(layer 7, OSI 7-layer reference model, s. Table I)*

Anwendungsinstanz *f* application entity (AE) *(MAP, GSM)*

Anwendungskennung *f* operation mode indication *(transmission signal)*

anwendungsnah application-oriented

Anwendungsprogrammierschnittstelle *f* application programming interface (API)

Anwendungsprozess *m* application process *(ISDN)*

Anwendungsprozessor *m* applications processor

Anwendungsschicht *f* application layer *(layer 7, OSI 7-layer reference model, s. Table I)*

Anwendungsschnittstelle *f* application programming interface (API)

Anwendungssoftware *f* application software *(the term includes CD-ROMs and floppy disks as well as the programs on them)*

anwendungsspezifisch application-specific, purpose-built, custom-built, customized *(HW)*; task-dependent *(OS)*

anwendungsspezifische IC *f* application-specific IC (ASIC), special-purpose IC

Anwendungssymbol *n* program item icon *(MS Windows, PC)*

Anwesenheitskennung *f* (KZA) presence signal

Anwesenheitszeichen *n* presence signal

Anzahl *f* **der Belegungsversuche** peg count

Anzapfstelle *f* tapping node *(tel. network)*

Anzapfung *f* tap *(transformer)*

Anzeige *f* display, indicator, indication, reading, presentation *(tel. ISDN)*

Anzeige-Adapter *m* display adapter *(PC)*

Anzeige *f* **der Rufnummer des Anrufers** calling line identification presentation (CLIP)

Anzeige *f* **der Rufnummer des erreichten Teilnehmers** connected line identification presentation (COLP) *(ITU-T I.250, s. Table IV)*

Anzeige *f* **des Wartens auf Antwort** awaiting answer indication *(ISDN)*

Anzeige *f* **eines Anrufes** call arrival indication

Anzeigefeld *n* display panel

Anzeige *f* **für erfolglosen Verbindungsaufbau** call failure indication

Anzeigeleiste *f* display strip

anzeigen indicate, display; view *(GUI, PC)*

Anzeige *f* **Nachricht wartet** Message Waiting Indication *(ITU-T H.450.7)*

Anzeigenregister *n* condition code register *(PC)*

anzeigepflichtig subject to notification *(e.g. RF equipment, ZZF)*

Anzeigesperre *f* restriction of presentation *(ISDN)*

Anzeigetreiber *m* display driver *(e.g. LED display)*

Anzeigevorrichtung *f* display device, viewer

anzugsverzögert delayed-pickup *(relay)*

AO/DI-Verbindung *f* Always-On/Dynamic ISDN (AO/DI) connectivity *(ISDN, IP, 9.6 kbit/s, ITU Rec. X.31, IAB RFC2125, s. Table VIII (PPP Bandwidth Allocation Protocol (BAP), Bandwidth Allocation Control Protocol (BACP))*

AOW (akustische Oberflächenwellen *fpl*) surface acoustic waves (SAW) *(filter)*

AOW-Filter *n* SAW filter

Ap (Anschaltepunkt *m*) interconnection point

AP s. Arbeitsplatz *m*

AP (Aufputz-. . .) surface mounting *(HW)*

APC (ADPCM *f* mit Leitfrequenzsteuerung) ADPCM with primary frequency control

APC (adaptive prädiktive Codierung *f*) adaptive predictive coding
APC-MLQ (adaptive prädiktive Codierung *f* mit Maximum-Likelihood-Quantisierung) adaptive predictive coding with maximum-likelihood quantization *(speech codec)*

APE (abgesetzte periphere Einrichtung *f*) remote switch *(exch.)*

Aperturunsicherheit *f* jitter *(ADC)*

APK (Amplituden-Phasenumtastung *f*) amplitude phase shift keying *(hybrid modulation, sat)*

A-Platz *m* A position, A operator

Apothekermodem *m* series D20P-A DTAG modem *(appr. 15000 sold to German pharmacies (1987 status))*

Apothekerschaltung *f* switching from door intercom to telephone mode *(f.-tel)*

Apparat *m* apparatus, device; telephone (set); extension *(DE, number)*, set; instrument
"Bleiben Sie am Apparat" "Hold the line" *(tel. announcement)*

Apparatnummer *f* extension number *(tel.)*

Applikation *f* application *(user software; teletext (ETS 300 708))*

Applikationsfilter *n* application filter *(Firewall q.v.)*

Applikations-Hosting *n* application hosting

Applikationsschnittstelle *f* application programming interface (API)

Apparateverzerrung *f* characteristic distortion, inherent distortion

Apparat *m* telephone (set)

Applet *n* applet *(in der Programmiersprache "Java" geschriebene Kleinanwendung für eine Webseite q.v.)*

approximieren approximate *(math)*

APSK (Amplituden-Phasenumtastung *f*) amplitude phase shift keying *(hybrid modulation, sat)*

AQ (adaptive Quantisierung *f*) adaptive quantisation

AQI (Auslandsquerverbindungsleitung *f*) international interexchange trunk

äquivalente isotrope Strahlungsleistung *f* equivalent isotropically radiated power (EIRP) *(sat., in dBW)*

äquivalente monopole Strahlungsleistung *f* equivalent monopole radiated power (EMRP) *(sat)*

Äquivalenzfunktion *f* identity function

ArbAnw s. Arbeitsanweisungen *fpl*

Arbeitsanweisungen *fpl* (ArbAnw) procedural guidelines *(FTZ)*

Arbeitsaufwand *m* workload

Arbeitsbereich *m* operating range *(antenna, GSM)*; workspace *(graphics, PC)*

arbeitsfähig operable, functional

Arbeitsfeldsteuerwerk *n* (AST) section control unit *(ESS)*

Arbeitsfenster *n* action window *(DP monitor)*

Arbeitsfrequenz *f* operating frequency

Arbeitsgruppe *f* (AG) Study Group (SG), working group (WG), working party (WP) *(ITU-T)*

Arbeitslage *f* operating state *(of a trigger circuit)*

Arbeitsplatz *m* (AP) workstation (WS)

Arbeitsplatzrechner *m* workstation (WS) *(PC connected to a client-server network)*

Arbeitsschritt *m* (AS) step, operation

Arbeitsspeicher *m* main memory; conventional memory, base memory, ordinary RAM *(US)*, RAM, CMOS *(below 640 kB, for DOS and applications, PC)*, user memory

Arbeitsspeicherbereich *m* conventional memory, base memory, RAM *(below 640 kB, for DOS and applications, PC)*

Arbeitsspiel *n* cycle, operating cycle

Arbeitstakt *m* clock pulse; operating cycle

arbeitsunfähig inoperable

Arbeitskontakt *m* normally-open contact *(HW)*

Arbeitspunkt *m* operating point *(semicond., amplifier)*

Arbeitsverzeichnis *n* working directory *(DP)*

Arbeitswiderstand *m* load resistor

Arbiter *m* arbiter *(bus)*

Arbiträrfunktionsgenerator *m* arbitrary function generator (AFG)

arbitrieren arbitrate *(bus)*

Arbitrierung *f* arbitration

Architektur *f* architecture *(DP)*

Architekturmodell *n* architectural model *(OSI RM, s. Table I)*

Archivinformationen *fpl* archival information

ARHC appels reduits a l'heure chargée *(unit of traffic intensity, 1/30 Erl resp. VE)*

ARI (Autofahrer-Rundfunk-Informationssystem *n*) broadcast information service for drivers *(in Germany, 57 kHz pilot)*

Arithmetik *f* **des finiten Feldes** finite field arithmetic *(DVB coding)*

Arithmetik-Logik-Einheit *f* arithmetic and logic unit (ALU)

Arithmetikprozessor *m* arithmetic processor

Arithmetik-Schaltwerk *n* arithmetic and logic unit (ALU)

arithmetische Funktion *f* arithmetic function

armieren reinforce; set the flag of ...

ARQ (automatische Wiederholung *f*) automatic repeat request *(PCM data)*

ARR (automatische Wiederholung *f*) automatic retransmission request *(PCM data)*

ARS s. Anrufschutz *m*

Art *f* **der Nutzinformation** type of user information

Art *f* **der Rufnummer** type of number (TON) *(ISDN)*

Artefakt *n* artefact, artifact *(image defect)*

ARTHUR (Verkehrs-Notfunksystem *n* für mobilen Einsatz) Automatic Radiocommunication for Traffic emergency situations on Highways and Urban Roads *(vehicle-vehicle system including digital cellular network and satellite)*

Artikelkennzeichnungscode *m* product identification code (PIC) *(s.a. UPC)*

ARW (Amtsrufweiterleitung *f*) exchange line transfer

AS (aktiver Sternkoppler *m*) active hub

AS (Anrufsucher *m*) line finder

As s. Anschluß *m*

AS (Anschlußstation *f*) terminal station *(sat)*

AS s. Arbeitsschritt *m*

AS (Aufschalten *n*) trunk offering

AS (Aufschalteschutz *m*) intrusion protection

ASA (Alarmsammler *m*) alarm collector

Asb (Anschlußbereich *m*) (local) exchange area, service area *(tel)*

A-Schnittstelle *f* A interface *(interface between BSC and SSS, GSM Series 08, s. Table VII)*

A-Serie *f* **der ITU-T-Empfehlungen** A series of ITU-T Recommendations *(relates to organisation and working procedures of the ITU-T, s. Table III)*

ASI-Empfänger *m* ASI (asynchronous serial interface) receiver *(DTAG DVB-C)*

ASK (Amplituden(um)tastung *f*) amplitude shift keying

AsK (Anschlußkabel *n*) subscriber line cable

Asl (Anschlußleitung *f*) subscriber line *(FTZ)*, main line

AslMx (Anschlußleitungsmultiplexer *m*) subscriber line multiplexer *(ADSL)*

ASP-Anbieter *m* application service provider (ASP) *(enables application software to be accessed in an ASP server and used on-line for payment)*

Assemblersprache *f* assembly language *(SW)*

assoziierte Meldung *f* associated message *(ISDN)*

assoziierter Organisationskanal *m* associated control channel (ACCH) *(GSM)*

assoziierte Zeichengabe *f* associated mode *(signalling)*

Assoziativspeicher *m* content-addressable memory (CAM), associative memory

AST s. Arbeitsfeldsteuerwerk *n*

Ast *m* leaf *(tree coding, point-to-multipoint connections(SAAL))*

Astknoten *m* leaf node *(tree coding, sorting)*

ASTRA-Rückkanalsystem *n* Astra Return Channel System (ARCS) *(29.5–30.0 GHz)*

asymmetrische Übertragung *f* split-speed transmission *(modem, full duplex, e.g. V.23, s. Table V)*

asymmetrische Verschlüsselung *f* asymmetric encryption *(uses a secret key and a public key)*

asynchron asynchronononous, out of phase, anisochronous

asynchrones Übermittlungsverfahren *n* asynchronous transfer mode (ATM)

asynchroner Übertragungsmodus *m* asynchronous transfer mode (ATM) *(FO, PCM data, ITU-T I.121 (Table IV), "asynchronous" relating to the information, not the bit synchronisation)*

asynchrones Zeitmultiplex *n* asynchronous time division multiplexing (ATD, ATM) *(ITU-T I.113, s. Table IV)*

asynchrone Zeitvielfachtechnik *f* asynchronous time division multiplex (AT-D,ATM) *(ATM)*

Asynchronbetrieb *m* asynchronous mode

Asynchronzähler *m* asynchronous counter, ripple counter

At (Antenne *f*) aerial, antenna

ATBC (adaptive Teilbandcodierung *f*) adaptive subband coding (ASC)

AT-Befehl *m* AT (attention) instruction *(Modem)*

AT-Befehlssatz *m* AT instruction set *(modem control instructions: each instruction is preceded by AT = attention, Hayes)*

AT-Bus *m* AT bus *(IBM PC bus standard, now called ISA bus, q.v.)*

AT-Busschnittstelle *f* AT bus interface *(also called IDE, q.v., PC)*

ATC (adaptive Transformationscodierung *f*) adaptive transform coding *(hybrid source/waveshape coding method)*

ATD s. asynchrone Zeitvielfachtechnik *f*

A-Teilnehmer *m* calling subscriber (CLG), A party, calling station, mobile subscriber A (MSA)

Atk s. Aufteilungskabel *n*

ATM s. asynchroner Übertragungsmodus *m*

ATM s. asynchrone Zeitvielfachtechnik *f*

ATM-Adressenumcodierer *m* ATM address mapper (AAM) *(AT&T)*

ATM-Anpassungsschicht *f* ATM adaptation layer (AAL)

ATM-Anpassungsschicht *f* **für Zeichengabe** signalling ATM adaptation layer, signalling AAL (SAAL)

ATM-Anpassungsschichtprozessor *m* ATM adaptation layer processor (AALP) *(AT&T)*

ATM-Anschlußeinheit *f* ATM interface unit

ATM-Block-Übertraqung *f* ATM block transfer (ABT) *(ATM service category for data exchange and VOD q.v., ITU-T I.131 and I.371)*

ATM-Koppelnetz *n* ATM switch

ATM-Leitung *f* ATM pipe

ATM-Managementmodul *n* ATM management module (AMM) *(AT&T)*

ATM-Mobilitäts-Server *n* ATM mobility server (AMS) *(B-ISDN mobile communication)*

ATM-Multiplexer *m* ATM multiplexer (AMX)

ATM-Paketsteuerung *f* ATM packet handler (APH) *(AT&T)*

ATM-Schnittstelleneinheit *f* ATM interface unit (ATMU) *(AT&T)*

ATM-Switch *m* ATM switch

ATM-Übertragungsleitung *f* ATM pipe

ATM-Zelle *f* ATM cell

atomarer Speicher *m* atomic memory

Atomprozent *n* atomic percent *(chemistry)*

AT-PC *m* AT PC *(PC with Intel 80286/386 processor)*

ATS (analoge Teilnehmerschaltung *f*) analog line interface circuit, analog extension circuit *(ISDX)*

AtWe (Antennenweiche *f*) combiner, diplexer

Audioblock *m* audio block *(CD-I, audio data)*

Audioclip *m* audio clip *(TV)*

Audiodaten *npl* audio data *(CD-A, CD-I)*

Audio-Karte *f* audio card, sound card *(PC)*

Audiokonferenz *f* telephone conference

audionumerisches Magnetband *n* digital audio tape (DAT)

Audiotex (Sprachspeicher- und -ausgabedienst *m*) Audiotex voice mail service, premium rate service (PRS) *(tel., equivalent to videotex)*

audio-visuell (AV) audio-visual (AV)

Audit *n* audit

AUe-g/-k (Amtsübertragung *f* gehend/ kommend) exchange line interface outgoing/incoming

Aufbau *m* arrangement, layout, configuration *(system)*; mechanical design; structure *(field, frame)*; establishing communication *(bearer service)*; setting up *(call)*

aufbauen build up; set up, establish *(connection)*; compose *(message)*

Aufbauplatte *f* chassis *(HW)*

Aufbausteuerung *f* establishment control *(ISDN)*

Aufbaustufe *f* hierarchical level *(PCM)*

Aufbausystem *n* hierarchical system *(PCM)*

Aufbauzeit *f* connection setup time, setup time

aufbereiten condition *(signal, measurement)*; edit *(data)*

Aufbereitung *f* conditioning *(image, baseband signal)*, processing *(RF signal)*, editing *(data)*, rendering *(image)*; regeneration *(pulses)*; encoding *(AMI)*; synthesis *(frequency)*

Aufbereitungseinrichtung *f* (ABE) processing equipment *(ISDN vtx)*

aufbewahren hold, retain

Aufblendung *f* fade *(video)*

aufbooten boot (up) *(PC initialization)*

Aufdatierungsintervall *n* route updating interval

auf dem Chip *m* on-chip

aufdrehen turn up *(e.g. volume)*

auf eine Ergebnismenge *f* **aufsetzen** is applied to a result set

auf einen Kanal abgebildet channel-mapped *(signal coding)*

Aufenthaltsbereichskennung *f* location area identification (LAI) *(GSM, s. Table VII)*

Aufenthaltsbereichskennzahl *f* location area code (LAC) *(GSM, s. Table VII)*

Aufenthaltsdatei *f* visitor location register (VLR) *(GSM, s. Table VII)*

Aufenthaltsgebiet *n* location area *(GSM)*, routing area *(GPRS)*

Aufenthaltsgebietskennung *f* location area identity (LAI) *(GSM)*

Aufenthaltsinformation *f* location area identification (LAI) *(GSM)*

Aufenthaltsnetz *n* visited network *(mobile RT)*

Aufenthaltsort *m* location *(mobile RT)*

Aufenthaltsrufnummer *f* mobile subscriber *or* mobile station roaming number (MSRN) *(GSM, s. Table VII)*

auffächern fan out *(signal demux)*, demultiplex

auffangen latch *(signal)*, aborb

Auffangen *n* **des Anrufers bei böswilligem Anruf** malicious call tracing

Auffang-Flipflop *m* latch *(signal)*

Auffangregister *n* latch *(signal)*

Auffangspeicher *n* latch *(signal)*

Auffindung *f* retrieval *(documents)*

auffordern (zu) prompt (for)

Aufforderung *f* invitation, request, prompt; inquiry *(to transmit)*, polling *(to receive)*

Aufforderung *f* **zur Durchführung eines Dienstmerkals** facility request (FRQ) *(SS7 UP, s. Table III)*

Aufforderungsbetrieb *m* normal response mode (NRM) *(HDLC)*

Aufforderungssignal *n* inquiry signal

Aufforderungstext *m* language prompt *(monitor)*

Aufforderungszeichen *n* prompt *(monitor)*

Auffrischspeicher *m* refresh memory *(image processing)*

Auffüllung *f* compaction *(data)*

Aufgabe *f* function, job, task; input; disengagement, discontinuation *(transm.)*; abandonment *(call)*

Aufgabenprogramm *n* task *(DP)*

Aufgabenstellung *f* objectives; terms of reference

Aufgabenverteiler *m* task dispenser *(switch SW)*

Aufgabeorgan *n* input element

aufgeben abandon *(call attempt)*, discontinue *(call)*

aufgedrückte Schwingung *f* impressed oscillation

aufgelaufene Gebühren *fpl* accrued charges

aufgelegter Zustand *m* on-hook state *(of a tel.)*

aufgelöste Darstellung *f* exploded view *(drawing)*

aufgelöteter Transistor *m* soldered-on transistor (SOT) *(PCB assembly)*

aufgeschaltet external call connected

aufgeschoben deferred

aufgeteiltes Taktstoppen *n* partitioned clock stopping *(DP)*

aufgezeichnet recorded, prerecorded *(message)*

aufhalten stall *(pipeline, DP)*

aufhängen on-hook; replace, hang up *(handset)*

aufheben cancel; disconnect *(subscriber equipment)*; withdraw *(service)*

Aufheben *n* **der Sperre** *f* cancellation of barring

auf Hoch (H) schalten go High *(logic)*

Aufholverstärker *m* repeater *(TAT)*

Aufklapp-Menü *n* pop-up menu *(GUI, PC)*

Aufkommen *n* incidence *(cells, ATM)*

Aufladung *f* charge, replenishment *(battery)*

auflegen (go) on-hook; replace, hang up *(handset)*

aufliegen rest on; appear *(line at a terminal)*

Aufliegen *n* appearance *(of a call or line, PBX, US)*

aufliegende Verbindung *f* call appearance *(US)*

auflösen resolve, demultiplex *(signals)*, disassemble *(SDH containers, cells)*; clear *(connection)*; cancel *(e.g. a reset)*

Auflösung *f* resolution *(e.g. dpi, pixels/line)*; granularity *(bandwidth)*; sampling size *(CDs, in bits)*

Auflösung *f* **der Dämpfungsanzeige** vertical readout resolution *(OTDR)*

Auflösung *f* **der Entfernungsanzeige** horizontal readout resolution *(OTDR)*

Auflösungsbandbreite *f* resolution bandwidth (RBW) *(spectrum analyser)*

Auflösungsvermögen *n* resolution, resolving capability, definition *(TV)*

Aufmerksamkeitston *m* attention tone *(PABX)*

aufmerksam machen alert *(a user)*

Aufnahme *f* receptacle; reception; acceptance *(of a call)*

Aufnahmebuchse *f* receiving socket

Aufnahmeeinrichtung *f* receiving facility

aufnahmefähig perceptive

Aufnahmegerät *n* recorder *(TV studio)*

Aufnahmesatz *m* input circuit *(exch.)*

Aufnahmevorrichtung *f* receptacle

aufnehmen pick up, receive, accept, sink *(data, signals)*, record, measure, sense; accommodate *(HW)*

auf Niedrig (L) schalten go Low *(logic)*

auf Null stellen zero, null

aufprägen impress *(current etc)*

aufprüfen test *(a wire for e.g. seizure)*

Aufputz-... (AP,Ap) surface mounting *(socket)*

Aufrauschen *n* welling-up of noise

Aufrauscher *m* welling-up of noise

Aufrechterhaltung *f* maintenance *(of call)*

aufregeln increase *or* open up the gain *(in a signal channel)*

Aufreih-Klemmenleiste *f* channel-mounted terminal block

Aufruf *m* invocation

Aufruf *m* **der Parkfunktion** hold invocation *(ISDN)*

aufrufbar callable *(program)*, addressable *(memory location)*

Aufrufbetrieb *m* polling *or* selecting mode

aufrufen invoke *(code, procedure)*, call *(program)*, launch *(application)*

aufrufende Instanz *f* invoking entity *(ISDN)*

Aufrufer *m* client *(RPC)*

Aufrufverfahren *n* polling

aufrüsten upgrade

Aufrüstsatz *m* enhancement kit, upgrade kit *(e.g. PC to MPC)*

Aufrüstung *f* upgrading

Aufschalteanforderung *f* intrusion request, break-in request

Aufschalteeinrichtung *f* intrusion device, conferencing device

Aufschaltemeldung *f* trunk offering message

aufschalten offer, connect *(ext. call)*, bridge onto, intrude (on), "barge in" *(PBX)*; feed forward; enter, cut in *(stand-by generator)*; connect (to); add-on *(device)*

Aufschalten *n* (AS) offering, trunk offering, intrusion, breaking-in *(on a busy connection, e.g. for offering a call)*, executive intrusion *(feature, f. tel)*; entering, busy override; monitoring

Aufschalteschutz *m* (AS) monitoring protection, intrusion protection *(tel)*; data restriction *(data connections)*

Aufschalteschutz durchbrechen override intrusion protection

Aufschalteton *m* intrusion tone, cut-in tone; call waiting tone, (trunk-)offering tone

Aufschalteverbindung *f* intrusion-type connection, call waiting connection

Aufschaltezeichen *n* offering signal

Aufschaltezeit *f* switching time, setting-up time

aufschieben defer, postpone

aufschreiben note (down), transcribe *(e.g. an announcement)*

aufsetzen place, stack; sit on, use *(protocol layer)*, rely upon *(theorem)*; start (at)

Aufsetzpunkt *m* checkpoint *(DP)*

auf Sockel *m* pedestal-mounted *(CTV)*

Aufspaltungsfaktor *m* splitting factor *(PON)*

aufspannen unfold, open, put up, set up; span, generate *(math.; cell (mobile RT))*

aufspulen wind up, rewind *(tape)*

Aufstandsfläche *f* footprint *(rack)*, contact area

aufstarten boot (up) *(PC initialization)*

Aufstellungsort *m* place of installation; erection site *(antenna)*
Wahl *f* **des Aufstellungsortes** siting

Aufsuchen *n* retrieval *(information)*

Aufsynchronisieren *n* acquiring lock; synchronizing to *(e.g. access status)*; lock to, lock on to *(signal, clock)*

auftasten strobe, gate

Auftastimpuls *m* strobe (pulse)

aufteilen partition *(memory)*

Aufteilung *f* partitioning *(ISDN, network management functions)*

Aufteilung *f* **in Fenster** windowing

Aufteilungsfaser *f* distribution fibre, secondary fibre

Aufteilungskabel *n* (Atk) exchange cable *(ITU-T I.430.E, s. Table IV)*, secondary cable

Auftrag *m* order, job *(switching)*; task *(OS)*

Auftraggeber *m* (AG) principal; contracting authority

Auftraggeberprozess *m* client *(network management)*

Auftragnehmer *m* (AN) supplier; contractor

Auftragnehmerprozess *m* server *(network management)*

Auftragsabwicklung *f* task handling *(OS)*

Auftragsdienst *m* (AuftrD) absent-subscriber service *(tel)*, telephone answering service, custom calling service *(US)*; ordering service *(goods or services, videotex)*

Auftragsferneingabe *f* remote job entry (RJE) *(DP)*

Auftragsverwaltung *f* task management *(OS)*

AuftrD s. Auftragsdienst

Auftrennpunkt *m* separating point, splitting point

Auftrennweiche *f* separating filter *(xDSL)*

Auftreten *n* occurrence

Auftritt *m* web site *(WWW, q.v.)*

Auftrittswahrscheinlichkeit *f* probability of occurrence *(image coding)*

Aufwand *m* expenditure, complexity, amount *(of effort)*, overhead

aufwärts up

Aufwärtsfrequenz *f* uplink frequency

Aufwärtsfunkfeld *n* uplink path *(sat)*

Aufwärtskanal *m* uplink channel *(to the switch, base station, sat. etc.)*, upstream channel *(ADSL, CTV)*

aufwärtskompatibel upward compatible

aufwärtsmischen upconvert

Aufwärtsmischer *m* up converter *(RF)*

Aufwärtsrichtung *f* uplink (UL) *(PMP-Verbindung)*

Aufwärtsstrecke *f* uplink *(sat)*

Aufwärtsübertragungsrichtung *f* uplink (UL)

Aufwärtsumsetzer *m* up converter *(VSAT)*

Aufwärtsverbindung *f* uplink *(RT, mobile-base)*

Aufwärtswandler *m* up converter; step-up transformer

aufwärtszählen increment *(counter)*

Aufwärtszähler *m* incrementer

aufweisen exhibit, have

aufwendig elaborate, complicated, complex, expensive, inconvenient, -consuming

aufwerten upgrade

aufzeichnen record, plot; video

Aufzeichnungsdichte *f* recording density *(in tpi – tracks per inch, FD)*

augenblicklich instantaneous

Augendiagramm *n* eye pattern *(PCM phase, on oscilloscope)*

augenmittig in the centre of the eye pattern *(PCM phase)*

Augenwahrscheinlichkeitsdichte *f* eye pattern probability density *(PCM transmission)*

AUmw s. Auslandsumwerter *m*

Ausbau *m* upgrading, extension; configuration

ausbaubar extendable, upgradable; removable

ausbauen extend, upgrade, expand; remove

Ausbaumöglichkeiten *fpl* upgrading options

Ausbaustand *m* state of completion

Ausbaustufe *f* stage of completion *(HW)*, configuration level; update level, grade *(SW)*

ausbleiben fail to arrive *(signal)*

ausblenden extract *(signal)*; strobe; mask out, notch out, gate out, suppress, delete, remove, strip *(bits)*; eliminate *(jitter)*; blank out *(analog circuit)*; skip *(program records)*; collapse *(MS Windows, GUI, PC)*, hide *(graphics, PC)*

Ausblendimpuls *m* gate *or* strobe (pulse)

Ausbreitung *f* propagation; dispersion

Ausbreitungslaufzeit *f* propagation delay *(of packets)*

ausbremsen throttle *(data flow)*

ausbuchen book up *(capacity)*; log out

Ausbuchung *f* cancellation *(mobile RT)*

auschecken check out *(on-line shop)*

Ausdruck *m* printout, hard copy

Ausdünnung *f* thinning (out) *(e.g. a list)*

Ausfall *m* failure, outage; dropout *(TV)*

ausfallbeständig fault-tolerant

Ausfalldauer *f* (AD) unavailability time, outage time, downtime

Ausfalleinheit *f* failed unit

Ausfallquote *f* failure rate
noch annehmbare Ausfallquote acceptable quality level (AQL)

ausfallsicher failure-proof, fail-safe

ausfallsichere Abbildung *f* catastrophe-resistant (C-R) mapping

Ausfallsicherheit *f* fault tolerance

Ausfallzeit *f* (AZ) downtime *(computer)*; outage *(sat. link)*

ausfügen delete, clear *(characters, WP)*

ausführbar executable *(program)*

ausführen execute, run *(program)*

Ausführung *f* model, version, type, design; operation *(of service)*, execution

Ausführungsprozess *m* executive process *(ISDN)*

Ausgabe *f* output; issue, version *(SW)*

ausgabebereit ready to send

Ausgabeprozessor *m* display processor *or* controller *(graphics)*

Ausgabepufferspeicher *m* output buffer

Ausgabewarteschlange *f* output queue

Ausgang *m* output, port

Ausgangsadresse *f* original address

Ausgangsanpassung *f* output matching circuit

Ausgangsdaten base-line data, raw data

Ausgangsdrehwähler *m* rotary out-trunk *or* outgoing selector

Ausgangsfächerung *f* fan-out

Ausgangsgröße *f* initial value *or* parameter; output (variable)

Ausgangsknoten *m* egress node *(network)*

Ausgangslastfaktor *m* fan-out

Ausgangsmultiplexer *m* output multiplexer (OMUX) *(in sat)*

Ausgangsprofil *n* default profile *(LAP V interface (q.v.), ETS 300347-1)*

Ausgangspunkt *m* starting point, point of origin, basic point; output port

Ausgangsrechner *m* source computer *(data signal)*

Ausgangsschwingung *f* output frequency *(as a signal)*, emission signal *(FO)*

Ausgangssignal *n* output (signal)

Ausgangsstellung *f* initial *or* home position

Ausgangswert *m* default value

Ausgangszeitlage *f* outgoing time slot

ausgeartet degenerate

ausgebaut upgraded, extended, enhanced

ausgeglichen balanced; smooth, gapless *(clock)*

ausgefüllter Kreis *m* solid circle *(display)*

ausgehandelte Werte *mpl* negotiated values

ausgelastet: voll ausgelastet used to full capacity

ausgelesene Speicherstelle *f* accessed storage location

ausgeliefert vendor-supplied

ausgelöste Verbindung *f* terminated call

Ausgeprägtheit *f* distinctness *(bit)*

ausgerastet out of lock

ausgerichtet aligned, in-line

ausgewähltes Bitmuster *n* signalling opportunity pattern (SOP)

Ausgleich *m* equalization *(frequency, level)*

Ausgleichen *n* balancing, equalizing; delining *(DC offsets etc. in a group of image channels)*

Ausgleichsbit *n* DC balancing bit, balance bit *(transmission)*

Ausgleichsimpuls *m* equalizing pulse *(TV)*

Ausgleichsknick *m* **nach innen** surplus length bent inwards *(wire link)*

Ausgleichskondensator *m* building-out capacitor *(cable)*

Ausgleichsmodulation(ssignal *n) f* dither

Ausgleichspool *m* temporary pool *(network management)*

Ausgleichsspeicher *m* compensation buffer

Ausgleich *m* **von Lastspitzen** traffic shaping

aushandeln negotiate *(service, parameters)*

Aushandelung *f* negotiation *(service)*

aushängen off-hook

Aushängeprogramm *n* off-hook program

aushungern starve *(a process)*

ausketten dequeue

Auskoppeldämpfung *f* coupling attenuation *(direct coupler, sat)*

Auskoppelfeld *n* outgoing *or* absorbing switching network

Auskoppelkondensator *m* coupling capacitor

auskoppeln extract *(FO)*, launch *(optics)*; output, supply, deliver, bring out; tap *(power)*; decouple *(reduce feedback)*; tune out, balance out

Auskoppelungsoptik *f* beam launcher *(FO)*

Auskoppelverstärker *m* decoupling amplifier

Auskoppler *m* output coupler *(FO)*

Auskreuzung *f* cross-jointing; transposing, transposition *(connection lines, HW)*

Auskunft *f* inquiry *(tel)*

Auskunftsautomat *m* automatic information service machine

Auskunftsdienst *m* directory inquiry service, information service

Auskunftssystem *n* information server *(with speech synthesis)*

auslagern store externally; swap out, page out *(from main memory to auxiliary memory, RAM to HD)*; relocate, dislocate

Auslandsamt *n* international exchange

Auslandskennzahl *f* country code (CC)

Auslandskopfvermittlungsstelle *f* (AKVSt) international gateway

Auslandsleitung *f* (Alg) international circuit

Auslandsquerverbindungsleitung *f* (AQl) international interexchange trunk

Auslands-Übergangs-MSC *n* international gateway *(GSM, s. Table VII)*

Auslandsumwerter *m* (AUmw) international route translator

Auslands-VE *f* (VE-A) international switching centre *(GSM, s. Table VII)*

Auslandsverbindung *f* international call

Auslandsvermittlung *f* international gateway exchange (IGE)

Auslandsvermittlungsstelle *f* (AuslVSt) international switching centre

Auslandszentralvermittlungsstelle *f* (AZVSt) international tertiary exchange, central international exchange

Auslassungspunkte *mpl* ellipsis *(WP)*

Auslastung *f* load, load balance *(network)*, utilization (rate of capacity)

Auslastungsdaten *npl* activity data *(switch.)*

Auslastungsfaktor *m* duty factor *(in %, PCM speech)*

Auslastungsgrad *m* usage factor *(channel)*

Auslastungsteil *m* load-handling part

Auslaufbereich *m* lead-out *(CD)*

Auslaufteil *n* discontinued item

Auslenkung *f* deflection *(pointer)*, excursion; deviation

Ausläufer *m* peripheral section *(of a network)*

Auslenkwert *m* compliance *(audio pick-up needle)*

Ausleseadressierung *f* read addressing

Ausleuchtung *f* illumination *(ant.)*

Ausleuchtgebiet *n* footprint *(sat)*

Ausleuchtzone *f* coverage, footprint *(sat)*

Auslieferung *f* version *(SW)*

ausloggen log out

Auslöschung *f* extinction *(wave)*, evanescence *(light)*; cancellation *(interference)*; erasure *(packet loss)*

Auslöschungsverzweiger *m* evanescent splitter *(FO)*

Auslöseanforderung *f* clear request *(ISDN)*

Auslösebestätigung *f* Release Complete *(SS7 SCCP, s. Table III)*

Auslösemeldung *f* release message *(switch)*

auslosen choose at random

auslösen trigger, release, actuate, initiate, activate; release, disconnect, terminate *(call)*; trip *(relay)*

Auslösequittungszeichen *n* release guard signal

Auslöser *m* trigger *(DP)*

Auslösesignal *n* trigger signal

Auslösezeichen *n* clear-forward signal *(after A party goes on-hook)*; clear-back signal *(after B party goes on-hook)*; release signal

Auslösezeitüberwachung *f* disconnect time-out

Auslösung *f* clearing, cleardown, termination *(of the call)*; disconnection; release (REL) *(for transfer)*

AuslVSt s. Auslandsvermittlungsstelle *f*

Ausnahmeanschluß *m* remote *(ISDN)* access *(at non-ISDN exchange)*, foreign exchange line *(US)*

Ausnahmebehandlung *f* exception handling *(DP)*

Ausnahmehauptanschluß *m* special subscriber line *(DIVA)*

auspacken unpack *(compressed files on PC HD)*

Ausprägung *f* instance *(data, service)*, occurrence; characteristic value; form, content

Ausrastbereich *m* pull-out range *(signal lock)*

ausrasten drop lock, lose lock, pull out of synchronism

ausräumen flush (out) *(invalid words, packets, bits etc.)*; deplete *(semiconductor)*

ausregeln compensate (for), correct, adjust

Ausreißer *m* outlier *(image coding)*, freak value, runaway *(measurement)*

ausrichten align, point *(antenna)*

Ausrichtung *f* aiming *or* pointing *(antenna)*; alignment *(text)*

ausrufen page *(a person)*

ausrüsten equip

Aussagefähigkeit *f* information content

Aussagekraft *f* information content

aussagekräftig significant

Aussatzeffekt *m* threshold effect *(DVB)*

ausschalten open *(switch)*, trip *(breaker)*; break *(current)*; disconnect *(module)*; interrupt *(line)*; turn off *(component)*; deactivate *(service, function)*; release *(loopback, ISDN)*; clear *(undo select, GUI, PC)*

Ausschalteton *m* disabling tone

Ausschaltglied *n* normally-closed contact *(HW)*

Ausschaltung *f* deactivation *(service)*

Ausschaltzeit *f* turn-off time, off period *(electronics)*

ausscheiden filter out, knock out *(packets)*

Ausscheidung *f* filtration, knockout *(packets)*

Ausscheidungszahl *f* trunk prefix *(tel)*

ausschlaggebende Entscheidung *f* tie-breaking vote *(majority-vote logic)*

ausschneiden cut *(GUI, PC)*

Ausschnitt *m* section, segment; pane *(MS Windows, PC)*

Ausschreibung *f* request for quote (RFQ); invitation of tender; request for proposal (RFP)

außen outside

Außenbaugruppe *f* outdoor unit, receiver front end *(sat)*

aussenden ohne Zielrichtung *f* broadcast

Aussendung *f* emission, transmission, broadcasting

Außeneinheit *f* outdoor unit (ODU) *(sat, WLL)*

Außenleiter *m* outer conductor; phase conductor, L (live) conductor *(PS)*

außenliegende Nebenstelle *f* off-premises extension (OPX)

Außenraumversion *f* outdoor model *(HW)*

Außenspeicher *m* external *or* outboard memory

Außenstation *f* outstation *(tel., e.g. in rural areas)*; terminal *(TC)*

Außerband-Signalisierung *f* out-band signalling

Außerband-Zeichengabe *f* out-slot signalling *(ITU-T I.112, s. Table IV)*

außer Betrieb out of service

Außerbetriebnahme *f* decommissioning; transition to idle state *(D channel)*; deactivation *(channel)*

außer Betrieb nehmen deactivate, shut down, stop, take out of service, decommission

außerordentliche Welle *f* extraordinary wave (E) *(FO)*

außer Tritt out of lock, out of synch(ronisation)

Äußerung *f* utterance *(voice coding)*

Aussetzbetrieb *m* intermittent operation

Aussetzer *m* dropout *(monitor)*

Aussetzfehler *m* dropout *(monitor)*

aussondern extract *(information)*

aussparen notch out, mask out *(bits)*

ausspeichern read out of memory

ausspielen output *(cells, samples)*

Ausspruch *m* utterance *(speech recognition)*

Ausstattung *f* equipment (level)

aussteigen exit *(a program)*

Aussteuerbereich *m* dynamic range

Aussteuergrad *m* (pulse) control factor *(power electronics)*

Aussteuergrenze *f* peak code *(PCM)*

aussteuern control, drive, modulate; select, reject, gate out

Aussteuerung *f* drive, modulation, dynamic range *(el. tubes)*, recording level, level control; busyness *(digital signal)*; rejection, selection

Aussteuerungsbereich *m* modulation range, dynamic range *(A/D)*, control range

Aussteuerungsgrad *m* (pulse) control factor *(power electronics)*

Ausstieg *m* exit *(program)*

Ausstiegsknoten *m* exit *or* egress node *(network)*

ausstrahlen radiate; broadcast

Ausstrahlung *f* radiation, emission; transmission *(programme, radio/TV)*, broadcasting

Ausstrahlungsnorm *f* broadcasting standard *(radio/TV)*

Ausstrahlungsradius *m* radius of propagation *(sat)*

austakten clock out, strobe out

austasten gate out, gate off, blank; key off *(transmitter)*

Austastflanke *f* keying-off (pulse) edge *(transmitter keying)*

Austastpegel *m* blanking level *(TV)*

Austastsignal *n* extraction signal *(pulses)*

Austauschbarkeit *f* interchangeability *(terminals, ISDN)*

Austauscheinheit *f* (AE) field replaceable unit (FRU)

Austauschen *n* interchanging *(files)*; replenishment *(image coding)*; switch

Austausch *m* **von Label-Informationen** label swapping *(IP)*

austeilen distribute; administer

austesten check out

austragen unregister

Austritt *m* outlet; withdrawal *(from conference, tel)*; exit *(program)*

Austrittssignal *n* escape signal *(exch.)*

Auswahl *f* selection; dialling out

auswählen select; check *(MS Windows, PC)*

Auswählen Select *(List box, Options button, MS Windows, PC)*

Auswahl-Cursor *m* selection cursor *(MS Windows, PC)*

Auswahllogik *f* selector logic

Auswahl *f* **nach Netzbetreibern** carrier selection *(LCR feature)*

Auswandern *n* drift *(out of range, sat)*
Auswandern *n* **der Taktfrequenz** clock drift

Ausweichdatenrate *f* fall-back data rate *(modem)*

Ausweichleitung *f* alternate route

Ausweichleitweg *m* alternate route

Ausweichmanöver *n* escape manoeuvre *(aero)*

ausweisen identify

Auswerfer *m* ejector *(PCB)*

auswerten evaluate, analyze, interpret, detect, sense

Auswertung *f* evaluation, analysis, interpretation

Auswertung *f* **der gerufenen Nummer** called number analysis

Auswertung *f* **der verlangten Rufnummer** called number analysis

Auswertungsfilter *n* analysis filter *(audio coding)*

Auszeichnung *f* markup *(ODA)*

Auszeichnungssprache *f* (hypertext) markup language *(WWW, SGML)*

autark autonomous, independent

autarkes Dienstmerkmal *n* network-independent service attribute

autarkes System *n* autonomous system

AUTEX (automatische Telex-Teletex-Auskunft *f*) automatic telex/teletex directory service *(DTAG)*

Authentifikation *f* (AUT(H)) authentication *(GSM 01.04, s. Table VII)*

authentifizieren authenticate *(user)*

Authentifizierung *f* authentication

Authentifizierungseinrichtung *f* authentication centre *oder* control (AC) *(GSM)*

Authentifizierungskopf *m* authentication header (AH) *(IP, RFC2401, 2402, s. Table VIII)*

Authentifizierungsprotokoll *n* authentication protocol

Authentisierung *f* authentication

Autoantenne *f* car (radio) aerial *or* antenna

Autobauding *n* automatic Baud (rate) recognition (ABR), auto-9bauding *(modem)*

Autoempfänger *m* car radio

Autofunkgerät *n* mobile transceiver

Autokorrelation *f* autocorrelation

Automat *m* automatic device; intelligent peripheral *(IN)* state machine, machine *(math. model)*

automatisch automatic

automatische Amtsbelegung *f* automatic exchange line seizure *(PBX)*

automatische Amtsholung *f* automatic exchange line seizure *(PBX)*

automatische Anrufverteilung *f* automatic call distribution (ACD) *(ISDX)*; mobile access hunting (MAH) *(GSM 01.04, s. Table VII)*

automatische Anrufverteilung *f* **im Netz** network automatic call distribution (NACD) *(IN)*

automatische Antwort *f* auto answer

automatische Bildübertragung *f* automatic picture transmission (APT) *(radio facsimile)*

automatische Gebührenerfassung *f* automated message accounting (AMA) *(US)*

automatische Pegelregelung *f* automatic level control (ALC) *(sat. TWTA)*

automatischer Datenmeßsender *m* (ADaM) automatic data signal generator

automatischer Digitalverteiler *m* automatischer digital distribution frame (ADDF)

automatische Rechnungserstellung *f* automatic billing

automatischer Empfang *m* unattended reception *(fax)*

automatischer Meßablauf *m* (automatic) measurement program *(test set)*

automatischer Rückruf *m* (RRUF) automatic call-back (ACB), auto callback *(modem feature, to prevent unauthorized calls)*

automatischer Rückruf bei Besetzt (RRUFB) automatic call-back on busy (ACBS) *(modem, fax)*

automatischer Stapelbetrieb *m* automatic document feed (ADF) *(fax)*

automatischer Teilnehmer *m* test call generator

automatische Rufnummernanzeige *f* automatic number identification (ANI) *(at the subscriber end, ISDN)*

automatische Rufnummernkennzeichnung *f* automatic number identification (ANI) *(at the exchange)*

automatische Rufumleitung *f* s. automatische Anrufverteilung *f*

automatischer Verbindungsaufbau *m* automatic call set-up, auto-call *(US)*, autodialling

automatische Schrittgeschwindigkeitserkennung *f* automatic Baud (rate) recognition (ABR), autobauding

automatisches Herunterschalten *n* automatic fallback *(modem)*

automatische Spracherkennung *f* (ASE) automatic speech recognition (ASR)

automatisches Rollen *n* autoscroll *(GUI, PC)*

automatische Standorterfassung *f* self-location *(mobile RT)*

automatisches Wählgerät *n* (AWG) automatic dialler

automatisches Wähl- und Ansagegerät *n* (AWAG) automatic dialling and recorded announcement equipment

automatische Verbindungswiederherstellung *f* automatic call restoration

automatische Wähleinrichtung *f* **für Datenübertragung** (AWD) automatic dialling facility for data transmission *(V.24/ RS232C, s. Table IX)*

automatische Wahlmöglichkeit *f* automatic calling facility

automatische Wahlwiederholung *f* auto recall *(US)*

automatische Wechselschalter-Anschaltedose *f* (AWADo) automatic changeover switch junction box

automatische Wiederholung *f* automatic repeat request (ARQ), automatic retransmission request (ARR)

automatische Zugsicherung *f* automatic train protection (ATP)

Automatisierungsanlage *f* automation system

Automatisierungsstufe *f* automation level

Automatisierungstechnik *f* automation technology, automated manufacturing technology

Autoradio *n* car radio

Autorenwerkzeug *n* authoring tool *(transl.)*

autorisieren authenticate *(use)*

autorisiert authorized *(use)*

Autorisierungszentrale *f* authentication centre (AUC) *(GSM, s. Table VII)*

Autostart *m* automatic startup, StartUp *(PC)*

Autotelefon *n* (in-)car telephone, car radio telephone, carphone, mobile telephone *(mobile RT)*

Autotelefon-Netz *n* mobile telephone network, public land mobile network (PLMN)

Autozubehör *m* in-car accessory *(for mobile phone)*

AV s. audio-visuell

A-Vermittlungsstelle *f* (A-VSt) originating exchange

A-Verstärker *m* class A amplifier *(AF amplifier)*

Avionik *f* avionics *(aero)*

AVS (Amtsverbindungssatz *m*) exchange-line connector set *(tel)*

A-VSt s. A-Vermittlungsstelle *f*

AW (Abtastwert *m*) sample

AWADo s. automatische Wechselschalter-Anschaltedose *f*

AWAG s. automatisches Wähl- und Ansagegerät *n*

AWD s. automatische Wähleinrichtung *f* für Datenübertragung

A-wertig priority A, with priority A *(AIS, fault signal)*

AWG (automatic Wählgerät *n*) automatic dialler

AWGN-Kanal *m* AWGN channel, channel with additive white Gaussian noise

AXE (automatische digitale Vermittlungs-Einrichtung *f*) Automatic digital Exchange Equipment *(Ericsson, S)*

AZ (Ausfallzeit *f*) downtime, outage

AZ-MUX (Abzweig-Multiplexer *m*) drop/insert multiplexer (VBN)

AZ-Vr (Abzweigverstärker *m*) drop repeater *(transmission)*

AZVSt s. Auslandszentralvermittlungsstelle *f*

B

BA s. Basisanschluß *m*

BA (Betriebsart *f*) operating mode

BaAs s. Basisanschluß *m*

Babyruf *m* babyphone feature *(f. tel)*

Baby-Zelle *f* C cell *(dry battery, approx. 8000 mA/h)*

Backbone-Netz *n* backbone network *(FDDI, connecting incompatible neworks, HFC)*

Backpropagation *f* (BPG) backpropagation *(of the error gradient, neural network)*

Backpropagation-Algorithmus *m* backpropagation algorithm *(training algorithm for a neural network)*

b-Ader *f* b wire, ring wire, R wire, ring *(US)*

Bahnebene *f* orbital plane *(sat.)*

Bahn-GSM Railway GSM (GSM-R) *(based on DIBMOF (q.v.), 1989)*

Bahnhöhe *f* orbital altitude *(sat.)*

Bahnverfolgung *f* tracking *(sat)*

Bahnverfolgungs- und Datenübermittlungs-Satellitensystem *n* tracking and data relay satellite system (TDRSS) *(NASA, replaces ground stations)*

Bahnverfolgung, Telemetrie und Befehlsgabe *f* tracking, telemetry and command (TTC, TT&C) *(sat. ground station, Iridium)*

Bajonettstecker *m* BNC (bayonet nut coupling) connector

Bakensignal *n* beacon signal *(unmodulated sinewave signal, sat)*

BAKO (Bundesamt *n* für Kommunikation) Federal (Swiss) Office for Communication

BA-Konzentrator *m* (BAKT) basic access concentrator, basic acces multiplexer (BAMX) *(ISDN)*

BAKT s. BA-Konzentrator *m*

Balkencode *m* bar code *(machine-readable optical code)*

Balkendiagramm *n* bar chart, bar graph

Ballempfangsstandort *m* rebroadcasting site *(TV broadcasting)*

Ballungszentrum *n* population centre

BAMX s. Basisanschlußmultiplexer *m*

Band *n* band; tape *(HW)*

Bandabstand *m* band gap, energy gap *(FO)*

Bandansage *f* taped message, prerecorded message

Bandaufzeichnungsgerät *n* tape recorder

Bandbegrenzung *f* band limitation

Bandbreite *f* **auf Anforderung** bandwidth on demand (BOD) *(router)*

Bandbreiteneffizienz *f* s. Bandbreitenwirkungsgrad *m*

Bandbreiten-Pooling *n* bandwidth pooling *(network management)*

Bandbreitenreserve *f* margin of bandwidth

Bandbreitenwirkungsgrad *m* bandwidth efficiency, spectral efficiency *(ratio of the bit rate of a bit stream to the bandwidth of the RF signal modulated by this bit stream, in bits/sec/Hz)*

Bandbreite-Reichweite-Produkt *n* bandwidth-length product *(FO)*

Bandbreite-Zeit-Produkt *n* bandwidth-time product (B-T) *(transmission)*

Bändertausch *m* (frequency) frogging *(UHF)*

Bandgerät *n* tape recorder

Bandgrenze *f* three-dB point, half-power point *(signal)*

Bandkabel *n* ribbon cable

Bandkante *f* band edge *(microelectronics)*

Bandlängenänderung *f* (tape) skew *(VTR)*

Bandlaufwerk *n* tape drive, streamer *(e.g. DAT, PC)*

Bandleitung *f* twin lead *(TV)*

Bandlücke *f* band gap

Bandmitte *f* mid-band *(TV)*

Bandsperre *f* band-stop *or* band-rejection filter

bandspreizendes (Übertragungs)verfahren *n* spread spectrum method

Bandspreiztechnik *f* spread spectrum technique

Bandspreizung *f* band spreading *(RF)*

Bandstand *m* tape count *(VTR)*

Bandstelle *f* tape position *(VTR)*

Bandsuchlauf *m* band scanning *(frequency monitoring)*

Bandumsetzung *f* frequency frogging *(UHF)*

Bandwickel *m* (tape) reel *(tape, film)*

Bank *f* bank *(tel)*

Bankautomat *m* automatic cash dispenser, automatic teller machine (ATM) *(US)*

Bankfeld *n* (selector) bank assembly *(tel)*

BAP s. Basisanschlußpunkt *m*

BAPT (Bundesamt für Post und Telekommunikation) Federal (German) Post and Telecommunications Office *(from 1990)*

Bargeldautomat *m* automatic cash dispenser; automatic teller machine (ATM) *(US)*

bargeldloser Zahlungsverkehr *m* electronic banking

Bark-Wert *m* bark value *(frequency on the Bark scale, related to cochlear filters – constant-length segments of the basilar membrane; psychoacoustics)*

BASA (Bundesbahn-Selbstanschlußsystem *n*) subscriber-dialling telephone network of the Federal Railways *(Austrian)*

BASC-Signal *n* (Bild-, Austast-, Synchron- und Chrominanzsignal) composite-video/chrominance signal *(timeplex colour video component transmission)*

Basis *f* base, base line; number base *(math.)*; base station *(cordless DECT)*

Basisablauf *m* basic call

Basisanschluß *m* (BA, BaAs) basic (ISDN) access *(ISDN S_0, ITU-T I.420, I.430, 192 kbit/s, B_{64}+B_{64}+D_{16} channels, BT ISDN 2, s. Table IV)*; base terminal

Basisanschlußkanal *m* basic access (channel) *(ISDN)*

Basisanschlußleitung *f* basic (access) subscriber line

Basisanschlußmultiplexer *m* (BAMX) basic access multiplexer *(ISDN)*

Basisanschlußpunkt *m* (BAP) basic access point *(ISDN)*

Basisanschlußsteckdose *f* (BA-Steckdose *f*) *(NTBA)* basic access (ISDN) socket

Basisband *n* (BB) baseband *(signal; network: 2–15 MB/s, only one TDM channel, CSMA/CD or token passing access)*

Basisband-Bildsignalgemisch *n* composite video baseband signal (CVBS) *(TV, s. FBAS)*

Basisbandeinheit *f* baseband unit (BBU)

Basisband-Netz *n* baseband network *(does not use modems, only transceivers and repeaters, one TDM channel only, e.g. Ethernet, Token Ring)*

Basisdienst *m* basic service *(ISDN, GSM 02.07, s. Table VII)*

Basisebene *f* basic tier *(TV transmission)*

Basis-Elementarfunktion *f* basic elementary function (BEF) *(ISDN)*

Basisfestanschluß *m* basic access for permanent connections

Basis-Funkstation *f* base transceiver station (BTS) *(RSS, GSM, s. Table VII)*

Basisfunktionen *fpl* **der oberen Schichten** basic high layer functions (BHLF) *(ISDN)*

Basisfunktionen *fpl* **der unteren Schichten** basic low layer functions (BLLF) *(ISDN)*

Basis-Globalfunktion *f* basic global function *(ISDN)*

Basisinfrastruktur *f* (BIS) basic infrastructure *(DBT)*

Basiskanal *m* basic access channel *(ISDN)*, B-channel

Basiskomma-Sortieralgorithmus *m* radix sorting algorithm

Basisprozessor *m* base processor *(exch.)*

Basisratenanschluß *m* basic rate access (BRA) *(ITU-T I.430.E, s. Table IV)*

Basisratenschnittstelle *f* basic rate interface (BRI)

Basisstation *f* base station (BS) *(CT2)*, base transceiver station equipment (BTSE) *(GSM)*

Basisstationssteuerung *f* base station controller (BSC) *(BSS, GSM, s. Table VII)*

Basisstationssubsystem *n* base station subsystem (BSS) *(RSS, GSM, s. Table VII)*

Basisstationswechsel *m* handover *(cellular RT)*

Basistransportprotokoll *n* basic transport protocol

Basis-Verbindungskomponente *f* basic connection component *(ISDN)*

BAS-Signal *n* (Bild-, Austast- und Synchronsignal) composite video signal, composite picture signal, composite signal *(monochrome TV, mon)*

BA-Steckdose *f* s. Basisanschlußsteckdose

Batch-Datei *f* batch file

BAT-Tabelle *f* bouquet association table (BAT) *(MPEG-2, DVB SI)*

batteriegepuffert battery backed *(PC RAM)*

batteriegestützt battery backed *(PC RAM)*

Batteriesäule *f* battery pack *(exch.)*

Batton-Paß-Bus *m* batton-passing bus

BAV (Breitbandanschlußvermittlung *f*) broadband access switch *(VBN, FO)*

Baud *n* (Bd) baud (bd) *(unit of modulation rate, TTY)*

Baudot-Code *m* Baudot code *(5-level code, TTY, after Emile Baudot)*

Baudrate *f* baud rate *(product of modulation rate (bd) and number of states transmitted per signal element, in bits/second (bps))*

Baueinheit *f* structural unit; constructional unit

Bauelement *n* (BE) component, device, circuit element

Bauelement *n* **mit elektrooptischem Effekt** self-electro-optic device (SEED)

Bauform *f* model, type, style

Baugröße *f* frame size

Baugruppe *f* (BG) circuit board; component block *(inside an IC)*; assembly *(e.g. PCB)*; module; subassembly *(inside a module)*

Baugruppenrahmen *m* (BGR) module frame

Baugruppensteckplatz *m* card slot *(subrack)*

Baugruppenträger *m* (BGT) card frame, card cage, subrack

Baugruppenziehwerkzeug *n* module extractor

Bauhöhe *f* unit height *(drive bay, reference unit = 5 1/4" drive: 8 cm; PC)*

Baukastenprinzip *n* modular concept

Bauleistung *f* design rating

baumähnlich tree-shaped *(tree coding, sorting)*

Baumcodierung *f* tree coding, tree-type coding

Baumstruktur *f* tree structure, branching

Baumuster *n* prototype, model

Bausatz *m* kit

Bauschaltplan *m* wiring diagram

Baustein *m* chip *(IC)*

Baustein-Anwahlsignal *n* chip select (CS) signal

Baustein-Auswahlsignal *n* chip select (CS) signal

Baustufenverordnung *f* regulation relating to the stages of construction *(DTAG)*

Bauteil *n* component

Bauweise *f* equipment type

BB (Basisband *n*) baseband *(signal)*

BB (Betriebsbereitschaft *f*) hot standby

BB (Breitband *n*) wideband, broadband

B-Bild *n* (bidirektional prädiktionscodiertes Bild *n*) B frame (bidirectionally predictively coded frame) *(MPEG-2)*

BBS (Bulletin-Board-System *n*) bulletin board system *(Internet)*

BBV (Breitbandvermittlungsstelle *f*) broadband switching centre *(VBN, FO)*

BCD (binär codierte Dezimalzahl *f*) binary coded decimal

BCH Bose-Chandhuri-Hoequenghem *(code)*

Bd Baud, baud

BDE (Betriebsdatenerfassung *f*) operating data acquisition *or* entry *(unit)*

BDG s. Bediengerät *n*

b-Draht *m* s. b-Ader

BDSG (Bundesdatenschutzgesetz *n*) Federal (German) Data Protection Act

BDV (Breitbanddurchgangsvermittlung *f*) broadband transit switch *(VBN, FO)*

BE s. Bauelement *n*

BE (Beschaltungseinheit *f*) line unit (LU)

BE (Betriebserde *f*) system earth

beanspruchen strain, load; utilize, take up; (be) in use

Beanspruchung *f* stress; load, loading

Beanspruchungsdauer *f* endurance *(FLASH memory)*

Beantwortungszeit *f* response time

Beantwortungszeitüberwachung *f* response timer *(ISDN, UPT)*

bearbeiten process, handle; edit *(WP)*

Bearbeitungsindikator *m* progress indicator *(ISDN)*

Bearbeitungstakt *m* processing rate *(data)*

beaufschlagen subject, load, force, charge, apply; act upon; write to *(e.g. a channel)*

beaufsichtigtes Lernen *n* supervised learning *(neural network)*

Bebilderung *f* illustration; image printing *(repro)*

bec-Datei *f* bec file *(ASCII file, format for representing character shapes, repro.)*

BED (Beschaltungseinheit *f* digital) digital line unit (DLU) *(B-ISDN)*

bedämpfen attenuate *(frequencies)*

bedarfsgesteuerte Kanalzuteilung *f oder* **Kanalzuweisung** *f* demand assignment (DA) *(VSAT)*

bedarfsgetrieben demand-driven

Bedarfsträger *m* user (organisation) *(service radio)*, potential user, would-be user; interested party, user with a relevant requirement

Bedarfstrennstrich *m* soft hyphen *(WP)*

Bedarfswartung *f* corrective maintenance

Bedeckungsgrad *m* degree of coverage

Bedeckungszone *f* footprint *(sat)*

bedeutsames Bit *n* significant bit

bedienbar operator-controllable; operated

bedienbare Teilnehmerzahl *f* customer handling capacity

Bedienbarkeit *f* serveability, user-friendliness

Bedienbarkeitsprüfung *f* operating test

Bedieneinheit *f* service unit *(exch.)*

Bedieneinrichtungen *fpl* operating facilities

Bedienelemente *npl* operator('s) controls

bedienen control, operate *(HW)*; process, handle *(signal)*; serve *(subscribers)*

Bediener *m* operator; server *(network gateway function, sat)*

bedienerfreundlich user-friendly, operator-oriented

Bedienerfreundlichkeit *f* operator convenience, ease of operation

Bedienerführung *f* menu prompt(ing), operator prompt

Bedienerführungsebene *f* menu prompting level

Bedienerkomfort *m* user-friendliness

Bedieneroberfläche *f* operator interface, user interface *(shell)*; terminal operating elements

Bedienfehler *m* operator error

Bedienfeld *n* operating panel; unit front

Bediengerät *n* (BDG) control unit

Bedienhörer *m* handset *(RT)*

Bedienkomfort *m* ease of operation, operating comfort, user-friendliness

Bedienkonsole *f* operator's console, control console, control desk

Bedienoberfläche *f* operating interface, user interface

Bedienoperation *f* operator action, console operation

Bedienpersonal *n* operating personnel

Bedienplatz *m* workstation (WS) *(comp.)*; (BPL) operator's station *(tel)*; control console

Bedienplatzfunktion *f* workstation function (WSF) *(device or process allowing access to a network component such as an NE, MD, OS etc.)*

Bedienrate *f* serving rate *(traffic management)*

Bedienseite *f* operator's side

Bedienstation *f* service station, server *(network gateway function, sat)*; workstation (WS)

Bedienstation *f* **mit unendlich vielen Bedienern** infinite server *(network gateway function, sat)*

bedient attended *(terminal)*, manned

Bedientableau *n* keyboard tablet

Bedienung *f* operation

Bedienungsanleitung *f* operating instructions, operator's manual, technical information

Bedienungsaufruf *m* console request

Bedienungsfeld *n* (BF) control panel

bedienungsfrei unattended, automatic

Bedienungshandbuch *n* operator manual

Bedienungsgang *m* operating aisle *(rack)*

bedienungslos unattended, automatic

bedienungslose Wählunteranlage *f* (WU-Anl) (dependent) PABX

Bedienungsperson *f* attendant

Bedienungsplatz *m* workstation (WS) *(comp.)*; (BPL) operator's station *(tel)*, console

Bedienungsrechner *m* (BR) service computer; operating system *(tel)*

Bedienungsseite *f* service side *(distributor)*

Bedienungsteil *n* control section

Bedienungstheorie *f* queuing theory

Bedienungs- und Wartungsfeld *n* operating and maintenance panel

Bedienungsvorschrift *f* operating instructions

Bedienungswunsch *m* service request

Bedienzeit *f* serving delay *(network gateway function)*

bedingte Genauigkeit *f* reduced accuracy

bedingter Zugriff *m* conditional access (CA) *(DVB)*

bedingtes Austauschen *n* conditional replenishment *(image coding)*

bedingtes Gegensprechen *n* semiduplex, alternating duplex communication, 2-frequency simplex

bedingte Verzweigung *f* conditional branch *(flow chart)*

Bedingung *f* condition; constraint *(math.)*

bedingungslos unconditional

beeinflußbare Bündelsuche *f* alterable trunk group search

beeinflussend influencing

beeinflussende Kenngröße *f* influencing characteristic

beeinflussendes Feld *n* interfering field

Beeinflussung *f* influence, interference, induction *(as in electromagnetic interference)*

Beeinflussungslänge *f* constraint length *(convolutional coding, DVB)*

beeinträchtigte Minuten *fpl* degraded minutes (DM) *(ITU-T Rec. G.821, s. Table III)*

beenden end, finish; exit *(a program)*; quit *(WP, PC)*

Beenden und Zurück zu ... exit and return to ... *(Windows instruction, PC)*

Beendigung *f* termination, ending

befähigen enable

Befehl *m* command, instruction; request *(a primitive from a higher to a lower layer)*

Befehl-/Quittungsfolge *f* command/response (C/R) sequence *(ISDN)*

Befehlsablauf *m* instruction (execution) cycle *(EDP)*

Befehlsbereitstellungsstufe *f* fetch stage *(pipelining)*

Befehlscode *m* operation code (opcode) *(EDP)*

Befehlsebene *f* command level, command mode

Befehlsfolge *f* instruction sequence *(DP)*, script *(ATM NMS)*

Befehlsfolgesteuerung *f* control sequencer

Befehlsgerät *n* control unit

Befehlsinterpretierer *m* command interpreter *(DP)*

Befehlslänge *f* instruction length

Befehlsmodus *m* command mode

Befehlsrahmen *m* command frame *(data link layer, ISDN)*

Befehlssatz *m* instruction set *(DP)*

Befehlsschaltfläche *f* command button *(GUI, PC)*

Befehlsspeicher *m* control(-signal) memory

Befehlstrennlinie *f* command separator *(GUI, PC)*

Befehlsverknüpfung *f* command logic *(servo)*

Befehlsvorrat *m* instruction set *(DP)*

Befehl *m* **zur Betriebsartfestlegung** mode setting command

Befestigungsteile *npl* mounting hardware

Befragung *f* consultation; polling *(of viewers, CTV)*

befristeter Zählvergleich *m* temporary meter comparison

befüllen (mit...) enter (...) into *(file)*

BEG s. Beginnzeichen *n*

Beginnabgleich *m* handshaking

beginnen start, turn on

Beginnflagge *f* opening flag *(SS7, s. Table III)*, start flag

Beginnrelay *n* start relay

Beginnzeichen *n* (BEG) answer signal *(from called station, PABX)*; off-hook signal

Beginnzustand *m* off-hook state, answer state *(tel)*
in den Beginnzustand gehen go off-hook

Beglaubigung *f* authentication

Begleit-CD *f* companion CD *(e.g., included in a book)*

Begleitton *m* sound component *(TV)*

Begleitzeichen *n* accompanying signal *(signalling)*

begrenzen limit, clip *(signal)*, confine

Begrenzer *m* limiter *(circuit)*; delimiter *(data)*

Begrenzer *m* **negativer Spitzen** negative peak limiter *or* clipper

begrenzte Laufzeitdifferenz *f* restricted differential time delay (RDTD) *(ISDN)*

Begrenzung *f* limiting, clipping *(signal)*; delimitation; framing *(transmission)*; thresholding *(image coding)*

Begrenzungsflächendarstellung *f* boundary representation *(graphics)*

Begrenzungsschwelle *f* clipping level

Begrenzungsstufe *f* limiting stage, clipping stage

Begrenzungszeichen *n* (delimiting) flag, delimiter *(ISDN)*

Begriff *m* term

begrifflich notional, conceptual

Begriffsbestimmung *f* definition of terms

Begrüßungsbildschirm *m* welcome screen *(PC)*

behandeln treat, handle

Behandlungseinrichtung *f* handling facility, handler *(packets)*

Behebungsmechanismus *m* fault elimination *or* repair mechanism *(OAM)*

beheimatet resident *(SW)*

beheimateter Funkteilnehmer *m* registered mobile subscriber

beherrschbar manageable

beherrschen govern, control, bring under control, have control over, manage, be capable of

beherrscht controlled, under control

Behinderung *f* blocking; congestion *(route)*

Behörden und Organisationen mit Sicherheitsaufgaben (BOS) authorities and organisations concerned with public safety *(police, fire department etc., operating PMR equipment)*

beiderseitig on both sides, bilateral

beidohrig binaural *(auditive test, tel)*

Beidraht *m* additional wire

beidseitig at both ends *(cable)*; bidirectional *(traffic)*

beidseitig ergänzbare Warteschlange *f* double-ended queue (deque)

beidseitige Übertragung *f* two-way *or* both-way transmission

Beinahe-Schönschrift *f* near letter quality (NLQ) printing

Beistelldecoder *m* set-top box (STB) *(digital TV)*

Beistellgerät *n* adapter *(domestic TV decoder)*; add-on *or* TV-top *or* set-top unit (STU), set-top box (STB) *(dom. sat. receiver)*; auxiliary device *(tel. installation)*

Beistell(geräte)schrank *m* auxiliary equipment cabinet

Beitragsanwendung *f* contribution application *(ITU-T I.113, s. Table IV)*

Beitrag(szuführung *f*) *m* contribution, programme distribution *(TV etc.)*

BEL (Klingel *f*, Wecker *m*) bell *(tel)*

Bel s. Belegung *f*

beladen load

Belag *m* quantity per unit (length, area etc.)

Belastbarkeit *f* load carrying capability; maximum load *(transm. link)*; power handling capacity *(power amplifier)*

belasten load; bill *(account, credit card)*

belasteter Kondensator *m* RC smoothing circuit

belasteter MQW-Laser *m* strained MQW laser *(subject to symmetrical compressive and tensile strain)*

belästigter Teilnehmer *m* molested subscriber

Belastung *f* load of traffic carried *(traffic intensity of traffic handled)*; workload

Belastungsmessung *f* load measurement

Belastungsspule *f* loading coil *(ISDN)*

Belastungsteilung *f* call load sharing

belegen allocate *(pins)*; assign, program *(keys)*; load *(memory area)*; use *(channel, service)*; occupy *(line, time slot)*; seize *(line)*

Beleger *m* user *(channel, service)*

belegt seized, held, busy; occupied *(line)*

belegter Abnehmer *m* busy server *(tel.sys.)*

Belegtzustand *m* busy condition; busy/idle status *(tel. system)*

Belegung *f* (Bel) loop closure on a/b wires *(tel)*; activity, seizure *(line, channel)*; arrangement *(panel)*; distribution; assignment, allocation, connections *(pins, contacts)*; call *(using the server)*; contents *(data field)*; excitation *(antenna)*;

(state of) occupancy, loading *(bus)*; capacity utilization, usage, loading *(channel)*;

Belegung *f* **nach Bedarf** demand assignment multiple access (DAMA) *(VSAT)*

Belegungsabbild *n* busy/idle status image

Belegungsangebot *n* number of incoming calls

Belegungsannahmeintervall *n* call acceptance interval

belegungsbereit idle (signal) *(tel)*

Belegungsdauer *f* call duration; holding time *(uninterrupted busy time of server, tel.sys.)*

Belegungsdichte *f* call density *(number of calls per km^2 which can be simultaneously set up, CT2)*; loading density; packing *or* packaging density *(memory)*

Belegungsfaktor *m* usage factor

Belegungsgrad *m* usage factor

Belegungsintensität *f* call intensity *(tel.sys.)*

Belegungskennzeichen *n* holding signal *(tel)*, seizure signal

Belegungskontrolle *f* resource allocation *(switching system)*

Belegungsliste *f* equipment list *(rack)*

Belegungsmuster m call pattern

Belegungsplan *m* (Blp) routing assignment

Belegungsrate *f* usage rate, call rate

Belegungsspeicher *m* call-count store

Belegungsspektrum *n* call mix *(tel. sys.)*

Belegungs-Steuerblock *m* token *(supervisory frame controlling access to a token ring network)*

Belegungsstromkreis *m* holding circuit *(tel)*

belegungsunabhängig load-invariant

Belegungsverkehr *m* equipment usage

Belegungsversuch *m* call attempt, line seizure attempt

Belegungsversuch *m* **in der HVStd** busy hour call attempt (BHCA)

Belegungszahl *f* number of seizures, peg *(switch)*

Belegungszähler *m* calls in progress counter *(tel)*

Belegungszählung *f* peg count *(switch)*

Belegungszeichen *n* seizing signal *(tel. sys.)*

Belegungszeit *f* holding time *(telecontrol)*; occupancy time, busy time

Belegungszustand *m* (state of) occupancy; busyness status *(network)*

Belegungszustand *m* **(frei oder belegt)** busy/idle status *(system)*

Beleuchtungsmodell *n* illumination model, reflection model *(CAD)*

Beleuchtungsstärke *f* illumination (level), illuminance *(FO, in lx or ft.c)*

beliebig arbitrary

beliebiger Wert *m* arbitrary value; don't care value *(truth table)*

bemannte Raumfahrt *f* manned spaceflight

bemanntes Amt *n* attended exchange

bemessen design

Bemessung *f* dimensioning, design, engineering

Bemessungsunterlagen *fpl* design charts *(tel.sys.)*

Bemessungsvorschrift *f* dimensioning specification

benachbart adjacent; contiguous *(blocks of cells, image coding)*

Benachrichtigung *f* notification

Benachrichtigungsdienst *m* message service, alerting service

Benachrichtigungsoption *f* notification option *(ISDN service)*

benutzbar accessible, idel *(access)*

Benutzer *m* user; user agent (UA) *(MHS SW, ITU-T X.400, s. Table VI)*

benutzerbestimmbar discretionary

benutzerdefinierbar user-definable, arbitrary

Benutzerebene *f* user plane (U-plane) *(ISDN)*

benutzerfreundlich user-friendly

Benutzerführung *f* user prompting, user prompts

benutzergesteuerte Präsentation *f* user-individual presentation control

Benutzerklasse *f* (BK) user class of service *(ITU-T Rec. X.1, s. Table VI)*

Benutzermittel *n* user agent (UA) *(box in DTAG TELEBOX, MHS SW, ITU-T X.400, s. Table VI)*

Benutzeroberfläche *f* user interface *(shell)*, human interface; terminal operating elements; environment *(e.g. MS Windows)*

benutzerprojektierbar user-definable

Benutzerschnittstelle *f* user interface, man-machine interface

benutzungsberechtigt with *or* having access rights, with access authorisation

Benutzungsrecht *n* conditions of use

benutzungsrechtliche Vorraussetzungen *fpl* compliance with conditions of use *(ZZF)*

Beobachtbarkeit *f* observability

Beobachtung *f* observation; monitoring

Beobachtungskanal *m* channel under observation, monitored channel

Beobachtungsplatz *m* observational switchboard

Beobachtungsstation *f* tracking station, earth station, ground station *(sat)*

Beratung *f* consultation

Beratungsdienst *m* advisory service

Berechnung *f* calculation; billing *(ISDN)*

berechtigt unrestricted *(subscriber)*; authorized

Berechtigung *f* authorisation *(of users)*; class of service; entitlement

Berechtigungen *fpl* class-of-service data

Berechtigungsanzeige *f* class-of-service indicator, COS indicator

Berechtigungscode *m* access code *(vtx)*

Berechtigungskarte *f* access card *(mobile RT)*, phonecard *(BT, tel)*

Berechtigungsklasse *f* class of service (COS), class of access level *(tel)*; level of service *(CTV)*

Berechtigungsmittel *n* means of authentication

Berechtigungsprüfung *f* class-of-service check; authorization examination *(ISDN)*

Berechtigungsstufe *f* barring level

Berechtigungsumschaltung *f* (BU) access level *or* class of service (COS) selection, COS changeover, modification of COS

Berechtigungs- und Formatkennung *f* authority and format identifier (AFI) *(ITU-T I.430, s. Table IV)*

Berechtigungsweitergabe *f* token passing *(LAN)*

Berechtigungszeichen *n* right-of-access code, classs-of-service code

Berechtigungszentrum *n* authentication centre, authenticity control (AC) *(BSS, GSM)*

Berechtigung *f* **zum Herstellen abgehender Verbindungen** outgoing access (OA) *(CUG option, ISDN)*

Berechtigung *f* **zur Annahme ankommender Verbindungen** incoming access (IA) *(CUG option, ISDN)*

Bereich *m* area; range; domain *(frequency etc., multimedia)*; environment

Bereichscode *m* location area code (LAC) *(GSM)*

Bereichsendwert *m* full scale range (FSR) *(% FSR; ADC)*

Bereichsinformation *f* location area identification (LAI) *(GSM)*

Bereichskennung *f* (BK) Area Identification signal *(RDS)*

Bereichskennzahl *f* (BKZ) area code *(tel)*, NPA (numbering plan area) number *or* code *(US)*, location area code (LAC) *(GSM)*

Bereichskennzahlunterdrückung *f* NPA code restriction *(f-tel., US)*

Bereichsplan *m* local plant diagram *(tel)*

bereichsprädiktive Code-Modulation *f* band predictive code modulation (BPCM) *(signal analyzer)*; range predictive code modulation *(range of predicted values, image encoding)*

bereichsspezifischer Teil *m* domain specific part (DSP) *(ITU-T I.334, s. Table IV)*

Bereichsteilung *f* area code split, NPA split *(US)*

bereichsübergreifend cross-office *(US)*

Bereichsüber-/unterschreitung *f* violation *or* over-/undershooting of range limits

Bereichsumschaltung *f* (BU) range switching

Bereichsunterschreitung *f* undershooting of range limits; underflow *(DP)*

Bereichsverstärker *m* band amplifier

Bereichswahl *f* range selection, ranging *(instruments)*

Bereichswechsel *m* roaming *(cellular RT)*

Bereichswechsler *n* roamer *(cellular RT)*

Bereichszähler *m* bin counter *(A/D converter)*

Bereichszuordnung *f* block matching *(image coding)*

bereinigen correct, adjust, purge

bereit machen prepare, arm *(trigger circuit)*

Bereitschaftsbetrieb *m* hot standby, standby mode

Bereitschaftskriterium *n* ready criterion *(ESS)*

Bereitschaftsmodus *m* standby mode, idle mode *(GSM)*

Bereitschaftssystem *n* standby system, fallback system

Bereitschaftszeichen *n* system prompt *(on screen, e.g. C:\> in MS DOS, PC)*

Bereitschaftszeit *f* standby time *(mobile RT)*

Bereitschaftszustand *m* standby condition; call state *(subscriber terminal)*

bereitstellen provide, supply; designate *(code)*, activate *(MS)*

Bereitstellung *f* provision *(service)*, activation (process) *(mobile RT)*; installation *(line)*, provisioning *(network)*

Bereitstellung/Aufhebung *f* provision/withdrawal *(service)*

Bereitstellung *f* **zur Abnahme** (BzA) provision for use *(DBT)*

Bereitstellungseinheit *f* command fetching unit (CFU)

Bereitstellungsgebühr *f* activation charge *(mobile RT)*; installation charge *(line)*

Bereitstellungsgebühr *f* **pro Verbindung** establishing charge *(mobile RT)*

Bereitstellungsstufe *f* fetch stage *(instructions, pipelining)*

Bereitstellungszeit *f* provisioning time

Berichtszeitraum *m* period under review

Berkom (Berliner Kommunikationssystem *n*) Berlin communications system *(FO, B-ISDN test network, 140 MHz)*

Beruhigungston *m* music on hold (MOH)

Berührungsanzeige *f* touch screen *(monitor)*

berührungssensitiv touch sensitive

berührungssensitive Anzeige *f* touch display

berührungssensitive Eingabeeinrichtung *f* touch input device (TID)

BES s. Besetztanzeige *f*

Beschaffung *f* procurement, provisioning

Beschaffung *f* **über das Internet** E-procurement

Beschaffung *f* **von Organisationsmitteln** operations, administration and maintenance provisioning (OAMP)

beschäftigt busy *(e.g. processor)*

beschallen irradiate acoustically *or* with sound
einen Raum beschallen radiate sound into a room

Beschallung *f* irradiation with sound; radiation as sound

Beschallungsanlage *f* audio system, sound system, loudspeaker system; public address (PA) system

beschalten wire, connect; subject to switching operations, switch (contacts)

Beschaltung *f* load; wiring, cabling

Beschaltungsbuch *n* cable record *(exchange)*

Beschaltungseinheit *f* (BE) line unit (LU); wiring unit

Beschaltungseinheit *f* **digital** (BED) digital line unit (DLU) *(B-ISDN)*

Beschaltungsgrad *m* subscribers' fill *(tel. sys)*

Beschaltungsliste *f* wiring list, assignment list

Beschaltungsmatrix *f* assignment matrix *(DCC)*

Beschaltungsmöglichkeit *f* connection capacity

Beschaltungsverwaltung *f* configuration management (CM) *(network management, sets up all managed network elements, specifies resources, initializes and deletes managed objects and sets and modifies attributes of managed objects, FCAPS)*

Beschaltungswiderstand *m* circuit resistor

Beschaltwerkzeug *n* wiring tool

Bescheidansage *f* intercept announcement

Bescheiddienst *m* intercept service; changed-number interception

Bescheidleitung *f* intercept trunk

Bescheidverkehr *m* intercept service
Bescheidzeichen *n* information tone
Beschichtung *f* cladding *(PCB)*
Beschickung *f* charging; correction *(direction finding)*
Beschleuniger-Karte *f* accelerator card *(video card, PC)*
Beschleunigungsgeber *m* acceleration sensor
Beschleunigungsmesser *m* accelerometer
Beschneiden *n* cropping *(image processing)*; skimming *(DC offsets in image channels)*
beschränken restrict, confine, constrain
beschränkte Betriebsweise *f* crippled mode *(graceful degradation)*
beschränkter differenzieller Zeitverzug *m* restricted differential time delay (RDTD) *(ISDN)*
Beschränkung *f* restriction *(service)*
Beschränkungssystem *n* constraint system *(AI)*
beschreibbar printable *(area)*, writeable *(memory)*, recordable *(disk)*
beschreiben describe; write to *(a memory, tape)*
beschreibende Kenngröße *f* descriptor *(planning)*
Beschreibungsinformation *f* descriptive information
Beschreibungssprache *f* description language *(z.B. PDL)*
Beschriftung *f* lettering, label
besetzt busy, engaged *(line)*, congested; congestion *(network)*; staffed, attended
besetztes Amt *n* attended exchange
Besetztanzeige *f* (BES) busy signal *(PABX)*
Besetztlampe *f* engaged lamp
Besetztmelder *m* busy status indicator
Besetztprüfung *f* busy testing
Besetztton *m* engaged tone (ET) *(V.25 bis, s. Table V)*, zip tone *(tel., US)*
Besetztzeichen *n* (BZ, BZT) busy signal, busy flash *(tel)*
Besetztzustand *m* busy state, busy condition
Besetzung *f* population
bespielt prerecorded *(tape)*
bespult loaded *(line, trunk)*
bespultes Kabel *n* loaded cable
Bestabrechnung *f* optimum billing
Bestand *m* inventory *(network)*
bestanden/nicht bestanden passed/failed *(test)*
Beständigkeit *f* constancy, permanency, stationarity
Beständigkeitsfaktor *m* permanency factor *(mobile transm.)*
Bestandsfähigkeit *f* validity
Bestandsplan *m* layout plan *(existing plant, tel)*
Bestandteil *m* component (part), constituent
bestätigen acknowledge, confirm; validate
Bestätigung *f* acknowledgement (ACK), confirmation; verification *(of synchronisation)*
Bestätigungsantwort *f* acknowledgement response
Bestätigungsmeldung *f* acknowledgement message
bestehende Verbindung *f* call in progress, ongoing call
Bestelldienst *m* teleshopping, home shopping
bestellen subscribe *(to a service)*
Bestelloption *f* subscription option *(service)*
bestellte Leistung *f* subscribed demand
Bestellterminal *n* teleshopping terminal
Bestellung *f* subscription *(service)*; booking *(calls)*
bestimmungsgemäßer Betrieb *m* normal use
Bestimmungs-Netzknoten *m* destination node (DN) *(data network)*
Betrachter *m* viewer
bestrahlen irradiate
Bestrahlungsstärke *f* irradiance *(FO, in W/cm^2)*
bestromen apply current
bestücken equip, assemble *(circuit board)*; load, insert *(components)*
bestückte Leiterplatte *f* circuit pack
Bestückung *f* complement *or* options *(equipment)*; layout, component layout; (component) insertion, circuit assembly

Bestückungsautomat *m* automatic placement machine

Bestückungsfeld *n* options bay *(dig. tel.)*

Bestückungsplan *m* component layout

Bestückungsseite *f* component side *(PCB)*

Bestückungsvariante *f* version

Besucherregister *n* visitor location register (VLR) *(GSM, s. Table VII)*

Besucherdatei *f* visitor location register (VLR) *(GSM, s. Table VII)*

Besucher-Mobilfunknetz *n* visited PLMN (VPLMN) *(GSM)*

Besuchernetz *n* visited network, visited PLMN *(GSM)*

Besucher-Mobilvermittlungsstelle *f* visited mobile switching centre (VMSC) *(GSM)*

Besucher-Zone *f* visited domain (VD) *(IP network, ITU H.323)*

Besuchsregister *n* visitor location register (VLR) *(GSM, s. Table VII)*

Besuchsschaltung *f* follow-me transfer

besuchtes Netz *n* s. 'Besuchernetz'

Betätigungsglied *n* actuator

Beta-Modul *n* development module, beta module *(HW)*

Betitelung *f* titling *(video editing)*

Betrachtung *f* viewing *(TV)*

Betrachtungswinkel *m* viewing angle *(TV)*

Betrag *m* amount; absolute value *(math)*; magnitude *(vector, OFDM carriers, DVB)*

Betrag *m* **der Dämpfung** amount of attenuation

Betrag *m* **der Fehlervektoren** error vector magnitude (EVM) *(in %, OFDM, DVB, to ETR 290)*

Betragsfrequenzgang *m* absolute frequency response

Betragswert *m* absolute value

Betreff *m* subject

Betreiber *m* operator, carrier *(network)*

Betreibergesellschaft *f* operating company

betreuen serve, support

betreuende Basisstation *f* serving base station *(mobile RT)*

Betrieb *m* operation
im Betrieb in operation, operationally, in the field

Betrieb beginnen set the mode

Betriebsabwicklung *f* technical operations *(broadcasting)*

Betriebsanzeige *f* pilot lamp

Betriebsart *f* (BA) mode, operating mode

Betriebsart *f* **"Meldung"** contention mode *(SNMP)*

Betriebsart *f* **mit Nachverarbeitung** processable mode *(ISDN)*

Betriebsartbit *n* mode bit

Betriebsartfestlegung *f* mode setting

Betriebsartfreigabesignal *n* mode enable (signal)

Betriebsart *f* **"zyklische Abfrage"** polling mode *(SNMP)*

Betriebsauftrag *m* administration (& maintenance) order (AMO) *(ISDN)*

Betriebsbeginn *m* start of operation

betriebsbegleitend concurrently with operations

betriebsbegleitende Schleifenbildung *f* loopback *(network management)*

betriebsbegleitende Überwachung *f* in-service monitoring *(network management)*

Betriebsbeobachtungseinrichtung *f* service observation equipment *(exch.)*

Betriebsbereich *m* service area, coverage area *(mobile RT)*, operating range

betriebsbereit ready (to operate, for operation), operational, functional

Betriebsbereitschaft *f* (BB) ready status; hot standby; standby (mode); Data Set Ready (DSR) *(V.24/RS232C, s. Table IX)*
in Betriebsbereitschaft *f* **stehen** (BB) be on hot standby

Betriebsdämpfung *f* composite loss *(PCM)*; transmission loss, overall attenuation

Betriebsdatei *f* service file

Betriebsdaten *npl* operational *or* operating data; ratings

Betriebsdatenerfassung *f* (BDE) operating data acquisition *or* entry (unit)

Betriebsdauer *f* operating time, uptime

Betriebsdienst *m* Operation and Maintenance (O&M) service; traffic section *(tel)*

Betriebsdienstplatz *m* technical service position

Betriebsempfänger *m* communication receiver *(mobile RT)*

Betriebserde *f* (BE) system earth; Signal Ground (GND) *(V.24/RS232C, s. Table IX)*, earth ground *(US)*

Betriebserfahrungen *fpl* practical results, (operating *or* field) experience

betriebsfähig operable, operational, functional, serviceable

Betriebsfernsehen *n* industrial TV, closed circuit TV (CCTV)

Betriebsfrequenz *f* power system frequency; operating *or* working frequency

betriebsführende Leitung *f* controlling line

betriebsführendes Amt *n* controlling exchange

Betriebsführung *f* management, system management, production management; (operations) management *(network)*

Betriebsführungsfunktion *f* OAM (operation, administration & maintenance) function

Betriebsführungsinformation *f* OAM (operational, administrative & maintenance) information *(network)*

Betriebsführungsnetzknoten *m* (BNK) network management node *(management platform)*

Betriebsführungsumsetzer *m* (BFU) management mediation function *(network customer admin.)*

Betriebsführungs- und überwachungszentrale *f* (BÜZ) operating and monitoring centre

Betriebsfunk *m* private mobile radio, professional mobile radio (PMR) *(analog, simplex mode, started 1961; digital version since 1993, s. "TETRA" u. "TETRAPOL")*, service radio

Betriebsgesellschaft *f* recognized private operating agency (RPOA), operating company *(US)*

Betriebsgrenze *f* overload level *(data sheet)*

Betriebsgüte *f* grade of service

Betriebshandbuch *n* operating manual

Betriebskanal *m* (BK) operating channel *(radio link)*; service channel (SC) *(CF)*

Betriebskanalnetz *n* (BK-Netz) service channel network

Betriebslebensdauer *f* useful life, operating life

Betriebsleitung *f* operations management *(network)*

Betriebslenkung *f* operations management *(network)*

Betriebsmessung *f* in-service test

Betriebsmittel *npl* resources *(management object in network management)*; facility, equipment

Betriebsmittel-Buchungsprotokoll *n* resource reservation protocol (RSVP) *(IP)*

Betriebsmittelengpaß *m* congestion

Betriebsmittelentzug *m* preemption *(network)*

Betriebsmittelsteuerung *f* resources handling *(ISDN)*

Betriebsmittelversorgungssteuerung *f* resource management control *(B-ISDN)*

Betriebsmöglichkeit *f* facility

Betriebspegel *m* service level *(data transm.)*

Betriebsprotokoll *n* event log

Betriebsrahmen *m* operational frame *(service allocation, ISDN)*

Betriebsreichweite *f* operational span

Betriebsspannung *f* working voltage (WV), service voltage

Betriebssperrsignal *n* operations inhibit signal

Betriebsstelle *f* operating station

Betriebssteuerdaten *npl* operations control data *(TV broadcasting)*; process control data, production control data

Betriebssteuereinrichtung *f* (BSE) station control equipment *(sat)*

Betriebssteuerlogik *f* mode control logic

Betriebssteuerung *f* process controller

Betriebsstörung *f* accident, breakdown

Betriebssystem *n* operating system (OS) *(computer, e.g. MS-DOS, UNIX, CP/M, OS/2)*

Betriebstechnik *f* operating hardware *(PBX)*; administration & maintenance *(ISDN)*, operation & maintenance (O&M), engineering & maintenance (E&M) *(US)*; engineering operations & maintenance *(TV transmitter)*

Betriebstechnik *f* **Fernsehen** television engineering operations *(TV studio/transmitter)*

Betriebstechnik-Teilmodul *n* administration & maintenance sub-module (AMS) *(ISDN)*

betriebstechnische Analyse *f* engineering analysis *(TV transmitter)*

betriebstechnische Aufgabe *f* operational task; administration & maintenance order (AMO)

betriebstechnische Leitung *f* E&M (engineering & maintenance) trunk *(US)*

betriebstechnische Organisation *f* administration and maintenance organisation

betriebstechnische Parameter *mpl* engineering & maintenance (E&M) parameters *(US)*

betriebstechnische Unterstützung *f* operation & maintenance support

Betriebsterminal *n* administration & maintenance terminal (AMT) *(ISDN)*

Betriebsüberwachung *f* in-service monitoring (ISM) *(network management)*

Betriebs- und Datenserver *m* administration and data server (ADS) *(ISDN)*

Betriebs- und Datenmodul *n* administration and data server (ADS) *(ISDN)*

Betriebs- und Schutzerdung *f* (BSE) signal and protective ground

Betriebs- und Wartungseinrichtung *f* operation and maintenance terminal (OMT) *(in the OMC, GSM)*

Betriebs- und Wartungsrechner *m* (B+W-Rechner) operation and maintenance (O&M) processor *(exch.)*

Betriebs- und Wartungssystem *n* operation and maintenance (O&M) system

Betriebs- und Wartungszentrale *f* (BWZ) operation and maintenance centre (OMC) *(GSM, s. Table VII)*

betriebsunfähig unserviceable, inoperable

Betriebsunterhaltungssystem *n* operation support system (OSS) *(network management, IN)*

Betriebsverfahren *n* operating method *(e.g. simplex, duplex etc.)*

Betriebsversuch *m* test in the field, field test

Betriebs-, Verwaltungs- und Wartungszentrum *n* operation, administration and maintenance centre (OAMC) *(B-ISDN)*

Betriebswechsel *m* mode change

Betriebszeit *f* operating time, uptime, service time *(links)*

Betriebszulassung *f* operating licence

Betriebszustand *m* operating condition, operating mode, operational state *(channel)*; regime *(system)*; power-up mode *(HW)*; busy/idle state *(tel switch.)*, busyness status *(network)*

Betrieb und Wartung *f* operation and maintenance (O & M) *(ISDN)*

Betrieb, Verwaltung und Wartung operation, administration and maintenance (OAM)

betrügerisch fraudulent

Beugung *f* diffraction *(FO)*

Bevorratung *f* provisioning

Bevorrechtigung *f* priority

bevorzugte GBG *f* preferential CUG (PCUG) *(ISDN)*

bewählte Amtsleitung *f* selected exchange line *(exchange l)ne dialled onto)*

bewahren preserve

bewältigen manage, handle *(load)*

beweglich mobile

bewegliche Funksprechstation *f* mobile radiotelephone

bewegliche Leitung *f* temporary line

beweglicher Flugfunkdienst *m* aeronautical mobile (radio) service

beweglicher Landfunkdienst *m* land mobile service

beweglicher Seefunkdienst *m* maritime mobile service

Beweglichkeit *f* mobility

Bewegtbild *n* full-motion picture *(WB video)*, moving picture

Bewegtbild-Dienst m videophone teleservice *(ITU-T)*

Bewegtbild-Telekonferenz *f* full-video teleconference

Bewegtbild-Video *n* full-motion video (FMV) *(CD-I)*

Bewegtbild-Übermittlung *f* videophone transmission *(ISDN, 64 kb/s)*

Bewegtheit *f* business, busyness *(US)* *(image, signal)*

bewegungsadaptiv motion adaptive *(image coding)*

bewegungsadaptives Colorplus motion adaptive color plus (MACP) *(PALplus)*

Bewegungsdaten *npl* transaction data *(data base)*

Bewegungseinschätzer *m* motion estimator *(image coding)*

Bewegungskompensation *f* motion compensation (MC) *(image coding, MPEG-2)*

bewegungskompensative Prädiktion *f* motion compensatory prediction *(image coding, MPEG-2)*

bewegungskompensierender Bildinterpolator *m* motion compensating frame interpolator (MCFI) *(video coding)*

Bewegungskorrektur *f* motion compensation *(image coding)*

bewegungsrichtig motion-adapted *(image coding)*

Bewegungsschätzer *m* motion estimator *(image coding)*

Bewegungsvektor *m* motion vector *(image coding)*

Bewegungsverlauf *m* pattern of movement

Bewerter *m* weighting circuit *or* network

bewertet weighted; analyzed

Bewertung *f* weighting; screening; evaluation, scoring

Bewertungsfaktor *m* weighting factor

Bewertungsprogramm *n* benchmark program *(computer)*

Bezahlfernsehen *n* pay TV

Bezahlkanal *n* pay (TV) channel

bezeichnen designate; identify

Bezeichner *m* identifier *(DP)*; title *(GSM)*

Bezeichnung *f* designation, name

Bezeichnungsraum *m* name space *(DP)*

Bezieher *m* client *(for a service)*

Beziehung *f* relation; connection *(e.g. signalling connection in the network)*

Bezirksnetz *n* short-haul network *(tel)*

bezogene Farbe *f* related colour *(CAD)*

Bezugsbereich *m* scope *(Recommendation)*

Bezugsdämpfung *f* loudness rating *(general)*; reference equivalent *(PCM)*

Bezugseinstellung *f* referencing

Bezugsfrequenz *f* reference frequency

Bezugs-Funkkonzentrator *m* leading base station *(mobile RT)*

Bezugskonfiguration *f* reference configuration *(ISDN)*

Bezugsleiter *m* common (conductor)

Bezugspunkt *m* reference point *(ITU-T I.112, I.430.E, s. Table IV)*; benchmark *(computer)*, control point *(control)*

Bezugspunktkonfiguration *f* reference configuration *(ITU-T I.112, s. Table IV)*

Bezugsspannungsquelle *f* voltage reference

Bezugssystem *n* frame of reference

Bezugsverbindung *f* hypothetical reference connection (HRC)

Bezugswert *m* reference (value)

Bezugswertgeber *m* reference generator

BF (Bedienungsfeld *f*) control panel

BFH s. Bitfehlerhäufigkeit *f*

BFR s. Bitfehlerrate *f*

BFU (Betriebsführungsumsetzer *m*) management mediation function *(network customer admin.)*

BG (Baugruppe *f*) module

BGR (Baugruppenrahmen *m*) module frame

BGT (Baugruppenträger *m*) subrack

BHCA (Belegungsversuch *m* in der HVStd) busy hour call attempt

BHCA-Wert *m* BHCA value *(no. of dialling events/unit time)*

Biba s. bilingualer Basisanschluß *m*

bidirektionaler Koppler *m* bidirectional coupler

bidirektionaler optischer Multiplexer und Demultiplexer *m* bidirectional optical multiplexer and demultiplexer (BOMUDEX) *(FO)*

bidirektional prädiktionscodiertes Bild *n* (B-Bild *n*) bidirectionally predictively coded frame (B frame) *(MPEG-2)*

Biegekoppler *m* non-invasive coupler *(FO)*

BiF s. Bildfernsprechsignal *n*

BiFe s. Bildfernsprechen *n*

BIGFERN (breitbandiges integriertes Glasfaser-Fernnetz *n*) wide-area wideband integrated glass-fibre network *(DTAG 1983/4, connecting BIGFON networks)*

BIGFON (breitbandiges integriertes Glasfaser-Fernmelde-Ortsnetz *n*) local wideband integrated glass-fibre telephone network *(DTAG)*

Bigramm *n* bigram *(two-letter group)*

Bilanz *f* balance, budget

Bilanzgleichung *f* rate equation *(laser)*

Bild-Ab-Taste *f* page-down key (PG DN) *(PC keyboard)*

Bildabtaster *m* frame grabber *(MPC)*

Bildanteil *m* video component *(CVBS signal, TV)*

Bildaufbau *m* frame build-up *(image reconstruction)*; picture synthesis, picture composition

Bildaufbereitung *f* display generation *(monitor)*, image (data) processing; rendering *(repro.)*

Bild-Auf-Taste *f* page-up key (PG UP) *(PC keyboard)*

Bildausgabe *f* video display

Bildaustastimpuls *m* frame blanking pulse, vertical blanking pulse *(TV)*

Bildaustastlücke *f* vertical blanking interval *(TV)*

Bildbaum *m* quad tree *(dig. image processing)*

Bildbegrenzung *f* framing *(monitor)*

Bildbereich *m* picture area *(general)*; block *(image coding)*

Bildbewegung *f* animation *(PC)*

Bildblock *m* block *(image coding)*

Bildcodierung *f* picture-signal encoding

Bilddatei *f* mirror file *(PC)*

Bilddauer *f* frame period *(TV)*

Bildebene *f* image plane *(opt)*; layer *(CAD)*

Bildelement *n* picture element, pixel *(TV)*

Bildelement-Matrix *f* pixel array

Bildelement-Wiederholfrequenz *f* refresh rate *(monitor)*

Bilderfassung *f* image digitization; image grab, frame grab *(multimedia)*

Bilderkennung *f* connectivity analysis *(image encoding)*

Bilderzeugung *f* image formation *(image decoding)*

Bildfalle *f* trap circuit *(TV)*

Bildfangschaltung *f* frame grabber *(real-time video digitizer, PC)*, image grabber

Bildfeld *n* field of view (FOV), flat field *(opt.)*

Bildfernsprechen *n* (BiFe) videotelephony

Bildfernsprecher *m* videotelephone, videophone *(s.a. "Bildtelefon")*

Bildfernsprechsignal *n* (BiF) videophone signal

Bildfläche *f* picture area *(TV)*

Bildfolgenschicht *f* sequence layer *(MPEG-2, top layer)*

Bildfrequenz *f* frame rate, video rate *(video film editing)*

Bildfrequenzdefizit *m* interlacing shortfall *(slower refresh rate, PC monitor)*

Bildfunk *m* facsimile radio

bildgebend imaging

Bildgraph *m* graphic image *(video coding)*

Bildgruppe *f* group of pictures (GOP) *(MPEG-2 layer, comprises 12 frames starting with an I frame (q.v.))*

Bildgruppenschicht *f* GOP (group of pictures) layer *(MPEG-2)*

bildhaft pictorial

Bild-im-Bild *n* picture in picture, Pix-in-Pix (PIP) *(TV receiver display)*

Bildinhalt *m* screen content *(monitor)*

Bildinterpolator *m* frame interpolator *(MPEG-2)*

Bildkanal *m* video channel

Bildkompression *f* video compression, redundancy compression *(image coding)*; picture compression *(TV aspect ratio)*

Bildkonferenz *f* video conference

Bildlauf *m* scrolling *(GUI, PC)*; rolling *(TV)*

Bildlaufanzeige *f* slider indicator *(GUI, PC)*

Bildlauf *m* **durchführen** scroll *(GUI, PC)*

Bildlauffeld *n* scroll box, slider *(GUI, PC)*

Bildlaufleiste *f* scroll bar *(GUI, PC)*

Bildlaufpfeil *m* scroll arrow *(e.g. MS Windows, PC)*

Bildlaufpfeil *m* **abwärts** down scroll arrow *(e.g. MS Windows, PC)*

Bildlaufpfeil *m* **aufwärts** up scroll arrow *(e.g. MS Windows, PC)*

Bildlaufpfeil *m* **links** left scroll arrow *(e.g. MS Windows, PC)*

Bildlaufpfeil *m* **rechts** right scroll arrow *(e.g. MS Windows, PC)*

Bildmischer *m* video mixer; vision mixer *(studio)*

Bildner *m* forming circuit

Bildnutzbandbreite *f* useful video bandwidth *(TV)*

Bildperiode *f* frame period *(TV)*

Bildplatte *f* video disk, laser video disk, DVD

Bildpost *f* picture mail *(mailbox)*

Bildpresser *m* image data compression circuit

Bildpuffer *m* frame buffer *(TV)*

Bildpunkt *m* picture element, pixel *(TV)*

Bildpunktabstand *m* dot pitch *(TV screen)*

Bildpunkte *mpl* **pro Zoll** dots per inch (dpi) *(printer, fax resolution)*

Bildrasterwandler *m* scan converter *(TV)*

Bildrekonstruktion *f* image restoration

Bildregler *m* (video) fader *(TV)*

Bildschärfe *f* picture definition *or* sharpness *(TV)*

Bildschicht *f* picture layer *(MPEG-2)*

Bildschirm *m* screen *(display device)*, video display
vom Bildschirm abgesetzte Anzeigevorrichtung *f* off-screen display device

Bildschirmanzeige *f* on-screen display (OSD), video display

Bildschirmarbeitsplatz *m* (BSA) video workstation, display console *(DIN 66233 Part 1)*

Bildschirmdarstellung *f* on-screen display (OSD) *(TV, DTB)*

Bildschirmeinstellungen *fpl* preferences *(MS Windows, PC)*

Bildschirmhintergrund *m* display background

Bildschirmgerät *n* display terminal

Bildschirmgestaltung *f* screen layout *(e.g. MS Windows, PC)*

Bildschirmhintergrund *m* desktop *(GUI, e.g. MS Windows, PC)*

Bildschirminformationen *fpl* on-screen display (OSD) *(DVB)*

Bildschirm-Knopf *m* screen button *(mouse selected, PC)*

Bildschirmmenü *n* on-screen menu

bildschirmmenügestützt with on-screen menu display *(remote control etc)*

Bildschirmschoner *m* screen saver *(GUI, PC)*

Bildschirmsymbol *n* icon

Bildschirmtext *m* (BTX, Btx) videotex (vtx), two-way videotext, viewdata *(DTAG service "T-Online" (q.v.), interactive transmission of text/graphics at 1200/75 bit/s via the PSTN and vtx modem, vtx decoder for display on domestic TV set, based on BT "Prestel", developed 1979; CEPT Profile 1, Rec. T/CD 06-01, ITU-T T.100 (Table III), ISO 6937/2, s. Table XI)*

Bildschirmtext-Leitzentrale *f* (Btx-LZ) videotex service centre

Bildschirmtext-Telex-Dienst *m* (Btx-Tx) videotex-telex service *(DTAG service providing telex access to videotex users)*

Bildschirmtext-Telex-Umsetzer *m* (BTU) videotex-telex converter

Bildschirmtext-Vermittlungsstelle *f* (Btx-VSt) videotex switching centre

Bildschirmtext-Zentrale *f* (BTZ) videotex computer centre

Bildschirmtreiber *m* display driver *(PC SW)*

Bildschirmübernahme *f* grabber

Bildschirmübernahmeschaltung *f* grabber

Bildschirmvordergrund *m* display foreground

Bildschnitt *m* picture editing, cutting *(film)*, vision switching *(TV)*

Bildseitenverhältnis *n* aspect ratio *(TV)*

Bildsequenz *f* frame sequence *(TV, MPEG-2)*

Bildsequenzschicht *f* sequence layer *(MPEG-2, top layer)*

Bildspeicher *m* frame store *or* buffer *(vtx)*

Bildspeicherdienst *m* picture mail

Bildstörung *f* picture defect

Bildsucher *m* viewfinder, viewer *(camera)*

Bildtelefon *n* video telephone, videophone *(ISDN 64 kbit/s, relevant standards: ITU-T H.261 - full-motion video coding and compression (also called PX64 standard), ITU-T G.703 - digital graphics mode, ITU-T G.711 - PCM transmission, ITU-T G.722 - voice transmission ADPCM audio encoding, ITU-T G.732 - data* *frame, s. Table III; s.a. "Bitel")*; image phone, picture-phone

Bildtelegramm *n* facsimile message, fax

Bildtiefe *f* pixel word length, bits per pixel

Bild-Ton-... audio-visual (AV)

Bild-Ton-Weiche *f* vision/sound diplexer *or* combining unit *(TV broadcasting)*

Bildträger *m* (BT) vision carrier *(TV broadcasting)*; video recording *and/or* storage medium

Bildübermittlung *f* video messaging *(ISDN)*, picture messaging *(WAP mobile)*, video mail

Bildübermittlungsdienst *n* video mail service

Bildübertragung *f* transmision of images, picture transmission

Bildübertragungsnetz *n* facsimile network

Bildungsfernsehen n educational TV

Bildungsgesetz *n* coding law *(line code)*

Bildverarbeitung *f* image processing

Bildverbesserung *f* image enhancement

Bildverschiebung *f* scrolling, roll-over

Bildverschiebungsdifferenz *f* displaced frame difference (DFD) *(video coding)*

Bildverstärkung *f* image enhancement

Bildverstehen *n* (model-controlled) image recognition *(AI)*

Bildvorlage *f* original (picture) *(repro)*

Bildwandler *m* image converter *(TV)*, imager

Bild(wechsel)frequenz *f* frame rate, vertical frequency *(TV)*; refresh rate *(monitor)*

Bildwiederholfrequenz *f* refresh rate *(monitor)*

Bildwiederholspeicher *m* (BWS) frame buffer *(TV)*

Bildzeichen *n* pictogram, icon

Bildzeile *f* picture line, scanning line *(TV)*

Bild-zu-Bild-Codierung *f* interframe coding *(video)*

bilingualer Basisanschluß *m* dual-protocol basic access *(1TR6/E-DSS1)*

bilingualer MFV-Anschluß *m* dual-tone MFD connection (DTMF) *(tel)*

Billigtarif *m* reduced-rate charge *(ISDN)*, off-peak rate, low-rate charge *(GSM)*

binär binary

Binärbaum *m* binary tree, bintree *(AI)*

Binärbild *n* bilevel picture *(two grey levels or two colour values, repro.)*

Binärcode *m* binary code

binär codiert binary coded, converted to binary code

binär codierte Dezimalzahl *f* binary coded decimal (BCD)

binäre Phasenumtastung *f* binary phase-shift keying (BPSK)

binäre Pseudozufallsfolge *f* pseudo-random binary sequence (PRBS)

binärer Logarithmus *m* binary logarithm, logarithm to the base 2 ($\log_2$)

binärer Offset-Code *m* binary offset code (BOC)

binäres Rasterbild *n* binary halftone image *(repro.)*

binäre Wiedergabe *f* two-level rendition *(repro.)*

binarisieren convert to bilevel format *(repro.)*

binär-synchrone Übertragungssteuerung *f* binary synchronous communication, "bisync" (BSC)

binaural binaural *(acoustics)*

Bindeglied *n* link

binden bind, tie, bond, link; engage *(MS by BS, DECT)*

BIOS-Teil *m* basic input/output system (BIOS) *(part of the PC operating system)*

bipolare Schrittinversion *f* alternate mark inversion (AMI)

Bipolaritätserkennungsschaltung *f* bipolar detection circuit

Bipolartastung *f* bipolar operation

Birdie *n* DTAG name for BT "Telepoint" *(q.v.)*

BIS (Basisinfrastruktur *f*) basic infrastructure *(DBT)*

BIS (Breitbandinformationssystem *n*) broadband information system *(DTAG, FO)*

Bis, bis *(Appended to a ITU-T network standard, it identifies its second version, e.g. V.25 bis, s. Table V)*

B-ISDN (Breitband-ISDN *n*) ISDN for broadband applications *(ITU-T I.113, s.*

Table IV), broadband ISDN *(FO, 140 - 565 Mbit/s)*

Bisher History *(MS Windows, PC)*

bisherig previous; legacy *(e.g. "legacy Windows" = Windows 3.x)*

Bit *n* bit *(binary digit)*

BIT (Büro- und Informationstechnik *f*) office and information technology

Bitabstand *m* bit spacing

Bitabzweigung *f* bit leak(age) *(signal synch., STS-1)*

bitadressierbare Anzeige *f* bit-mapped display

Bitbreite *f* bit width; number of bits, bus width *or* size *(bus lines)*

Bitbündel *n* burst

Bitdauer *f* bit period

Bitebene *f* bit level

Bitebenencodierung *f* bit-plane coding *(image processing)*

bitebenenverschachtelt multiplexed at bit level

Bitel (Bildtelefon *n*) multifunctional vtx terminal *(Siemens, no modem)*

Bitenergie-Rauschleistungsdichte-Verhältnis *n* bit energy/noise power density ratio (Eb/No) *(BER, E_{bit}/N_{o}, related to C/N)*

Bitfehlerhäufigkeit *f* (BFH) bit-error rate (BER) *(PCM data)*

Bitfehlerkorrekturrate *f* bit-error correction rate (BECR)

Bitfehlerquote *f* bit-error rate (BER) *(PCM data)*

Bitfehlerrate *f* (BFR) bit-error rate (BER) *(PCM data)*

Bitfehlerratenprüfung *f* bit error rate test (BERT) *(PCM, ITU-T G.821)*

Bitfluß *m* bit stream

Bitfolge *f* bit sequence, string

Bitfolgefrequenz *f* bit repetition rate

Bitgenauigkeit *f* bit position accuracy *(digital PLL)*

bitgeradzahliges Register *n* even-bit register

Bitgleichlauf *m* bit synchronism

Bitkombination *f* bit combination, signature

Bitmap *f* bit map (BMP) *(matrix of memory cells each containing one information bit; in graphics applications, one bitmap is required for each primary colour)*

Bit-map *f* s. Bitmap *f*

Bitmap-Abbildung *f* bit-mapped image

Bitmap-Anzeige *f* bit-mapped display

Bitmap-Graphik *f* bitmap graphics *(DP monitor)*

Bitmap-Tabelle *f* bit map table *(addresses, switching)*

Bitmitte *f* midpoint of bit

biton bitonic *(ascending <u>and</u> descending, curve)*

bitorientiert bit-oriented, bit-serial

bitorientierter Kanal *m* bit-oriented channel *(without frame structure)*

bitorientiertes Protokoll bit-oriented protocol (BOP)

bitparallel bit-parallel
 in bitparallele Form *f* **bringen** convert to (bit-)parallel form, parallelize

Bitraster *m* bit spacing, bit word

Bitrate *f* bit rate

Bitraten *fpl* **der digitalen Hierarchie** digital hierarchy bit rates

bitratenadaptive Schnittstelle *f* flexible rate interface (FRI) *(adaptable between BRI and PRI, ISDN, AT&T)*

Bitratenpufferspeicher *m* rate buffer

bitratenveränderliche Schnittstelle *f* flexible rate interface (FRI) *(adaptable between BRI and PRI, ISDN, AT&T)*

Bitratenwandler *m* (bit) rate converter

Bitraten-Zusicherung *f* bit rate assurance *(network)*

Bitschlupf *m* bit skew, bit slip

bitseriell bit-serial
 in bitserielle Form *f* **bringen** convert to (bit-)serial form, serialize

bitspezifische Schaltung *f* bit plane (circuit)

Bitstelle *f* bit position

Bitstellenverschiebung *f* barrel shifting

Bitstream-Modulation *f* bit stream modulation *(digital audio coding, delta/sigma modulation (q.v.), sampling rate $44.1x10^3x64 = 2{,}8224x10^6$/channel (i.e. 64 x CD rate), dynamic range 120 dB, frequency response flat to 100 kHz; Philips, Sony)*

bitsynchronisiert bit aligned

Bitsynchronität *f* bit alignment *(DVB transmission)*

Bittakt *m* bit clock, bit (element) timing

Bittelegramm *n* bit message

"Bitte Warten" "Please Hold the Line" *(tel. announcement)*

Bittiefe *f* resolution in bits, bit scaling, bit range, word length *(video encoding, e.g. 8 bits/pixel, 8-bit-wide pixel)*

Bittreffer *m* bit hit

Bitübertragungsdienst *m* physical (transmission) service *(ISO)*

Bit-Übertragungsschicht *f* physical layer (PH) *(ITU-T I.430 (Table IV); layer 1, OSI 7-layer reference model (Table I); GSM (Table VII))*

Bit-Umverteilung *f* bit swapping *(between ADSL channels)*

bitungeradzahliges Register *n* odd-bit register

Bit-Unversehrtheit *f* bit integrity

Bitversatz *m* skew(ing)

bitverschachtelt bit-interleaved

bitverschachtelte Parität *f* bit-interleaved parity (BIP)

Bit-Vielfachfehler *m* multiple bit error

Bitvollgruppe *f* envelope *(octet + status and framing bit)*

bitweise Abbildung *f* bit-mapped image

bitweise abgebildet bit-mapped

bitweise verschachtelt bit-interleaved

Bitwiederholungscodierung *f* bit repetition coding *(Bluetooth, q.v.)*

Bitzustand *m* bit state

Bitzuweisungstabelle *f* bit loading table *(ADSL)*

BK (Benutzerklasse *f*) user class of service

BK (Bereichskennung *f*) Area Identification signal *(RDS)*

BK (Betriebskanal *m*) service channel

BK Breitband-Kommunikation *f* broadband communication

BK (Bürokommunikation *f*) office communication

B-Kanal *m* B channel, basic channel *(ISDN, 64 kbit/s)*

B-Kanal mobil *m* mobile B channel (Bm) *(full-rate traffic channel, GSM, s. Table VII)*

B-Kanal Schicht 1 *m* (B1) layer 1 B channel protocol *(ISDN)*

BK-Anlage *f* s. Breitband-Kabelanlage *f*

BKN (Breitband-Koppelnetz *n*) broadband switching network

BK-Netz *n* (Betriebskanal-Netz *n*) service channel network

BK-Netz *n* (Breitband-Kabelnetz *n*) broadband cable network *(HFC network)*

BK-Netz *n* (Breitband-Kommunikationsnetz *n*) broadband communications network

BKS (Bundesverband Kabel und Satellit) Federal Cable and Satellite Association

BKVtSt (Breitbandkommunikations-Verteilstelle *f*) broadband communication distribution centre *(network level 1)*

BKZ (Bereichskennzahl *f*) area code *(tel)*

blank bare *(wire)*

blättern browse

Bleiakkumulator *m* lead acid accumulator *or* battery

Bleibatterie *f* lead acid battery

"Bleiben Sie am Apparat" "Hold the Line" *(tel. announcement)*

Blendenerde *f* module handle earth *(rack)*

BlFH s. Blockfehlerhäufigkeit *f*

Blickfeld *n* field of view (FOV) *(opt.)*

Blicklinie *f* line of sight *(videophone)*

Blickkontaktlinie *f* line of visual contact *(videophone)*

Blindbefehl *m* NOP (no-operation) instruction *(DV)*

Blindbelegung *f* false seizure, preparatory seizure *(tel)*

Blindlast *f* reactive load *(output amplifier)*

Blindleistungsverlust *m* reactive loss

Blindleitung *f* stub *(line plant)*

Blindleitwert *m* susceptance

Blind-Slot-Effekt *m* blind slot effect *(DECT, inability to send/receive in a certain time slot)*

Blindstecker *m* dummy plug

Blindverkehr *m* waste traffic

Blindzelle *f* dummy cell *(microelectronics)*

blinkender Strich *m* flashing bar *(PC monitor)*

Block *m* block *(tel)*; set *(PCM frame)*; cell *(ATM time slot, incl. header and user signal)*

Blockaufzeichnung *f* matrix scan recording *(VTR)*

Blockbildung *f* blocking *(repro.)*

Blockcode *m* block code

Blockcodierer *m* block encoder

blockcodiert block coded

blocken block *(WP)*

Blockende *n* end of block (EOB)

Blockfehlerhäufigkeit *f* (BlFH) block error rate (BLER) *(CD)*

Blockfehlerrate *f* block error rate (BLER) *(PCM)*

Blockgröße *f* burst size

blockiert blocked; disabled *(keyboard)*; tied up *(resources)*; hung *(program)*, inhibited; congested *(network, queues)*

Blockierung *f* blocking; congestion *(channel)*; interlocking; disabling *(keyboard)*; desensitisation *(mobile BS receiver test)*; deadlock *(system)*; hang-up *(program)*

Blockierungsabwehr *f* congestion control *(network)*

Blockierungsdauer *f* all-trunks-busy time

Blockierungsfolgenbehebung *f* congestion recovery

blockierungsfrei non-blocking *(matrix, exch.)*

Blockierungshäufigkeit *f* clocking rate *(mobile RT)*

Blockierungsmanagement *n* congestion management

Blockierungsnachricht *f* all routes busy message *(exchange)*

Blockierungsprüffunktion *f* congestion test function *(exchange)*

Blockierungsvermeidung *f* congestion avoidance

Blockierungswahrscheinlichkeit *f* blocking probability *(trunks)*

Blockkennung *f* block code

Blockkompandierung *f* block companding

Blockkopf *m* header *(TDM, ATM)*

Blockmosaik-Grafikzeichen *n* block mosaic graphic character *(txt)*

Blocknummer *f* frame number (FN)

Blockprüfung *f* longitudinal redundancy check (LRC)

Blockprüfzeichen *n* block check character (BCC) *(error correction)*

Blockprüfzeichenfolge *f* frame checking sequence (FCS) *(HDLC)*

Blocksatz *m* justified *(WP)*

Blocksicherung *f* redundancy check

Blocksicherungsverfahren *n* frame checking method

Blocksicherungszeichen *n* block check character (BCC) *(DLC protocol)*

Blockübertragung *f* block transfer *(ATM)*

Blockübertragungsschicht *f* block layer *(MPEG-2)*

Blockung *f* blocking *(DP, forming data into blocks)*

Blockwahl *f* en-bloc dialling

Blockwahlziffern-Wählverfahren *n* en-bloc signalling

blockweise block ..., block by block

Blp (Belegungsplan *m*) routing assignment

B-MAC *n* (Variante B von MAC) B-Mac (variant B of MAC) *(525/625 lines, US/Australian TV sat. transmission standard, CCITT Rep. 1073)*

BMFT (Bundesministerium *n* für Forschung und Technologie) Federal (German) Ministry for Research and Technology

BMI (Bundesministerium *n* des Inneren) Federal (German) Ministry of the Interior

BMPT (Bundesministerium *n* für Post und Telekommunikation) Federal (German) Ministry for Posts and Telecommunications

BMW-(Bäcker, Metzger, Wirt)**Kunden** *mpl* small business customers *(e.g. bakers, butchers, pubs)*

B-Netz *n* broadband network *(analog mobile RT network, 150 MHz, from 1972, now largely superceded by "C-Netz and D1-, D2-Netz" q.v.)*

BNK (Betriebsführungsnetzknoten *m*) network management node

Bode-Diagramm *n* Bode diagram, frequency characteristic

Bodenabstands-Warnsystem *n* ground proximity warning system (GPWS) *(Luftf.)*

Bodenempfang *m* terrestrial reception *(sat)*

Bodenfläche *f* footprint *(rack)*

Bodenfreiheit *f* terrain clearance *(aero)*

Bodenfunkstelle *f* earth (radio) station, ground station

Bodenschiene *f* bottom rail, floor bar *(rack)*

Bodenstation *f* earth station, ground station, earth terminal *(sat)*

Bodenstelle *f* earth station, ground station, earth terminal *(sat)*

Bodenstelle *f* **mit sehr kleinem Öffnungswinkel** very-small aperture terminal (VSAT) *(sat)*

Bodenstreifen *m* swath *(sat. earth observation)*

Bodenvermittlungsstelle *f* ground switching centre (GSC) *(TFTS)*

Bonitätsprüfung *f* credit check *(banking)*

Bonitur *f* score *(statistics)*

Boolesche Rechnung *f* Boolean algebra

booten boot (up) *(PC initialization)*

Booten *n* booting *(PC initialization)*

Boot-Folge *f* boot-up sequence *(computer, IDTV)*

Boot-Protokoll *n* bootstrap protocol *(IP access)*

Bootstrap-Fähigkeiten *fpl* bootstrap facilities *(PC initialisation)*

Bootstrap-Schaltung *f* bootstrap circuit *(amplifier)*

Bord-... on-board, airborne

Bordantenne *f* on-board antenna, aircraft *or* spacecraft antenna

Bordbedienung *f* inbuilt control *(TV)*

Bordeinheit *f* on-board unit (OBU) *(mobile RT)*

Bordrechner *m* on-board computer

Bordstation *f* air station (AS) *(TFTS)*

BORSCHT (Schleifenstromeinspeisung, Überspannungsschutz, Rufstromeinspeisung, Kennzeichengabe, Signalcodierung *(A/D, D/A conversion)*, Gabelschaltung, Leitungsmessung) Battery feeding, Overvoltage protection, Ringing, Signalling, Coding, Hybrids, Testing *(exchange/telephone interface functions in digital telephone network)*

BOS (Behörden und Organisationen mit Sicherheitsaufgaben) authorities and organisations concerned with public safety

böswillig malicious

böswilliger Server *m* malicious server *(one which maliciously modifies client programs or mobile agents)*

Botenruf *m* messenger call *(executive tel)*

Bouquet *n* bouquet *(of DVB programmes)*

BPCM (bereichsprädiktive Code-Modulation *f*) band predictive code modulation *(signal analyzer)*

BPG (Backpropagation *f*) backpropagation *(of the error gradient, neural network)*

BPL (Bedien(ungs)platz *m*) operator's station

B-Platz *m* B position, B operator, trunk position

BPM (Bundespostministerium *n*) Federal Ministry for Post and Telegraphs

bps (Bit/s) bits per second

BPSK (binäre Phasenumtastung *f*) binary phase shift keying

BR (Bedienungsrechner *m*) operating system

Bragg-Reflektor *m* Bragg reflector *(FO, Laser)*

Brandschutzmauer *f* firewall *(protective device against hackers)*

brauchbar usable, serviceable

BRD (Rückkanal *m* Empfangsdaten) Back Receive Data *(V.24/RS232C, s. Table IX)*

Brechung *f* refraction *(optics)*

Brechungsindex *m* index of refraction *(optics)*

Brechungszahl *f* index of refraction, refractive index *(optics)*

Brechzahl *f* index of refraction, refractive index *(optics)*

breit wide, broad; long *(word)*

Breitband *n* (BB) wideband (WB) *(gen. analog signals, deprecated, ITU-T I.113 (Table IV); also used for DS1 transmission (q.v., US))*, broadband *(gen. digital* *signals; also used for DS3 transmission (q.v., US))*

Breitband-Anschlußvermittlung *f* (BAV) broadband access switch *(FO, VBN)*

Breitband-CDMA *m* wideband CDMA (WCDMA) *(3G CDMA considered for UMTS, now called DS mode (q.v.), s.a. "cdma2000")*

Breitband-Dienst *m* broadband service *(s. above)*

Breitband-Durchgangsvermittlung *f* (BDV) broadband transit switch *(FO, VBN)*

breitbandige Sprachwiedergabe *f* wide-band speech (reproduction), high-quality speech

Breitband-Informationskanal *m* (H-Kanal) H channel *(ISDN)*

Breitband-Informationssystem *n* (BIS) broadband information system *(DTAG, FO)*

Breitband-Informationsübertragung *f* broadband information transmission *(up to 400 MHz, to accommodate:*

interactive communication

- videophone, picture mail, video-conferencing,

- telefax, telecopying, file transfer, LANs, teleaction etc.;

retrieval

- films, demand copying, broadband videotex, documents, CAD, CAM,

- training, instruction, medical etc.;

accessing

- cabletext, full-channel teletext etc.

distribution

- pay television, HDTV, data, cable news information etc.)

Breitband-ISDN *n* (B-ISDN) broadband ISDN *(FO, 140–565 Mbit/s)*

Breitband-Kabelanlage *f* (BK-Anlage) wideband cable system *(TV)*

Breitband-Kabelnetz *n* (BK-Netz *n*) broadband cable network *(HFC network for data and multimedia)*

Breitband-Kanal *m* broadband channel, high-speed channel *(ISDN H channel)*

Breitband-Kommunikation *f* (BK) broadband communication

Breitbandkommunikations-Verteilstelle *f* (BKVtSt) broadband communication distribution centre *(network level 1)*

Breitband-Koppelfeld *n* broadband switching (network) array, broadband switching matrix *(FO, VBN)*

Breitband-Koppelnetz *n* (BKN) broadband switching network

Breitband-Koppelstelle *f* wideband switching point (WSP) *(digital mobile RT)*

Breitband-Netz *n* broadband network

Breitband-Paketvermittlung *f* fast packet switching *(supports voice and data)*

Breitbandteilnehmer *m* broadband user

Breitband-Übermittlungsfunktion *f* broadband communication function

Breitband-Vermittlungsstelle *f* (BBV) broadband switching centre *(FO, VBN)*

Breitband-Verteildienst *m* distributed broadband service

Breitband-Verteilnetz *n* (BVN) wideband distribution network *or* system *(TV)*

Breitband-Vorläufernetz *n* (BVN) pilot broadband network *(DTAG, FO, 565 Mb/s)*

Breitband-Wähldienst *m* dialled broadband service

Breitbandweg *m* wideband route *(bandwidth > 300–3400 Hz, i.e. > telephone bandwidth)*

Breitbildformat *n* widescreen *or* letterbox format *(16:9, HDTV)*

Breite *f* width; length *(word)*; size *(bus, in bits)*

Breitensuche *f* breadth-first search *(AI)*

breiter Wellenlängenmultiplex *m* wide wave division multiplex (WWDM)

bremsen brake, decelerate; retard *(field)*

brennen burn *(a CD)*

Brennspannung *f* sustaining voltage *(arc, plasma)*

Brickwall-Effekt *m* brickwall effect, threshold effect *(DVB, picture "freezes" with excessive BER, i.e. no "graceful degradation" as with analog TV)*

Briefkasten *m* mailbox

Briefkastenadresse *f* user agent identification (UAID) *(X.400, s. Table VI)*

Browser *m* browser *(WWW, Internet, z.B. Netscape Navigator, Microsoft Internet Explorer)*

BRTS (Rückkanal Sendeteil einschalten) Back Request To Send *(V.24/RS232C, s. Table IX)*

Bruch *m* fraction *(math.)*, interruption

Bruch *m* **der ...-Philosophie** violation of ... philosophy

bruchanfällig fragile *(OWG)*

Bruchstück *n* fragment

Bruchteil *m* fraction

Brücke *f* link, jumper, strap *(PCB)*; vertical (unit) *(crossbar switch)*; bridge *(between LANs, OSI RM layer 2, s. Table I)*

Brücke(nfunktion) *f* relay *(between layers, GSM, ISDN)*; bridge *(data link layer, LANs)*

Brummschleife *f* hum loop *(audio)*

Brummton *m* buzz *(TV)*

Bruttobitrate *f* gross bit rate

Bruttobitfehlerrate *f* gross bit error rate

Bruttodatenrate *f* gross data rate

BS (Basisstation *f*) base station *(GSM, s. Table VII)*

BSA (Bildschirmarbeitsplatz *m*) video workstation, display console *(DIN 66233 Part 1)*

BSC (Basisstationssteuerung *f*) base station controller *(GSM, s. Table VII)*

BSC (binär-synchrone Übertragungssteuerung *f*) binary synchronous communication, "bisync"

BSE (Betriebssteuereinrichtung *f*) station control equipment *(sat)*

BSE (Betriebs- und Schutzerdung *f*) signal and protective ground

B-Serie *f* **der ITU-T-Empfehlungen** B series of ITU-T Recommendations *(relates to terms and definitions, s. Table III)*

BSI (Britisches Normen-Institut *n*) British Standards Institution *(s. Table XIII)*

BSS (Basisstationssubsystem *n*) base station subsystem *(GSM, s. Table VII)*

BT (Bildträger *m*) vision carrier *(TV broadcasting)*

BTD (Rückkanal Sendedaten) Back Transmit Data *(V.24/RS232C, s. Table IX)*

B-Teilnehmer *m* called subscriber (CLD), B party, mobile subscriber B (MSB)

BTU (Bildschirmtext-Telex-Umsetzer *m*) videotex-telex converter

BTX, Btx (Bildschirmtext *m*) videotex, two-way videotext, viewdata *(GB)*, Prestel *(BT)*

Btx-Anschlußbox *f* videotex access unit *(to ISDN)*

Btx-ISDN-Anschluß *m* videotex-ISDN access *(BA, later PA)*

Btx-LZ (Bildschirmtext-Leitzentrale *f*) videotex service centre

Btx-Mitteilungsdienst *m* videotex E-mail *or* message handling service (MHS)

Btx-Tx (Bildschirmtext-Telex-Dienst *m*) videotex-telex-service

Btx-VSt (Bildschirmtext-Vermittlungsstelle *f*) videotex switching centre

Btx-Zentrale *f* (BTZ) videotex computer centre

BTZ s. BTX-Zentrale *f*

BU (Berechtigungsumschaltung *f*) class-of-service selection

BU (Bereichsumschaltung *f*) range switch

BU s. Buchstabenumschaltung *f*

Bubble-Jet-Drucker *m* bubble-jet printer, inkjet printer

Buchsenleiste *f* socket strip

Buchstabenumschaltung *f* (BU) letter shift *(telex)*

Buchungssystem *n* booking system *(DP)*

BüFu s. Bündelfunk *m*

Bügellöten *n* heat- and pressure-type soldering, ironing-type soldering

Bulletin-Board-System *n* (BBS) bulletin board system *(Internet; host system for the exchange of messages among its users, IAB RFC1983, s. Table VIII)*

Bündel *n* bundle *(cables, calls)*; trunk group *(tel.sys., grouping of transmission paths of a given route, circuit switching)*; trunk *(PMR channels)*; group *(of lines)*, line group; burst *(bits, PCM)*

Bündelanschluß *m* group access *(ISDN)*

Bündelauflösung *f* demultiplexing

Bündelaufteilung *f* group distribution

Bündelbreite *f* beam width *(ant)*

Bündelburst *m* main traffic burst (MTB) *(sat)*

Bündelfehler *m* error burst *(e.g., of 20 bits)*

Bündelfreimarkierungsrelais *n* route-idle-marking relay

Bündelführung *f* trunk group layout *(tel)*

Bündelfunk *m* (BüFu) (public) trunked mobile radio *(analog: 460 MHz, DTI standard MPT1327 signalling system, MPT 1343 CAI, D: Chekker, CH: Speed-Com, GB: Selectacom; digital: TETRA, q.v.)*, (radio) trunking

Bündelfunknetz *n* trunked mobile radio network, trunking system

bündelgemeinsamer Signalisierungskanal *m* signalling channel common to the (line) group

bündeln combine *(PCM)*, concentrate *(channels)*; trunk *(PMR channels or frequencies)*; multiplex *(FO)*; focus *(light)*

Bündelnetz *n* trunking system *(PMR)*

Bündelnetz-Steuerung *f* trunking system control (TSC)

Bündelschlüsselgerät *n* trunk coding equipment *(tel)*

Bündelspaltung *f* trunk group splitting

Bündelsperrzähler *m* congested-route counter

Bündelstärke *f* trunk group capacity, number of transmission channels

Bündelsteuerung *f* line group controller

Bündelstörung *f* noise burst

Bündelstrahl *m* spot beam *(sat)*

Bündelsuche *f* trunk group search

Bündelung *f* grouping *(gen., FDM)*, concentration *(of data channels)*; trunking *(mobile frequencies)*; multiplexing; clustering *(signal)*

Bündelungsebene *f* multiplexing level

Bündelzieltaste *f* (BZT) **für Amtsleitungen** (AL) route name key for exchange lines

Bundesamt *n* **für Kommunikation** (BAKO) Federal (Swiss) Office for Communication

Bundesamt *n* **für Zulassungen in der Telekommunikation** (BZT) Federal (German) Approvals Office for Telecommunications *(from 1992, formerly ZZF, now part of BAPT q.v.)*

Bundesamt *n* **Post und Telekommunikation** (BAPT) Federal (German) Post and Telecommunications Office *(from 1990)*

Bundesbahn-Selbstanschlußsystem *n* (BASA) subscriber-dialling telephone network of the Federal Austrian Railways

Bundesdatenschutzgesetz *n* (BDSG) Federal German Data Protection Act *(Jan. 1977)*

bundeseinheitliche Rufnummer *f* universal number (UN) *(IN)*

Bundespostministerium *n* (BPM) Federal (German) Ministry of Posts and Telecommunications

Bürodokumentarchitektur *f* office *or* open document architecture (ODA) *(ISO 8613, ITU-T Rec. T.410, s. Table III)*

Bürofernschreiben *n* (Teletex) teletex *(2.4 kb/s, conforms to OSI 7-layer reference model, s. Table I)*

Bürokommunikation *f* (BK) office communication

Bürokommunikationsprotokoll *n* technical and office protocol (TOP) *(OSI)*

Bürokommunikationssoftware *f* office communication system (OCS) software

Büro-Nebenstellenanlage *f* key system *(tel)*

Bürorechner *m* business computer

Büro- und Informationstechnik *f* (BIT) office (systems) and information technology

Burst *m* burst *(signal or bit group)*

burstartig bursty *(cell transmission)*

Burstebene *f* burst domain *(traffic control)*, burst level *(traffic hierarchy)*

Bursthaftigkeit *f* burstiness *(data traffic characteristic)*

Burstlänge *f* burst length *(DECT)*

Burst-Steuerung *f* burst-mode controller (BMC) *(DECT)*

Burst-Übertragung *f* burst-mode transmission *(TCM or ping pong method, sat)*

Burstzugriffsmodus *m* burst access mode *(image data processing)*

Bus belegt/frei bus busy/idle *or* /cleared

Busabschlußgerät *n* bus terminator

Busanforderung *f* bus request *(DCE; network user)*

Busanpassung *f* bus adapter

Busanschaltung *f* bus access unit *or* circuit, bus adapter

Busanspruch *m* bus claim *(DCE in queue)*

Bus-Arbitrierungseinheit *f* bus arbitration unit

Busbesetzt-Signal *n* bus busy signal *(with bus request)*

Busbewilligung *f* bus approval *(with bus request)*

Busbreite *f* bus width, bus size *(in bits)*

büschelförmig bursty *(transmission errors)*

Busgerät *n* communication unit

Bushauptsteuerung *f* bus master, cycle master

Buskoppler *m* bus coupler; (bus) transceiver

Buslaufzeit *f* bus transit time, bus delay

Busleitung *f* bus cable

Busleitungsempfänger *m* bus line receiver

Bus-Master *m* bus master, cycle master

Bus *m* **mit drei Zuständen** tristate bus

Busnetz *n* bus-type network

Busraster *m* bus framing *or* timing

Busschnittstellensteuerung *f* bus interface controller (BIC)

Bussteuerstation *f* master *(LAN)*

Bustakt *m* bus timing, bus clock (BCLK)

Bustaktfrequenz *f* bus clock (BCLK) *(PC)*

Bus-Teilnehmer *m* bus user

Bus-Transaktion *f* bus transaction

Busvergabe *f* bus arbiter, arbitration *(DCE)*

Busverstärker *m* repeater

Busverwalter *m* (bus) arbiter

Buswettbewerb *m* bus contention

Buszuteiler *m* bus arbiter, tie breaker

Buszuteilung *f* bus assignment *(DCE)*

Buszutritt *m* bus access *(DCE; network user)*

BÜZ (Betriebsführungs- und überwachungs-Zentrale *f*) operating and monitoring centre

B-Verstärker *m* class B amplifier *(power amplifier)*

B-Vermittlungsstelle *f* (B-VSt) destination exchange

BVN (Breitbandverteilnetz *n*) wideband distribution network *or* system *(TV)*

BVN (Breitbandvorläufernetz *n*) pilot broadband network *(DTAG)*

BVr (Abzweigverstärker *m*) branch amplifier *(broadband)*

B-VSt s. B-Vermittlungsstelle *f*

B+W-Rechner (Betriebs- und Wartungsrechner *m*) operation and maintenance (O&M) processor *(exch.)*

BWS (Bildwiederholspeicher *m*) frame buffer *(TV)*

BWZ (Betriebs- und Wartungszentrale *f*) operation and maintenance centre (OMC)

Byte *n* byte, octet *(8-bit word)*

Bytetakt *m* byte timing *(ITU-T X.21, s. Table VI)*, octet timing

BZ (Besetztzeichen *n*) busy signal

BzA (Bereitstellung *f* zur Abnahme) provision for use *(DBT)*

BZT (Besetztzeichen *n*) busy signal

BZT s. Bündelzieltaste *f* für Amtsleitungen

BZT s. Bundesamt *n* für Zulassungen in der Telekommunikation

B1 (B-Kanal Schicht 1) layer 1 B channel protocol *(ISDN)*

C

Cache *m* cache *(buffer memory, PC)*

Cache-Abgleich *m* cache alignment *(multiprocessor system)*

Cache-Kohärenz *f* cache consistency *(multiprocessor system)*

Cache-Speicher *m* cache *(buffer memory, PC)*

Caching *n* caching *(paging into cache from HD, PC)*

Caddy *n* caddy *(protective CD-ROM case)*

c-Ader *f* c wire, sleeve wire (S wire) *(US)*, test wire, private wire, local wire

Call-by-Call-Verfahren *n* (CbC) call-by-call mode *(LCR, selecting a carrier on a per-call basis)*

Callcenter *n* s. Call Center

Call Center *n* call centre

Call-Center-Server *m* call centre server *(ACD, CTI interface, unified messaging and conferencing)*

CA-Meldung *f* conditional access message (CAM) *(e.g. ECM, EMM (q.v.), DVB)*

CAMEL-Netzwerk *n* CAMEL (Customized Application for Mobile Enhanced Logic) network *(mobile IN interface, ETSI GSM 03.78, 09.78, 09.02)*

CA-Modul *n* conditional access module (CAM) *(connects to digital set-top box or DVB receiver, for encrypted DVB, i.e pay TV, s.a. DVB-CI)*

CAN-Protokoll *n* Controller Area Network (CAN) protocol *(process control, ISO/TC22/SC3/WG1 N422E)*

CA-Paket *n* conditional access packet *(DVB encryption data)*

Capture-Effekt *m* capture effect *(mobile RT)*

Carrier *m* carrier *(network provider)*

CAS-Kommunikationsprotokoll *n* Communication Application Specification (CAS) protocol *(G3 fax compatible PC communication, Intel)*

CAS-Schicht *f* conditional access and security (CAS) layer *(layer 2 of the GATS protocol q.v.)*

CA-System *n* CA (conditional access) system *(DVB, pay TV)*

CA-Tabelle *f* conditional access table (CAT) *(identifies CA packets, DVB)*

CAZAC/M-Symbol *n* CAZAC/M (constant amplitude zero auto correlation with M sequences) symbol *(in the OFDM frame in DVB-T)*

CB (Anschluß belegt) Connection Busy *(local DCE busy, V.25 bis, s. Table V)*

C-Band *n* C band *(3.9–6.2 GHz, sat)*

CB-Band *n* Citizen's Band *(27 MHz communication channel)*

CbC s. Call-by-Call-Verfahren *n*

CCD-Zeile *f* CCD (line) array *(CCTV, linear CCD (q.v.) array)*

CCIR (Comité Consultatif International des Radiocommunications) International Consultative Committee for Radio Communication *(in the ITU (q.v.); now ITU-R, which also includes the IFRB)*

CCITT (Comité Consultatif International Télégraphique et Téléphonique) International Telegraph and Telephone Consultative Committee *(in the ITU (q.v.); now ITU-T, s. Table III)*

CCS *(Verkehrseinheit)* Cent Call Seconds *(traffic unit, = 1/36 Erl or TU)*, unit call (UC)

CCTS (Koordinierungsausschuß *m* für Satellitenkommunikation) Coordination Committee for Telecommunication via Satellite *(CEPT)*

CD (Compact-Disk *f*, Digitalschallplatte *f*, Laserplatte *f*) compact disk *(4.7″ (120 mm dia. optical disk, data storage capacity 650 MB, Philips/Sony)*

CD-Brenner *m* CD recorder

CD-DA (digitale Audio-CD *f*) compact disk digital audio

CD-E (löschbare CD *f*) compact disk erasable *(s.a. CD-RW)*

CD-I (interaktive CD *f*) compact disk interactive *(ADPCM coding to Green Book, Philips)*

CDMA (Vielfachzugriff *m* im Codemultiplex-Verfahren) code division multiple access *(tel., VSAT; access via individual subscriber codes, resource: power)*

CD-Player *m* CD player

CD-R (bespielbare CD *f*) compact disk recordable *(write once)*

c-Draht *m* s. c-Ader *f*

CD-ROM (CD-Datenspeicher *m*) CD ROM *(ADPCM coding to Yellow Book, ISO 9660)*

CD-ROM-Wechsler *m* changer, jukebox *(max 6 CD-ROMs; NEC, Philips)*

CD-ROM XA (erweiterter CD-Datenspeicher *m*) CD ROM extended architecture

CD-RW (wiederbespielbare CD *f*) compact disk rewritable

CD-Spieler *m* CD player

CD-Träger *m* caddy

CD-V (Video-CD *f*) compact disk video

CDVT s. CDV-Toleranz *f*

CDV-Toleranz *f* (CDVT) CDV (cell delay variation) tolerance *(ATM traffic policing of peak cell rate and basic cell rate)*

CD-Wechsler *m* CD changer *(handles up to 6 CDs or CD-ROMs)*

C-Ebene *f* C plane *(control or signalling plane, DECT, ETSI ETS 300175)*

CeBIT *f* (Centrum *n* für Büro, Information und Telekommunikation) Centre for Office, Information and Telecommunications *(annual German IT exhibition)*

CEE (Commission Internationale de Réglementation en Vue de l'Approbation de l'Equipement Electrique) International Commission on Rules for the Approval of Electrical Equipment

CEE-Stecker *m* shock-proof plug

CE-Kennzeichen *n* (Conformité Européen, Communauté Européen) CE mark *(EC EMC guideline)*

CEL-Animation *f* CEL-based animation *(uses celluloid layers as overlays on a static background)*

CEN (Comité Européen de Normalisation) European Committee for Standardisation *(s. Table XIII)*

CENELEC (Comité Européen de Normalisation Electrotechniques) European Committee for Electrotechnical Standardisation *(s. Table XIII)*

Centel-100 BT centrex service

Centrex-Vermittlung *f* central office exchange service (CENTREX) *(central exchange switch for private networks, virtual PBX)*

Cepstralbereich *m* cepstral domain *(voice recognition)*

Cepstrum *n* cepstrum *(voice recognition, spectrum of a spectrum, s.a. "Mel")*

CEPT (Conférence Européenne des Administrations des Postes et des Télécommunications) European Conference of Postal and Telecommunications Administrations *(s. Table XIII)*

Cept-Profil *n* (1...3) CEPT Profile *(vtx presentation standards, s. Table XI)*

Cept-Tel, Ceptel Cept-Telefon *n* Ceptel *(DTAG, low-cost vtx terminal, includes modem, with optional telephone function)*

CES-Dienst *m* circuit emulation service (CES) *(AAL, emulates DS1 or E1 (q.v.) for ATM transport in LAN backbones)*

CF (Farb-Bildbegrenzung *f*) colour framing *(TV studio)*

CFI (erfolgloser Verbindungsaufbau *m*) Call Failure Indication *(V.25 bis, s. Table V)*

CFIET (erfolgloser Verbindungsaufbau *m*, Besetztton *m*) Call Failure Indication, Engaged Tone

CFINT (erfolgloser Verbindungsaufbau, kein Ton) Call Failure Indication, No Tone

CGA-Monitor *m* CGA (Colour Graphics Adapter) monitor *(320x200 pixels resolution, PC)*

CGI-Schnittstelle *f* common gateway interface (CGI) *(IP)*

Charakteristik *f* characteristic; pattern *(ant.)*

charakteristisch characteristic, distinctive

Chatten *n* chat *(Internet, on-line dialog)*

Checkpointmarke *f* checkpoint *(program, DP)*

Chef *m* manager, principal

Chef-Fernsprecher *m* principal station

Chef-Fernsprechstelle *f* principal station, manager's station

Chef-Sekretär-Anlage *f* manager/secretary station *(tel)*

Chef-Sekretär-Funktion *f* manager/secretary function *(tel)*

Chefteilnehmer *m* executive subscriber *(tel)*

Chef-Telefonanlage *f* executive telephone system

Chekker *m* German regional (public) analog trunking service *(PAMR to MPT 1327, 1343; formerly DTAG, now (1999) Dolphin Telecommunication Deutschland)*

Chekker-Netz *n* (public) trunking system *(DTAG PAMR)*

Chiffrat *n* enciphered text

chiffrieren encipher

Chiffrierschlüssel *m* cipher key (Kc) *(GSM)*

CHILL (Höhere CCITT Programmiersprache *f*) CCITT High Level Language *(ISDN)*

Chip *m* chip *(integrated circuit module)*

Chip *n* chip *(single bit period of the CDMA PN code)*

Chip-Anwahlsignal *n* chip select (CS) signal

Chipbreite *f* chip period *(CDMA)*

Chip-Codesignal *n* chip code signal *(derived from PN sequence, for spread spectrum modulation, CDMA)*

Chip-Codewort *n* chip codeword *(part of a PN sequence or seed for a PN sequence for a chip code signal, CDMA)*

Chipdauer *f* chip period *(CDMA)*

chipextern off-chip

Chipfläche *f* chip area, real estate *(micro-circuit)*

chipintegriert on-chip

chipintern on-chip

Chipkarte *f* chip card

Chipkartendienst *m* calling card service, debit card service

Chipkartenleser *m* chip card reader *(mobile RT)*

Chipping-Code *m* chipping code, DSSS (direct sequence spread spectrum) signal

Chip-Rate *f* chipping rate *(spread spectrum modulation„ in Mcps; s. "chip")*

Chipsatz *m* chip set *(e.g. Intel processor, PC)*

Chip-Select-Signal *n* chip select (CS) signal

Chip-Sequenz *f* chipping sequence, chip sequence, code sequence *(CDMA, s.o. "Chip")*

Chiptakt *m* chip timing *(CDMA)*

Chirpen *n* chirp *(laser)*

Chirp-Impuls *m* chirp pulse

Chirp-Modulator *m* chirp modulator

Chroma-... chroma *(TV)*

Chrominanz *f* chrominance, chroma *(video)*

Churn-Rate *f* churn rate *(GSM, roaming)*

C/I-Abstand *m* carrier/interferer (C/I) ratio *(sat., DVB)*

CIF (gemeinsames Zwischenformat *n*) Common Intermediate Format *(videophone codec, compromise between the European (625-line) and US (525-line) SIF (q.v.), 360x288 pixels spatial resolution (625), 30 Hz temporal resolution (525), 8 1/3 Hz frame rate, ITU-T Rec. H.261, s. Table III)*

CIM-Modul *n* common interface module *(CI-PCMCIA sidecar box for DVB set-top box, s.a. "CI" below)*

Cinchstecker *m* phono plug *(audio)*

C/I-Produkt *n* carrier/interference (C/I) product *(Test)*

CIRC Cross-Interleaved Reed Solomon Code *(error correction code, sat)*

CIR-Messung *f* CIR (channel impulse response) measurement *(mobile radio, DAB, DVB)*

CI-Schnittstelle *f* common interface (CI) *(PCMCIA-based CA decoder interface at the set-top box (q.v.), DVB-CI (q.v.))*

Citycarrier *m* city carrier *(MAN)*

Cityruf *m* (Stadtfunkrufdienst *m* (SFuRD)) regional radio-paging service *(DTAG, to POCSAG standard, 470 MHz, from 1989; GB "Europage")*

C/I-Verhältnis *n* carrier/interferer (C/I) ratio *(sat., DVB)*

C-Kanal *m* C-channel (control channel) *(ISDN)*

Client *m* client *(network management, independent workstation using the server in a LAN)*

Client/Server-Konfiguration *f* client/server configuration *(network management)*

Clientsoftware *f* client software *(VPN)*

Clone *m* clone

clonen clone

Cluster *n* cluster *(group of stations or cells in subnetwork)*
dem Cluster *n* **gemeinsame Einrichtungen** cluster common equipment (CCE) *(MAN)*

Clusterzahl *f* cluster size

C-MAC *n* (Variante C von MAC) C-Mac (variant C of MAC) *(TV sat. transmission standard; FM video, PM digital audio, 8 audio channels)*

CMI s. codierte Schrittinversion *f*

CMOS-RAM CMOS (complementary metal oxide semiconductor) RAM *(battery-buffered semiconductor memory, PC)*

CMRR (Gleichtaktunterdrückungsverhältnis *n*) common mode rejection ratio

CMTT (Commission Mixte CCIR-CCITT pour les questions relatives aux Transmissions de Télévision sur grande distance) Mixed CCIR-CCITT Commission on questions relating to long-distance Television Transmissions

C/N (Träger/Rausch-Verhältnis *n*) carrier/noise ratio *(sat)*

CNET (Centre National d'Etudes des Télécommunications) National Centre for Telecommunication Studies *(FR)*

C-Netz C network *(analog cellular RT network corresponding to GB "Cellnet", 450 MHz, from 1986, being replaced by "C-Tel", q.v.; s.a. "D-Netz")*

CNR (DÜE nicht betriebsbereit) Controlled Not Ready *(loop testing)*

C/N-Verhältnis *n* carrier/noise (C/N) ratio *(sat., DVB)*

Cochlearfilter *n* cochlear filter *(hearing, psychoacoustics)*

Code *m* code

Codec *m* codec, coder/decoder

Codeelement *n* digit

Codefolge *f* code sequence, code string

Codelexikon *n* codebook

Codeliste *f* code set *(ISDN SS, ITU-T Q.931)*

Codemultiplex *n* code division multiplex (CDM)

Codemultiplexzugriff *m* code division multiple access (CDMA) *(VSAT)*

Codepunkt *m* code point

Coder *m* coder, encoder, code converter *(e.g. A/D converter)*

Coderate *f* code rate *(error correction)*

Coderegel *f* coding rule

Coderegelprüfer *m* code violation monitor *(dig. exch.)*

Coderegelverletzung *f* code violation

Coderuf *m* code ringing *(f. tel)*

Code-Spreizung *f* interleaving *(sat)*

Codesteuerzeichen *n* code extension character *(DP)*

Codestring *m* code string, code sequence

Codestufe *f* code level *(code word length)*

Codesystem *n* code family, system of codes

Codetabelle *f* code table, codebook; code page *(contains character sets for PC keyboards, US = code page 437, extended European = code page 850)*

codetransparent code-transparent

Codeumschalttaste *f* escape key *(keyboard)*

Code-Umschaltung *f* escape (ESC) *(DLC protocol)*

Code-Umsetzer *m* code converter, coder, decoder *(DIN 44300)*

Codeumsetzung *f* code conversion, transcoding *(TV)*

codeunabhängig code-transparent

Codevielfach *n* code switch *(CDM)*

Codevorschrift *f* code instructions

Codewahl *f* code signalling *(exch.)*

Codewahlzeichen *n* code selection signal *(exch.)*

Codewort *n* codeword

Codierer *m* encoder, coding unit, code converter

Codierer/Decodierer *m* coder/decoder, codec

Codierer *m* **mit veränderlicher Wortlänge** variable-length encoder

Codiererunterteilung *f* coder partitioning *(into frequency bands, audio codec)*

Codiergewinn *m* coding gain

Codierleistung *f* coding efficiency

Codierregel *f* coding law, coding rule, coding convention

Codierstecker *m* coding plug

codierte Schrittinversion *f* coded mark inversion (CMI)

Codiertiefe *f* coding range *(in bits)*

Codierung *f* coding *(in digital (video) transmission: compression)*, encoding

Codierung *f* **mit drei Ebenen** three-layer coding *(OFDM channel coding, 64QAM, DVB)*

Codierung *f* **mit niedriger Bitrate** low rate encoding (LRE) *(ISDN)*

Codierung *f* **mit veränderlicher Wortlänge** variable-length coding (VLC) *(video coding)*

Codierung *f* **mit zwei Ebenen** two-layer coding *(OFDM channel coding, 64QAM, DVB)*

Codierungsart *f* type of coding, coding scheme *(GPRS)*

Codierungsgewinn *m* coding gain

Codierungskennlinie *f* encoding law, companding law

Codierverzögerung *f* coding delay

Cofidec *m* coder-filter-decoder IC

COM-Modulation *f* circle-optimized modulation *(decision circles, QPSK)*

Combo (Kombinationsschaltung *f*) combined ADC/PCM coding chip *(digital PBX)*

Computer-Graphikschnittstelle *f* computer graphics interface (CGI) *(ISO DIS)*

Computerpost *f* computer mail, comail

Computersatz *m* desk-top publishing (DTP)

Computerspiel *n* computer game

Computer-Telefon-Integration *f* computer and telephone integration (CTI)

computerunterstützte Leitungs-(Management-)**Information** *f* (CULI) computer-assisted line information *(vtx)*

Comtel (Siemens-Multitel *n*) multifunctional vtx terminal *(no modem)*

Container *m* (utility) trailer, prefab *(HW)*; container *(SDH bitstream segment)*

Container-Dokument *n* container document *(PC application)*

Container-Nachricht *f* container message *(USSD service q.v)*

Contentprovider *m* content provider *(IP)*

Controller *m* controller *(e.g. ESDI, SMD, SCSI; PC)*

Conzellieren *n* enciphering

Cookie *n* cookie *(WWW, text file placed on a PC by a web server for later use by it)*

Coprozessor *m* coprocessor *(PC)*

COST (Cooperation Européenne dans le domaine de la recherche Scientifique et Technique) European Cooperation in Scientific and Technical Research *(e.g. Project 205, radio propagation above 10 GHz)*

Costas-Schleife *f* Costas loop *(QPSK demodulator)*

CP HDLC checkpoint mode *(ARQ procedure, sat)*

CPC (zyklisch vertauschter Binärcode *m*) cyclically permuted code

CPDFSK (phasenkonstante Frequenzdifferenz-Umtastung *f*) continuous phase differential FSK

CPD-Produkt *n* common path distortion (CPD) product *(Test)*

CPFSK (phasenkonstante Frequenzumtastung *f*) continuous phase FSK

CPM (kontinuierliche Phasenmodulation *f*) continuous phase modulation

cps (Zeichen pro Sekunde (ZPS)) characters per second *(printers)*

CPSK (kohärente Phasenumtastung *f*) coherent phase shift keying

CRC (CRC-Prüfung, zyklische Blockprüfung *f*) cyclic redundancy check *(ARQ procedure)*

CRC-Kontrollwort *n* cyclic redundancy check word, CRC word

Crest-Faktor *m* crest factor *(dB, DVB-T power amplifier)*

CRI (Wahlbefehl *m*) Call Request with Identification *(V.25 bis, s. Table V)*

Crossbar-Wähler *m* crossbar (XB) selector *(switching)*

Crossconnect *m* cross connect

Crossconnect-Knoten *m* cross connect node

Crossconnect-Multiplexer *m* cross connect multiplexer (CCM) *(computer controlled switching network with integrated multiplexing functions)*

Crossconnect-System *n* cross connect system (CCS)

Crossconnector *m* cross connect

C-Serie *f* **der ITU-T-Empfehlungen** C series of ITU-T Recommendations *(relates to statistics, s. Table III)*

CSMA (Vielfachzugriff *m* mit Trägererkennung) carrier sense multiple access *(LAN)*

CSMA/CD (Vielfachzugriff *m* mit Trägererkennung und Kollisionserkennung) carrier sense multiple access with collision detection *(LAN)*

CSPDN (leitungsvermitteltes öffentliches Datennetz *n*) circuit switched public data network

CSS (Sprachspeichersystem *n* des C-Netzes) voice messaging system of the mobile network C *(DTAG)*

CS-Signal *n* composite source signal *(voiced-sound "artificial voice", measurement signal, pause - Annex B, ETS 10-07, dig. tel. testing)*

CSTA-Anwendung *f* computer supported telephony application (CSTA) *(PC)*

C-Tel (C-Netz-Telekom) mobile network C *("C-Netz" upgrade, otherwise identical, privacy protection by signalling measures and voice encryption, 1995)*

CTM-System *n* CTM (cordless terminal mobility) system *(DECT-Zugriff)*

CTS (Sendebereitschaft *f*) Clear To Send *(V.24/RS232C, s. Table IX)*

CULI (computerunterstützte Leitungs-(Management-) Information *f*) computer-assisted line information *(vtx)*

Cursor *m* cursor *(monitor)*

Cursor-Tasten *fpl* cursor keys, arrow keys *(PC keyboard)*

Cut *m* cut *(video film)*

C-Verstärker *m* class C amplifier *(RF amplifier)*

CVr (Verteilverstärker *m*) distribution amplifier *(broadband)*

CVSD (adaptive Deltamodulation *f*) continuously variable slope delta modulation *(voice mail processing code, ITU-T G.721, s. Table III)*

C7 (ZGS.7 – Zeichengabesystem Nr.7) Signalling System No.7 (SS7) *(q.v., C7 is the European version of SS7)*

D

Da (Daten *npl*) data

DA (Diensteanbieter *m*) service provider

DA (Direktanschluß *m*) direct access

Dab (abgehende Daten *npl*) data out *(test loop)*

DAB (digitaler Hörfunk *m*) digital audio broadcasting *(Projekt Eureka 147)*

Dachabfall *m* tilt *(pulse)*

Dachantenne *f* roof-top antenna *(mobile RT)*

Dachleistung *f* maximum power, peak power

Dachschräge *f* tilt *(pulse)*

DAE s. Datenanpassungseinrichtung *f*

DAG s. Datenanschaltgerät *n*

DAG(t) s. Datenanschlußgerät *n*

DAL (drahtlose Anschlußleitung *f*) wireless local loop *(DTAG project, NMT-900 technology)*

D-Alarm *m* (Dringend) urgent alarm (signal) *(TC)*

DAM (DFS-Anschlußmodul *n*) DFS access module

dämpfen attenuate, pad; damp *(resonance)*

Dämpfung *f* attenuation, loss; damping *(resonance)*; roll-off *(filter)*

Dämpfungsanzeige *f* vertical readout *(OTDR)*

Dämpfungsausgleich *m* attenuation equalization, loss compensation *(path loss, mobile RT)*

Dämpfungsbelag *m* attenuation coefficient *(FO)*

Dämpfungsbetrag *m* attenuation, attenuation constant *(PCM)*

Dämpfungsbilanz *f* loss budget

Dämpfungseinbruch *m* attenuation dip; dip *(in signal level etc.)* due to additional losses

Dämpfungsereignis *n* attenuation event *(sat)*

Dämpfungs-Faserkoppler *m* evanescent field fibre coupler *(FO)*

Dämpfungsflanke *f* attenuation skirt *(sat)*

Dämpfungsglied *n* attenuator; pad

Dämpfungskonstante *f* attenuation coefficient *or* constant

Dämpfungsmaß *n* transmission loss, attenuation

Dämpfungsmessung *f* transmission measurement

Dämpfungsplan *m* transmission plan, overall attenuation plan *(telephone network)*

Dämpfungsregler *m* variable attenuator

Dämpfungssteller *m* attenuation equalizer *(sat. TV distribution system)*

Dämpfungstyp *m* evanescent mode *(FO)*

Dämpfungsübersprechabstand *m* attenuation/crosstalk ratio (ACR)

Dämpfungsunterschied *m* (attenuation) slope *(over the bandwidth)*

Dämpfungsverzerrung *f* attenuation distortion *(Test)*

Dämpfungswert *m* transmission loss

Dämpfungszunahme *f* roll-off *(op-amp gain)*

Dan (ankommende Daten *npl*) data in *(test loop)*

DAN s. Datenanpassungseinheit *f*

DAPK, DAPSK (Amplituden- und Phasendifferenzumtastung *f*) differential amplitude phase shift keying *(hybrid modulation, DVB-T)*

Darstellungsdienst *m* presentation service

Darstellungselemente *npl* graphical primitives *(set of instruction codes defining basic graphical shapes (circle, line etc., vtx)*, drawing primitives

Darstellungsfeld *n* viewport *(graphics)*

Darstellungsmodul *n* presentation module *(EMA)*

Darstellungsschicht *f* presentation layer *(layer 6, OSI 7-layer reference model, s. Table I)*

Darstellungsstandard *m* presentation standard *(for vtx terminals, CEPT Profile 1...3)*

Darstellungsstil *m* presentation stile *(ODA)*

Darstellungsvorgang *m* imaging process *(ODA)*

Darstellungsweise *f* method of representation, rendition; notation

Darstellungs-Zeitmarke *f* presentation time stamp (PTS) *(for timing a PU, DVB)*

DASAT (Datenübermittlung *f* über Satellit) satellite data communication *(DTAG VSAT service)*

DAT (digitales Tonband *n*) digital audio tape

Datagramm *n* datagram (DG)

Data-Warehouse *n* data warehouse *(data base system containing subject-oriented, integrated, time-related and at the same time permanent information)*

Datei *f* file *(DP)*

Dateianhang *m* file attachment *(E-mail)*

Dateiaustausch *m* file transfer *(ITU-T T.84, ISO/IEC 10918-3)*

Dateibediener *m* file server *(SW gateway for LANs)*

Dateibezeichner *m* file identifier *(DP)*

Dateibezeichnung *f* file descriptor *(DP)*

Datei einmischen ... Mix with File ... *(MS Windows instruction, PC)*

Dateienbaum *m* file tree *(DP)*

Dateiformat ... List Files of Type ... *(MS Windows instruction, PC)*

Dateiname *m* file name

Dateinamenserweiterung *f* file extension

Dateikennung *f* file extension, file handle

Dateikomprimierung *f* file compression, packing, crunching *(Lempel-Ziv code, requires only one run, PC)*

Dateispezifizierer *m* file specifier *(DP)*

Dateisucher *m* file locator, file localizer *(DP)*

Dateisymbol *n* document file icon *(MS Windows, PC)*

Dateitransfer *m* file transfer *(DP, FTAM)*

Dateiübertragungsprotokoll *n* file transfer protocol (FTP)

Dateiübertragungs- und Zugriffsverfahren *n* file transfer and access method (FTAM)

Dateizuordnungstabelle *f* file allocation table (FAT) *(hard disk, informs DOS about sector and file status, PC)*

Datel s. Daten-Telekommunikation f

Daten *npl* **ableiten** drop data *(in a multiplexer)*

Datenabgleich *m* data comparison *(e.g. for redundancy)*

Datenablage *f* data file

Datenanpassungseinheit *f* (DAN) data adapter *(a modem)*

Datenanpassungseinrichtung *f* (DAE) data converter *(teletex)*

Datenanschaltgerät *n* (DAG) data connecting unit *(TEMEX)*

Datenanschlußgerät *n* (DAG(t)) data interface unit *(TEMEX)*

Datenanwendung *f* data application *(e.g. e-mail, FTP)*

Datenaufnehmer *m* data sink

Datenausgang *m* data output; outbound *(VSAT)*

Datenaustausch *m* data exchange

Datenaustausch- und Übertragungssteuerwerk *n* (DTÜ) data transfer control unit

Datenautobahn *f* information (super)highway *(high-speed data link, ATM, up to 10 Gbit/s)*

Datenbank *f* data base, information base

Datenbankrecherche *f* data base search

Datenbankrechner *m* data base processor *(vtx)*

Datenbanksuche *f* data base look-up

Datenbanksystem *n* data base system (DBS)

Datenbankverwaltungssystem *n* (DBVS) data base management system

Datenbestand *m* database

Datenblatt *n* data sheet

Datenblock *m* data block; frame *(transm.)*; batch *(POCSAG code)*; data unit *(OSI RM)*

Datenbreite *f* data capacity, word length, size *(bus)*

Datenbündel *n* burst

Datencontainer *m* (data) container *(DVB)*

Datencrash *m* **2000** millenium bug *(s. Jahrtausendcrash)*

Datendatei *f* data file

Datendirektverbindung *f* (DDV) direct data link *(formerly DTAG tie line or main station for tie lines, 50 bit/s asynchr. to 1.92 Mbit/s synchr.)*, leased line for data communication

Datendurchsatz *m* data throughput *or* rate

Dateneingang *m* data input; inbound *(VSAT)*

Dateneinheit *f* data unit *(packet (X.25), frame (HDLC), cell (ATM), DIN ISO 7498)*, protocol data unit (PDU) *(DECT)*, slot *(data stream)*

Dateneinleitungszeichen *n* message prefix signal

Datenelement *n* data unit *(DP, ISDN)*, data item, data element

Datenelement-Steuerung *f* data unit handling *(ISDN)*

Datenendeinrichtung *f* (DEE) data terminal equipment (DTE)

Datenendgerät *n* (DEG(t) data terminal (equipment) (DTE)

Datenentstörung *f* (DE) data error correction

Datenerfassungsgerät *n* data entry terminal

Datenergänzung *f* data completion

Datenfeld *n* data field *(SW)*; data array

Datenfernleitung *f* data communication line

Datenfernschalteinrichtung *f* data circuit-terminating equipment (DCE)

Datenfernschaltgerät *n* (DFG(t)) remote data switching unit *(sat)*

Datenfernübertragung *f* (DFÜ) remote data transmission

Datenfernübertragungsleitung *f* data communication line

Datenfernübertragungssteuerung *f* remote data communications controller

Datenfernverarbeitung *f* (DFV) remote data processing

Datenfestnetz *n* dedicated circuit data network *(packet switching)*

Datenfluß *m* (data) flow

Datenführung *f* (data) maintenance

Datenfunk *m* radio data transmission *or* communication

Datenfunkmodem *m* radio data modem

Datengerät *n* data device

Datengesamtheit *f* ensemble *(transmission)*

Datengeschwindigkeit *f* data rate

Datenhaltung *f* data management, database organisation

Datenhaltungssystem *n* data base

Datenhandschuh *m* data glove *(VR)*

Datenhelm *m* head-mounted display *(VR)*

Datenintegrität *f* data integrity

Datenkanal *m* (DK) data channel (DC), information channel

Datenkanalschnittstelle *f* data channel interface (DCI)

Datenkompression *f* data compression

Datenkonzentrator *m* (DKZ) data concentrator; input-output controller *(mobile RT base)*

Datenkopf *m* header; data transmission control *(multiplexer)*

Datenmehrwertdienst *m* (DMWD) value-added data service

Datenmenge volume of data, data volume

Datenmeßsender *m* data signal generator

Datennetz *n* data network *(includes all facilities for establishing data links between DTEs, DIN 44302)*

Datennetz-Landeskennzahl *f* data country code (DCC) *(ISDN)*

Datennetzanpassung *f* **an die V-Schnittstelle** (DAV) data network to V interface adapter

Datennetzeinheit *f* data network unit *(information unit in the network)*

Datennetzkennung *f* data network identification code (DNIC)

Datennetzsignalisierung *f* (DNS) data network signalling *(TEMEX)*

Datenobjekt *n* data object *(e.g. PDU)*

datenorientiert data driven *(e.g. interface)*

Datenpaket *n* packet; data packet, (data) burst *(transm.)*

Datenpaket-Leitung-Schnittstelle *f* packet/circuit interface (PCI)

Datenpflege *f* data maintenance

Datenposition *f* data level *(data base)*

Datenrahmen *m* frame *(frame relaying)*

Datenrate *f* data (signalling) rate, bit rate

Datenraub *m* pirating

Datenreduktion *f* data compression

datenreduziert with compressed data

Datenrichtungsauswahleinheit *f* data route selector

Datenrouting *n* data route

Datensammeldienst *m* multipoint-to-point service *(VSAT)*

Datensammler *m* data collection platform (DCP) *(sat)*

Datensatz *m* record *(DP)*

Datenschalter *m* data switch *(printer)*

Datenschlüsselgerät *n* data encryption unit

Datenschutz *m* data protection, data privacy; privacy protection *(tel, DIN 44300)*

Datenschutzgesetz *n* (BDSG) Federal German Data Protection Act *(FRG)*; Data Surveillance Act *(GB)*; Federal Privacy Act *(US)*

Datenschutzverbindung *f* protected-privacy call, intrusion-protected call *(PBX)*

Datensenke *f* data sink *(the data terminal equipment)*

Datenserver *m* file server *(DP)*

Datensicherheit *f* data integrity, data protection *(security)*

Datensicherung *f* data locking *(transmission link)*; data protection *(system failure)*; data security; back-up, data saving *(DP, PC HDD)*

Datensicherungsschicht *f* data link layer *(layer 2, OSI RM (Table I); ITU-T I.440, I.441, s. Table IV)*

Datensichtgerät *n* (DSG) video terminal; video display unit (VDU), (video) display terminal (VDT) *(ISDN)*

Datensignalzeichen *n* data signal element

Daten-Spreizmodulation *f* direct sequence (DS) modulation

Datenstandleitung *f* dedicated data line

Datenstation *f* (DST,Dst) data station *(DTE + DCE, FTZ 118)*, terminal station

Datenstau *m* data congestion

Datenstelle *f* code position *(connector)*

Datenstrecke *f* data link *(two associated data channels operated in two-way mode)*

Datenstreuung *f* hashing

Datenstrobesignal *n* data strobe signal

Datenstrom *m* data stream

Datentaste *f* (DT) data key *(on telephone set, FTZ)*

Datenteilnehmer *m* data terminal subscriber

Datentelegramm *n* data message, data telegram *(DP)*

Daten-Telekommunikation f (Datel) data telecommunication *(all BT public data services: data telecommunication, data telephone, data telegraphy)*

Datenträger *m* data (storage) medium, medium, data carrier

Datenträgersymbol *n* disk symbol *(MS Windows, PC)*

Datentransferrate *f* data transfer rate, transfer rate *(CD-ROM drive, PC)*

Datentupel *n* data tuple *(ordered sequence of data)*

Datenüberhang *m* data overhead *(PDU, DECT)*

Datenübermittlung *f* data communication; file transfer

Datenübermittlungsdienst *m* bearer service *(ITU-T I.210, s. Table IV)*

Datenübertragung *f* (DÜ) data transmission

Datenübertragungsblock *m* data transmission block; block; frame

Datenübertragungsbreite *f* data bus size

Datenübertragungseinrichtung *f* (DÜE) data circuit-terminating equipment, data communication equipment (DCE) *(i.e. modem for RS232C connections, network access and PS nodes for X.25 connections)*

Datenübertragungsgerät *n* data transmission device (DTD)

Datenübertragungsgeschwindigkeit *f* data (transfer) rate

Datenübertragungskanal *m* data communications channel (DCC)

Datenübertragungsrate *f* data transfer rate, transfer rate *(CD-ROM drive, PC)*

Datenübertragungssteuerung *f* data link control (protocol) (DLC)

Datenübertragungsstrecke *f* communications link

Datenübertragungsteil *m* data transfer part (DTP) *(ISDN)*

Datenumschalter *m* data switch *(printer)*

Datenumschaltsignal *n* escape signal

Datenumsetzer *m* (DU) data converter; modem *(for analog mode)*; interface adapter *(for digital mode)*

Datenumsetzer-Einrichtung *f* (DUE) data converter *(digital PBX modem)*

Datenumsetzerstelle *f* data conversion station

Datenverarbeitung *f* (DV) data processing (DP)

Datenverarbeitungsanlage *f* (DVA) data processing system, computing system

Datenverbindung *f* data connection, data call

Datenverbundleitung *f* computer PABX circuit

Datenverdichtung *f* data reduction, bit packing

Datenvermittlung *f* data switch

Datenvermittlungsanlage *f* data switching system

Datenvermittlungseinrichtung *f* (DVE) data switching exchange

Datenvermittlungseinrichtung *f* **Paket Unbesetzt** (DVE-PU) data switching exchange/packet-switched, unmanned *(DBT)*

Datenvermittlungsknoten *m* data switching hub *(FDDI)*

Datenvermittlungs-Koppelnetz *n* data switching network

Datenvermittlungsstelle *f* (DVSt) data switching centre

Datenvermittlungsstruktur *f* data fabric *(US)*

Datenverteiler *m* data distribution switch

Datenverwaltungssystem *n* data management system (DMS)

Datenverwürfelung *f* interleaving *(DVB-T)*

Datenvolumen *n* volume *(charging)*

Datenvolumeneinheit *f* volume unit

Datenwählverkehr *m* switched data traffic

Datenweiche *f* data selector *(multiplexer)*

Datenweiterleitung *f* data retransmission, onward routing of data

Datenweiterleitungsliste *f* hops list *(IP)*

Datenwiedergewinnung *f* data retrieval

Datenwortsicherung *f* data word protection

Datenzeile *f* data line *(TV)*

Datenzugriffsanordnung *f* data access arrangement (DAA) *(CERMETEC modem interface)*

Datex (Wählnetz *n* für Datenaustausch (Dx)) switched data exchange (network) *(DTAG service)*

Datexfernschaltgerät *n* (DXG) Datex remote control unit *(TEMEX)*

Datex-J (Jedermann-Datennetz *n*) value-added data network *(DBT, code-transparent access network, 2.4 kbit/s, carries vtx, from 1993, now "T-Online")*

Datex-L (leitungsvermitteltes Datennetz *n* (Dx-L)) circuit-switched data exchange (network) *(DBT, X.21, X.22, s. Table VI)*

Datex-M (Multimegabit-Datennetz *n*) multi-megabit data exchange network *(DBT, 2–140 Mbit/s SMDS, connectionless ATM network for interconnecting LANs, to IEEE 802.6 (MAN, DQDB), from 1992)*

Datex-Netzabschlußgerät *n* (DXG) datex terminating unit *(DBT)*

Datex-P (paketvermitteltes Datennetz *n* (Dx-P)) packet-switched data exchange (network) *(DBT, X.21, X.25 (Table VI), corresponds to PSS, GB)*

Datex-P10H (Datex-P10-Hauptanschluß *m*) synchronous X.25 data link *(DBT, 2.4–48 kbit/s)*

Datex-P20F (Datex-P20-Wählanschluß *m*) asynchronous dial-up data link via telephone network *(DBT X.28, 300–1200 kbit/s, s. Table VI)*

Datex-P20H (Datex-P20-Hauptanschluß *m*) asynchronous dial-up data link via tieline *(DBT, 300–1200 kbit/s)*

Datex-S (vermittelnde Satelliten-Daten-Verbindung *f*) switched satellite data link *(DBT, 1.92 Mbit/s)*

Datum *n* date; data item, data

DAU (Digital-Analog-Umsetzer *m*) digital/analog converter (DAU)

Dauer *f* **der unnötigen Belegungen** line lockout time

Daueraktivierung *f* permanent activation *(ITU-T I.430.E, s. Table IV)*

Dauerbelastung *f* continuous test *(FO)*

Dauerbitstrom-orientiert continuous bit stream oriented (CBO) *(ISDN)*

Dauereinssignal *n* continuous train of ones

dauerhafte Verbindung *f* sticky connection *(HTTP)*

Dauerhaftigkeit *f* permanency

Dauerkurzschluß *m* sustained short circuit, permanent short circuit

Dauerladung *f* trickle charge *(battery)*

Dauerlicht *n* continuous light *(bus busy state, FO)*

Dauermäander *m* continuous 400 s timing signal

Dauermeldung *f* persistent information

dauernd aktive Verbindung *f* always-on connectivity *(IP)*

Dauernull *n* all zeroes

Dauernullsignal *n* continuous train of zeroes

Dauerschallerzeuger *m* continuous-wave (CW) generator *(ultrasonics)*

Dauerschwingungssignal *n* continuous-wave (CW) signal

Dauerschwund *m* long-term fading

Dauerstrichlaser *m* CW (continuous wave) laser

dauertongesteuertes Zeichengabesystem *n* continuous tone controlled signalling system (CTCSS) *(mobile RT)*

Dauerüberwachung *f* continuous monitoring *(ISDN)*

Dauerverbindung *f* full-time circuit *(exch)*

DAV (Datennetzanpassung *f* an die V-Schnittstelle) data network to V interface adapter

DAVIC 1.5-Norm *f* DAVIC (Digital Audio Visual Council) 1.5 standard *(IP-basierende DVB-C-Übertragungsnorm, s. DVB-RCC)*

DAVID (Direkter Anschluß *m* zur Verteilung von Nachrichten im Datensektor) direct access for the distribution of messages in the data sector *(DTAG VSAT service)*

DAW (Digital-Analog-Wandler *m*) digital/analog converter (DAC)

dB (Dezibel *n*) decibel

D-Bild (Differenzbild *n*) delta frame *(MPEG-1)*

D-Bit (Übergabe-Bestätigungsbit *n*) D bit, delivery confirmation bit *(ISDN NUA)*

DBP (Deutsche Bundespost *f*) German Federal Post Office *(now divided into the three POSTDIENST, POSTBANK, TELEKOM (s. DTAG) services)*

DBPT (DBP-Telekom *f*) Federal (German) Post Office Telecom

DBR-Laser *m* DBR (distributed Bragg reflector) laser

DBS (Datenbanksystem *n*) data base system

DBT (DBP-Telekom *f*) Federal (German) Post Office Telecom *(now "Deutsche Telekom AG" (DTAG), 1st Jan. 1996)*
DBT-03-Schnittstelle *f* ISDN videotex terminal/telephone network interface *(DTAG, 1200/75 Bd)*

DBVS (Datenbankverwaltungssystem *n*) data base management system

DC-Bild *n* DC image *(DC- or zero-frequency term, DCT, image compression)*

DCC (digitale Kompaktkassette *f*) digital compact cassette *(audio)*

DCD (Empfangssignalpegel *m*) Data Carrier Detect *(V.24/RS232C, s. Table IX)*

DCDM (digital gesteuerte Deltamodulation *f*) digital controlled delta modulation

DCF77-(Digital Code Frequency)-**Sender** *m* DCF77 transmitter *(German long-wave time standard on 77.5 kHz, CET and CEST, $3x10^{-14}$ accuracy, located at Frankfurt)*

DC-Koeffizient *m* DC term *(zero frequency, DCT q.v.)*

DCPC (PCM *f* mit Differenzcodierung und Synchrondemodulation) differential coherent pulse code modulation

DCPSK (differential kohärente Phasenumtastung *f*) differentially coherent phase shift keying

DCT (diskrete Cosinus-Transformation *f*) discrete cosine transform *(video codec, JPEG & MPEG)*

D/D (Digital-Digital-Geschwindigkeits-Anpassung *f*) bit rate adaptation (digital/digital)

DDCMP (Nachrichtenprotokoll *n* für digitale Datenübertragung) digital data communications message protocol *(DEC)*

DDV (Datendirektverbindung *f*) direct data link

DE (Datenentstörung *f*) data error correction

deaktivieren deactivate *(service)*; deenergize; deassert *(US, line)*; clear *(undo select, GUI, PC)*, disable *(process)*

Deaktivierung *f* deactivation *(ITU-T I.430, s. Table IV)*

deakzentuieren deemphasize

deckungsgleich conformal *(conductor tracks)*, congruent *(patterns)*, accurately aligned, coincident, in coincidence

Decoder *m* decoder, code converter *(e.g. D/A converter)*

Decoder-Identifizierung *f* (DI) Decoder Identification *(RDS)*

Decodierbarkeit *f* decodability

decodieren decode, reconstruct

Decodiertiefe *f* decoding depth *or* range *(trellis code)*

Decodierung *f* decoding *(in digital (video) transmission: decompression)*

DECT (digitales europäisches Funkfernsprechnetz *n*) Digital European Cordless Telephone *(EC and CEPT supported GSM standard for CT3 telephones, TDMA/GMSK, ETSI ETS 300175, ETR 310)*

dediziert dedicated *(e.g. server)*

DEE (Datenendeinrichtung *f*) data terminal equipment (DTE)

DEE anstoßen alert a terminal

DEE betriebsbereit Data Terminal Ready (DTR) *(V.24/RS232C, s. Table IX)*

DEE hat geantwortet terminal has alerted *(ISDN)*

Deemphase *f* deemphasis *(FM, TV receiver)*

defekt defective

defektbehaftet defective

definieren define

definiert starten initialize *(microprocessor)*

Definitionsbereich *m* domain *(math)*

Definitionseinheit *f* entity *(Bluetooth authentication, q.v.)*

Defuzzifizierung *f* defuzzification *(fuzzy logic)*

Degeneration *f* degeneracy

degeneriert degenerate

DEG(t) (Datenendgerät *n*) data terminal (equipment) (DTE)

DEGt-E (Einbau-DEGt *f*) built-in DTE *(ZZF)*

dehnen expand *(data)*, stretch *(analog signal)*

Dehner *m* expander *(PCM)*

Dehnlinientechnik *f* rubber-banding *(graphics)*

Dekadenwahl *f* decade selection *(uniselector)*

dekadische Impulswahl *f* decimal pulsing *or* pulse action *(tel)*

Dekommutator *m* decommutator, demultiplexer *(aerospace)*

Dekomposition *f* decomposition *(image processing)*

Dekompression *f* decompression

Dekomprimierung *f* decompression *(decoding to restore the original (video) data rate)*

Dekonzentrator *m* deconcentrator *(switching sys.)*

dekorrelieren decorrelate, uncorrelate *(math.)*

Dekorrelation *f* decorrelation *(math.)*

Deltamodulation *f* delta modulation (DM)

Delta-PCM-Umsetzer *m* (DPU) delta/PCM converter *(code converter)*

Delta-Sigma-Modulation *f* delta/sigma modulation *(digital sampling, 0 or 1 indicates the direction of change of the analog signal)*

Demodulation *f* demodulation, detection

Demontage *f* disassembly

Demultiplexer *m* (DEMUX) demultiplexer

Demultiplexerlogik *f* demultiplexing logic

DEMUX s. Demultiplexer *m*

Denial-of-Service-Angriff *m* denial of service (DoS) attack *(Internet, to overload the Web server, is prevented by NAT (q.v.))*

DEPAK s. Depaketierer *m*

Depaketierer *m* (DEPAK) packet disassembly facility *(PCM data)*, depacketizer

Depolarisation *f* depolarisation *(sat. signal)*

Depotstreifen *m* strip *or* panel for depositing *or* storing plugs

Dequantisierer *m* dequantizer *n (MPEG-2)*

desassoziieren disassociate *(DP)*

Desensibilisierung *f* desensitisation *(repro, receiver)*

Deskriptor *m* descriptor

Desktop *n* desktop *(e.g.MS Windows, PC)*

Desktop-Box *f* desk-top box (DTB) *(DVB decoder)*

Desktop-Gehäuse *n* desktop (DT) case *(PC)*

Desynchronisierer *m* desynchronizer *(TDM)*

determiniert deterministic *(math.)*

deterministisch deterministic *(ITU-T I.113, s. Table IV)*

deterministische Bitrate *f* deterministic bit rate (DBR)

deterministischer ATM-Überlagerungsmodus *m* ATM deterministic transfer mode *(ITU-T I.113, s. Table IV)*

deuten interpret

deutlich clear, intelligible *(speech)*, distinct

Deutlichkeit *f* clarity

Deutsche Bundespost Telekom *f* (DBT, DBP-T) Federal German Post Office Telecom *(s. TELEKOM, since 1.1.1995 "Deutsche Telekom AG" (DTAG))*

Deutsche Telekom AG *f* (DTAG) German Telecom *(formerly "Deutsche Bundespost Telekom" (DBT), q.v.)*

dezentral decentralized, distributed, local; remote *(test system)*

dezentral angeschlossen remotely connected *(terminal)*

dezentrales BSS-Diagnose-Teilsystem *n* remote BSS diagnostic subsystem *(GSM, s. Table VII)*

dezentrale Steuereinrichtung *f* group processor (GP)

dezentrale Steuerung *f* non-centralized control

Dezibel *n* decibel (dB)

Dezimationsfaktor *m* decimation factor *(PIP, TV)*

Dezimationsfilter *n* decimation filter *(dig. TV)*

df (FS-Verbindung hergestellt) you are in communication with the called subscriber *(ITU-T F.60, s. Table III)*

DFB-Laser *m* distributed-feedback laser (DF laser)

DFF (D-Flipflop *m*) D-type flip flop

DFG (Deutsche Forschungsgemeinschaft *f*) German Research and Development Authority

DFG(t) (Datenfernschaltgerät *n*) remote data switching unit

DFN (Deutsches Forschungsnetz *n*) German Scientific Network *(data rate 2,7 Gbit/s; X.25 network; MHS, X.400, X.500, 1984, s. Table VI; also called "Internet 2")*

DFS (Deutscher Fernmeldesatellit *m*) *(Kopernikus, 23.5° E)* German communications satellite

DFS-Anschlußmodul *n* (DAM) DFS access module

DFT (diskrete Fourier-Transformation *f*) discrete Fourier transform *(codec)*

DFÜ (Datenfernübertragung *f*) remote data transmission

DFV (Datenfernverarbeitung *f*) remote data processing

DFVLR (Deutsche Forschungs- und Versuchsanstalt *f* für Luft- und Raumfahrt) German Aerospace Research Establishment *(now DLR)*

DG (Durchschaltegitter *n*) through-connection gate *(PCM, tel)*

DgHVSt s. Durchgangs-Hauptvermittlungsstelle *f*

DHA (Dialogbehandlung *f*) dialog handling *(GSM, s. Table VII)*

DI (Decoder-Identifizierung *f*) Decoder Identification *(RDS)*

Diagnose *f* diagnostic analysis

Diagnosepaket *n* diagnostic packet

Diagrammneigung *f* beam tilt *(antenna)*

Dialog *m* interaction *(bidirectional exchange of information in the form of inputs and outputs)*; conversational mode

Dialogausschnitt *m* dialog window *(monitor)*

Dialogbehandlung *f* dialog handling (DHA) *(GSM, s. Table VII)*

dialogfähiger Abruf-Video-Dienst *m* interactive video on demand (IVOD)

Dialogfähigkeit *f* dialog *or* interactive capability

Dialogfeld *n* dialog box *(GUI)*

dialoggeführte Bedienung *f* interactive operation

Dialoggerät *n* interactive terminal

dialogorientierter Dienst *m* conversational service *(B-ISDN)*

Dialogseite *f* response page *(vtx)*

DIANE (europäisches Datennetz *n* für Informationsdienste) Direct Information Access Network for Europe *(s. EURONET)*

Dibit *n* dibit *(e.g. 00,01)*

DIBMOF (Diensteintegrierender Bahnmobilfunk *m*) integrated rail mobile radiotelephony *(DMBF u. DBAG)*

DIC (Anrufablehnungsbefehl *m*) Disregard Incoming Call (DIC) *(V.25 bis, s. Table V)*

Dichte *f* density

dichtes Wellenlängenmultiplex *n* high-density wavelength division multiplex (HDWDM), dense wavelength division multiplex (DWDM) *(FO, US OC-48, 2.5 Gb/s, 32 channels, ITU-T Rec. G.692)*

DICE (TDMA-Direktanschluß *m*) direct-interface CEPT equipment *(sat)*

Dickkernfaser *f* fat fibre *(FO)*

dielektrisch stabilisierter Oszillator *m* dielectric resonance oscillator (DRO) *(sat)*

Dienst *m* service (SVC) *(ITU-T I.112, s. Table IV)*

Dienst *m* **anbietende Vermittlungsstelle** serving office *(US)*

Dienstablauf *m* service operation

Dienstanbieter *m* service provider; server

Dienständerung *f* **bei bestehender Verbindung** in-call modification *(ISDN)*

dienstanfordernder Prozess *m* client (process)

dienstanforderndes Gerät *n* client (device)

Dienstangebot *n* service provision

Dienstanzeige *f* service indication *(ISDN)*

Dienstart *f* service category, type of service (ToS) *(ATM)*

Dienstaufbau *m* establishing communication *(bearer service)*

Dienst *m* **beenden** terminate the service

Dienstbitrate *f* service bit rate

Dienstdatenelement *n* service data unit (SDU) *(ISDN)*

Dienstdatenpunkt *m* service data point (SDP) *(IN)*

Diensteanbieter *m* (DA) service provider (SP) *(ISDN)*, carrier, airtime reseller *or* provider *(mobile RT)*

Diensteberechtigung *f* class-of-service authorization

Dienstebeschreibungstabelle *f* service description table (SDT) *(DVB-SI table on services in a transmission)*

diensteintegrierendes Datenendgerät *n* integrated services data terminal (ISDT)

diensteintegrierendes Digitalnetz *n* integrated services digital network (ISDN) *(ITU-T I.112, s. Table IV)*

diensteintegrierendes Netz *n* integrated services network *(ITU-T I.112, s. Table IV)*

Dienstekennung *f* service indicator *(ISDN)*

Dienstekennzahl *f* service code *(GSM)*

Diensteklasse class of service, type of service (ToS), service category *(AAL)*

Dienstelement *n (DIN)* (service) primitive *(ISDN, elementary interlayer message)*, service element *(Netzmanagement)*

Dienstelement *n* **für allgemeine Anwendungen** common application service element (CASE) *(provides commonly used OSI RM layer 7 services like E-mail, s. SASE)*

Dienstelement *n* **für Assoziationssteuerung** association control service element (ACSE) *(OSI RM layer 7 (Table I) CASE)*

Dienstelement *n* **für Fern-Betriebsführung** remote operations service element (ROSE) *(provides services like initiation and control for remote SASEs)*

Dienstelement *n* **für spezifische Anwendungen** specific application service element (SASE) *(provides OSI RM layer 7 (Table I) services like FTAM, supplements CASE)*

Dienstemerkmal *n* s. Dienstmerkmal

Dienstenetzknoten *m* service GPRS support node (SGSN) *(s. "GPRS")*

diensteneutral non-service-specific, service-independent

Dienstenummer *f* services number *(tel, premium rate services)*

Dienstentwicklungsfunktion *f* service creation function (SCF) *(IN, ITU-T Q.1290, s. Table III)*

Dienstentwicklungsumgebung *f* service creation environment (SCE) *(IN)*

Diensterbringer *m* service provider *(ISDN)*

Dienst-Erstanforderungssignal *n* initial service request message (ISRM)

Diensterweiterung *f* service enhancement

Dienstespektrum *n* service mix

Dienstesteuerungspunkt *m* service control point (SCP) *(ACD, IN)*

Dienstesteuerungsstelle *f* service control point (SCP) *(IN)*

Dienstesteuerzentrale *f* service control point (SCP) *(IN)*

Dienstestörung *f* interservice interference

Dienstetrennung *f* traffic grooming *or* sorting

diensteüberschreitend interservice

Dienstevermittlungspunkt *m* service switching point (SSP) *(IN)*

Diensteverwaltungspunkt *m* service management point (SMP) *(IN)*

Diensteverwaltungssystem *n* service management system (SMS) *(IN)*

Diensteverzeichnis *n* list of services *(GSM)*

Dienstewechsel *m* changing services, swap *(e.g. telephone to telefax, ISDN)*

Dienstezentrale *f* service control point (SCP) *(IN)*

Dienst *m* **für Mehrpunktverbindungen** multiparty service

Dienstgattung *f* grade of service *(Übertr.)*

Dienstgüte *f* grade of service (GOS) *(tel)*; quality of service (QOS)

Dienstgüteklasse *f* QoS class

diensthabend on duty

Dienstindikator *m* service indicator (SI) *(GSM, s. Table VII)*

Dienstinformationskanal *m* service information channel (SIC)

Dienstkanal *m* (DK) service channel *(ITU-T I.430.E, s. Table IV)*, D channel *(ISDN)*

Dienstkanaleinheit *f* service channel unit (SCU)

Dienstkennung *f* service indicator *(ISDN)*, service indicator octet (SIO) *(SS7 MTP, s. Table III)*; service identifier (SID) *(broadband cable network, DOCSIS q.v.)*

Dienstklasse *f* s. Diensteklasse

Dienstkomponente *f* component service

Dienstkonfiguration *f* communication configuration *(bearer service)*

Dienstleister *m* service provider

Dienstleistungen *fpl* services *(layer-layer)*

Dienstleistungsanbieter *m* service provider *(vtx, cellular RT, Temex)*

Dienstleistungsautomat *m* self-service point

Dienstleistungsnetz *n* value-added network (VAN) *(ISDN)*

Dienstleistungsnetzdienste *mpl* value-added network services (VANS)

Dienstleistungsrechner *m* host computer *(SS7 UP)*; server

Dienstleistungszentrum *n* service centre *(ITU-T I.112, s. Table IV)*

Dienstleitung *f* (engineer's) order wire (EOW); traffic circuit *(tel)*, service circuit, E&M (engineering & maintenance) trunk *(US)*

Dienstmeldungen *fpl* call progress signals

Dienstmerkmal *n* service attribute *(transm.)*; supplementary service *(ISDN, SS7 (Table III), ITU-T I.451 (Table IV))*, facility *(network)*; customer feature

Dienstmerkmal-Anforderung *f* facility request (FRQ), service order

Dienstmerkmal-Bitrate *f* facility rate

Dienstmerkmal *n* **durchführen** provide a supplementary service

Dienstmerkmal-Indikator *m* facility indicator *(SS7 UP, s. Table III)*

Dienstmerkmal-Verwaltung *f* service management system (SMS) *(IN)*

Dienstmerkmal-Verwaltungsfunktion *f* service management function (SMF) *(IN, ITU-T Q.1290, s. Table III)*

Dienst *m* **mit automatischer Nachrichtenverrechnung** automatic message accounting service *(mobile RT)*

Dienst *m* **mit geringerer Bitrate** subrate service

Dienst *m* **mit Teilgeschwindigkeit** subrate service

dienstneutral service-independent

Dienstnutzer *m* served user *(A party, ISDN)*,

Dienstnutzung *f* information transfer capability *(bearer service)*

dienstorientiert service-related

Dienstplatz *m* manual answering service *(ISDN)*

Dienstposten *m* (Dp) post, personnel post

Dienst-Rufnummernportierbarkeit *f* service number portability *(nicht-geografische Rufnummernportierbarkeit, IN, GSM)*

Dienstsignal *n* service signal/code, (call) progress signal *(TTY)*; call progress signal *(ISDN)*, call promotion signal *(US)*; notification

dienstspezifisch service-specific

Dienststelle *f* (DSt) department; office

Dienststeuerknoten *m* service control point (SCP) *(IN)*

Dienststeuerung *f* service control *(ISDN)*

Dienstsynchronisierung *f* service timing *(ITU-T I.211, s. Table IV)*

Dienstteilnehmer *m* service user

Diensttelefonverbindung *f* engineer's order wire (EOW) *(tel)*

Dienstträger *m* service provider

Dienstübergang *m* (DÜ) intercommunication *or* interworking between service attributes *(bearer service)*; service intercommunication, service interworking (SI)

dienstüberschreitende Kommunikation *f* interservice communication

Dienstübertragungsweg *m* service circuit

dienstunabhängiger Baustein *m* service-independent building block (SIB) *(IN)*

Dienstunterbrechungsdauer *f* loss-of-service time

Dienstvermittlungsknoten *m* (DVK) service switching point (SSP) *(IN)*

Dienstverwaltung *f* service management *(IN)*

Dienstverweigerung *f* denial of service (DoS) *(HTTP)*

Dienstverzögerung *f* service delay

Dienstwechsel *m* changing services, swap *(e.g. telephone to telefax, ISDN)*

Dienstwerk *n* official document *(DBT)*

Dienstzentrale *f* service centre *(ISDN)*

Dienstzugangspunkt *m* service access point (SAP) *(ISDN)*

Dienstzugriffspunkt *m* service access point (SAP) *(SS7 layer access, s. Table III)*

Dienstzugriffspunktkennung *f* service access point identifier (SAPI)

Differential-GPS *n* differential GPS (DGPS) *(see GPS)*

Differentialmikrofon *n* differential microphone

Differenzbild *n* (D-Bild) delta frame *(MPEG-1)*

Differenzbildcodierung *f* interframe coding *(MPEG-2)*

Differenzbildübertragung *f* interframe-coded transmission *(MPEG-2)*

Differenzbildverfahren *n* delta frame method *(video compression, MPEG-1)*

differenzcodierte QPSK *f* differential QPSK (DQPSK)

Differenzcodierung *f* differential coding *(source coding of the difference between a sample and a predicted value)*; interframe coding *(MPEG-2)*

Differenzdemodulation *f* differential detection

differenzielle Gruppenlaufzeit *f* differential group delay (DGD) *(PMD, FO)*

Differenzkettencodierung *f* differential chain coding (DCC) *(txt, ITU-T Rec.T.101, s. Table III)*

Differenzphase *f* differential phase

Differenz-Pulscodemodulation *f* differential pulse code modulation (DPCM)

Differenzträger *m* intercarrier *(TV)*

Differenz-Zähler *m* differential meter *(resettable pulsed meter, tel)*

diffundieren diffuse

Diffusion *f* diffusion

digital digital *(time- and value-discrete)*

Digital-Analog-Umsetzer *m* (DAU) *or* **-Wandler** *m* (DAW) digital/analog converter (DAC, D/A converter)

Digital-Analog-Zeichenumsetzer *m* signalling converter, digital/analog (SDA)

Digitalanschluß *m* digital access *(ISDN)*

Digitalbild *n* digitized image *(video)*

Digital-Digital-Geschwindigkeitsanpassung *f* digital/digital bit rate adaptation (D/D)

digitale Anschlußleitung *f* digital subscriber line (DSL)

digitale Anschlußleitung *f* **mit Einzelanschluß** single-line DSL (SDSL)

digitale Anschlußleitung *f* **mit Geschwindigkeitsanpassung** rate-adaptive digital subscriber line (RADSL)

digitale Anschlußleitung *f* **mit hoher Bitrate** high-bit-rate digital subscriber line (HDSL)

digitale Anschlußleitung *f* **mit sehr hoher Bitrate** very-high-bit-rate digital subscriber line (VHDSL)

digitale Anschlußstrecke *f* digital access link *(ITU-T I.430.E, s. Table IV)*

digitale Datensicherung *f* digital data storage *(DAT streamer, PC)*

digitale Fernmeldeleitung *f* digital telecommunication circuit *(ITU-T G.701 (Table III), I.112 (Table IV))*

digitale Fernvermittlung *f* (DIVF) digital trunk exchange

digitale Hierarchie *f* digital hierarchy *(ITU-T Rec. G.702 (Table III), s. PCM-Hierarchie')*

digitale Leitung *f* digital circuit *(ITU-T G.701 (Table III), I.112 (Table IV))*

digitale Leitungseinheit *f* digital trunk unit (DTU) *(AT&T)*

digitale Leitungsendeinrichtung *f* (DLE) digital line equipment *or* unit (DLU)

digitale Leitungsschnittstelle *f* digital line interface (DLI)

digitale Multiplexeinrichtung *f* digital multiplex equipment *(ITU-T I.430.E, s. Table IV)*

digitale Münzen *fpl* electronic cash (e-cash) *(z.B. Deutsche Bank)*

digitale Netzverbindungseinheit *f* digital networking unit (DNU)

digitale Ortsleitung *f* digital local line *(ITU-T I.430.E, s. Table IV)*

digitale Ortsvermittlung *f* (DIVO) digital local exchange

digitale Prüfschleife *f* digital loopback *(ITU-T I.430.E, s. Table IV)*

digitaler Anschlußbereich *m* digital subscriber loop (DSL)

digitaler Crossconnect-Multiplexer *m* digital cross connect (multiplexer) (DCC)

digitaler Datenkanal *m* digital signal channel (DSC)

digitaler Fernsehrundfunk *m* digital television broadcasting (DTVB), Digital Terrestrial Television (DTT) *(UK)*

digitaler Heimanlagenbus *m* domestic digital bus

digitaler Hörfunk *m* digital audio broadcasting (DAB) *(Eureka project EU 147, ETSI ETS 300.401, COFDM)*

digitaler Kanal *m* digital channel *(ITU-T G.701 (Table III), I.112 (Table IV))*; bit channel

digitaler Kommunikationskanal *m* digital communication channel (DCC)

digitaler Konzentrator *m* digital concentrator *(ITU-T I.430.E, s. Table IV)*

digitaler Kreuzschienenverteiler *m* digital crossconnect (multiplexer) (DCC, DXC), addressable multiplexer

digitaler Leitungsabschluß *m* Digital Line Termination (DLT) *(BT ISDN)*

digitaler Leitungsvervielfacher *m* digital circuit multiplication equipment (DCME) *(ITU-T I.430.E, s. Table IV)*

digitaler Multiplexanschluß *m* digital multiplexed interface (DMI) *(US)*

digitaler Nahbereichsfunk *m* digital short-range radio (DSRR) *(mobile RT, 933–935 MHz)*

digitaler Satellitenempfänger *m* digital satellite receiver, integrated receiver/decoder (IRD) *(set-top box, digital satellite TV)*

digitaler Satelliten-Hör(rund)funk *m* digital satellite radio (DSR)

digitaler Schnitt *m* non-linear editing *(NLE)*

digitaler Signalprozessor *m* digital signal processor (DSP)

digitaler Spannungsmesser *m* digital voltmeter (DVM)

digitaler Übertragungskanal *m* digital transmission channel *(ITU-T G.701, I.112, s. Table III)*

digitales Astra-Radio *n* Astra Digital Radio (ADR) *(sat.)*

digitales Crossconnect-System *n* digital cross-connect system (DCS)

digitale Set-Top-Box *f* digital set-top box, digibox *(UK)*

digitales europäisches Funkfernsprechnetz *n* Digital European Cordless Telephone (DECT)

digitales Fernsehen *n* digital television broadcasting (DTVB), digital TV, digital video broadcasting (DVB) *(950–2050 MHz, MPEG-2; QPSK modulation for satellite (DVB-S), 64QAM for cable (DVB-C) and (2k- or 8K-)OFDM for terrestrial transmission (DVB-T, 16QAM or 64QAM, 1705 or 6817 carriers per symbol period, resp., ETSI ETS 3007xx); ETSI ETS 300 421 und ETS 300 429)*

digitales Funkfernsprechnetz *n* (D-Netz) digital radiotelephone and data network

digitales Geld *n* electronic cash (e-cash) *(e.g. Deutsche Bank)*, cybercash *(Dresdner Bank)*

digitale Signatur *f* digital signature *(security)*

digitales Koppelnetz *n* digital switching network (DSN) *(System 12)*

digitales Leitungsvervielfachungssystem *n* digital circuit multiplication system (DCMS)

digitales Multiplex *n* digital multiplex *(DVB programme package)*

digitales Ortsnetz *n* (DIGON) digital local network *(of the DTAG)*

digitale Sprachinterpolation *f* digital speech interpolation (DSI)

digitale Sprechstelle *f* digital voice terminal (DVT)

digitales Richtfunk-System *n* (DRS) digital radio link system *(sat)*

digitales Schaltwerk *n* digital circuit

digitales Signal *n* digital *or* discrete signal

digitales Speichermedium digital storage medium (DSM) *(tape, hard disk, CD or DVD)*

digitales Speicheroszilloskop *n* digital storage oscilloscope (DSO)

digitales System *n* digital system *(ITU-T I.430.E, s. Table IV)*

digitales Teilnehmermultiplexsystem *n* digital loop carrier (DLC) system, digital subscriber pair gain system

digitales Teilnehmersignalisierungsverfahren *n* **Nr.1** digital subscriber signalling system No.1 (DSS1) *(narrow-band ISDN)*

digitales Teilnehmersignalisierungsverfahren *n* **Nr.2** digital subscriber signalling system No.2 (DSS2) *(broadband ISDN)*

digitales Teilnehmer-Zeichengabeverfahren *n* s. digitales Teilnehmersignalisierungsverfahren *n*

digitales Tonband *n* digital audio tape (DAT)

digitale Strecke *f* digital (transmission) link *(ITU-T I.430.E, s. Table IV)*

digitales Übertragungssystem *n* digital transmission system *(ITU-T I.430.E, s. Table IV)*

digitales Videosystem *n* (DVS) digital video system *(Eureka project, 12.5–20 Mb/s, FO)*

digitales Wasserzeichen *n* digital watermark *(security)*

digitales Zeichengabeverfahren *n* **Nr.1 für Anschlußleitungen** digital subscriber signalling system No.1 (DSS1)

digitale Teilnehmerschaltung *f* (DTS) digital line interface circuit. digital extension circuit

digitale Teilnehmerschleife *f* digital subscriber loop (DSL) *(2-wire ISDN connection)*

digitale Teilstrecke *f* digital section *(ITU-T I.430.E, s. Table IV)*

digitale Übertragung *f* digital transmission *(ITU-T G.701, I.112, s. Table III)*

digitale Übertragungsstrecke *f* digital link *(ISDN)*, digital transmission link *(ITU-T I.430.E, s. Table IV)*

digitale Verbindung *f* digital connection *(ITU-T Rec. I.112, Q.701, s. Table III)*, digital link

digitale Vermittlung *f* (DIV) digital switching centre; digital PABX *(ITU-T I.112, s. Table IV)*

digitale Vermittlungsstelle *f* digital exchange *(ISDN)*

digitale Videokassette *f* digital video cassette (DVC) *(to MPEG-2)*

digitale Zeitmarke *f* digital time stamp (DTS) *(DVB)*

digital gesteuerte Deltamodulation *f* digitally controlled delta modulation (DCDM)

digital gesteuerter Oszillator *m* digitally controlled oscillator (DCO)

Digital-Grundleitungsabschnitt *m* (DSGLA) digital line section

Digitalisiertablett *n* digitizing pad *or* tablet, digitizer

Digitalisierung *f* digitization, binarization

Digitalkanal *m* digital channel *(ITU-T G.701, I.112, s. Table III)*; bit channel

Digitalkonzentrator *m* digital concentrator *(ITU-T I.430.E, s. Table IV)*

Digitalnetz-Anschlußeinheit *f* digital carrier line unit *(US)*

Digitalnetzsystem *n* digital carrier system *(US)*

Digital-Phosphor-Oszilloskop *n* digital phosphor oscilloscope (DPO)

Digitalradio *n* digital radio *(DAB)*

Digitalreceiver *m* set-top box (STB) *(DVB, with PCMCIA slot for CA modules (pay TV))*

Digitalsignal *n* digital signal

Digitalsignal-Demodulator *m* digital signal demodulator *(DVB receiver)*

Digitalsignal-Grundleitung *f* (DSGL) digital line path

Digitalsignal-Prozessor *m* digital signal processor (DSP)

Digitalsignal-Verbindung *f* (DSV) digital path

Digitalsignalverteiler *m* digital cross connect (DCC) (equipment) *(switching station on transmission link)*

Digitaltelefon *n* digital telephone

Digital-TV *n* digital TV *(DVB)*

Digitalverfahren *n* digital (time- and value-discrete) method

Digitalverteiler *m* digital distribution frame (DDF)

Digitalvoltmeter *m* digital voltmeter (DVM)

Digital-Wrapper *m* digital wrapper *(optical transport network, ITU-T G.709)*

DIGON s. digitales Ortsnetz *n*

DIIS-System *n* Digital Interchange of Information and Signalling (DIIS) system *(FDMA single-frequency system, complements TETRA (q.v.))*

Diktiergerät *n* dictating machine

Dilatationsparameter *m* dilatation parameter *(image processing, DTP)*

DIL-(dual in-line)**-Gehäuse** *n* dual in-line package (DIP) *(IC)*

Dilemma *n* dilemma *(logic)*

Dimensionierung *f* dimensioning

Dimensionstabelle *f* dimensionality map *(image coding)*

DIN Deutsches Institut *n* **für Normung e.V.** German Institute for Standardisation *(s. Table XIII)*

DIN-Entwurf *m* draft DIN standard

DIP-Baustein *m* DIP (dual in-line package) chip

Diphon *n* diphone *(transitional sound between phonemes (q.v.), speech recognition)*

Diplexer *m* diplexer, dividing filter

Dipolantenne *f* dipole antenna

Dipolebene *f* stacked dipole *(antenna)*

Dipolmoment *n* dipole moment

DIP-Schalter *m* DIP (dual in-line package) switch *(mounted directly on the circuit board)*

Dirac-Impuls *m* Dirac *or* unit pulse *(impulse response measurement)*

Direktanschluß *m* (DA) direct access *(ITU-T I.430, s. Table IV)*; tie line; direct exchange line (DEL) *(BT)*

Direktanschluß-Verbindungselement *n* direct access connection element *(ITU-T I.430.E, s. Table IV)*

Direktansprechen *n* direct addressing *(via loudspeaker, digital f. tel)*

Direktantworten *n* direct answering *(via microphone, digital f. tel)*

Direktbündel *n* direct trunk group, primary *or* first-choice trunk group

Direktdienstewahl *f* direct services dialing (DSD) *(US)*

direkt durchgeschaltete Verbindung *f* direct station-to-station connection

direkte Digitalsynthese *f* direct digital synthesis (DDS) *(TV)*

direkte Frequenzumtastung *f* direct FSK (DFSK)

direkte Modulation *f* direct modulation

Direktempfang *m* direct to the home (DTH) *(TV)*

direktempfangbarer Satellit *m* direct broadcasting satellite (DBS)

direkte Regelung *f* in-line control

direkter Verbindungszugriff *m* direct line access *(LCR)*

direkte Spracheingabe *f* direct voice input (DVI) *(mobile RT)*

direkte Verbindungen *fpl* **über Ausnahmehauptanschlüsse** (DIVA) direct connections via special subscriber lines *(DTAG VSAT, permanent line connections between western and eastern Germany)*, directly interconnected telephone access

direkt gesteuertes System *n* direct-control system *(switching system)*

direktgesteuerte Vermittlung *f* direct switching

Direktion *f* Regional Directorate

Direktion *f* **Telekom** Regional (DT) Telekom Directorate

Direktmodus *m* direct mode *(TETRA, MS-MS)*

Direktruf *m* direct call; hot line, tie line *(tel., now DDV, q.v.)*

Direktrufanschluß *m* (DirRufAs) direct line

Direktrufnetz *n* data/telephone network for fixed connections, leased-circuit data/telephone network

Direktrufverordnung *f* (DirRufv) Ordinance Concerning Fixed Connections of the DTAG *(superceded by the TKO)*

Direktsequenz-CDMA *m* direct sequence CDMA (DS CDMA)

Direktsequenz-Modulation *f* direct sequence (DS) modulation

direktstrahlender Satellit *m* direct broadcasting satellite (DBS)

direktstrahlendes Satellitensystem *n* direct-broadcasting satellite system (DSS)

Direktstrahlsatellit *m* direct broadcasting satellite (DBS)

direktvermittelt direct switched

Direktwahl *f* direct dialling (DD); direct distance dialling (DDD)

Direktwahlnetz *n* direct distance dialling (DDD) network

Direktweg *m* direct route, high-usage route; primary (circuit) route *(exch., first choice route)*

Direktzugriffsprotokoll *n* random access protocol (RAP) *(trunking system control)*

Direktzugriffsspeicher *m* random access memory (RAM)

DirRufAs s. Direktrufanschluß *m*

DirRufv s. Direktrufverordnung *f*

DIS (Internationaler Normenentwurf *m*) Draft International Standard *(FTZ, ISO)*

DiSEqC-Umschalter *m* DiSEqC (Digital Satellite Equipment Control) switch *(LNB control, 14/18V and digitally keyed 22 kHz signal)*

disjunkt disjoint *(logic)*

Diskette *f* floppy disk, diskette *(PC)*

Diskettenlaufwerk *n* (floppy) disk drive *(PC)*

diskontinuierlicher Bitstrom *m* discontinuous *or* bursty traffic

diskret discrete

diskrete Cosinus-Transformation *f* discrete cosine transform (DCT) *(transform coding, video codec)*

diskrete Fourier-Rücktransformation *f* inverse discrete Fourier transform (IDFT)

diskrete Fourier-Transformation *f* discrete Fourier transform (DFT) *(IT)*

diskrete Mehrfrequenzübertragung *f* discrete multi-tone (DMT) transmission *(FDM, QAM modulated line code for ADSL, ANSI standard T1.413)*

diskrete Walsh-Hadamard-Transformation *f* discrete Walsh-Hadamard transform (DWT) *(transform coding, video codec)*

diskret getaktetes Signal *n* discretely timed signal *(ITU-T I.112, s. Table IV)*

Diskretisierung *f* discretization

Diskriminator *m* discriminator *(circuit)*

Dispatcher-Funksprechgerät *n* dispatch radio *(professional mobile radio, always on, US)*

Dispatcher-Sprechfunk *m* dispatch radio *(professional mobile radio, always on, US)*

Dispersion *f* dispersion *(FO)*

dispersionsbehaftet dispersive *(FO)*

Dispersionsminimum *n* zero dispersion wavelength

dispersionsverschoben dispersion-shifted *(FO)*

Display *n* display *(e.g. LED)*

Display-Adapter *m* display adapter *(PC)*

Disposition *f* arrangement, layout, planning

Distanzadresse *f* displacement address

Distanzfunktion *f* distance function, metric function *(math., geometry)*

Distanzrelais *n* distance relay

Distanz-Zähler *m* odometer *(e.g. on motor vehicles)*

DIV s. digitale Vermittlung *f*

DIVA s. direkte Verbindungen *fpl* über Ausnahmehauptanschlüsse

DIVF s. digitale Fernvermittlung *f*

Diversityempfänger *m* diversity receiver

Dividierzähler *m* divide-down counter

DIVF(ISDN) (ISDN-fähige digitale Fernvermittlung *f*) digital trunk exchange *(with ISDN capability)*

Dividierer *m* divider

Dividierzähler *m* dividing (down) counter

DIVO s. digitale Ortsvermittlung *f*

DIVO(ISDN) (ISDN-fähige digitale Ortsvermittlung *f*) digital local exchange *(with ISDN capability)*

DK (Datenkanal *m*) data channel (DC) *(TC)*

DK (Dienstkanal *m*) service channel (SC)

DK (Durchsagekennung *f*) Traffic Announcement (TA) identification *(RDS)*

D-Kanal *m* D channel *(ISDN BA, D_{16}=16 kb/s, SS7)*

D-Kanal-(Kenn)zeichengabe *f* (DKZ, DKZE) D-channel signalling *(ISDN PBX)*

D-Kanal *m* **mobil** mobile D channel (Dm) *(GSM control channel)*

D-Kanal-Protokoll n D channel protocol *(SS7, ISDN)*

DKZ (Datenkonzentrator *m*) data concentrator

DKZ s. D-Kanal-(Kenn)zeichengabe *f*

DLC-Schicht *f* DLC (data link control) layer *(DECT)*

DLE (digitale Leitungsendeinrichtung *f*) digital line equipment *or* unit (DLU)

DL-Layer *m* data link sublayer *(V5.1,V5.2 interface, ETS 300-324, 300-347, s. Table V)*

DLP-Chip *m* DLP (digital light processing) chip *(DMD)*

DLR (Deutsche Forschungsanstalt *f* für Luft- und Raumfahrt) German Aerospace Research Establishment *(formerly DFVLR)*

DM (Deltamodulation *f*) delta modulation

Dm (Multiplex-D-Kanal *m*) multiplexed D channel

D-MAC *n* (Variante D von MAC) D-Mac (variant D of MAC) *(TV transmission protocol, 12 MHz bandwidth, 8 audio channels)*
D2-MAC duo-binary MAC *(TV transmission protocol, 8 MHz bandwidth, 4 audio channels)*

DMWD (Datenmehrwertdienst *m*) value-added data service

D-Netz (digitales Funkfernsprechnetz *n*) (FuN-D, FuND) digital radiotelephone network *(GSM standard (q.v.), inaugurated 1991, ISDN-compatible, s. Table VII)*

DNIC (Datennetzkennung *f*) data network identification code

DNS (Datennetzsignalisierung *f*) data network signalling *(TEMEX)*

Docking-Station *f* docking station *(for peripherals, notebook computer)*; cradle *(mobile RT)*

DOCSIS-Standard *m* DOCSIS (data over cable service interface specification) standard *(cable modems, MCNS and ITU-T Recommendation J.112, IEEE 802.2 data link, IP network layer, s. Tabelle III, s.a. "DVBRCC")*

Dokumentanwendungsprofil *n* document application profile *(ODA)*

Dokumentaustauschformat *n* document interchange format (DIF) *(ODA)*

Dokumentbildverarbeitung *f* document image processing (DIP)

Dokumentenarchitektur *f* Office Document Architecture (ODA) *(ISO DIS 8613)*; Open Document Architecture (ODA) *(ISDN, ITU-T I.410, s. Table IV)*

Dokumenten-Austauschformat *n* Office Document Interchange Format (ODIF) *(ISDN, ITU-T I.415 (Table IV), ISO DIS 8613)*

Dokumentdarstellung *f* document image *(ODA)*

Dokumentfenster *n* document window *(DTP, PC)*

Dokumentenübertragung und -bearbeitung *f* (DTAM) Document Transfer And Manipulation *(ISDN, ITU-T I.430, s. Table IV)*

Dokumentsymbol *n* document icon *(MS Windows, PC)*

dolmetschen interpret

Domain *n* domain

Domäne *f* domain *(IP)*

Domänenname *m* domain name *(Internet host name, e.g. .com (commercial), .gov (government), .us (US), .uk (United Kingdom), .au (Australia) etc. (ISO3166, RFC1983, s. Table VIII)*

dominant dominant *(Low/High level depending on logic, overwrites a recessive bit sent at the same time, CAN)*

Domotik *f* domotics *(encompasses all domestic electrical/electronic equipment; from Fr. "domotique")*

Dom-Prägung *f* domed embossing *(membrane keypad)*

Dongel *m* dongle *(active hardware element (scrambler/descrambler) to prevent unauthorized copying, PCs)*

Doppelader *f* pair, conductor pair, wire pair *(tel. cable)*

Doppelbandkonverter *m* dual-band converter *(sat)*

Doppelbegrenzer *m* slicer (circuit) *(e.g. teletext)*

Doppelbegrenzung *f* slicing *(pulses)*

Doppelbelegung *f* double seizure or seizing *(switch)*; dual assignment *(transmission)*; glare

Doppelbit *n* dibit *(e.g. 00,01)*

doppelbrechend birefringent *(FO)*

Doppelbus *m* **mit verteilter Warteschlange** distributed queue dual bus (DQDB) *(MAN, IEEE 802.6)*

Doppeldruck *m* repeat printing *(fax)*

doppelgetaktet dual clocked *(bus)*

Doppelklicken *n* double click *(PC mouse operation)*

Doppelkontakt *m* twin contact

Doppelkonverter *m* dual-band converter *(sat)*

Doppelleitung *f* pair *(tel)*

Doppelmedianinterpolation *f* double median (DM) interpolation *(image processing)*

doppeln duplicate

doppelpolarisierte Antenne *f* dual-polarised antenna *(microwave)*

Doppelraster *m* interleaved channel arrangement *(RT)*

Doppelring *m* dual ring *(token ring structure, LANs)*

doppelseitig double-sided *(DVD)*

Doppelstromtastung *f* bipolar operation

doppelt double, twofold

doppelte Aufzeichnungsdichte *f* double density (DD) *(floppy disk, PC)*

doppelte Netzanbindung *f* dual homing *(PBX)*

doppelte Signallaufzeit *f* round-trip delay *(mobile RT)*

doppeltgerichtet two-way *(serving trunk, tel)*

Doppel-T-Glied *n* twin-T section, H section

doppeltkritische Abtastung *f* twice-critical sampling

Doppeltonmodulation *f* two-tone *or* frequency-exchange modulation *(PMR)*

Doppeltonruf *m* two-tone call *(PMR)*

doppelt unterstrichen double underlined *(WP)*

Doppelung *f* duplication *(facilities)*

Doppelverbindung *f* double connection

Doppelzugriff-RAM *n* dual-port RAM (DPR, DPRAM)

Doppler-Verbreiterung *f* Doppler spread *(signal, in Hz, mobile RT)*, Doppler broadening

DoS-Angriff *m* DoS (denial of service) attack *(to overload the Web server, is prevented by NAT (q.v.))*

Dose *f* box, cell, capsule; socket *(tel)*

DOS(disk operating system)**-Extender** *m* DOS extender *(PC-Programm)*

DOV (dem Sprachband überlagerte Datenübermittlung *f*) data over voice *(Centrex service attribute, data rate typically 19.2 kbit/s; at 40 kHz carrier frequency in DTAG TEMEX and public phonecard telephones)*

DOVE (DOV-Einrichtung *f*) data-over-voice equipment

Download *m* download *(file downloading session, IP)*
im Download *m* in download mode *(IP)*

Downsizing *n* downsizing *(shifting applications from large systems to PC networks)*

Downstream *m*: **im Downstream zum Teilnehmer** downstream to the user, in the downstream link to the user

Downstream-Kanal *m* downstream channel *(CTV)*

Downstream-Übertragungskanal *m* downlink channel *(DECT)*

Dp (Dienstposten *m*) post, personnel post

DPCM (Differenz-Pulscodemodulation *f*) differential PCM

dpi (Punkte pro Zoll) dots per inch *(facsimile resolution)*

dpn 100 packet-switched system *(Sweden)*

DPSK (Phasendifferenzumtastung *f*) differential phase shift keying

DPU (Delta-PCM-Umsetzer *m*) delta/PCM converter

DQPSK (differenzcodierte QPSK) differential quaternary phase shift keying

dr (-draht) wire
2-dr (zweidraht-) 2-wire

Drahtfernmeldeanlage *f* wired telecommunications installation

Drahtfernsprecher *m* wire-connected telephone *(mobile RT)*

Drahtfunk *m* (DrFu) line broadcasting

drahtgebunden on wires, wired, wire-connected, hard-wired *(PSTN)*

drahtgebundenes Fernsehen *n* closed-circuit TV

drahtgebundene Übertragung *f* wire *or* line connection, line transmission

drahtlos wireless; cordless, wire-free *(connection)*; over-the-air *(transmission)*

drahtlose Anschlußleitung *f* (DAL) wireless local loop (WILL, WLL) *(DTAG project, NMT-900 technology)*

drahtlose Basisstation *f* radio base station (RBS) *(RLL)*

drahtlose Breitbandübertragung *f* broadband wireless (transmission) *(1.0 Mbit/s and higher)*

drahtlose Endgeräteanschlußeinheit *f* wireless terminal interface unit (WIU)

drahtlose Portalseite *f* wireless portal *(WWW, supports users with smart phone or pager)*

drahtloser Anschluß *m* wireless access

drahtloser Netzzugang *m* **im Ortsbereich** wireless (in the) local loop (WILL, WLL) *(DECT)*

drahtloser Teilnehmeranschluß *m* wireless local loop (WLL)

drahtloses Datennetz *n* local area wireless network (LAWN)

drahtloses Gebäudenetz *n* wireless in-building network (WIN)

drahtloses intelligentes Netz *n* wireless intelligent network (WIN) *(transaction processing infrastructure for wireless systems)*

drahtloses Netz *n* wireless network

drahtloses Ortsnetz *n* wireless LAN (WLAN)

drahtloses Telefon *n* cordless telephone *(f.-tel)*

drahtlose Teilnehmeranschluß *m* cordless local loop *(Telepoint)*

drahtlose Übertragung *f* radio transmission

drahtlose Verbindung *f* wireless call

drahtlose Zubringerstelle *f* wireless relay station (WRS) *(RLL)*

Drahtmodell *n* wire frame model *(graphics)*

Drahtnetz *n* wire-line network, hard-wired network, public switched telephone network (PSTN)

Drahtrufnummer *f* PSTN call number, wire-line network subscriber number

Drahtteilnehmer *m* wire-connected subscriber *(tel., mobile RT)*

Drahtvermittlungsanlage *f* wire center *(US)*

Drahtwickeltechnik *f* wirewrap (method)

Drain *m* drain *(FET)*

drehen rotate *(phase)*; invert *(signal)*

Drehfeld *n* spin box *(MS Windows, PC)*

Drehlage *f* skew angle *(graphics)*

Drehregler *m* (game) paddle *(PC game)*

Drehrichtung *f* direction of rotation
für eine Drehrichtung *f* irreversible, nonreversible *(motor)*

Drehtaste *f* jog dial *(PC game, f.tel)*

Drehwähler *m* rotary selector, uniselector

Drehzahlregelung *f* speed control *(motor)*

Drei-Buchstaben-Folge *f* trigram *(voice recognition)*

dreifach triple, threefold

Dreifachschreiber *m* three-channel recorder

Dreieckgenerator *m* triangular-wave generator

Dreiecksfunktion *f* triangular function *(math)*

Dreierkonferenz *f* three-way conversation

Dreierverbindung *f* three-party call

Dreierverbindungsdienst *m* three-party service (3PTY, TPS) *(ISDN)*

Dreierwortfolge *f* trigram *(voice recognition)*

Dreifach-Pufferspeicher *m* triple *or* triplex buffer *(AT&T)*

Dreiklang-Tonruf *m* three-tone ringing *(tel)*

Drei-Ton-Ruf *m* three-tone caller *(f. tel)*

dreiwertige Differenz-Phasenumtastung *f* three-level differential PSK (TDPSK)

DrFu s. Drahtfunk *m*

Drift *f* drift *(e.g. amplifier characteristic)*

dringend urgent

Dringlichkeit *f* urgency, precedence, priority

Dringlichkeits-Parameter *m* urgency descriptor (UD) *(ATM)*

Dringlichkeitsstufe *f* precedence rating *(exch.)*

DRO-Oszillator *m* dielectric resonance oscillator (DRO) *(sat. LNB for DVB-S)*

Dropdown-Listenfeld *n* drop-down list box *(GUI, PC)*

Dropdown-Menü *n* drop-down menu *(GUI, PC)*

Dropout *m* dropout *(magn. tape)*

Drossel *f* choke *(component)*

Drosselbit *n* control bit *(central processor)*

drosseln throttle, reduce flow *(traffic)*

Drosselungseinrichtung *f* flow control device, flow reduction device

Drosselungsmeldung *f* choke message *(traffic)*

DRS (digitales Richtfunk-System *n*) digital radio link system *(sat)*

Druckauftragsverwaltung *f* print queue management

Druckausgabe *f* printout, hard copy

Druckausgabe in Datei umleiten Print to File *(Windows instruction, PC*

Druckbild *n* printed image, print image; print(ing) format, printout format *(DP)*

Druckdifferentialmikrofon *n* pressure differential microphone (PDM)

Drucker *m* printer

Druckereinrichtung ... Print Setup ... *(Windows instruction, PC)*

Druckerpuffer *m* printer buffer *(buffer memory in the printer, PC)*

Druckerwarteschlange *f* print queue *(PC)*

Druckexemplar *n* hard copy

Druckformatvorlage *f* style sheet *(DTP)*

Druckgradientmikrofon *n* pressure gradient microphone, velocity microphone

Druckhöhe *f* barometric altitude *(aero)*

Druckknopf *m* push button; press button *(connector)*

Druckkopfpatrone *f* print cartridge *(inkjet printer)*

Druck-Manager *m* print manager *(MS Windows, PC)*

Druckprotokoll *n* printout

Druckstrom *m* print data flow, print information flow

Drucktaster *m* pushbutton key

Druckvorbereitung *f* pre-press *(DTP)*

Druckvorlage *f* printed art *(DTP)*; artwork *(printed circuits)*

DS (Durchwahlsatz *m*) direct (inward) dialling (DID) circuit

D-Serie *f* **der ITU-T-Empfehlungen** D series of ITU-T Recommendations *(relates to charging and accounting, s. Table III)*

DSG (Datensichtgerät *n*) video terminal, display terminal

DSGL (Digitalsignal-Grundleitung *f*) digital line path

DSGLA (Digital-Grundleitungsabschnitt *m*) digital line section

DSI (digitale Sprachinterpolation *f*) digital voice interpolation

DSL-Modem *m* DSL (digital subscriber line) modem

DS-Modus *m* DS mode (direct sequence mode) *(PN code, spread spectrum, CDMA, WCDMA)*

DSP (Digitalsignalprozessor *m*) digital signal processor

DSR (Betriebsbereitschaft *f*) Data Set Ready *(V.24/RS232C, s. Table IX)*

DSR (digitaler Satelliten-Hörrundfunk *m*) digital satellite radio

DSRR (digitaler Nahbereichsfunk *m*) digital short-range radio

DSSS-Signal *n* direct sequence spread spectrum (DSSS) signal

DST,Dst (Datenstation *f*) data communication terminal *(DTE + DCE)*

DSt (Dienststelle *f*) department *(DTAG)*; office

D-Steckverbinder *m* D connector *(25 pins)*

DSV (Digitalsignalverbindung *f*) digital path

DSV2 (Digitalsignalverbindung *f* mit 2 Mbit/s Übertragungsrate) digital path with transmission rate of 2 Mbit/s

DS1 (Digitalsignal *n* mit 1 Mbit/s) 1-Mbit/s digital (audio) signal *(DSR, DTAG TR 3R1, Nov. 1989, IRT)*

DS2 (Digitalsignal *n* mit 2 Mbit/s) **channel** 2-Mbit/s digital signal channel *(takes 2 DS1 signals, DTAG data channel hierarchy)*

DS64K (Digitalsignal *n* mit 64 kbit/s) 64-kbit/s digital signal

DT (Datentaste *f*) data key *(on telephone set, FTZ)*

DTAG (Deutsche Telekom AG *f*) German Telecom *(formerly "Deutsche Bundespost Telekom" (DBT), q.v.)*

DTAM s. Dokumentenübertragung und -bearbeitung *f*

DTC (zentrale Prüfstelle *f* für Daten-Einrichtungen) data test centre *(FTZ)*

DTP (Desktop-Publishing *n*) desk-top publishing

DTR (Endgerät *n* betriebsbereit) Data Terminal Ready *(V.24/RS232)*

DTS (digitale Teilnehmerschaltung *f*) digital line interface circuit. digital extension circuit

DTS-Format *n* DTS (Digital Theatre Sound) format *(digital DVB/DVD audio coding)*

DTW-Algorithmus *m* DTW (dynamic time warp *(q.v.)*) algorithm *(single word recognition)*

DTÜ (Datenaustausch- und Übertragungs-Steuerwerk *n*) data transfer control unit

DÜ (Datenübertragung *f*) data transmission

DU (Datenumsetzer *m*) data converter; modem *(for analog mode)*; interface adapter *(for digital mode)*

DÜ (Dienstübergang *m*) service intercommunication (SI)

dual binary

Dualband-Mobilstation *f* dual-band mobile station *(mobile RT)*

Dualcode *m* binary code

dualer Logarithmus *m* binary logarithm, logarithm to the base 2 ($\log_2$)

Dual-Mode-Handy *n* handheld telephone for two networks, dual-mode mobile (phone) *(e.g. analog/digital, terrestrial/satellite, cordless/cellular (DECT/GSM))*

Dualzahl *f* binary number

du/dt-Impulsfilter *n* dv/dt pulse filter

DUE (Datenumsetzer-Einrichtung *f*) data converter

DÜE (Datenübertragungseinrichtung *f*) data communication equipment (DCE) *(modem)*

DÜE nicht betriebsfähig UnControlled Not Ready (UCNR) *(loop testing)*

dumme DEE *f* dumb terminal *(i.e. without its own intelligence)*

Dummy-Übertragungsweg *m* dummy bearer *(DECT/GAP)*

dunkelsteuern blank *(monitor)*

Dunkeltastung *f* blanking *(videotex monitor)*

dünnbesetzt sparse *(codebook)*

dünnbesiedelt sparse *(array)*

Dünnschichttransistor *m* thin film transistor (TFT)

Duplex *n* (DX) duplex *(modem)*

Duplexabstand *m* duplex spacing

Duplexer *m* duplexer *(microwave, transmit/receive switch)*

Duplikat *n* duplicate, replica, facsimile

duplizieren duplicate; mirror *(DP)*

durchbrechen break through

Durchbrechungskategorie *f* override category

Durchbrennen *n* blowing *(fuse, microcircuit link)*

Durchbruch *m* breakdown *(insulation)*; opening *(HW)*

Durchbruchdiode *f* avalanche diode

durchdrehen race *(el. motor)*

durchfließen flow through, pass

Durchflußwandler *m* feed forward converter *(power electronics)*

Durchflutung *f* magneto-motive force (mmf) *(el. motor)*

Durchführbarkeit *f* feasibility

durchführen perform, carry out; pass
ein Dienstmerkmal durchführen provide a supplementary service *(SS7, s. Table III)*

Durchgang *m* continuity, continuous circuit *(HW)*; pass *(sat)*; transit *(ISDN)*; iteration

Durchgangsamt *n* transit exchange *(links local exchanges)*, tandem exchange, intermediate switch *(US)*

Durchgangsdämpfung *f* transmission loss *(FO, tel)*, via net loss (VNL) *(US, tel)*; pass-band attenuation *(filter)*

Durchgangshäufigkeit *f* transmission frequency *(signals)*

Durchgangs-Hauptvermittlungsstelle *f* (DgHVSt) main transit exchange

Durchgangsknoten *m* transit node

Durchgangsleistungsmesser *m* transmission type power meter *(analog)*; directional power meter, feed-through power meter *(digital)*

Durchgangsmischer *m* transmissive mixer *(FO)*

Durchgangsmittel *npl* transit resources *(ISDN)*

Durchgangsnetz *n* transit network

Durchgangsprüfer *m* continuity tester

Durchgangsprüfung *f* continuity test

Durchgangsstrecke *f* transit link *(ISDN)*

Durchgangstransistor *m* pass transistor *(microcircuit)*

Durchgangsverkehr *m* transit traffic

Durchgangsvermittlung *f* (DV) transit switching

Durchgangsvermittlungsstelle *f* transit exchange; tandem exchange

Durchgangsverstärkung *f* transmission gain, end-to-end gain *(transponder)*

Durchgangswahl *f* tandem dialling *(tel)*

Durchgangswellenleiter *m* transmissive waveguide *(FO)*

durchgeführte Einrichtung *f* completed setting up *(of function)*

Durchgehen *n* thrashing *(computer)*

durchgehender Stromkreis *m* continuous circuit

durchgehende Signalisierung *f* end-to-end signalling

durchgehende Verbindung *f* (circuit) continuity, continuous circuit

durchgeschaltet patched through, through(-connected) *(line)*; conductive *(semiconductor)*

durchgeschaltete Leitung *f* switched line

durchgeschaltete Verbindung *f* through connection, through line, circuit-switched connection

durchklicken click through *(E-Commerce)*

Durchlaßband *n* passband

Durchlaßbereich *m* passband *(filter)*

Durchlaßbereichsformer *m* passband shaper *(TV)*

Durchlaßbetrieb *m* forward-biased operation *(FO)*

Durchlaßdämpfung *f* pass-band attenuation *(filter)*

Durchlaßfrequenz *f* pass frequency

durchlässig transparent *(network, generally with out-band signalling)*

durchlässig steuern enable *(circuit)*

Durchlaßkanalwiderstand *m* on-channel resistance

Durchlaßkurve *f* pass-band curve *or* characteristic *(filter)*

Durchlaß-Modus *m* pass-through mode *(WAN)*

Durchlaßquote *f* traffic flow

Durchlaßrichtung *f* forward direction *(Halbleiter)*

in Durchlaßrichtung *f* **vorspannen** forward bias

Durchlaßvorspannung *f* forward bias

Durchlaßwiderstand *m* on-state resistance *(semicond.)*

Durchlauf *m* pass *(program, tape)*, run; cycle; sweep *(frequency)*

durchlaufen run through, pass; run *(program)*

Durchlaufen *n* **einer Periode** cycling

durchlaufende Einsen *fpl* walking ones *(test pattern)*

Durchlaufprinzip *n* feed-through principle *(storage procedure, e.g. first-in-first-out (FIFO))*

Durchlaufspeicher *m* transit store; ripple-through (FIFO) memory

Durchlaufspeicherung *f* **der gewählten Ziffer** cyclic storage *(of digits)*

Durchlaufverzögerung *f* transmission delay *(network)*

Durchlaufzeit *f* turnaround time *(for a job, DP)*; transmission delay *(network)*; transit time

durchnumeriert numbered sequentially

durch Punkte getrennt decimal dotted

durchreichen pass through, transmit *(messages)*

Durchsage *f* voice message

Durchsagefunktion *f* announcement function *(TETRA)*

Durchsagekennung *f* (DK) Traffic Announcement (TA) identification *(RDS)*

durchsagen announce; put through *(a message)*

Durchsageruf *m* message call *(f. tel)*

Durchsatzrate *f* throughput *(packets/sec)*

durchsatzstark high-throughput

Durchschaltebetrieb *m* line switching

Durchschalteebene *f* cross connect level

Durchschalteeinheit *f* switching unit (SWU) *(ISDN)*, circuit switching unit

Durchschaltegitter *n* (DG) through-connection gate *(PCM, tel)*

Durchschaltekoppelnetz *n* circuit switching network

Durchschalteleistung *f* call throughput rate

Durchschaltemodul *n* switching module, switching unit (SWU) *(ISDN)*

durchschalten connect through, switch through, cut through *(tel)*, cross connect; turn on *(HW)*; gate *(pulses)*

durchschalten im Crossconnector crossconnect *(B-ISDN)*

Durchschalteprüfsignal *n* connection test signal

Durchschalteprüfung *f* connection testing *(network)*; continuity checking *(ISDN)*

Durchschalter *m* gate

Durchschalterelais *n* connecting relay, cut-through relay *(trunk repeater)*

Durchschalteschnittstelle *f* circuit switching interface *(FO)*

Durchschaltespeicher *m* circuit switching memory

Durchschaltevermittlung *f* circuit switch (CS), circuit *or* line switching

Durchschaltevermittlungseinheit *f* switching system

Durchschalteweg *m* through-connect path *(exch.)*

Durchschaltung *f* connection; through-connection, switching

durchschieben shift through *(register)*; walk through *(e.g. ones through a word of zeroes)*

Durchschlag *m* Carbon Copy *(remote screen dump program, PC-PC test)*

Durchschlagen *n* bottoming *(contact springs)*

durchschleifen bypass *(in MUX)*; loop through, bridge

Durchschnittsbelastbarkeit *f* average power handling capacity

durchsetzt interspersed

durchsprechen put through, give out *(a message)*

durchstellen put through *(call)*

Durchstelltaste *f* carry-through button

durchsteuern turn on *(semiconductor)*, gate through *(signal through a circuit)* **mehr durchsteuern** turn on harder

durchstimmbar tunable *(e.g. VCO)*

Durchstrahlungsbild *n* radiation image, X-ray image *(radiology)*

Durchstrahlungsmodus *m* transmission mode *(antenna)*

Durchtunnelung *f* tunnelling *(microelectronics)*,

Durchverbindung *f* interconnection

Durchwahl *f* (Duwa) direct dialling (DD), direct dialling-in (DDI) *(GB)*, direct (inward, outward) dialing (DID, DOD) *(US)*; extension (number)

Durchwahlimpuls *m* direct-dialling pulse *(tel.)*

Durchwahlnummer *f* extension number *(tel.)*

Durchwahlsatz *m* (DS) direct inward dialling (DID) circuit

durchwobbeln sweep through *(a band of frequencies)*

DuSt (Datenumsetzerstelle *f*) data conversion station

Duwa s. Durchwahl *f*

DV (Datenverarbeitung *f*) data processing (DP)

DV s. Durchgangsvermittlung *f*

DVA (Datenverarbeitungsanlage *f*) data processing system

DVB s. digitales Fernsehen *n*

DVB-Datenrundfunk *m* DVB data broadcast (DVB-DB)

DVB-Empfänger *m* set-top box (STB) *(DVB, with PCMCIA slot for CA modules (pay TV))*

DVB-NIP-Protokoll *n* DVB Network-Independent Protocol (DVB-NIP)*(for interactive services)*

DVB-Rückkanal *m* DVB return channel (DVB-RC)

DVB-Rückkanäle *mpl* **für Kabel (und LMDS)** DVB Return Channels for Cable (and LMDS) (DVBRCC(L)) *(DAVIC 1.5 standard, ETS 300 800, ITU-T Rec. J.112, ETS 300 802, 300 429 (DVB-C), ITU-T J.83, ETS 300 421, EN 301 199 (LMDS (q.v.))*

DVB-Systeminformationen *fpl* DVB system information (DBV-SI) *(a group of tables in the MPEG-2 data stream, s. BAT, CAT, EIT, NIT, PAT, PMT, RST, SDT, ST (q.v.))*

DVC (digitale Videokassette *f*) digital video cassette *(Panasonic)*

DVD-Brenner *m* DVD recorder

DVD-Player *m* DVD player

DVE-PU (Datenvermittlungseinrichtung *f* Paket Unbesetzt) data switching exchange/packet, unmanned

D-Verbinder *m* D connector *(PC etc)*

D-VHS (Daten-VHS) data VHS *(JVC digital video, up to 44.7 Gbyte data on one S-VHS cassette)*

DVI (interaktive Video-CD *f*) digital video interactive *(video CD ROM, IBM)*

DVK (Dienstvermittlungsknoten *m*) service switching point (SSP) *(IN)*

DV-Kassette *f* digital video cassette (DVC) *(IEEE 1394)*

DVS (digitales Videosystem *n*) digital video system *(Eureka project)*

DVSt (Datenvermittlungsstelle *f*) data switching centre

DWT (diskrete Walsh-Hadamard-Transformation *f*) discrete Walsh-Hadamard transform *(transform coding, video codec)*

DX s. Duplex *n*

Dx s. Datex

Dx-L-HAs (Hauptanschluß *m* im leitungsvermittelten Datendienst) main station in the circuit-switched data service

Dx-P (paketvermitteltes Datennetz *n* (Datex-P)) packet-switched data exchange (network)

DXG (Datexfernschaltgerät *n*) Datex remote control unit *(TEMEX)*

DXG (Datex-Netzabschlußgerät *n*) datex terminating unit

Dynamik *f* dynamic range, dynamic response, dynamic performance, dynamics

Dynamikbereich *m* dynamic range

Dynamikdehner *m* expander; gain expander *(RF)*

dynamisch dynamic *(i.e. time dependent)*

dynamische HTML-Sprache *f* dynamic HTML (DHTML) *(q.v.)*

dynamische Kanalauswahl *f* dynamic channel selection (DCS) *(DECT)*

dynamische Kanalzuordnung *f* dynamic channel management system (DCMS)

dynamische Programmwahl *f* dynamic viewing *(DVB-C, DAVIC 1.5 (q.v.) function)*

dynamische Rahmenlängenänderung *f* dynamic frame-length slotted ALOHA (DFSA) *(RAP, trunking system control)*

dynamischer Datenaustausch *m* dynamic data exchange (DDE) *(betw. applications, PC)*

dynamisches Multiplex *n* dynamic multiplex *(ITU-T I.430.E, s. Table IV)*

dynamisches Übersprechen *n* dynamic crosstalk *(MPEG-1, multichannel sound)*

dynamische Zeitanpassung *f* dynamic time warp (DTW) *(single word recognition algorithm)*

dynamische Zeitverzerrung *f* dynamic time warp (DTW)

dynamische Zustandsinformationen *fpl* dynamic status information, metric *(network)*

dynamisch neu definierbarer Zeichensatz *m* dynamically redefinable character set (DRCS) *(VDU, txt)*

D1 (D-Kanal Schicht 1) layer 1 D channel protocol *(ISDN)*

D1 (D-Netz der DTAG) digital PAMR network *(to GSM standard, DeTeMobil)*

D2 (D-Netz für private Anbieter) digital PMR network *(to GSM standard, Mannesmann)*

E

E (Teileinheit *f* (TE)) unit (of width) *(rack, 1 E = 0.2", 5.08 mm)*

E (Empfänger *m*) receiver

E (Endstelle *f*) terminal station

E (Erlang) erlang

EA (Einzelanschluß *m*) main station line

E/A-Abbild *n* (Ein-/Ausgabeabbild *n*) I/O map (input/output map)

E/A-Anschluß *m* (Ein-/Ausgabeanschluß *m*) I/O port (input/output port)

E/A-Port *m* I/O port

EACW (Ein-/Ausgabe-Codewandler *m*) input/output code converter *(EDS)*

EAD (Endgeräte-Anschlußdose *f*) terminal connection box *(ISDN)*

EAN (Europäisches Artikel-Numerierungssystem *n*) European Article Numbering system

EAN-Strichcode *m* EAN code *(corresponds to UPC in the US)*

E/A-Port (Ein-/Ausgabeport *n*) I/O port

EB (elektronische Berichterstattung *f*) electronic news gathering (ENG) *(TV)*

EBC-Entgeltstruktur *f* element based charging (EBC)

EBCDIC (erweiterter BCD-Code für Daten-Übertragung) extended binary coded decimal (BCD) interchange code

EBD (Empfangsbezugsdämpfung *f*) receiving level equivalent *(FO, tel)*

Ebene *f* plane *(matrix)*; level *(software, network)*; layer *(in the OSI 7-layer reference model (RM), s. Table I)*, plane *(in the ISDN protocol reference model*

(PRM), s. Table IV), mode *(e.g. command mode)*

Ebenenmanagement *n* plane management *(management plane, ISDN PRM)*

Ebenensortierung *f* levelizing *(US)*

EBIT (europäischer Breitbandverbundnetz-Versuch *m*) European Broadband Interconnection Trial *(RACE, 2 Mb/s)*

E-Block *m* 9-V block *(dry battery)*

EBR-Codec *m* EBR codec *(image reduction)*

EBU (eigene Berechtigungsumschaltung *f*) own class-of-service selection

ECC-Kryptographie *f* elliptic curve cryptography (ECC) *(benutzt elliptische Kurven zur Verschlüsselung, ANSI X 9.62)*

Echoabfrage *f* echo checking *(switching)*

Echobedingung *f* echo suppression requirement

Echobetrieb *m* echoplexing *(on TDM links)*

Echobild *n* ghost image, multipath effect *(TV)*

Echodämpfung *f* return loss *(transmission line)*

Echoempfindlichkeit *f* echo sensitivity, susceptibility to echoes *(TV)*

Echoentzerrer *m* echo equalizer *(DVB-C)*

Echoimpuls *m* echo pulse, ghost pulse *(pulse transmission)*

Echokanal *m* echo channel, back channel *(telecommunication)*

Echokompensation *f* echo cancellation (EC) *(Modem, ITU-T G.165, I.430.E, s. Tables III, IV)*

Echokompensator *m* echo canceller

Echo-Kontroll-Logik *f* echo control logic (ECL) *(switch)*

Echolaufzeit *f* echo path delay *or* propagation time *(PCM)*, echo transmission time

Echolöscher *m* echo canceller *(ping pong method)*

Echomessung *f* reflection *or* echo measurement

Echoprüfschleife *f* echoing loopback *(ITU-T I.430.E, s. Table IV)*

Echoresistenz *f* resistance *or* immunity to echoes *(TV, DVB)*

Echorestabstand *m* residual error ratio *(echo canceller)*

Echosperre *f* echo suppressor; echo control *or* suppression device

echounterdrückende Maßnahme *f* echo control

echounterdrückende Vorrichtung *f* echo control device (ECD)

Echounterdrückung *f* echo compensation

Echounterdrückungseinrichtung *f* echo control device (ECD) *(ITU-T Rec. Q.115(97), s. Table III)*

echter Trennstrich *m* hard hyphen *(WP)*

echte Teilmenge *f* proper subset *(math.)*

Echtheit *f* genuineness, authenticity *(doc.)*

Echtzeit-Ablaufverfolgung *f* real-time monitoring

Echtzeitkern *m* real-time kernel *(control software)*

Echtzeitkommunikation *f* real-time communication *(voice, video)*

echtzeitnah near instantaneous, near real-time

echtzeitnah kompandiertes Tonfrequenz-Multiplex *n* near-instantaneously companded audio multiplex (NICAM) *(digital stereo TV sound system, GB)*

echtzeitnahe Kompandierung *f* near-instantaneous companding (NIC) *(A/D quantisation)*

Echtzeit-Netzverkehrslenkung *f* real-time network routing (RTNR)

Echtzeit-Probennahme *f* real-time sampling

Echtzeit-Signalübertragungsprotokoll *n* Real-time Transfer Protocol (RTP) *(Internet)*

Echtzeitübertragung *f* real-time transmission, streaming *(data stream)*

Echtzeituhr *f* real-time clock (RTC) *(with backup battery, PC)*

Echtzeit-VBR *f* realtime VBR (rt VBR) *(ATM service category for multimedia communication and telephony with voice compression)*

Eckdaten *npl* characteristic data

Eckfrequenz *f* corner frequency *(Bode diagram)*, limit frequency *(FO)*; cut-off *or* cross-over frequency *(filter)*

Eckkanal *m* band-edge channel

Eckleistung *f* peak power

Eckpunkte *mpl* key elements

Eckwert *m* corner value, limit, cut-off *(frequency)*, threshold value, key figure, benchmark figure *(performance)*

E-Commerce-Dienst *m* electronic commerce service *(virtual banking, Internet, intranet, extranet; B-to-B, B-to-C, B-to-A)*

Edelmetallmotordrehwähler *m* (EMD) uniselector with gold-plated contacts

EDF (Ein-Kanal-Datenübertragungssystem *n* mit Frequenzmultiplex) single-channel FDM data transmission system *(telex)*

EDGE-Spezifikation *f* EDGE (Enhanced Data rates for GSM Evolution) specification *(GPRS, q.v., data rates up to 384 kbit/s in GSM and TDMA systems)*

editieren edit

Editor *m* notepad *(MS-Windows, PC)*

EDO-(extended data-out)**-RAM** *m* EDO RAM *(PC)*

EDV (elektronische Datenverarbeitungsanlage *f*) electronic data processing system

EDVA (zentrale EDV-Anlage *f*) EDP centre

EDV-gerecht EDP-compatible

EE (Endeinrichtung *f*) terminal *or* terminating equipment (TE)

EE (Ende-zu-Ende-Abschnitt *m*) end-to-end section

EEMA European Electronic Mail Association *(affiliated to the EMA)*

EEN (Einzelentgeltnachweis *m*) detailed record of charges *(GSM, s. Table VII)*

EFCI-Anzeige *f* explicit forward congestion indication (EFCI) *(ATM ABR connection)*

effektive Leistungszahl *f* gain/noise temperature ratio (G/T) *(sat)*

effektive Strahlungsleistung *f* equivalent isotropically radiated power (EIRP) *(transmitter)7*

Effektivwert *m* root-mean-square (RMS) value

Effektivwertmesser *m* RMS (root-mean-square) meter

EF-Layer *m* envelope function sublayer *(V5.1,V5.2 interface, ETS 300-324, 300-347, s. Table V)*

EFR-Sprachcodierung *f* EFR (enhanced full-rate) voice coding *(tel.)*

EFuRD (Europäischer Funkrufdienst *m*) European radio paging system

EFuSt (Erdfunkstelle *f*) earth *or* ground station *(sat)*

EG (Endgerät *n*) terminal device, terminal equipment

EGB (elektrostatisch gefährdete Bauteile *npl*) electrostatically sensitive components

EGN (Eingabegerät *n* für Numerik) input device for numerics *('Cityruf' paging)*

EGN (Einzelgebührennachweis *m*) detailed record of charges *(ISDN)*

EGW (Endgruppenwähler *m*) end group selector

ehemaliger Monopolist *m* incumbent local exchange carrier (ILEC) *(e.g. BT)*

EHKP s. einheitliches höheres Kommunikationsprotokoll *n*

Eichbetriebsart *f* calibration mode

eichen calibrate *(official laboratory)*

Eichleitung *f* variable attenuator *(FO, tel)*

EIDE-Schnittstelle *f* EIDE (extended IDE) interface *(controller integrated into the HDD, PC)*

eigen own, self, self-provided, inherent, intrinsic, internal, auto-, local, -native

Eigenanwendung *f* In-House application (IH) *(RDS)*

Eigenbildmonitor *m* split-screen monitor *(video conference)*; A-party monitor, self-view monitor *(videophone)*

Eigendämpfung *f* intrinsic loss

eigene Einrichtung *f* own facility

eigenerregt self-excited, self-oscillating

eigener Server *m* dedicated server

eigenes Amt *n* home exchange

eigenes Telegramm *n* local message

eigene Vermittlungsstelle *f* home exchange

Eigenfrequenz *f* natural frequency

Eigennachführung *f* autotracking *(sat)*

Eigenprüfung *f* self-check

Eigenrauschen *n* internal *or* inherent noise *(device)*

Eigenschaft *f* capability *(network)*

Eigenschaften *fpl* properties, characteristics; attributes *(EMA)*

Eigenschaftsdatenbank *f* property MIB (management information base) *(for SNMP access)*

Eigenspeisung *f* local power *(terminal)*

eigenständig independent, separate

eigenständiges Netz *n* dedicated network

Eigentemperatur *f* characteristic temperature *(T_o, microcircuit)*

Eigentest *m* internal test, selftest

eigentlich actual; -native; proper

Eigentum *n* ownership *(ISDN)*

Eigenverzerrung *f* inherent distortion

Eigenwahl *f* own-number dialling *(PBX)*

Eigenzeit *f* operating time *(relay)*

Eimerkette *f* bucket chain *(circuit)*

Einader- unbalanced *(signalling)*

einadrig single-core, single-wire, single-conductor

Einarbeitungshilfe *f* learning tool

Ein-/Aus-Effekt *m* on/off colour effect *(membrane keypad)*

Ein-/Ausgabe-Codewandler *m* (EACW) input/output code converter *(EDS)*

Ein-/Ausgabeport *n* (E/A-Port) I/O port

Ein-/Ausgabe-Teil *m* basic input/output system (BIOS) *(PC operating system)*

Ein-/Ausgabezeitschlitz *m* peripheral time slot *(exch.)*

Ein-/Ausgangsanschluß *m* (E/A-Anschluß) input/output port (I/O port)

Ein-/Auskoppler *m* input/output coupler

Ein-/Ausschaltung *f* **der Vermittlung** connection/disconnection of switching system

Einbaubuchse *f* panel jack

Einbau-DEE *f* (DFGt-E) built-in DTE

Einbauplatz *m* mounting *or* plug-in location *or* slot *or* position

Einbausatz *m* mounting adapter; slide-in unit; installation kit

Einbaustellung *f* mounting location

Einbauteilung *f* installation pitch

Einberufer *m* convener *(conference)*

einbinden integrate, attach; tie in *(subscribers)*

Einbinden *n* integrating; tieing-in *(subscribers)*

Ein-Bit-Addierer *m* one-bit adder

einblenden inject, insert *(signal, PCM)*; apply *(trunk offering tone)*; gate in, stuff *(bits, flags)*; superimpose *(signal, FO)*; unhide *(graphics, PC)*

Einbruch *m* fall *(data rate)*, dip, depression *(signal)*; break-in, intrusion

Einbruchssicherung *f* intrusion detection

Einbruchssicherungssystem *n* intrusion detection system (IDS)

einbuchen check in, sign on, log on, register *(mobile RT)*

Einbuchen *n* **in die Standortdatei** location registration *(mobile RT)*

Einbuchungsauftrag *m* check-in request

eindeutig unambiguous, unique, distinguished, positive *(identification)*, single-valued, one-valued *(function)*

eindeutige Definition *f* unambiguous definition

Eindeutigkeit *f* uniqueness, single-valuedness

Eindeutigkeitsprinzip *n* exclusion principle *(Pauli)*

Eindringtiefe *f* depth of penetration *(channel coding)*

eineindeutige Zuordnung *f* one-to-one correspondence *(math.)*

Einer *mpl* ones

einfache Echolaufzeit *f* one-way delay *(PCM)*

einfacher Startschritt *m* single-length start element

einfaches Netzmanagement-Protokoll *n* simple network management protocol (SNMP) *(Internet, IAB RFC1157, RFC1983, s. table VIII)*

einfach gerichtet one-way *(communication)*

Einfachklammer *f* single-sided clamp *(rack)*

einfach polarisierte Antenne *f* single-polarised antenna *(microwave)*

Einfachstromtastung *f* unipolar operation

Einfachzählung *f* single metering

Einfall *m* incidence *(beam)*

Einfallabstand *m* inter-arrival time *(delay system)*

einfallende Belegung call arriving *(tel)*

einfallsreich imaginative

Einfallzeit *f* incidence time *(PS)*

Einflußfaktor *m* influencing factor

Einflußgröße *f* influencing variable

Einflußlänge *f* constraint length *(convolutional coding, DVB)*

einfrieren freeze *(dig. image)*

Einfügemarke *f* insertion point *(WP, PC)*

einfügen insert, inject *(signal, data)*; paste *(DTP, PC)*

Einfügungsdämpfung *f* insertion loss

Einführungsband *n* core band *(UMTS)*

Einführungskonzentrator *m* (EKT) growth concentrator

einfunktional monofunctional *(terminal)*

Eingabe *f* input, entry; Return *(PC keyboard)*

Eingabeaufforderung *f* prompt *(e.g. DOS: C:\>, PC)*

Eingabeeinrichtung *f* input device

Eingabefokus *m* active input window *(Electronic dictionary, PC)*

Eingabegerät *n* **für Numerik** (EGN) input device for numerics *(DTAG 'Cityruf' paging)*

Eingabereihenfolge *f* first-in-first-out (FIFO) order

Eingabetaste *f* Enter *or* Return key *(PC keyboard)*

Eingabewarteschlange *f* input queue

Eingabezeiger *m* cursor *(PC monitor)*

Eingang *m* input, entry, port; inlet *(network)*

Eingangsknoten *m* ingress node *(network)*

Eingangskoppler *m* input matrix

Eingangsleistungsflußdichte *f* input power flux density (IPFD) *(sat)*

Eingangsleitungsanschluß *m* incoming trunk interface *(switch)*

Eingangslogik *f* front-end logic

Eingangsmultiplexer *m* input multiplexer (IMUX) *(in sat)*

Eingangssignalabstand *m* **vom Sättigungspunkt** input backoff *(TWT, in dB)*

Eingangsverteiler *m* incoming distribution frame *(exchange)*

eingebaut built-in, integrated

eingebaute Prüfeinrichtung *f* built-in test equipment (BITE)

eingebauter Selbsttest *m* built-in self-test (BIST) *(ASIC)*

eingeben input; enter, type *(WP, PC)*

eingebetteter Betriebskanal *m* embedded operations channel (EOC) *(ATM)*

eingebetteter Kommunikationskanal *m* embedded communication channel (ECC)

eingebettete Sicherheitsnutzlast *f* encapsulated security payload (ESP) *(Internet, RFC 2406, s. Table VIII)*

eingebettetes Objekt *n* embedded object *(PC application)*

eingehend incoming, mobile-terminated

eingehender Anruf *m* incoming call

eingehender Ruf *m* incoming call

eingelagert nested

eingerastet locked

eingeregelter Zustand *m* steady-state condition

eingeschleift in-line

eingeschmolzen fused *(glass)*

eingeschrieben loaded *(buffer store, PCM data)*

eingeschwungener Zustand *m* settled *or* steady-state condition

eingestreut interspersed

eingreifend invasive

eingreifende Prüfung *f* intrusive testing

eingriffssicher tamperproof

einhalten comply with, observe *(regulations)*, conform to *(standards)*, keep to, adhere to *(agreement)*, meet *(condition)*, satisfy *(equation)*

Einhaltung *f* **der Zeitschlitzreihenfolge** time slot sequence integrity (TSSI)

Einhaltung *f* **der Zellreihenfolge** cell sequence integrity *(ATM)*

Einhängeminus *n* on-hook pulse (negative) *(tel)*

einhängen hang up, cradle *(tel)*

Einhängen *n* hang-up signal *(control signalling)*

Einhängeplus *n* on-hook pulse (positive) *(tel)*

Einhängezustand *m* on-hook state *(tel)*

einheitlich uniform, standard

einheitliche Fernmeldesteckdose *f* universal telecommunication socket *(ISDN)*

einheitliche Numerierung *f* uniform numbering *(S/W)*

einheitliche Programmierschnittstelle *f* common application programming interface (CAPI)

einheitliches höheres Kommunikationsprotokoll *n* (EHKP) standard high-level communications protocol *(BMI videotex transport protocols)*

Einheitskanal *m* standard channel *(e.g. 64 kbit/s, B channel)*

Einheitskurzrufnummer *f* (EKR) standard abbreviated directory *or* call number

Einheitsschritt(länge *f*) *m* unit interval (UI) *(ITU Rec. I.431, = 647.7 ns at 1.544 Mb/s, s. Table IV)*

Einhüllende *f* envelope

Einkabellösung *f* all-in-one solution *(CATV)*

Ein-Kanal-Datenübertragungssystem *n* **mit Frequenzmultiplex** (EDF) single-channel FDM data transmission system *(telex)*

Einkanal-Niederfrequenzverfahren *n* single-channel voice frequency (SCVF) *(telex signalling)*

Ein-Kanal-pro-Träger-System *n* single channel per carrier (SCPC) *(sat, DVB-S, data rate approx 6,000 megasymbols/sec)*

Ein-Kanal-pro-Transponder-System *n* single channel per transponder (SCPT) *(sat)*

einkapseln encapsulate *(information in frames etc)*

Einkapselung *f* encapsulation *(frames in Frame Relay, PPTP)*

Einkaufskorb *m* shopping basket *(Internet shop system)*

Einkaufswagen *m* shopping trolley *(Internet shop system)*

einketten queue

einkoppeln inject *(el. signals)*, launch *(FO signals)*, insert

Einkoppler *m* injector *(el. signal)*; input coupler *(FO)*

Einkopplung *f* coupling, interference

Einkopplungswinkel *m* launch angle *(FO)*

einladen load

einlagern swap in, page in *(from auxiliary memory to main memory, HD to RAM)*

einlatchen latch in*(to a buffer)*

Einlaufbereich *m* lead-in *(CD, contains the directory)*

Einlaufverhalten *n* stabilisation characteristic

einleiten initiate *(process)*; originate, make *(call)*

einleitende Instanz *f* initiating entity *(ISDN)*

einleitender Datenaustausch *m* handshake

einleitendes Mobilfunknetz *n* initiating PLMN (IPLMN) *(GSM)*

Einleitung *f* introduction; initiation; preamble

Einleitungsfolge *f* header *(DECT)*

Einleitungsteil *m* header part *(DECT)*

einlesen write in, copy *(into memory)*

einloggen log in *(to a network)*, log on

einmal Beschreiben, mehrfach Lesen write once, read many (WORM)

einmalige Anschlußgebühr *f* flat connection charge

Einmann-Umlegung *f* hold for pickup *(tel)*

einmessen calibrate; commission, line up *(a route)*

Einmeßzeichen *npl* calibration signals *(trans)*

einmischen merge *(DP)*

Einmischer *m* inserter *(TV VITS)*

Einmodenfaser *f* monomode *or* single-mode fibre *(FO)*

Einmodenfaser-Interferometer *n* single-mode fibre interferometer (SMFI) *(FO)*

einordnen insert *(into a sequence or queue, PCM data, speech)*; subsume

einpacken wrap *(data in packets)*

Einpegelung *f* line-up *(channels, CTV)*

einpendeln settle *(oscillator)*

Einpfadnetz *n* single-path network *(switching network)*

Einphasenblinken *n* synchronized flashing *(videotex monitor)*

einpoliges Umschaltrelais *n* single-pole double-throw (SPDT) *or* form C relais

einpolig miteinander verbunden connected at a single terminal *or* pin

einprägen impress *(voltage)*

einrasten (auf) lock on (to) *(a carrier)*, acquire lock, pull into lock

Einrastung *f* synchronisation, acquisition *(of synchronisation)*

einreihen insert *(into a sequence or queue, PCM data, speech)*; queue

einrichten adjust; set up, install *(a function, program)*; connect *(an extension, tel)*; provide *(a service)*

Einrichten Setup *(PC instruction)*

Einrichtung *f* unit, assembly, equipment, facility, resource
bei Einrichtung at subscription time *(service)*

Einrichtungsantrieb *m* irreversible drive *(motor)*

Einrichtungsschieberegister *n* facility shift register (FSR)

Einrichtungssuchspeicher *m* device search store

einrückbar engageable *(contacts)*

Einsattelung *f* dip, depression *(waveform)*

Einsatz *m* inset

Einsatzfeld *n* inset section

Einsatzplatz *m* (EPL) inset location *(rack)*

Einsatzspannung *f* turn-on voltage; turn-off *or* cut-off voltage; threshold voltage

Einsbit *n* one bit; mark

einscannen scan in *(text, pictures)*

Einschaltdämpfung *f* insertion loss

Einschaltdauer *f* operating time

einschalten close *(switch)*; make *(breaker, circuit)*; connect, switch on *(unit)*; turn on *(component)*; activate *(service, MS)*; operate *(loopback, ISDN)*

Einschaltflanke *f* keying-on (pulse) edge *(transmitter keying)*

Einschaltglied *n* normally-open contact *(HW)*

Einschaltquote *f* viewing figures, audience rating *(TV)*

Einschaltrückstellung *f* power-on reset

Einschaltung *f* activation *(service)*; line-up *(line plant)*

Einschaltzeit *f* turn-on time, on period *(electronics)*

einschleifen connect *(into the circuit or line)*

Einschleifen-Phasenregelkreis *m* (Einschleifen-PLL *f*) single-loop PLL

einschließen enclose, include, confine

Einschnitt *m* serration *(vertical sync, TV)*

Einschränkung *f* restriction

Einschränkungsbedingungen *fpl* restriction conditions

einschreiben write in, load into *(memory)*

Einschreibesatz *m* blowing kit, programming kit *(PROM)*

einschrittiger Code *m* unit-distance code

Einschritt-Rufumlegung *f* single-step call transfer

Einschub *m* slide-in unit, chassis, plug-in

Einschubplatz *m* (EP) unit location *(rack)*

Einschubtechnik *f*: **in Einschubtechnik** *f* as a plug-in device

Einschwingen *n* transient, transient response; recovery *(transients)*

einschwingende Spannung *f* recovery voltage

Einschwingverhalten *n* transient response

Einschwingvorgang *m* recovery *(of a channel, signal)*

Einschwingzeit *f* transient response time, settling time; rise time, attack time; pull-in period *(PLL)*; synchronisation time

Einschwingzustand *m* state of recovery, transient state

einsehen view *(document, file)*

Einseitenband *n* (ESB) single sideband (SSB)

Einseitenbandmodulation *f* (EM) single-sideband modulation (SSB)

einseitig single-sided, unilateral; single-ended; one-way

einseitige Einspeisung *f* feeding from one end *(cables)*; single-ended feeding *(equipment)*

einseitige Kommunikation *f* one-way communication (OWC) *(ISDN)*

einseitige Verzerrung *f* bias distortion

einseitig geerdet single-ended, outer conductor grounded, unbalanced

einseitig gerichtet one-way

einseitig gerichtetes Signal *n* single-ended signal

einseitig wirkende Kraft *f* unbalanced force

Einsen *fpl* ones *(dig.)*

Einsetzseite *f* (E-Seite) component side *(PCB)*

Einspannvorrichtung *f* jig *(test equipment)*

einspeichern store, write in

Einspeicherungspuffer *m* staging buffer *(DP)*

einspeisen inject

Einspeisepunkt *m* (EsP) (power) feeding point; Einspeisepunkt *m (Test, PLC)*

einspielen inject, play, feed *(music, announcements)*; import *(data from another system)*, retrieve *(backup data)*

Einspracheteil *m* receiver *(tel)*

einsprechen late entry *(GSM Pro)*

Einspringberechtigung *f* takeover priority *(TC)*

Einspringschaltung *f* takeover circuit *(TC)*

Einspringzähler *m* changeover counter *(TC)*

Einsprung *m* entry *(program)*

Einsprungverbindung *f* single-hop link *(VSAT star network)*

einstecken slot in, insert

einstecken und spielen plug-and-play *(PC upgrade without initialization)*

Einsteckkarte *f* plug-in card *or* board

Einsteckseite *f* (E-Seite) component side *(PCB)*

Einsteckschacht *m* slot *(smart card)*

Einsteiger *m* entrant *(into a computer system)*

einstellbar selectable *(addresses)*

Einstellbefehl *m* setting instruction

einstellen adjust, set; tune to *(a station or channel)*; place *(a product on the market, E-commerce)*

Einsteller *m* (EN) controller, network controller

Einsteller *m* **für Koppelnetz digital** (END) digital switching network controller

Einstellfolge *f* training sequence *(GSM 01.04, s. Table VII, receiver timing recovery)*

Einstellfunktion *f* control function, control operation

Einstellregler *m* adjustable potentiometer

Einstellsatz *m* switching director *(selector, exch.)*

Einstellsignal *n* adjustment signal, setting signal, control signal; training signal

Einstellungen *fpl* settings; customize *(screen menu, PC)*

Einstieg *m* entry point *(into a program)*

Einstiegsbild *n* opening screen *(multimedia)*

Einstiegsknoten *m* entry *or* access *or* ingress node *(network)*

Einstiegsmodell *n* entry-level model

Einstiegs-MSC *f* gateway MSC *(mobile RT)*

Einstiegsseite *f* home page, portal site *(Internet)*

Einstiegsunterschrift *f* entrant signature

Einstrahlungsstörfestigkeit *f* immunity to radiation-induced *or* radiated interference

Einstreuung *f* (inductive) interference, (stray *or* noise) pick-up, leakage *(through RF shielding)*; scattered insertion

Einströmungsstörfestigkeit *f* immunity to line-induced *or* conducted interference

einstufige Aktivierung *f* one-step activation *(ITU-T I.430.E, s. Table IV)*

einstufige Deaktivierung *f* one-step deactivation *(ITU-T I.430.E, s. Table IV)*

einstufige Schaltung *f* single-stage circuit

einstufiges Netz *n* single-level network *(hierarchical level)*

Einstufung *f* grading, scoring

eintakten clock in *(a signal)*

Eintaktbetrieb *m* single-ended mode; class A mode *(linear AF amplification)*

Eintaktsignal *n* simplex signal *(data transm.)*

Eintaktverstärker *m* single-ended amplifier *(class A amplifier)*

eintasten key in, type (in); gate on, strobe (in)

Eintaster *m* inserter *(TV VITS)*

Eintauchen *n* immersion *(VR)*

Einteilen *n* **in Teil(bild)bereiche** blocking *(video coding)*

Eintonmodulation *f* single-tone modulation *(Betriebsfunk)*

Eintrag *m* entry *(e.g. in a queue)*

eintragen enter, register

Eintragentnahmeanforderung *f* dequeue request

Einträgerverfahren *n* single-carrier method *(PLC)*

Eintragung *f* entry *(e.g. in a queue)*

Eintreteaufforderung *f* operator recall

Eintreten *n* cut-in

Eintretezeichen *n* intervention tone; forward trabsfer signal

Einwahl *f* dialling in, dial-in *(LCR)*

Einwahleinheit *f* dial-in unit (DIU) *(router, LCR)*

einwählen dial in, access

Einwahlknoten *m* dial-in node *(LCR)*; remote access server *(corporate network)*

Einwahlmodus *m* socket *(Internet)*

Einwählvorgang *m* access via switched lines *(to packet network)*

Einwegbetrieb *m* simplex mode, one-way operation

Einwegdienst *m* one-way service *(e.g. teletext or radiopaging)*

Einwegeführung *f* single (shortest) path routing

Einweggleichrichter *m* half-wave rectifier

Einweglaufzeit *f* one-way delay *or* propagation time

Einwegleiter *m* isolator *(microwave, FO)*

Einweg-Spitzenwertdetektor *m* single peak detector

einwellig monomode *(FO)*

Einzahlwert *m* single-number value *(speech quality, auditive test, tel)*

Einzeilen... in-line *(display)*

einzeilig in-line *(display)*

Einzelabrechnung *f* charging on a per-call basis

Einzelabrufbetrieb *m* single-character call forward mode

Einzelabtastimpuls *m* discrete sampling pulse

Einzelanruf *m* selective ringing *(party line)*

Einzelanschluß *m* (EA) single line; main station line

Einzelanschluß-DSL *f* single-line DSL (SDSL) *(s. "DSL")*

Einzelbauelement *n* discrete component *(HW)*

Einzelberechnung *f* itemized *or* detailed billing

Einzelbild *n* still image *(VCR)*; picture still *(TV frame buffer)*, image frame

Einzelbit *n* single bit
in Einzelbit darstellen bit map

Einzeldienstendgerät *n* service-specific terminal *(ISDN)*

Einzelecho *n* single echo *(DVB reception)*

Einzelendgeräte-Anschluß *m* single-terminal access

Einzelentgeltnachweis *m* (EEN) detailed record of charges *(GSM, s. Table VII)*

Einzelfaser *f* single fibre, filament *(FO)*

Einzelfrequenzsystem *n* single-frequency system *(DIIS, unlike the trunked PMR system TETRA q.v.)*

Einzelgebührennachweis *m* (EGN) detailed record of charges *(ISDN)*, itemized billing

Einzelgerät *n* standalone device

Einzelgesprächsgebührenerfassung *f* detailed registration of call charges, detailed record of charges

Einzelgesprächsnachweis *m* itemized charge accounting, detailed call record

Einzelgesprächszählung *f* single-fee metering

Einzelheit *f* detail; feature *(image)*

Einzelimpuls *m* single pulse, transient signal

Einzelinformationen *fpl* incremental information *(charging)*

Einzelkanalburst *m* single channel per burst (SCPB) *(sat)*

Einzelkanalsignalisierung *f* channel-associated signalling (CAS)

Einzelkanalsperre *f* single-channel stopper

Einzelkonfiguration *f* single-terminal configuration

Einzelmeldung *f* single message *(telefax protocol)*

Einzelperson *f* individual

Einzelruf *m* call-by-call (cbc) (mode) *(LCR, selecting a carrier on a per-call basis)*

Einzelsegment-Nachricht *f* single segment message (SSM)

Einzelsignaldetektion *f* single-user detection *(receiver, mobile RT)*

Einzelsignalgruppe *f* tributary unit group (TUG) *(SDH)*

Einzelsprechen *n* simplex *(tel)*

Einzelstecker *m* banana plug

Einzelstreckenprotokoll *n* single link protocol (SLP) *(ISDN)*

Einzeltakt *m* single clock pulse

Einzelverbindungsnachweis *m* (EVN) itemized billing

Einzelwahlziffernwahl *f* overlap sending

Einzelwahlziffern-Wahlverfahren *n* overlap signalling *(SS7 MTP, s. Table III)*

Einzelwegführung *f* single (shortest) path routing

Einzelziffernwahl *f* overlap sending *(ISDN)*

Einzelzulassung *f* individual type approval *(ZZF)*

Einzugsbereich *m* catchment area, service area *(TV)*, coverage area, exchange area, base station area *(mobile RT)*

EIRP (äquivalente isotrop abgestrahlte Sendeleistung *f*) equivalent isotropically radiated power *(sat)*

eisenlos ironless *(coil)*, transformerless *(circuit)*

EIT-Tabelle *f* even information table (EIT) *(DVB-SI table (q.v.))*

EKR (Einheitskurzrufnummer *f*) standard abbreviated directory *or* call number

EKT (Einführungskonzentrator *m*) growth concentrator

ELA-Anlage *f* public address (PA) system

elastischer Pufferspeicher *m* elastic buffer *(ATM)*

elastischer Speicher *m* elastic memory, elastic buffer, buffer store

elektrischer Durchgang *f* circuit continuity

elektrisch schaltbare Lichtblende *f* electro-optical shutter

Elektrolumineszenzanzeige *f* electroluminescent display (ELD)

elektromagnetisch electromagnetic

elektromagnetische Beeinflussung *f* (EMB) electromagnetic interference (EMI)

elektromagnetische Einkopplung *f* electromagnetic interference (EMI)

elektromagnetischer Impuls *m* electromagnetic pulse (EMP) *(nuclear)*

elektromagnetische Störstrahlung *f* electromagnetic emission

elektromagnetische Transversalwelle *f* transverse electromagnetic (TEM) wave

elektromagnetische Umweltverträglichkeit *f* (EMVU) environmental EMC (electromagnetic compatibility) (EEMC)

elektromagnetische Verträglichkeit *f* (EMV) electromagnetic compatibility (EMC)

elektromagnetische Wellen *fpl* (E-Wellen) electromagnetic waves

elektromechanische Vermittlungstechnik *f* electromechanical distribution frame (EMDF)

elektronisch electronic

elektronische Anschlagtafel *f* electronic bulletin board *(MHS)*

elektronische Behördenvorgänge *mpl* electronic government (E-government)

elektronische Berichterstattung *f* (EB) electronic news gathering (ENG) *(TV)*

elektronische Brieftasche *f* electronic wallet, cybercoin wallet *(banking SW, e-cash)*

elektronische Code(übersetzungs)tabelle *f* electronic code book *(DES)*

elektronische Datenverarbeitung *f* electronic data processing (EDP)

elektronische Datenverarbeitungsanlage *f* (EDVA) electronic data processing system (EDP)

elektronische Fußfessel *f* electronic tagging *(crim.)*

elektronische Gegenmaßnahmen *fpl* electronic countermeasures (ECM) *(mil)*

elektronische Geldüberweisung *f* electronic funds transfer (EFT)

elektronische Geschäftsabwicklung *f* electronic business (E-business)

elektronische Kampfführung *f* electronic warfare (EW) *(mil)*

elektronische Kundenbetreuung *f* E-CRM, electronic CRM *(s. "CRM")*

elektronische Lastschrift *f* electronic direct debit (EDD) *(E-Commerce)*

elektronische Post *f* (TELEBOX) electronic mail (E-mail, MHS) *(ITU-T X.400, generic name for noninteractive communication of text, data, images or voice messages between a sender and desig-*

nated recipient(s) by systems utilizing telecommunication links (EMA definition), s. Table VI)

elektronische Programmübersicht *f* electronic programme guide (EPG) *(teletext, DVB)*

elektronischer Anrufbeantworter *m* voice mail

elektronischer Bankverkehr *m* electronic banking (e-banking), telebanking, home banking

elektronischer Briefkasten *m* electronic mailbox; user agent (UA) *(ITU-T X.400, s. Table VI)*

elektronischer Datenaustausch *m* electronic data interchange (EDI)

elektronische Reihenanlage *f* electronic key telephone system (EKTS)

elektronischer Eingangskorb *m* electronic in tray

elektronischer Geschäftsverkehr *m* electronic commerce (E-commerce) *(Internet, intranet, extranet; categories B-to-B (B2B), B-to-C (B2C), B-to-A (B2A))*

elektronischer Handel *m* electronic commerce (E-commerce) *(Internet, intranet, extranet)*

elektronischer Kurierdienst *m* electronic courier service (ECS) *(US Postal Service)*

elektronischer Marktplatz *m* electronic market (E-market), Net market

elektronischer Materialeinkauf *m* electronic sourcing (E-sourcing)

elektronischer Programmführer *m* electronic programme guide (EPG) *(DVB GUI)*

elektronischer Schalter *m* solid-state switch

elektronischer Schaltverteiler *m* cross connect *(exch.)*

elektronischer Verkehrslotse *m* **für Autofahrer** (EVA) electronic traffic pilot for drivers *(Bosch)*

elektronischer Zahlungsverkehr *m* electronic funds transfer (EFT)

elektronisches Adreßbuch *n* electronic directory *(ITU-T X.500, s. Table VI)*

elektronisches Buch *n* electronic book (EB) *(portable CDI reader)*

elektronisches Datensichtgerät *n* electronic data display (EDD)

elektronisches Datenvermittlungssystem *n* electronic data switching system (EDS)

elektronisches Mitteilungsübermittlungs-System *n* electronic messag(ing) system (EMS) *(ITU-T X.400, s. Table VI)*

elektronisches Namensverzeichnis *n* name server *(ITU-T X.400, s. Table VI)*

elektronisches Notizbuch *n* electronic notebook *(tel)*; notepad *(computer)*

elektronisches Postamt *n* message transfer agent (MTA) *(ITU-T X.400, s. Table VI)*

elektronisches Telefonbuch *n* (ETB) electronic directory *(vtx attribute)*

elektronische Störaustastung *f* (ESA) muting *(FM radio)*

elektronisches Verzeichnissystem *n* name server system *(ITU-T X.400, s. Table VI)*

elektronisches Wählsystem *n* (EWS) electronic switching system (ESS)

elektronisches Wählsystem *n*, **analog** (EWSA) analog electronic switching system

elektronisches Wählsystem *n*, **digital** (EWSD) digital electronic switching system

elektronisches Wählsystem *n*, **Fernverkehr** (EWSF) electronic switching system for long-distance traffic

elektronisches Wählsystem *n*, **Ortsverkehr** (EWSO) electronic switching system for local traffic

elektrooptischer Wandler *m* (E/O-Wandler, EOW) electro-optical transducer *or* emitter *(FO)*

elektrophoretische Anzeige *f* s. elektrophoretische Informationsanzeige *f*

elektrophoretische Informationsanzeige *f* elektrophoretic information display (EPID)

elektrostatische Effekte *mpl* electrostatic discharge (ESD)

elektrostatische Entladung *f* electrostatic discharge (ESD)

elektrostatische Körperentladung *f* human body discharge (HBD)

elektrostatisch gefährdete Bauteile *npl* (EGB) electrostatically sensitive components *(electrostatically charged particles in suspension)*

Element *n* element, item; term *(math)*

Elementar... elementary, basic; skeleton ... *(program section)*

Elementardatenstrom *m* elementary stream (ES) *(MPEG-2)*

elementare Transformation *f* elementary transformation *(matrix)*

Elementarfunktion *f* elementary function (EF)

elementare Maßeinheit *f* basic measurement unit (BMU) *(documents)*

Elementarnachricht *f* primitive *(elementary inter-layer message, OSI)*

Elementbit *n* elemental bit *(the 'High' or 'Low' level part)*

Elementbreite *f* feature size *(microcircuits)*

elementfremd disjoint *(set theory)*

EM (Einseitenbandmodulation *f*) single-sideband modulation (SSB)

E-MAC (MAC-Verfahren mit verbesserter Auflösung und erhöhtem Seitenverhältnis) extended-definition wide aspect ratio MAC *(q.v.)*

E-Mail *f* E-mail (s.a. elektronische Post *f*)

EMB s. elektromagnetische Beeinflussung *f*

EMC s. elektromagnetische Verträglichkeit *f*

EMD (Edelmetallmotordrehwähler *m*) uniselector with gold-plated contacts

EMI s. elektromagnetische Beeinflussung *f*

Emission *f* emission

Emissionskeule *f* emission lobe *(laser)*

Emission *f* **von Laserstrahlung** lasing

EM-L (Ingenieurmodell *n* Lebensdauerprüfung) engineering model - life (test) *(ESA)*

EMP s. elektromagnetischer Impuls *m*

Empfang *m* reception

Empfangbarkeit *f* receivability

empfangene Informationen *fpl* received *or* incoming information

Empfänger *m* (E) receiver (RCVR, RX); recipient (MHS); level meter *(testing)*

Empfängeroszillator *m* local oscillator (LO)

Empfangsabstand *m* reception interval *(e.g. of bearers, DECT)*

Empfangsadresse *f* receive identifier *(PCM data)*

Empfangsauswerter *m* interpreteer circuit

Empfangsband *n* downlink band *(sat)*

Empfangsbaustein *m* receive module *(PCM)*

empfangsbereit sein keep watch

Empfangsbereitschaft *f* receive ready (rr) *(videotex)*

Empfangsbezugdämpfung *f* (EBD) receiving level equivalent *(FO, tel)*; receive loudness rating (RLR)

Empfangsbuffer *m* frame receive buffer (FRB) *(frame relaying)*

Empfangsdaten Receive Data (RD) *(V.24/RS232C, s. Table IX)*

Empfangsdiode *f* detector diode *(FO)*

Empfangsendgerät *n* receive terminal (RT)

Empfangsgüte Signal Quality detect (SQ) *(V.24/RS232C, s. Table IX)*

Empfangskonverter *m* downconverter *(sat)*

Empfangslautstärkeindex *m* receive *or* receiving loudness rating (RLR) *(tel)*

Empfangsleitung *f* incoming circuit *(TV broadcasting)*

Empfangsoszillator *m* local oscillator (LO)

Empfangspufferspeicher *m* receive buffer *(ATM)*

Empfangsquittung *f* receive acknowledgement *(Übertragung)*

Empfangsrobustheit *f* reception ruggedness *(DVB receiver)*

Empfangsschrittakt Receive Clock (RC) *(V.24/RS232C, s. Table IX)*

Empfangssignal *n* receive(d) signal, incoming signal

Empfangssignalpegel *m* received signal level (RXLEV) *(GSM 01.04, s. Table VII)*; Data Carrier Detect (CD, DCD) *(V.24/RS232C, s. Table IX)*

Empfangsstärke *f* received level, received (signal) strength

Empfangsstelle *f* (ESt) receiving station *(sat)*; head end *(community antenna, CTV)*, front end *(CTV)*

Empfangsumsetzer *m* (EU) downconverter

empfangswürdig suitable for reception *(signal)*

Empfangszeit *f* time of reception (TOR)

Empfangszug *m* receiving channel

Empfangszweig *m* receive path

empfindlich sensitive; responsive

empfindlich von etwas abhängen depend critically on something

Empfindlichkeit *f* sensitivity, susceptibility

Empfindlichkeit *f* **für Zellenverlust** loss sensitivity *(ATM)*

Empfindlichkeitsdiagramm *n* response pattern

Empfindung *f* perception

empirische Methode *f* empiric method, trial and error method

EMS s. elektronisches Mitteilungsübermittlungs-System *n*

EMS-Speicher *m* EMS (expanded memory specification) memory *(RAM above 1 MB, PC)*

E-MUX (Ethernet-Multiplexer *m*) Ethernet multiplexer *(LAN, switched broadband network)*

EMV s. elektromagnetische Verträglichkeit *f*

EN (Einsteller *m*) controller, network controller

END (Einsteller *m* für Koppelnetz digital) digital switching network controller

Endabnahmeprüfung *f* final acceptance test, final buy-off

Endamt *n* terminating exchange (TE); terminal exchange (TX), local exchange, terminal office, local central office

Endanschlußpunkt *m* end terminal *(network)*

Endausbau *m* final capacity stage

Endausbaustufe *f* final capacity stage

Endbenutzer *m* end user, terminating user

Endebedingungen *fpl* terminating criteria

Endeflagge *f* closing flag *(SS7 frame, s. Table III)*, stop flag

Endeinrichtung *f* (EE) terminal *or* terminating equipment (TE) *(ITU-T I.430.E, s. Table IV)*; customer premises equipment (CPE)

Endekennzeichen *n* end signal *(exch.)*

Endenabschluß *m* termination *(Kabel)*

Endesatz *m* end record *(PCM data)*

Ende-zu-Ende-Abschnitt *m* (EE) end-to-end section *(end-to-end signalling)*

Ende-zu-Ende-Tunnel *m* end-to-end tunnel *(VPN)*

Ende-zu-Ende-Verbindung *f* end-to-end connection, point-to-point connection

Endfrequenz *f* ultimate frequency *(TV power stage)*

Endgerät *n* (EG) terminal device; terminal equipment (TE), (communication) terminal, station; mobile telephone *(GSM)*

Endgerät *n* **betriebsbereit** Data Terminal Ready (DTR) *(V.24/RS232C, s. Table IX)*

Endgerät *n*, **das geantwortet hat** terminal which has alerted

Endgerät *n* **mit manueller Rufbeantwortung** manual answering terminal

Endgeräteanpassung *f* terminal adapter (TA) *(ISDN, for non ISDN TE)*

Endgeräte-Anpassungseinheit *f* terminal adapter unit (TAU) *(dig. PBX, US)*

Endgeräte-Anschalteinheit *f* medium attachment unit (MAU) *(transmit/receive unit)*

Endgeräte-Anschlußdose *f* (EAD) terminal connection box *(ISDN)*

Endgeräte-Anschlußsteuerung *f* media access control (MAC) *(FDDI subprotocol to IEEE 802, supplements LLC)*

endgeräteautark network-independent

Endgeräte-Endpunktkennung *f* terminal endpoint identifier (TEI) *(ISDN)*

Endgerätekennung *f* terminal identification (TID)

Endgerätemobilität *f* terminal mobility *(Rec. I.114, UPT, s. Table IV)*

Endgerätestation *f* terminal station *(WLL)*

Endgeräteverwaltung *f* station management (SMT) *(FDDI)*

Endgerätewechsel *m* change of terminals *(ISDN)*

Endgestell *n* terminating rack

Endgruppenwähler *m* (EGW) end group selector

Endkommunikation *f* terminating call *(ISDN)*

Endkontrolle *f* master control (MC) *(TV station)*

Endkunde *m* end user

Endkunden-Zugang *m* direct access *(tel.sys)*

Endleitung *f* terminal line; toll circuit *(circuit between a local exchange and its toll centre)*

Endleitungskette *f* chain of toll circuit and local junction line *(trunk connection)*

Endlichautomat *m* finite state machine *(math. model)*

endlicher Automat *m* finite state machine

Endmodem *m* terminating modem *(transmission link)*

Endregenerator *m* terminal regenerator

Endpunkt *m* endpoint, connection endpoint *(SAP, logical connection)*; network destination point

Endpunkt-Endgerät *n* end terminal *(network)*

Endpunktkennung *f* endpoint identifier (EID) *(ISDN)*

Endschaltung *f* terminating circuit *(exch.)*

Endstelle *f* (E) terminal station *(PCM data, speech)*; end office (EO) *(terminating user, IN)*

Endstellenleitung *f* (EndStLtg) extension line; terminal line, terminating transmission path (PBX); in-house wiring

Endstellenrechner *m* terminal computer

EndStLtg. s. Endstellenleitung *f*

Endsystem *n* end system *(network)*

Endsystemadresse *f* network address *(messaging)*

Endsystemteil *m* user agent (UA) *(messaging, ITU-T X.400, s. Table VI)*

Endteilnehmer *m* terminating subscriber

Endton *m*: **Ansage-Endton** *m* unquote tone

Endübertragungsweg *m* terminating transmission path *(betw. originating/terminal exch. and tandem exch.)*

Endverbraucher *m* end user

Endverkehr *m* terminating traffic

Endvermittlung *f* terminating private branch exchange

Endvermittlungsmodul *n* final processing module *(exch.)*

Endvermittlungsstelle *f* (EVSt) terminal exchange (TX) *(DTAG)*, local exchange, local central office

Endverschluß *m* (EVs) termination

Endverzweiger *m* (EVz) terminal box, distribution point (DP)

Endwähler *m* final selector *(exch.)*

Endwert *m* full-scale deflection (FSD) *(meter)*; full scale *(ADC)*

Endwiderstand *m* pull-up resistor *(circuit)*

Endziffer *f* final digit *(in a tel. number)*

Energie *f* energy, power

Energie *f* **je Flächeneinheit** fluence *(laser)*

Energiekosten *fpl* energy *or* power costs

Energieniveau *n* energy level, fluence level *(laser)*

energiesparend energy-saving

Energieverlust *m* power loss, power dissipation

Energieversorgungsunternehmen *n* (EVU) public utility

Energieverwischung *f* energy dispersal *(sat., in MHz)*

E-Netz *n* (FuN-E, FuNE, E1-Netz) E network *(digital PCN network of the DTAG, successor to the GSM D network, 1.8 GHz, international roaming possible with GB "Orange" q.v.)*

Engpaß *m* bottleneck *(traffic etc)*

ENQ (Stationsaufforderung *f*) enquiry *(DLC protocol)*

entartet degenerate

Entblocken *n* unblocking; deblocking *(WP)*

entbündeln unbundle *(carrier interconnection)*

entbündelt unbundled *(access to the local loop for alternative carriers, tel)*

Entdämpfung *f* de-attenuation *(PBX)*

entfällt omitted, not required

Entfaltantenne *f* deployable antenna *(sat)*

entferntes Endgerät *n* remote terminal *(data)*

Entfernungsanzeige *f* horizontal readout *(OTDR)*

Entfernungstor *n* range bin *(radar)*

Entflechter *m* router *(CAD)*

Entflechtung *f* artwork *(PCB)*; resolution *(collision, bus)*

entgegengerichtet of the opposite sense

entgegennehmen answer *(a call)*, accept *(a signal)*

Enthaltensein-Relation *f* inclusion relation *(image processing)*

enthemmen disinhibit, unblock *(pulse stream)*

Entkoppeln *n* **der Zellrate** cell rate decoupling *(between continuous and bursty cell streams, ATM)*

Entkopplung *f* decoupling *(circuit)*; isolation *(DC, cross-polarisation (ant))*; discrimination *(beam)*

Entkopplungsverstärker *m* isolation *or* isolating amplifier *(to DC)*

entleeren empty, drain *(memory)*

entpacken unpack, expand *(compressed files on PC HD)*

Entropie *f* entropy, average information content per symbol *(information theory)*

Entropie-Codierung *f* entropy encoding *(video coding, MPEG)*

Entschachteler *m* deinterleaver *(GSM)*

entschachteln demultiplex *(signals)*

entscheiden decide; arbitrate *(bus)*; detect *(repeater)*

Entscheider *m* decision circuit, discriminator, voter

Entscheidung *f* decision; arbitration *(bus)*

Entscheidungskreis *m* circle of decisions, decision circle *(OFDM, QPSK)*

entscheidungs-rückgekoppelter Entzerrer *m* decision feedback equalizer (DFE) *(mobile RT)*

Entscheidungsspielraum *m* decision circle *(OFDM)*

Entscheidungsstreuung *f* decision chatter *(due to hysteresis)*

Entscheidungszone *f* decision circle *(OFDM)*

Entschleierung *f* descrambling *(TV)*

Entschlüsselungseinheit *f* descrambler

Entschlüsselungsmodul *n* CA (conditional access) module *(connects to digital set-top box or DVB receiver, for encrypted DVB, i.e pay TV, s.a. DVB-CI)*

Entschlüssler *m* descrambler

Entspannungsbogen *m* strain relief *(cable)*

entsperren unblock, deblock; reconnect; enable

entsprechen correspond (to), conform (to), match

Entsprechung *f* correspondence, match, fit *(math.)*

Entspreizung *f* despreading *(CDMA)*

entstopfen extract *(PCM signal)*; destuff *(TDM bits)*

entstören clear (a fault)

Entstörfilter *n* interference (suppression) filter

Entstörstelle *f* maintenance centre

entstört clear

Entstörung *f* fault clearance, corrective maintenance, repair; interference suppression

Entstörungsdienst *m* fault clearance service

Entstörungsstelle *f* maintenance centre

entweichen escape, leak *(radiation, gas etc)*,

entwerfen design

entwickeln develop; expand *(equation)*

Entwicklungsinstrument *n* development tool

Entwicklungsmuster *n* prototype *(HW)*

Entwicklungsregel *f* design rule

Entwicklungsumgebung *f* (program) development environment *(DP)*

Entwurf *m* design; draft

Entwürfler *m* descrambler (DSCR) *(sat)*

Entwurfsmaß *n* design rule *(circuit tracks, in ìm)*

Entwurfsregel *f* design rule

entzerren equalize, eliminate distortion, correct, deemphasize

Entzerrer *m* equalizer

entzerrte Telefonleitung *f* conditioned telephone line *(for data use)*

Entzerrung *f* equalization *(transmission)*, demphasis

entziehen withdraw; preempt, deallocate *(resources)*, deassign *(addresses)*

ENV (europäische Vornorm *f*) European Preliminary Standard *(NET)*

Envelope *n* envelope *(data byte + status and framing bit, ITU-T Rec. X.50, X.51, s. Table VI)*

Envelope-Kanalteiler *m* (EKT) envelope-mode channel divider *(DBT network function)*

envelopeweise Übertragung *f* envelope-mode transmission

ENW s. Ergänzungsnetzwerk *n*

EOM (Mitteilungsende *n*) End Of Message *(signal)*

EOT (Übertragungsende *n*) End Of Transmission *(signal)*

EOW s. E/O-Wandler

E/O-Wandler (elektrooptischer Wandler *m*) electro-optical transducer *or* emitter *(FO)*

EP (Einschubplatz *m*) unit location *(rack)*

EPL (Einsatzplatz *m*) inset location *(rack)*

E-Plus Mobilfunk German PCN network *(E1 network launched 1 April 1994, to ETSI DCS 1800, national, initially to provide coverage in Eastern Germany, corresponds to "Orange" in GB)*

Epoche *f* epoch *(time stamp)*

ER (externer Rechner *m*) external computer (EC) *(videotex information provider)*

erarbeiten work out; define *(standard)*

Erde *f* earth *(GB)*, ground (GND) *(US)*

Erdefunkstelle *f* s. Erdfunkstelle

Erderkundungs-Satellitendienst *m* earth exploration satellite service (EES) *(ITU-R)*

Erdfehler *m* earth fault, ground fault *(US)*

Erdfeldkompass *m* terrestrial field compass

Erdfunkstelle *f* (EFuSt) earth *or* ground station, terrestrial station *(sat)*

erdgebunden ground-based, terrestrial

Erdkabel *n* underground cable *(CTV)*

erdnahe Umlaufbahn *f* low earth orbit (LEO) *(sat., 780 km)*

erdnaher Orbit *m* low earth orbit (LEO)

Erdrohr *n* underground pipe *(FO, metallic cables)*

Erdschluß *m* earth fault, leakage to earth, line-to-earth fault, ground fault *(US)*

Erdschlußkompensation *f* earthing through a Petersen coil

Erdstelle *f* earth *or* ground station, terrestrial station *(sat)*

erdsymmetrisch balanced to earth

erdsynchrone Umlaufbahn *f* geosynchronous orbit *(approx. 35,900 km (22,300 mi, 19,384 nm) altitude above the equator, 42,400 km from the Earth's centre, for 'stationary' satellites; the so-called 'Clarke' orbit, after Arthur C. Clarke, science fiction writer, who proposed this orbit in 1948)*

Erdtaste *f* (ET) earth (recall) key *or* button (R), grounding *or* earthing key *(tel)*

Erdung *f* **mit Potentialausgleich** equipotential earthing *or* grounding

Erdungsfehler *m* earthing *or* grounding fault

Ereignis *n* event *(ISDN, EMA)*

Ereigniseingabe *f* event input *(DP)*

ereignisgesteuert event-driven

Ereignistabelle *f* even information table (EIT) *(DVB-SI table (q.v.))*

Erfahrungskurve *f* learning curve

Erfaßbarkeitspegel *m* unmasking level *(audio codec)*

erfassen acquire *(signal, data)*; capture, register, cover, monitor; detect; accept; intercept *(radar)*; record, sense, measure; respond to; comprehend; include, cover
die mit einem Stecker erfaßten Löcher the holes engaged by one plug

Erfassung *f* acquisition *(signal, data)*, capture, detection, registration, coverage *(area, radar)*

Erfassungszeit *f* acquisition time *(in cell units, ATM)*

erfolglos ineffective, unsuccessful *(call attempt)*

erfolglose Anwahl *f* abandoned call

erfolgloser Verbindungsaufbau *m* Call Failure Indication (CFI) *(V.25 bis, s. Table V)*

erfolgloser Verbindungsaufbau *m* **Besetztton** Call Failure Indication, Engaged Tone (CFIET)

erfolgloser Verbindungsaufbau *m* **kein Ton** Call Failure Indication, No Tone (CFINT)

erfolgloser Verbindungsversuch *m* unsuccessful call attempt

Erfolglosigkeit *f* failure *(e.g. call attempt)*

erfolglos sein fail

erfolgreich successful

Erfolgreichenrate *f* answer seizure rate (ASR)

erfolgreicher Anruf *m* completed call, carried call

erfolgreich sein succeed

Erfordernis *n* **für das Übertragungsmedium** transmission medium requirement (TMR) *(ISDN)*

erfüllen meet, satisfy *(requirement)*, fulfill *(request)*

Ergänzungsnetzwerk *n* (ENW) building-out network

ergeben result, produce; return

Ergebnisrückmeldung *f* return result indication

Ergiebigkeit *f* yield, efficiency

erhalten preserve, retain

Erhaltungsladung *f* float(ing) charge *(battery)*

erhöhen increment *(counter)*

Erhöhungsfaktor *m* magnification factor

Erkennbarkeit *f* detectability, perceptibility *(image processing)*, observability

erkennen monitor, detect

Erkennung *f* **durch laufende Mehrheitsentscheidung** running majority vote detection (RMVD)

Erkennnungsgröße *f* signature

Erklärungsfenster *n* description window *(Electronic dictionary, PC)*

Erl s. Erlang

Erlang *n* (Erl, E) *(Einheit für den Verkehrswert)* erlang *(dimensionless traffic intensity unit, 1 Erl = 1 continuously busy trunk, 0 Erl = 1 continuously idle trunk)*

Erlaubnis *f* authorization *(access control)*

erlaubt allowed, permitted; authorized *(use)*

erlaubter Zeitanpassungsweg *m* legal warp path *(DTW)*

ermäßigter Tarif *m* reduced rate

ERMES (europäisches Funkmitteilungssystem *n*) European Radio Messaging System *(EC radio paging)*

ermitteln determine, specify

ermöglichen enable, support

erneuern replace *(HW)*; update

erniedrigen decrement *(counter)*

Erprobungszulassung *f* trial approval *(FTZ)*

erregter Verkehr *m* originated traffic

Erregung *f* excitation *(HW)*

erreichbar obtainable *(subscriber)*, accessible

Erreichbarkeit *f* availability *(tel.sys., mobile subscriber)*, accessibility

erreichter Anschluß *m* connected line

erreichte DEE *f* accessed DTE

erreichte Speicherstelle *f* accessed storage location

Ersatzangebot *n* equivalent offered load *(tel. sys.)*

Ersatzbaugruppe *f* replacement module *or* assembly

Ersatzbetrieb *m* standby operation

Ersatzfaser *f* spare fibre *(FO)*

Ersatzfeldstärke *f* equivalent field strength *(EMC)*

Ersatzlast *f* dummy load

Ersatzleitung *f* fall-back circuit

Ersatzrechner *m* alternate computer

Ersatzschaltbild *n* equivalent circuit; equivalent network diagram

Ersatzschaltebetrieb *m* change-over to standby

Ersatzschalteeinrichtung *f* (ESE) change-over unit *(exchange, PCM data)*; (transmission) restoration switch *(PLE)*

Ersatzschaltekontakt *m* changeover-to-standby contact

Ersatzschaltung *f* change-over *(ISDN)*; change-over *or* switchover to standby, restoration, protection switching *(LAN switch)*; standby operation; equivalent network circuit; restoration circuit, backup circuit *(network management)*, circuit backup

Ersatzschaltweg *m* redundant path *(switching)*

Ersatzsignal *n* substitute *or* alternative signal

Ersatzspannung *f* equivalent voltage

Ersatzstrecke *f* standby link, backup link

Ersatzteil *n* (ET) spare part

Ersatzverbindung *f* backup circuit *(network management)*

Ersatzweg *m* alternate *or* back-up *or* auxiliary route

Ersatzweglenkung *f* alternate routing

Ersatzwert *m* default value

Erscheinungsfall *m* appearance *(switch port)*

Erstanlage *f* primary (master) station *(conference circuit)*

Erstanruf *m* first call attempt

Erstausbau *m* initial capacity stage

Erstausbaustufe *f* initial capacity stage

erstellen create

erster Anrufsucher *m* primary line switch, subscriber's line finder

erster Leitweg *m* primary link (PLK)

Erstkonfigurierung *f* initial configuration

Erstnebenstellenanlage *f* primary *or* master station; main exchange *(BT)*

Erststrecke *f* primary link (PLK)

Erstwahlbündel *n* direct route, first-choice route, first choice trunk group

Erstweg *m* primary (circuit) route *(exch.)*, first choice route, direct route
auf Erstweg geleitet direct routed

Erwartungsfunktion *f* expectation function *(video encoding)*

Erwartungshaltung *f* expectation *(process)*

Erwartungsmenge *f* set of expected values *(video encoding)*

erwartungstreu unbiased *(estimator, math.)*

Erwartungstreue *f* unbiasedness *(math.)*

Erwartungswert *m* expected value *(video encoding)*

Erwartungszeitfenster *n* time window of expectancy, expected-time window

erweitern expand, extend, upgrade

erweiterte Adresse *f* extended address (EA)

erweiterte Protokollspezifikationssprache *f* Augmented Protocol Specification Language (APSL)

erweiterte Punk-zu-Punkt-Netzverbindung *f* advanced peer-peer networking (APPN)

erweiterter BCD-Code *m* **für Datenübertragung** extended binary coded decimal interchange code (EBCDIC)

erweiterter Dienst *m* enhanced service, value-added service (VAS)

erweiterter Sonderkanalbereich *m* (ESB) extended special-channel band *(TV, s.a. "Hyperband")*

erweitertes Transitionsnetz *n* augmented transition network (ATN) *(finite state machine)*

Erweiterungsbaugruppe *f* expansion module

Erweiterungsblock *m* buildout block *(coax connector)*

erweiterungsfähig extendable, upgradable

Erweiterungskarte *f* expansion card *(e.g. fax card, PC)*, extension card *(extending the PCB connector)*

Erweiterungsschnittstelle *f* expansion interface

Erweiterungsschritt *m* expansion stage

Erweiterungsspeicher *m* extended memory *(RAM above conventional memory, PC)*

Erweiterungssteckplatz *m* expansion slot *(PC)*

Erweiterungsstufe *f* grade *(SW)*

erzeugen generate, create, produce, source

erzwingen enforce

erzwungene Bildwiederholung *f* forced image refresh *(ITU-T I.211, s. Table IV)*

erzwungene Wahl *f* controlled selection

ES (Externsatz *m*) interexchange circuit

ESA (elektronische Störaustastung *f*) muting *(FM radio)*

ESA (Europäische Weltraumorganisation *f*) European Space Agency

ESB (Einseitenband *n*) single side band (SSB)

ESB s. erweiterter Sonderkanalbereich *m*

ESC (Codeumschaltung *f*) escape *(DLC protocol)*

Escape-Taste *f* escape key *(keyboard)*

ESD-Schutz *m* (Schutz gegen elektrostatische Entladung) protection against electrostatic discharge (ESD) *(membrane keypad)*

ESE s. Ersatzschalteeinrichtung *f*

E-Seite *f* (Einsetz-, Einsteckseite) component side *(PCB)*

E-Serie *f* **der ITU-T-Empfehlungen** E series of ITU-T Recommendations *(relates to telephone networks and ISDN, s. Table III)*

E-Shop *m* E-shop *(Internet shop)*

ESOC (Europäische Betriebszentrale *f* für Weltraumforschung) European Space Operations Centre *(DLR, Cologne)*

EsP (Einspeisepunkt *m*) (power) feeding point

ESP-Rahmen *m* ESP frame *(Internet, RFC 2401, s. Table VIII)*

ESPRIT European Strategic Programme for Research and Development in Information Technologies

ESt (Empfangsstelle *f*) receiving station *(sat)*

ES-Zeitmarke *f* elementary stream clock reference (ESCR) *(DVB PES)*

ET (Besetztton *m*) Engaged (*or* busy) Tone *(V.25 bis, s. Table V)*

ET s. Erdtaste *f*

ET s. Ersatzteil *n*

ETACS (erweitertes TACS *n*) extended TACS *(cellular mobile RT, GB)*

Etage *f* subrack
19″-Etage *f* 19″ subrack, shelf

Etagenstation *f* floor station *(house intercom)*

Etagenverdrahtungsprüfautomat *m* automatic shelf-wiring tester

Etalon *n* etalon *(optics)*

ETB (elektronisches Telefonbuch *n*) electronic directory *(vtx attribute)*

Ethernet *(local-area network to IEEE standard 802.3, 10 Mb/s CSMA/CD baseband transmission)*

Etikett *n* label *(GUI, PC)*; tag *(SW)*

Etikett-Austausch *m* label switching *(RSVP)*

etikettierter Kanal *m* labelled channel *(ITU-T I.113, s. Table IV)*; tagged channel

Etikettierung *f* tagging, labelling

ETX (Textende *n*) End of TeXt

euklidische Distanz *f* Euclidian distance *(error correction)*

Euler-Diagramm *n* Venn diagram *(statistics)*

EUREKA (Europäische Organisation *f* für Zusammenarbeit in der Forschung) European Research Cooperation Agency *(study group of 18 European countries to set up a framework programme for promoting collaborative hi-tech projects, e.g. HDTV, RACE, Archimedes' exclamation 'eureka' (I have found it!) being symbolic of success in research)*

EUROCOM (Europäische Kommunikationsnormen *fpl*) European FM communication standards *(NATO, for tactical FM systems)*

Eurocrypt (europäische Verchlüsselungsnorm *f*) European satellite TV *(MAC)* encryption standard

Euro-ISDN *n* European ISDN to EDSS1 specifications *(will supercede national ISDN, e.g. DTAG protocol 1TR6, by 2000)*

EURONET *n* (Europäisches wissenschaftliches Datennetz *n*) Euronet *(packet-switched EEC network operated by the national PTTs for the integration of scientific and technical databases and on-line information services of member countries, conforms to TRANSPAC (s.a. DIANE))*

EuroOSInet *n* European OSI test network

Europabauform *f* Eurocard design *(PCB)*

Europäischer Funkausschuß *m* European Radio Committee (ERC)

Europäischer Funkrufdienst *m* (EFuRD) European radio-paging system; Pan European Paging service (PEP)

Europäische Rundfunkunion *f* European Broadcasting Union (EBU)

Europäisches Artikel-Numerierungssystem *n* European Article Numbering (EAN) system *(corresponds to UPC in the US)*

Europäisches Funkkomitee *n* European Radio Committee (ERC)

Europäisches Funkmitteilungssystem *n* European Radio Messaging System (ERMES) *(EC radio paging)*

Europäische Vereinigung *f* **der Unterhaltungselektronik-Gerätehersteller** European Association of Consumer Electronics Manufacturers (EACEM)

Europäische Vornorm *f* European Preliminary Standard (ENV)

Europäische Zugsteueranlage *f* European Train Control System (ETCS)

Europakartenformat *n* Eurocard design

Europa-Münzer *m* European coin telephone

europaweit pan-European

Europiep *m* (Europäischer Funkrufdienst *m* (EFuRD)) European radio-paging service

Eurosignal *n* (Europäischer Funkrufdienst *m* (EFuRD)) European radio-paging service

Eurosignal-Empfänger *m* Eurosignal receiver

Eutelsat *f* (Europäische Nachrichtensatelliten-Organisation *f*) European Telecommunications Satellite Organisation *(founded 1977)*

EVA s. elektronischer Verkehrslotse *m* für Autofahrer

EVN (Einzelverbindungsnachweis *m*) itemized billing

EVs (Endverschluß *m*) termination

EVSt (Endvermittlungsstelle *f*) terminal exchange *(DTAG)*

EVU s. Energieversorgungsunternehmen *n*

EVz (Endverzweiger *m*) distribution point (DP)

E-Wellen (elektromagnetische Wellen *fpl*) electromagnetic waves (E waves), transverse magnetic waves (TM waves)

EWS (elektronisches Wählsystem *n*) electronic switching system (ESS) *(Siemens)*, digital switching system
EWSA (EWS für analoge Raummultiplexübertragung) electronic switching system with analog space division multiplex switching, (EWS mit Analogtechnik) analog electronic switching system
EWSD (EWS für Zeitmultiplexübertragung mit Digitalwähltechnik) electronic switching system with digital time division multiplex switching, (EWS mit Digitaltechnik) digital electronic switching system
EWSD-B (Breitband-EWSD) broadband digital TDM switching system
EWSF (EWS für Fernverkehr) electronic switching system for long-distance *or* trunk traffic
EWSO (EWS für Ortsverkehr) *(VSt)* local network electronic switching system
EWSP (EWS mit Paketvermittlung) electronic switching system with packet switching
EWSP-V (EWS mit Paketvermittlung für Verbindungsunterstützung) electronic switching system with packet switching for interconnection support *(for VASs)*

Exemplarstreuung *f* component spread

Expander *m* expander *(PCM)*

Expansionsspeicher *m* EMS (expanded memory specification) memory *(RAM above 1 MB, PC)*

Expertensystem *n* expert system *(AI systems)*

explizite Anzeige *f* **einer Überlast** explicit forward congestion indication (EFCI) *(ATM ABR connection)*

explizite Rufumlegung *f* explicit call transfer *(ISDN)*

exportieren export, transfer *(data)*

extern external

externe Leitungszeichengabe *f* inter-exchange signalling

externe Nachtschaltung *f* external night service switching *(PBX)*

externer Rechner *m* (ER) external computer *(vtx, information provider database)*

externes Laufwerk *n* external drive *(PC)*

externes Umschalten *n* intercell handoff *(mobile RT)*

Externsatz *m* (ES) interexchange circuit

Externspeicher *m* external storage *(DP)*

Externumschaltung *f* intercell hand-off, interhandoff

Externverbindung *f* external call

Externverkehr *m* interexchange traffic

Extinktionsverhältnis *n* extinction ratio *(FO)*

extraordinäre Welle *f* extraordinary wave (E) *(FO)*

Extras *npl* utilities, tools *(Windows, PC)*

Extrembelegung *f* extreme traffic load

E1 (PCM-Primärsystem *n*, *q.v.*) primary PCM system *(2.048 Mbit/s, corresponds to US T1 (= 1.544 Mbit/s), E3 = 34.368 Mbit/s, E4 = 139.264 Mbit/s)*

E1-Netz *n* (E-Netz *n*) digital PCN network *(DTAG, s. personal communication network)*

E1-Schnittstelle *f* E1 interface *(s. 'E1')*

E3-Schnittstelle *f* E3 interface *(s. 'E1')*

F

F coding for telephones *(DTAG TAE connector)*

F (Fernhörer *m*) receiver (R) *(tel. handset)*

FA (Fernamt *n*) regional centre (RC)

FA (Fernmeldeamt *n*) telecommunications authority *(DTAG)*, telecommunications office, central office (CO) *(US)*

Facette *f* facet *(laser)*

Facharbeiter *m* craftsman, technician

Fachbereich *m* (FB) section *(DBT)*

Fachbereichsleiter *m* (FBL) head of section; director

Fachgrundnorm *f* generic standard *(EN)*

fachliche Voraussetzung *f* technical qualification *(of applicant for type approval, ZZF)*

Fachpersonal *n* technical personnel, craft personnel *(US)*

Fadenkreuz *n* crosshairs; cross-hair pointer *(MS Windows, PC)*

Fadenumspinnung *f* filament braiding *(cable)*

Fadingabstand *m* interfade interval *(sat)*

FAG (Fernmeldeanlagengesetz *n*) Telecommunication Installations Act

Fähigkeit *f* capability *(network)*, facility *(function)*

Fahne *f* streak, smear *(picture)*; tab, tag *(HW)*

Fahneneffekt *m* streaking *(TV)*

fahren run, execute *(program)*

Fahrgastinformationssystem *n* (FIS) train tannoy *(GB) or* PA system

Fahrtmesser *m* airspeed indicator (ASI) *(aero)*

Fahrwerkstellung *f* gear position *(aero)*

Fahrzeugantenne *f* car (radio) aerial *or* antenna

Faktor *m* factor, parameter
in einer Zahl enthaltener Faktor submultiple *(math.)*

Faksimile *n* facsimile

fakultativ optional; additional (A) *(ISDN, GSM)*

Falle *f* trap *(filter)*

falsch wrong, false, faulty. erroneous, incorrect, invalid

Falschanruf *m* wrong-number call

Falschausgabe *f* incorrect output

falsch eingeblendete *oder* **eingefügte Zelle** *f* misinserted cell *(ATM)*

falscher Zustand *m* false state *(logic)*

falschgeleitet misrouted

Falschsynchronisierung *f* false framing

fälschungssicher tamperproof

falsch verbunden wrong number

Falschwahl *f* faulty selection

falten convolve *(math.)*

Faltnetz *n* folded network *(switching network)*

Faltung *f* folding; convolution *(math.)*; aliasing *(frequency)*

Faltungscode *m* convolution(al) code *(FEC)*

Faltungscodierer *m* convolutional encoder

Faltungscodierung *f* convolutional coding *(DVB, provides coding delay)*

Faltungsfrequenz *f* alias(ing) frequency

Faltungsverschachtelung *f* convolutional interleaving *(DVB)*

Faltungsverzerrung *f* foldover distortion, aliasing

Familientelefonanlage *f* (FTA) domestic telephone system

Fangberechtigung *f* call identification class of service

Fangbereich *m* locking-in *or* capture range *(e.g. PLL)*

Fangdaten *npl* malicious call identification data

Fangeinheit *f* caller identification unit (CIU)

Fangeinrichtung *f* call intercept equipment *(tel)*

Fangen *n* call tracing *(tel)*

Fangen *n* **böswilliger Anrufer** malicious call identification (MCI)

Fangen *n* **des rufenden Teilnehmers** calling line identification (CLI)

Fangmeldung *f* call identification report *(tel)*

Fangsatz *m* (malicious) call identification circuit

Fangschaltung *f* lock(ing)-in circuit, interception circuit

Fangtastenwahlempfänger *m* (FTE) push-button dialling receiver for malicious call identification

Fangwunsch *m* call identification request *(tel)*

Fangzustand *m* malicious call hold, call hold condition *(tel)*

Farb-... colour ..., chroma ... (C) *(TV)*

Farbart *f* chromaticity, chrominance

Farbart-, Bild-(Luminanz-), **Austast-, Synchronsignal** *n* (FBAS) colour video, blanking and synchronisation (CVBS) signal; composite colour video signal*(TV, ITU-R Recommendation 470-1)*

Farbart-Unterscheidungsvermögung *n* chromaticity discrimination (threshold) *(human eye, video encoding)*

Farbbezeichnungssystem *n* colour naming system (CNS)

Farb-Bildbegrenzung *f* colour framing (CF) *(TV studio)*

Farbdarstellungsklasse *f* visual type *(X Window)*

Farbdiagramm *n* chromaticity diagram, colour triangle *(video encoding)*

Farbdispersion *f* chromatic dispersion *(FO)*

Farb(en)dreieck *n* chromaticity diagram, colour triangle *(video encoding)*

Farbfax *n* colour facsimile

farbiges Rauschen *n* narrow-band noise

Farbsaum *m* colour fringe *(TV)*

Farbscanner *m* colour scanner *(PC input device)*

Farbschwindeffekt *m* on/off colour effect *(membrane keypad)*

Farbstoffdiffusions-Thermotransferdrucker *m* dye diffusion thermal transfer (D2T2) printer *(repro.)*

Farbtabelle *f* colour look-up table (CLUT); video look-up table (VLT) *(in memory, video encoding)*

Farbtiefe *f* colour depth, colour resolution *(monitor, e.g. 256 colours)*

Farbton *m* hue *(TV)*, tint *(repro.)*

Farbton *m* **und Sättigung** *f* chrominance *(TV)*

Farbträger *m* (FT) colour subcarrier *(TV)*

Farbübersprechen *n* cross-colour *(TV)*

Farbunterscheidungsvermögen *n* colour discrimination *(human eye)*

Farbverschiebung *f* colour distortion

Farbwandlung *f* colour distortion

FAs s. Festanschluß *m*

Faser-Bragg-Gitter *n* fibre-Bragg grating (FBG) *(OXC)*

Faserdämpfung *f* fibre loss *(FO)*

fasergebunden fibre-based *(FO)*

Faserhülse *f* ferrule *(FO)*

Faserkoppler *m* fibre coupler *(FO)*

Faseroptik *f* (FO) fibre optics, optics

faseroptische Berichterstattung *f* fibre-optic news gathering (FONG)

Faserrichtkoppler *m* optical directional coupler

Faserverkabelungsfeld *n* optical wiring panel

faßbar accessible, tangible

faßbare Schnittstelle *f* standard accessible interface *(FTZ 118)*

Fassungsvermögen *n* capacity *(e.g. leaky bucket q.v.)*

faxen fax, send by fax *(documents etc.)*

Fax *n* fax, telefax *(ITU-T Rec. T.0, T.2, T.3, T.4, T.6, T.30, T.503, T.521 and T.563, s. Table III)*

Faxabruf *m* fax retrieval *(UM)*

Faxgerät *n* fax machine, telefax machine, telecopier

Fax-Gruppe *f* fax group *(telefax groups to ITU-T Rec. T.0, T.2, T.3, T.4, T.6, T.30, T.503, T.521 and T.563 for telefax machines, s. Table III,*

G1 (Gruppe 1): *page transmission 6 min. on telephone channel, vertical resolution 3.85 lines/mm, analog transmission, FM modulation;*

G2 (Gruppe 2): *page transmission 2 min. on telephone channel, vertical resolution 3.85 lines/mm, analog transmission, RSB AM/PM modulation;*

G3 (Gruppe 3): *page transmission 1 min. on telephone channel, vertical resolution 3.85 or 7.7 lines/mm, digital transmission, PCM modulation, compatible with group-2 machines;*

G4 (Gruppe 4): *page transmission 10 sec. on ISDN telephone channel, vertical resolution 12 lines/mm, digital transmission, PCM modulation)*

Faxjournal *n* fax journal

Fax-Karte *f* fax card *(PC)*

Faxmaschine *f* s. Faxgerät *n*

Fax-Rundsendung *f* fax broadcast

Fax-Steuerfeld *n* fax control field (FCF) *(fax control character)*

Faxton *m* fax tone *(2.1 kHz without/with PSK)*

Faxverbindung *f* fax call

Fax-Zielnummer *f* fax terminating number *(exch.)*

FAZ (Filmaufzeichnung *f*) film video recording

FB s. Fachbereich *m*

FBL s. Fachbereichsleiter *m*

FBAS s. Farbart-, Bild-(Luminanz-), Austast-, Synchronsignal *n*

FBAZ (zentrale Fernbedienungsanlage *f*) central remote control system *(sat)*

FBBZ (Fernmeldebaubezirk *m*) telephone construction district

FBP (fischbißgeschützt) fish bite protected *(TAT8, FO)*

FBO (Fernmeldebauordnung *f*) planning regulations for telecommunications equipment *(DTAG)*

FCF s. Fax-Steuerfeld *n*

FCS (Rahmenprüfzeichen *n*) frame checking sequence *(SS7 CRC, s. Table III)*

F/D-Wandler *m* frequency/digital converter

FDDI (Datenanschluß *m* mit Signalverteilung über Glasfaser) Fiber Distributed Data Interface *(ANSI AXC X3T9.5, 100 Mbit/s token ring LAN to IEEE 802.2, 802.5; 2 km transmission distance)*

FDDI-Schnittstelle *f* FDDI interface *(IEEE 802.3, CSMA/CD)*

FDG (Fernmelde(dienst)gebäude *n*) (telephone) exchange building

FDM (Frequenzmultiplex *n*, Frequenzgetrenntlageverfahren *n*, Frequenzvielfach *n*) frequency division multiplex

FDMA (Vielfachzugriff *m* im Frequenzmultiplex) frequency division multiple access *(subscriber access via different frequency domains, s.a. 'SCPC')*

FDMA/TDMA-Zugriffsverfahren *n* FDMA/TDMA access method *(GSM)*

FDS (Funkdatensteuerung *f*) base station control unit

FDX (voll duplex) full duplex

Fe (Fernsprech-/en *n*) telephone ...

F&E (Forschung *f* und Entwicklung) *f* research and development (R&D)

FEAD, FeAD (Fernsprechauftragsdienst *m*) customer service, telephone answering service

FeAp (Fernsprechapparat *m*) telephone set *(FTZ)*

FeAsl (Fernsprech-Anschlußleitung *f*) telephone subscriber line

Feature *m* feature

Feder *f* clip *(female connector)*

Federkabelschuh *m* spring terminal

Federklammer *f* clip *(female connector)*

Federkontakt *m* pressure contact

Federleiste *f* female contact *or* connector *or* terminal strip; socket, receptacle (strip)

federnd elastic, resilient

federnde Kontaktstifte *mpl* spring contact pins

federnde Taste *f* spring-loaded key

Federung *f* elasticity, resilience, compliance *(acoust.)*

FeE (Fernsprechentstörung *f*) telephone fault clearance

Feedforward-Netzwerk *n* feedforward network *(backpropagation algorithm (q.v.))*

FeF (Fernsprechfernverkehr *m*) long-distance telephone traffic

FeHA (Fernsprechhauptanschluß *m*) main station

Fehlabschluß *m* mismatch

Fehlanpassung *f* mismatch, misalignment *(ITU-T I:432)*

Fehlanruf *m* false call *or* signal, lost call

Fehlbedienung *f* operating error

Fehler *m* fault *(HW)*; error (ERR) *(SW, data; GSM 01.04, s. Table VII)*

Fehlerabwurf *m* error discard *(ATM cells)*

Fehleranzahl *f* error count *(BER measurement)*

Fehleranzeige *f* error indication *(NMS)*

Fehleraufdeckung *f* fault detection

Fehlerausschluß *m* fault exclusion

Fehlerbaum *m* fault tree

fehlerbehaftet faulty, defective *(HW)*; perturb(at)ed *(parameter, process)*

Fehlerbehandlung *f* error treatment, error control, error recovery, error management

Fehlerbehebung *f* fault *or* failure recovery

Fehlerbeseitigung *f* fault recovery

Fehlerbeständigkeit *f* fault tolerance

Fehlerbestätigung *f* persistency check

Fehlerbild *n* displaced frame difference (DFD) *(video coding)*

Fehlerbüschel *n* error burst

Fehlerdämpfung *f* hybrid balance *(tel)*

Fehlerdauer *f* mean time to repair (MTTR)

Fehlerdiagnose *f* error diagnostics *(DP)*

Fehlereindämmung *f* fault containment

Fehlereingrenzung *f* fault localization

Fehlererkennung *f* fault detection, error detection

Fehlererkennungs- und Korrekturcode *m* error detection and correction (EDC, edac) code *(transm.)*

fehlerfest robust

Fehlerfestigkeit *f* error immunity

Fehlerfolgenbehebung *f* error recovery

Fehlerfortpflanzung *f* error propagation

fehlerfrei error-free, correct *(SW)*; faultless, valid *(HW)*; defect-free, non-defective

fehlerfreie Sekunden *fpl* error-free seconds (EFS) *(BER measurement)*

fehlerfreier Zustand *m* no-fault condition

Fehlerfreiheit *f* absence of faults *or* errors *or* defects

Fehlerfunktion *f* error function

Fehlergröße *f* error magnitude

fehlerhaft defective, faulty, inoperable *(HW)*; invalid, incorrect, errored, erroneous *(data, blocks etc.)*; flawed, faulty *(data, blocks etc.)*

fehlerhafte Informationen *fpl* errored information *(ITU-T I.363, s. Table IV)*

fehlerhaftes Zeichen *n* error character

Fehlerhäufigkeit *f* error rate

Fehlerhäufung *f* error burst

Fehlerinformation *f* error flag

Fehlerkorrekturcode *m* error correction code *(e.g. Reed-Solomon code)*

Fehlerkorrekturmodus *m* error correction mode (ECM) *(fax, ITU-T T.4, T.30, s. Table III)*

Fehlerlokalisierung *f* fault locating *or* localization *or* finding

Fehlerlöschung *f* error cancellation *(self-test)*

Fehlermaß *n* error magnitude

Fehlermeldung *f* error message; fault signal *(AIS)*

Fehlermeldungsbit *n* error flag bit

Fehlernormal *n* standard mismatch *(testing)*

Fehlerortung *f* fault location

Fehlerortungseinheit *f* fault location unit (FLU) *(tel)*

Fehlerprüfung *f* error check *(data transm)*

Fehlerrückmeldung *f* return error indication

Fehlersammelmeldung *f* error list signal

Fehlerschutz *m* error protection, error control *(transmission)*

Fehlerschutzbit *n* error control bit

fehlersicher faultless, fault-tolerant, failsafe

Fehlersicherheit *f* fault tolerance

Fehlersicherung *f* error control, error protection

Fehlersicherungsverfahren *n* error control procedure

Fehlersignal *n* erratic signal

Fehlersuche *f* faultfinding *(HW)*, debugging *(SW)*

Fehlersuchprogramm *n* debugger

Fehlertelegramm *n* fault signal *(service channel)*

fehlertolerant fault-tolerant *(HW, SW)*

Fehlertoleranz *f* fault tolerance; error resilience *(Videocodierung, ITU-T Empf. H.263)*

Fehlertoleranztechnik *f* fault tolerance engineering, fault tolerancy *(US)*

Fehlerüberwachung *f* error control (procedure)

Fehlerüberwachungseinheit *f* error control unit

Fehlervariable *f* recovery state variable *(ISDN)*

Fehlervektorbetrag *m* error vector magnitude (EVM) *(in %, OFDM, DVB, to ETR 290)*

Fehlerverdeckung *f* error masking

Fehlerverhalten *n* error performance *(PCM)*

Fehlerzahl *f* mean time between failures (MTBF)

Fehlfunktionstest *m* malfunction test

Fehlimpuls *m* spike

fehlgeleitet misdirected *(call)*, misinserted, misrouted *(cell, ATM)*, misdelivered *(packet)*

Fehlleitung *f* misrouting *(cells)*

Fehlmeldung *f* false signal, error; false *or* erroneous error indication

Fehlreihung *f* missequencing *(packets)*

Fehlschaltung *f* switching error *or* fault

Fehlsekunde *f* errored second *(ITU-T G.821, s. Table III)*

Fehlstelle *f* gap *(e.g. transm. envelope or spectrum)*, dropout *(magn. tape)*

Fehlstrom *m* non-operate current; offset current

Fehlsynchronisation *f* incorrect synchronisation

Fehlverbindung *f* wrong connection, wrong-number call; misconnection

Fehlverhalten *n* incorrect action *(operator)*; erratic behaviour, malfunction *(system)*

Fehlversuch *m* unsuccessful attempt

Feinausrichtung *f* precision pointing *(ant)*

feingepixelt high-resolution *(multimedia screen, PC)*

feinkörnig fine grained

Feinschutz *m* secondary protection (circuit)

feinstufig verändern vary gradually

Feinsynchronisationswort *n* fine-time alignment word *(DIIS)*

Feintakt *m* fine-time clock pulse

Fein-Wellenlängenmultiplex *n* fine wavelength division multiplex (FWDM)

Feld *n* array *(LEDs)*; block *(terminals, pins)*; field *(data)*; panel, cubicle, section *(rack)*; section *(repeater)*

Feldbus *m* field bus *(process control)*

Felddurchmesser *m* mode field diameter *(FO)*

Feldemissionsanzeige *f* field emission display (FED)

Feldfernkabel *n* (FFK) long-distance field cable *(NATO)*

Feldfernsprecher *m* field telephone

Feld *n* **für Zusatzvorrichtungen** options bay *(dig. tel.)*

feldgebunden field guided *(wave)*

Feldgröße *f* field quantity

Feldlänge *f* span length *(transmission)*

Feldmeßgerät *n* field (strength) meter *(measurements to ITU-R Rec. P.370)*

Feldradius *m* mode field radius *(FO)*

Feldstärke *f* field strength *(RF at the receiver, ITU-R P.370)*

Feldstärkemessung *f* field strength measurement, radio signal strength indication (RSSI) *(mobile RT)*

FeN (Fernsprechnetz *n*) telephone network

fenemische Folge *f* string of fenemes *(voice recognition)*

fenemische Grundform *f* fenemic baseform *(voice recognition)*

Fenster *n* window *(GUI, PC)*
in Fenster *npl* **aufteilen** window *(signals)*

Fensterbildung *f* windowing

Fenster *npl* **fixieren** freeze panes *(MS Windows, PC)*

Fensterfixierung *f* **aufheben** unfreeze panes *(MS Windows, PC)*

Fenster-Flußsteuerung *f* window(-type) flow control (technique) *(ITU-T I.311, s. Table IV)*

Fenstergröße *f* window capacity *(in packets)*; windows range

Fensterprogramm *n* window program

Fensterrand *m* window border *(MS Windows, PC)*

Fenstertechnik *f* windowing *(display)*

Fensterteiler *m* split bar *(MS Windows, PC)*

Fensterung *f* windowing

fern remote, distant, tele-

Fernabfrage *f* trunk answering; remote access *(tel. answering machine)*; polling *(telefax)*, remote polling *(e.g. power meters)*

Fernabruf *m* polling *(fax)*

Fernabsatzgesetz *n* (FernAG) Law Relating to Distance Selling *(E-commerce)*

FernAG s. Fernabsatzgesetz *n*

Fernalarmindikation *or* **-anzeige** *f* remote alarm indication (RAI) *(ISDN)*

Fernamt *n* (FA) regional centre (RC); trunk exchange, toll office *(US)*

fernamtsberechtigter Teilnehmer *m* trunk unrestricted subscriber

Fernamtsleitung *f* long-distance exchange trunk

Fernamtstechnik *f* long-distance switching system

Fernämterverbindungsnetz *n* intertoll network *(US)*

Fernanschluß *m* trunk subscriber('s) line

Fernanschlußkabel *n* trunk subscriber line cable

Fernanzeige *f* remote signalling; bivalent teleindication *(yes/no, good/bad, to ITU-T V.31 bis (Table V), TEMEX)*

Fernaufruf *m* remote procedure call (RPC)

fernausgelöst remotely initiated *(e.g. telemetry readout)*

Fernbedieneinheit *f* remote control unit *(consumer electronics)*

fernbedient remotely controlled

Fernbedienung *f* remote control *(consumer electronics)*

Fernberechtigung *f* trunk access (level)

fernbesetzt trunk busy

Fernbetriebseinheit *f* communication control

Fern-Betriebsführung *f* remote operations

Fern-Blockfehler *m* far-end block error (FEBE) *(B-ISDN)*

Fernecho *n* far-end echo

Ferneinkauf *m* tele-shopping

Fern-Empfangsausfall *m* far-end receive failure (FERF) *(B-ISDN, now: RDI q.v.)*

Fernerkundung *f* remote sensing *(sat)*

ferner Teilnehmer *m* distant caller

fernes Amt *n* remote station

fernes Leitungsende *n* far end

fernes Verbindungsende *n* far end

fernes Übersprechen *n* far-end crosstalk (FEXT) *(tel., in dB, ITU-T I.430.E, s. Table IV)*

fernes Übersprechen *n* **mit gleichem Pegel** equal-level FEXT (ELFEXT)

Fern-Fehleranzeige *f* remote defect indication (RDI) *(replaces FERF q.v.)*

Ferngebühr *f* toll, toll rate, trunk charge, long-distance call fee

Ferngebührenimpuls *m* toll pulse

ferngespeist remotely fed, line-powered, directly powered, power-fed *(tel.)*; dependent *(repeater)*

ferngespeistes Amt *n* power fed *or* dependent station

Ferngespräch *n* external call, trunk call, toll call, long-distance call

Ferngesprächsdienst *m* message telephone service (MTS) *(official US designation)*

ferngesteuert remotely controlled

ferngesteuerte Vermittlungseinheit *f* remote switching unit (RSU) *(ISDN)*

Fernhörer *m* (F) receiver (R) *(tel. handset)*

Fernkabel *n* (Fk) long-distance *or* long-haul cable

Fernknotenamt *n* trunk junction exchange

Fernkopierer *m* telecopier, telefax machine, fax machine

Fernladen *n* downloading, download *(file downloading session, comp.)*

Fernleitung *f* trunk line, toll trunk; trunk circuit, long-distance circuit

Fernleitungsabschluß *m* trunk terminating unit

Fernleitungsnetz *n* trunk (line) network

Fernleitungsschema *n* trunking scheme

Fernlinien *fpl* long-distance lines, trunk lines

Fernliniennetz *n* (FLNz) trunk (line) network

Fernmelde- (Fm) telecommunication, communication

Fernmelde-Abschluß *m* trunk terminating unit

Fernmeldeamt *n* (FA) telecommunications authority *or* office *(DTAG)*; exchange, central office (CO) *(US)*

Fernmeldeanlage *f* telecommunication installation

Fernmeldeanlagengesetz *n* (FAG) Telecommunication Installations Act *(DTAG)*

Fernmeldebaubezirk *m* (FBBZ) telephone construction district

Fernmeldebauordnung *f* (FBO) regulations for planning, construction and maintenance of telecommunications equipment *(DTAG)*

Fernmeldebehörde *f* telecommunication authority

Fernmeldebetriebsgesellschaft *f* carrier (company)

Fernmeldedienst *m* telecommunication service *(ITU-T I.112, s. Table IV)*

Fernmelde(dienst)gebäude *n* (FDG) (telephone) exchange building

Fernmeldegebührenvorschriften *fpl* (FGV) Telecommunications Charges Schedules *(DTAG)*

Fernmeldegeheimnis *n* secrecy *or* privacy of telecommunications

Fernmeldegerät *n* communication device, telecommunication equipment

Fernmeldegesellschaft *f* telecommunications operator *or* carrier

Fernmeldegesetz *n* (FMG) Telecommunications Law *(CH, May 1992)*

Fernmelde-Kontrollnetz *n* telecommunications management network (TMN) *(ITU-T)*

Fernmeldeleitung *f* telecommunication circuit *(ITU-T G.701, I.112, s. Table III)*

Fernmeldemechaniker *m* lineman

Fernmeldemeßkoffer *m* portable VF test set

Fernmeldenetz *n* telecommunication network *(ITU-T I.112, s. Table IV)*, common carrier network *(US)*

Fernmeldenotdienst *m* (FND) emergency telecommunication service *(DTAG)*

Fernmeldeordnung *f* (FO) Telecommunications Regulations *(DTAG, superceded by the TKO)*

Fernmeldepotentialerdung *f* (FPE) telecommunications earthing *or* grounding system

Fernmelderechnungsdienst *m* (FRD) telephone accounts service *(DTAG)*, telecommunications billing service

Fernmeldesatellit *m* telecommunications satellite

Fernmeldesatellit-Empfangsstelle *f* (FmSat-ESt) telecommunications satellite receiving station

Fernmelde-Schema *n* trunking scheme

Fernmeldeschutzschalter *m* circuit breaker

Fernmeldesteckdose *f* telecommunication socket

Fernmeldetechnisches Zentralamt *n* (FTZ) Telecommunication Engineering Centre *(DTAG, till 1.10.1992, now "Forschungs- und Technologiezentrum", corresponds to BTL)*

Fernmeldeturm m (FmT) telecommunications tower

Fernmeldeübertrager *m* line transformer

Fernmelde-Überwachungs-Verordnung *f* telecommunications monitoring regulation

Fernmeldeunterhaltungsbezirk *m* (FEUBZ) telecommunications maintenance district

Fernmeldeunternehmen *n* (Telco) common carrier *(in US, e.g BOCs)*; telecommunication company (telco) *(in FRG, e.g. Siemens)*

Fernmeldevermittlungsanlage *f* telecommunication switching system *or* exchange

Fernmeldevermittlungsstelle *f* telecommunication exchange

Fernmeldeverwaltung *f* common carrier *(PTT)*

Fernmelde-Wählvermittlungssystem *n* switched telecommunication system

Fernmeldewesen *n* communications, telecommunication

Fernmeldezeugamt *n* (FZA) Telecommunication Supply Office *(DTAG)*

Fernmeßeinrichtung *f* telemetry equipment

Fernmessen *n* telemetering

Fernmessung *f* telemetering, telemetry

Fernmünzer *m* DDD coinbox telephone

Fernnebensprechen *n* far-end crosstalk (FEXT) *(tel., ITU-T I.430.E, s. Table IV)*

Fernnetz *n* long-distance *or* long-haul network *(tel)*; toll network *(US)*, trunk network; wide-area network (WAN) *(data)*

Fernnetzbetreiber *m* interexchange carrier

Fernplatz *m* B operator, B position, trunk position

Fernplatz *m* **ansteuern** route the B operator

Fern-Rufmeldung *f* far-end alerting

Fernschalten *n* bivalent remote switching *(off/on, to ITU-T V.31 bis (Table V), TEMEX)*; telecommanding *(TEMEX)*

Fernschreib- (Fs) teletype ...

Fernschreiben *n* (FS) telex, teletype (TTY); telewriting *(ISDN)*

Fernschreiber *m* teleprinter

Fernschreibmaschine *f* teleprinter

Fernsehempfangsstation *f* TV receive only (TVRO) station *(sat)*

Fernsehen *n* television (TV)

Fernsehen *n* **auf Abruf** video on demand (VOD)

Fernsehen *n* **mit erhöhter Auflösung** extended *or* extended definition TV (EDTV) *(PALplus, DVB, MPEG-2, data rate 11 Mbit/s, 576x1024 pixels, 5 stereo channels (CD quality, Surround Sound) + 6 64 kb/s commentary channels)*

Fernsehen *n* **mit erhöhter Bildqualität** enhanced-quality television *(ISDN)*

Fernsehen *n* **mit gegenwärtiger Bildqualität** existing quality television *(ISDN)*

Fernsehen *n* **mit hoher Auflösung** high definition television (HDTV) *(DVB, 2xITU-T 601, data rate 30 Mbit/s, 1152x2048 pixels, 5 stereo channels (CD quality, Surround Sound) + 6 64 kb/s commentary channels)*

Fernsehen *n* **mit niedriger Auflösung** low *or* limited definition television (LDTV) *(DVB, MPEG-1, data rate 1.5–2 Mbit/s, bandwidth as with VHS video (<3 MHz), 282x376 pixels, 1 stereo channel NICAM728)*

Fernsehen *n* **mit Standardauflösung** standard definition television (SDTV) *(PAL, SECAM, NTSC, DVB, data rate 4–6 Mbit/s, 576x768 pixels, 1 stereo channel NICAM728 + 3 64 kb/s commentary channels)*

Fernseher *m* television (TV) (set), TV viewer

Fernsehnorm *f* television standard *(PAL, SECAM, NTSC, q.v.)*

Fernsehrundfunk *m* television broadcasting

Fernsehtakt *m* television (synchronisation) rate *(normally refers to frame rate, q.v.)*

Fernsehteilnehmer *m* television licence-holder, TV viewer

Fernsehtelefon *n* videophone

Fernsehtext *m* teletext (txt) *(TV broadcast service)*

Fernsehüberwachung *f* closed circuit TV (CCTV) monitoring

Fernsehumsetzer *m* (TVU) TV translator

fernspeisbar power-fed

Fernspeise- (FSP) power-feeding ... (RPF) *(tel)*

Fernspeise-Weiche *f* (FspWR) power separating filter

Fernsperre *f* toll restriction *(US)*

Fernsprech- (Fe) telephone ...

Fernsprechamt *n* telephone exchange

Fernsprechanlage *f* telephone system *(exch.)*

Fernsprech-Anschlußleitung *f* (FeAsl) telephone subscriber line

Fernsprechapparat *m* (FeAp) telephone set *or* apparatus *(FTZ)*

Fernsprechauftragsdienst *m* (FEAD,FeAD) absent-subscriber service; telephone answering service; custom calling service *(US)*; customer service *(tel)*

Fernsprechbuch *n* telephone directory

Fernsprechdienst *m* telephone service, voice telephone service

Fernsprechdrahtnetz *n* wire-line telephone network, public switched telephone network (PSTN)

Fernsprech-Doppelanschluß *m* dual telephone connection

Fernsprechdrahtnetz *n* public switched telephone network (PSTN), wire-line telephone network

fernsprechen telephone, phone

Fernsprech-Endeinrichtung *f* subscriber terminal

Fernsprechentstörung *f* (FeE) telephone fault clearance

Fernsprecher *m* telephone (set)

Fernsprecher *m* **für Impulswahl** dial-pulse telephone

Fernsprecher *m* **für Mehrfrequenzwahl** tone-dialling telephone

Fernsprecher *m* **für Tastwahl** pushbutton telephone

Fernsprech-Fernnetz *n* toll telephone network *(US)*

Fernsprechfernverkehr *m* (FeF) long-distance telephone traffic; wide-area telephone service (WATS) *(US, corresponds to International 0800 (GB))*

Fernsprech-Fernwahldienst *m* toll telephone service *(US)*

Fernsprechgebührennummer *f* telephone billing number

Fernsprechhauptanschluß *m* (FeHA) subscriber's main station

Fernsprechkanal *m* **mit Sprachbandbreite** voice grade telephone channel

Fernsprechkonferenz *f* audio conference

Fernsprechleitung *f* telephone line

Fernsprechleitwegadresse *f* telephone routing address *(US)*

Fernsprechnetz *n* (FeN, FspN) telephone network

Fernsprechnummer *f* telephone number, subscriber's directory number

Fernsprechsondernetz *n* privately operated telephone network

Fernsprechübertragung *f* (FeÜ) telephony

Fernsprechübertragungsweg *m* voice circuit

Fernsprechverkehr *m* telephone traffic, voice traffic

Fernsprechvermittlungsanlage *f* telephone switching system *or* exchange

Fernsprechvermittlungsstelle *f* telephone exchange, telephone switching office, central office (CO) *(US)*

Fernsprechverwaltung *f* common carrier, PTT

Fernsprechwählnetz *n* dial-up *or* switched telephone network

Fernsprechzeichen *n* telephone signal

Fernsprechzeichengabe *f* telephone signalling

Fernstation *f* distant station, distant workstation *(e.g. portable PC)*

fernsteuern remotely control, remote *(e.g. switching modules)*

Fern-Störungsanzeige *f* remote defect indication (RDI) *(in backwards direction, replaces FERF q.v.)*

Fernstudium *n* distance learning

Fernteilnehmer *m* remote user

Fernübertragung *f* external (long distance) call

Fernübertragungseinheit *f* (FÜ) telecommunication equipment *(TC)*

Fernübertragungsgüte *f* toll quality *(tel, US)*

Fernübertragungsstrecke *f* long-distance transmission link

Fernüberwachung *f* remote supervision *(system)*

Fernunterricht *m* tele-education *(ITU-T I.211, s. Table IV)*

Fernverbindung *f* long-distance call, trunk call

Fernverbindungskabel *n* (FVk) trunk connection cable

Fernverbindungsleitung *f* (FVl) trunk junction circuit, trunk line

Fernverbindungsnetz *n* trunk communication network

Fernverkehr *m* long-distance (*or* toll) traffic *or* communication *(PCM, tel)*, trunking *(narrowband network, ATM)*

Fernverkehrmodem *m* long-haul modem *(s.a. LDM)*

Fernverkehrsdienst *m* **zu Ortsgebühren** extended area service

Fernverkehrsleitung *f* trunking *(narrowband network, ATM)*

Fernverkehrsnetz *n* wide area network (WAN), long-haul network *(FO)*

Fernverkehrsweg *m* long-haul path, backbone path

Fernvermittlung *f* (FVSt) long-distance (*or* trunk) exchange, tandem exchange, transit exchange (TE), toll switch *(US)*

Fernvermittlungsanlage *f* toll switch(ing system) *(US)*

Fernvermittlungsstelle *f* (FernVSt) trunk exchange

Fernverwaltung *f* remote (circuit) management *(conference circuit)*

Fernverwaltungs-Schnittstelle *f* remote management interface (RMI) *(ISPBX)*

Fernvorabfrage *f* remote screening *(tel. answering machine)*

FernVSt s. Fernvermittlungsstelle *f*

Fernwahl *f* direct distance dialling (DDD), subscriber trunk dialling (STD)

Fernwahlleitung *f* trunk circuit with dialling facility

Fernwahlsperre *f* toll restriction *(US)*

Fernwähltechnik *f* (FwT) direct distance dialling (DDD)

Fernwerbung *f* tele-advertising *(ITU-T I.211, s. Table IV)*

Fernwirken *n* (FW) telecontrol (TC); teleaction *(TEMEX service; features: remote monitoring with telemetry and teleindication, and telecommanding with remote adjustment and remote switching; NTG Rec. 2001)*

Fernwirk- (Fw) teleaction ... *(TEMEX)*

Fernwirk-Dienst *m* teleaction service *(ITU-T I.112, s. Table IV)*

Fernwirk-Dienstanbieter *m* teleaction service provider

Fernwirk-Endeinrichtung *f* (FwEE) teleaction terminal equipment *(TEMEX)*

Fernwirk-Endgerät *n* (FwEG) teleaction terminal *(TEMEX)*

Fernwirk-Leitstelle *f* (FwLSt) teleaction master station *(TEMEX)*

Fernwirk-Stelle *f* (FwSt) teleaction station *(TEMEX)*

Fernwirk-System *n* (FW) telecontrol system

Fernwirk-Unterstation *f* remote (telecontrol) terminal unit (RTU)

Fernwirk-Verbindung *f* teleaction link *(TEMEX)*; supervisory control system *(general)*

Fernzeichnen *n* telescript; telepictures, telewriting *(ISDN)*

Fernzentrale *f* (Fz) tertiary exchange

Fernzone *f* long-distance zone

ferroelektrischer Flüssig(keits)kristall *m* ferroelectric liquid crystal (FLC) *(FO switch)*

ferroelektrischer RAM-Speicher *m* ferroelectric RAM (FeRAM)

fertig finished, completed; ready; ready-made, off-the-shelf *(chip)*

Fertigungslinie *f* production line

Fertigungs-Nachrichtenspezifikation *f* manufacturing message specification *(MAP, ISO 9506)*

Fertigungsstraße *f* production line

Fertigungsstreuung *f* production spread

fest fixed, permanent, stationary, solid

Festanschluß *m* (FAs) permanent connection, tie line; private circuit, leased line

Festbild *n* still frame *or* image *or* picture

fest durchgeschaltete Leitung *f* dedicated *or* permanent line

feste Fernsprechstelle *f* fixed telephone station, base station *(mobile RT)*

feste Funkstelle *f* fixed radio station, radio base station, mobile base station

fest eingebaut built-in; permanently installed; embedded *(system)*

fester Funkdienst *m* fixed radio service

feste Rufumleitung *f* fixed call diversion

feste Schriftart *f* bit-mapped font

festes Multiplex *n* fixed multiplex *(ITU-T I.430.E, s. Table IV)*

feste virtuelle Leitung *f* permanent virtual circuit (PVC) *(ISDN)*

Festfrequenzen *fpl* spot frequencies *(testing)*

fest gekoppelt tightly coupled *(coils)*

festgelegter Wert *m* value set *(PC)*

festgeschaltet permanently connected

festgeschalteter Verbindungsabschnitt *m* non-switched connection element *(ITU-T I.112, s. Table IV)*

festgeschaltete Verbindung *f* (FV) permanent connection *or* circuit; non-switched *or* dedicated connection *(ITU-T I.112, s. Table IV)*, fixed connection, point-to-point connection

festhalten hold; peg *(statistics)*
  eine Anzeige *f* **festhalten hold a display**

Festklemmen *n* jamming *(uniselector)*

Festkomma-Schreibweise *f* fixed point notation

Festkörperansteuerung *n* solid-state drive (SSD)

Festkörperrelais *n* solid-state relay (SSR)

festlegen stipulate; set *(PC)*, confirm *(keyboard)*

Festlegung *f* stipulation *(contract)*

Festleitung *f* fixed (transmission) line, dedicated circuit

Festnetz *n* fixed network; line network, landline network *(in mobile RT context)*; dedicated circuit network

Festnetz-Teilnehmer *m* landline subscriber

Festnetztelefon *n* landline telephone

Festplatte *f* hard disk (HD), fixed disk *(PC)*

Festplattenbereich *m* hard disk partition *(PC)*

Festplatten-Controller *m* hard disk controller *(PC)*

Festplattenlaufwerk *n* hard disk drive (HDD) *(PC)*

Festplattenplatz *m* hard disk space *(PC)*

Festplattensteuereinheit *f* hard disk controller *(PC)*

Festplattenverschlüsselung *f* hard disk encryption *(security)*

Festspeicher *m* read-only memory (ROM), persistent store *(gen. DP)*

Feststation *f* base station (BS) *(general mobile RT)*; fixed station *(PMR, trunking)*

Feststellen *n* **böswilliger Anrufer** malicious call identification (MCI)

Feststellennumerierung *f* fixed-length numbering *(tel)*

Feststelltaste *f* Caps Lock key *(PC keyboard)*

Festverbindung *f* (FV) permanent *or* dedicated connection *or* circuit, fixed connection, tie line; permanent virtual connection (PVC) *(ATM)*

Festverbindungsdienst *m* permanent circuit service *(ITU-T I.112, s. Table IV)*

Festvermittlung *f* cross connect *(ATM)*

Festverstärker *m* fixed-gain amplifier

fest vorgegeben preset, set in advance, fixed

Festwertspeicher *m* read-only memory (ROM)

Festzeichen *n* permanent echo *(FO)*

Festzeitverbindung *f* fixed-time call

Festzelle *f* fixed-length cell *(ATM)*

fest zugeordneter Server *m* dedicated server *(LAN)*

fest zugeordnete Speicherung *f* dedicated storage *(ISDN)*

FeTAp83 (Fernsprechapparat 83) telephone model 83 of the DTAG

FeÜ (Fernsprechübertragung *f*) telephony

FEUBZ (Fernmeldeunterhaltungsbezirk *m*) telecommunications maintenance district

Feuerlöschgerät *n* fire extinguishing device, fire extinguisher

FEWAS (Fernwirken *n* auf der Telefonanschlußleitung) telecontrol (*or* teleaction) on the telephone line *(DTAG pilot project for TEMEX)*

FFK (Feldfernkabel *n)* long-distance field cable

FFS (Funkfeststation *f*) radio base station

FFSK s. schnelle Frequenzumtastung *f*

FFT s. schnelle Fourier-Transformation *f*

FGV (Fernmeldegebührenvorschriften *fpl*) Telecommunications Charges Schedules

FH s. Frequenzhüpfer(-schaltung *f*) *m*

FHS s. Freihörsprechgerät *n*

FHSS-Signal *n* frequency hopping spread spectrum (FHSS) signal *(WLAN, q.v.)*

fiktiv fictitious, notional

FID (Fülldaten-Eingabevorrichtung *f*) fill input device

FIFO (Durchlaufprinzip *n*, Siloprinzip *n*) first-in-first-out*(storage procedure)*

FIFO-Speicher *m* FIFO store, first-in-first-out store

File *n* file *(DP)*

Fileserver *m* file server *(DP)*

Filmaufzeichnung *f* (FAZ) film video recording

Filmausgabeeinheit *f* film recorder *(repro.)*

Filmausschnitt *m* video clip *(TV)*

Filterbank *f* filter bank

Filterglied *n* filter section

Filtergrad *m* degree of the filter

Filterkurve *f* response curve

Filter *n* **mit sprachähnlicher Kurve** whitening filter *(US, vocoder)*

Filterweiche *f* separation filter *(dig.)*

Fingerabdruck *m* fingerprint

Fingerführung *f* (finger) locating ridges *(membrane keypad)*

fingergerecht finger-shaped *(e.g. indentation in a housing)*

Fingerprint *m* fingerprint *(HBCI)*

Finite-State-Vektorquantisierung *f* finite state vector quantization (FSVQ)

Firewall *f* firewall *(protective device against hackers)*

FireWire-Bus *m* FireWire bus *(serial data bus to IEEE 1394 (q.v.), s. Table XII)*

FIR-Filter *n* finite impulse response filter *(digital audio coding)*

Firmenadresse *f* company address; domain *(Internet)*

firmeneigen proprietary

Firmengelände *n* company's *or* corporate premises

Firmennetz *n* corporate network (CN)

Firmensitz *m* corporate headquarters

firmenspezifisch proprietary

Firmenzentrale *f* corporate headquarters

Firmware *f* firmware *(unalterable (ROM) software, e.g. CPU microprogram)*

FIS (Fahrgastinformationssystem *n*) train tannoy *(GB) or* PA system

fischbißgeschützt fish bite protected (FBP) *(TAT8, FO)*

Fischchen *npl* sparklies *(sat TV)*

Fische *mpl* spikes *(TV picture defects)*, sparklies *(sat TV)*

FITL-System *n* fibre in the loop system *(FO)*

FIT-Verfahren *n* finite integration technique (FIT) *(calculation of electromagnetic fields)*

fixieren fix in location; freeze

Fixierung *f* **aufheben** unfreeze *(GUI, PC)*

Fixpunktfunktion *f* checkpoint function *(program)*

fixpunktmarkiert checkpointed *(program)*

Fixpunkttechnik *f* checkpointing

Fk (Fernkabel *n*) long-distance *or* long-haul cable

FKTG (Fernseh- und Kinotechnische Gesellschaft e.V. *f*) Television and Cinematographic Association

flach flat *(frequency response)*

Flachantenne *f* planar array antenna; patch antenna *(car rooftop GPS ant.)*

Flachbahnregler *m* slider (control)

Flachbahnsteller *m* (wafer) fader

Flachbandkabel *n* ribbon cable

Flachbett-Scanner *m* flatbed scanner *(OCR)*

Flachbildschirm *m* flat panel display

Flachdisplay *n* flat panel display *(LCD, plasma or LED, mainly for notebook PCs)*

Fläche *f* area, surface, face

Flächenantenne *f* planar array antenna

Flächenbild *n* large-area image, multiscreen image

flächendeckend nationwide; throughout the service area *(e.g. base station area)*, full-coverage, with general coverage, area-wide

flächendeckendes Netz *n* full-coverage network

flächendeckende Versorgung *f* full *or* blanket coverage

Flächendeckung *f* (nationwide) coverage *or* provision

Flächenelement *n* solid area *(graphics)*

flächenemittierende Laserdiode *f* **mit Vertikalresonator** vertical cavity surface-emitting laser (VCSEL)

flächenemittierender Laser *m* surface-emitting laser (SEL)

Flächenflimmern *n* large-area flickering *(TV)*

flächenhaft planar, flat

Flächenkabelrost *n* planar cable shelf *(rack)*

Flächenkleinzone *f* omni cell

Flächenquadrat *n* grid square

Flächenrauschen *n* granular noise *(DPCM video encoding)*

Flächenresonator *m* patch (resonator) *(planar antenna)*

Flächenschwerpunkt *m* centroid

flächenstrahlender Laser *m* surface-emitting laser (SEL)

Flächenstrahler *m* planar array antenna, aperture antenna

Flächenstück *n* patch *(modelling)*

Flächenwiderstand *m* resistance per unit area; surface impedance

Flächenwirkungsgrad *m* aperture efficiency *(ant.)*

Flachkabel *n* ribbon cable, flat cable

Flachkörper *m* stab *(circuit breaker HW)*

Flacker-Schlußzeichen *n* (FLSZ) end-of-flashing signal

Flag *n* flag *(indicator bit)*

Flagge *f* flag *(indicator bit)*

Flanke *f* edge *(pulse)*; skirt *(signal)*, slope, side *(filter)*

Flankenabrundung *f* roll-off *(modem)*

Flankendichte *f* transition density, density of (pulse) edges *(bit-oriented channel)*

Flankenformungsbit *npl* tail bits *(GSM)*

flankengesteuert edge triggered *(e.g. flip-flop)*

Flankensteilheit *f* edge slope; Q factor *(filter)*; slope rate, rise time *(pulse)*, rate of change *(voltage)*

Flankenwechsel *m* edge transition *(pulse)*

Flankenzählung *f* transition count

Flash-Speicher *m* flash memory *(PC)*

Flashtaste *f* (FT) flash key *or* button *(PBX)*

Flatterfading *n* flutter fading *(mobile RT)*

Flattern *n* flutter *(mobile RT, audio record)*; jitter *(audio, PCM)*

FLC s. ferroelektrischer Flüssigkeitskristall *m*

Fleckenmuster *n* speckle pattern *(FO)*

flexible Schaltung *f* flexible *or* flex circuit

Flexiprint *f* flexible *or* flex circuit

fliegender Druck *m* on-the-fly printing

fliegende Verdrahtung *f* loose wiring

Fließbandverfahren *n* pipeline method *(comp.)*

Fließkomma-Schreibweise *f* floating point notation

Flimmern *n* flicker *(TV)*

Flipflop *m* flip-flop

FLNz (Fernliniennetz *n*) trunk (line) network

Flooding *n* flooding *(static routing algorithm)*

Floppy *f* floppy disk (FD) *(PC)*

Floppy-Laufwerk *n* floppy disk drive (FDD) *(PC)*

Floppy-Stecker *m* A-drive connector *(PC)*

Flottensteuerung *f* fleet control *(Chekker)*

FLSZ s. Flacker-Schlußzeichen *n*

flüchtige Kopie *f* soft copy *(output on monitor)*

flüchtiger Speicher *m* volatile memory

Fluchtsymbol *n* backslash *(\\, keyboard)*

Flugführung *f* flight guidance *(aero)*

Flugfunkdienst *m* aeronautical radio service

Fluggeschwindigkeit *f* airspeed *(aero)*

Flugnavigationsdienst *m* air *or* aeronautical navigation service

Flugverkehrmelde- und Kollisionsvermeidungssystem *n* traffic alert and collision avoidance system (TCAS) *(aero)*

Flugwerterechner *m* air data computer, air data system (ADS)

Flugzeugtelefon *n* airphone, skyphone *(BT)*, in-flight phone

Fluktuationsrate *f* attrition rate *(of subscribers)*

fluktuierender Fehler *m* random error *(sat. power measurement)*

Flüssigkeitsmodell *n* fluid flow model *(traffic management)*

Flüssigkristallanzeige *f* liquid crystal display (LCD)

Fluß *m* flow; flux *(Magnet.)*

Flußdiagramm *n* flow chart *(program sequence)*

Flußkontrolle *f* flow control *(data transmission)*

Flußlinie *f* flux line *(Magnet.)*

Flußsteuerung *f* flow control *(ISDN)*

FLVf (Frequenzlagenvielfach *n*) frequency switch

FM, Fm (Fernmelde-) communication, telecommunication

FMG (Fernmeldegesetz *n*) Telecommunications Law *(CH)*

FMS (Funkmeldesystem *n*) radio signalling system

FmSatESt (Fernmeldesatelliten-Empfangsstelle *f*) telecommunications satellite receiving station

FmT (Fernmeldeturm *m*) telecommunications tower

FND (Fernmeldenotdienst *m*) emergency telecommunication service *(DTAG)*

FO (Faseroptik *f*) fibre optics

FO (Fernmeldeordnung *f*) Telecommunications Regulations

Fokus *m* focus *(opt.)*; active status *(Electronic dictionary, PC)*

fokussiert focussed *(optics)*

Folge *f* series, sequence; stream *(bits)*, train *(pulses)*

Folgeabtastung *f* progressive scanning, sequential scanning, non-interlaced scanning *(monitor screen, PC)*

Folgeadresse *f* link address *(DP)*

Folgeänderung *f* sequential update *(DP)*

Folgeanweisung *f* continuation statement *(DP)*

Folgefrequenz *f* repetition frequency *or* rate, recurrence frequency; frequency of the sequence *(of pulses)*

Folgegebühr *f* overtime rate

Folgekennzeichen *n* successor signal

Folgemeldung *f* secondary alarm

Folgenummer *f* sequence number (SN)
ohne Folgenummer unnumbered

Folgepaket-Anzeige *f* "More Data" mark

Folgeregelkreis *m* servo loop

Folgeschaden *m* consequential damage

Folgesignal *n* successor signal *(switching)*, sequence signal *(telecom.)*

Folgestation *f* slave station

Folgesteuerung *f* secondary control *(function of communication control)*; sequencing; sequencer

Folgesteuerungsstation *f* secondary station *(HDLC)*

Folgetaste *f* sequence key *(f-tel)*

Folgezeit *f* repetition period *(pulses)*

Folgezelle *f* slave cell *(mobile RT)*

Folientastatur *f* membrane keypad

Formant *m* formant *(speech coding)*

Format *n* format; aspect ratio *(TV)*; layout *(document)*; orientation *(graphics, PC)*

formatfrei unformatted *(data record, DP)*

formatfüllend full-format *(TV)*

formatieren format *(blank FD)*

Formatiervorgang *m* layout process *(document)*

Formatsteuerzeichen *n* format effector; layout character

Former *m* shaper *(response curve shaper)*

Formfaktor *m* form factor *(filter; PC, e.g. for internal CD ROM drive: 5 1/4¤ half height (1.63¤))*

formschlüssig positively locked *(mech.)*

formschlüssige Verbindung *f* positive (interlocking) connection *(mech.)*

Forschungs- und Technologiezentrum *n* (FTZ) Research and Technology Centre *(DTAG, since 1.10.1992, formerly "Fernmeldetechnisches Zentralamt", corresponds to BTL)*

Fortbewegungsmittel *n* means of transport

fortgeschrittene CMOS-Rahmensynchronisierschaltung *f* advanced CMOS frame aligner (ACFA)

fortgeschrittenes intelligentes Netz *n* advanced IN *(US)*

fortlaufend abgetastet progressively scanned, sequentially scanned, non-interlaced (NI) *(monitor screen, PC)*

fortlaufende Abtastung *f* progressive scanning, sequential scanning, non-interlaced scanning *(monitor screen, PC)*

fortlaufende Bildabtastung *f* s. fortlaufende Abtastung *f*

Fortlaufzähler *m* continuity counter *(DVB)*

Fortpflanzungskonstante *f* propagation constant

fortschalten increment, step, advance *(counter)*, sequence

Fortschaltimpuls *m* stepping pulse

fortschreiben update

fortschreitend progressive, sequential

fortsetzen continue; resume *(GUI instruction, PC)*

fotoleitend photoconductive

fotostimulierbar photostimulable *(phosphor screen)*

Fourier-Rücktransformation *f* inverse Fourier transform (IFT)

Fourier-Transformation *f* Fourier transform (FT)

Fourier-Transformierte *f* Fourier transform

FPE (Fernmeldepotentialerdung *f*) telecommunications earthing *or* grounding system

FPT (funktionsprogrammierbare Taste *f*) programmable function key, softkey *(tel)*

F-R s. Frame-Relay *n*

Fraktal *n* fractal *(math)*

Fraktal-Transformation *f* fractal transform *(video coding)*

fragmentieren disassemble *(packets)*

fraktionale Bitrate *f* fractional bit rate *(E1- or T1 mode)*

Fractional-E1 *f* fractional E1 *(corresponds to fractional T1 (q.v.), submultiple of primary PCM system bitrate, s. "PCM-Primärsystem")*

Frame-Relay *n* (F-R) frame relay (FR)

Frame-Relay-Trägerdienst *m* frame relaying bearer service

Frame-Relay-Protokoll *n* frame relay protocol *(packet switching in X.25, s. Table VI, ITU-T Rec. Q.922)*

FRD (Fernmelderechnungsdienst *m*) telephone accounts service, telecommunications billing service

frei idle *(channel, trunk)*; unoccupied, available *(line)*

freier Vorzug *m* optional priority

freie Rufnummerzuordnung *f* flexible numbering system

freie Wahl *f* hunting (selection)

Freifeld *n* free field *(transmission)*

Freigabe *f* clearing, cleardown *(of the call)*; reconnection *(of a subscriber line)*; release *(for transfer; documentation)*, disconnection; deallocation *(resources)*, approval *(QA)*; enabling, enable *(signal)*

Freigabe *f* **vollendet** release completed *(ISDN)*

Freigabebestätigungssignal *n* release acknowledgement signal *(tel., loop system)*

Freigabeliste *f* free-channels table

Freigabesignal *n* enabling signal *(tel., loop system)*

Freigabesteuerung *f* access control *(exch. data base)*

Freigabezeit *f* enable (EN) time *(circuit)*

freigeben clear *(shift reg.)*, purge *(queue)*; close *(connection)*; deallocate *(resources)*; discharge *(capacitor)*; enable, strobe *(gate, divider)*; release *(signal, connection)*

frei halten keep clear

Freihand-Telefon *n* hands-free telephone

Freihörsprechgerät *n* (FHS) hands-free loudspeaker telephone (set)

Freikennung *f* idle-channel identifier

freilaufend freerunning, non-synchronized, plesiochronous *(network, data stream)*; freewheeling *(diode)*

freilaufende Eingaben *fpl* unsolicited inputs *(ISDN)*

freilaufende Meldung *f* unsolicited message

freilegen expose, uncover, bare, strip *(wires)*

Freileitung *f* overhead line *(el.)*, air line *(US, telecommunications)*; open-wire circuit *or* line; open wire *(ITU-T I.430.E, s. Table IV)*

Freileitungskabel *n* aerial cable, air cable *(US)*

Freileitungslinie *f* air line *(US, telecom)*

Freileitungszustand *m* idle-circuit condition

freimachen release, idle

Freimeldesignal *n* idle status indication signal

Freimeldung *f* idle status indication

frei programmierbare Logikanordnung *f* field programmable gate array *or* logic array

Freiraum-Optik *f* free-space optics *(transmission by laser)*

Freiraum-Übertragung *f* free-space transmission *(e.g. radio broadcasting)*

Freiruf *m* clear call *(ISDN tel)*

Freischalten *n* isolation of equipment, disconnection; clearing, idling *(line, trunk)*, releasing; clear-down *(exchange)*; unblocking, activation *(GSM chipcard)*, enabling

Freischaltekennung *f* personal unblocking identity (PUI) *(DECT)*

Freischalteschlüssel *m* personal unblocking key (PUK) *(GSM chipcard, PCN SIM)*

Freischreiben *n* erasing *(memory)*

Freispeicher *m* unassigned memory, heap *(PC)*

Freisprecheinrichtung *f* hands-free (talking) facility *(mobile RT, f. tel)*; hands-free voice input device *(mobile telephone dialling)*

Freisprechen *n* (FS) hands-free talking *(f. tel)*

Freisprecher *m* louspeaker telephone

Freisprechgerät *n* hands-free telephone (set) (HFT)

Freisprechtaste *f* hands-free talk key *(f. tel)*

freistehend standalone

Freiton *m* (F-Ton) ringing signal *or* tone

Freiwahl *f* hunting

Freizeichen *n* call connected signal *(TTY)*, ringing tone (signal)

Freizeichenfrequenz *f* ringing-tone frequency

freizügige Zuordnung *f* flexible allocation

Freizustand *m* idle condition, not-in-use condition *(transmission channel)*

Freizustandssignal *n* idle-status signal

-fremd non-

Fremdagent *m* foreign agent *(router in the visited network, mobile IP)*

Fremdanschaltung *f* third-party connection; remote access

Fremdanschluß *m* remote access *(to ISDN exchange at non-ISDN exchange, ITU-T I.430.E, s. Table IV)*

Fremdanschluß-Verbindungselement *n* remote access connection element *(ITU-T I.430.E, s. Table IV)*

Fremdbereich *m* visited MSC area *(mobile RT)*

Fremdbezug *m* outsourcing

Fremdbildmonitor *m* B-party monitor *(videophone)*

Fremddatei *f* visitors location register (VLR) *(GSM, s. Table VII)*

Fremdentwicklung *f* third-party development

fremderregt externally excited; driven *(e.g. power converter)*

Fremdfeld-Empfindlichkeit *f* electromagnetic susceptibility (EMS)

Fremdfeld-Störfestigkeit *f* electromagnetic immunity

Fremdnetz *n* visited network (VPLMN) *(mobile RT)*

Fremdobjekt *n* artifact *(image)*

Fremdspannung *f* unweighted noise voltage, foreign potential *(transmission channel)*

Fremdspannungspegel *m* unweighted noise level

Fremdspeiseadapter *m* power adapter, DC adapter

Fremdtakt *m* external(ly driven) clock

Fremdvermittlungsleitung *f* foreign exchange line

Fremdvermittlungsstelle *f* foreign exchange; visited mobile switching centre *(GSM, s. Table VII)*

fremdvermittelter Anschluß *m* foreign exchange line

Fremzugriff *m* access by a third party *(online)*

Frequenz *f* frequency, number of cycles

frequenzabhäng frequency-sensitive

frequenzabhängige Dämpfungsverzerrungen *fpl* attenuation frequency distortion

Frequenzablenkung *f* scanning

Frequenzabstand *m* frequency spacing, carrier spacing, guard band *(mobile RT)*

Frequenzabstimmung *f* frequency tuning; syntonisation *(matching frequencies)*

Frequenzabwanderung *f* frequency drift

Frequenzabweichung *f* frequency deviation

Frequenzabzweigung *f* frequency frogging *(UHF)*

Frequenzanbindung *f* frequency lock *or* synchronization *(of transmitters in a SFN, using e.g. a GPS reference; DVB-T)*

Frequenzantwort *f* frequency response *(line testing)*

Frequenzaufteilung *f* frequency division; frequency partitioning *(audio coding)*

Frequenzaufteilung *f* **nach Zelle** frequency division by cell *(mobile RT)*

Frequenzbandbreite *f* frequency bandwidth

Frequenzbandmultiplex *n* wavelength division multiplex (WDM) *(FO)*

Frequenzbelegungsplan *m* frequency map

Frequenzbereich *m* frequency band *(from VLF to EHF, defined in ITU-R Rec. 431-4, DIN 40015)*, frequency range, frequency response range *(instruments)*; frequency domain

frequenzbewertet frequency-weighted

Frequenzcodemodulation *f* frequency code modulation (FCM)

Frequenzdiversity *f* frequency diversity

Frequenzdrift *f* frequency drift

Frequenzduplex *n* frequency division duplex (FDD) *(UMTS)*

Frequenzebene *f* frequency domain, frequency

Frequenzeinlaufkurve *f* frequency stabilization curve *(master oscillator)*

Frequenzentzerrer *m* frequency equalizer (FEQ) *(ADSL)*

Frequenzgang *m* frequency response *(filter)*

frequenzgefiltert frequency selective

Frequenzgenauigkeit *f* frequency stability

Frequenzgetrenntlageverfahren *n* frequency division multiplex method (FDM) *(tel., carrier frequency)*, frequency division duplex *(UMTS)*

Frequenzgleichlageverfahren *n* common-frequency method

Frequenzgruppentausch *m* (frequency) frogging *(UHF)*

Frequenzhub *m* frequency deviation *or* shift *or* swing, frequency shift spacing *(FSK)*; data deviation, speech deviation

Frequenzhüpfer-(FH-)**Schaltung** *f* frequency hopping circuit *(spread spectrum technique)*; frequency hopper *(transmitter)*; dehopper *(receiver)*

Frequenzintervall *n* frequency step

Frequenzkennlinie *f* frequency characteristic, Bode diagram

frequenzkonstant frequency-stabilized

Frequenzkontrolle *f* frequency check *or* monitoring; frequency comparison unit

Frequenzlage *f* frequency position *or* range, frequency
in hoher Frequenzlage *f* at high frequencies

Frequenzlagenvielfach *n* (FLVf) frequency switch

Frequenzmanagement *n* frequency management *(GSM, s. Table VII)*

Frequenzmultiplex *n* frequency division multiplex (FDM) *(tel., carrier frequency)*

Frequenzmultiplex-Bündelung *f* FDM grouping

Frequenznachregelung *f* frequency correction

Frequenznachregelungsburst *m* frequency correction burst (FCB) *(GSM)*

Frequenznachziehschaltung *f* frequency control circuit

Frequenznormal *n* frequency standard; frequency correction burst (FCB) *(GSM)*

Frequenzökonomie *f* spectrum efficiency, bandwidth economy

Frequenzrangiervorrichtung *f* frequency router *(FO)*

Frequenzraster *m* spacing, frequency spacing *or* allocation; frequency pattern, frequency raster, frequency resolution

Frequenzrastertabelle *f* frequency allocation table

Frequenzreflektometer *n* frequency domain reflectometer (FDR) *(Test)*

Frequenzschaltfeld *n* frequency division switching matrix *(OXC)*

Frequenzschaltstufe *f* frequency (division multiplex) switching stage, FDM switching stage *(tel. sys.)*

Frequenzschieber *m* frequency shifter

Frequenzsignal *n* frequency (domain) signal, signal in the frequency domain

Frequenzspringen *n* hopping

Frequenzsprung *m* (frequency) hopping

Frequenzsprungempfänger *m* dehopper

Frequenzsprung *m* **mit niedriger Umschaltrate** slow frequency hopping (SFH)

Frequenzsprungmodulation *f* frequency shift keying (FSK); frequency hopping modulation *(spread spectrum, CDMA)*

Frequenzsprungsender *m* frequency hopper, hopper

Frequenzsprung-Spreizspektrum-Signal *n* frequency hopping spread spectrum (FHSS) signal *(WLAN, IEEE 802.11, CDMA)*

frequenzsynchrones Codierverfahren *n* synchronous frequency encoding technique (SFET) *(B-ISDN)*

Frequenzsynthesizer *m* frequency synthesizer

Frequenzsynthetisator *m* frequency synthesizer

Frequenztastung *f* frequency shift keying (FSK)

Frequenzteiler *m* frequency divider, harmonic generator

Frequenzumschaltrate *f* hopping rate *(frequency hopping)*

Frequenzumtastung *f* frequency shift keying (FSK)

frequenzveränderlich variable-frequency; (frequency) agile

Frequenzvergleich *m* frequency comparison; syntonisation *(matching frequencies)*

Frequenzversatz *m* frequency shift, offset, deviation, error; field offset *(TV)*

Frequenzverteiler *m* frequency router *(FO, multi-frequency laser)*

Frequenzverteilung *f* frequency allocation

Frequenzvervielfacher *m* frequency multiplier, harmonic generator

Frequenzvielfach *n* frequency division multiplex (FDM)

Frequenzwechsel *m* frequency change, hop *(FH)*

Frequenzwechselverfahren *n* frequency hopping

Frequenzwegesucher *m* frequency router *(FO, multi-frequency laser)*

Frequenzweiche *f* frequency separating filter *(switch)*; diplexer *(antenna)*; dividing network, cross-over network *(LF)*; band splitter; POTS splitter *(ADSL)*

Frequenzwiederbenutzungsfaktor *m* co-channel re-use ratio

Frequenzwiederholabstand *m* co-channel re-use distance *(cellular RT)*

Frequenzwiederholung *f* frequency re-use *(transmission)*

Frequenzwiederverwendung *f* frequency re-use *(transmission)*

Frequenzzuweisung *f* frequency allocation *(services)*

-freundlich compatible with, -optimised

Frittspannung *f* fritting *or* wetting voltage

Frontabdeckung *f* face plate, front panel *(HW)*

Fronteinzug *m* front loading *(CD-ROM)*

Frontplatte *f* front panel, faceplate *(HW)*

Früh-/Spätabstand *m* early/late spacing *(DLL)*

frühzeitiges Verwerfen *n* **von Paketen** early packet discard (EPD) *(ATM TM)*

FS (Fernschreiben *n*) telex, teletype (TTY)

Fs (Fernschreib-) teletype ...

FS (Feststation *f*) base station *(general mobile RT)*; fixed station *(PMR, trunking)*

FS s. Freisprechen *n*

F-Serie *f* **der ITU-T-Empfehlungen** F series of ITU-T Recommendations *(relates to telegraph and mobile services, s. Table III)*

FSK s. Frequenzumtastung *f*

FSP (Fernspeisung *f*) remote power feeding (RPF) *(tel)*

FT (Farbträger *m*) colour subcarrier *(TV)*

FT (Flashtaste *f*) flash key *or* button *(PBX)*

FT (Fourier-Transformation *f*) Fourier transform(ation)

FTA (Familientelefonanlage *f*) domestic telephone system

FTA-Box *f* FTA (free-to-air) set-top box (STB) *(for unencrypted DVB reception)*

FTE (Fangtastenwahlempfänger *m*) push-button dialling receiver for malicious call identification *(tel)*

F-Ton *m* (Freiton *m*) ringing signal *or* tone

FTTH-System *n* fibre to the home cabling *(FO)*

FTZ (Forschungs- und Technologiezentrum *n*) Research and Technology Centre *(DTAG, since 1.10.1992, formerly "Fernmeldetechnisches Zentralamt", corresponds to BTL)*

FÜ (Fernübertragungseinheit *f*) telecommunication equipment *(TC)*

FuAnl s. Funkanlage *f*

FuBK s. Funkbetriebskommission *f*

FuBK-Testbild *n* test pattern *(of the German Radio Services Commission, TV)*, ITU-T test pattern *(TV)*

FuFeD s. Funkfernsprechdienst *m*

FuFst s. Funkfeststation *f*

FuGt s. Funkgerät *n*

Fühlerschaltung *f* scanning circuit, scanner *(PCM data)*

Fühler- und Geberschaltungen *fpl* scanning and distribution circuits *(PCM data)*

führende Eins *f* leading one

Fuhrparkkontrollsystem *n* fleet monitoring system *(Inmarsat)*

Führung *f* guidance, control; guided tour *(hypermedia)*

Führungsebene *f* management plane *(I.321, s. Table IV)*

Führungsformer *m* reference shaper *(reg.)*

Führungsnase *f* key *(HW)*

Führungsrechner *m* master computer

Führungssignal *n* reference signal

Führungsstift *m* alignment pin *(FO)*

Führungssystem *n* Telecommunications Management Network (TMN) *(ITU-T M.30, s. Table III)*

Führungstakt *m* reference clock

Führungswinkel *m* propagation angle *(FO)*

FuKMD s. Funkkontroll-Meßdienst *m*

FuKMS s. Funkkontroll-Meßstelle *f*

FuKo s. Funkkonzentrator *m*

Füllbefehl *m* dummy instruction

Füllbereich *m* fill *(image processing)*

Füllbit *n* justification bit *(PCM)*; stop bit *or* element *(bit rate adaptation)*, filler bit

Füllbytes *npl* slack bytes

Fülldaten-Eingabevorrichtung *f* fill input device (FID)

Fülldatenstrom *m* padding stream *(used to adjust the bit rate of a data stream)*

füllen fill; justify *(PCM)*

Füllfaktor *m* space factor *(winding)*

Füllgrad *m* occupancy level *(file, switching)*; loading ratio, fill ratio *(memory, ATM cell)*

Füllinformation(sbit) *n* justification service bit

Füllschritt *m* padding (stop) element *(bit rate adaptation)*

Füllsender *m* fill-in transmitter, gap filler *(TV)*

Füllsignal *n* dummy signal

Füllstand *m* loading, (level of) occupancy, occupancy level, fill *(memory)*

Fülltabelle stuffing table (ST) *(DVB-SI table)*

Füllungsgrad *m* occupancy level *(file)*

Füllwort *n* stuffing word *(PCM)*

Füllzeichen *n* filler bit; filler; pad (character) *(preceding and following a data block – leading and trailing pad, resp.)*

Füllzeichen *npl* **zwischen Rahmen** interframe time fill *(flags)*

Füllzustand *m* fill state *(cell, ATM)*

FuN s. Funknetz *n*

FuND, FuN-D s. Funknetz *n* D, D-Netz *n*

FuNE, FuN-E s. Funknetz *n* E, E-Netz *n*

Fünf-Ton-Folge *f* five-tone sequence *(PMR)*

Funkabstrahlung *f* radio emission

Funkanbindung *f* **von Teilnehmeranschlüssen durch Punkt-zu-Mehrpunkt-Richtfunk** (WLL-PMP-Rifu) point-to-multipoint microwave link in the wireless local loop *(3.410–3.580 MHz u. 26 GHz)*

Funkanlage *f* (FuAnl) radio installation

Funkanschluß *m* radio drop, air interface

Funkanschlußnetz *n* radio access network (RAN) *(W-CDMA, UMTS)*

Funkanschlußpunkt *m* radio access point (RAP) *(tel)*

Funkanschlußsystem *n* radio access system (RAS) *(ATM mobile communication)*

Funkausbreitung *f* radio propagation

funkauslesbar radio-scannable (goods)

Funkaußenstation *f* radio outstation *(tel., e.g. in rural areas, s.a. RURTEL)*

Funkbake *f* radio beacon

Funkbaugruppenträger *m* radio frame *(mobile BS)*

Funkbereich *m* radio (coverage) area, radio cell *(mobile RT)*

Funkbeschickung *f* correction *(direction finding)*

Funkbetriebskommission *f* (FuBK) (German) Radio Services Commission

Funkblock *m* message block *(mobile RT)*, burst *(DECT)*

Funkbrücke *f* air loop *(WLL)*

Funkchip *m* radio chip *(WLAN)*

Funkdatensteuerung *f* (FDS) base station control unit *(mobile RT)*

Funkdienst *m* radio communication service

Funkenstörung *f* sparking, ignition noise *(automotive)*; sparklies *(Sat-TV)*

Funkentstörung *f* radio interference suppression

Funkfax *n* radio telefax, radiofax

Funkfeld *n* radio hop, hop, link section, path *(microwave, sat.)*; radio broadcasting area *(TV, SFN)*

Funkfelddämpfung *f* path loss *(sat.)*, transmission loss, system loss

Funk-Fernschaltsystem *n* radio teleswitching *(GB; TC off-peak power switching)*

Funkfernschreiben *n* radioteletype (RTTY)

Funkfernsprechdienst *m* (FuFeD) radiotelephone service

Funkfernsprechen *n* radiotelephony (RT) *(PLMN and PMR)*

Funkfernsprecher *m* radiotelephone, personal portable telephone (PPT) *(UK)*

Funkfernsprechnetz *n* public land mobile network (PLMN)

Funkfernsteuerung *f* radio control

Funkfeststation *f* (FuFst, FFS) fixed radio station, mobile base station *(general mobile RT, incl. cellular)*, radio base station

Funk-Festteil *m* radio fixed part (RFP) *(DECT, ETSI ETS 300175)*

Funkgerät *n* (FuGt) transceiver *(mobile RT)*; radio, radio set, radio apparatus

Funkhöhe *f* radio altitude *(aero)*

Funk *m* **im Anschlußbereich** radio in the loop (RITL)

Funk *m* **im Ortsnetz** radio in the local loop (RLL)

Funkkanal *m* radio (telephony) channel, RF (radio frequency) channel *(mobile RT)*

Funkkanaldämpfung *f* RF channel loss *(mobile RT)*

Funkkanalwechsel *m* handover (HANDO) *(cellular mobile RT, GSM, s. Table VII)*

Funkkontroll-Meßdienst *m* (FuKMD) radio monitoring service

Funkkontroll-Meßstelle *f* (FuKMS) radio monitoring station *(sat., mobile RT)*

Funkkonzentrator *m* (FuKo) mobile (radio) concentrator *(cellular RT)*, base station *(mobile RT)*

Funk-LAN *n* wireless LAN (WLAN), radio LAN (RLAN) *(11 Mbit/s, IEEE 802.11 HR (High Rate))*

Funklautsprecher *m* cordless *or* wireless (loud)speaker, FM (loud)speaker *(surround sound, ISM band)*

Funkleitstelle *f* radio control station *(mobile RT)*

Funkleitsystem *n* radio control system *(mobile RT)*

Funkmeldesystem *n* (FMS) radio signalling system

Funkmeßanlage *f* radiolocation installation; radar system

Funkmeßwagen *m* radio test van *(mobile RT)*, radio car

Funk-Mobilteil *m* radio portable part (RPP) *(DECT, ETSI ETS 300175)*

Funk-Nebenstellenanlage *f* radio PBX

Funknetz *n* (FuN) radio network, mobile *or* cellular (radio) network

Funknetz *n* **D** (FuND, FuN-D) mobile digital network*(DTAG, to GSM, s. "D-Netz")*

Funknetz *n* **E** (FuNE, FuN-E) mobile digital PCN network *(s. "E-Netz")*

Funknetz-Abschlußeinheit *f* radio network terminating (RNT) unit, RNT unit *(RLL)*

Funknetzkennzahl *f* service (access) code, mobile network prefix

Funknetzsteuerung *f* radio network controller (RNC) *(GPRS)*

Funk-Netzzugang *m* radio in the local loop (RLL) *(DECT)*

Funknummer *f* (FuNr) mobile number

Funkortung *f* radio-location

Funkpeilfahrzeug *n* radio detector van

Funkprozessor *m* traffic processor *(PMR, trunking)*, radio signal processor (RSP)

Funkradius *m* calling range *(paging)*

Funkraum *m* radio room

Funkraumüberwachung *f* radio area monitoring

Funkreichweite *f* (radio) range *(transmitter)*; calling range *(paging)*

Funkressourcenmanager *m* radio network resources manager (RNM) *(mobile RT)*

Funkruf *m* (FuR) radio paging *(ITU-R Rec.584, 1982)*, paging (PAG) *(RDS)*; (radio) paging call *(GSM)*, page; bleep *(GB, colloquial)*

Funkruf *m* **mit Armbanduhr** wristwatch paging *(BT service "easyreach", DeTeKom "Scall"; numeric only, caller pays)*

Funkrufbereich *m* calling area

Funkrufdienst *m* (FuRD) radio paging service *("air-call bleep", GB)*

Funkrufdienst *m* **mit optischer Anzeige** display paging

Funkrufempfänger *m* pager, bleeper *(GB)*

Funkrufnachricht *f* paging broadcast (PB) *(GSM)*

Funkrufnummer *f* mobile call number

Funkrufvermittlungsstelle *f* (FuRVSt) radio paging switching centre

Funkrundsteuersystem *n* centralized radio telecontrol *or* ripple-control system

Funkschatten *m* silent zone *(mobile RT)*, dead spot

Funk-Schließeinrichtung *f* radio-controlled locking system *(motor veh.)*

Funkschlüssel *m* radio key *(motor veh.)*

Funkschnittstelle *f* radio interface, air interface *(mobile RT)*, radio communication interface (RCI) *(DECT)*, radio frequency interface (RFI) *(chipcard reader)*

Funkschutzbestimmungen *fpl* RF interference (RFI) regulations

Funksender *m* radio transmitter

Funksprechgerät *n* radiotelephone, mobile telephone, mobile transceiver, two-way radio

Funkstation *f* (FuSt) radio station; radio fixed part (RFP) *(DECT)*, transceiver station *(mobile RT)*

Funkstationskennung *f* radio fixed part identity (RFPI) *(DECT)*

Funkstationsnummer *f* radio fixed part number (RPN) *(DECT)*

Funkstau *m* radio traffic congestion *(mobile RT)*

Funkstelle *f* (FuSt) radio station

Funksteuereinrichtung *f* radio distribution unit (RDU) *(RLL)*

Funkstille *f* (radio) silence

Funkstörgrad *m* degree of RFI

Funkstörspannung *f* conducted interference

Funkstörung *f* radio frequency interference (RFI)

Funkstrecke *f* radio link *or* path

Funksystem *n* (mobile) radio system

Funkteilnehmer *m* (FuTln) radiocommunications subscriber, mobile subscriber, mobile station (MS), mobile RT service user
an den Funkteilnehmer gerichteter ankommender Anruf *m* mobile terminated call (MTC)

Funkteilnehmerstation *f* mobile station (MS)

Funktelefon *n* cordless *or* radio telephone, car (radio) telephone, mobile telephone, mobile phone

Funktelefonanschluß *m* mobile radio access

Funktelefondienst *m* (FuTelD) mobile telephone service

Funktelefongerät *n* (FuTelG) mobile station (MS)

Funktelefonnetz *n* public land mobile network (PLMN)

Funktelefonvermittlungsstelle *f* mobile telephone switching office (MTSO) *(US)*

Funktion *f* function; feature *(menu)*; operation; task *(OS)*

funktionales Eingabegerät *n* logical input device

funktionales Protokoll *n* functional protocol *(layer 3 OSI-RM, s. Table I)*

Funktionalität *f* functionality *(ISDN)*

Funktion *f* **der oberen Schichten** high layer function (HLF) *(ISDN)*

Funktion *f* **der unteren Schichten** low layer function (LLF) *(ISDN)*

funktionelle Anschaltung *f* **an das System** affiliation *(tel)*

funktionelle Durchsatzrate *f* functional throughput rate (FTR) *(VHSIC)*

Funktionen *fpl* capability *(DTE)*

Funktionsablauf *m* sequence of operations

Funktionsanweisung *f* function statement

Funktionsbeschreibung *f* description of operation

Funktionsblock *m* functional block *(transmission)*

Funktionscode *m* function code, feature code

Funktionsdauer *f* operating period

Funktionsebene *f* functional level *(transmission)*

Funktionseinheit *f* functional unit *(HW)*; element, functional element (FE) *(ITU-T I.430.E, s. Table IV)*

Funktionserde *f* signal ground

funktionsfähig operable, viable, functional

Funktionsfähigkeit *f* operability, capability

Funktionsgenerator *m* function generator

Funktionsgenerator *m* **mit frei wählbarer Signalform** arbitrary function generator (AFG) *(testing)*

funktionsgleich functionally identical *(HW)*

Funktionsgruppe *f* functional group *(ITU-T Rec I.112, I.430, s. Table IV)*

Funktionsgruppierung *f* functional grouping *(ISDN)*

Funktionsinstanz *f* functional entity *(ISDN)*

Funktionsinstanz-Aktion *f* functional entity action

Funktionskomponente *f* functional component (FC) *(ISDN)*

Funktionsmenge *f* function set *(ISDN)*

Funktionsmerkmal *n* operational feature

Funktionsmuster *n* laboratory model

funktionsprogrammierbare Taste *f* (FPT) programmable function key, softkey *(tel)*

Funktionsprüfung *f* performance check

Funktionsschalter *m* mode selection switch

funktionssicher functionally dependable, reliable

Funktionsstörung *f* malfunction

Funktionstaste *f* function key, control key, feature key

Funktionsteil *n* functional section, device

funktionstüchtig operable, operational, operating, working, viable

Funktionstüchtigkeit *f* operability, viability, functionality

Funktionsvielfalt *f* functionality *(ISDN, terminal)*

Funküberlastung *f* radio congestion

Funküberleitstelle *f* radio relay (switching centre) *(cellular mobile RT)*

Funkübertragungs-CRC-Prüfung *f* air CRC *(mobile RT)*

Funkübertragungssteuerung *f* radio link control (RLC) *(GPRS)*

Funküberwachung *f* radio supervisor (RSV); spectrum *or* frequency monitoring

Funkverbindung *f* radio link, radio contact

Funkverbindungsnetz *n* ground station network *(DSN or MSFN)*

Funkverbindungsprotokoll *n* radio link protocol (RLP) *(GSM, with ARQ, s. Table VII)*

Funkverkehrsbereich *m* (FuVB) radio cell, base station area

Funkvermittler *m* radio switching station *(BS)*

Funkvermittlung *f* radio relay (station); radio service switching, radio switching system *(WLL)*

Funkvermittlungsbereich *m* service area *(of a mobile switching centre)*

Funkvermittlungsrechner *m* radio switching computer *(WLL)*

Funkvermittlungsstelle *f* (FVSt) mobile switching centre (MSC) *(DTAG Cellular mobile RT)*; mobile telephone exchange (MTX)

Funkvermittlungs-Teilsystem *n* radio switching subsystem (RSS) *(GSM, s. Table VII)*

Funkversorgung *f* radio coverage

Funkversorgungsbereich *m* radio coverage area *(mobile RT)*

Funkverträglichkeit *f* radio frequency compatibility *(EMC)*

Funkvorschrift *f* radio transmission regulation

Funkwagen *m* radio car

Funkwahl *f* (FuW) mobile network dialling

Funkweg *m* radio path

Funkzelle *f* (radio) cell„ base station area *(mobile RT)*

Funkzellennetz *n* cellular radio network

Funkzellenrundspruch *m* cell broadcast (CB) *(GSM SMS, s. Table VII)*

Funkzone *f* (radio) cell *(mobile RT)*

Funkzonengruppe *f* cluster

Funkzonenzuordnung *f* cell placement *(mobile RT)*

Funkzugangsnetz *n* wireless access network *(mobile IP)*

Funkzugbeeinflussung *f* (FZB) radio train running control

FUN-Plattform *f* FUN (Free Universe Network) platform *(DVB-S, DVB-C, DVB-T, FTA + pay TV, NVOD, EPG, games, home shopping, on-line services etc; DE)*

FuNr s. Funknummer *f*

FuR s. Funkruf *m*

FuRD s. Funkrufdienst *m*

FuRVSt s. Funkrufvermittlungsstelle *f*

Fuß *m* foot, base *(ant.)*, tail *(code)*

Fußgängernetz *n* personal communication network (PCN)

FuSt s. Funkstelle *f*

FuTelD s. Funktelefondienst *m*

FuTelG s. Funktelefongerät *n*

FuTln s. Funkteilnehmer *m*

FuVB s. Funkverkehrsbereich *m*

FuW s. Funkwahl *f*

Fuzzy-Logik *f* fuzzy logic *(includes ambiguity; data base search)*

Fuzzy-Steuerung *f* fuzzy logic control

FV (Festverbindung *f*) dedicated connection, fixed connection, tie line

FVl (Fernverbindungsleitung *f*) trunk junction circuit

F-Vermittlung *f*, **unsymmetrische Zeichengabe** F exchange, unbalanced signalling (FXU)

FVk (Fernverbindungskabel *n*) trunk connection cable

FVSt s. Funkvermittlungsstelle *f*

FW (Fernwirksystem *n*) telecontrol (TC), supervisory control system *(general)*

Fw (Fernwirk-) teleaction ... *(TEMEX)*

FWDM (Fein-Wellenlängenmultiplex *n*) fine wavelength division multiplex

FwEE (Fernwirkendeinrichtung *f*) teleaction terminal equipment *(TEMEX)*

FwEG (Fernwirkendgerät *f*) teleaction terminal *(TEMEX)*

FwLSt (Fernwirkleitstelle *f*) teleaction master station *(TEMEX)*

FwSt (Fernwirkstelle *f*) teleaction station

FwT s. Fernwähltechnik *f*

FXU s. F-Vermittlung *f*, unsymmetrische Zeichengabe

Fz (Fernzentrale *f*) tertiary exchange

FZ (Freizeichen *n*) clear signal *(tel)*

FZA (Fernmeldetechnisches Zentralamt *n*) Telecommunication Engineering Centre of the Federal Austrian Post Office

FZA (Fernmeldezeugamt *n*) Telecommunication Supply Office *(DTAG)*

FZB s. Funkzugbeeinflussung *f*

G

GA (Gemeinschaftsantenne *f*) master antenna

GAA (Geldausgabeautomat *m*) automatic cash dispenser *(GB)*, automatic teller machine (ATM)

Gabel *f* cradle *(HW)*; hybrid circuit, hybrid, transhybrid *(US)*, termination *(tel)*

Gabel-Dämpfung *f* hybrid loss

Gabelkontakt *m* cradle contact *(tel)*

Gabel-Nachbildung *f* building-out network, hybrid termination

Gabelschaltung *f* hybrid (network) *(tel)*

Gabelübergang *m* hybrid transition *(tel)*

Gabelübergangsdämpfung *f* transhybrid loss, hybrid transformer loss; echo balance return loss *(PCM)*

Gabelübertrager *m* hybrid transformer

Gabelumschalter *m* (GU) cradle *or* hook switch *(tel)*, switchhook *(US)*

Gabelung *f* (trans)hybrid

Gabelverstärker *m* hybrid amplifier

Gabelzeichen *n* hook flash *(tel)*

Galois-Feld-Arithmetik *f* finite-field arithmetic *(image processing, DVB)*

galvanisch durchgeschaltet DC coupled

galvanischer Weg *m* metallic path, DC path

galvanische Trennung *f* DC isolation

galvanisch getrennt DC-isolated, indirectly coupled

galvanisch getrennt angekoppelt AC-coupled

galvanisch verbunden directly *or* electrically connected, direct(ly) coupled, DC-coupled, DC-connected

Galvanisieren *n* electroplating

Gameport *f* game port *(PC joystick connector)*

Gang *m* cycle; response *(frequency)*, path *(optical)*

Gang *m* **einer Uhr** rate of a clock *(in ns/d, atomic clock)*

Gangkonstante *f* propagation coefficient

Ganglinie *f* curve

ganzes Menü *n* full menu *(GUI, PC)*

ganzes Telefon *n* single-line telephone *(DTAG, BT REN = 1)*

ganze Zahl *f* integer, integral number *(math.)*

Ganzfensterpufferung *f* full window buffering *(packet queuing)*

Ganzglasfaser *f* all-glass fibre *(FO)*

ganzheitlich integrated

Ganzseitenabtastung *f* whole-page scanner *(fax)*

Ganzseitenbildschirm *m* full screen monitor, full size display, full screen display *(monitor, portrait format)*

Ganztelefon *n* s. ganzes Telefon *n*

Ganzwellendipol *m* full-wave dipole *(ant.)*

Ganzwortmodell *n* whole-word model *(voice recognition)*

Ganzzahl *f* integer, integral number *(math.)*

ganzzahlig integral

ganzzahlige Arithmetik *f* integer arithmetic

Garantienachweis *n* proving (warranty)

GAS (Gemeinschaftsanschluß *m*) two-party line

GAS (Grundadressenspeicher *m*) base address store

gassenbesetzt all trunks busy (ATB), no-exit condition

Gastadresse *f* visitor address, care-of address *(Mobile IP, IAB RFC 2002-2004, 2344, s. Table VIII)*

Gastnetz *n* visited network *(Mobile IP, IAB RFC 2002-2004, 2344, s. Table VIII)*

Gastteilnehmer *m* visiting *or* roaming subscriber *(mobile RT)*

Gate *m* gate *(FET)*

Gate-Array *n* gate array *(microelectronics)*

Gatekeeper *m* gatekeeper *(handles addressing for gateways, terminals and MCUs, e.g. a "firewall", ISDN router; ITU-T H.323, s. Table III)*

Gateway *n* gateway *(conceptual or logical protocol-converting interconnection between networks, nodes or devices)*

GATS-Protokoll *n* GATS (Global Automotive Telematics Standard) protocol

Gatter *n* gate *(logic element)*

Gatteranordnung *f* gate array *(microelectronics)*

gattergesteuert gated

Gatternetzwerk *n* logic array, gate array *(microelectronics)*

gattungsgemäß generic

Gauß-Filter *n* Gaussian filter

Gaußsche Frequenzumtastung *f* Gaussian Frequency Shift Keying (GFSK) *(DECT, Bluetooth)*

Gaußsche Mindestwertumtastung *f* Gaussian Minimum Shift Keying (GMSK) *(cellular digital RT)*

Gaußsches Rauschen *n* Gaussian noise, white noise *(testing)*

gaußverteilt with a Gaussian distribution

GB (Geschäftsbereich *m*) department *(DBT)*

GBG (Gesamtbezugsdämpfung *f*) overall loudness rating (OLR)

GBG (geschlossene Benutzergruppe *f*) closed *(network)* user group (CUG)

GBL (Geschäftsbereichsleiter *m*) head of department, executive director *(DBT)*

GBW s. Gebührenweiche *f*

GD (Generaldirektion *f*) headquarters *(Telekom)*

GDE,Gde s. Gebührendatenerfassung *f*

GDF s. Gebäude *n* für digitale Fernmeldetechnik

GDV (Gesprächsdatenerfassung und -verarbeitung *f*) call data acquisition *(dig. PBX)*, call detail recording

GEB s. Gebühren *fpl*

Gebäudeautomatisierung *f* building services automation

Gebäudebetriebstechnik *f* building services management system

Gebäude *n* **für digitale Fernmeldetechnik** (GDF) digital exchange building

Gebäudeverkabelung *f* building cable installation *(to EN 5013)*

Gebäudeverteiler *m* building (services) distributor *or* distribution board *(PBX)*

Gebäudeverteilnetz *n* building distribution system *(LAN)*

Geber *m* generator, transmitter

Geber und Fühler *mpl* scanning and distribution circuits *(dig.tel)*

Gebilde *n* structure *(cable)*

gebohrt pre-drilled *(chassis, PCB)*

Gebrauchsfehler *m* operating error

Gebrauchsunterlage *f* technical information

gebrochene Schrittbildung *f* fractional bit rate modulation

Gebühren *fpl* (GEB) charges *(tel)*

Gebührenabrechnung *f* charging, billing; accounting

Gebührenanzeige *f* subscriber's check meter *(tel)*; charge advice, advice of charge (AOC) *(ISDN)*

Gebührenbefreiung *f* exemption from charges

Gebührenberechnung *f* charging, billing

Gebührendaten *npl* call information, call-charge data *(tel)*

Gebührendatenerfassung *f* (GDE,Gde) call record journalling (CRJ)

Gebührendatensatz *m* call(-charge) record *(tel)*

Gebühreneinheit *f* charge unit, traffic unit

Gebühreneinzugzentrale *f* (GEZ) **der öffentlich-rechtlichen Rundfunkanstalten** licence fee collecting centre of the broadcasting stations operating under public law *(TV and radio licences)*

Gebührenerfassung *f* call costing, charge metering, call charge registration *(tel)*

Gebührenfernsehen *n* pay TV, pay-per-view (PPV) TV, Home Box Office (HBO) *(US VOD channel)*

Gebührenfernsehkanal *m* premium TV channel *(CTV)*

gebührenfrei toll-free, non-chargeable

gebührenfreier Anruf *m* freephone *or* toll-free service

gebührenfreier Anschluß *m* non-chargeable subscriber

gebührengünstige Zeit *f* low-charge *or* off-peak period

Gebührenimpuls *m* metering pulse, charge pulse

Gebührenimpuls-Einspeisesatz *m* charge-pulse injection circuit

Gebührenimpuls-Festigkeit *f* metering pulse stability *(test)*

Gebührenkontrolle *f* charge indicator, subscriber's check meter *(f.tel)*

Gebührenminuten *fpl* chargeable minutes

gebührenpflichtig chargeable

gebührenpflichtiger Fernsehkanal *m* premium TV channel *(CTV)*

gebührenpflichtige Verbindungsdauer *f* chargeable time, revenue time

Gebührenrechnungsstellung *f* billing

Gebührenregistrierung *f* charging registering *(ISDN)*

Gebührensatz *m* charging rate, tarif

Gebührenstand *m* charge meter position *or* reading

Gebührentakt *m* meter clock pulse

Gebührenübernahme *f* reverse charging (REV)

Gebührenübernahmedienst *m* (advanced) freephone service *(Service 800, US)*

Gebührenübernahme *f* **durch B-Teilnehmer** freephone service *(ISDN)*

Gebührenverantwortung *f* charging

Gebührenverrechnung *f* charging, billing

Gebührenweiche *f* (GBW) injector circuit

Gebührenweitergabe *f* call charge transfer

Gebührenzähler *m* (GZ) subscriber's meter, charge meter

Gebührenzählung *f* charge metering

Gebührenzone *f* charge area, charge band *(GB)*

Gebührenzuschreibung *f* call unit statement *(BT, TTY)*

gebündelt grouped, bundled, bunched; bursty *(arrival of cells, ATM)*; focussed, collimated *(FO)*; directional *(antenna)* **stark gebündelt** highly directional *(antenna)*

gebündelt auftretende Daten *npl* data occurring in bursts, "bursty" data

gebündelte Funkkanäle *mpl* trunked radio channels *(PMR)*

gebunden bound, tied; bonded

Gedächtnis *n* memory *(of a channel, coder, DVB)*

gedächtnisbehaftet with memory

Gedächtnisfreiheit *f* absence of memory *(Markoff process, ATM TM)*

gedächtnislos without memory

GEDAN (Gerät *n* zur dezentralen Anruf-Weiterschaltung) equipment for remote call forwarding *(DTAG, tel)*

gedehnte Probennahme *f* extended-time sampling

gedemultiplext demultiplexed

gedoppelter Verkehr *m* duplicate(d) traffic

gedruckte Rückverdrahtung *f* (GRV) printed backplane *(rack wiring)*

gefächerter Sprung *m* multi-address branching *(ESS)*

Gefahr! Sehr Dringend! (GSD) Danger! Extremely Urgent! *(priority 1 in TTY, immediate break-in priority)*

Gefahrenmeldung *f* alarm signalling

Gefahrenmeldeanlage *f* (GMA) alarm signalling system

Gefüge *n* structure, fabric *(network)*

geführt carried, conducted, controlled, fed, guided

geführter Modus *m* bound mode *(FO)*

geführter Zustand *m* bound state

Gegenamt *n* distant *or* destination exchange, far-end office *(US)*

Gegenbelegung *f* glare *(transmission)*

Gegenbelegtzeichen *n* opposite-seizing signal *(tel)*

Gegenbetrieb *m* duplex transmission

gegeneinander geschaltet back-to-back *(components)*

Gegenfrequenzbetrieb *m* reverse frequency operation *(trunking, fixed station)*

Gegengabelschaltung *f* counter-connected hybrid

Gegengewicht *n* counterweight; ground plane *(antenna)*

Gegenkontakt *m* mating contact *(connector)*

gegenkontrollieren cross-check

Gegenkopplung *f* (negative) feedback

Gegenlauf *m* negative phase relationship *(filter, phase)*

gegenläufig inverse, contrarotating, (travelling) in opposite directions

gegenphasig in phase opposition, in antiphase, 180° out of phase, in push-pull

Gegenrichtung *f* reverse direction *(transm.)*

Gegenschreiben *n* full duplex *(TTY)*

Gegenseheinrichtung *f* videophone

Gegenseite *f* distant station

gegenseitig abhängig interdependent

gegenseitige Blockierung *f* deadlock

gegensinnig gerichtet back-to-back *(packets)*

Gegenspannung *f* back-off voltage

Gegensprechanlage *f* duplex system

Gegensprechen *n* duplex *(tel)*

gegenständlich objective; perceptual *(image coding)*

Gegenstandsbild *n* perceptual image

Gegenstation *f* secondary station *(HDLC)*

Gegenstelle *f* distant *or* called station, other station, distant end *(PCM)*; co-station; remote terminal

Gegenstück *n* match, mating part *(connector)*; complementary part; counterpart

Gegentakt *m* push-pull; back-to-back
im Gegentakt in push-pull, in antiphase, in phase opposition; in common mode

Gegentaktanregung *f* symmetric feeding *(cable)*

Gegentakt-B-Betrieb *m* class B push-pull mode

Gegentaktmodulator *m* balanced modulator

Gegentaktsignal *n* antiphase signal; duplex signal *(data transmission)*

Gegentaktspeisung *f* symmetric feeding *(antenna)*

Gegentaktverstärker *m* push-pull amplifier *(power amplifier)*

gegenteiliger Anreiz *m* conflicting event

geglätteter Verkehr *m* smooth traffic

gehaltene Verbindung *f* held call, call on hold

gehäufte Nullen *fpl* clustered zeroes

Gehäuse *n* case *(module)*, case cover, chassis; housing, cabinet; shell *(connector)*; canister *(mobile RT transponder, US)*; package *(chip)*

Gehäusekörper *m* case frame *(motor)*

gehäuselos unpackaged *(chip)*

Gehäusestecker *m* fixed connector

gehäust cased, housed

geheim secret, private

geheimer Internverkehr *m* internal call privacy

geheimer Schlüssel *m* secret key *(encryption)*

Geheimhaltung *f* privacy

Geheimhaltung *f* **wahren** provide privacy

Geheimnummer *f* unlisted number *(tel)*; personal identification number (PIN) *(GSM, s. Table VII)*

gehend outgoing

gehend belegt seized in the outgoing direction

gehender Fangsatz *m* (GFS) outgoing (malicious) call identification circuit

gehender Ruf *m* outgoing call

gehender Satz *m* (GS) outgoing circuit

gehende Sperre *f* outgoing-call barring facility *(tel)*

gehende Verbindung *f* outgoing call, call answered

Gehe zu... Go to... *(MS Windows instruction, PC)*

Gehör *n* hearing

Geisterbild *n* ghost (image) *(TV)*

Geisterimpuls *m* ghost pulse *(pulse transmission)*

gekennzeichnet identified

gekennzeichnete Verbindung *f* flagged call

gekreuzt crossed; reversed polarity *(tel. current feed)*

gekreuzte Leiterbahn *f* crossing conductor track

gekreuzte Leitung *f* transposed line

gekürzt truncated

Gelände *n* terrain *(mobile RT)*

Geländedaten *npl* topographical data *(mobile RT)*

Geländenetz *n* campus network *(US)*

Gelbdruck *m* yellow-paper edition *(DIN)*

Gelbe Post *f* (POSTDIENST) the postal services branch of the DBP *(now independent of TELEKOM and POSTBANK)*

Geldausgabeautomat *m* (GAA) (automatic) cash dispenser *(GB)*, automatic teller machine (ATM) *(US)*, cash machine

Geldautomat *m* (automatic) cash dispenser, automatic teller machine (ATM) *(US)*, cash machine

Geldautomaten-Karte *f* cash card

Geldkarte *f* payment card, cash card

Geldkartentelefon *n* card phone

Geldüberweisung *f*: **elektronische G.** electronic funds transfer (EFT)

Geltungsbereich *m* range (of validity), scope *(of a service)*; management domain *(NMS)*

gemeinsam aufliegende Verbindung *f* shared call appearance *(dig. PBX)*

gemeinsam betreibbar interoperable

gemeinsame Basisstation *f* common base station (CBS) *(trunking)*

gemeinsame Breitbandplattform *f* common broadband platform (CBP) *(ATM)*

gemeinsame Busschnittstelle *f* common bus interface *(DSP)*

gemeinsame Nutzung *f* **von Betriebsmitteln** resource sharing

gemeinsame Optimierung *f* joint optimization *(of parameters, CELP coder)*

gemeinsamer Betrieb *m* interoperability

gemeinsamer Speicher *m* (single) shared memory *(multi-processor sys.)*, shared buffer *(ATM switching network)*

gemeinsame Rufanschaltung *f* shared call appearance *(ISDN, at a number of DTEs, telemarketing)*

gemeinsamer Zeichengabekanal *m* common signalling channel

gemeinsamer Zeichenkanal *m* common signalling channel

gemeinsames Medium *n* shared medium *(Netz, ITU-T I.327, s. Table IV)*

gemeinsames Signal *n* composite signal *(ITU-T G.703, s. Table III)*

gemeinsam genutzter Speicher *m* shared memory *(multi-processor sys.)*

Gemeinsamkeiten *fpl* commonality *(of functions)*

Gemeinschaftsanschluß *m* (GAs,GA) two-party line, shared line *(tel)*

Gemeinschaftsantenne *f* (GA) community antenna, master antenna *(radio)*

Gemeinschaftsantennenanlage *f* master antenna TV (MATV) system

Gemeinschaftseinrichtung *f* shared-line equipment

Gemeinschaftshauptleitung *f* party-line trunk

Gemeinschaftsleitung *f* party-line, shared service installation *(tel., BT)*

Gemeinschaftsobjekt *n* shared object *(comp.)*

Gemeinschaftsübertragung *f* shared-service line circuit

Gemeinschaftsumschalter *m* party-line discriminator *(tel)*

Gemeinschaftsverkehr *m* multipoint traffic *(TC)*

gemeldet registered *(mobile subscriber)*

gemeldete Stelle *f* notified body *(EMC Recommendation)*

Gemisch *n* composite *(signals)*

gemischtes Glasfaser-Koaxialkabel-Netz *n* hybrid fibre coax (HFC) network

gemischtes Signal *n* composite signal *(TV)*

gemultiplext multiplexed

genau accurate, proper

Genauigkeit *f* accuracy

Genauigkeit *f* **der Entfernungsmessung** horizontal accuracy *(OTDR)*

Genehmigung *f* licence *(ZZF)*

Generaladresse *f* all-station *or* global address

Generationsverwaltung *f* administration of generations *(database)*

generell general, generic *(e.g. program)*

generisch generic

generisches Zugangsprofil *n* generic access profile (GAP) *(DECT)*

Gentex (Telegrammwähldienst *m*) gentex (general telegraph exchange) *(telegram service of the DTAG telex network)*

genutzte Bandbreite *f* effective bandwidth

geografische Rufnummernportierbarkeit *f* geographic number portability *(location portability, IN, GSM)*

Geometrieverzeichung *f* geometric distortion *(TV)*

geometrische Sichtbarkeit *f* geometric line of sight *(microwave link)*

geometrische Verzeichung *f* geometric distortion *(TV)*

geordnet sorted, sequenced

geordnete Suche *f* sequential hunting *or* search *(tel., ISDN)*

gepaart paired, matched *(e.g. amplifiers)*

gepolstert cushioned

gepolsterte Glasfaser *f* buffered fibre *(FO)*

gepuffert buffered *(printer, switching network)*

Geradeausempfang *m* straight-through reception

gerade Parität *f* even parity

geradzahliger Zeilensprung *m* even-line interlace

gerastert rastered, scanned; mosaic *(screen)*

Gerät *n* equipment, apparatus, device

Geräteausstattung *f* device *or* equipment configuration

Gerätedatei *f* equipment identity register (EIR) *(mobile RT, GSM 01.04, s. Table VII)*

Gerätefehler *m* device *or* hardware fault

gerätegebunden device-oriented

Gerätegruppe *f* cluster (of devices) *(workstations etc.)*

Gerätekennung *f* mobile equipment identity (MEI) *(GSM, s. Table VII)*

Geräte(kennungs)datei *f* equipment identity register (EIR) *(GSM, s. Table VII)*

Geräteklinke *f* equipment jack

Gerätepark *m* base *(HW)*

Geräterealisierung *f* hardware implementation

Geräteschnittstelle *f* device interface *(s.a. ETS 300 292-5)*

Geräteschutzsicherung *f* (G-Sicherung *f*) miniature fuse

Gerätetechnik *f* hardware

gerätetechnische Implementierung *f* hardware implementation
Gerätetreiber *m* device driver *(PC SW)*
Geräteübersicht *f* equipment list
Gerät *n* **zur dezentralen Anrufweiterschaltung** (GEDAN) equipment for remote call forwarding *(DTAG. tel)*
Geräusch *n* noise
Geräuschlosigkeit *f* noiselessness, quietness
Geräuschmesser *m* psophometer
Geräuschpegel *m* (weighted) noise level
Geräuschunterschied *m* noise contrast
gerecht fair, -compatible
Gerechtigkeit *f* fairness *(in bus allocation)*
geregelte Stromversorgung *f* conditioned power (supply)
gerichtet directional, guided; one-way *(tel)*
gerichtete Operation *f* directed operation *(process sequence)*
gerichtete Unterbrechung *f* vectored interrupt *(DP)*
geringe Steigung *f* gradual slope *(of a curve)*
geringstwertig least significant *(bit)*; least weight *(route in network)*
Gesamtbereich *m* total area; full span *(instrument)*
Gesamtbereichsnetz *n* total area network (TANet) *(interconnected WANs)*
Gesamtbezugsdämpfung *f* (GBD) overall loudness rating (OLR)
gesamte Echolaufzeit *f* round-trip delay *(PCM)*
gesamter Frequenzbereich *m* full span *(frequency analyzer)*
Gesamtheit *f* totality, ensemble, population *(statist.)*
Gesamtlaufzeit *f* overall delay
Gesamtverbindung *f* end-to-end connection, overall connection
Gesamtverzerrung *f* signal/total distortion ratio
Geschäftsanschluß *m* business telephone
Geschäftsbereich *m* (GB) department
Geschäftsbereichsleiter *m* (GBL) head of department, executive director *(DBT)*
Geschäftsdienste *mpl* business services
Geschäftsfeld *n* (GF) business segment
Geschäftsgrafik *f* business graphics
Geschäftskommunikationssystem *n* business communication system *(SMS, Eutelsat)*
Geschäftskunde *m* (GK) business customer
geschaltet switched
geschaltetes Dämpfungsglied *n* switched *or* switchable attenuator
geschalteter virtueller Kanal *m* switched virtual channel (SVC) *(Datex-P)*
geschaltete virtuelle Verbindung *f* switched virtual connection (SVC)
geschlossen closed
geschlossene Benutzergruppe *f* (GBG) closed user group (CUG) *(ITU-T Recommendation Q.2955.1)*
geschlossene Codierung *f* composite encoding *(dig. TV)*
geschlossener Kreislauf *m* closed loop
geschlossener Stromkreis *m* complete circuit
geschlossene Schleife *f* closed loop
geschlossenes Signal *n* signal burst
geschlossenes Verfahren *n* integrated method
geschmolzen fused *(glass)*
geschützt protected
geschützte Kleinspannung *f* protected extra low voltage (PELV) *(tel)*
geschützter Schlüssel *m* secure key *(encryption)*
Geschwindigkeitsanpassung *f* bit rate adaptation *or* adaptor (D/D) *(ITU-T V.110, s. Table V)*; rate adaptation (RA) *(GSM, ISDN)*; buffering *(transmission)*
Geschwindigkeitsausgleich *m* rate shaping (RS) *(ATM)*
Geschwindigkeitsmikrofon *n* velocity microphone, pressure gradient microphone
Geschwindigkeitspuffer *m* rate buffer
Geschwindigkeitsrichtung *f* speed sense
Geschwindigkeitsschleife *f* rate control loop *(data rate, dig. audio codec)*
Geschwindigkeitsüberhöhung *f* speed peaking, rate peaking, speed-up *(within ATM interconnection networks)*
Geschwindigkeitsumsetzung *f* data rate conversion
Gesellschaftsleitung *f* party line *(tel)*

Gesetzmäßigkeit *f* conformity to the (coding) law *or* to the code *(line coding)*

gesichert acknowledged *(connection, SS7)*; error-corrected, -protected *(link)*; protected, fail-safe, secure; assured *(service)*

gesicherter Anreiz *m* verified event

gesicherter Dienst *m* (error-)protected service

gesicherte Röhre *f* secure tunnel *(through the network)*

gesicherte Sitzung *f* secure session *(TLS)*

gesichertes Netz *n* protected network

Gesichtsfeld *n* visual field *(display)*, field of view (FOV) *(opt.)*

Gesichtssymbol *n* calling face *(WAP mobile)*

Gesichtswahrnehmung *f* visual perception

gespeist fed

gesperrt restricted *(extension)*

gespiegelte Festplatte *f* mirrored hard disk *(PC)*

Gespräch *n* conversation; call *(AAL; the complete communication session, which may involve a number of connections through the network, e.g. in the case of multimedia "calls")*

Gespräch *n* **anmelden** place a call, book a call

Gesprächeprotokoll *n* history of calls *(tel.)*

Gespräch *n* **führen** make a call

Gespräch *n* **im Ausland** international roaming *(GSM, s. Table VII)*

Gespräch *n* **mit Herbeiruf** messenger call

Gespräch *n* **mit mehreren Verbindungen** multi-connection call *(ITU-T Rec. Q.298x)*

Gespräch *n* **mit Voranmeldung** personal call

Gesprächsabwicklung *f* call handling *(ISDN)*, call processing

Gesprächsaufbau *m* call set-up *(tel)*

Gesprächsaufkommen *n* call(ing) rate

Gesprächsaufzeichnung *f* call recording

gesprächsbegleitend while speaking *(dig.PBX, using other service)*

Gesprächsbelegung *f* channel loading *(mobile RT)*

Gesprächsbegrenzung *f* call restriction

Gesprächsbewertung *f* conversation opinion score (Yc)

Gesprächsdatenerfassung und -verarbeitung *f* (GDV) call data acquisition *(dig. PBX)*, call detail recording

Gesprächsdauer *f* duration of call

Gesprächsdichte *f* calling rate

Gesprächserkennung *f* voice activity detector (VAD) *(exch., GSM 01.04, s. Table VII, s.a. DTX)*

Gesprächsfolge *f* order of calls

Gesprächsgüte *f* conversational quality *(auditive test, tel)*

Gesprächsklirrfaktor *m* distortion (factor) of voice channel

Gesprächsmessung *f* call timing

Gesprächspartner *m* party (to a call), partner

Gesprächspause *f* gap in the conversation

Gesprächsphase *f* speech phase *(call set-up)*

Gesprächspreisanzeige *f* advice of charge (ADC) *(GSM, s. Table VII)*

Gesprächssteuerung *f* call control *(AAL)*

Gesprächsumleitung *f* call diversion

Gesprächsumschaltung *f* handoff *(mobile RT)*

Gesprächsverbindung *f* call (connection) *(exch.)*

Gesprächsverhalten *n* calling pattern

gesprächsweise Verbindung *f* call-by-call connection

Gesprächsweitergabe *f* roaming *(cellular RT)*

Gesprächsweiterleitung *f* automatic handoff *(mobile RT)*

Gesprächswunsch *m* call request

Gesprächszähler *m* call (cost) meter

Gesprächszeit *f* airtime, talk time *(mobile RT)*; call duration *(tel)*

Gesprächszeitmesser *m* (GZM) call meter, call timer *(US)*

Gesprächszustand *m* voice *(e.g. "voice is established")*; call in progress, call proceeding

gestaffelt staggered *(mech.)*; graded, sequenced *(in time)*, graduated

gesteckt connected

Gestellbelegung *f* rack equipment; rack face *or* front layout *or* plan

Gestellholm *m* upright *(rack)*

Gestellrahmen *m* (GR) rack frame

Gestellreihe *f* rack row, suite

Gestellreihenfuß *m* rack row base

Gestellrost *m* rack shelf

Gestellsockel *m* rack base

gestockte Antenne *f* stacked array

gestört defective, out of order *(connection, hardware)*; faulty *(transmission)*; errored *(data)*; perturb(at)ed *(parameter, process)*, disturbed *(signal, channel, link, transmission)*; noisy *(signal, picture)*

gestörte Leitung *f* faulty line

Gestörtverhalten *n* response to an out-of-order condition

Gestörtzeichen *n* out-of-order tone *(tel)*

gestreckte Gruppierung *f* straight-through trunking scheme

gestreckte Koppelanordnung *f* straight-through switching arrangement

gestutzt truncated

getaktet clocked, cycled; pulsed, pulse-triggered

getaktete Arbeitsweise *f* fixed cycle operation *(computer)*

getaktetes ALOHA slotted ALOHA *(q.v.)*

getastet keyed, gated, pulsed, sampled, coded, switched

geteilte Abzweigentzerrung *f* fractional tap equalization *(DP)*

geteilte Gebühren *fpl* split charging *(IN service)*

geteiltes Bündel *n* split group *(switching, two-way traffic)*

geteiltes Medium *n* shared medium *(ITU-T I.327, s. Table IV)*

geteilte Zentralstation *f* shared hub *(VSAT)*

getrennt separated, disjoint

Getrenntlageverfahren *n* domain-division (multiplex) method *(e.g. frequency, time, space domain)*; grouped-frequency operation *(transmit and receive signals transmitted at different frequencies)*

gewichtete gerechte Warteschlangensteuerung *f* weighted fair queueing (WFQ) *(ATM)*

gewichtete Zeitscheibe *f* weighted round robin (WRR) *(queueing, IP)*

Gewichtung *f* weighting *(math.)*

Gewichtungsfaktor *m* weighting factor *(filter)*

Gewinn *m* gain (factor) *(TASI, antenna)*; efficiency

Gewinner *m* successful DCE, winner *(in bus allocation)*

GEZ s. Gebühreneinzugzentrale *f*

gezeichneter Schlüssel *m* signed key *(PGP q.v.)*

GEZ-Gebühr *f* licence fee *(public TV and radio)*

gezielte Abfrage *f* selective answering

gezieltes Belegen *n* designated seizure *(tel)*

gezieltes Heranholen *n* (PUZ) designated pickup

gezielt verändern tailor

GF s. Geschäftsfeld *n*

GF s. Glasfaser *f*

GFK s. Glasfaserkabel *n*

GFS s. gehender Fangsatz *m*

GGA s. Groß-Gemeinschaftsantenne *f*

GGSN-Knoten *m* gateway GPRS support node (GGSN) *(s. ")*

Ghost-Page *f* ghost page *(teletext page with hexadecimal page number, i.e. not accessible to the user)*

Gierwinkel *m* angle of yaw, yaw angle *(aero)*

GIF-Format *n* graphics interchange format (GIF)

gigantischer magnetoresistiver Effekt *m* gigantic magnetoresistance (GMR) *(materials)*

Girlandenkabel *n* daisy-chain cable *(marine FO cable installation)*

Gitterband *n* meshed ribbon *(cable)*

Gittercodierung *n* trellis coding

Gitter-Monochromator *m* grating-type monochromator *(DWDM)*

GK s. Geschäftskunde *m*

Glasfaser *f* (GF) optical fibre *(GB) or* fiber *(US, FO)*

Glasfaser *f* **bis zum Straßenrand** fibre to the curb (FTTC)

Glasfaser-Ferndiagnosesystem *n* Remote Fiber Test System (RFTS) *(Hewlett Packard)*

Glasfaser *f* **im Teilnehmerbereich** fibre in the loop (FITL)

Glasfaserkabel *n* (GFK) fibre optic cable

Glasfaserknoten *m* fibre node (FN) *(HFC network)*

Glasfaserleitung *f* optical fibre trunk

Glasfasernetz *n* fibre-optics network, optical network

Glasfaserring *m* optical fibre ring

Glasfasertechnik *f* fibre optics, optics

Glasfaserverbindung *f* optical fibre line

Glasseide *f* glass filament

Glättung *f* smoothing, equalization *(el.)*

gleichachsig in-line *(e.g. cable connector)*

Gleichanteil *m* DC component, DC coefficient; DC term *(0 frequency, DCT)*

gleichberechtigt with equal access authorization, equal-access *(terminals)*, peer-level *(e.g. computers on the Internet)*; two-way simultaneous *(communications relation)*

gleichberechtigter Spontanbetrieb *m* asynchronous balanced mode (ABM); balanced mode *(transmission)*

gleichberechtigter Zugriff *m* contention mode

Gleichfeld *n* DC field, constant field, continuous field

gleichförmig uniform

Gleichfrequenzstörung *f* co-frequency *or* co-channel interference *(mobile RT)*

gleichgerichtet rectified; unidirectional, equidirectional, of the same sense

Gleichgröße *f* zero-frequency quantity; commensurability *(math)*

Gleichkanalbeeinflussungen *fpl* co-channel interference

Gleichkanalbelegung *f* co-channel transmission *(two transmitters on one channel)*, simulcasting *(simultaneous transmission of analog and digital programmes on one channel, PAL/DVB)*

Gleichkanalfunk *m* common-channel radio

Gleichkanalsender *m* co-channel transmitter *(e.g. analog and digital TV)*

Gleichkanalstörung *f* co-channel interference (CCI) *(TV)*, co-frequency interference *(mobile RT)*

Gleichkanal(wiederhol)abstand *m* co-channel reuse distance *(mobile RT, DVB)*

Gleichkomponente *f* DC component

Gleichlageverfahren *n* duplex channel method *(ISDN B channel transmission method with echo cancellation, signals transmitted at the same time and frequency)*; common-frequency operation, common-band mode

Gleichlauf *m* co-routing *(cables)*; synchronism *(signals)*; tracking *(of component characteristics)*

Gleichlauffehler *m* synchronisation error, misalignment *(ATM frames)*; mistracking *(coefficients)*

Gleichlaufsteuerung *f* clocking

Gleichlichtanteil *m* CW light component *(FO)*

gleichnamig homologous *(math)*

gleichphasig in phase

gleichrangig of equal rank; of the same layer *(entities in the OSI RM)*

gleichsetzen equate, set equal to *(math.)*

Gleichsignal *n* mean signal; DC signal, direct signal

Gleichsignallage *f* DC level; baseband (level)

Gleichspannung *f* direct voltage, DC voltage

Gleichspannungsanteil *m* DC component; DC term *(0 frequency, DCT q.v.)*

Gleichspannungsbild *n* DC image *(DC or zero frequency term, DCT, image compression)*

Gleichspannungssymmetrie *f* DC balance *(coding)*

Gleichspannungstastung *f* (GT) DC keying

Gleichspannungswandler *m* DC-DC converter *(PS)*

Gleichstrom *m* (GS) direct current (DC)

Gleichstromabriegelung *f* DC isolation

Gleichstromdurchgang *m* DC continuity

Gleichstromfehlerortung *f* DC fault location *(PCM data)*

Gleichstromfestigkeit *f* resistance to DC variations

gleichstromfrei AC only, floating; DC-balanced *(PCM transmission signal)*, without DC component *(code)*

Gleichstromleitungssatz *m* DC trunk circuit

Gleichstrommittelwert *m* average DC value *(PCM transmission)*

Gleichstromschleifenwiderstand *m* DC loop resistance

Gleichstromspeisung *f* DC power feeding

Gleichstromsperre *f* DC blocking capacitor

Gleichstromtastung *f* (GT) DC keying

Gleichstromzeichen *n* DC signal *(tel)*

Gleichtaktdämpfung *f* common-mode attenuation

Gleichtaktsignal *n* common-mode signal; in-phase signal

Gleichtaktunterdrückungsverhältnis *n* common-mode rejection ratio (CMRR)

gleichwahrscheinlich equiprobable

Gleichwelle *f* common wave

Gleichwellenfunk *m* common-frequency *or* simultaneous *or* mutual *or* synchronized broadcasting (SB)

Gleichwellenmodulation *f* common-frequency modulation

Gleichwellennetz *n* simultaneous (broadcasting) network; single-frequency network (SFN) *(DVB-T)*

Gleichwellenstörungen *fpl* common-channel interference *(mobile RT)*

Gleichwert *m* DC value *(current or voltage)*

gleichzeitig at the same time, simultaneous; concurrent, in-line *(processing)*

gleichzeitige Belegung *f* dual seizure

gleichzeitiger Anruf *m* dual seizure

gleichzeitige Verdeckung *f* simultaneous masking *(audio codec)*

Gleichzeitigkeit *f* simultaneity; concurrency *(in a network)*

Gleichzeitigkeitsfaktor *m* simultaneity factor, coincidence factor *(PS)*, demand factor *(el. power distribution system)*

gleitender Qualitätsabfall *m* graceful degradation *(terrestrial TV transmission)*

Gleitfenster-Protokoll *n* sliding-window protocol *(data transmission, ISDN)*

Gleitkomma-Schreibweise *f* floating point notation

Gleitweg *m* glideslope *(aero)*

Glied *n* element *(filter)*; term *(math)*

Global-Crossing-Netz *n* Global Crossing network *(global fibre-optical backbone network)*

globale Anrufverteilung *f* uniform call distribution *(switching)*

globaler Bezeichner *m* global title (GT) *(GSM, s. Table VII)*

globaler Schriftübertrager *m* global title translator (GTT) *(GSM, s. Table VII)*

Globaler Verkehrstelematik-Standard *m* Global Automotive Telematics Standard (GATS)

globale Steuerung *f* global control (GC) *(ISDN)*

globales Vermittlungsmodul *n* global switch module (GSM) *(ATM, AT&T)*

Globalfunktion *f* global function (GF) *(ISDN)*

Glossar *n* glossary

GMA (Gefahrenmeldeanlage *f*) alarm signalling system

GMSCA (Auslands-Übergangs-MSC *n*) international gateway mobile switching centre *(GSM, s. Table VII)*

GMSK (Gaußsche Mindestwertumtastung *f*) Gaussian Minimum Shift Keying

GND (Betriebserde *f*) Signal Ground *(V.24/RS232C, s. Table IX)*

Golay-Methode *f* Golay method *(alphanumeric and voice signalling method for radio paging, Motorola)*

GPIB-Bus *m* GPIB (general purpose interface bus) bus *(to IEEE 488, IEC 625 Standards, s.a. HP-IB)*

gpm (Gruppen/Minute) groups per minute *(TTY)*

GPRS-Dienst *m* GPRS (general packet radio service) service *(3rd generation GSM, complements HSCSD (q.v.))*

GPS (weltweites Navigationssystem *n*) Global Positioning System *(navigation, sat)*

GR s. Gestellrahmen *m*

Grad *m* degree; grade *(quality)*

Gradation *f* gradation

Gradationskurve *f* gradation curve *(repro.)*

Gradient *m* gradient, rate of change

Gradientenabstieg *m* gradient descent *(backpropagation (q.v.) training algorithm, neural network)*

Gradientenglasfaser *f* graded-index fibre *(FO)*

Gradientmikrofon *n* gradient microphone

gradierte Erfassung *f* discrete registration *(measuring)*

Grafik *f* s. Graphik *f*

Grafikadapter *m* s. Graphik-Adapter *m*, Graphik-Karte *f*

Grafikkarte *f* s. Graphik-Karte *f*, Graphik-Adapter *m*

Grafiktablett *n* s. Graphik-Tablett *n*

Grafiktableau *n* s. Graphik-Tablett *n*

grafisch s. graphisch

Granularität *f* (degree of) granularity *(bandwidth)*

Granule *f* granule *(math., MPEG audio)*

Graphik *f* graphics

Graphik-Adapter *m* graphics adapter *(PC)*

Graphik-Karte *f* graphics card *(PC)*

Graphik-Tablett *n* graphics tablet *or* pad

graphische Benutzeroberfläche *f* graphical user interface (GUI) *(e.g. Windows, PC)*

graphischer Dialog *m* graphics interaction *(on screen, GUI; DIN 66234, Part 8)*

Grautreppe *f* grey scale *(TV)*

Grauwertbild *n* grey-scale image *(TV)*

Grauwertraster *n* halftone screen *(repro.)*

Green Book *n* Green Book *(defines the CD-I standard; Philips, Sony)*

Grenzbedingung *f* limiting condition, worst-case condition

Grenz-Bitfehlerrate *f* threshold bit error rate *(DVB-T)*

Grenzeffekt *m* threshold effect *(dig. TV transmission)*

Grenzen *fpl* **der digitalen Teilstrecke** digital section boundaries *(ITU-T I.430.E, s. Table IV)*

Grenzfrequenz *f* cut-off frequency, critical frequency, limit frequency

Grenzkurvenschwingung *f* limit cycle oscillation *(non-linear systems)*

Grenzsignaldetektor *m* threshold detector

grenzüberschreitend cross-border

Grenzwellenlänge *f* cut-off wavelength *(FO)*

Grenzwert *m* **nach Datenblatt** upper specification limit

grenzwertig marginal

Grenzwert-Überschreitung *f* threshold-crossing event (TCE) *(ATM)*

Grenzzyklus *m* limit cycle *(control)*

Griffblende *f* handle

Griffmulde *f* recessed grip

GrK s. Großkunde *m*

Grobcodierung *f* coarse coding

grobgepixelt low-resolution *(multimedia screen, PC)*

Grobschutz *m* primary protection (circuit)

Grobsynchronisationssequenz *f* coarse-alignment sequence *(DIIS)*

Grobtakt *m* coarse-time clock pulse

Grob-Wellenlängenmultiplexer *m* coarse wavelength division multiplexer (WDM)

Grooming *n* grooming *(network management)*

Größe *f* **ändern** size, resize *(graphics, PC)*

Größenänderung *f* sizing *(window, PC)*

größere Datenmengen *fpl* bulk data

großes Format *n* large screen *(TV)*

Großflächen-Funkstation *f* umbrella site *(RT)*

großformatig large-screen *(TV)*

Groß-Gemeinschaftsantenne *f* (GGA) community antenna television system (CATV); Community Authority TV (CATV)

Groß-/Kleinschreibung *f* Match case *(search instruction, Electronic dictionary, PC)*

Großkunde *m* (GrK) key account

Großmodul *n* module group

Großplattenspeicher *m* large-capacity disk storage unit

Großrahmen *m* rack, 19″ rack

großräumiges Personenrufsystem *n* wide area radio paging *(cellular RT)*

Großraumspeicher *m* bulk store

Großrechner *m* mainframe (computer), host (computer)

Großsignal *n* large signal *(semiconductor)*

Großsignal-Bilanzgleichung *f* large-signal rate equation *(laser)*

Großstadtnetz *n* metropolitan area network (MAN) *(networked LANs)*; urban network

Großstadtortsnetz *n* urban local network *(tel)*

Großstadt-Versorgungsbereich *m* metropolitan service area (MSA) *(has at least 50000 inhabitants, plus surrounding counties, US, s.a. "RSA")*

Großwählergruppe *f* large-capacity selector group

Großzelle *f* macrocell *(mobile RT)*

Grundadressenspeicher *m* (GAS) base address store

Grundausbau *m* basic configuration

Grundberechtigung *f* basic class of service *(tel)*

Grund-Beschreibungsmodell *n* generic description model *(ISDN)*

Grundbündel *n* basic burst *(PCM30)*

Grunddämpfung *f* insertion loss; pass-band loss *or* attenuation *(filter)*; residual attenuation *(FO)*

Grunddatenspeicher *m* (GRUSPE) basic data store of the DTAG

Grundelement *n* primitive *(logic)*

Grundfarbe *f* primary colour *(in TV: RGB = Red, Green, Blue; in reproduction: CMY(K) = Cyan, Magenta, Yellow, (Black))*

Grundfehler *m* intrinsic error *(PCM)*

Grundfolge *f* forcing configuration *(data transmission)*

Grundgebühr *f* fixed charge; access charge *(monthly, mobile RT)*

Grundgeräusch *n* basic noise, background noise; idle-channel noise *(tel)*

Grundhelligkeit *f* background brightness *(TV)*

Grundlänge *f* fundamental period *(signal)*

grundlegende Software *f* basic software, core software

Grundleitung *f* main route; line path

Grundleitungsabschnitt *m* line path section

Grundlinie *f* base line

Grundmode *f* fundamental mode *(FO)*

Grundnetzsender *m* parent transmitter *(TV)*

Grundpegel *m* level of background noise

Grundplatine *f* motherboard *(PC)*

Grundplatte *f* base plate *(HW)*

Grundrauschen *n* background noise *(equipment-inherent noise)*, noise floor

Grundschwingung *f* fundamental (oscillation, wave)

Grundschwingungsart *f* principal mode *(microwave)*

Grundstück *n* premises

Grundstücknetz *n* local area network (LAN)

Grundstücksfunksystem *n* customer premises radio system

Grundstückspersonenruf *m* on-site paging (OSP)

Grundsystem *n* basic system; primary (rate) system *(PCM, 2.048 Mbit/s (1.544 Mbit/s US))*

Grundwelle *f* fundamental (wave)

Grundzellrate *f* basic cell rate *(ATM policing)*

Gruppe *f* group; array *(ant.)*

Gruppenanruf *m* group call *(mobile RT)*

Gruppenanrufdaten *npl* group call attributes *(GSM 03.68, 03.69, s. Table VII)*

Gruppenanruf-Datenbasis *f* group call register (GCR) *(GSM 03.68, 03.69, s. Table VII)*

Gruppenanrufdienst *m* voice group call service (VGCS), voice broadcast service (VBS) *(GSM 02.68, 03.68 and 02.69, 03.69, s. Table VII)*

Gruppenanruf-Rufnummer *f* group call number (GCN) *(GSM 03.68, 03.69, s. Tabelle VII)*

Gruppenantenne *f* antenna array

Gruppenbildung *f* grouping

Gruppenfeld *n* group box *(MS Windows, PC)*

Gruppengeschwindigkeit *f* envelope velocity

Gruppeninformation *f* group identity (GRID) *(GSM 03.68, s. Table VII)*

Gruppenkoppler *m* group switch (GS)

Gruppenlaufzeit *f* group delay, envelope delay
Variation *f* **der Gruppenlaufzeit** group delay ripple

Gruppenlaufzeitverzerrung *f* group delay distortion

Gruppenrahmen *m* combining fame *(rack)*

Gruppenruf *m* multi-address call, group paging *(radio paging)*, group call *(mobile RT)*, multicast *(LAN)*

Gruppenschalter *m* (GS) group selector *(fax)*

Gruppensperrerde *f* group blocking ground

Gruppensteuerung *f* group processor; cluster controller *(equipment cluster)*

Gruppensteuerwerk *n* group processor

Gruppensymbol *n* group icon *(MS Windows, PC)*

Gruppentausch *m* frequency frogging *(UHF)*

gruppentechnischer Begriff *m* trunking term *(tel. system)*

Gruppenverbindungsplan *m* detailed switching plan *(exch)*

Gruppenvermittlungsbereich *m* group service area

Gruppenvermittlungsstelle *f* group switching centre, local tandem exchange

Gruppenwahl *f* group hunting

Gruppenwähler *m* (GW) group selector

Gruppenwahlstufe *f* group selection stage

gruppenweise Nummernsuche *f* group hunting

Gruppenzugehörigkeit *f* group membership *(group call)*, group association code (GRAC) *(GSM 03.68, s. Tabelle VII)*

Gruppierung *f* trunking arrangement *(tel. system)*; line-up *(channels, CTV)*

GRUSPE s. Grunddatenspeicher *m*

GRV (gedruckte Rückverdrahtung *f*) printed backplane *(rack wiring)*

GS (gehender Satz *m*) outgoing circuit

GS (Gleichstrom *m*) direct current (DC)

GS-Anschaltung *f* DC connection

GSD (Gefahr! Sehr Dringend!) Danger! Extremely Urgent!

G-Serie *f* **der ITU-T-Empfehlungen** G series of ITU-T Recommendations *(relates to PCM considerations, s. Table III)*

G-Sicherung *f* (Geräteschutz-Sicherung *f*) miniature fuse

GSM Groupe Spécial Mobile *(CEPT study group for digital cellular mobile radio, now:)* Global System for Mobile Communication *(ETSI, derived from ITU-T M.30, s. Table VII)*

GSM-Handy *n* GSM mobile, GSM cellphone *(US)*

GSM-Standard *m* GSM standard *(European digital mobile RT standard, 900 MHz band, uplink 890–915 MHz, downlink 935–960 MHz, channel bandwidth 200 kHz, channel spacing 200 kHz, 124 carrier frequencies in each direction, 8 full-duplex voice channels per pair of carrier frequencies, TDMA channel access, FDMA access to pair of carriers, voice transmission RPE/LPE coded, GMSK modulation, s. "D-Netz" and Table VII)*

GTEM-Zelle *f* GTEM (gigahertz transverse electromagnetic) cell *(anechoic test cell, to 20 GHz)*

GSM-Systembereich *m* GSM system area (GSA) *(s. Table VII)*

GS-Zeichen *n* (geprüfte Sicherheit *f*) "safety-tested" mark *(TÜV, HW)*

GT (Gleichstrom-/Gleichspannungstastung *f*) DC keying

G/T-Verhältnis *n* (Gewinn/Rauschtemperatur-Verhältnis *n*) G/T (gain/noise temperature) ratio *(sat., in dB/K)*, figure of merit

G-T-Wert *m* s. G/T-Verhältnis *n*

GU (Gabelumschalter *m*) cradle *or* hook switch *(tel)*

gültige Zelle *f* valid cell, assigned cell *(ATM)*

Gültigkeit *f* validity; Valid (VAL) *(V.25 bis message, s. Table V)*
auf Gültigkeit *f* **prüfen** validate

Gültigkeitsbestätigung *f* validation

günstigster Fall *m* best case

Güte *f* quality, grade; Q factor *(filter)*

Güteabweichung *f* quality offset

Güteberichtmeldung *f* performance report message (PRM) *(ISDN)*

Gütefaktor *m* Q, Q factor, figure of merit *(tuned circuit)*

Gütekriterium *n* control criterion, performance index *(reg.)*

Gütemaß *n* figure of merit, quality level; quality gauge
akzeptables Gütemaß *n* acceptable quality level (AQL)

Gütemerkmal *n* performance attribute *(network)*

Güteminderung *f* degradation

gute Näherung *f* close approximation

Güteparameter *m* merit parameter *(GSM)*

Güteprüfprotokoll *n* quality control protocol *(ZZF)*

Güteschalter *m* Q switch *(laser)*

Güteüberwachung *f* performance monitoring (PM) *(network, ITU Rec. I.430, s. Table IV)*

Gütezähler *m* quality-of-service meter, QOS meter

Güteziel *n* performance objective *(ISDN)*

Guthabenkarte *f* debit card

Gutquittung *f* acknowledgement positive

Gut-Schlecht-Aussage *f* go/nogo indication, pass/reject *or* passed/failed indication

Gut-Schlecht-Prüfung *f* pass/fail test *(protocol conformance)*

GW s. Gruppenwähler *m*

GZ (Gebührenzähler *m*) charge meter

GZM (Gesprächszeitmesser *m*) call meter

G1, **G2**, **G3**, **G4** s. Fax-Gruppe *f*

H

ha s. halbamtsberechtigt

HA s. Handapparat *m*

Hacker *m* hacker *(illegal intruder into a computer system, e.g. via the Internet)*

haftend an (**Logikpegel**) **"1"** stuck at "1"

Haftfehler *m* stuck-at fault *(logic operation)*

Haftspeicher *m* non-volatile memory; latch

HAG (Hinweisansagegerät *n*) intercept announcement unit

HAK s. Hauptanschlußkennzeichen *n*

Häkchen *n* check mark, tick

halbamtsberechtigt (ha) semirestricted *(extension)*

Halbamtsberechtigung *f* indirect exchange access

Halbbild *n* field *(TV)*

Halbbildspeicher *m* field buffer *(TV)*

Halbbyte *n* nibble *(4-bit word)*

Halbduplex *n* (HX, HDX) half duplex *(modem)*, two-way alternate

halbgesperrt semirestricted *(extension)*

halbgraphische Symbole *npl* semigraphic symbols *(display)*

Halbierer *m* divide-by-two counter

Halbklammer *f* single-sided clamp *(rack)*

Halbtelefon *n* collective-line *or* party-line telephone *(DTAG, BT: REN = 2)*

Halbtonbild *n* continuous-tone image, contone image *(reproduction)*

Halbwellendipol *m* half-wave dipole *(ant.)*

Halbwellengleichrichter *m* half-wave rectifier

Halbwertsbreite *f* half power bandwidth (HPBW), beam width *(at 3dB, sat)*; full width (at) half maximum (FWHM)

Halbwertspunkt *m* three-dB point, half-power point

Halbzeilenabtastung *f* interlaced scanning *(TV)*

Halde *f* heap *(available main memory for dynamic variables, PC)*

Haltebereich *m* hold-in *or* locked *or* tracking range *(VCO)*

Halteglied *n* latch

Halten *n* Hold *(GSM service)*

Haltenase *f* lug

Haltepaket *n* keep-alive packet, watchdog packet *(ISDN router)*

Halterung *f* holder, support

Halteschalter *m* latched switch *(switching fabric)*

Haltespeicher *m* latch; control memory *(switching network)*; hold latch *(exchange)*

Haltetaste *f* hold key

Halte- und Entnahmekreis *m* sample and hold circuit *(ADC)*

Haltezeit *f* holdover time (TE power supply)

Hamming-Abstand *m* Hamming distance *(FEC)*, signal distance *(in two binary words of the same length, compared bit by bit, the number of positions having different bits, DIN 44300)*

Hamming-Distanz *f* Hamming distance *(FEC)*

Handapparat *m* (HA) handset *(tel)*

handelsüblich standard, commercially available

Handfunke *f* walkie-talkie

Handfunksprechgerät *n* walkie-talkie; hand-held cordless telephone

Handfunktelefon *n* hand-held radio telephone

Handgerät *n* handset *(mobile tel)*

handhabbar manageable *(network resources)*

Handheld *n* handheld *(cordless telephone)*

Handheld-PC *m* hand-held PC *(PDA, q.v.)*

Handheld-Tester *m* hand-held test instrument

Händlerarbeitsplatz *m* broker's *or* trading facility, station *(ITS)*

Handover *n* handover *(cellular RT)*

Hand-PC *m* hand-held PC *(PDA, q.v.)*

Handprogrammiersender *m* (HPS) hand-held programming transmitter *(GEDAN)*

Handruf *m* manual calling, manual ringing *(tel)*

Handsender *m* hand-held transmitter *(ENG)*, keyboard transmitter

Handset *n* handset *(mobile tel.)*

Handshake *m* handshake *(TLS q.v.)*

Handshake-Verfahren *n* handshake *or* enquiry/acknowledge (ENQ/ACK) method *(for peripheral units, HW)*

Handshake-Paket *n* handshake packet *(transmission of ACK/NACK messages, USB)*

Handsprechfunkgerät *n* hand-carried transceiver, hand-held cordless telephone, handheld

Handstecker *m* cable plug

Handtelefon *n* ("Handy") hand-held *or* cordless telephone (transceiver), hand telephone, hand portable (unit) (HPU), handheld, mobile, cellphone *(RT, GSM, s. Table VII)*

handvermittelt manual mode, operator-switched, *or* -assisted, manually switched

Handvermittlung *f* operator-assisted calls

Handvermittlungsdienst *m* operator service *(tel.)*

Handvermittlungsstelle *f* (VStHand) manual exchange

Handwerker *m* craftsman

Handy *n* mobile (phone) *(GB)*, cellphone *(US)*, hand-held telephone, handset

Handy-Halter *m* handset rest

hängenbleiben stick *(mech.)*, hang up *(DP)*

Hantierer *m* handler *(packets)*

Hardcopy *f* hard copy *(PC printout)*

Hardware *f* (HW) hardware *(equipment)*

hardwarenahe Software *f* harware-oriented software, firmware

Hardwareschicht *f* physical layer *(layer 1, OSI RM, s. Table I; FDDI)*

harte Entscheidung *f* hard decision *(decoding, based on quantized information from the demodulator)*

harte Leerstelle *f* hard blank *(WP)*

Hartentscheidung *f* hard decision *(decoding, s.a.)*

hartes Bit *n* hard bit *(MSB)*

hartes Sektorieren *n* hard sectoring *(FD, sectored by the manufacturer)*

harte Umtastung *f* hard keying

HAs s. Hauptanschluß *m*

Haschfunktion *f* hash(ing) function

Haschsuche *f* hash probe

Hash-Code *m* hash code

Hash-Codierung *f* hash coding, hashing

Hash-Funktion *f* hash(ing) function

Hashing *n* hashing *(binary bit search)*

Hashwert *m* hashing value

HAsl s. Hauptanschlußleitung *f*

häufig gestellte Fragen *fpl* frequently asked questions (FAQ) *(list in Internet WWW)*

Häufung *f* clustering *(image processing)*

Haupt... main, principal, primary

Hauptachse *f* main *or* principal axis *(math)*, major axis *(ellipse)*

Hauptamt *n* main *or* regional exchange (MX), primary center *(US, 3rd hierarchical level*; secondary centre (DDD)

Hauptanlage *f* primary *or* master *or* main station *(PBX)*; primary *or* main exchange

Hauptanschluß *m* (HAs) main (access) line, subscriber's line; main station, subscriber's main station; network termination point (NTP)

Hauptanschluß *m* **für Direktruf** *or* **Direktverbindung** (HfD) main station for fixed connections *or* tie lines *(DTAG Datex, now DDV q.v.)*

Hauptanschluß *m* **im leitungsvermittelten Datendienst** (Dx-L-HAs) main station in the circuit-switched data service

Hauptanschluß-Kennzeichen *n* (HAK,HKZ) main station identification code *(tel., for non-DDI)*

Hauptanschluß-Kennzeichengabe *f* loop signalling *(SS7 UP, s. Table III)*

Hauptanschlußleitung *f* (HAsl) local (exchange) line, subscriber line

Hauptapparat *m* master set, subscriber's main station

Hauptendstelle *f* principal station *(ISDX)*

Hauptfaser *f* primary fibre *(plant)*

Hauptgerät *n* master

Hauptgruppe *f* Main *(MS Windows, PC)*

Hauptinformation *f* primary information

Hauptkabel *n* (Hk) main cable *(ITU-T I.430.E, s. Table IV)*, primary cable *(plant)*

Hauptkanal *m* forward channel *(transmission)*

Hauptkoppelfeld *n* group switch *(System 12)*

Hauptleitung *f* (Hl) concentrator trunk

Hauptmerkmal *n* dominant attribute *(ISDN)*

Hauptmode *m* principal mode *(microwave)*

Hauptoszillator *m* master oscillator

Hauptplatine *f* motherboard *(PC)*

Hauptrahmen *m* basic frame *(PCM)*

Hauptrastschritt *m* main rest position *(selector)*

Hauptstation *f* master station *(data transm.)*

Hauptstelle *f* main station, principal station *(ISDX)*; main *(PBX or centrex facility to which other PBXs are connected)*

Hauptstrahlrichtung *f* boresight *(ant.)*

Haupttakt *m* master clock

Haupttaktgeber *m* master clock (signal generator)

Haupttarif *m* ordinary rate charge *(GSM, s. Table VII)*

Haupt-Teilnehmervermittlungsstelle *f* principal local exchange (PLE)

Hauptverkehrsstunde *f* (HVStd) busy (busiest) hour *(tel)*

Hauptvermittlung *f* parent exchange

Hauptvermittlungsstelle *f* (HVSt) main *or* regional exchange (MX); secondary centre (DDD)

Hauptverteiler *m* (HV,HVt) main distribution frame (MDF) *(tel)*

Hauptverteilergestell *n* (HV,HVT) main distribution frame (MDF) *(tel)*

Hauptzentrale *f* (HZ, THz *(Temex)*) main exchange (MX)

Haus *n* house, premises

Hausanschluß *m* subscriber('s) line, service line

Hausanschlußkabel *n* drop cable *(CATV)*

hausberechtigt fully restricted

hauseigenes Netz *n* domestic area network (DAN) *(video conference etc.)*; in-house network (IHN), private network

Haus-Feststation *f* home base station *(Telepoint)*

Hausgespräch *n* internal call

Haushaltsgerät *n* domestic appliance, home appliance

hausinterne Kommunikation *f* indoor communication

Hausnetz *n* in-house network (IHN) *(ISM frequencies)*, private network

Hausnotrufsystem *n* (in-)house emergency alarm system

Hausnotrufzentrale *f* house emergency alarm terminal

Hausrückfrage *f* in-house enquiry *(PBX)*

Haussprechanlage *f* house intercom system

haustechnische Anlage *f* domestic installation

Hausübergabepunkt *m* (HÜP) service interchange point *(tel)*

Hausvermittlung *f* private automatic exchange

Hausverteilanlage *f* domestic distribution system *(network level 4, broadband communication network)*

Hauszentrale *f* private branch exchange *(CH, outdated)*

Hauszuführung *f* (Hszf) house *or* service connection, subscriber connection, service line *(tel)*

Havarie *f* accident, failure, breakdown

Havariefeld *n* emergency control panel

havarieren: einen defekten Verstärker havarieren replace a defective amplifier

Havarie-Verstärker *m* back-up amplifier

Havarie-Weg *m* back-up path

H-Bus *m* bus system in TEMEX line termination *(EIA RS485)*

HDCD-Format *n* HDCD (High Definition Compatible Digital) format *(digital DVB audio coding)*

HDCT s. hybride DCT *f*

HDLC s. Hochpegel-DatenÜbertragungssteuerung *f*

HD-Mac s. hochauflösendes Mac *n*

HDML-Sprache *f* Handheld Device Markup Language (HDML) *(subset of HTML (q.v.), CDPD (q.v.) service, US)*

HDN s. Hochgeschwindigkeits-Datennetz *n*

HDPCM s. Hybrid-DPCM *f*

HDTP-Protokoll *n* Handheld Device Transport Protocol (HDTP) *(WAP, CDPD (q.v.) service, US)*

HDTV s. Hochzeilenfernsehen *n*

HDX (Halbduplex *n*) half duplex *(modem)*

HE s. Höheneinheit *f*

Headset *n* headset *(earphones)*

Hebdrehwähler *m* two-motion selector *(exch)*

Heimatagent *m* home agent *(router, mobile IP)*

Heimatbereich *m* home MSC area *(mobile RT)*

Heimatdatei *f* home location register (HLR) *(GSM, s. Table VII)*

Heimat-Mobilfunknetz *n* home PLMN (HPLMN)

Heimatnetz *n* home network, home PLMN (HPLMN)

Heimat-Zone *f* home domain (HD) *(IP network, ITU H.323, s. Table III)*

Heimcomputer *m* home computer

Heimempfänger *m* home receiver

Heim-Endgerätenetz *n* home local network (HLN)

Heimkino *n (widescreen TV + surround sound)*

Heimlauf *m* homing *(tel.)*

Heimrechner *m* home computer

Heimtelefonanlage *f* (HTA) domestic telephone system

Heim-Vermittlungsanlage *f* home PBX *(associated with the telecommunication terminal)*

Heimzugangsnetz *n* home access network (HAN) *(DVB, DAB etc)*

heißer Inhalt *m* hot content *(HTTP)*

heißes Ende *n* high side *(circuit)*

heiße Taste *f* hot key *(function key, f. tel)*

Helligkeit *f* brightness, intensity

helligkeitsabhängig intensity-dependent *(FO)*

Helltastung *f* unblanking *(videotex monitor)*

Helpdesk *m* help desk *(E-commerce)*

HEMT (Transistor *m* mit hoher Elektronenbeweglichkeit) high electron mobility transistor *(used in LNAs)*

herabsetzen degrade *(e.g. QOS)*; drop *(voltage)*

heranholen call pick-up *(f. tel)*

herausfallen fall outside *(range)*

herausgezogen remotely located *(HW)*

herausnehmen remove; drop *(time slots)*

herausschalten disconnect

Herbeiruf *m* recall

hergestellte Verbindung *f* carried call, completed call *(tel)*

Hermaphrodit-Kupplung *f* hermaphrodite *or* hermaphroditic (sexless) connector

hermetisch dicht hermetically sealed

Herrschaft *f* mastership *(in bus arbitration)*

herstellen set up, establish *(connection)*, complete *(call)*

Herstellen *n* **der Funkverbindung** establishing radio contact

Herstellerkennung *f* private enterprise code *(IP L2TP, IAB RFC1700)*

herstellerneutral nonproprietary, multivendor

herstellerneutrale Netzverbindung *f* intervendor networking *(AMIS)*

herstellerspezifisch proprietary

herstellerübergreifend multi-vendor

herstellerunabhängig nonproprietary, multi-vendor

Herstellerwartung *f* **für Eigen- und Fremdsysteme** third-party maintenance (TPM)

Herstellung *f* **einer Verbindung** set up a call, completion of a call *(tel)*

herumirren wander about *(cells)*

herunterdividieren divide down

herunterfahren decelerate *(motor)*, ramp down, shut down *(process)*

Herunterfaltung *f* aliasing *(frequency)*

Herunterladen *n* downloading, download *(file downloading operation, computer)*

Herunterladesitzung *f* downloading operation *(files)*

heruntermischen downconvert

Herunterschalten *n* switching down; fallback *(modem)*

hervorgehobener Befehl *m* selected command *(GUI, PC)*

hervorheben embolden, highlight *(videotex monitor)*

Hervorhebungsart *f* graphic rendition *(monitor)*

Heterogenität *f* heterogeneity

Heteroübergang *m* heterojunction *(microelectronics)*

Hexadezimaldarstellung *f* hexadecimal notation

Heuristik *f* heuristic *(the problem solving method)*

heuristisch heuristic

HF (Hochfrequenz *f*) radio frequency (RF)

HF-Absorber *m* RF absorber

HFC-Netz *n* hybrid fibre coax (HFC) network

HfD s. Hauptanschluß *m* für Direktruf

HF-dichte Tür *f* RF-screened door

HF-Verteilungsmatrix *f* (HVM) RF distribution matrix *(RF transmitter)*

HH-(Hochspannungs-Hochleistungs)-**Sicherung** *f* high-voltage HRC-type fuse

Hidden-Markow-Modell *n* hidden Markov model *(voice recognition)*

Hierarchieebene *f* hierarchical level *(process)*

Hierarchiestufe *f* hierarchical level *(network)*

4. Hierarchiestufe *f* 4th order *(PCM)*

hierarchische Codierung *f* embedded coding *(PCM speech)*

hierarchische Übertragung *f* hierarchical transmission *(DVB-T, MRQAM: 64QAM, dropping back to 16QAM resolution to avoid the "brickwall" effect q.v.)*

Hilbert-Transformator *m* Hilbert transformer *(splits VF frequency mixture into 2 quadrature signals: 1 containing all sine and 1 containing all cosine components of the input signal)*

Hilfemenu *n* help menu *(MS Windows, PC)*

Hilfsarbeitsspeicher *m* scratchpad memory *(PC)*

Hilfsbit *n* auxiliary bit

Hilfsdienstkanal *n* auxiliary service channel *(ISDN)*

Hilfsgröße *f* auxiliary quantity

Hilfskanal *m* backward channel

Hilfskanal *m* **Empfangsdaten** Secondary Receive data (SRCV) *(V.24/RS232C, s. Table IX)*

Hilfskanal *m* **Sendedaten** Secondary Transmit data (SXMT) *(V.24/RS232C, s. Table IX)*

Hilfsmittel *n* aid; resource; tools *(SW, e.g. Windows, PC)*

Hilfsoszillator *m* local oscillator (LO)

Hilfsprogramm *n* routine, utility program, tool

Hilfs-Steuereinheit *f* auxiliary control element (ACE) *(exchange)*

Hilfsstromquelle *f* auxiliary power source (APS)

Hilfs- und Nebenanlagen *fpl* balance of plant (BOP) system *(power station)*

Hilfs-Vermittlungsstelle *f* auxiliary (switching) node *(GSM)*

hineinhören listen to *(channel, PCM)*

in den Kanal *m* **hineinhören** listen (to) *(before and while transmitting, PCM)*

Hinkanal *m* forward channel *(broadband cable, satellite channel)*

hintenanstellen append *(e.g. to a string, DP)*

hintereinander cascaded, in-line

hintereinander geschaltet tandem, in tandem, cascaded, series-connected

hintereinander schalten connect in series *or* in cascade *or* in tandem *(nodes, networks)*, cascade

Hintereinanderschaltung *f* daisy chain, daisy-chaining *(bus access)*, series connection

Hinterflanke *f* trailing edge *(pulse)*

Hintergrund *m* background *(display, s.a. "Hintergrundbild")*

hintergrundbeleuchtete Tastatur *f* backlit keypad

Hintergrundbild *n* backdrop *(TV)*; wallpaper *(MS Windows, PC)*

Hintergrundgeräusch *n* background noise

Hintergrundnetz *n* backbone (network) *(e.g. FDDI network)*

Hintergrundspeicher *m* backup memory *(exch.)*

Hintergrundsystem *n* background system

hinterlegen back, mix *(videotex monitor)*

Hinterlegung *f* **des Schlüssels** key escrow *(IPSec)*

hin- und herschalten toggle

Hinweis *m* indication; reference; notification

Hinweisalarm *m* advisory alert *(aero.)*

Hinweisansagegerät *n* (HAG) intercept announcement unit

Hinweisdienst *m* intercept service

Hinweisfeld *n* location register (LR) *(mobile network)*

Hinweisgabe *f* service code *(BT, TTY)*

Hinweismarke *f* pointer

Hinweisregister *n* location register (LR) *(mobile network)*

Hinweiston *m* intercept tone; alerting tone

HIPERLAN-Netz *n* HIPERLAN (high-performance LAN) network *(gleicht Ethernet; s.a. "Hochleistungs-Funk-LAN")*

Hk (Hauptkabel *n*) main cable *(ITU-T I.430.E, s. Table IV)*

H-Kanal *m* (Breitband-Informationskanal *m*) high-speed user information channel *(ISDN, H_0 = 384 kbit/s, H_{11} = 1.536 Mbit/s, H_{12} = 1.92 Mbit/s, H_2 = 30–40 Mbit/s, H_4 = 120–140 Mbit/s)*

HKZ (Hauptanschluß-Kennzeichen *n*) main station identification; loop disconnect signalling

HKZ-Schnittstelle *f* user-telephone network non-DDI interface for PBX

Hl (Hauptleitung *f*) concentrator trunk

HMM-Modell *n* hidden Markov model (HMM) *(speech recognition)*

Hoch High *(logic level)*
  auf H schalten go High

hochauflösend high-resolution

hochauflösendes Mac *n* high-definition MAC (HD-Mac) *(HDTV standard, 27 MHz channel bandwidth)*

Hochband *n* high band *(TV, 174–216 MHz, EIA channels 15–23)*

hochbelastbar rugged, robust, with high load-carrying capacity

hochbitratig high-speed, with high bit rate

hoch dotiert heavily doped *(microcircuit)*

hochentwickelt highly developed, sophisticated

hochfahren start up, power up *(DPS)*, bring up, ramp up *(process)*

Hochformat *n* portrait format *(printer)*

hochfrequent high-frequency

Hochfrequenz *f* (HF) radio frequency (RF) *(usually from 150 kHz, generally the complete range of frequencies which can be utilized for radio transmission)*; high frequency (HF) *(specifically the short-wave band)*

Hochfrequenzabriegelung *f* RF block

Hochfrequenz-Identifizierung *f* radio frequency identification (RFID) *(inductive RF system, security)*

Hochfrequenzkanal *m* radio frequency channel (RFCH,RFC) *(GSM 01.04, s. Table VII)*

Hochfrequenzkommunikationssystem-Überwachung *f* RF Communication System Monitoring (RF CSM)

Hochfrequenz-Verteilungsmatrix *f* (HVM) RF distribution matrix *(RF transmitter)*

Hochgeschwindigkeitsbus *m* high-speed bus

Hochgeschwindigkeits-Datennetz *n* (HDN) high-speed data network *(to replace WIN, to 34 Mbit/s)*

Hochgeschwindigkeitsstation *f* high-capacity station *(LAN)*

hochgespannter Strom *m* current under high tension

hochintegriert large-scale integrated (LSI) *(microelectronics)*

hochkanalig with a large number of channels

Hochkomma *n* quote, quotation mark *(keyboard)*

hochladen upload *(DP)*

Hochladesitzung *f* uploading operation *(files)*

Hochlast *f* heavy loading *(traffic)*

Hochlauf *m* running-up *(system)*, ramp-up *(value)*, acceleration *(motor)*

hochlaufen ramp up

Hochlauffunktion *f* ramp function

hochlegen set to High *(signal)*

Hochleistungs-Funk-LAN *n* High-performance radio LAN (HiperLAN) *(ETSI, 5,15–5,3 GHz, 23,5 Mbyte, GMSK, 50 m Reichweite)*

Hochleistungsrechner high-performance computer

Hochleistungsverstärker *m* high power amplifier (HPA) *(sat)*

hochmischen upconvert *(RF)*

Hochmischer *m* up converter *(RF)*

Hochmischtechnik *f* up conversion (technique) *(CTV)*

hochohmig highly resistive; high-resistance, high-valued *(resistor)*; high-impedance

hochparallel with a large number of parallel lines *(bus)*

Hochpaßfilter *n* high-pass filter (HPF), low-cut filter *(obsolete term)*

Hochpegel *m* high level, logical high (H)

Hochpegel-Datenübertragungssteuerung *f* (HDLC) High-level Data Link Control *(bit-oriented synchronous PSDN protocol, ISO 3309, 4335, DIN 66221)*

Hochpegelsignal *n* high signal *(DP)*

Hochpegel-Zeichengabeverfahren *n* (HDLC) s. Hochpegel-Datenübertragungssteuerung *f*

hochprior high-priority

Hochratenkanal *m* high-bit-rate channel

hochratig high-speed *(link)*

hochratige Burstübertragung *f* high burst rate (mode) (HBR)

hochratige digitale Anschlußleitung *f* high-bit-rate digital subscriber line (HSDL)

hochratige Modulation *f* high-bit-rate modulation

hochratiges Übertragungsmerkmal *n* large facility *(US)*

Hochschalten *n* **der Modemeinstellung** fall-forward

Hochspannungsseite *f* high-voltage end, high side *(transformer)*

Hochsprache *f* high-level language *(DP)*

höchste brauchbare Übertragungsfrequenz *f* maximum usable frequency (MUF)

höchste Nutzfrequenz *f* maximum usable frequency (MUF) *(mobile RT)*

Höchstleistungsrechner *m* very high performance computer

höchstwertiges Bit *n* most significant bit (MSB)

hochtasten key on *(transmitter)*

Hochtastflanke *f* keying-on (pulse) edge *(transmitter keying)*

Hochtemperatur-Supraleiter *m* (HTSL) high-temperature superconductor *(adaptive antenna system, mobile RT)*

Hochtöner *m* tweeter

Hochtonlautsprecher *m* tweeter

hochverfügbar high-availability, high-MTBF, redundant, fault-tolerant

Hoch-Zustand *m* High state (H) *(bit)*

Hochzeilenfernsehen *n* (HDTV) high definition TV *(Eu-95, 1250 lines, aspect ratio 16:9, progressive 1:1 scanning, Datenrate 6–24 Mb/s nach MPEG-2 (q.v.))*

hohe Aufzeichnungsdichte *f* s. hohe Dichte *f*

hohe Datenrate *f* high data rate (HDR)

hohe Dichte *f* high density (HD) *(floppy disk: 5 1/4″ = 96 tpi, 3.5″ = 135 tpi, PC)*

Hohe Übertragungsgeschwindigkeit Einschalten Data Signalling Rate selector *(V.24, RS232C, s. Table IX)*

Höhenabsenkung *f* deemphasis

Höheneinheit *f* (HE) rack unit (U) *(rack, 1 U = 1 3/4")*

Höhenwinkel *m* elevation angle

höherer Dienst *m* higher-level service

höherer Leistungspegel *m* boosted power level *(reference signals in the OFDM symbol, DVB-T transmitter)*

höherratig with higher bit rate

hoher Speicherbereich *m* upper memory area (UMA) *(RAM, PC)*

hoher Speicherblock *m* upper memory block (UMB) *(RAM, PC)*

höherwertig more significant *(bit)*, higher-order *(byte)*

Höhe *f* **über Grund** altitude above ground level (AGL) *(aero)*

hohe Wiedergabegüte *f* high fidelity

Hohlleiterzug *m* waveguide run

Hohlraumresonator-LED *f* resonant cavity LED (RCLED)

Homepage *f* home page *(Internet)*

homogen belegte Apertur *f* uniformly illuminated aperture *(sat. antenna)*

homolog homologous *(math)*

homonym homonymous

Hop *m* hop *(frequency hopping)*

Hop-Kanal *m* hop channel *(Bluetooth, q.v.)*

hörbares Signal *n* audible signal, sound signal

Hörbarkeit *f* audibility, intelligibility *(tel)*

Hörbeziehung *f* listening relationship *(tel)*

Horcher *m* snoop(er) *(telecom)*

Hörer *m* handset, receiver *(tel)*; earphone; listener *(test instr., person)*
Hörer *m* **abgenommen** off hook
Hörer *m* **anhängen, auflegen** replace the handset
Hörer *m* **aufgelegt** on hook
bei aufliegendem Hörer *m* **funktionierende Vorrichtung** on-hook device

Hörerecho *n* listener echo *(twice delayed hearing of the other voice, tel)*

Hörfunk *m* sound radio, radio broadcasting

Horizontalaustastimpuls *m* line blanking pulse, horizontal blanking pulse *(TV)*

horizontale Bildlaufleiste *f* horizontal scroll bar *(MS Windows, PC)*

horizontale Polarisation *f* horizontal polarisation *(sat)*

horizontaler Fensterteiler *m* horizontal split bar *(MS Windows, PC)*

horizontaler Zugriff *m* lateral access *(network level)*

Horizontalfrequenz *f* line frequency, line rate *(TV)*

Horizontierung *f* levelling *(Photogrammetry)*

Hörkapsel *f* receiver (capsule), earphone *(tel)*

Hörkreis *m* receiver circuit, earpiece circuit *(acoustic, tel)*

Hörmuschel *f* earpiece

Horn *n* horn *(ant)*

Hörprobe *f* listening test

Hörprüfung *f* auditive test *(tel)*

Hörqualität *f* listener quality *(auditive test, tel)*

Hörrundfunk *m* sound broadcasting

Hörsprecheinrichtung *f* handset *(tel)*

Hörsprechgarnitur *f* headset *(attendant's console)*; microtelephone set

Hörsprechschalter *m* talk-listen switch

Hörtöne *mpl* audible tones; call progress tones *(tel)*

Hörzeichentoleranz *f* audible signal tolerance

Host-Netz *n* host network

Hotline *f* hot line *(tie line)*

Hotline-Mitarbeiter *m* helpline attendant

Hotline-Platz *m* hot-line operator *(switchboard)*

HPA s. Hochleistungsverstärker *m*

HP-Bit *n* HP (high priority) bit *(TPS data, DVB)*

HP-IB-Bus *m* HP-IB (Hewlett Packard interface bus), general purpose interface bus (GPIB) *(for the interconnection of test instruments and data, to IEEE 488, IEC 625 Standards, q.v.)*

HPS (Handprogrammiersender *m*)

H-Serie *f* **der ITU-T-Empfehlungen** H series of ITU-T Recommendations *(relates to AV services and transmission, s. Table III)*

HSCSD-Dienst *m* HSCSD (high-speed circuit switched data) service *(3rd generation GSM, complements GPRS (q.v.))*

Hszf (Hauszuführung *f*) house *or* service connection, service line *(tel)*

HTA s. Heimtelefonanlage *f*

HTC s. Huffmann-Codetabelle *f*

HTML-Sprache *f* HTML (Hypertext Markup Language) language *(subset of SGML (q.v.), WWW, RFC 1866, s. Table VIII)*

HTTP-Protokoll *n* hypertext transfer protocol (HTTP) *(TCP/IP subprotocol for HTML files, RFC 2616, s. Table VIII; commonly used to access web sites)*

Hub *m* deviation *(FM)*; shift *(FSK,PSK)*; range, rise, excursion *(voltage,signal)*; stroke, travel, lift *(mech)*; swing *(measurement, logic)*; sweep *(CRO)*; width *(channel)*

Hub *n* hub, wiring concentrator *(VSAT, USB)*

Hubbing-Multiplexer *m* hubbing multiplexer *(SDH, mini CCM)*

Hubstabilität *f* stability of deviation *(common-frequency radio network, PMR)*

Hubstation *f* hub (station) *(VSAT)*

Hub-Station *f* s. Hubstation *f*

Huckepackdienst *m* piggyback service *(e.g. DOV)*

Huckepack-Modul *n* piggyback module, above-board module *(HW)*

Huffmann-Code *m* Huffmann code

Huffmann-Codetabelle *f* Huffmann code table (HTC)

HUL (Querleitungsbündel *n* (Ql)) high-usage line *(network)*

Hülle *f* jacket *(FO cable)*

Hüllkurve *f* envelope *(AM)*

Hülse *f* ferrule *(cable)*

Hunderter *m* 100-line selector *(exch)*

Hundertgruppe *f* 100-line (selector) group

hundertteiliger Wähler *m* 100-line selector

HÜP (Hausübergabepunkt *m*) service interchange point *(tel)*

HV (Hauptverteiler *m*) main distribution frame (MDF)

HVM s. Hochfrequenz-Verteilungsmatrix *f*

HVSt (Hauptvermittlungsstelle *f*) main exchange

HVStd (Hauptverkehrsstunde *f*) busy hour

HVt (Hauptverteiler *m*) main distribution frame (MDF)

HW (Hardware *f*) hardware

HX (Halbduplex *n*) half duplex *(modem)*

Hybrid *m* hybrid junction *(FO)*

Hybrid-DPCM *f* hybrid DPCM (HDPCM) *(HD Mac)*

hybride DCT *f* hybrid DCT (HDCT) *(DVB)*

hybride DCT *f* **mit Interpolation** interpolative hybrid DCT (IHDCT) *(DTVB)*

hybride Schnittstellenstruktur *f* hybrid interface structure

Hybrid-Faser-Koax-Netz *n* hybrid-fibre-coax (HFC) network

Hybridkoppler *m* three-dB coupler *(microwave, FO)*

Hybridschaltung *f* hybrid circuit *(tel)*

Hybridstation *f* combined station, balanced station

Hyperband *n* hyperband *(CTV, 12 MHz channel spacing, for D2-MAC signal and CTV, DTAG)*

Hypercube *m* hypercube *(very densely intermeshed three-dimensional communications network for MPP, VOD)*

Hypermedia-Dokumente *npl* hypermedia documents *(multimedia documents hypertext-interlinked by cross-references)*

Hypermediendienst *m* hypermedia service *(multimedia hypertext information system using unique single-medium "chunks" without any layout structuring, access is by "navigation" along "edges" forming a network, s. "multimedia")*

Hyperkugel *f* hypersphere *(math)*

Hypertext *m* hypertext *(the computer-aided nonlinear network-like linking of items of text, for navigating through software applications, documentation, information systems or problem solving systems)*

hypothetische digitale Bezugsverbindung *f* hypothetical digital reference connection (HDRC) *(ISDN)*

HZ (Hauptzentrale *f*) main exchange (MX)

H-Zustand *m* High state (H) *(bit)*

I

I *(Symbol für Strom)* I *(symbol for current)*

IA (Abfrage *f* von Internrufen) answering internal calls

IA (Instandsetzungsauftrag *m*) repair order

IA (konzentrierte Abfrage *f* von Internrufen) switched-loop *or* selective answering of internal calls

IAE (ISDN-Anschlußeinheit *f*) ISDN line unit

IAE-Dose *f* ISDN socket

IAM-Meldung *f* initial address message (IAM) *(ISDN)*

IAOG (Internationale Verwaltungsgruppe *f* von Betreibern im Versorgungsbereich) International Administrative management domain Operators Group *(of PTTs to administer E-mail protocol X.400, s. Table VI)*

IAS (Informations- und Auskunftssystem *n*) information and inquiry system *(ISDN)*

Iasnet Russian packet-switched X.25 network *(DNIC 2501)*

iAWD (integrierte automatische Wähleinrichtung *f* für Datenübertragung) integrated automatic dialling facility

IA5 (internationales (Telegraphen-) Alphabet *n* Nr.5) International Alphabet No.5

IBC (integrierte Breitbandkommunikation *f*) Integrated Broadband Communications *(RACE project)*

IBC (Internationale Rundfunk-Konvention *f*) International Broadcasting Convention

IBFN (integriertes Breitbandfernmeldenetz *n*) integrated broadband telecommunication network of the DTAG *(FO)*

I-Bild *n* (intracodiertes Bild *n*) intracoded frame (I frame) *(MPEG-2)*

IBS s. Inbetriebsetzung *f*

IC s. Interconnection *f*

IC-Verbindungsbus *m* inter-IC (I^2C) bus *(Philips)*

IDEA-Algorithmus *m* IDEA (International Data Encryption Algorithm) *(is used, e.g., in PGP (q.v.))*

ideale Mischung *f* perfect shuffle *(high-speed packet switching)*

IDE-Controller *m* IDE (integrated drive electronics) controller *(AT bus interface)*

Identifikation *f* **böswilliger Anrufer** malicious call identification (MCI)

Identifikationsnummer *f* identification number *(e.g. DECT)*

identifizieren identify

Identifizierer *m* identifier *(in a message, DP)*

Identifizierungsbit *n* tag bit

Identitätsfunktion *f* identity function

IDFT (diskrete Fourier-Rücktransformation *f*) inverse discrete Fourier transform

IDN (integriertes Text- und Datennetz *n*) Integrated Digital Network

IDP-Nachricht *f* initial detection point (IDP) message *(starts a service in an IN)*

IEC-Bus *m* IEC bus, IEEE 488 bus, general purpose interface bus (GPIB) *(to IEEE 488, IEC 625 Standards, s.a. HP-IB)*

IEEE-488-Bus *m* IEEE 488 bus, IEC bus, general purpose interface bus (GPIB) *(to IEEE 488, IEC 625 Standards, s.a. HP-IB)*

I-förmiger Mauszeiger *m* I-beam pointer *(e.g. MS Windows, PC)*

IFP-Protokoll *n* Internet Facsimile Protocol (IFP) *(IP)*

IFT (Fourier-Rücktransformation *f*) inverse Fourier transform

IFU (Internationale Fernmeldeunion *f*) International Telecommunications Union (ITU)

Igelprint *f* experimental PCB

IGMP-Protokoll *n* Internet Group-Membership Protocol (IGMP)

Ignorierungszustand *m* don't care condition

IH (Eigenanwendung *f*) In-House application *(RDS)*

IHDCT (hybride DCT *f* mit Interpolation) interpolative hybrid DCT *(DTVB)*

IIR-Filter *n* IIR filter, infinite impulse response filter, recursive filter

I-Kanal *m* in-phase channel, I channel *(QAM; FO, homodyne receiver)*

I+K-Geräte *npl* (Informations- und Kommunikationsgeräte *npl*) information and communications equipment

I-Komponente *f* (Inphase-Komponente *f*) in-phase component (I component) *(I/Q modulation)*

Ikon *n* icon, pictogram *(GUI, PC)*

ikonisieren minimize *(MS Windows, PC)*

IKZ s. Impulskennzeichen(gabe *f*) *n*

IKZ-Schnittstelle *f* user-telephone network interface for PBX pulse dialling

IKZ50 DTAG pulse signalling method *(s. "IKZ")*

ILD s. Injektionslaser *m*

IMA (Intermodulationsabstand *m*) intermodulation ratio

Imaginärteil *m* imaginary component *(signal)*

Imband-Signalisierung *f* in-band signalling; in-slot signalling

Imband-Tonsignalisierung *f* in-band tone signalling *(VMS)*

Imband-Zeichengabe *f* in-slot signalling *(ITU-T I.112, s. Table IV)*

IM/DD (Intensitätsmodulation *f* mit Direktdetektion) intensity modulation with direct detection

imitieren imitate, clone

IML s. internationale Mietleitung *f*

Immer im Vordergrund Always on Top *(MS Windows desktop, PC)*

Immersion *f* immersion *(in VR)*

impedanztransparent impedance-transparent *(interface)*

Implementierung *f* implementation

importieren import, transfer *(data)*

im Preis einbegriffene Software *f* bundled software *(sold with a PC)*

Impulsabstand *m* pulse spacing, pulse separation

Impulsantwort *f* impulse response

Impulsbildner *m* pulse generator

Impulsdiagramm *n* timing diagram

Impulse *mpl* **ausgeben** output pulses, outpulse

Impulserkenner *m* pulse detector *(pulse dialling/multifrequency conversion, tel)*

Impulsfolge *f* pulse train, burst

Impulsformer *m* pulse shaper *(circuit)*

impulsförmige Bildstörungen *fpl* noise pulses *(TV)*, sparklies *(sat TV)*

Impulsgeber *m* pulse generator; outpulser *(switching)*

impulsive Programmwahl *f* impulse viewing *(DVB service)*

Impulskennzeichen *n* (IKZ) pulse signal *(tel., for DDI)*

Impulskennzeichengabe *f* pulse signalling

Impulskette *f* pulse train

Impulslaufzeit *f* pulse time delay *(cable)*

Impulsmuster *n* bit pattern

Impulsnebensprechen *n* intersymbol interference (ISI)

Impulspause *f* interpulse space

Impuls-Pausen-Verhältnis *n* pulse duty factor *or* ratio, mark/space ratio

Impulsreihe *f* pulse train

Impulsschwerpunkt *m* pulse centre

Impulsserie *f* pulse train

Impulssieb *n* pulse separator *(TV)*

Impulssignalisierung *f* pulse signalling *(tel)*

Impulsstehvermögen *n* pulse inertia

Impulsstörer *m* pulse noise

Impulsstörung *f* pulse noise

Impulsstoß *m* impulse hit *(tel)*

Impulstastung *f* pulse timing

Impulstrenner *m* sync separator *(TV)*

Impulstrennstufe *f* sync separator *(TV)*

Impulswahl *f* pulse dialling, pulse signalling, decimal pulsing

Impulswahlverfahren *n* (IWV) pulse dialling (loop disconnect) method *(tel)*

Impulswandler *m* pulse converter *(pulse dialling/multifrequency conversion for digital exch., tel)*

Impulsweiche *f* separating filter

Impulswiederholrate *f* pulse repetition rate

Impulszittern *n* jitter

Impulszug *m* pulse train

IMT-2000-Standard *m* IMT-2000 (International Mobile Telecommunication at 2000 MHz) standard *(global version of UMTS (q.v.), data rate 2 MB/s)*

Imvierernahnebensprechdämpfung *f* in-quad near-end crosstalk attenuation

Imvierernebensprechen *n* in-quad *or* intra-quad crosstalk

IM3 (Intermodulationspegel *m* 3. Ordnung) 3rd-order intermodulation product (3IP) *(CT1, in dBm)*

IN s. intelligentes Netz *n*

inaktives Fenster *n* inactive window *(GUI, PC)*

inaktivieren deactivate, take off-line; disable

Inaktivitätsüberwachung *f* inactivity timer *(network)*

Inanspruchnahme *f* use, utilization

INAP-Protokoll *n* INAP protocol *(s. "INAP", ITU Rec. Q.1218, s. Table III)*

Inband inband

Inbetriebnahme *f* commissioning *(networks)*; putting into service *(equipment)*; cutover *(initial switch-on)*; activation *(channel)*

Inbetriebnahmesystem *n* hardware check system

in Betrieb *m* **nehmen** start, put into operation *or* service

in Betrieb *m* **setzen** start, put into operation *or* service, commission

Inbetriebsetzung *f* (IBS) commissioning

in bitparallele Form bringen convert to (bit-)parallel form, parallelize

in bitserielle Form bringen convert to (bit-)serial form *or* into a serial signal, serialize

INC (ankommender Ruf *m*) INcoming Call *(V.25 bis, s. Table V)*

In-Circuit-Test *m* in-circuit test (ICT)

Indexregister *n* indexing register *(switch.)*

index-sequentiell indexed sequential

Indikation *f* status indication, alarm indication *(subscriber line)*

Indikationsschaltung *f* alarm indication circuit

Indikationsstelle *f* supervisory facility *(for BORSCHT functions)*

indirekter Benutzer *m* indirect user *(user in another network)*

individualisieren personalize

INDI-VSt (VSt für INformation und DIalogdienste) videotex switching centre for information and interactive services

Indiz *n* error symptom

indizieren subscribe *(value)*

Indizierung *f* indexing

Indoor-Kommunikation *f* indoor communication

Induktivität *f* inductance, inductor *(HW)*

Industriefernsehen *n* business television (BTV) *(US)*, corporate TV; closed-circuit television (CCTV)

industriekompatibel industry-standard

Industrienorm *f* industry standard

Industrie-PC *m* industrial PC

ineinandergeschachtelt nested (into each other)

ineinandergeschriebene Halbbilder *npl* interlaced fields *(TV)*

ineinanderschieben telescope (into each other)

in einer Linie *f* in-line

in einer Reihe *f* in-line

in Einschubtechnik *f* as a plug-in device

in Fenster *npl* **aufteilen** window *(signals)*

Inferenzprogramm *n* inference program *(pattern recognition)*

Info... About Help... *(MS Windows, PC)*

Informatik *f* informatics, information technology (IT), information science

Informatiker *m* information specialist *or* technologist, computer scientist

Information *f* information, item of information

Informationen *fpl* information items; signals; intellligence

Informationen *fpl* **verwerfen** discard information

Informationsabgleich *m* state (re)alignment *(TMN)*

Informationsabrufsystem *n* information retrieval system *(e.g. videotex)*

Informationsanbieter *m* information provider (IP) *(videotex)*

Informationsblock *m* information frame *(ISDN)*

Informationsdienst *m* information service

Informationsdienstleistungen *fpl* information services

Informationsdienstmerkmal *n* information-related service attribute

Informationseinheit *f* information entity *(ISDN)*; data unit; protocol data unit (PDU) *(videotex; ISO, a data packet exchanged between two network entities)*; chunk *(basic single-medium hypermedia information element)*; item (of information)

Informationselement *n* information element, signal element, item

Informationsfeld *n* information field *(ATM cell)*

Informationsfluß *m* information flow, information rate *(per unit of time)*

Informationskanal *m* user information channel

Informationspartikel *f* chunk *(basic single-medium hypermedia information element)*

Informationsspeicher *m* switching memory *(switching network)*

Informationstechnik *f* information technology (IT), informatics, information systems

Informationsteil *m* information part, user part *(ATM cell)*

Informationsträger *m* information carrier *or* medium; bearer *(DECT)*

Informationsübermittlung *f* information transfer, communication

Informationsübertragungsfähigkeit *f* information transfer susceptance *(ISDN)*

Informationsübertragungsmerkmal *n* information transfer attribute *(ISDN)*

Informationsumkehr *f* signal wraparound

Informations- und Auskunftssystem *n* (IAS) information and inquiry system *(ISDN)*

Informationsverarbeitung *f* (IV) information processing (IP)

Informationsverbreitung *f* dissemination of information

Informationsverwaltungsdienst *m* information management service (IMS)

Informationszentrale *f* call centre *(GB)*, call center *(US)*

Inforuf *m* DTAG radio paging information service *(narrowcasting)*

Infrarot *n* infrared (IR)

Infrarot emittierende Diode *f* infrared emitting diode (IRED)

in Gegenrichtung *f* **gepumpt** counter-pumped *(laser)*

Ingenieurmodell *n* **Lebensdauerprüfung** engineering model - life (test) (EM-L) *(ESA)*

Inhaberschaft *f* ownership *(network management)*

Inhaber-Bandbreite *f* owned bandwidth *(network management)*

Inhalt *m* contents *(memory, register)*

Inhalte einfügen Paste Special *(MS Windows instruction, PC)*

inhaltsadressierbarer Speicher *m* content-addressable memory (CAM)

inhaltsadressierter Speicher *m* content-addressable memory (CAM)

Inhaltsstück *n* content portion *(document, ODA)*

Inhaltsverzeichnis *n* directory

Inhibitionsmatrix *f* exclusion matrix *(logical Not-If-Then function)*

in hoher Frequenzlage *f* at high frequencies

Initialisierung *f* initialisation

Initialisierungsnachricht *f* initial address message (IAM) *(GSM, ISDN)*

Initialisierungsprozedur *f* start-up procedure *(modems)*

Injektionslaser *m* (-diode *f*) injection laser diode (ILD) *(FO)*

Inkarnation *f* incarnation *(SW)*

inkohärent incoherent, non-coherent *(frequencies)*

Inkrementierer *m* incrementer

Inlandfernleitung *f* domestic trunk *(US)*

Innenamts- intra-exchange ...

Innenbaugruppe *f* indoor unit *(sat. receiver)*

Inneneinheit *f* indoor unit (IDU) *(sat. receiver, WLL)*

Innenführung *f* internal routing *(cable)*

Innenleben *n* internal workings *(HW)*

Innenraumkabel *n* indoor cable

Innenraumumgebung *f* indoor environment

Innenübertragung *f* local call; connecting path, circuit

Innenverbindungskabel *n* exchange wiring

Innenweiche *f* diplexer

Inneramtssignalisierung *f* intra-exchange signalling *(tel)*

Innerbildcodierung *f* intra-field coding *(video)*

innerhalb der Transaktionsklammer *f* during the life of the transaction *(DP)*

Inphase-Komponente *f* (I-Komponente *f*) in-phase component (I component) *(I/Q modulation q.v.)*

Inselamtsbetrieb *m* isolated-exchange operation *(tel., fault mode)*

Insellösung *f* separate *or* isolated solution *(system)*, spot solution

Inselnetz *n* subnetwork, isolated network; separate *or* standalone system

Instabilität *f* instability

Installation *f* **mit einer Teilbitrate** fractional installation *(HDSL link)*

Installation *f* **mit mehreren Anschlüssen** multiple access installation

Installationskabel *n* installation cable *(ITU-T I.430.E, s. Table IV)*, indoor cable

Installationsnetz *n* facility network *(physical network)*

Installationsprogramm *n* installation program, setup program *(DP)*

installieren install *(a program, PC)*

Instandhaltung *f* servicing

Instandsetzungsauftrag *m* (IA) repair order

Instantiieren *n* instancing *(AI)*

Instanz *f* entity *(abstraction of a process in an OSI RM layer, s. Table I)*; instance *(physical or logical abstraction of objects, DP, AI)*

Instanzen *fpl* **gemanagter Objekte** instances of managed objects *(GSM)*

instanzieren particularize *(e.g. a logic state with "H" or "L")*

instationär non-steady, non-stationary, transient

Integration *f* integration

Integrationsgrad *m* level of integration

Integrator *m* integrator

Integrierer *m* integrator

Integrierintervall *n* integrating period

integriert integrated, incorporated

integrierte automatische Wähleinrichtung *f* **für Datenübertragung** (iAWD) integrated automatic dialling facility

integrierte Breitbandkommunikation *f* Integrated Broadband Communications (IBC)

integrierte Laufwerkelektronik *f* integrated drive electronics (IDE) *(PC)*

integrierte optische Schaltung *f* integrated optical circuit (IOC)

integrierte optoelektronische Schaltung *f* integrated optoelectronic circuit (IOEC)

integrierter Schaltkreis *m* (IS) integrated circuit (IC)

integriertes Breitbandfernmeldenetz *n* (IBFN) integrated wideband telephone network of the DTAG *(FO)*

integrierte Schaltung *f* (IS) integrated circuit (IC)

integriertes Digitalnetz *n* integrated digital network (IDN)

integrierte Selbstprüfung *f* built-in self test (BIST) *(GSM)*

integriertes Text- und Datennetz *n* Integrated Digital Network (IDN) *(telephony, text and data network with access by analog means, BT definition, X.21, s. Table VI)*

integrierte Zugriffsvorrichtung *f* integrated access device (IAD) *(VoDSL q.v.)*

Integrierung *f* integration

Integrität *f* integrity *(service)*

Integritätskontrolle *f* integrity check, sanity check *(IN)*

intelligentes Endgerät *n* intelligent terminal, smart terminal

intelligentes Netz *n* intelligent network (IN)

intelligente Netzumgebung *f* intelligent peripheral (IP) *(IN)*

intelligente Peripherie *f* intelligent peripheral (IP)

Intelligenz *f* intelligence *(system)*

Intensität *f* intensity

Intensität *f* **in den (Gitter-)Ordnungen** order intensity *(optical)*

Intensitätsmodulation *f* (IM) intensity modulation *(FO)*

Intensitätsmodulation *f* **mit Direktdetektion** intensity modulation with direct detection (IM/DD) *(FO)*

Interaktionsbaustein *m* widget *(X-Window)*

Interaktionsobjekt *n* widget *(X-Window)*

interaktiv interactive, conversational

interaktive Anrufbeantwortung *f* call prompting *(call centre)*

interaktive Netzanpassung *f* interactive network adapter (INA) *(DVB/DAVIC cable modem termination system)*

interaktiver Dienst *m* interactive service *(ITU-T I.113, s. Table IV)*

interaktives Fernsehen *n* **auf Abruf** interactive video on demand (IVOD)

interaktive Sprachausgabe *f* interactive voice response (IVR)

interaktive Sprachsteuerung *f* interactive voice response (IVR) *(CT, UM)*

Interaktivität *f* interactivity *(bidirectional exchange of information in the form of inputs and outputs)*

Interconnection *f* (IC) interconnection *(for DTAG competition)*

Interessengemeinschaft *f* community of interest

Interface *n* interface

Interferenz *f* interference *(opt)*

Interferenzfestigkeit *f* interference immunity *(FO, sat., in dB)*

Interferenzfilter *n* interference filter *(FO)*

Interframe-Codierung *f* interframe coding, frame-to-frame coding *(video)*

Interlaced-Modus *m* interlaced mode *(monitor screen)*

Interleave-Faktor *m* interleave factor *(HD, PC)*

Interleave-Wert *m* interleave factor *(HD, PC)*

Interleavingtiefe *f* interleaving depth *(in bytes, DVB)*

Intermodendispersion *f* multimode dispersion *(FO)*

Intermodulation *f* intermodulation

Intermodulationsabstand *m* (IMA) intermodulation ratio

intern internal

international international

internationale Benutzerkennung *f* international portable user identity (IPUI) *(DECT)*

internationale Datenvermittlungsstelle *f* international data switching exchange (IDSE) *(ISDN)*

internationale Direktwahl *f* international direct dialling (IDD)

Internationale Elektrotechnische Kommission *f* International Electrotechnical Commission (IEC)

internationale Fernmeldeunion *f* (IFU) International Telecommunication Union (ITU)

internationale Freischaltekennung *f* international personal unblocking identity (IPUI) *(DECT)*

internationale Funkkennung *f* international mobile subscriber identity (IMSI) *(GSM, s. Table VII, s.a. ITU-T Rec. E.212 for address format, s. Table III)*

internationale Gerätekennung *f* international mobile station equipment identity (MEI) *(GSM, s. Table VII)*

internationale Mietleitung *f* (IML) international leased circuit (ILC)

internationale Mobilteilnehmerkennung *f* international mobile subscriber identity (IMSI) *(GSM, s. Table VII, s.a. ITU-T Rec. E.212 for address format, s. Table III)*

Internationale Organisation *f* **für Normung** International Organisation for Standardisation (ISO)

Internationaler Ausschuß *m* **für Frequenzregistrierung** International Frequency Registration Board (IFRB)

Internationaler Normenentwurf *m* Draft International Standard (DIS) *(FTZ, ISO)*

internationaler Signalisierungsendpunkt *m* international signalling point code (ISPC)

internationaler Signalisierungspunkt *m* international signalling point (ISP)

Internationales Alphabet *n* **Nr.5** International Alphabet No.5 (IA5) *(ISO 646, ITU-T Rec. V.3 (Table V), ASCII)*

internationales Amt *n* international exchange

internationale Selbstwahl *f* international direct dialling (IDD)

internationales Fernamt *n* (IFA) international trunk exchange

internationales Kopfamt *n* international gateway exchange (IGE), international gateway centre

internationales (Telegraphen-) Alphabet *n* International Alphabet (IA)

internationales Vermittlungsamt *n* international switching centre (ISC) *(international gateway)*

internationale Vermittlungsstelle *f* (IVSt) international switching centre (ISC) *(ISDN)*

interne Abfrage *f* **über Zieltaste** (IZT) internal name key answering *(tel)*

interne Nachricht *f* local message

interner Bezugspunkt *m* internal reference point (IRP) *(ISDN)*

internes Gespräch *n* intra-office call

internes Laufwerk *n* internal drive *(PC)*

internes Umschalten *n* intracell handoff *(mobile RT)*

Internet *n* Internet *(worldwide association of networks, in which Internet Protocols (q.v.) are run)*

Internet-Bereich *m* domain *(IP)*

Internet-Bereich *m* **oberster Stufe** top-level domain (TLD) *(dot ending such as .org, .com, .gov; WWW q.v., ISO 3166, RFC1983, s. Tabelle VIII)*

Internet-Diensteanbieter *m* Internet service provider (ISP)

Internet-Paketdatennetz *n* Internet packet data network (IPDN)

Internet-Portal *n* Internet portal *(WAP)*

Internet-Protokoll *n* Internet Protocol (IP) *(network protocol for connectionless services in the Internet; IAB RFC0791, STD0005, RFC1983, s. Table VIII, auch MIL-STD-1777)*

Internet-Shop *m* Internet shop *(E-commerce, B2C)*

Internet-Telefonie *f* Internet telephony, voice over IP (VoIP)

Interngespräch *n* intra-exchange call, intra-office call *(US)*

Internsatz *m* (IS) intra-exchange circuit, intra-office circuit *(US)*

Internumschaltung *f* intra-cell handoff *(mobile RT)*

Internverbindung *f* exchange connection *(ITU-T I.112, s. Table IV)*, intra-exchange call

Internverbindungssatz *m* intra-exchange connector circuit

Internverkehrvielfach *n* internal communication matrix (ICM)

Interoperabilität *f* interoperability *(network management)*

interpersonelle Mitteilungen *fpl* interpersonal messages (IPM)

interpersoneller Nachrichtenübermittlungsdienst *m* interpersonal messaging service (IPM)

Interphonanlage *f* interphone, door intercom

Interpolation *f* interpolation

Interpretationsregel *f* protocol

interpretieren interpret

Interpretierprogramm *n* interpretive program *(DP)*

Interrupt-Anforderung *f* interrupt request (IRQ) *(PC, chip control signal)*

Interrupt-Steuerung *f* interrupt control *(PC)*

Interworking *n* interworking *(between providers)*

intracodiertes Bild *n* (I-Bild *n*) intracoded frame *(MPEG-2)*

Intracodierung *f* intracoding, intra-frame coding *(video encoding, MPEG-2)*

Intrafield-Codierung *f* intra-field coding *(video encoding)*

Intraframe-Bewegung *f* intra-frame motion *(video encoding)*

Intraframe-Codierung *f* intra-frame coding *(video encoding)*

Intranet *n* intranet *(LAN based on Internet facilities, the server may include firewalls to keep out the public, i.e. a private or internally directed Internet site)*

Intra-Zellen-Interferenz *f* intra-cell interference *(MC-CDMA)*

Intritt-fallen *n* pulling into lock

intuitive Schnittstelle *f* intuitive interface

Invarianz *f* invariance *(pattern recognition)*

Inventar *n* assets

invers inverse

invertieren invert; reverse *(video)*

invertierender Eingang *m* inverting input, negative input *(op amp)*

invertiertes Bild *n* reverse image

in Zweierschritten *mpl* **zählen** count by twos

IOM-Schnittstelle *f* IOM (ISDN-oriented modular) interface *(Siemens)*

IP-Adresse *f* IP address *(32-bit field designating an access point in the Internet)*

IP-Backbone *m* IP backbone *(Internet)*

IPDC-Protokoll *n* Internet Protocol Device Control (IPDC) *(VoIP, H.323)*

IPM s. interpersonelle Mitteilungen *fpl*

IPM-Dienst *m* IPM service *(ITU-T X.400, s. Table VI)*

IPM-Übermittlungsdienst *m* IPM transfer service *(ITU-T X.400 (Table VI), P2; level 7 OSI model, s. Table I)*

IP-Multicast *n* IP multicast *(PMP link)*

IP-Router *m* IP (Internet Protocol) router

IP-Sicherheitsstandard *m* IPSec (IP Security) standard *(IPv6, RFC 1825)*

IP-Telefonanlage *f* IP branch exchange (IP PBX) *(s. "VoIP")*

IP-Telefonie *f* IP (Internet Protocol) telephony *(s. "VoIP")*

IP-Unicast *n* IP unicast *(PP link)*

IPX-Protokoll *n* Internetwork Packet Exchange (IPX) protocol *(Novell FTP (q.v.), s.a. IAB RFC1234)*

IQ-, I/Q-(Inphase/Quadratur-)**Konstellation** *f* IQ *or* I/Q (in-phase/quadrature) constellation *(OFDM, DVB)*

IQ-, I/Q-(Inphase/Quadratur-)**Modulation** *f* IQ *or* I/Q (in-phase/quadrature) modulation *(OFDM, DVB)*

IQ-, I/Q-(Inphase/Quadratur-)**Modulator** *m* IQ *or* I/Q (in-phase/quadrature) modulator *(OFDM, DVB)*

IRC-Kanal *m* IRC (Internet Relay Chat) channel

Irrelevanz *f* irrelevance *(audio and image information)*

irrelevanzmindernd irrelevance-reducing

Irrelevanzreduktion *f* reduction of irrelevance, irrelevance compression *(image coding)*

Irrungszeichen *n* erasure flag *(fading, RT)*, error signal *(transmission)*

IRT (Institut *n* für Rundfunktechnik) Institute for Radio Engineering *(FRG)*

IS (integrierte Schaltung *f*) integrated circuit (IC)

IS (internationale Norm *f*) International Standard *(ISO)*

IS s. Internsatz *m*

ISDN (diensteintegrierendes Digitalnetz *n*) Integrated Services Digital Network *(IDN with access by digital means (BT definition): two B channels at 64 kbit/s for user data, one D channel at 16 kbit/s for signalling, ITU-T I.112, s. Table IV, auch: "Ist Sowas Denn Nötig?")*

ISDN-Anlage *f* ISDN station *(US)*

ISDN-Anschlußeinheit *f* (IAE) ISDN line unit

ISDN-Anwenderteil *m* ISDN user part (ISDN UP, ISUP) *(SS7, ITU-T Q.761...764, s. Table III)*

ISDN-Binärschnittstellenumsetzer *m* ISDN binary interface converter (IBIC) *(BT)*

ISDN-Bilddienste *mpl* ISDN image transmission

ISDN-Bildschirmtext *m* photo videotex

ISDN-Echolöscher *m* ISDN echo canceller (IEC)

ISDN-Kommunikationssteuerung *f* ISDN communication control (ICC) *(BT)*

ISDN-Kommunikationssystem *n* ISDN communication system (ICS)

ISDN-Mehrgeräteanschluß *m* ISDN multipoint interface *(S_0)*

ISDN-Mobilrufnummer *f* mobile subscriber ISDN number (MSISN) *(GSM, s. Table VII)*

ISDN-Nebenstellenanlage *f* ISDN PBX (ISDX, ISPBX, PINX)

ISDN-Ortsvermittlung *f* ISDN local exchange *(ITU-T I.430.E, s. Table IV)*

ISDN-Teilnehmeranschluß *m* ISDN customer access, ISDN subscriber access *(ITU-T I.430.E, s. Table IV)*

ISDN-Teilnehmeranschlußsteuerung *f* ISDN subscriber access controller (ISAC) *(BT)*

ISDN-Textfax *n* mixed mode

ISDN-Tk-Anlage *f* ISDN PBX (ISPBX)

ISDN-Übertragungssteuerung *f* ISDN link controller (ILC)

I-Serie *f* **der ITU-T-Empfehlungen** I series of ITU-T Recommendations *(relates to ISDN, s. Table IV)*

ISM-Band *n* ISM (industrial, scientific, medical) band *(0.9, 2.45 (e.g. "Bluetooth") and 5.7 GHz, FCC, spread spectrum techniques at 1 Watt)*

isochron isochronous *(real-time)*

Isolation *f* insulation; isolation, separation

Isolationsabstand *m* signal/crosstalk ratio *(switching matrix, in dB)*

Isolationsspannung *f* rated working voltage *(FO)*

Isolator *m* isolator *(FO)*; insulator *(SV)*

isolieren isolate *(connection)*

Isolierwiderstand *m* insulating resistance

Isolierzange *f* insulated pliers

isotropische Verstärkung *f* isotropic gain *(ant)*

ISP s. internationaler Signalisierungspunkt *m*

ISPC s. internationaler Signalisierungsendpunkt *m*

Ist-Aufnahme *f* actual status

Ist-Position *f* actual position *(servo)*

Istzeitzähler *m* present-time counter

IT (Informationstechnik *f*) information technology

Iterationsregister *n* successive approximation register (SAR)

iterativ iterative, repetitive

Iterationsschleife *f* iterative loop *(DP)*

ITG (Informationstechnische Gesellschaft *f* im VDE) communications engineering standards body *(formerly NTG)*

Itineris French GSM network *(France Télécom, 1992)*

IuK (Information und Kommunikation *f*) information and communications

IuK-Technik *f* information and communications technology

IV s. Informationsverarbeitung *f*

IVSt s. internationale Vermittlungsstelle *f*

IWV (Impulswählverfahren *n*) pulse dialling *or* loop disconnect (LD) method

IZT s. interne Abfrage *f* über Zieltaste

J

Jahrtausendcrash *m* millenium bug *(computers with two-digit year dates saw the year 2000 as 1900, with corresponding consequences for all date-driven programs, s.a. "Y2K"; BS DISC PD2000)*

Jahrtausendfehler *m* millenium bug *(s.a.)*

Ja/Nein go/nogo

JD-Prozessor *m* joint detection (JD) processor *(detects user and signalling information, CDMA, mobile RT)*

Jedermann-Datennetz *n* (Datex-J) value-added data network *(code-transparent access network, 2.4 kbit/s, from 1993)*

Jedermannfunk *m* Citizen's Band (CB) *(11-Meter band, 27 MHz communication channel)*

jeweilig appropriate

Jitter *m* jitter *(PCM)*

Jitterfestigkeit *f* jitter tolerance *(PCM)*

Jitter-Puffer *m* jitter buffer

Job *m* job *(DP)*

Job-Übertragung und -Bearbeitung *f* job transfer and manipulation (JTM) *(ISO RM layer 7 service, successor to RJE, DP)*

Joker *m* wild card *(in file names: ? = one character, * = any number of characters, MS DOS, PC)*

JPL Jet Propulsion Laboratories *(Cal., US)*

J-Serie *f* **der ITU-T-Empfehlungen** J series of ITU-T Recommendations *(relates to the transmission of sound-programme and television signals, s. Table III)*
J.17 audio preemphasis for C MAC/packet and D2 MAC/packet *(ITU-T J.17, s. Table III)*

J-TACS Japanese mobile radio network *(TACS-based)*

Jugendschutzsperre *f* parental lock *(TV, tel.)*

Jukebox *f* juke box *(automatic changer for optical WORM (q.v.) disks)*

justieren align, adjust

Justierschaltung *f* calibration circuit *(TV)*

Justiervorrichtung *f* alignment rig; boresight *(sat. ant.)*

K

KA s. Kabelabschluß *m*

Ka (Kante *f*) edge *(verified transmission path joining two switching nodes)*

KA (Knotenamt *n*) main center office *(US)*

KAA (konzentrierte Amtsabfrage *f*) selective (exchange line) answering

Ka-Band *n* Ka band *(sat., 19 - 36 GHz)*

Kabelabschluß *m* (KA) cable (installation) termination

Kabelanlage *f* cable plant; cable system, cable network

Kabelanordnung *f* wiring configuration

Kabelanschlußeinheit *f* cable access unit (CAU)

Kabelanschlußstelle *f* cable access point (CAP)

Kabelbaum *m* cable harness, cable assembly

Kabelbinder *m* cable tie, tie wrap

Kabelbrunnen *m* jointing manhole, cable pit

Kabelbuchse *f* cable bush

Kabeldämpfung *f* cable attenuation, cable loss

Kabeldämpfung *f* **pro km** kilometric cable attenuation

Kabeldämpfungsbelag *m* cable attenuation coefficient

Kabeldurchführung *f* cable entrance, cable bushing

Kabel-Endschrank *m* cable terminal cabinet

Kabelendverschluß *m* cable termination

Kabelentzerrer *m* cable equalizer

Kabelfernsehanlage *f* (KTV) cable TV system, CTV system

Kabelfernsehen *n* (KTV) cable television (CATV, CTV)

Kabelfernsehnetz *n* cable television network, wired television network

Kabelform *f* formboard *(for cable forming)*

Kabelformbrett *n* formboard *(for cable forming)*

Kabelformgarn *n* lacing cord, thread *or* string

Kabelführung *f* cable management

Kabelführungsplan *m* cabling diagram

Kabelkanal *m* (KK) cable duct, trough

Kabelkasten *m* cable terminating box

Kabelkopfempfangsstelle *f* head end (HE) *(HFC network)*

Kabel(lage)plan *m* cable layout plan

Kabellaufzeit *f* cable delay

Kabelmeßgerät *n* cable tester

Kabelmodem *m* cable modem (CM) *(HFC cable network, data + DVB, DAVIC 1.5 (q.v.) and ETS 300800/ITU-T J.112 A, s. Table III)*

Kabelmodem-Abschlußeinrichtung *f* cable modem termination system (CMTS) *(broadband cable network, DAVIC 1.5/ DOCSIS, US)*

Kabelpaket *n* cable harness, cable assembly

Kabelraster *m* channel spacing *(cable TV, 7/12 MHz)*

Kabelrost *m* cable runway *or* trough

Kabelsatz *m* cable harness, cable assembly

Kabelschacht *m* manhole, cable runway

Kabelschelle *f* cable clamp

Kabelschrank *m* cable (terminal) cabinet

Kabelschuh *m* cable terminal *or* lug

Kabelseite *f* line side

Kabelsendung *f* cablecasting *(TV)*

Kabeltrasse *f* cable route

Kabelverbinder *m* adapter, connector, coupler

Kabelverbindung *f* joint; route

Kabelverzweiger *m* (KVz) cable distributor; cross connection point (CCP)

Kachel *f* tile; page *(memory)*

Kachelung *f* tiling *(idealized hexagonal cell arrangement for mobile RT coverage)*

kalibrieren calibrate *(to determine measuring errors, DIN EN 45001, EN ISO 9000)*

Kalkulationstabelle *f* spreadsheet *(PC SW)*

Kalman-Filter *n* Kalman filter *(state predictor)*

kalte Lötstelle *f* cold solder joint, dry joint

kaltes Ende *n* low side *(circuit)*

Kaltstart *m* cold start *(computer)*

Kammerkabel *n* slotted-core cable *(FO)*

Kammfilter *n* comb filter

Kampagne *f* field trip, workshop

Kanal *m* channel *(ITU-T I.112, G.701, s. Table III)*, port; resource

Kanal *m* **mit Schwund** fading channel *(mobile RT)*

Kanalabgleichung *f* channel alignment *(RT)*

Kanalabstand *m* channel spacing, channel separation

Kanalaufbereitung *f* channel processing *(stereo audio)*

Kanalauslastung *f* channel usage *(factor)*

Kanalbedieneinheit *f* channel service unit *(CATV)*

kanalbegleitende Signalisierung *f* channel-associated signalling (CAS) *(LAN)*

Kanalbelegungsdichte *f* channel loading density

Kanalbündel *n* channel block *(data)*; trunked channels *(PMR)*; channel group *or* set *(transmission)*

Kanalbündelung *f* trunking *(PMR)*, multiplexing *(ISDN)*, channel grouping *(static and dynamic c.g.)*, channel bundling

Kanalcodierung *f* channel coding *(DVB-T FEC)*

Kanaleinteilung *f* channelization

Kanalentzerrer *m* channel equalizer *(mobile RT)*

kanalgebunden channel-associated

kanalgebundene Signalisierung *f* channel-associated signalling (CAS)

kanalgebundene Zeichengabe *f* channel-associated signalling (CAS) *(ITU-T I.112, s. Table IV)*

Kanalhub *m* channel width, channel spacing, channel frequency; deviation *(sat)*

Kanalimpulsantwort *f* channel impulse response (CIR) *(output signal of a transmission system excited with a Dirac impulse; DVB, DAB)*

kanalindividuelle Zeichengabe *f* channel-associated signalling (CAS)

kanalisieren channelize

Kanalisolation *f* interchannel signal/crosstalk ratio

Kanalkennung *f* channel identifier (CID) *(ATM AAL2)*

Kanal-Kennzeichnung *f* channel coding (CC) *(GSM, s. Table VII)*

kanalkonform channel-mapped *(signal coding)*

Kanalkopplung *f* interchannel coupling

Kanallücke *f* interchannel gap

Kanalnebensprechen *n* interchannel crosstalk

Kanalnummer *m* time-slot number (TN) *(GSM 01.04, s. Table VII)*

Kanalraster *m* channel separation (TV); channel spacing *(mobile RT)*; channel allocation; channel arrangement, channel pattern

Kanalschaltung *f* (KS) channel switching *(PCM)*

Kanalschätzer *m* channel estimator *(GSM)*

Kanalsprung *m* transfer in channel

Kanalstörung *f* co-channel interference

Kanalstoßantwort *f* channel impulse response (CIR)

Kanalsuche *f* scanning *(mobile RT)*

Kanalsymbol *n* channel symbol *(from the original dibit, for carrier keying, QPSK)*

Kanalteilung *f* multiple use of channels

Kanalübersprechen *n* interchannel crosstalk *(2-channel TV audio, mobile RT)*

Kanalumsetzer *m* channel converter, channel translating equipment, translator; channel bank

Kanalwahlsystem *n* time-slot interchanger (TSI) *(mobile RT)*

Kanalwechsel *m* handover *(cellular RT)*; channel switching *(DECT, ETSI ETS 300175)*

Kanalweiche *f* channel branching filter *or* network

Kanal-Zeitlage *f* time-slot pattern

Kanal *m* **zum willkürlichen Zugriff** random access channel (RACH) *(UMTS)*

Kanalzuordner *m* channel scheduler *(transm.)*

Kanalzugriffsverfahren *n* channel access method *(e.g. CDMA, TDMA, FDMA)*

K-Anlage *f* (Kommunikationsanlage *f*) digital PBX

kanonisch canonical *(math)*

Kante *f* (Ka) edge *(line joining two nodes (graphs, verified transmission path); also used in "hypermedia", expresses a semantic relationship between "chunks")*

Kantenanhebung *f* edge enhancement *(TV)*

kantenemittierender Laser *m* edge-emitting laser

Kantenstrom *m* fringe current *(ant.)*

Kantenverbinder *m* edge connector *(PCB)*

kapazitätsbeschränkt capacity limited *(downlink, UMTS)*

Kapitälchen *npl* small capitals *(WP, PC)*

Kappen *n* clipping *(subbands in voice encoding)*

Kapsel *f* transducer *(tel)*

Kapselung *f* encapsulation, packaging *(microcircuit)*

Karenzzeit *f* (call acceptance) waiting time

Karte *f* card *(WAP, q.v.)*

Kartei *f* card file

Karteikarte *f* file card; card *(WAP, q.v.)*

Kartenautomat *m* automatic teller machine (ATM)

Kartenbaugruppe *f* (KBG) PCB module

Kartentelefon *n* (KartTel) phonecard phone *(BT)*

Kartenträger *m* card frame *(HW)*

KartTel s. Kartentelefon *n*

Kaskade *f* cascade; tandem
in Kaskade *f* **geschaltet** cascaded

kaskadierbar cascadable

Kassenterminal *n* point of sale (POS) terminal *(telebanking)*

Kassette *f* cassette; cartridge

Kassettenlaufwerk *n* cartridge drive *(streamer, PC)*

Kassiereinrichtung *f* coin-box equipment

Kassierstation *f* coin-operated telephone *(CH)*

Kasten *m* box

katastrophenberechtigt with emergency priority

Katastrophenfall *m* (K-Fall) emergency case

Kategorietest *m* **einer Störungskomponente** degradation category rating (DCR) *(auditive test, tel)*

Kategorietest *m* **mit absoluter Qualitätsbeurteilung** absolute category rating (ACR) *(auditive test, tel)*

Kathodenstrahl-Oszillograph *m or* **-Oszilloskop** *n* (KO) cathode ray oscilloscope (CRO)

Kathodenstrahlröhre *f* cathode ray tube (CRT)

Kavitation *f* cavitation *(ultrasonics)*

K-Band *n* K band *(10.9 - 36 GHz, sat)*

K.Bel. s. Keine Belegung *f*

K-Bereich *m* short-wave band

KBG s. Kartenbaugruppe *f*

KDS s. Kein Digitalsignal

KE (Konzentratoreinheit *f*) concentrator *(VSAT user interface multiplexer)*

Keep-Alive-Paket *n* keep-alive packet, watchdog packet *(ISDN router function to "keep alive" an idle application)*

kegelstumpfartig truncated *(geometry)*

Kehlkopfmikrofon *n* throat microphone

Kehlkopfmikrophon *n* necklace microphone

Kehrlage *f* inverted *or* reversed position *(RF carrier sideband)*

Kehrwert *m* reciprocal (value) *(math.)*

Keil *m* wedge, key *(HW)*

Keim *m* seed *(CRC, image processing)*

Keine Belegung *f* (K.Bel.) no loop closure on a/b wires; no seizure

Kein Digitalsignal *n* (KDS) no signal *(ACM function, PLE)*

Keine Empfangsbereitschaft *f* receive not ready (rnr) *(videotex)*

keine Festlegung *f* further study (required) (FS) *(ISDN)*

Kein Licht no light *(bus idle state, FO)*

Kelch *m* barrel *(crimp contact)*

Keller *m* stack *(computer)*

Kellermaschine *f* computer with LIFO memory structure

Kellerungsprinzip *n* LIFO principle *(DP, finite state machines)*

Kennbit *n* flag bit, identifier bit

Kennblatt *n* data sheet

Kenndaten *npl* characteristic data, characteristics; system specification

kennen accept *(e.g.: the program accepts)*

Kennfeld *n* set of curves

Kennfrequenz *f* code frequency *(for ones and zeroes, TTY)*; assigned frequency; characteristic frequency

Kenngröße *f* characteristic quantity

Kennhülse *f* ferrule *(cable)*

Kennlinie *f* characteristic (curve)

Kennlinienknick *m* kink (in the curve)

Kennsatz *m* label *(data, MPLS)*

Kennschritt *m* parity check bit *(TC)*

kenntnisbasierende Verkehrslenkung *f* skill based routing *(call centre agent)*

Kennton *m* calling tone *(transm.)*; pilot tone *(TV)*

Kennung *f* identification code *(message header)*; identifier, flag; code, selection code *(SS7 MTP)*, prefix *(dialling code, LCR)*; password *(data base access)*; extension *(file)*

Kennung *f* **der Basisstation** *f* base station identity code (BSIC) *(GSM, s. Table VII)*

Kennung *f* **des virtuellen Kanals** virtual channel identifier (VCI) *(ISDN, ITU-T I.150/I.361)*

Kennung *f* **des virtuellen Pfades** virtual path identifier (VPI) *(ISDN, ITU-T I.150/ I.361)*

Kennungsbit *n* code bit *(TC)*

Kennungsgeber *m* answerback unit *(telex)*

Kennungswort *n* keyword, password

Kennungszuordner *m* answerback allocator

Kennwert *m* characteristic (value), parameter, attribute *(network)*

Kennwort *n* keyword; password; alignment signal *(data transmission)*

Kennzahl *f* code number

Kennzahl *f* **der Zielvermittlungsstelle** destination point code (DPC)

Kennzahlbereich *m* area code *(US)*

Kennzahlbereichsteilung *f* area code split, NPA split *(allocation of new area codes, US)*

Kennzahlenpunkt *m* code point *(ISDN)*

Kennzahlweg *m* (KZW) final route

Kennzeichen *n* (KZ) switching signals *(tel)*; signalling code *(PCM)*; signal *(SS7)*; identification (code); flag

Kennzeichenabschnitt *m* signalling data link

Kennzeicheninformation *f* signalling data *(PCM)*

Kennzeichenkanal *m* signalling channel

Kennzeichennachricht *f* signalling message *(SS7, s. Table III)*

Kennzeichenumsetzer *m* (KZU) signalling converter *(tel. signalling)*

Kennzeichenwort *n* signalling time slot

kennzeichnen identify, mark, flag, tag

Kennzeichnung *f* identifier, identification (ID); tagging

Kennziffer *f* code digit

Kennzustand *m* significant condition *or* state *(TTY)*

Kerbfilter *n* notch filter

Kern *m* core *(cable)*; kernel *(OS)*; executive *(EMA)*

Kernfunktion *f* central function

Kernnetz *n* core (network)

Kernnetzknoten *m* core switch *(ATM)*

Kernnetzvermittlungsknoten *m* core switch *(ATM)*

Kernsoftware *f* **für intelligente Terminals** (KIT) Kernel software for intelligent terminals *(DBT T-Online, vtx software)*

KET s. Kettengespräch *n*

Kette *f* chain; string *(of characters)*

Kettencode *m* string code *(data compression)*

Kettengespräch *n* (KET) serial call, series call *(BT)*, series return, automatic sequence call, sequential call

Kettenregel *f* association law *(ITU-T I.340, s. Table IV)*

Kettentabelle *f* string table *(data compr.)*

Kettenverstärker *m* distributed amplifier *(LNA)*; transmission line amplifier *(tel)*

Kettung *f* chaining *(of messages)*; association *(connection elements, ITU-T I.430, s. Table IV)*

Keule *f* beam *(ant.)*

Keulenachse *f* boresight *(ant.)*

KF s. keine Festlegung *f*

KF (Koppelfeld *n*) switching network, switching (network) array

K-Fall s. Katastrophenfall *m*

KFS s. Konferenzsatz *m*

Kfz-Einbausatz *m* car installation kit *(mobile RT)*

KG (Koppelgruppe *f*) switching unit

KGABST (Koppelgruppen-Steuerteile *npl* für Koppelgruppen AB) control units for switching units AB

KGW (Knotengruppenwähler *m*) regional group selector

KI (künstliche Intelligenz *f*) artificial intelligence (AI)

kilometrische Kabeldämpfung *f* kilometric cable attenuation

Kineskop *n* kinescope *(CRT)*

Kinnbügelempfänger *m* chinstrap receiver *(ENG)*

Kinderfunk *m* citizen's band *(CB, 11-Meter band, 27 MHz communication channel)*

Kindersicherung *f* child-proofing, child-proof device

Kindersperre *f* parental lock *(TV, tel.)*

kippen switch, change state *(flip flop)*; trigger; pull out of synchronism; invert *(bit)*; tilt *(mech.)*

Kippschalter *m* toggle (switch)

Kippsicherheit *f* stability

Kippstufe *f* flip-flop

Kippverstärker *m* sweep amplifier *(CRO)*

Kippwahl *f* sweep range *(CRO)*

Kissenverzeichnung *f* pincushion distortion *(TV)*

KIT s. Kernsoftware *f* für intelligente Terminals

KK s. Kabelkanal *m*

KK s. Kommentarkanal *m*

Kl s. Klappe *f*

Kl s. Kunstleitung *f*

Klammer *f* clamp *(gen. HW)*, double-sided clamp *(rack)*

Klammeräffchen *n* commercial at, at sign *(@, e.g. in an E-mail address, special character code: ALT + 64 or (at))*

Klammeraffe *m* s. Klammeräffchen

Klang *m* sound

Klangfarbe *f* pitch

klanggetreu high-fidelity

klanggetreue Sprach(wiedergab)e *f* high-quality speech (reproduction)

klanggetreue Wiedergabe *f* high fidelity, hi-fi

Klappblende *f* flip *(video film)*

Klappe *f* (Kl) extension *(A, number; tel)*; flap *(aero)*

Klappenstellung *f* flap position *(aero)*

Klartext *m* plain (language) text

Klasse *f* class; category, line category; grade *(quality)*

Klassenkennzeichnung *f* class-of-service code

Klassierung *f* screen(ing) *(polling, tel.)*

Klassiervorrichtung *f* classifier

Klassifizierfunktion *f* classifier *(DP)*

Kleinbüro-, Heimbüro-Gerät *n* small office, home office (SOHO) equipment

kleiner gleich less than or equal to *( )*

Kleinlader *m* trickle charger *(charging time 8 hrs)*

Kleinleistungstransistor *m* low-power transistor

Kleinsignal *n* small signal *(semiconductor)*, low-level signal

Kleinstation *f* very small aperture terminal (VSAT), micro earth station (MES) *(Ku band)*

Kleinstzelle *f* picocell *(RT within one building, DECT)*

Kleinstzellen-Basisstation *f* picobase

Kleinzelle *f* microcell *(cellular RT)*

Kleinzellen-Basisstation *f* microbase *(cellular RT)*

Kleinzellenfunk *m* (micro)cellular radio

Kleinzellennetz *n* microcellular network (MCN)

Kleinzonenfunk *m* microcellular radio

Klemmdiode *f* clamping diode *(TV)*

Klemme *f* clamp, terminal *(HW)*

Klemmelement *n* clamp *(circuit)*

klemmen clamp *(e.g. voltage level)*

Klemmen-Ausfallspannung *f* terminal failure voltage

Klemmenbaustein *m* terminal module

Klemmenbrücke *f* terminal link

Klemmenkasten *m* terminal box

Klemmenleiste *f* terminal strip

Klemmschaltung *f* clamp (circuit)

Klickrate *f* click rate *(E-Business)*

klimatisiert air conditioned

Klimatisierung *f* air conditioning

Klingeldraht *m* bell wire

klingeln ring *(telephone, at terminal)*

Klingelstörer *m* nuisance caller *(tel)*

Klingelton *m* ringing sound *(tel)*

Klingelzeichen *n* bell signal

Klinkenfeld *n* jack panel, jackfield *(panel)*

Klinkenstecker *m* phone plug, jack plug

klippen clip *(signal, picture)*

Klirrdämpfung *f* harmonic ratio

Klirren *n* harmonic distortion

Klirrfaktor *m* total harmonic distortion (THD); distortion factor *(voice channel)*

Klirrgeräusch *n* intermodulation noise

Klirrproduktion *f* (generation of) harmonics *(EMC)*

Klirrverzerrung *f* harmonic distortion

KMU (kleine und mittelständische Unternehmen *npl*) small and medium-sized enterprises (SME)

KN s. Koppelnetz *n*

Knacken *n* clicking, crackling *(voice channel)*

Knackschutz *m* click suppressor

Knackstörung *f* clicking *(voice channel, noise pulses with max. duration of 200 ms and at least 200 ms spacing))*

Knicklinienverzeichnung *f* gullwing distortion *(TV)*

Knoten *m* junction *(HW network)*; node *(ITU-T I.112, s. Table IV; network, multimedia)*

Knotenamt *n* (KA) secondary exchange, main center office, toll center *(US, 2nd hierarchical level)*; primary centre *(DDD)*

Knotenanwahl *f* node selection

Knoteneinrichtung *f* nodal equipment

Knotengruppenwähler *m* (KGW) regional group selector

knotenintern intranodal

Knotennetz *n* multipoint network

Knotenpunkt *m* crosspoint *(passive signal matrix)*

Knotenrechner *m* remote front-end *or* communication processor *(network)*

Knotenstation *f* concentrator *(TC)*

Knotenvermittlung *f* (KnV) tandem switching

Knotenvermittlungsstelle *f* (KVSt) nodal switching centre; primary centre *(DDD)*, group switching centre *(GB)*, main switch *(US)*, regional exchange (RX); toll centre *(DTAG mobile radio)*

KnV (Knotenvermittlung *f*) tandem switching

KO s. Kathodenstrahl-Oszillograph *m*

koaxial (Kx) coaxial

koaxiale Schaltbuchse *f* switched coaxial jack

Koaxialkabel *n* coaxial cable *(RG 58/U)*

Koaxsteckverbinder *m* coaxial plug (connector), bayonet nut coupling *or* connector (BNC)

Kode *m* s. Code *m*

Kodierung *f* s. Codierung *f*

Koexistenz-Band *n* coexistence band *(LAN, for external signals transmitted in-band)*

kohärente Demodulation *f* coherent demodulation *(dig. radio)*

kohärente Phasenumtastung *f* coherent phase shift keying (CPSK)

kohärent-optische Nachrichtentechnik *f* (KONT) coherent optical telecommunications *(heterodyning)*

kohärentes Vielkanalsystem *n* coherent multichannel (CMC) system *(FO, RACE project 1010)*

Kohärenz *f* coherence *(ISDN)*

Kohärenzmultiplexkanal *m* coherence multiplexed channel *(FO)*

Kohlemikrofonkapsel *f* carbon button

Kohorte *f* cohort *(statistical universe)*

kohortennormiert cohort normalized *(statistics)*

Kollisionen *fpl* **auflösen** resolve collisions

Kollisionsauflösung *f* collision resolution *(access control)*

Kollisionsentflechtung *f* collision resolution

Kollisionserkennung *f* collision detect (CD) *(PCM data)*

kollisionsfreie Einspeisung *f* buffer insertion *(ring networks)*

kollisionsfreier Vielfachzugriff *m* conflict-free multiaccess (CFMA) *(sat)*

Kollisionssignal *n* jam signal *(CSMA/CD)*

Kollokationsraum *m* collocation room *(for the MDF of an alternative carrier, tel. exch.)*

Kombikonverter *m* dual-band converter *(sat)*

Kombikraftwerk *n* combined heating and power station

Kombinationsdiversität *f* combining diversity

Kombinationsfeld *n* combo box *(MS Windows, PC)*

Kombinierer *m* combiner *(FO)*

kombiniertes S-Band *n* unified S-band (USB) *(sat)*

kombiniertes Sprachsignal *n* composite voice signal *(ATM)*

Kombiverschraubung *f* screw assembly *(cable couplings)*

komfortabel user-friendly

Komfortabilität *f* comfort level

Komfortfunktion *f* high-convenience function *(bearer service)*

Komfortgerät *n* added-feature device *(Tel)*

Komfortgeräusch *n* comfort noise (CN) *(DTX)*

Komfortmerkmal *n* added feature *(tel)*

Komforttelefon *n* (K.-Tel.) feature telephone; added-feature telephone, de-luxe set

Komfortzusatz *m* convenience attachment *(tel)*

Kommandomikrofon *n* public address microphone

Kommandosender *m* talkback transmitter *(broadc.)*

kommend incoming *(call)*

kommend belegt seized incoming *or* in the incoming direction

Kommentar *m* comment, remark (REM) *(PC)*, annotation

Kommentarkanal *m* (KK) commentary channel *(DVB, 64 kbit/s)*

kommentieren comment on; annotate

Kommentieren *n* commenting, annotation

Kommunikation *f* communication; call *(ISDN)*

Kommunikation *f* **auf dem Stromnetz** powerline communication (PLC) *(3-148,5 kHz, CSMA, EN 50065)*

Kommunikation *f* **in Gebäuden** indoor communication

Kommunikation *f* **mit Sprachprädiktionscodierung** speech predictive encoding communication (SPEC)

Kommunikationsanlage *f* (K-Anlage) digital PBX

Kommunikationsaufbau *m* call initialization, call progress *(ISDN)*

Kommunikationsbearbeitung *f* call handling *(ISDN)*

Kommunikationsbeziehung *f* (communication) session *(network)*, communication, connection

Kommunikationsdaten *npl* call data *(ISDN)*

Kommunikationsdatenzeile *f* call identification line *(teletex, ITU-T I.241, s. Table IV)*

Kommunikationsendgerät *n* communication terminal *(e.g. mobile)*

kommunikationsfähig communicating *(devices)*

Kommunikationsgüter *npl* communication material

Kommunikationskanal *m* information channel *(gen.)*, traffic channel (TCH) *(mobile RT)*, C channel *(V interface)*

Kommunikationskennung *f* call reference *(ISDN)*

Kommunikationsnebenstellenanlage *f* private communication switching system, digital PBX, auxiliary-exchange communications installation

Kommunikationsprotokoll *n* gateway protocol *(international vtx, e.g. EHKP for FRG, Prestel for GB, Teletel for FR)*

Kommunikationsrechner *m* (KR) gateway computer *(vtx)*; front-end processor (FEP)

Kommunikationssteuerungsschicht *f* session layer *(layer 5, OSI 7-layer reference model, s. Table I)*

Kommunikationssteuerungs-Dienst *m* session service (SS)

Kommunikationssystem *n* **mit drahtlosem Zugriff** Wireless Access Commmunications System (WACS) *(US, WLL)*

Kommunikationssystem *n* **mit Totalzugriff** Total Access Communications System (TACS) *(GB "Cellnet" u. "Vodafone", JRTIG, mobiles Analog-Fernsprechsystem auf Basis von AMPS (US), 900 MHz)*

Kommunikationstechnik *f* communication engineering, telecommunication

kommunikationstechnisch communicative *(US)*

Kommunikationsteilnehmer *m* communications user

Kommunikationsverarbeitung *f* call processing *(ISDN)*

Kommunikationsverbindungs-Anpassungseinheit *f* session adaptation manager *(MOVE)*

Kommunikationswunsch *m* communication request

Kommunikationszugriffmethode *f* communication access method (CAM)

Kommunikationszustand *m* call state

Kommunikation *f* **über die Stromleitung** powerline carrier (PLC) transmission *(3–148,5 kHz, CSMA, EN 50065)*

kommutative Verknüpfung *f* commutative operation *(one in which the order of individual operations is unimportant and any order always leads to the same overall operation)*

Kommutator *m* commutator, multiplexer *(telemetry)*

kompakt compact

Kompaktanlage *f* music centre

Kompaktbauweise *f* compact structure

Kompaktierung *f* compaction *(data)*

Kompandergesetz *n* companding *or* encoding law

kompandierte FM *f* companded FM (CFM) *(sat)*

Komparator *m* comparator

Kompatibilität *f* **der oberen Schichten** high layer compatibility (HLC) *(ISDN)*

Kompatibilität *f* **der unteren Schichten** low layer compatibility (LLC) *(ISDN)*

Kompensationsstrom *m* back-off current

Komplement *n* complement *(math.)*

komplementär complementary

Komplementärcode-Tastung *f* complementary code keying (CCK) *(based on MBOK q.v., WLAN, IEEC 802.11)*

komplementieren complement *(math.)*

Komplettkit *n* full kit *(MPC upgrade)*

komplex complex

Komplex *m* complex *(building, campus)*

Komplexität *f* complexity

komplexwertige Zahl *f* complex(-valued) number

kompliziert complicated, complex

Komponentenbehandlung *f* component handling (CHA) *(GSM, s. Table VII)*

Komponentensignal *n* component signal; non-composite signal *(Y-C signal, TV)*

Kompression *f* compression *(coding to reduce the (video) data rate)*

Kompressionsalgorithmus *m* compression algorithm

Kompressionsfaktor *m* compression rate

Kompressionslayer *m* compression layer *(DVB)*

Kompressionsschicht *f* compression layer *(DVB)*

komprimieren compress *(data)*, pack *(files)*

Komprimierer *m* compressor *(data)*

Komprimierung *f* compression *(coding to reduce the (video) data rate, files)*

Kompromiß *m* compromise, trade-off

Kompromißentzerrer *m* compromise equalizer

Kondensator *m* capacitor

konfektionierte Leitung *f* cable assembly

Konfektionierung *f* prefabrication

Konferenzberechtigung *f* conference access status

Konferenzbrücke *f* conference bridge, conferencing bridge *(tel)*

Konferenzeinrichtung *f* bridging

Konferenzführer *m* controller, initiator, chairman *(tel)*

Konferenzleiter *m* controller, initiator, chairman

Konferenzruf *m* Conference Calling (CONF) *(ISDN)*

Konferenzsatz *m* (KFS) conference circuit; bridge, conference bridge *(ISDN)*

Konferenzschaltung *f* multiparty service *(GSM supplementary service, s. Table VII)*, group call *(mobile RT)*; conferencer *(switching sys.)*

Konferenzschaltungs-Zugangssteuerung *f* conferencing access controller (CAC)

Konferenztaste *f* conference button

Konferenzteilnehmer *m* conferee, party *(tel)*

Konferenz-Telefonnummer *f* conference number; bridge (number) *(mobile RT)*

Konfetti *n* chad *(PT)*

Konfiguration *f* configuration; fabric *(switching network)*

Konflikt *m* contention *(bus access)*

Konfliktauflösung *f* conflict resolution, conflict control, contention control *(bus)*

konfliktfrei contention-free, conflict-free *(bus)*

Konfliktsteuerung *f* contention control *(bus)*

konform compliant

Konformitätserklärung *f* statement of compliance

Konformitätskriterium *n* criterion of conformance *(ATM traffic control)*

Konformitätsprüfbericht *m* conformance test report

Konformitätsprüfung *f* conformance testing

Kongruenz *f* congruence *(block matching, image coding)*

konjugiert-komplexes Quadraturfilter *n* conjugate quadrature filter (CQF) *(image processing)*

konkret physical *(e.g. repeater)*

Konkurrenzbetrieb *m* contention (mode), contend mode

konkurrieren compete, contend

konkurrierend concurrent *(connection configuration)*
im konkurrierenden Zugriff *m* in a competitive-access method

Konnektivität *f* connectivity *(network elements)*

Konnektivitätsgraph *m* connectivity graph *(network analysis)*

Konsistenz *f* consistency *(math)*

konstante Bitrate *f* constant bit rate (CBR) *(ISDN; ATM service category, for voice and video conferences, correponds to DBR, q.v.))*

konstante Länge *f* fixed length

konstanter Dämpfungsverlauf *m* flat attenuation

konstanter Fehler *m* bias error *(sat. power measurement)*

konstante Verbindungsverzögerung *f* constant call delay (CCD)

Konstanz *f* stability *(frequency)*

Konstellation *f* constellation *(signal)*; configuration *(HW)*

Konstellationsdiagramm *n* constellation diagram, constellation pattern *(IQ constellation, OFDM)*

konstruieren design, construct

Konstruktion *f* structure, design

Konstruktionsteil *n* structural part

Konsumelektronik *f* consumer electronics

KONT s. kohärent-optische Nachrichtentechnik *f*

Kontakt *m* contact

Kontakt *m* **herstellen** mate

kontaktbehaftet with contacts

Kontaktfeld *n* contact bank *(selectors)*

Kontaktloch *n* via *(PCB)*

kontaktlose Chipkarten-Schnittstelle *f* contactless chip card interface (CCI) *(C2 card, ISO 7816)*

Kontaktstift *m* pin *(IC)*

Kontaktstiftbelegung *f* pinout *(IC)*

Kontextableiteeinheit *f* contact extractor *(coding)*

kontinuierliche Phasenmodulation *f* continuous phase modulation (CPM)

kontinuierliche Welle *f* continuous wave (CW)

Kontinuitätsprüfung *f* continuity test

Kontokarte *f* charge card

kontrastarm low-contrast, flat *(image)*

Kontrastempfindlichkeit *f* contrast sensitivity

Kontrastverstärkung *f* contrast enhancement *(TV)*

Kontrollampe *f* pilot lamp, warning lamp

Kontrollbit *n* check bit, flag bit

Kontrollbitgenerator *m* c(eck bit generator

Kontrollempfänger *m* monitor *(TV broadcasting, ant. radiation)*

Kontrollgerät *n* monitoring device *(e.g. printer)*

kontrollieren check, monitor

Kontrollkästchen *n* check box *(MS Windows, PC)*

Kontrollkopf *m* control(-track) head *(VTR)*

Kontrollmonitor *m* review monitor *(TV)*

Kontrollnetz *n* management network

Kontrollschritt *m* check bit *(TC)*

Kontrollsichtgerät *n* monitor

Kontrollsuchlauf *m* check search

Kontrollwort *n* check word *(CRC)*

Kontrollzentrum *n* hub *(EMA)*

Kontur *f* contour

Konturverstärkung *f* edge enhancement, crispening *(TV)*

Konvergenz *f* convergence *(e.g. of voice and data transmission)*

Konvergenzfehler *m* misconvergence *(TV, Monitor)*

Konvergenz-Teilschicht *f* convergence sublayer (CS) *(B-ISDN)*

Konvergenzzeit *f* convergence time *(dig. filter)*

konvergieren converge *(math)*

Konversionswirkungsgrad *m* conversion efficiency *(laser)*

Konverter *m* converter

Konvertierungsprogramm *n* conversion program *(SW)*

Konzentrationsstufe *f* concentration stage *(switching)*

Konzentrator *m* concentrator *(ITU-T I.430.E (Table IV), connects physical or logical communication channels to a small number of transmission channels)*; multiplexer, star coupler, hub *(VSAT, USB)*

Konzentrator-Einheit *f* (KE) concentrator *(VSAT user interface multiplexer)*

Konzentratoreinrichtung *f* digital line unit (DLU) *(TDM, IN)*

Konzentratorzentrale *f* remote switching unit (RSU)

konzentrieren concentrate; consolidate *(access points)*

konzentrierte Abfrage *f* **von Internrufen** (IA) switched-loop *or* selective answering of internal calls *(PBX)*

konzentrierte Amtsabfrage *f* (KAA) selective exchange line answering

konzentrierte Überlast *f* focussed overload *(traffic handling)*

Konzentrierung *f* consolidation *(traffic)*

Konzept *n* concept

konzeptionell conceptual

konzeptionelle Dependenz *f* conceptual dependency *(speech analysis)*

Konzession *f* licence *(CH, BAKU)*

Koordinatenschalter *m* crossbar switch

Koordinatenschalteramt *n* crossbar (selector) exchange (XB) *(analog)*

Koordinatenschalteramt *n*, **unsymmetrische Zeichengabe** crossbar exchange, unbalanced signalling (XBU)

Koordinatenstecker *m* matrix plug *(signal distributor)*

Koordinatenwähler *m* crossbar switch

Koordinationszähler *m* semaphore *or* semaphore counter

koordinierte Weltzeit *f* universal time coordinated (UTC)

Kopf *m* header *(ITU-T I.113, s. Table IV)*

Kopfamt *m* gateway exchange *(GB)*, gateway center *(US, 5th hierarchical level)*

Kopffehlersicherung *f* header error control (HEC) *(ATM)*

Kopffeld *n* header (field) *(PDU, ATM)*, overhead *(cell, ATM)*

Kopfhörer *m* headset, headphones, earphones

Kopfhörergarnitur *f* headset

Kopfrad *n* headwheel, scanner *(VTR, VCR)*

Kopfset *n* headset

Kopfsprechgarnitur *f* (operator's) headset *(PBX)*

Kopfsprechhörer *m* headset *(PBX)*

Kopfstation *f* head station *(cable TV)*

Kopfstelle *f* head station, head end, front end *(cable TV)*

Kopfteil *m* overhead *(TDM)*, header (part) *(ATM)*

Kopfvermittlungsstelle *f* gateway

Kopfzusatz *m* header extension

Kopie *f* copy, replica; clone *(VOD)*

Kopien *fpl* **sortieren** collate copies *(Drucker)*

kopieren copy *(also cells in ATM multicasting)*, duplicate, transcribe *(memory-memory)*, replicate, clone

Kopiereinrichtung *f* data move controller (DMC) *(frame relaying)*

Kopierer *m* copier

Kopiergerät *n* copying machine

Kopierschutzschaltung *f* program protection circuit, dongle *(active hardware element (scrambler/descrambler) to prevent unauthorized copying from disks, tapes, PCs, must be in place to access the software)*

Kopierschutzstecker *m* dongle

kopolare Dämpfung *f* copolar attenuation (CPA) *(sat. ant.)*

Kopolarisationsdiskrimination *f* copolarisation discrimination (CPD) *(sat. ant.)*

Kopolarisationsunterdrückung *f* copolarisation discrimination (CPD) *(sat. ant.)*

Koppelabschnitt *m* switching section *(totality of all switching stages)*

Koppelanordnung *f* switching network *(tel. sys.)*

Koppelbaustein *m* switch, switching module; interface

Koppeleinheit *f* switching unit *or* matrix

Koppeleinrichtung *f* switching network, switch; repeater *(subnetworks)*

Koppeleinrichtung *f* **für Mehrfachnutzung** multi-role switch (MRS)

Koppelelement *n* switching element *(ATM switch fabric)*

Koppelfaktor *m* coupling ratio *(OWG)*

Koppelfeld *n* (KF) switching network *or* stage, switching (network) array *or* matrix *(tel)*, matrix switch *(US)*; crossconnect *(DP)*

Koppelfeldebene *f* matrix plane

Koppelfeldeinstelleinrichtung *f* matrix setting equipment

Koppelfeld *n* **mit einfacher Wegemöglichkeit** single-path (switching) network *(ATM)*

Koppelfeld *n* **mit mehrfacher Wegemöglichkeit** multiple-path (switching) network *(ATM)*

Koppelfeldscheibe *f* matrix plane *(ATM)*, switching slice

Koppelglied *n* coupling element *or* device *(FO)*, interface

Koppelgruppe *f* (KG) switching unit *(tel)*

Koppelgruppen-Steuerteile *npl* **für Koppelgruppen AB** (KGABST) control units for switching units AB

Koppelhülse *f* alignment sleeve *(FO)*

Koppelkondensator *m* coupling capacitor

Koppelmatrix *f* switching matrix, crossbar *(switch fabric)*

koppeln couple; switch; interface, interconnect

Koppelnavigation *f* dead-reckoning navigation, compound navigation; integrated navigation

Koppelnetz *n* (KN) switching network, switching matrix; (switch) fabric *(ATM)*

Koppelnetz *n* **für (höhere) Übertragungsmerkmale** facilities switching network *(US)*

Koppelnetz-Baustein *m* switch; switch port *(System 12)*

Koppelnetzsteuerung *f* switch controller

Koppelnetzwerk *n* connecting network

Koppelortung *f* compound navigation system *(EVA, updated by RDS)*

Koppelpunkt *m* crosspoint *(passive signal matrix, crosspoint matrix)*; switching element, switching point *(active signal matrix)*

Koppelschaltung *f* switching circuit

Koppelscheibe *f* matrix plane *(ATM node)*

Koppelspeicher *m* communications buffer

Koppelstelle *f* connecting point, switching point, interface *(PBX/exch. line)*

Koppelstruktur *f* switch fabric *(ATM)*

Koppelstufe *f* switching stage, connecting stage

Koppelstufeninformationsspeicher *m* switching memory *(switching network)*

Koppelverbindung *f* switching connection

Koppelvielfach *n* switching matrix

Koppelvielfachreihen C-Steuerteile *npl* (KVRCST) switching matrix row C control units

Koppelvorrichtung *f* interconnect device

Koppelweg *m* switching path

Koppelwegverfügbarkeit *f* switch(ing) path availability *(exch.)*

Koppler *m* coupler *(FO)*; (connecting) matrix; connecting network; switching matrix, switching unit, switch; gateway *(mobile radio)*

Koppler *m* **mit konstanter Polarisation** polarisation-maintaining (PMC) *or* -preserving coupler *(FO, Sagnac loop)*

Koppler-Mobilvermittlungsstelle *f* gateway mobile switching centre, gateway MSC

Kopplersteuerung *f* switch controller

Kopplung *f* coupling *(HW)*, interconnection *(computers, networks)*, association

Kopplungsausgleich *m* balancing *(cable)*

Kopplungsgrad *m* transmission coefficient *(FO)*; coupling coefficient, degree of coupling, coupling ratio

Kopplungskondensator *m* coupling capacitor, DC-blocking capacitor

Kopplungswiderstand *m* (surface) transfer impedance (STI) *(cable, ITU Rec. I.432, s. Table IV)*

KOR s. Korrelationszähler *m*

Körnchen *n* granule *(math., MPEG audio)*

Körnigkeit *f* graininess *(image, repro.)*, granularity *(data stream)*

Körnung *f* graininess *(image, repro.)*

Körperentladung *f* human body discharge (HBD)

korrekt correct, proper

Korrektur *f* correction; patch *(SW)*

Korrektur *f* **der Zeitfrequenzmarken** program clock reference (PCR) correction, restamping

Korrekturverstärker *m* processing amplifier *(video)*

Korrekturwert *m* compensating value. offset value

Korrelation *f* correlation *(math.)*

Korrelationsanalysator *m* correlator

Korrelationsempfänger *m* correlative receiver, RAKE receiver *(non-coherent CDMA decoder, mobile RT)*

Korrelationszähler *m* (KOR) correlation counter (COR)

korrelativer Empfänger *m* correlative receiver *(non-coherent CDMA decoder)*

Korrelator *m* correlator

korrespondieren communicate *(computers)*

korrigierbar correctable, recoverable *(error)*

Kosinussatz *m* cosine law, law of cosines *(math.)*

kostenoptimierte Wegesuche *f* least cost routing (LCR) *(tel)*

Kostenstelle *f* cost centre

Kostenübersicht *f* courtesy bill *(GSM, s. Table VII)*

Kovarianz *f* covariance

KR s. Kommunikationsrechner *m*

kraftfrei einzuführende Verbindung *f* zero insertion force (ZIF) connector

Kraftschluß *m* non-positive *or* frictional connection *(mech.)*

kraftschlüssig non-positively locked *(mech.)*

kraftschlüssige Verbindung *f* non-positive *or* frictional connection *(mech.)*

Kreditkarte *f* credit card

Kreditkartenanruf *m* Credit Card Calling (CRED) *(ISDN, IN)*

Kreditverfahren *n* credit procedure *(PCM data block transmission)*

Kreiselmotor *m* spin motor *(gyroscope)*

Kreisfrequenz *f* angular frequency

Kreis *m* **hoher Güte** high-Q circuit

Kreisprüfung *f* cycle test *(transmission)*

Kreissegment *n* circular segment *(math.)*

Kreiszahl *f* pi ([1], *ratio between circumference and diameter of a circle)*

kreuzender Sinkflug *m* crossover descent *(aero., crossing the flight path of another aircraft, GPWS (q.v.))*

kreuzender Steigflug *m* crossover climb *(aero., crossing the flight path of another aircraft, GPWS (q.v.))*

Kreuzfeldverstärker *m* crossed-field amplifier

Kreuzgittercodierung *n* trellis coding

Kreuzglied *n* lattice filter *(digital audio)*

Kreuzkabel *n* modem eliminator *(direct DTE-DTE connection)*

Kreuzklemme *f* four-wire connector

Kreuzkopplung *f* cross coupling

Kreuzkorrelationswert *m* cross correlation value

Kreuzlinienmuster *n* crosshatch pattern *(TV monitor test)*

kreuzpolare Leistung *f* cross-polar level (XPL) *(sat. ant.)*

Kreuzpolarisationsdiskriminierung *f* cross polarisation discrimination (XPD) *(sat)*

Kreuzpolarisationsentkopplung *f* cross polarisation isolation (XPI) *(sat)*

Kreuzpolarisationsmodulation *f* cross polarisation modulation *(FO, Kerr effect)*

Kreuzpolarisationsunterdrückung *f* cross polarisation discrimination (XPD), cross polarisation rejection *(sat)*

Kreuzschiene *f* (KS) crossbar *(video matrix)*

Kreuzschienenschalter *m* crossbar switch

Kreuzschienenverteiler *m* crossbar distributor, matrix *(audio, video)*; matrix distribution panel

Kreuzschienenwähler *m* crossbar selector

Kreuzsicherung *f* cross-check *(coding)*

Kreuzungspunkt *m* crosspoint *(ATM switching matrix)*

kreuzweise abgefragt cross-interrogated *(memory)*

kreuzweiser Datenvergleich *m* cross-comparison of data

Kreuzwippe *f* four-way rocker switch, multifunction rocker switch *(VTR)*

Kristall *m* crystal

kritische Topographie *f* difficult terrain *(TV/ mobile RT transmission)*

KRN s. Kurzrufnummer *f*

Kryptotechnik *f* cryptographic technology

KS (Kanalschaltung *f*) channel switching *(PCM)*

KS ("kein Signal") "no signal" signal

KS s. Kreuzschiene *f*

K-Serie *f* **der ITU-T-Empfehlungen** K series of ITU-T Recommendations *(relates protection against interference, s. Table III)*

KTV (Kabelfernsehen *n*) cable television (CTV, CATV)

K.-Tel. (Komforttelefon *n*) feature telephone; added-feature telephone

Ku-Band *n* Ku band *(15,3–17,2 GHz, sat)*

kubische B-Spline *f* cubic B-spline *(repro)*

Kugeldiagramm *n* omnidirectional pattern

Kugelmikrofon *n* omnidirectional microphone

Kühlflansch *m* component case *(semicond.)*

Kühlkörper *m* heat sink *(semiconductor)*

Kundenanlaufstelle *f* help desk

Kundenanpassung *f* customization

Kundenberatungsstelle *f* customer advice bureau; help desk

Kundenbetreuer *m* operator *(GSM)*, customer engineer *(IBM, gen.)*

Kundenbetreuung *f* customer service, customer relationship management (CRM) *(marketing, sales & service)*

Kundenmanagement *n* customer relationship management (CRM)

kundenprogramierbares Verknüpfungsfeld *n* field programmable gate array (FPGA)

kundenspezifisch custom-designed, customized, user-specific

kundenspezifische Anpassung *f* customization

kundenspezifische Lokalbereichsübermittlungsdienste *mpl* custom local area signalling service (CLASS) *(IN)*

kundenspezifisches Anwenderprogramm *n* customized user program

Kundenstandort *m* customer site *or* premises

Kundenverwaltungssystem *n* Customer Care & Billing System (CC&BS) *(GSM, IN)*

Kunstantenne *f* artificial antenna, dummy antenna, dummy load *(TV transmitter)*

Kunstlast *f* dummy load

Kunstleitung *f* (Kl) artificial line, dummy line

künstliche Intelligenz *f* (KI) artificial intelligence (AI)

künstliche Leitung *f* balancing network *(cable)*

künstliches Geräusch *n* comfort noise *(tel)*

künstliches Neuronennetz *n* artificial neural network (ANN)

künstliche Störungen *fpl* man-made noise

Kunststoff-Chipträger *m* **mit J-förmigen Anschlüssen** plastic J-leaded chip carrier *(PCB assembly)*

Kunststofflichtwellenleiter *m* (KWL) all-plastic fibre *(FO)*

Kunststoffstecker *m* moulded plug

Kupferdoppelader *f* copper pair, tip-and-ring pair, TR pair, twin copper wire

Kupferlackdraht *m* enamelled copper wire

Kupfernetz *n* copper line plant, copper conductor cable network

kursiv italic *(WP)*

Kursreferenz *f* track reference *(navigation)*

Kurvenform *f* waveshape *(of a signal)*

Kurvenformgenerator *m* waveshape generator *(test instrument)*

Kurvenschar *f* family of curves

Kurvenverlauf *m* course *or* slope of a curve, curve shape, characteristic; waveshape, waveform

Kurzdaten *npl* short message data *(mobile RT)*

Kurzdistanz *f* limited distance *(modem)*

Kürzel *n* mnemonic

kurzfristig short-term

kurzlebig shortlived

Kurzmitteilungsdienst *m* short message service (SMS) *(GSM, s. Table VII)*

Kurznachricht *f* short message *(GSM)*

Kurznachrichtendienst *m* short message service (SMS) *(GSM, s. Table VII, now used in most digital cellular systems)*

Kurznachrichtendienstzentrale *f* short message service centre (SMSC) *(GSM)*

Kurznachrichtenübermittlung *f* short messaging *(SMS, mobile telephone/cellphone)*

kurzreichweitig short-range

Kurzrufdienst *m* short message service *(GSM, s. Table VII)*

Kurzrufnummer *f* (KRN) abbreviated directory number, abbreviated dialling code *(tel)*

Kurzschluß *m* short circuit, back-to-back

kurzschlußbehaftet affected by a short (circuit)

Kurzschlußfehler *m* short-circuit fault *(data line)*

kurzschlußsicher short-circuit-proof

Kurzschlußsicherheit *f* short-circuit protection

Kurzstopp *m* pause *(MTR)*

Kurzstreckenfunk *m* short-distance radio *(e.g. "Bluetooth")*

Kurzstrecken-Kommunikation *f* short-distance communication

Kurzstreckennetz *n* short-range network, personal area network (PAN)

Kurzstreckenübertragung *f* short-haul transmission

Kürzung *f* clipping *(of talkspurts; PCM speech, packet switching)*

Kürzung *f* **von Sprachblockanfängen** front-end clipping (FEC) *(packet switching)*

Kurzwahl *f* (KW) abbreviated address *(f. tel)*; compressed *or* abbreviated dialling, shortcode dialling *(f. tel)*

Kurzwahlplatz *m* shortcode dialling position *(f. tel)*

Kurzwahlspeicher *m* call number memory *(f. tel)*, one-touch memory *(mobile tel)*

Kurzwahltaste *f* one-touch dialling button *(f. tel)*

Kurzwegdurchschaltung *f* short-path switching

Kurzwort *n* short word *(DP, 2 bytes long)*

kurzzeitig short-time; transient *(peaks)*

kurzzeitiges Geräusch *n* impulsive noise, clicks

Kurzzeitjitter *m* near-term jitter *(ATM cells)*

KVRCST s. Koppelvielfachreihen C-Steuerteile *npl*

KVSt (Knotenvermittlungsstelle *f*) toll centre *(DTAG mobile radio)*; nodal exchange

KVz (Kabelverzweiger *m*) cable distributor

KW s. Kurzwahl *f*

KWL s. Kunststofflichtwellenleiter *m*

Kx (koaxial) coaxial

KZ (Kennzeichen *npl*) switching signals *(tel)*

KZA (Anwesenheitskennung *f*) presence signal

KZU (Kennzeichenumsetzer *m*) signalling converter

KZW (Kennzahlweg *m*) final route

L

labil unstable

Labilität *f* instability *(network)*

Label *n* label *(header)*

LAD (Leitungsanpassung *f* digital) digital line adapter

ladbar loadable *(program)*

Ladeablage *f* charging bracket, charger/storage bracket *(mobile unit)*

Ladeleitung *f* charging lead; plate *(FeRAM)*

laden load *(program)*; charge *(capacitor)*

Ladeschale *f* charging tray *(mobile unit)*

Ladestation *f* charger *(mobile unit)*

Ladungspumpe *f* charge pump

LAE (leicht austauschbare Einheit *f*) line replaceable unit (LRU) *(aero)*

LAE (Leitungsanschlußeinrichtung *f*) line termination equipment

Lage *f* position; location *(line, exch.)*; disposition, layout; topology *(IC)*; layer *(winding)*

Lagebeziehung *f* topology *(IC)*

Lagerfähigkeitsdauer *f* shelf life *(e.g. batteries)*

Lagernetz *n* storage area network (SAN)

LAK (Leitungsanpassung *f* für das Koppelnetz) line termination for the switching network *(VBN)*

LAK (Leitungsanschlußkarte *f*) line card

Lambda-Modulation *f* lambda (λ) modulation, wavelength modulation

Lampenfeld *n* lamp array *(display)*

Lampenkontrolle *f* lamp test

LAN (Ortsnetz *n* (ON)) local area network

Land-... land ..., land-based
auf Land installiert land-based

Landekurssender *m* localizer *(ILS, aero)*

Land-Erdfunkstelle *f* land earth station (LES) *(INMARSAT)*

Länderkennzahl *f* (LKZ) country code

länderspezifisch national

länderübergreifend international

Landesfernwahlnetz *n* national trunk dialling (STD) network *(GB)*, national direct distance dialing (DDD) network *(US)*, national long distance dialling network

Landesindikator *m* national indicator (NI) *(GSM)*

Landeskennzahl *f* (LKZ) national code, country code (CC) *(ISDN)*

Landespostdirektion *f* (LPD) regional postal authority *(Deutsche Post AG)*; Regional Directorate of Posts and Telecommunications *(Berlin)*

Landesvorwahl *f* country code *(tel)*

landesweit nationwide, full-coverage *(TV service)*

Landfunkdienst *m* land (mobile) radio service

landgestützt land-based

Landleitung *f* land line *(TTY, programme distribution)*

ländlicher Versorgungsbereich *m* Rural Service Area (RSA) *(50,000 inhabitants max., s.a. "MSA"; there are 428 RSAs and 306 MSAs in the US)*

Landlinie *f* land line

Landmobilfunk *m* land (mobile) radio

Landschaft *f* landscape; environment *(e.g. computer peripherals)*

Landzentrale *f* rural exchange

LAN-Emulation *f* LAN emulation (LANE)

Länge *f* length, distance *(transmission)*

Längenindikator *m* length indicator (LI) *(SS7, s. Table III)*

längenmoduliert width modulated *(pulse)*

langreichweitig long-range

Langrufnummer *f* directory number, normal *or* unabbreviated call number, regular directory number *(f. tel)*

langsamer Schwund *m* slow *or* shadow fading *(mobile RT)*

langsame störsichere Logik *f* high noise immunity logic (HNIL)

langsame Übertragung *f* (s)low-speed transmission

Längsholm *m* longitudinal support

Längsprüfung *f* longitudinal redundancy check (LRC)

Längsregelung *f* in-phase control *(PS)*

Längsspannung *f* longitudinal voltage

Längsspannungsbeeinflussung *f* longitudinal induced voltage *(tel)*

Langstreckennetz(werk) *n* wide area network (WAN)

Längswiderstand *m* (LW) series resistance

Langwort *n* long word *(DP, 4 bytes long)*

Langzeitgedächtnis *n* long-term memory (LTM) *(AI)*

Langzeitprädiktion *f* long-term prediction (LTP) *(GSM, s. Table VII)*

Langzeitspeicher *m* long term storage *(e.g. hard disk)*

Langzeitverbindung *f* nailed(-up) connection (NC) *(auxiliary service channel, ISDN)*

LAN-Hub *n* LAN hub *(s. "LAN")*

LAN-Party *f* LAN (local area network) party *(game playing with networked PCs)*

Lappen *m* tab *(HW)*

Laptop-Peripherieschnittstelle *f* PCMCIA interface

Lasche *f* clip, lug, tongue, strap, link *(HW)*

Laserabschaltung *f* (LSA) laser shutdown *(FO)*

laseraktualisierbare Speicherkarte *f* (Recallcard) Recallcard *(BT, with WORM drive)*

Laserdiode *f* laser diode (LD)

Laserdrucker *m* laser printer *(300 dpi resolution)*

Lasermodus *m* lasing mode

Laserplatte *f* optical disk; compact disk (CD)

Laserstartsignal *n* laser turn-on signal *(FO)*

Laserstrahlung *f* laser radiation, lasing

Laserwirkungsgrad *m* lasing efficiency

Last *f* load

Last *f* **bewältigen** manage *or* carry the load *(network)*

Lastabwehr *f* overload protection; flow control *(traffic)*

Lastabwurf *m* load shedding *(network)*

Lastausgleich *m* load balancing

Lastenheft *n* requirement specifications *or* catalog(ue)

lastgeführter Wechselrichter *m* load-commutated inverter *(power supply)*

Lastleitwert *m* load conductance *(FO)*

Lastnachbildung *f* dummy load

Lastregelung *f* **kommend** incoming load control

Lastrückschaltung *f* change-back of traffic *(after link restoration)*

Lastspitze *f* peak load

Lastsprung *m* step load change

Lastspule *f* loading coil

Laststeuerung *f* congestion control *(traffic)*

Lastteilung *f* load sharing

Lastübernahme *f* rerouting of traffic

Lastverteiler *m* load balancer *(IP server)*

Lastverteilung *f* load balancing *(IP server)*

Lastzustand *m* state of loading *(network)*

Latenzzeit *f* latency *(DP, includes waiting time)*

Lauf *m* run; travel

Laufbild *n* motion picture

laufend running *(program)*, active *(operation)*, in progress *(call)*, consecutive *(numbers)*, current, routine

laufende Digitalsumme *f* running digital sum (RDS)

laufender Betrieb *m* active operation

laufendes Gespräch *n* call in progress

laufende Mehrheitsentscheidung *f* running majority vote

Läufer *m* rotor

lauffähig executable, loadable *(program)*; operable, operational, functional; running *(e.g. under DOS)*

Laufkundschaft *f* passing trade *(Internet shop)*

Lauflänge *f* travelling distance *(signal)*; run length *(fax, video)*

Lauflängencodierung *f* run length coding (RLC) *(fax, video)*

Laufnummer *f* sequence number *(SS7, packet switching)*

Laufparameter *m* runtime parameter *(DP)*

Laufrichtung *f* direction of travel *or* motion

Laufvariable *f* control variable *(DP)*

Laufwerk *n* drive (unit) *(HDD, FDD, PC)*

laufwerklos diskless *(LAN station)*

Laufwerkschacht *m* drive bay *(PC)*

Laufwerksymbol *n* drive icon *(MS Windows, PC)*

Laufzeit *f* transit delay, transit time, propagation time *(of packets)*, delay; duration *(program)*; running time *(mech.)*

Laufzeitausgleich *m* delay equalisation

Laufzeiteffekt *m* transit-time effect

Laufzeit-Bandbreite-Produkt *n* delay-bandwidth product *(round-trip window, data networks)*

Laufzeitbilanz *f* delay budget *(transm.)*

Laufzeitdifferenz *f* differential (time) delay

Laufzeitfilter *n* delay filter

Laufzeitharfe *f* variable-delay unit, delay fan *(FO, arrangement of fibres of different lengths and thus delay times)*

Laufzeit *f* **im Versorgungsbereich** coverage area travel *(mobile RT)*

Laufzeitjitter *m* delay jitter *(transmission, VoIP)*

Laufzeitkette *f* delay line

Laufzeitkompensation *f* delay compensation

Laufzeitumgebung *f* run-time environment *(Java)*

laufzeitvariable Übergabe *f* delay-sensitive delivery

Laufzeitverbreiterung *f* delay spread *(signal, in s, mobile RT)*

Laufzeitverzerrung *f* delay distortion, envelope distortion; delay variation with frequency *(fax, in microsec.)*

Laufzeitverzögerung *f* propagation delay *(signal)*; transit delay *(microcircuits)*

Laufzeitzähler *m* propagation delay counter (PDC)

Lauschangriff *m* man-in-the-middle attack *(Internet, hacker attack on user traffic and network administration data)*

Laut *m* sound *(speech)*

Lautäußerung *f* utterance *(speech recognition)*

Lautäußerungsfolge *f* (speech) utterance string *(speech recognition)*

Lautfernsprecher *m* speakerphone, speaker telephone *(US)*

Lautform *f* phoneme

Lauthören *n* (LH) open *or* direct listening; loudspeaker monitoring *(f. tel)*

Lauthörfernsprecher *m* speakerphone, hands-free telephone

Lauthörtaste *f* open *or* direct listening key *(tel)*

Lautsprechen *n* (LS) loudspeaking *(f. tel)*

Lautsprecher *m* loudspeaker; speakerphone, speaker telephone *(US)*

Lautsprechernetz *n* public address network

Lautsprecher-Raum-Mikrofon-System *n* (LRMS) loudspeaker-room-microphone system *(relates to hands-free telephony)*

Lautstärke *f* volume

Lawinen-Fotodiode *f* avalanche photodiode (APD) *(FO)*

Layer *m* layer *(e.g. OSI reference layer, s. Table I)*

Layout *n* layout *(geometric definition of a planar pattern)*

L-Band *n* L band *(390–1650 MHz, sat)*

LB-Reihe *f* LB (load balancing) series *(IP)*

LE (Leitungsanschlußeinheit *f*) line termination unit (LTU)

LE (Leitungsempfänger *m*) line terminating equipment (LTE) *or* unit (LTU)

LE (Leitungsendeinrichtung *f*, Leitungsendgerät *n*) line terminating equipment (LTE)

leafemische Grundform *f* leafemic baseform *(voice recognition)*

Leaf-Teilnehmer *m* leaf, called subscriber *(in a point-to-multipoint connection, SAAL)*

LEBA (Leitungsendeinrichtung *f* für den Basisanschluß) basic access line termination equipment

Lebensdauer *f* service life, life cycle, durability *(of a component)*; extent *(of a program object, DP)*, time to live (TTL) *(IP, RFC1825, s. Table VIII)*, validity period *(data)*

lebensdauerbeeinflußt deteriorating

Lebenslauf *m* history *(of an item)*

Lebenszyklus *m* life cycle

Lebhaftigkeit *f* busyness *(signal)*

Leckbit *n* leak bit *(signal synchronisation, STS-1)*

Leckbitzähler *m* bit leak counter*(signal synchronisation, STS-1)*

Leckeffekt *m* leakage effect *(PLC)*

Leckleitung *f* leaky feeder
Übermittlung über Leckleitung *f* leaky feeder signal transmission *(mobile RT)*

Leckstrom *m* leakage current *(ground fault)*

Leckverlust *m* leakage *(shielding)*

Leckwelle *f* leaky *or* tunnelling mode *(FO)*; leaky wave *(cables)*

Leckwiderstand *m* leakage resistance

Leeranweisung *f* NOP (no-operation) instruction

Leerband *n* clean tape *(VTR)*

Leerbit *n* dummy bit, stuffing bit

Leerblock *m* dummy cell *(ATM)*

Leergriff *m* ineffective access

Leerkanalgeräusch *n* idle-channel noise

Leerlauf *m* idling, no-load operation, open-circuit operation

leerlaufende Leitung *f* open-ended line

Leerlaufspannung *f* open-circuit voltage

Leerlaufverstärkung *f* open-loop gain

Leerruf *m* (LR) idle call; no-operation call *(cellular mobile RT)*

Leerstelle *f* blank

Leertaste *f* space key, spacebar *(keyboard, PC)*

Leertelegramm *n* substitute message *(transmission link)*

Leerwert *m* void value

Leerzählen *n* emptying the counter

Leerzeichen *n* space, blank

Leerzeigeranzeige *f* null pointer indication (NPI) *(synchronous transmission)*

Leerzelle *f* dummy cell, idle cell *(cell rate decoupling, ITU-T)*, unassigned cell *(cell rate decoupling, ATM forum)(ATM)*

Lego-Grafik *f* Lego graphics, block mosaic graphic character *(txt)*

Lehrprogramm *n* tutorial *(PC)*

leicht light(-weight), easy

leicht austauschbare Einheit *f* (LAE) line replaceable unit (LRU) *(aero)*

leichte Blockierung *f* mild congestion

Leichtgewichtsprotokoll *n* light-weight protocol

Leichtgewichts-Transportprotokoll *n* light-weight transport protocol (LTP) *(BERKOM)*

leiser Ruf *m* silent call *(DECT)*

Leistung *f* power; output, capacity, performance, efficiency; commodity, facility

Leistungsanpassungsschaltung *f* power matching circuit; power cutback circuit *(ATU (q.v.))*

Leistungsaufnahme *f* power consumption *or* rating *(in W)*

Leistungsbeschreibung *f* statement of services provided *(tender)*

Leistungsbilanz *f* power budget

Leistungsdichte *f* power density *(sat., W/Hz (received))*

Leistungsdichtespektrum *n* power density spectrum *(sat)*

leistungsfähig high-capacity *(memory)*; powerful *(processor etc.)*

Leistungsfähigkeit *f* capability, performance, efficiency *(system)*; traffic *or* call (handling) capacity *(tel. sys.)*

Leistungsfaktor *m* power factor *(PS)*

Leistungsflußdichte *f* (LFD) power flux density (PFD) *(sat., dB (W/m² on the earth's surface))*

Leistungsgröße *f* power quantity

leistungslos wattless, zero-power

Leistungsmanagement *n* performance management *(FCAPS, ensures defined quality attributes by monitoring throughput, analysing data volume, collecting statistics for improving performance characteristics of resources, bit error statistics etc.; network management)*

Leistungsmaß *n* performance criterion

Leistungsmerkmal *n* (LM) feature, service feature; facility, user facility, commodity *(tel., network)*

Leistungsmerkmalanforderung *f* facility request

Leistungsmerkmal *n* **in Anspruch nehmen** access a facility

Leistungspegelabstand *m* power level difference

Leistungsprüfung *f* performance test; benchmark test *(computer)*

Leistungsregelung *f* power control *(output power, mobile RT)*

Leistungsreserve *f* power margin *(sat., in dBW)*, link margin *(DVB-T)*

Leistungsschalter *m* (circuit) breaker

Leistungsteiler *m* power splitter, power divider *(microwave)*

Leistungsüberwachung *f* performance management *or* monitoring *(NMS)*

Leistungsumfang *m* range of services (provided)

Leistungsverhalten *n* performance

Leistungsverlust *m* power loss; power penalty *(FO)*

Leistungsvermögen *n* facility, performance

Leistungsverstärker *m* power amplifier, high power amplifier (HPA)

Leistungsverzeichnis *n* (LV) tender specifications

Leistungszahl *f* figure of merit (FOM)

Leistungsziel *n* performance objective *(network)*

Leitbefehl *m* routing command

Leitbit *n* routing bit *(ITU-T I.150, s. Table IV)*

leiten guide, conduct; gate; route *(signalling)*

Leiterabgang *m* outgoing conductor section *(membrane keypad)*

Leiterbahn *f* conductor track *(PCB)*

Leitererdspannung *f* conductor-to-earth voltage

Leiterfolie *f* flexible *or* flex circuit

leitergebunden line connected *(network)*

Leiterplatte *f* (LP) printed circuit board (PCB), circuit board, board, card

Leiterplattensteckplatz *m* card slot, circuit pack slot

Leiterprüfung *f* continuity test *(of wires)*

Leiterseite *f* (L-Seite) track side, soldering side *(PCB)*

Leiterzug *m* conductor section *(power system)*; conductor track *(PCB)*

Leitfrequenz *f* reference frequency

Leitfrequenzsteuerung *f* primary frequency control

Leitfunkstelle *f* radio control station

Leitimpuls *m* master pulse, strobe (pulse); leading pulse

Leitinformationen *fpl* switching *or* routing information

Leitinformationsfeld *n* routing information field (RIF) *(routing header)*

Leitkleber *m* conductive adhesive

Leitnetz *n* control network *(network management)*

Leitprogramm *n* main program

Leitrechner *m* master (computer) *(network)*

Leitseite *f* leading *or* routing page *(vtx)*

Leitsignal *n* reference signal

Leitstation *f* control station, master station

Leitstelle *f* (LSt) master station *(TEMEX)*; control station

Leitsteuerung *f* primary control *(function of communication control)*

Leitsteuerungsstation *f* primary station *(HDLC)*

Leitsystem *n* supervisory control system; management system

Leitung *f* (Ltg) line *(circuit between subscriber's telephone and exchange, the transmission medium between line terminations – ITU-T I.430.E, s. Table IV)*, circuit *(ITU-T G.701, I.112, s. Table III)*; trunk *(one communication channel between 2 ranks of switching equipment in the same exchange, or between two exchanges)*; bus *(one or more conductors used as common link between two or more circuits, IEEE)*; highway *(PCM)*; pipe *(virtual connection, ATM)*; rail *(PS)*, lead
  in der Leitung *f* **liegend** in-line

Leitung *f* **auf "H" halten** clamp the line to "H"

Leitung *f* **ohne Aufprüfung** no-test trunk *(exch.)*

Leitungsabfrage *f* line scanning, line scanner *(exchange)*

Leitungsabschluß *m* line termination (LT) *(ITU-T I.430.E, s. Table IV)*

Leitungsabschnitt *m* circuit *or* line section

Leitungsaktivierung *f* line activation *(ITU-T I.430.E, s. Table IV)*

Leitungsanpassung *f* matching network; line termination (LT) *(ISDN)*

Leitungsanpassung *f* **digital** (LAD) digital line adapter

Leitungsanpassung *f* **für das Koppelnetz** (LAK) line termination for the switching network *(VBN)*

Leitungsanschluß *m* line termination, line terminator (LT) *(exch.)*

Leitungsanschlußeinheit *f* (LE) line termination unit (LTU); line jack unit (LJU) *(BS 6506 for PBX, corresponds to DTAG TAE)*; trunk interface unit (TIU)

Leitungsanschlußeinrichtung *f* (LAE) line termination equipment

Leitungsanschlußgruppe *f* line trunk group (LTG)

Leitungsanschlußkarte *f* (LAK) line card *(VBN, 140 Mbit/s)*

Leitungsanschlußmodul *n* line access module (LA)

Leitungsanschlußschaltung *f* trunk interface circuit *(PBX)*

Leitungsausfall *m* circuit outage

Leitungsausrüstung *f* line equipment (LE)

Leitungsbelegung *f* circuit occupancy

Leitungsbitrate *f* line rate

Leitungsbündel *n* line group, trunk, trunk group, circuit group

Leitungscode *m* line code *(transmission)*

leitungscodiert line coded *(data stream)*

Leitungsdämpfung *f* line attenuation, line loss; standard cable equivalent *(in Standard Cable Miles)*

Leitungsdienstmarkierung *f* line service marking (LSM) *(ISDN)*

Leitungsdurchgang *m* circuit continuity *(exchange)*

Leitungsecho *n* trunk echo *(tel)*

Leitungsempfänger *m* (LE) line terminating equipment (LTE) *or* unit (LTU)

Leitungsemulierung *f* circuit emulation, virtual circuit *(ATM)*

Leitungsende *n* lead tail

Leitungsendeinrichtung *f* (LE) line termination (LT) *(ISDN)*; line terminating equipment (LTE)

Leitungsendeinrichtung *f* **für den Basisanschluß** (LEDA) basic access line termination equipment

Leitungsendeinrichtung *f* **für den Primärmultiplexanschluß** (LEPM) primary rate access line termination equipment

Leitungsendgerät *n* (LE) line terminating equipment (LTE), line terminating unit (LTU)

Leitungsführung *f* cable route; wiring, conductor arrangement

leitungsgebunden conducted *(interference)*, line-conducted *(signal)*; line-connected *(sys.)*

Leitungsgeschwindigkeit *f* trunk speed *(transm.)*

Leitungsmodul *n* line interface *(ATM switch fabric)*

Leitungsmuster *n* conductor pattern *(PCB)*

Leitungsnachbildung *f* equivalent line, line balance, artificial line; line building-out network, balancing network

Leitungsnetz *n* loop plant, line plant, outside plant network, circuit network *(telecom.)*; distribution network *(TV)*

Leitungspaar *n* circuit pair *(tel)*

Leitungsplan *m* wiring diagram

Leitungsrauschen *n* circuit noise *(transm.)*

Leitungsredundanz *f* circuit redundancy

Leitungssatz *m* (LS) trunk circuit; cable harness

Leitungssatzbaugruppe *f* trunk module

Leitungssatzbaugruppe *f* **analog** analog trunk module (TMA)

Leitungssatzbaugruppe *f* **digital** digital trunk module (TMD)

Leitungsschnittstelle *f* line interface *(ISDN)*, line module *(ATM)*

Leitungsseite *f* track side *(PCB)*

Leitungssicherung *f* line error control *(sat)*

Leitungssignalisierung *f* trunk signalling *(transm.)*

Leitungsspeicher *m* line buffer

Leitungsstörung *f* line hit *(PCM)*

Leitungssuche *f* line hunting (LH) *(I.252.6, s. Table IV)*, trunk hunting *(US)*; homing *(exch.)*

Leitungstakt *m* line (bit) rate *(data transmission)*

Leitungstaktgenerator *m* line clock generator *(data transmission)*

Leitungstechnik *f* device handler (DH) *(switch SW)*

Leitung *f* **stehenlassen** leave the connection up

Leitungstreiber *m* line driver

Leitungsübertrager *m* line transformer, repeating coil *(tel)*

Leitungsübertragung *f* line circuit *(exch.)*

Leitungsumschaltung *f* rerouting

Leitungsverbinder *m* line connector, wiring connector

Leitungsverbindung *f* line connection; circuit connection *(exch.)*

leitungsvermittelt circuit switched

leitungsvermitteltes Datennetz *n* (Datex-L, Dx-L) circuit-switched data exchange (network)

leitungsvermitteltes öffentliches Datennetz *n* circuit-switched public data network (CSPDN)

Leitungsvermittlung *f* circuit switching

Leitungsverstärker *m* line amplifier *(sat)*

Leitungsvierer *m* phantom (circuit)

Leitungswahlstufe *f* line selection stage

Leitungswähler *m* (LW) line selector, final selector, end selector *(tel)*

Leitungswechsel *m* line reversal, "frogging" *(US, EIA connector)*

Leitungsweg *m* circuit path; route

Leitungswiderstand *m* line impedance, characteristic impedance

Leitungszeichengabe *f* line *or* trunk signalling

Leitungszug *m* conductor *or* wiring run; line *or* circuit section

Leitungszugangsverfahren *n* link access procedure (LAP) *(ISDN)*

Leitungszugname *m* line designation

Leitung *f* **zu/von einer fremden Vermittlungsstelle** foreign exchange line

Leitvermittlungsstelle *f* routing centre

Leitweg *m* route

Leitwegadresse *f* routing address

Leitwegbestimmung *f* alternate routing

Leitwegdatenbank *m* routing data base

Leitwegführung *f* routing

Leitwegindex *m* route index *(switching)*

Leitweginformation(en) *f(pl)* routing information

Leitwegkennung *f* routing identifier (RID)

Leitweglenkung *f* automatic (alternate) routing; routing *(SS7)*

Leitwegpendeln *n* route oscillations *(virtual circuits)*

Leitwegnummer *f* routing number (RN) *(GSM)*

Leitwegplan *m* routing plan

Leitwegsucher *m* router *(gen., e.g. FO)*

Leitwegsuchprotokoll *n* routing protocol

Leitwegtabelle *f* routing table *(switching)*

Leitwegzuordner *m* route allocation unit *(tel)*

Leitwegzuteilung *f* route allocation *(tel)*

Leitzelle *f* master cell *(mobile RT)*

Leitzentrale *f* (LZ) service centre *(videotex)*; communication controller *(remote data transmission)*

Leitziffer *f* routing digit

Lemmatisieren morphological analyzer *(instruction in the CD-ROM dictionary, PC)*

lenken steer *(data)*, route *(signals)*, govern

LEO-Satellit *m* LEO (low earth orbit) satellite

LEPM s. Leitungsendeinrichtung *f* für den Primärmultiplexanschluß

Leporellopapier *n* fanfold(ed) paper *(printer)*

Lernalgorithmus *m* training algorithm *(neural network)*

Lernautomat *m* learning machine

lernender Automat *m* learning machine

lernfähig trainable, learning *(intelligent machine)*

Lernkurve *f* learning curve

Lernprogramm *n* tutorial *(PC)*

Lernzeit *f* training period

Lesegerät *n* reader *(chip card)*

Lese-/Schreibsteuerung *f* read/write mode control *(memory)*

Leseverstärker *m* sense amplifier *(memory)*

Lesezeichen *n* bookmark *(MS Windows, PC; DVB EPG (q.v.))*

Lesezeiger *m* read pointer *(memory)*

letzte Meile *f* last mile *(local loop, Tel., s.a. "WLL")*

Letztquerweg *m* (LQW) final high-usage route

Letztweg *m* (LW) last-choice route

Leuchtdichte *f* luminous density, luminance *(FO, in cd/m^2)*

Leuchtdiode *f* light-emitting diode (LED)

Leuchtschalter *m* illuminated switch

Leuchtschirm *m* phosphor screen *(display)*

Leuchtstoff *m* phosphor *(screen)*

Level *m* level *(ATM service)*

lexikalisch lexical *(voice recognition)*

Lexikonfenster *n* wordlist window *(Electronic dictionary, PC)*

LFD s. Leistungsflußdichte *f*

LH s. Lauthören *n*

LI (Längenindikator *m*) length indicator *(SS7, s. Table III)*

Liberalisierung *f* deregulation, liberalization *(telcos)*

Lichtaufnehmer *m* light sensor *(FO)*

Lichtempfänger *m* light sensor *(FO)*, optical receiver

Lichtgriffel *m* light pen *(PC)*

Lichtkombinierer *m* light combiner *(FO)*

Lichtleistung *f* optical power

Lichtleiter *m* optical fibre *(GB) or* fiber *(US)*, optical wave guide (OWG), light guide, light pipe

Lichtleiterabschluß *m* fibre-optic termination *(FO)*

Lichtleiteranschluß *m* fibre-optic link *(FO)*

Lichtleiterbus *m* fibre-optics bus *(FO)*

Lichtleiter-Kurzstreckenübertragung *f* (LLKÜ) short-haul fibre-optical transmission *(FO)*

Lichtleiter-Nachrichtenübertragung *f* (LLNÜ) long-haul fibre-optical transmission *(FO)*

Lichtleiter-Rangierverteiler *m* light guide cross connect frame (LGX)

Lichtleitfaser *f* optical fibre

Lichtleitstrecke *f* optical link

Lichtleitung *f* light transmission *(FO)*

Lichtmenge *f* light level

Lichtschranke *f* light barrier

Lichtsender *m* optical transmitter

Lichtstärke *f* light intensity, light level , emissivity *(FO, in cd)*

Lichtteiler *m* light splitter

Lichtverzweiger *m* light splitter

Lichtwellenleiter *m* (LWL) optical waveguide (OWG), optical fibre *(FO)*

Lichtwellenleiterabschluß *m* fibre-optic termination

Lichtzeicheneinrichtung *f* (LZE) light signal equipment

liefern supply, provide, deliver, source

LIFO-Speicher *m* LIFO *(last-in-first-out)* memory, stack *(computer)*

Likelihood-Funktion *f* likelihood function *(math.)*

Lineal *n* ruler *(WP, PC)*

linear linear; flat *(response characteristic)*; in-line *(coding)*

lineare Codierung *f* uniform encoding

lineare Datenbits *npl* video data bits *(digital TV)*

lineare PCM *f* linear PCM *(digital audio coding, 48 or 96 kHz sampling rate, 16/20/24 bits, max. data rate 6.144 Mb/s, 8 channels)*

lineare Prädiktionscodierung *f* linear predictive coding (LPC) *(data reduction, source coding method)*

lineare Prädiktionscodierung *f* **mit Codeanregung** code excited linear predictive (CELP) coding *(speech encoding at low bit rates (48 kb/s))*

lineare Prädiktionscodierung *f* **mit Restanregung** residual excited linear predictive (RELP) coding

lineare Prädiktionscodierung *f* **mit stochastischer Anregung** stochastically excited linear predictive (SELP) coding

lineare Wiedergabe *f* flat response

linear rückgekoppeltes Schieberegister *n* linear-feedback shift register (LFSR) *(BIST)*

Linecard *f* line card *(switch)*

Linie *f* line *(electrical)*

Linienführung *f* backbone layout *(network planning)*

Liniennachweis *m* line records

Liniennetz *n* serial network *(TC)*; subscriber line network, outside plant *(tel)*

Linienstromschnittstelle *f* current loop *(TTY)*

Linientechnik *f* outside plant (hardware)

linientechnische Einrichtung *f* line equipment (LE)

Linienverlust *m* spectral leakage *(FO)*

Linienzug *m* trace *(recorder)*; route *(tel)*; polyline *(graphics)*

Link *m* link *(network)*

Linkleitung *f* link

Link-Level-Protokoll *n* link level protocol *(Bluetooth, q.v.)*

linksbündig left aligned *(WP)*

Linkset *n* link set *(GSM signalling, s. Table VII)*

Linksschieben *n* left shift *(register)*

Linksshift *m* left shift *(register)*

linkszirkulare Polarisation *f* left-hand circular polarisation (LHCP)

Linkverbindung *f* link connection *(exch.)*

Link-Zugangsprozedur *f* link access procedure (LAP) *(ISDN, ITU Rec. Q.921, s. Table III)*

Listenende *n* end of list, tail

Listenplatz *m* buffer location

Litze *f* strand *(cable)*

lizenzfrei not subject to licensing *(e.g. ISM band, q.v.)*, free of royalties; unlicensed

lizenzfreie Anwendung *f* self-provided application (SPA) *(ERC)*

L-Kanal mobil mobile L channel (Lm) *(traffic channel with lower capacity than Bm, GSM, s. Table VII)*

LKL s. Lochkartenleser *m*

LKZ s. Landeskennzahl *f*

LL s. lokaler Laser *m*

LLC s. logische Übertragungssteuerung *f*

LLKÜ s. Lichtleiter-Kurzstreckenübertragung *f*

LLNÜ s. Lichtleiter-Nachrichtenübertragung *f*

LM (Leistungsmerkmal *n*) service feature, facility *(tel)*

LMDS-Dienst *m* local multipoint distribution service (LMDS) service *(WLL and DVB PMP microwave link, 28–31 GHz, to EN 301 199 standard)*

LMK-Signal (Lang-, Mittel-, Kurzwellensignal *n*) long-, medium-, short-wave signal *(sound broadcasting)*

LNA (rauscharmer Verstärker *m*) low noise amplifier

LNB (rauscharmer Blockwandler *m*) low noise block converter *(sat, noise figure 15K (35K=0.5dB))*

LNC (rauscharmer Empfangsumsetzer *m or* Konverter *m*) low noise converter *(sat)*

LNR (rauscharmer Empfänger *m*) low noise receiver *(sat)*

Lo s. Lochabstand *m*

Lochabstand *m* (Lo) dot pitch (dp) *(monitor)*

Lochkarte *f* punched card *(DP)*

Lochkartenleser *m* (LKL) punched-card reader

Lochrasterplatte *f* matrix board

löchriger Eimer *m* leaky bucket *(transm)*

Lochstreifen *m* (LS) punched tape, perforated tape, paper tape *(TTY)*

Lochstreifenleser *m* punched-tape reader, (paper) tape reader (PTR) *(TTY)*

Lochstreifenlocher *m* tape punch *(TTY)*

Lochstreifenstanzer *m* tape punch *(TTY)*

Lockruf *m* polling call

Logarithmus *m* **dualis** ($\log_2$) binary logarithm, logarithm to base 2

Logarithmus *m* **naturalis** ($\log_e$) natural (base) logarithm, logarithm to base e

Logarithmus *m* **zur Basis e** ($\log_e$) logarithm to base e, natural (base) logarithm

Logarithmus *m* **zur Basis 2** ($\log_2$) logarithm to base 2, binary logarithm

Logarithmus *m* **zur Basis 10** ($\log_{10}$) logarithm to base 10

Logatomliste *f* logatom list *(speech recognition)*

$\log_e$ s. Logarithmus *m* zur Basis e

Logfunktion *f* logging function *(firewall)*

Logikadapter *m* level matching circuit

Logikbaustein *m* logic device

Logikpegel *m* logic level

Logikprüfspitze *f* logic probe

Logiktastkopf *m* logic probe

Logiktester *m* logic probe

logisch logical, virtual *(software-related)*

logische Anschlußnummer *f* logical terminal number (LTN) *(ACD group)*

logische Fläche *f* logical face *(serving area in a radio cell)*

logische Prüfschleife *f* logical loopback *(ITU-T I.430.E, s. Table IV)*

logischer Kennzeichenkanal *m* logical signalling channel *(ITU-T Rec. I.113, s. Table IV)*

logische Übertragungssteuerung *f* logical link control (LLC) *(layer 2 protocol in LANs, IEEE 802.2)*

logische Verbindung *f* logical *or* virtual channel *or* connection *(ISDN)*

logisch wahr setzen set to logical true, assert

logischer Zwischenpunkt *m* hub *(LAN, IN)*

Logmap *f* logmap *(image processing)*

log_2 s. Logarithmus *m* zur Basis 2

log_{10} s. Logarithmus *m* zur Basis 10

lokal off-line *(e.g. TTY operation)*, local

Lokalbus *m* local bus *(connects components directly to the processor in a PC)*

lokale Referenz *f* local reference *(ISDN)*

lokaler Laser (LL) *m* local laser *(optical heterodyne receiver, FO)*

lokaler Taktgeber *m* slave clock

lokales Funkrufnetz *n* on-site paging network

lokales Gerät *n* local device *(a peripheral connected directly to a workstation instead of the file server, LAN)*

lokales Kommunikationsnetz *n* local communications network (LCN) *(TMN)*

lokales Netz *n* local area network (LAN)

lokale Uhrzeit *f* local time offset (LTO) *(VPT, = local time - UTC)*

lokalisierter Dienst *m* location based *or* position based service (PBS) *(mobile IP)*

lokalisiertes Angebot *n* location based *or* position based service *(WAP service)*

Lokalisierung *f* localization *(faults; also translation and linguistic and cultural adaptation of a text to its local target audience)*, position finding; directional information *(stereo sound)*

Lokalisierungsregister *n* location register (LR) *(mobile network)*

Longitudinalstrom *m* longitudinal current *(tel, line balance)*

löschbare programmierbare Logikanordnung *f* eraseable programmable logic device (EPLD)

löschbarer programmierbarer Festwertspeicher *m* eraseable programmable read-only memory (EPROM)

löschbarer programmierbarer Start-ROM *m* boot eraseable programmable ROM (boot ROM)

löschbarer Zähler *m* difference meter *(tel)*

löschen delete *(data)*, erase *(tape, disk)*, reset, clear *(meter, counter, memory, register)*; purge *(memory, queue)*

Löschen *n* Drop *(user O/R name from MHS name server)*; scrubbing *(deleting of data in temporary storage)*

Löschen *n* **von Berechtigungen** cancelling class-of-service data

Löschpaket *n* teardown packet *(mobile IP, deletes paging and routing information in the caches)*

Löschung *f* erasure *(MTR)*

Löschungsvollzug *m* cancellation completed

Löschungszeichen *n* erasure flag *(fading, mobile RT)*

lösen detach, unlink

Lötfahne *f* solder tag *(DIN)*

Lötöse *f* solder lug *(DIN)*

Lötpaste *f* solder paste

Lötseite *f* soldering side *(PCB)*

Lötstift *m* signal tag, soldering pin

LP (Leiterplatte *f*) printed circuit board (PCB)

LP-Bit *n* LP (low priority) bit *(TPS data, DVB)*

LPC s. lineare Prädiktions-Codierung *f*

LPD s. Landespostdirektion *f*

L-profiliger Gestellholm *m* L-shaped upright *(rack)*

LQW (Letztquerweg *m*) final high-usage route

LR (Leerruf *m*) no-operation call, no-op call *(cellular mobile RT)*

LRC (Blockprüfung *f*, Längsprüfung *f*) longitudinal redundancy check

LRMS (Lautsprecher-Raum-Mikrofon-System) loudspeaker-room-microphone system *(relates to hands-free telephony)*

LS (Lautsprechen *n*) loudspeaking

LS s. Leitungssatz *m*

LS s. Lochstreifen *m*

LSA (Laserabschaltung *f*) laser shutdown

L-Seite (Leiter-, Lötseite *f*) track side, soldering side *(PCB)*

L-Serie *f* **der ITU-T-Empfehlungen** L series of ITU-T Recommendations *(relates to protection against corrosion, s. Table III)*

LSt (Leitstelle *f*) master station *(TEMEX)*

Ltg (Leitung *f*) line

LTO s. lokale Uhrzeit *f*

LTP s. Leichtgewichts-Transportprotokoll *n*

lückenbehaftet gapped *(PCM clock)*

Lückenbildung *f* gapping

Lückenfüllsender *m* gap filler, fill-in transmitter *(TV)*

lückenlos gapless, continuous

Lückentakt *m* gapped clock *(PCM data)*

Lückenveränderung *f* gap change *(packet switching)*

Luftblase *f* air pocket

luftdicht hermetically sealed

Lufteinschluß *m* air pocket

Lüfter *m* fan

Luftfahrtelektronik *f* avionics

Luftkabel *n* aerial cable *(GB)*, air cable *(US, CTV)*

Luftloch *n* air pocket *(aero.)*

Luftschnittstelle *f* air interface, U_m interface, radio interface *(U_m, tel-RT)*

Luminanz *f* luminance *(video)*, luma (Y)

Lumineszenzdiode *f* light-emitting diode (LED)

LUR-Meldung *f* location update request (LUR) message *(GSM, s. Tabelle VII)*

LV (Leistungsverzeichnis *n*) tender specifications

LW (Längswiderstand *m*) series resistance

LW (Leitungswähler *m*) line selector

LW (Letztweg *m*) last-choice route

LWL (Lichtwellenleiter *m*) optical waveguide (OWG), optical fibre *(FO)*

LWL-Koppler *m* optical fibre coupler

LWL-Meßplatz *m* optical attenuation test set

LWL-Querschnittswandler *m* optical waveguide transition

LZ (Leitzentrale *f*) service centre *(vtx)*

LZE (Lichtzeicheneinrichtung *f*) light signal equipment

L2TP-Protokoll *n* L2TP (layer 2 tunneling protocol) *(IP, IAB RFC2661)*

M

M (Mikrofon *n*) microphone (M) *(tel. receiver)*

MA s. Mediumanpassung *f*

Mäander... meander

Mäanderfolge *f* timing pulse train

mäanderförmige Leitung *f* meander line

mäanderförmig verlaufend meandering

Mächtigkeit *f* capacity, size *(memory, channel)*

MAC-Schicht *f* MAC (media access control) layer *(DECT)*

Magazinnummer *f* magazine number *(teletext)*

Magnetband *n* (magnetic) tape

Magnetbandaufzeichnung *f* (MAZ) magnetic tape recording (MTR), video tape recording (VTR)

Magnetblasenspeicher *m* magnetic bubble memory

magnetfeldabhängiger Widerstand *m* magnetoresistance

magnetooptische Platte *f* magneto-optical disk (MOD) *(rewritable)*

Magnetoresistenz *f* magnetoresistance

Magnetplatte *f* magnetic disk

Magnetschichtspeicher *m* magnetic layer memory

Magnetschriftzeichenerkennung *f* magnetic ink character recognition (MICR)

Maikäfer *m* bug *(an IC chip)*

Mailbox *f* (MBX) mailbox, electronic mail, E-mail service *(AT&T)*

Mailbox-System *n* bulletin board system (BBS) *(Internet; host system for the exchange of messages among its users, IAB RFC1983, s. Table VIII)*

Mail-Exploder *m* mail exploder *(E-mail, RFC1208, RFC1983, s. Table VIII))*

Mail-Gateway *n* mail gateway *(gateway (q.v.) in OSI layer 7 (applicatioin layer),IAB RFC1208, RFC1344, RFC1983, s. Table VIII)*

Mail-Host *m* mail host*(Internet E-mail service)*

Mailing *n* electronic mail *(between computers, LAN)*

Mail-Verteiler *m* mail exploder *(E-mail, RFC1208, RFC1983, s. Table VIII))*

Mainframe *n* mainframe (computer), host (computer)

Majoritätselement *n* majority element *(automata)*

makeln alternate *(between call keys)*, trade *(tel., switching between two existing connections)*, shuttle, (hold) toggle, consultation hold

Makeln *n* broker's call; alternating between two parties, call hold *(ITU-T H.450.4)*, brokering; three party service (3PTY) *(ISDN)*

Makleranlage *f* broker's facility *or* station; trading system

Makro *m* macro *(instruction word)*

Makroblock *m* macroblock *(MPEG-2)*

Makroblockschicht *f* macroblock layer *(MPEG-2)*

Makromobilität *f* wide area mobility *(roaming between networks, mobile IP, IAB RFC 2002–2004, 2344, s. Table VIII)*

Makrovirus *m* macrovirus *(Internet, WP)*

Malware *f* hostile code *(Internet security)*

Management *n* **des Verkehrsverhaltens** traffic shaping *(ATM switch)*

Managementinformationsbasis *f* management information base (MIB) *(accessed by SNMP, RFC1156, RFC1213, s. Table VIII)*

Managementinformationssystem *n* (MIS) management information system

Managementoberfläche *f* management interface *(remote management, firewall)*

Managementobjekt *n* managed object *(facility or function managed by a management system)*

Manchester-Code *m* Manchester code *(Ethernet, IEEE 802.3)*

Mandant *m* client *(network, CH)*

Mandantenbezeichnung *f* client name *(CH)*

Mandantenverwaltung *f* client management *(CH)*

mangelhaft defective, deficient, faulty, insufficient, imperfect *(quality, tape)*

mangelhafte Verständigung *f* transmission trouble

Manipulation *f* manipulation, unauthorized data modification, deliberate destruction

Manipulationsschutz manipulation protection *(cable connectors, data)*

Manipulierseite *f* operator's side, attendance *or* service side *(MDF)*

Mannigfaltigheit *f* diversity

Mantel *m* sheath *(cable)*; cladding *(FO)*

Mantelwelle *f* standing wave

Mantelwellensperre *f* trap for sheath eddies *(RF cable)*, standing wave trap

manuelle Verknüpfung *f* manual link *(PC applications)*

Mappen *n* mapping *(s.a. "Abbildung", DP)*

MAP-Schätzung *f* maximum a posteriori probability (MAP) estimation *(CDMA despreading algorithm)*

Marke *f* label *(DP)*; marker *(CRO)*

Markenamplitude *f* marker amplitude *(CRO)*

markieren mark, flag, tag; highlight, select *(WP, PC)*

Markierer *m* marker *(exchange)*

Markierung *f* marking; tagging *(of cells (ATM))*; flag, marker *(SW)*; tokenizing *(voice recognition)*; selection *(WP, PC)*

Markierung *f* **erweitern** extend selection *(WP, PC)*

Markierungsbit *n* tag bit

Markierungskennzeichen *n* marker signal *(switching)*

Markierungsrelaxation *f* relaxation labelling

Markierung *f* **verkleinern** reduce selection *(WP, PC)*

Markoff s. Markow

Markowsche Gleichung *f* Markov('s) equation *(statistics)*

MAS (Mobilfunk-Anschlußsystem *n*) mobile access system *(to network)*

Masche *f* mesh

Maschencodierung *f* trellis coding

Maschennetz *n* meshed network

Maschen-Stern-Netz *n* meshed star network

Maschinencode *m* machine code, object code *(program assembled or compiled into machine language, PC)*

Maschinenkennung *f* machine identity number (MIN) *(ATM)*

Maschinenlernen *n* machine learning

maschinenlesbar machine-readable

maschinenorientierte Sprache low-level language *(programming)*

maschinenorientiertes Protokoll *n* machine-oriented protocol (MOP) *(network management)*

Maschinenprogrammcode *m* machine code, object code

Maschinenraum *m* machine room *(DPS)*

Maskengenerator *m* forms generator *(DP)*

Maskierer *m* masking sound *(digital audio)*

Maß *n* measure, dimension, size, magnitude; metric *(US)*

Masse *f* chassis *or* frame; earth *(GB)*, ground *(US)*

Masseebene *f* ground plane *(PCB)*

Masseleitung *f* ground wire *(US)*, earth wire *(GB)*

Massendaten *npl* bulk data *(sat. transm.)*

Massendienste *mpl* consumer services

Massen-E-Mail-Sendung *f* spam *(Marketing)*

Massenkommunikationsdienste *mpl* mass communication services

Massenspeicher *m* mass storage device

Masseschluß *m* earth *(GB) or* ground *(US)* fault

mäßig moderate *(speed)*

massiv-parallele Verarbeitung *f* massively parallel processing (MPP) *(multimedia server technology, Hypercube, VOD)*

Maßstab *m* scale; metric *(US)*

maßstäblich vergrößern scale up

maßstäblich verkleinern scale down

Maßverkörperung *f* material measure

Maßwertprozeß *m* measure process *(input interaction, DP)*

Mast *m*: **am Mast befestigt** pole-mounted *(CTV)*

Master *m* master *(bus control, LAN)*

Materialeigenschaften *fpl* matter constants

Matrix *f* matrix, array *(cells, pixels)*

Matrixdrucker *m* matrix printer, dot matrix printer

Matrixkopf *m* matrix (recording) head *(MTR)*

Maus *f* mouse *(PC input device)*

Mäusezähnchen *mpl* serrations *(TV image)*

m-aus-n-System *n* m-of-n system *(system analysis)*

Mausunterlage *f* mouse pad *(PC)*

Mauszeiger *m* mouse pointer *(PC screen display)*

Mautstraße *f* toll road

Maximalausbau *m* maximum capacity

maximale Codeaussteuerung *f* peak code *(PCM)*

maximale Gruppenlaufzeitverzerrung *f* maximum group delay distortion *(symbol: Tg)*

maximale Transferlänge *f* maximum transfer unit (MTU) *(Protokoll der Schicht 1)*

maximale Zellenrate *f* peak cell rate (PCR) *(ATM)*

Maximum-Likelihood-Detektor *m* maximum likelihood detector *(DPSK)*

MAZ s. Magnetbandaufzeichnung *f*

MBX s. Mailbox *f*

MC-Einheit *f* motion compensator *n* *(MPEG-2)*

MCM s. Mehrträgermodulation *f*

MCMI (modifizierte codierte Schrittinversion *f*) modified coded mark inversion *(FO)*

M-Commerce *m* M-commerce, mobile commerce *(E-commerce (q.v.) via mobile terminals, e.g. WAP phones)*

MD (Minidisk *f*) minidisk *(MOD, recordable audio disk)*

MDM (Modenmultiplex *m*) mode division multiplex *(FO)*

MDT (mittlere Datentechnik *f*) office computers

MEA s. Mehrstrahlentfaltantenne *f*

mechanischer Drucker *m* impact printer *(e.g. daisywheel printer)*

Mechanisierung *f* mechanisation; implementation *(e.g. of SW filters)*

Mechanisierung 3. Ordnung 3rd order digital filter *(gyroscope)*

mediale Funktion *f* media function

Medialteil *m* medial part *(math.)*

Medianfilter *n* median filter *(image processing)*

Medien-Anschlußeinheit *f* medium attachment unit (MAU) *(receive/transmit unit, LAN)*

Medienbruch *m* medium discontinuity *(data transmission)*

Medienpark *m* teleport *(building (complex) with provision of interconnected telematics services for the lessees)*, campus *(US)*

Medien-Schnittstelle *f* media interface *(e.g. copper/fibre optics)*; medium-dependent interface *(LAN)*

Medien-Wiedergabe *f* media player *(MS Windows, PC)*

Mediumanpassung *f* medium adapter (MA) *(B-ISDN)*

Medium-Hardwareschicht *f* physical medium dependent (PMD) sublayer *(FDDI)*

medizinische Technik *f* medical technology

Megachips pro Sekunde Megachips per second (Mcps) *(chipping rate, spread spectrum method)*

Mehraufwand *m* additional expenditure; penalty

Mehrbelastung *f* surplus load

mehrbenutzbar shareable *(SW)*

Mehrbenutzer-Mobilstation *f* multi-user mobile station (MUMS) *(GSM, s. Table VII)*

Mehrbereichsantenne *f* multiband antenna

mehrdeutige Funktion *f* many-valued function

mehrdeutige Phasenfehler *mpl* phase ambiguity

Mehrdeutigkeit *f* ambiguousness; many-valuedness, multi-valuedness *(math)*

Mehrdienstkommunikation *f* multi-service type of communication *(ISDN)*

Mehrdienstterminal *n* multifunction *or* multi-services terminal *(tel)*; integrated voice/data terminal (IVDT) *(US)*; integrated services data terminal (ISDT) *(BT)*, teleterminal *(US)*

mehrdimensionaler Vielfachzugriff *m* multidimensional multiple access (MDMA) *(signal spreading in the frequency and time domain, chirp pulse)*

Mehrebenen-Codierer multi-level coder

Mehrelementen-Signal *n* multi-element signal *(voice)*

Mehrfachabruf *m* multiple polling *(fax)*

Mehrfachabstützung *f* multiple backup *(switching system)*

Mehrfachanschluß *m* multi-access line *or* point, multilink; multipoint access *(ITU-T Rec. I.112, s. Table IV)*; multiplex link; cluster terminal *(FO)*

Mehrfachanschluß-Sammelgruppe *f* multiline hunt group

Mehrfachanzeigebild *n* multiple display image *(PIP, TV)*

mehrfach aufliegende Leitung *f* multi-line appearance (MULAP) *(key telephone system, dig. PBX)*

Mehrfachbelegung *f* overloading *(of operators, e.g. in ADA)*

Mehrfachempfang *m* multifeed system *(sat reception)*

Mehrfachendgeräte-Anschluß *m* multi-terminal installation

Mehrfachendgeräte-Anschlußeinheit *f* multistation access unit (MAU) *(LAN)*

Mehrfachgebührenerfassung *f* repetitive metering *(tel)*

Mehrfachkommunikation *f* multi-service communication

Mehrfachrahmen *m* multiframe (MF) *(TDM)*

Mehrfachrahmen-Rahmenkennwort *n* (M-RKW) multiframe (MF) frame alignment signal (FAS)

Mehrfachrahmen-Synchronisierung *f* multiframing

Mehrfachrufnummer *f* multiple subscriber number (MSN) *(ISDN)*

Mehrfachschreiben *n* multi-pass writing *(video)*

Mehrfachstecker *m* multiple adapter *(el.)*

Mehrfachsternstruktur *f* multistar structure *(ITU-T I.327, s. Table IV)*

Mehrfach-Steuereinheit *f* cluster controller (CC) *(multiplexer for several terminals)*

Mehrfach-Teilnehmer-Anschluß *m* line grouping *(tel)*

Mehrfach-Teilnehmernummer *f* Multiple Subscriber Number (MSN) *(ISDN)*

Mehrfachübermittlung(sabschnitt *m*) *f* multilink

Mehrfachverbindungen *fpl* multiple connection

Mehrfachzugriff *m* multiple access

Mehrfachzugriff *m* **im Codemultiplex** code division multiple access (CDMA)

Mehrfachzugriff *m* **im Frequenzmultiplex** frequency division multiple access (FDMA)

Mehrfachzugriff *m* **im Polarisationsmultiplex** polarisation-division multiple access (PDMA) *(sat)*

Mehrfachzugriff *m* **im Raummultiplex** space division multiple access (SDMA)

Mehrfachzugriff *m* **im Zeitmultiplex** time division multiple access (TDMA)

Mehrfrequenz-Code (MFC) multifrequency code*(PCM signalling)*

Mehrfrequenz-Codewahl *f* multifrequency code (MFC) dialling, MFC dialling

Mehrfrequenz-Code-Zeichen *n* multifrequency code signalling *(PCM signalling)*

Mehrfrequenz-Empfänger *m* (MFE) multifrequency receiver

Mehrfrequenz-Monitor *m* multiscan *or* multisync monitor *(PC)*

Mehrfrequenz-Sender *m* (MFS) multifrequency transmitter

Mehrfrequenz-Verfahren *n* (MFV) dual-tone multi-frequency (DTMF) method

Mehrfrequenz-Wahl *f* (MF-Wahl) dual-tone multi-frequency dialling (DTMF), multifrequency dialling

Mehrfrequenzwahltrigger *m* DTMF trigger *(tel.)*

Mehrgeräteanschluß *m* multipoint interface *(ISDN)*

Mehrgerätekonfiguration *f* multi-terminal configuration *(ISDN)*

Mehrheitsentscheidung *f* majority decision *(math)*

Mehrheitsentscheidungslogik *f* majority voting logic

Mehrkanal-Durchschaltevermittlung *f* multirate circuit switching *(US)*

Mehrkanal-Mikrowellenverteildienst *m* multipoint multi-channel (microwave) distribution service (MMDS) *(TV, 2.5–2.6 GHz, 50 km range)*

Mehrkanal-pro-Träger-System *n* multi-channel per carrier (MCPC) system *(Sat, DVB-S, data rate 22,000 or 27,500 megasymbols/sec)*

Mehrkanal-Übermittlungsdienst *m* multirate bearer capability

Mehrleistungs-Datendienst *m* value-added data service (VADS)

Mehrplatzsystem *n* multi-user system, multi-station system

Mehrpegel-Ladungsspeicherung *f* multi-level charge storage (MLCS) *(microelectronics)*

mehrpolig multipin *(connector)*

Mehrprozessbetrieb *m* multitasking *(DP)*

Mehrprozess-Betriebssystem *n* multiprocess operating system

Mehrprozessorbetrieb *m* multiprocessing

Mehrprozessorsystem *n* multiprocessor system

Mehrpunkt-Anschluß *m* multipoint access

mehrpunktfähig capable of multipoint configuration

Mehrpunkt-Konferenzeinrichtung *f* (MKE) multipoint conference system

Mehrpunktsteuerung *f* multipoint controller (MC), multipoint control unit (MCU) *(ITU-T H.323 q.v.)*

Mehrpunktverbindung *f* multidrop *(MUXs, common channel shared by multiple devices)*; multi-endpoint connection

Mehrpunktverbindungen *fpl* multiple parties

Mehrpunktverbindung *f* **mit zentraler Steuerung** central multi-endpoint connection

Mehrpunkt-Verteildienst *m* multipoint distribution service (MDS) *(2.1 GHz band)*

Mehrrechnersystem *n* multi-computer system

Mehrschicht-Codierer *m* multi-level coder

mehrschichtiger Code *m* multi-layer code *(DVB-T)*

Mehrschichtplatte *f* sandwich panel

Mehrsignaldetektion *f* multiuser detection *(receiver, mobile RT)*

mehrsprachig multilingual

Mehrsprungverbindung *f* multihop connection

mehrstellige Ziffernanzeige *f* multi-digit display

Mehrstrahlantenne *f* multibeam *or* multiple-beam antenna (MBA) *(sat)*

Mehrstrahlentfaltantenne *f* (MEA) deployable multi-beam antenna *(sat)*

Mehrstufen-Prioritäts- und Entziehungsdienst *m* multi-level precedence and preemption service *(UPT)*

mehrstufiger Code *m* multi-level code

mehrstufiges Koppelfeld *n* multi-stage switching network *(ATM)*

mehrstufiges Netz *n* multi-level network *(hierarchical levels)*

Mehrteilnehmeranlage *f* multi-user system *(CATV)*

Mehrtor *n* multiport (network)

Mehrträger-CDMA *n* multi-carrier CDMA (MC CDMA)

Mehrträgermodulation *f* multi-carrier modulation (MCM) *(e.g. DMT, FDM, OFDM)*

Mehrwege-Fading *n* multipath fading *(RT)*

Mehrwegeführung *f* multiple *or* redundant routing

Mehrwegeschwund *m* multipath fading *(RT)*

Mehrwegschalter *m* multiway switch *(LAN)*

Mehrwegübertragungseffekt *m* multipath effect, ghost image *(DVB-T, TV)*

Mehrwertdienst *m* value-added service (VAS) *(ISDN)*

mehrwertig multi-valued *(math)*, multivalent *(chem)*

mehrwertiger Code *m* multi-level code

Mehrwertigkeit *f* many-valuedness, multivaluedness *(math)*

Mehrwertnetz *n* value-added network (VAN)

Mehrzustandsspeicher *m* multi-state memory

Mehrzweckschnittstelle *f* general interface

Meldeanruf *m* paging *(mobile RT)*

Meldeaufruf *m* location registration request *(mobile RT)*

Meldedienst *m* message service *(SMS)*

Meldekanal *m* signal channel *(TC)*

Meldekennzeichen *n* answering signal *(tel)*

Meldelampe *f* pilot lamp, pilot light, warning lamp

Meldeleitung *f* (Ml) record circuit *(switching)*

melden signal, indicate; return *(status)*; answering; alert *(call)*
sich melden answer, respond *(tel)*; alert *(terminal)*; log on *(DP)*

Meldespeicher *m* indication store *(TC)*

Meldetelegramm *n* indication message *(TC)*

Meldeverkehr *m* control traffic

Meldeverzug *m* answering delay

Meldewartezeit *f* ringing length *(tel)*

Meldewort *n* (MW) service word *(PCM data)*

Meldezeichen *n* offering signal *(from the exchange)*

Meldung *f* indication *(telecontrol, ISDN)*; message (MSG), report, signal, information; primitive *(from a lower to a higher OSI layer)*; response *(HDLC)*

Meldung *f* **Adresse vollständig** address complete message (ACM) *(ISDN)*

Meldung *f* **Anfangsadresse** initial address message (IAM) *(ISDN)*

Meldungselement *n* message element *(ATM, SAAL)*

Meldungsfeld *n* message box *(MS Windows, PC)*

Meldungslenkung *f* message routing

meldungslos idle *(channel state)*

Meldungspuffer *m* message buffer *(DP)*

Meldungsrahmen *m* response frame *(data link layer, ISDN)*

Meldungsverkehr *m* control traffic

Mel-Frequenz-Cepstrum-Koeffizient *m* Mel-Frequency Cepstral Coefficient (MFCC) *(speech recognition)*

Menge *f* amount, quantity; set *(statistics)*

Mensch-Computer-Schnittstelle *f* human computer interface (HCI) *(synchronous transmission)*

Mensch-Maschine-Kommunikation *f* (MMK) man/machine interface (MMI)

Mensch-Maschine-Kommunikationssprache *f* man/machine language (MML)

Mensch-Maschine-Schnittstelle f man/machine interface; user-terminal interface *(ISDN)*

Mensch-Maschine-Sprache *f* man machine language (MML) *(ITU-T)*

Menü *n* menu *(user interface for program selection)*

Menüführung *f* menu prompting

menügeführt menu-driven

menügesteuert menu-driven *(program)*

Menüleiste *f* menu bar *(GUI, PC)*

Menüpunkt *m* menu feature *or* item

Merkbefehl *m* mnemonic instruction

Merker *m* flag

Merkkippstufe *f* storage flip flop, latching flip flop, latch

Merkmal *n* feature; attribute *(ISDN)*; utility *(exchange, network)*

Merkmal *n* **der oberen Schichten** high layer attribute *(ISDN)*
mit allen Merkmalen ausgestattet full-featured

Merkmalsraum *m* character space *(speech coding)*

Merkmalsattribut *n* service attribute *(ITU-T X.32, s. Table VI)*

Merkmalsschnittstelle *f* facility interface *(ATM)*

Merkmalssignal *n* feature signal *(speech recognition)*

Merkmalsvektor *m* feature vector *(OCR)*

Merkname *m* mnemonic

MESFET metal semiconductor FET

Meß-... measuring, test

MESZ (mitteleuropäische Sommerzeit *f*) central European summer time (CEST)

Meßablauf *m* measurement program *(test set)*

Meßanordnung *f* test configuration

Meßaufbau *m* test setup

Meßbereich *m* measuring range *(gen.)*; measuring area *(screen, scale)*; distance range *(FO: OTDR)*

Meßbus *m* instrumented van *(DLR)*

Meßdecoder *m* monitoring decoder *(RDS)*

Meßebene *f* test interface

Meßeinrichtung *f* test equipment, test set

Meßempfänger *m* test receiver *(antenna field strength)*; selective decoder *(radio link)*; monitoring decoder *(RDS)*; monitoring detector *(radio paging)*

messen measure, gauge, sense

Messen, Steuern, Regeln *n* (MSR) measurement & control (MC)

Messen und Regeln *n* (MR) measurement & control (MC)

Messerkontakt *m* blade contact *(connector)*

Messerleiste *f* contact (*or* connector) strip, (male) plug (connector)

Meßfahrt *f* calibration trip *or* run

Meßfeld *n* test panel

Meßfühler *m* sensor *(servo)*

Meßgröße *f* measured value; measurand

Meßinstrument *n* meter

Meßinterval *n* measuring interval, test period

Meßkampagne *f* recording field trip *or* programme

Meßkoffer *m* portable test set

Meßkoppler *m*: **Sende- und Meßkoppler** *m* (SMK) transmission test equipment connecting matrix

Meßlauf *m* test run, calibration run

Meßleitung *f* test line, test wire, private wire, local wire, c wire, s wire, sleeve wire

Meßnormale *f* standard *(lab)*; etalon *(optics)*

Meßobjekt *n* object under measurement *or* test, test object, device under test (DUT); target *(ultrasonics)*

Meßplatz *m* test set *or* set-up *or* rig *or* position; test assembly *or* desk *or* rack

Meßpunkt *m* measuring point; test point

Meßrad *n* cyclometer

Meßsender *m* signal generator

Meßspanne *f* signal range

Meßstelle *f* monitoring station; test point

Meßstreifen *m* recording chart

Meßtechnik *f* measuring technique, measurement procedure, test method, testing

Meßtonempfänger *m* (MTE) test tone receiver

Meßtor *n* test port *(network analyzer)*

Messung *f* measurement, reading

Messung *f* **der Belegungszahl** peg count *(switch)*

Meßungenauigkeit *f* measuring inaccuracy, measuring error

Meßunsicherheit *f* measuring *or* measurement uncertainty *or* inaccuracy

Meßverstärker *m* instrument quality amplifier

Meßwagen *m* test van *(mobile RT, TV)*

Meßwandler *m* transducer

Meßwert *m* measured value, measurand

Meßwertaufbereitung *f* signal conditioning

Meßwertgeber *m* sensor *(EDP)*

Meßwertprozeß *m* measure process *(input interaction, DP)*

Meßzeit *f* response time

Meßzubehörkoffer *m* test accessories (kit *or* set)

Metallkabel *n* metallic cable

Meta-Sprache *f* meta-language *(language description language)*

Meta-Zeichen *n* tag *(HTML)*

Meta-Zeichengabe *f* meta-signalling *(B-ISDN, ITU-T Rec. Q.2120)*

Methode *f* method, approach

Methode *f* **der kleinsten Fehlerquadrate** least mean square (LMS) error method *(math)*

Metrik *f* metric, metric function, distance function *(math.)*, weighting; metrics *(poetry)*

metrisch metric

MEZ (mitteleuropäische Zeit *f*) central European time (CET)

MF (Mehrfachrahmen *m*, Überrahmen *m*) multiframe

MFC (Mehrfrequenz-Code *m*) multifrequency code

MFE (Mehrfrequenz-Empfänger *m*) multifrequency receiver *(tel)*

MFKS (multifunktionales Kommunikationssystem *n*) multifunctional communication system

MFLOPS million floating point operations per second

MFS (Mehrfrequenz-Sender *m*) multifrequency transmitter *(tel)*

MFV (Mehrfrequenzverfahren *n*) dual tone multifrequency (DTMF) method

MF-Wahl (Mehrfrequenzwahl *f*) dual-tone multifrequency (DTMF) dialling

MGCP-Protokoll *n* media gateway control protocol (MGCP) *(VoIP)*

MHP-Plattform *f* multimedia home platform (MHP) *(set-top box CI application)*

Micro-Zelle *f* AAA cell *(dry battery, approx. 1000 mA/h)*

Middleware *f* middleware *(integration software for open system interfaces)*

Mieter *m* tenant; lessee *(e.g. satellite transponder)*

Mietgebühr *f* rental

Mietleitung *f* leased line *or* circuit, tie line, private circuit (PC), private line

Mietleitungsdienst *m* leased-line service

Mietleitungsnetz *n* leased-line network

Mietsoftware *f* hired software

Mignon-Zelle *f* AA cell *(dry battery, approx. 3000 mA/h)*

Migration *f* migration *(TETRA, =roaming)*

Mikrobefehl *m* microinstruction

Mikrobrowser *m* microbrowser *(Web browser for smart phones or PDAs q.v.)*

Mikrocode *m* microcode *(DP)*

Mikrofon *n* (M) microphone (M) *(tel. transmitter)*

Mikrokrümmung *f* microbending *(FO)*

mikromechanischer Spiegel *m* (MEMS) mechanical micromirror *(s. "DMD")*

Mikrometer *m* micrometer, micron (µ, *110^{-6} m)*

Mikrometer *n* micrometer *(instrument)*

Mikromobilität *f* local mobility *(MS movement between cells of one network, mobile IP, IAB RFC 2002-2004, 2344, s. Table VIII)*

Mikroprogramm *n* microprogram

Mikroprogrammspeicher *m* control memory *(ROM)*

Mikroprozessor-Systembus *m* microprocessor system bus (MPSB)

mikroprozessorverwaltet microprocessor controlled

mikrosynchroner Betrieb *m* microsynchronous operation *(switching sys.)*

Mikrosynchronität *f* microsynchronism *(between processors in hot standby mode, switching sys.)*

Mikrowellen-Landesystem *f* microwave landing system (MLS)

Mikrowellen-Videoverteildienst *m* microwave video distribution service (MVDS) *(GB)*

MIME-Nachricht *f* MIME (multi-purpose Internet mail extension) message *(enables multimedia attachments to e-mails via SMTP, IAB RFC2045, s. Table VIII)*

mindern degrade *(e.g. QOS)*

Mindestumlaufdämpfung *f* minimum open loop loss

Mindestwertumtastung *f* minimum shift keying (MSK)

Miniaturbild *n* thumbnail picture

Minikarte *f* plug-in card *(permanently installed PIN card, GSM)*

minimale Zellrate *f* minimum cell rate (MCR) *(ATM)*

Minimum-Frequenzumtastung *f* minimum shift keying (MSK)

Minitel *n* videotex terminal for Teletel *(France)*

Minuseingang *m* inverting input *(op amp)*

Minusleitung *f* negative rail *(PS)*

MIS (Managementinformationssystem *n*) management information system

Mischbestückung *f* mixed configuration *(rack)*

Mischbetrieb *m* mixed(-services) mode *(ISDN)*; hybrid mode *(FO/copper)*; asynchronous balanced mode (ABM) *(transmission)*

Mischbetriebsanschluß *m* mixed-use line

Mischdokument *n* mixed document *(ITU-T I.113, s. Table IV)*

mischen mix; shuffle *(packets)*, merge

Mischfilter *n* combining filter *(microwave)*

Mischfrequenz *f* beat frequency

Mischkommunikation *f* mixed-services communication, mixed-mode communication, mixed mode *(teleservices, ISDN)*

Mischkommunikation *f* **aus Text und Faksimile** mixed mode (communication) *(ISDN)*

Mischmodus *m* mixed mode (MM) *(ISDN teleservice; fax, ITU-T T.4 Anhang E, T.30, s. Table III)*

Mischsumme *f* hash

Mischung *f* mixture; grading *(servers/offering subgroups interconnecting scheme; tel.sys.)*; shuffle *(packets)*; composite *(signals)*

mischungsfrei free of gradings *(tel. sys.)*

Mischungsverdrahtung *f* shuffle wiring *(SIMD)*

Mischungsverhältnis *n* (Q) mean interconnecting number *(tel.sys.)*

Mischverstärkung *f* conversion gain *(LNB)*

Mischwähler *m* hunting selector *(switching)*

Mißbrauch *m* misuse *(DP)*

Mißerfolg *m* failure *(e.g. call attempt)*

Mitarbeiter *m* **des Call Centers** (call centre) agent

mit automatischem Schleifendurchlauf *m* self-looping

Mitbewerber *m* competitor *(bus assignment)*

mithören listen in, monitor

Mithörschwelle *f* masking pattern (threshold) *(s. MASCAM, dig. sat. voice channel)*

Mithörsicherheit *f* privacy *(tel)*

Mithörton *m* side tone *(tel)*

Mitkopplung *f* positive feedback; feed forward

Mitlauf *m* positive phase relationship *(filter, phase)*; synchronism

mitlaufende Klassenmarkierung *f* travelling class mark *(fax)*

mitlaufende Überwachung *f* synchronous supervision *or* monitoring

Mitlauffilter *n* tracking filter

Mitlaufgebührenanzeiger *m* **für Hausanschluß** subscriber's check (*or* private) meter

Mitlaufoszillator *m* locked oscillator

Mitlaufüberwachung *f* synchronous monitoring

Mitlesekopie *f* local record *(switch)*

mitlesen monitor *(channel)*

Mitnahmeeffekt *m* capture effect

mitprotokollieren locally record *or* log

mit Rahmen *mpl* **weitergeleitet** frame-relayed *(transmission)*

Mitrechner *m* coupled *or* parallel computer

mitschneiden copy *(MTR)*

Mitschnitt *m* recording, copying

Mitschrieb *m* recording, trace

Mitschrift *f* trace *(recorder)*

Mitsprechen *n* side-to-phantom crosstalk; breaking-in *(tel)*

Mittambel *f* midamble *(EDP)*

mitteilen signal, communicate, notify, transmit

Mitteilung *f* notification, message (MSG)

Mitteilungsaustausch-Systemteil *m* message transfer agent (MTA) *(MHS SW, ITU-T Rec. X.400, s. Table VI)*

Mitteilungsbrett *n* bulletin board *(Internet)*

Mitteilungscode *m* message code *(switching)*

Mitteilungsdienst *m* message handling service (MHS) *(ITU-T Rec. X.400, F.400, ISO 10021-x (MOTIS), s. Table III, VI)*

Mitteilungsende *n* End Of Message (EOM) *(signal)*

mitteilungsfähiger Dienst *m* message handling service (MHS)

Mitteilungshinweis *m* message notification *(VMS)*

Mitteilungssignalisierung *f* message oriented signalling (MOS)

Mitteilungsspeicher *m* message store (MS) *(ITU-T Rec. X.413, s. Table VI; ISO 10021-5)*

Mitteilungs-Transfer-Dienst *m* message transfer service *(ITU-T Rec. X.411 (Table VI), ISO 10021-4, P1, OSI layer 7 (Table I))*

Mitteilungs-Übermittlung *f* messaging *(ITU-T Rec. X.400, s. Table VI)*

Mitteilungs-Übermittlungs-System *n* message handling system (MHS) *(ITU-T Rec. X.400, F.400, ISO 10021-x, s. Table III)*

Mittelanschluß *m* centre tap *(transformer)*, midpoint junction *or* connection *(bus)*

Mittelband *n* midband *(TV, 120–174 MHz, EIA channels 15–22)*

mitteleuropäische Sommerzeit *f* (MESZ) central European summer time (CEST)

mitteleuropäische Zeit *f* (MEZ) central European time (CET)

Mittelleistungstransistor *m* medium-power transistor

mittelmäßig moderate *(quality)*

Mittelpunktleiter *m* neutral conductor *(PS)*

Mittelpunktspeisung *f* centre feed *(ant)*

mittelratige Sprachcodierung *f* medium-rate speech coding (MSC) *(dig. audio, US)*

Mittelstück *n* adaptor *(FO connector)*

Mitteltonlautsprecher *m* midrange speaker

Mittelungsfaktor *m* averaging factor *(mobile concentrator)*

Mittelwertbildner *m* averaging circuit *or* unit, averager

Mittelwertbildung *f* averaging

mittelwertfrei without average component *(signal)*

Mittelwertverfahren *n* mean value analysis *(math.)*

Mittenkanal *m* centre channel *(MPEG-2)*

Mittenverstärkung *f* midrange gain

mittlere Ausfallzeit *f* mean time to failure (MTTF)

mittlere Ausnutzung *f* occupancy *(lines)*

mittlere Belegtzeit *f* mean holding time

mittlere Bewertung *f* mean opinion score (MOS) *(audio, subjective rating: 5 = excellent, 4 = good, 3 = fair, 2 = poor, 1 = bad (PCM = 4–4.5 acc. to ITU-T Rec. G.711, s. Table III))*

mittlere Bildhelligkeit *f* average picture level (APL) *(TV transm.)*

mittlere Funktionsdauer *f* mean time to failure (MTTF)

mittlere Kreislaufbahn *f* intermediate circular orbit (ICO) *(sat., 10,000 km)*

mittlerer Ausfallabstand *m* mean time between failures (MTBF)

mittlere Reparaturzeit *or* **Reparaturdauer** *f* mean time *(taken)* to repair (MTTR)

mittlerer Konzentrator *m* (MKT) medium-sized concentrator

mittlerer quadratischer Fehler *m* mean square error (MSE)

mittlere Störungsdauer *f* mean down time (MDT) *(includes waiting time)*

mittlere Trägersignalleistung *f* average transmitter carrier power *(GSM 11.20, s. Table VII)*

mittlere Verkehrsbelastung *f* mean traffic carried

mittlere Übertragungsgeschwindigkeit *f* intermediate data rate (IDR) *(Intelsat service)*

mittlere Verfügbarkeitszeit *f* mean time between failures (MTBF)

mittlere Zeit *f* **bis zur (ersten) Störung** mean time to failure (MTTF)

mittlere Zugriffszeit *f* average access time

mitübertragenes Signal *n* accompanying signal

mitverwenden share *(transmission bandwidth)*

mitzählen count towards the total

Mitziehen *n* frequency pulling, lock-in (with) *(information)*; carrying-through *(e.g. errors in programming)*

MK s. Mobilkommunikation *f*

MKE (Mehrpunkt-Konferenzeinrichtung *f*) multipoint conference system

MKT s. mittlerer Konzentrator *m*

Ml (Meldeleitung *f*) record circuit

MM-CD (Multimedia-CD *f*) multimedia CD *(MPEG-2)*

MM-Faser *f* (Multimodenfaser *f*) multimode fibre

MMK (Mensch-Maschine-Kommunikation *f*) man-machine interface (MMI) *(ITU-T Z.300ff)*

MMM-Projekt *n* MMM (mobile multimedia) project *(ACTS)*

MMS43-Code *m* modified monitored sum code *(DTAG BA line code, 43 = 4B3T coding)*

M-näre Phasenumtastung *f* M-nary phase shift keying (PSK)

Mnemonik *f* mnemonic

MNP (Microcom-Netzverbindungsprotokoll *n*) Microcom Networking Protocol *(modems, V.42, s. Table V)*

MOBIDIG (Mobile Betriebsstelle *f* in Digitaltechnik) mobile digital operation and maintenance (O&M) station *(DTAG)*

Mobilanschluß-Funkgerät *n* mobile access radio (MAR)

Mobilanschlußsuche *f* mobile access hunting (MAH) *(GSM Rec. 01.04, s. Table VII)*

Mobilanwenderteil *m* mobile application part (MAP) *(SS7, GSM, s. Table VII)*

Mobil-Benutzerstation *f* mobile station (MS) *(GSM, s. Table VII)*

Mobilbox *f* DTAG mobile radio voice messaging service *("C-Netz")*

Mobil-Dienstekennzahl *f* mobile (services) network code (MNC) *(GSM, s. Table VII)*

mobile Endgeräte *npl* mobile telecommunication equipment (MTE)

Mobileinheit *f* mobile unit

mobile Nebenstellenanlage *f* radio PABX

mobiler Agent *m* mobile agent *(a program which fulfills a task (e.g. a search) in another computer and returns with the result)*

mobiler Bankdienst *m* mobile banking *(WAP)*

mobiler Satelliten-Funkdienst *m* mobile satellite service (MSS) *(ITU-R)*

mobile Satellitenanlage *f* (MobSatAnl) mobile satellite terminal *(VSAT)*

mobiles Endgerät *n* mobile terminal (MT) *(GSM SMS, s. Table VII)*

mobile Station *f* mobile station *(mobile RT)*

mobile Uhr *f* flying clock *(time standard)*

Mobilfax *n* mobile fax

Mobilfunk *m* mobile radio (communication), mobile communications; private mobile radio (PMR)

Mobilfunk-Anschlußsystem *n* mobile access system (MAS)

Mobilfunk-Expertengruppe *f* Mobile Expert Group (MEG) *(ETSI)*

Mobilfunk-Festverbindung *f* (MOFV) mobile communications tie line

Mobilfunkgerät *n* mobile radio telephone, mobile transceiver, mobile station (MS)

Mobilfunk *m* **im Stadtbereich** urban mobile radio

Mobilfunknetz *n* mobile radio *or* telephone network, mobile telecommunications network, public land mobile network (PLMN)

Mobilfunksystem *n* mobile radiotelephone system

Mobilfunk-Überleitstelle *f* mobile telephone switching office (MTSO) *(US)*

Mobilfunkverkehr *m* mobile radio communication

Mobilfunkzellennetz *n* cellular mobile radio network

Mobil-Globalbezeichner *m* mobile global title (MGT) *(GSM, s. Table VII; s.a. ITU-T Rec. E.214 for address format, s. Table III)*

Mobilität *f* mobility

Mobilitäts-Server *m* mobility server *(ATM, mobile network access, DECT/GSM connectivity)*

Mobilitätssteuerung *f* mobility control *(mobile RT)*

Mobilitätsunterstützung *f* mobility support *(mobile IP, IAB RFC 2002-2004, 2344, s. Table VIII)*

Mobilitätsverwaltung *f* mobility management *(mobile RT)*

Mobility Server *m* mobility server *(ATM mobile, DECT/GSM connectivity)*

Mobilkommunikation *f* (MK) mobile communications

Mobil(kommunikations)-Vermittlungseinrichtung *f* mobile switching centre (MSC) *(GSM, s. Table VII)*

Mobil-Landeskennzahl *f* mobile country code (MCC) *(GSM, s. Table VII)*

Mobilnetzkennzahl *f* mobile network code (MNC) *(GSM)*

Mobilrufnummernportierbarkeit *f* mobile number portability (MNP) *(GSM)*

Mobilstation *f* (MS) mobile station *(cellular mobile RT)*, portable *(DECT)*

Mobilstation *f* **ausgehend** mobile station originated *(GSM SMS, s. Table VII)*

Mobilstation *f* **eingehend** mobile station terminated *(GSM SMS, s. Table VII)*

Mobilteil *m* mobile unit; portable part *(DECT)*

Mobilteilnehmer *m* mobile subscriber

Mobilteilnehmerkennung *f* mobile subscriber identification number (MSIN) *(GSM, s. Table VII)*

Mobiltelefon *n* mobile telephone, mobile phone, cellphone *(US)*, mobile station (MS) *(GSM)*, car (radio) telephone

Mobiltelefonregister *n* equipment identity register (EIR) *(GSM, s. Table VII)*

Mobilvermittlungseinrichtung *f* mobile (services) switching centre (MSC) *(next hierarchy level after BSS, GSM, s. Table VII)*

Mobilvermittlungsstelle *f* mobile switching centre (MSC) *(GSM)*

Mobil-Versorgungsinstanz *f* mobile management entity (MME) *(GSM 01.04, s. Table VII)*

MobSatAnl. s. mobile Satellitenanlage *f*

MOD (magnetooptische Platte *f*) magneto-optical disk *(rerecordable audio disk)*

Modacom *f* (mobile Datenkommunikation *f*) DTAG mobile radio data transmission system *(415/425 MHz, VTS/DSMA, X.25, introduced mid-1991)*

modales Fenster *n* action window *(Electronic dictionary, PC)*

Modellieren *n* modelling, simulation

Modem *m* (Modulator-Demodulator *m*) modem (modulator/demodulator) *(digital/analog-analog/digital data converter, s. Tables V and VI)*

Modem-Dose *f* modem socket

Modem-Eliminator *m* modem bypass, modem eliminator *(direct DTE-DTE connection)*

Modem für begrenzte Leitungslänge limited distance modem (LDM), short-haul modem

Modenfleckdurchmesser *m* mode size *(FO)*

Modenmultiplex *m* mode division multiplex (MDM) *(FO)*

Modenrauschen *n* speckle noise *(FO)*

Modenwandler *m* mode converter

modifizierter Huffmann-Code *m* modified Huffmann code *(a redundancy-reducing source encoding method, fax, TV)*

Modul *n* module

Modulationsfehlerverhältnis *n* modulation error ratio (MER) *(in dB, DVB, to ETR 290 standard)*

Modulationsgrad *m* degree of modulation, modulation percentage *or* factor

Modulationshöhe *f* modulation level *(OFDM, e.g. 16QAM, 64QAM; DVB)*

Modulationsindex *m* modulation index *(FM)*

Modulationsleitung *f* programme line, programme circuit *(broadcasting)*

Modulationsniveau *n* modulation level *(OFDM, DVB)*

Modulationspunkt *m* modulation point, constellation point *(OFDM, DVB)*

Modulationsrate *f* modulation rate

Modulationsschritt *m* modulation step *(OFDM, DVB, DAB)*

Modulationssicherheit *f* accuracy of modulation *(OFDM)*

Modulationsspannung *f* modulating voltage

Modulationsstufe *f* modulation stage *(HW)*; modulation level *(QAM)*

Modulationssymbol *n* modulation symbol *(DVB-T)*

Modulationstiefe *f* modulation depth, modulation percentage *or* factor

Modulator *m* modulator

Modulbetriebstechnik-Steuerung *f* module administration and maintenance control (AMC) *(ISDN)*

Modul *n* **der Auflösung** index of cooperation (IOC) *(telefax drum diameter/line spacing ratio)*

Modulsicherheitstechnik *f* module dependability system

Modulo-N *n* modulo N *(a number N, e.g. of messages or frames, which can be incremented before a counter is reset or an acknowledgement is required)*

Modus *m* mode

MOFV (Mobilfunk-Festverbindung *f*) mobile communications tie line

Mogeln *n* spoofing *(router simulates response to ¤keep-alive¤ packet, ISDN)*

Möglichkeit *f* option; capability *(communication)*; contingency

momentan instantaneous

Momentanfrequenz *f* instantaneous frequency

Momentaufnahme *f* one-shot display *(CRO)*

Monitor *m* monitor *(display)*

Monoflop *m* monostable flip flop, one shot

monomedial single-medium ... *(hypermedia)*

Monomode-Einfügungsverlust *m* monomode insertion loss *(FO)*

monoton monotonous; monotonic *(ascending or descending curve)*

Monopolabschluß *m* (TAE) network termination (NT) *(the telephone socket, refers to the former carrier monopoly)*

Monopolanschlußdose *f* telecommunications socket *(NT)*

Monopolantenne *f* monopole antenna, ground-plane antenna

Monopolleistungen *fpl* monopoly services

Monopolübertragungswege *mpl* (MÜW) Telekom transmission paths

monoton monotonous; monotonic *(math)*

Monoträger *m* mono(phonic) carrier *(TV)*, single carrier

Monoträgerverfahren *n* single-carrier method *(TV transmission)*

Mono-Zelle *f* D cell *(dry battery, approx. 18000 mA/h)*

Montage *f* mounting, installation, assembly; packaging

Montagesatz *m* installation kit

Montageschaltbild *m* wiring diagram

Montageschaltplan *m* wiring diagram

Montageschiene *f* mounting channel

Montagewinkel *m* mounting bracket

Morseruf *m* manual signalling

MOS s. mittlere Bewertung *f*

Mosaikdrucker *m* matrix printer, dot matrix printer

motorisch motor-driven

Motorschutzschalter *m* motor circuit breaker

MPEG-Audiodecoder *m* MPEG audio decoder *(IDTV, STB)*

MPEG-Videodecoder *m* MPEG video decoder *(IDTV, STB)*

MPEG2-Audio *n* MPEG-2 audio *(digital DVD audio coding to MPEG-2 standard; 48 kHz sampling rate, 16 bits, max. data rate 640 kb/s, 3x5.1 (or 7.1) channels, i.e. 3 front channels and 2 surround channels and 1 subwoofer channel; s. "MP3", s.a. "AC-3-Codierung" for comparison)*

MPEG2-Receiver *m* set-top box (STB), digibox *(DVB, with PCMCIA slot for CA modules (pay TV))*

MPJ-Formel *f* modified Palm Jacobus (MPJ) formula

MPLPC s. Multipuls-LPC *n*

MPX s. Multiplex *n*

MP3-Codierer *m* MP3 (MPEG-2 Layer 3) encoder *(audio compression to MPEG-2 audio (s. above) standard, DVD, Internet)*

MR (Messen und Regeln *n*) measurement & control (MC)

MR-Konstellation *f* MR (multi-resolution) constellation *(OFDM, DVB)*

M-RKW (Mehrfachrahmen-Rahmenkennungswort *n*) MF frame alignment word

MS (Mitteilungsspeicher *m*) message store

MS (Mobilstation *f*) mobile station *(cellular mobile RT)*

MS (Musik-/Sprache-Umschaltung *f*) music/speech switching *(RDS)*

MS-DOS-Eingabeaufforderung *f* MS DOS (Microsoft Disk Operating System) prompt *(PC)*

M-Serie *f* **der ITU-T-Empfehlungen** M series of ITU-T Recommendations *(relates to maintenance of transmission systems, s. Table III)*
M.1020 ITU-T recommendation for international leased telephone tie lines *(s. Table III)*
M.3010 ITU-T recommendation for a telecommunications management network (TMN) *(s. Table III)*

MSFN (Funkverbindungsnetz *n* für die bemannte Raumfahrt) Manned Spaceflight Network *(JPL-operated world-wide network of ground stations)*

MSK (Mindestwertumtastung *f*, Minimum-Frequenzumtastung *f*) minimum shift keying

Msps (Millionen Symbole pro Sekunde) megasymbols per second *(burst transmission)*

MSR (Messen, Steuern, Regeln *n*) measurement & control (MC)

MSS s. mobiler Satelliten-Funkdienst *m*

m-stufig m-level *(QAM)*

MTBF (mittlerer Ausfallabstand *m*) mean time between failures

MT-Dienst (Mitteilungs-Transfer-Dienst *m*) message transfer service *(ITU-T X.400, s. Table VI; ISO 10021-4)*

MTE (Meßtonempfänger *m*) test tone receiver

MTTF s. mittlere Funktionsdauer *f*

MTTR s. mittlere Reparaturzeit *f*

Muffe *f* boot *(connector)*

MULDEX s. Multiplexer/Demultiplexer *m*

Müllpost *f* junk mail *(E-mail)*

Multiburst *m* multiburst signal *(TV)*

Multicastfunktion *f* multicast (function), multicasting *(ATM point-to-multipoint (PMP) connection)*

Multicastübertragung *f* multicast transmission, IP multicast *(PMP link)*

Multiframe-Rahmenkennwort *n* (M-RKW) multiframe (MF) frame alignment signal

Multifrequenz(wähl)verfahren *n* (MFV) dual tone multi-frequency (DTMF) (dialling) method *(CCITT Yellow Book Vol. VI.1 Recommendation Q.23, s. Table III)*

multifunktionales Kommunikationssystem *n* (MFKS) multifunctional communication system

Multikom-Gerät *n (formerly Ceptel)* multifunctional communication device *(vtx terminal with optional telephone function)*

Multilayer-Code *m* multi-layer code *(DVB-T)*

Multimedia-Aufrüstsatz *m* multimedia kit *(consists of CD-ROM drive, sound card, speakers and bundled software; PC)*

Multimedia-CD *f* (MM-CD) multimedia CD *(specifically: dual layer, VBR, 7.4 Gbyte capacity, 270 min. playing time, MPEG-2)*

multimedial multi-media ...

Multimediamail *f* compound document mail

Multimedia-PC *m* multimedia PC (MPC)

Multimedia-Server *m* multimedia server *(provides over 20.000 parallel video data streams, VOD, MPP)*

Multimediendienst *m* multi-media service *(B-ISDN, information system using "mixed-mode" multi-media documents* *and following the document and layout structuring, access is by contents-oriented keywords, s. "hypermedia")*

Multimediendokument *n* multi-media document (MMD) *("mixed-mode" document which, in addition to text, could contain graphics, voice and video)*

Multimodenfaser *f* (MM-Faser) multimode fibre

Multiplex *m* (multiplexed) (data) stream *(MPEG-2: audio, video and system and programme specific information; ISO 13818, s.a. "programme stream" and "transport stream")*

Multiplex *n* (MPX) multiplex *(ITU-T I.430.E, s. Table IV)*

Multiplexanschluß *m* primary rate access *(ISDN S_{2M})*

Multiplexauflösung *f* demultiplexing

Multiplexbetrieb *m* multiplexing

Multiplexbildung *f* multiplexing

Multiplex-D-Kanal *m* (Dm) multiplexed D channel *(ISDN)*

multiplexen multiplex, assemble

Multiplexer *m* (Mx) multiplexer (MUX); dividing filter, diplexer *(TV)*

Multiplexer/Demultiplexer *m* multiplexer/demultiplexer (MULDEX)

Multiplexfaktor *m* multiplex factor *(transm.)*

Multiplexgewinn *m* multiplexing gain

Multiplexgrad *m* multiplex factor *(transm.)*

Multiplex-ID *f* multiplexing identification (MID) *(tunnelling protocol)*

Multiplexierung *f* multiplexing

Multiplexkennzeichnung *f* multiplexing identification (MID) *(B-ISDN)*

Multiplexkoppler *m* multiplex switch

Multiplexzentrale *f* central multiplexer section

Multiplikator *m* multiplier

Multiplizierer *m* multiplier

Multi-Protokoll-Etikett- Austausch *m* multiprotocol label switching (MPLS) *(IP method)*

Multi-Protokoll-Router *m* multi-protocol router (MPR) *(ISDN)*

Multiprozessorsystem *n* multiprocessor system

Multipuls-LPC *f* multipulse linear predictive coding (MPLPC)

Multi-Resolution-QAM *f* multiresolution QAM (MRQAM) *(DVB-T)*

Multi-Resolution-(MR-)**Konstellation** *f* multiresolution (MR) constellation *(DVB-T)*

Multiscan-Monitor *m* multiscan monitor *(PC)*

Multiskalen-Analyse *f* multiresolution computation *(image processing)*

Multischalter *m* multiswitch *(sat. distr.)*

Multiswitch *m* multiswitch *(sat. distr.)*

Multitasking *n* multitasking *(DP)*

Multitel (multifunktionelles (Btx-)Telefon *n*) multifunctional telephone *(DTAG, does not include modem)*

multithematisch multi-topical

Multiträgerverfahren *n* multicarrier method *(OFDM, DVB-T)*

Multivendor-Netz *n* multi-vendor network *(i.e. one with components from several suppliers)*

Multi-Zeitrahmen *m* (MZR) multiframe, multiburst *(DECT)*

mundgeblasen hand-blown *(glass)*

mündlich verbal

mündliche Nachricht *f* verbal message

Münzer *m* coin-operated telephone, coinbox telephone

Münzfernsehen *n* subscription TV

Münzfernsprecher *m* coin-operated telephone, pay (tele)phone

MUSE Multiple Sub-Nyquist Sampling Encoding *(NHK HDTV coding method)*

Musik *f* **auf Abruf** music on demand *(DTAG Internet project, MPEG-1)*

Musik-Center *n* music centre

Musikeinspielung *f* music injection, music on hold (MOH) *(tel)*

Musik-/Sprache-Umschaltung *f* (MS) music/speech switching *(RDS)*

Muster *n* sample, pattern; gallery *(MS Windows, PC)*

Musterbau *m* prototype construction

Mustererkennung *f* pattern recognition

Mustergleichzeitigkeitsnetzwerk *n* pattern matching network *(speech coding)*

Musterpaarigkeitsvergleich *m* pattern matching *(bit patterns)*

Mustersuche *f* pattern search

Mustervergleich *m* pattern matching, template matching *(speech recognition)*

Mutmaßlichkeit *f* likelihood *(math.)*

Mutmaßlichkeitsfunktion *f* likelihood function *(math.)*

Mutteramt *n* parent exchange

Muttermaske *f* master *(microcircuits)*

Mutterplatine *f* motherboard *(PC)*

Muttersystem *n* parent system *(system tel)*

Muttertakt *m* master clock (frequency)

Mutteruhr *f* master clock

Muttervermittlungsstelle *f* parent exchange

MÜW (Monopolübertragungswege *mpl*) Telekom transmission paths *(DBT, before deregulation)*

MUX s. Multiplexer *m*

MW (Meldewort *n*) service word

M-wertige Bi-Orthogonale Tastung *f* M-ary bi-orthogonal keying (MBOK) *(WLAN, IEEC 802.11)*

Mx s. Multiplexer *m*

MZR s. Multi-Zeitrahmen *m*

N

N coding for ancillary devices *(DTAG TAE connector)*

NA (Netzanschaltung *f*) network access (unit) *(radio paging, Cityruf)*

nach außen weitergeben externalize *(a signal etc.)*

Nachbarblock *m* contiguous block *(image coding, DSP)*

Nachbar-Funktionsinstanz *f* adjacent functional entity *(ISDN)*

Nachbarfunkzone *f* adjacent cell *(mobile RT)*

Nachbarkanalbetrieb *m* adjacent channel operation *(radio link)*

Nachbarkanalleistung *f* adjacent-channel power (ACP)

Nachbarkanalstörung *f* adjacent-channel interference (ACI) *(TV)*

nachbarkanaltauglich immune to adjacent-channel interference *(TV)*

Nachbarverbindung *f* direct line, tie line

Nachbarzeichenstörung *f* intersymbol interference (ISI) *(FO)*

Nachbarzelle *f* s. Nachbarzone

Nachbarzellenmessung *f* adjacent-cell measurement *(mobile RT)*

Nachbarzone *f* adjacent cell, neighbouring cell (NCELL) *(GSM 01.04, s. Table VII)*

Nachbau *m* replica, clone *(e.g. no-name PC)*

nachbauen replicate, clone

Nachbearbeitung *f* editing *(MPEG-2 bit stream)*, post-processing *(DVD audio)*

nachbilden simulate, copy

Nachbildung *f* (Nb) balance, (line) balancing network; functional equivalent; replication *(pixels)*; facsimile; simulation

Nachbildungsdämpfung *f* balance loss

Nachbildungsfehler *m* balance return

Nachbildungsfehlerdämpfung f balance return loss

Nachbildungsimpedanz *f* balancing (network) impedance

Nachecho *n* postecho *(audio)*

nacheilende Impulsflanke *f* trailing edge

Nacheilung *f* lag *(phase, frequency)*

Nacheilzeit *f* lag time *(phase)*

Nachfilter *n* postfilter *(voice codec, GSM)*

Nachfilterung *f* postfiltering

Nachfolgeschaltkennzeichen *n* successor switching signal

Nachfolge-Synchronisationsmodus *m* chase mode *(magnetic tape timing, SMPTE timing code)*

nachführbar tracking

Nachführeinheit *f* tracking unit *(Sat)*

nachführen update *(file, display)*; control *(frequency)*; correct *(PLL)*
nachführen auf die Taktfrequenz correct to the clock frequency

Nachführgenauigkeit *f* tracking accuracy *(sat)*

Nachführgeschwindigkeit *f* tracking rate *(sat)*; slew rate *(IC)*

Nachführung *f* tracking *(TV camera etc.)*

Nachführungsfehler *m* tracking error

nachgeführt controlled, corrected

nachgeführter Quarz-Oszillator *m* voltage-controlled crystal oscillator

nachgeführtes Signal *n* signal tracking the input voltage, follow-up signal

nachgeschaltet subsequent, downstream, on the output side

Nachgiebigkeit *f* resilience, compliance *(esp. audio pick-up needle)*, mobility

Nachgleich *m* (calibration) correction

Nachkommastelle *f* trailing digit

Nachlauf-... tracking, trailing

Nachläufer *m* undershoot *(pulse)*; postcursor *(TV ghost, pulse)*

Nachlauffehler *m* tracking error

Nachlauffilter *n* tracking filter

Nachlaufoszillator *m* voltage controlled oscillator (VCO)

Nachlaufsynchronisation *f* tracking synchronization *(clock recovery)*

Nachlaufzeit *f* lag time

Nachlegeliste *f* modification wiring list

Nachleuchtdauer *f* persistence *(CRT)*

Nachleuchten *n* lag *(CRT)*

Nach-Links-Taste *f* Left arrow *(PC keyboard)*

Nach-Oben-Taste *f* Up arrow *(PC keyboard)*

Nachprozessor *m* postprocessor *(codec)*

nachprüfen verify, check, edit, audit

Nachprüfungsfeld *n* revision field *(handshaking)*

Nach-Rechts-Taste *f* Right arrow *(PC keyboard)*

nachregeln correct

Nachricht *f* message (MSG), signal, information, communication

Nachrichtenabfragebetrieb *m* delivery *(message)*, retrieval mode; direct trunking; ring-down junction

Nachrichtenablegebetrieb *m* message recording mode *(tel)*

Nachrichtenabsender *m* message originator *(VMS)*

Nachrichtenanfang *m* beginning of message (BOM)

Nachrichtenaufnehmer *m* listener *(test instrument, tel)*

Nachrichtenaustausch *m* information exchange; message interchange *(VMS)*

Nachrichtenauthentisierungscode *m* message authentication code (MAC) *(HBCI)*

Nachrichtenbrett *n* bulletin board *(WWW, q.v.)*

Nachrichteneinheit *f* message unit

Nachrichtenelement *n* information element *(ISDN)*

Nachrichtenendezeichen *n* end-of-message (EOM) signal

Nachrichtenkanal *m* information channel, communication channel; traffic channel (TCH) *(GSM, s. Table VII)*

Nachrichtenkapazität *f* information-handling capacity

Nachrichtenkopf *m* label, routing label; message header *or* preamble

Nachrichtenmelder *m* pager *(mobile RT)*

Nachrichtenmeldung *f* paging *(mobile RT)*; message notification *(VMS, MHS)*

Nachrichtenmengendosierung *f* pacing *(traffic handling)*

Nachrichtennetz *n* communications network

Nachrichtenpaket *n* information packet

Nachrichtenprotokoll *n* **für digitale Datenübertragung** digital data communications message protocol (DDCMP) *(DEC)*

Nachrichtenquelle *f* message source *(DECT)*

Nachrichtensatellit *m* telecommunications satellite

Nachrichtensenke *f* message sink *(DECT)*

Nachrichtensignal *n* information signal

Nachrichtenspeicher *m* message store (MS), mail box (MB) *(ITU-T Rec. X.400, s. Table VI)*

Nachrichtenspeichereinheit *f* voice mail server (VMS)

Nachrichtenstrecke *f* transmission line *or* link

Nachrichtensystem *n* communication system

Nachrichtentechnik *f* telecommunications, communication engineering

nachrichtentechnische Nutzlast *f* telecommunications payload *(sat)*

Nachrichtentelegramm *n* information message

Nachrichtentheorie *f* communication theory, informatics

Nachrichtentransferteil *m* message transfer part (MTP) *(SS7, ITU-T Rec. Q.701–707, s. Table III)*

Nachrichtenübermittlung *f* message transmission, messaging; (tele)communication *(includes switching and transmission)*

Nachrichtenübermittlungsdienst *m* messaging service *(ITU-T I.113, s. Table IV)*

Nachrichtenübermittlungseinrichtung *f* telecommunication facility; message transmission facility

Nachrichtenübertragung *f* telecommunication, information transmission, message transfer

Nachrichtenübertragungsebene *f* message transfer plane *(protocol layer, DECT)*

Nachrichtenübertragungsereignis *n* message transfer event (MTE) *(ISDN)*

Nachrichtenübertragungsschicht *f* message layer; DLC (data link control) layer, MAC (media access control) layer *(DECT)*

Nachrichtenübertragungsschleife *f* communications loop

Nachrichtenübertragungsstrecke *f* message transmission link *(DECT)*

Nachrichtenübertragungssystem *n* telecommunication system, information transmission system; message handling system (MHS) *(ITU-T Rec. 400, F.400. ISO 10021-x, s. Table III)*

Nachrichtenübertragungsteil *m* message transfer part (MTP) *(SS7, ITU-T Rec. Q.701–707, s. Table III)*

Nachrichtenunterscheidung *f* message discrimination *(SS7 layer 3, s. Table III)*

Nachrichtenverarbeitung *f* message processing

Nachrichtenverbindung *f* transmission link, communication link

Nachrichtenverkehr *m* message traffic

nachrichtenvermitteltes System *n* message-switched system *(SF circuit switching)*

Nachrichtenvermittlung *f* message switching *(TWX, telex)*

Nachrichtenvermittlungsdienst *m* messaging service

Nachrichtenverteiler *m* message buffer *(digital exchange)*; (message) router *(LAN)*

Nachrichtenweg *m* communication path

Nachrichtenweiterleitgerät *n* router *(LAN)*

Nachrichtenzeicheneinheit *f* message signal unit (MSU) *(SS7, s. Table III)*

Nachrichtenzelle *f* information cell *(ATM)*, data cell *(packet switching)*

Nachrichtenzustellungssystem *n* message delivery system *(VMS)*

Nachrichtenzuteiler *m* message handler *(exchange)*

Nachruf *m* forward-transfer signal

nachrufen forward transfer; call back, ring back *(tel)*

Nachrüstbaugruppe *f* add-on module

Nachrüstsatz *m* add-on kit

Nachrüstzubehör *n* add-on (accessories)

Nachsatz *m* trailer *(frame)*

nachschalten connect to the output of . . .

nachschlagen browse *(Electronic dictionary, PC)*

Nachschlagetabelle *f* look-up table (LUT) *(in memory)*

Nachschreibfähigkeit *f* posted writes capability *(DP)*

nachschwingend exhibiting decay *or* ringing *(e.g. pulse, tuned circuit)*

Nachschwinger *m* pulse tail; post-pulse ringing *(waveform)*

Nachschwingdauer *f* decay time, post-oscillation period *(tuned circuit)*, pulse tail

Nachsendung *f* retransmission

Nachspann *m* trailer *(ATM cell, magn. tape)*

nachstellen readjust, correct; append *(e.g. to a string, DP)*

Nachstellkorrelator *m* correlator *(transmission)*

nachsteuern retune *(filter)*

Nacht s. Nachtschaltung *f*

Nachtabfragestelle *f* night service extension

Nachtanruf-Weiterschalteleitung *f* night call forwarding (NCFW) line

Nachtbesetzung *f* night service *(PABX)*

nachtgeschalteter NStA *m* night service extension

Nachtkonzentration *f* restricted night service

nachträglich retrospective

nachträglicher Eintritt *m* late entry *(TETRA)*

nachträgliche Rufmöglichkeit *f* deferred paging capability *(radio paging)*

Nachtrufnummer *f* night service number *(tel)*

Nachtschalter *m* night service key

Nachtschaltung *f* (Nacht) night service (extension)

Nachttarif *m* night-time rate

Nach-Unten-Taste *f* Down arrow *(PC keyboard)*

Nachverarbeitungsmodus *m* processable mode (PM) *(teletex, X.200, s. Table VI)*

Nachverdeckung *f* postmasking *(audio codec)*

Nachvermittlungsplatz *m* manual trunk operator position

Nachverstärker *m* postamplifier

nachvollziehen comprehend; reconstruct, trace, retrace, reproduce

nach Wahl *f* (on) demand *(service)*

Nachwahl *f* dialling a suffix digit, suffix dialling; overlap sending *(SAAL, parts of the address are transmitted in separate messages)*

Nachwahl *f* **2. Amt** 2nd-exchange redialling *(DTMF exchanges only, tel)*

Nachwahlnummer *f* suffix (digit)

Nachweisbarkeit *f* traceability *(product)*

nachweisen confirm, verify, detect

Nachwirkzeit *f* hangover (time) *(opposite of response time, modem)*

nachziehen control, pull *(frequency)*

Nachziehen *n* **der Anrufumleitung** follow me *(f. tel)*

NACK (negative Bestätigung *f*) negative acknowledgement

Nadeldrucker *m* needle printer, matrix printer, wire printer *(PC)*

Nadelimpuls *m* spike

Nadelspitzen *fpl* spikes *(noise on pulse)*, hits *(PCM)*

nahbearbeitbares Studiosignal *n* contribution-quality signal *(TV in ISDN, 135 Mbit/s)*

Nahbedienung *f* set(-mounted) controls *(TV)*

Nahbereichsfunktelefon *n* short-range radio telephone *(e.g. Telepoint)*

Nahbereichsrundfunk *m* narrowcasting *(paging service, e.g. weather, shares etc.)*

Nahbereichsnetz *n* local area network (LAN)

Nahbereichszone *f* local fee zone

Nahbus *m* local bus

Nähe *f* proximity

Nahe Prüfschleife einschalten loopback *(not standardized, V.24, s. Table IX)*

Nahecho *n* near-end echo

naheliegend obvious

Näherungs-... approximate *(math)*

Näherungssuche *f* proximity search *(information retrieval)*

Näherungswert *m* approximate value *(math)*

Nahfeld *n* near field *(radio propagation)*

Nahfeldbereich *m* near-field region *(radio propagation)*; proximity zone *(pager)*

Nahnebensprechen *n* near-end crosstalk (NEXT) *(ITU-T I.430.E, s. Table IV)*

Nahspektrum *n* nearby spectrum

Nahsprechmikrofon *n* close vocal microphone

Nahtarif *m* local tariff

nahtloser Kanalwechsel *m* seamless handover *(DECT)*

Nahtstellenbaustein *m* interface module

Nahverkehr *m* short-distance traffic, extended local traffic

Nahwählverbindung *f* extended-area call *(tel)*

Nahzone *f* extended local zone

NAL s. Nebenanschlußleitung *f*

N-Alarm *m* (Nicht-Dringend-Alarm) non-urgent alarm (signal) *(TC)*

Namensanzeige *f* name identification, names display *(ITU-T H.450.8)*

Namensraum *m* name space *(in a message, DP)*

Namensverzeichnis *n* name server *(MHS SW)*

Namentaste *f* name key *(f. tel)*

Namentaster *m* repertory dialler *(tel)*

NAMUR (Normenausschuß *m* für Meß- und Regelungstechnik) German standards committee for measurement and control techniques

Namursignal *n* NAMUR signal *(8-Volt signal present when initiators drop out)*

NAs s. Nebenanschluß *m*

Nase *f* nose, key, tab *(HW)*

NAsl s. Nebenanschlußleitung *f*

Natel C (Nationales Autotelefon-System *n* C) national in-car telephone system *(Swiss, 900 MHz)*

Natel D *(Swiss GSM network, s.a. "Natel C")*

nationale Anschlußnummer *f* national terminal number (NTN) *(ISDN)*

nationale Kennummer *f* national significant number (NSN) *(IDDD, US)*

nationale Ortsnetzkennzahl *f* national destination code (NDC) *(ISDN)*

nationale Zielkennzahl *f* national destination code (NDC) *(ISDN)*

nationale Zielnummer *f* national number (NN) *(ISDN)*

natürlicher Erdradius *m* true earth radius

natürlicher Logarithmus *m* (log_e) natural (base) logarithm, logarithm to base e

Navigation *f* navigation *(SW, method of access to "hypermedia")*

navigieren navigate *(SW)*

NAVSTAR-System *n* NAVSTAR (Navigation System with Timing And Ranging) system *(GPS)*

Nb (Nachbildung *f*) balance, (line) balancing network; functional equivalent

NBL (neue Bundesländer *npl*) New Federal (German) Lands *(formerly the GDR)*

NBP s. Nebenbedienungsplatz *m*

NC s. Netzcomputer *m*

NCT-Schnittstelle f NCT (network control and timing) link interface (NLI) *(ATM)*

NE (Netzebene *f*) network level *(broadband cable network)*

NE1 (Netzebene 1): *broadband communication distribution centre, broadband cable network*

NE2 (Netzebene 2): *broadband communication repeater station, broadband cable network*

NE3 (Netzebene 3): *local distribution network, broadband cable network*

NE4 (Netzebene 4): *domestic distribution system, broadband cable network*

NE s. Netzeinrichtung *f*

Neben- slave, secondary

Nebenanschluß *m* (NAs) extension (station)

Nebenanschlußleitung *f* (NAL, NAsl) extension line

Nebenapparat *m* parallel (telephone) set

Nebenaussendung *f* interference *(CATV)*, sideband emissions

Nebenbedienungsplatz *m* (NBP) secondary operator's console

nebeneinander side by side

nebeneinander angeordnete Fenster *npl* tiled windows *(MS Windows, PC)*

nebeneinander geschaltet parallel-connected

Nebenempfangsdämpfung *f* spurious-signal rejection

Nebenempfangsstellendämpfung *f* spurious-response rejection *(mobile radio BS test, GSM, DCT, assessed on BER, ETS 300 086)*

Nebenfrequenz *f* spurious frequency, interfering frequency, secondary frequency

nebengeordnet coordinated; parallel *(circuits)*

Nebengeräusch *n* ambient noise

Nebenempfangsstellendämpfung *f* adjacent receiver rejection *(mobile radio BS)*

Nebeninformation *f* secondary information

Nebenkanalstörung *f* cross-channel interference, cross-interference

nebenläufig concurrent *(synchronous but not synchronized processes in parallel systems)*

Nebenläufigkeit *f* concurrency *(not equal to coincidence)*

Nebenmerkmal *n* secondary attribute *(ISDN)*

Nebenrechner *m* back-up computer

Nebenschluß *m* shunt

Nebenschlußbügel *m* shunt bracket

Nebensprechdämpfung *f* crosstalk attenuation, crosstalk loss (CL) *(ITU Rec. I.430, s. Table IV)*

Nebensprechen *n* crosstalk *(ITU-T I.430.E, s. Table IV)*

Nebenstation *f* slave station *(data transm.)*

Nebenstelle *f* (NSt) extension

Nebenstellenanlage *f* (NStAnl) private branch exchange (PBX); private automatic branch exchange (PABX) *(with dialling capability)*

Nebenstellenanlage-Computer-Schnittstelle *f* PBX-to-Computer Interface (PCI) *(US)*

Nebenstellenanlage *f* **mit Digitalanschluß** digitally connected PBX (DCPBX)

Nebenstellenanschluß *m* (NStA) extension *(tel)*

Nebenstellenanschlußleitung *f* PBX (main) line

Nebenstellenteilnehmer *m* extension user

Nebenstellenzentrale *f* private branch exchange (PBX)

Nebentarif *m* low-rate charge *(GSM, s. Table VII)*

Nebenton *m* sidetone

Nebenuhr *f* slave clock

Nebenviernebensprechen *n* inter-quad crosstalk

Nebenweg *m* secondary path; by-pass (path)

Nebenwellen *fpl* spurious emissions *(GSM 11.20, s. Table VII)*

Nebenwellenabschwächung *f* spurious wave attenuation *(transmitter)*

Nebenwellenabstand *m* spurious emission ratio *(transmitter)*

Nebenwellenausstrahlung *f* spurious emission *(transmitter)*

Nebenzeit *f* incidental time

Nebenzipfelabstand *m* side-lobe attenuation *or* gain *(antennas)*

negativ negative; female *(connector)*

Negativ *n* negative *(photo)*; master *(phono disk, CD)*

negative Bestätigung *f* negative acknowledgement (NACK)

negatives Übertragungsquittungssignal *n* procedural interrupt negative (PIN) *(fax)*

negativ verlaufend negative-going *(voltage)*

neigen incline, tilt

Neigung *f* inclination; canting *(precipitation, sat. transm.)*

Neigungspolarität *f* slope polarity *(characteristic curve)*

Neigungsrichtung *f* slope polarity *(characteristic curve)*

Neigungswinkel *m* angle of inclination; tilt angle *(ant. polarisation)*; rake angle *(beam)*; canting angle *(precipitation)*

NEMP (nuklearer elektromagnetischer Impuls *m*) nuclear electromagnetic pulse

Nennbereich *m* rated range

Nenndämpfung *f* nominal loss

Nenner *m* denominator *(math)*

Nennfrequenz *f* characteristic frequency

Nennlast *f* conventional load *(link test)*, nominal traffic load *(exch.)*; rated load *or* stress *(mech.)*

Nennwert *m* **der Restdämpfung** nominal overall loss

NET (Norme Européenne de Telecommunication) European Telecommunication Standard, CEPT standard *(s. Table II)*

Nettodatenrate *f* net data rate

Netz *n* network (N/W) *(ITU-T I.112, s. Table IV)*

Netzabschluß *m* network termination (NT) *(ISDN, ITU-T Rec. I.112, s. Table IV)*; telephone socket

Netzabschluß *m* **für den Basisanschluß** basic access network termination (NTBA) *(DTAG ISDN)*

Netzabschluß *m* **1/2** network termination 1/2 (NT1/2)

Netzabschluß- und Meßstelle *f* Network Termination and Test Point (NTTP) *(BT)*

Netzabschlußeinheit *f* Network Terminating Unit (NTU) *(BT ISDN)*

Netzabschlußeinrichtung *f* Network Terminating Equipment (NTE) *(BT ISDN)*

Netzadresse *f* network address *(messaging)*

Netzadressierungsplan *m* network addressing plan*(messaging)*

Netzadreßumsetzung *f* network address translation (NAT) *(Internet, IAB RFC1631, s. Table VIII)*

Netzanbindung *f* networking; network connection, homing *(PBX)*

Netzanpassung *f* AC mains (*or* line) adapter; network adapter (NA) *(ISDN)*

Netzanpassungsfunktion *f* interworking function (IWF) *(GSM/ISDN)*

Netzanschaltung f (NA) network access (unit) *(radio paging, Cityruf)*

Netzanschluß *m* power connection; network connection, network interface *(LANs)*

Netzanschluß-Karte *f* network interface card (NIC), network adapter card *(PC)*

Netzanschluß-Rufnummer *f* network user address (NUA) *(packet switching)*

Netzanschlußeinheit *f* network interface unit (NIU) *(LANs, DVB/DAVIC cable modem for HFC network)*

Netzanschlußknoten *m* network access node *(IN)*

Netzarchitektur *f* network architecture *(vtx)*

Netzaufnahmeleistung *f* mains power requirement *(transmitter)*

Netz *n* **aus einer Hand** single-vendor network

Netzausfall *m* mains failure, power failure; network outage

Netzausfallbetrieb *m* power failure mode

netzausfallsicher mains buffered

Netzauslastung *f* network usage

Netzausläufer *mpl* peripheral sections *(of a network)*

Netzauswahl *f* dial-out

Netzbelastung *f* network load

Netzbelegung *f* network occupancy

Netzbereich *m* exchange area
verdeckt numerierter Netzbereich *m* multi-exchange area

Netzbetreiber *m* network operator, carrier; network provider *(ISDN)*

Netzbetreiber-Zugriffscode *m* carrier access code (CAC) *(SS7)*

Netzbetreuung *f* network support (function)

Netzbetriebsmittel *n* network resource

Netzbetriebssystem *n* network operating system (NOS) *(LANs)*

Netzcomputer *m* (NC) network computer *(without FDD or HDD, for use in corporate networks, Sun Microsystems 1996)*

Netzcontroller *m* network interface unit (NIU) *(LANs)*

Netz *n* **des Vertrauens** web of trust *(PGP q.v.)*

Netzdienst *m* network service

Netzdienst *m* **für Managementdaten** management data network service (MDNS)

Netzdienst-Zugriffspunkt *m* network service access point (NSAP) *(SS7, ITU-T Rec. Q.761–764, s. Table III)*

Netzdurchlaufzeit *f* network transmission delay

Netzebene *f* (NE) network level *(broadband cable network)*

Netzeigenschaften *fpl* network capabilities

Netzeinrichtung *f* (NE) network element (NE), network facility (NF)

Netzeinrichtungsebene *f* network element level *(TMN)*

Netzeinwahl *f* dial-in

Netzelement *n* network element (NE) *(e.g. switching system, cross-connect; network management)*

Netzelement-Funktion *f* network element function (NEF) *(component which provides the appropriate services to a telecommunication network)*

Netzelement *n* **im intelligenten Netz** intelligent network element (INE)

Netzersatzschaltung *f* standby power system switching; network change-over system

Netzfilter *n* (NFI) mains *or* line filter

Netzfrequenz *f* mains frequency, line rate

Netzführung *f* network management (NMT) *(TMN)*

Netzführungsfunktion *f* operations system function (OSF)

Netzführungsrechner *m* network management processor (NMP)

Netzführungssystem *n* supervisory network control system

Netzführungszentrale *f* (network) operations system (OS)

Netz *n* **für (höhere) Übertragungsmerkmale** facilities network *(US)*

netzgestütztes Dienstmerkmal *n* network-dependent service attribute

Netzgruppe *f* subzone *(exch. area)*

Netzgüte *f* network performance (NP) *(ITU-T I.350, s. Table IV)*

Netzgüteziel *n* network performance objective *(ISDN)*

Netzinformationstabelle *f* network information table (NIT) *(DVB-SI table)*

Netzinstanz *f* network entity

netzinterner Takt *m* internal network clock

netzinterne Schnittstelle *f* network node interface (NNI)

netzinterne Zeichengabe *f* internodal signalling

Netzkabel *n* power cord *or* cable

Netzkapazität *f* network capacity

Netzkennung *f* network indicator (NI) *(GSM, s. Table VII)*

Netzknoten *m* network node *(an exchange)*, node; edge *(MAN)*

Netzknotenschnittstelle *f* network node interface (NNI) *(ITU-T I.113, G.70x, s. Table III)*

Netzknotensteuerung *f* terminal node controller (TNC) *(PR)*

Netzkonstellation *f* network configuration

Netzkontrolleinheit *f* radio distribution unit (RDU) *(RLL)*

Netzkontrolleinrichtung *f* network management system

Netzkontrollrelais *n* (NK-Relais) mains control relay *(PBX)*

Netzkontrollstation *f* hub (station) *(VSAT)*

Netzkontrollzentrale *f* (NKZ) network control centre (NCC)

Netzkoppler *m* gateway

Netzleittechnik *f* supervisory control in networks

Netzleitwegadresse *f* network routing adress

Netzleitwegdatenbank *f* network routing database

Netzleitzentrale *f* networ operations centre (NOC)

Netzlinienweg *m* backbone path

netzlos mains-independent *(PS)*

Netzmanagement *n* network management (NMT) *(IN)*

Netzmanagement-System *n* network management system (NMS)

Netzmanagementzeichen *n* network management signal

Netzmeldung *f* call progress signal, service signal

Netzmonopol *n* network monopoly *(DTAG)*

Netznachbildung *f* artificial (mains) network

Netz-Netz-Schnittstelle *f* internetwork interface

Netzparameterkontrolle *f* network parameter control (NPC) *(ATM TM, UPC between networks)*

Netz-PC *m* network PC *(Pentium PC with limited power, for use with the "Internet", Microsoft/Intel 1996)*

Netzplan *m* network map; exchange area layout

Netzrand *m* network edge *(UNI)*

Netzreaktion *f* network response

Netzrückkehr *f* AC power restoration

Netzschnittstelleneinheit *f* network interface unit (NIU) *(LANs, DVB/DAVIC cable modem for HFC network)*

Netzschnittstellenkarte *f* network interface card (NIC)

Netzseite *f* network side *(communications)*; line side, supply side *(PS)*

Netzsicherung *f* mains fuse

Netz-Sprachübertragungsprotokoll *n* network voice protocol (NVP)

Netzstart *m* network start-up

Netzsteuereinheit *f* network control unit (NCU) *(VSAT)*

Netzsteuerprogramm *n* network control program (NCP)

Netzsteuerprotokoll *n* network control protocol (NCP)

Netzsteuerschicht *f* network control layer (NCL) *(synchronous transmission)*

Netzsteuerung *f* network control

Netzsteuerungspunkt *m* network control point (NCP)

Netzsteuerungs- und -synchronisationsstrecke *f* network control and timing (NCT) link

Netzstrom *m* utility current *(US)*, mains current *(GB)*

Netzstruktur *f* network structure, network topology, network architecture, fabric

Netzsynchronisation *f* network timing

Netzsynchronisierung *f* mains *or* line lock *(TV camera)*, mains hold

Netztakt *m* network timing

Netztakteinheit *f* (NTE) network clock

Netzteil *n* power supply, mains adapter

Netzträger *m* carrier

Netztrennung *f* network separation *(between two interconnected networks)*

Netzübergang *m* (NÜ) network gateway (NG) *(for terminals)*; gateway (between networks); edge gateway (EGW) *(MAN)*; network interworking (unit), network interface

Netzübergangseinheit *f* interworking unit (IWU) *(e.g. ATM/PSTN)*

Netzübergangs-Kennziffer *f* (NKZ) escape code *(betw. numbering plans, ISDN)*

Netzübergangsknoten *m* edge gateway (EGW) *(MAN)*

Netzübergangsvermittlung *f* internetwork switch

netzübergreifend internetwork

Netzüberlastung *f* network congestion (NC) *(service signal)*

netzüberschreitend internetwork

Netzumgebung *f* peripheral

netzunabhängig network-independent; mains-independent

netzunabhängige Strecke *f* off-net link *(network management)*

netzungebunden network-independent

Netzverbindung *f* networking, network interconnection

Netzverbindungsleitung *f* network (interconnecting) trunk

Netz-Verbindungszuordnungskennung *f* network call correlation identifier (NCCI) *(ATM, ITU-T Rec. Q.2726.3)*

Netzverbund *m* network interconnection

Netz-Verkehrslenkung *f* network routing

Netzverknüpfbarkeitsplan *m* network connectivity map

Netzverteildienst *m* netcasting, network broadcasting *(Internet, push-service)*

Netzverteiler *m* (VtN) network distribution frame; power distributor

Netzverwaltung *f* network control *or* management *(makes a network "manageable" for operator and user)*

Netzvoreinstellung *f* preselection *(call-by-call telephony)*

Netzvorrichtung *f* mains device, utility device

Netzvorsatz *m* AC mains (*or* line) adapter

netzweit network-wide

netzweite Erreichbarkeit *f* anywhere call pickup *(mobile RT)*

netzweiter Dateizugriff *m* remote file access

netzweiter Zugang *m* ubiquitous access *(AT&T)*

Netzwerk *n* (s.a. "Netz") network

Netzwerkdienste *fpl* (NWD) managed network services

Netzwerkebene *f* network layer *(ITU-T I.450 and I.451 (Table IV); layer 3, OSI 7-layer reference model (Table I))*

Netzwerkdrucker *m* network printer *(LAN)*

Netzwerkkarte *f* network interface card (NIC) *(PC)*

Netzwerkmanagementkonsole *f* network management console

Netzwerkrechner *m* (NR) information provider (IP) *(videotex)*; LAN station *or* computer

Netzwerkteilnehmer *m* network user *(industrial etc)*

Netzwerktester *m* bit error rate tester (BERT)

Netzwerkumgebung *f* peripheral

Netzwerkverbindung *f* network interconnection

Netzzeitschlitz *m* network time slot *(exch.)*

Netzzugang *m* network provision, network access

Netzzugangsnummer *f* network access number

Netzzugangsserver *m* network access server (NAS) *(SS7 gateway, ITU-T Q.931)*

Netzzugriffsverfahren *n* network access method (NAM) *(mobile RT)*

Netzzusammenbruch *m* system collapse, black-out

Netz-Zustandsanzeige *f* network status display

Netzzwischenknoten *m* internetwork node

neu new; novel *(patents)*

Neuaushandlung *f* re-negotiation *(of service)*

Neubeginn *m* restart

Neubelegung *f* new call

neue Bundesländer *npl* (NBL) New Federal (German) Lands *(formerly the GDR)*

Neue Dienste *mpl* new communication services *(i.e. those made possible by the new media introduced since the early 70's, e.g. teletex, telefax, videotex, voice mail, E-mail, mobile communications, direct satellite broadcasting, on-line information and diagnostic services, videoconferencing, multi-media processing and communication, desk-top publishing, personal communication)*

Neueinrichtung *f* installation *(of subscriber equipment)*

Neue Leitung *f* New Line *(V.25 bis, s. Table V)*

Neue Medien *npl* new (communication) media *(i.e. microelectronics-based technology and methods introduced since the early 70's, e.g. telecommunications satellites, fibre optics, cable TV, video recorders, LANs, enabling the new services to be offered)*

neuer Paketmodus *m* additional packet mode *(ITU-T)*

neuer regionaler Diensteanbieter *m* competitive local exchange carrier (CLEC)

Neuformierung *f* restart *(program)*

Neukonfigurierung *f* reconfiguration

neuronales Netz *n* neural network

Neuronennetz *n* neural network

Neuruf *m* recall

neu rufen recall

neu starten reboot *(computer)*

Neutaktung *f* retiming

Neutralgrauabgleich *m* neutral balance *(repro.)*

Neutralisation *f* balancing out *(cables)*

Neutralisationsmodem *m* neutralizing modem *(to cancel the effects of an inbuilt modem, e.g. in a telecopier)*

neu verteilen reallocate

Neuwahl *f* rerouting

neu wählen redial

Neuzuordnung *f* reallocation; remapping

Neuzustand *m* new condition; reset state *(PABX)*

neu zuteilen reallocate

NF s. Niederfrequenz *f*

NF-Band s. Niederfrequenzband *n*

NFD-Verfahren *n* noise suppression method *(used in audio recorders and studios)*

NF-Führung *f* VF section *(network)*

NF-Lage *f* VF level

NFM (Schmalband-FM *f*) narrow-band FM

NFl s. Netzfilter *n*

NFR s. Normalfrequenz(-Einsatz *m*) *f*

NFS-Dienst *m* NFS (network file system) service *(TCP/IP, s. "NFS")*

NF-Trafo *m* (Niederfrequenztransformer *m*) audio (frequency) transformer

NF-Umtastung *f* (Tonfrequenzumtastung *f*) audio frequency shift keying (AFSK)

NHK (Nippon Hoso Kyokai) Japan Broadcasting Corporation

nicht abgeschirmte verdrillte Doppelleitung *f* unshielded twisted pair (UTP) *(USB, for 1.5 Mb/s and 3 m length)*

Nichtabgleich *m* imbalance

nicht amtsberechtigt fully restricted; exchange-barred

Nicht-Amtsberechtigung *f* trunk-barring level

nicht angemeldet unlicensed *(TV set etc.)*

nicht angeschlossen off line *(TTY)*

Nicht-Anlagenberechtigung *f* installation-barring level

nicht aufgelöst unresolved *(bus contention)*

nicht ausführbar non-executable *(program)*

nicht ausgebaut unequipped

Nicht-Beantworten *n* **eines Anrufs** Disregard Incoming Call (DIC) *(V.25 bis, s. Table V)*

nicht betriebsbereit controlled not ready (CNR) *(X.21, s. Table VI)*

nicht betriebsfähig uncontrolled not ready (UCNR) *(X.21, s. Table VI)*

Nicht-Dringend-Alarm *m* (N-Alarm) non-urgent alarm (signal) *(TC)*

Nicht-Echtzeit-VBR *f* non-realtime VBR (nrt VBR) *(ATM service category for process* *control and electronic banking, corresponds to SBR q.v.)*

nicht eindeutige Funktion *f* non-unique *or* multi-valued function

nicht entziehbar non-preemptable *(service)*

nicht erfolgreiche Verbindung *f* call failure

Nichterkennen *n* **eines Fehlers** error escape *(self-test)*

nicht erreichbar unavailable *(person)*

nicht-fallend non-decreasing *(function)*

nicht-flüchtiger Direktzugriffsspeicher *m* non-volatile RAM (NVRAM)

nicht gemeinsam genutzter Speicher *m* non-shared memory *(multiprocessor sys.)*

nicht gesteckt disconnected *(TE)*

nichtgleichmäßige Quantisierung *f* non-uniform quantization *(uses unequally spaced quantization levels)*

nicht hergestellt non-completed *(call)*

nicht im Preis enthalten unbundled *(PC sale)*

Nicht-im-Rahmen-Zustand *m* out-of-frame condition *(transm.)*

nicht im voraus bestimmbar unpredictable

nicht interaktiv non-conversational

nicht-kontinuierliche Übertragung *f* discontinuous transmission (DTX)

nicht korreliert uncorrelated *(math)*

nicht korrigierbarer Fehler *m* unrecoverable error, non-recoverable error

nichtlinear nonlinear, non-linear

nichtlinearer Schnitt *m* non-linear editing (NLE) *(TV, digital editing, refers to nonlinear accessing of the source tape)*

Nichtlinearität *f* nonlinearity

nicht nach außen geführter Meßpunkt *m* internal test point

nicht navigatorischer Ortungsfunkdienst *m* radiolocation service

nicht nutzbar inoperable *(e.g. channel)*

nicht-öffentlicher beweglicher Landfunk *m* (nöbL) private mobile radio (PMR) *(outdated designation)*

nicht-öffentlicher Bündelfunk *m* private mobile radio (PMR), private trunked mobile radio

nicht-öffentlicher Datenfunk *m* private radio data transmission

nicht-öffentlicher mobiler Landfunk *m* (nömL) private mobile radio (PMR) *(usually simplex, includes CUG and trunked schemes, no access to PSTN)*

nicht permanent non-dedicated *(control channel utilization, trunking)*

nicht plausibel implausible, insane *(processor)*

nicht quasiebenes Gelände *n* irregular terrain

nicht rekursives Filter *n* nonrecursive filter, finite impulse response filter (FIR filter)

nicht remanent non-retentive *(data)*

nicht rücklaufend non-homing *(uniselector)*

nicht sichtbar not visible; blanked *(video)*

nicht ...-spezifisch non-native to ...

nicht spezifizierte Bitrate *f* unspecified bit rate (UBR) *(ATM service category, for file tranfer, E-mail and VOD)*

Nicht-Sprache-Dienst non-voice service, non-speech service

nicht-sprachlich nonverbal

nicht synchronisiert unsynchronized, out of sync(hronisation)

nicht taktgebunden clock-independent

Nicht-Telefondienst *m* non-voice service

nicht transparente Prüfschleife *f* non-transparent loopback *(ITU-T I.430, s. Table IV)*

nichtübereinstimmend non-matching

Nicht-Übereinstimmung *f* non-conformity, incongruity *(math)*, mismatch, "no match"

nicht umkehrbar irreversible, non-reversible *(motor)*

nichtumkehrender Zähler *m* nonwrapping counter *(up/down counter stopping at max. and min values)*

nicht unterbrechende Priorität *f* non-preemptive priority

Nichtverbindung *f* unsuccessful call attempt

nicht verfügbar unavailable *(line)*

nicht verfügbarer Befehl *m* unavailable command *(PC)*

nicht verfügbare Zeit *f* unavailable time (UT)

Nicht-Verfügbarkeit *f* non-availability, outage

nicht verschlüsselt non-secure

nicht versetzter Verbindungsaufbau *m* direct call set-up

nicht voll ausnutzen underutilize *(e.g. network capacity)*

nicht vorbelegbar non-preemptable

nicht vorherzusagen(d) unpredictable

nicht-wachsend non-increasing *(function)*

nicht wählfähig non-dialling

nicht wählverbindungsfähig barred *or* not permitted for switched connections

nicht zu erreichen unavailable *(person)*

nicht zugeteilte Zelle *f* unassigned cell *(ATM)*

nicht zum Gespräch führender Verbindungsversuch *m* unsuccessful call attempt

nicht zur Verbindung führender Anruf *m* lost call

nicht zustandegekommener Weiterreichvorgang *m* missed hand-over

Nickwinkel *m* pitch angle *(aero)*

Niederfrequenz *f* (NF) voice frequency (VF) *(tel)*, audio frequency (AF)

Niederfrequenzband *n* (NF-Band) voice band *(tel., 300–3,400 Hz)*

Niederfrequenzübertrager *m* audio (frequency) transformer

Niederlassung *f* (NL) branch office

Niederlassungsleiter *m* (NLL) branch manager

Niederpegelsignal *n* low-level signal

niederprior low-priority

Niederschlag *m* precipitation *(weather)*

Niedrig Low *(logic level)*
 auf L (Niedrig) **schalten** go Low

niedrigauflösend low-resolution

niedrig dotiert lightly doped *(microcircuit)*

niedrige Bauform *f* low profile

niedrigeres Format *n* low-level format

Niedrigratenkanal *m* low-bit-rate channel

niedrigratig low speed *(link)*

niedrigratige Burstübertragung *f* low burst rate (mode) (LBR)

niedrigratige Codierung *f* low rate encoding (LRE) *(ISDN)*

niedrigratige Modulation *f* low-bit-rate modulation

niedrigratiges Übertragungsmerkmal *n* small facility *(US)*

niedrigstwertiges Bit *n* least significant bit (LSB)

Niedrig-Zustand *m* Low state (L) *(bit)*

Nierencharakteristik *f* cardioid pattern *(microphone)*

NIT-Tabelle *f* network information table (NIT) *(DVB-SI table, PSI)*

nivellieren equalize

NK-Relais (Netzkontroll-Relais *n*) mains control relay *(PBX)*

NKÜ2000 (Netzknoten-Übertragungstechnik *f*) DTAG synchronous network node *(CCM network, SDH)*

NKZ (Netzkontrollzentrale *f*) network control centre (NCC)

NKZ (Netzübergangs-Kennziffer *f*) escape code

NL s. Neue Leitung *f*

NL s. Niederlassung *f*

N-Leiter *m* neutral conductor *(PS)*

NLL s. Niederlassungsleiter *m*

NMT 450, 900 (Nordisk Mobiltelefon) Nordic *(cellular)* Mobile Telephone system *(450 bzw. 900 MHz)*

nöbL s. nichtöffentlicher beweglicher Landfunk *m*

noch annehmbare Ausfallquote *f* acceptable quality level (AQL)

NOMAD-Programm *n* NOMAD (National Ownership, Mobile Access and Disaster) program *(Iridium)*

Nominalphrase *f* noun phrase *(speech recogn.)*

nömL s. nichtöffentlicher mobiler Landfunk *m*

Non-Interlaced-Modus *m* non-interlaced (NI) mode *(monitor screen)*

normal normal, standard; reference; vertical *(math.)*

Normale *f* normal, vertical *(math.)*, standard

normaler Betriebsrahmen *m* normal operational frame (NOF)

Normalfrequenzeinsatz *m* (NFR) standard frequency inset

Normalpapier-Fax *n* plain paper fax (PPF) *(inkjet or laser)*

Normalstellung *f* home (position) *(switch)*
Normaltarif *m* ordinary rate charge *(tel)*
Normalteilnehmer *m* ordinary subscriber
Normalton *m* reference tone
Normentreue *f* conformity to standards
Normgerechtigkeitsbescheinigung *f* Certificate of Conformance to Standard
normieren normalize; reset
Normierung *f* normalization, scaling
Normierungsfaktor *m* scaling factor *(DP)*
Normmischung *f* standard grading *(tel. sys.)*
Normwandler *m* standards converter, transcoder *(TV)*
NOSFERT (Nouveau Système Fundamental Européen de Référence pour la transmission Téléphonique) European Telephone Calibration System *(Geneva)*
Not-Aus-Druckknopf *m* emergency stop button, emergency pushbutton, "panic button"
Not-Aus-Taster *m* emergency stop button
Notbetriebsberechtigung *f* emergency operation authorisation
Notebook *n* notebook *(portable PC)*
Notebook-Rechner *m* notebook, notebook PC *(DIN A4 size PC)*
Notflugmanöver *n* emergency manoeuvre *(aero)*
Not-Halt-Taster *m* emergency stop button *(process)*
Notizblock *m* scratchpad; notepad *(MS Windows, PC)*
Notrufdienst *m* (NRD) emergency call service, emergency response service (ERS) *(IN)*
Notrufstelle *f* emergency call station
Notruftelefon *n* (NRTel) emergency telephone
Notrufträger *m* emergency organisation
Notrufzentrale *f* emergency alarm terminal, central emergency alarm station
notspeiseberechtigt entitled to operate in restricted powering conditions
Notspeisung *f* restricted powering, restricted mode power supply *(power feeding)*
Notstromversorgung *f* restricted powering *(power feeding)*
N-PSK (N-Phasenumtastung *f*) N phase shift keying *(cellular digital RT)*
N-QAM (N-Quadratur-Amplitudenmodulation *f*) N quadrature amplitude modulation *(cellular digital RT)*
NR (Netzwerkrechner *m*) information provider
NRD s. Notrufdienst *m*
NRTel s. Notruftelefon *n*
NRZ(C) (Richtungsschrift *f*) non-return to zero (change) *(PCM code)*
NRZ(M,I) (Wechselschrift *f*) non-return to zero (mark, inverted)
nsa s. Nummernschalter-Arbeitskontakt *m*
N/S-Abstand *m* s. Nutzsignal-Störsignal-Abstand
nsi s. Nummernschalter-Impulskontakt *m*
nsr s. Nummernschalter-Ruhekontakt *m*
N-Serie *f* **der ITU-T-Empfehlungen** N series of ITU-T Recommendations *(relates to maintenance of international sound-programme and television transmission circuits, s. Table III)*
NSt (Nebenstelle *f*) extension
NStA (Nebenstellenanschluß *m*) extension
NStAnl (Nebenstellenanlage *f*) private automatic branch exchange (PABX)
NT (Keine Antwort) No (answer) Tone detected *(V.23 signal, s. Table V)*
NT (Netzabschluß *m*) network termination *(ISDN)*
NT1 NT with layer-1 functions *(OSI RM, s. Table I)*
NT2 NT with layer 1–3 functions *(OSI RM, s. Table I)*
NT12 NT1 + NT2
NTA (Netzabschluß *m* analog) analog network termination
NTBA (Netzabschluß *m* für den Basisanschluß) basic access network termination *(DTAG ISDN)*
NTE (Netztakteinheit *f*) network clock
NTG (Nachrichtentechnische Gesellschaft *f* im VDE) communications engineering standards body *(now ITG)*
NT-Störbetriebsanzeige *f* disruptive NT operation indication *(ISDN)*
NU (Nummer unbeschaltet) number unobtainable

NÜ (Netzübergang *m*) network gateway (NG)

NUA (Netzanschluß-Rufnummer *f*) network user address *(X.25, s. Table VI)*

NUI (Teilnehmerkennung *f*) network user identification *(DTAG DATEX-P)*

nuklearer elektromagnetischer Impuls *m* nuclear electromagnetic pulse (NEMP)

Nullabgleich *m* nulling

Null *f* zero, null
  auf Null stellen zero, null

Nullbyte *n* null byte *(set to all zeroes, DVB outer coding)*

Nulldurchgang *m* zero transition, zero crossing

nullen zero, null

nullenbehaftet containing zeroes

Null-Frequenz-Koeffizient *m* DC term *(DCT, q.v.)*

Nullgeschwindigkeit *f* zero speed *(servo motor)*

Nullinie *f* base line

Nullmodem *m* (0-Modem) modem bypass, modem eliminator *(direct DTE-DTE connection)*

Nulloperation no operation (NOP) *(DP)*

Nulloperationsbefehl *m* NOP (no-operation) instruction *(DP)*

Nullpunktabweichung *f* (zero) drift

Nullstellung *f* homing *(hunting)*

Nullsummen-Paritätsprüfung *f* zero-sum parity check

Nullsymbol *n* symbol containing zeroes, zero symbol *(OFDM)*

Nullsymbolsynchronisation *f* zero-symbol synchronisation *(DVB, SFN)*

Nulltastung *f* zero-level clamping *(TV broadcasting)*

Nulltastwert *m* zero clamping level *(TV broadcasting)*

Nullzeichen *n* null character

Numerierungsplan *m* (NumP) numbering plan

Numerierungsplan *m* **für Signalisierungspunkte im ZZK-Netz** numbering plan for signalling points in the common signalling channel network

Numerierungsplanbereich *m* numbering plan area (NPA) *(US)*

Numerierungsplanbereichsteilung *f* NPA (numbering plan area) split *(allocation of new area codes, US)*

Numerierungsplankennung *f* numbering plan identifier (NPI) *(ISDN)*

Numerierungs- und Adressierungs(plan)kennung *f* numbering and addressing plan identifier (NAPI) *(ISDN, ITU-T I.451, s. Table IV)*

Numerikrufempfänger *m* numeric pager *("Cityruf")*

Numeris *French ISDN (RNIS)*

numerisch numeric

Nummer *f* **der Verbindungskennung** call reference number *(ISDN)*

Nummer *f* **unbeschaltet** (NU) number unobtainable (NU)

Nummernendezeichen *n* end-of-number signal *(tel)*

Nummernschalter *m* dial (switch) *(tel)*

Nummernschalter-Arbeitskontakt *m* (nsa) normally-open dial contact *(tel)*

Nummernschalter-Impulskontakt *m* (nsi) dial pulse contact *(tel)*

Nummernschalter-Ruhekontakt *m* (nsr) normally-closed dial contact *(tel)*

Nummernschaltwahl *f* rotary dialling *(tel)*

Nummernscheibe *f* dial *(tel)*

Nummernsperrwerk *n* number lock

Nummernumwerter *m* number translator *(exch.)*

NumP s. Numerierungsplan *m*

Nur-Empfang *m* receive-only (RO) *(sat. TV)*

Nur-Leitungsaktivierung *f* line-only activation *(ITU-T I.430, s. Table IV)*

Nur-Lese-Speicher *m* read-only memory (ROM)

Nur-Sprachkanal *m* voice-only channel

Nur-Teilnehmer-Netz-Schnittstellen-Deaktivierung *f* user-network interface only deactivation *(ITU-T I:430)*

Nur-Ton-Empfänger *m* (tone) pager, bleeper

NU-Ton *m* number unobtainable (NU) tone

Nutzband *n* wanted band

Nutzbarkeit *f* serviceability, operability *(e.g. of a channel)*

Nutzbit *n* data bit, information bit, program bit

Nutzbitrate *f* bit rate of user information; net bit rate *(transmission)*, effective bit rate

Nutzdaten *npl* user data, useful data; service data *(DECT)*; payload *(STM)*

Nutzdatenblock *m* service data unit (SDU) *(DECT)*

Nutzdatenfeld *n* payload *(ATM cell)*

Nutzdatenrate *f* net data rate; data rate of user packets *(in bytes/packet)*

Nutzdatenstrom *m* payload (stream) *(MPEG-2)*

Nutzerschnittstelle *f* user interface *(TEMEX)*

Nutzerzelle *f* user cell *(ATM)*

Nutzfeld *n* information field *(ATM cell)*

Nutzfeldstärke *f* signal strength, usable field strength

Nutzfläche *f* useful area, real estate *(microcircuit)*

Nutzflächenüberabtastung *f* overscan *(TV)*

Nutzfrequenz *f* useful *or* desired frequency; fundamental frequency

Nutzinformation *f* user information, user data; net information (NI) *(DECT)*; tributary bits *(TDM)*; intelligence

Nutzkanal *m* user information channel; traffic channel (TCH) *(GSM, s. Table VII)*; message channel; trunk, service channel

Nutzkanalnetz *n* information channel network *(ISDN)*

Nutzkanalverbindung *f* user information (channel) connection

Nutzkanalverkehr *m* user traffic

Nutzkanalzeitschlitz *m* digit time slot *(ISDN)*

Nutzkapazität *f* usable capacity

Nutzlast *f* payload *(useful signal section of PCM frame, ATM; sat. HW)*

Nutzlastmodul *n* payload module *(ATM, ITU-T I.113, s. Table IV)*

Nutzleistung *f* signal power

Nutzleitung *f* trunk, user (signal) circuit

Nutzpegel *m* signal level

Nutzreichweite *f* useful range, coverage *(mobile radio network)*

Nutzsignal *n* useful signal, usable signal, service signal; wanted signal; user (information) signal; payload *(ATM, ITU-T I.113, s. Table IV)*

Nutzsignalkanal *m* payload channel, user (signal) channel

Nutzsignal-Störsignal-Abstand *m* (N/S-Abstand) wanted-to-unwanted signal ratio (W/UNW)

Nutzspannung *f* useful voltage

Nutzung *f* utilization *(e.g. channels)*; information transfer capability *(bearer service)*

Nutzungsdauer *f* (useful) life *(battery)*

Nutzungsgrad *m* utilization ratio *(PCM)*, percentage of utilization *(channel)*

Nutzungsparameter *m* usage parameter *(e.g. bit rate, ITU-T I.113, s. Table IV)*

Nutzungsparameterkontrolle *f* usage parameter control (UPC) *(ATM TM policing function)*

Nutzungsüberwachung *f* usage monitoring

Nutzungszeit *f* airtime *(cellular RT)*

Nutzverbindung *f* user traffic connection

Nutzwert *m* efficiency

Nutzzelle *f* information cell, payload cell *(ATM)*

Nutzzellen/Leerzellen-Verhältnis *n* burstiness factor *(ATM, varying with time)*

NVRAM (nichtflüchtiger Direktzugriffsspeicher *m*) non-volatile RAM

NWD (Netzwerkdienste *fpl*) managed network services

n-wertige Modulation *f* n-level modulation *(OFDM, e.g. 16QAM, 64QAM; DVB)*

NWK-Schicht *f* (Netzwerkschicht *f*) network layer *(layer 3, OSI RM)*

Nyquisttheorem *n* Nyquist theorem, sampling theorem

N-Zustand *m* Low state (L) *(bit)*

O

OAM-Daten *npl* OAM (operation, administration and maintenance) data

OAsk s. Ortsanschlußkabel *n*

OAsl s. Ortsanschlußleitung *f*

OB (Ortsbatterie *f*) local *or* station battery

OBDM s. objektiver Bezugsdämpfungsmeßplatz *m*

Oberband *n* upper (half) band *(mobile RT)*

Oberbegriff *m* generic term

oberer Fensterrand *m* top window border *(MS Windows, PC)*

Oberer Sonder(kanal)bereich *m* (OSB) upper special-channel band *(CATV, 230–286 MHz)*

oberer Speicherbereich *m* high memory area (HMA) *(RAM, PC)*

Oberfläche *f* surface

Oberflächenemitter *m* vertical cavity surface-emitting laser (VCSEL)

Oberflächenmontagetechnik *f* surface mounting technology (SMT)

oberflächenmontiert surface-mounted

oberflächenmontiertes Bauelement *n* surface-mounted device (SMD)

oberflächenmontierte Vorrichtung *f* surface-mounted device (SMD)

Oberflächenwellenfilter *n* (OFW-Filter) surface acoustic wave (SAW) filter, SAW filter

oberirdisch geführt suspended *(wires)*

Obermenge *f* superset, set including subsets *(math)*

Oberpostdirektion *f* (OPD) regional postal district administration *(Deutsche Post AG)*

Oberschwingung *f* harmonic

Obersystem-Bitrate *f* higher-level system bit rate

Oberton *m* harmonic *(acoustics)*

Oberwellen *fpl* harmonics

oberwellenerregte Antenne *f* harmonic antenna

oberwellenerregter Markierer *m* harmonic marker *(UPC)*

Oberwellenfilter *n* harmonic filter

Oberwellensynchronisierung *f* harmonic lock *(PLL)*

Objekt *n* object, instance *(DP)*

Objekte *npl* **verknüpfen und einbetten** (OLE) object linking and embedding (OLE) *(MS Windows, PC)*

objektiver Bezugsdämpfungsmeßplatz *m* (OBDM) objective reference equivalent measurement (OREM) *(for loudness rating)*

Objekt-Manager *m* object packager *(MS Windows, PC)*

objektspezifisches Rufen *n* object call

öbL s. öffentlicher beweglicher Landfunk *m*

obligatorisch mandatory

OBN s. optisches Breitbandnetz *n*

ÖBP (Österreichische Bundespost *f*) Federal Austrian Post Office

Ö-Btx s. öffentliches Btx-Terminal *n*

OC-1 (optischer Kanal *m* Ebene 1) optical channel level 1 *(51.84 Mb/s, SONET standard, equal to STS-1; OCS-3 = 155.52 Mbit/s = STS-3, i.e. STM-1)*

OCS-Software *f* office communication system (OCS) software

ODBC-Schnittstelle *f* ODBC (open data base connectivity) interface

ODgVSt s. Ortsdurchgangsvermittlungsstelle *f*

ODMA-Zugriffsverfahren *n* ODMA (opportunity-driven multiple access) method *(UTRA, q.v.)*

OE s. optischer Empfänger *m*

OE-Signal *n* output enable (OE) signal *(chip control signal)*

OEW s. O/E-Wandler *m*

O/E-Wandler *m* (optoelektrischer Wandler *m*) optoelectric transducer, fibre node (FN) *(HFC network)*

OEIC (optoelektronische Schaltung *f*) optoelectronic IC *(FO)*

OEM s. Originalgerätehersteller *m*

OEM-Hersteller *m* original manufacturer *(of equipment for OEMs)*

OFDM s. orthogonales Frequenzmultiplex *n*

offene Amtsabfrage *f* unassigned (exchange line) answer

offene Ausschreibung *f* open competitive tender

offene Kennzahl *f* exchange code

Offene Kommunikation *f* Open System Interconnection (OSI) *(ISO DIS 8613, ITU-T Z.200 ff; defined 1983, US network standard, s. Table I)*

offene Luftschnittstelle *f* common air interface *(DTI cellular RT protocol, MPT 1343)*

Offene Netzarchitektur *f* Open Network Architecture (ONA) *(FCC)*

Offener Netzzugang *m* Open Network Provision (ONP) *(EC)*

offener Wirkungskreis *m* open loop

offene Schleife *f* open loop

Offen/Geschlossen (O/G) Open/Closed *(ISDN)*

öffentlicher beweglicher Landfunk *m* (öbL) public access mobile radio (PAMR) *(with access to PSTN)*

öffentlicher Bündelfunk *m* public access mobile radio (PAMR), public trunked mobile radio

öffentliche rechtliche Rundfunkanstalt *f* public service broadcast station

öffentlicher Fernsprecher *m* public (tele)-phone, pay (tele)phone

öffentlicher mobiler Landfunk *m* (ömL) public access mobile radio (PAMR) *(with access to PSTN)*

öffentlicher Münzfernsprecher *m* (ÖMünz) public coin(-operated) telephone, pay phone

öffentlicher Netzbetreiber *m* (public) common carrier

öffentlicher Personennahverkehr *m* (ÖPNV) public short-distance passenger service

öffentlicher Schlüssel *m* public key *(chipcard encryption)*

öffentlicher Telefondienst *m* (öTel) public telephone service

öffentliches BTX-Terminal *n* public videotex terminal *(DTAG)*

öffentliches Datennetz *n* public data network (PDN)

öffentliches Fernsprechwählnetz *n* general switched telephone network (GSTN)

öffentliches Fernwählnetz *n* public toll switched network (PTSN) *(US)*

öffentliches Kartentelefon *n* (ÖKartTel) public phonecard phone *(BT)*

öffentliches Kartentelefon *n* **für internationale Kreditkarten** (ÖKartInKa) public card phone for international credit cards

öffentliches Landfunknetz *n* public land mobile network (PLMN)

öffentliches Netz *n* public switched telephone network (PSTN), common carrier (network) *(US)*

öffentliches Postnetz *n* public switched telephone network (PSTN)

öffentliches Telefon(wähl)netz *n* public switched telephone network (PSTN)

öffentliches Wählnetz *n* public switched network (PSN), switched common carrier network *(US)*

öffentliche Telefonzelle *f* public telephone booth

öffentlich rechtlich (under) public law

öffentlich-rechtliche Rundfunkanstalt *f* broadcasting station operating under public law

Offline-Zustand *m* off-line status *(not connected)*

Off-line-Zustand *m* off-line status *(not connected)*

öffnen open; enable, strobe *(gate)*

Öffner-vor-Schließer *m* break-before-make (relay)

Öffnung *f* window *(gate)*; aperture *(antenna)*

Öffnungsimpuls *m* enable pulse, strobe (pulse)

Öffnungskontakt *m* normally-closed contact *(HW)*

Öffnungsrelais *n* normally-closed *or* form B relay *(circuit)*

Öffnungswinkel *m* aperture, beam width *(antenna)*

Öffnungszeit *f* aperture time *(ADC)*

ofKnV s. ortsfeste Knotenvermittlung *f*

OFW-Filter *n* s. Oberflächenwellenfilter *n*

OG s. Ortungsgerät *n*

O/G s. Offen/Geschlossen

OgK s. Organisationskanal *m*

OGW s. Ortsgruppenwähler *m*

ohmsche Kopplung *f* ohmic *or* resistive coupling

ohne Eingabeformat *n* free-form *(SW)*

ohne Markennamen *m* no name *(unbranded PC)*

ohne Transformator *m* transformerless

ohne Zeitzählung *f* untimed

Ohr(kurven)filter *n* psophometric filter

OHÜP s. optischer Hausübergabepunkt *m*

OIC s. optischer Baustein *m*

OIC s. optoelektronische Schaltung *f*

OIRT (Organisation Internationale de Radiodiffusion et Télévision) International Radio and Television Broadcasting Organisation

Ok s. Ortskabel *n*

ÖKartInKa s. öffentliches Kartentelefon *n* für internationale Kreditkarten

ÖKartTel s. öffentliches Kartentelefon *n*

Oktett *n* octet *(8-bit byte)*

Oktett-Takt *m* byte timing

Ol s. Ortslinie *f*

OLE s. Objekte *npl* verknüpfen und einbetten

OLE-Anwendung *f* OLE (object linking and embedding) application *(MS Windows, PC)*

ömL s. öffentlicher mobiler Landfunk *m*

O-Modem (Null-Modem *m*) modem eliminator, modem bypass

ÖMünz s. öffentlicher Münzfernsprecher *m*

ON (andere Programme *npl*) Other Networks *(service information, RDS)*

ON s. Ortsnetz *n*

ONA s. Offene Netzarchitektur *f*

Ö-Netz (Österreichisches digitales Breitbandnetz *n*) Austrian digital broadband network

ONKZ s. Ortsnetzkennzahl *f*

Online-Dienst *m* on-line service *(IP)*

Online-Gemeinde *f* community *(IP, E-commerce)*

Online-Lastschrift *f* electronic direct debit (EDD) *(E-commerce)*

Online-Shop *m* on-line shop *(Internet)*

Online-Verbindung *f* on-line connection *(IP)*

ÖNORM s. Österreichische Norm *f*

OPAL s. optische Anschlußleitung *f*

OPD s. Oberpostdirektion *f*

Operationscode *m* operation code (opcode) *(EDP)*

Operations-Steilheitsverstärker *m* operational transconductance amplifier (OTA)

Operator *m* operator *(math, tel)*

Operatorruf *m* **bedingt/unbedingt** conditional/unconditional operator request

OPLL s. optischer Phasenregelkreis *m*

ÖPNV (öffentlicher Personennahverkehr *m*) public short-distance passenger service

Optik *f* optics

Optionsfeld *n* option button *(round, MS Windows, PC)*

optimierte Leitweglenkung *f* optimal routing (OR) *(GSM)*

optisch optical, visual

optisch-akustisch audio-visual (AV)

optische Anrufsignalisierung *f* visual call signalling *(f.tel)*

optische Anschlußleitung *f* (OPAL) optical local line *(FITL, FO)*

optische Anzeige *f* visual display *or* indication

optische Bank *f* optical bench *(optics, FO)*

optische Bank *f* **aus Silizium** silicon optical bench (SiOB) *(FO, device for active optical microcircuits)*

optische Darstellung *f* visualisation

optische Faser *f* optical fibre

optische Kunststoffaser *f* plastic optical fibre (POF)

optische Leistung *f* optical power

optische Netzeinheit *f* optical network unit (ONU) *(FO, Siemens)*

optische Netzschnittstelle *f* optical network interface (ONI) *(FO)*

optische Polymerfaser *f* plastic optical fibre (POF) *(PMMA, stepped index profile)*

optischer Add/Drop-Multiplexer *m* optical add/drop multiplexer (OADM)

optischer Baustein *m* optical IC (OIC) *(FO)*

optischer Cross-Connect *m* optical crossconnect (OCC,OXC) *(FO, ITU-T Rec. G.681, 691, 692)*

optischer Empfänger *m* (OE) optical receiver *(FO)*

optischer Hausübergabepunkt *m* (OHÜP) optical service interchange point *(FO)*

optische Richtfunkstrecke *f* optical link

optischer Isolator *m* optical isolator

optischer Koppler *m* optical coupler

optischer Mehrfachsteckverbinder *m* multiple fibre array connector (MAC) *(FO)*

optischer Phasenregelkreis *m* optical phase-locked loop (OPLL)

optischer Raster *m* optical grating

optischer Sender *m* (OS) optical transmitter *(FO)*

optischer Überlagerungsempfänger *m* optical heterodyne *(f_{IF}>0)* *or* homodyne *(f_{IF}=0)* receiver *(FO)*, optical tuner *(FO)*

optischer Überwachungskanal *m* optical supervision channel (OSC) *(WDM ring)*

optisches Anklopfen *n* visual call-waiting indication

optisches Breitbandnetz *n* (OBN) optical broadband network

optisches Faserverbindungsfeld *n* optical wiring panel

optische Schrifterkennung *f* optical character recognition (OCR)

optisches Koppelfeld *n* optical crossconnect (OCC,OXC)

optisches Leitungsendgerät *n* optical line terminating unit (OLTU)

optische Speicherplatte *f* optical disk

optisches Raummultiplex *n* optical space division multiplex (OSDM) *(FO, number of fibres)*

optisches Viertor *n* four-port coupler *(FO)*

optisches Zeitmultiplex *n* optical time division multiplex (OTDM) *(FO, ITU-T Rec. G.681)*

optische Wahrnehmung *f* visual perception

optische Zeichenerkennung *f* optical character recognition (OCR)

optisch gekoppelt optically coupled

optisch hervorheben emphasize *or* highlight visually *(Monitor)*

optisch übertragenes Paket *n* optical packet

optoelektrischer Wandler *m* (O/E-Wandler, OEW) optoelectric transducer, receiver *(FO)*, fibre node *(HFC network)*

optoelektronischer Signalprozessor *m* optoelectronic signal processor (OSP) *(FO)*

optoelektronische Schaltung *f* optoelectronic IC (OEIC, OIC) *(FO)*

Optokoppler *m* optical coupler, optical isolator, optocoupler

Optoschalter *m* optical switch *(FO)*

ÖPTV (Österreichische Post- und Telegraphenverwaltung *f*) Austrian Post and Telegraph Administration

Orange Book *n* Orange Book *(defines computer security criteria, DoD Study 5200.28-STD (Department of Defense Trusted Computer System Evaluation Criteria, US)*

ordentliche Welle *f* ordinary wave (O) *(FO)*

ordinäre Welle *f* ordinary wave (O) *(FO)*

Ordner *m* folder *(Windows95, PC)*

Ordnungspolitik *f* regulatory policy

ordnungspolitische Situation *f* regulatory situation

Organigramm *n* organisation(al) chart

Organisationsbefehl *m* housekeeping instruction *(DP)*

Organisationsbyte *n* organisational byte, housekeeping byte

Organisationskanal *m* (OgK) control channel *(cellular mobile RT, PMR, trunking)*

organisatorische Aufgabe *f* housekeeping task

Original *n* original *(copy)*; master *(microcircuits)*

Originalbild *n* original picture *or* image; key frame *(MPEG-1)*

Originaldaten *npl* original data, raw data

Originalgerätehersteller *m* original equipment manufacturer (OEM)

O/R-Name *m* originator/recipient name *(ITU-T Rec. X.400, MHS, s. Table VI)*

Orthogonalabtastung *f* orthogonal sampling *(uses a clock synchronized to the line rate to sample a video signal. The samples obtained have fixed positions on a coordinate lattice)*

orthogonale Modulation *f* orthogonal *or* quadrature modulation

orthogonales Frequenzmultiplex *n* orthogonal frequency division multiplex (OFDM) *(multicarrier method: 1705 or 6817 carrier signals including pilots in one symbol period, corresponding to 2k OFDM or 8k OFDM (16QAM or 64QAM, resp.); DVB-T)*

Orthogonalität *f* othogonality *(math.; property of a multi-carrier system when the spacing between consecutive carriers is equal to the inverse of the period of the modulating frequency. The spectrum of a carrier is then zero when the adjacent carriers to it are at a maximum, which is the case with OFDM (q.v.))*

örtliche Auflösung *f* spatial resolution *(video encoding)*

örtliche Kontrastempfindlichkeit *f* spatial contrast sensitivity *(video coding)*

örtliche Rufnummernportierbarkeit *f* local number portability (LNP) *(provider portability, IN, GSM)*

örtliche Steuerung *f* local control (LC) *(ISDN)*

örtliches Verteilnetz *n* local distribution network *(network level 3, broadband communication network)*

örtlich skalierbar spatially scalable *(MPEG-2)*

örtlich verfügbare Funktionen *fpl* local functional capabilities (LFC) *(ISDN)*

ortsabhängig location dependent *(mobile RT)*

ortsabhängige Anmeldung *f* location registration *(mobile RT)*

ortsabhängiger Dienst *m* location based *or* position based service (PBS) *(mobile IP)*

ortsabhängige Suche *f* location based search *(Internet)*

Ortsamt *n* local exchange; local (central) office *(US, 1st hierarchical level)*

Ortsanschlußbereich *m* local exchange area, local loop

Ortsanschlußkabel *n* (OAsk) subscriber line cable

Ortsanschlußleitung *f* (OAsl) subscriber line, local loop

Ortsanschlußnetz *n* local access network

Ortsbatterie-(OB-)**Apparat** *m* local-battery set *(tel)*

Ortsbereich *m* local area; space domain *(image coding)*

Ortsbestimmung *f* position finding, fixing of position

Ortsbezeichnung *f* locality name *(town or street nav. system)*

Ortscode *m* local code

Ortsdurchgangsvermittlungsstelle *f* (ODgVSt) local transit exchange

Ortsebene *f* space domain

ortsfest stationary, fixed (in location), base-station ...

ortsfeste Knotenvermittlung *f* (ofKnV) permanent switch *or* node

Ortsfilter *n* spatial filter *(image coding)*

Ortsfrequenz *f* spatial frequency *(FO)*

Ortsfunkstelle *f* fixed radio station

Ortsgebühr *f* local rate

ortsgebunden localized

ortsgespeist locally fed; independent *(repeater)*

ortsgleich co-located, collocated *(US)*

Ortsgruppenwähler *m* (OGW) local group selector

Ortsinformation *f* location area information *(mobile RT)*

Ortskabel *n* (Ok) local cable, exchange cable

Ortskennzahl *f* trunk code, trunk number, local network code *(tel)*

Ortsleitung *f* local line, subscriber line *(ITU-T I.430, s. Table IV)*

Ortsleitungsnetz *n* outside plant

Ortslinie *f* (Ol) local telephone line

Ortsmultiplex *n* space division multiplex (SDM)

Ortsnetz *n* (ON) local network, local loop *(tel)*; local area network (LAN) *(data network, normally in a single building)*; local access and transport area (LATA) *(US)*

Ortsnetzbetreiber *m* local exchange carrier (LEC), local carrier

Ortsnetzkennzahl *f* (ONKZ) national destination code (NDC), (local) area code, trunk code, trunk number

Ortsnetzzugang *m* interconnection *(for DTAG competition)*

ortsneutral location-independent

Ortsruf B *m* regional radio-paging service *(Switzerland, to POCSAG standard)*

Orts-Skalierbarkeit *f* spatial scalability *(MPEG-2)*

Ortstarif *m* local rate

Ortsüberwachung *f* location monitoring *(mobile RT)*

Ortsvektor *m* position vector *(navigation)*

ortsveränderlich transportable, movable; mobile

Ortsverbindung *f* local call

Ortsverbindungskabel *n* (OVk) local trunk, junction cable

Ortsverbindungskabelnetz *n* local trunk network *(US)*

Ortsverbindungsleitung *f* (OVl) junction circuit, local junction line *(tel)*

Ortsverbindungsnetz *n* local communication network; interoffice network

Ortsverkehr *m* local traffic

Ortsvermittlung *f* (OV) local office, local node *(US)*

Ortsvermittlungsstelle *f* (OVSt) local exchange (LX, LE); local (central) office *(US)*

Ortsvorwahl *f* area code *(tel)*

Ortswählverbindung *f* local call *(tel)*

Ortswert *m* position value *(GPS)*

Ortszone *f* local zone

Ortszugang *m* local access *(local loop, DSL)*

Ortung *f* position fixing, locating, location finding; ranging *(ultrasonics)*

Ortungsgerät *n* (OG) fault-locating unit, locator *(tel)*

Ortungsfunkdienst *m* radiodetermination service

OS s. optischer Sender *m*

OSB (Oberer Sonder(kanal)bereich *m*) upper special-channel band *(CATV)*

O-Serie *f* **der ITU-T-Empfehlungen** O series of ITU-T Recommendations *(relates to specifications for measuring equipment, s. Table III)*

OSI (Offene Kommunikation *f*) Open Systems Interconnection *(defined 1983 by the ISO)*

OSI-Referenzmodell *n* OSI Reference Model (OSI RM) *(classifies communication processes in terms of 7 layers, s. Table I)*

OSITOP-Anwendervereinigung *f* international association of OSI users *(OSI + TOP)*

Österreichische Bundespost *f* (ÖBP) Federal Austrian Post Office

Österreichische Norm *f* (ÖNORM) Austrian Standard *(s. Table XIII)*

Österreichische Post- und Telegraphenverwaltung *f* (ÖPTV) Austrian Post and Telegraph Administration

öTel (öffentlicher Telefondienst *m*) public telephone service

Oszillograph *m* oscilloscope, scope

Oszilloreg *n* recording oscilloscope

Oszilloskop *n* oscilloscope, scope

OTSC-Protokoll *n* OTSC (out-of-band-telephone station control) protocol *(ISDN mobile RT)*

Outband-Signalisierung *f* out-band signalling

Outsourcing *n* outsourcing *(procurement from outside sources, multi-vendor network, q.v.)*

OV s. Ortsvermittlung *f*

Overhead *n* overhead *(TDM)*

Overlay-Netz *n* overlay network *(FO)*

Overlay-Tag *n* overlay tag (OTAG) *(IP, performs on-the-fly changes to HTML (q.v.) files)*

OVk s. Ortsverbindungskabel *n*

OVl s. Ortsverbindungsleitung *f*

OVSt s. Ortsvermittlungsstelle *f*

P

PA (Primärmultiplexanschluß *m* (PMXA)) primary rate access *(ISDN)*

PA (Prüfabschluß *m*) test termination

paaren match, mate, pair

paarig matching

Paarigkeitsfeld *n* matching field

Paarigkeitsvergleich *m* match

paarverseilt twisted-pair

Paarvervielfachungssystem *n* pair-gain system, subscriber line or loop multiplex system *(subscriber access)*

Packen *n* compression *(files)*

packen compress, pack *(files)*

Packet-Filter *n* packet filter *(Firewall q.v.)*

Packungsdichte *f* packing density *(components)*

PAD s. Paketierer/Depaketierer *m*

PAG (Funkruf *m*) paging *(RDS)*

Pager *m* pager *(radio-paging service)*, bleeper *(GB, colloquial)*

PAK s. Paketierer *m*

Paket *n* package *(GUI, PC)*; burst *(sat)*; packet *(X.25 data unit)*

Paketausscheidung *f* packet filtration *(NMS, SNMP, IAB RFC1983, s. Table VIII)*

Paketbehandlungseinrichtung *f* packet handler

Paketblock *m* packet stream

Paketbündel *n* packet group

Paketdatenkanal *m* (p-Kanal) packet channel (p channel) *(IN)*

Paket-Datennetz(werk) *n* packet data network (PDN)

Paket-DEE *f* packet-mode DTE

Paketfilter *n* packet filter *(Firewall q.v.)*

paketieren packetize *(ATM)*; encapsulate *(microciruit)*

Paketierer *m* (PAK) packetizer, packet assembly facility

Paketierer/Depaketierer *m* packet assembly/disassembly facility (PAD) *(DTE which interfaces non-X.25 terminals to an X.25 network. PAD protocol-related standards are X.3, X.28 and X.29, s. Table VI)*

paketierter Elementardatenstrom *m* packetized elementary stream (PES) *(MPEG-2)*

Paketierung *f* packet assembly *(ATM)*, packeting

Paketierungs-/Depaketierungsverzögerung *f* packet assembly/disassembly delay, PAD delay *(ATM voice transmission)*

Paketkanal *m* (p-Kanal) packet channel (p channel) *(IN)*

Paketkennung *f* packet identifier (PID) *(DVB MPEG-2 multiplex stream)*

Paketkopf *m* packet overhead *or* header

Paketkopfinformation *f* overhead information

Paketlänge *f* **in Bit** packet length in bits (PLB)

Paketlaufnummer *f* packet sequence number

Paketleitweg *m* packet routing

Paketnetz *n* packet mode network

Paketnetzknoten *m* packet node

Paketnutzungsgrad *m* packet utilization ratio

paketorientiert packet-oriented; packet mode

paketorientierte Verbindungsleitung *f* (Vl-P) packet-oriented interexchange trunk

Paketradio *n* packet radio (PR) *(packet-switched radio service, AX25 - amateur X.25, VHF)*

Paketradioeinheit *f* packet radio unit (PRU)

Paketrate *f* (PR) packet rate *(packets/sec)*

Paketreihung *f* packet sequencing

Paketrumpf *m* packet body

Paketschichtprotokoll *n* packet layer protocol (PLP) *(ISDN)*

Paketschleifenbildung *f* packet looping

Paketsteuereinheit *f* packet control unit (PCU) *(GPRS)*

Paketsteuerprogramm *n* packet handler *(ISDN)*

Paketsteuerung *f* packet handler (PH), packet handling *(ISDN)*

Paketteilnehmer *m* packet-terminal subscriber *or* customer

Pakettunnel *m* packet tunneling *(Internet, IAB RFC2473)*

Paketübertragungsmodus *m* packet transfer mode (PTM) *(ITU-T I.113, s. Table IV)*

Paketverlust *m* dropped packet

Paketverluste *mpl* packet losses

Paketverlustrate *f* (PVR) packet loss rate

paketvermittelndes Netz *n* (PVN) packet-switching *or* packet-switched network (PSN) *(e.g. IP network)*

paketvermittelndes öffentliches Datennetz *n* packet-switched public data network (PSPDN)

paketvermittelt packet switched

paketvermittelter Dateldienst *m* Packet Switch Stream (PSS) *(BT)*

paketvermitteltes Datennetz *n* (Datex-P, Dx-P) packet-switched data network (PSDN)

paketvermittelte Sprachübertragung *f* packetized voice transmission

paketvermitteltes Sprachendgerät *n* packet voice terminal (PVT)

Paketvermittlung *f* packet switch (PS) *(US)*

Paketvermittlung *f* **mit virtuellen Verbindungen** virtual circuit packet switch

Paketvermittlungseinheit *f* packet switching unit (PSU) *(ATM)*

Paketvermittlungsknoten *m* packet switching node

Paketvermittlungsnetz *n* (PVN, PV-Netz) packet-switching network (PSN)

Paketvermittlungsstelle *f* GPRS support node (GSN) *(MSC+IWF, GSM)*

Paketverteilschaltung *f* packet fanout circuit

Paketweiche *f* packet filter

paketweise packet-oriented

paketweise verschachtelt packet interleaved

Paketwiederholung *f* packet retransmission

PAL (zeilenweiser Phasenwechsel *m*) phase alternation line *(analog TV transmission standard in Europe, Australia etc., derived from NTSC q.v.)*

PAL-Decoder *m* PAL decoder *(analog TV, s. "PAL")*

Palette *f* palette *(graphics, PC)*

Palettenfarben *fpl* pastel colours *(vtx)*

PAL-Gleichkanalstörung *f* co-channel PAL interference *(DVB reception)*

PAM (Pulsamplitudenmodulation *f*) pulse amplitude modulation

Pannenhilfe *f* breakdown assistance

Papieranpassung *f* paper alignment *(fax)*

Papierkopie *f* hard copy

Papierkorb *m* recycle bin *(Windows95, PC)*

Papierperipherie *f* hardcopy peripherals *(computer)*

Papiertransport *m* paper feed *(printer)*

PAP-Protokoll *n* password authentication protocol (PAP) *(ISDN router)*

parallel parallel

Parallel-Ein-/Ausgabe *f* parallel input/output (PIO) *(port)*

paralleler Anschluß *m* parallel port *(PC)*

paralleler Ein-/Ausgabebus *m* (PEAB) parallel input/output (I/O) bus

parallele Schnittstelle *f* parallel interface *(e.g. Centronics, PC)*

parallel geschaltet connected in parallel, parallel-connected

parallelisieren convert to (bit) parallel form, parallelize

Parallelisierung *f* parallel processing

Parallelität *f* parallelism *(microcircuits)*

Parallellauf *m* parallel operation *(processors)*

Parallelrechner *m* parallel computer

Parallelschaltung *f* parallel circuit, shunt

Parallel-Serien-Umsetzer *m* parallel/serial converter

Parallel-Serien-Umsetzung *f* parallel/serial conversion, serialisation

parallel-serien wandeln convert (from parallel) to serial form *or* into a serial signal, serialize

Parallelweg *m* backup path, bypass *(transmission)*

Parameter *m* parameter, operand *(DP)*

Parametersatz *m* parameter block

parametrierbar parameterizable

parametrisierbar parameterizable

Parametrisierung *f* parametrization

Paritätsbit *n* parity bit, balancing bit *(transmission signal)*

Paritätsdreher *m* parity inverter

Paritätsfehler *m* parity error

Paritätskontrolle *f* parity check

Paritätssicherung *f* parity check

Park *m* park; farm *(antennas)*; base *(equipment)*

parken hold, park, queue *(a call)*; park *(HD heads, PC)*

Parken *n* putting a call on hold, holding *(a call)*, parking, queuing *(a call, tel)*; Call Hold (HOLD) *(ISDN)*

Parkettierung *f* tesselation *(coverage of an area with tiles (q.v.), math.)*

Parkierung *f* parking, holding *(a call)*

PARK-Längenanzeiger *m* PARK length indicator (PLI) *(DECT)*

Parkschaltung *f* call park

Parkstellung *f* parked position *(tel. call)*

Parser *m* parser *(voice recognition)*

Parsing *n* parsing *(SW)*

Partikel *f* chunk *(basic single-medium hypermedia information element)*

Partikularisierung *f* instantiation

Partition *f* partition *(memory)*, hard disk partition *(PC)*

Partner m party *(equivalent facilities associated with one another, e.g. manager and agent, network management)*, peer *(entity, OSI)*

Partnerbeziehung *f* traffic relation *(ISDN)*

Partnerinstanz *f* peer entity *(OSI)*

Partnerleitung *f* serving line, serving port

Partner-zu-Partner peer-to-peer *(information flow)*

Partner-zu-Partner-Netzverbindung *f* peer-to-peer networking, peering

Passagiertelefondienst *m* aeronautical mobile telephone and data (fax) service *("Airphone"(US), "Skyphone" (GB), "Aircom" (SITA) – INMARSAT supported)*

Paßfähigkeit *f* conformability

Paßgenauigkeit *f* accuracy of fit

passiv passive, inactive

passive Relaisantenne *f* passive repeater *(incar accessory for handhelds)*

passive Reserve *f* standby transmitter *(TV broadcasting)*

passiver Prüfabschluß *m* (PPA) passive test termination *(in the NT)*

passiv übermittelndes optisches Netz *n* passive optical network (PON) *(FO)*

passivieren deactivate, take off-line *(DTE)*

Passiv-Verkehr *m* called subscribers

Paßstift *m* alignment pin, locating pin *(connector)*

Paßteil *n* locating part *(connector)*

Passung *f* fit *(mech.)*

Paßwort *n* password *(PC access code)*

Paßwortabfrage *f* password challenge *(POP3 q.v.)*

Patch-Antenne *f* planar antenna, patch antenna *(microstrip car rooftop ant., GPS)*

Patchfeld *n* patch panel

Patrone *f* cartridge *(printer)*

PAT-Tabelle *f* programme allocation (*or* association) table (PAT) *(DVB-PSI, indicates the PID of the data packets forming a programme)*

Pauschaldienst *m* service at fixed charge

Pauschalgebühr *f* flat fee, flat rate

Pauschaltarif *m* flat rate

Pause *f* pause, interval *(time)*; (silent) gap *(between speech packets)*; break *(keyboard)*

Pausenblock *m* silence *(PCM speech)*

Pausenblocklänge *f* silence duration

Pausenlänge *f* silence period

Pausenmeldung *f* pause indication *(ESS)*

Pausenmodulation *f* gap modulation *(PCM speech)*

Pausenmusik *f* music while you wait, music on hold (MOH) *(tel)*

Pausenzustand *f* tone-off condition

pausieren sleep, go to sleep *(process)*

pausierender Prozeß *m* sleeping process

P-Bild *n* (Prädiktionsbild *n*) predicted frame (P frame) *(every 4th frame in an MPEG-2 GOP, derived from the I frames (q.v.) and, in turn, used to derive the B frames (q.v.))*

PBX *f* PBX (private branch exchange) *(virtual private digital exchange resident as software in the digital switching system of the carrier)*

PC s. Personal-Computer *m*

PCI-Bus *m* PCI (peripheral component interconnect) bus *(SCSI, PC)*

PCI-Controller *m* PCI (peripheral component interconnect) controller *(SCSI, PC)*

PCM (Pulscodemodulation *f*) pulse code modulation *(signal waveshape coding method, ITU-T Rec. G.711, s. Table III)* **PCM30** (Primärmultiplexsystem *n*) primary rate TDM system *(DTAG, 2048 kbit/s, 30 channel capacity)*

PCMCIA-Karte *f* PCMCIA card *(fax/modem card, 26-bit address bus, 16-bit data bus, connects mobile phone to laptop computer)*

PCM-Delta-Umsetzer *m* (PDU) PCM/delta converter *(code converter)*

PCM-Grundsystem *n* s. PCM-Primärsystem *n*

PCM-Hierarchie *f* PCM hierarchy *(digital hierarchy bit rates to ITU-T Rec. G.702 (Table III); primary PCM system has transmission rate of 2048 kbit/s for TDM transmission of 30 64-kbit/s (B) channels (PCM30), rising by factors of 4 (120, 480,. . .) to 1920 (4th-order system,*

139,264 kbit/s). Fibre optics (WDM, gigabit logic) provide for further stages of 7680 and 30,720 channels without reducing repeater spacing)

PC *m* **mit reduzierter Rechenleistung** thin client

PCM *f* **mit Differenzcodierung und Synchrondemodulation** differential coherent pulse code modulation (DCPC)

PCM-Primärsystem *n* (E1) primary (rate) PCM system *(1st-order system in PCM hierarchy (q.v.); 2,048 kbit/s (1,544 kbit/s US (T1)), 30 x 64-kbit/s channels (+ 2 x 64-kb/s D channels),*
2nd-order system = 8,448 kbit/s (6312 kbit/s) (E2),
3rd-order system = 34,368 kbit/s (E3),
4th-order system = 139,264 kbit/s (E4))

PCM-Strecke *f* **2. Ordnung** second order PCM link *(s.a.)*

PDH s. plesiochrone digitale Hierarchie *f*

PDM (Pulsdauermodulation *f*) pulse duration modulation

PDU s. PCM-Delta-Umsetzer *m*

PE (Programmsteuereinheit *f*) program control unit *(EDS)*

PEAB s. paralleler Ein-/Ausgabebus *m*

PEC-Netz *n* PEC (Pan European Crossing) network *(joined to the Global Crossing (q.v.) network, fibre-optical (G.655) backbone rings, WDM, each wavelength transports one 10-Gbit/s signal (STM-64))*

Pegeldurchgang *f* level crossing *(signal)*

Pegelkreuzung *f* level crossing *(signal)*

Pegelplan *m* transmission path diagram

Pegelschräglage *f* slope

Pegelsende- und Meßeinrichtung *f* (PSME) transmission test equipment

Pegelsprung *m* amplitude hit *(ITU-T Rec. 0.95 PCM)*

Pegelung *f* level adjustment *(broadcasting)*

Pegelverlauf *m* level response

Pegelverschiebung *f* level shifting

Pegelwaage *f* activity discriminator, (signal) level discriminator, level balance technique *(amplification of signal direction depending on signal energy, handsfree talking, mobile RT)*

Pegelwandler *m* level shifter, level changer

Peilung *f* direction finding *(navigation)*

Peiseler-Rad *n* cyclometer

PEL (fotografisches Element *n*, Bildpunkt *m*) photographic element *(fax)*, picture element *(image coding)*

PE-Leiter *m* PE (protective earth) conductor, earth conductor *(PS)*

pendeln swing, oscillate; shuttle

Pendelsuchlauf *m* shuttle *(VTR)*

PEP (europäischer Funkrufdienst *m*) Pan European Paging service

performant high-performance, outstanding *(results)*

Perilex-Stecker *m* shock-proof plug

Periode *f* period, cycle

Periodenzahl *f* number of cycles

periodisch periodic, cyclic, repetitive

periodische Abfrage *f* polling

periodischer Rahmen *m* periodic frame *(ITU-T I.113, s. Table IV)*

periodischer Ruf *m* interrupted ringing signal

periodische Störung *f* pattern noise

periodisches Vorzeichen *n* cyclic prefix (CP) *(ADSL)*

Periodizität *f* periodicity

Peripherie *f* peripheral *(HW)*

Peripherie-Adapter *m* peripheral interface adapter (PIA)

Peripheriegerät *n* peripheral *(HW)*

Peripheriekomponentenbus *m* peripheral component interconnect (PCI) bus *(SCSI, PC)*

Peripherieseite *f* peripheral side *(exch.)*

Peripheriesteuerung- und -synchronisationsstrecke *f* peripheral control and timing (PCT) link *(ATM)*

Peripherietechnik *f* peripheral processing (PP) (software) *(switch SW)*

permanent permanent *(ISDN)*; dedicated *(control channel utilization, trunking)*

permanente Datei *f* permanent file

permanente Paketverbindung *f* permanent virtual circuit (PVC)

Permeabilität *f* permeability *(magn.)*

Persistenz *f* persistency *(data, data base)*

Personal-Computer *m* (PC) personal computer *(IBM)*

Personalisierung *f* customization

personenbezogenes Kommunikationsnetz *n* personal communication network (PCN)

Personenbindung *f* personalization *(terminal, UPT)*

Personenmobilität *f* personal mobility *(Rec. I.114, UPT, s. Table IV)*

personenorientierte Rufnummer *f* personalised call number

Personenruf *m* paging

Personenruf *m* **vor Ort** on-site paging (OSP)

Personenrufempfänger *m* pager

Personenrufendgerät *n* pager

Personensucheinrichtung *f* (PSE) paging system

Personenzuordnung *f* personalization *(smart card)*

persönliche Erdfunkstelle *f* personal earth station (PES) *(VSAT)*

persönliche Kennummer *f* personal identification number (PIN) *(Telepoint system, telebanking, ISDN)*

persönliche Kennummer/Transaktionsnummer *f* personal identification number/ transaction number (PIN/TAN) *(telebanking password code)*

persönlicher digitaler Assistent *m* personal digital assistant (PDA) *(Hand-PC)*

persönliches Kommunikationsnetz *n* personal communication network (PCN) *(s. E/D section)*

perzeptorische Entropie *f* perceptual entropy (PE) *(dig. audio codec)*

perzeptorischer Audiocodierer *m* perceptual audio coder (PAC) *(dig. audio codec)*

perzeptorische Transformationscodierung *f* perceptual transform coding (PTC)

PES s. persönliche Erdfunkstelle *f*

PES s. paketierter Elementardatenstrom *m*

PES-Paket *n* PES packet *(MPEG-2)*

PETRUS (Protokoll-Entwicklungs- und Test-Rechner-Universal-System *n*) test system for communication protocols *(ZZF)*

Pfad *m* path *(PC directory)*; branch *(interleaver, DVB)*

Pfadkopfteil *m* path overhead (POH) *(TDM, SDH)*

Pfadname *m* path name *(PC directory)*

Pfadrahmenkopf *m* path overhead (POH) *(STM.1, ITU-T Rec.70x)*

Pfadzusatz *m* path overhead (POH) *(SONET)*

Pfeifen *n* singing *(tel)*; howl *(radio)*

Pfeifsicherheit *f* stability *(oscillator, loop)*

Pfeil links left arrow *(keyboard)*

Pfeil rechts right arrow *(keyboard)*

Pflege *f* care; maintenance *(SW)*

pflegen maintain, update *(data)*

Pflichtenheft *n* requirement specification, equipment specifications, specifications

Pflichtleistungen *fpl* mandatory services

PFM (Pulsfrequenzmodulation *f*) pulse frequency modulation

PGP-Programm *n* PGP (pretty good privacy) program *(128-bit E-mail encryption and decryption program, uses IDEA algorithm (q.v.), RFC1983, RFC2015, s. Table VIII)*

Phantomkreis *m* phantom circuit *(tel)*

Phantomleitung *f* phantom circuit *(tel)*

Phantomspeisung *f* phantom powering *(tel)*

Phasenabgleich *m* phase alignment

Phasenabweichung *f* phase shift, phase displacement

Phasenänderung *f* phase change, phase shift

phasenangeschnitten phase-angle controlled *(PS)*

phasenanschnittgesteuert phase-angle controlled *(PS)*

Phasenaugendiagramm *n* eye pattern of phase *(PCM)*

Phasenbelegung *f* phase excitation *(ant)*

Phasenbereich *m* phase region *(PCM)*

Phasendifferenzmodulation *f* differential (two-)phase modulation, differential phase shift keying (DPSK)

Phasendifferenzumtastung *f* differential phase shift keying (DPSK)

Phasendrehung *f* phase shift

Phasenfehler *m* phase error

Phasenfläche *f* phase front *(FO)*

phasengesteuerte Gruppenantenne *f* phased-array antenna *(sat., radar)*

phasengleich in phase

Phasengleichlauf *m* phase synchronism

Phasenhub *m* phase deviation *(vision carrier, TV broadcasting)*

Phasenisolation *f* phase segregation

Phasenjitter *m* phase jitter *(data transm.)*

phasenkonstante Frequenzdifferenzumtastung *f* continuous-phase differential FSK (CPDFSK)

phasenkonstante Frequenzumtastung *f* continuous phase FSK (CPFSK)

phasenkonstante Pseudo-Mehrstufenmodulation *f* partial-response continuous phase modulation

Phasenlage(nabstand *m*) *f* phase angle; phase signature

Phasenmodulation *f* phase modulation (PM), dither

Phasenraum *m* phase space *(PCM)*

Phasenrauschen *n* phase noise

Phasenrechenwerk *n* phase calculating unit *(DTO)*

Phasenregelkreis *m* phase-locked loop (PLL)

Phasenrücktastung *f* phase reversal keying (PRK), two-level phase shift keying (2PSK)

Phasenschaltweite *f* phase switching increment *(phase angle change, ant.)*

Phasenschieber *m* phase shifter

Phasensprung *m* phase hit *(ITU-T Rec.0.95)*; phase shift, phase t2ansition

Phasensprungmodulation *f* phase shift keying (PSK)

phasenstarr locked in phase

Phasensteilheit *f* rate of phase change

phasensynchron(isiert) phase-locked, locked in phase

Phasentastung *f* phase shift keying (PSK)

Phasenteiler *m* phase splitter

Phasenübereinstimmung *f* phase match, in-phase condition

Phasenumtastung *f* phase shift keying (PSK)

Phasenumtastung *f* **mit zwei Zuständen** two-level PSK (2PSK), phase reversal keying (PRK)

Phasenumtastung *f* **mit vier Zuständen** quaternary PSK (4PSK, QPSK)

Phasenumtastung *f* **mit acht Zuständen** octonary PSK (8PSK)

phasenungleich out of phase

Phasenverschiebung *f* phase shift, phase displacement

phasenverschoben out of phase, asynchronous

Phasenzittern *n* phase jitter

Phonem *n* phoneme *(unit of distinguishing sound, speech recognition)*

Phonetik *f* phonetics; speech synthesis *(colloquial, recorded announcements)*

phonetisches Anwählen *n* phonetic dialling *(CT)*

physikalisch physical (hardware-oriented)

physikalische Leitwegführung *f* physical routing

physikalischer Kanal *m* physical channel *(permanently allocated to a time slot or hard-wired)*

physikalische Schicht *f* physical layer (PH, PHY) *(ITU-T I.422 and I.432, s. Table IV; layer 1, OSI reference model, s. Table I)*

physikalische Schnittstelle *f* physical interface *(ITU-T I.112, I.430, s. Table IV)*

physikalisches Medium *n* physical medium *(sublayer of the physical layer (q.v.), s.a. PMD)*

physikalische Strecke *f* physical link

physikalisches Zustellgerät *n* physical delivery device *(e.g. printer, ITU-T Rec. X.400, s. Table VI)*

physikalische Verbindung *f* physical connection *(STM etc.)*

physisch physical *(relating to physics)*

physische Einheit *f* physical unit (PU) *(SNA)*

PI (Programmketten- *oder* Senderkennung *f* (SK)) Programme Identification *(RDS)*

PIA s. privater Informationsanbieter *m*

Pikonetz *n* piconetwork *(Bluetooth, q.v.)*

Pikozelle *f* picocell *(RT within one building, DECT)*

PID s. private Informationsdienstleistungen *fpl*

Piepser *m* beeper, bleeper *(colloquial)*

Piepserl *m* regional radiopaging service *(A, colloquial)*

Piepsimpuls *m* ping ring *(mobile RT alert signal)*

Piktogramm *n* pictogram, icon *(GUI, PC)*

Pilotauskopplung *f* pilot extraction *(transm.)*

Pilotsignal *n* pilot signal *(radio)*

Pilotträger *m* pilot carrier *(DVB-T)*

Pilotträgerton *m* pilot carrier tone *(TV)*

Pilotversuch *m* pilot trial

Pilot-Zeitschlitz *m* pilot time slot (PTS), *(SS7, GPRS)*

PIN s. persönliche Kennummer *f*

PIN (Programm-Reihenfolge *f*) Programme Identification Number *(RDS)*

pingen ping *(an Internet host, RFC1983, s. Table VIII)*

Ping-Kommando *n* ping command *(Internet, IAB RFC1983)*

Ping-Pong-Verfahren *n* ping pong method *(full duplex time division method, direction of high-speed data transmission changes, e.g., at 8-kHz rate)*

PIN/TAN s. persönliche Kennummer/Transaktionsnummer *f*

Pipeline-Betrieb *m* pipelining *(DP)*

Pipe-System *n* pipe system *(concatenation of commands, process control)*

PIPO-Schieberegister *n* parallel-in/parallel-out (PIPO) shift register

Piratenkopie *f* pirated coopy *(program, sat. decoder)*

Piratentätigkeit *f* pirating

PISO-Schieberegister *n* parallel-in/serial-out (PISO) shift register

Pitchsynthesefilter *n* pitch synthesis filter *(CELP coder)*

Pixel *n* pixel, picture element *(TV)*

Pixelanzeige *f* bit-mapped display

Pixeldiagramm *n* pixel chart

Pixelgraphik *f* pixel graphics, pixel chart

Pixelmuster *n* bit map (BMP) *(*.BMP is also the file extension for bit-mapped graphics files, PC)*

pixelorientierte Anzeige *f* bit-mapped display

Pixel *n* **pro Zoll** pixels per inch (ppi)

Pixelraster *m* pixel screen

Pixelrauschen *n* pixel noise *(image processing)*

Pixeltiefe *f* pixel word length, number of bits/pixel *(video quantization)*

p-Kanal *m* (Paketkanal) p channel *(IN)*

PK (Privatkunde *m*) residential customer

PKI Philips Kommunikations-Industrie

PKI-Verschlüsselung *f* PKI (Public Key Infrastructure) encryption *(asymmetric)*

PL (Programmliste *f*) programme list

planen plan, schedule

Planfeststellungsverfahren *n* plan approval procedure

Planquadrat *n* grid square

Planungsbezugsdämpfung *f* circuit loudness rating *(local tel. sys.)*

Planungsdämpfung *f* circuit loudness rating *(netw.)*

Planweg *m* planned route

Plasma-Anzeige *f* plasma display (PD)

Plasma-Bildschirm *m* plasma display panel (PDP) *(TV)*

Plasma-Display *n* plasma display (PD), plasma display panel (PDP)

plastisches Gedächtnis *n* plastic memory *(mech.)*

Plateauwert *m* plateau value *(curve)*

Platine *f* (circuit) board *(HW)*

Platinenspeicher *m* on-board memory *(HW)*

Platte *f* plate; disk *(storage HW)*

Plattenbetriebssystem *n* disk operating system (DOS) *(SW)*

Plattenlaufwerk *n* disk drive

Plattenmontage *f* panel mounting

Plattenplatz *m* disk space *(hard disk)*

Plattenspeicher *m* (PSP) disk storage unit, disk *(general US usage, also optical storage medium such as CD) or* disc *(general GB usage, also magnetic storage medium such as HD or FD or diskettes)*

Plattenspiegelung *f* disk mirroring

Plattenspieler *m* record player

plattformübergreifendes Sharing *n* cross-platform sharing *(DP)*

Plattieren *n* cladding *(PCB)*

Platz *m* position; operator *(tel)*

Platzbeteiligung *f* operator assistance

Platzhalter *m* dummy code *or* character *(data field)*, wildcard *(*, ?, file names)*, substitute

Platzherbeiruf *m* operator recall

Platzkraft *f* (telephone) operator

Platzkraft-Unterstützungssystem *n* (PLUS) operator support system *(radio paging, Cityruf)*

platzvermittelt operator-assisted

plausibel plausible, sane *(processor)*

Plausibilitätskontrolle *f* validity check, reasonableness check, sanity check *(processor)*

PLB (Paketlänge *f* in Bit) packet length in bits (PLB)

plesiochron plesiochronous *(free-running, not synchronized)*

plesiochrone digitale Hierarchie *f* plesiochronous digital hierarchy (PDH) *(ITU-T G.832)*

plesiochrone Leitungseinrichtung *f* plesiochronous line equipment (PLE)

Plug-In *n* plug-in *(PC SW application)*

PLUS s. Platzkraft-Unterstützungssystem *n*

Plusleitung *f* positive rail *(PS)*

PM s. Phasenmodulation *f*

PM (Nachverarbeitungsmodus *m*) processable mode *(teletex, ITU-T Rec. X.200, s. Table VI; ISO 7498)*

PMD-Subschicht *f* PMD (physical medium dependent) sublayer *(PHY, SDH/PDH, ITU-T G.703 (el interface), G.957/958 (opt. interface)*

PMP-Netz (Punkt-zu-Multipunkt-Netz *n*) point-to-multipoint network *(VSAT)*

PMP-Protokoll *n* Point to Multipoint Protocol (PMP) *(IP, IAB RFC1208, s. Table VIII)*

PMP(Punkt-zu-Mehrpunkt)-**Richtfunksystem** *n* point-to-multipoint microwave system *(2–3, 10 and 26 GHz)*, wireless local loop

PMT-Tabelle *f* programme map table (PMT) *(DVB-PSI table, identifies all programmes in an MPEG-2 transport stream)*

PMXA, PMxAs s. Primärmultiplexanschluß *m*

Pointel *n* French Telepoint system *(public mobile RT)*

Point-of-Sale *n* **ohne Zahlungsgarantie** (POZ) point of sale (POS) without garantee of payment

Polarisation *f* polarisation *(ant)*; bias *(laser)*

Polarisationsanpassung *f* polarisation handling *(FO)*

Polarisationsdiversity *f* polarisation diversity *(FO)*

Polarisationsebene *f* plane of polarisation *(FO)*

Polarisationsentkopplung *f* polarisation discrimination *or* isolation *(sat. antenna)*

Polarisationsmoden-Dispersion *f* polarisation mode dispersion (PMD) *(WDM)*

Polarisationsmultiplex *n* polarisation multiplex

Polarisationsstrahl *m* bias beam *(optical switch)*

Polarisationsunterdrückung *f* polarisation discrimination *(sat. antenna)*

Polarisationswechsel *m* polarity reversal

Polarisationsweiche *f* polarisation switch; orthomode transducer, orthogonal mode transducer (OMT) *(sat)*; junction; polarisation diplexer *(microwave)*

Policing-Funktion *f* policing function, UPC *(q.v.)* function *(ATM TM)*

-polig -core *(cable)*, -pin, -contact *(plug)*, -position *(switch)*, -channel *(data link)*, -terminal *(terminal block)*
6-polige Verbinderdose *f* (VDo6) 6-pin connector box
9-poliger D-Verbinder *m* 9-pin D connector

Polklemme *f* terminal clip

Pol-Nullstellen-Filter *n* pole-zero filter

Polstelle *f* pole point *(network theory)*

Polsterung *f* buffer *(optical fibre)*

Polteilung *f* interpin space *(connector)*

Polungskeil *m* locating wedge *(connector)*

Polungsschutz *m* polarity reversal protection

Polvorgabe *f* network terminal selection *(in circuit design)*

Polygonzug *m* progression, broken line, polygonal course *(vectors)*

Polynom *n* **mit Grad 3** 3rd order polynomial *(math)*

Polyphasen-Filterbank *f* polyphase filter bank *(MUSICAM subband filtering)*

Poolbelegung *f* pool capacity utilized

Pooling *n* pooling *(e.g. bandwidth pooling)*

Pool-Management *n* pool management *(network management)*

Population *f* population *(statistics)*

Pop-up-Fenster *n* pop-up window *(comp.)*

Pop-up-Menü *n* pop-up menu *(teletext)*

POP3-Protokoll *n* Post Office Protocol Version 3 (POP3) *(UM, password challenge)*

Port *m* port *(gen.: access point; Internet: defines IP addresses in TCP/IP (WWW=port 80)*

portabel portable *(SW)*

portable Anwendung *f* portable application *(network management)*

Port-Adreßumsetzung *f* port address translation (PAT)

Portal *n* portal (site) *(WWW)*

Portalseite *f* portal (site) *(WWW)*

portierbar portable *(SW)*

Portierbarkeit *f* portability *(SW)*

portieren port *(SW)*

Portierung *f* port *(SW)*, number porting *(to a new location, tel)*

Portierungskennung *f* porting code *(number porting, IN, GSM)*

Portscan *n* port scan *(e.g. by a hacker, s.a. "firewall")*

Porty *n* portable *(cellular mobile RT transceiver, colloquial)*

positionierter Kanal *m* positioned channel *(ITU-T I.113, s. Table IV)*

Positionierung *f* positioning; ranging *(sat.)*

positionsabhängige Daten *npl* location-based data *(WAP service)*

Positionsanzeiger *m* cursor *(PC screen)*

Positionsbestimmung *f* position finding, localization *(mobile RT network)*

Positionsbestimmungsgerät *n* (air) position indicator *(radar)*

Positionserfassungsgerät *n* position indicator *or* finder

Positionserkennung *f* position detection

Positionsnummer *f* item number

positionssensitiver Dienst *m* location based service *(WAP service)*

positiv positive, male *(connector)*

positiv verlaufend positive-going

positiv verschieden different in a positive direction, with a positive difference

Postambel *f* postamble *(DP)*

Postamt *n* post office
  elektronisches Postamt *n* message transfer agent (MTA) *(ITU-T Rec. X.400, s. Table VI)*

POSTBANK *f* the banking services branch of the DBP *(now independent of POSTDIENST and TELEKOM)*

POSTDIENST *m* ("Gelbe Post") the postal services branch of the former DBP *(now independent of TELEKOM and POSTBANK)*

posteigene Stromwege *mpl* PTT-owned circuits

POS-Terminal *n* POS (point of sale) terminal *(E-commerce)*

Postfach *n* post office box (POB) *(GB)*; (electronic) mailbox *(PBX feature)*

Postleitzahl *f* post code *(GB)*, zip code *(US)*

Postnetz *n* public switched telephone network (PSTN)

Postneuordnungsgesetz *n* (PTNeuOG) Law relating to the Reorganization of Posts and Telecommunications *(1994)*

Postprozessor *m* postprocessor *(codec)*

Postsystem *n* physical delivery system (PDS) *(IPM)*

Posttechnisches Zentralamt *n* (PTZ) Postal Engineering Centre *(DBP)*

Postverwaltung *f* Postal, Telegraph and Telephone (PTT) (administration), common carrier

postzugelassen approved for posting *(fragile or dangerous articles)*

Potentialausgleich *m* potential equalization *(earthing, to VDE 0185)*

potentialfrei floating*(input connection)*

potentialfreier Eingang *m* floating input

Potentialverlauf *m* potential profile

Potentiometer *n* potentiometer (pot)

Potenzfilter *n* Butterworth filter

Potenzierer *m* exponentiating circuit

Potenzprofil *n* power-law index profile *(FO)*

Powerline-Anschluß *m* powerline network connector (PNC)

POZ s. Point-of-Sale *n* ohne Zahlungsgarantie

PPA (passiver Prüfabschluß *m*) passive test termination

PPM (Pulsphasenmodulation *f*) pulse phase modulation

ppm ((Parts per million) Millionstel *n*) parts per million (ppm)

PPP-Protokoll *n* Point-to-Point Protocol (PPP) *(IP, IAB RFC1208, s. Table VIII)*

PPTP-Protokoll *n* Point-to-Point Tunneling Protocol (PPTP) *(IP, IAB RFC2661)*

PR (Paketradio *n*) packet radio

PR (Paketrate *f*) packet rate (PR) *(packets/sec)*

PR s. privat

Präambel *f* preamble *(DP)*

Prädiktionsbild *n* (P-Bild *n*) predicted frame *(MPEG-2)*

Prädiktionscodierung *f* predictive coding

Prädiktionsregel *f* prediction rule *(video encoding)*

Prädiktionsspeicher *m* predicted-value buffer

Prädiktionswert *m* predicted *or* estimated value *(video encoding)*

Prädiktor *m* predictor *(codec)*

prädiziertes Bild *n* (P-Bild *n*) predicted frame *(MPEG-2)*

praktisch practical, convenient

Präprozessor *m* preprocessor *(codec)*

Präsentationsebene *f* presentation layer *(layer 6, OSI 7-layer reference model, s. Table I)*

Präsentationlevel *m* presentation level *(teletext, ETS 300 706)*

Praxis *f*: **in der Praxis** in practice, in the field

praxisnah practical

PRBS-Signal *n* PRBS (pseudo-random bit stream) signal *(receiver sensitivity measurement, TETRA)*

Preemphase *f* preemphasis *(FM, TV transmitter)*

Prefetching *n* prefetching *(WWW)*

Preisangebotsanforderung *f* request for price quotation (RPQ)

Preisstaffel *f* price range

Prellen *n* bounce, chatter *(relays)*

Prepaid-Karte *f* prepaid card *(mobile RT service)*

Prepaid-Dienst *m* prepaid service *(mobile RT service)*

Prepaid-Teilnehmer *m* subscriber to a prepaid service *(mobile RT service)*

Preselection *f* preselection *(of another carrier, LCR (q.v.))*

Preßstoff *m* moulded plastic

Prestel videotex standard in Britain, Belgium *(Cept Profile 3, s. Table XI)*

PrGt s. Prüfgerät *n*

primär primary

Primär... primary; host

primäre Skizze *f* primal sketch *(AI, image recognition)*

Primärfaser *f* primary fibre *(plant)*

Primärgruppenverbindung *f* group link *(modems)*

Primärmultiplexanschluß *m* (PMXA, PMxAs) primary rate access (PA) *(ISDN S_{2M}, 2 Mb/s, 30 x B_{64} + D_{64} channels capability, ITU-T I.421, s. Table IV)*

Primärmultiplex-Festanschluß *m* primary rate access for permanent connections

Primärmultiplexsystem *n* primary rate TDM system

Primärratenanschluß *m* primary rate access (PA) *(ISDN S_{2M}, BT ISDN 30, ITU-T I.430, s. Table IV)*

Primärratenschnittstelle *f* primary rate interface (PRI)

Primärring *m* primary ring *(FDDI)*

Primärzugriffskennung *f* primary access right identity (PARI) *(DECT)*

Primitive *n* primitive *(SS7 elementary inter-layer message, basic unit of machine instruction, s. Table III)*

Prinzip *n* principle, concept

Prinzipaufbau *m* basic structure

Print *n* module, PC board (PCB)

Printplatte *f* board, printed circuit board (PCB)

Prinzipaufbau *m* basic structure

priorisieren prioritize, assign priority

Priorisiereinrichtung *f* prioritizing device

priorisierte Anforderung *f* high-priority call instruction

Priorität *f* **in Anspruch nehmen** invoke priority

Prioritätsanzeige *f* precedence indicator

Prioritätsaufgabe foreground task *(OS)*

Prioritätskette *f* daisy chain

Prioritätsraum *m* priority space *(in a message, DP)*

Prioritätsstaffelung *f* priority grading

Prioritätsstufe *f* priority level

Prioritäts-Unterbrechung *f* pre-emption

Prioritätsverbindung *f* precedence call *(I.255.3, s. Table IV)*

Prioritätsverkehr *m* pre-emption *(tel)*

Prioritätsverkettung *f* daisy chaining

Prioritätswechsel *m* change of priority level

Prioritätsziffer *f* priority number *(mobile RT)*

priv *s.* privat

privat private (PR, priv) *(tel)*

private Benutzung *f* domestic use

private Fernsprech-NStAnl *f* privately owned PBX

private Informationsdienstleistungen *fpl* (PID) premium rate services (PRS) *(DTAG Service 0190, BT 0898 service)*

private Netzknotenschnittstelle *f* private network node interface (PNNI) *(ATM)*

privater Bildschirmtext *m* in-house videotex system

privater Informationsanbieter *m* (PIA) PRS information provider

privater MHS-Versorgungsbereich *m* private management domain (PRMD) *(ITU-T Rec. X.400, s. Table VI)*

privater Numerierungsplan *m* Private Numbering Plan (PNP) *(ISDN)*

privater Schlüssel *m* private key *(chipcard encryption)*

privater Signaturschlüssel *m* fingerprint *(HBCI)*

privates diensteintegrierendes Netz *n* private integrated services network (PISN)

privates Kommunikationssystem *n* private communication system, private branch exchange *(A)*

privates MHS-System *n* private management domain (PRMD)

privates Netz *n* private branch network, corporate network (CN)

privates transatlantisches Telefonkabel *n* private transatlantic telephone cable (PTAT)

privates virtuelles Netz *n* private virtual network (PVN) *(IN)*

private Telefaxnutzung *f* homefax

private Tk-Anlage *f* private digital exchange (PDX)

Privatfunk *m (11-Meter-Band)* Citizen's Band (CB) *(27 MHz communication channel)*

Privatkunde *m* (PK) residential customer

Privatsystem *n* residential system

Probe *f* test; specimen, sample

Probeabonnement *n* trial subscription *(Pay-TV)*

Probebetrieb *m* proving

Probelauf *m* test run, dry run *(without load)*

problemlos readily

problemorientierte Sprache *f* high-level language *(programming, e.g. COBOL)*

Problemstellung *f* scope

professioneller Mobilfunk *m* professional mobile radio *(analog PMR/PAMR, digital TETRA q.v.)*

Profibus *m* profibus (process field bus), IEC bus *(IEC 1131-3, 9318)*

Profifunk *m* professional mobile radio *(analog PMR/PAMR, digital TETRA q.v.)*

Profil *n* profile, contour; section

PROFS-Adresse *f* Professional Office Systems address *(IBM, business communications)*

Programm *n* program, routine *(DP)*; programme *(broadcasting)*

Programm *n* **verlassen** exit the program

Programmablauf *m* program flow; continuity *(broadcast studio)*

Programmablaufsteuerung *f* program flow control *(EDP)*

Programmanbieter *m* programme *or* content provider, carrier

Programmänderung *f* **über Satellit** over-the-air (OTA) upgrade *(DTB, DVB-S)*

Programmanwahlmodus *m* (channel) zapping mode *(DVB receiver, remote control)*

Programmartenkennung *f* Programme TYpe (PTY) *(RDS)*

programmbegleitende Informationen *fpl* programme-associated information *(txt)*

Programmbeitrag *m* programme item *(broadcasting)*

Programmbelegungsplan *m* programme map *(CATV)*

Programmbelegungstabelle *f* programme map table (PMT) *(DVB-SI table, identifies all programmes in an MPEG-2 transport stream)*

Programmbereich *m* program area, partition *(memory)*

Programm-Bouquet *n* bouquet *(of DVB programmes)*

Programme *npl* programs; programmes, programming *(TV)*

Programmelement *n* program element, bead *(OS)*

Programmfehler *m* program error, bug

Programmgestaltung *f* programming *(TV)*

programmierbare Array-Logik *f* programmable array logic (PAL)

programmierbare Datenendeinrichtung *f* programmable *or* intelligent *or* smart terminal

programmierbare Ein-/Ausgabe *f* programmable input/output (PIO)

programmierbare Logikanordnung *f* programmable logic array (PLA)

programmierbare Matrix-Logik *f* programmable array logic (PAL)

programmierbares Endgerät *n* programmable *or* intelligent *or* smart terminal

programmierbare Verknüpfungssteuerung *f* programmable logic control (PLC) *(process control)*

Programmierbetriebsart *f* programming mode

Programmierfehler *m* programming error *(DP)*

programmierte Taktflanke *f* selected clock pulse edge

Programmierung *f* programming *(EDP)*

Programmierwerkzeug *n* toolkit *(DP)*

Programminhalt *m* segment *(TV)*

Programmkettenkennung *f* Programme Identification (PI) *(RDS)*

Programmleitung *f* programme circuit *(broadcasting)*

Programmliste *f* (PL) programme list

Programm-Multiplex *m* programme stream (PS) *(MPEG-2)*

Programmname *m* Programme Service (PS) *(RDS)*

Programmplatz *m* programme position, programme number *(TV, sat. receiver)*

Programm-Programm-Verbindung *f* program-to-program communication (PPC)

Programm-Reihenfolge *f* Programme Identification Number (PIN) *(RDS)*

Programmsendung *f* programme transmission *(TV)*

programmspezifisch program-dependent, program-specific

programmspezifische Informationen *fpl* programme specific information (PSI) *(information like CAT, PAT, NIT, PMT for identifying the programme data in an MPEG-2 data stream, DVB*

Programmsteuereinheit *f* (PE) program control unit *(EDS)*

Programmstop *m* hang-up

programmsynchron in accordance with the programme timing *(VPS)*

Programmunterbrechung *f* software interrupt

Programmvielfalt *f* programme diversity *(DVB)*

Programmvorschau-Seite *f* index *or* menu page *(teletext)*

Programmvorschau-Seitentabelle *f* table of (preview) pages *(vtx, "Fastext" (GB))*

Programmwahl *f* programme selection, viewing

Programmzubringerdienst *m* programme supply service *(TV)*

Programmzuführung *f* programme feed *(TV)*

Programmzuführungskabel *n* trunk cable *(CATV)*

Programmzuordnungstabelle *f* programme allocation table (PAT) *(DVB-SI, indicates the PID of the data packets forming a programme)*

Programm-Zustellungssteuersystem *n* **für Heim-Videorecorder** Domestic Video Programme Delivery Control (DVPDC, PDC) system *(TV broadcast service)*

Projektierung *f* planning

Projektionsentfernung *f* throw *(beam)*

projekt-spezifisch user-specific

Proportionalschrift *f* proportional spacing *(WP)*

proprietär proprietary

Prosabeschreibung *f* prose description *(ISDN)*

Prosadefinition *f* prose definition *(ISDN)*

Protokoll *n* log, record *(DP, fax)*; protocol *(set of data transmission rules, ITU-T I.112, s. Table IV)*; trace *(equipment location)*

Protokollablauf *m* protocol sequence

Protokollablauf-Verfolgungsprogramm *n* protocol tracer *(network)*

Protokollabwickler *m* protocol handler (PH)

Protokollanalysator *m* protocol analyzer, sniffer

Protokollausgabe *f* hardcopy output

Protokollblock *m* protocol block *(ISDN PRM)*

Protokolldaten *npl* protocol control information (PCI) *(PDU, OSI RM)*

Protokoll-Dateneinheit *f* protocol data unit (PDU) *(ISDN, consists of PCI and PDU, a data object which is exchanged between protocol machines)*

Protokolldifferenzierung *f* protocol discriminator

Protokoll *n* **für die paketierte Datengesamtheit** packetized ensemble protocol (PEP) *(data compression protocol for high-speed modems)*

Protokoll *n* **für drahtlose Anwendungen** Wireless Application Protocol (WAP) *(mobile Internet access)*

Protokollgenerator *m* report generator *(DP)*

Protokollgerät *n* recording *or* listing *or* logging device

protokollieren log *(DP)*; trace *(OAM)*

Protokollierungsfunktion *f* logging function

Protokollkennung *f* protocol discriminator *(ISDN, SS7, s. Table III)*

Protokoll-Referenzmodell *n* Protocol Reference Model (PRM) *(ISDN, extension of the OSI Reference Model to account for out-band signalling etc., ITU-T Rec. I.320, s. Table IV)*

Protokollreihe *f* protocol suite

Protokollprofil *n* protocol stack

Protokollschicht *f* protocol layer *(network)*

Protokollschichtenbildung *f* protocol layering

Protokollstack *m* protocol stack

Protokollsteuerdaten *npl* protocol control information (PCI) *(ISDN)*

Protokollsteuerung *f* protocol handler

Protokolltrace *f* protocol trace *(network)*

Protokolltracer *m* protocol tracer *(network)*

Protokolltreiber *m* protocol driver *(SW)*

Protokoll-Übertragungsablaufsteuerung *f* protocol communications controller (PCC)

Protokollumsetzer *m* protocol converter

Protokollwandlung *f* protocol conversion *(ITU-T I.430, s. Table IV)*

Provider *m* (service) provider *(Internet)*

provisorisch provisional, tentative

Prozedur *f* procedure

Prozeduraufruf *m* procedure call *(DP)*

Prozeduraufruf *m* **der Gegenstelle** remote procedure call (RPC)

Prozedurbeschreibung *f* procedural description *(SDL, DTP)*

Prozedur-Fernaufruf *m* remote procedure call *(DP)*

Prozedurgrundsatz *m* generic procedure

Prozedurzustand *m* **"Auslöseanforderung"** Awaiting Release state *(ITU Rec. Q.921, s. Table III)*

Prozedurzustand *m* **"Mehrfachrahmenbetrieb"** Multiple Frame Established state *(ITU Rec. Q.921, s. Table III)*

Prozedurzustand *m* **"Verbindungsanforderung"** Awaiting Establishment state *(ITU Rec. Q.921, s. Table III)*

Prozeß *m* process; task *(OS)*

Prozeßabbild *n* process image *(process control)*

Prozeßadresse *f* socket *(process-to-process communication, TCP/IP, IAB RFC1983, s. Table VIII)*

Prozeßführungssystem *n* process management system

Prozeßkopplung *f* process interfacing

Prozeßleitsystem *n* process control system

Prozessor *m* processor *(e.g. Intel 80486, Pentium, PC)*

Prozessor-Eingriffsfunktion *f* processor intervention function

prozessorgesteuerter Schaltverteiler *m* cross-connect system (CCS)

Prozessorscheibe *f* processor slice *(multiprocessor system)*

Prozessortakt *m* CPU clock (CPU CLK) *(PC)*

Prozeß-Prozeß-Nachrichtenvermittlung *f* interprocess message switching (IMS) *(US, mobile to PSTN)*

Prozeßrechner *m* process (control) computer

prozessübergreifend cross-process, interprocess

Prüfablauf *m* exercise *(equipment test)*

Prüfabschluß *m* (PA) test termination

Prüfanschluß *m* line testing circuit

Prüfautomat *m* automatic tester

Prüfbit *n* check bit

Prüfbuchse *f* test jack

Prüfbündel *n* test line (*or* trunk) group

prüfen test, verify, check, sense

Prüffeld *n* test room, test station; check field *(transmision)*

Prüffolge *f* check sequence; test signal

Prüfgenerator *m* test generator

Prüfgerät *n* (PrGt) test instrument *or* equipment *or* set *or* unit

Prüfgerät *n* **für eingebaute Schaltungen** in-circuit tester

Prüfkreis *m* test circuit

Prüflast *f* test load

Prüfling *m* component under test; unit under test (UUT); device under test (DUT); equipment under test (EUT); item under test (IUT) *(ITU Rec. I.430, s. Table IV)*

Prüfraum *m* test room

Prüfsatz *m* test circuit

Prüfschleife *f* interface loopback; loopback *(ITU-T I.430, s. Table IV)*

Prüfschleifenanforderung *f* loopback request (LB) *(ITU-T I.431, s. Table IV)*

Prüfschleifen-Anforderungspunkt *m* loopback requesting point *(ITU-T I.430, s. Table IV)*

Prüfschleifen-Anwendung *f* loopback application *(ITU-T I.430, s. Table IV)*

Prüfschleifen-Art *f* loopback type *(ITU-T I.430, s. Table IV)*

Prüfschleifen-Prüfmuster *n* loopback test pattern *(ITU-T I.430, s. Table IV)*

Prüfschleifen-Punkt *m* loopback point *(ITU-T I.430, s. Table IV)*

Prüfschleifenrahmen *m* loop-around frame *(US)*

Prüfschleifen-Schaltpunkt *m* loopback control point *(ITU-T I.430, s. Table IV)*

Prüfschleifen-Steuervorrichtung *f* loopback control mechanism *(ITU-T I.430, s. Table IV)*

Prüfsender *m* test generator

Prüfsignal *n* test signal

Prüfsonde *f* test probe

Prüfstandversuch *m* bench test

Prüfstelle *f* test point *(HW)*

Prüfstellung *f* test position *(IEC)*

Prüfsumme *f* checksum

Prüftechnik *f* testing

Prüfung *f* **im Orbit** in-orbit test (IOT) *(sat., prior to commissioning)*

Prüfung *f* **im Schaltkreis** in-circuit test

Prüfvielfach *n* test multiple *(exchange)*

Prüfvolumen *n* test volume

Prüfvorbereitung *f* test planning

Prüfzeichen *n* check character, CRC character

Prüfzeile *f* (PRZ) test line, (vertical) insertion test signal (VITS) *(TV)*

Prüfzeileneinmischer *m* test line inserter *(TV VITS)*

Prüfzeileneintaster *m* test line inserter *(TV VITS)*

Prüfzeilenmeßplatz *m* insertion signal test set *(TV)*

Prüfzeilenmeßsignal *n* vertical (blanking) interval test signal (VITS) *(TV)*

Prüfzustand *m* test indicator *(not standardized, V.24, s. Table IX)*

PRZ s. Prüfzeile *f*

PS s. Programmname *m*

PSE s. Personensucheinrichtung *f*

P-Serie *f* **der ITU-T-Empfehlungen** P series of ITU-T Recommendations *(relates to telephone transmission quality, s. Table III)*

Pseudobefehl *m* dummy command

pseudozufällige Chipfolge *f* pseudo-random chip sequence *(CDMA)*

pseudozufällige Phasenumtastung *f* pseudo-random PSK *(coding)*

Pseudozufalls-Bitfolge *f* pseudo-random bit sequence (PRBS)

Pseudozufallscode *m* pseudo-random noise code (PN code)

Pseudozufallsfolge *f* (PZF) pseudo-random (number) sequence, pseudo-random noise (PRN), pseudo noise (PN)

Pseudozufallsfolgen-Generator *m* pseudo-noise (PN) generator

PSI-Informationen *fpl* programme-specific information *(DVB)*

PSM s. Pulsstufenmodulation *f*

PSME (Pegelsende- und Meßeinrichtung *f* transmission test equipment

Psophometer *n* psophometer

PSP (Plattenspeicher *m*) disk storage unit

PTAT (privates transatlantisches Telefonkabel *n*) private transatlantic telephone cable

PTNeuOG (Postneuordnungsgesetz *n*) Law relating to the Reorganization of Posts and Telecommunications

PTP (Punkt-zu-Punkt) point-to-point *(connection)*

PTT (Postes, Télécommunications et Télédiffusion) Postal, Telephone and Telegraph (administration) *(CH, FR)*; common carrier

PTY (Programmart *f*) Programme TYpe *(RDS)*

PTZ (Posttechnisches Zentralamt *n*) Postal Engineering Centre *(DBP)*

Pufferbatterie *f* backup battery *(PC RAM)*

Pufferladung *f* trickle charge, float(ing) charge *(battery)*

Pufferspeicher *m* buffer (memory), cache *(DP)*

Pufferspeicher *m* **mit Zellengröße** cell wide buffer (CWB) *(ATM)*

Pufferspeicherung *f* buffering

Pufferspeicherzeile *f* cache line *(address interleaving, multiprocessor system)*

Pufferüberlauf *m* buffer overflow *(switching)*

Pufferung *f* buffering *(ATM switch fabric)*

Pufferunterlauf *m* buffer underflow

Pulkfähigkeit *f* group(-handling) capability *(goods scanner)*

Pullbetrieb *m* pull mode *(network, user requests service from provider)*

Pull-Dienst *f* pull service *(s.a. "Pullbetrieb")*

Pulldown-Menü *n* s. Pull-Down-Menü *n*

Pull-down-Menü *n* pull-down menu *(windowing technique, PC)*

Pull-up-Widerstand *m* pull-up resistor *(circuit)*

Pulsamplitudenmodulation *f* pulse amplitude modulation (PAM)

Pulsbreitenmodulation *f* pulse width modulation (PWM)

Pulscodemodulation *f* pulse code modulation (PCM)

Pulsdauermodulation *f* pulse duration modulation (PDM)

pulsen pulse

Pulsfehlerortung *f* pulse fault location *(PCM data)*

Pulsfolge *f* pulse train

Pulsfrequenzmodulation *f* pulse frequency modulation (PFM)

Pulslängenmodulation *f* pulse length modulation (PLM)

Puls-Pausen-Verhältnis *n* pulse duty factor *or* ratio, mark/space ratio

Pulsphasenmodulation *f* pulse phase modulation (PPM)

Pulsplan *m* timing diagram

Pulsstopfen *n* pulse stuffing

Pulsstufenmodulation *f* pulse step modulation (PSM)

Pumpen *n* pumping; hunting *(oscillator)*

Pumpniveau *n* pump level *(laser)*

Pumpstrahlung *f* pump radiation *(laser)*

Pumpwirkungsgrad *m* pumping efficiency *(laser)*

Punkt *m* point, dot *(also in tree structure at branch points)*; choice, item *(menu)*

Punktanordnung *f* (signal) constellation *(e.g. with 64QAM)*

Punkteanzahl *f* number of samples/second *(digital signal processor)*

Punkte *mpl* **zählen** count points, score

Punktgrößenmodulation *f* dot size modulation *(repro.)*

punktieren dot *(graphics)*; puncture *(convolutional coding, e.g. 2/3 coding: 2 information bits, 1 guard bit; DVB)*

Punktierung *f* dotting *(graphics)*; puncturing *(adaptation of the data rate to the transmission rate of the radio channel, DVB and GSM channel coding, convolutional coder (s.a. "AMR"))*

Punktlagemodulation *f* dot position modulation *(repro.)*

pünktlich punctual *(DLL, s.a. "early/late")*

Punktmatrix *f* dot matrix; bit map *(graphical screen map in RAM, PC)*

Punktmatrixdrucker *m* matrix printer, dot matrix printer

Punktpositionsmodulation *f* dot position modulation *(repro.)*

Punktraster *m* dot matrix; bit map *(graphical screen map in RAM, PC)*

punktuell localized

punktuelle Beanspruchung *f* localized stress

punktuelle Strahlungskeule *f* spot beam *(sat)*

punktuelle Überlastung *f* local congestion *(traffic)*

Punktverbindung *f* point-to-point connection

Punktzahl *f* number of points, score

Punkt-zu-Mehrpunkt point-to-multipoint (Pt-Mpt) *(connection, ITU-T I.112, s. Table IV)*

Punkt-zu-Mehrpunkt-Kommunikation *f* point-to-multipoint communication, multicast

Punkt-zu-Mehrpunkt-Netz *n* (PMP-Netz) point-to-multipoint network *(VSAT)*

Punkt-zu-Mehrpunkt(PMP)**-Richtfunksystem** *n* point-to-multipoint microwave system *(2–3, 10 and 26 GHz)*, wireless local loop

Punkt-zu-Punkt back-to-back *(connection, MUXs)*; point-to-point (PTP) *(connection, ITU-T I.112, s. Table IV)*

Punkt-zu-Punkt-Kommunikation *f* point-to-point communication, unicast

Punkt-zu-Punkt-Netzverbindung *f* peer-to-peer networking, peering

Pupinkabel *n* loaded cable, coil-loaded cable

Pupinspule *f* loading coil

Pushbetrieb *m* push mode *(network, user is offered service by provider, i.e. network broadcasting)*

Push-Dienst *m* push service *(s.a. "Pushbetrieb")*

Putzen *n* debugging *(program)*; row/column clearing *(switching)*; cleaning up

PUZ (gezieltes Heranholen *n*) designated pickup

PVN (Paketvermittlungsnetz *n*) packet-switching network (PSN)

PVN s. privates virtuelles Netz *n*

PV-Netz *n* (Paketvermittlungsnetz *n*) packet-switching network (PSN)

PVR (Paketverlustrate *f*) packet loss rate

PWM s. Pulsbreitenmodulation *f*

pyramidale Zerlegung *f* pyramidal decomposition *(image processing)*

PZF s. Pseudozufallsfolge *f*

P1-Protokoll *n* P1 protocol *(communications protocol between MTAs, MHS)*

P2-Protokoll *n* P2 protocol *(communications protocol between UAs, MHS)*

P3-Protokoll *n* P3 protocol *(communications protocol between a UA and an MTA, MHS)*

P5-Protokoll *n* P5 protocol *(communications protocol between a teletex service user and a TTXAU, MHS)*

P-1394-Buchse *f* P1394 socket *(digital video interface, up to 400 Mb/s, replaces the lower-bit-rate SCSI interface; used for DVC camcorder, DVD player, DVB receiver etc., to IEEE standard P 1394)*

Q

Q (Mischungsverhältnis *n*) mean interconnecting number *(tel. sys.)*

QAM s. Quadratur-Amplitudenmodulation *f*

QAM-Aufbereitung *f* QAM conditioning *(DTAG DVB-C)*

QAM *f* **mit mehreren Kennzuständen** multilevel QAM

16QAM (16-stufige *oder* -wertige QAM *f*) 16-level QAM *(DVB-T)*

Q-Band *n* Q band *(36–46 GHz, sat)*

Q-Bit *n* (Unterscheidungsbit *n*) Q bit, qualifier bit *(ISDN NUA)*

Q-CIF, QCIF (gemeinsames Zwischenformat *n* mit Viertel-Pixelzahl) Quarter Common Intermediate Format *(ITU-T videophone standard, 38,016 pixels, to Rec. H.261, s. Table III)*

QD2-Schnittstelle *f* QD2 interface *(DPT network management interface, to ITU.T Rec. G.773, s. Table III)*

QEF-Signal *n* QEF (quasi error-free) signal *(DVB, BER = $1x10^{-11}$ at the outer decoder)*

QG s. Quartärgruppe *f*

QIM-Modul *n* QPSK input module (QIM) *(DVB-S CIM for DVB-T receiver, also called "sidecar box")*

Q-Kanal *m* s. Quadraturkanal *m*

Q-Komponente *f* s. Quadratur-Komponente *f*

QL s. Querleitung *f*

Ql s. Querleitungsbündel *n*

QMF s. Quadratur-Spiegelfilter *n*

QoS-Klasse *f* QoS (quality-of-service) class *(ATM, HFC-Netz: VBR, CBR, ABR, UBR, SBR q.v.)*

QoS-Puffer *m* QoS (quality-of-service) buffer *(ATM)*

QS s. Qualitätssicherung *f*

QSAM s. Quadratur-Seitenbandamplitudenmodulation *f*

Q-Schnittstellenanpassung *f* Q (interface) adapter *(GSM 01.04, s. Table VII)*

Q-Serie *f* **der ITU-T-Empfehlungen** Q series of ITU-T Recommendations *(relates to Signalling System No.7, s. Table III)*

QSGF (quasi-synchroner Gleichwellenfunk *m*) quasi synchronous common-frequency broadcasting *(PMR)*

Quadbit-Codierung *f* quad bit coding *(2^4 = 16 bits, QAM)*

quadratischer Gleichrichter *m* square-law detector

quadratisches Pixel *n* square pixel *(with sampling resulting in the same hor. and vert. resolution of a picture, e.g. 640x480 pixels with a 4:3 picture)*

quadratisches Verbindungsnetzwerk *n* quadratic switch fabric *(i.e with N inputs and N outputs, ATM)*

Quadratur *f* quadrature

Quadratur-Amplitudenmodulation *f* quadrature amplitude modulation (QAM) *(digital cable TV transmission standard in Europe, ETSI ETS 300.429, DVB-C)*

Quadraturkanal *m* quadrature channel, Q channel *(channel with 90° phase rotation, QAM)*

Quadratur-Komponente *f* (Q-Komponente *f*) quadrature component (Q component) *(I/Q modulation)*

Quadratur-Mirror-Filter *n* quadrature mirror filter (QMF) *(digital audio subband filter, DAB)*

Quadraturmodulation *f* quadrature modulation, orthogonal modulation

Quadratur-Phasenumtastung *f* quadrature phase shift keying (QPSK) *(DVB-S)*

Quadratur-Seitenbandamplitudenmodulation *f* quadrature sideband amplitude modulation (QSAM)

Quadratur-Spiegelfilter *n* quadrature mirror filter (QMF) *(digital audio subband filter)*

Quadratwurzelbildner *m* square-root calculator

Quadrierer *m* squaring circuit

Qualitätsmerkmal *n* quality characteristic, quality criterion, qualifier

Qualitätssicherung *f* (QS) quality assurance (QA)

quanteln quantize

Quantenausbeute *f* quantum efficiency *(laser)*

Quantisierer *m* quantizer

Quantisierung *f* quantization, discretization, signal scaling

Quantisierungsmaß *n* quantification scale, quantization scale

Quantisierungspegel *m* quantizing level, quantization level *(speech coding)*

Quantisierungsrauschabstand *m* signal/quantization noise ratio (SQNR)

Quantisierungsrauschen *n* quantization noise

Quantisierungschwelle *f* quantization decision value

Quantisierungssprung *m* quantization step

Quantisierungsstörleistung *f* quantization noise power

Quantisierungsstufe *f* quantization size, quantization level, quantization interval

Quantisierungsverzerrung *f* quantization distortion, quantization noise

Quantisierungsverzerrungseinheit *f* quantization distortion unit (QDU)

Quartär-... quaternary *(PCM)*

Quartärgruppe *f* (QG) supermaster group *(switching)*

Quarz *m* crystal

Quarzfaser *f* silica fibre *(FO)*

quarzgenau crystal calibrated

quarzstabilisiert crystal controlled

quasiebenes Gelände *n* quasi-smooth terrain *(mobile RT planning)*

quasifehlerfrei quasi-error-free (QEF) *(DVB, BER = 10^{-11} at the receiver demux)*

quasistationärer Zustand *m* quasi-steady-state condition *(DVB transport stream)*

Quasi-Stationarität *f* quasi-steady-state condition *(DVB transport stream)*

quasivollkommene Erreichbarkeit *f* quasi-full availability

Quasizufallsfolge *f* (QZF) quasi-random *(bit)* sequence; quasi-random noise (QRN)

Quasizufallsgenerator *m* (QZG) noise generator

QUE s. Querleitungsübertragung *f*

Quellanwendung *f* source application *(PC)*

Quellbild *n* source image *(image coding)*

Quellcodierung *f* source (en)coding *(compression, to reduce bandwidth, SW, data transmission, DVB)*

Quelle *f* source, origin; root *(ATM signalling)*

Quellencodierung *f* source encoding *(SW, DVB)*

Quellensystem *n* source node (SN)

Quellstation *f* source station, originator

quer barred, negated
  Signal I quer I barred signal

Querbügel *m* cross rail *(rack)*

querdruckfest crush resistant

Querformat *n* landscape format *(printer)*

Querholm *m* transverse support *(rack)*

Querkontrolle *f* cross-check *(math)*

Querleitung *f* (QL) high-usage circuit, tie line, cross channel *(exch)*

Querleitungsbündel *n* (Ql) high-usage line (HUL) *(network)*

Querleitungsübertragung *f* tie-line circuit

Querprüfung *f* vertical redundancy check (VRC)

Querruf *m* inter-network call

Querschluß *m* cross connection, short (circuit) between wires

Querschnittstechnik *f* widely *or* universally applicable technology

Querschnittsveränderung *f* tapering

Querschnittswandler *m* optical waveguide transition *(FO)*

Querspannung *f* transverse voltage

Quersumme *f* checksum, sum of the bits *(binary)*; transverse sum, sum of the digits *(decimal)*

Querverbinder *m* terminal link *(connector)*

Querverbindung *f* cross-connection

Querverbindung(sleitung) *f* direct line, tie line, tie trunk *(between private branch exchanges)*; inter-switch trunk, inter-switch link, interoffice trunk *(US)*

Querverbindungs-Leitungsgruppe *f* interconnection line group *(meshed network)*

Querverbindungsnetzbetreiber *m* interexchange carrier (IEC) *(US)*

Querverkehr *m* internetwork traffic

Querverweis *m* cross reference; link *(HTTP)*

Querweg *m* (QW) high-usage route *or* trunk *(US)*

Querwegführung *f* alternative routing

Quieting-Kurve *f* quieting curve *(relationship between SNR and CNR, sat)*

Quintbit-Codierung *f* quint bit coding *(2^5 = 32, HS modems)*

quittieren acknowledge

quittierter Übertragungsdienst *m* acknowledged information transfer service *(data link layer, ISDN)*

Quittierungsbeginnzeichen *n* wink start signal *(US, exch.)*

Quittung *f* acknowledgement; response *(terminal, call set-up)*

Quittungsaustausch *m* handshake

Quittungsbetrieb *m* handshake procedure *(bus)*

quittungsgesteuert controlled by acknowledgement signals

Quittungsmeldung *f* acknowledgement

Quittungston *m* audible acknowledgement signal

Quittungsverfahren *n* handshaking method *(PCM data, speech)*

Quittungszustandsvariable *f* acknowledge state variable (V(A))

Quotieren *n* quota-base traffic allocation

Quotierungstabelle *f* call quota allocation table

QW s. Querweg *m*

Q-Wert *m* Q, Q factor, figure of merit *(tuned circuit)*

Qx-Schnittstelle *f* Qx interface *(connects simple transmission and switching facilities, to ITU-T G.711, s. Table III)*

QZF s. Quasizufallsfolge *f*

QZG s. Quasizufallsgenerator *m*

Q3-Schnittstelle *f* Q3 interface *(connects complex facilities and exchanges, to ITU-T G.513, s. Table III)*

R

RA (Registeradresse *f*) register address

Radaus *f* Radio Austria AG *(VAS of Austrian PTT)*

Radioapparat *m* radio set

Radiocom 2000 *n* cellular mobile telephone system *(France, 200 and 400 MHz, from Nov. 1985, to be extended to 900 MHz)*

Radio-Datensystem *n* radio data system (RDS) *(EBU specification document Tech. 3244-E, Jan.1987)*

Radiografie *f* radiography

Radioschacht *m* radio bay *(motor vehicle)*

Radiotext *m* radio text (service) *(RDS)*

Radixschreibweise *f* radix notation

Rahmen *m* frame *(PCM, ITU-T I.113, s. Table IV, HDLC data unit)*; block *(transmission)*; rack *(HW)*; border *(GUI window, PC)*; page frame *(memory)*

Rahmenabgleich *m* frame alignment

Rahmenabschnitt *m* subframe *(voice recognition, CELP coder)*

Rahmen *m* **ändern** crop *(MS Windows, PC)*

Rahmenanfang *m* start of frame (SOF)

Rahmenaufbau *m* frame structure *(PCM)*

Rahmen *m* **auflösen** separate the channels in the frame

Rahmenausgleich *m* frame alignment *(PCM)*

Rahmenbeginn *m* start of frame (SOF)

Rahmenbeginnflagge *f* opening flag

Rahmenbegrenzung *f* flag, frame delimiter; framing

Rahmen *m* **beseitigen** strip a frame
 zu beseitigender Rahmen strip frame

Rahmenbildner *m* framer
Rahmenbildung *f* framing *(PCM)*
Rahmenbreite *f* frame length *(PCM, DVB)*
Rahmendauer *f* frame period
Rahmenendeflagge *f* closing flag
Rahmenfolgerate *f* frame repetition rate
Rahmenfrequenz *f* frame rate *(PCM)*
Rahmengleichlauf *m* frame alignment *(PCM)*
Rahmenkenn(ungs)bit *n* framing bit
Rahmenkennwort *n* (RKW) frame alignment signal (FAS)
Rahmenkontrollfeld *n* frame control field *(FDDI)*
Rahmenkopfteil *m* (framing) overhead *(TDM)*
rahmenlos unframed
Rahmenlöschrate *f* frame erasure rate (FER) *(GSM, voice encoding)*
Rahmenmodus-Übermittlungsdienst *m* frame mode bearer service *(ITU-T I.311, s. Table IV)*
Rahmennetz *n* framing network
Rahmenneubildung *f* reframing *(PCM)*
Rahmenproblem *n* frame problem *(AI)*
Rahmenprogramm *n* main program; framing program
Rahmenprotokoll-Datenelement *n* frame protocol data unit (FPDU) *(ISDN)*
Rahmenprozedur *f* generic procedure *(ISDN)*
Rahmenprüfzeichen(folge *f*) *n* frame check sequence (FCS) *(SS7 CRC, s. Table III)*
Rahmenschlupf *m* frame slip
Rahmenstart *m* framing; frame timing *(X.21, s. Table VI)*, frame clock timing
rahmensynchron frame-synchronized, frame-synchronous
Rahmensynchronisierung *f* frame alignment *(PCM data)*
Rahmensynchronisierungsverzögerung *f* frame acquisition delay
Rahmensystem *n* umbrella system *(network management)*
Rahmentakt *m* frame cycle *or* interval, frame clock timing
Rahmen-TL *m* (Technischer Leitfaden *m*) Basic Technical Requirements
Rahmentransportverbindung *f* frame mode call
Rahmenübertragungsrate *f* frame transfer rate
Rahmenverlust *m* loss of frame (LOF) *(ITU-T I.431, s. Table IV)*
Rahmenvermittlung *f* frame switching *(ITU-T X.31, s. Table VI)*
Rahmenversatz *m* frame delay
Rahmenvorschriften *fpl* general provisions
Rahmenweiterleitung *f* frame relaying *(ITU-T X.31, s. Table VI)*
Rahmenwiederherstellung *f* reframing
Rahmenzähler *m* frame counter *(MS circuit, GSM)*
RAKE-Empfänger *m* RAKE receiver *(spread spectrum correlation receiver, CDMA, GSM)*
RAKE-Finger *m* RAKE finger *(one of the receivers of the RAKE receiver q.v.)*
RAKE-Kombinierer *m* RAKE combiner *(reception of signal components with mutual time offset, e.g. due to multipath propagation)*
RAKE-Verstärker *m* RAKE amplifier *(spread spectrum, CDMA)*
RAM-Disk *f* RAM disk *(virtual drive in the RAM of a PC)*
Rand *m* edge; border *(GUI window, PC)*
Rand *m* **der Ausleuchtzone** edge of coverage (EOC) *(sat)*
Randeffekt *m* edge effect *(dig. receiver)*
Randstiftleiste *f* edge connector *(PCB)*
Randtrennung *f* marginal isolation *(betw. user signals, cellular radio)*
Rand-Vermittlungsknoten *m* edge switch *(ATM, edge of the network vs. core)*
Randwert *m* boundary value
Rangfolge *f* order of rank *or* priority, rule of precedence *(math.)*, priority
Ranggrößenfilter *n* order statistic filter
Rangierdraht *m* jumper wire; patching wire *(MDF)*
Rangierebene *f* cross connect level
Rangieren *n* jumpering, patching, strapping; switching, routing *(signals, channels)*, cross connect(ing)
Rangierfeld *n* distribution panel

Rangierknoten *m* distribution node *(network)*

Rangierverteiler *m* jumpering distributor; cross-connection coupler *or* matrix *(FO)*; terminal block *or* board, patch panel *(HW)*, cross connect(ion) frame

Rangiervorrichtung *f* router

Rangordnungsoperator *m* hierarchical operator *(filter)*

Rasen *m* guard band *(MTR)*

RAS-Protokoll *n* RAS (registration, administration and status) protocol *(for communication with gatekeepers, ITU-T H.323)*

Rastblock *m* latching block *(X.21 (Table VI), ISO 4903)*

rastend latched *(PB)*

Raster *m* pitch *(connector pins)*; raster, scanning pattern *(display)*; raster, spacing *or* pattern *(frequency, clock (pulse))*; framing *(PCM)*; spacing, separation *(channels)*; step, increment, array; grid *(wiring)*; grating *(optical)*; screen *(reprographics)*
19″-Raster-Modul 19″ rack size module

Rasterbild *n* screen bitmap; raster image

Rasterbildinformation *f* raster graphics information *(DTP)*

Rasterbildprozessor *m* raster image processor (RIP) *(DTP)*

Rasterbildschirm *m* raster screen, raster display

Rasterdrucker *m* bitmap printer

Rasterdruckvorlage *f* halftone copy *(repro)*

Rastereinheit *f* raster unit *(graphics)*

Rasterfeld *n* breadboard *(trial)*

Rasterfeldkarte *f* breadboard *(trial)*

Rasterkennwort *n* pattern *or* (multi)frame alignment signal (FAS) *(line testing)*

Rasterkeule *f* grating lobe *(phased-array ant.)*

Rasterkopie *f* half-tone copy *(repro.)*

Rasterlinsenschirm *m* lenticular screen *(opt)*

Rastermaß *n* spacing dimension; matrix spacing; grid spacing *(NC)*; resolution *(fax)*; pixel size

Rasteroszillator *m* spectrum oscillator

Rasterpunkt *m* halftone dot *(repro)*

Rasterschalter *m* resolution selector *(fax)*

Rasterschrift *f* raster font, screen font, bitmapped font

Rasterung *f* scanning pattern *(video display)*; timing pattern *(pulse)*; raster pattern, spacing, increments, slot; quantization *(FO)*, signal scaling; screening *(reprographics)*

Rasterverzerrung *f* timing error *(ESS)*

Rasterwandler *m* scan converter

Rasterwechselverfahren *n* frame sequential system *(TV)*

Rasterweite *f* spacing *(frequency pattern)*

Rasterzeilenabstand *m* inter-scan distance *(repro.)*

Rastfrequenz *f* frame frequency

Rastkontakt *m* detent contact *(connector)*

Rastteil *n* locking part *(connector)*

ratenadaptive DSL *f* rate adaptive DSL *(q.v.)*

Ratenanpassungsschleife *f* rate control loop *(data rate, dig. audio codec)*

Ratenschleifenprozessor *m* rate loop processor *(rate control loop, audio codec)*

rationell efficient

Raubkopie *f* pirated copy, pirate copy *(program violating copyright, sat. decoder)*

rauhe Bedingungen *fpl* severe conditions

Raumdiversity *f* space diversity *(antenna)*

Raumfahrttauglichkeit *f* (space)flightworthiness *(sat)*

Raumfilter *n* space domain filter

Raumgebiet *n* space *(math)*

Raumgeräusch *n* room noise, ambient noise *(acoustics)*

Raumgetrenntlageverfahren *n* space division (multiplex) method *(generally)*

Raumklang *m* stereophonic sound

Raumkoppelanordnung *f* space switch, SDM switch

Raumkoppelelement *n* space division multiplex (SDM) switching element, space switching element

Raumkoppelfeld *n* (RKF) space switching (network) array, SDM switching (network) array, SDM switching matrix

Raumkoppelnetz *n* space switching network, space division (switching) network, SDM switching network *(for each*

call, a separate physical path is set up through the switching centre)

Raumkoppelpunkt *m* space switching point, SDM switching point

Raumkoppelvielfach *n* space switching matrix, space division (switching) matrix, SDM switching matrix, space division switch

Raumlagenvielfach *n* space division multiplex (SDM); space division multiplexer, SDM multiplexer, space switch *(ESS)*

räumlich spatial, three-dimensional

räumlich begrenzt locally limited

räumliche Durchschaltung *f* space (division circuit) switching

räumliche Mehrfachnutzung *f* spatial reuse *(IP)*

räumlicher Mehrfachzugriff *m* space division multiple access (SDMA)

räumliche Teilnehmerseparierung *f* space-division multiple access (SDMA)

räumlich geschlossen physically selfcontained *(HW)*

räumlich skalierbares Profil *n* spatially scalable profile (SSP)

Raummultiplex *n* space division multiplex (SDM)

Raummultiplexweg *m* space division path

Raumnetz *n* space division network, SDM network

Raumschaltfeld *n* space division switching matrix *(OXC)*

Raumschaltstufe *f* space switching stage, SDM switching stage

Raumstufe *f* space stage, space division multiplex stage, SDM stage

Raumstufenmodul *m* space switch module

Raumtemperatur *f* room temperature, ambient temperature

Raumtonwirkung *f* binaural effect

Raumüberwachung *f* room surveillance

Raumvielfach *n* s. Raumlagenvielfach

Raumvielfachkoppelnetz *n* space division multiplex (SDM) switching network

Raumzeiger *m* space vector *(math)*

raumzeitliche Mustererkennung *f* spatio-temporal pattern recognition *(neural network)*

Rauschabstand *m* signal/noise ratio (SNR) *(in dB)*

Rauschabstufung *f* SNR scaling *(MPEG-2)*

rauschäquivalente Leistung *f* noise-equivalent power

Rauschanpassung *f* noise matching *(impedance transformation)*

rauscharmer Blockwandler *m* low-noise block converter (LNB) *(sat)*

rauscharmer Empfangsumsetzer *m* low-noise converter (LNC) *(sat)*

rauscharmer Konverter *m* low-noise converter (LNC) *(sat)*

rauscharmer Vorverstärker *m* (RVV) low-noise amplifier (LNA) *(sat)*

rauschbehaftet noisy, with noise

Rauschen *n* noise

Rauschfestigkeit *f* noise immunity, immunity from noise

Rauschfilter *n* noise filter

Rauschformung *f* noise shaping

rauschfreies Signal *n* clean signal

rauschfreie Vorrichtung *f* noise-free device (NFD) *(audio recording and studios, to suppress noise in signal gaps)*

Rauschklirrmessung *f* intermodulation noise measurement

Rauschleistung *f* noise power *(RF)*, psophometric power *(AF)*

Rauschleistungs(dichte)abstand *m* (RLA) noise power ratio (NPR)

Rauschmaß *n* noise figure (F, NF) *(sat)*

Rauschpegel *m* noise level

Rauschreduktion *f* noise reduction *(video coding)*

Rauschsender *m* noise generator

rausch-skalierbares Profil *n* SNR scalable profile (SNRP) *(MPEG-2, DVB)*

Rausch-Skalierbarkeit *f* SNR scalability *(MPEG-2)*

Rauschspektrum *n* noise spectrum

Rauschunterdrückung *f* noise cancellation, noise reduction

Rauschverhältnis *n* signal/noise ratio (SNR)

Rauschverminderung *f* noise reduction

Rauschzahl *f* gain/noise temperature (G/T), noise figure *(in dB, sat)*

Rautentaste *f* hash *or* lozenge key *(#, tel)*

Rayl *n* rayl *(unit of specific sound impedance)*

Rayleigh-Streuung *f* Rayleigh scattering *(FO)*

RB (Rückkehr *f* zur Grundmagnetisierung, zum Ausgangszustand) return to bias *(data recording method, PCM)*

RBD (Rückhörbezugsdämpfung *f*) sidetone reference equivalent *(tel)*

RBL s. rechnergestütztes Betriebsleitsystem *n*

RBst (Rufbestätigung *f*) call confirmation *(mobile RT)*

RC-Schaltung *f* resistor-capacitor (RC) circuit

RC (Empfangsschrittakt *m*) Receive Clock *(V.24/RS232C, s. Table IX)*

RD (Empfangsdaten *npl*) Receive Data *(V.24/RS232C, s. Table IX)*

RDA (Rufdatenaufzeichnung *f*) call record journalling (CRJ)

RDI-Schnittstelle *f* radio data interface (RDI) *(DAB-Datenschnittstelle)*

RDS (Radio-Datensystem *n*) radio data system

reagieren respond

Reaktionsmoment *n* torque reaction *(servo)*

Reaktionszeit *f* response time

Reaktivierungsmeldung *f* wakeup message, turn-up message *(LAN DTE)*

Realisierbarkeit *f* feasibility, practicability

Realisierung *f* execution, implementation

Real-Modus *m* real mode *(processor mode with less than 1Mb RAM, PC)*

Realteil *m* real component *(signal)*

Rebell s. Rechnergestützte BetriebsLenkung Leiter-gebundener Übertragungsanlagen

Rechenanlage *f* computing system, computer (system) *(DIN 44300)*

Rechenbeispiel *n* arithmetic problem

Rechenbereit! Processor Ready

Recheneinheit *f* arithmetic (and logic) unit (ALU) *(DP)*

Rechenfunktion *f* arithmetic function

rechenintensiv computationally intensive

Rechensystem *n* computing system

Rechenwerk *n* arithmetic and logic unit (ALU) *(PC)*

Rechenzentrum *n* computer centre

Rechner *m* computer; calculator *(also in MS Windows, PC)*

Rechner-Endgerät *n* computer terminal

Rechner-Fax *n* computer fax *(LANs)*

rechnergesteuerte Nebenstellenanlage *f* computer(ized) branch exchange (CBX)

rechnergestützt *or* **-unterstützt** automatic, automated, computer-assisted *or* -aided, computerized, machine-assisted *or* -aided

Rechnergestützte BetriebsLenkung *f* **Leitergebundener Übertragungsanlagen** (REBELL) computer-aided management of line-connected transmission systems *(DTAG network management system)*

rechnergestützte Fertigung *f* computer-aided manufacturing (CAM)

rechnergestützte Konstruktion *f* computer-aided design (CAD)

rechnergestützter Entwurf *m* computer-aided design (CAD)

rechnergestütztes Betriebsleitsystem *n* (RBL) computer-assisted operation control system *(for suburban public transport)*

rechnergestützte Übersetzung *f* machine-assisted translation (MAT)

rechnergestützte Verdrahtung *f* computer-aided wiring (CAW)

rechnerintegrierte Geschäftsabwicklung *f* computer integrated business (CIB)

rechnerintegriertes Telefonieren *n* computer-integrated telephony (CIT) *(IN)*

rechnerintern computer-based *(program)*

Rechnerkopplung *f* computer link

Rechner *m* **mit eingeschränktem Befehlsvorrat** reduced instruction set computer (RISC)

Rechner *m* **mit komplexem Befehlsvorrat** complex instruction set computer (CISC)

Rechner *m* **mit uneingeschränktem Befehlsvorrat** complex instruction set computer (CISC)

Rechnerverbund *m* computer link-up *or* network *(vtx)*

Rechnung *f* account, invoice, bill

Rechnungsdienst *m* billing service

Rechnungskennzeichen *n* billing identification *(ISDN)*

Rechnungsnummer *f* billing number, invoice number

Rechnungsschreibung *f* processing of charges *(ISDN)*

Rechteckfunktion *f* rectangular function; square-wave function

Rechteckrahmen *m* box *(diagram)*

Rechteckwelle *f* square wave

rechtmäßiges Abhören *n* lawful interception *(GSM 02.33, s. Table VII)*

Rechtsbehelfsbelehrung *f* information on available legal remedies

Rechtsmittelbelehrung *f* information on available legal remedies

Rechtsschieben *n* right shift *(register)*

Rechtsshift *m* right shift *(register)*

rechtszirkulare Polarisation *f* right-hand circular polarisation (RHCP) *(sat)*

Receiver *m* (satellite) receiver, set-top box (STB) *(DVB)*

Recorderelement *n* (rel)recorder element *(pixel, repro.)*

Redaktionssoftware *f* authoring software

Red Book *n* Red Book *(defines the CD-DA standard; Philips, Sony)*

Rednerpult *n* lectern

redundant redundant, spare *(channel)*

Redundanz *f* redundancy *(hardware, information)*
mit Redundanz konfigurieren to configure with redundancy, to spare *(US)*

Redundanz *f* **mit Zurückschalten nach Verbindungswiederherstellung** revertive redundancy

Redundanz *f* **ohne Zurückschalten nach Verbindungswiederherstellung** non-revertive redundancy

Redundanzausblendung *f* redundancy extraction *(codec)*

Redundanzbit *npl* redundancy bits *(channel coding, DVB-T)*

redundanzkomprimiert redundancy-compressed *(image coding)*

Redundanzpaket *n* redundant packet *(RTP)*

Redundanzprüfung *f* redundancy check

Redundanzreduktion *f* reduction of redundancy, redundancy compression *(image coding)*

Redundanzreduzierung *f* redundancy compression *(image coding)*

redundanzsparend redundancy reducing

redundanzvermindernd redundancy reducing

Redundanzverminderung *f* redundancy reduction *(image coding)*

reell real; resistive *(impedance)*

Referat *n* section *(organisation)*

Referatsleiter *m* (RefL) head of section

referenzieren reference

Referenzmodell *n* reference model (RM) *(7-layer OSI model, s. Table I)*

Referenz-Nummer *f* call reference *(SS7, s. Table III)*

Referenzstation *f* master station *(sat)*

RefL s. Referatsleiter *m*

Reflexionsdämpfung *f* return loss, reflection loss

reflexionsfrei nonreflective, flat *(optics)*

Reflexionsmessung *f* reflectometry

Reflexionsmischer *m* reflective mixer *(FO)*

Reflexionsvermögen *n* reflectivity *(optics)*

Regelabweichung *f* control deviation *or* error *(PLL)*

Regelanschaltung *f* standard access

regelbare Spannungsquelle *f* controllable voltage source; bandgap source *(for subcircuits in an IC)*

regelbasierter Switch *m* policy-based switch *(Ethernet)*

Regelbetrieb *m* normal operation *(e.g. after acceptance testing)*; closed-loop operation *(PLL)*

Regeleinsatz *m* standard use

Regelgröße *f* controlled variable

Regelkreis *m* closed loop, servo loop

Regellage *f* normal position *(RF carrier sideband)*

regelloser Impuls *m* random pulse

Regelmäßigkeit *f* regularity, regular feature

regeln control, regulate, govern

Regelnummer *f* default number *(ISDN)*

Regelpunkt *m* control point *(control)*

Regelsatz *m* set of rules

Regelschleife *f* control loop, closed loop

Regelstrecke *f* controlled system *(servo)*

Regelung *f* closed-loop control *(servo)*

Regelung *f* **im geschlossenen Kreis** closed-loop control *(servo)*

Regelung *f* **mit Rückführung** closed-loop control *(servo)*

Regelverkehr *m* regular routing

Regelverstärker *m* gain-controlled amplifier

Regelweg *m* standard *or* normal route *(tel)*

Regelwerk *n* Standards and Codes; rule system *(AI)*

Regelwert *m* default value

Regelwiderstand *m* potentiometer (pot)

Regendämpfung *f* rain attenuation *(sat., microw.)*

Regeneratoranschluß *m* repeatered access

Regeneratorfeld *n* regenerator section (RS) *(tel)*

regenerierbar recoverable, restorable *(signal)*

Regenintensität *f* rainfall rate *(sat., microwave)*

Regenrate *f* rainfall rate

regionales Datennetz *n* metropolitan area network (MAN)

regionales Fernnetz *n* short-haul network

regionales Kommunikationsnetz *n* local communications network (LCN) *(TMN)*

Regionalnetz *n* wide area network (WAN), regional area network (RAN)

RegioNet *n* s. CHEKKER

Register *n* register

Registereintragung *f* directory entry *(tel)*

Registersteuerung *f* register control

Registersuchermarkierer *m* (RSM) register finder marker

Registersystem *n* register-type *or* register-controlled switching system

Registertisch *m* line-up table *(printing)*

Registerzeichen *n* interregister signal *(dig. tel)*

Registerzeichengabe *f* register signalling

Registrieren *n* Install *(user in MHS name server)*

Registriermarke *f* fiducial mark *(PCB assembly)*

Registrieroszillograph *m* recording oscilloscope

Registriersatz *m* recording set

Registrierung *f* registration *(ISDN)*

Registrierungsstelle *f* registration authority

Regler *m* variable attenuator, control, fader *(video, audio)*; controller

Regulierungsbehörde *f* regulator, regulating authority

Reibelaut *m* fricative *(voice coding)*

reibschlüssig frictionally engaged *or* locked *(mech.)*

Reichweite *f* range *(e.g. mobile BS)*; measurement range *(OTDR)*; service area, coverage *(radio)*

reichweitenbeschränkt coverage limited *(Uplink, UMTS)*

Reigenmodell *n* round-robin model *(process control)*

Reihe *f* row *(display)*; series *(math.)*; rank *(switching equipment)*
in einer Reihe in a row, in-line
in Reihe geschaltet connected in series, series-connected
der Block ist an der Reihe the block has reached the head of the queue

Reihen *n* sequencing

Reihenanlage *f* key (telephone) system, series telephones; intercom *(tel)*

Reihenanlagen-Funktion *f* key (system) function

Reihenanlagennebenstelle *f* key telephone station

Reihenentwicklung *f* series expansion *(math)*

Reihenfolgenummer *f* (RFN) sequence number *(of blocks, sat)*

Reihenfolgesicherung *f* sequence control *(data link layer, ISDN)*

Reihenfolgetreue *f* correct sequencing, sequence conformity *(of blocks) (sat)*

Reihenklemme *f* terminal block

Reihenmodul *n* in-line module

Reihenordner *m* queuing device, call storage device

Reihenrufanzeige *f* multiple call indicator *(tel)*

Reihenwiderstand *m* series resistance, series resistor, dropping resistor

Reihumverteilung *f* round-robin distribution *(e.g. of messages in a distributed IN)*

Reihung *f* sequence, sequencing

rein digital all digital

reiner Transportweg *m* transport-only path

reines Wartesystem *n* proper delay system

reiner Zufallsverkehr *m* pure-chance traffic

Reinstraum *m* clean room

Reiseladegerät *n* travel charger *(mobile RT)*

Reizstrahlung *f* stimulating radiation *(phospor screen)*

reklameloses Programm *n* programme without advertising; sustaining program *(TV, US)*

Rekonfiguration *f* reconfiguration

rekonfigurierbar reconfigurable

rekonstruieren reconstruct

Rekonstruktionsfehler *m* reconstruction artefact *(dig. TV)*

Rekonstruktionsfilter *n* recovery filter *(DP)*

Rekursion *f* recursion, recurrence *(math)*

rekursiver Code *m* recursive code

rekursives Filter *n* recursive filter, infinite impulse response filter, IIR filter

rekursives Programm *n* recursive program

rel s. Recorderelement *n*

Relaiskoppler *m* relais matrix *(switching sys.)*

Relaissuchwähler *m* relay finder *(switching sys.)*

Relaissystem *n (logical:)* relay system *(gen., between subnetworks)*; intermediate system (IS) *(in LANs, network layer)*; *(physical:)* gateway *(LANs, application layer)*; interworking unit (IWU) *(LANs, network layer)*; bridge *(LANs, data link layer)*; repeater *(LANs, physical layer)*

Relaistechnik *f* relay hardware, relaying

Relaisverbindungssatz *m* relay connector circuit

relationale Datenbank *f* relational database

relativ relative

relative Anrufblockierung *f* call congestion ratio

relative Einschaltdauer *f* duty cycle

relativer eindeutiger Kennzeichnungsname *m* relative distinguished name (RDN) *(GSM 12.20, s. Table VII)*

Relativzeiger *m* offset *(DP)*

Relativzeigerwert *m* offset value

RELP-Codierung *f* residual excited linear predictive (RELP) coding

remanent residual; retentive *(data)*

Remanenz *f* remanence, residual magnetism

Remodulator *m* remodulator *(on sat)*

Rendez-vous-Technik *f* handshaking

Reparaturbereich *m* repair block *(System 12)*

Reparaturdauer *f*: **mittlere R.** mean time to repair

Reparaturdienstzentrale *f* Repair Service Centre (RSC) *(BT IDA)*

Reparaturzeit *f* Reparaturzeit *f*

Reportage *f* news report, commentary

Reportagesender *m* talkback transmitter *(ENG)*

Reportageverstärker *m* remote amplifier *(ENG)*

Reserve *f* margin; standby, backup, spare

Reserveprozessor *m* backup *or* standby processor

Reserveschaltfeld *n* emergency control panel

Reserveschaltung *f* automatic reserve/backup activation

Reserveverstärker *m* backup amplifier

Reservezeit *f* spare time, time margin

reservieren book *(lines)*

Reservierung *f* booking; reservation *(channel etc)*

Reservierungsdienst *m* reserved circuit service *(ITU-T I.112, s. Table IV)*; reserved service *(ISDN)*

Reservierungsverfahren *n* reserved-access method *(PCM speech)*, reserved-capacity method *(network)*

resident resident *(in RAM, PC)*

Resonanz *f* resonance; cavitation *(SEL)*

Resonanz-... resonant

Resonanzfrequenz *f* resonant frequency

Resonanzraum *m* cavity *(laser, microwave)*

Resonator *m* cavity *(laser, microwave)*

Responder *m* responder *(e.g. RADAR)*

Responsivität *f* gain, sensitivity *(optical detector)*

Ressourcen *fpl* resources

Ressourcenplattform *f* resource platform *(in a distributed IN)*

Ressourcenumfang *m* resource requirement

Restbild *n* residual image *(phosphor screen)*

Restbitfehlerrate *f* residual bit error rate (RBER) *(mobile RT test)*

Restdämpfung *f* residual *or* overall attenuation; insertion loss, net loss *(US)*; overall loss

Restdämpfungsverzerrung *f* loss/frequency distortion

Restfehler *m* residual error; displaced frame difference (DFD) *(video coding)*

Restfehlerbild *n* displaced frame difference (DFD) *(video coding)*

Restfehlerbildcodierung *f* residual error image (signal) encoding *(e.g. TC)*; displaced frame difference (DFD) coding *(video coding)*

Restfehlersatz *m* residual error rate *(%)*

Restseitenband *n* residual sideband (RSB), vestigial sideband (VSB) *(TV)*

Restseitenbandmodulation *f* (RM) residual sideband modulation (RSB)

Retrievalsoftware *f* retrieval software *(information retrieval, e.g. from CD-ROM)*

Revision *f* inspection; audit *(EDP)*

Revisionsarbeiten *fpl* routine *or* scheduled maintenance work

rezessiv recessive *(High/Low level depending on logic, is overwritten by a dominant bit sent at the same time, CAN)*

reziprok reciprocal *(math.)*

Rf (Rundfunk *m*) (radio) broadcast(ing)

RFA (Rundfunkanstalt *f*) broadcast station

RF-CSM (Hochfrequenz-Kommunikationssystem-Überwachung *f*) RF Communication System Monitoring *(DTAG, sat)*

RfESt (Rundfunkempfangsstelle *f*) broadcast receiving station

RFN s. Reihenfolgenummer *f*

RFRA (Rückfrage *f*) enquiry; call hold *(tel)*

RfSatESt (Rundfunk-Satellitenempfangsstelle *f*) broadcast(ing) satellite receiving station

RF-Strecke *f* s. Richtfunkstrecke

RGB (Rot, Grün, Blau) red, green, blue *(primary colours, TV)*

R-Gespräch *n* collect call *(tel)*, reversed- *or* transferred-charge call *(tel)*

RH (Rufhaltung *f*) call holding, channel holding *(mobile RT)*

Rheinfunkdienst *m* Rhine radio-telephone service *(international)*

Rhythmus *m* cadence *(e.g. 1 s ON, 250 ms OFF, 1 s ON)*
im Rhythmus *m* **der/des** ... in time with ...; locked to...
im 10-mS-Rhythmus *m* at a 10-ms rate

RI (Ankommender Ruf) Ring Indicator *(V.24/RS232C, s. Table IX)*

Richtcharakteristik *f* (directional) pattern *(ant.)*

Richtdiagramm *n* (directional) pattern *(ant.)*

Richtfunk *m* (Rifu) radio relay, microwave, line of sight (LOS)

Richtfunkabschnitt *m* radio relay section

Richtfunkdienst *m* microwave service

Richtfunknetz *n* radio relay system

Richtfunkstrecke *f* (RF-Strecke) radio (relay) link; hop; microwave link, line-of-sight (LOS) link

Richtfunktion *f* directivity function

Richtig/Falsch-Bewertung *f* Go/No-Go *or* True/False evaluation

Richtigkeit *f* correctness; validity *(of a number)*
auf Richtigkeit *f* **prüfen** check for correctness, validate

Richtkoppler *m* directional coupler *(sat., FO)*

Richtlinie *f* guideline; recommendation *(FTZ, DIN)*

Richtlinien *fpl* **für offene Netze** Open Network Provision *(EC)*

richtscharf sharply directional

Richtstrahl *m* radio relay, microwave (link) *(CH)*, spot beam *(sat)*

Richtstrahlfeld *n* directional (antenna) array *(transmitter antenna, TV)*

Richtstrom *m* rectified current *(TDM, mobile RT)*

Richtung *f* direction; route *(tel. sys)*

Richtung *f* **der fotografischen Elemente** pel path *(fax)*

Richtungsabgriff *m* route tap *(zoner)*

Richtungsauflösung *f* directional resolution *(stereo sound)*

Richtungsausscheidung *f* route segregation *(tel)*

Richtungsbetrieb *m* simplex *or* one-way transmission

Richtungsbit *n* routing bit *(ITU-T I.150, s. Table IV)*

Richtungsbündel *n* route (trunk) group

Richtungsfächer *m* direction quadrant *(RDS)*

richtungsgebunden fixed-direction

richtungsindividueller Speicher *m* individual-route store

Richtungsinformation *f* directional information *(stereo sound)*; routing information *(communication)*

Richtungskennziffer *f* routing code (digit)

Richtungskoppler *m* directional coupler *(sat., FO)*

Richtungsschrift *f* non return to zero (change) (NRZ(C)) code *(PCM)*

Richtungstaktschrift *f* phase modulation (PM), phase encoding

Richtungstaste *f* arrow key *(PC keyboard)*

Richtungsumwertung *f* route translation

Richtungswahl *f* route selection *(tel)*

Richtungswähler *m* route selector *(switching)*

Richtverbindung *f* (RV) radio (relay) link

Richtwerte *mpl* norms

Riegel *m* latch

Riegelwanne *f* shell *(connector)*

Rifu s. Richtfunk *m*

Ringleitung *f* highway; loop

Ringleitungssystem *n* loop network *(FO)*

Ringschieberegister *n* circulating *or* circular shift register

Ringspeicher *m* circular buffer

Ringspule *f* toroidal coil

Ringstruktur *f* ring configuration *(network)*

RISC-Computer *m* reduced instruction set computer (RISC)

RK (Rufkanal *m*) paging channel (PCH)

RKF (Raumkoppelfeld *n*) SDM switching matrix, SDM switching (network) array, space switching (network) array

RKF (Rückfrage *f*) call hold *(tel)*

RKM-Code *m* resistor coding *(e.g. 4R7,47K,4M7)*

RKW (Rahmenkennwort *n*) frame alignment signal (FAS) *(PCM)*

RLA (Rauschleistungsabstand *m*) noise power ratio (NPR)

RM (Referenzmodell *n*) reference model *(7-layer OSI model, s. Table I)*

RM s. Restseitenbandmodulation *f*

RNG (Rufnummerngeber *m*) automatic dialler *(PBX)*

RNIS (Réseau Numérique à Intégration des Services ("numeris")) integrated services digital network *(French ISDN)*

Roaming-Nummer *f* mobile station *or* mobile subscriber roaming number (MSRN) *(GSM, s. Table VII)*

robust gegen resistant against *(interference etc)*

Robustheit *f* ruggedness *(mech.)*; robustness *(e.g. test, signal)*

Roentgenaufnahme *f* X-ray picture, radiography

Roentgendurchstrahlung *f* radiography

Roentgenfilm *m* X-ray film, radiographic film

Rohbitfehlerrate *f* raw bit error rate *(DVB-T)*

Rohdaten *npl* raw *or* unprocessed data

Rohergebnis *n* rough result

Rohling *m* blank *(DVD-R)*

Rohrleitung *f* conduit, duct *(cables)*

rollen roll *(TV frame)*; scroll *(PC monitor display)*

Rollkugel *f* tracker ball, roller ball *(VDU)*

Rollwinkel *m* roll angle *(aero)*

Rost *m* cable rack *or* shelf, rack shelf; runway

Roststütze *f* runway support

rotieren rotate; twist *(object on screen, CAD)*

Router *m* router *(LAN, MAN)*, dial-in unit (DIU) *(LCR)*, gateway

Routine *f* routine *(DP)*

Routing *n* routing *(switching)*

Routing *n* **zu geringsten Kosten** least cost routing (LCR) *(tel)*

RPE-Code *m* residual pulse excitation (RPE) code

RRUF (automatischer Rückruf *m*) automatic call-back

RRUFB (automatischer Rückruf *m* bei Besetzt) automatic call-back on busy (ACBS)

RS232 *EIA standard for serial data communication; interfaces up to 20 kb/s and NRZ signalling (0 = +3 to 25V, 1 = -3 to -25V, adopted in ITU-T Recommendations V.24, V.28 and DIN 66020, see Tables V, IX and XII)*

RS232-Schnittstelle *f* s. R-Schnittstelle *f*

RS232-Stecker *m* RS232 plug *(ISO 2110)*

RSA-Verfahren *n* Rivest Shamir Adleman (RSA) method *(chipcard encryption)*

RSB (Restseitenband *n*) residual sideband *(TV)*

R-Schnittstelle *f* R interface *(between TA and TE2, ISDN)*; RS232 interface, RS232 port, serial port *(PC)*

RS-Code *m* Reed Solomon code *(error correction)*

RSE (Ruf- und Signaleinrichtung *f*) ringing and signalling generator

R-Serie *f* **der ITU-T-Empfehlungen** R series of ITU-T Recommendations *(relates to telegraph transmission, s. Table III)*

RSM (Registersuchermarkierer *m*) register finder marker

RST-Signal *m* reset (RST) signal *(chip control signal)*

RST-Tabelle *f* running status table (RST) *(DVB-SI table, provides information on the current transmission status)*

RSVP-Protokoll *n* resource reservation protocol (RSVP) *(IP, IAB RFC2205, s. Table VIII)*

RT (Radiotext *m*) radio text (service) *(RDS)*

RTCP-Protokoll *n* Realtime Transport Control Protocol *(Internet, reliable protocol for monitoring RTP (q.v.) connections, ITU-T H.323)*

RTP-Protokoll *n* Realtime Transport Protocol *(Internet, unreliable protocol for the transmission of real-time audio/video data in packet-oriented networks, ITU-T H.225.0, H.323, IAB RFC1889, s. Table VIII)*

RTS (Sendeteil *n* Einschalten) Request To Send *(V.24/RS232C, s. Table IX)*

R&TTE-Richtlinie *f* R&TTE (Radio & Telecommunication Equipment) Directive (EU, 1998, relates to all devices carrying the CE sign)

RTTY (Funkfernschreiber *m*) radio teletype

RTU (Fernwirk-Unterstation *f*) remote terminal unit *(telecontrol)*

Rückabtastung *f* reverse sampling

Rückdämpfung *f* front-to-back ratio *(antenna)*

Rückdaten *npl* return data

Rückfallebene *f* fallback system

Rückfallwert *m* default value

Rückfaltung *f* foldover, aliasing

Rückflußdämpfung *f* return loss *(amplifier; distributor, FO)*; regularity return loss *(trunk line)*; operating loss *(amplifier tube)*

Rückfrage *f* check-back signal *(ISDN)*; enquiry call *(GB)*, inquiry call *(US)*; consultation call; consultation hold (RFRA, RKF) enquiry; call hold on enquiry *(tel)*

Rückfragebetrieb *m* transmission with negative acknowledgement *(telecontrol)*

rückfragen hold for inquiry *(tel)*

Rückfrageverbindung *f* enquiry call, consulation call

Rückführung *f* feedback; double-ended control *(synchronization)*; rerouting *(after link restoration)*; loop-back

rückführungslose Steuerung *f* open-loop control *(servo)*

Rückgängig Undo *(MS Windows instruction, PC)*

rückgängig machen undo; cancel

rückgekoppelter Code *m* recursive code

Rückgewinnung *f* recovery *(signal)*, retrieval *(data)*

Rückgrat *n* backbone *(long-distance transmission system linking local networks)*

rückholen retrieve *(a transferred call)*

Rückhörbezugsdämpfung *f* (RBD) sidetone reference equivalent *(tel)*

Rückhördämpfung *f* sidetone masking ratio (STMR), sidetone suppression

Rückhören *n* sidetone *(im Hörer, Tel)*

Rückhören *n* **im eigenen Kanal** echo, in-channel echo

Rückhörimpedanz *f* (ZR) zero sidetone impedance (Z_{s0}) *(tel., ITU-T Rec.P.10, impedance between 300 and 3400 Hz)*

Rückinformationen *fpl* upstream information *(TV)*

Rückkanal *m* back channel *(sat)*, return channel *(DVB-C)*; upstream channel *(ADSL)*; echo channel

Rückkanal *m* **Empfangsdaten** Secondary Received data (SRCV) *(V.24/RS232C, s. Table IX)*

Rückkanal *m* **Sendedaten** Secondary Transmit data (SXMT), Back Transmit Data *(V.24/RS232C, s. Table IX)*

Rückkanal *m* **Sendeteil Einschalten** Back Request To Send (BRTS) *(V.24/RS232C, s. Table IX)*

rückkanaltauglich with return channel capability *(DVB-C)*

Rückkehr *f* return; resetting *(relay)*; recovery *(power)*

Rückkehr *f* **nach Null** return to zero (RZ) *(PCM code)*

Rückkehr *f* **zum Ausgangszustand** return to bias (RB) *(data recording method, PCM)*

Rückkehr *f* **zur Grundmagnetisierung** return to bias (RB) *(data recording method, PCM)*

Rückkopplung *f* (positive) feedback

Rückkopplungskreis *m* feedback circuit; 2-wire-4-wire-2-wire loop *(abbreviated "4-wire loop")*

Rückkopplungsverstärkung(sfaktor *m)* *f* feedback gain

Rücklauf *m* homing *(uniselector)*; retrace, return *(CRT)*; rewind *(MTR)*

Rücklaufleistung *f* return power *(broadcast transmitter testing)*

Rücklaufzeit *f* retrace interval*(CRT)*

Rücklesekanal *m* readback channel *(process)*

Rückmeldekanal *m* return channel *(uplink in interactive communication)*

Rückmeldung *f* feedback, return, acknowledgement *(message)*, status message; signalling; tellback *(US)*, echo

Rücknahme *f* removal *(TEI assignment)*; cancellation *(command)*

Rückpfad *m* return path

Rückpolung *f* reversal to normal polarity *(tel)*

Rückregelung *f* cutback limiting *(power system)*

Rückrichtung *f* backward direction *(transmission)*

Rückruf *m* call-back *(ITU-T H.450.9)*, recall *(from operator)*; return call *(by called subscriber)*, camp-on to a busy subscriber, camp-on-busy *(waiting for the line to become available)*

Rückruf *m* **bei Besetzt** completion of call on meeting busy; completion of call to busy (CCBS) *(ISDN)*

Rückrufdienst *m* callback service *(international telephony service with reduced charges)*

Rückruftaste *f* camp-on busy button *(f.tel)*

Rucksackproblem *n* knapsack problem *(cryptography)*

Rückschaltebetrieb *m* change-back from standby *or* after swap *(ISDN)*

Rückschaltung *f* change-back *(multi-service)*

rückschleifen loop back

Rückschrittaste *f* backspace key *(typewriter, PC keybord)*

rücksetzen reset

Rücksetzen *n* **einer Verbindung** resynchronisation (of a connection) *(ISDN)*

Rückspielen *n* playback *(MTR)*

Rücksprechen *n* talkback

Rücksprung *m* reentry, return (jump) *(DP)*

rückspulen rewind *(PTR)*

Rückstau *m* back pressure *(ATM switch fabric flow control)*

rückstellen reset; clear *(counter)*

Rückstreumeßgerät *n* optical time domain reflectometer (OTDR) *(FO)*

Rückstreuung *f* backscattering *(sat)*

Rückstrich *m* backslash *(keyboard)*

rückstufen scale back *(data rate)*

Rücktransformation *f* inverse transform(ation)

Rückübertragung *f* backward transmission, return transmission; echo

Rückverfolgbarkeit *f* traceability *(product, fault)*

Rückverkehr *m* reverse traffic

rückverschieben retard *(phase)*

Rückwand *f* back panel; backplane

Rückwandleiterplatte *f* backplane (circuit board)

Rückwandlung *f* inverse conversion

rückwärtige Schiene *f* back-haul link *(sat. transmission)*

rückwärts adaptiv backward-adaptive *(speech coding)*

rückwärts auslösen forced release

Rückwärtskanal *m* backward channel; upstream channel *(ADSL)*

Rückwärtskennzeichen *n* backward call indicator *(SS7 UP, s. Table III)*

rückwärts permutiert reverse permuted *(FFT)*

Rückwärtsprädiktion *f* backward prediction *(image coding, MPEG-2)*, closed-loop prediction *(voice codec, GSM)*

Rückwärtsrichtung *f* reverse *or* backward direction *(transmission)*

Rückwärtssteuerung *f* backward control *(coding)*

rückwärts zählen count down

Rückwärtszähler *m* down counter, countdown counter

Rückwärtszeichen *n* backward signal *(signal transmitted against the direction of call setup)*, response signal

Rückwechsel *m* changeback *(after change of service, ISDN)*

Rückweg *m* return path

rückwegtauglich with return channel capability *(broadband cable)*

rückwirkungsfrei non-interacting, non-reacting

Rückwirkungsüberlagerung *f* superimposed feedback

Rückzeichengabe *f* reverse signalling

Rückzugspunkt *m* recovery point, checkpoint, save point

Rückzugssystem *n* fall-back system

Ruf *m* call; ringing signal *(tel)*

Ruf *m* **abbrechen** cancel *or* drop the call

Ruf *m* **ablehnen** disregard a call

Rufablenkung *f* call deflection

Rufabschaltung *f* ring tripping

Rufabwicklung *f* call handling

Rufangebot *n* call offering, offered call

Rufannahme *f* call acceptance

Rufannahme-Karenzzeit *f* call acceptance waiting time

Rufanschalteleitung *f* ringing line *(tel)*

Rufanschaltung *f* connection of ringing tone

Rufanzeigetaste *f* call appearance button *(tel.)*

Rufaufbau *m* call set-up

Rufauftrag *m* paging request *(GSM)*

Rufauslösung *f* Initiate Call Attempt (ICA)

Rufbeantwortung *f* call response

Rufbearbeitung *f* call progress; call handling *(GSM, s. Table VII)*

Rufbefehlmeldung *f* paging command message *(GSM)*

Ruf *m* **beginnen** originate a call

Rufbehandlung *f* call control

Rufbereich *m* cell *(cellular RT)*

Rufbereichswechsel *m* roaming *(cellular RT)*

Rufbestätigung *f* (RBst) call confirmation *(mobile RT)*

Rufbetrieb *m* manual operation *(exchange)*

Rufblockierung *f* call congestion *(exchange)*

Rufdatenaufzeichnung *f* (RDA) call record journalling (CRJ)

Rufdatenerfassung *f* call record journalling (CRJ)

Rufdateninformation *f* call set information *(US)*

Rufdatennachverarbeitung *f* post-processing of call data

Rufdatensatz *m* call detail record *(US)*

Ruf *m* **einleiten** originate a call

Rufeinleitung *f* call origination, initiation

Rufempfänger *m* pager

rufen offer (a call), call; alerting *(during call set-up)*

Rufende *n* signal end *(PCM data, speech)*

rufende Instanz *f* initiating entity *(ISDN)*

rufender Benutzer *m* originating user

rufender Teilnehmer *m* calling party, calling subscriber, caller; originating user

rufendes Endgerät *n* alerting terminal *(ISDN)*

Rufen *n* **mit Rufstrom** power ringing *(tel. telemetry)*

Ruferkennung *f* ringing tone detector *(tel)*

Ruferkennungsschaltung *f* ring detection circuit *(tel)*

Ruffrequenz *f* signalling frequency *(mobile RT)*

rufgebunden call-associated

Rufgenerator *m* ringing generator

Rufhaltung *f* (RH) call holding, channel holding *(mobile RT)*

Ruf *m* **hörbar melden** audible alert for the call *(terminal)*

Ruf *m* **in Bearbeitung** (call in) progress

Rufinformationen call information

Rufkanal *m* (RK) paging channel (PCH); signalling channel *(mobile RT)*

Rufkennung *f* call ID *(ISDN)*

Ruflautsprecher *m* paging loudspeaker

Rufleistung *f* new-call rate

Rufleitung *f* ringdown line

Ruflückenbildung *f* call gapping*(netw. management)*

Rufmaschine *f* ringer *(tel)*

Rufmeldeinformationen *fpl* paging information

Rufmeldeoperation *f* paging operation *(GSM)*

Rufmelder *m* call indicator, call signalling device *(exchange)*

Rufmeldeschaltung *f* alert *or* alerting circuit

Rufmeldesignal *n* alerting signal *(pager)*

Rufmeldung *f* (call) alerting, alert *(DTE)*; paging message *(GSM)*

Rufmitnahme *f* follow-me

Rufnummer *f* subscriber number *(ISDN)*, call number, directory number, telephone number, dial code *(tel)*, address signal *(data)*, network address *(messaging)*

Rufnummer *f* **der rufenden Station** originating station directory number (ODN) *(US)*

Rufnummer *f* **des Anrufers** calling number, calling party number *(ISDN)*

Rufnummernanzeige *f* (calling) number identification *(ISDN)*; line identification *(GSM, s. Table VII)*, calling party identification (CPID) *(US)*

Rufnummernblock *m* number block

Rufnummerngeber *m* (RNG) call sender; automatic dialler *(tel)*

Rufnummernidentifizierung *f* (calling) number identification *(ISDN)*

Rufnummernmitnahme *f* number porting *(to a new location)*

Rufnummernplan *m* numbering plan *(ISDN, ITU-T Recommendation E.164)*

Rufnummernportierbarkeit *f* subscriber number portability *(to a new location, tel)*

Rufnummernportierung *f* number porting *(to a new location, tel)*

Rufnummernprofil *n* subscriber number profile *(service information, HLR, GSM)*

Rufnummernregister *n* call number directory

Rufnummernspeicher *m* call number memory *(f. tel)*

Rufnummernübermittlung *f* (calling) number forwarding *(B-ISDN)*

Rufnummernumsetzung *f* number *or* call number conversion *(directory numbers)*

Rufnummernunterdrückung *f* calling line identification restriction (CLIR) *(ISDN, GSM 01.04, s. Table VII)*

Rufnummernvergabe *f* (call) number allocation

Rufpaket *n* ringing packet

Rufrhythmus *m* ringing cadence *(tel)*

Rufsender *m* ringing transmitter

Rufsequenz *f* dial(ling) sequence *(tel)*

Rufsignal *n* ringing signal, alerting signal *(ISDN)*; paging signal

Rufsignalisierung *f* call signalling *(ISDN-Tel)*

Rufspannung *f* ringing voltage

Rufstromquelle *f* ringing (current) source

Ruftakt *m* ringing cadence; ringing cycle

Rufton *m* ringing tone *(tel)*, signalling tone, ringback; signal tone *(data)*; called *or* calling party tone

Rufübergabe *f* **zu** call transfer to *(line)*

Rufübernahme *f* **von** call transfer from *(line)*

Ruf *m* **umlegen** transfer a call

Rufumlegung *f* call transfer (CT) *(ISDN)*

Rufumlegung *f* **in einem Schritt** single-step call transfer *(ISDN)*

Ruf *m* **umleiten** divert a call

Rufumleitung *f* (RUL) call diversion, call forwarding unconditional (CFU) *(f. tel)*

Rufumleitung *f* **bei Besetzt** (RULB) call diversion on busy, call forwarding on busy (CFBS)

Rufumleitung *f* **bei Frei** (RULF) call forwarding no reply (CFNR)

Rufumleitung *f* **Freigabe** call diversion release

Rufumleitung *f* **vom Ziel** (RULZ) call diversion from destination

Ruf *m* **umlenken** deflect a call

Rufumlenkung *f* call deflection (CD) *(ISDN)*

Ruf- und Signaleinrichtung *f* (RSE) ringing and signalling generator

Rufunterdrückung *f* suppressed ringing *(tel.)*

Rufverbindung *f* call connection

Rufverkehr *m* call traffic *(tel)*

Rufverkehrseinheit *f* call traffic unit (CTU)

Rufverteilung *f* call allocation *(tel)*

Rufverzug *m* post-dialling delay

Rufwechselspannung *f* AC ringing voltage *(tel)*

Rufwechselstrom *m* AC ringing current *(tel)*

Rufwegelenkung *f* call routing

Ruf *m* **weiterleiten** forward *or* extend a call

Rufweiterleitung *f* (RWL) call forwarding, call transfer; call redirection

Ruf *m* **weiterschalten** forward a call

Ruf *m* **Weiterschalten** Call Forwarding Unconditional (CFU) *(ISDN, IN)*

Rufweiterschaltung *f* call forwarding (CF), call forwarding unconditional (CFU) *(ISDN)*; call transfer; call redirection

Rufweiterschaltung *f* **bei Besetzt** Call Forwarding Busy (CFB) *(ISDN)*

Rufweiterschaltung *f* **bei keiner Antwort** Call Forwarding No Reply (CFNR) *(ISDN)*

Rufwiederholung *f* callback, call repetition, automatic retry

Rufzeichen *n* ringing signal; ring *(tel)*

Rufzeit *f* ringing time

Rufzeitüberwachung *f* ringing time supervision *(SS7, s. Table III)*

Rufzone *f* (RZo) call zone *(radio paging)*

Rufzuschaltung *f* follow me (mode) *(call diversion pick-up)*

Ruf *m* **zustellen** offer a call, call

Rufzustellung *f* call offering *(tel., ISDN)*

Rufzustellungsnachricht *f* call offering message *(ISDN)*

Rufzweitgerät *n* (ZR) secondary ringer

Ruhe *f* quietness; idle condition *(tel., channel)*

Ruhe *f* **vor dem Telefon** Do-Not-Disturb (DN) feature

Ruhebetriebszustand *m* power-down mode *(HW)*

Ruhebitrate *f* zero-movement bit rate *(video coding)*

Ruhecodewort *n* idle code word *(PCM)*

Ruhegeräusch *n* idle-channel noise *(tel)*, weighted noise *(PCM)*; background noise

Ruhehörschwelle *f* weighted threshold of audibility *(Fletcher-Munson curves: equal-loudness contours vs. frequency; audio)*

Ruhekontakt *m* normally-closed contact *(HW)*

Ruheleistung *f* idle state power

Ruheschleife *f* loop in idle condition

Ruhestellung *f* normal state *(flip flop)*

Ruhestrom *m* zero-signal current

Ruhezustand *m* idle condition *(transmission channel)*, dead, idle state; quiescent state *(ESS)*; power-down mode *(HW)*

Ruhezustand *m* **des Hörers** listener idle state (LIDS) *(tel)*

Ruhezyklus *m* idle cycle

RUL s. Rufumleitung *f*

RULB s. Rufumleitung *f* Besetzt

RULF s. Rufumleitung *f* Freigabe

RULZ s. Rufumleitung *f* vom Ziel

Rumpf *m* body

Rundfunk *m* (Rf) (radio) broadcast(ing)

Rundfunkanstalt *f* (RFA) broadcast station

Rundfunkbetreiber *m* broadcast service operator

Rundfunkempfänger *m* broadcast receiver, radio receiver

Rundfunkempfangsstelle *f* (RfESt) broadcast receiving station *(DTAG, BB distribution)*

Rundfunkhaus *n* broadcasting house

Rundfunksatellit *m* broadcasting satellite (BS), direct broadcasting satellite (DBS)

Rundfunksatellitendienst *m* broadcasting satellite service (BSS) *(ITU-R)*

Rundfunk-Satellitenempfangsstelle *f* (RfSatESt) broadcast(ing) satellite receiving station

Rundfunk-Schaltverteiler *m* broadcast distribution switch *(CATV)*

Rundfunkversorgung *f* broadcasting service *(sound and TV)*

Rundfunkübertragung *f* broadcasting

Rundgabe *f* broadcast(ing), multi-address *(data)*

Rundgang *m* tour *(multimedia)*

Rundschreiben *n* broadcast(ing), multicasting; multiaddress *(TTY)*

Rundschreibe-Nachrichtenübermittlung *f* multicast message distribution

Rundsendeeinrichtung *f* multi-addressing device

Rundsenden *n* broadcast(ing); multicasting; sequence calling *(ISDN tel)*, multiaddress calling *(tel)*; multi-address service *(data)*

Rundsendeverbindung *f* multi-address connection *(ATM)*

Rundsende-Zeichengabe *f* broadcast signalling

Rundstrahlbetrieb *m* omnidirectional mode *(ant.)*

Rundumklang *m* surround sound

RV (Richtverbindung *f*) radio (relay) link

RVV (rauscharmer Vorverstärker *m*) low noise amplifier (LNA)

RWL s. Rufweiterleitung *f*

RZ (Rückkehr *f* nach Null) return to zero *(PCM code)*

RZo s. Rufzone *f*

S

S (Sender *m*) transmitter

SA s. Sammelanschluß *m*

SAA-Architektur *f* Systems Application Architecture (SAA)

Sachmittel *npl* materials, resources

sagittal sagittal *(opt.)*

Sakkade *f* saccadic movement *(image analysis)*

S-ALOHA (segmentiertes ALOHA *n*) slotted ALOHA

Sammelanschluß *m* (SA) line group, collecting *or* concentration line, PBX line *(PABX)*; hunt(ing) group *(exch)*

Sammelanschlüsse *mpl* multiple access

Sammelanschluß(leitung *f*) *m* collecting line, concentration line, collective number *(tel)*; PBX line

Sammelanschlußschaltung *f* (SAS) line group connection *(PBX)*

Sammelbefehl *m* broadcast command *(TC)*

Sammelbitrate *f* aggregate bit rate

Sammelbus *m* concentration highway *(TDM, US)*

Sammeldienst *m* multipoint-to-point service *(VSAT)*

SAM-Meldung *f* sequential address message (SAM) *(ISUP q.v., s.a. "IAM")*

Sammelgruppe *f* hunt group *(tel)*

Sammelkabel *n* bus cable

Sammelkontakt *m* hunting contact *(selector)*

Sammelleitung *f* (communication) bus; collecting line, PBX line *(PBX)*

Sammelleitungswähler *m* (SLW) PBX final selector

Sammelnachtstelle *f* common night extension *(tel)*

Sammelnummer *f* collective number, hunt group

Sammelspeicher *m* accumulator

Sammelrichtung *f* inbound *(VSAT)*

Sammelruf *m* group hunting; global call *(ISDN)*

Sammelrufnummer *f* collective number, group number; hunt group

Sammelschiene *f* bus *(data)*; bus-bar *(el.)*

Sandkasten *m* sandbox *(closed environment, Firewall q.v.)*

Sanduhr *f* hourglass pointer *(MS Windows, PC)*

sanft gradual *(slope)*

sanfter Ausstieg *m* graceful degradation *(analog)*

sanfter Leistungsabfall *m* graceful degradation

sanftes Schalten *n* soft switching

sanfte Weiterschaltung *f* soft handoff *(cellular mobile RT, CDMA)*

Sanierungskonzept *n* reorganisation concept

SAPI-Schnittstelle *f* speech application programming interface (SAPI) *(UM q.v.)*

SAR (spezifische Abstrahlungsrate *f*) specific emission rate *(mobile RT)*

SAS s. Sammelanschlußschaltung *f*

Satellit *m* **auf erdnaher Umlaufbahn** low earth orbit (LEO) satellite

Satellitenabstand *m* inter-satellite spacing

Satellitendirektempfang *m* (SDE) direct satellite reception

Satelliten-Diversity *f* satellite diversity

Satellitenempfangsantenne *f* receive only satellite (ROS) *(antenna)*

satellitenfähiges Trägersystem *n* cradle with satellite capability *(e.g. for a mobile phone for Iridium (q.v.))*

Satellitenfunk *m* (SatFu) satellite communications

satellitengestützte Berichterstattung *f* satellite news gathering (SNG)

satellitengestützter Mobilfunk *m* mobile satellite communications

Satelliten-Kommunikation *f* (Sat-Kom) satellite communications

Satellitenkommunikations-Empfangseinrichtung *f* (SKE) satellite communications receiving facility *(DFS)*

Satellitenkommunikationsprotokoll *n* satellite link protocol

Satellitenmobilfunk *m* mobile satellite communications

Satelliten-Ortungsfunkdienst *m* radiodetermination satellite service (RDSS) *(US)*

Satelliten-Rundfunk-Empfangseinrichtung *f* (SRE) satellite broadcast receiving station *(DTAG)*

Satellitenstromweg *m* satellite circuit

Satellitenverbindung *f* satellite circuit

satellitenvermittelter TDMA *m* satellite switched TDMA (SSTDMA)

Satelliten-Verteildienst *m* (SAVE) satellite data distribution service *(X.25, DTAG VSAT, s. Table VI)*

Satellitenzuführung *f* satellite uplink; satellite (programme) distribution *(DVB-T)*

SatFu s. Satellitenfunk *m*

Sat-Handy *n* satellite mobile *(e.g. working via Globalstar or Iridium (q.v.))*

Sat-Kom (Satelliten-Kommunikation *f*) satellite communications

SAtWe s. Sendeantennenweiche *f*

Satz *m* circuit, circuit group *(tel)*, interface; record *(data)*; set *(PCM frame)*

Satzbaugruppe *f* circuit module *(exch)*

Satzgruppe *f* circuit group *(exch)*

Satzmerkmal *n* circuit utility *(exch)*

Satzübertrager *m* repeater *(tel)*

satzungsgebundene Domäne *f* chartered domain *(IP)*

Satzverständlichkeit *f* phrase intelligibility *(voice communication)*

saugen download *(from the hard disk of another PC)*

Saugkreis *m* series resonant circuit

Säurebatterie *f* lead acid battery

SAVE s. Satellitenverteildienst *m*

SB s. Schmalband *n*

S-Band *n* S band *(1.55–3.9 GHz, sat)*

SBD (Sendebezugsdämpfung *f*) sending reference equivalent *(FO)*

SB-Terminal *n* (Selbstbedienungs-Terminal *n*) self service terminal *(vtx, telebanking)*

SB-Videoterminal *n* (Schmalband-Videoterminal *n*) compressed-video terminal *(with codec-compressed bandwidth)*

Scall ('Swatch' call) wristwatch (radio-)paging service *(DeTeMobil, local numeric paging on the "caller pays" principle, Cityruf frequency, personal calling range appr. 50 km, from 1994/5, corresponds to BT 'easyreach' paging service, to POCSAC-Standard)*

scallen call s.o. in the Scall (q.v.) system

Scaller *m* Scall service subscriber

Scanner *m* scanner *(reads originals into a PC)*; scanner, headwheel *(VTR, VCR)*

Scanvorgang *m* scanning process *(scanner)*

SCART-Steckverbinder *m* SCART (Syndicat des Constructions d'Appareils Radio, Récepteurs et Téléviseurs) connector *(21-pin standardized European A/V connector for consumer electronics, s. Table XII)*

Scatternetz *n* scattered network *(collection of piconetworks, Bluetooth, q.v.)*

Schablone *f* template; overlay *(TV)*

Schablonenvergleich *m* template matching

Schachtelung *f* nesting *(tasks, DP)*

Schachtelungstiefe *f* nesting depth *(DP)*

schädlich detrimental, damaging

Schadprogramm *n* hostile code *(Internet security)*

Schalenmodell *n* onion diagram

Schall *m* sound

Schallereignis *n* acoustic event

Schallstrahlung *f* sound *or* acoustic radiation

Schaltader *f* jumper (wire)

Schaltauftrag *m* switching job

schaltbares Datennetz *n* switched data network *(LAN)*

Schaltbit *n* toggle bit

Schaltbrücke *f* switchable link *(DIP FIX switch)*

Schaltbuchse *f* switched jack

Schaltbus *m* toggle bus *(multiprocessor)*

Schaltdraht *m* hook-up wire

Schalteinheit *f* switching bank *(switch. sys.)*

Schalteinrichtung *f* switching device

Schaltelement *n* jumper module; switching device, gate

schalten switch, connect, patch; gate *(digital)*; interrupt *(line)*

Schaltenergie *f* speed-power product *(in fJ, dig. receiver)*

Schalter *m* switch, breaker, button *(GUI)*; jumper (wire)

Schaltereignis *n* call attempt *(exch.)*

Schaltergruppe *f* switch unit *(HW)*

Schaltfeld *n* connector panel, control panel, patch panel; switching matrix *(OXC)*

Schaltfläche *f* button *(GUI, e.g. MS Windows, PC)*

Schaltfläche *f* **für maximieren** maximize button *(MS Windows, PC)*

Schaltfläche *f* **für minimieren** minimize button *(MS Windows, PC)*

Schaltfrequenz *f* switching frequency, toggle rate

Schaltgefühl *n* switching response *or* action *(membrane keypad)*

Schaltglied *n* switching element, logic element; contact element *(HW)*

Schaltgruppe *f* circuit group *(PBX)*; vector group *(transformer)*

Schaltkabel *n* terminating cable

Schaltkennzeichen *n* switching signal *(exch.)*

Schaltknackfilter *n* key click filter

Schaltkreis *m* circuit *(for implementing an electronic function)*

Schaltmatrix *f* switching matrix *(OXC)*

Schaltmultiplexer *m* cross connect multiplexer (CCM) *(network management)*

Schaltnetz *n* switching circuit *(circuits)*; combinational circuit

Schaltnetzteil *n* switched-mode power supply (SMPS)

Schaltpaket *n* switching stack *(membrane keypad)*

Schaltplatz *m* (SchPl) circuit connection location

Schaltpunkt *m* control point *(test loop, ITU-T I.430.E, s. Table IV)*

Schaltschrank *m* switchgear cabinet, control cabinet

Schaltspektrum *n* switching spectrum

Schaltstation *f* cross connect equipment *(for standby network switching)*

Schaltstecker *m* connecting plug *(signal distributor)*

Schaltstelle *f* switching point, operating point, control point; switching threshold

Schaltstellung *f* switch position; switching state *(flip flop)*

Schaltstufe *f* switch position; switching stage

Schalttafel *f* patch board, patch panel, board

Schaltteil *n* switch (element)

Schaltteiler *m* switched attenuator

Schaltton *m* switching frequency *(sat. LNB)*

Schaltträger *m* control carrier *(OFDM testing, DVB)*

Schaltung *f* circuit

Schaltungsbaugruppe *f* circuit pack

Schaltungsbestückung *f* circuit pack

Schaltungsknotenpunkt *m* circuit node

Schaltungsplatte *f* circuit card

Schaltungspunkt *m* (circuit) node

schaltungstechnisch einbauen wire in *(HW)*

Schaltunterlage *f* engineering data

Schaltverbindung *f* circuit connection

Schaltverstärker *m* switching amplifier

Schaltverteiler *m* distribution frame *(exch)*; distribution switch *(CATV)*

Schaltverzögerung *f* propagation delay *(gate)*

Schaltwähler *m* access switch

Schaltweg *m* switched path, contact travel

Schaltweite *f* switching increment *(phase in degrees, ant.)*

Schaltwerk *n* switch(ing) mechanism *or* device *or* unit; logic circuit *(with delay elements)*; processor, control processor *(exch.)*

Schaltwert *m* switching value; residual parameter

scharf sharp, in focus, crisp *(TV)*

scharfgebündelte Abwärtsübertragung *f* spot beam *(sat)*

Schattierung *f* shading *(graphics)*

Schätzbildberechnung *f* calculation of predicted frame *(video encoding)*

Schätzfunktion *f* estimator *(statistics)*

Schätzwert *m* estimated *or* predicted value *(statistics, video encoding)*, estimate

schaubildliche Ausgleichsvorrichtung *f* graphical equalizer *(audio)*

Scheduler *m* scheduler, sequencer *(SW)*

Scheduling-Verfahren *n* scheduling process *(ATM, queuing)*

Scheibe *f* plate; disc, disk; slice, bit slice *(2 or 4 bits)*

scheinbar apparent, virtual

scheinbare Verbindung *f* virtual circuit (VC)

Scheinschaltung *f* dummy circuit

Scheinvariable *f* dummy variable

Scheinverkehr *m* traffic padding

Scheinwelt *f* virtual reality (VR)

Scheitelwert *m* crest value

Scheitelwert *m* **für Weiß** peak white level *(TV)*

Schelle *f* clamp *(cable)*

Schema *n* scheme, arrangement; mask *(on CRO or VDU screen, to ITU-T G.712 or others, s. Table III)*

Schicht *f* layer *(in the OSI 7-layer reference model (RM), ITU-T I.112, s. Table IV and I)*; stratum *(Bell)*

Schicht-2 Brückenfunktion *f* layer 2 relay (L2R) *(GSM, s. Table VII)*

Schicht-2 Rundsendeverbindung *f* broadcast data link connection *(ITU-T Empf. Q.920, s. Table III)*

Schicht-3 Signalisierungsprotokoll *n* layer 3 signalling protocol

Schichtbausteine *mpl* stacked components (MDF)

Schichtenbildung *f* layering

Schichtenbildungsprotokoll *n* layering protocol

Schichtenmanagement *n* layer management *(management plane, ISDN PRM)*

Schichtenmodell *n* reference model (RM) *(OSI 7-layer model, s. Table I)*

Schichtenprotokoll *n* layer protocol *(ISDN)*

Schichtverteiler *m* stacked terminal block

Schichtverwaltungsinstanz *f* layer management entity (LME) *(ISDN)*

Schichtwellenleiter *m* planar waveguide *(FO)*

Schiebebalken *m* scroll bar *(screen menu)*

Schiebebefehl *m* shift instruction *(DP)*

Schiebeblende *f* wipe *(Videofilm)*

Schieber *m* fader *(control)*

Schieberegister *n* shift register (SR) *(DP)*

Schiebeschalter *m* wiper switch

Schieflage *f* skew *(clock alignment)*, tilt *(frequency response)*

schieflastig out-of-balance *(traffic)*

Schieflast *f* unbalanced load *(network resources)*

Schieflauf *m* skew *(fax)*

Schielwinkel *m* squint angle *(multi-LNB sat. ant.)*

Schiene *f* rail *(PS)*; bus(bar) *(HW)*; feed, strand, channel, beam *(sat)*

Schiff-Erdefunkstelle *f* ship earth station (SES) *(INMARSAT, ITU-T X.353, s. Table VI)*

Schilderbrücke *f* sign gantry *(traffic)*

Schildträger *m* label mounting

Schirmbild *n* screen *(monitor)*

Schirmdämpfung *f* shielding efficiency

Schirmkoppeleinheit *f* shield coupling unit (SCU) *(PLC)*

Schirmplatte *f* faceplate *(display panel)*

Schirmsystem *n* umbrella system *(network management)*

Schirmungsmaß *n* shielding factor

Schirmzelle *f* umbrella cell *(over several microcells, mobile RT)*

Schlafmodus *m* sleep mode *(processor)*, standby mode

Schlafstrombetrieb *m* sleep mode

Schlaglänge *f* pitch *(FO)*; length of lay *(cable)*

Schlagtaste *f* impact button

Schlagtaster *m* emergency button, panic button *(colloquial)*

schlecht poor quality *(channel)*

Schlechtquittung *f* negative acknowledgement

Schleierdichte *f* fog density *(repro.)*

Schleife *f* loop *(ITU-T I.430.E, s. Table IV)*
eine Schleife *f* **durchlaufen** looping

Schleifenbefehl *m* loop-back command *(NT)*

Schleifenbildung *f* looping

Schleifendurchlauf *m* looping
mit automatischem Schleifendurchlauf self-looping

Schleifenimpulsgabe *f* loop signalling *(tel)*

Schleifenimpulslaufzeit *f* loop delay

Schleifenlaufzeit *f* loop transit delay, loop transit time, loop delay *(ISDN BA)*

Schleifenleitung *f* lobe (cable) *(LAN)*

Schleifenleitungsüberbrückung *f* lobe bypass *(LAN)*

Schleifenschaltung *f* loopback *(tel)*

Schleifenschluß *m* loop closure *(tel)*

Schleifenspeicher *m* recirculating (loop) memory

Schleifenstrom *m* loop current

Schleifenverstärkung *f* loop gain *(transm.)*

Schleppy *n* portable transceiver *(cellular mobile RT, colloquial)*

Schleuse *f* gateway *(DP)*

schließen close *(file, PC)*

Schließer-vor-Öffner *m* make-before-break (relay)

Schließkontakt *m* normally-open contact *(HW)*

Schließrelais *n* normally-open *or* form A relay *(circuit)*

Schlitzkabel *n* slotted cable *(tunnel radio)*

Schlitzscheibenantenne *f* slotted-disc antenna *(DVB-T antenna for mobile reception)*

Schloßtaste *f* lock switch *or* key

Schlupf *m* slip, skew *(clock synchronisation)*

Schlupffrequenz *f* slip frequency; differential frequency

Schlupfverhalten *n* slip performance *(ISDN)*

Schlüsselaustausch *m* key exchange *(IP IKE, IAB RFC2409)*

Schlüsselblockverkettung *f* cipher block chaining (CBC) *(HBCI)*

schlüsselfertiges System *n* turnkey system

Schlüssel *m* **für portable Zugriffsrechte** portable access rights key (PARK) *(DECT)*

Schlüsselgerät *n* crypto(graphic) unit *(DP)*

Schlüsselschalter *m* key-operated switch; keylock switch

Schlüsselwechsel *m* code change

Schlüsselzeichen *n* (SZ) code

Schlußfolgerung *f* inference

Schlußtaste *f* clear key *or* button *(TTY)*

Schlußzeichen *n* clear back signal; clearing *or* disconnect signal

Schlußzustand *m* on-hook state *(tel., indicates replacement of handset in the backward direction)*

schmale Bauform *f* slim design

Schmalband *n* (SB) narrow band (NB)

Schmalband-Dienst *m* narrow-band service *(e.g. telephone, videophone)*

Schmalband-FM *f* narrow-band FM (NFM)

Schmalband-Fernsehen *n* slow scan TV (SSTV)

Schmalband-ISDN *n* (S-ISDN) narrow-band ISDN

Schmalband-Störer *m* narrow-band interference source, narrow-band noise

Schmalband-Videoterminal *n* (SB-Videoterminal) compressed-video terminal

Schmelzeinsatz *m* fusible cartridge

Schmelzspleiß-Faserkoppler *m* fused fibre coupler *(FO)*

Schnappelement *n* snap-action element *(HW)*

Schnappfeder *f* snap disc *(membrane keypad)*

Schnappverbindung *f* snap fit

Schnellader *m* fast charger *(charging time 1 hr)*

Schnellaustauschblock *m* line replaceable unit (LRU) *(aero)*

schnelle Fourier-Rücktransformation *f* inverse fast Fourier transform(ation) (IFFT)

schnelle Fourier-Transformation *f* fast Fourier transform(ation) (FFT) *(digital signal processing method)*

schnelle Frequenzumtastung *f* fast frequency shift keying (FFSK) *(PMR, 1200 Bd)*

schneller Schwund *m* fast fading *(mobile RT)*

schnelle Rufweiterleitung *f* (SRWL) instant call forwarding

Schnellrücklauf *m* fast rewind (FR) *(MTR)*

Schnellrückmeldung *f* priority return information

Schnellruftaste *f* quick-call key

Schnellschrift *f* draft *(matrix printer)*

Schnellverschluß *m* snap *or* quick-action closure

Schnellvorlauf *m* fast forward (FF) *(MTR)*

Schnellwechseleinheit *f* line replaceable unit (LRU) *(aero)*

Schnellzugriffsspeicher *m* high-speed memory

Schnitt *m* cut; edit(ing) *(video film)*

Schnittbearbeitungsplatz *m* editing workstation

Schnittgerät *n* splicer *(film)*

Schnittliste *f* editing list (EDL)

Schnittmenge *f* common part *(math.)*

Schnittpunkt *m* point of intersection, intercept point

Schnittpunkt *m* **für Intermodulationsprodukte 3. Ordnung** 3rd order intercept point *(LNB)*

Schnittstelle *f* interface (i/f, I/F) *(ITU-T G.701, I.112, I.430.E, s. Table III)*; edit *(video film)*

Schnittstelle *f* **für Kleinrechner** small computer system interface (SCSI)

Schnittstelle *f* **für Zusatzeinrichtungen** ancillary equipment interface (AEI), Y interface *(ISDN)*

Schnittstelle *f* **mit Rahmenbildung** frame interface *(ISDN network interface, ITU-T Rec. I.113, s. Table IV)*

Schnittstelle *f* **mit veränderlicher Bitrate** flexible rate interface (FRI) *(adaptable between BRI and PRI, ISDN, AT&T)*

Schnittstellenanpassung *f* interface adapter

Schnittstellenbearbeitung *f* interface handling

Schnittstellenbedingungen *fpl* interface specifications

Schnittstellendämpfung *f* interface attenuation

Schnittstellendaten *npl* interface data *(SDU at SAPs, OSI RM)*

Schnittstellendatenelement *n* interface data unit (IDU) *(ISDN)*

Schnittstelleneinheit *f* interface unit (IFU)

Schnittstellenelement *n* primitive *(elementary inter-layer message)*

Schnittstellengeschwindigkeit *f* interface bit rate

Schnittstellenkabel *n* interconnecting cable

Schnittstellenleitung *f* interchange circuit *(DIN 44302)*

Schnittstellenmischstruktur *f* hybrid interface structure *(protocols)*

Schnittstellenpunkt *m* interface point *(ISDN)*

Schnittstellenrate *f* interface rate *(ITU-T I.113, s. Table IV)*

Schnittstellenschaltung *f* interface circuit (INC) *(DECT)*

Schnittstellensteuerdaten *npl* interface control information (ICI)

Schnittstellenübertrager *m* interface transformer *or* transceiver *(voice/data terminal)*

Schnittstellenumsetzer *m* interface converter

Schnüffelbus snoop bus *(multi-processor system)*

Schnüffeln *n* snooping *(multi-processor system, cache consistency)*

Schnüffler *m* snooper *(bus arbitration unit)*

Schnupperabo *n* trial subscription *(pay TV etc.)*

Schnupperversion *f* trial version *(offer)*

schnurgebunden cord-connected, corded *(telephone)*

schnurlos cordless, wire-free

schnurloser Lautsprecher *m* cordless *or* wireless (loud)speaker, FM loudspeaker *(surround sound, ISM band q.v.)*

schnurloses Handtelefon *n* handheld cordless telephone, hand portable, handheld

schnurloses lokales Netz *n* cordless local area network (CLAN)

schnurlose Nebenstellenanlage *f* cordless PBX (CPBX)

schnurloses Telefon *n* cordless telephone (CT)

Schnurlostelefon *n* cordless telephone (CT)

Schnurverteiler *m* jackfield distributor

Schoßcomputer *m* laptop (computer)

SchPl (Schaltplatz *m*) circuit connection location

schräggestellt skewed, oblique

Schräglage *f* tilt *(frequency response)*

Schräglauf *m* skew *(magn. tape)*

Schrägspuraufzeichnung *f* helical scan recording *(VTR)*

schrägstellen tilt

Schrägstellungswinkel *m* skew angle *(LNB)*

Schrägstrich *m* slash *(US)*, oblique stroke *(UK) (keyboard)*

Schrank *m* cabinet

Schranke *f* barrier *(opt.)*

Schraubstutzen *m* threaded ferrule *(cable)*

Schreibdichte *f* packing density *(recording)*

Schreiber-Mitschrift *f* recorder trace

Schreibfunk *m* radio teletype

schreibgeschützt read-only

Schreib-/Lesekopf *m* read/write head *(HDD, PC)*

Schreib-Lese-Speicher *m* random access memory (RAM)

Schreib-/Lösch-Zyklus *m* write/erase cycle *(FLASH memory)*

Schreibposition *f* active position *(printer)*

Schreibrichtung *f* character path, text path *(graphics)*

Schreibschutzkerbe *f* write protect notch *(FD, PC)*

Schreibstation *f* printer terminal

Schreibtischtest *m* dry run *(on paper)*

Schreibversuch *m* speculative write *(DP)*

Schreibweise *f* notation

Schreibzeiger *m* write pointer *(memory)*

Schriftart *f* font *(graphics)*, script

Schriftsatz *m* font *(graphics)*

Schriftstil *m* font style *(graphics)*

Schriftsignal *n* graphic signal

Schriftzeichen *n* graphic character *(DP)*

Schriftzeichensatz *m* graphic set *(DP)*

Schritt *m* step; signal element; bit *(in the case of binary modulation)*; position *(line selector)*
84-Schritt-Telegramm *n* 84-bit message

Schrittdauer *f* pulse period, bit period; signal element length

Schrittfehler *m* symbol error *(transmission)*

Schrittfolgefrequenz *f* symbol rate *(bit stream)*

Schrittgeschwindigkeit *f* modulation rate *(in bd)*, Baud rate; data rate; stepping speed *(relay)*

schritthaltender Verbindungsaufbau *m* step-by-step call set-up

schritthaltende Verarbeitung *f* in-line processing

schritthaltende Wahl *f* direct dialling

schritthaltend gesteuertes System *n* stage-by-stage control system

Schritthaltesystem *n* step-by-step selector (SXS) *(analog)*

Schrittlänge *f* step length *(A/D converter, OFDM modulation)*, signal element length; unit interval

Schrittmotor *m* stepping motor

Schrittpuls *m* clock pulse

Schrittrate *f* modulation rate; symbol rate *(transmission)*

Schrittschaltwähler *m* stepping selector

Schrittakt *m* bit timing; signal element timing *(X.21, s. Table VI)*, line clock *(transmission)*

Schrittakt-Regeneration *f* symbol clock recovery

Schritt-Taste *f* space key *(keyboard)*

Schrittwahl *f* overlap sending *(ITU-T Rec.Q.931, s. Table III)*

Schrittwähler *m* stepping selector *(switching)*

schrittweise Gebührenberechnung *f* incremental charging *(ISDN)*

schrittweise Näherung *f* successive approximation *(math)*

Schrittweite *f* step size

Schrittweitenbestimmung *f* signal scaling, quantization *(video encoding)*

Schröder-Rauschen *n* pseudo-noise signal *(digital audio testing)*

Schrotrauschen *n* shot(-effect) noise *(FO)*

Schrumpfschlauch *m* heat shrink

Schubabschaltung *f* discontinuous transmission (DTX) *(GSM, s. Table VII)*

Schubmodus *m* batch *or* block mode *(DP)*

Schubverarbeitung *f* batch processing *(DP)*

schubweise Übertragung *f* batch transmission *(e.g. faxes)*

Schuko-Steckdose *f* 2-pin/3-wire power outlet *(HW)*

Schuldnerdaten *npl* outstanding charge data

Schulfernsehen *n* educational TV

Schulter *f* shoulder, inflection point, cut-off point *(characteristic curve)*

Schulterabstand *m* (out-band) intermodulation rejection ratio *(dB, out-of-band intermodulation products/inband modulation ratio, OFDM, DVB transm.)*

Schutzabstand *m* guard band *(adjacent channel, DVB)*

Schutzart *f* protection class

Schutzbit *n* guard bit, buffer bit *(DVB channel coding, e.g. with 2/3 coding: 2 informations bits, 1 guard bit)*

Schutzerde *f* protective ground, frame *(V.24/RS232C, s. Table IX)*

Schutzintervall *n* guard interval, buffer period *(DVB)*

Schutzkontakt *m* earthing *or* grounding contact *(connectors etc.)*

Schutzleiter *m* protective earth (PE) conductor *(PS)*

Schutzmaßnahmen *fpl* safety precautions *(data sheet)*

Schutzschaltung *f* protection switching *(SDH)*

Schutzumschaltung *f* protection switching *(changeover to standby, switching sys.)*

schutzwürdig sensitive *(data)*

Schutzzeit *f* buffer period *(between transmission bursts, sat)*

schwach weak; light *(traffic)*

schwach dotiert lightly doped *(microcircuit)*

schwache Belastung *f* light load *(traffic)*

Schwachlastzeit *f* light-traffic period

Schwankung *f* fluctuation, variation

schwarzes Brett *n* bulletin board *(MHS)*

Schwarzfernseher *m* unlicensed TV viewer

Schwarzhörer *m* unlicensed (radio) listener

Schwarzschulter *f* back porch *(TV)*

Schwarzseher *m* unlicensed viewer

Schwarzwert *m* black level, pedestal *(TV)*

Schwarzwertabhebung *f* pedestal *(TV)*

Schwarzwertabsetzung *f* pedestal *(TV)*

Schwarzwertdehnung *f* black stretching *(TV)*

Schwarzwerthaltung *f* DC restoration (clamp) *(TV)*

Schwarzwertimpuls *m* pedestal *(TV)*

Schwarzwertstauchung *f* black crushing *(TV)*

schwebendes Netz *n* floating network *(non-GPS-synchronized SFN (DVB-T))*

Schwebezustand *m* floating *(conference, ISDN)*; frozen state *(from which the process can be continued*

Schwebung(sfrequenz) *f* beat (frequency)

Schweizerischer Elektrotechnischer Verein *m* (SEV) Association of Swiss Electrotechnical Engineers

Schweizerische Normen-Vereinigung *n* (SNV) Swiss Standardisation Association *(s. Table XIII)*

Schwellendetektor *m* threshold detector

Schwellenspannung *f* threshold voltage

Schwellenüberschreitung *f* level crossing *(signal)*

Schwellenüberschreitungszahl *f* level crossing rate (LCR)

Schwellenwert *m* threshold value, just noticeable difference

Schwellwertbildung *f* thresholding *(for two-level rendition, repro.)*

schwenkbar steerable *(phased array beam)*

schwenken pan, tilt, rotate *(gen.)*; hop, scan, steer *(antenna beam)*

Schwenkrahmenbauweise *f* hinged-frame construction *(rack)*

Schwenkrahmenfeld *n* hinged-frame panel *(rack)*

Schwenkstrahlantenne *f* hopped-beam antenna *(sat. ant.)*

schwere Blockierung *f* severe congestion

schwer erreichbar hard to reach (HTR) *(switching destination)*

Schwergängigkeit *f* sluggishness *(motor)*

Schwerpunkt *m* centre of gravity *(phys.)*, centre of mass *(mech.)*; radiation centre *(sat. antenna)*; centre *(e.g. of distribution)*

Schwerpunkthöhe *f* height of the centre of mass *(TV broadc. antenna)*

Schwerpunktwellenlänge *f* spectral centroid *(FO)*

schwingend vibrating, resonating, resonant

schwingfähig resonant

Schwingkreis *m* tuned circuit, resonant circuit

Schwingquarz *m* (oscillator) crystal

Schwingung *f* oscillation, frequency

Schwingungsabbild *n* waveform

Schwingungsvektor *m* ringing vector *(speech coding)*

Schwingungszug *m* cycle

Schwingweg *m* excursion *(wavelength)*

Schwund *m* fading

schwundbehafteter Kanal *m* fading channel *(mobile radio)*

Schwund-Nullstelle *f* fading null *(mobile radio)*

Schwundreserve *f* link margin

Schwund-Überschreitungswahrscheinlichkeit *f* fading distribution *(transmission)*

SCI-Protokoll *n* SCI (scalable coherent interface) protocol *(for multiprocessor systems, IEEE 1596-1992)*

S-Commerce *m* silent commerce (S-commerce) *(machine-machine transactions)*

SDA (Digital-/Analog-Zeichenumsetzer m) Signalling converter, Digital/Analog

SDE (Satellitendirektempfang *m*) direct satellite reception

SDH (Synchron-Digital-Hierarchie *f*) synchronous digital hierarchy *(155 Mbit/s (STM-1) – 2.5 Gbit/s, radio link, FO, ITU-T Rec. G.707-709, s. Table III, corresponds to US SONET)*

SDLC (synchrone Übertragungssteuerung *f*) synchronous data link control

SDM (Raummultiplex *n*) space division multiplex

SDMA (Mehrfachzugriff *m* im Raummultiplex) space division multiple access

(subscriber access via different space domains using controllable antennas)

SDS (Sonder(dienst)satz *m*) special-service circuit

SDS-Meldung *f* short data service (SDS) message *(TETRA q.v.)*

SDT-Tabelle *f* service description table (SDT) *(DVB-SI table on services in a transmission)*

SE (Speichereinheit *f*) storage unit *(EDS)*

S/E (Sender/Empfänger *m*) transceiver (TRX, XCVR) *(transmitter/receiver)*

Sedezimaldarstellung *f* hexadecimal notation

SEBD (Sprecherechobezugsdämpfung *f*) talker echo loudness rating (TELR)

Seefunk *m* marine *or* maritime radio *(INMARSAT)*

Seefunkdienst *m* ship-to-shore radio, public maritime radio service

S/E-Einheit *f* s. Sende- und Empfangseinheit *f*

Seekabel *n* submarine *or* undersea cable, ocean cable

Seenavigationsfunkdienst *m* maritime radionavigation service

Seenotfunknetz *n* search and rescue communication system (SARCOM) *(German maritime FM radio service)*

Seele *f* core *(cable)*

Segment *n* slot *(time slot)*

segmentieren segment

Segmentierung *f* segmentation

Segmentkopf *m* segment header (SH) *(MAN)*

segmentiertes ALOHA *n* slotted ALOHA (S-ALOHA) *(sat. RMA method of the University of Hawaii)*

Segmentierungs- und Wiedervereinigungs-Teilschicht *f* segmentation and reassembly sublayer (SAR)

Sehapparat *m* visual system *(biol.)*

sehr begehrter Inhalt *m* hot content *(HTTP)*

Seite *f* page *(WP, memory, teletext)*, page frame *(memory)*

Seite *f* **einrichten** Page Setup *(WP, PC)*

Seitenabruf *m* demand paging *(DP, virtual memory)*

Seitenansicht *f* print preview *(WP, PC)*

Seitenband *n* sideband

Seitenbeschreibungssprache *f* page description language (PDL), markup language *(WWW)*

Seitengestaltung *f* page layout *(videotex monitor)*

Seitenkosinussatz *m* cosine law for sides *(math.)*

Seiten pro Stunde pages per hour (pph) *(printer)*

Seitentabelle *f* table of pages (TOP) *(vtx)*

Seitentafel *f* side panel *(teletext)*

Seitenteil *n* lateral section

Seitenumkehrfunktion *f* flip page function *(fax)*

Seitenverhältnis *n* aspect ratio *(TV)*

Seitenvorschub *m* formfeed *(printer)*

Seitenwechsel *m* side switch *(standby operation)*; paging *(PC)*

Seitenwechselgeschwindigkeit *f* paging speed *(PC monitor)*

Seitenwechsellogik *f* paging logic *(DP)*

seitenweise ein- *oder* **auslagern** page in *or* out *(RAM cache, PC)*

sekundäre Task *f* secondary task, subtask *(OS)*

Sekundärfaser *f* secondary fibre, distribution fibre *(plant)*

Sekundärkabel *n* secondary cable, distribution cable *(plant)*

Sekundärring *m* secondary ring *(FDDI)*

Sekundärzugriffskennung *f* secondary access right identity (SARI) *(DECT)*

SEL (Übertragungsgeschwindigkeit *f*) SELect data signal rate *(V.24/RS232C, s. Table IX)*

selbstabgrenzender Block *m* self-delineating block *(ITU-T I.113, s. Table IV)*

selbständig independent, autonomous, standalone

Selbstanschluß-Fernsprechanlage *f* automatic *or* dial telephone system

Selbstbedienungsterminal *n* (SB-Terminal) self-service terminal *(vtx, telebanking)*

selbstbewacht self-guarding *(DP)*

Selbsteinschreiben *n* **von Betriebsmöglichkeiten** subscriber-activated service features

selbstgespeistes Amt *n* non-power-fed station, independent station

selbstheilend self-restoring *(capacitor)*; self-healing *(network, e.g. DQDB MAN)*

Selbstkonfigurierung *f* autoconfiguration *(PNNI network, ATM)*

Selbstmischen *n* autoheterodyning *(RF)*

Selbstprüfeinrichtung *f* built-in test equipment (BITE)

selbstregenerierend self-restoring

selbstrückkoppelnd self-looping *(e.g. flip flop)*

selbstschwingend self-oscillating

selbststeuerndes Koppelnetz *n* self-routing switching network *(digit-controlled routing, ATM)*

selbsttaktend self-clocked *(signal)*

selbsttätige optische Wegermittlung *f* automatic optical path selection

selbsttätiger Rückruf *m* automatic call-back

selbsttätiger Verbindungsaufbau *m* hot-line service

Selbsttest *m* self-test, selftest

Selbsttest *m* **beim Einschalten** power-on selftest (POST) *(PC)*

Selbsttest *m* **"Erfolgreich"** self-test pass (STP) *(ISDN)*

Selbsttest *m* **"Nicht erfolgreich"** self-test fail (STF)

selbstüberwacht self-guarding *(DP)*

Selbstumschaltung *f* subscriber-activated change-over

Selbstwahl *f* direct dialling (DD); manual calling

Selbstwählbetrieb *m* autodial *(modem)*

selbstwahlfähig with direct dialling capability, STD-capable

Selbstwählferndienst *m* (SWFD) subscriber trunk dialling (STD) *(GB)*; direct distance dialing (DDD) *(US)*

Selbstwähl-Fernsprech(draht)netz *n* public switched telephone network (PSTN)

Selbstwählfernverkehr *m* subscriber trunk dialling (STD) *(GB)*; direct distance dialling (DDD) *(US)*

Selbstwähl-Funktelefonsystem *n* mobile automatic telephone system (MATS)

Selbstwählnetz *n* public switched telephone network (PSTN)

Selbstwählsystem *n* automated operator system *(US, e.g. AT&T ESS)*

Selbstwählteilnehmer *m* DDI subscriber

Selbstwählverkehr *m* subscriber dialling *(tel)*

Selbstwählvorrichtung *f* autodialler *(vtx)*

Selektierleser *m* selective reader *(PTR)*

Selektionseigenschaft *f* selectivity characteristic *(receiver)*

Selektivabfrage *f* selective polling

selektive eindeutige Rufmeldung *f* selective distinguished alerting *(LASS)*

selektiver Anrufschutz *m* tone controlled signalling (TCS) *(supplementary feature, tel)*

selektiver Antwortnachrichtendienst *m* selective response message service *(LASS)*

selektive Rufannahme *f* selective call acceptance *(LASS)*

selektive Rufweiterleitung *f* selective call forwarding *(LASS)*

selektive Verbindungsabweisung *f* selective call rejection *(LASS)*

selektive Wiederholungsaufforderung *f* selective repeat (SR) *(ARQ procedure, sat)*

Selektivität *f* selectivity

Selektivruf *m* selective calling *(tel., service radio)*

Selektivrufcode *m* selective call code

Selektivrufeinrichtung *f* selective call facility (SELCALL)

Selektivrufempfänger *m* paging receiver

SEM signalling converter, E&M

Semaphor *n* semaphore *or* semaphore counter

semipermanente Durchschaltung *f* nailed-up connection (NC) *(US)*

semipermanente Verbindung *f* (SPV) semipermanent connection, nailed-up connection (NC) *(US)*

Sendeabruf *m* polling

Sendeabstand *m* transmission interval *(e.g. of bearers, DECT)*

Sendeadresse *f* transmit identifier *(PCM data)*; calling party address (CgPA) *(GSM, s. Table VII)*

Sendeanstalt *f* (TV *or* radio) broadcasting station

Sendeantenne *f* transmit(ting) antenna

Sendeantennenweiche *f* (SAtWe) transmit antenna diplexer

Sendeaufforderung *f* polling call

Sendeaufruf *m* polling

Sendeberechtigung *f* token *(token ring network)*, credit *(AAL)*

Sendeberechtigungsmarke *f* token *(token ring network)*

Sendebereich *m* transmitting area, service area; cell *(mobile RT)*

Sendebereichskennung *f* (transmitting) area identification signal *(RDS)*

Sendebereichswechsel *m* roaming *(mobile RT)*

Sendebereitschaft Clear To Send (CTS) *(V.24/RS232C, s. Table IX)*

Sendebezugsdämpfung *f* (SBD) send loudness rating (SLR); sending reference equivalent *(FO)*

Sendeblock *m* (transmit) burst *(GPRS, GSM)*

Sendedaten Transmit Data (TD) *(V.24/RS 232C, s. Table IX)*

Sendedauer *f* duty cycle *(in % of total transmission time, ISM)*

Sende-Empfang-Schalter *m* duplexer *(microwave)*

Sendeempfänger *m* transceiver *(mobile RT handset, GSM)*

Sende/Empfangs-Verstärkeranlage *f* (SEV-Anlage) transceiver amplifier system *(trunking)*

Sende-Empfangs-Weiche *f* power combiner/divider, duplexer *(microwave)*

Sendeendstufe *f* output amplifier, power amplifier (PA) *(mobile RT)*

Sendefolgezähler *m* send state variable *(AAL)*

Sendefrequenz *f* transmitting frequency, output frequency *(broadc.)*; Select Transmit Frequency *(V.24/RS232C, s. Table IX, 200-Baud modem)*

Sendejournal *n* transmission journal, fax journal

Sendekette *f* transmission chain *(TV)*

Sendelautstärkeindex *m* send *or* sending loudness rating (SLR) *(tel)*

Sendeleistung *f* transmitter power; equivalent isotropically radiated power (EIRP) *(sat., in dBW)*

Sendeleistungsänderung *f* power change (PC) *(GSM)*

Sendeleistungsverstärker *m* power amplifier (PA) *(mobile RT)*

Sendeleitung *f* outgoing circuit *(TV)*

Sendemodus *m* originate mode

senden send, transmit, air *(TV)*; submit, assert *(bits)*

Sendepark *m* transmitter park *(sat)*

Sendepause *f* transmission interval *(packet transm.)*, programme break *(broadcasting)*

Sendeplan *m* transmission schedule *(radio/TV)*, transmit plan, search plan *(transm., tel)*

Sendeprogramm *n* broadcasting programme

Sendepuffer *m* frame transmit buffer (FTB) *(frame relaying)*

Sendepufferspeicher *m* transmit buffer

Sender *m* (S) transmitter; signal source

Senderate *f* transmission rate *(ATM cells etc.)*

Senderechte *npl* right to transmit *(PCM data blocks)*

Sendereichweite *f* transmitter range

Sender/Empfänger *m* (S/E) transceiver (TRX, XCVR) *(transmitter/receiver, GSM, s. Table VII)*

Sender/Empfänger-Adresse *f* O/R address, originator/recipient address *(MHS)*

Sender-Empfänger-Identifizierung *f* user-to-user information (UUI) *(ATM AAL2)*

Senderkennung *f* (SK) Programme Identification (PI) *(RDS)*, station identification *(TV)*

Senderschwingkreis *m* tank circuit

Sendersuchlauf *m* station search, station seeking, station finding

Senderweiche *f* transmitter diplexer *(vision/sound, TV)*

Sendeschrittakt *m* transmit clock (TC) *(from DTE, from DCE; V.24/RS232C, s. Table IX)*

sendeseitige Taktzentrale *f* transmit clock (TC)

Sendesignal *n* transmit(ted) signal

Sendespeicher *m* transmit buffer *(ATM)*

Sendesperre *f* transmit block

Sendestation *f* master station

Sendestop *m* end of transmission (EOT)

Sendetakt *m* (ST) transmitter bit timing *(switch)*

Sendeteil einschalten Request To Send (RTS) *(V.24/RS232C, s. Table IX)*

Sendeterminal *n* (ST) send terminal *(DC)*

Sendeton *m* programme sound *(broadcasting)*

Sendeüberlappung *f* overlap sending *(ISDN)*

Sendeumsetzer *m* modulator *(dig. TV)*; (SU) up converter *(sat)*

Sende- und Empfangseinheit *f* (S/E-Einheit *f*) transceiver

Sende- und Empfangs-Verstärker *m* booster *(mobile RT)*

Sende- und Meßkoppler *m* (SMK) transmission test equipment connecting matrix

Sendeverstärker *m* transmitter amplifier, output amplifier, power amplifier (PA) *(mobile RT)*

Sendewiederholzähler *m* retransmission counter

Sendezeit *f* time of origin (TOO); air time *(TV)*

Sendezustandsvariable *f* send state variable

Sendung *f* transmission; broadcast, programme *(radio/TV)*

Sendungseinheit *f* programme unit, programme segment *(15 or 25 min., radio/TV)*

Sendungsvermittlung *f* message switching

Senke *f* sink *(data)*, load; leaf *(ATM signalling)*

senken lower, drop *(voltage)*

senkrecht normal, vertical *(math.)*

Senkrechte *f* normal, vertical *(math.)*

Sensorbildschirm *m* touchscreen *(monitor)*

Sensorik *f* sensor technology, (system of) sensors

Separierung *f* separation, compartmentalization *(of subscriber groups, mobile RT)*

sequentiell sequential, progressive; contiguous *(e.g. blocks, image coding)*

sequentielle Abarbeitung *f* in-line processing *(of process steps)*

sequentielle Logik *f* sequential logic

sequentielles Filter *n* sequential filter *(dig. transmission)*

Sequentialisierung *f* sequencing *(ISO, dividing the user message into frames, sets or packets with sequence number)*

Sequenzbetrieb *m* sequential operation

sequenzgesicherte Protokollklasse *f* sequenced protocol class *(SS7, s. Table III)*

serialisieren convert to serial form *or* into a serial signal, serialize

Serie *f* series

serielle Ein-/Ausgabe *f* serial input/output (SIO)

serielle Information *f* bit-serial information

serielle Peripherieschnittstelle *f* serial peripheral interface (SPI) *(for optional devices, tel.)*

serieller Bus *m* serial bus

serielle Schnittstelle *f* serial interface *(communications interface, e.g. RS232, V.24 (Table V), PC)*

serielle Zeitgetrenntlageleitung *f* time divided serial line, serial TDM line

serielle Zeitmultiplexleitung *f* time divided serial line, serial TDM line

seriell wandeln convert into a serial signal, serialize

Serienbetrieb *m* sequential operation

serienmäßig standard

Seriennummer *f* serial number

Serien-Parallel-Umsetzer *m* serial/parallel converter

serien-parallel wandeln convert (from serial) to (bit) parallel form *or* into a parallel signal, parallelize

Serienschnittstellen-Protokoll *n* serial line interface protocol (SLIP) *(access to tie lines)*

Serientakt-Unterdrückungsmaß *n* series mode rejection range (SMRR)

Server *m* server

Server *m* **für vereinheitlichte Nachrichtenübermittlung** unified messaging (UM) server *(Telefax, E-mail, Sprache, Daten)*

Servicedienst *m* service-providing service

Servicegerät *n* (SG) service unit (SU) *(FO service channel)*

Servicekanal *m* (s-Kanal) service channel (s channel) *(IN)*

Serviceklasse *f* QoS class *(ATM, HFC network, s. "QoS")*

Servicekontur *f* footprint *(sat. TV)*

Servicenummer *f* freephone number *(e.g. 0800 (GB))*

Servicerechner *m* (SVR) service processor *(vtx)*

Servicezentrum *n* call centre *(to handle customers for a large company with branches in different regions)*

Service 130 freephone service of the DTAG *(reversed-charges subscriber trunk dialling at local rates, dialling code 0130+; corresponds to International 0800 (GB), International 800, WATS (US), International Toll Free (AUS), numero vert (FR))*

SES s. Schiff-Erdefunkstelle *f*

SET-Protokoll *n* SET (secure electronic transaction) protocol *(IP)*

Set-Top-Box *f* set-top box (STB) *(specifically: DVB adapter, with PCMCIA slot for CA modules (pay TV); IRD (q.v.))*

setzen set, assert *(bits)*

SEV (Schweizerischer Elektrotechnischer Verein *m*) Association of Swiss Electrotechnical Engineers

SEV-Anlage *f* s. Sende/Empfangs-Verstärkeranlage *f*

SF (Speichervermittlung *f*) store-and-forward (switching)

SFuRD (Stadtfunkrufdienst *m* (Cityruf)) regional radio paging service *(DTAG)*

SG s. Servicegerät *n*

SG s. Sichtgerät *n*

SGA s. Signal-Geräuschabstand *m*

SGCP-Protokoll *n* Simple Gateway Control Protocol (SGCP) *(VoIP, H.323)*

S-Gemisch *n* (Synchronsignalgemisch *n*) composite sync(hronisation) signal *(TV)*

SGF (synchroner Gleichwellenfunk *m*) synchronous common-frequency broadcasting *(PMR)*

SGML-Sprache *f* Standard Generalized Markup Language *(WWW meta-language (q.v.) for defining other markup languages, ISO 8879)*

SGSN-Knoten *m* service GPRS support node (SGSN) *(s. "GPRS")*

Shadow-RAM *m* shadow RAM *(RAM area for BIOS from ROM, PC)*

Shell *f* shell *(OS, part which is not continuously required, user interface)*

SHF (superhohe Frequenz *f*) super high frequency *(sat., 3–30 GHz)*

Shophosting *n* shop hosting *(rental of an on-line shop on the provider's server, Internet)*

Shopsystem *n* shop system *(E-commerce, Internet)*

Short-Hold-Modus *m* short-hold mode *(router)*

Shrink-wrap-Paket *n* shrink-wrap package *(software capable of running on many systems, e.g. all MS DOS applications)*

Shuffle-Exchange-Netz *n* shuffle exchange network *(switching network algorithm)*

SIAM (supraleitendes intelligentes Antennen-Modul *n*) superconductive intelligent antenna module *(adaptive antenna system, mobile RT)*

sicher secure; safe; reliable; dependable

Sicherheit *f* safety, security, reliability

Sicherheit *f* **auf dem Transportlayer** transport layer security (TLS) *(IP, formerly "SSL")*

Sicherheit *f* **auf dem WTL** wireless transport layer security (WTLS) *(WAP funktion based on TLS (s.a.), formerly "SSL")*

Sicherheitsabstand *m* guard band *(between frequency bands)*, guard space *(between TDMA time slots)*; safety margin

Sicherheitsband *n* guard band *(adjacent channels, DVB)*

Sicherheitsdienst *m* alarm service

Sicherheitsfaktor *m* safety margin

Sicherheitsmanagement *n* security management *(FCAPS, NMS)*

Sicherheitsmaß *n* measure of confidence *(statistics)*; soft output *(soft decision decoding, channel decoding, CDMA)*

Sicherheitsmechanismus *m* security mechanism *(E-commerce, Internet)*

Sicherheitsparameter *m* security parameter (SPAR) *(GSM)*

Sicherheitsrückruf *m* secure dial-back

Sicherheitsstufe *f* security level

Sicherheitstechnik *f* dependability engineering *or* system *(exchange)*

sicherheitstechnisches Modul *n* dependability system module *(ISDN)*

sicherheitstechnische Software *f* dependability system software

Sicherheitsüberwachung *f* security screening *(IN service)*

Sicherheitsvereinbarung *f* security association (SA) *(VPN)*

Sicherheitszeitrahmen *m* guard space *(DECT)*

sichern save *(data, messages)*, backup *(files on HD)*; protect *(trans.)*

Sicherung *f* fuse *(HW)*; protection *(data)*, error control function *(network)*; security, saving *(program)*

Sicherungsausschalter *m* automatic cutout

Sicherungsautomat *m* automatic cutout

Sicherungsdatei *f* backup file *(extension *.BAK or *.SIK (MS Word), PC)*

Sicherungsdatenbank *f* back-up data base

Sicherungsdienst *m* data link service

Sicherungseinheit *f* security box *(AC, GSM)*

Sicherungsgruppe *f* protection group *(of channels, V interface (q.v.), ETS 300324-1)*

Sicherungskopie *f* backup copy *(DP)*

Sicherungsprotokoll *n* data link protocol, link access protocol (LAP) *(ISDN layer 2)*, protection protocol *(V interface (q.v.), ETS 300347-1)*

Sicherungsprozedur *f* (data) protection procedure *(DP)*

Sicherungsschalten *n* protection switchover *(V interface (q.v.), ETS 300347-1)*

Sicherungsschicht *f* data link layer *(ITU-T Rec. I.440 and I.441 (Table IV), layer 2, OSI reference model (Table I))*, link layer

Sicherungsschicht-Adresse *f* data link connection identifier (DLCI) *(ISDN)*

Sicherungssignal *n* data protection signal

Sicherungssoftware *f* dependability software

Sicherungstechnik *f* dependability system

sicherungstechnische Integration *f* dependability integration

Sicherungsteil *m* data protection section *(of a message)*

Sichtanzeige *f* visual display (unit)

Sichtausbreitung *f* line-of-sight propagation

sichtbar unblanked *(videotex monitor)*

sichtbarer Bereich *m* visible area, unblanked area *(display windows)*

Sichtbarkeit *f* visibility; unblanked area *(display windows)*

sichtbar machen unblank, visualize

Sichtbereich *m* visual range

Sichtgerät *n* (SG) video display unit (VDU), display

Sichtkontakt *m* visual contact *(web page impression)*

Sichtmeldung *f* visual alert

Sichtverbindung *f* line-of-sight link

Sichtwinkel *m* viewing angle *(TV)*

Siebensegmentanzeige *f* seven-segment display *(LED, LCD)*

Siedekondensationskühlung *f* evaporative cooling *(TV transm. power tetrode)*

SIF-Format *n* source intermediate format (SIF) *(basic MPEG-1 compression format)*

SigG s. Signaturgesetz *n*

Signal *n* signal *(ITU-T I.112, s. Table IV)* **mit einem Signal beaufschlagt** receive a signal, have a signal applied

Signalabbildung *f* signal map *(DVB-T transmission, signal constellation)*

Signalabtastung *f* sample and hold (circuit)

Signalader *f* signalling wire *(TC)*

signalangepaßte Filterung *f* matched filtering *(DVB-T)*

Signalaufbereitung *f* signal processing *or* conditioning
Signalausbreitung *f* signal distribution *(TV broadcasting)*
Signalausfall *m* dropout *(video)*; loss of signal (LOS) *(transmission)*
Signalbelegung *f* signal levels
Signalbreite *f* signal bit size *(IC)*
Signaldiagramm *n* signal graph
Signal-Echo-Abstand *m* signal-to-echo-ratio (SER) *(transm.)*
Signalempfänger *m* tone detector *(tel. transmission)*
Signalerde *f* signal ground (GND) *(V.24/ RS232C, s. Table IX)*
Signalfeld *n* alarm signal panel; control and alarm panel
Signalfluß-Lückenbildung *f* temporal clipping *(loss of syllables or words, auditive test, tel)*
Signalform *f* signal (wave)shape, signal form, waveform, waveshape
Signalformung *f* signal processing, conditioning *(meas.)*; shaping *(transm.)*
Signalführung *f* signal transmission
Signalgabe *f* signalling
Signalgeber *m* signal generator *or* transmitter, transducer
Signalgemisch *n* composite signal *(TV)*; noise
Signal-Geräusch-Abstand *m* (SGA) signal-to-noise ratio, signal/noise ratio (SNR, S/N) *(in dB)*
Signalgeschwindigkeit *f* signal speed *(transmission, in microsec./km)*
Signalisierung *f* (s.a. "Zeichengabe") signalling
Signalisierung *f* **außerhalb des Bandes** outband signalling
Signalisierung *f* **außerhalb der Zeitlagen** outslot signalling
Signalisierung *f* **innerhalb der Zeitlagen** inslot signalling
Signalisierungsblock *m* signalling burst *(DECT)*
Signalisierungsendpunkt *m* signalling point code (SPC) *(GSM, s. Table VII)*
Signalisierungsgelegenheitmuster *n* signalling opportunity pattern (SOP)
Signalisierungskanal *m* signalling channel
Signalisierungsmultiplexer *m* (SMUX) signalling multiplexer *(DC)*
Signalisierungsnetz *n* signalling network *(GSM, s. Table VII)*
Signalisierungsperiode *f* signalling interval
Signalisierungsprozessor *m* (SPROZ) signalling processor *(DC)*
Signalisierungsrahmenkennungswort *n* multiframe alignment signal *(PCM)*
Signalisierungsstrecke *f* signalling link (selection) (SLS) *(GSM, s. Table VII)*
Signalisierungsumsetzer *m* signalling converter *(DC)*
Signalisierungszeichen *n* signalling character
Signalisierungszentrale *f* central signalling section
Signalkombination *f* signature
Signalkonstellation *f* signal constellation *(DVB-T transmission)*
Signallaufweg *m* signal conduction *or* propagation path
Signallaufzeit *f* signal propagation time, signal (propagation) delay; signal transit time *(2 x = round trip delay)*
Signalmaschine *f* signal(ling) unit *(tel)*
Signal-Maske-Verhältnis *n* signal/mask ratio (SMR) *(audio codec)*
Signal/Nebensprechverhältnis *n* signal/ crosstalk ratio *(in dB)*
Signalpaket *n* burst *(TDMA)*
Signalpegelmessung *f* transmission measurement
Signalprozessor *m* signal processor
Signalpunkt *m* signal point *(transmission)*
Signalraster *m* signal quantization, signal scaling
Signalraum *m* signal space *(transmission, DVB coding)*
Signal/Rausch-Abstand *m* (SRA) signal/ noise ratio (SNR) *(in dB)*
Signalrauschabstand *m* s. Signal/Rausch-Abstand *m*
Signalsammler *m* (SISA) signal collector *(DBT Rebell)*
Signalschwund *m* fading
Signalspeicher *m* latch

Signalstärke *f* signal strength, field strength *(RF at the receiver)*

Signalstauchung *f* signal crushing *(CATV, black level)*

Signal/Störleistungsverhältnis *n* signal/interference ratio (SIR)

Signalstörung *f* signal fault

Signalsynchronisierung *f* acquisition of signal (AOS) *(sat)*

signaltechnisch sicher with signal protection, failsafe

Signaltiefe *f* signal quantization, signal resolution (in bits) *(video encoding, e.g. 8 bits/pixel)*

Signalton *m* signal tone

Signalüberhöhung *f* signal enhancement

Signalübertragungs- *or* **übergabepunkt** *m* signalling transfer point (STP)

Signalumformung *f* signal conditioning

Signalumsetzer *m* signalling converter

Signalverbindung *f* link

Signalverfahren *n* signalling system

Signalverformung *f* signal distortion *(RF)*

Signalverlauf *m* signal flow, path, signal trace *(CRO)*, signal variation *or* shape *or* change, signal form

Signalverlust *m* loss of signal (LOS) *(sat)*

Signalversatz *m* skew(ing)

Signalverteiler *m* signal distributor *(audio, video)*

Signal *n* **von Störungen befreien** clean up a signal

Signalweg *m* signal path

Signalwegenetz *n* signal network *(switching)*

Signalweiche *f* signal combiner

Signalzeichen *n* signal element

Signalzeiger *m* signal vector *(DVB)*

Signalzuführung *f* signal contribution *(TV studios)*

Signalzug *m* signal flow diagram, signal path

Signalzustand "Eins" marking condition

Signalzustand "Null" spacing condition

Signatur *f* signature

Signaturanalyse *f* signature analysis *(microcircuit testing)*

Signaturgesetz *n* (SigG) Law Relating to Signatures *(in force since 1997)*

Signaturschlüssel *m* fingerprint *(HBCI)*

signieren sign, fingerprint *(cryptography)*

Signifikanzniveau *n* level of significance *(statistics)*

SI-Informationen *fpl* service information (SI) *(user information for set-top box, DVB)*

Silbentrennung *f* hyphenation

Silikon *n* silicone

Silizium *n* silicon

Siliziumdioxid *n* silica *(chem)*

Siloprinzip *n* first-in-first-out (FIFO) principle *(storage procedure)*

SIM-Karte *f* subscriber identity module (SIM) *(GSM, GSM 11.11, s. Table VII)*

Simplex *n* (SX) simplex *(modem)*

SIM-Toolkit *n* SIM toolkit *(GSM 11.14, s. Table VII)*

Simulcasting *n* simulcasting *(simultaneous transmission of analog and digital programmes, PAL/DVB)*

Simulcast-Sendung *f* simulcast transmission *(PAL/DVB)*

Simulcrypt-Sendung *f* Simulcrypt transmission *(of ECMs and EMMs for more than 1 CA system to provide reception with different decoder types)*

simultan simultaneous; time-shared *(DP)*

Simultan-Querverbindung *f* semipermanent tie line *(PBX-PBX)*

Simultanschaltung *f* super(im)position *(tel)*

Simultanwahl *f* simplex dialling *(PBX)*

SINAD (Störabstand *m* einschließlich Verzerrungen) Signal and Noise and Distortion to noise (ratio) *(in dB, 20log S+N+D/N)*

Sinkfluggeschwindigkeit *f* descent rate *(aero)*

Sinngehalt *m* intelligence *(in a signal)*, meaning

sinnvoll meaningful, significant, suitable, appropriate, reasonable, sensible, logical, intelligent, useful, worthwhile

Sinusfunktion *f* harmonic function

Sinus-Gerät *n* cordless phone, freedom phone *(first-generation CT1 mobile)*

Sinussignal *n* sinewave signal

Sinus-Standard *m CT1 standard of the DTAG*

SIP-Gehäuse *n* single in-line package (SIP) *(IC package)*

SIP-Protokoll *n* session initiation protocol (SIP) *(VoIP, H.323)*

SISA s. Signalsammler *m*

S-ISDN (Schmalband-ISDN *n*) narrow-band ISDN

SITA Societé Internationale Telecommunication Aeronautique *(international data network for airlines)*

Sitz *m* seat, fit *(mech.)*

sitzen (in) be resident (in), reside (in) *(SW)*

Sitzungsaufbau *m* session establishment

Sitzungsdienst *m* session service (SS)

Sitzungsebene *f* session layer *(layer 5, OSI 7-layer reference model, s. Table I)*

Sitzungsprotokoll *n* history list *(Internet browser)*

SK (Senderkennung *f*) Programme Identification (PI) *(RDS)*

SK (Sprachkanal *m*) voice channel (VC)

SK (Systemkunde *m*) (Telekom) named account

Skaleneffekt *m* effect of scale

Skalenfaktor *m* scale factor; step size control *(ADM, ITU-T Rep.953)*

Skalenwert *m* scale factor

skalierbar scalable

skalierbare Videocodierung *f* scalable video coding *(e.g. MPEG-2)*

Skalierbarkeit *f* scalability *(e.g. MPEG-2)*

Skalierung *f* scaling *(object on screen, CAD)*; scale factor

s-Kanal *m* (Servicekanal *m*) s channel (service channel) *(IN)*

SKE (Satellitenkommunikations-Empfangseinrichtung *f*) satellite communications receiving facility *(DFS)*

Skew-Faktor *m* skew factor *(HD access, s.a. interleave factor, PC)*

Skip-Frame-Verfahren *n* skip frame method *(video film editing)*

S-Kurve *f* sigmoid(al) curve *(nonlinear transfer characteristic)*

SLA (Speicherleitungsanschluß *m*) storage bus interface unit

SLA-N (synchrone Leitungsausrüstung *f* STM-N) synchronous line equipment *(SDH, e.g. SLA-4 is for STM-4)*

SLC (Teilnehmersatz *m* (TS)) subscriber line circuit

Slice-Schicht *f* slice layer *(MPEG-2)*

SLW (Sammelleitungswähler *m*) collecting line selector, PBX final selector

S-MAC (Studio-MAC *n*) studio MAC *(10 MHz bandwidth)*

SMDS-Protokoll *n* SMDS (Switched Megabit Data Service) protocol *(connectionless MAN data service, IEEE 802.6, Bellcore; s.a. ETS 300 217x, CBDS (q.v.))*

Smiley *m* smiley *(ASCII character like :-) or :-(, popular in E-mail)*

SMK (Sende- und Meßkoppler *m*) transmission test equipment connecting matrix

SMP-Bus (Siemens-Mikroprozessor-Bus *m*) Siemens microprocessor bus

SM-Schnittstelleneinheit *f* SM (switch module) interface unit (SIU) *(ATM, AT&T)*

SMS-Kurznachricht *f* SMS message *(Mobilfunk, GSM)*

SMUX s. Signalisierungsmultiplexer *m*

SNA (SNA-Architektur *f*) Systems Network Architecture *(IBM)*

SNG-Terminal *n* SNG terminal *(VSAT)*

Snoop-Bus *m* snoop bus *(multi-processor system)*

SNV (Schweizerische Normen-Vereinigung *n*) Swiss Standardisation Association *(s. Table XIII)*

Sockel *m* pedestal, base

Sockelzapfen *m* base pin *(rack)*

Sofortdienst *m* demand service *(ITU-T I.112, s. Table IV)*

sofort nach Anforderung (on) demand *(service)*

Sofortsprung *m* **zu einem Programminhalt** segment jumping *(function in DAVIC 1.5 IP network)*

Sofort-Übermittlungsdienst *m* demand bearer service *(ISDN)*

Sofortverkehr *m* demand traffic

Softcopy *f* soft copy *(output on monitor)*

Softkopie *f* soft copy *(output on monitor)*

softsektorieren soft sectoring *(FD, PC)*

Softtaste *f* softkey *(programmable key)*

Software *f* software (SW, S/W) *(programs, applications, also tapes or disks for these)*

Software-Anbieter *m* software provider *(vtx)*

Softwareanlauf *m* software recovery

Software-Fremdkörper *m* virus

Software-Hub *m* software update

Softwarekomplex *m* body of software

Softwarelokalisierung *f* software localization *(translation and linguistic/cultural adaptation of a global software product to its local target users)*

Software-Werkzeug *n* (software) tool *(utility program, PC)*

SOHO-Anwendung *f* SOHO (small office, home office) application *(s.a. "SOHO")*

SOHO-Gerät *n* SOHO (small office, home office) equipment

Solarzellenausleger *m* solar cell array *(sat)*

Soll-Ankunftszeit *f* theoretical arrival time (TAT) *(cell, ATM)*

Soll-Position *f* commanded position *(servo)*; nominal position

Sollwert *m* reference signal *(CRO)*; setpoint *(control)*, control value, reference value

Sollwertabweichung *f* anomaly

Sonderdienstanbieter *m* specialized service provider

Sonderdienste *mpl* specialized services *(B-ISDN, sat. payload)*

Sonderdienstsatz *m* (SDS) special-service circuit

Sonderfernsprecher *m* special-purpose telephone

Sonderkanal *m* special channel *(CATV, 7 MHz)*

Sondernetz *n* dedicated network; privately operated (telephone) network

Sondersatz *m* (SDS) special-service circuit

Sondertaste *f* special-purpose key

Sonderzeichen *n* special character *(codes: MS Word = ALT + number, teletext = x/26, EPG = ESC sequence)*

Sonderzustand *m* exception condition *(ITU-T Rec. Q.921, s. Table III)*

Sonderzustand *m* **"Abweisung"** Reject exception condition *(Q.921, s. Table III)*

Sonderzustand *m* **"Folgefehler"** Sequence Error exception condition *(Q.921, s. Table III)*

SONET-Schnittstelleneinheit f SONET interface unit (SIU) *(ATM, AT&T)*

sonstige Merkmale *npl* non-dominant attributes *(ISDN)*

sortieren sort, screen

Sortiereinheit *f* sorter *(fast asynchr. packet switching)*

Sortiernetz *n* sorting network, trap network *(cell filtering network in an ATM switching network)*

Soundkarte *f* sound card *(multimedia PC)*

Source *m* source *(FET)*

SPADE (Vielfachzugriff *m* im Frequenzmultiplex mit Kanalzuteilung nach Bedarf) Single channel per carrier PCM multiple Access Demand assignment Equipment *(sat)*

SPAG (Arbeitsgruppe *f* zur Förderung und Anwendung von Standards) Standards Promotion and Applications Group *(in the EC Esprit programme)*

Spalier-Diagramm *n* trellis diagram *(Viterbi decoder etc.)*

Spaltensperre *f* column barring

Spaltfläche *f* cleaved face *(FO)*

Spaltfrequenz *f* split frequency *(testing)*

Spaltimpuls *m* split pulse *(chirp pulse transmission)*

Spalttiefpaß *m* split low-pass filter (LPF)

Spannarm *m* tension arm *(PTR)*

Spannung *f* (U,V) tension; voltage (E,V), potential difference (PD)

Spannung *f* **im Durchlaßzustand** on-state voltage

Spannungsabfall *m* voltage drop

Spannungsabfall *m* **am Widerstand** voltage drop across the resistor

Spannungsabfall *m* **im Transistor** voltage drop across the transistor

Spannungsabhängigkeit *f* voltage coefficient

Spannungsauslösung *f* shunt tripping *(circuit breaker)*

Spannungsbeanspruchung *f* voltage stress *(PS)*

Spannungsdiagramm *n* voltage graph

Spannungseinbruch *m* dip in voltage level; power fade *(PS)*

spannungsgesteuerter Quarzoszillator *m* voltage-controlled crystal oscillator (VCXO)

Spannungshub *m* voltage excursion, voltage swing

Spannungsknoten *m* voltage node, voltage minimum

Spannungsmesser *m* voltmeter, voltage meter

Spannungsnetz *n* voltage supply system *(AC mains supply)*

Spannungssenkungsschaltung *f* voltage dropping circuit

Spannungssteilheit *f* rate of voltage change

Spannungssteuerung *f* voltage source drive *(RS232)*

Spannungsteiler *m* voltage divider *(fixed)*, potentiometer (pot) *(variable)*

Spannungsüberhöhung *f* voltage peaking

Spannungsverlauf *m* voltage characteristic, voltage shape

Spannungswiderstand *m* voltage resistance level

sparend saving

Sparschalter *m* power down switch *(RT)*

Spartenkanal *m* minority-interest *or* specialist channel *(TV)*

Spartenprogramm *n* special-interest *or* minority-interest programme *(TV)*

Spätzugang *m* late entry *(GSM Pro)*

Spawn-Funktion *f* spawn function *(OS, generates a new subprocess)*

SPC-Code *m* single parity check code *(error correction code with 1 bit redundancy)*

SpE (Sperreinrichtung *f*) barring facility *(exch.)*

SpeedCom *n* Swiss regional trunking service *(PTT PAMR to MPT 1327, 1343)*

Speicher *m* store *(generally: an auxiliary data storage device)*; memory *(usually describes an internal computer data store. Where an external device is referred to as memory unit, the internal device is the main memory)*

Speicher *m* **auf der Leiterplatte** on-board memory

Speicheraufwand *m* expenditure of memory capacity

Speicherbank *f* memory bank; fuse bank *(DRAM memory chip)*

Speicherbetrieb *m* store-and-forward mode *(switching)*

Speicherbetriebsverfahren *n* memory management method

Speicherblock *m* partition *(memory)*

Speicherdichte *f* packing density *(memory)*

Speicherdienst *m* message service

Speicherdirektzugriff *m* direct memory access (DMA)

Speicherdrossel *f* smoothing choke *(PS)*

Speichereinheit *f* (SE) storage unit *(EDS)*

Speichereinrichtung *f* memory storage facility *(gen.)*

Speicherfach *n* storage compartment *(HW)*; pigeon hole *(mailbox service)*

Speicherfeld *n* memory array

Speicherfenster *n* page frame *(in HMA, PC)*

Speicher-Flipflop *m* latch

Speicherfüllstand *m* memory loading

Speicherfüllung *f* memory content

Speicherkarte *f* smart card

Speicherkassette *f* memory cartridge *(removable EEPROM)*

Speicherkippstufe *f* storage *or* latching flip flop, latch

Speicherleitungsanschluß *m* (SLA) storage bus interface unit

Speicher *m* **mit Mehrfachzugriff** multiport memory (MPM)

speichern store, save *(data)*; latch *(signal)*; retain *(data in network)*

Speichern unter ... Save as ... *(MS Windows instruction, PC)*

Speicherplan *m* memory map

Speicherplatz *m* storage space; storage location, memory location

Speicherplatzanordnung *f* memory array

Speicherplatzaufteilung *f* memory partitioning

speicherprogrammierbare Steuerung *f* (SPS) stored-program control (SPC)

speicherprogrammierte Vermittlung *f* stored-program-control switch

Speicherraum *m* storage space, memory capacity

Speicherstelle *f* storage location

Speicherstelle *f*, **auf die zugriffen wurde** accessed storage location

Speichertakt *m* storage cycle

Speichertiefe *f* memory capacity

Speicher- und Verarbeitungsdienst *m* store-and-forward service

Speicherverkehr *m* delay call handling

Speichervermittlung *f* store and forward (S&F, SAF, SF) switching; buffer and forward *(frame relaying)*

Speicherwähleinrichtung *f* repertory dialler *(f. tel)*

Speicherwirkung *f* memory effect

Speicherzeitgeber *m* retention timer *(ISDN)*

Speisebrücke *f* (power) feeding bridge

Speisebrückenschaltung *f* transmission bridge circuit *(trunk repeater)*

Speisekabel *n* feed(ing) cable; umbilical cable

Speisequelle *f* power source

Speisereichweite *f* range of power supply *(power feeding, in ohm)*

Speiseschaltung *f* power circuit *(tel)*

Speisespannung *f* supply voltage, battery voltage, operating voltage

Speisespannungsaufbereitung *f* supply voltage conversion *(tel.sys.)*

Speisestromdämpfung *f* feeding loss

Speisestromweiche *f* power separating filter

Speisung *f* power feeding *(of terminal equipment)*, feed

speisungslos non-power-fed, independently powered; sound-powered *(maritime mobile RT)*

Spektralanalysator *m* spectrum analyser

spektrale Breite *f* spectrum width

spektrale Leistungsdichte *f* power spectral density (PSD)

spektrale Leistungsverteilung *f* power spectrum distribution

spektraler Wirkungsgrad *m* spectral efficiency *(ratio of the bit rate of a bit stream to the bandwidth of the RF signal modulated by this bit stream, in bits/sec/Hz)*

spektrale Verträglichkeit *f* spectral compatibility

Spektralfilter *m* dichroic filter

Spektrallinienabstand *m* line spectrum

Spektralverkämmung *f* frequency interlacing *or* interleaving *(TV, DVB)*

Sperrbereich *m* stop band *(filter)*

Sperrdämpfung *f* stop-band attenuation *(filter)*

Sperre *f* block; blocking circuit, blocker *(US, DTMF signals)*; (access) restriction *or* barring *(tel)*; rejection filter

Sperre *f* **abgehender Rufe** outgoing calls barred (OCB) *(ISDN, GSM)*

Sperre *f* **ankommender Rufe** incoming calls barred (ICB) *(ISDN)*

Sperre *f* **aufheben** cancel suspension *or* block

Sperre *f* **durchbrechen** override a bar *(tel)*

Sperre *f* **im gehenden Verkehr** block of outgoing traffic *(tel)*
16-Hz-Sperre *f* 16-Hz meter pulse blocking *(tel)*

Sperreinrichtung *f* (SpE) barring facility *(exch.)*

Sperre *f* **Listenanzeige** screen list blocking *(f.-tel feature)*

sperren bar *(telephones, radio cells)*; block *(faulty devices)*; deactivate *(file)*; disable *(gate)*; disconnect *(subscriber)*; inhibit *(data, pulses)*; restrict *(access)*; lock out, latch up *(keyboard)*; open, suspend *(connection)*; turn off, be cut off *(transistor)*

Sperren *n* **der Verbindung** call barring; suspension of connection

Sperren *n* **eines Teilnehmers** busying out a subscriber

sperrend restricting

sperrende Umschaltung *f* locking shift

Sperrerde *f* blocking ground *(PCM data)*

Sperrfähigkeit *f* bloicking capability *(microcircuit)*

Sperrfilter *n* notch filter, rejection filter, stop filter

Sperrfrequenz *f* notch frequency

Sperrkriterium *n* blocking criterion

Sperrnummer *f* barred number *(tel)*
Sperrichtung *f* reverse direction *(Halbleiter)*
  in Sperrichtung *f* **vorspannen** reverse bias
Sperrphase *f* locked phase *(O&M)*
Sperrschaltung *f* lockout circuit *(DP)*; rejection circuit *(metering pulses)*
Sperrschicht *f* barrier *(microcircuit)*
Sperrschloß *n* disabling lock, call-barring lock *(HW, dig. PBX)*
Sperrschritt *m* stop signal, stop bit
Sperrselektion *f* selectivity *(SAW filter)*
Sperrsignal *n* blocking signal, inhibit signal; interdiction signal *(CTV)*
Sperrspannung *f* reverse voltage, back bias
Sperrtaste *f* make-busy key *(tel)*; locking key
Sperrtiefe *f* stop-band attenuation
Sperrungsanforderung *f* busy-out request *(ISDN)*
Sperrwandler *m* flyback converter; blocking transformer, isolating transformer
Sperrwerk *n* call bar
Sperrwiderstand *m* backward resistance *(semicond.)*
Sperrzeichen *n* blocking signal
Sperrziffer *f* call-barring number *(tel)*
Spezialnetz *n* dedicated network
Spezifikationselement *n* specifier *(DP)*
Spezifikations- und Beschreibungssprache *f* Specification and Description Language (SDL)
spezifisch specific, -native
spezifische Absorptionsrate *f* specific absorption rate (SAR) *(EMCE test, mobile RT)*
spezifische Abstrahlungsrate *f* (SAR) specific emission rate *(mobile RT)*
spezifisch Kabeldämpfung *f* cable attenuation coefficient
Spezifizierer *m* specifier *(DP)*
SPI-Bus *m* SPI (serial peripheral interface) bus *(for optional devices, tel.)*
spiegelbildlich aufzeichnen mirror
spiegelbildliche Darstellung *f* mirroring *(data)*
spiegelbildliche Speicherplatte *f* mirrored disk *(disk copying)*
Spiegelbildplatte *f* mirrored disk *(disk copying)*
Spiegelchip *n* digital micromirror device (DMD)
Spiegelfrequenz *f* image frequency
Spiegelfrequenzunterdrückungsfilter *n* anti-image filter
spiegeln reflect; loop back *(signal)*; mirror *(data)*
Spiegelselektion *f* image (frequency) rejection *(RF receiver)*
Spiegelseite *f* mirror site *(distributed Web site q.v.)*
Spiegelung *f* reflection *(opt)*; loopback *(test)*; mirroring *(data)*, echoing
Spiegelwellendämpfung *f* reflected-wave rejection, image rejection *(sat)*
Spiel *n* cycle; tolerance, clearance
Spielfilm *m* feature film *(TV)*
Spielzahl *f* number of cycles *(mech.)*
Spitze-Mittelwert-Verhältnis *n* peak/average ratio (P/AR) *(analog transmission line test)*
Spitzenaussteuerung *f* peak programme modulation *(TV transmitter)*
Spitzenbegrenzer *m* peak limiter
spitzenbehaftet spikey *(curve)*
Spitzenbelastung *f* peak traffic demand
Spitzenbelastungszeit *f* busy *or* peak (traffic) hours
Spitzenbelastungszeit *f* **gehend** peak outgoing traffic hours
Spitzenbelastungszeit *f* **kommend** peak incoming traffic hours
Spitzenbelegung *f* peak load, peak traffic, traffic surge
Spitzenfaktor *m* peak/average ratio (PAR) *(analog transmission line test)*
Spitzenhub *m* peak deviation, peak excursion *(symbol)*
Spitzentarif *m* peak rate charge *(ISDN)*
Spitzenverkehr *m* peak traffic, hot-spot traffic
Spitzenwert *m* peak value
Spitzenwertdetektor *m* peak detector
Spitzenzellrate *f* peak cell rate (PCR) *(ATM policing)*

Spitzigkeitsfaktor *m* peakedness factor *(stat.)*

SpK s. Sprechkanal *m*

Spleiß *m* splice, joint *(FO)*

Spleißaufnahme *f* splice nest

Spleißen *n* splicing, jointing *(FO)*

Spleißstelle *f* splice, joint *(FO)*

Spleißumhüllung *f* splice enclosure *(FO)*

Splitter *m* sliver *(digital)*

Spontanbetrieb *m* asynchronous response mode (ARM)*(HDLC)*

spontane Amtholung *f* automatic exchange line seizure *(PBX)*

Spontanemission *f* spontaneous emission *(laser)*

spontane Programmwahl *f* impulse viewing *(DVB-Dienst)*

spontan reagierendes Sprachspeichersystem *n* spontaneous voice messaging system (SVMS)

Spoofing *n* spoofing *(router simulates response to "keep-alive" packet, ISDN)*

Spoolbetrieb *m* spooling *(DP)*

Spooler *m* spooler *(SPOOL: Simultaneous Peripheral Operations On Line; background function in DP)*

Spotbeam *m* spot beam *(sat)*

Spotbeam-Antenne *f* spot beam antenna *(sat)*

Sprachabruf *m* voice mail retrieval *(UM)*

sprachähnliche Belastung *f* white noise loading

sprachaktiv with voice activity

Sprachaktivität *f* speech activity, vocal activity, voice activity

Sprachanmerkung *f* voice annotation *(MTC)*

Sprachansage *f* voice announcement; prompt *(in voice mail)*

Sprachanwahl *f* voice dialling *(tel)*

Sprachausblendung *f* mid-talkspurt clipping *(PCM voice)*

Sprachausgabe *f* voice(d) response

Sprachausgabegerät *n* voice output system; audio response unit, voice response system

Sprachausgabepuffer *m* voice output buffer

Sprachband *n* voice band *(tel., 300–3,400 Hz)*

Sprachbandmodem *m* voice band modem

sprachbegleitend while speaking, with speech *(dig. PBX, using another service)*

Sprachbetrieb *m* talk mode *(mobile RT)*

Sprachblock *m* voice block *(speech recognition)*, talkspurt *(PCM voice)*

Sprachblocklänge *f* talkspurt duration *(PCM voice)*

Sprachblockstauchung *f* talkspurt compression *(PCM voice)*

Sprachbox *f* electronic telephone mailbox; voice mail

Sprachbox-Server *m* voice mail server

Sprachbriefkasten *m* voice mail

Sprachcodec *m* voice codec *(GSM)*

Sprachcoder *m* s. Sprachcodierer *m*

Sprachcodierer *m* voice coder *or* encoder

Sprachcodierung *f* **mit Standardbitrate** full-rate speech coding *(tel.)*

Sprachdarstellungsschicht *f* voice presentation layer *(layer 6, OSI RM; e.g. PCM)*

Sprach-/Datenmultiplex *n* voice/data multiplex (VDM) *(corporate communication)*

Sprach-/Datenspeicher *m* voice/data mailbox

Sprachdetektor *m* speech detector

Sprachdienst *m* voice service

Sprache *f* voice, speech; language; convention

Spracheingabe *f* voice input *(mobile tel., hands-free dialling)*

Sprachendeinrichtung *f* voice terminal *(digital)*

Sprachendienst *m* language department

Sprachenkennziffer *f* language code

Spracherkenner *m* voice recognition system or device *(MPEG 4)*

Spracherkennung *f* speech *or* voice recognition

Sprachgeber *m* voice generator *(voice output)*

sprachgeführt voice directed *(speaker identification)*

Sprachgeräte-Steuerung *f* voice device handler *(switch)*

sprachgesteuert voice operated, voice activated, speech activated

sprachgesteuertes Wählen *n* voice dialling *(mobile RT)*

Sprach-Gruppenrufdienst *m* voice group call service (VGCS) *(GSM 02.68, 03.68, s. Table VII)*

Sprachgüte *f* speech quality *(measurement)*

Sprachinformationsserver *m* voice mail server *(dig. PBX)*

Sprachinterpolation *f* speech interpolation

Sprachkanal *m* (SK) voice channel (VC); traffic channel *(trunking)*

sprachkommentiert voice annotated *(text)*

Sprachkommunikation *f* voice service

Sprachkompression *f* voice compression

Sprachkomprimierung *f* voice compression *(ITU-T Rec. G.723.1, G.729a, s. Table III)*

Sprachlaut *m* phoneme

Sprachleistung *f* voice power

Sprachmedieneinrichtung *f* voiceware equipment *(US)*

Sprachmelodie *f* intonation

Sprachmenü *n* voice menu

Sprachmenüführung *f* voice prompting

Sprachmitteilung *f* voice message, audio message *(voice messaging)*

Sprachmitteilungsdienst *m* voice messaging (service)

Sprachmitteilungssystem *n* voice messaging system (VMS) *(a type of upgraded answering machine)*

Sprachmonopol *n* telephony monopoly *(DBT)*

Sprachnachricht *f* voice message, audio message *(voice messaging)*

Sprachnachrichtenübermittlung *f* voice messaging

Sprachpaketsender *m* (SPS) voice packet transmitter

Sprachpausennutzung *f* speech interpolation *(TASI)*

Sprachpausenunterdrückung *f* suppression of silent gaps, silence suppression *(mobile RT)*

Sprachpost *f* voice mail

Sprachprobe *f* voice test *(PA system)*

sprachprogrammierbare Steuerung *f* (SPS) speech programmable control *(mobile RT)*

Sprachprozessorschaltung *f* speech processing circuit

Sprachqualität *f* speech quality

Sprach-Rundsendedienst *m* voice broadcast service (VBS) *(GSM 02.69, 03.69, s. Table VII)*

Sprachsignal *n* speech signal *(PBX)*

Sprachspannung *f* speech voltage

Sprachspeicher *m* (SS) voice memory (device), voice mailbox

Sprachspeicherdienst *m (AUDIOTEX)* voice mail service, voice messaging service

Sprachspeicher-Mitteilung *f* voice mail message

Sprachspeicherserver *m* voice mail server

Sprachspeichersystem *n* voice messaging system (VMS) *(a type of upgraded answering machine)*

Sprachspeichersystem *n* **des C-Netzes** (CSS) voice messaging system of the mobile network C

Sprachsteuerung *f* voice control (VOX)

Sprachsynthese *f* speech synthesis

Sprachtechnik *f* voiceware equipment *(US)*

sprachtechnische Einrichtung *f* voiceware equipment *(US)*

Sprachtelefondienst *m* voice telephony service

Sprachterminal *n* voice terminal *(dig. PBX)*

Sprachtranscoder *m* voice transcoder (XCDR) *(GSM, s. Table VII)*

Sprachübertragung *f* voice transmission

Sprachübertragung *f* **per Internet-Protokoll** voice over IP (VoIP) *(Internet telephony, ITU-T Rec. H.323, s. Table III)*

Sprachübertragungsgüte *f* voice quality *(ISDN)*

Sprachübertragungsweg *m* voice trunk *(mobile radio network)*

Sprachübertragung *f* **über DSL** voice over DSL (VoDSL) *(interface: V5.1/5.2 in Europe, TR-008, GR-338 in the US)*

sprachunterstützte Wahl *f* audioscroll

Sprachverarbeitungseinrichtung *f* voice processing equipment, voiceware equipment *(US)*

Sprachverarbeitungsschaltung *f* speech *or* voice processing circuit

Sprachvermittlungssystem *n* (SVS) voice communication system

Sprachverschlüsselung *f* speech encoding

Sprachwahl *f* voice dialling *(tel)*

Sprachwiedergabemodul *n* text-to-speech (TTS) module *(converts PC-based messages into speech messages, UM)*

Sprach-Zielnummer *f* voice terminating number *(exch.)*

Spratzer *mpl* sparklies, sparking *(sat TV)*

Sprechader *f* speech wire *(tel)*

Sprechadern *fpl* speaking pair *(tel)*

Sprechakt *m* act of speaking

Sprechaktivitätserkennung *f* voice activity detection (VAD) *(s. Table VII)*

Sprechanlage *f* intercom (system)

Sprechapparat *m* voice communication unit *(cordless telephone base station, DECT)*

Sprechbedürfnis *n* calling rate

Sprechdurchsage *f* spoken message

sprecherabhängige Spracherkennung *f* (speaker-)dependent voice recognition (DVR)

sprecheradaptive Spracherkennung *f* (speaker-)adaptive voice recognition (AVR)

Sprecherecho *n* talker echo *(delayed hearing of one's own voice, tel)*

Sprecherechobezugsdämpfung *f* (SEBD) talker echo loudness rating (TELR)

Sprechererkennung *f* speaker recognition *(exchange, speech coding)*

sprecherunabhängige Spracherkennung *f* (speaker-)independent voice recognition (IVR)

Sprechfunk *m* radio telephony (RT), two-way radio

Sprechfunkgerät *n* radiotelephone, transceiver, two-way radio

Sprechgarnitur *f* headset, operator's set *(attendant's console)*, telephone set; voice set, voice phone *(US)*

Sprechgast *m* other *or* invited telephone user

Sprechgebühr *f* air-time charge *(mobile RT)*

Sprechhörer *m* handset *(mobile RT)*

Sprechkanal *m* (SpK) voice channel (VC) *(mobile RT)*, voice-grade channel *(DP)*

sprechkanalfrei off-air *(mobile RT)*

Sprechkapsel *f* transmitter (capsule *or* inset) *(tel)*

Sprechkreis *m* speaking *or* talking circuit, speech circuit; voice circuit *or* channel; earpiece circuit *(acoustic, tel)*

Sprechkreisdurchgangsprüfung *f* voice circuit continuity check

sprechkreisgebundene Zeichengabe *f* channel-associated signalling *(ITU-T I.112, s. Table IV)*

Sprechkreiskennung(scode *m*) *f* circuit identification code (CIC) *(GSM, s. Table VII)*

Sprechkreisprüfung *f* cross-office check

Sprechleitung *f* voice line *(PBX)*

Sprechmaschine *f* synthetic speech generator

Sprechmuschel *f* mouthpiece *(tel)*

Sprechpause *f* non-speech interval, silence interval, quiet period

Sprechqualität *f* talker quality *(auditive test, tel)*

Sprechrichtung *f* direction of speech transmission

Sprechschaltung *f* speech circuit

Sprechstelle *f* extension; audio station *(intercom)*, telephone station, subscriber's station, station

Sprechstelle *f* **bekommt eine Rufmeldung** station is alerted

Sprechstelle *f* **für Paketvermittlung** packet voice terminal (PVT)

Sprechstellengerät *n* station set *(US)*

Sprechtaste *f* speaking key, push-to-talk key, PTT key, talk key *(PA system)*

Sprechteil *n* transmitter *(tel. transmitter)*

Sprechverbindung *f* voice link

Sprechverkehr *m* voice communication

Sprechwechselspannung *f* AC speech voltage

Sprechweg *m* VF path, voice path; speech path, talk path, voice link, voice circuit, telephone circuit

Sprechwegeführung *f* voice circuit, audio lines, speech paths

Sprechzeit *f* airtime, talk time *(mobile RT)*

Sprechzeug *n* operator's handset *(PABX)*

Sprechzustand *m* conversation state

Spreizbanddemodulation *f* despreading

Spreizbandsignal *n* spread spectrum signal

Spreizbandverfahren *n* spread spectrum method *(mobile RT transmission, CDMA, DS coding, Mchips/s)*

Spreizcode *m* PRN (pseudo-random noise) code, spread-spectrum code, CDMA code, chipping sequence

Spreizfaktor *m* spreading factor *(CDMA)*

Spreizfolge *f* PRN (pseudo-random noise) sequence, pseudo-random sequence, PRN code sequence *(spread-spectrum signal, CDMA)*

Spreizmodulationsverfahren *n* spread spectrum method *(transmission, CDMA)*

Spreizspektrum-Verfahren *n* spread spectrum *(frequency hopping)* technique

Spreizspektrumzugriff *m* spread spectrum multiple access (SSMA) *(VSAT)*

Spreizungscodierung *f* interleaved coding

SPROZ (Signalisierungsprozessor *m*) signalling processor *(DC)*

Sprung *m* jump; branch *(DP)*; step change, discontinuity, transition

Sprunganregung *f* step-function excitation *(FO)*

Sprungfolge *f* hop sequence *(FH)*

sprunghaft discontinuous, erratic

Sprungmarke *f* link *(WWW)*

Sprungsequenz *f* hop sequence *(FH)*

Sprungwert *m* level-change value

SPS (speicherprogrammierbare Steuerung *f*) stored-program control (SPC)

SPS s. Sprachpaketsender *m*

SPS s. sprachprogrammierbare Steuerung *f*

Spule *f* reel *(tape)*, spool; coil *(winding)*, inductor

spulen spool, reel, wind

Spulenpaket *n* coil assembly

Spurabstand *m* track pitch *(MTR)*

Spuren *fpl* **pro Zoll** tracks per inch (tpi) *(recording density, floppy disk)*

Spurführung *f* tracking *(VTR)*

Spürgas *n* tracer gas *(cables)*

Spurhaltung *f* tracking *(VTR)*

Spurpaket *n* macrotrack *(with e.g. 80 tracks each in longitudinal recording, matrix recording)*

SPV (semipermanente Verbindung *f*) semipermanent connection

SQ (Empfangsgüte *f*) Signal Quality (detect) *(V.24/RS232C, s. Table IX)*

S/Q(**-Verhältnis**) *n* signal/quantizing distortion (ratio) *(ADC)*

SQCIF (Sub-QCIF *n*) sub QCIF *(12,228 pixels, ITU-T H.263, s.a. "QCIF")*

SRA (Signal-Rausch-Abstand *m*) signal/noise ratio

SRCV (Hilfskanal-Empfangsdaten *npl*) Secondary ReCeiVed data *(V.24/RS232C, s. Table IX)*

SRE (Satelliten-Rundfunk-Empfangseinrichtung *f*) satellite broadcast receiving station

SRI-Nachricht *f* "send routing information" (SRI) message *(MAP, GSM)*

S/R-Leistungsdichte-Verhältnis *n* signal/noise-density ratio

SRP-Protokoll *n* spatial reuse protocol (SRP) *(IP)*

SRV (Signal-Rausch-Verhältnis *n*) signal/noise ratio (SNR) *(in dB)*

SRWL (schnelle Rufweiterleitung *f*) instant call forwarding

SS s. Sprachspeicher *m*

S-Schnittstelle(**nschaltung**) *f* S-interface circuit (SIC) *(user-network interface between NT and TA or TE1, 4-wire line, ISDN)*

S_0-Schnittstelle *f* S_0 interface *(S interface for ISDN BA)*

S_{2M}-Schnittstelle *f* S_{2M} interface *(S interface for ISDN PA, 2Mb/s)*

S-Serie *f* **der ITU-T-Empfehlungen** S series of ITU-T Recommendations *(relates to telegraph services terminal equipment, s. Table III)*

SSL-Schicht *f* Secure Socket Layer (SSL) *(IP)*

SSMA s. Spreizspektrumzugriff *m*

SSTDMA (TDMA *m* mit Vermittlung im Satelliten) satellite switched TDMA *(sat)*

ST (Sendetakt *m*) transmitter bit timing *(switch)*

ST (Sendeterminal *n*) send terminal *(DC)*

staatliche Fernmeldeverwaltung *f* governmental telecommunications carrier

staatliche Vorgaben *fpl* (government) regulations

stabil stable, constant; solid

stabile Betriebsweise *f* steady-state operation *(synchronized)*

Stabilisierungsdämpfung *f* stabilization loss

Stadtfunkrufdienst *m* ('Citycall') (SFuRD) regional radio-paging service

Stadtgespräch *n* local call *(tel)*

Stadtnetz *n* city network, metropolitan area network (MAN)

Stadtnetzbetreiber *m* city carrier *(MAN)*

Staffelspeicher *m* tandem memory

Staffelzeit *f* queuing time

Stammdatei *f* master file, history file

Stammdaten *npl* fixed data

Stammelement *n* primitive

Stammkreis *m* side circuit *(PCM data, voice)*

Stammleitung *f* bus; side circuit *(tel)*

Stammleitungsnetz *n* backbone network *(LAN)*

Stammnetz *n* distribution network *(CATV)*

Stammprozess *m* parent process *(DP)*

Stammverstärker *m* distribution amplifier

Stammverzeichnis *n* root directory *(DP)*

Stand *m* error, reading, state *(clock)*; setting, timing (difference *(DLR)*)

Standablage *f* time deviation *(clock comparison)*

Standardbetriebsmöglichkeit *f* standard facility *(DTAG)*

Standardeigenschaften *fpl* attributes *(DECT)*

standardisierter Datenaustausch *m* electronic data interchange (EDI)

standardisierter Dienst *m* teleservice (telecommunication service) *(ITU-T Rec. I.112, I.210, s. Table IV)*

standardisierte Schnittstelle *f* common interface (CI) *(PCMCIA based CA decoder interface, DVB)*

standardmäßig by default

Standardverfahren *n* standard method; standard operating procedure (SOP)

Standardwert *m* default value

Standbild *n* freeze frame *(NB video communications)*; still image *or* picture *or* frame; frozen picture *(TV)*

Standbild *n* **fahren** freeze the action *(TV)*

Standbild-Übertragung *f* static-picture transmission

Standbildverlängerung *f* frozen picture *(TV)*

Ständer *m* stator *(motor)*

ständige Pilote *mpl* continual pilots *(TPS carriers, OFDM, DVB)*

ständige Rufweiterschaltung *f* call forwarding unconditional (CFU) *(ISDN)*

ständige Wiederholung *f* recursion

Standleitung *f* leased line *(DIN 44302)*; point-to-point circuit *(RT)*; tie line; dedicated line *or* circuit; always-on connectivity *(IP)*

Standmaus *f* trackball, tracker ball *(display)*

Standmodem *m* dedicated-line modem

Standort *m* site; location *(mobile RT)*

standortabhängiger Dienst *m* location based service

Standortbestimmung *f* position finding; location criterion *(coverage, mobile RT)*

Standortdatei *f* location register (LR) *(mobile RT)*

Standortdiversity *f* site diversity *(sat. communications)*

Standorterfassung *f* location registration *(mobile RT)*

Standortklärung *f* site search *(mobile RT)*

Standortlöschung *f* location cancellation procedure (LCP) *(GSM, s. Table VII)*

Standortnetz *n* local area network (LAN)

Standverbindung *f* point-to-point link *or* communication

Standverbindungsnetz *n* dedicated network

Standzeit *f* frame period

Stanzabfall *m* chad *(PT)*

stanzen punch, perforate *(PT)*; key, overlay *(video)*

Stanzfarbe *f* keying colour *(video)*

Stanzpegel *m* keying level *(video)*

Stapel *m* stack; deck (of "cards") *(WML, corresponds to one HTML page)*

Stapelbetrieb *m* automatic document feed (ADF) *(fax)*; batch mode *(PCM data)*

Stapeldatei *f* batch file *(extension *.BAT, PC)*

Stapelprogramm *n* batch file *(PC)*

Stapelspeicher *m* FIFO store

Stapelübertragung *f* batch transmission *(DP)*

Stapelverarbeitung *f* batch processing *(DP)*

stapelweise Digitalisierung *f* batch digitizing *(NLE)*

Stapler *m* stacker; hopper *(DP SW, tasks)*

stark strong; heavy *(traffic)*

stark dotiert heavily doped *(microcircuit)*

starke Belastung *f* heavy load *(traffic)*

Stärke *f* **des Verkehrs** density of the traffic

Stärkenprofil *n* penetration profile *(market)*

stark gestörte Sekunden *fpl* severely errored seconds (SES) *(ITU-T G.821, s. Table III)*

starr rigid, solid, stationary; fixed, permanent *(network)*

starre Durchschaltung *f* permanent connection

starres Multiplex *n* fixed(-factor) multiplex

starr fortlaufend serial, sequential *(DP)*

Startbit *n* start element

Startdatum *n* launch date *(sat)*

Startfolge *f* boot-up sequence *(computer, IDTV)*

Startkoeffizient *m* launching coefficient *(waves, sat. transmission)*

Startseite *f* portal site *(WWW)*

Start-/Stopp-DEE *f* asynchronous, non-packet-mode DTE *(with start and stop bit)*

Start-Stopp-Zähler *m* start/stop counter

Startzeit *f* start-up time

stationär stationary *(subscriber)*; fixed *(HW)*

stationäre Besetzung *f* steady-state distribution *(FO)*

Stationsaufforderung *f* enquiry (ENQ) *(DLC protocol)*; interrogation

Stationsfunktion *f* station feature *(PBX)*

Stationsmerkmal *n* station feature *(PBX)*

statisch static *(i.e. time-independent)*

statisches Multiplex *n* static multiplex *(ITU-T I.430.E, s. Table IV)*

statischer Verständigungsbereich *m* (SVB) static communication area *(SW)*

statistisch statistical *(ITU-T I.113, s. Table IV)*

statistische Bitrate *f* statistical bit rate (SBR) *(ATM)*

statistische Codierung *f* statistical coding

statistische Multiplexeinheit *f* statistical multiplexing unit (SMU)

statistischer ATM-Übertragungsmodus *m* ATM statistical transfer mode *(ITU-T I.113, s. Table IV)*

statistischer Bitfehler *mpl* random bit errors

statistischer Multiplexer *m* (STDM) statistical time division multiplexer

statistisches Multiplex *n* statistic multiplex *(ITU-T I.430.E, s. Table IV)*

statistische Streuung *f* statistical variation

Statusabfrage *f* status request

Statusanzeige *f* status bar indicator *(MS Windows, PC)*

Statusanzeiger *m* progress indicator *(MS Windows, PC)*

Statusleiste *f* status bar, progress bar *(MS Windows, PC)*

Stau *m* congestion *(data)*

stauchen compress *(data)*

Stauchung *f* compression *(data)*; crushing *(analog signal)*

STB s. Set-Top-Box

STD (synchrone Zeitvielfachtechnik *f*) synchronous time division multiplex *(STM)*

STDM s. statistischer Multiplexer *m*

StE s. Steuereinheit *f*

Steckbaugruppe *f* plug-in assembly *or* module; field-replaceable unit (FRU)

Steckbrücke *f* plug-in jumper, jumper *(on adapter card)*

Steckbuchse *f* receptacle socket

Steckdose *f* socket, outlet

Stecker *m* **mit Flachkontakten** flat pin plug *(GB, US, AUS)*

Steckerdepot *n* plug storage *or* panel *(matrix plugs)*

Steckerfeld *n* plug panel
Steckerleiste *f* (male) connector strip
Steckerstift *m* male pin
Steckfehler *m* patching error *(matrix)*
Steckgerät *n* plug-in device
Steckkarte *f* plug-in card *or* board
Steckplatz *m* slot, location *(subrack)*
Steckstelle *f* socket, connector
Stecktafel *f* patch board, patch panel
Steckverbinder *m* (plug-in) connector
Steckzunge *f* FASTON tab *(connector)*
Stehbild *n* still image *or* frame
stehen reside *(be stored)*, being held in
stehenbleiben stop, freeze *(counter)*
stehenlassen leave standing
die Leitung *f* **stehenlassen** leave the connection up
Stehwellenverhältnis *n* standing wave ratio (SWR), voltage standing wave ratio (VSWR) *(antenna)*
Steigfluggeschwindigkeit *f* ascent rate *(aero)*
Steigleitungsschrank *m* riser closet *(building network)*
Steigung *f* slope *(characteristic)*, gradient
steilflankig steep-sided *(filter)*
Steilheit *f* slope *(curve)*; steepness *(pulse, filter)*; transconductance, gain, sensitivity *(amplifier)*; rate of change *(value, e.g. voltage)*; roll-off factor *(Nyquist slope, TV)*
steilheitsgesteuerter Verstärker *m* transconductance amplifier
Steilheitsverstärker *m* transconductance amplifier
Steilheitsverzerrung *f* non-linear distortion
Stellanweisung *f* transmission power correction (TPC) instruction *(mobile RT)*
Stelle *f* position *(DP)*, location; feature *(image)*
stellen issue *(a read call, DP)*
Stellenkomplement *n* diminished (radix) complement
Stellenmultiplex *m* position multiplexing
Stellenwertschreibung *f* radix notation
Stellenzeitschlitz *m* digit time slot
Steller *m* controller, potentiometer
Stellfläche *f* floor space *(rack)*
Stellglied *n* (final) control element *(PLL)*, controlling element
Stellgröße *f* correcting variable *(PLL)*
Stelligkeit *f* weight *(binary)*
Stellkondensator *m* adjustable capacitor
Stellmotor *m* servomotor
Stellreserve *f* spare control capacity
stellvertretender Cache *m* proxy cache *(corporate network)*
Stellvertreter *m* representative; wildcard *(in file names, DOS)*
Stellvertreter-Agent *m* proxy agent *(mediates management functions to a non-Internet environment, network management)*
Stellvertreterzeichen *n* wildcard *(*, ?, PC)*
Step-by-Step-Wähler *m* step-by-step (SXS) selector *(analog)*
Stereoton *m* stereophonic sound, stereo sound, stereo signal
Stereo-Übersprechdämpfung *f* stereo separation *(broadcasting etc)*
Stereoübersprechen *n* stereo crosstalk *(broadcasting etc)*
Sternchen *n* asterisc; star *(wildcard, WP)*
Sternchen-Punkt-Sternchen star-dot-star *(all files designation, PC)*
sternförmig star-shaped; radial *(connection)*
Sternkoppler *m* star coupler *(FO)*, concentrator, hub
Sternnetz *n* star-type network
steuerbar controllable; steerable *(sat. ant.)*
steuerbarer Teiler *m* variable attenuator
Steuerblock *m* control block; supervisory frame *(transmission control)*
Steuerbus *m* control bus *(DP)*
Steuereinheit *f* (StE) control element (CE) *(switching system)*
Steuereinrichtung *f* group processor (GP) *(decentralized, exchange)*
Steuerelektrode *f* gate *(FET)*
Steuerfeld *n* control field *(SS7 frame)*
Steuerfrequenz *f* master frequency
Steuerkanal *m* control channel, D channel *(ITU-T I.430, s. Table IV)*
Steuerknüppel *m* joystick *(VDU, PC)*

Steuerkugel *f* tracker ball *(VDU)*

Steuerleitung *f* control trunk

steuern control; route *(signal)*; steer *(data)*

Steuerprogramm *n* handler *(packets)*

Steuerschalter *m* register controller *(switching)*

Steuersender *m* control transmitter, master oscillator (MO) *(DVB SFN transmitter)*

Steuerspeicher *m* control memory

Steuertakt *m* control bit *(TC)*, control clock pulse; control clock rate

Steuerteil *n* control unit *(exchange)*

Steuerteil *n* **für Zeichengabe(***oder* **Signalisierungs)verbindungen** signalling connection control part (SCCP) *(SS7, GSM)*

Steuerung *f* control; open-loop control *(servo)*; controller, control system; arbitration *(bus)*

Steuerungsebene *f* control plane (C-plane) *(ISDN)*

Steuerungshoheit *f* overall control

Steuerungsprotokoll *n* control protocol

Steuerungsprozessor *m* control processor

Steuerverbindung *f* control connection *(L2TP q.v.)*

Steuervorrichtung *f* control device; control mechanism *(ITU-T I.430.E, s. Table IV)*

Steuerwerk *n* control unit, processor

Steuerzeichen *n* control character *(WP)*; chevrons *(PC display)*

Steuerzeichengabe *f* control signalling *(switching)*

Steuerzeichensatz *m* control set *(WP)*

Steuerzeitschlitz *m* control time slot (CTS) *(ATM)*

Stichleitung *f* stub *(line plant)*; feeder cable *(CATV)*

Stichprobe *f* sample *(QA)*

Stichprobenzählung *f* peg count *(QA)*

Stielhörer *m* stalk earphone headset *(ENG)*

Stiftabtaster *m* reader wand *(bar code)*

Stift-Computer *m* notepad *(PC for handwritten inputs)*

Stiftenwalze *f* sprocket wheel *(PTR)*

stiftgesteuerter Computer *m* pen (computer)

Stift- und Federleiste *f* pin-contact and receptacle strip

stiller Handel *m* silent commerce (S-commerce) *(machine-machine transactions)*

Stillstand *m* outage

Stimmapparat *m* vocal apparatus *or* tract *(voice coding)*

Stimmfrequenz *f* voice frequency *(voice recognition)*

stimmhaft voiced

stimmlos unvoiced

stimmt checks out

Stimulationsstrahlung *f* stimulating radiation *(phospor screen)*

Stirnfläche *f* face, end face

STM (synchroner Übertragungsmodus *m*) synchronous transfer mode *(FO PCM, SDH)*

STM-1 (synchroner Transportmodul *m* der Ebene 1) level 1 synchronous transport module *(SDH pulse frame, ITU-T Rec. G.70X, 155.520 Mbit/s (= STS-3 or OC-3, SONET), s. Table III;*
STM-4 *= approx. 4f, i.e. 622.080 Mbit/s (= STS-12, SONET),*
STM-16 *= 2.488 Gbit/s (s. SDH hierarchy))*

stochastisches Rauschen *n* random noise

Stockwerkverteiler *m* floor (services) distributor *or* distribution board *(tel)*

stoffschlüssig surface-bonded *or* -connected, integral

stopfbar stuffable *(PCM data)*

Stopfbit *n* justification bit *(PCM)*; stop bit, stuffing bit

stopfen inject, insert *(signal)*, stuff *(PCM)*, pad *(characters, ESS)*

Stopf-Mux-Technik *f* stuffing/multiplexing (technique) *(transmission)*

Stopfschaltung *f* padder

Stopfschritt *m* padding (stop) element *(bit rate adaptation)*

Stopfwort *n* stuffing word *(PCM)*

Stopfzelle *f* padding cell *(ATM cell stream)*

Stoppbild *n* freeze frame *(video film)*

Stoppbit *n* stop bit

Stoppschritt *m* stop element *(bit rate adaptation)*

Stöpsel *m* plug, peg *(switchboard)*

Stöpselhals *m* ring *(phone plug)*

Stöpselspitze *f* tip *(phone plug)*

Störabstand *m* signal/noise ratio (SNR) *(in dB)*

Störabstand *m* **einschließlich Verzerrungen** Signal/Noise and Distortion (SINAD) ratio

Störabstandreserve noise immunity margin, snr margin

Störanteil *m* noise component

Störanzeige *f* false indication *or* reading

Störaussendung *f* spurious emission *(GSM, betw. 9kHz and 12.75 GHz)*

Störbedingung *f* fault condition

Störbeeinflussung *f* interference; rate of impairment *(ISDN)*

Störbefreiung *f* regeneration *(of signals)*

störbehaftet errored *(transmission)*

Störbelag *m* impairments

Störbetrieb *m* disruptive operation

Störeinbruch *m* clustered errors *(data transmission)*

Störeinfluß *m* interference (effect), parasitic induction

Störeinflüsse *mpl* parasitics

Störeinkopplung *f* interference

Störeinstreuung *f* interference pick-up *(RF)*

Störempfindlichkeit *f* electromagnetic susceptibility (EMS)

stören disturb, interfere with; jam *(mil.)*; disrupt *(service)*

störend unwanted

Störer *m* noise source *or* signal, interferer *(radio transm.)*; jammer *(mil.)*

Störerleistung *f* interferer power *(CIR, DVB)*

Störfall *m* fault, incident; accident *(power station)*

Störfestigkeit *f* noise immunity

Störgebiet *n* interference area

Störgröße *f* disturbance (quantity *or* factor) *(control)*, transient *(signal)*

Störhub *m* unwanted deviation *(FSK)*, deviation error

Störimpuls *m* interference pulse; glitch *(data)*

Störintervall *n* jamming interval *(CTV)*

Störmeldung *f* fault signal, alarm

Störmischprodukt *n* unwanted mixture product

Störmodulation spurious modulation *(broadcasting)*

Störpegel *m* noise level, noise floor, background noise

störpegelarm with low noise level

Störpegel-Unterscheidungsschwelle *f* just noticeable noise floor *(audio codec)*

Störphasenmodulation *f* **durch ein stetiges Signal** deterministic modulation

Störreichweite *f* interference range *(mobile radio network)*

Störschutzfilter *n* interference filter, noise filter

Störschwingungen *fpl* parasitics

Störsender *m* interfering *or* jamming transmitter, jammer

störsicher interference-proof

Störsignal *n* fault signal, glitch *(DP)*; jamming *or* interference signal *(CTV)*, unwanted signal; jam signal *(CSMA/CD)*

Störspannung *f* noise voltage, transients

Störspektrum *n* noise spectrum

Störspitze *f* noise spike, glitch

Störstelle *f* fault location

Störstrahlung *f* radiated interference, electromagnetic interference (EMI)

Störtor *n* noise window *(shielding characteristic)*

Störung *f* failure *(termination of the ability of an item to perform a required function, IEEE definition)*; malfunction; fault, defect; disturbance, perturbation; interference; disruption *(connection)*; trouble; hit *(PCM)*; jamming *(RF signal)*

störungsanfällig susceptible to faults

Störungsäußerung *f* description of fault *(Conformance Test Report)*

Störungsbeseitigung *f* fault recovery, fault elimination

Störungsdauer *f* fault clearance time *(network)*, malfunction time

Störungserkennung *f* error detection

störungsfrei error-free; interference-free *(signal)*

Störungsinformationsfenster *n* trouble ticket *(NMS)*

Störungsmeldung *f* fault report; failure indication *(mobile RT)*; service alarm signal *(PCM data, ITU-T Rec. G.704, s. Table III)*

Störungssender *m* jamming transmitter

Störungssicherheit *f* fault immunity

Störungsspitze *f* hit *(PCM)*

störungsspitzenfrei hitless *(PCM)*

Störungsstatistik *f* fault statistics *(O&M)*

Störungsstelle *f* fault clearance office

störungsunanfällig immune to faults

Störungszeit *f* downtime *(HW)*

Störverkehr *m* traffic padding

Störwirkbreite *f* failure penetration range

Störzeit *f* jamming interval *(CTV)*

Stoßantwort *f* impulse *or* unit pulse response *(r(t))*

stoßartig abrupt; bursty *(impulse noise)*

Stoßbetrieb *m* peak traffic mode

Stoßdämpfung *f* reflection loss, mismatch loss

stoßfrei free of hits *or* discontinuities

Stoßspannung *f* surge voltage

Stoßstelle *f* reflection point, discontinuity; joint *(HW)*

Stoßzeit *f* peak traffic period

Strafterm *m* penalty (term) *(math., image coding)*

Strahlbreite *f* beam width *(ant)*

Strahldichte *f* radiance, radiant intensity per unit area; brightness *(in N)*

Strahlenbündelung *f* beam forming *(ultrasonics)*

Strahlendiagramm *n* signal space diagram *(transmission)*

Strahlennetz *n* radial network

Strahlenschatten *m* shadow *(opt)*

Strahlentkopplung *f* beam discrimination *(sat. antenna)*

Strahlschwenken *n* beam hopping *or* scanning *(ant.)*

Strahlstärke *f* radiant intensity *(FO, in W/sr)*

strahlungsarm low-radiation *(TV CRT; monitor, PC)*

Strahlungscharakteristik *f* radiation pattern, antenna pattern

Strahlungsleistung *f* radiated power, equivalent isotropically radiated power (EIRP) *(sat)*

strahlungslose Rekombination *f* non-radiative recombination *(laser)*

Strang *m* string *(of drives)*; phase *(el.)*; line *(of racks)*

Straßenverkehrsinformatik *f* road transport informatics (RTI)

Straßenverkehrstelematik *f* road transport telematics (RTT) *(RDS/TMC)*

Streaming *n* streaming (mode) *(DP)*

Streaming-Betrieb *m* streaming mode *(DP)*

Streaming-Media *npl* streaming media *(real-time transmission of multimedia)*

streben tend *(math)*

Strecke *f* route, line; link *(ITU-T I.112, s. Table IV)*

Strecken *n* stretching *(object on screen, CAD)*

Streckenabschnitt *m* route section *or* segment

Streckenberechnung *f* link budget (calculation)

Streckenbilanz *f* link budget *(sat)*

Streckenblock *m* link block

Streckenbündel *n* linkset *(signalling)*

Streckendämpfung *f* path attenuation *or* loss *(FO, LAN)*

Streckendurchgang *m* path continuity

Streckenführungs-Expertensystem *n* alternate routing expert system (ARX)

Streckenmanagement *n* link management *(SS7 MTP, s. Table III)*

Streckenmessung *f* end-to-end test *(tel)*

Streckenrauschen *n* trunk noise *(transmission)*

Streckentakt *m* route clock (pulse)

Streckenverbindung *f* linking *(ISDN)*

Streckenverstärker *m* (ABVr) trunk amplifier *(broadband)*

Streifenaufnahme *f* tape take-up system *(PTR)*

Streifenbehälter *m* tape bin *(PTR)*

Streifenbreite *f* swath width *(sat. earth observation)*

streifender Winkel *m* grazing angle *(beam)*

Streifenleiterverbinder *m* strip line connector *(circuit boards)*

Streifenleitung *f* strip line *(microwave, circuit boards)*

Streifenzug *m* tape tension *(PTR)*

Streit *m* contention *(bus allocation, e.g. lost contention of a channel)*

streiten contend *(bus allocation)*

Streubereich *m* zone of dispersion *(FO)*; spread

Streubreite *f* scatter band

Streufaktor *m* leakage factor *(filter)*

Streukoeffizient *m* leakage factor

Streulicht *n* scattered light *(FO)*

Streuschwingungen *fpl* parasitics

Streusignallöschfilter *n* signal dispersion cancelling filter *(TV, e.g. for "ghosts")*

Streuspeicherung *f* hashing *(SW)*

Streuung *f* dispersion, scatter, spread, variance, variation

Streuwert *m* erratic value; variance coefficient *(traffic)*

Streuwertverfahren *n* traffic variance method

Streuzahl *f* leakage factor

Strg (Steuerung *f*) control (Ctrl) *(PC keyboard)*

Strichcode *m* bar code

Strichcodeleser *m* bar code scanner *(laser)*

Striping *n* striping *(distributing successive data blocks from a video film to a number of hard disks, VOD)*

String *m* string *(DP)*

Strom *m* **ableiten** return *or* bypass current *(to earth)*

Stromableitung *f* current return

Stromaktivierung *f* power activation *(ISDN)*

Stromanschluß *m* supply point *or* terminal

Stromansteuerung *f* current drive

Stromaufnahme *f* current drain *or* consumption; input current

stromaufnehmend current-drawing

Stromausfall *m* loss of power (LP)

stromausfallsicher mains-buffered, battery-buffered, with buffered power supply *(data storage)*

Strombegrenzer *m* current limiter (CL)

Strombelag *m* electric loading

Strombelastung *f* current rating

Strombildung *f* streaming (mode) *(DP)*

Stromblockierung *f* power lock-up *(TE power supply)*

Stromdurchgang *m* continuity

stromerfüllter Schritt *m* current bit *(TC)*

Stromfühler *m* current sensor

Stromgeber *m* current generator, current sensor

Stromkreis *m* circuit *(of current flow)*

Stromlaufplan *m* circuit diagram

stromlos currentless, deenergized, dead

stromloser Schritt *m* no-current bit *(TC)*

stromloser Sperrschritt *m* spacing stop bit *(TC)*

Strommesser *m* ammeter, current meter

Stromnetz *n* power supply system *(AC mains supply)*

Stromquelle *f* power source (PS)

Stromrauschen *n* current noise; noise level

stromrichtergeführt current converter-fed

Stromschalter *m* current mode logic

Stromschleife *f* current loop *(RS232A interface)*

stromschlüssig with circuit continuity

Stromschnittstelle *f* current loop interface

Stromsenke *f* current sink (CS)

Stromsparmodus *m* current saving mode, standby mode, sleep mode *(processor)*

Stromspiegel *m* current mirror (circuit)

Stromspiegelschaltung *f* current balancing circuit *(el.)*, current mirror *(signal)*

Stromstoß *m* current surge

Stromstoßgabe *f* impulsing *(tel)*

Stromstoßübertragung *f* pulse repeater *(tel)*

Stromstrecke *f* power train *(PS)*

Stromtaster *m* current tracer *(test instrument)*

Stromträgheit *f* current inertia *(PS)*

Stromverbrauchseinheit *f* power consumption unit (PCU)

Stromverbrauchseinheit *f* **im Notbetrieb** restricted mode power consumption unit (RPCU)

Stromversorgung *f* (STRV, SV) power supply (unit) (PS, PSU)

Stromversorgungsleitung *f* electricity supply line

Stromwärmeverluste *mpl* I^2R losses

Stromweg *m* circuit *(tel)*; national leased circuit

Stromzange *f* current clamp *(test instrument)*

stromziehend current-drawing

Struktogramm *n* structure diagram, structogram

Struktur *f* structure; configuration, fabric *(network)*

Strukturbild *n* structogram, structural diagram, structure diagram

Strukturgröße *f* feature size *(microcircuits)*

Strukturmaskierung *f* texture masking *(image coding)*

STRV s. Stromversorgung *f*

STS-1 (synchrones Transportsignal *n* der Ebene 1) level 1 synchronous transport signal *(51.84 Mbit/s (= OC-1), SONET; STS-3 = 155.52 Mbit/s (= OC-3 and STM-1, q.v.))*

ST-Tabelle stuffing table (ST) *(DVB-SI table)*

Stückliste *f* item list

Studienkommission *f* study group (SG) *(ITU-T)*

Stufe *f* step; level *(SW)*, plane *(DP)*; stage *(circuit)*; grade; capability set *(ATM connection control, ITU-T Rec. Q.2931)*

stufenförmig incremental

stufenförmiger Güteabfall *m* graceful degradation *(digital video, MPEG-2)*

stufenförmiger Impuls *m* stairstep pulse

Stufenfunktion *f* step function

Stufenkippen *n* state switching

Stufenprofilfaser *f* step index fibre *(FO)*

Stufung *f* grading *(relays)*; discretization, quantization, scaling *(video encoding)*

Stummschaltung *f* muting

Stumpf *m* stub

Stützbatterie *f* backup battery *(PC RAM)*

Stützblech *n* support plate

Stützdaten *npl* reference data *(navigation)*

Stütznetz *n* backbone

Stützposition *f* reference position *(navigation)*

Stützpunkt *m* discrete point *(on a signal curve)*; interpolation point *(mathem.)*

Stützspannung *f* back-up voltage *(for memory)*

Stützstelle *f* (interpolation) node *(math)*

SU (Sendeumsetzer *m*) up converter *(sat)*

Subadressierung *f* subaddressing (SUB) *(ISDN, IP)*

Subbitrate *f* subrate *(a submultiple of the basic-channel bit rate, i.e. 64/n kbit/s)*

Subnetz *n* subnetwork *(OSI RM, s. Table I)*

suboptimal suboptimum

Subpelgenauigkeit *f* sub-pel accuracy *(image coding, s. 'PEL')*

Subpoint *m* subsatellite point *(i.e. on the ground)*

Subrate *f* subrate *(a submultiple of the basic-channel bit rate, i.e. 64/n kbit/s)*

Subratenschnittstelle *f* subrate interface, fractional interface *(operates at a submultiple of the basic-channel bit rate, i.e. 64/n kbit/s)*

Subroutine *f* subroutine *(DP)*

Subschicht *f* sublayer *(of a layer, OSI RM)*

Subskriptionsdaten *npl* subscription data *(DECT)*

Substratvorspannung *f* back-gate bias *(microcircuit)*

Substruktur-Element *n* substructural element (SE) *(ATM AAL2)*

subsumieren subsume

Subtrahierer *m* subtractor

Subtrahierglied *n* subtractor

Suchanfrage *f* locate request *(Bluetooth, q.v.)*

Suchbaum *m* search tree *(data retrieval)*, selection tree *(tree sorting)*

Suchbegriff *m* key (term) *(DP)*, search word *or* key

Suchbereich *m* search field *(Electronic dictionary, PC)*, search criteria

Suchbrücke *f* outletbar *(to a free connecting path/circuit)*

Suchempfänger *m* scanning (type) receiver, scanner *(mobile RT)*

suchen search; hunt *(lines)*; find, retrieve *(database search, PC)*

Suchfunktion *f* search function; probing

Suchgerät *n* locator *(cable maintenance)*

Suchlauf *m* scanning *(mobile RT)*; search run *(data retrieval)*; station finding *(broadcasting)*; lookup *(DP)*

Suchlaufempfänger *m* scanning receiver *or* tuner, station seeking receiver, scanner

Suchmaschine *f* search engine *(Internet search)*

Suchspannung *f* scanning voltage *(sawtooth)*

Suchvorgang *m* search operation; probe

Suchwähler *m* finder (switch) *(switching)*

Suchweg *m* path, route *(SW)*

Suchwerkzeug *n* search tool *(WWW)*

Suchzustand *m* hunt state *(tel)*

Suffix *m* suffix (digit) *(f. tel)*

sukzessiv gradual, progressive

Summator *m* summing integrator *(discrete analog of the integrator)*

Summenalarm *m* summation alarm

Summenbildner *m* sum former, sum-forming circuit

Summenbitrate *f* aggregate bit rate *(e.g. 2.043 Mbit/s for basic access, ISDN)*, gross bit rate

Summendiversity *f* equal-gain diversity

Summenentkopplungskondensator *m* overall decoupling capacitor

Summenerfassung *f* bulk registration *(tel)*

Summengeschwindigkeit *f* aggregate data rate *(total channel rate)*

Summengesprächszählung *f* summation call metering *(tel)*

Summeninformation *f* cumulative information *(ISDN, charging)*

Summenkurve *f* composite curve

Summenpegel *m* aggregate level

Summensignal *n* aggregate *or* composite signal

Summenverkehr *m* composite traffic *(tel. sys.)*

Summenverkehrswert *m* total traffic intensity *(incoming and outgoing)*

Summenzähler *m* summation meter

Summer *m* buzzer

Summierer *m* summing circuit, summator, analog adder

Summierglied *n* summing element, summator

Superband *n* superband *(CTV, 216–302 MHz, channels 23–35)*

Supermultiplexschiene *f* super-multiplex highway *(transm.)*

SuperPIN *f* personal unblocking key (PUK) *(GSM chipcard)*

Superrate *f* superrate *(a multiple of the basic-channel bit rate, i.e. n x 64 kbit/s)*

Supersymbol *n* supersymbol *(DVB)*

Superzone *f* DTAG mobile macrozone service

supraleitendes intelligentes Antennen-Modul *n* superconductive intelligent antenna module (SIAM) *(adaptive antenna system, mobile RT)*

Supraleiter *m* superconductor

Surfen *n* surfing *(WWW q.v.)*

Surround-Sound *m* surround sound *(hifi, Dolby Pro-Logic (Dolby Surround, 5.0 channels), Dolby Digital (DD, 5.1 channels, s.a. "AC-3"), DTS, THX)*

Surround-Ton *m* surround sound *(hifi)*

SV s. Stromversorgung *f*

SVB (statischer Verständigungsbereich *m*) static communication area *(SW)*

SVGA-Monitor *m* SVGA (super video graphics adapter) monitor *(1024x768 pixels resolution, 0.28 dot pitch, PC)*

SVR (Servicerechner *m*) service processor *(vtx)*

SVS (Sprachvermittlungssystem *n*) voice communication system

S/W (schwarz/weiß) black/white *(display)*

SW s. Synchronwort *n*

SWFD (Selbstwählferndienst *m*) subscriber trunk dialling (STD), direct distance dialling (DDD)

Switch *m* switch *(switching system)*

SX (Simplex *n*) simplex *(modem)*

SXMT (Hilfskanal Sendedaten) Secondary X-mit *(transmit)* data *(V.24/RS232C, s. Table IX)*

Symbol *n* symbol *(in OFDM coding: all 1705 or 6817 carriers transmitted simultaneously during the symbol period, DVB)*

Symboldauer *f* symbol period *(T_S, OFDM coding, DVB)*

Symbolleiste *f* toolbar *(GUI, PC)*

Symbolfehlerrate *f* symbol error rate (SER) *(DVB transm., QPSK)*

Symbolfehler-Wahrscheinlichkeit *f* symbol error rate (SER) *(DVB transm., QPSK; DECT)*

Symbolfolge *f* symbol sequence*(DVB transm., QPSK)*

Symbolinterferenz *f* inter-symbol interference (ISI)

Symbolrate *f* symbol rate *(in Mbaud or Msps, DVB-S)*

Symbolschritt *m* symbol element *(DVB coding, QPSK)*

Symbolübersprechen *n* inter-symbol interference (ISI)

symmetrische digitale Anschlußleitung *f* symmetric digital subscriber line (SDSL)

symmetrische Verschlüsselung *f* symmetric encryption *(uses the same secret key, faster than asymmetric encryption q.v.)*

Symmetrie *f* symmetry *(PCM encoder)*; balance *(line, circuit)*

synchron synchronous

Synchronbodenpegel *m* sync tip level *(TV)*

Synchrondemodulator *m* synchronous demodulator *(IQ demodulator, DVB)*

synchrone digitale Hierarchie *f* synchronous digital hierarchy (SDH) *(s.u.)*

Synchron-Digital-Hierarchie *f* synchronous digital hierarchy (SDH) *(155 Mbit/s (STM-1), radio link, FO, ITU-T Rec. G.707-709, s. Table III, corresponds to US SONET (STS-3) for transporting ATM cells)*

Synchron-Einleitungswort *n* synchronization header word *(DECT)*

synchrone Nutzlast-Bitvollgruppe *f* synchronous payload envelope (SPE) *(TDM)*

synchroner CDMA *m* synchronous CDMA (S-CDMA) *(DVB-C, mobile RT)*

synchroner Gleichwellenfunk *m* (SGF) synchronous common-frequency broadcasting *(PMR)*

synchroner Netztakt *m* synchronous network timing

synchroner Transportmodul *m* synchronous transport module (STM) *(pulse frame, ITU-T G.70X, s. Table III)*

synchroner Übertragungsmodus *m* synchronous transfer mode (STM) *(circuit-switched PCM data transmission, FO, "synchronous" relating to the information, not the bit synchronisation)*

synchrones Glasfasernetz *n* synchronous optical network (SONET)

synchrones Zeitmultiplex *n* synchronous time division (STD) multiplex *(STM)*

synchrone Trägerphasenmodulation *f* incidental carrier phase modulation (ICPM) *(TV, intercarrier buzz)*

synchrone Übertragungssteuerung *f* synchronous data link control (SDLC)

synchrone verbindungsorientierte Verbindung *f* synchronous connection-oriented (SCO) link

synchrone Zeitvielfachtechnik *f* synchronous time division (STD) multiplex *(STM)*

Synchronfalle *f* sync (character) trap *(TC)*

Synchronisation *f* synchronisation; alignment *(frames)*, framing

Synchronisation *f* **durch das Netz** network timing

Synchronisation *f* **während der Übertragung** on-air synchronisation *(GPRS)*

Synchronisationsdatenpaket *n* synchronization burst (SB) *(GSM 01.04, s. Table VII)*

Synchronisationsdatenwort *n* sync bearer *(DECT, digital mobile RT)*

Synchronisationskanal *m* synchronisation channel (SCH) *(GSM 01.04, s. Table VII)*

Synchronisierbit *n* framing bit, alignment bit

Synchronisierburst *m* synchronisation burst (SB) *(GSM 01.04, s. Table VII)*

Synchronisiereinheit *f* timing generator

Synchronisierschaltung *f* frame aligner *(PCM)*

Synchronisiersignal *n* timing signal

Synchronisierung *f* synchronisation, alignment, pacing, timing

Synchronisierungsausfall *m* loss of lock *or* synchronism; loss of signal (LOS) *(sat)*

Synchronisierungsfehler *m* loss of lock *or* synchronism

Synchronisierungsinformationen *fpl* timing information

Synchronisierungssignal *n* framing signal *(ISDN)*

Synchronismus *m* lock *(signal)*, frame alignment *(PCM)*

Synchronität *f* synchronism

Synchronsignaldetektor *m* sync detector *(TV)*

Synchronsignalgemisch *n* (S-Gemisch *n*) composite sync(hronisation) signal *(TV)*

Synchronspitzenleistung *f* peak synch power *(TV transmitter)*

Synchronwort *n* synchronisation word (SW)

Synchronzeichen *n* synchronizing character *(TC)*

Synchronzustand *m* synchronism, lock

Syndrom *n* syndrome *(error correction in dig. transmission)*

syntaktische Analyse *f* parsing

Syntaxanalyse *f* parsing

syntaxanalytisch zerlegen parse

System X *n* digital switching system *(Plessey, GB)*

Systemaufforderung *f* prompt

System-Aufruf *m* system call *(DP)*

Systembedienplatz *m* system console

Systemberater *m* system engineer, system consultant

System Blockiert System Busy *(network message)*

Systemdämpfung *f* total loss *(testing)*

Systemdaten *npl* system data

systemeigen system-inherent

Systemempfindlichkeit *f* (G/T) system sensitivity *(sat., in dB/K)*

Systemfehlermeldung *f* critical message *(MS Windows, PC)*

systemgebunden system-linked, system-inherent

systeminternes Nebensprechen *n* intrasystem crosstalk *(ITU-T I.430.E, s. Table IV)*

Systemkonsole *f* system console

Systemkunde *m* (SK) (Telekom) named account

Systemmenü *n* control menu *(MS Windows, PC)*

System *n* **mit Registersteuerung** register(-controlled) system

Systemreserve *f* spare capacity *(sat)*

Systemsteuerung *f* system control (unit); control panel *(MS Windows, PC)*

Systemstruktur *f* system structure *or* configuration; system taxonomy *(reference model)*

System-System-Nebensprechen *n* intersystem crosstalk *(ITU-T I.430.E, s. Table IV)*

Systemtaktfrequenzmarke *f* system clock reference (SCR) *(DVB decoder clock synchronisation with the system clock)*

Systemtechnik *f* system hardware

Systemteil *m* system component; agent *(netw. management)*

Systemverband *m* system complex

Systemverklemmung *f* system deadlock *(network node)*

Systemwertmessung *f* figure-of-merit measurement *(sat)*

SZ (Schlüsselzeichen *n*) code

Szene *f* scene, shot *(video film)*

Szenenschnitt *m* scene edit *(video film)*

T

TA (Verkehrsdurchsagekennung *f*) Traffic Announcement *(RDS)*

TAB s. Taktaufbereitung *f*

Tabellenlesen *n* table lookup *(memory)*

Tabellensuchen *n* table lookup *(memory)*

Tableau *n* tablet *(e.g. for telepictures)*

Tabu-Kanal *m* taboo channel *(US TV, guard band to prevent adjacent-channel interference)*

TAE (Telekommunikations-Anschluß-Einheit *f*, Telefonanschlußeinheit *f*, Teilnehmer-Anschlußeinrichtung *f*, Teilnehmer-Anschalteeinheit *f*, Monopolabschluß *m*) telecommunication line unit (TLU) *(FTZ, s. Table XII)*, network termination *(NT)*
TAE6 modem socket

TAE-Anschlußdose *f* telecommunications socket

TAE-Do s. TAE-Dose *f*

TAE-Dose *f* (TAE-Do) telecom socket *(NT)*, telephone socket, telephone outlet *(US)*

TAE-S s. TAE-Stecker *m*

TAE-Stecker *m* (TAE-S) telecom plug, telephone plug

Tafel *f* panel, board; page *(vtx)*

Tafelsystem *n* blackboard system *(AI database)*

TAG (Teilnehmeranschlußgerät *n*) user terminal

Tag *n* tag *(HTML)*

Tagesdatum *n* current date

taggen tag

Tag-Switching *n* tag switching *(IP, routing using tags, RFC2105, s. Table VIII)*

Takt *m* cycle; rate; repetition pattern; clock, clock pulse, timing (signal); clock (pulse) supply

Takt *m* **ableiten** extract clock *or* timing

Takt *m* **halten** keep time
im Takt *m* **des/der** ... in synchronism with ...

Taktablauf *m* cycling

Taktableitung *f* clock *or* timing extraction

Taktabweichung *f* clock drift

Taktanpassung *f* clock alignment *(DP)*, clock synchronisation; timing advance *(mobile receiver, GSM 01.04, s. Table VII)*

Taktaufbereitung *f* clock pulse processing

Taktauffrischung *f* clock regeneration *(MPEG)*

Taktbindung *f*: **ohne T.** asynchronous, without system timing

Taktdauer *f* cycle time, clock period

Taktdiagramm *n* timing diagram

Takten *n* clocking, cycling, timing; pulsing

Taktfolge *f* transmission rate, clock rate, clock speed

Taktfrequenz *f* elementary frequency, clock rate; strobe

Taktgabe *f* timing, clocking

Taktgeber *m* timing *or* clock (pulse) generator, clock, master clock, native clock; timer

Taktgebersignal *n* timing signal

taktgebunden clocked, clock pulse controlled

Taktgebung *f* timing, cadence

Taktgehalt *m* timing information

Taktgenauigkeit *f* clock accuracy

Taktgeschwindigkeit *f* transmission speed *(TC)*, clock rate

taktgesteuert pulse controlled, clock controlled, clocked, timed

Taktgewinnnung *f* clock pulse generation, timing extraction

Taktimpuls *m* clock pulse, strobe (pulse)

Taktimpulsflanke *f* clock edge

Taktinformationen *fpl* timing information

Taktleitung *f* clock *or* strobe line *(bus)*

Taktloch *n* feed hole *(PTR)*

Taktmaster *m* clock master

Taktnormal *n* clock frequency standard

Taktoffset *m* clock offset *(FH, Bluetooth, q.v.)*

Taktpause *f* clock pulse space

Taktqualität *f* clock signal quality *(transmission)*

Taktraster *m* clock (pulse) spacing, timing pattern

Taktregenerierung *f* clock recovery, timing recovery, retiming

Taktregenerator *m* retimer

Taktrückgewinnung *f* clock *or* timing recovery

Taktschlupf *m* clock skew

Taktschritt *m* clock period, clock pulse

Taktsignal *n* clock signal, timing signal

taktsynchron clocked, in clock-controlled synchronism

Taktsynchronisierungseinrichtung *f* timing synchronisation system *(DVB receiver)*

Takttreiber *m* clock driver

Taktung *f* timing *(PCM data)*

Taktverhalten *n* timing

Taktversorgung *f* timing distribution

Taktverzögerung *f* clock delay

Taktvorstellung *f* timing advance *(mobile receiver, GSM 01.04, s. Table VII)*

Taktwahlzeichen *n* clock selection signal *(switch)*

Taktweiche *f* clock selector *(PCM data)*

taktweise with each clock pulse

Taktzähler *m* clock pulse counter

Taktzeit *f* clock cycle, period *(PCM data)*; pulse spacing

Taktzentrale *f* **S** central transmit clock

Talkback-TV *n* talk-back TV *(AV return channel function for viewers in DAVIC 1.5 IP network)*

Talktogether-TV *n* talk-together TV *(direct communication between viewers, function in DAVIC 1.5 IP network)*

TAM (Teilnehmeranschlußmodul *n*) user module

TAN (Transaktionsnummer *f*) transaction number

Tandemcodierung *f* tandem coding *(cascaded filters)*

Tarifeinheit *f* charge unit

Tarifeinheit *f* **im Raum** nationwide uniform tariffs

Tarifierung *f* fixing of rates *or* tariffs, tariffing

TAS (Teilnehmeranschlußschaltung *f*) user line circuit

TAS (Tischansteuerungssatz *m*) desk access circuit

Taschentelefon *n* pocket phone, handheld telephone, portable *(DTI Class 4 cellular phone)*

Task-Leiste *f* task bar *(MS-Windows, PC)*

Task-Management *n* task management *(OS)*

Tastatur *f* keypad *(tel)*, keyboard *(terminal etc.)*

Tastaturabtastcode *m* scan code *(codes position of a key in the keyboard, not its ASCII code)*

Tastaturbefehl *m* shortcut key *(PC macro)*

Tastaturblock *m* keypad

Tastatur(ton)wahl *f* touch-tone dialling *(tel)*

Tastcodierschalter *m* touch-sensitive coding switch

Taste *f* key

Tasteingabevorrichtung *f* touch input device (TID) *(VDU)*

Tastenanschlag *m* key stroke

Tastenbetätigung *f* pushbutton operation, key operation

tastend sprung *(PB)*

Tastendruck *m* key stroke

Tasten-Erweiterungszusatz *m* key expansion option (KEO) *(tel.)*

Tastenfeld *n* key array, keyboard *(VDU)*; touch panel *(membrane keypad)*

Tastenfernsprecher *m* push-button telephone

Tastensperre *f* key lock

Tastenwahl *f* touch-tone dialling *(tel)*

Tastenwahlblock *m* s. Tastwahlblock *m*

Tastenzuordnung *f* key function allocation; Assign to Key *(PC instruction)*

Taster *m* key switch

Tastfernsprecher *m* key-operated telephone, push-button telephone

Tastfilter *n* keying filter

Tastfläche *f* touch area *(on key)*, touchplate *(TV monitor)*

Tastfunk *m* radio telegraphy

Tastgefühl *n* tactile response *(membrane keypad)*

Tastimpuls *m* gating pulse, keying pulse, strobe (pulse)

Tastintervall *n* repetition interval

Tastkopf *m* probe

Tastschalter *m* pushbutton key

Tastspeicher *m* sample and hold circuit

Tastung *f* keysending

Tastverhältnis *n* (pulse) duty factor *or* ratio

Tastwahl *f* push-button dialling *(tel)*, dual-tone multifrequency (DTMF) dialling *(tel.)*, touch-tone dialing *(US)*

Tastwahlapparat *m* push-button telephone

Tastwahlblock *m* (TWB) keypad *(tel)*

Tastwahlzeichen *n* push-button signal

Tätigkeitenablaufplan *m* activity schedule *(switch)*

tatsächliche Ankunftszeit *f* actual arrival time (AAT) *(ATM cells)*

TAT-Wahl *f* TAT dialling *(TransAtlantic Telephone cable, basis for SS5)*

Tauglichkeit *f* suitability

tausendstel Zoll *m* mil

Taximpulse *mpl* metering pulses *(tel)*

TB s. technischer Beirat *m*

TB (Teilnehmerbaugruppe *f*) subscriber module

T-Band *n* T-carrier *(US)*

TBC s. Teilbandcodierung *f*

TBL s. Technik *f* für Betriebslenkung

TBP (TEMEX-Bedienplatz *m*) workstation

TBETSI s. Technischer Beirat *m* für Normungsfragen des ETSI

TC (Sendeschrittakt) Transmit Clock *(V.24/RS232C, s. Table IX)*

TC (Transformationscodierung *f*) transform coding *(dig. audio, video)*

T-Card *f* calling card *(German Telecom smartcard)*

TCM (Zeitkompressionsmultiplex *n*) time compression multiplex *(ping pong)* method, burst mode transmission

TC-Sublayer *f* TC (transmission convergence) sublayer *(PHY, ITU-T I.430, s. Table IV)*

TD (Sendedaten *npl*) Transmit Data *(V.24/RS232C, s. Table IX)*

TDC (Datenkanal *m*) Data Channel *(RDS)*

TDD (Zeitduplex *n*, Zeitgetrenntlageverfahren *n*) time division duplex *(tel., ping pong transmission method, ISDN B channel, CT2/CAI)*

TDDSG (Teledienstdatenschutzgesetz *n*) Telecommunication Service Data Protection Law

TDG (Teledienstgesetz *n*) Telecommunication Service Law

TDM (Zeitmultiplex *n*) time division multiplex

TDMA (Vielfachzugriff *m* im Zeitmultiplex, Zeitvielfachzugriff *m*) time division *or* domain multiple access *(VSAT, GSM, subscriber access via different time domains)*

TDMA-Direktanschluß *m* direct interface CEPT equipment (DICE) *(sat)*

TDPSK (dreiwertige Differenz-Phasenumtastung *f*) three-level differential PSK

T-DSL DSL service of Deutsche Telekom AG

TDSV s. Telekom-Datenschutzverordnung *f*

TDT-Tabelle *f* time and date table (TDT) *(DVB-SI table for updating the realtime clock of a DTV receiver)*

TE (Endeinrichtung *f*) terminal *or* terminating equipment *(ISDN, ITU-T Rec. I.112, I.430.E, s. Table IV)*

TE1 (ISDN-Endeinrichtung *f*) ISDN terminal equipment
TE2 (Endeinrichtung *f* ohne ISDN-Schnittstelle) non-ISDN terminal equipment *(requires TA for ISDN access)*

TE s. Teileinheit *f* für die Breite

TEA (A-Teilnehmer *m*) A party *(tel)*

Teamendgerät *n* team terminal *(corporate network)*

TEB (B-Teilnehmer *m*) B party *(tel)*

Technik *f* engineering; technique; design; technology; hardware

Technikereingabe *f* technician input *(BS, mobile RT)* craft input

Techniker-Wartungszugang *m* craft maintenance access *(US)*

Technik *f* **für Betriebslenkung** *f* (TBL) configuration and fault management *(network management)*

technische Daten *npl* specifications

Technische Lieferbedingungen *fpl* (TL) Equipment Specifications *(DTAG)*

technischer Beirat *m* (TB) advisory committee

Technischer Beirat *m* **für Normungsfragen des ETSI** (TBETSI) German advisory committee to ETSI

Technische Richtlinie *f* (TR) engineering guidelines *(DTAG)*; technical recommendations *(FTZ)*

Technischer Leitfaden *m* (TL) Technical Requirements

Technischer Überwachungsverein *m* (TÜV) Technical Inspectorate *(FRG)*

technisches Fangen *n* line lockout *(subscriber line status after off-hook status has remained static for a predetermined time)*

technisches Geräusch *n* man-made noise

Technische Vorschrift *f* (TV) technical regulation

Technologiezentrum *n* technology centre

TED (Televotum-Dienst *m*, Teledialogdienst *m*) televoting service *(cable TV)*

TEE s. Teilnehmerendeinrichtung *f*

Teil *m* part; segment *(e.g. PDU)*

Teilabschnitt *m* section *(of a connecting circuit)*

Teilabtastung *f* subscanning *(image processing)*

Teilaufgabenprogramm *n* subtask

Teilausfall *m* defect, partial failure; graceful degradation *(DVB)*

Teilband *n* half of the band *(radio link)*; subband *(frequency spectrum)*

Teilbandcodierung *f* (TBC) subband coding *(digital audio)*

Teilberechtigung *f* partial authorisation; (sub)class of service access level

teilbewählt partially selected *(line, PBX)*

Teilbild *n* field *(TV)*

Teilbildbereich *m* block *(image coding)*

Teilbildebene *f* subfocal plane *(repro.)*

Teilbild-Vollbild-Rasterwandler *m* block/raster scan converter *(image decoding)*

Teilbitrate *f* fractional bit rate

Teil-Bitstrom *m* container *(SDH)*

Teilblockzähler *m* sub-block counter

Teilbündel *n* partial group, subgroup *(tel)*

Teilbus *m* bus segment

Teilcode *m* code segment

Teilcodierung *f* fractional coding

Teildatenstrom *m* partial data stream *(hierarchical transmission, DVB-T)*

Teileinheit *f* **für die Breite** (TE) *(1 TE = 5.08 mm)* width unit (E) *(1 E = 0.2″, rack)*

Teiler *m* divider; attenuator; scaler

Teilfilterung *f* partial filtering *(matched Nyquist filter parts at transmitter and receiver, DVB-T)*

Teilfolge *f* code segment *(spreading code, CDMA)*

Teilfunktion *f* subfunction

Teilfunktionsprüfung *f* functional test of subassemblies

teilgefüllte Zelle *f* partially filled cell *(ATM voice connection)*

Teilgeschwindigkeit *f* subrate

Teilgruppe *f* subgroup, grading group *(tel. sys.)*

Teilhaber *m* on-line (system) user

Teilhaberbetrieb *m* on-line mode *(comp.)*; multitasking mode *(DP)*

Teilinstanz *f* sub-entity *(ITU-T I.620, s. Table IV)*

Teilkoppelfeld *n* (TKF) distributed switching network, switching network section, switching stage *(tel. system)*; group switch (GS) *(exchange)*

Teilleitungsbetreiber *m* half-circuit provider *(e.g. BT and DTAG, for a joint circuit)*

Teilmenge *f* subset *(math)*

Teilmerkmal *n* sub-attribute *(ISDN)*

Teilnachricht *f* message segment *(PCM data, voice)*

Teilnahme *f* participation; subscription *(ISDN)*

teilnehmen participate; subscribe

Teilnehmer *m* (TN,TLN) subscriber (SUB) *(a customer who has a contract with the network provider, i.e. the owner of the access facility (ITU-T definition); s. Anwender')*; party (PTY), user *(tel)*; caller; bus user; time sharing user *(network)*; system user *(off-line, data channel)*; mobile station *(mobile RT)*; partner *(conference)*; node *(IEEE 1394)*

Teilnehmer *m* **A** (TEA) A party

Teilnehmer *m* **abwerfen** drop party *(ISDN)*

Teilnehmer *m* **am zellularen Mobilfunk** mobile subscriber

Teilnehmeranlage *f* terminal equipment *(CH)*

Teilnehmer-Anschalteeinheit *f* (TAE) subscriber connector, subscriber line unit, line jack unit (LJU), telephone socket *or* connector

Teilnehmeranschaltgerät *n* subscriber access unit, set-top box *(pay TV)*

Teilnehmeranschluß *m* subscriber('s) line, subscriber loop, subscriber access, subscriber connection, customer access, user access *(ISDN)*; access connection element *(ITU-T I.430, s. Table IV)*; ADSL Transmission Unit (ATU); (local) loop; drop; line circuit *(exch.)*; user port *(VSAT terminal)*

Teilnehmeranschlußbaugruppe *f* subscriber line module (SLM)

Teilnehmeranschlußbereich *m* (local) loop

Teilnehmeranschlußeinheit *f* s. Teilnehmeranschlußeinrichtung *f*

Teilnehmeranschlußeinrichtung *f* (TAE) subscriber line unit, telecommunication line unit (TLU) *(in connector)*; user connection device; line jack unit (LJU) *(GB, BS6506, for PBX)*, telephone socket *or* connector; user's installation *(ISDN)*; network termination

Teilnehmeranschlußgerät *n* (TAG) subscriber line unit, user terminal *(DTAG BIGFON)*

Teilnehmeranschlußlage *f* subscriber line location *(exchange)*

Teilnehmeranschlußleitung *f* subscriber('s) line; subscriber junction line

Teilnehmeranschlußleitungsnetz *n* subscriber line network

Teilnehmeranschlußmodul *n* (TAM) user module *(DTAG BIGFON)*

Teilnehmer-Anschlußnetz *n* customer access network (CAN) *(MAN)*

Teilnehmeranschlußnummer *f* calling line identification (CLI) *(ISDN)*

Teilnehmeranschlußsatz *m* exchange termination (ET) *(ISDN)*

Teilnehmeranschlußschaltung *f* (TAS) user line circuit; subscriber line (interface) circuit (SLIC), line interface circuit (LIC) *(PBX)*

Teilnehmeranschluß-Schnittstellenbaustein *m* subscriber line interface circuit (SLIC) *(dig. PBX)*

Teilnehmeranschlußstelle *f* subscriber line module (SLM) *(TDM)*, subscriber line position *(exchange)*

Teilnehmerapparat *m* station set, subset *(US)*

Teilnehmeraushängeprogramm *n* subscriber off-hook programm

Teilnehmerbaugruppe *f* (TB) subscriber module

Teilnehmerbereich *m* user premises

Teilnehmerbetrieb *m* timesharing (mode) *(comp.)*
im Teilnehmerbetrieb benutzt time-shared *(DP, e.g. bus)*

Teilnehmerbetriebsklasse *f* user class of service; closed user group (CUG)

teilnehmerbezogene Dienstmerkmale *npl* supplementary services *(SS7, s. Table III)*

teilnehmerbezogenes Anwenderprogramm *n* customized user program *(ITU-T X.32, s. Table VI)*

Teilnehmerdatenbasis *f* home location register (HLR), visitor location register (VLR) *(GSM)*

Teilnehmerdienstmerkmale *npl* supplementary services

Teilnehmerdoppeleinbindung *f* double tieing-in of subscribers *(tel)*; multi-homing *(tel)*

Teilnehmerdoppelleitung *f* subscriber('s) loop

Teilnehmereinrichtung *f* customer premises equipment, customer provided equipment (CPE); customer entity *(ISDN)*; customer equipment, subscriber installation *(ITU-T I.430, s. Table IV)*; user terminal, user equipment (UE)

Teilnehmereinrichtungs-Nebenstellenanlage *f* key (telephone) system (KTS)

Teilnehmereinrichtungs-Verdrahtung *f* inside wiring

Teilnehmerendeinrichtung *f* (TEE) subscriber terminal *(FTZ)*

Teilnehmerendstellennetz *n* customer premises network (CPN)

Teilnehmerfernsprechanlage *f* (customer) premises telephone system

Teilnehmergerät *n* (TG) user terminal; mobile station *(RT)*

teilnehmergesteuerte Anzeige *f* individual presentation control *(ITU-T I.211, s. Table IV)*

Teilnehmergrundstück *n* customer premises

Teilnehmergruppe *f* cohort *(statistics)*

teilnehmerindividuell subscriber-associated

teilnehmerindividueller Video-Dienst *m* video on demand (VOD)

teilnehmerintensives Gebiet *n* hot spot *(mobile radio cell)*

Teilnehmerkennung *f* network user identification (NUI) *(DTAG DATEX-P)*; user identification; party identification *(ISDN)*; mobile subscriber identity (MSI)

Teilnehmerkennungsmodul *n* subscriber identity module (SIM) *(GSM chipcard, GSM 11.11, s. Table VII)*

Teilnehmerklasse *f* subscriber line category

Teilnehmerkontendienstsystem *n* customer account services (CAS) *(US)*

Teilnehmerkonzentrator *m* line concentrator

Teilnehmerkreis *m* subscriber base *(circle of subscribers)*

Teilnehmerleitung *f* subscriber line, customer line *(BT)*

Teilnehmerleitung-Anschaltekreis *m* subscriber line access circuit (SLAC) *(contains codec and A/D-D/A converters)*

Teilnehmerleitungsnetz *n* loop plant

Teilnehmermeldung *f* called party's answer

Teilnehmermobilität *f* roaming *(mobile RT)*

Teilnehmermodul *n* exchange termination (ET) *(ISDN)*

Teilnehmermultiplexanschluß *m* carrier line unit *(exch., AT&T)*

Teilnehmermultiplexsystem *n* subscriber line *or* loop carrier (SLC) system, carrier system, pair-gain system *(subscriber access)*

Teilnehmernetz *n* customer network *(ISDN)*, subscriber premises network (SPN); domestic area network (DAN) *(video conferencing etc.)*

Teilnehmernetzbetreiber *m* (TNB) local carrier

Teilnehmer-Netz-Schnittstelle *f* user-network interface (UNI) *(ITU-T I.112, I.420, s. Table IV)*; I420 interface *(GB ISDN)*; subscriber network interface (SNI) *(MAN)*

Teilnehmer-Netz-Übergangsknoten *m* customer gateway (CGW) *(MAN)*

Teilnehmer-Netz-Zugangsmittel *n* user-network access resources *(ISDN)*

Teilnehmernummer *f* (TN) subscriber number (SN)

Teilnehmernutzungsverhalten *n* subscriber usage pattern

Teilnehmeroption *f* subscription option *(ISDN)*

Teilnehmerplatz *m* user position *(conference)*

Teilnehmerrechner *m* (TR,TNR) access computer *or* local *or* regional computer (RC) *(videotex)*

Teilnehmersatz *m* (TS) subscriber line circuit (SLC), subscriber interface

Teilnehmerschaltung *f* (TS) subscriber line circuit; extension circuit

Teilnehmerschleife *f* subscriber('s) loop

Teilnehmerschnittstelle *f* S_0 user-network interface *(ISDN)*

Teilnehmerschutz *m* line protection

teilnehmerseitiger Leitungsabschluß *m* network termination (NT)

Teilnehmer-Selbsteingabe *f* subscriber-controlled input (SCI) *(GSM)*

Teilnehmerseparierungsverfahren *n* subscriber separation method, multiple access method *(CDMA)*

Teilnehmersignalisierung *f* subscriber *or* user signalling *(switch., ISDN)*

Teilnehmersitzung *f* user session

Teilnehmersperre *f* call restriction

Teilnehmerstation *f* subscriber station, mobile station (MS) *(mobile RT)*; time-sharing station *(comp.)*

Teilnehmerstelle *f* subscriber's station

Teilnehmersuche *f* subscriber search, line hunting *(exch.)*

Teilnehmersystem *n* user system; time-sharing system *(DP)*; local telephone system

Teilnehmerüberwachung *f* subscriber line supervision

Teilnehmervermittlung *f* access switch (ASW) *(US)*

Teilnehmervermittlungsanlage *f* (TVA) private (automatic) branch exchange (PBX, PABX) *(CH)*

Teilnehmervermittlungsstelle *f* (TVSt) access exchange *(ISDN packet switching)*, access switch *(US, B-ISDN)*

Teilnehmervertrag *m* traffic contract *(ATM)*

Teilnehmerverzeichnis *n* subscriber *or* user directory; service directory *(ISDN)*

Teilnehmerwahl *f* subscriber dialling
nach Teilnehmerwahl *f* on demand *(bearer service)*

Teilnehmer *m* **wiederanschalten** reattach party *(ISDN)*

Teilnehmer-Zeichengabe *f* subscriber *or* user signalling *(switch)*

Teilnehmer *m* **zuschalten** add party *(ISDN)*

Teilnehmer-zu-Teilnehmer-Information *f* user-to-user information (UUI) *(ISDN)*

Teilnehmer-zu-Teilnehmer-Zeichengabe *f* user-to-user signalling (UUS) *(ISDN)*

Teilnetz *n* subnetwork; cluster *(MAN)*

Teilnetz-Anschaltepunkt *m* subnetwork point of attachment (SNPA) *(ISDN, DTE)*

Teilnummer *f* partial number *(ISDN)*

Teiloperation *f* part operation

Teilprodukt *n* subproduct *(math)*

Teilprozess *m* subprocess *(flow chart)*

Teilprüfschleife *f* partial loopback *(ITU-T I.430, s. Table IV)*

teilratencodiert partial-rate coded *(transm.)*

Teilratendienst *m* subrate service *(lower bit rate than nominal for channel, ISDN)*

Teilschaltung *f* subcircuit *(IC)*

Teilschicht *f* sublayer *(ISDN, ATM)*

Teilsignal *n* component signal

Teilspeicher *m* memory section, buffer section *(cells)*

Teilsteuereinheit *f* control subunit

Teilsteuerwerk *n* intermediate-level processor

Teilstörung(sanfälligkeit) *f* graceful degradation *(continued operation in crippled mode)*

Teilstrecke *f* section *(ISDN)*, line section, leg

Teilstreckendämpfung *f* section attenuation

Teilstreckenvermittlung *f* store-and-forward (SF, SAF,S&F) switching, section-by-section switching

Teilstring *f* substring *(GPS message, NMEA 0183)*

Teilstrom *m* substream *(data)*

Teilstück *n* section, segment *(data unit)*

Teil-Systembitrate *f* fractional system bit rate *(submultiple of the primary PCM system rate, s. "PCM-Primärsystem")*

Teilung *f* spacing *(connector)*

Teilung *f* **aufheben** Remove Split *(windows, MS Windows instruction, PC)*

Teilungsfeld *n* split box *(MS Windows, PC)*

Teilungsverhältnis *n* division ratio
Zähler *m* **im Teilungsverhältnis 1:2** divide-by-two counter

Teilverbindung *f* partial connection *(switching)*

Teilverhältnis *n* division ratio

Teilverkehre *mpl* traffic components *(tel. sys.)*

teilvermascht partially meshed

Teilvermittlungsstelle *f* dependent exchange, satellite exchange, sub-centre

teilversetzter Verbindungsaufbau *m* register-controlled call set-up

Teilwelle *f* component wave

teilzentral intermediate-level *(exchange)*

teilzentrale Ebene *f* intermediate level *(exchange)*

Tel s. Telefon(dienst *m*) *n*

TelAs s. Telefonanschluß *m*

Telco *f* s. Telefongesellschaft *f*, Fernmeldeunternehmen *n*

Telearbeit *f* teleworking *(GB)*, telecommuting *(US)*

TELEBOX *f* (Textspeicherdienst *m*) electronic mail (E-mail) service of the DTAG *(Telecom Gold (BT), DIALCOM (US), KEY-LINK-D (AUS); MHS to ITU-T Rec. X.400, F.400, ISO 10021-x, s. Table III, VI)*

Telebox-400 s. TELEBOX *f*

Teledienst *m* telecommunication service, teleservice *(ITU-T I.112, s. Table IV)*

Teledienstdatenschutzgesetz *n* (TDDSG) Telecommunication Service Data Protection Law

Teledienstgesetz *n* (TDG) Telecommunication Service Law

Telefax(dienst *m*) *n* (Tfx) telefax (service)

Telefaxgerät *n* telefax machine, telecopier *(s. 'Fax-Gruppe', ITU-T T.0, T.2, T.3, T.30, s. Table III)*

Telefaxprotokoll *n* fax journal

Telefaxmaschine *f* s. Telefaxgerät *n*

Telefaxübertragung *f* **per Internet-Protokoll** fax over IP (FoIP) *(unified messaging)*

Telefax-Zielnummer *f* fax terminating number *(exch.)*

Telefon *n* (Tel) telephone (set)

Telefonanlage *f* telephone system *(exch.)*

Telefon-Anrufbeantworter *m* telephone answering machine (TAM)

Telefonanschluß *m* (TeAs) telephone access *or* line *or* loop *or* connection

Telefonanschlußeinheit *f* (TAE) telephone socket

Telefonanschlußleitung *f* telephone line

Telefonat *n* (telephone) call

Telefonbuch *n* (telephone) directory, phone book *(mobile RT)*

Telefon-Chipkarte *f* calling card *(smartcard)*

Telefondienst *m* (Tel) telephone service, telephony teleservice *(ISDN)*

Telefondienst-Benutzeroberfläche *f* telephony user interface (TUI) *(UM)*

Telefonendgerät *n* telephone terminal

Telefon-Festnetz *n* telephone line network

Telefongesellschaft *f* (Telco) telephone company (telco)

Telefongespräch *n* (telephone) call

Telefoniedienste-Anbieter *m* telephony service provider (TSP) *(TAPI)*

telefonieren make a (telephone) call, telephone

Telefonierkarte *f* calling card *(smartcard, tel.)*

Telefonist(in *f*) *m* telephone operator

Telefonkarte *f* phonecard

Telefonleitung *f* telephone line

Telefon-Leitungs-Nachbildung *f* (TLN) artificial telephone line *(FTZ)*

Telefonmarketing *n* telemarketing

Telefon-Mehrwertdienst *m* (TMWD) value-added voice service

Telefonmelder *m* telephone sensor *(tel. set)*

Telefonnetzdienst *m* (TND) telephone network service

Telefonnetz-Landeskennzahl *f* telephone country code (TCC) *(ISDN)*

Telefonnummer *f* telephone number, directory number*(s. ITU-T Rec. E.164 address format for normal fixed and mobile networks, s. Table III)*

Telefonrundspruch *m* radio telephony (RT)

Telefonseelsorge *f* Samaritans' call service

Telefonsignalisierung *f* telephone signalling

Telefonsprachdienst *m* telephone voice service

Telefonsteckdose *f* telephone socket *(DTAG TAE q.v., BT LJU)*

Telefonverkauf *m* telemarketing

Telefonverkehr *m* speech traffic

Telefonwähldienst *m* switched telephone network

Telefonzelle *f* (tele)phone box *or* booth

Telefonzentrale *f* telephone exchange; switch, switchboard *(A)*

Telegrafenwegegesetz *n* Telegraph Lines Act

Telegramm *n* message *(TEMEX)*, data packet

Telegrammkonzentrator *m* mediation device (MD)

telegrammloser Zustand *m* no-message state

Telegrammschritt *m* microtelegram bit

Telegrammspeicher *m* message buffer *(DP)*

Telegrammwähldienst *m* (Gentex) gentex (general telegraph exchange) *(telegram service of the DTAG telex network)*

Teleinfo *f* DTAG premium rate services (PRS), Audiotex *(IN services, DTAG 0190, BT 0898 service)*

Telekarte *f* PMR chip card, phonecard *(DTAG)*

Telekiosk *m* (tele)phone box *or* booth *(CH)*

TELEKOM *f* the telecommunications services branch of the DTAG *(now independent of POSTDIENST and POSTBANK)*

Telekommunikation *f* (TK) telecommunication *(ITU-T G.701, I.112, s. Table III; the time-synchronous exchange of voice and text messages, data and images between different parties (or terminals or processors) over relatively long distances)*

Telekommunikationsanbieter *m* (Tk-Anbieter) telecommunication service provider, carrier

Telekommunikations-Anlage *f* (Tk-Anl, TK-Anlage *f*) ISDN PBX (ISPBX, ISDX); (private) digital exchange (PDX); private (automatic) branch exchange (PABX), telecommunication installation

Telekommunikations-Anschlußeinheit *f* (TAE) telecommunication line unit (TLU) *(FTZ, DIN 41715; 6,8 or 12 pin connector, ISO standard IS 8877)*, user connection device *(DTAG plug-in connector, ISDN, corresponds to BT LJU)*

Telekommunikations-Datenschutzverordnung *f* (TDSV) telecommunication data protection regulation *(1991)*

Telekommunikationsdienst *m* (Tk-Dienst *m*) telecommunication service

Telekommunikationsgeräte *npl* **für Taube** telecommunication devices for the deaf (TDD) *(US)*

Telekommunikationsgesetz *n* (TKG) Telecommunications Law *(on deregulation in the telecommunications industry, in force from 1997, DE)*

Telekommunikations-Kundenschutzverordnung *f* (TKV) Telecommunication Customer Protection Act

Telekommunikations-Managementnetz *n* (TMN) telecommunication management network *(ITU-T Rec. M.30xx, s.a. Table III, VII, ITU-T X.731)*

Telekommunikationsnetz *n* (Tk-Netz *n*) telecommunication network

Telekommunikations-Ordnung *f* (TKO) Telecommunications Regulation *or* Act *(BPM, in force Jan. 1988)*

Telekommunikationsstelle *f* (TKSt) telecommunication station

Telekommunikationsteilnehmer *m* telecommunication user (TCU) *(DECT)*

Telekommunikationsverordnung *f* (TKV) Telecommunications Ordinance

Telekommunikationsüberwachungsverordnung *f* (TKÜV) telecommunications supervision regulation *(in force 11/5/1998)*

Telekommunikations-Zulassungsverordnung *f* (TKZulV) telecommunications licensing regulation *(BPM, in force Jan.1991)*

Telekonferenz *f* teleconferencing

Telemarketing *n* telemarketing

Telematikdienste *mpl* telematics services, non-voice services *(text communications, remote data processing, video conferencing, TV etc., i.e. the fusion of telecommunication technologies with data processing and the media sector; from FR télématique)*

Telemetrieband *n* telemetry band *(868–870 MHz, not subject to licencing)*

Telemetriedaten *npl* telemetry data

Telemetriedienst *m* (TmD) telemetry service *(ITU-T I.112, s. Table IV)*

TELEPAC packet-switched Swiss data network

Telepoint *m* (öffentliches Funktelefon-System *n*) public CT2 system *(BT, comprises handset, home base station and access to public 'phonepoint', not compatible with DECT, DTAG 'Birdie', GB 'Rabbit' (Hutchison), now defunct in both countries)*

Telepoint-Teilnehmerkennungsmodul *n* Telepoint subscriber identity module (TIM) *(BT)*

Teleport *m* teleport *(building (complex) with provision of interconnected telematics services for the lessees)*

Teleskopschiene *f* telescopic rail

Telesoftware *f* telesoftware *(TV)*

Teletel videotex service of France *(CEPT Profile 2, s. Table XI)*

Teletex *n* (Bürofernschreiben *n* (Ttx)) teletex *(2400 bit/s, 8-bit code, all characters, circuit or packet switched telephone network, to OSI standards)*

Teletex-Anschlußeinheit *f* (TTXAU) teletex access unit *(MHS gateway)*

Teletex-Telex-Umsetzer *m* (TTU) teletex/telex converter (TTC)

Teletext *m* teletext (txt) *(non-interactive videotext in broadcast TV, ETS 300 472)*

Televotum-Dienst *m* (TED) televoting service *(cable TV, DTAG service available under 0137...)*

Televotum-Einrichtung *f* (TEVE) televoting equipment

Telex *n* (Tx) telex *(teleprinter exchange, 50 baud, 5-bit code ASCII, lower-case letters only, tx network)*

TEMEX (Tmx) telemetry exchange *(telecontrol service of the DTAG, carried in telephone network, DOV, 40 kHz carrier, and in ISDN D channel; NTG 2001, SW protocol to DIN 19244; s. Table X)*

TEMEX-Bedienplatz *m* (TBP) workstation *(in the TEMEX exchange)*

TEMEX-Hauptzentrale *f* (THZ) main exchange *(of the TEMEX service)*

TEMEX-Konzentrator *m* (TK) concentrator *(of the TEMEX service)*

TEMEX-Netzabschluß *m* (TNA) network termination *(of the TEMEX service)*

TEMEX-Schnittstelle *f* (TSS) interface *(of the TEMEX service)*

TEMEX-Übertragungsbaugruppe *f* (TÜB) transmission module *(of the TEMEX service)*

TEMEX-Übertragungseinheit *f* (TÜE, *now* TÜ) line termination *(of the TEMEX service)*

TEMEX-Vermittlungsrechner *m* (TVR) switching processor *(of the TEMEX service)*

TEMEX-Zentrale *f* (TZ) exchange, front-end processor *(of the TEMEX service)*

temperaturabhängiger Widerstand *m* temperature-dependent resistor, thermistor

Temperaturgang *m* variation with temperature, variation due to temperature

temperieren temperature-stabilize, soak

temporäre Datei *f* temporary file *(DP)*

temporäre Daten *npl* transient data

temporäre Funkkennung *f* **des Teilnehmers** temporary mobile subscriber identity (TMSI) *(GSM, s. Table VII)*

temporäre Zeichengabetransaktion *f* (tZGT) temporary signalling connection *(SS7, ITU-T Rec. Q.711...714, s. Table III)*

TEM-Welle *f* TEM (transverse electromagnetic) wave

TEM-Zelle *f* TEM (transverse electromagnetic) cell *(EMC testing, IEC 50(161))*

Ter, ter *(Appended to ITU-T network interface standard, identifies its third version, e.g. V.27 ter, s. Table V)*

Terko-Steckdose *f* 3-wire power outlet *(rack)*

Termin *m* date, deadline
Termin einhalten meet the deadline *or* date

Terminal betriebsbereit *(DIN 66020, S1.2)* Data Terminal Ready (DTR) *(V.24/RS232C, s. Table IX)*

Terminalisierung *f* equipping with terminals *(colloquial)*

Terminal-Steuereinheit *f* terminal controller

Termineinrichtung *f* appointments facility *(dig. PBX)*; reminder service *(network)*

terminiert timed, scheduled; terminated *(math)*

terminierter Faltungscode *m* terminated convolutional code *(channel coding)*

Terminkalender *m* appointments book

Terminplan *m* schedule

Terminregister *n* notepad *(f. tel)*

Terminruf *m* diary call, scheduled call

ternär ternary *(having three discrete values)*

Terrestrik *f* terrestrial *or* ground transmission technology *(versus satellite systems)*

terrestrisch terrestrial

terrestrischer digitaler Hörfunk *m* terrestrial digital audio broadcasting (T-DAB)

terrestrischer Empfang *m* terrestrial *or* ground reception *(sat)*

terrestrisches digitales Fernsehen *n* terrestrial digital video broadcasting (DVB-T) *("OnDigital" in the UK)*

terrestrisches Flugpassagier-Fernsprechsystem *n* terrestrial flight telephone system (TFTS) *(ETSI specification ETS 300 326, uplink 1670–1675 MHz TDM, downlink 1800–1805 MHz TDMA)*

Testantwort-Analysator *m* test response analyzer *(ASIC)*

Testbildgeber *m* test pattern generator (TPG) *(TV)*

testen test, debug *(DP)*

Testmeldung *f* heartbeat message *(process status, IN)*

Testmuster-Generator *m* test pattern generator *(ASIC)*

Testschärfe *f* test level *or* severity

Testschleife *f* loopback *(transm.)*

Testumgebung *f* test environment *(program)*

Testzelle *f* test cell *(ATM transmission)*

Tetrade *f* 4-bit word, nibble

TEVE s. Televotum-Einrichtung *f*

Texel s. Texturelement *n*

Text *m* text; script *(programme)*

textabhängig contextual

Textanfang *m* start of text (STX), beginning of text (BOT) *(PCM data)*

Textauszeichnungssprache *f* markup language *(WWW, SGML)*

Texteditor *m* text editor *(DP)*

texten text *(SMS, mobile telephone)*

Texten *n* texting, text messaging, short messaging *(SMS, mobile telephone)*

Textende *n* end of text (EOT, ETX) *(PCM data)*

Textendgerät *n* text terminal

Text-Fax-Modus *m* mixed mode *(ISDN)*

Text-Fax-Server *m* (TFS) text/fax server *(ISDN)*

Textfeld *n* text box *(MS Windows, PC)*

Textfreigabetaste *f* reveal button *(teletext)*

Textnachrichtenübermittlung *f* text messaging *(SMS, mobile phone)*

Textprozessor *m* word processor *(SW)*

Textspeicherdienst *m* (TELEBOX) electronic mail (E-mail) service, mailbox service *(MHS, ITU-T Rec. X.400, s. Table VI)*

Textstation *f* word processing station, text terminal

Texturelement *n* (Texel) texture element *(surface pattern, graphics)*

Textverarbeitung *f* word processing

Textverarbeitungsprogramm *n* word processor *(SW)*

Textzeiger *m* cursor *(display)*

TF s. Trägerfrequenz *f*

TF s. Transportfunktionsteil *m*

TF+DL-Gerät s. Trägerfrequenz/Dienstleistungs-Gerät *n*

TFH-Kanal *m* PLC channel *(s. "PLC")*

TFH-Übertragung *f* (Trägerfrequenzübertragung *f* auf Hochspannungsleitungen) powerline carrier (PLC) transmission

TF-Kanal m (Trägerfrequenzkanal *m*) carrier channel

T-Flipflop *m* trigger flip flop

TFS s. Text-Fax-Server *m*

TF-Übertragung *f* carrier frequency line circuit *(tel. signalling)*

Tfx s. Telefax(dienst *m*) *n*

TG (Teilnehmergerät *n*) mobile station *(RT)*

Tg s. maximale Gruppenlaufzeitverzerrung *f*

thermische Instabilität *f* thermal runaway *(battery etc)*

thermischer Leistungsmesser *m* thermal power meter *(transmitter testing)*

thermisches Weglaufen *n* thermal drift

thermische Zerstörung *f* thermal runaway *(semiconductor)*

Thermodrucker *m* thermal printer

thermostatstabilisierter Quarzoszillator *m* oven-controlled Xtal oscillator (OCXO)

Thermosublimationsdrucker *m* thermal sublimation printer (TSP)

THZ s. TEMEX-Hauptzentrale *f*

Tick *m* tick *(byte interval, e.g. 125 s, transmission)*

Tickerzeichen *n* ticking tone *(progress tone)*

Tickfolge *f* tick rate *(transmission)*

Tiefband *n* low band *(TV)*

Tiefe *f* depth; number of bits/pixel *or* bits/word, word length

tieflegen: ein Signal tieflegen set a signal to Low

Tiefpaßfilter *n* low-pass filter (LPF), high-cut filter *(obsolete term)*

Tiefpegelsignal *n* low signal *(DP)*

Tiefseekabel *n* deep-sea cable, transoceanic cable

Tieftöner *m* woofer

Tieftonlautsprecher *m* woofer

Tiefsttonlautsprecher *m* subwoofer

TIFF-Datei *f* tagged image format (TIFF) file *(PC)*

Timeplex *n* timeplex *(TV, TDM YUV coding method for RGB chrominance signals for band-limited (1 MHz) UV insertion in horizontal blanking intervals; recording and transmission)*

Tintenstrahldrucker *m* inkjet printer

Tischansteuerungssatz *m* (TAS) desk access circuit

Tischapparat *m* table set *or* telephone

Tischgerät *n* desk-top model

Tischladestation *f* tabletop charger *(mobiles)*

Tischmodem *m* desk-top modem *(PLC network terminator)*

Titel *m* title, tracks *(GUI, PC)*

Titelbalken *m* title bar *(GUI window, e.g. in Electronic dictionary, PC)*

Titelleiste *f* title bar *(GUI window, PC)*

TK s. Temex-Konzentrator *m*

Tk-Anbieter *m* s. Telekommunikationsanbieter

Tk-Anl. s. Telekommunikationsanlage *f*

Tk-Anlage *f* s. Telekommunikationsanlage *f*

Tk-Dienst *m* s. Telekommunikationsdienst *m*

TKF s. Teilkoppelfeld *n*

TKG s. Telekommunikationsgesetz *n*

Tk-Netz *n* s. Telekommunikationsnetz *n*

TKO s. Telekommunikationsordnung *f*

TKSt s. Telekommunikationsstelle *f*

TKV s. Telekommunikations-Kundenschutzverordnung *f*

TKV s. Telekommunikationsverordnung *f*

TKZulV s. Telekommunikationszulassungsverordnung *f*

TL (Technischer Leitfaden *m*) Technical Requirements

TL (Technische Lieferbedingungen *fpl*) Equipment Specifications *(DTAG)*

TLN,Tln (Teilnehmer *m*) subscriber, party *(tel)*

TLN (Telefon-Leitungs-Nachbildung *f*) artificial telephone line *(FTZ)*

TLN-Netz-Schnittstelle *f* user-network interface (UNI) *(ITU-T I.112, I.420, s. Table IV)*; I420 interface *(GB ISDN)*

Tm s. Telemetrie *f*

T-Mail *f* T-mail (text-to-speech mail) *(E-Mail with voice output, UM)*

TMC-Ortscode *m* TMC location code *(RDS table)*

TMFI (Zweimodenfaser-Interferometer *n*) two-mode fibre interferometer *(FO)*

TMN (Telekommunikations-Managementnetz *n*) telecommunication management network

TMNV (Telekommunikations-Managementnetz *n* für Vermittlungssysteme) telecommunication management network for switching systems

TMWD (Telefon-Mehrwertdienst *m*) value-added voice service

Tmx s. TEMEX

TN (Teilnehmer *m*) subscriber, party *(tel)*

TNA s. TEMEX-Netzabschluß *m*

TNB (Teilnehmernetzbetreiber *m*) local carrier

TNC (Netzknotensteuerung *f*) terminal node controller *(PR)*

TND (Telefonnetzdienst *f*) telephone network service

T-Netzträger *m* T-carrier *(US)*

T-Netzträger-Leitung *f* T-carrier trunk *(US)*

TNS-Funktion *f* TNS (temporal noise shaping) function *(voice recognition, MPEG 4)*

toasten toast, burn *(a CD ROM)*

Tochterplatine *f* daughter board

Tochteruhr *f* slave clock

Token *m* token *(supervisory frame controlling access to a token ring network)*

Token-Bus-Schnittstelle *f* token bus interface *(IEEE 802.4)*

Token-Ring-Netz *n* token ring network *(one in which a token providing access is passed sequentially from station to station; LAN to IEEE 802.5)*

Tokenübergabe *f* token passing

tolerant tolerant, forgiving (of)

Toleranzmaske *f* tolerance mask *(TV testing)*

Toleranzschlauch *m* tolerance band *(cable)*

Ton *m* sound; audio

Tonabfragedienst *m* sound retrieval service *(ISDN)*

Tonalität *f* tonality *(audio)*

Tonausbreitungsweg *m* audio path

Tonausgabe *f* sound output, voice output

Tonausschnitt *m* audio clip *(TV)*

Tonburst *m* tone burst *(DiSEquC)*

toncodierte Daten *npl* voice-band data *(ISDN)*

Toneingabe *f* sound input, voice input

Toner *m* toner *(copier, fax machine, printer)*

tonfrequent voice-frequency

Tonfrequenz *f* voice frequency (VF), audio frequency (AF), speech frequency

Tonfrequenzbereich *m* voice (frequency) range, VF range

Tonfrequenzburst *m* tone burst *(DiSEquC)*

Tonfrequenzpegel *m* tone level *(LNB, DVB-S)*

Tonfrequenzumtastung *f* (NF-Umtastung *f*) audio FSK (AFSK)

Tonfrequenzverbindung *f* voice-band connection

Tonfrequenzwahl *f* voice frequency signalling

Tonhöhe *f* pitch

Tonhöhenbeugung *f* pitch bend *(MIDI term, PC)*

Tonimpulsfolge *f* tone burst

Tonleitung *f* audio circuit *or* line

T-Online DTAG videotex service *(formerly Datex-J, s.a. "Bildschirmtext")*

Tonnenverzeichnung *f* barrel distortion *(TV)*

Tonregler *m* (audio) fader

Tonruf *m* ringing; ringer, tone caller *(tel)*

Tonrufempfänger *m* (tone) pager, bleeper *('Cityruf')*

Tonruflautstärke *f* ringer volume

Tonrufschweller *m* ramped ringer *(GB)*, adjustable tone caller *(US)*

Tonschaltung *f* audio circuit

Tonschreiber *m* sound recorder

Tonskala *f* tonal range *(repro.)*

Tonstörung *f* audio breakup *(DVB)*, audio interference

Tonträger *m* (TT) sound carrier *(TV broadcasting)*; sound recording *and/or* storage medium

Tönung *f* tonality *(Farbe)*

Tonverstärker *m* audio amplifier

Tonwahl *f* voice-frequency dialling, tone dialling

Tonwahlsignal *n* touch-tone signal

Tonwahltastatur *f* touch-tone pad

Tonwahlverfahren *n* dual-tone multiple frequency (DTMF) method *(tel)*

Tonwecker *m* tone ringer *(tel)*

Tonwertskala *f* tonal range *(repro.)*

Ton-Zweiersatz *m* (TZS) tone/two-party circuit

Tool *n* tool *(SW)*

Toolbox *f* toolbox *(collection of utility programs, PC)*

Toolkit *n* toolkit *(DP programming)*

Top-Level-Domain *n* top-level domain (TLD) *(dot ending such as .org, .com, .gov; WWW q.v., ISO 3166, RFC1983, s. Table VIII)*

Topologie *f* topology *(of a network)*

TOP-Protokoll *n* TOP protocol *(table of pages, vtx)*

Torbereichszähler *m* bin counter

Tornistergerät *n* pack set *("walkie talkie")*

Torruf *m* door (intercom) call *(tel)*

Torsprechanlage *f* door *or* gate interphone, door *or* gate intercom system

Torsprechstelle *f* door (intercom) extension *or* station, door *or* gate interphone *(tel)*

Tortendiagramm *n* pie chart *(graphics)*

ToS-Feld *n* ToS (type of service) field *(ATM)*

Totalausfall *m* total failure, fatal fault, catastrophic failure

Totalblockierung *f* catastrophic congestion

Totalschwund *m* fade-out *(mobile RT)*

Totbereichsquantisierer *m* dead zone quantizer

tote Zone *f* silent zone, zone of silence *(mobile RT)*

TP (Verkehrsfunkkennung *f*) Traffic Programme (identification) *(RDS)*

TPDD-Messung *f* true tone post delay dial (TPDD) measurement *(QoS monitoring)*

TPS-Symbol *n* TPS (transmission parameter signalling) symbol *(DVB-T)*

TQ s. Trefferquote *f*

TR (Technische Richtlinie *f*) technical recommendation *(FTZ)*; engineering guidelines *(DTAG)*

TR (Teilnehmerrechner *m*) information provider;

Trabanten-... tributary *(interface etc.)*

Trackball *m* trackball, tracker ball *(display)*

tragbares Mobilfunkgerät *n* transportable *(DTI Class 2/3 two-piece portable phone)*

Träger *m* carrier, bearer *(ISDN)*

Trägerabstand *m* carrier spacing

Trägerdienst *m* bearer service *(GSM, ITU-T I.112, I.210, s. Table IV)*

Trägerfrequenz *f* (TF) carrier frequency (CF)

Trägerfrequenz/Dienstleistungs-Gerät *n* (TF+DL-Gerät) FDM/SC unit *(RT terminal station)*

Trägerfrequenzkanal *m* (TF-Kanal) carrier channel

Trägerfrequenz-LAN *n* carrierband LAN

Trägerfrequenzübertragung *f* **auf Hochspannungsleitungen** (TFH-Übertragung) powerline carrier (PLC) transmission

Trägerkanal *m* bearer channel (B channel) *(ISDN)*

trägerloses AM/PM-Verfahren *n* carrierless AM/PM (CAP) method *(ADSL)*

Trägerpaket *n* burst *(VSAT)*

Träger/Rausch-Verhältnis *n* carrier/noise ratio (C/N) *(sat., in dB)*

Trägerrest *m* carrier leak(age) *(after filtering)*

Trägersignal *n* **im Durchlaßbereich** passband carrier signal

Träger/Störung-Verhältnis *n* carrier/interferer (C/I) ratio *(sat., GSM, s. Table VII)*

Trägerstromverfahren *n* carrier-current method *(analog transm.)*

Trägerstromverstärker *m* carrier repeater

Trägersystem *n* launch vehicle, launcher *(sat)*; cradle *(mobile RT)*

Trägertastung *f* on/off keying *(simplest form of carrier modulation)*

Trägerumtastverfahren *n* carrier shift keying *(testing)*

Trägerverkehr *m* bearer traffic, user traffic

Trägheitsnavigation *f* inertial navigation *(aero)*

Tragorgan *n* suspension strand *(cable)*

Tragschiene *f* mounting rail

Tragseil *n* support strand, suspension strand *(for aerial cable, CTV)*
am Tragseil angebracht strand-mounted *(CTV)*

Tragwerk *n* support(ing) structure *(antenna)*

trainieren train *(e.g. a word in a speech recognition device)*

Trainingfolge *f* training sequence

Trainingsequenz *f* training sequence

Trainingsignal *n* training signal *(intelligent device)*

Transaktions-Anwenderteil *m* transaction capability application part (TCAP) *(GSM, s. Table VII)*

Transaktionsbehandlung *f* transaction handling (THA) *(GSM, s. Table VII)*

Transaktionsnummer *f* (TAN) transaction number

Transaktionsverarbeitung *f* transactin processing

Transcoder *m* transcoder *(sat)*

Transcodier- und Ratenanpaßeinheit *f* transcoder and rate adapter unit (TRAU) *(BSS, GSM)*

Transcom International ISDN link between France and USA

Transfergatter *n* transfer gate *(memory, display)*

Transfergeschwindigkeit *f* data transfer rate

Transfermeldung *f* transfer message *(ISDN)*

Transferrate *f* (data) transfer rate *(CD-ROM drive)*

Transfersystemteil *m* message transfer agent (MTA) *(ITU-T X.400, s. Table VI)*

Transfervolumen *n* transfer volume *(number of website accesses, WWW q.v.)*

Transformation *f* transformation *(CAD, graphics)*; transform *(math)*

Transformationsbildcodierung *f* (TC) transform image coding

Transformationscodierung *f* (TC) transform coding

Transformationsglied *n* matching pad *(ant.)*

Transformationsmatrix *f* transform matrix *(math.)*

Transformationslänge *f* transform length *(of an FFT, e.g. 8 kbit, OFDM)*

Transformierte *f* transform *(math)*

Transformierte *f* **einer Matrix** transform of a matrix *(math)*

transformierte Matrix *f* transform of a matrix *(math)*

transienter Datenspeicher *m* transient data memory *(switching system)*

Transit *m* transit *(network etc., ISDN)*

Transitamt *n* transit exchange

Transitbetriebsmittel *n* transit resources *(ISDN)*

Transitknoten *m* intermediate node (IN) *(PCM)*

Transitlaufzeit *f* transit delay *(ITU-T I.113, s. Table IV)*

Transitvermittlungsknoten *m* transit switching node *(network)*

Transitvermittlungsstelle *f* transit exchange *(network)*

transkontinental transcontinental *(US)*

Translation *f* translation *(math.)*

Transmissionsmaximum *n* transmission peak *(opt.)*

Transmodulator *m* transmodulator *(QPSK to QAM, DVB)*

transmodulieren transmodulate *(QPSK to QAM, DVB)*

TRANSPAC packet-switched French data network *(supports X.25, X.3, X.28 and X.29 DCEs and DTEs, 72 kb/s channels, s. Table VI)*

transparent transparent *(transmission independent of content, generally with outband signalling)*; unrestricted *(bearer service, ISDN)*

Transparent-Modus *m* transparent mode *(user data transmission)*

transparent schalten switch to transparent mode *(transmission)*

transparenter Pilotton *m* **im Band** transparent tone-in-band (TTIB) *(SSB technique for PMR to MPT 1327, GB)*

transparente Prüfschleife *f* transparent loopback *(ITU-T I.430, s. Table IV)*

Transponder *m* transponder (txp) *(sat)*

Transportdatenrate *f* transport data rate

Transportdienst *m* bearer service *(ATM)*

Transportebene *f* transport layer *(layer 4, OSI 7-layer reference model, s. Table I)*

Transportfunktionsteil *m* (TF) signalling connection control part (SCCP) *(SS7, ITU-T Rec. Q.711...714, s. Table III; FTZ)*

Transportmittel *n* transmission medium *(cable, microwave etc)*

Transport-Multiplex *n* transport stream (TS) *(DVB, MPEG-2)*

Transportmultiplex-Demultiplexer *m* transport stream (TS) demultiplexer, TS demux *(IDTV)*

Transportmultiplexpaket *n* transport stream packet *(188 bytes, MPEG-2)*

Transportnetz *n* transport network

Transportprotokoll *n* transport protocol *(ISO, sat)*

Transportschicht *f* transport layer *(layer 4, OSI 7-layer reference model, s. Table I)*

Transportuhr *f* travelling clock *(clock synchronisation)*

Transportverbindung *f* transport *or* transparent connection

Transpositionsspeicher *m* transpose memory *(matrix transposition, image processing)*

Transversalblindleistung *f* transverse reactive power *(power system)*

Transversalfilter *n* transversal filter *(transmissions)*, finite impulse response (FIR) filter

Trapezregel *f* trapezoidal rule *(math)*

Trasse *f* (transmission) route

Treffer *m* hit *(error correction, Internet search)*

Trefferquote *f* (TQ) hit ratio, recall ratio *(files, video frames)*

Treffsicherheit *f* hit probability *(tel. connection)*

Treffunsicherheit *f* setting accuracy *(test instrument)*

Treiber *m* driver, device driver *(PC SW)*

Treiberbaustein *m* driver chip

Treibersoftware *f* driver software *(PC SW)*

Trellis *m* trellis

Trelliscodierung *f* trellis coding

Trennanforderung *f* disconnect request

Trennbit *n* framing bit

Trennbuchse *f* splitting jack *(tel)*

Trenndiode *f* isolating diode

trennen disconnect *(channel, A from B)*; separate, release *(connection)*, detach, isolate, unlink

Trenner *m* delimiter *(ASCII file)*; isolator *(el.)*

Trenn-Fernmeldesteckdose *f* disconnect socket

Trennfilter *n* splitter; POTS splitter *(ADSL)*

Trennfrequenz *f* space frequency

Trenngerät *n* cleaving device *(FO)*

Trennkontakt *m* normally-closed *or* disconnecting contact *(HW)*

Trennrelais *n* disconnecting relay

Trennschalter *m* isolator *(el. HW)*

Trennschärfe *f* discrimination; selectivity *(receiver)*

Trennstecker *m* disconnector *(HW)*

Trennsteckverteiler *m* terminal disconnect patchboard

Trennstelle *f* break point, break, gap, cut, joint; test point *(MDF)*

Trenntaste *f* cut-off button *(f. tel)*

Trennung *f* separation; disconnection; demultiplexing

Trennungsfilter *n* separating filter; POTS splitter *(ADSL)*

Trennungsnetzwerk *n* trap network *(packets)*

Trennverstärker *m* isolation *or* isolating amplifier *(to DC)*; trap amplifier *(tel)*

Trennweiche *f* separating filter *(CATV)*, splitter

Trennzeichen *n* separator *(DP)*

treppenförmig stairstep(-type) *(e.g. voltage switching, signal)*

Treppensignal *n* staircase *or* stairstep signal *(TV)*

Treppenspannung *f* staircase voltage

Treppenstufenmodulation *f* pulse step modulation (PSM)

Treppen(stufen)generator *m* stairstep generator *(TV)*

-treue conformity

Tretmatte *f* sensor mat *(security system)*

Trichter *m* funnel; horn, cone *(antenna, loudsp.)*; trumpet; envelope *(graph)*

trichterförmig (erweitert) flared *(CRT)*

Trickfilm *m* animated film *(cartoon)*, special effects film *(e.g. music video)*

triggerbar triggerable

Triggerimpuls *m* trigger (pulse)

triggern trigger

Triggersignal *n* trigger signal *(test engineering)*

Trigramm *n* trigram *(three-letter-group)*

Trilemma *n* trilemma *(logic)*

Triminformation *f* trimming information *(in IC production)*

Trittmatte *f* safety mat, switch mat *(intrusion alarm, industrial safety)*

Trittschallfilter *n* impact-sound (IS) filter

Tripel *n* triplet, triple *(pixels, display)*

Triphone-Tabelle *f* triphone table*(voice recognition)*

Tristate-Bus *m* tristate bus

Trog *m* tray *(battery)*

trojanisches Pferd *n* trojan horse *(killer program in the guise of a harmless application, PC)*

Truppenfunk *m* service radio

Trustcenter *n* trust center (TC) *(PGP q.v.)*

TS (Teilnehmersatz *m*) subscriber line circuit (SLC)

T-Schnittstelle *f* T interface *(between NT1 and NT2, ISDN)*

T-Serie *f* **der ITU-T-Empfehlungen** T series of ITU-T Recommendations *(relates to Group 1,2,3 facsimile, telematic, teletex, telex and videotex services, s. Table III)*

TSR-Programm *n* terminate and stay resident (TSR) program *(in RAM, PC)*

TSS s. TEMEX-Schnittstelle *f*

T-Stück *n* T piece *(BNC connector)*

TT (Tonträger *m*) sound carrier *(TV broadcasting)*

TTML-Sprache *f* tagged text markup language (TTML)

TTS-Modul *n* text-to-speech (TTS) module *(converts PC-based messages into speech messages, UM)*

TTU s. Teletex-Telex-Umsetzer *m*

Ttx s. Teletex

TTXAU s. Teletex-Anschlußeinheit *f*

TÜ s. TEMEX-Übertragungseinheit *f*

TÜB s. TEMEX-Übertragungsbaugruppe *f*

TÜE s. TEMEX-Übertragungseinheit *f*

Tunnelfunk *m* tunnel radio *(slotted cable technique)*

Tunnelgegenstelle *f* tunnel terminating point *(PPP, IAB RFC2637)*

Tunnelprotokoll *n* tunnelling protocol *(to provide a tunnel for, e.g., IP-messages)*

Tunnelschließung *f* closing of a tunnel *(tunneling protocol)*

Tunnel-Switch *m* tunnel switch *(multi-protocol routing, VPN)*

Tunnelverbindung *f* tunnel

Tupel *n* tuple *(GB)*, tupel *(US)*

Türfreisprechanlage *f* door release/intercom system *(f. tel)*

Türöffner *m* door opener *(ISM band)*

Türsprechanlage *f* door interphone, door intercom (system)

Türsprechstelle *f* door (intercom) extension *or* station, door interphone

Türsteher *m* gatekeeper *(e.g. firewall, ISDN router)*

TÜV (Technischer Überwachungsverein *m*) Technical Inspectorate *(FRG)*

TV (Technische Vorschrift *f*) technical regulation

TVA (Teilnehmervermittlungsanlage *f*) private (automatic) branch exchange (PBX, PABX) *(CH)*

TV-Bestelldienst *m* video ordering service

TVR s. TEMEX-Vermittlungsrechner *m*

TVSt (Teilnehmervermittlungsstelle *f*) access exchange *(ISDN)*

TVU (Fernsehumsetzer *m*) TV translator

TV21 (21-MHz TV-AM-Träger *m*) amplitude modulated 21-MHz TV carrier

TWB (Tastwahlblock *m*) keypad *(tel)*

Typenprüfung *f* type *or* qualification test

Typenraddrucker *m* daisywheel printer

typisieren standardize (by type)

Typisierung *f* standardisation; identification of the type *(e.g. of a fault)*

Typzulassung *f* type approval *or* acceptance

Typzulassung *f* **der Kontrollbehörde** regulatory type acceptance

tx s. Telex *n*

TZ s. TEMEX-Zentrale *f*

tZGT s. temporäre Zeichengabetransaktion *f*

TZS s. Ton-Zweiersatz *m*

T1 s. Sendeschrittakt DEE *(Table IX, V.24 interface)*

T2 s. Sendeschrittakt DÜE *(Table IX, V.24 interface)*

U

U *(Symbol für Spannung)* E *(symbol for voltage, potential difference)*

Ü s. Überwachung *f*

UA (Unteranlage *f*) satellite station *(PABX)*

UAbt (Unterabteilung *f*) division *(DBT)*

ÜAG s. Übertragungsanlage *f* für Gefahrenmeldeanlagen

UB (Umschaltbaugruppe *f*) emergency switching module

Überabtastung *f* oversampling, up-sampling *(US) (data decompression, repeating given samples)*; overscan *(TV)*

Überbeanspruchung *f* overloading, overstress

Überbelastung *f* overloading

Überbelegung *f* congestion

überblenden cross-fade *(TV)*

Überblendregler *m* fader

Überblendung *f* cross-fading, dissolve; overlay *(TV)*; merging *(signals)*

überbrücken bridge, strap, bypass; straddle *(two wires)*; span *(distance)*

überbrückte Abzweigung *f* bridged tap *(ITU-T I.430, s. Table IV)*

überdecken cover, mask

Überdeckung *f* coverage; aliasing *(spectrum)*

Überdeckung *f* **mit regulären Vielecken** coverage *(of an area)* with tiles, tesselation *(math.)*

über die Luft *f* over the air, by radio *(mobile RT)*

überdimensionieren oversize, overengineer, overdesign

Überdimensionierung *f* oversized

übereinanderfallen coincide *(curves)*

übereinanderschichten sandwich

Übereinkommen *n* convention

übereinstimmen agree; match

übereinstimmend matching

Übereinstimmung *f* correspondence, match, agreemnet, compliance

Übereinstimmungskontrolle *f* consistency check

Überfaltung *f* aliasing *(frequency)*

Überflug *m* pass *(sat)*

überführen transfer; switch (to), set (to) *(another mode)*, transform *(states)*, convert

Überführung *f* transfer, move; conversion, reduction (to) *(math.)*

Übergabe *f* transfer; delivery *(MHS)*

Übergabe-Bestätigungsbit *n* (D-Bit) delivery confirmation bit, D bit *(ISDN NUA)*

Übergabeeinheit *f* hub *(IP/ATM network)*

Übergabemeldung *f* transfer message *(ISDN)*

Übergabepunkt *m* (ÜP) interchange point *(tel)*, delivery point; interface *(between BVN and private distribution system for dwelling units)*, connection point; point of presence (POP) *(between local and toll network, or local network and the Internet, US)*, point of termination (POT)

Übergabeschnittstelle *f* delivery interface; handover interface *(DVB-T)*

Übergabeseite *f* access page *(vtx, access to ECs)*

Übergabestelle *f* interchange point, interface *(tel)*; *(formerly TAE)* user connection device, telecommunication line unit (TLU) *(ISDN plug-in connector, corresponds to LJU)*

Übergabesystemteil *m* delivery agent *(MHS)*

Übergabetransformator *m* coupling transformer

Übergang *m* transition, transit; adapter *(waveguide)*; gateway *(e.g. to telephone network)*; intercommunication *(between services)*; interworking *(network)*

Übergangsdämpfung *f* joint loss *(FO)*

Übergangsdienst *m* interworking service (IWS)

Übergangseinheit *f* interworking unit (INU, IWU) *(network layer, LANs)*

Übergangsfrequenz *f* cross-over frequency

Übergangsfunktion *f* interworking function (IWF); transient response

Übergangsmaßnahme *f* interim measure

Übergangs-Mobilvermittlungseinrichtung *f* gateway mobile switching centre *(GSM, s. Table VII)*

Übergangsprotokoll *n* internetwork protocol *(OSI layer 3 and above)*

Übergangspunkt *m* interworking point *(ISDN)*

Übergangsstelle *f* interface

Übergangsstück *n* adapter *(HW)*

Übergangsverkehr *m* transition traffic

Übergangs-Vermittlungsanlage *f* gateway switch *(US)*

Übergangs-Vermittlungseinrichtung *f* (ÜVE) gateway switching centre *(GSM, s. Table VII)*

Übergangsverzerrung *f* cross-over distortion *(push-pull transistor amplifier)*

Übergangszone *f* junction *(semiconductor)*

übergeben deliver *(signal)*, submit *(message)*, transfer

übergeordnet generic *(e.g. term)*, higher-level *(computer, system)*, higher-ranking *(exch.)*, higher-order *(parameter)*, superordinate

übergeordnete Breitbandkommunikations-Verstärkerstelle *f* (ÜBKVrSt) higher-ranking broadband communication repeater station *(network level 2)*

übergeordnete Regelung *f* master control

übergeordnete Steuerung *f* primary control

übergreifend cross-office

überhöhen boost *(logic level)*

Überhang *m* hangover *(of talkspurts)*

überkoppeln transfer *(light)*

überlagert super(im)posed *(physical)*; heterodyned *(radio)*; higher level, overlay

überlagert sein run on top of ... *(protocol etc.)*

überlagerte Funkzone *f* overlaid cell, umbrella cell

überlagertes Anrufmeldesystem *n* overlay paging system *(trunking)*

überlagertes Netz *n* overlay network

Überlagerung *f* mixing, heterodyning *(frequencies)*; overlaying *(network)*; multiplication *(pulse modulation)*; superimposure *(video film)*; addition *(of noise)*

Überlagerungsempfänger *m* superheterodyne receiver *(RF)*, heterodyne *($f_{IF} > 0$)* *or* homodyne *($f_{IF} = 0$)* receiver

Überlagerungsfrequenz *f* beat frequency, heterodyne frequency

Überlagerungskanal *m* superaudio *or* data-over-voice (DOV) channel *(TEMEX, Centrex, phonecard phone)*

Überlagerungsmodell *n* overlay model *(IP/ATM protocol layers)*

Überlagerungsoszillator *m* local oscillator (LO)

Überlagerungsstörung *f* heterodyne interference *(of two transmitters, TV)*

überlappend overlapping, cascaded

überlappende Fenster *npl* cascading windows *(GUI, PC)*

Überlassung *f* lease; provision

Überlast *f* overload

Überlastabwehr *f* overload protection *or* prevention, flow control *(SS7, s. Table III)*; congestion management

Überlastabwehr *f* **kommend** incoming load control

Überlast *f* **auf Burstebene** burst scale congestion *(ATM multiplexer)*

Überlastanzeige *f* congestion indication (CI) *(ATM)*

Überlastbarkeit *f* overload capability

Überlastbehandlung *f* congestion control *(ATM)*

überlasten overload, overstress

überlastet overloaded, congested *(network)*

Überlastspeicher *m* overload buffer

Überlastung *f* overload, overstress; congestion *(traffic)*

Überlastungserkennung *f* detection of congestion *(ISDN)*

Überlauf *m* overflow *(e.g. counter)*

überlaufen overflow; roll-over *(counter)*

Überlaufbelegung *f* overflow call *(tel. sys., offered call overflowing to other serving trunk groups)*

Überlaufkontakt *m* overflow contact *(tel. sys.)*

Überlaufverkehr *m* overflow traffic *(tel. sys.)*

Überlaufzustand *m* race condition *(US, switching sys.)*

Überlebensfähigkeit *f* survivability *(network)*

Überleitstelle *f* gateway station *(mobile RT)*

Überleitungsamt *n* transfer exchange *(tel)*

Überleit(ungs)einrichtung *f* (ÜLE) mobile switching centre (MSC) *(mobile RT)*; automatic telephone exchange (ATE) *(trunking)*; transfer facility; gateway, internetworking processor *(networks, translates protocols between different networks)*

Überleitungsprogramm *n* bridgeware

Überleitungsstelle *f* gateway station *(mobile RT)*

überlesen skip

überlokales Funkrufnetz *n* off-site paging network

übermitteln transmit

Übermittlung *f* transmission, communication *(source-sink information transport, NTG 1203)*; transfer *(of information)*, forwarding

Übermittlungsabschnitt *m* data link

Übermittlungsdienst *m* bearer service, carrier service, transmission service

Übermittlungsdienst *m* **für Rahmenweitergabe** frame relaying bearer service

Übermittlungsdienst *m* **mit Wählverbindung** demand bearer service

Übermittlungseigenschaft *f* bearer capability (BC)

Übermittlungsende *n* end of message

Übermittlungsfunktion *f* message transfer function, communication function

Übermittlungsgeschwindigkeit *f* data rate

Übermittlungsgesellschaft *oder* **-organisation** *f* carrier

Übermittlungsprozedur *f* downloading procedure *(PBX to terminal)*

Übermittlungsschlußzeichen *n* end-of-message signal

Übermittlungstechnik *f* communication technology

Übermittlungsvorschrift *f* link protocol

Übermittlung über Leckleitung *f* leaky feeder signal transmission *(mobile RT)*

Übernahme *f* acceptance, transfer *(call)*; off-loading *(functions, DP)*

Übernahme *f* **einer Verbindung** hijacking of a connection *(by a hacker, IPsec)*

Übernahmesignal *n* strobe *(DP)*

Übernahmetaste *f* enter key

übernehmen take over, accept, import *(DP)*, enter *(keyboard inputs)*, transfer; cover *(a call)*

überörtlich supralocal *(VPN)*

Überprogrammierung *f* **von Fehlern** error carry-over (in the programming)

überprüfen check, interrogate, verify

Überprüfung *f* checking, verification

Überprüfung *f* **der Randbedingungen** context arbitration *(by the service provider on receiving a service request)*

Überrahmen *m* superframe, multiframe *(PCM)*

Überrahmensynchronisierung *f* multiframe alignment *(PCM)*

überregional supraregional *(TV programme)*

überregionales Fernnetz *n* long-haul network

Überreichweite *f* overshoot *(propagation)*

überschneiden overlap, intersect
  sich nicht überschneidend disjoint *(set theory)*

überschreiten exceed, violate *(limit)*

Überschreiten *n* **der Einstellbereiche** violation of range limits

Überschreitung *f* (limit) violation; overrange *(measuring range)*; out-of-range

Überschreitungswahrscheinlichkeit *f* exceeding *or* error probability *(math.)*

Überschreitungszeitdauer *f* overshoot period *(threshold)*

Überschuß-Blockgröße *f* excess burst size

überschwingen ring *(pulse)*

Überschwingen *n* slope overload *(DPCM video encoding)*

Überschwinger *m* ringing *(pulse)*

Überschwingerfrequenz *f* ringing frequency

Überschwingfrequenz *f* ringing frequency

überseeische Überspielung *f* overseas item *(TV)*

Übersetzung *f* translation *(DP)*

Übersetzungsfunktion *f* interworking function *(e.g. between SS7 and X.25, s. Table VI)*

Übersetzungsmodus *m* translation mode *(Electronic dictionary, PC)*

Übersetzungsrechner *m* source computer

Übersetzungsverhältnis *n* transformation ratio *(transformer)*

Übersicht *f* overview; browser *(multimedia)*

übersichtlich easily traceable, clear

Übersichtsplan *m* (Üp) layout diagram; trunking diagram *(exchange)*

Übersichtsstromlauf(plan) *m* functional circuit diagram

Übersichtsschaltplan *m* functional circuit diagram

Übersichtsvermögen *n* synoptical capability *(of a person)*

Überspannungsableiter *m* (ÜsAg) overvoltage arrester

Überspannungs-Ansprechgrenze *f* overvoltage threshold

überspielen copy *(MTR)*; transfer, export *(data to another system)*

Übersprechdämpfung *f* crosstalk attenuation

Übersprechen *n* crosstalk, side-to-side crosstalk *(tel.)*

Übersprechimpuls *m* cross-coupled signal *(ant.)*

Übersprechkopplung *f* cross coupling

Übersprechwert *m* crosstalk level *(audio)*

überspringen skip

übersteuern override *(control)*, overdrive

Übersteuerung *f* overloading

Überstrahlung *f* spill-over *(sat. radiation received outside its footprint)*; blooming *(TV picture)*

überstreichen sweep *(frequ. band)*
  einen Bereich überstreichen cover a range

Übersystembitrate *f* super-system bit rate

Übertrag *m* carry *(counter)*

übertragbar transferable; migratable *(DP)*

Übertragbarkeit *f* transferability, applicability; portability *(SW)*

übertragen transfer *(tel)*; port *(SW)*

Übertrager *m* transformer; repeating coil *(tel)*

übertragerlos transformerless

Übertragung *f* transmission *(ITU-T G.701, I.112, s. Table III)*, transfer; relaying; (Ue) line circuit *(tel. signalling)*, relay set, (trunk) repeater

Übertragung *f* **im Aussetzbetrieb** discontinuous transmission (DTX) *(GSM 01.04, s. Table VII)*

Übertragung *f* **im Netz gestört** network out of service (NOS) *(loop testing)*

Übertragungsablaufsteuerung *f* communications controller; (UEAS) transmission sequence control *(EDS)*

Übertragungsabschnitt *m* transmission section, transmission path *(ATM)*, transmission element

Übertragungsanlage *f* **für Gefahrenmeldeanlagen** (ÜAG) transmission system for alarm signalling systems

Übertragungsart *f* transmission mode

Übertragungsbaugruppe *f* (TÜB) transmission module *(TEMEX)*

Übertragungsbereich *m* transmission bandwidth

Übertragungsbezug *m* communication reference *(ISDN)*

Übertragungsbitrate *f* transmission bit rate

Übertragungscharakteristik *f* transfer characteristic

Übertragungsdämpfung *f* path loss *(mobile RT)*

Übertragungsdatensignalisierung *f* transmission parameter signalling (TPS) *(DVB, use of pilot carriers to indicate modulation and carrier coding in DVB-T OFDM stream)*

Übertragungsdichte *f* clock rate

Übertragungsdienst *m* information transfer service *(ISDN)*

Übertragungseingang *m* AC-coupled input

Übertragungseinrichtung *f* transport facility *or* medium

Übertragungsende *n* End Of Transmission (EOT) *(signal)*

Übertragungsfähigkeit *f* transfer capability *(ITU-T I.432, s. Table IV)*

Übertragungsfenster *n* spectral window *(FO)*

Übertragungsfunktion *f* transmission function, communication function, transfer function

Übertragungsgatter *n* transmission gate *(memory, display)*

Übertragungsgeschwindigkeit *f* transmission speed *(general)*, transmission rate; clock rate; data signalling rate; equivalent bit rate; SELect data signal rate (SEL) *(V.24/RS232, s. Table IX)*

Übertragungsgüte *f* (grade of) transmission performance

Übertragungsgütesicherung *f* transmission quality assurance (TQA)

Übertragungsgütewert *m* transmission performance rating

Übertragungskanal *m* channel, transmission channel *(ITU-T G.701, I.112, s. Table III)*, communication channel

Übertragungskapazität *f* transmission capacity; bit rate

Übertragungskennung *f* communication reference *(ISDN)*

Übertragungskette *f* transmission chain *(TV)*

Übertragungs-Kontrollnetz *n* transmission management network (TMN) *(SDH)*

Übertragungskonvergenz *f* transmission convergence (TC) *(PHY sublayer, cell adaptation such as cell scrambling, adding stuffing cells, checksums and frame overheads before forwarding to the PMD sublayer (q.v.))*

Übertragungskopfteil *m* transport overhead *(TDM)*

Übertragungslänge *f* transmission distance

Übertragungsleistung *f* transmission service; transmission quality *(data)*

Übertragungsleitung *f* transmission line *(circuit switching)*, transmission link *(packet switching)*, link, pipe *(ATM)*

Übertragungsleitung *f* **anschalten** connect data set to line *(no RS232C specifications; V.24, s. Table IX)*

Übertragungsmaß *n* propagation constant *(cables)*

Übertragungsmedium *n* communication medium, transmission medium *(e.g. cable, microwave)*; transmission capacity

Übertragungsmerkmal *n* facility

Übertragungsmodus *m* transfer mode

Übertragungsmultiplex *n* communication multiplex

Übertragungsnetz *n* transmission network, backbone (network)

Übertragungspegelmessung *f* transmission measurement

Übertragungsprotokoll *n* link access protocol; communication protocol; transfer message *(ISDN)*

Übertragungsrahmen *m* transmission frame *(STD)*

Übertragungsrate *f* information transfer rate *(bearer service)*

Übertragungsreichweite *f* transmission range *(mobile RT)*

Übertragungsschnittstelle *f* port

Übertragungssequenz *f* window *(DECT)*

Übertragungssicherheit *f* transmission reliability

Übertragungssicherung *f* error protection *(data transmission)*

Übertragungssteuereinrichtung *f* data link handler

Übertragungssteuerung *f* transmission control (TC); link control (LC)

Übertragungssteuerungsprotokoll *n* transmission control protocol (TCP) *(layer 4) (DARPA)*

Übertragungssteuerungsverfahren *n* link access procedure (LAP) *(ISDN)*

Übertragungssteuerzeichenfolge *f* supervisory sequence

Übertragungsstrecke *f* (ÜSt) (transmission) link *(ITU-T I.112, s. Table IV)*; trunk

Übertragungssystem *n* transmission system, communication system; interexchange carrier

Übertragungstechnik *f* transmission system (hardware)

übertragungstechnische Planung *f* transmission system design *(DTAG, FTZ ITR 800)*

übertragungstechnischer Kabelanschluß *m* transmission line termination *(ISDN U interface)*

Übertragungsverfahren *n* transmission method *(ITU-T I.430, s. Table IV)*

Übertragungsverhalten *n* transmission characteristic *(channel)*; (signal transfer) response *(output amplifier, transponder)*

Übertragungsverhältnis *n* transmittance *(OWG)*, transfer ratio, transmission coefficient, gain factor *(network theory)*

Übertragungsverhältnisse *npl* transmission conditions *(mobile RT)*

Übertragungswagen *m* mobile transmitter *(mobile RT testing)*; (Ü-Wagen) outside broadcast (OB) van *(TV)*

Übertragungsweg *m* (Üw) transmission path; bearer *(DECT)*

Übertragungsweg *m* **im Netzmonopol** (DTAG) leased line

Übertragungswegnummer *f* logical connection number (LCN) *(DECT)*

Übertragungszeichen *n* transmission control character

Übertragungszeichenfolge *f* information message

Übertrainieren *n* overfitting *(neural network)*

überwachen monitor, supervise; scan *(mobile RT)*; cover *(calls, PBX)*

Überwacher *m* trace *(program)*; monitor *(e.g. of peak synch power, TV)*

Überwacherkennung *f* supervisor password *(exch. data base access)*

überwachtes Lernen *n* supervised learning *(neural network)*

Überwachung *f* policing *(bit rate, ATM)*; (Ü) supervision *(PCM unit or equipment)*; supervisory function; maintenance *(network)*

Überwachung *f* **der Übertragungsgüte** performance monitoring *(ATM)*

Überwachung *f* **ohne Betriebsunterbrechung** in-service *or* on-line monitoring

Überwachungsabschnitt *m* monitored section

Überwachungsaufgabe *f* supervisory function

Überwachungsbaugruppe *f* alarm & control module (ACM) *(PLE)*

Überwachungseinrichtung *f* watchdog *(computers)*

Überwachungseinsatz *m* supervision threshold

Überwachungsfunktion *f* sentinel function *(network policing)*

Überwachungsgröße *f* value to be monitored, monitored value

Überwachungskamera *f* surveillance camera, CCTV camera

Überwachungsprogramm *n* trace

Überwachungsmonitor *m* supervisory monitor *(switch. system)*

Überwachungsrahmen *m* supervisory frame

Überwachungsrechner *m* supervisory computer

Überwachungssatz *m* supervision circuit

Überwachungston *m* supervisory audio tone (SAT) *(mobile RT)*

Überwachungstor *n* expectancy window *(mobile RT)*

Überwachungszeichen *n* supervisory signal

Überwachungszeitgeber *m* watchdog timer *(DP)*; supervisory timer *(exch)*

Überwachungszeitgeber *m* **für 'keine Antwort'** no reply timer *(ISDN)*

Überweisungsverkehr *m* transfer traffic *(PBX)*

überzählig surplus, spare, redundant

überzentral higher than tertiary level *(exch.)*

Überzeugungssystem *n* belief system *(AI)*

ÜBKVrSt (übergeordnete Breitbandkommunikations-Verstärkerstelle *f*) higher-ranking broadband communication repeater station *(network level 2)*

UDP-Protokoll *n* user datagram protocol (UDP) *(network management, Internet OSI layer 4 protocol, RFC0768, RFC1208, RFC1983, s. Table VIII)*

Ue (Übertragung *f*) line circuit *(exch.)*

UE (Unterhaltungselektronik *f*) consumer *or* leisure electronics

UEAS s. Übertragungsablaufsteuerung *f*

U-Ebene *f* U plane *(user plane, DECT, ETSI ETS 300175)*

U-Elektronik *f* s. Unterhaltungselektronik *f*

UER (Union *f* Europäischer Rundfunkanstalten) European Broadcasting Union (EBU)

Uhr *f* clock

Uhrengang *m* clock rate

Uhrenstand *m* clock timing *or* reading, state; setting

Uhrenvergleich *m* clock synchronisation

Uhrzeitprogramm *n* time-of-day (TOD) program

Uhrzeit und Datum clock time (CT)

Uhrzeit und Datum-Tabelle *f* time and date table (TDT) *(DVB-SI table for updating the realtime clock of a DTV receiver)*

UKW-(Ultrakurzwellen-)**Empfang** *m* VHF (very high frequency) reception *(radio)*

ÜLE (Überleit(ungs)einrichtung *f*) transfer facility, mobile switching centre (MSC)

Ultraschall *m* ultrasound

Ultraschallübertragung *f* ultrasonic transmission

umbändert taped *(cable)*

umblenden remap *(in RAM, PC)*

Umbrellasystem *n* umbrella (management) system *(network management)*

Umbuchen *n* cell change, hand-over *(mobile RT)*

Umbuchen *n* **bei bestehender Verbindung** in-call hand-over *(mobile RT)*

Umcodierer *m* code converter, mapper

Umcodierung *f* recoding, code conversion; law conversion (A-) *(tel)*; transcoding *(e.g. NTSC/PAL)*

UM-Dienst *m* unified messaging (UM) service *(fax, E-mail, voice, data)*

Umfeld *n* environment, associated area *or* field

Umgang *m* convolution *(tape, wire)*

Umgebung *f* background *(monitor)*; environment *(program, computer + peripherals or network)*

Umgebungsbereich *m* environment *(e.g. DOS environment: storage area containing information on path, system prompt etc., accessible to all batch files and programs)*

Umgebungsgeräusch *n* ambient noise

Umgebungslicht *n* ambient light *(graphics)*

Umgebungstemperatur *f* ambient temperature, environmental temperature

Umgebungszustands-Parameter *m* environmental condition descriptor *(ATM)*

Umgehungsleitung *f* bypass line

Umgehungsweg *m* by-path

umgekehrt reversed, inverse, inverted

umgeleitet diverted *(call)*

Umhängemikro(fon) *n* necklace microphone *(conference)*

Umhängesender *m* necklace *(ENG)*

umherirren wander about *(cells)*

Umkehrabbildung *f* inverse mapping

umkehrbare Codierung *f* reversible coding *(provides for error-free data recovery by using the reverse coding process, corresponds to lossless compression q.v.)*

umkehrbar eindeutige Zuordnung *f* one-to-one correspondence *(math.)*

umkehren reverse, invert

Umkehrgruppierung *f* reversed trunking scheme

Umkehr-Koppeleinrichtung *f* revertive *or* folded switching device

Umkehrnetz *n* folded network *(switching network)*

Umkehrsperre *f* wraparound inhibitor *(counter)*

Umkehrstufe *f* inverting stage, inverter

Umkehrung *f* reversal

Umkehrverstärker *m* inverting amplifier, inverter

umklemmen reverse *or* change terminal connections, reconnect

Umkopieren *n* shadowing *(ROM to RAM, PC)*

umkoppeln reconnect, change connections

Umkopplung *f* change of connections

Umlauf *m* orbit, revolution *(sat)*; wraparound *(image on screen)*

Umlaufbahn *f* orbit *(sat)*

Umlaufdämpfung *f* open loop loss (OLL), feedback loss

Umlaufspeicher *m* circular *or* circulating buffer

Umlaufzeit *f* round-trip time *(signal)*; cycling time *(selector)*; orbital period, period of revolution *(sat.)*

Umlaufzeitfenster *n* round-trip window *(W, = circuit speed S x round-trip propagation time T, networks)*

umlegen transfer (a call) *(f. tel)*; reallocate *(channels to another terminal)*

umleiten divert *(call)*; reroute

Umleitung *f* redirection *(call)*

Umleitung *f* **zum alternativen Teilnehmer** alternate party diversion

Umlenken *n* rerouting *(traffic)*

Umlenkung *f* rerouting *(traffic)*, redirection, deflection *(call)*; diversion *(flow, mech.)*

Ummantelung *f* jacket *(FO cable)*

Umpacken *n* repackaging *(cells, ATM)*

umpolen reverse polarity

umprogrammieren reprogram *(e.g. flash EPROM)*

Umrandung *f* border *(image)*

Umrangieren *n* repatching *(HW)*; redistribution *(cross-connect)*

Umrastern *n* re-spacing *(cells, ATM)*

Umrechner *m* translator *(routing)*

Umrechnungstabelle *f* translation table

Umrüstung *f* upgrade, retrofit, conversion *(HW)*

Umrüstzeit *f* change-over time

Umschaltbaugruppe *f* (UB) emergency switching module

Umschaltebene *f* shift *(TTY)*

Umschaltebetrieb *m* changeover mode *(exch.)*

Umschalten *n* reversal *(trunk barring levels)*; hand-off *(mobile RT)*; toggle *(states)*; suspend/resume *(connection)*; escape; switch(-over), toggle

Umschalter *m* switcher *(TV)*; changeover unit *(CATV)*; diverter *(load)*; jumper (wire)

Umschaltesignal *n* escape signal *(network)*

Umschaltezeit *f* line turnaround *(RS232C connection, half duplex)*; switchover time *(tx/rx, PMR)*

Umschaltnetzwerk *n* switching circuit *(transmission)*

Umschaltpunkt *m* switching point (SP) *(TDMA)*

Umschaltrate *f* switching rate; hopping rate *(frequency hopping)*

Umschalttaste *f* shift key *(PC keyboard)*

Umschaltung *f* switch-over, switching; handover *(Mobile RT)*

Umschaltzeichen *n* shift signal *(TTY)*

Umschaltzeit *f* switchover time *(tx/rx, PMR)*

UM-Schnittstelle *f* UM (unified messaging) interface

umschreiben transcribe

Umschwingen *n* polarity reversal *(PS rectification)*

Umschwingthyristor *m* ring-around thyristor

UM-Server *m* UM (unified messaging) server *(fax, e-mail, voice, data)*

Umsetzeinrichtung *f* translating device *(exchange/network)*, gateway *(e.g. to the Internet)*

umsetzen convert; transpose *(data)*; implement

Umsetzer *m* transducer, converter, modem; translator *(exchange)*; transposer *(TV broadcasting)*; mixer *(frequency)*

Umsetzerstation *f* translator station *(TV)*

Umsetzerstufen *fpl* modulator and demodulator stages

Umsetzfrequenz *f* local oscillator frequency (LOF) *(sat)*

Umsetzung *f* conversion; implementation

Umsetzungseinrichtung *f* mediation device (MD) *(TMN)*

Umsetzungsfunktion *f* interworking function (IWF) *(GSM, s. Table VII)*, mediation function *(ATM NMS)*

Umspannung *f* transformation *(transformer)*

umspeichern dump, copy *(data)*

Umstecken *n* replugging of terminals, changeover *(at the bus)*

Umstecken *n* **am Bus** bus changeover; terminal portability (TP) *(ISDN, E-DSS1)*

umstellen change *(frequencies, taps)*, convert

Umstellung *f* change *(frequencies, taps)*, conversion; transition; migration *(DP)*

Umsteuergruppenwähler *m* routing group selector

Umsteuerwähler *m* routing selector

umsteuern reroute *(signal)*

Umsteuerwähler *m* routing selector

Umtastabstand *m* frequency shift spacing

umtasten key *(modulation)*

UMTS s. universelles Mobilfunk-Telekommunikationssystem *n*

UMTS-Erd-Funkschnittstelle *f* UMTS Terrestrial Radio Access (UTRA) *(FDD-Komponente: W-CDMA, TDD-Komponente: TD-CDMA, ODMA (q.v.), 3GPP)*

Umwandlung *f* conversion, transformtion

Umwandlung *f* **der Reellen in komplexe Darstellung** real-to-complex conversion *(DVB receiver)*

Umweg *m* alternate *or* indirect route *(comm. network)*, indirect path *(radio link)*

Umweglaufzeit *f* indirect path delay *(GSM, DAB, DVB)*

Umweglenkung *f* alternate *or* indirect routing

Umwegleitung *f* indirect routing

Umwegsignal *n* multipath signal

Umwegsteuerung *f* rerouting *(PCM data, voice)*

umweisen reassign

Umwerter *m* converter, translator *(signalling)*

Umwertespeicher *m* translator *(for route determination, ATM)*

Umwertetabelle *f* translation table *(addresses, identifiers)*

Umwertung *f* translation *(call numbers)*

Umwertungsdaten *npl* translation data

Umwertungstabelle *f* translation table *(addresses, identifiers)*

unabhängig independent, autonomous, offline; standalone

unabhängige Teilnehmer-Suche *f* follow me; independent subscriber search

unabhängig getaktet plesiochronous mode

unabhängiger Kanal *m* floating channel *(DP)*

unabhängiger Wartebetrieb *m* asynchronous disconnected mode

unabhängige Wartung *f* independent maintenance (IM)

unabgeschirmte verdrillte Doppelleitung *f* unshielded twisted pair (UTP) *(e.g. telephone cable)*

unangemeldeter Anruf *m* cold call

unangemessen unresonable

unbeantworteter Anruf *m* no-reply call

unbeaufsichtigt unattended *(distant station)*

unbedient unattended *(PBX)*

unbedingt unconditional

unbefugte Person *f* unauthorized person

unbekannter Signalisierungspunkt *m* (uSP) unknown signalling point

unbelegbar unseizable

unbelegt unassigned, free, spare

unbelegte Buchse *f* unused *or* spare jack

unbelegter Kanal *m* idle channel

unbelegtes Bit *f* spare bit

unbelegtes Signal *n* unequipped signal

unbemanntes Amt *n* unattended exchange

unberechtigt unauthorized

unbeschaltet not wired (up), unused, disconnected, disabled

unbeschaltete Glasfaser *f* dark fibre *(FO, transm.)*

unbesetzt unoccupied, idle *(channel)*; unattended *(distant station)*

unbespulte NF-Leitung *f* unloaded VF line

Unbeständigkeit *f* instability

unbestätigt negatively acknowledged (NACK)

unbestückt unequipped

unbewählt unselected *(line, PBX)*

unbewertet unweighted

unbezahlt unpaid, outstanding

unbezogen unrelated, non-related

unbrauchbar unusable, unserviceable

Undichtigkeit *f* leakage *(e.g. RF shielding)*

UND-Verknüpfung *f* logical AND operation, conjunction *(math.)*

uneingeschränkt unrestricted *(ISDN)*

unempfindlich insensitive, tolerant

unerlaubt unauthorized

unerledigt outstanding

unerwünscht unwanted

unerwünschtes Echo *n* objectionable echo

unformatiert unformatted *(disk)*

unfreundliche Umgebung *f* hostile environment *(transmission)*

ungedämpfte Schwingung *f* undamped oscillation, sustained oscillation

ungedämpftes Zeichen *n* continuous-wave (CW) signal *(TTY)*

ungedämpfte Welle *f* continuous wave (CW)

ungefähr (ca.) approximate (approx.)

ungehäust uncased

ungeneigt uncanted *(precipitation, sat. transmission)*

ungepuffert unbuffered *(printer, switching network)*

ungerade Parität *f* odd parity

ungeradzahliger Raster *m* odd-line interlaced scan *(TV)*

ungerichtet omnidirectional

ungesicherter Dienst *m* unassured service

ungestört undisturbed, unperturbed, interference-free *(signal)*, error-free *(data)*, correct *(transmission)*

ungestörte Übermittlung *f* correct transmission

ungewollt spurious, inadvertent

ungewollte Abschaltung *f* spurious switch-off (SSO) *(sat)*

Ungleichgewicht *n* imbalance *(tel, s.a. longitudinal current)*

ungültig invalid

ungültig machen invalidate

ungültige Zelle *f* invalid cell *(ATM)*

Ungültigkeit *f* invalid (INV) *(V.25 bis message, s. Table V)*

ungünstigste Bedingung *f* worst-case condition

ungünstigster Fall *m* worst case

unhörbarer Fehler *m* silent fault *(tel)*

Unicastübertragung *f* unicast transmission, IP unicast *(PP link)*

Uniphone-Tabelle *f* uniphone table*(voice recognition)*

unipolare Leitfähigkeit *f* unilateral conductivity *(cables)*

Unipolartastung *f* unipolar operation *(NTG 1203)*

unisoliert uninsulated, bare *(cable)*

unitär unitary

Universalanschluß *m* (UA) telecommunication line unit (TLU) *(s. LJU)*; ISDN access, universal telecommunication socket *(ISDN)*

universaler Schnittstellenbus *m* general purpose interface bus (GPIB) *(to IEEE Standard 488, IEC 625, s.a. HP-IB)*

Universalgestell *n* miscellaneous apparatus rack (MAR)

Universal-Produktcode *m* Universal Product Code (UPC) *(US, corresponds to European EAN bar code)*

Universalrechner *m* general-purpose computer

Universalschnittstelle *f* multi-services interface *(ISDN)*

universelle digitale Anschlußleitung *f* universal digital subscriber line (UDSL) *(no POTS splitter required, 1,5 Mb/s downstream, 512 kb/s upstream)*

universelle Luftschnittstelle *f* common air interface (CAI) *(DTI CT2 protocol, to ITU-T Rec. G.721, s. Table III)*

universelle personenbezogene Telekommunikation *f* universal personal telecommunication (UPT) *(concept for the future)*

universeller asynchroner Empfänger/Sender *m* universal asynchronous receiver/transmitter (UART)

universeller synchroner/asynchroner Empfänger/Sender *m* universal synchronous/asynchronous receiver/transmitter (USART)

universeller synchroner Empfänger/Sender *m* universal synchronous receiver/transmitter (USRT)

universeller Transaktionsmonitor *m* universal transaction monitor (UTM) *(vtx, DP SW)*

universelles Mobilfunk-Telekommunikationssystem *n* universal mobile telecommunication system (UMTS)*(FDD uplink 1,900–1,980, downlink 2,110–2,170 GHz, TDD uplink 1,900–1,920 GHz, downlink 2,010–2,025 GHz (to ERC/DEC(99)25 specifications), corresponds to cdma2000 in the US)*

Universum *n* universe *(math)*

unkonfektionierte Faser *f* unconnectorized fibre *(FO)*

unkontrolliert schwingen ring *(filter)*

unkorreliert uncorrelated *(math)*

unlizensiert unlicensed

unmittelbar directly; (on) demand *(service)*

unmodulierter Störsender *m* continuous-wave jammer *(mil.)*

unnötig belegen tie up *(resources)*

unpaarig unmatched *(data)*

Unpaarigkeit *f* mismatch *(data)*

unquittierter Übertragungsdienst *m* unacknowledged information transfer service *(data link layer, ISDN)*

unregelmäßig irregular, fluctuating *(current)*, erratic

Unrundheit *f* eccentricity, out-of-round *(e.g. shaft)*; noncircularity *(ant. pattern)*

unscharf out of focus, blurred

unscharfe Logik *f* fuzzy logic

unscharfe Suche *f* fuzzy search *(data base)*

Unsicherheitsbereich *m* area of uncertainty *(decision circuit)*

unsichtbar blanked *(videotex monitor)*

unsichtbare Datei *f* hidden file *(PC)*

unstetig discontinuous

Unstetigkeit *f* discontinuities

Unstetigkeitsstellen *fpl*: **Signale mit Unstetigkeitsstellen** signals which change abruptly with time

Unstimmigkeiten *fpl* discrepancies

unstrukturiert unstructured *(signal)*, unpatterned *(microcircuit)*

Unsymmetrie *f* asymmetry, imbalance

Unsymmetriedämpfung *f* balance-to-unbalance ratio; longitudinal balance *(PCM data)*; (longitudinal) conversion loss (LCL) *(cable, interface, ADSL)*, balance return loss

unsymmetrische digitale Anschlußleitung *f* asymmetric digital subscriber line (ADSL)

unsymmetrischer Eingang *m* unbalanced input

unsymmetrische Überlagerung *f* unbalanced interference *(PCM data)*

unsynchronisiert unsynchronised, out of lock

unsynchronisierter Verbindungsaufbau *m* common control switching

UNTBR (unterbrechen) Break *(PC keyboard)*

unteilbares Datenelement *n* atomic unit of data *(ITU-T I.363, s. Table IV)*

Unterabtastung *f* undersampling; downsampling; sub-nyquist sampling (method) *(image coding, ignoring, e.g., 3 out of every 4 samples)*

Unterabteilung *f* division *(DBT)*

Unteranlage *f* (UA) satellite station *(PABX)*

Unterauslastung *f* underutilization *(network)*, underrating *(QA)*

Unteraussteuerung *f* back-off *(transmission)*

Unterband *n* lower (half) band *(mobile RT)*

unterbelastet underloaded, fractionally loaded, underrun *(buffer)*

unterbeschaltet underused *(switch fabric)*

Unterbezugsfrequenz *f* submultiple reference frequency

unterbrechen interrupt, break; discontinue, adjourn *(a communication)*

unterbrechende Priority *f* preemptive priority *(DP)*

Unterbrechung *f* interrupt(ion), discontinuity

Unterbrechungsankündigungston *m* preemption tone

Unterbrechungsfehler *m* open-circuit fault *(data line)*

unterbrechungsfreie Stromversorgung *f* (USV) uninterruptible power supply (UPS)

unterbrechungsfreies Umschalten *n* uninterrupted switch-over *(DVB receiver channel switching)*

Unterbrechungssignal *n* interrupt *(PC CPU)*

Unterbrechungsstelle *f* break point *(network, program)*

Unterbrechungssteuerung *f* interrupt control *(PC)*

Unterbrechungstaste *f* break key *(keyboard)*

unterbrochener Empfang *m* discontinuous reception (DRX) *(GSM 03.13, s. Table VII)*

Unterbruch *m* interrupt(ion), discontinuity *(CH)*

unterdrücken suppress; reject *(frequencies)*, restrict *(services)*

Unterdrückung *f* suppression *(signal)*; cancellation *(echo, alias)*; restriction *(services)*

Unterdrückung *f* **der Anzeige der Rufnummer des Anrufers** Calling Line Identification Restriction (CLIR) *(ISDN)*

Unterdrückung *f* **der Anzeige der Rufnummer des erreichten Teilnehmers** Connected Line Identification Restriction (COLR) *(ISDN)*

Unterer Sonder(kanal)bereich *m* (USB) lower special-channel band *(CATV, 104–174 MHz)*

Unteres Seitenband *n* (USB) lower sideband (LSB)

Unterfunktion *f* subfunction

untergeordnet subordinate, lower-level; slave

untergeordneter Ordner *m* subfolder *(Windows95, PC)*

Untergruppenvermittlungsstelle *f* subgroup switching centre

Unterhaltung *f* maintenance; entertainment

Unterhaltungselektronik *f* (UE) consumer *or* leisure electronics

Unterhaltungssendung *f* light entertainment programme *(radio/TV)*

Unterhaltungssoftware *f* game program, funware *(PC)*

Unterinstanz *f* sub-entity *(ITU-T I.610, s. Table IV)*

Unterkanal *m* subchannel; tributary channel *(multiplex)*

unterlagerter Betriebskanal *m* service channel below message

unterlagerte Funkzone *f* underlaid cell

Unterlauf *m* underflow *(DP)*

unterlaufen underrun *(cell counter, ATM)*

Unterlaufunterdrückungsschaltung *f* underrun suppression circuit *(frame counter, MS, GSM)*

unterlegte Gleichspannung *f* DC bias *(FO)*

Untermenge *f* subset *(math)*

Untermenü *n* submenu, pull-down menu *(windowing technique, PC monitor)*

Unternehmensbereich *m* management division *(DBT)*

Unternehmensdatenmodell *n* enterprise data model *(CASE)*

unternehmenseigene Anlage *f* in-house system

Unternehmens(kommunikations)-Management-Architektur *f* enterprise management architecture (EMA)

Unternehmensnetz *n* enterprise network *(connects servers of different departments)*

Unternehmensnetz-Management *n* enterprise network management (ENM)

Unternetz-Steuereinheit *f* subnetwork control unit (SCU) *(VSAT)*

Unterordner *m* subfolder *(Windows95, PC)*

Unterprogramm *n* (sub)routine *(DP)*

unterproportional less than proportionally *(math.)*

Unterputz-... (UP,Up) flush mounting *(socket)*

Unterputzdose *f* (Up-Dose *f*) flush-mounting socket *(e.g. TAE)*, concealed box

Unterrahmen *m* subframe *(PCM)*

unterscheidbar distinguishable

Unterscheidungsbit *n* (Q-Bit) qualifier bit, Q bit *(ISDN NUA)*

Unterscheidungskennzeichen *n* discriminator *(ISDN)*

Unterscheidungsruf *m* distinctive ringing

Unterscheidungsrufton *m* distinctive ringing

Unterscheidungsschwelle *f* just noticeable difference

Unterscheidungsvermögen *n* discrimination

Unterschneidung *f* kerning *(graphics)*

unterschreiten underrun *(time)*, undershoot; drop below *or* violate, subceed *(lower limits)*, fall short of

Unterschreitungszeitdauer *f* undershoot period *(treshold)*

Unterschriftleser *m* signature reader

Unterseekabel *n* submarine cable

Unterseeverstärker *m* submerged repeater *(for submarine cables)*

Unterseite *f* subpage *(teletext)*

Untersetzung *n* stepping-down *(transformer)*; scaling *(clock)*

Untersetzungsgetriebe *n* speed reducer *(motor)*

Unterstation *f* (US) remote terminal unit (RTU) *(telecontrol)*; outstation *(TEMEX)*

untersteuern underdrive

Unterstützungsinstanz *f* support entity (SE) *(GSM 01.04, s. Table VII)*

untersynchron subsynchronous

Untersystemeinheit *f* tributary unit (TU) *(SDH)*

Untersystemeinheitenkette *f* tributary group system *(SDH)*

Unterteil *n* base *(HW)*

unterteilen subdivide, partition *(memory)*

Unterteilungsschaltung *f* interpolation circuit

Unterwasserkabel *n* submarine cable

Unterzentrale *f* dependent exchange

untragbar intolerable

unveränderbar unalterable

unveränderlich invariable, constant

Unveränderlichkeit *f* invariance

unvereinbar inconsistent

unverhältnismäßig disproportionate

unverkoppelt asynchronous (clock)

unverlierbarer Speicher *m* non-volatile memory

unverlierbare Schraube *f* captive screw;

unverschlüsselter Kanal *m* unencrypted *or* free-to-air (FTA) channel *(DVB)*

Unversehrtheit *f* integrity

unverständlich unintelligible *(communication)*

Unverträglichkeit *f* incompatibility, inconsistency

unverwürfelt unrandomized

Unvoraussagbarkeit *f* unpredictability *(math.)*

unvorhersagbar unpredictable

Unwirksamkeit *f* inefficiency, ineffectiveness

Unzulänglichkeit *f* inadequacy, inefficiency

unzulässig unauthorized, illegal, unwanted, inadmissable, unacceptable

unzulässige Ströme *mpl* fault currents

unzulässiges Zeichen *n* invalid character

UP (Unterputz-...) flush-mounting *(HW)*

ÜP (Übergabepunkt *m*) interchange point, interface *(between BVN and private distribution system for dwelling units)*

Üp (Übersichtsplan *m*) trunking diagram *(exch.)*

UPC-Funktion *f* UPC (usage parameter control) function *(ATM TM policing function)*

UPC-Strichcode *m* UPC (Universal Product Code) (bar) code, product identification code (PIC)

Update *n* update *(AI)*

Up-Dose *f* (Unterputzdose *f*) flush-mounting socket *(e.g. TAE)*, concealed box

ÜPlan80 (Übertragungstechnische Planung 80) transmission system design *(DTAG, FTZ 1TR800)*

Uplink-Station *f* uplink station *(sat. ground (control) station)*

Upload *m* upload *(file uploading session, computer)*

Upstream *m*: **im U. vom TLN** in the upstream link from the user

Upstream-Kanal *m* upstream channel *(CTV)*

Upstream-Übertragungskanal *m* uplink channel *(DECT)*

Urheber *m* originator *(of a call)*

Urcode *m* initial code, master code *(security system)*

Urlader *m* initial program loader (IPL) *(computer)*

Urleseprogramm bootstrap loader *(computer)*

Ursprung *m* origin, source

Ursprungsadresse *f* source address

Ursprungsamt *n* originating exchange, originating office *(US)*, source switch, access switch (ASW) *(US)*

Ursprungsänderung *f* reorigination *(transm.)*

Ursprungsanruf m originating call *(ISDN)*

Ursprungscode *m* originating point code (OPC) *(GSM, s. Table VII)*

Ursprungseinrichtung *f* originating device *(network)*

Ursprungsendgerät *n* (call-)originating terminal

Ursprungsknoten *m* source node *(PNNI network)*

Ursprungspunktcode *m* origination point code (OPC) *(SS7)*

Ursprungsverkehr *m* origination traffic *(US)*

Ursprungsvermittlung *f* originating exchange, source switch, access switch *(US)*

Urstart *m* initial start *(ESS)*

ÜsAg (Überspannungsableiter *m*) overvoltage arrester

USB (kombiniertes S-Band *n*) unified S-band *(sat)*

USB s. Unterer Sonder(kanal)bereich *m*

USB s. Unteres Seitenband *n*

U-Scheibe (Unterlegscheibe *f*) washer

U-Schnittstelle *f* U-interface circuit (UIC) *(network-side interface between LT and NT, 2-wire circuit, ISDN)*; line interface
U_{k0}-Schnittstelle *f* U_{k0} interface *(U interface for ISDN BA copper circuit to local ISDN exchange)*
U_M-Schnittstelle *f* U_M interface *(air interface betw. BTS and MS, GSM Series 04, s. Table VII)*
U_{P0}-Schnittstelle *f* U_{P0} interface *(U interface for ISDN BA 2-wire circuit, for ping pong transmission to/from local exchange)*
U_{2M}-Schnittstelle *f* U_{2M} interface *(network-side U interface for ISDN PA)*

U-Serie *f* **der ITU-T-Empfehlungen** U series of ITU-T Recommendations *(relates to telegraph switching, s. Table III)*

Userkennung *f* user ID *(ISDN)*

uSP s. unbekannter Signalisierungspunkt *m*

USSD-Dienst *m* USSD (unstructured supplementary services data) service *(for container messages)*

ÜSt (Übertragungsstrecke *f*) (transmission) link *(ITU-T I.112, s. Table IV)*; trunk

USV s. unterbrechungsfreie Stromversorgung *f*

UTM s. universeller Transaktionsmonitor *m*

ÜVE (Übergangs-Vermittlungseinheit *f*) gateway switching centre *(GSM, s. Table VII)*

Üw (Übertragungsweg *m*) transmission path

Ü-Wagen *m* (Übertragungswagen *m*) OB van, outside-broadcast van *(TV)*

V

V (Volt) V (volt) *(unit of voltage)*

VAF s. Verband der Aufbaufirmen für Fernmeldeanlagen

VAG s. Verbindungsaufbau gehend

VAK s. Verbindungsaufbau kommend

VAL (Gültigkeit *f*) Valid *(V.25 message, s. Table V)*

Validierung *f* validation

VAP (Videotex-Anschlußpunkt *m*) videotex access point *(international vtx)*

Variable *f* variable *(process; when used in SNMP, consists of an entity name and the associated value, IAB RFC1157, s. Table VIII)*

variable Längencodierung *f* variable length coding (VLC) *(video coding, Huffman)*

variabler Quantisierungspegel *m* variable quantizing level *(speech coding, nom. 32 kb/s)*

variables Zeitduplex *n* variable time division duplex (VTDD)

variable Transferrate *f* variable bit rate (VBR) *(MPEG-2)*

Variation *f* **der Gruppenlaufzeit** group delay ripple

VAS (vermittlungsseitige Anschlußschaltung *f*) exchange line circuit

Vaterklasse *f* parent class *(data base)*

Vaterplatte *f* master *(phono disk, CD)*

VAZ (Verkehrsausscheidungszahl *f*) trunk prefix

VAZ (Vorerkundigungsanzeige *f*) survey notice

VB (Versorgungsbereich *m*) service area

VB (Verständigungsbereich *m*) communication area *(DP)*

VBN (vermittelndes Breitbandnetz *n*) switched broadband network *(DTAG)*

VBN (Vorläufer-Breitbandnetz *n*) pilot broadband network *(DTAG)*

V-Bus *m* (Versorgungsbus *m*) supply bus *or* rail *(+5V, ICs)*

VC-Abschnitt *m* virtual-channel link, VC link (VCL) *(ATM, ITU-T I.311)*

VC-Verbindung *f* virtual channel connection (VCC) *(ATM)*

VC-Teilnehmer *m* video conference party

VD (Vermittlungsdienst *m*) switching service, network service (NS)

VDE (Verband *m* Deutscher Elektrotechniker) Association of German Electrotechnical Engineers *(s. Table XIII)*

VDI (Verein *m* Deutscher Ingenieure) Association of German Engineers

VDMA (Verband *m* Deutscher Maschinenbauanstalten) Association of German Engineering Institutions

VDo (Verbinderdose *f*) connector box *(fixed tel. connection to line)*
  VDo6 (6-polige Verbinderdose *f*) 6-pin connector box *(tel)*

vdr (vierdraht ...) four-wire ...

VE (Verkehrseinheit *f*) traffic unit (TU)

VE (Vermittlungseinrichtung *f*, Vermittlungseinheit *f*) switching equipment, switching unit; switching centre *(GSM, s. Table VII)*
  VE-A (Auslands-VE) international switching centre *(GSM, s. Table VII)*; switching unit for international traffic
  VE-F (Fern-VE) long-distance switching centre; switching unit for long-distance traffic

Vektoranalyse *f* vector analysis

Vektorquantisierung *f* (VQ) vector quantization

Ventilator *m* fan, paddle *(of the fan)*

Verabredungskonferenz *f* meet-me-conference

veränderlich variable; gradient *(e.g. refractive index, FO)*

veränderliche Bitrate *f* variable bit rate (VBR) *(ATM service category, for interactive video and multimedia communication, correponds to SBR, q.v.)*

veränderliche Datenrate *f* variable data rate

veränderliche Verbindungsaufbaudauer *f* variable call delay (VCD), variable connecting delay

veränderliche Verbindungsverzögerung *f* variable call delay (VCD)

verändern change, modify

Verändern *n* (**von Parametern**) editing

Veranstalter *m* programme organiser *(broadcast services)*

verarbeiten process *(a call)*

verarbeitete Belegung *f* carried call *(tel. sys.)*

verarbeiteter Verkehr *m* traffic carried

Verarbeitung *f* **des Verkehrs** handling of traffic

Verarbeitung *f* **im Fließbandverfahren** pipelining *(DP)*

Verarbeitungsbreite *f* bit width *(DP)*

Verarbeitungsrechner *m* host computer

Verarbeitungsschaltwerk *n* processor *(exch.)*

Verarbeitungsschicht *f* application layer *(layer 7, OSI 7-layer reference model, s. Table I)*

Verästelung *f* ramification *(network)*

verbal verbal

verbale Beschreibung *f* prose description *(ISDN)*

Verband *m* association; interconnection arrangement *(exchanges)*; complex *(units, systems)*

Verband *m* **der Aufbaufirmen für Fernmeldeanlagen** (VAF) Association of Companies Installing Telecommunication Systems

Verband *m* **der Telekommunikationsnetz- und Mehrwertdiensteanbieter** (VTM) Association of Telecommunications Network and VAS Providers

verbessern improve, enhance, upgrade

verbesserte Sprachcodierung *f* **mit Standardbitrate** enhanced full-rate (EFR) voice coding *(tel.)*

Verbesserungsebene *f* enhancement layer *(MPEG-2)*

verbinden connect, patch through, hook up

Verbinder *m* connector, adapter

Verbinderdose *f* (VDo) connector box *(tel)*

verbindlich (**vereinbart**) mandatory (M), obligatory

Verbindlichkeit *f* obligation, liability

Verbindung *f* connection *(physical, ITU-T I.112, s. Table IV)*, call *(logical)*, link; interconnection; communication

Verbindung *f* **abbauen** clear (down) *or* tear down a connection *(VC)*

Verbindung *f* **abbrechen** interrupt the connection

Verbindung *f* **aufheben** clear *or* disconnect a call

Verbindung *f* **aufnehmen** build up *or* set up a connection

Verbindung *f* **auslösen** clear (down)

Verbindung *f* **beenden** clear a call

Verbindung *f* **einleiten** make *or* place *or* initiate a call

Verbindung *f* **führen** operate a connection

Verbindung *f* **hergestellt** carried call, completed call; bearer established *(DECT)*

Verbindung *f* **herstellen** set up a connection, complete a call; establish a bearer *(DECT)*

Verbindung *f* **im Aufbau** transient call

Verbindung *f* **in den Einhängezustand versetzen** hang up a call

Verbindung *f* **ohne Wahl** dedicated connection

Verbindungsabbau *m* call clear-down *or* tear-down, call clearing *(ISDN)*, call-down *(US)*; circuit release, link termination *(PPP)*

Verbindungsabbauzustand *m* calldown state *(US)*

Verbindungsabbildung *f* connection mapping *(session layer)*

Verbindungsabbruch *m* call drop, disconnection *(mobile RT)*

Verbindungsablauf *m* connection procedure, protocol

Verbindungsablaufsteuerung *f* call sequence control

Verbindungsabnehmer *m* communication server (CS) *(LAN gateway)*

Verbindungsabschnitt *m* connection element *(ITU-T I.112, s. Table IV)*, link *(ATM, ITU-T I.311)*

Verbindungsabweisung *f* call rejection

Verbindungsabwicklung *f* connection procedure, call processing

Verbindungsänderung *f* connection modification *(transm., ITU-T Rec. Q.2963.1)*

Verbindungsanforderung *f* call request with identification (CRI) *(V.25 bis, s. Table V)*; connection request (CR) *(SS7, s. Table III)*

Verbindungsanforderung *f*, **gerufene Seite** incoming call (IC) *(ITU-T Rec. Q.921, s. Table III)*

Verbindungsanforderung *f*, **rufende Seite** call request (CR) *(ITU-T Rec. Q.921, s. Table III)*

Verbindungsannahme-Steuerung *f* call admission control, connection admission control (CAC) *(ATM traffic control)*

Verbindungsart *f* connection type (CT) *(ITU-T I.112, s. Table IV)*

Verbindungsaufbau *m* call set-up (CSU), callup *(US)*, connection set-up; link establishment; call origination *(ISDN)*; trunking scheme

Verbindungsaufbaudaten *npl* connection set-up data

Verbindungsaufbau-Datensatz *m* call record *(US)*

Verbindungsaufbaudauer *f* call delay, connecting delay

Verbindungsaufbau *m* **gehend** (VAG) outgoing call set-up *(cellular mobile RT network)*

Verbindungsaufbau *m* **kommend** (VAK) incoming call set-up *(cellular mobile RT)*

Verbindungsaufbau-Meldung *f* setup message *(ISDN)*

Verbindungsaufbau *m* **ohne Sprechkanal** off-air call set-up *(DTAG 'C-Netz' feature)*

Verbindungsaufbausignal *n* call promotion signal *(US)*, call progress signal

Verbindungsaufbauversuch *m* call set-up attempt

Verbindungsaufbauzeit *f* (connection) setup time, connecting delay; link establishment time (LET) *(trunking)*

Verbindungsaufbauzustand *m* callup state *(US)*

Verbindungsaufnahme *f* building up a connection

Verbindungsbearbeitung *f* connection *or* call handling *(ISDN)*, call processing

Verbindungsbeendigung *f* call completion

Verbindungsbestätigung *f* call confirmation

Verbindungsbestätigung *f*, **gerufene Seite** call connected (CC) *(ITU-T Rec. Q.921, s. Table III)*

Verbindungsbestätigung *f*, **rufende Seite** call accepted *(ITU-T Rec. Q.921, s. Table III)*

verbindungsbezogene Funktion *f* connection-related function (CRF) *(ISDN)*

Verbindungsbitrate *f* connection bit rate

Verbindungsbrücke *f* link, jumper, strap

Verbindungsbus *m* rail *(signal)*

Verbindungsdaten *npl* call data, call detail record (CDR) *(tel)*

Verbindungsdatenaufzeichnung *f* call record journalling (CRJ)

Verbindungsdatenerfassung *f* call record journalling (CRJ)

Verbindungsdauer *f* call time, circuit time, line holding time

Verbindungsdienst *m* call service

Verbindungsdienstmerkmal *n* connection-related service attribute

Verbindungsebene *f* connection domain *(traffic control)*, connection level *(traffic hierarchy)*

Verbindungselement *n* connection element (CE) *(ISDN)*

Verbindungsendpunkt *m* connection endpoint *(SS7, s. Table III)*

Verbindungsendpunkt-Kennung *f* connection endpoint identifier (CEI)

Verbindungsentgelt *n* call charge

Verbindungsgebühr *f* call charge, call transport charge

Verbindungsgüte *f* service level

Verbindungshäufigkeit *f* calling rate

Verbindungsherstellung *f* call set-up, call completion *(ISDN)*

Verbindungsherstellung *f* **zu Belegtem Teilnehmer** completion of calls to busy subscriber (CCBS) *(ISDN)*

Verbindungsherstellzeit *f* connecting delay

Verbindungshöhe *f* service level

Verbindungsidentifikation *f* connection identity

verbindungsindividuell connection-associated

Verbindungsinformationen *fpl* call information

verbindungsintern within the connection

Verbindungskabel *n* (Vk) junction line cable *(Verm.)*; umbilical cable

Verbindungskanal *m* (VK) traffic channel

Verbindungskennung *f* call reference *(ISDN)*; connection identifier, service connection endpoint identifier *(ISO)*

Verbindungskennungswert *m* call reference value (CRV) *(ISDN D channel, ITU-T Q.931, s. Table III)*

Verbindungsknoten *m* circuit node

Verbindungskomponente *f* connection component *(ISDN)*

Verbindungskonfiguration *f* topology *(of a network)*

Verbindungskoppler *m* interconnection unit (ICU) *(ATM)*

Verbindungsleitung *f* (Vl) trunk; junction line; interexchange trunk *(system)*; link *(data, switch fabric)*

Verbindungsleitungsnetz *n* trunk network

Verbindungsleitungsübertragung *f* trunk repeater

Verbindungsliniennetz *n* interexchange line network

Verbindungsliste *f* list of circuit connections

verbindungsloser Dienst *m* (VL) connectionless service (CLS) *(SS7, s. Table III)*

Verbindungsmatrix *f* call control matrix *(PBX)*; connection matrix, junction matrix

Verbindungsmedium *n* interconnect medium

Verbindungsmerkmal *n* connection attribute *(ISDN, ITU-T I.112, s. Table IV)*

Verbindungsmöglichkeit *f* connectivity *(ISDN)*

Verbindungsnetz *n* interconnecting network, internetwork

Verbindungsnetzbetreiber *m* (VNB) interexchange carrier (IEC, IXC)

Verbindungsnetzwerk *n* interconnection network *(computers)*; interconnect fabric, switch fabric *(ATM)*

Verbindungsorganisation *f* call management

verbindungsorientierter Dienst *m* (VO) connection-oriented service (COS)

verbindungsorientierter Netzdienst *m* connection-oriented network service (CONS)

Verbindungs-Overhead *n* connection overhead (COH) *(B-ISDN)*

Verbindungsplan *m* interconnection diagram

Verbindungsprotokoll *n* associated message *(ISDN)*

Verbindungspunkt *m* connecting point *(ATM connection)*; (PoI) point of interconnection *(to the DTAG network, s.a. "IC")*

Verbindungsrechner *m* internetworking processor *(translates protocols between different networks)*

Verbindungssatz *m* junction circuit *(exch.)*; connector circuit

Verbindungsschema *n* connection diagram

Verbindungsschicht *f* data link layer *(OSI RM layer 2, s. Table I; FDDI)*, network layer

Verbindungsschnittstelle *f* link interface *(exch.)*

Verbindungsspeicher *m* call register, call memory, connection memory *(exch.)*

Verbindungsstecker *m* link plug, connecting plug *(matrix)*

Verbindungssteuerung *f* call processing, call control; connection control *(AAL)*, data link control

Verbindungssteuerungsnachricht *f* call control message *(ISDN)*

Verbindungssteuerungsprozessor *m* call control processor

Verbindungssteuerungsverfahren *n* call control procedure

Verbindungssteuerungsvorrichtung *f* call handling device (CHAD)

Verbindungssteuerungs-Zugriffsfunktion *f* call control access function (CCAF) *(IN, ITU-T Q.1290, s. Table III)*

Verbindungssteuerung *f* **über Vektoren** call vectoring *(PBX)*

Verbindungsstrecke *f* (communications) link

Verbindungsstrecke *f* **zwischen Anschlußvermittlungen** interaccess switch link *(US)*

Verbindungstabelle *f* interconnection table *(ATM)*

Verbindungstyp *m* connection type (CT) *(ISDN)*

Verbindungsübertragung *f* (V-Ue) line circuit

Verbindungsumlegung *f* call transfer *(data, voice)*

Verbindungs- und Verteildose *f* (VVD) multi-joint box (MJB) *(tel)*

Verbindungsunterbrechung *f* call interruption

Verbindungsunterstützungseinrichtung *f* (VU-E) interconnection support equipment

Verbindungsunterstützungssystem *n* (VU-S) *(EWSP-V)* interconnection support system *(DTAG, ITU-T Rec. X.400, supports telex, teletex, TELEBOX and vtx E-mail, packet-switched VASs, s. Table VI)*

Verbindungsverkehr *m* interexchange traffic

Verbindungsversuch *m* call attempt, attempted call

Verbindungsverwaltungseinheit *f* call manager *(MOVE)*

Verbindungsverwaltungsinstanz *f* connection management entity (CME)

Verbindungsverzögerung *f* call delay

Verbindungsvollendung *f* call completion *(ISDN)*

Verbindungsvorrichtung *f* interconnection device

Verbindungsweg *m* connection (path) *(ISDN)*, communication path, transmission path

verbindungsweite Funktion *f* end-to-end function *(network)*

Verbindungswiederherstellung *f* call restoration

Verbindungswunsch *m (= angebotene Belegung)* offered call *(requiring a server)*; request for connection, call request *(tel.sys.)*, call attempt

Verbindungswunsch *m beenden* release a call attempt
zu Verlust gegangener Verbindungswunsch *m* lost call

Verbindungswünsche *mpl* **aufnehmen** receive requests for connection

Verbindungszeit *f* call time, circuit time, line holding time

Verbindungszug *m* communications circuit *(trans)*

Verbindungszugangskontrolle *f* connection *or* call admission control (CAC) *(B-ISDN)*

Verbindungszustand *m* call state *(ISDN)*

Verbindungszweig *m* link *(network)*

Verbindung-Teilabschnitt *m* leg of a call *(ISDN)*

Verbindung *f* **über virtuellen Kanal** virtual channel connection (VCC) *(ATM)*

Verbindung *f* **über virtuellen Pfad** virtual path connection (VPC) *(ATM, ITU-T Rec. I.311, F.813)*

Verbindung *f* **wird aufgebaut** call progressing

verborgene Schicht *f* hidden layer *(backpropagation algorithm (q.v.))*

verboten illegal

Verbraucher *m* load *(el.)*; sink *(data)*

Verbraucheranschluß *m* load input *(el.)*

Verbrauchsmaterial *n* consumables

Verbreitungsgebiet *n* coverage *or* broadcasting *or* service area

Verbund *m* interconnection *(network)*, link-up

verbunden connected, on-line *(tel)*

Verbundenkennzeichen *n* ringback *(switching, US)*

Verbundensignal *n* call connected signal

Verbundkommunikation *f* mixed *(data/voice)* communication

Verbund-Kommunikationsendgerät *n* integrated *or* multifunctional communication terminal

Verbundnetz *n* combined *or* mixed *or* integrated network; interconnected system *(electricity supply)*

Verbund-Projekt *n* cooperative project

Verbundrechner *m* (VR) network computer *(videotex)*

Verbundwahrscheinlichkeit *f* compound probability

verdecken cover; mask; conceal *(vtx)*

verdeckte Numerierung *f* closed numbering

verdeckt numerierter Netzbereich *m* multi-exchange area

Verdeckung *f* masking *(digital audio)*

Verdeckungspegel *m* masking level *(digital audio)*

Verdeckungspegeldifferenz *f* masking level difference (MLD) *(stereo codec)*

verdichten compact; compress *(text)*

Verdichter *m* compactor

Verdichtung *f* compaction, packing *(data)*

Verdichtung *f* **mit veränderlicher Basis** variable radix packing method *(audio coding)*

verdoppeln duplicate

verdrahten wire *(HW)*

verdrahtete UND-Verknüpfung *f* wired-AND

Verdrahtung *f*: **fliegende V.** loose wiring

verdrahtungsprogrammiert hard-wired program

Verdrahtungsprüfautomat *m* automatic wiring tester

Verdrahtungsraster *m* wiring grid

Verdrahtungsraum *m* wiring compartment *(rack)*

Verdrahtungsträger *m* circuit board

verdrängen displace; preempt *(e.g. priority, exch.)*

Verdrängung *f* displacement; preemption *(exch.)*

verdrehen twist

verdrilltes Hybrid-Faser-Koax-Paar *n* hybrid fibre coax twisted pair (HFCTP)

verdrilltes Leitungspaar *n* twisted pair *(ITU-T I.430, s. Table IV)*

verdrilltes Paar *n* twisted pair *(ITU-T I.430, s. Table IV)*

vereinbaren agree, define

Vereinbarkeitsfeststellung *f* verification of compliance *(type approval)*

vereinbarte Bitrate *f* committed bit rate *(network)*

vereinbarte Informationsrate *f* committed information rate (CIR) *(frame relay)*

Vereinbarung *f* agreement, protocol, convention, declaration *(DP)*

Vereinbarung *f* **über die Verbindungsgüte** service level agreement (SLA) *(E-Commerce)*

Vereinigungsverzeichnis *n* union directory *(DP)*

vererben pass on *(data base)*

Vererbung *f* (line of) heredity *(object-oriented modelling, data base)*

Vererbungs-Mechanismus *m* inheritance mechanism *(object-oriented modelling, data base, network control)*

Verfahren *n* method, process, procedure

Verfahrensgewinn *m* processing gain *(e.g. in CDMA: chipping rate/bit rate ratio)*

verfahrensorientierte Beschreibung *f* procedural description *(SDL, DTP)*

Verfalldatum *n* expiry date

verfälschen corrupt *(bits)*, mutilate *(characters)*; invalidate *(record)*

verfälschtes Paket *n* corrupted packet *(ATM)*

Verfälschung *f* aliasing *(frequency response, spectrum)*

Verfassen *n* authoring *(editing)*

verflachen flatten out *(curve)*

Verfolgung *f* monitoring, tracing, tracking

Verfolgungsstation *f* tracking station *(sat)*

verfügbare Bitrate *f* available bit rate (ABR) *(ATM service category for LAN interconnection and Internet communication)*

Verfügbarkeit *f* availability *(network, service)*

Verfügbarkeitszeit *f* uptime, operating time *(network, computer)*

Verfügbarkeitszustand *m* Available Status (AVS) *(TMN)*

Verfügung *f* administrative order

Vergabe *f* assignment; arbitration

Vergangenheitsdaten *npl* historical data

Vergangenheitsstatistik *f* historical statistics

Vergebührung *f* (call) charging, billing

Vergebührungszentrale *f* billing center (BC) *(US)*

vergegenständlichen take physical form, reify

vergleichbar comparable, similar

Vergleichbarkeit *f* comparability; reproducibility *(QA)*

Vergleicher *m* comparator

Vergleichsoperator *m* relational operator *(math., or)*

Vergleichsprüfung *f* audit

Vergleichspunkt *m* reference point; benchmark *(computer)*

Vergleichsschaltung *f* comparator circuit

Vergleichssignal *n* comparison signal, reference signal

Vergleichsverfahren *n* comparison method

Vergleichswort *n* match word

vergrößern enlarge; zoom in *(graphics, PC)*

Vergrößerung *f* magnification, enlargement; blow-up *(video film)*

Vergrößerungsfaktor *m* magnification factor *(optics)*

Verhandlung *f* negotiation *(ISDN)*

Verhalten *n* behaviour, characteristic, performance; pattern *(traffic)*

Verhältnis *n* **Dämpfung zu Nebensprechen** attenuation/crosstalk ratio (ACR)

Verhältnis *n* **stark gestörter Zellblöcke** severely errored cell block ratio (SECBR) *(number of errored cells/total number of cell blocks transmitted, ATM)*

verjittert having jitter, jittering *(e.g. clock signal)*

Verjüngung *f* tapering

verkabeln cable, wire *(HW)*

verkabelte Leitung *f* cable line

verkämmen interleave *(TDM)*

Verkehr *m* traffic; intercommunication

Verkehr *m* **abwickeln** handle *or* carry traffic

Verkehrsabschnitt *m* traffic segment *(frame)*

Verkehrsangebot *n* offered load *or* traffic, incoming traffic, offered call load

Verkehrsanteile *mpl* traffic components

Verkehrsart *f* traffic mode

Verkehrsaufkommen *n* traffic volume *or* demand, traffic level

Verkehrsausscheidungszahl *f* (VAZ) trunk prefix *(national = 0(D), 01(GB), internat. = 00(D,GB))*, exchange code

Verkehrsausscheidungsziffer *f* traffic discrimination code, prefix

Verkehrsbelastung *f* traffic loading, traffic load carried

Verkehrsbelastungszustand *m* traffic load condition

Verkehrsbereich *m* cell *(cellular RT)*

Verkehrsbereichswechsel *m* roaming *(cellular RT)*

Verkehrsbeziehung *f* traffic relation

Verkehrsdurchsagekennung *f* Traffic Announcement (TA) *(RDS)*

Verkehrseinheit *f* (VE) unit of traffic intensity, traffic unit (TU) *(= 1 Erl)*; unit call (UC), cent call seconds (CCS) *(= 1/36 Erl)*

Verkehrselemente *npl* traffic components

Verkehrsfluß *m* traffic flow

Verkehrsführung *f* traffic routing

Verkehrsführungsprogramm traffic routing program

Verkehrsfunkkanal *m* traffic message channel (TMC) *(RDS)*

Verkehrsfunkkennung *f* Traffic Programme identification (TP) *(RDS)*

Verkehrsfunksender *m* traffic programme transmitter *(RDS)*

verkehrsgerecht to suit traffic conditions

Verkehrsgüte *f* grade of service *(tel. sys.)*, call completion rate *(exch.)*

Verkehrskanal *m* traffic channel (TCH) *(GSM, s. Table VII)*

Verkehrskategorie *f* traffic category

Verkehrskonzentrierung *f* hubbing

Verkehrslast *f* traffic intensity

Verkehrsleistung *f* traffic handling capacity

Verkehrsleitfunktion *f* traffic control *or* management function *(Netz)*

Verkehrslenkung *f* routing

Verkehrslenkung *f* **mit Zielsuche** saturation routing

Verkehrsmanagement *n* traffic management (TM) *(SS7, s. Table III; ATM-Forum)*

Verkehrsmanagement *n* **Ausland** (VMA) international traffic management centre

Verkehrsmanagementzentrum *n* (VMZ) traffic management centre

Verkehrsmatrix *f* traffic matrix *(network planning)*

Verkehrsmeldung *f* traffic announcement *(general, RDS)*

Verkehrsquelle *f* traffic source

Verkehrsrahmen *m* traffic frame *(segment)*

verkehrsreiche Zeit *f* heavy(-traffic) hours

Verkehrsrichtung *f* traffic route

Verkehrs(rund)funk *m* (VRF) traffic (broadcast) programme

verkehrsschwache Zeit *f* light-traffic period, slack period

Verkehrsspitze *f* traffic peak, traffic surge

Verkehrsstärke *f* traffic density *(tel. sys.)*

verkehrsstarke Zeit *f* heavy(-traffic) hours

Verkehrsstauung *f* traffic congestion

Verkehrssteuerung *f* traffic control, flow control

Verkehrsstrom *m* traffic stream *(communication)*; traffic flow *(road traffic)*, flow

Verkehrsteilnehmer *m* road user

Verkehrsträger *m* traffic bearer (TB) *(DECT)*

Verkehrsüberlastung *f* traffic congestion

Verkehrsüberwachung *f* traffic policing

Verkehrsumfang *m* traffic load, traffic volume

Verkehrsumlenkung *f* re-routing

Verkehrsverdrängung *f* traffic preemption *(exch.)*

Verkehrsvereinbarung *f* traffic contract *(ATM)*

Verkehrsverhalten *n* traffic pattern

Verkehrsverhandlung *f* traffic negotiation

Verkehrsverlauf *m* traffic pattern

Verkehrsvertrag *m* traffic contract

Verkehrsweg *m* traffic channel

Verkehrswegeschaltbild *n* trunking diagram

Verkehrswert *m* traffic intensity *(dimensionless, in Erlang)*; traffic flow, traffic load *(general)*

verkettet chained together; concatenated *(SW)*

verkettete Liste *f* concatenated list, linked list

Verkettung *f* chaining *(e.g. filters)*; concatenation *(e.g. codes)*

Verkettungsschaltung *f* concatenator *(audio codec)*

Verkettungssystem *n* pipe system *(commands, process control)*

verkleinern zoom out *(graphics, PC)*

Verklemmung *f* jamming *(HW)*; deadlock *(operation)*

verknüpfen connect, combine, link, associate, gate

Verknüpfbarkeit *f* connectivity

verknüpfen (logically) combine; link

verknüpftes Objekt *n* linked object *(PC application)*

Verknüpfung *f* relation, combination, (logic) function, (logic) operation, interconnection, link, coupling *(control)*

Verknüpfungsbit *n* logically combined bit

Verknüpfungsglied *n* logic element; combiner *(FO)*

Verknüpfungskreis *m* gating circuit, logic circuit

Verknüpfungsmenge *f* (logically) combined set

Verknüpfungsstelle *f* combinatorial point, gate

verkoppeln lock (together)

Verkopplungsimpuls *m* (V-Impuls *m*) locking pulse *(PCM data)*

verkörpern embody

verkürzter Code *m* shortened code *(Reed Solomon, DVB)*

verlagern dislocate

verlängern extend *(line, call)*

Verlängerungsleitung *f* extension cable; pad

verlangte Rufnummer *f* called number

verlassen leave, log off

verläßliche Beziehung *f* trusted relationship *(IPDN)*

Verlauf *m* curve, shape, progress, trace *(CRO)*; behaviour, variation (in), change *(signal)*, course, characteristic, response, plot; profile *(potential)*
einen Verlauf aufweisen follow a curve

Verlaufsbeziehung *f* characteristic *(of a number of signals)*

verlegen run *(cables)*; transfer *(calls)*

Verlierer *m* loser *(in bus allocation)*

verlinken connect by links *(web sites)*

verlorengegangene Zelle *f* lost cell *(ATM)*

Verlust *m* loss
zu Verlust gehender Verbindungswunsch lost call *(tel. sys.)*

verlustbehaftet lossy

verlustbehaftete Kompression *f* lossy compression *(asymmetrical discrete transform algorithms, used for busines/residential user applications to MPEG-1 (ITU-T H.261) at 1.2–1.5 Mbit/s (200:1* *compression), MPEG-2 (q.v.) at 4–6 Mbit/s (50:1, PAL))*

Verlustbelegung *f(zu Verlust gehender Verbindungswunsch)* lost call *(tel. sys.)*

Verlustgerät *n* expendable equipment

Verlustleistung *f* power loss, power dissipation; dissipated power

verlustlos loss-free, zero-loss

verlustlose Kompression *f* lossless compression *(symmetrical algorithms, used for computer data, bank accounts etc.; video compression for professional applications to ITU-R 601 at approx. 165 Mbit/s, ITU-R 723 at 45 Mbit/s)*

verlustloses Umschalten *n* hitless switching *(to standby, exch.)*

Verlustprinzip *n* lost-call principle

Verlustrate *f* freeze-out fraction (FOF) *(TASI)*

Verlustregler *m* dissipative regulator

verlustreich lossy

Verlustspannung *f* (dissipation) loss voltage

Verlustsystem *n* loss system *(exchange, offered call rejected when blocking occurs)*

Verlustverkehr *m* lost traffic *(tel. sys.)*

Verlustwärme *f* heat loss *or* dissipation; waste heat

Verlustwahrscheinlichkeit *f* lost call probability

Verlustzeit *f* lost time

vermaschen interconnect, network

vermaschtes Netz *n* meshed network

Vermaschung *f* meshing, intermeshing, networking; redundant routing

verminderte Dienstgüte *f* degraded service

vermißte Pakete *npl* missing packets

vermitteln switch *(exch.)*; transfer *(PBX)*

vermittelndes Breitbandnetz *n* (VBN) switched broadband network *(DTAG, FO, FTZ RL 141R50, 140 Mbit/s aggregate bit rate, from 1989)*

vermitteltes Netz *n* switched network

vermittelte Verbindung *f* switched connection; exchange connection *(ITU-T I.112, s. Table IV)*

vermittelter Verbindungsabschnitt *m* switched connection element *(ITU-T I.112, s. Table IV)*

Vermittler *m* intermediary; agent *(SCI)*

Vermittlung *f* switching *(ITU-T I.112, s. Table IV)*, routing; relaying; switching system; exchange; switch, office *(US)*; arbitration

Vermittlungsabschluß *m* exchange termination (ET) *(ISDN, ITU-T I.430, s. Table IV)*

Vermittlungsamt *n* telephone exchange; central office (CO) *(US)*

Vermittlungsanlage *f* exchange, switch(ing system)

Vermittlungsbereich *m* service area, exchange area

Vermittlungsbetrieb *m* switching service, communication service

Vermittlungsblock *m* switching block

Vermittlungsdaten *npl* call processing data *(switching)*

Vermittlungsdienst *m* (VD) switching service, network service (NS)

Vermittlungseinheit *f* switching unit (SWU) *(ISDN)*

Vermittlungseinrichtung *f* (VE) switching equipment *(CSS)*; switching centre *(GSM, s. Table VII)*

Vermittlungsendeinrichtung *f* exchange termination (ET) *(ISDN)*

Vermittlungsfernsprecher *m* attendant('s) console (AC) *(ISDN)*

Vermittlungsgüte *f* grade of switching performance, grade of service

Vermittlungsinstanz *f* network entity

Vermittlungskabel *n* exchange cable *(MDF)*

Vermittlungsklinke *f* connecting jack

Vermittlungsknoten *m* switching node *(ITU-T I.112, s. Table IV)*; service switching point (SSP) *(IN)*, hub *(LAN, IN)*

Vermittlungskraft *f* operator *(exch)*; attendant *(PBX)*

Vermittlungsleistung *f* call processing rate

Vermittlungsmodul *n* (call) processing module *(exch.)*; switch module (SM) *(US)*

Vermittlungsmodulprozessor *m* switch module processor (SMP) *(AT&T)*

Vermittlungsnetz *n* signalling system *(e.g. SS7)*

Vermittlungsperson *f* operator, attendant

Vermittlungsplatz *m* manual switching position (MSP); switchboard position, operator's position *(PBX)*

Vermittlungsprogramm *n* call processing program, switching program

Vermittlungsprotokoll *n* network protocol

Vermittlungsprozessor *m* call processor, switching processor

Vermittlungsrechner *m* (VR) switching system *or* processor, call processor

Vermittlungssatz *m* operator circuit

Vermittlungsschicht *f* network layer *(ITU-T I.450 and I.451 (Table IV), layer 3, OSI reference model (Table I))*

Vermittlungsschrank *m* board *(switching sys.)*; line interface module (LIM) *(DFS ground station)*

vermittlungsseitig at the exchange, CO-located *(US)*

vermittlungsseitige Anschlußschaltung *f* (VAS) exchange line circuit

vermittlungsseitiger Leitungsabschluß *m* exchange termination (ET)

Vermittlungsspeicher *m* (VS) shared *or* central memory

Vermittlungsstelle *f* (VSt) switching centre, switching office *(US, PSTN)*, switching node (SN) *(IN, mobile RT)*, exchange *(ITU-T I.112, s. Table IV)*, line termination (LT)

Vermittlungsstellenkennzahl *f* exchange code

Vermittlungsstellen-Leitungsabschluß *m* exchange termination (ET)

Vermittlungssteuerung *f* call controller *(PINX)*

Vermittlungssubsystem *n* network switching subsystem (NSS) *(all MSCs and some data bases, top hierarchy level in the GSM network)*

Vermittlungssystem *n* switching system, exchange

Vermittlungstechnik *f* switching (technology), switching systems; call processing (CP) (software) *(switch SW)*

vermittlungstechnisch call processing

vermittlungstechnische Aufgabe *f* switching task

vermittlungstechnische Daten *npl* overhead data *(switching)*

vermittlungstechnischer Ablauf *m* call-processing sequence, switching-oriented operation

vermittlungstechnische Software *f* call-processing software

Vermittlungs-Teilsystem *n* switching subsystem (SSS) *(GSM, s. Table VII)*

Vermittlungs-Teilsystem *n* **für digitale Teilnehmeranschlüsse** Digital Subscribers Switching Subsystem (DSSS) *(BT ISDN)*

Vermittlungsterminal *n* switch terminal

Vermittlungstisch *m* switchboard, operator's desk

Vermittlungsverzögerung *f* switching delay

Vermittlungswunsch *m* bid

Vermittlungszentrale *f* (VZ) main exchange (MX); call centre *(to handle customers for a large company with branches in different regions)*

vernetzbar interconnectable; with networking capability

vernetzen network, connect into a network, interconnect

vernetzt interconnected; networked

Vernetzung *f* networking, internetworking; interconnection

Vernetzungsmöglichkeit *f* connectivity

Verordnung *f* ordinance; regulation

Verordnung *f* **für den Fernschreib- und den Datexdienst** (VFsDx) regulation relating to the teletype and the data exchange service *(DTAG)*

Verpackung *f* packaging

Verpflichtung(svorgang *m*) *f* commit(ment)

verpointern link by pointers *(object-oriented modelling, database)*

Verpol(ungs)schutz *m* polarity reversal protection

verpromt PROM-equipped *(i.e. not loadable, programmable control device)*

verrastet mit ... locked to ...

verrauscht noisy, with noise

Verrechnungspreis *m* (in-house) transfer price

Verrechnungsstelle *f* clearing house

verriegeln interlock; latch *(a signal or an output)*

Verriegelungscode *m* interlock code (IC) *(ISDN)*

verringern reduce; deemphasize

Versatz *m* offset; skew *(between two data signals)*

Versatzkanal *m* interleaved channel

Versatzwert *m* offset value; skew value *(addresses)*

Verschachteler *m* interleaver *(GSM)*

verschachtelt interleaved *(packets, cells, bytes)*, multiplexed *(signals)*, nested *(program loops)*

verschachtelte Bild/Ton-Wiedergabe *f* audio/video interleaved (AVI) *(MS Windows, PC)*

verschachtelte Jobfernverarbeitung *f* multileaving remote job entry (MRJE)

verschachtelte Signale *npl* interleaved signals *(TDM)*

Verschachtelung *f* interleaving *(of packets)*; multiplexing

verschalten interconnect, connect, wire up

Verschaltung *f* interconnection; faulty connection *(HW)*

Verschiebelogik *f* barrel shifter

Verschiebung *f* displacement *(phase)*; transposition *(frequency)*; tranlation *(math.)*

Verschiebungsvektor *m* displacement vector

Verschiedenartigkeit *f* heterogeneity

Verschiedenheit *f* diversity

verschlechtern degrade, degenerate, deteriorate

verschlechtertes Fehlerverhalten *n* degraded error performance

Verschleierung *f* masking; scrambling *(TV)*, encryption *(data)*

Verschleierungscode *f* privacy code

Verschleifen *n* rounding *(of pulse edges)*

verschliffen rounded *(pulse)*, smoothed *(modulating function, GMSK)*

Verschlucken *n* **von Sprachteilen** clipping

verschlüsselt encrypted, secure

Verschlüsselung *f* encryption *(data)*, scrambling *(TV, voice)*, (en)ciphering *(GSM, s. Table VII)*, (en)coding

Verschmierung *f* blurring (image); smearing, lag *(signal)*; randomization *(interleaver output bits, DVB transport stream)*

verschmolzen fused *(glass)*

verschränkte Bildspeicher *mpl* interleaved (mixed) frame buffers *(TV)*

Verschränkung *f* interleaving, transposition

Verschwendung *f* waste; thrashing *(time, resources, US)*

Verschwiegenheit *f* discretion, secrecy

verseilt twisted *(wires)*

Versendung *f* despatching, forwarding *(packets)*

Versetzer *m* (frequency) converter

versetzt offset, staggered *(mech.)*, displaced, relocated; skewed *(time domain)*

versetzte Leitung *f* relocated *or* register-controlled line

Versetzung *f* skewing *(addresses)*

verseucht polluted, contaminated *(with noise)*

versorgen supply, input; provide coverage *(e.g. to a radio cell)*; return to store *(CH)*

versorgende Basisstation *f* serving base station *(mobile RT)*

versorgender Bereich *m* serving area *(mobile RT)*

versorgende Zone *f* serving cell *(mobile RT)*

Versorger *m* server

Versorgung *f* supply; coverage *(of a network, services)*; feed

Versorgung *f* **anbieten** provide coverage

Versorgungsbedarf *m* service demand *(mobile RT)*

Versorgungsbereich *m* (VB) coverage *(of a network)*; domain, management domain *(switching, MHS)*; service area *(TV)*

Versorgungsbereichsinformation *f* service area identifier (SAID)*(GSM)*

Versorgungsbetrieb *m* public utility

Versorgungsbus *m* (V-Bus) supply bus *or* rail *(+5V, ICs)*

Versorgungsellipse *f* elliptical footprint *or* coverage *(sat)*

Versorgungsgebiet *n* service area *(TV)*, coverage area

Versorgungsgrad *m* coverage (rate) *(GSM, s. Table VII)*

Versorgungsinstanz *f* management entity

Versorgungslücke *f* gap in the coverage *(TV transmitter)*

Versorgungsmessung *f* coverage measurement (CM) *(DVB-T)*

Versorgungsmeßtechnik *f* coverage testing *or* measuring techniques

Versorgungsnetz *n* service network *(TV)*; supply network *(electricity etc.)*

Versorgungsradius *m* radius of coverage *(TV transmitter)*

Versorgungsschiene *f* supply rail; board *(power station)*

Versorgungssender *m* service transmitter *(TV)*

Versorgungsspannung *f* supply voltage, rail voltage *(circuit)*

Versorgungs(spannungs)leitung *f* supply rail, voltage rail *(circuit)*

Versorgungsspannungsteiler *f* supply voltage divider, rail splitter *(US)*

Versorgungstechnik *f* broadcasting service technology *(TV)*

versorgungsunabhängig independently powered

Versorgungswahrscheinlichkeit *f* outage probability

Verständigungsbereich *m* (VB) communication area *(computer)*

Verständigungsprotokoll *n* peer protocol *(within OSI layers, s. Table I)*

Verständigungsverfahren *n* handshake procedure *(DP)*

Verständigungsverkehr *m* voice coordination traffic

verständlich clear, intelligible *(speech)*

Verständlichkeit *f* intelligibility *(speech)*, clarity, articulation

Verstärker *m* (Vr) amplifier, repeater *(PBX)*

Verstärkeramt *n* repeater station

Verstärkerbereich *m* (VrB) repeater service area

Verstärkerfeld *n* (VrF) repeater section

Verstärkerstelle *f* (VrSt) repeater station *(transmission interface in BVN)*

verstärkter Abschnitt *m* amplified section

verstärkte spontane Emission *f* amplified spontaneous emission (ASE) *(optical interference signal in an EDFA q.v.)*

Verstärkungsbandbreite *f* gain bandwidth *(FO)*

Verstärkungslänge *f* gain length *(laser)*

Verstärkungsverlauf *m* gain characteristic, gain flatness *(LNB)*

versteckte Datei *f* hidden file *(PC)*

versteckte Schicht *f* hidden layer *(backpropagation algorithm (q.v.))*

Verstehen *n* recognition *(video coding)*

Versteilerung *f* crispening *(TV)*

verstimmen detune *(receiver)*, unbalance *(bridge circuit)*

Verstimmung *f* detuning, mistuning *(receiver)*, unbalance *(bridge circuit, I/Q modulator)*; staggering *(filters)*

verstreute Pilote *mpl* scattered pilots *(TPS carriers, OFDM, DVB)*

verstümmelt corrupted *(data)*, mutilated; garbled *(signal)*
durch Rauschen *n* **verstümmelt** noise-corrupted *(signal)*

verstümmelter Impuls *m* mutilated pulse, runt

Versuchszulassung *f* prototype approval

Vertausch *m* **der beiden Seiten** flop-over *(video film editing)*

vertauschen interchange, reverse *(phases)*, cross *(wires)*; rotate *(bits)*; permut(at)e *(pixel conversion, repro.)*

Vertauschung *f* exchange, swap; reversal *(wires, polarity)*; transposition *(e.g. phases)*

Verteidigungsfall *m* (V-Fall) case of (national) defence

Verteildienst *m* distribution service *(ISDN, ITU-T I.211; sat)*, programme distribution service *(TV, NVOD)*

Verteildienst *m* **mit benutzergesteuerter Präsentation** distribution service with user-individual presentation control *(ITU-T I.112, s. Table IV)*

Verteilebene *f* cross connect level

Verteileinrichtung *f* data distributor; fan-out unit *(LAN)*

Verteiler *m* (Vt) distributor, matrix *(HW)*; local line distribution point *(ISDN)*; distribution frame *(exch. HW)*; buffer *(dig. exchange)*; splitter *(CATV)*; router *(LAN)*, scheduler *(distributed IN)*, hub *(USB)*; terminal block *(rack)*

Verteiler *m* **1. Ordnung** level-1 distributor *(electronic or active distributor, switch)*

Verteiler *m* **2. Ordnung** level-2 distributor *(electro-mechanical or passive distributor, switch)*

Verteiler *m* **3. Ordnung** level-3 distributor *(jackfield distributor, switch)*

Verteilergestell *n* distribution frame

Verteilerkreis *f* distribution circuit

Verteilerleiste *f* terminal strip; distribution block *(exch.)*

Verteilertafel *f* distribution panel

Verteilerverstärker *m* (CVr) distribution amplifier *(broadband)*

Verteilfeld *n* distribution matrix *(CATV)*

Verteilkommunikation *f* broadcasting, broadcast communications *(network)*, distribution communication *(organisation)*

Verteilkoppelfeld *n* distribution switch *(CATV)*, crossconnect *(tel)*

Verteil-Koppelnetz *n* switched distribution network

Verteilkoppler *m* fan-out transceiver *(FO)*

Verteilnetz *n* distribution network *or* system *(TV)*; point-to-multipoint network *(VSAT)*, backbone *(data network, CATV)*

Verteilnetzwerk *n* distribution network *(to the inputs of an ATM switching network)*

Verteilrichtung *f* outbound *(SATV)*

Verteilsystem *n* distributive system *(ISDN)*

verteilt distributed; dispersed *(geographically)*

verteiltes lokales Netz *n* shared-resource LAN

verteilte Spracherkennung *f* distributed speech recognition (DSR)

verteiltes Rechnersystem *n* distributed computer system

verteilte Übertragung *f* burst mode transmission *(TCM or ping pong method)*

Verteilung *f* distribution *(ITU-T I.112, s. Table IV)*; allocation *(calls)*; dispersion *(FO)*

Verteilungsbild *n* distribution pattern

Verteilungsdichtefunktion *f* distribution *or* probability density function *(math.)*

Verteilungskabel *n* distribution cable *(TV)*

Verteilungsrauschen *n* partition noise *(FO)*

verteilvermittelter Dienst *m* switched-distribution service *(TV etc)*

Verteilvermittlung *f* point-to-multipoint switch

Verteilzentrum *n* distribution centre (DC) *(HFC-Netz)*

vertikale Bildlaufleiste *f* vertical scroll bar *(MS Windows, PC)*

vertikale Polarisation *f* vertical polarisation *(sat)*

vertikale Verständigung *f* vertical communication *(between OSI layers, s. Table I)*

Vertikalfilterung *f* vertical filtering *(image coding)*

Vertikalprüfung *f* vertical redundancy checking (VRC)

Vertrag *m* contract

verträglich compatible, tolerable, consistent, manageable

Verträglichkeit *f* compatibility, conformance, tolerance, consistency

Verträglichkeitsprüfung *f* compatibility check *(ISDN)*, conformance check *(ATM)*

Vertragsleistung *f* subscribed demand

vertrauenswürdige Institution *f* trust center (TC) *(PGP q.v.)*

Vertraulichkeit *f* privacy, secrecy, confidentiality *(data security)*

Vertreter *m* representative, agent; night service extension *(tel)*

Vertreterstelle *f* night service extension *(tel)*

Vertretungsschalter *m* (secretarial) function transfer *or* night-service switch *(tel., executive-secretary system)*

Vertretungssekretärin *f* stand-in secretary

Vertretungssprechstelle *f* secretarial station

verursachergerechte Gebührenerfassung *f* originator-based call costing

Vervielfacher *m* multiplier, scaler

Vervielfachung *f* duplication *(repro)*

verwalten manage, administer

Verwalter *m* arbiter *(bus)*

verwaltete Ansagedienste *mpl* managed recorded information services (MRIS)

verwaltete Instanz *f* managed entity

Verwaltung *f* administration *(telecom.)*; management *(data, programs, networks)*

Verwaltungsaufgabe *f* housekeeping task

Verwaltungseinheitszeiger *m* administration unit pointer (AUP) *(STM-1)*

Verwaltungsmodul *n* control module *(for services, exchange)*, administrative module (AM) *(AT&T)*

Verwaltungsvorschrift *f* administrative rule

verwandt related

Verwechslung *f* confusion, mistake

verweilen dwell, reside, pause

Verweilzeit *f* turnaround time *(signal)*; dwell time; retention time, residence time *(memory)*

Verweis *m* reference; directory *(multiprocessor system)*

Verweisung *f* referencing

Verwendung *f* use, utilisation

Verwendung *f* **von Pseudonymen** aliasing *(DP)*

Verwendungskomfort *m* operating comfort, user-friendliness

Verwerfbarkeit(smarkierung) *f* discard eligibility (tagging) *(frame relay)*

verwerfen discard *(cells)*; ignore

verwerfen fehlerhafter Zellen *fpl* error discard *(ATM)*

verwirklichen realize. implement, embody *(concept, invention)*

verwirren confuse, garble *(speech)*

Verwischung *f* dispersal

Verwischungsfrequenz *f* dispersal frequency *(frequency of energy dispersal, sat)*

Verwischungsspannung *f* dispersal voltage *(MAC baseband carrier frequ. dispersal)*

verwürfelt scrambled, randomized, interleaved

Verwürfelung *f* scrambling; randomization *(DVB, for energy dispersal)*, interleaving *(channel coding, AMR (q.v.))*

Verwürfelung *f* **des Zellinformationsfeldes** cell scrambling *(ATM)*

Verwürfler *m* scrambler

verzahnt interleaved *(program sections, carriers)*, interlocked

Verzeichnis *n* directory *(DP, legacy Windows)*, folder *(Windows95, PC)*, repository *(XML)*

Verzeichnisdatei *f* directory file

Verzeichnisdienst *m* directory service

Verzeichnisnummer *f* directory number *(ISDN)*

verzeichnisorientierter Endbenutzer-Systemteil *m* Directory User Agent (DUA) *(ITU-T X.500, s. Table VI)*

verzeichnisorientierter Systemteil *m* Directory Service Agent (DSA) *(ITU-T X.500, s. Table VI)*

Verzeichnissymbol *n* directory icon *(MS Windows, PC)*

Verzerrung *f* distortion

Verzerrungszeit *f* distortion time

Verzinken *n* galvanizing

verzögern delay, retard *(phase)*; stall *(pipeline, DP)*; decelerate *(motor)*

verzögerter Alarm *m* deferred alarm

verzögerte Regelschleife *f* delay lock loop (DLL)

verzögerter Verbindungsaufbau *m* delayed binding *(HTTP, IP)*

verzögerte Weitersendung *f* delayed delivery, mail box

Verzögerung *f* delay, lag

Verzögerungseinrichtung *f* delay section; timer

verzögerungsfrei undelayed, instantaneous

Verzögerungsglied *n* delay element *or* circuit

Verzögerungskette *f* chain of delay elements

Verzögerungsleitung *f* delay line

Verzögerungsregister *n* delay register

Verzögerungsschaltung *f* lag circuit

Verzögerungsschwankung *f* delay variation, jitter *(cells, ATM)*

Verzögerungsspeicher *m* delay memory *(codec)*

Verzoner *m* (VZ) zoner *(exchange)*

Verzonung *f* zoning *(exchange, charge zones)*

Verzugszeit *f* delay (time)

Verzweiger *m* branching element *or* point, splitter *(FO)*, tap

Verzweigerbereich *n* (VzB) distribution box service area

Verzweigung *f* splitter *(FO)*; fork *(DP)*

Verzweigungskabel *n* (VzK) distribution cable

VF s. Videofrequenz *f*

V-Fall s. Verteidigungsfall *m*

VF-Schaltverteiler *m* video switch(er) *(CATV)*

VFsDx s. Verordnung *f* für den Fernschreib- und den Datexdienst

VGA-Monitor *m* VGA (video graphics adapter) monitor *(640x480 pixels resolution, 0.35 dot pitch, PC)*

VHSIC-Schaltungsbeschreibungssprache *f* VHSIC Hardware Description Language (VHDL)

Videoanzeige *f* video display

Video/Audio-Streaming *n* video/audio streaming *(IP, UDP protocol)*

Videoband *n* videotape

Videoclip *m* video clip *(TV)*

Videocodec *m* video codec *(digitized video coder/decoder to ITU-T Rec. 601, SMPTE RP125, EBU Techn. 3246.E)*

Videodat data transmission in the video signal *(WDR, serial, 300-38400 Bd)*

Videofrequenz *f* (VF) video frequency

Video-Karte *f* video card *(PC)*

Videokassettenspieler *m* video (cassette) player

Videokommunikationsanlage *f* (VKA) video communication system

Videokonferenz *f* (VK) video conference (VC), video teleconferencing

Videokonferenzdienst *m* video teleconferencing service *(ITU-T Rec. H.320,T.120,I.400; 41.920 Mb/s, s. 'Bildtelefon' for standards, s. Table III)*

Videokonferenzraum *m* (VKR) video conference room

Videokonferenzteilnehmer *m* (VK-Teilnehmer) video conference party

Video-Multiplexer *m* video multiplexer (VMUX) *(image coding)*

Video-Player *m* video player

Video-Programm-System *n* (VPS) videorecorder programming system *(TV broadcast service)*

Video-Pumpe *f* video pump *(program in the hypercube for retrieving video-film data blocks from the hard disks on which they were stored by "striping" (q.v.), and feeding them into the network in the right order; VOD, MPEG-2, ADSL)*

Videorecorder *m* video tape recorder (VTR), video cassette recorder (VCR), video recorder

Videorecorder-Programmierung *f* **mit Fernsehtext** (VPT) videorecorder programming by teletext *(TV broadcast service)*

Video-Schaltverteiler *m* video switch(er) *(CATV)*

Videospiel *n* computer game

Videostörabstand *m* video signal/noise ratio *(symbol = A)*

Videotex *n* (Vtx) videotex, viewdata *(interactive videotext, CH, international, Prestel-based, s. Table XI)*

Videotex-Anschlußpunkt *m* videotex access point (VAP)

Videotex-Daten *npl* teletext data *(360 bits/line)*

Videotext *m* teletext (txt) *(non-interactive videotext in broadcast TV)*

Videotextzentrale *f* videotext center *(US)*

Videotexverbund *m* videotex interworking (VI) protocol *(international vtx)*

Video-Verteildienst *m* near video on demand (NVoD)

Video-Verteilverstärker *m* video distribution amplifier (VDA) *(TV)*

Vielfach *n* matrix, multiplex, multiple; multiplexer, switch *(e.g. space switch)*

Vielfachanruf *m* multi-call

Vielfachanruf-Bearbeitung *f* multi-call handling *(ISDN)*

Vielfachempfang *m* multipath reception; delay spread *(CDMA, RAKE receiver)*

Vielfachkoppler *m* multiplex switch

Vielfachleitung *f* highway *(exchange)*, bus; trunk

Vielfachnutzung *f* multiplexing *(antenna)*

Vielfachrufanzeige *f* multiple *or* shared call appearance (MCA) *(US, AT&T)*

Vielfachrufsignalisierung *f* multiple *or* shared call appearance (MCA) *(US, AT&T)*

vielfach schalten multiple *(switching)*

Vielfachschaltung *f* multiple *(switching)*

Vielfach-Steuerungseinheit *f* bank control unit (BCU)

Vielfachsystem *n* matrix system *(AF, VF)*

Vielfachzugriff *m* multiple access

Vielfachzugriff *m* **im Amplitudenbereich** amplitude domain multiple access (ADMA)

Vielfachzugriff *m* **im Codemultiplexverfahren** code division multiple access (CDMA) *(tel)*

Vielfachzugriff *m* **im Frequenzmultiplex** frequency division multiple access (FDMA) *(tel)*

Vielfachzugriff *m* **im Frequenzmultiplex mit Kanalzuteilung nach Bedarf** Single channel per carrier PCM multiple Access Demand assignment Equipment (SPADE)

Vielfachzugriff *m* **im Polarisationsmultiplex** polarisation division multiple access (PDMA) *(sat)*

Vielfachzugriff *m* **im Raummultiplex** space division multiple access (SDMA)

Vielfachzugriff *m* **im Zeitmultiplex** time division (*or* domain) multiple access (TDMA)

Vielfachzugriff *m* **mit Digitalkennung** digital sense multiple access (DSMA)

Vielfachzugriff *m* **mit Trägerkennung** carrier-sense (*or* domain) multiple access (CSMA) *(LAN)*

Vielfachzugriff *m* **mit Trägerkennung und Kollisionserkennung** carrier-sense multiple access with collision detection (CSMA/CD) *(LAN)*

Vielfachzugriffsinterferenz *f* multiple access interference (MAI)

Vielsprecher *m* high-calling-rate subscriber

Vielspuraufzeichnung *f* multitrack recording *(MTR)*

Vielstrahlbedeckung *f* multibeam coverage *(sat)*

Vielträgerverfahren *n* multi-carrier method *(OFDM, DVB)*

vierdraht ... (V, vdr) four-wire ...

Vierdraht-Gabel *f* four-wire hybrid, four-wire termination

Vierdraht-Zweidraht-Übergang *m* four-wire/two-wire circuit *or* hybrid

Vierer *m* quad *(cable)*; phantom (circuit)*(-tel)*

viererverseilt twisted quad

vierfach quadruple, fourfold

vierfach belegt four-function-..., has four functions *(function key, keyboard)*

Vierfachschalter *m* four-section switch

Vierfachpfeil *m* arrow pointer *(PC keyboard)*

Vierfach-Verstärker *m* quad amp *(microcircuit)*

Vierphasen-Differenzmodulation *f* quaternary DPSK (QDPSK)

Vierphasen-Modulation *f* quaternary PSK (QPSK) *(sat)*

Vierphasen-Umtastung *f* (4PSK) quadrature phase shift keying, quaternary PSK (QPSK)

Vierpol *m* quadripole; two-port *(network with two input and two output terminals)*, four-terminal network

Vierquadranten-Multiplizierer *m* four-quadrant multiplier

vierstufig four-stage *(e.g. amplifier)*

vierstufige Phasendifferenzmodulation *f* differential four-phase modulation

Vierteltelefon *n* collective line telephone, party-line telephone *(ÖBP, BT REN = 4)*

Viertor *n* four-port *(network with four input and four output terminals)*

Viertorkoppler *m* four-port coupler *(FO)*

Vierwegschalter *m* four-position switch

View *n* view *(SNMP, set of managed objects which can be visualized by an 'agent' in a 'commmunity', IAB RFC1157, s. Table VIII)*

V-Impuls *m* (Verkopplungsimpuls *m*) locking pulse *(PCM data)*

VIP-Adresse *f* virtual IP (VIP) address *(HTTP)*

Virenscanner *m* virus scanner *(PC SW)*

virtuell virtual, logical

virtuelle Gemeinschaft *f* virtual community *(Internet community, e.g. a discussion group)*

virtuelle Leitung *f* virtual circuit (VC) *(ISDN)*, circuit emulation

virtueller Container *m* virtual container (VC) *(ISDN)*

virtueller ISP *m* virtual Internet service provider (VISP)

virtueller Kanal *m* virtual channel, logical channel

virtueller Kanal *m* **für allgemeine Rundsendezeichengabe** general broadcast signalling virtual channel (GBSVC) *(B-ISDN, ITU-T Rec. I.311)*

virtueller Kanal *m* **für selektive Rundsendezeichengabe** selective broadcast signalling virtual channel (SBSVC) *(B-ISDN, ITU-T Rec. I.311)*

virtueller Kanal *m* **für Zeichengabe** s. virtueller Zeichengabekanal'

virtueller Vernetzungsdienst *m* virtual networking service (VNS) *(private networking)*

virtueller Zeichengabekanal *m* signalling virtual channel (SVC) *(B-ISDN, meta signalling, ITU-T Rec. Q.2120)*

virtueller Zubringer *m* virtual tributary (VT) *(SDH, SONET)*

virtuelles LAN *n* virtual LAN (V-LAN, VLAN) *(UMTS)*

virtuelles privates Netz *n* virtual private network (VPN) *(ensures a secure path through the web and encryption)*

virtuelles zeitsynchrones Zugriffsverfahren *n* virtual time synchronous (VTS) access method

virtuelle Verbindung *f* (VV) virtual circuit (VC) *(PSN)*

Virus *m* virus

Virusscanner *m* virus scanner *(PC SW)*

Visualisierung *f* visualization; visual display *(DP)*

Viterbi-Entzerrer *m* Viterbi equalizer *(GSM)*

Vk (Verbindungskabel *n*) junction line cable

VK (Verbindungskanal *m*) traffic channel

VK s. Videokonferenz *f*

VKA s. Videokommunikationsanlage *f*

VKR (Videokonferenzraum *m*) video conference room

VK-Teilnehmer *m* video conference party

Vl (Verbindungsleitung *f*) junction line
Vl-P (paketorientierte Verbindungsleitung *f*) packet-oriented interexchange trunk

VL (verbindungsloser Dienst *m*) connectionless service (CLS) *(SS7, s. Table III)*

VMA (Verkehrsmanagement *n* Ausland) international traffic management centre

VMI-Schnittstelle *f* visual module interface (VMI) *(PC)*

VMS (Sprachinformationsserver *m*) voice mail server *(ISPBX)*

VMZ (Verkehrsmanagementzentrum *n*) traffic management centre *(network OS)*

VNB (Verbindungsnetzbetreiber *m*) interexchange carrier (IEC)

VO (verbindungsorientierte Dienst *m*) connection-oriented service (COS)

VOCODER *m* vocoder (voice code to recreate)

Volkspager *m* wristwatch (radio-)pager *(s. Scall)*

vollamtsberechtigt non-restricted

Vollamtsberechtigung *f* direct *or* trunk exchange access

Vollausbau *m* full capacity

voll ausgelastet used to full capacity

voll durchentwickelt fully engineered

Vollbild *n* frame, raster *(TV, image coding)*; Maximize *(MS Windows instruction, PC)*

Vollbildabtastung *f* progressive scanning *(TV, monitor)*

vollbildrahmensynchron whole-picture-frame-synchronous *(HDTV)*

Vollbildrate *f* frame rate *(TV)*

Vollbild-Teilbild-Rasterwandler *m* raster/block scan converter *(image coding)*

Volldienst-Netz *n* full-service network (FSN) *(TV, data, radio; broadband cable network)*

vollduplex full duplex (FDX); two-way simultaneous

Vollformatanzeige *f* full-screen display *(monitor)*

Vollhubfolie *f* full travel membrane (FTM) *(membrane keypad)*

Vollkanal-Rundsende-Videographie *f* full channel broadcast videography *(ITU-T I.211, s. Table IV)*

Vollkörpergeometrie *f* constructive solid geometry (CSG) *(graphics)*

Vollsortiment *n* one-stop shopping (OSS)

Vollsortimenter *m* one-stop supplier

Vollsperre *f* all calls barred

vollständige Prüfschleife *f* complete loop-back *(ITU-T I.430, s. Table IV)*

Vollstörung *f* total failure

Volltext-Suche *f* full-text search *(WWW)*

Vollverbindung *f* complete connection *(tel)*

Vollvermittlungsstelle *f* main exchange

vollversetzter Verbindungsaufbau *m* centrally controlled call set-up

Vollversorgung *f* complete coverage *(mobile RT)*

Vollweggleichrichter *m* full-wave rectifier

Volumen-Datenübertragung *f* bulk data transmission *(sat)*

Volumengebühr *f* (data) volume charge *(ISDN)*

Volumenmodell *n* solid model *(graphics)*

Volumenwelle *f* bulk wave *(microwave)*

vom Bediener bestimmte Sperre *f* operator determined barring *(GSM 02.41, s. Table VII)*

vom Mobiltelefon abgehender Ruf *m* mobile originated call (MOC)

vom Netz bestimmtes Besetzt *n* network determined Busy (NDB) *(ISDN)*

vom Netz bestimmtes Teilnehmer Besetzt *n* network determined User Busy (NDUB)

vom Teilnehmer bestimmtes Besetzt *n* user determined Busy (UDB)

vom Teilnehmer bestimmtes Teilnehmer Besetzt *n* user determined User Busy (UDUB)

Vorabbeurteilung *f* initial evaluation *(QA)*

Vorabfrage *f* screening *(fax, answering mach.)*

Vorabinformation *f* prior information, prior *or* a priori knowledge

Vorabrufen *n* prefetching *(data)*

Vorabversion *f* prerelease *(SW)*

Voranhebung *f* preemphasis

Voranmeldungsgespräch *n* person-to-person call *(tel)*

voranstellen prefix *(e.g. to a string, DP)*

vorausgehende Standortklärung *f* site search

Voraussage *f* prediction, forecast

vorausschauender Codierer *m* lookahead coder *(e.g. CELP)*

Vorauswählen *n* advance calling (AC)

Vorbelastung *f* preloading, initial load, bias; unwanted predistortion *(transmission channel)*; handicap

Vorbelastungswiderstand *m* bleeder resistor *(input stage)*

vorbelegen preassign, preselect; preempt *(resources)*; preload *(counter)*

vorbelegter Wert *m* preassigned value

Vorbelegung *f* preassignment, preselection *(e.g. of carrier, LCR)*

Vorbelegungswert *m* preassigned value

vorbereiten prepare, initialize, prime, set up

Vorbereitende Anschaltung *f* Data Terminal Ready (DTR) *(V.24/RS232C, s. Table IX)*

vorbereitend schalten prepare, initialize

Vorbereitung *f* preparation; grooming *(network management)*; priming *(circuit)*

Vorbereitungseingang *m* priming input *(logic circuit)*

Vorbereitungsbetrieb *m* initialization mode *(modem)*

Vorbesetzung *f* default

vorbespieltes Band *n* prerecorded tape

vorbestellte Dauerwählverbindung *f* semi-permanent connection

Vorbestellung *f* advance booking *(connections)*

vorbestimmt predetermined, predefined, prestored *(default values)*, preset *(data)*

vorbeugende zyklische Wiederholung *f* preventative cyclic retransmission (PCR) *(error correction, SS7, s. Table III)*

Vorbild *n* prototype, model, copy, original; previous frame *(image coding)*

Vordämpfung *f* input attenuation

vordere Schwarzschulter *f* front porch *(TV)*

Vorderflanke *f* leading edge *(pulse)*

Vordergrund *m* foreground *(display)*

Vorecho *n* pre-echo *(audio)*

voreilende Impulsflanke *f* leading edge

voreilender Kontakt *m* leading contact *(switch)*

voreilende Stifte *mpl* pre-mating pins *(connector)*

Voreilung *f* lead *(phase, frequency)*

Voreilzeit *f* lead time *(phase)*

voreingestellter Kanal *m* default channel, home channel *(preset in the IDTV or STB "channel decoder")*

voreingestellter Zellkopfwert *m* preassigned header value *(ATM)*

Vorentzerrung *f* preemphasis *(FM transm.)*; preequalization *(audio)*; precorrection *(transmitter power amplifier, DVB-T)*

Vorerkundigungsanzeige *f* (VAZ) survey notice

Vorfeld *n* front end
im Vorfeld des ... as a forerunner to ...

Vorfeldeinheit *f* remote unit (RU)

Vorfeldeinrichtung *f* out-of-area equipment; remote (ISDN) equipment

Vorführanlage *f* demonstrator

Vorführung *f* demonstration, presentation; screening *(film)*

Vorführzulassung *f* demonstration approval *(ZZF)*

Vorgabe-... default, scheduled ...

Vorgaben *fpl* preconditions, constraints; default values; provisions, specifications

vorgegeben preset, set in advance, defined, predefined, predetermined, fixed, default

vorgelagert front-end *(circuit)*; located ahead, downstream *(process)*

vorgeschaltet front-end *(computer)*; series-connected, preceding, upstream, on the input side *(component)*, input ...

Vorgeschichte *f* history

vorgeschrieben mandatory, obligatory, stipulated, prescribed

vorgesehener Wert *m* given value

vorgesperrt with preloaded parental lock *(DTV, Internet)*

vorgezogener Konzentrator *m* remote concentrator *(for remote access)*

Vorhaben *n* project

vorhalten reserve *(connection)*, keep available

Vorhaltezeit *f* lead time; timing advance *(GSM)*

Vorhaltung *f* requirement

Vorhaltwirkung *f* derivative action

vorhersagbar predictable

Vorhersage *f* prediction, forecast

Vorkommastelle *f* leading digit

Vorkommnis *n* occurrence

vorkonzentrieren preconcentrate *(traffic)*

Vorkreis *m* input circuit, series circuit

Vorlage *f* original; visual material *(video conference)*, template *(DTP)*

Vorlagen-Ordner *m* template folder *(DTP)*

Vorläufer *m* overshoot *(pulse)*, precursor *(TV ghost, pulse)*; legacy *(adj., e.g. legacy Windows = Windows 3.x)*

Vorläufer-Breitbandnetz *n* (VBN) pilot broadband network *(DTAG, FO, 140 Mbit/s, before 1989)*

vorläufig preliminary, temporary

vorläufige Empfehlung *f* provisional recommendation *(ITU-T)*

vorläufige (internationale) Norm *f* draft international standard (DIS) *(ISO)*

vorläufige Regelung *f* preliminary regulation

vorläufige Spezifikation *f* tentative *or* draft specification

vorläufige Typzulassung *f* interim type approval (ITA) *(ZZF)*

Vorlaufleistung *f* transmitted power *(broadcast transmitter testing)*

Vorlaufsignal *n* transmitted signal *(microwave)*

Vorlaufzeit *f* lead time *(with long codes, PCM)*

Vorlaufzeitschlitz *m* advance time slot *(GSM)*

Vorleistung *f* advance provisioning, advance performance, previous work; prepayment

Vormagnetisierung *f* bias *(magn. tape)*

vormerken: eine Leitung vormerken book a line

Vornorm *f* tentative standard *(DIN)*; draft (international) standard (DIS) *(ISO)*

Voronoi-Fläche *f* Voronoi neighbourhood *(math.)*

Vorortrechner *m* on-site *or* local computer *or* processor *(process control)*

vorpegeln set the input level

Vorpegelregler *m* input level control *(HW)*

Vorpolarisierung *f* bias *(US transducers)*

Vorprozessor *m* preprocessor

Vorrang *m* priority, precedence

Vorrang-Handhabungssystem *n* precedence handling system

Vorrangdaten *npl* expedited data *(OSI RM layer 4, s. Table I)*

Vorrangstufe *f* precedence level

Vorrangvariante *f* priority variant *(FTZ ITR2, Part 2)*

Vorratsteller *m* supply turntable *(tape, film)*

Vorrechner *m* front-end processor

Vorrichtung *f* device

vorrollen scroll up *(monitor)*

Vorsatzcode *m* prefix code *(data compr.)*

Vorsatzgebührenanzeiger *m* charge meter adapter

vorsätzlich premeditated

Vorsatzweiche *f* input filter *(CATV)*

Vorschaltrechner *m* front-end processor

Vorschaltteil *m* front end

Vorschlagsentwurf *m* draft proposal (DP) *(ISO)*

Vorschrift *f* rule, regulation; specification, convention

Vorschub *m* feed *(mech.)*

Vorschwinger *m* preshoot, pre-pulse ringing *(waveform)*

Vorspann *m* leader *(tape, film)*; prefix *(PCM)*; preamble *(packet)*

vorspannen in Durchlaßrichtung *f* forward bias *(SC)*

Vorspannung *f* bias (voltage) *(semicond., gen.)*

vorspannungslos unbiased *(semicond., gen.)*

Vorsperrung *f* preloaded parental lock *(DTV, Internet)*

Vorstrom *m* bias current *(semicond.)*

Vorstufe *f* input stage, preamplifier, front end *(e.g. RF receiver)*

Vorstufenmodulation *f* low-level modulation *(transmitter)*

Vorteiler *m* prescaler *(synthesizer)*; input attenuator

vorübergehend temporary, transient *(fault)*

Vorverdeckung *f* premasking *(audio codec)*

Vorvergebührung *f* prepaid service *(mobile RT)*

vorvermitteln preprocess *(exchange)*

Vorvermittlungsmodul *n* preprocessing module *(exchange)*

vorverschieben advance *(phase shift)*

Vorverzerrung *f* preemphasis *(TV)*

Vorwahlgebiet *n* prefix area *(tel)*

Vorwahlkennzahl *f* dialling code, area code, preselection code

Vorwahlnummer *f* preselection code, area code; location prefix *(messaging)*

Vorwahlstufe *f* preselection stage *(exchange)*

Vorwärtsabzweigung *f* feedforward tap

Vorwärtsauslösung *f* forward release

vorwärts blättern page up *(monitor)*

Vorwärts-Fehlerkorrektur *f* forward error correction (FEC) *(PCM)*

vorwärtsgekoppelter Verstärker *m* feed-forward amplifier

vorwärtsgesteuerte Adaption *f* forward-controlled adaptation

Vorwärtskanal *m* forward channel; downstream channel *(ADSL)*; forward control channel *(trunking)*

Vorwärtskennzeichen *n* forward call indicator *(SS7 UP, s. Table III)*

Vorwärtskopplung *f* feed forward

Vorwärts-Pfad *m* forward path

Vorwärtsprädiktion *f* forward prediction *(image coding, MPEG-2)*

Vorwärtsregelungssystem *n* feedforward system

Vorwärts-/Rückwärtszähler *m* up/down counter

Vorwärtssignal *n* forward signal *(ITU-T I.430, s. Table IV)*

Vorwärts-Signalregenerierung *f* feed forward signal regeneration (FFSR) *(SSB modulation with TTIB, for PMR to MPT 1327, GB)*

Vorwärtssteuerung *f* forward supervision *(DIN 44302)*

Vorwärtsvorspannung *f* forward bias

Vorwärtsweg *m* forward path *(ISDN)*

vorwärts zählen count up

Vorwärtszähler *m* up counter

Vorwärtszeichen *n* forward signal *(transmitted in the direction of call set-up)*

Vorwiderstand *m* series resistor, dropping resistor; multiplier *(test instr.)*

Vorwinkel *m* declination angle *(sat. ant.)*

Vorzimmeranlage *f* executive-secretary system, secretarial unit *(PBX)*

Vorzimmersprechstelle *f* secretarial station

Vorzugs-Rufnummer *f* preferred number (PN) *(tel)*

Vorzugswert *m* default value *(comp.)*

VP-Abschnitt *m* virtual-path link, VP link (VPL) *(ATM, ITU-T I.311)*

VPIM-Protokoll *n* VPIM (voice profile for Internet mail) protocol *(IP, IAB RFC2421, s. Table VIII)*

VP-Kennung *f* virtual-path identifier (VPI) *(ITU-T I.150/I.361)*

VPS (Video-Programm-System *n*) videorecorder programming system *(TV broadcast service)*

VPT (Videorecorder-Progammierung *f* mit Fernsehtext) video-recorder programming by teletext *(TV broadcast service)*

VP-Verbindung *f* virtual path connection (VPC) *(ATM)*

VQ (Vektorquantisierung *f*) vector quantization

VR (Verbundrechner *m*) network computer

VR (Vermittlungsrechner *m*) switching processor *or* system

Vr (Verstärker *m*) repeater *(tel)*

VR (Virtual Reality *f*, Scheinwelt *f*) virtual reality

VrB (Verstärkerbereich *m*) repeater service area

VRC (Querprüfung *f*, Vertikalprüfung *f*) vertical redundancy checking

VRF (Verkehrsrundfunk *m*) traffic (broadcast) programme

VrF (Verstärkerfeld *n*) repeater section

VrSt (Verstärkerstelle *f*) repeater station

VS (Vermittlungsspeicher *m*) shared *or* central memory

V-Schnittstelle *f* V interface *(between ET and LT, ISDN)*

V_{2M}-Schnittstelle *f* V_{2M} interface *(V interface (q.v.) for ISDN exchange, 2Mb/s)*

V-Serie *f* **der ITU-T Empfehlungen** V series of ITU-T Recommendations *(relates to telephone networks, s. Table III and V)*

VSt (Vermittlungsstelle *f*) exchange; switching centre

VStHand (Handvermittlungsstelle *f*) manual exchange

VSt-Leitungsabschluß *m* exchange termination (ET)

Vt (Verteiler *m*) distributor

VTM (Verband der Telekommunikationsnetz- und Mehrwertdiensteanbieter) Association of Telecommunications Network and VAS Providers

Vtx (Videotex *n*) videotex *(interactive videotext)*

Vtx-GA (Btx-Grundsystem *n*) basic videotex computer system

Vtx-Verbund *m* videotex interworking (VI) (protocol)

V-Ue (Verbindungsübertragung *f*) line circuit

VU-E (Verbindungsunterstützungseinrichtung *f*) interconnection support equipment

VU-S (Verbindungsunterstützungssystem *n*) interconnection support system *(DTAG, VASs)*

VV (virtuelle Verbindung *f*) virtual circuit (VC) *(packet switching)*

VVD (Verbindungs- und Verteildose *f*) multi-joint box (MJB)

VZ (Vermittlungszentrale *f*) main exchange

VZ (Verzoner *m*) zoner

VzB (Verzweigerbereich *m*) distribution box service area

VzK (Verzweigungskabel *n*) distribution cable

W

Wachempfänger *m* watch receiver *(mar.)*

wachsen grow

Wachstum *n* growth *(crystal)*

Wackelburst *m* alternating burst *(PAL TV)*

Wackelkontakt *m* loose contact, intermittent contact *(el.)*

WAD s. Wählautomat *m* für Datenverbindungen

W-Ader *f* bell wire *(tel)*

Wagenrücklauf *m* carriage return (CR), return *(printer)*

Wagen-zu-Wagen-Ruf *m* (WzW) car-to-car call, direct mobile operation (DMO) *(PMR service radio feature, TETRA, DIIS)*

Wägeprogramm *n* weighting program

WaH s. Wählen *n* mit aufgelegtem Handapparat

Wahl *f* **bei aufliegendem Hörer** (WaH) on-hook dialling *(f. tel., direct listening key)*

Wahl *f* **des Aufstellungsortes** siting

Wählamt *n* automatic exchange

Wählanlage *f* (W-Anlage) PBX with dialling capability, switch

Wählanschluß *m* dial-up connection *or* port; switch *(PBX)*

Wählanschluß *m* **analog** access for analog switched connections

Wählanschluß *m* **der Gruppe L** (Datex-L) circuit-switched connection *(DTAG)*

Wählanschluß *m* **der Gruppe P** (Datex-P) packet-switched connection *(DTAG)*

Wählanschluß *m* **der Gruppe S** (Datex-S) switched satellite connection *(DTAG)*

Wahlaufforderung *f* proceed to dial, proceed response *(ISDN)*

Wahlaufforderungszeichen *n* proceed-to-dial signal *(tel)*

Wahlaufnahme *f* digit input

Wahlaufnahmerelais *n* dialling relay *(tel)*

Wahlaufnahmesatz *m* (WAS) digit input circuit

Wahlausgabe *f* digit output

Wählautomat *m* **für Datenverbindungen** (WAD) automatic dialling facility for data transmission *(FTZ)*

Wahlbefehl *m* Call Request with Identification (CRI) *(V.25 bis, s. Table V)*

Wahlbeginnzeichen *n* proceed-to-dial signal *(tel.)*

Wahlberechtigungscode *m* dial access code (DAC)

Wahlbereitanzeige *f* proceed indication *(ISDN)*

Wahlbereitschaft *f* dialling standby (status) *(PBX)*

Wahlberuhigungspause *f* inter-call pause

Wählbetrieb *m* circuit switching

Wahlbewertung *f* selection code interpretation *or* analysis

Wahlblock *m* keypad
  12er Wahlblock *m* 12-button keypad

Wahlcode *m* selection code

Wähldatenvorrat *m* repertory

Wähldienst *m* demand service *(ITU-T I.112, s. Table IV)*, dialled service

Wahlempfangssatz *m* digit input circuit, digit receiver

Wahlempfangszustand digit reception state *(exch.)*

wählen choose, select; dial

Wählen *n* **mit aufgelegtem Handapparat** (WaH) dialling with the handset replaced, on-hook dialling *(direct listening key)*

Wahlende *n* end of dialling

Wahlendezeichen *n* (WE) end-of-pulsing signal *(forward signal)*; end-of-selection signal *(backward signal)*; end of clearing signal

Wahlendezeit *f* end-of-address time *(SS7 UP, s. Table III)*

Wähler *m* selector *(exchange)*; dialling equipment *or* device *(tel. maintenance)*

Wählerbetrieb *m* dial service

Wählereinstellung *f* selector setting

wählfähig dialling

wahlfrei optional (O); arbitrary

Wahlfrequenz *f* pulse speed *(tel)*

Wählgerät *n* dialling equipment

Wahlhilfe *f* operator assistance

Wahlinformationsgabe *f* selection information transmission

Wahlimpuls *m* dial pulse (DP)

Wahlkennzeichenempfänger *m* dial code receiver

Wahlkontrolle *f* barred-code check *(dig. PBX)*

Wählkorrektur *f* dial pulse correction *(tel)*

Wählkreis *m* dial network *(tel.)*

Wählleitung *f* switched circuit

Wählmodem *m* auto-dial modem, dial-up modem

Wählmöglichkeiten *fpl* **für Direktdienste** direct services dialing (DSD) *(US)*

Wahlnachsendesatz *m* (WNS) digit output circuit

Wahlnachsendesatz *m* **für Impulskennzeichen** (WNSI) digit output circuit, pulse signalling

Wahlnachsendesatz *m* **für Schleifenkennzeichen** (WNSS) digit output circuit, loop signalling; loop output circuit

Wählnebenstellenanlage *f* private (automatic) branch exchange (PBX)

Wählnetz *n* automatic network, switched network, dial-up network

Wählnetz *n* **für Datenaustausch** (Datex, Dx) switched data exchange (network) *(DTAG service)*

Wählnummernanzeigedienst *m* dialled number identification service (DNIS)

Wahlpause *f* interdigit pause

Wählprüfnetz *n* subscriber line testing network

Wahlsatz *m* (WS) signalling set, digit circuit

Wahlsatz *m* **für Nummernschalterwahl** (WSN) digit circuit for rotary dialling

Wahlsatz-Tastenwahlempfänger *m* (WTE) push-button signal receiver for digit circuits

Wählscheibe *f* dial *(tel)*

Wahlspeicher *m* dialling register

Wahlsperre *f* dialling restriction *(mobile RT)*

Wählsternanschluß *m* concentrator line

Wählsternschalter *m* line concentrator *(tel)*

Wahlstufe *f* selector; switching stage *(tel)*

Wähltastatur *f* dialling keyboard, dial pad

Wählton *m* (W-Ton) dial tone, dialling tone; proceed indication, proceed response *(ISDN)*

Wähltonempfänger *m* (WTE) dial tone receiver *(PBX)*

Wähltonverzug *m* dialling delay

Wahlumsetzer *m* (WU) dial pulse translator *(tel)*

Wählunteranlage *f* (WU-Anlage) private branch exchange (PBX)

Wählverbindung *f* (WV) switched *or* dial-up connection *(service attribute)*, dialling line; switched virtual circuit *or* connection (SVC) *(ATM)*

Wählverbindungsdienst *m* demand service *(ITU-T I.112, s. Table IV)*

Wählverkehr *m* dialled traffic

Wählvermittlung *f* automatic exchange, automatic switching

Wählvermittlungsstelle *f* automatic exchange

Wählvermittlungssystem *n* switched system

Wahlvorbereitung *f* call preparation

Wahlwiederholung *f* last-number (automatic) redialling (LR, LNR) *(f. tel)*; repeat last call, auto recall

Wahlwiederholungstaste *f* repeat dial key *(US)*

Wahlwunsch *m* selection request *(tel.sys)*

Wahlwunschanmeldung *f* call attempt

Wahlzeichen *n* selection signal *(X.21, s. Table VI)*

Wählzeichen *npl* dialling pulses *(tel)*, dialling signals

Wahlziffer *f* s. Wählziffer'

Wählziffer dial digit, selection digit *(switching)*

wahr true *(logic state)*

wahrnehmbar perceptible

Wahrnehmung *f* perception

wahrnehmungsbezogene Codierung *f* perceptual coding *(A/V coding)*

Wahrnehmungsbild *n* perceptual image

wahrnehmungsmäßig perceptual

Wahrnehmungsmodell *n* perceptual model *(psychoacoustics)*

Wahrscheinlichkeit *f* probability, likelihood

Wahrscheinlichkeitsdichtefunktion *f* probability density function *(math.)*

Wahrscheinlichkeitsverteilung *f* probability density *(math.)*

Waitstate *m* wait state *(microprocessor, PC)*

Wallet *f* electronic wallet, cybercoin wallet *(e-cash)*

WAN (Weitverkehrsnetz *n*, Langstreckennetz *n*) wide area network *(interlinked LANs)*

Wanderfeldröhre *f* (WFR) travelling wave tube (TWT)

Wanderfeldröhrenverstärker *m* travelling wave tube amplifier (TWTA) *(sat)*

Wandern *n* roaming *(change of base station area, mobile RT)*; wander *(PCM signal)*

wandernde Einsen *fpl* walking ones *(test pattern)*

Wanderzeit *f* walk time *(time slots in a recurring number of frames)*

Wandgerät *n* wall-mounted set *(tel)*

Wandler *m* transducer, transformer

Wandlungsfaktor *m* gain *(antenna)*

WAN-Konformitätsprüfungsdienste *mpl* Wide-Area Networks Conformance Testing Services (WAN-CTS) *(EC, testing centres for X.21,X.25 and ISDN terminals)*

W-Anlage (Wählanlage *f*) PBX with dialling capability, switch

Wanne *f* trough *(cable)*; tub, well *(microelectronics)*

WAP-Gateway *n* WAP gateway *(software which compiles raw WML data for the microbrowser and v.v.)*

WAP-Handy *n* WAP phone, mobile with WAP capability *(s. "WAP")*

WAP-Protokoll *n* Wireless Application Protocol (WAP) *(mobile Internet access; also: "where are the phones" (!))*

Warenkorb *m* shopping basket *(on-line shopping)*

Wärmeabfuhr *f* heat removal

Wärmeableitung *f* heat sinking

Wärmekapazität *f* thermal capacity

Warnzeichen *n* alert(ing) signal, beep *(radio paging)*

Wartebedingung *f* queuing

Wartebelastung *f* waiting traffic

Wartebelegung *f* waiting traffic

Wartebetrieb *m* disconnected mode; suspend and resume *(ISDN)*

Wartedauer *f* delay

Wartefeld *n* queue

Wartefeldansage *f* information-while-queueing *(replaying of music and announcements in PABXs and ACD systems)*

Wartefeldansagedienst *m* recorded information service (RIS)

Wartemusik *f* music-while-you-wait, music on hold (MOH)

Warten *n* **auf Abfragen** operator's answering delay

Warten *n* **auf Freiwerden** *(einer Leitung)* camp on busy (line)

wartende Belegung *f* waiting *or* delayed call *(tel. sys.)*

wartender Anreiz *m* suspended event

wartender Bus *m* pended bus

Warteordner *m* queuing device, call storage device

Wartepuffer *m* queuing buffer

Wartepunkt *m* queuing point

Warteschaltung *f* holding circuit *(ESS)*; call waiting, call completion, call hold *(GSM supplementary service, s. Table VII)*

Warteschlange *f* (WS) queue *(PCM data, voice)*
aus der Warteschlange entfernen dequeue
eine Warteschlange bilden queue
in eine Warteschlange einreihen queue, enqueue

Warteschlangenbetrieb *m* queuing, queueing, call holding operation

Warteschlangen-Gewichtungsfaktor *m* queue weight factor (QWF) *(ATM)*

Warteschlangenkette *f* daisy chain

Warteschlangenkopf-Blockierung *f* head of line blocking *(ATM switching element)*

Warteschlangennetz *n* queuing network *(PCM data, voice)*

Warteschlangensteuerung *f* queue handling *(ISDN)*, queuing scheduling *(ATM)*

Warteschlangenverwaltung *f* queue management

Warteschleife *f* waiting loop *(DP)*, call hold *(Tel)*

Wartespeicher *m* queuing memory *or* buffer

Wartestation *f* passive station

Wartesystem *n* delay system *(exchange, offered call queued when blocking occurs)*

Warteton *m* progress tone *(ticking tone)*, comfort tone

Wartevermittlung *f* camp-on switching

Wartewahrscheinlichkeit *f* probability of delay

Wartezeit *f* queuing delay, queuing time; delay, turnaround (time) *(network reconfiguration, half duplex line)*, hold period, latency

Wartezeit-Überschreitungswahrscheinlichkeit *f* delay-exceeding probability *(delay system)*

Wartezeitjitter *m* delay jitter *(switching, PCM)*

Wartezustand *m* camp-on *(tel)*; wait state *(microprocessor, PC)*; stand-by condition, power-down state; suspended state *(service)*

Wartungs-Anschlußeinheit *f* maintenance termination unit (MTU) *(US)*

Wartungseinrichtung *f* local maintenance terminal (LMT) *(in the BSS, GSM)*

Wartungsfeld *n* maintenance panel

Wartungsinstanz *f* maintenenace entity (ME)

Wartungssignal *n* maintenance signal *(fault management, transm.)*

Wartungsstufe *f* maintenance level; indenture level *(GSM 01.04, s. Table VII)*

Wartungszelle *f* maintenance cell *(ATM)*

Wartungszentrum *n* **für Teilnehmeranschluß** customer access maintenance centre

WAS (Wahlaufnahmesatz *m*) digit input circuit

Watchdog-Paket *n* watchdog packet, keep-alive packet *(ISDN router)*

WAV-Datei WAV (Windows Audio Video) file *(PC)*

WDM s. Wellenlängenmultiplex *n*

WD-Multiplex s. Wellenlängenmultiplex *n*

W-Draht *m* bell wire *(tel)*

WE s. Wahlende *n*

WE s. Wohneinheit *f*

Webadresse *f* web address *(in WWW q.v.)*

Webauftritt *m* web site *(in WWW q.v.)*

webbasierend web-based *(WWW q.v.)*

Webcasting *n* webcasting *(PMP provision of multimedia contents in the web)*

webfähig web-enabled *(WWW q.v.)*

Webhoster *m* webspace provider *(WWW q.v.)*

Webhosting *n* web hosting *(renting disk space on the provider's server, WWW q.v.)*

Webhosting-Dienst *m* web hosting service *(web server, WWW q.v.)*

Webhousing *n* web housing *(web server, WWW q.v.)*

Webpräsenz *f* web presence *(WWW q.v.)*

Webseite *f* web page *(in WWW q.v.)*

Web-Seitenausschnitt *m* web clipping *(for display on a smart phone or PDA)*

Webserver *m* web server *(WWW, stores and retrieves HTML (q.v.) documents using HTTP (q.v.))*

Website *f* web site *(address in the WWW q.v.)*

Webspace-Provider *m* webspace provider *(WWW q.v.)*

Webswitch *m* web switch *(WWW)*

Wechsel *m* change, reversal, switch; migration *(DP)*

Wechselanteil *m* AC component; AC term *(all frequencies other than 0, DCT q.v.)*

Wechselbetrieb *m* half duplex transmission

Wechselbiegung *f* flexing *(cable)*

Wechselcode *m* alternating code *(security system)*

Wechsel *m* **der Funkzone** cell change

Wechselfeld *n* AC field *(magnetic field)*

Wechselleistung *f* variance *(of the quantization error, ADC)*

wechseln change, switch

Wechseln zu ... Switch to ... *(MS Windows instruction, PC)*

Wechselplatte *f* removable *or* exchangeable hard disk *(PC)*

Wechselrichter *m* (power) inverter

Wechselschalter *m* change-over switch

Wechselschaltvorrichtung *f* changeover switching device *(tel., betw. extensions)*

Wechselschrift *f* non return to zero inverted (NRZI) code *(PCM)*; non return to zero (mark) (NRZ(M)) code *(PCM)*

wechselseitig reciprocal *(math.)*; two-way alternate (TWA) *(communication)*

wechselseitig betriebene Leitungen *fpl* two-way trunks

wechselseitige Kommunikation *f* two-way alternate (TWA) *(ISDN)*

wechselseitiger Leitungssatz *m* trunk circuit bothways

Wechselsignal *n* AC signal, alternating signal

Wechselspannung *f* alternating voltage, AC voltage

Wechselspannungsanteil *m* AC component; AC term *(all frequencies other than 0, DCT q.v.)*

Wechselsprechanlage *f* intercom(munication) system, two-way telephone

Wechselsprechbetrieb *m* two-way communication

Wechselsprechen *n* simplex *(tel)*, intercom calling, intercommunication (intercom)

Wechselstrom-Telegraphie *f* (WT) voice frequency telegraphy (VFT)

Wechselstromübertragung *f* alternating-current line circuit *(tel. signalling)*, AC relay set

Wechselstromzeiger *m* phasor *(electrical phase vector)*

Wechseltaktschrift *f* two-frequency recording *(magnetic stripe card)*

Wechselverkehr *m* intercommunication

Wechsel *m* **während des Betriebs** hot swap *(ISDN)*

Wechselwegweiser *m* multidirectional road sign

Wechselwirkung *f* interaction

wechselzeitiger Mehrfachbetrieb *m* time-division multiplex mode

Weckbefehl *m* prompting instruction *(DP)*

Weckbestätigung *f* setup acknowledge *(ISDN signal)*

Weckdienst *m* alarm call service; telealerting *(ISDN)*

Weckeinrichtung *f* telephone ringer; wake-up facility

Wecker *m* ringer, ringing mechanism *(tel)*, (call) prompter

Weckerstrom *m* ringing current *(tel)*

Weckprozedur *f* ringing procedure

Weckruf *m* wake-up call; ringing call, activation call *(tel)*

Weckschaltung *f* ringer circuit *(tel)*

Wecksignal *n* wake-up signal *(HW activation)*

Weckstrom *m* ringing current *(tel)*

Weckstromkreis *m* ringing circuit *(tel)*

Weckträger *m* wake-up carrier *(Bluetooth q.v.)*

Weckzeit *f* time of the wake-up call *(tel)*

Wegebesetztzustand *m* congestion

Wegebündel *n* route set

Wegedurchschaltung *f* path through-connection, path setup, route setup

Wegefächer *m* route fan-out *(planning)*

Wegeführung *f* circuit

Wegelenkung *f* routing

Wegemanagement *n* route management *(SS7 MTP, s. Table III)*

Wegenummer *f* mobile subscriber roaming number (MSRN) *(GSM)*

Wegermittlung *f* path selection, path finding

Wegesuche *f* path selection *or* search *(ISDN)*, path finding, path hunt(ing) *(switching network)*, routing

Wegesuche *f* **durch das gesamte Netz** hierarchically complete routing *(PNNI network)*

Wegesucheinrichtung *f* link finding device *(switching network)*

Wegesucher *m* router

Wegesystem *n* routing system

Wegetabelle *f* routing table *(switching)*

Wegewahl *f* routing

Wegewahlverfahren *n* **der geringsten Kosten** least cost routing (LCR) *(Tel.)*

Wegezustandsspeicher *m* routing status memory *(switching)*

Wegfahrsperre *f* immobilizer *(motor vehicle, ISM band)*

wegfaxen send by fax *(colloquial)*

wegfiltern filter out

Wegfühler *m* displacement sensor

Wegführung *f* conduit *(cable)*

Weggeber *m* displacement sensor

Wegimpulsgeber *m* distance pulse transmitter *(sensor)*

Weglänge *f* travel *(switch)*

Weglaßwichtung *f* omission weighting *(comb filter)*

Weglaufen *n* drift *(frequ.)*, roll *(display)*, runaway

Weglenkung *f* routing

Wegmesser *m* odometer *(e.g. on motor vehicles)*

Wegpunkt *m* position point *(navigation)*

Wegsteuerung *f* routing *(ATM)*

Wegweiser *m* **für geringste Kosten** least cost router (LCR) *(tel)*

Weiche *f* filter; gating circuit; combining/separating filter, combining network, combiner, diplexer, splitter *(ant.)*; gate *(coinbox tel)*

weiche Entscheidung *f* soft decision *(decoding, based on unquantized or incompletely quantized information from the demodulator)*

Weichendämpfung *f* branching network loss

Weichentscheidung *f* soft decision *(decoding, s.a.)*

weiches Bit *n* soft bit *(LSB)*

Weichtastfilter *n* lag filter *(TTY)*

Weichtastung *f* soft keying *(transmitter)*

Weichumtastung *f* silent reversal *(of line polarities, tel)*

Weißabgleich *m* white balancing *(TV)*

Weißdruck *m* white-paper edition *(DIN)*

weißes Rauschen *n* white noise *(test)*, Gaussian noise, thermal noise, random noise, wide-band noise

Weißkappe *f* white lens cap *(camera white balancing, TV)*

Weißwertdehnung *f* white stretching *(TV)*

Weißwertstauchung *f* white crushing *(TV)*

Weitabspektrum *n* far-off spectrum

Weiter Next *(PC menu prompt)*

weiterführen route, extend *(a connection)*

Weitergabe *f* transfer, retransmission

Weitergabemerkmal *n* pass-along facility *(ISDN, ITU-T I.3xx, s. Table IV)*

weitergeben pass on, relay

weitergeleitete Verbindung *f* extended *or* forwarded call *or* connection

weiterleiten forward, redirect, transfer *(a call)*; extend *or* route *(a connection)*; insert *(data in MUX)*; relay *(frames, ITU-T X.31, s. Table VI)*

Weiterleit-/Endmultiplexer *m* drop and insert multiplexer

Weiterleitung *f* (WL) retransmission *(data)*, forwarding *(calls)*, onward routing, transfer

Weiterleitung *f* **mit voller Leitungsgeschwindigkeit** fast forward *(frame relaying, no buffering)*

Weiterleitungsbaum *m* routing tree *(switching)*

Weiterleitungsprozedur *f* routing procedure

weitermelden pass on information

weiterreichen hand-over *(tel)*

Weiterreichvorgang *m* hand-over event, hand-off

Weiterruf *m* periodic ringing

weiterschalten forward, transfer *(a call)*; handoff *(mobile RT)*

Weiterschalteprotokoll *n* handover protocol *(cellular mobile RT)*

Weiterschalteschwellwert *m* handoff threshold *(cellular mobile RT)*

Weiterschaltung *f* forwarding, transferring, relaying; handoff *(mobile RT)*

Weitersuchen Find Next *(database search instruction, PC)*

Weitervermittlung *f* call transfer, call assignment, retransmission, relaying *(a message)*

Weiterverteilung *f* redistribution *(cable TV)*

weitspannend spanning a long distance *(e.g. routing)*

weitspannender Markierer *m* conjugate marker *(switching system)*

weitspannende Wegesuche *f* conditional *or* conjugate path selection *(switching)*

Weitverkehr *m* long-distance traffic

Weitverkehrsnetz *n* long-range communications network; wide-area network (WAN)

Weitverkehrsnetzbetreiber *m* long distance carrier *(US)*

Weitverkehrsschleife *f* long-distance loop (LDL)

Weitverkehrsweg *m* long-haul path, backbone path

weitverzweigt highly ramified

Wellenausbreitung *f* wave propagation

Wellendämpfung *f* impedance; attenuation constant *(cable, in dB/km)*; image attenuation

Wellendigitalfilter *n* digital wave filter

Wellenform *f* waveshape

Wellenformgestaltung *f* wave shaping

Wellenkonferenz *f* World Administrative Radio Conference (WARC) *(allocates broadcasting frequencies in the radio-frequency spectrum worldwide; Copenhagen 1951, Stockholm 1961)*

Wellenlängenbereich *m* passband *(FO)*

Wellenlängen-Demultiplexer *m* WDM demultiplexer *(FO)*

Wellenlängen-Dispersionsminimum *n* zero dispersion wavelength *(FO)*

Wellenlängenduplex *n* wavelength division duplex (WDD) *(FO)*

Wellenlängengetrenntlageverfahren *n* wavelength division multiplex (WDM) method

Wellenlängenmultiplex *n* (WD-Multiplex) wavelength division multiplex (WDM) *(multi-laser FO application)*

Wellenlängen-Multiplexer *m* WDM multiplexer *(FO)*

wellenlängenselektiver Koppler *m* wavelength selective coupler *(FO)*

Wellenleiter *m* (optical) waveguide

Wellenleiter *m* **mit herabgesetzter kritischer Frequenz** evanescent waveguide

Wellenleiterkoppler *m* optical fibre coupler

wellenrichtig abschließen terminate in characteristic impedance

Wellenwiderstand *m* characteristic impedance, line impedance

Wellenzahl *f* wave number

Wellenzug *m* wave train

Wellenzugfrequenz *f* group frequency

Welligkeit *f* ripple *(PS)*; voltage standing wave ratio (VSWR)

Welt-Funktelefonnorm *f* global mobile phone standard (GMP)

Weltkoordinate *f* world coordinate (WC) *(graphics)*

weltweites Navigationssystem *n* Global Positioning System (GPS) *(navigation, sat)*

Weltzeit *f* universal time (UT)

Wendelschnur *f* coiled flex *(tel)*

Wenigsprecher *m* low-calling-rate subscriber

Werbefläche *f* banner *(E-business)*

Werbetext *m* (WT) advertising text *(PA sys.)*

Wer da Who-are-you (WRU) *(telex)*

Werkstatt *f* workshop

Werkzeug *n* tool *(SW)*

Werkzeugkasten *m* toolbox *(menu window in PC application)*

Werkzeugleiste *f* tool bar *(PC application window)*

Wertebereich *m* range of values

Werteinheit *f* value unit *(e.g., on a credit card)*

Wertgeber *m* valuator *(graphics DP)*

Wertigkeit *f* order, priority, weighting, significance *(bit position)*; level *(OFDM modulation, e.g. 2k or 8k (16QAM or 64QAM), DVB-T)*
16-wertige Modulation *f* 16-level modulation *(OFDM, DVB)*

Wertkarte *f* debit card *(card phone)*

Wert *m* **ungleich Null** non-zero value

wesentlich essential (E) *(ISDN)*

Westentaschentelefon *n* pocket phone, handheld telephone, portable

Westerndose *f* 8-pin ISDN connection box *(RJ10,RJ11/12,RJ45 or ISO8877)*

Westernstecker *m* 8-pin ISDN plug *(RJ11)*

Westschiene *f* west beam *(sat. transmission)*

Wettbewerb *m* contention *(DC, bus, trunking)*

Wettbewerbsleistungen *fpl* competitive services

Wettbewerbsverfahren *n* competitive-access method *(PCM data)*

wetterfest weatherproof

Wetterradar *n* weather radar *(aero)*

WFR s. Wanderfeldröhre *f*

Wichtige Meldung *f* critical message *(MS Windows, PC)*

Wichtung *f* weighting

Wickelanschluß *m* wirewrap connection
Wicklungspaket *n* winding assembly
Widersprüchlichkeit *f* inconsistency
Widerspruchsfreiheit *f* consistency
Widerstandsanpassung *f* impedance match
Widerstandsbelag *m* resistance per unit length *(cable, ohm/km)*
Widerstandskopplung *f* resistive coupling
Widerstandsprofil *n* resistance characteristic
Wiederanlauf *m* restart *(computer)*
Wiederanruf *m* call-back, return call, recall
Wiederanruf *m* **nach Zeit** timed redialling
wiederanschalten reattach *(party, ISDN)*
Wiederanschaltungsmeldung *f* wakeup message, turn-up message *(LAN DTE)*
Wiederaufbau *m* restoration *(connection)*; recomposition *(image decoding)*
wiederaufladbar rechargeable
Wiederaufnahme *f* resumption *(DECT)*
Wiederaufprüfung *f* restoral attempt *(sat)*
Wiederaufsetzpunkt *m* synchronisation point *(network)*
Wieder-Aufstartfolge *f* reboot sequence *(processor)*
Wiederbelegungsentfernung *f* repeat *or* reuse distance *(mobile RT)*
wiederbeschreibbar rewritable *(magnetooptical disk, CD-RW)*
wiederbespielbar rewritable *(magnetooptical disk, CD-RW)*
wiedereingliedern reassign *(subscriber in queue)*
Wiedereinrichtung *f* re-establishment
Wiedereinschreiben *n* re-storing
Wiedergabe *f* reproduction, rendition *(image, tonal values)*, display; replica; replay, playback, play *(MTR)*
Wiedergabegüte *f* fidelity
Wiedergabetreue *f* fidelity
wiedergeben reproduce, play back
wiedergewinnen recover
Wiederherbeiruf *m* recall
wiederherstellbar recoverable, restorable
wiederherstellen recover *(data)*; reconstruct *(image)*; redo *(graphics)*
Wiederherstellen ... revert ... *(GUI, PC)*
Wiederherstellfunktion *f* recover function *(program)*
Wiederherstellung *f* recovery procedure
Wiederherstellung *f* **der Funktionsfähigkeit** failure recovery
Wiederherstellung *f* **der Verbindung** restoration of the connection *or* call, recovery of the circuit
Wiederherstellung *f* **der Zellreihenfolge** resequencing *(ATM)*
Wiederherstellung *f* **des Schlüssels** key recovery *(IPSec)*
Wiederholdauer *f* repetition *or* cycle period
wiederholen repeat, redo *(graphics)*, retry, roll back *(to checkpoint, process)*
Wiederholfrequenz *f* repetition rate, repetition frequency; refresh rate *(monitor)*
Wiederholgenauigkeit *f* reproducibility
Wiederholintervall *n* repetition interval *(FH)*
Wiederholrate *f* repetition rate
Wiederholspeicher *m* retransmission buffer (RTB)
wiederholt repetitive
wiederholter Fehler *m* repetitive error
Wiederholung *f* repetition; replication *(pixels)*; recirculating, retransmission *(packets, signals)*; rollback *(process)*; retry; reuse; image *(RF spectrum)*
Wiederholungsangriff *m* replay attack *(IP security)*
Wiederholungsaufforderung *f* reject
Wiederholungsfehler *m* repetitive error
Wiederholungsfrequenz *f* repetition frequency, repetition rate
Wiederholungsprüfung *f* persistence check *(PCM data; a bit-by-bit test of receive data)*
Wiederholungsrate *f* repetition rate
Wiederholungssendung *f* retransmission *(PCM)*
Wiederholungsspeicher *m* retransmission buffer (RTB)
Wiederholungsversuch *m* retry, rollback attempt *(SW)*
Wiederholungszähler *m* repeating counter, repetition counter, repeat counter; rollback counter

Wiederinbetriebnahme *f* restart(ing)

Wiederkehr *f* repetition; recursion

Wiederkehrfehler *m* repeatability error

Wiederzusammenfügung *f* recombination, reassembly *(packets)*

wieder verfügbar machen recycle *(memory)*

Wiener-Filter *n* Wiener filter

willkürlich arbitrary, voluntary

willkürlich anordnen arrange arbitrarily, randomize

willkürlicher Zugriff *m* random access *(GSM)*

WIM-Modul *n* WAP Identification Module (WIM) *(s. "WAP")*

WIN s. Wissenschaftsnetz *n*

Window *n* window *(DP)*

Windows Windows *(Microsoft GUI between MS DOS and applications software, written in C, not object-oriented, PC)*

Windows 95 Windows 95 *(Microsoft 32-bit operating system, PC)*

Winkel *m* bracket *(rack)*

Winkeldiversity *f* angle *or* direction diversity

Winkelgeber *m* angle transducer *(ant.)*

Winkelintervall *n* angular range

Winkelmodulation *f* phase modulation

Winkelschiene *f* angle bar*(rack)*

Winkelsteckleiste *f* edge connector *(PCB)*

Wirkanteil *m* real component

Wirkbetrieb *m* active operation *(network)*

Wirkbreite *f* effective width, effective range, range of influence *or* effectiveness

wirken auf act on, operate on

Wirklast *f* resistive load *(output amplifier)*

Wirkleistungsverlust *m* resistive loss

wirkliche Leitung *f* physical, actual line

Wirknetz *n* active network

Wirkrechner *m* active processor

wirksam effective; operative

wirksamschalten activate *(function)*

Wirkschaltbild *n* functional (block) diagram, schematic diagram

Wirkungsbereich *m* area of activity, coverage area *(network)*, range of action, sphere of influence

Wirkungsgrad *m* efficiency

Wirkungsweise *f* action; mechanism

Wirtschaftlichkeit *f* (economic) efficiency

Wischer *m* transient

wissenbasiertes System *n* knowledge-based system *(AI)*

Wissenschaftsnetz *n* (WIN) scientific data network *(to be replaced by HDN q.v.)*

Wissensdatenbank *f* knowledge data base

WL s. Weiterleitung *f*

WLL *m* WLL (wireless local loop)

WML-Sprache *f* wireless markup language (WML) *(WAP, page description language for mobile terminals, based on XML (q.v.))*

WNS (Wahlnachsendesatz *m*) digit output circuit

WNSI (Wahlnachsendesatz *m* für Impulskennzeichen) digit output circuit, pulse dialling

WNSS (Wahlnachsendesatz *m* für Schleifenkennzeichen) digit output circuit, loop signalling; loop output circuit

Wobbelfrequenz *f* sweep rate, sweep frequency

Wobbelgenerator *m* sweep generator

wobbeln sweep *(frequencies)*

Wobbelsender *m* sweep generator

Wobbelsignal *n* swept-frequency signal

Wohnbereich *m* domestic environment
im Wohnbereich *m* residential

Wohneinheit *f* (WE) dwelling unit, residential unit

Wohnungsanschluß *m* private telephone

Wolke *f* cloud *(QAM constellation, OFDM)*

Wortaufbereitung *f* word synthesis *(PCM transmitter)*

Wortbreite *f* word length

Worterkennung *f* word recognition, word spotting *(speech recognition)*

Wortschatz *m* vocabulary *(voice recognition)*

Worttakt *m* octet timing *(TE)*

wortweise Verschachtelung *f* word interleaving

Wrapfeld *n* wire-wrap block

WS (Wahlsatz *m*) digit circuit

WS (Warteschlange *f*) queue

WSN (Wahlsatz *m* für Nummernschaltwahl) digit circuit for rotary dialling

WT (Wechselstrom-Telegraphie *f*) voice frequency telegraphy (VFT)

WT s. Werbetext *m*

WTE (Wahlsatz-Tastenwahlempfänger *m*) pushbutton signal receiver for digit circuit

WTE (Wähltonempfänger *m*) dial tone receiver *(PBX)*

W-Ton (Wählton *m*) dial tone

WU (Wahlumsetzer *m*) dial converter *(tel)*

WU-Anlage (Wählunteranlage *f*) private branch exchange (PBX)

Wunschfernsehen *n* pay TV

Wurm *m* worm *(malicious mobile agent, a type of on-line virus)*

Wurzelanschluß *m* common connection, connection to a common potential

Wurzel-Rufkennung *f* root call ID *(ISDN)*

Wurzelung *f* common connection, connection to a common potential

Wurzelverzeichnis *n* root directory *(DP)*

WV (Wählverbindung *f*) switched connection

WW (Wahlwiederholung *f*) redialling

WzW (Wagen-zu-Wagen-Ruf *m*) car-to-car call, direct mobile operation (DMO) *(PMR service radio feature, TETRA, DIIS)*

X

X-Band *n* X band *(6.2–10.9 GHz, sat)*

XGA-Monitor *m* Extended Graphics Array (XGA) monitor *(1024x768 pixels resolution, 65,536 colours; PC)*

XML-Sprache *f* extensible markup language *(WWW meta-language, subset of SGML q.v., developed by W3C 1998)*

XPD (Kreuzpolarisationsdiskrimination *f*) cross-polarisation discrimination *(sat. ant.)*

XPI (Kreuzpolarisationsentkopplung *f*) cross-polarisation isolation *(sat. ant.)*

XPL (kreuzpolare Leistung *f*) cross-polar level *(sat. ant.)*

X-Schnittstelle *f* X interface *(8-wire ISDN connection device between telephone set and ancillary equipment, analog)*

X-Serie der ITU-T-Empfehlungen X series of ITU-T Recommendations *(relates to data networks, s. Table III and VI)*

Y

Yellow Book *n* Yellow Book *(defines the extended CD-ROM standard; Philips, Sony)*

Y-Schnittstelle *f* Y interface, ancillary equipment interface (AEI) *(4-wire ISDN connection device between telephone set and ancillary equipment, digital)*

YUV-Komponenten *fpl* YUV components *(TV: Y = luminance, U = Blue signal, V = Red signal, DIN 5033)*

Y-Verzweigung *f* Y junction, three-port coupler *(FO)*

Z

Z (Zweidraht..., 2-Draht...) two-wire ..., 2-wire ...

ZA (zentrale Anzeigeeinrichtung *f*) central display (unit *or* equipment)

Zackenbildung *f* serration *(TV image)*

zackig spikey *(curve)*

Zähldifferenz *f* counter difference

Zahlensystem *n* notation *(math.)*

zählen count; peg *(statistics)*

Zähleinheit *f* counting unit *(ATM PDU)*

Zähler *m* counter; meter *(charges)*; numerator *(math)*

Zähler *m* **im Teilungsverhältnis 1:2** divide-by-two counter

Zählerablesegerät *n* meter reader *(utility)*

Zählerrückstellung *f* counter reset, roll-over

Zählerstand *m* count, counter reading

Zählervergleichseinrichtung *f* meter comparison device *(call tracing)*

Zählimpuls *m* metering pulse *(exchange)*

Zählimpulsgeber *m* meter pulse generator

Zählstörung *f* metering fault

Zählung *f* metering *(tel)*

Zahlungsfunktion *f* payment function *(E-commerce, Internet)*

zahlungspflichtig chargeable *(pay TV)*

Zählvergleich *m* meter comparison

Zählverhinderungsrelais *n* non-metering relay

Zählwerkprotokoll *n* meter status log

Zapping-Box *f* free-to-air (FTA) set-top box

ZB (Zentralbatterie *f*) station battery *(exchange)*

ZBBeo (zentrale Beobachtung *f*) central service observation

ZC s. Zeitcode *m*

ZD (Zeitmultiplex-Datenübertragung *f*) TDM data transmission

zdr. (zweidraht ..., 2-draht ...) two-wire ..., 2-wire ...

ZDÜS (Zusatzdatenübertragungssystem *n*) transmission system for additional information *(PAL TV)*

ZE (Zentraleinheit *f*) central processing unit (CPU)

ZE (Zugangseinheit *f*) access unit *(to the LAN from FDDI network)*

ZE (Zusatzeinrichtung *f*) ancillary *or* supplementary equipment

Zehnerlogarithmus *m* logarithm to base 10 ($\log_{10}$)

Zehnertastatur *f* (numeric) keypad

Zeichen *n* character *(WP)*; signal *(signalling)*; token

Zeichenabgabeverkehr *m* interexchange information

Zeichenbildung *f* character alignment *(DIN 44302)*

Zeichendauer *f* digit period *(DTMF)*

Zeicheneinheit *f* signal unit *(SS7 MTP frame, s. Table III)*

Zeichenelement *n* signal element *or* component; drawing primitive *(graphics)*

Zeichenfehlerhäufigkeit *f* character error rate

Zeichenfolge *f* (character) string *(DP)*; digit sequence *(ISDN)*

Zeichenfolge-Integrität *f* digit sequence integrity (DSI)

Zeichenfrequenz *f* mark frequency *(TC)*

Zeichengabe *f* signalling *(ITU-T Rec. I.112, s. Table IV)*

Zeichengabe *f* **außerhalb der Zeitlagen** out-slot signalling

Zeichengabebeziehung *f* signalling relation

Zeichengabedienst *m* **im Ortsbereich** local area signaling service (LASS) *(US)*

Zeichengabe *f* **innerhalb der Zeitlagen** in-slot signalling

Zeichengabekanal *m* signalling data link *(SS7 MTP, s. Table III)*, signalling channel

Zeichengabeknoten *m* signalling point (SP) *(SS7)*

Zeichengabemeldung *f* signalling message

Zeichengabenachricht *f* signalling message

Zeichengabenetz *n* signalling system

Zeichengabeplan *m* signalling diagram *(LAPD)*

Zeichengabepunkt *m* signalling point (SP) *(node in SS7 network)*

Zeichengaberechner *m* (ZGR) signalling processor *(VBN, FO)*

Zeichengabestrecke *f* signalling link *(SS7 MTP, s. Table III)*

Zeichengabestrecken-Bündel *n* signalling link set *(SS7 MTP, s. Table III)*, linkset (LS) *(mobile RT, GSM, s. Table VII)*

Zeichengabestrecken-Kennung *f* signalling link selection code *(SS7 MTP, s. Table III)*

Zeichengabesystem *n* (ZGS) signalling system (SS) *(ITU-T Rec. Q.700 ff (Table III), FTZ RL 1TR6 (überholt))*

Zeichengabesystem-Nr.7 *n* (ZGS 7, ZGS-Nr.7) Signalling System No.7 (SS7) *(ITU-T Rec. Q.701–764 (Table III), FTZ RL 1R7)*

Zeichengabe-Transferpunkt *m* signal(ling) transfer point (STP) *(ISDN, IN)*

Zeichengabeübertragungsstrecke *f* signalling data link (SDL) *(ISDN, IN)*

Zeichengabeverfahren *n* signalling system *or* protocol

Zeichengabewegebündel *n* signalling route set *(SS7, s. Table III)*

Zeichengabezwischennetz *n* (ZZN) signalling transit system

Zeichengabe *f* **zwischen Vermittlungsstellen** interexchange signalling *(ISDN)*

Zeichengeschwindigkeit *f* character rate; symbol rate; printing speed

Zeichenkanal *m* signalling data link *(SS7 MTP, s. Table III)*, signalling channel

Zeichenkapazität *f* signal capacity

Zeichenkette *f* (character) string *(DP)*

Zeichenlänge *f* signal duration *(tel)*

Zeichenmultiplexrundfunk *m* character division multiplex (CDM) broadcasting

Zeichenplan *m* bit allocation table *(signalling)*

Zeichensatz *m* character set *(teletext)*; font *(printer)*

Zeichenschritt *m* mark, signal element *(TC)*

Zeichen/Sekunde (Z/s) characters/second

Zeichenstrecke *f* signalling link

Zeichenstrom *m* signalling current *(tel)*; symbol stream

Zeichentabelle *f* character map *(WP, PC)*

Zeichentableau *n* drawing tablet *(for tele-pictures)*

Zeichentakt *m* byte timing; character timing

Zeichentonumsetzer *m* (ZTU) signal/tone converter

Zeichentrickfilm *m* animated cartoon

Zeichenübertragung *f* signal transmission

Zeichenumsetzer *m* **(Analog-/Digital)** Signalling converter, Analog/Digital (SAD)

Zeichenverzerrung *f* signal distortion

Zeichenvorrat *m* character set *(teletext)*

zeichenweise character-serial

Zeichnungsraster *m* coordinate system

Zeiger *m* pointer *(DP)*

Zeigerverlust *m* loss of pointer (LOP) *(ISDN)*

Zeile *f* line *(TV; cache)*; row *(matrix)*

Zeilenabtastkamera *f* linescan camera *(CCTV, linear CCD (q.v.) array)*

Zeilenaustastimpuls *m* line blanking pulse*(TV)*

Zeilenaustastlücke *f* line blanking interval *(TV)*

Zeilendichte *f* scanning density *(fax)*

Zeilenflimmern *n* line jitter *(TV)*

Zeilenflimmerbefreiung *f* line jitter elimination *(TV)*

Zeilenhintergrund *m* line backing *(videotex monitor)*

Zeilenrücklauf *m* line retrace *(TV)*

Zeilenscanner *m* line scanner, linescan camera *(CCTV, linear CCD (q.v.) array)*

Zeilensperrkontakt *m* row blocking contact

Zeilensprung *m* (line) interlace, interlacing *(TV, monitor)*

Zeilensprungverfahren *f* interlaced scanning *(TV)*

Zeilensummenmarkierung *f* row rest-condition marking

Zeilensynchronisierung *f* line lock *(TV)*

Zeilenverwürfelung *f* line shuffling *(HDTV scanning technique, Eu-95)*

Zeilenvorlauf *m* line trace *(TV)*

Zeilenvorschub *m* line feed (LF), indexing *(printer)*

Zeilenzeit *f* line period *(TV)*

-zeilig: 12-z. 12-row

Zeitabgleich *m* time alignment *(GSM)*

zeitabhängig time-dependent, timed

Zeitabhängigkeit *f* time dependence

zeitabhängig variabel time-variant

Zeitablauf *m* timeout; timing

Zeitabschaltung *f* timeout

Zeitabschnitt *m* time interval, time slot

Zeitabstand *m* time interval, time gap

Zeitanpassung *f* retiming

Zeitanpassungsweg *m* warp path *(speech recognition)*

Zeitansage *f* speaking clock service *(tel)*, time announcement

Zeitauflösung *f* temporal resolution *(video coding)*

Zeitauftrag *m* timed task *(DP)*

Zeitauslösung *f* timeout

zeitbasierendes Routing *n* time-based routing

Zeitbasis *f* gate time *(counter)*

zeitbegrenzt with time-out, timed

zeitbegrenzter Ruf *m* timed ringing signal

Zeitbereich *m* time range *(instrument)*, delay range *(time delay relay)*; time domain

Zeitbeziehung *f* time correlation

Zeitbezug *m* time reference, time correlation

Zeitblende *f* time slot

Zeitcode *m* (ZC) time code (TC)

Zeitdauer *f* period (of time), duration

Zeitdehnung *f* time-base extension; time dilation *(physics)*

Zeit *f* **der freien Wählmöglichkeit** permissive dialing period (PDP) *(during area code overlap after NPA split (q.v.))*

zeitdiskret time-discrete *(e.g. digital)*

zeitdiskreter Oszillator *m* discrete-time oscillator (DTO) *(clock generator)*

Zeitdiversity *f* time diversity *(receiver)*

Zeitduplex *n* time division duplex (TDD) *(tel., CT2,CAI)*

Zeitebene *f* time domain, time level *(traffic hierarchy)*

Zeitentscheider *m* time discriminator

Zeitentzerrer *m* time equalizer (TEQ) *(ADSL)*

Zeitfach *n* time cell *(exchange)*

Zeitfilter *n* time domain filter

Zeitfolge(abtast)verfahren *n* progressive scanning, sequential scanning *(TV, monitor)*

Zeitfrequenzmarke *f* program clock reference (PCR) *(MPEG-2 sync information to synchronize the decoder clock with the received programme clock, DVB)*

Zeitgabe *f* timing

Zeitgeber *m* timer, timing generator

Zeitgeberfehler *m* timing signal error

zeitgedehnt extended-time

zeitgenau accurately timed, with accurate timing

zeitgenaues Zwischenspeichern *n* accurately timed latch-in

zeitgerecht at the correct time, with correct timing, in the correct time relationship

zeitgestaffelter Vielfachzugriff *m* time-division multiple access (TDMA)

Zeitgetrenntlageverfahren *n* time division method *(generally)*; burst operation; time division duplex (TDD) *(ping pong type transmission technique for local loops, ISDN B channel)*

Zeitgewinn *m* speed-up

zeitgleich synchronous *(sound and picture)*, isochronous, plesiochronous

Zeitglied *n* timing circuit *or* element

Zeitgrenze *f* time limit
die Zeitgrenze überschreiten time out

Zeithorizont *m* time line *(planning)*

Zeitimpuls *m* timing pulse

Zeitimpulszählung *f* time-pulse metering, periodic pulse metering (PPM)

Zeitintervall *n* time slot

Zeitkanal *m* time slot *(octet or multiples thereof)*

Zeitkanal *m* **mit einem Signal beaufschlagen** inject a signal into a time slot

Zeitkanalkoppler *m* time slot switching unit (TSU)

Zeitkompression *f* time compression

Zeitkompressionsmultiplex *n* time compression multiplex (TCM); burst mode transmission *(ping pong type technique involving alternating transmission of high-speed data bursts)*

Zeitkompressionsmultiplex-Burstübertragung *f* time compression multiplex burst mode *(ITU-T I.430, s. Table IV)*

Zeitkonstante *f* time constant (TC) *(also: chip period, CDMA)*

zeitkontinuierlich time-continuous *(e.g. analog)*

Zeitkoppelfeld *n* time division (switching) array, TDM switching (network) array, TDM switching matrix, TDM matrix switch

Zeitkoppelfunktion *f* time switching function *(exch.)*

Zeitlage *f* timing relationship *(PCM)*, timing; time slot

Zeitlagenmultiplex *m* time division multiple access (TDMA)

Zeitlagentauscheinheit *f* time slot interchanger (TSI)

Zeitlagenvielfach *n* time division multiplex (TDM); time division multiplexer, TDM multiplexer, time switch *(ESS)*, TDM switch, time slot interchanger (TSI)

Zeitlagenwechsel *m* time slot interchange

Zeitlagenzähler *m* time-slot counter

Zeitlagenzuordnung *f* time slot assign (TSA) *(ATM)*

zeitlich as a function of time; over time, with respect to time, chronological(ly)

zeitlich abschalten time out

zeitlich begrenzt limited in time

zeitliche Abstimmung *f* timing

zeitliche Anpassung *f* retiming

zeitliche Änderung *f* rate of change

zeitliche Auflösung *f* temporal resolution *(video coding)*

zeitliche Durchschaltung *f* time (division circuit) switching

zeitliche Ebene *f* time domain, time level *(traffic hierarchy)*

zeitliche Mischfrequenz *f* beat frequency

zeitlicher Abstand *m* time gap, time interval

zeitliche Reihenfolge *f* chronological order

zeitlich erfaßt timed

zeitlicher Verlauf *m* time characteristic, variation with time *(s.a. "Zeitverlauf")*

zeitlicher Zufallszugriff *m* time-division random access *(TDMA, GSM)*

zeitliche Schachtelung *f* time sharing

zeitliches Mittel *n* time average

zeitliche Stabilität *f* stability with time *(frequency)*

zeitliches Vollbild *n* time frame

zeitliche Überwachung *f* timing

zeitliche Unterbrechung *f* time gap, time slot

zeitliche Veränderung *f* variation with time

zeitliche Verschiebung *f* skewing *(between two data signals)*

zeitlich gemultiplext time multiplexed

zeitlich geschachtelt benutzt time-shared *(DP, e.g. bus)*

zeitlich gestaffelt staggered (in time)

zeitlich gesteuert *or* **überwacht** timed

zeitlich sperren time out

zeitlich unveränderlich time-invariant

zeitlich verschränkt time-interleaved, multiplexed

zeitlich versetzt time-shifted *(VCR)*, staggered

zeitlich verzahnt time-interleaved, multiplexed

Zeitlupe *f* slow motion *(MTR)*

Zeitmarke *f* time stamp *(data)*, timing mark *(printer etc)*
  mit Zeitmarke versehen time stamping *(ITU-T I.211, s. Table IV)*

Zeitmarkierung *f* time stamping

Zeitmaß(stab *m*) *n* time scale

Zeitmessung *f* time measurement, timing

Zeitmittel *n* time average

Zeitmultiplex *n* (ZMX) time division multiplex (TDM) *(bit- or byte-interleaving of a number of user data streams in a serial communications channel)*; timeplex *(TV)*

Zeitmultiplexbetrieb *m* time division multiplexing, time sharing

Zeitmultiplexbildung *f* time division multiplexing

Zeitmultiplex-Datenübertragung *f* (ZD) TDM data transmission

Zeitmultiplexdurchschaltung *f* time division switching

Zeitmultiplexer *m* TDM multiplexer, time division multiplexer

zeitmultiplexierte Sprachübertragung *f* time-assigned speech interpolation (TASI)

Zeitmultiplexierung *f* time division multiplexing

Zeitmultiplexkanal *m* TDM channel, time-derived channel

Zeitmultiplexleitung *f* (TDM) highway

Zeitmultiplexzugriff *m* time division multiple access (TDMA)

Zeitnormal *n* time standard *(UTC)*

Zeitplan *m* schedule of events

Zeitplansteuerung *f* scheduler

Zeitplanung *f* scheduling *(TV programmes etc)*

Zeitprogramm *n* timing program *(exchange)*

Zeitpunkt *m* time (instant) *(ISDN)*

Zeitraffung *f* time compression

Zeitrahmen *m* time frame; burst *(DECT)*

Zeitraster *m* time(-slot) *or* timing pattern *(channels)*; time reference; time frame *(instruments)*
  im 10-ms-Zeitraster *m* at a 10-ms rate

Zeitrasterfolge *f* round-robin sequence *(bus queuing)*

Zeit-Raum-Raum-Zeit-Struktur *f* time-space-space-time structure *(switching system)*

Zeitreferenz *f* time reference

Zeitrückhalt *m* time reserve

Zeitscheibe *f* time slice *(subset of total computing time in multitasking)*; round robin *(cyclic queue processing, IP)*

Zeitscheibenteilung *f* time division multiplex (TDM)

Zeitschleife *f* timed loop

Zeitschlitz *m* time slot, (TDM) channel

Zeitschlitzeinblendung *f* blank-burst mode

Zeitschlitzfolge-Integrität *f* time slot sequence integrity (TSSI) *(ISDN)*

Zeitschlitzlänge *f* time slot interval

Zeitschlitzplan *m* slot map

Zeitschlitzumsetzung time slot interchange *(ATM)*

Zeitschritt *m* time increment

Zeitschwelle *f* threshold period

Zeitsignal *n* time signal *(e.g. UTC)*, timing signal; time domain signal, signal in the time domain

Zeitskala *f* time frame

Zeitskalaumsetzung *f* time scale modification *(VoIP)*

Zeitsperre *f* timeout

Zeitsperrung *f* time congestion *(tel. sys.)*

Zeitsprungverfahren *n* time hopping

Zeitstempel *m* time stamp *(test cell, ATM)*

Zeitsteuertakt *m* timing pulse

Zeitsteuerung *f* timing, timing handling *(ISDN)*; scheduling *(TV programmes)*

Zeitstufe *f* time (division multiplex) stage, TDM stage *(exch.)*

Zeitstufengruppe *f* time stage group *(exch.)*

Zeitsynchronisation *f* timing synchronisation *(process control)*

Zeittakt *m* clock, clock pulses

Zeittaktgeber *m* (ZTG) clock, clock (pulse) generator; timer

Zeittaktzähler *m* time pulse *or* clock pulse counter

Zeitteilung *f* time sharing *(transm.)*

Zeitüberschreitung *f* timeout

Zeitüberwachung *f* timer, time supervision *(HW)*; time-out *(SW)*

Zeitüberwachung *f* **Keine Antwort** no reply timer

Zeitüberwachungsdauer *f* timeout period

Zeituhr *f* timer *(VCR)*

zeitunscharf temporally uncertain *or* indeterminate, with timing uncertainty

Zeitunschärfe *f* timing uncertainty

zeitvariant time-variant, time-variable

zeitveränderlich varying with time, time-variant

Zeitverhalten *n* dynamic response *or* behaviour, time response, transient response

Zeitverlauf *m* time characteristic, characteristic as a function of time, time response, variation with time

Zeitverschiebung *f* time shift, time skew

Zeitverschwendung *f* waste of time; churning *(DP)*

zeitversetzt time-shifted *(VT viewing)*; deferred *(transmission)*

Zeitverzug *m* time delay

Zeitvielfach *n* time switch *(ESS)*, time-multiplexed switch (TMS), TDM switch, time division multiplex (TDM); time division multiplexer, TDM multiplexer, time slot interchanger (TSI)

Zeitvielfachzugriff *m* time division multiple access (TDMA)

Zeitweichensteuerung *f* burst control

zeitweilige Teilnehmerkennung *f* temporary mobile subscriber identity (TMSI) *(GSM, s. Table VII)*

Zeitzählung *f* metering *(tel.,DC)*

Zeitzone *f* time zone; time bin *(on a curve)*

Zellauflöser *m* cell demultiplexer

Zellaufzeit *f* cell transfer delay (CTD), cell delay *(through the network, ATM)*

Zellaufzeitänderung *f* cell delay variation (CDV) *(ATM)*

Zellblock *m* cell block *(ATM)*

Zelle *f* cell *(ATM data unit (timeslot), 53 bytes incl. header (5 bytes) and user information field (48 bytes), ITU-T I.361, s. Table IV)*

Zellebene *f* cell domain *(traffic control)*, cell level *(traffic hierarchy)*

Zelle *f* **fester Länge** fixed-length cell *(ATM)*

Zellenabgrenzung *f* cell delineation *(ATM)*

Zellenabgrenzungsverlust *m* loss of cell delineation (LOC) *(ITU-T Rec. I.431, s. Table IV)*

Zellenabstand *m* intercell spacing *(ATM)*

Zellen *fpl* **auflösen** disassemble cells

Zellenbündel *n* cluster (of cells) *(cellular mobile RT)*

Zellenebene *f* cell level *(traffic hierarchy)*

Zellen-Falscheinfügungsrate *f* cell misinsertion rate (CMR) *(no. of misinserted cells/total test period, ATM)*

Zellenfehlersicherung *f* cell error control (CEC)

Zellenfehler-Verhältnis *n* cell error ratio (CER) *(no. of errored cells/total no. of correct and errored cells, ATM)*

Zellenfluß *m* cell flow *(ATM, ITU-T I.321, s. Table IV)*

Zellenfunk *m* cellular radio *(mobile RT)*

Zellengruppe *f* cluster *(mobile RT)*

Zelleninformation *f* cell identity (CID) *(DECT)*

Zellenkennung *f* cell identity (CI) *(GSM)*

Zellenkopf *m* cell header *(ATM)*, cell overhead

Zellen-Laufzeit *f* cell transfer delay (CTD), cell delay *(through the network, ATM)*

Zellen-Laufzeitschwankung *f* cell delay variation (CDV) *(ATM)*

Zellenlistenprozessor *m* cell list processor (CLP) *(ATM, AT&T)*

Zellenmultiplexierung *f* cell interleaving *(ATM)*

Zellenmuster *n* cell pattern *(ATM data stream)*

Zellen-Overhead *n* cell overhead

Zellenraster *m* cell spacing *(ATM, e.g. 69 bytes)*

Zellenrate *f* cell rate *(ATM)*

Zellenstandort *m* cell site *(mobile RT)*

Zellenstrom *m* cell stream

Zellentakt *m* cell rate

Zellentransport *m* cell transport *(ATM, ITU-T O.191, s. Table III)*

Zellenübermittlungsdienst *m* cell relay service *(ATM)*

Zellenverbindungsmodul *n* cell interconnection module (CIM) *(US)*

Zellenverlust *m* cell loss *(ATM)*

Zellenverlust-Verhältnis *n* cell loss ratio (CLR) *(no. of lost cells/total no. of cells transmitted, ATM)*

Zellenversetzung *f* cell offset *(ATM)*

Zell-Ereignis *n* cell event *(CER, CLR etc., ATM)*

Zellfehler *m* cell (transmission) error *(ATM)*

Zellgrenzenerkennung *f* cell delineation *(ATM)*

Zellgruppierung *f* cluster *(mobile RT)*

Zellkopf *m* (cell) header *(ATM)*

Zellkopf-Kontrollsumme *f* header error control (HEC) *(ATM)*

Zellkopie *f* cell copy *(ATM multicast)*

Zellraster *m* cell spacing, cell interval *(ATM)*

Zellrate *f* cell rate *(ATM)*

Zellraten-Entkopplung *f* cell rate decoupling *(ATM, ITU-T I.610, s. Table IV)*

Zellspeicher *m* cell buffer *(ATM)*

Zellstrom *m* cell stream *(ATM)*

Zellübermittlungsdienst *m* cell relay service *(ATM)*

Zellübertragungsdauer *f* cell transmission time *or* period *(ATM)*

zellularer Mobilfunk *m* cellular mobile radio

zellulares Funkfernsprechnetz *n* cellular mobile radio telephony network *(usually duplex)*

zellulares Mobilfunknetz *n* cellular network (CN)

Zellulartelefon *n* cellphone *(GB)*, mobile phone

Zellulartelefonie *f* cellular (radio)telephony

Zellverlust *m* cell loss *(ATM)*

Zellverzögerung *f* cell (transfer) delay (CTD) *(ATM)*

Zellverzögerungsschwankung *f* cell delay variation (CDV) *(ATM)*

zentral central, centralized

Zentralamt *n*sectional center *(US, 4th hierarchical level)*, tertiary centre, tertiary exchange *(DDD)*

Zentralamt *n* **für Mobilfunk** (ZfM) DTAG Central Office for Mobile Radio Licensing matters

Zentralamt *n* **für Zulassungen im Fernmeldewesen** (ZZF) DTAG Central Approval Office for Telecommunications *(corresponds to BABT in GB)*

Zentralbatterie *f* (ZB) station battery *(exch.)*

Zentraldatei *f* primary data file

Zentrale *f* exchange, central station; switch, switchboard *(A)*; central office *(broadcasting)*

zentrale Anlagendatei *f* central exchange file

zentrale Anzeigeeinrichtung *f* (ZA) central display *(unit, equipment)*

zentrale (Betriebs-)Beobachtung *f* (ZBBeo) central service observation *(unit, equipment)*; transmission surveillance center *(optical transmission)*

zentrale EDV-Anlage *f* (EDVA) EDP centre

zentrale Einrichtungen *fpl* common equipment, units *(tel.sys.)*

zentrale Fernbedienungsanlage *f* (FBAZ) central remote control system *(sat)*

zentrale Gebührendatenerfassung *f* (ZGDE) central call record journalling

Zentraleinheit *f* (ZE) central processing unit (CPU) *(comp.)*; central station *(tel)*

zentrale Kontrollstation *f* central controller

zentrale Prüfstelle *f* **für Dateneinrichtungen** data test centre (DTC) *(FTZ)*

zentrale Rechnereinheit *f* (ZRE) central processor (CPU)

zentraler Fernsteuerkanal *m* (ZFK) central telecontrol channel *(VBN)*

zentraler Reservierungsplatz *m* central booking station *(VBN)*

zentraler Reservierungsprozessor *m* (ZRP) central booking processor *(VC)*

zentraler Signalisierungskanal *m* common signalling channel (CSC)

zentraler Verteiler *m* hub *(LAN)*

zentraler Zeichen(gabe)kanal *m* (ZZK) common signalling channel (CSC)

zentrales Steuerwerk *n* central *or* common processor *or* control unit

zentrale Steuereinheit *f or* **-einrichtung** *f* (ZST) central processor *or* controller

zentrale Steuerung *f* centralized control, central controller

zentralgesteuert centrally controlled *(exch.)*

zentralisierter Wählnebenstellendienst *m* central office exchange service *(centrex)*

Zentralkanal-Zeichengabe *f* common-channel signalling (CCS) *(ITU-T I.112, s. Table IV)*

Zentralkanal-Zeichengabesystem *n* common-channel signalling system (CCSS) *(ISDN, ITU-T Rec. I.112, s. Table IV)*

Zentralknotenamt *n* tertiary exchange

Zentralkoppelfeld *n* central switching network *(tel. sys.)*

Zentralpuffer *m* shared buffer *(ATM switching network)*

Zentralrechner *m* host (computer)

Zentralstation *f* hub *(ATM network, VSAT network)*

Zentralsteuerwerk *n* (ZST) central processor; common control unit *(tel)*

Zentralvermittlungsstelle *f* (ZVSt) tertiary centre, tertiary exchange *(DDD)*

zentrisch erregt concentrically illuminated *(sat. antenna)*

zentrosymmetrisch centrosymmetric

Zerhacken *n* chopping *(curent, data)*

Zerhackerpuffer *m* buffer chopper

zerlegen divide, dissect, decompose *(image)*; dismantle *(equipment)*; scan *(image)*

Zerlegung *f* decomposition *(image processing)*

Zerlegung *f* **in Teile** fragmentation

zerstückeln fragment

Zertifizierung *f* certification

Zertifizierungsstelle *f* certification authority (CA)

Zeugenzuschaltung *f* add-on witness *(tel)*

ZEy (Zusatzeinrichtung *f* mit Y-Schnittstelle) ancillary equipment with Y interface *(q.v.)*

ZF (Zwischenfrequenz *f*) intermediate frequency (IF)

ZFK s. zentraler Fernsteuerkanal *m*

ZfM s. Zentralamt *n* für Mobilfunk

ZG s. Zusatzgerät *n*

ZGDE s. zentrale Gebührendatenerfassung *f*

ZGR (Zeichengaberechner *m*) signalling processor

ZGS (Zeichengabesystem *n*) signalling system (SS)
ZGS7, ZGS-Nr.7 (Zeichengabesystem *n* Nr.7) signalling system No.7 (SS7) *(ISDN; s. Table III)*

ZGS.7-Endpunkt *m* SS7 point code

Zi s. Ziffernumschaltung *f*

Zickzack-Abtastung *f* zig-zag scanning *(of a DCT matrix, DVB)*

Zickzackpapier *n* fanfold(ed) paper *(printer)*

ziehen drag *(object on screen, CAD)*; grow *(crystal)*

ziehen und ablegen drag and drop *(graphics, PC)*

Ziehpunkt *m* sizing handle *(MS Windows, PC)*

Ziehwerkzeug *n* module extractor tool

Zieladresse *f* destination address *(ITU-T I.364, s. Table IV)*; called party address (CdPA) *(GSM, s. Table VII)*; destination point code (DPC) *(SS7)*

Zielamt *n* destination exchange, far-end office, destination switch (DSW) *(US)*

Zielanschluß *m* terminating termination *(ISDN)*

Zielanwendung *f* destination application *(DDE, PC)*

Zielcode *m* destination code *(tel., directory number)*

Zieleinrichtung *f* destination device, terminating device *(network)*

Zielfindung *f* destination finding *(switch)*

Zielführung *f* navigation *(motor vehicle)*

Zielfunktion *f* objective function, performance function

Zielkennzahl *f* destination code *(tel.)*

Ziellinie *f* boresight *(sat. ant.)*

Zielnummer *f* terminating number *(fax)*, destination code *(tel)*

Zielpunkt(code) *m* destination point code (DPC) *(SS7 MTP, s. Table III)*

Zielrufnummer *f* designational number *(f. tel)*; called party number, called party address (CldPA), destination code *(ISDN)*

Zielrufnummernüberwachung *f* terminating code screening *(US)*

Zielsuchfähigkeit *f* homing capability *(network routing)*

Zieltaste *f* name key *(f. tel)*, destination key

Zielteilnehmer *m* terminating customer *(ISDN)*

Zielteilnehmer *m* (**der Weiterschaltung**) forwarded-to user *(ISDN)*

Zielverbindung *f* terminating connection *(ISDN)*

Zielvermittlung *f* destination switch (DSW) *(US)*

Zielvermittlungsstelle *f* (B-VSt) destination exchange

Zielwahl *f* (ZW) speed dialling *(with name keys, to external subscriber, tel)*

Zielwahltaste *f* name key *(f.tel)*

Ziffer *f* digit *(DP)*

Ziffernauswertung *f* digit analysis *(exch)*

Ziffernblock *m* numeric keypad *(mobile RT)*

Ziffernmodus *m* numeric mode *(ESS)*

Zifferntaste *f* digit key, numeric key

Ziffernumschaltung *f* (Zi) figure shift *(telex)*

Ziffernumwertung *f* digit translation

Ziffernzuschaltung *f* figure shifting *(telex)*

Zirkularität *f* circularity *(e.g. involving packets)*

Zirkulator *m* circulator *(microwave, FO)*

zischen hissing *(voice channel)*

Zittermatrix *f* dither matrix *(digital video processing)*

zittern jitter; dither

Zittersignal *n* dither

ZK s. Zugangskontrolle *f*

ZMX s. Zeitmultiplex

ZNA s. Zweitnebenstellenanlage *f*

Z-Netz *n* E-mail network

Zone *f* zone; domain *(IP network, ITU H.323, s. Table III)*

Zonen-Rundsendekanal *m* cell broadcasting channel (CBCH) *(GSM, s. Table VII)*

Zonensektorisierung *f* cell sectorisation *(mobile RT)*

Zonenwechsel *m* handover (HANDO) *(mobile RT, GSM, s. Table VII)*

Zonenzentrum *n* zone centre (ZC) *(exchange)*

ZPS (Zeichen *npl* pro Sekunde) characters per second (cps) *(printers)*

ZR (Rufzweitgerät *n*) secondary ringer

ZRE s. zentrale Rechnereinheit *f*

ZRP s. zentraler Reservierungsprozessor *m*

Z/s (Zeichen/Sekunde) characters/second

ZSB s. Zweiseitenband *n*

Z-Schnittstelle *f* Z interface *(at the telephone terminal, e.g. X.21 (Table VI),* S_0, *ISDN)*

Z-Serie *f* **der ITU-T-Empfehlungen** Z series of ITU-T Recommendations *(relates to the Functional Specification and Description Language (SDL), s. Table III)*

ZST s. Zentraltralsteuerwerk *n or* zentrale Steuereinrichtung *f*

ZTG (Zeittaktgeber *m*) clock generator

ZTU (Zeichentonumsetzer *m*) signal/tone converter

Zubehör *n* accessory, accessories

Zubringer *m* feeding line, input line; transmission line, programme line *(TV)*; tributary *(SDH)*

Zubringerbündel *n* offering trunk group

Zubringereinheit *f* tributary unit (TU) *(SDH, SONET)*

Zubringergruppe *f* grading group *(tel. sys.)*

Zubringerleitung *f* feeder loop; offering trunk *(tel.sys.)*; transmission line, programme line *(TV)*

Zubringernetz *n* feeder network *(TV, broadcasting, tel.)*

Zubringerschrank *m* satellite closet *(building network)*

Zubringersignal *n* tributary signal *(SDH, SONET)*

Zubringersystem *n* feeder system

Zubringersystem *n* **für Richtfunk** radio relay station cable network

züchten grow *(crystal)*

zufälliger Datenstrom *m* jabber *(colloquial: defective network station)*

Zufallsgenerator *m* random-number generator

zufallsgesteuert randomly

zufallsmäßiger Rundruf *m* random broadcast

zufallsmäßiger Vielfachzugriff *m* random multiple access (RMA) *(sat. access method, incl. ALOHA)*

Zufallsnummer *f* random number, stochastic number

Zufallsprinzip *n* principle of random selection

Zufallsprozeß *m* random process

Zufallsverkehr *m* pure-chance traffic

Zufallswert *m* random value
in Zufallswerte umrechnen randomize

Zufallszahl *f* random number
auf eine Zufallszahl *f* **umrechnen** randomize

zufügen add, merge

zufügen/wegnehmen add/remove *(a service)*

Zufuhr *f* source *(printer setup, MS Windows, PC)*

Zuführung *f* supply, feed; contribution *(TV programme signal)*; uplink (UL) *(sat.)*

Zuführungsnetz *n* trunk network

Zuführungsstrecke *f* feed link *(TV)*

Zuführungsverbindung *f* feed *or* collection link *(TV)*

zu Fuß manually *(colloquial)*

Zug *m* pull, tension *(mech.)*; train *(of waves, pulses)*

Zugabeverordnung *f* premium ordinance

Zugangsabdeckung *f* access cover *(HW)*

Zugangsart *m* category of access

Zugangsberechtigung *f* authorization *(of users)*; conditional access (CA) *(DVB)*

Zugangsbereich *m* access area

Zugangscode *m* access code *(Bluetooth, q.v.)*

Zugangseinheit *f* (ZE) access unit *(to the LAN from FDDI network)*

Zugangsgruppe *f* access group *(group of defined stations of a network having the same access authorization and transmission capabilities)*

Zugangskanal *m* access channel

Zugangskennzahl *f* access code; location code *(messaging)*

Zugangsklasse *f* access class *(SMDS)*

Zugangsknoten *m* access node; point of presence (POP) *(IP)*

Zugangskontrolle *f* (ZK) (physical) access control, admission control

Zugangskoppelnetzbaustein *m* access switch (AS)

Zugangskoppler *m* cross connect matrix (CCM), cross connect equipment *(ATM node)*

Zugangskoppler *m* **für Steuerleitungen** connecting matrix for control trunks

Zugangs-Mobilvermittlungsstelle *f* gateway mobile switching centre (GMSC) *(GSM)*

Zugangsnetz *n* access network (AN)

Zugangspfad *m* link *(PAD)*

Zugangsprotokoll *n* access protocol *(ITU-T I.112, s. Table IV)*

Zugangspunkt *m* access point *(ISDN)*; port

Zugangs-Steuerblock *m* token *(supervisory frame controlling access to a token ring network)*

Zugangsstrecke *f* access link (AL)

Zugehörigkeit *f* association, membership

Zugehörigkeitsklasse *f* membership class *(neural network)*

Zugentlastung *f* strain relief *(cables)*

zugeordnete Nachricht *f* associated message *(ISDN)*

zugesagte Bitrate *f* committed rate *(network)*

zugesicherte Funktion *f* guaranteed function *(network)*

zugeteilte Zelle *f* assigned cell *(ATM)*

Zugfunk *m* train radio telephony

Zügig-Betrieb *m* streaming mode *(DP)*

Zugorgan *n* strain-relief element *(cable)*

zugreifen auf access

zugriffsberechtigt sein having access authorization

Zugriffsberechtigung *f* access barring level; access authorization, access right; token *(LAN)*

Zugriffsburst *m* access burst (AB) *(GSM, s. Table VII)*

Zugriffs-Clipping *n* competitive clipping, "freeze-out" *(of packets)*

Zugriffseinheit *f* access unit (AU) *(MPEG-2, DVB)*

Zugriffsfreigabe *f* access enable

Zugriffskapazität *f* access capability *(ITU-T I.112, s. Table IV)*

Zugriffskonflikt *m* access contention

Zugriffsmeldung *f* entitlement checking message (ECM) *(pay TV, DVB, s. "CAM")*

Zugriffspunkt *m* access point, point of entry *(data network)*, point of presence (PoP) *(local Internet server)*

Zugriffsrahmen *m* access frame *(TDMA)*

Zugriffsrecht *n* access authorization *(Electronic dictionary, PC)*

Zugriffssteuerung *f* access control, resolution of access contentions

Zugriffstandem *m* access tandem (AT) *(IN)*

Zugriffstaste *f* access key *(PC)*

Zugriffsverwaltungsmeldung *f* entitlement management message (EMM) *(pay TV, DVB, s. "CAM")*

Zugriffsverweigerung *f* access denial, access barring

Zugriffszeit *f* access time

Zugsicherung *f* train protection (system) *(rwy)*; strain relief *(cables, CH)*

zukünftiges öffentliches Mobilfunksystem *n* Future Public Land Mobile Telecommunication System (FPLMTS) *(US, s.a. UMTS)*

zukunftssicher obsolescence-proof, future-proof, encompassing future developments

zulässig permissible, allowable; legal

Zulässigkeitsbestätigung *f* validation

Zulässigkeitsprüfung *f* validation; barring check *(tel. sys.)*

Zulassung *f* admission *(of a connection)*; type approval *(FTZ)*

Zulassungsnummer *f* type approval number *(FTZ)*

zulassungspflichtig subject to permit *or* approval

Zulassungsprüfung *f* (ZulPr) (type) approval test *(FTZ)*

Zulassungsvorschrift *f* (ZV) licencing regulation *(BAPT)*

Zulassungzeichen *n* registration mark

ZulPr s. Zulassungsprüfung *f*

Zuordner *m* translator *(NTG 0902)*

Zuordnung *f* allocation, assignment; mapping *(of protocols, ISDN)*

Zuordnungsplan *m* schedule

Zuordnung *f* **von Funktionen** location of functions; allocation of functions *(network)*

Zuordnung *f* **von Funktionen aufheben** deallocate functions

Zuordnungsspeicher *m* assignment store

zuregeln reduce *or* close down the gain *(in a signal channel)*

zurückblättern page down *(monitor)*

zurückfahren roll back *(process)*

zurückfallen (**auf**) default (to)

zurückführen return; recirculate *(in a loop)*, recycle

zurückgeben return

zurückgebildeter Abtastwert *m* reconstructed sample

zurückgewiesene Verbindung *f* lost call

zurückgewinnen recover

zurückgreifen (**auf**) default (to)

zurückholen retrieve *(a held call)*

Zurückholen *n* **noch nicht gesendeter Daten** local data retrieval *(AAL)*

zurückleiten return

zurückliegend upstream

zurückmelden signal back, acknowledge

zurücknehmen take back, cut back *(e.g. power)*

Zurückregelung *f* gain reduction

zurückrollen scroll down *(monitor)*, roll back *(process)*

zurücksenden return *(signal, message)*

zurücksetzen reset

zurückspiegeln reflect back *(bits, ISDN)*

zurücksprechen voice back *(US)*

zurückspringen return *(program)*

Zurückstellungsdienst *m* quarantine service

Zurückverfolgen *n* backtracking

zurückverweisen refer back; crank back *(connection to last node in alternate routing, ATM)*

Zurückziehen *n* withdrawing

Zurückziehen *n* **von Entscheidungen** backtracking *(AI)*

Zusammenarbeit *f* interoperation *(between system sections)*; intercommunication *(between services)*; interworking *(ISDN)*

Zusammenbau *m* assembly, packaging

zusammenfalten convolve *(math.)*

Zusammenfassung *f* combination, integration; pooling *(e.g. of bandwidth)*

Zusammenfügung *f* reassembly *(packets)*

Zusammenführungsnetz *n* collection network *(TV)*

zusammengefaßtes Daten- und Textnetz *n* (IDN) integrated data and text network

zusammengehörig related *(elements)*

Zusammengehörigkeit *f* coherence *(function)*

zusammengesetzte Bedingung *f* compound condition

zusammengesetzte Einheit *f* compound device *(USB, device plus hub)*

Zusammenhalt *m* coherence *(ISDN)*

zusammenhängend coherent *(signal)*; contiguous *(memory areas)*; related

Zusammenhangsgraph *m* region adjacency graph (RAG) *(image coding)*

Zusammenhangskomponente *f* connected component *(graphics)*

zusammenlaufen merge

zusammenschalten connect together, interconnect, bridge; join *(conference)*, jumper, wire *(HW)*

Zusammenschaltung *f* interconnection

zusammenschieben compact *(text)*

zusammenschließen join *(mobile RT, MS to BS)*

zusammensetzen assemble, multiplex *(TDM)*

Zusammensetzung *f* composition, composite

zusammenstellen assemble, multiplex *(TDM)*; set up *(test rig)*

Zusammenstellung *f* compilation *(video editing)*; configuration

Zusammenstoß *m* collision *(bus)*

Zusammenstoß *m* **in der Luft** mid-air collision *(aero)*

Zusammenwirken *n* interworking, interacting

Zusatz *m* feature; extension *(file)*

Zusatzaufwand *m* overhead *(control)*

Zusatzbaugruppe *f* add-on module

Zusatzbit *npl* overhead bits *(TDM)*

Zusatzbyte *n* overhead byte *(appended to the cell header, ATM transmission)*

Zusatzdämpfung *f* additional losses, excess path loss *(additional to fixed section losses)*

Zusatzdaten *npl* auxiliary data, additional information *(in TV signal)*, ancilllary data *(MPEG-2)*

Zusatzdatenübertragungssystem *n* (ZDÜS) transmission system for additional information *(PAL TV)*

Zusatzdienst *m* supplementary service (SS) *(ISDN, ITU-T I.250 (Table IV), GSM 01.04, 02.07 (Table VII))*, supplementary service attribute *(SS7, Table III)*

Zusatzdienste *mpl* supplementary service attributes

Zusatzdienstekennung *f* additional service indicator (ASI) *(ISDN)*

Zusatz-Dienstmerkmal *n* supplementary service attribute *(ISDN, SS7, Table III)*

Zusatzeinrichtung *f* (ZE) ancillary *or* supplementary equipment *(TE in main station or ISPBX)*; accessory, adjunct

Zusatzeinrichtung *f* **mit Y-Schnittstelle** (ZEy) ancillary equipment with Y interface *(q.v.)*

Zusatzfunktion *f* supplementary function *(exch.)*

Zusatzfunktionen *fpl* **der oberen Schichten** additional high layer functions (AHLF) *(ISDN)*

Zusatzfunktionen *fpl* **der unteren Schichten** additional low layer functions (ALLF) *(ISDN)*

Zusatzgerät *n* (ZG) ancillary device *(e.g. answering machine)*, auxiliary equipment, accessory device, additional device, add-on device, adapter, peripheral (device) *(PC)*, attachment; handset *(cordless telephone)*

Zusatz-Globalfunktion *f* additional global function (AGF) *(ISDN)*

Zusatzinformation *f* extension *(PDU, DECT)*

Zusatzkanal *m* service channel *(PLE)*

Zusatzlaufzeit *f* additional delay, build-out delay *(transmission channel)*

zusätzliche Elementarfunktion *f* additional elementary function (AEF) *(ISDN)*

zusätzliche Informationsbit *npl* overhead bits *(TDM)*

zusätzliche Informationsübertragung *f* additional information transfer *(ISDN)*

zusätzlicher Paketmodusdienst *m* additional packet mode service (APMS) *(ISDN)*

zusätzliches Dienstmerkmal *n* supplementary service *(ISDN, ITU-T Rec. I.25x)*

Zusatznetz *n* overlay network *(FO)*

Zusatzprozessor *m* adjunct processor *(multiprocessor system)*

Zusatzschaltung *f* supplementary circuit; applique circuit *(US, a circuit that can be added to a complete basic circuit to increase, or change, the possible applications of the basic circuit (Van Nostrand 1961))*

Zusatzschicht *f* top-up layer *(hierarchical transm., DVB-T)*

Zusatzsignal *n* auxiliary signal *(digital audio transmission)*

Zusatzzeichen *n* extension character *(compr.)*

zuschaltbar connectable; optional (add-on)

zuschalten add on; switch on(-line) *or* in, connect (additionally), connect to, hook up, insert; *(refl.)* opt in

Zuschaltung *f* addition *(TE to bus)*

Zuschauer *m* spectator *(e.g. sport)*; viewer *(TV)*

zuschneiden crop *(graphics, PC)*; tailor *(requirements)*

zuspielen feed *(programme)*, play back *(tape)*; down-load *(multimedia, VOD)*

Zustand *m* condition, state
 in einen (bestimmten) **Zustand** *m* **versetzen** set, condition *(e.g. a circuit)*

Zustand *m* **"Empfänger besetzt"** Own Receiver Busy condition

Zustand *m* **"Partnerempfänger besetzt"** Peer Receiver Busy condition *(ISDN)*

Zustand *m* **"Zeitüberschreitung"** Timer Recovery condition

zustande gekommene Verbindung *f* completed *or* carried call

zuständige Stelle *f* competent body *(EMC Rec.)*

Zustands-Anreiz-Diagramm *n* state/event diagram *(switching)*

Zustandsanzeige *f* status indication; diagnostic indicator

Zustandsautomat *m* state machine *(math.)*

Zustandsbeschreibung *f* status description *(ARQ)*

Zustandsdiagramm *n* state diagram

Zustandsfolgediagramm *n* state diagram *(coding)*

zustandsgesteuert level-operated *(IC)*

Zustandsmaschine *f* state machine *(math.)*

Zustandspunkt *m* signal point *(transmission)*

Zustandstabelle *f* state transition diagram *(ISDN)*; (trunk) status map *(routing)*

Zustandsübergang *m* state transition

Zustandsübergangsdiagramm *n* state transition diagram *(ISDN)*

Zustandsvariable *f* state variable

zustellen deliver

Zustellgerät *n* delivery device *(e.g. printer, ITU-T Rec. X.400, s. Table VI)*

Zustellung *f* delivery *(call)*

Zustimmung *f* agreement, compliance

Zustopfen *n* blocking *(of RF receivers)*

zuteilen allocate, assign; arbitrate *(bus)*

Zuteiler *m* arbiter, tie-breaker *(bus)*

Zuteilung *f* allocation, assignment; arbitration *(bus)*

Zuteilungsschnittstelle *f* assignment interface *(switching sys.)*

zutreffend applicable

Zuverlässigkeitsmaß *n* measure of reliability; soft output *(soft-decision decoding, channel decoding, CDMA)*

zu Verlust gehender Verbindungswunsch *m* lost call *(tel. sys.)*

Zuwachsschritt *m* incremental step

ZV s. Zulassungsvorschrift *f*

ZV s. Zwischenverteiler *m*

ZVEI (Zentralverband *m* Elektrotechnik und Elektronikindustrie) Central Association of the Electrical and Electronics Industry

ZVSt (Zentralvermittlungsstelle *f*) tertiary exchange

ZVt s. Zwischenverteiler *m*

ZW (Zielwahl *f*) speed dialling *(with name keys)*

Zwangsauslösung *f* automatic cleardown, forced release *(tel)*

Zwangsbelüftung *f* forced ventilation (system)

Zwangsdynamisierung *f* positive dynamization *(process)*

Zwangslaufverfahren *n* compelled signalling *(SS5)*

zwangssynchronisiertes Netz *n* despotic network

zweckbestimmtes Netz *n* dedicated network

zweckdienlich convenient

zweckentsprechend konstruiert purpose-built

Zweiband-Handy *n* dual-band mobile (telephone) *or* cellphone *(e.g. GSM/DCS1800)*

Zweibandkonverter *m* dual-band converter *(sat)*

zweideutig two-valued, double-valued

zweideutige Definition *f* ambiguous definition

zweideutige Funktion *f* double-valued function

Zweideutigkeit *f* ambiguity; two-valuedness, double-valuedness *(math.)*

Zweidrahtleitung *f* two-wire trunk

Zweidraht/Vierdraht-Gabelung *f* two-wire/four-wire hybrid

Zweidraht/Vierdraht-Übergang *m* two-wire/four-wire transition

Zweier *mpl* twos
  in Zweierschritten *mpl* **zählen** count by twos

Zweieranschluß *m* two-party subscriber *or* line, shared line

Zweifachverschachtelung *f* dual multiplexing

Zwei-Farben-Standbild *n* bi-level still frame *(videophone, ITU-T T.82, ISO/IEC 11544)*

zweiflächiger Wandler *m* biplane transducer *(US)*

Zweig *m* branch *(circuit, program)*; path *(network)*

Zweigruppentelegramm *n* double group message *(TC)*

Zweikanalton *m* two-channel sound *(TV, stereo or bilingual)*

Zweikanalübertragung *f* two-channel audio transmission *(TV)*

Zweikanalüberwachung *f* dual watch *(maritime radio)*

Zwei-Layer-Codierung *f* two-layer coding *(OFDM, 64QAM, DVB)*

Zweimodenfaser-Interferometer *n* two-mode fibre interferometer (TMFI) *(FO)*

zweiohrig binaural *(acoustics)*

Zweiphasenmodulator *m* biphase modulator

Zweiphasenumtastung *f* binary phase shift keying (BPSK)

zweiphasig moduliert biphase-modulated

Zweipol *m* two-terminal network *or* element

zweipoliger Verbinder *m* twin connector, two-pin connector

Zweipunktverbindung *f* point-to-point link *(e.g. RS232)*

Zweirichtungskoppler *m* bidirectional coupler

Zweischicht-CD *f* dual-layer CD *(Sony video CD)*

Zweischichtensystem *n* dual-layer system *(MM-CD)*

Zweiseitenband *n* (ZSB) double sideband (DSB)

zweiseitig double-sided *(Pioneer video CD)*

zweiseitige Richtcharakteristik *f* bidirectional pattern *(antenna, microphone)*

zweiseitig gerichtet bidirectional *(transmisson)*

Zweisprungverbindung *f* double-hop link *(networked VSATs, one- or two-way links)*

zweistufige Aktivierung *f* two-step activation *(ITU-T I.430, s. Table IV)*

zweistufige Wiedergabe *f* two-level rendition *(repro.)*

Zweit-, Dritt-, Viert- *usw.* **anlage** *f* second *(third, fourth etc.)* station *(conference circuit)*

Zweitanruf *m* secondary call *(tel)*, re-call *(f. tel)*

Zweiteilung *f* bisection *(techn.)*; bipartition *(math.)*

zweiter Anrufsucher *m* secondary line switch, second line finder

zweites digitales Mobilfunknetz *n* (D2) second digital mobile RT network

Zweithörer *m* watch receiver *(PABX)*

Zweitnebenstellenanlage *f* (ZNA) secondary *or* slave *or* satellite *(GB)* station, secondary PABX *(tel)*

Zweiton-... two-channel *(TV sound)*; binaural *(audio)*

Zweitonbetrieb *m* dual-sound operation *(TV)*

Zweiton-Intermodulationsprodukt *n* two-tone intermodulation product

Zweitonträgerverfahren *n* dual-sound carrier system *(TV)*

Zweitonübertragung *f* two-channel audio transmission *(TV)*

Zweitor *n* two-port (network) *(transm.)*; four-terminal network

zweitorig two-port ...

Zweitwecker *m* secondary ringer *(tel)*

Zweitweg *m* alternative *or* alternate routing, second- *etc.* choice routing
auf Zweitweg geleitet alternate routed

Zweiweg- two-way

Zweiwegeführung *f* dual routing

Zweiweggleichrichter *m* full-wave rectifier

Zweiweg-Spitzenwertdetektor *m* dual peak detector

zweiwertige Phasenmodulation *f* biphase modulation *(e.g. I and Q)*

Zwillingsleitung *f* flat twin flexible cord *(DIN)*

zwingend (vorgeschrieben) mandatory (M)

Zwischenablage *f* clipboard, clipboard viewer *(MS Windows, PC)*

Zwischenamt *n* intermediate switch (ISW) *(US)*

Zwischenamts-Signalisierung *f* inter-exchange signalling *(GB)*, interoffice signaling *(US)*

Zwischenamts-Zeichengabe *f* interoffice signaling *(US)*

Zwischenamts-Zentralkanalzeichengabe *f* common channel interoffice signaling (CCIS) *(US)*

Zwischenankunftsabstand *m* inter-arrival time *(cells, ATM)*

Zwischenbild *n* intermediate frame, interframe *(MPEG-2)*

Zwischenbildbewegung *f* interframe motion *(video encoding)*

Zwischenbildcodierung *f* interframe coding, intercoding *(video encoding)*

Zwischenbilddifferenz *f* interframe difference *(video encoding)*

Zwischenbildübertragung *f* interframe-coded transmission *(MPEG-2)*

Zwischencodierung *f* intercoding *(video coding)*

Zwischengenerator *m* repeater *(tel)*

zwischengespeichert buffered *(data)*; prerecorded *(message)*

Zwischenhändler *m* reseller *(talk time, services)*

Zwischenknotenweg *m* internodal path *(switching)*

Zwischenleitung *f* link

Zwischenleitungsbündel *n* link group

Zwischenmaßnahme *f* interim measure

Zwischenmeldung *f* progress message

Zwischennetz *n* (ZN) intermediate network *(GSM, s. Table VII)*

Zwischenpuffer *m* scratch buffer *(DP)*

Zwischenpufferung *f* (intermediate) buffering *(ATM)*

Zwischenregenerator *m* (ZWR) regenerative repeater *(tel., ISDN BA)*

Zwischenschaltzeit *f* intervening time

Zwischenschicht- interlayer ...

zwischenschichten sandwich

Zwischenschnittstelle *f* intermediate interface, V interface *(ETS 300324-1)*

Zwischensignal *n* intermediate signal *(mixer)*

Zwischenspeicher *m* buffer store *or* memory, buffer; message buffer *(exch.)*; cache *(RAM, PC)*

zwischenspeichern buffer

Zwischenspeicherung *f* temporary storage, buffer storage; buffering; store and forward (switching) *(MHS)*

Zwischenstecker *m* adapter plug *(el.)*

Zwischenstelle *f* repeater station *(transmission link)*, relais station

Zwischenstrecke *f* link

Zwischensymbolinterferenz *f* intersymbol interference (ISI)

Zwischenträgermultiplex *m* subcarrier multiplex (SCM) *(FO)*

Zwischenträgerverfahren *n* intercarrier method *(TV sound)*

Zwischenübertragung *f* **g/k** special relay set

Zwischenverbindung *f* link; interconnect *(chips)*

Zwischenvermittlung *f* intermediate switch (ISW)

Zwischenvermittlungsstelle *f* intermediate exchange

zwischenverstärken regenerate *(signals)*

Zwischenverstärker *m* (regenerative) repeater

Zwischenverteiler *m* (ZV, ZVt) intermediate distributor *(exchange)*

Zwischenverteilergestell *n* intermediate distribution frame (IDF) *(tel)*

Zwischenwahlzeit *f* interdigital pause, interdialling pause *(tel)*

Zwischenzeilen-Generator *m* interstitial line generator *(TV, flicker reduction)*

Zwischenzeilenverfahren *f* interlaced scanning *(TV)*

Zwischenzeilen-/Vollbildabtastungswandler *m* de-interlacer *(HDTV)*

zwischen zwei Schichten *fpl* **anordnen** sandwich

Zwitschern *n* chirp(ing) *(radio)*

Zwitterkupplung *f* hermaphrodite *or* hermaphroditic *or* sexless connector, adapter *(cable)*

ZWR s. Zwischenregenerator *m*

Zykelfestigkeit *f* endurance *(write/erase cycle, FLASH memory)*

zyklisch cyclic, periodic

zyklisch abfragen poll *(terminals)*

zyklisch durchfahren cycle

zyklisch durchlaufen (lassen) cycle

zyklische Adressierung *f* wraparound *(DP)*

zyklische Blockprüfung *f* cyclic redundancy check (CRC)

zyklische Blocksicherung *f* cyclic redundancy check (CRC)

zyklische Redundanzprüfung *f* cyclic redundancy check (CRC)

zyklischer Redundanzcode *m* cyclic redundancy code (CRC)

zyklisches Zuteilungsverfahren *n* polling method *(access control)*

zyklische Wiederholung *f* cyclic retransmission; wraparound

zyklisch vertauschen rotate *(bits)*

zyklisch vertauschter Binärcode *m* cyclically permuted code, reflected code

zyklisch wiederholen cycle; retransmit cyclically

zyklusführende Haupt-Z-Station *f* cycle-initiating *or* polling primary centre

Zyklusklau *m* cycle stealing *(computers)*

ZZF (Zentralamt *n* für Zulassungen im Fernmeldewesen) Central Approval Office for Telecommunications *(corresponds to BABT in GB; till 1992, now BZT, q.v.)*

ZZK (zentraler Zeichen(gabe)kanal *m*) common signalling channel (CSC) *(ISDN)*

ZZN (Zeichengabezwischennetz *n*) signalling transit system

1–3

1G-Mobilfunk *m* 1G (first-generation) mobile radio *(analog)*

10 Base-T twisted pair copper cable rated to 10 Mb/s (RJ45 socket)

10 Base-2 coaxial cable to 200 m, 10 Mb/s (RG58, BNC socket)

10 Base-5 coaxial cable to 500 m

10 GE 10-Gigabit Ethernet

11-Meter-Band *n* 11-Meter band, Citizen's Band *(27 MHz communication channel)*

2-Draht/4-Draht-Gabelung *f* two-wire/four-wire hybrid

2G-Mobilfunk *m* 2G (second-generation) mobile radio *(digital, GSM)*

2000-fähig millenium-compliant *(s. Jahrtausendcrash)*

2000-Problematik *f* millenium bug *(s. Jahrtausendcrash)*

3-dB-Koppler *m* 3-dB coupler, three-dB coupler *(microwave, FO)*

3-dB-Punkt *m* 3-dB point, three-dB point, half-power point

3 DES triple DES *(s. DES)*

3G-Mobilfunk *m* 3G (third-generation) mobile radio *(voice/data/multimedia/Internet, UMTS, cdma2000)*

3G-Netz *n* 3G (third-generation) network *(UMTS, cdma2000)*

A

A (additional) zusätzlich, fakultativ *(Merkmal, ISDN, GSM)*

A (ampère) A (Ampère) *(Stromeinheit)*

AAA cell Micro-Zelle *f (Batterie, ca. 1000 mA/h)*

AAC (Advanced Audio Coding) AAC-Codierung *f (Dolby-Nachfolger von MP3 (q.v.))*

AA cell Mignon-Zelle *f (Batterie, ca. 3000 mA/h)*

AAL (ATM adaptation layer) ATM-Anpassungsschicht *f*

AALP (ATM adaptation layer processor) ATM-Anpassungsschicht-Prozessor *m*

AAM (ATM address mapper) ATM-Adressenumcodierer *m*

AAT (actual arrival time) tatsächliche Ankunftszeit *f ($T_a(k)$, Ankunftszeit der Zelle k, ATM)*

AAT (Availability Analysis Tool) Programmsystem *n* zur Verfügbarkeitsanalyse *(BTRL)*

AB s. access burst

abandoned aufgegeben *(Anrufsversuch)*; erfolglos *(Anwahl)*

abandonment Aufgabe *f (Anruf)*

abbreviated address Kurzadresse *f (EWS)*; Kurzwahlzeichen *n* (KW) *(K.-Tel)*

abbreviated dial code Kurzrufnummer *f* (KRN) *(Tel)*

abbreviated dialling Kurzwahl *f* (KW)

abbreviated directory number Kurzrufnummer *f* (KRN) *(Tel)*

ABC (auto bill calling) Anrufen *n* mit automatischer Gebührenberechnung *(US)*

abend (abnormal ending) abnormale Beendigung *f*, fehlerbedingte Beendigung *f*, Abend *n (DV)*

a/b interface a/b-Schnittstelle *f (Tel.-Kupferschnittstelle)*

A bis interface A bis-Schnittstelle *f (zw. BTSE und BSC, GSM-Serie 08, Tabelle VII)*

a/b line a/b-Anschluß *m (Tel.-Kupferanschluß)*

ABM (asynchronous balanced mode) gleichberechtigter Spontanbetrieb *m*, Mischbetrieb *m*

abnormal anomal

abort abbrechen

abortion procedure Abbruchverfahren *n (Zugriffssteuerung)*

About Help Info... *(MS-Windows-Anzeige, PC)*

above-board module Huckepack-Modul *n (HW)*

ABR (Automatic Baud (rate) Recognition) automatische Schrittgeschwindigkeitserkennung *f*

ABR (available bit rate) verfügbare Bitrate *f (ATM-QoS-Klasse, HFC-Netz)*

ABS (alternate billing service) alternative Gebührenabrechnung *f (IN)*

absence of faults Fehlerfreiheit *f*

absence of memory Gedächtnisfreiheit *f (Markoff-Prozeß, ATM-TM)*

absent subscriber job Abwesenheitsauftrag *m (Tel)*

absent-subscriber service Auftragsdienst *m* (AuftrD), Fernsprechauftragsdienst *m* (FEAD, FeAD)

absolute category rating (ACR) Kategorietest *m* mit absoluter Qualitätsbeurteilung *(Hörprüfung, Tel)*

absolute frequency response Betragsfrequenzgang *m*

absolute value Absolutwert *m*, Betragswert *m*, Betrag *m (Math)*

absorb absorbieren, auffangen

absorbing switching network Auskoppelfeld *n*

absorption power meter Absorptions-Leistungsmesser *m (Senderprüfung)*

abstract family of languages (AFL) abstrakte Sprachfamilie *f (Spracherkennung)*

Abstract Syntax Notation One (ASN.1) Sprache *f* zur Beschreibung abstrakter Syntax *(OSI, s. Tabelle III, VI)*

ABT (ATM block transfer) ATM-Block-Übertraqung *f (ITU-T I.131 u. I.371)*

ABTC (adaptive block truncation coding) adaptive Codierung *f* mit Teilbildbereichsbeschneidung *f (Videocodierung)*

AC (advance calling) Vorauswählen *n*

AC (alternating current) Wechselstrom *m*

AC (attendant('s) console) Vermittlungsfernsprecher *m (NStAnl)*, Abfragestelle *f*

AC (authentication centre *oder* control) Authentifizierungseinrichtung *f*, Berechtigungszentrum *n (GSM)*

ACB (automatic call-back) automatischer Rückruf *m (Modem-Merkmal)*

ACBS (automatic call-back on busy) automatischer Rückruf *m* bei Besetzt (RRUFB) *(Modem, Fax)*

ACC (Atlantic Crossing Cable) transatlantisches Glasfaserkabel *n (Long Island bis Westerland/Sylt; 40 Gbit/s, Inbetriebnahme 1998)*

acceleration Beschleunigung *f*; Hochlauf *m (Motor)*

acceleration sensor Beschleunigungsgeber *m*

accelerator card Accelerator-Karte *f*, Beschleuniger-Karte *f (Grafikkarte, PC)*

accelerometer Beschleunigungsmesser *m*

accept annehmen, aufnehmen, entgegennehmen *(Signal)*; erfassen; kennen *(Programm: das P. kennt...)*

accept a call abfragen *(Tel.-Verm)*

acceptable quality level (AQL) annehmbare Qualitätslage *f*, noch annehmbare Ausfallquote *f*, akzeptables Gütemaß *n*

Acceptable Use Policy (AUP) Allgemeine Nutzungsbedingungen *fpl (vom Netzbetreiber abhängige Nutzungsregeln, z.B. betreffs der Verbreitung von Pornomaterial oder der kommerziellen Netznutzung; RFC1983, s. Tabelle VIII)*

acceptance Annahme *f*, Aufnahme *f*; Übernahme *f (Ruf)*

acceptance test Abnahmeprüfung *f*

access zugreifen (auf), sich anschalten, einwählen, erreichen; Zugriff *m*, Anschaltung *f*, Zugang *m*, Anschluß *m (Netz)*

access a facility Leistungsmerkmal *n* in Anspruch nehmen

access area Zugangsbereich *m*

access authorization Zugriffsberechtigung *f (Tel)*, Zugriffsrecht *n (Elektronisches Wörterbuch, PC)*

with equal access authorization gleichberechtigt *(Endgeräte)*

access barring Zugriffsverweigerung *f (Mobilfunk)*

access barring level Zugriffsberechtigung *f*

access box Anschlußkasten *m (Telepoint)*

access burst (AB) Zugriffsburst *m (GSM)*

access card Berechtigungskarte *f (ÖKartTel)*

access capabilities Anschlußeigenschaften *fpl (ISDN)*

access capability Zugriffskapazität *f (ITU-T Empf. I.112 (s. Tabelle IV))*; Anschlußkapazität *f*

access channel Anschlußkanal *m (ITU-T I.112 (s. Tabelle IV))*, Zugangskanal *m*

access charge Grundgebühr *f (monatl., GSM)*

access circuit Anschaltesatz *m*, Ansteuerungssatz *m*

access class Zugangsklasse *f (SMDS)*

access code Zugangscode *m (z.B. Bluetooth, q.v.)*; Zugangskennzahl *f*; Berechtigungscode *m (Vtx)*

access computer Teilnehmerrechner *m* (TR, TNR) *(Vtx)*

access connection element (ACE) Anschluß-Verbindungselement *n (ITU-T I.327 (s. Tabelle IV), 430)*

access contention Zugriffskonflikt *m (ITU-T I.112 (s. Tabelle IV))*

access contention control Zugriffssteuerung *f (ITU-T I.112 (s. Tabelle IV))*

access control Zugriffssteuerung *f*; Zugangskontrolle *f* (ZK) *(von Personen)*; Freigabesteuerung *f (Datenbank)*

access control field (ACF) Zugriffs-Steuerfeld *n (MAN)*

access cover Zugangsabdeckung *f (HW)*

access denial Zugriffsverweigerung *f (Mobilfunk)*

accessed storage location erreichte *bzw.* ausgelesene Speicherstelle *f*

access enable Zugriffsfreigabe *f*

access equipment Anschalteeinrichtung *f (Vtx)*

access exchange Teilnehmervermittlungsstelle *f* (TVSt) *(ISDN-Paketvermittlung)*

access facility (AF) Anschluß(einrichtung *f*) *m (ISDN)*

access for analog switched connections Wählanschluß *m* analog

access frame Zugriffsrahmen *m (TDMA)*

access group Zugangsgruppe *f (LAN)*

accessible zugänglich, benutzbar, erreichbar

accessible interface zugängliche *oder* faßbare Schnittstelle *f*

access key Zugriffstaste *f (GUI, PC)*

access level selection Berechtigungsumschaltung *f* (BU)

access line Anschlußleitung *f*

AccessLine BT-Analog-Festverbindung *f (2-/4-drahtig, NF-Bereich)*

access link (AL) Zugangsstrecke *f (ITU-T I.327 (s. Tabelle IV))*, Anschlußstrecke *f*, Anschluß *m (ISDN)*, Anschlußleitung *f*

access location Anschlußort *m*

access logic Ansteuerlogik *f*

access module Anschlußbaugruppe *f (Netz)*

access network (AN) Zugangsnetz *n*, Anschaltenetz *n*

access node Anschlußknoten *m*, Eintrittsknoten *m*, Zugangsknoten *m (Netz)*

access number Anschlußnummer *f*; Abfragenummer *f (Sprachspeicherdienst)*

accessory Zusatzeinrichtung *f*, Zubehör *n*

accessory device Zusatzgerät *n*

access page Übergabeseite *f (Vtx., Zugriff auf ER)*

access point Zugangspunkt *m (ISDN)*, Anschlußpunkt *m*, Anschlußstelle *f (Ethernet-Basisstation für mobiles Roaming)*

access port Anschlußport *m*

access protocol Zugangsprotokoll *n (ITU-T I.112 (s. Tabelle IV))*

access rate Zugangsbitrate *f*

access reference configuration Zugangs-Bezugspunktkonfiguration *f (B-ISDN)*

access-related service attribute Anschlußdienstmerkmal *n*

access right Zugriffsberechtigung *f*

access switch Zugangskoppelnetzbaustein *m*; Schaltwähler *m*; (ASW:) Anschlußvermittlung *f (AT&T)*, Teilnehmer-Vermittlungsstelle *f (B-ISDN)*

access tandem (AT) Zugriffstandem *m (IN)*

access threshold (Teilnehmer-)Anschalteschwellwert *m (Mobilfunk)*

access time Zugriffszeit *f (z.B. Speicher)*

access to public exchange Amtszugriff *m*

access unit (AU) Anschlußbox *f (Vtx.-ISDN)*; Anschlußeinheit *f (ITU-T Empf. X.400, Übergang zu Telematik-Diensten, s. Tabelle VI)*; Zugangseinheit *f* (ZE) *(zum LAN vom FDDI-Netz)*; Zugriffseinheit *f (MPEG-2-codierte Darstellung von Bild- oder Tondaten, DVB)*; Anschlußorgan *(allgemein)*

access via switched lines Einwählvorgang *m (zum Paketnetz)*

ACCH (associated control channel) assoziierter Organisationskanal *m (GSM, Tabelle VII)*

accident Störfall *m*, Betriebsstörung *f*, Havarie *f (CH)*

accommodate aufnehmen *(HW)*; Rechnung *f* tragen, sich anpassen

accompanying signal Begleitzeichen *n (Zeichengabe)*; mitübertragenes Signal *n*

accounting Abrechnung *f*, Gebührenabrechnung *f*; Buchführung *f*, Rechnungswesen *n*

accounting management (Log-)Buchführung *f (FCAPS, Netzmanagement)*

accounting rate Abrechnungsentgelt *n*

AC coupled wechselspannungsgekoppelt, wechselstromgekoppelt, galvanisch entkoppelt, galvanisch getrennt angekoppelt

AC-coupled input Übertragungseingang *m*

accrued charges aufgelaufene Gebühren *fpl*

accumulation Ansammlung *f*, Anhäufung *f*

accumulator Akkumulator *m (Register, Batterie)*, Akku *m (Batterie)*; Sammelspeicher *m*

accumulator pack Akkumulatorsatz *m*, Akkusatz *m (SV)*

accuracy of fit Paßgenauigkeit *f*

accurately aligned deckungsgleich

accurately timed zeitgenau

accurately timed latch-in zeitgenaues Zwischenspeichern *n*

Accunet digitaler Datennetzdienst *m* von AT&T *(1,544 MB/s, auf terrestrischer* *und Satelliten-Basis, mit DDS, Paketvermittlung)*

ACD (automatic call distribution) automatische Anrufverteilung *f (ISDX)*

ACE s. access connection element

ACE s. adverse channel enhancement

ACE (auxiliary control element) Hilfs-Steuereinheit *f (Verm)*

ACF s. access control field

ACFA (advanced CMOS frame aligner) fortgeschrittene CMOS-Rahmensynchronisierschaltung *f (ISDN)*

AC field (magnetisches) Wechselfeld *n*

ACI s. adjacent-channel interference

ACIA (asynchronous communications interface adapter) E/A-Schnittstelle *f* für serielle Anschlüsse

ACK s. acknowledgement

acknowledge bestätigen, quittieren, zurückmelden *(SAAL)*

acknowledged bestätigt; gesichert *(Verbindung, ZGS.7)*

acknowledged information transfer service quittierter Übertragungsdienst *m (Sicherungsschicht, ISDN)*

acknowledgement (ACK) Bestätigung *f*, Quittung(smeldung) *f*, Rückmeldung *f*

acknowledgement message Bestätigungsmeldung *f*

acknowledgement positive Gutquittung *f*

acknowledge state variable (V(A)) Quittungszustandsvariable *f (ITU-T Empf. Q.921, s. Tabelle III)*

ACL (asynchronous connectionless) **link** asynchrone verbindungsunabhängige Verbindung *f (Bluetooth q.v.)*

ACM (address complete message) Meldung *f* Adresse vollständig *(ISDN)*

ACM (alarm und control module) Überwachungsbaugruppe *f (PLE)*

AC mains adapter Netzanpassung *f*, Netzvorsatz *m (SV)*

AC only gleichstromfrei

acoustic akustisch

acoustic coupler Akustikkoppler *m (Modem)*

acoustic event Schallereignis *n*

acoustic radiation Schallstrahlung *f*

acousto-optically tunable filter (AOTF) akusto-optisch abstimmbares Filter *n (OXC)*

ACP s. adjacent-channel power

AC power adapter Netzanschlußgerät *n (Batteriegerät)*

AC power restoration Netzrückkehr *f*

acquire erfassen *(Signal, Daten)*

acquiring lock Aufsynchronisieren *n*, Einrasten *n*

acquisition Beschaffung *f*; Erfassung *f (Signal, Daten)*; Einrastung *f (Synchronisierung)*

acquisition of signal (AOS) Signalsynchronisierung *f (Sat)*

acquisition time Erfassungszeit *f (ATM, in Zelleneinheiten)*

ACR s. absolute category rating

ACR (anonymous call rejection) Abweisung *f* anonymer Anrufe *(US tel. service)*

ACR (attenuation/crosstalk ratio) Verhältnis *n* Dämpfung zu Nebensprechen, Dämpfungsübersprechabstand *m*

AC ringing current Rufwechselstrom *m (Tel)*

AC ringing voltage Rufwechselspannung *f (Tel)*

ACSE (association control service element) Dienstelement *n* für Assoziationssteuerung, ablaufsteuerndes Dienstelement *n (Netzmanagement)*

AC signal Wechselstromsignal *n*, Wechsel(-spannungs)signal *n*

AC speech voltage Sprechwechselspannung *f*

AC term AC-Koeffizient *m*, Wechsel(spannungs)anteil *m (alle Frequenzen außer 0, DCT)*

action window Arbeitsfenster *n (DV)*; modales Fenster *n (Elektronisches Wörterbuch, PC)*

activate aktivieren, ansteuern; anstoßen, auslösen; bereitstellen *(MS)*; freischalten *(GSM, D2-Karte)*; einschalten, wirksamschalten *(Dienst)*, in Betrieb nehmen *oder* setzen

activation Einschaltung *f*, Aktivierung *f*, Ansteuerung *f (ITU-T I.430, s. Tabelle IV, GSM 01.04, Dienst, s. Tabelle VII)*, Inbetriebnahme *f*; Anmeldung *f*, Bereitstellung *f (Mobilfunk)*

activation call Weckruf *m (Tel)*

activation charge Anschlußgebühr *f*, Bereitstellungsgebühr *f (Mobilfunk)*

active aktiv, laufend *(Betrieb)*

active hub Verteiler *m (Netzknoten mit Verstärkung, LAN)*

active input window Eingabefokus *m (Elektronisches Wörterbuch, PC)*

active matrix LCD (AMLCD) Aktiv-Matrix-LCD *f*

active network Wirknetz *n*

active operation laufender Betrieb *m*, Wirkbetrieb *m (Netz)*

active position Schreibposition *f (Drucker)*

active process momentaner Vorgang *m*

active processor Wirkrechner *m*

active star coupler (AS) aktiver Sternkoppler *m*

active status Aktivzustand *m*; (Eingabe)fokus *m (aktives Fenster, PC-Anzeige)*

active subscribers file Aktivdatei *f (GSM)*

active system arbeitende Anlage *f*

active window aktives Fenster *n*, Eingabefokus *m (Elektronisches Wörterbuch, PC)*

activity Aktivität *f*; Belegung *f (Leitung, Kanal)*

activity data Aktivitätsdaten *npl*, Auslastungsdaten *npl (Verm.)*

activity discriminator Pegelwaage *f (Freisprechen, Mobilfunk)*

activity schedule Tätigkeitenablaufplan *m (Verm.)*

act of speaking Sprechakt *m (Spracherkennung)*

ACTS Advanced Communication Technology and Services *(Nachfolger von RACE q.v.)*

actual arrival time (AAT) tatsächliche Ankunftszeit *f (Zelle, ATM)*

actual line wirkliche Leitung *f*

actual status Ist-Zustand *m*; Ist-Aufnahme *f*

actuate auslösen, betätigen, ansteuern

actuator Betätigungsglied *n*, Aktor *m*

actuator technology Aktorik *f (Prozeß)*

ACU (automatic calling unit) automatische Nummernwähleinheit *f (Host-Rechner)*

ACU (antenna combining unit) Antennenweiche *f (GSM)*

AC voltage Wechselspannung *f*

AC-3 coding AC-3-Codierung *f (Dolby Digital Mehrkanal-Toncodierung (5.1 Kanäle), US-Standard für DVD, in der Filmindustrie auch "DSD" (Dolby Stereo Digital) oder "Dolby Digital" genannt)*

adaptation field (AF) Anpassungsfeld *n (Datenfeld zum Anpassen des PES (q.v.) an die Länge des Datentransportpakets, MPEG-2)*

adaptation layer Anpassungsschicht *f (B-ISDN, ATM)*

adapter Kabelverbinder *m*, Übergangsstück *n*; Mittelstück *n (FO Verbinder)*; Adapter *m*, Vorsatz *m*; Zwischenstecker *m*; Anpassungseinheit *f*, Anpassungsglied *n*; Beistellgerät *n (TV-Decoder)*, Zusatzgerät *n*

adapter card Adapterkarte *f*, Adapter *m*, Anschlußkarte *f (PC)*

adapter plug Zwischenstecker *m (El.)*, Adapterstecker *m (Reise)*

adapter ROM Adapter-ROM *m (auf Adapterkarte, PC)*

adaptive adaptiv

adaptive antenna adaptive Antenne *f (DVB-T-Gruppenantenne)*

adaptive block truncation coding (ABTC) adaptive Codierung *f* mit Teilbildbereichsbeschneidung *f (Videocodierung)*

adaptive caching adaptives Caching *n (WWW, q.v.)*

adaptive clock adaptiver Takt(geber) *m*

adaptive delta modulation (ADM) adaptive Deltamodulation *f (MAC-Audio, CCITT Rep. 953)*

adaptive differential PCM (ADPCM) adaptive Differenz-PCM *f (ITU-T Empf. G.721,726; s. Tabelle III)*

adaptive discrete cosine transformation coding (ADCT) adaptive diskrete Cosinus-Transformationscodierung *f (Videocodierung)*

adaptive multi-rate (AMR) **voice coder** AMR-Sprachcodierer *m (GSM)*

adaptive quantisation (AQ) adaptive Quantisierung *f*

adaptive resource sharing (ARS) adaptive Ressourcenzuteilung *f (gemeinsame Systemreserve, TDMA)*

adaptive subband coding (ASC) adaptive Teilbandcodierung *f* (ATBC)

adaptive transformation coding (ATC) adaptive Transformationscodierung *f (Datenreduktion)*

adaptive transformation acoustic coding (ATRAC) adaptive Transformationscodierung *f* im akustischen Bereich

adaptive transversal equalizer adaptiver Transversalentzerrer *m (Sat)*

adaptor s. adapter

ADC American Digital Cellular *(digitaler US-Mobilfunk, ehemals D-AMPS q.v.)*

ADC s. analog/digital converter

ADCCP (Advanced Data Communications Control Procedure) fortgeschrittene Datenübermittlungs-Steuerungsprozedur *f (ANSI, FIPS PUB 71,78)*

A/D converter s. analog/digital converter

ADCT s. adaptive discrete cosine transformation coding

add addieren; hinzufügen

add/drop einfügen/herausnehmen

add/drop multiplexer (ADM) Add/Drop-Multiplexer *m (SDH, US)*

added-feature device Komfortgerät *n (Tel)*

added-feature telephone Komforttelefon *n*

adder Addierer *m*, Summierer *m*

ADDF (automatic digital distribution frame) automatischer Digitalverteiler *m*

addition Überlagerung *f (von Rauschen)*

additional (A) zusätzlich, fakultativ *(Merkmal, ISDN, GSM)*

additional delay Zusatzlaufzeit *f*

additional elementary function (AEF) zusätzliche Elementarfunktion *f (ISDN)*

additional global function (AGF) Zusatz-Globalfunktion *f (ISDN)*

additional high layer function (AHLF) Zusatzfunktion *f* der oberen Schichten *(ISDN)*

additional information Zusatzinformationen *fpl*, Zusatzdaten *npl (TV)*

additional losses Zusatzdämpfung *f (zusätzlich zur festen Teilstreckendämpfung, PCM)*

additional low layer function (ALLF) Zusatzfunktion *f* der unteren Schichten *(ISDN)*

additional packet mode neuer Paketmodus *m (ITU-T)*

additional packet mode service (APMS) zusätzlicher Paketmodus-Dienst *m (ISDN)*

additional service indicator (ASI) Zusatzdienstekennung *f (ISDN)*

additional services fakultative Dienste *mpl (ISDN, GSM, s. Tabelle VII)*

additional unit Zusatzgerät *n*

additive white Gaussian noise (AWGN) additives Gaußsches Rauschen *n*, additives weißes Rauschen *n*

add on aufschalten, zuschalten *(Geräte)*; Nachrüstzubehör *m*

add-on device Zusatzgerät *n*

add-on module Nachrüstbaugruppe *f*, Zusatzbaugruppe *f*

add-on unit Beistellgerät *n (Sat.-Heimempfänger)*

add-on witness Zeugenzuschaltung *f (Tel)*

add-party procedure Prozedur *f* Teilnehmer zuschalten

add/remove zufügen/wegnehmen *(Merkmal, ISDN)*

address Adresse *f*; adressieren, ansteuern

addressable adressierbar, aufrufbar *(Speicherstelle)*

addressable multiplexer digitaler Kreuzschienenverteiler *m*, Crossconnect-Multiplexer *m* (CCM)

address bus Adreßbus *m (DV)*

address code Adreßcode *m (in "Cityruf", Teil der Funkrufnummer)*, Adressierungscode *m (Netz)*

address complete message (ACM) Meldung *f* Adresse vollständig *(ISDN)*

address conversion Adreßübersetzung *f (DV)*

address deinterleaving Adreßauflösung *f (nach Adreßverschränkung, Mehrprozessorsystem)*

addressee Adressat *m (Nachricht)*

address hashing means Adressenhaschmittel *n*

addressing Adressierung *f*

address interleaving Adreßverschränkung *f (DV, Mehrprozessorsystem)*

addressless adressenfrei

address map Adreßliste *f*

address mapping Adressenzuordnung *f*

address resolution protocol (ARP) Adreßauflösungsprotokoll *n (Adressenumsetzung zw. Netzen bzw. Protokollschichten (IP/ATM), RFC0826, s. Tabelle VIII)*

address select line Adressenauswahlleitung *f (DV)*

address signal Rufnummer *f (Daten)*

address space Adreßraum *m (DV)*

address translator Adreßumsetzer *m*, Adreßübersetzer *m*

ADF (automatic document feed) Stapelbetrieb *m (Fax)*

ADI s. alarm data interface

adjacent cell Nachbar(funk)zelle *f*, Nachbarzone *f (Zellularfunk)*

adjacent-cell measurement Nachbarzellenmessung *f (mobile RT)*

adjacent-channel interference (ACI) Nachbarkanalstörung *f (TV)*

adjacent-channel operation Nachbarkanalbetrieb *m (Funkstrecke)*

adjacent-channel power (ACP) Nachbarkanalleistung *f*

adjacent functional entity Nachbar-Funktionsinstanz *f (ISDN)*

adjacent receiver rejection Nebenempfangsstellendämpfung *f (Mobilfunk-BS)*

adjourn unterbrechen *(e. Kommunikation, ISDN)*

adjunct Zusatzeinrichtung *f (Netz)*

adjunct control Hilfssteuerung *f*

adjunct processor Zusatzprozessor *m (Mehrprozessorsystem)*

adjust einstellen, verstellen; ausregeln, bereinigen

adjustable capacitor Stellkondensator *m*

adjustable potentiometer Einstellregler *m*

adjustable tone caller Tonrufschweller *m (DECT)*

adjustment period Einstellzeit *f*; Adaptionszeit *f (Echosperre)*

Ad Lib card Ad-Lib-Karte *f (FM Sound-Karte, PC)*

ADM s. adaptive delta modulation

ADM s. add/drop multiplexer

ADMA s. amplitude domain multiple access

ADMD s. administrative management domain

administer verwalten; austeilen

administration Verwaltung *f (Fernmeldewesen)*

administration and data server (ADS) Betriebs- und Datenserver *m*, Betriebs- und Datenmodul *(ISDN)*

administration (and maintenance) order (AMO) betriebstechnische Aufgabe *f*

administration and maintenance organisation betriebstechnische Organisation *f*

administration and maintenance submodule (AM) Betriebstechnik-Teilmodul *n (ISDN)*

administration and maintenance terminal (AMT) Betriebsterminal *n (ISDN)*

administration of generations Generationsverwaltung *f (Datenbank)*

administration, operation and maintenance (AOM) Verwaltung *f*, Betrieb *m* und Wartung *f*

administration order (AMO) Betriebsauftrag *m (ISDN)*

administration unit pointer Verwaltungseinheitszeiger *m (Bit in STM.1)*

administrative management domain (ADMD) öffentlicher MHS-Versorgungsbereich *m (TELEBOX, ITU-T Empf. X.400, s. Tabelle VI)*

administrative module (AM) Verwaltungsmodul *n (ATM)*

administrative unit (AU) Verwaltungselement *n (B-ISDN, ITU-T Empf. G.709, s. Tabelle III)*

admission Zulassung *f (einer Verbindung)*

admission algorithm Annahmealgorithmus *m (CAC, ATM-TM)*

admission control Zugangskontrolle *f* (ZK) *(von Personen)*

ADPCM s. adaptive differential PCM

ADR Astra Digital Radio *(Dienst des Astra-Betreibers SES)*

A-drive connector Floppy-Stecker *m (PC)*

ADS s. administration and data server

ADS s. air data system

ADSI (analog display services interface) Schnittstelle *f* für analoge Anzeigedienste

ADSL (asymmetric digital subscriber line) unsymmetrische digitale Anschlußleitung *f (Verfahren zur Multimedia-Übertragung zwischen Teilnehmer und Diensteanbieter, hochratig von Zentrale zu Tln. (256 Kanäle), niederratig von Tln. zu Zentrale (32 Kanäle), z.B. VOD auf Kupferdoppelader ins Haus, nach ANSI T1.413, Bandbreite von 30 kHz–1,104 MHz oberhalb des normalen Telefonbereichs (POTS, 0–4 kHz), entspricht Übertragungsverfahren CAP oder DMT (US))*

ADSL transmission unit (ATU) ADSL-Übertragungseinheit *f*, Teilnehmeranschluß *m*

ADU (alarm display unit) Alarmanzeigeeinheit *f*

advance fortschalten *(Zähler)*; vorverschieben *(Phasenverschiebung)*

advance booking Vorbestellung *f (Verbindung)*

advance calling (AC) Vorauswählen *n*

advanced-feature telephone multifunktionales Komforttelefon *n (BT)*

advanced freephone service (Service 800) Gebührenübernahmedienst *m (DTAG-Dienst "Service 130")*

advanced IN (AIN) fortgeschrittenes IN *(US)*

Advanced Infrared (AIR) **specification** AIR-Spezifikation *f (wie IrDA, Reichweite bis 10 m, Datenrate bis 4 Mbit/s, Mehrfachverbindungen)*

advanced peer-to-peer networking (APPN) erweiterte Punkt-zu-Punkt-Netzverbindung *f (OSI, s. Tabelle VI)*

advanced television (ATV) fortgeschrittenes TV *(US)*

advance performance Vorleistung *f (contract)*

advance provisioning Vorleistung *f*

advance time slot Vorlaufzeitschlitz *m*

adverse channel enhancement (ACE) Verbesserung *f* des ungünstigen Kanals *(Übertragungsoptimierung, MNP10-Protokoll, V.42 bis, s. Tabelle V)*

advertising text Werbetext *m* (WT)

advice of charge (AOC) Gebührenanzeige *f*, Gesprächspreisanzeige *f (ISDN, GSM)*

advisory alert Hinweisalarm *m (Aero.)*

advisory committee technischer Beirat *m* (TB)

advisory service Beratungsdienst *m*

AE (application entity) Anwendungsinstanz *f (MAP, GSM)*

AEA American Electronics Association

AEEC Airlines Electronic Engineering Committee

AEF s. additional elementary function)

AEI (ancillary equipment interface) Schnittstelle *f* für Zusatzeinrichtungen, Y-Schnittstelle *f*, AEI-Schnittstelle *f (ISDN)*

aerial cable Freileitungskabel *n*, Luftkabel *n (KTV)*

aeronautical earth station (AES) Satelliten-Sende-/Empfangsstation *f* für die Luftfahrt *(INMARSAT)*

aeronautical mobile service beweglicher Flugfunkdienst *m*

aeronautical mobile telephone and data (**fax**) **service** Passagiertelefondienst *m*

aeronautical navigation service Flugnavigationsdienst *m*

aeronautical radar Flugradar *m*

AES s. aeronautical earth station

AES Audio Engineering Society *(US)*

AF (access facility) Anschluß(einrichtung *f*) *m (ISDN)*

AF (adaptation field) Anpassungsfeld *n (MPEG-2)*

AF (Alternative Frequencies (list)) Alternative Frequenzen *fpl (RDS)*

AF (audio frequency) Tonfrequenz *f*

affected by a short (circuit) kurzschlußbehaftet *oder* -beeinflußt

affiliate anmelden, anschließen

affiliation funktionelle Anschaltung *f* an das System *(Tel)*

AFG (arbitrary function generator) Funktionsgenerator *m* mit frei wählbarer Signalform

AFI (authority and format identifier) Berechtigungs- und Formatkennung *f*

AFL (abstract family of languages) abstrakte Sprachfamilie *f (Spracherkennung)*

AFNOR (Association Francaise de Normalisation) französische Standardisierungsgesellschaft *f (s. Tabelle XIII)*

AFSK (audio FSK) Tonfrequenzumtastung *f*

agent Vertreter *m*; Agent *m (Informationsaustauschprotokoll, Netzmanagement, E-Mail)*, Mitarbeiter *m (Call Center)*, Vermittler *m (SCI q.v.)*; Systemteil *m*

AGF s. additional global function

aggregate data rate Summengeschwindigkeit *f (Gesamtbitrate für den Kanal)*

aggregate bit rate Sammelbitrate *f*, Summenbitrate *f (z.B. 2,043 MB/s für Basisanschluß, ISDN)*

aggregate level Summenpegel *m*

aggregate signal Summensignal *n*

agile frequenzveränderlich *(Hopper)*

agility Agilität *f (Frequenzsprung usw)*

AGL (altitude above ground level) Höhe *f* über Grund *(Luftf)*

agreement Vereinbarung *f*, Übereinstimmung *f*

AH (authentication header) Authentifizierungskopf *m (IP, RFC2401, 2402, s. Tabelle VIII)*

AHLF s. additional high layer function

AI (artificial intelligence) künstliche Intelligenz *f* (KI)

aid Hilfsmittel *n*

AIN (advanced IN) fortgeschrittenes IN *n*

A interface A-Schnittstelle *f (zw. BSS und MSC, GSM-Serie 08, s. Tabelle VII)*

air senden

AIR (Advanced Infrared) **specification** AIR-Spezifikation *f (s.a. IrDA)*

airborne Bord-...

air cable Freileitungskabel *n*, Luftkabel *n (US, KTV)*

air-call bleep Funkrufdienst *m (GB)*

Aircom Aircom-Passagiertelefondienst *m (SITA, INMARSAT-unterstützt)*

air conditioned klimatisiert *(DVA)*

air CRC Funkübertragungs-CRC-Prüfung *f (Mobilfunk)*

air data computer Flugwerterechner *m*

air data system (ADS) Flugwerterechner *m*

air interface Luftschnittstelle *f*, Funkanschluß *m*, Funkschnittstelle *f (Mobilfunk, entspricht Schicht 1 im OSI-Referenzmodell, s. Tabelle I)*, U_m-Schnittstelle *f*

air line Freileitung *f*, Freileitungslinie *f*

Airloop Funkbrücke *f (DS, CDMA, WLL, AT&T)*

air navigation service Flugnavigationsdienst *m*

Airphone Airphone-Passagiertelefondienst *m*, aeronautischer Mobilfunk *m*, Flugzeugtelefon *n (US, INMARSAT-unterstützt)*

air pocket Luftloch *n (aero.)*; Luftblase *f*, Lufteinschluß *m*

air position indicator Positionsbestimmungsgerät *n (radar)*

airspeed Fluggeschwindigkeit *f (Luftf.)*

airspeed indicator (ASI) Fahrtmesser *m (Luftf.)*

air station (AS) Bordstation *f (TFTS)*

air time Sendezeit *f (TV)*

airtime Nutzungszeit *f*, Gesprächszeit *f*, Sprechzeit *f (Mobilfunk)*

airtime provider Diensteanbieter *m (Mobilfunk)*

airtime reseller Diensteanbieter *m (Mobilfunk)*

AIS s. alarm indication signal

alarm Alarmsignal *n*, Störmeldung *f*

alarm activation Alarmierung *f*

alarm and control module (ACM) Überwachungsbaugruppe *f (PLE)*

alarm call service Weckdienst *m*

alarm data interface (ADI) Alarmdatenschnittstelle *f (FW)*

alarm display unit (ADU) Alarmanzeigeeinheit *f*

alarm evaluator Alarmauswertung *f*

alarm indication Alarmanzeige *f*, Indikation *f (Teilnehmerleitung)*

alarm indication circuit Indikationsschaltung *f*

alarm indication signal (AIS) Alarmanzeigesignal *n*, Alarm-Indikations-Signal *n (PCM, ISDN D-Kanal, in Vorwärtsrichtung)*

alarm monitor Alarmwächter *m (FW)*

alarm service Sicherheitsdienst *m*

alarm signal Alarmsignal *n*, Alarm *m*; Alarmgabe *f (FW)*

alarm signal panel Signalfeld *n*, Alarmsignalfeld *n*

alarm signalling Gefahrenmeldung *f*

A-law A-Kennlinie *f (Codierregel nach G.711, s. Tabelle III)*

ALC (automatic level control) automatische Pegelregelung *f (Sat)*

alert Rufmeldung *f (DEE)*; warnen; anreizen; rufen *(ISDN)*; aufmerksam machen *(Benutzer)*, melden *(Verbindung)*

alert a terminal eine DEE anstoßen

alert circuit Rufmeldeschaltung *f (DEE)*

alert for the call den Ruf melden *(DEE)*
terminal has alerted DEE hat geantwortet *oder* hat sich gemeldet *oder* hat den Ruf gemeldet

alerting Rufmeldung *f*, Rufen *n (während des Rufens, ISDN)*, Anrufzustand *m*

alerting delay Anrufverzögerung *f (ISDN)*

alerting device Rufmeldevorrichtung *f*

alerting service Benachrichtigungsdienst *m (SMS)*

alerting signal Rufsignal *n*, Anrufsignal *n*, Anreiz *m*; Rufmeldesignal *n*, Warnzeichen *n (Funkruf)*

alerting terminal (an)rufendes Endgerät *n*

alerting tone Hinweiston *m*

algorithm Algorithmus *m*

aliasing Verfälschung *f*; (Herunter-, Über-, Rück-)faltung(en) *f(pl)*, Überdeckung *f*, Faltungsverzerrung *f*, Aliasing *n (Mischen von Spektren, wenn die Abtastfrequenz weniger als das Doppelte der Bandbreite eines abgetasteten Signals beträgt)*; Verwendung *f* von Pseudonymen *(DV)*
filtering of aliasing Alias-Filterung *f*

aliasing frequency Aliasfrequenz *f*, Faltungsfrequenz *f*

aliasor Aliasing-Schaltung *f*

align abstimmen *(Sende-/Empfangsdatensynchronisation)*; justieren, ausrichten

alignment Abgleichung *f*; Synchronisierung *f (PCM)*; Ausrichtung *f (Text)*

alignment bit Synchronisierbit *n*

alignment pin Führungsstift *m (FO HW)*, Paßstift *m (Verbinder)*

alignment sleeve Koppelhülse *f (FO)*

all calls barred Vollsperre *f*

all circuits busy alle Leitungen besetzt *(Meldung, Verm.)*

all digital rein digital

all-glass fibre Ganzglasfaser *f*

all-in-one Einkabellösung *f (CTV)*

all-pass filter Allpaß *m*

all-plastic fibre Kunststofflichtwellenleiter *m* (KWL) *(FO)*

all-pole filter Allpolfilter *n (Sprachcodierung)*

all routes busy message Blockierungsnachricht *f*

all-station address Generaladresse *f*

all trunks busy (ATB) gassenbesetzt

all-trunks busy time Blockierungsdauer *f*

ALLF s. additional low layer functions

allocate belegen *(Stifte, Kontakte)*

allocation Belegung *f (Stifte, Kontakte)*; Verteilung *f (Anrufe, NStAnl)*

allophone Allophon *n (Ton eines Phonems, Spracherkennung)*

all zeroes nur Nullen *fpl*; Dauernull *n (Dauerstrichsendung)*

ALOHA Aloha-Verfahren *n (Sat., TF-RMA-Verfahren der University of Hawaii, Kommunikationsnetz, das DEE über Funkkanäle miteinander verbindet)*

alphageometry Alphageometrie *f (Vtx-Standard, CEPT-Profil 1, s. Tabelle XI)*

alphanumeric alphanumerisch

Alt ALT *(Tastatur-Funktion, PC)*

alter ändern *n (Berechtigung)*

alterable trunk group search beeinflußbare Bündelsuche *f*

alternate billing service (ABS) alternative Gebührenberechnung *f (IN)*

alternate computer Ersatzrechner *m*

alternate mark inversion (AMI) bipolare Schrittinversion *f (pseudoternäre PCM, redundanter binärer Leitungscode, ISDN D-Kanal)*

alternate party diversion Umleitung *f* zum alternativen Teilnehmer

alternate route Zweitweg *m*, Alternativweg *m*, Ersatzweg *m*, Ausweichleitweg *m*, Umweg *m*

alternate routed auf Zweitweg *m* geleitet

alternate routing Umweglenkung *f (Netzmanagement)*, Leitwegbestimmung *f*

alternate routing expert system (ARX) Streckenführungs-Expertensystem *n (IN)*

alternating burst Wackelburst *m (PAL-TV)*

alternating code Wechselcode *m (Sicherheitsanlage)*

alternating current (AC) Wechselstrom *m*

alternating-current line circuit Wechselstromübertragung *f (Tel.-Signalisierung)*

alternating duplex communication bedingtes Gegensprechen *n*

alternating signal Wechselsignal *n*

alternating voltage Wechselspannung *f*

Alternative Frequencies (list) (AF) alternative Frequenzen *fpl* (AF) *(RDS)*

alternative routing alternatives Bündel *n*; Zweitweg *m*, Umweglenkung *f (Netzmanagement)*

alternative signal Ersatzsignal *n*

alternative voice/data (AVD) Alternativ-Sprache/Daten-Verfahren *n (Multiplexer)*

altitude above ground level (AGL) Höhe *f* über Grund *(aero)*

ALU (arithmetic (and logic) unit) Recheneinheit *f*, Arithmetik-Schaltwerk *n*

always-on connectivity Standleitung *f*, dauernd aktive Verbindung *f (IP)*

Always-On/Dynamic ISDN (AO/DI) **connectivity** AO/DI-Verbindung *f*, dauernd aktive Verbindung *f* bei dynamischem ISDN *(ISDN, IP, 9.6 kbit/s, ITU-Empf. X.31, IAB RFC2125, s. Tabelle VIII)*

Always on Top Immer im Vordergrund *(MS-Windows-Anzeige, PC)*

AM s. administration and maintenance submodule

AM s. administrative module

AM s. amplitude modulation

AMA (automated message accounting) automatische Gebührenerfassung *f (US, Centrex)*

ambient light Umgebungslicht *n (Grafik)*

ambient noise Umgebungsgeräusch *n (allgemein)*, Nebengeräusch *n*; Raumgeräusch *n (Akustik)*

ambient temperature Umgebungstemperatur *f*

ambiguity Zweideutigkeit *f*; Mehrdeutigkeit *f*

ambiguous definition zweideutige Definition *f*

AMC (module administration and maintenance controller) Modul-Betriebssteuerung *f*

AMI s. alternate mark inversion

AMIS (Audio Message Interchange Specification) **protocol** AMIS-Protokoll *n (VMS, herausgegeben Feb.1992 von der Information Industry Association, Washington, DC, zur herstellerneutralen Netzverbindung)*

Aμ law conversion A-μ-Umcodierung *f*

AMLCD (active matrix LCD) Aktiv-Matrix-LCD *f*

AMM s. ATM management module

ammeter Strommesser *m*

AMO s. administration (and maintenance) order

AMP s. asymmetrical multiprocessing

amount Menge *f*, Betrag *m*; Aufwand

amplified section verstärkter Abschnitt *m*

amplified spontaneous emission (ASE) verstärkte spontane Emission *f (optisches Störsignal in EDFA q.v.)*

amplitude bin Amplitudenbereich *m (für einen Frequenzbereich)*

amplitude density distribution Amplitudendichteverteilung *f*

amplitude domain multiple access (ADMA) Vielfachzugriff *m* im Amplitudenbereich *(Sat)*

amplitude frequency response Amplitudenfrequenzgang *m*

amplitude hit Pegelsprung *m (ITU-T Empf. 0.95, PCM)*

amplitude modulated television (AMTV) **microwave relay** AMTV-Richtfunk *m*

amplitude modulation (AM) Amplitudenmodulation *f*

amplitude modulation halftoning amplitudenmodulierte Rasterung *f (Repro.)*

amplitude phase shift keying (APK, APSK) Amplituden-Phasenumtastung *f (hybride Modulationsart, Sat., digitale Mittelwellenübertragung)*

amplitude shift keying (ASK) Amplituden(um)tastung *f*, Amplitudensprungmodulation *f*

amplitude-stabilized amplitudenstabil

AMPS (Advanced Mobile Phone Service) AMPS-Funktelefon-System *n (analog, US)*

AMR (adaptive multi-rate) **voice coder** AMR-Sprachcodierer *m (GSM)*

AMS (ATM mobility server) ATM-Mobilitäts-Server *m (B-ISDN-Mobilkommunikation)*

AMSS (Aeronautical Mobile Satellite Service) Satellitengestützter Flug-Mobilfunk *m (über INMARSAT-Satelliten)*

AMT s. administration and maintenance terminal

AMTV microwave relay AMTV-Richtfunk *m*

AMX (ATM multiplexer) ATM-Multiplexer *m*

AN (access network) Zugangsnetz *n*

analog(ue *(GB)*) analog *(zeit- und wertkontinuierlich, Signal)*

analog adder Summierer *m*

analog/digital converter (ADC, A/D converter) Analog-Digital-Umsetzer *m* (ADU) *oder* -Wandler *m* (ADW)

analog display services interface (ADSI) Schnittstelle *f* für analoge Anzeigedienste *(Standard für gleichzeitige Daten-/ Sprachübertragung auf analogen Telefonanschlüssen)*

analog electronic switching system elektronisches Wählsystem *n*, analog (EWSA)

analog extension circuit analoge Teilnehmerschaltung *f* (ATS) *(ISDX)*

analog interface a/b-Schnittstelle *f (Tel)*

analog line interface circuit analoge Teilnehmerschaltung *f* (ATS) *(ISDX)*

analog lines connected to digital exchanges analoge Telefonanschlüsse *mpl* an ISDN-fähige Teilnehmernetzknoten (ANIS) *(DTAG)*

analog method Analogverfahren *n*

analog modem Analogmodem *m*

Analogue Private Network Signalling System (APNSS) Zeichengabesystem *n* für analoge Privatnetze *(BT, entspricht DPNSS1)*

analysis filter Auswertungsfilter *n (Toncodierung)*

analyze analysieren, bewerten, auswerten

analyzing tool Analysetool *n*

anchor point Ankerpunkt *m (Datennetz)*

anchoring Anchoring *n (Verbindung von "Informationspartikeln" durch "Kanten" in einem Hypermediensystem, q.v.)*

anchoring technique Ankertechnik *f (Datennetz)*

ancillary data Zusatzdaten *npl (MPEG-2)*

ancillary device Zusatzgerät *n* (ZG) *(z.B. Anrufbeantworter)*

ancillary equipment Zusatzeinrichtung *f* (ZE) *(DEE in HA oder in Tk-Anl)*

ancillary equipment interface (AEI) Schnittstelle *f* für Zusatzeinrichtungen, Y-Schnittstelle *f*, AEI-Schnittstelle *f*

anechoic chamber Absorberraum *m*

angel processor Engelprozessor *m (AT&T-Vermittlung, ¤Schutzengel-¤funktion)*

angle bar Winkelschiene *f (Gestell)*

angle diversity Winkeldiversity *f*

angle transducer Winkelgeber *m (Ant.)*

angular frequency Kreisfrequenz *f*

ANI (automatic number identification) automatische Rufnummernanzeige *f (Tln, ISDN)*, automatische Rufnummernkennzeichnung *f (Vermittlung)*

animated film Trickfilm *m*

animated cartoon Zeichentrickfilm *m*

animation Bildbewegung *f (PC)*

anisochronous anisochron *(asynchron)*

ANN (artificial neural network) künstliches Neuronennetz *n*

annex Anlage *f (Dokument)*

annotate anmerken, kommentieren

annotation Anmerkung *f*, Kommentar *n*, Kommentieren *n*

announce ansagen, durchsagen

announcement Ansage *f*

announcement circuit Ansageschaltung *f*

announcement function Durchsagefunktion *f (TETRA)*

anomalous anormal

anomaly Sollwertabweichung *f*

anonymous call rejection (ACR) Abweisung *f* anonymer Anrufe *(US)*

ANS s. answer tone

ANSI (American National Standards Institute) Nationales Amerikanisches Normeninstitut *n (gegründet 1918, s. Tabelle XIII)*

answer Amtsabfrage *f*

answer a call sich (am Fernsprecher) melden; einen Anruf entgegennehmen, beantworten, abarbeiten *(Tel)*

answer a calling subscriber abfragen *(Tel.-Vermittl.)*

answer a telephone sich (am Fernsprecher) melden

answerback unit Kennungsgeber *m (Tx)*

answer desk Abfrageplatz *m*, Abfragestelle *f (Tel, Teil einer Hauptstelle in einer NStAnl)*

answering Abfrage *f*, Anrufbeantwortung *f*

answering delay Meldeverzug *m*

answering desk Abfrageplatz *m (Tel)*

answering equipment Abfragezusatz *m*, Anruforgan *n*, Anrufbeantwortungs-Einrichtung *f* (AAE)

answering internal calls Abfrage *f* von Internrufen (IA) *(NStAnl)*

answering jack Abfrageklinke *f (Tel)*

answering machine Anrufbeantworter *m (nach BS 6789, 6401, 6305)*

answering selector Abfragewähler *m (Verm.)*

answering service Auftragsdienst *m (Tel)*

answering sequence Abfragefolge *f*

answering signal Meldekennzeichen *n*

answering station Abfragestelle *f (Tel)*

answer key Abfragetaste *f (NStAnl)*

answer seizure rate (ASR) Erfolgreichenrate *f*

answer signal Beginnzeichen *n* (BEG) *(von gerufener Station)*

answer state Beginnzustand *m (Tel)*

answer tone (ANS) Antwortton *m (ITU-T V.8)*

answerphone Anrufbeantworter *m*

antenna Antenne *f (Rundf., TV, Sat. usw)*

antenna aperture Antennenöffnung *f*

antenna array Gruppenantenne *f*, Antennengruppe *f*

antenna beam Antennenkeule *f*

antenna feedpoint Antennenanschluß *m*

antenna mast Antennenmast *m*, Antennenträger *m*

antenna multiplexing Antennenvielfachausnutzung *f oder* -mehrfachausnutzung *f*

antenna pattern Antennendiagramm *m*, Strahlungscharakteristik *f*

antenna radiation centre Antennenschwerpunkt *m*

antenna radiation pattern Antennencharakteristik *f*

antenna reflector Antennenspiegel *m*, Reflektor *m*

antenna support Antennenträger *m (TV)*

antenna tower Antennenturm *m*, Antennenträger *m (TV)*

anti-aliasing filter Anti-Aliasing-Filter *n*

anti-image filter Spiegelfrequenzunterdrückungsfilter *n*

Antiope *(Acquisition numérique et télévisualisation d'images organisées en pages d'écriture)* Antiope-Videotexstandard *m* in Frankreich *(1973 von der CCITT entwickelt, CEPT-Profil 2, s. Tabelle XI)*

antiphase gegenphasig, Gegentakt-...

antiphase signal Gegentaktsignal *n*

anywhere call pickup netzweite Erreichbarkeit *f (Mobilfunk)*

AOC (advice of charge) Gebührenanzeige *f (ISDN)*

AO/DI s. Always-On/Dynamic ISDN

AOM (administration, operation and maintenance) Verwaltung *f*, Betrieb *m* und Wartung *f*

A operator A-Platz *m (Tel)*

AOS (acquisition of signal) Signalsynchronisierung *f*

AOTF (acousto-optically tunable filter) akusto-optisch abstimmbares Filter *n (OXC)*

A party A-Teilnehmer *m* (TEA) *(Tel)*

A-party monitor Eigenbildmonitor *m (Bildtelefon)*

APC (ADPCM with primary frequency control) ADPCM *f* mit Leitfrequenzsteuerung

APC-MLQ (adaptive predictive coding with maximum-likelihood quantization) adaptive prädiktive Codierung *f* mit Maximum-Likelihood-Quantisierung

APD (avalanche photo diode) Lawinen-Fotodiode *f (FO)*

aperture Öffnung *f*, Öffnungswinkel *m (Antenne)*

aperture antenna Flächenstrahler *m (Antenne)*

aperture efficiency Flächenwirkungsgrad *m (Antenne)*

aperture time Öffnungszeit *f (ADU)*

APH s. ATM packet handler

API s. application programming interface

APK s. amplitude phase shift keying

APL (average picture level) mittlere Bildhelligkeit *f (Fernsehsender)*

APMS (additional packet mode service) zusätzlicher Paketmodus-Dienst *m (ISDN)*

APNSS s. Analogue Private Network Signalling System

A position A-Platz *m (Tel)*

apparatus Apparat *m*, Gerät *n*

apparent scheinbar

APPC (advanced program-to-program communication) höhere Programm-Programm-Kommunikation *f (Erweiterung der IBM-SNA)*

appear erscheinen; aufliegen *(Leitung an einem Endgerät, Tel)*

appearance Erscheinung *f*; Aussehen *n*; Erscheinungsfall *m*; Aufliegen *n (einer Leitung oder Verbindung, NStAnl.)*

append anhängen, hintenanstellen *(z.B. Zeichenkette)*

appendix Anhang *m (Dokument)*

applet Applet *n (mini-application written in "Java" q.v., to run in a web page (s. WWW))*

applicability Anwendbarkeit *f*, Übertragbarkeit *f (z.B. eines Ergebnisses)*

applicable anwendbar; zutreffend; gilt

application Anwendung *f*, Applikation *f (Software; Teletext (ETS 300 708))*

application entity (AE) Anwendungsinstanz *f (MAP)*

application filter Applikationsfilter *n (Firewall q.v.)*

application hosting Applikations-Hosting *n*

application icon Anwendungssymbol *n*

application interface Anwendungsschnittstelle *f*, Applikationsschnittstelle *f*

application layer Anwendungsebene *f*, Anwendungsschicht *f*, Verarbeitungsschicht *f (Schicht 7, OSI-Referenzmodell)*

application note Anwendungsbeschreibung *f*

application-oriented anwendungsnah

application process Anwendungsprozess *m (ISDN)*

application programming interface (API) Anwendungs(programmier)schnittstelle *f (PC X.25, X.75 HDLC, IN, s. Tabelle VI; RFC1208, s. Tabelle VIII; s.a. "TAPI")*

application service element (ASE) Anwendungs-Dienstelement *n (Funktionsblock, GSM, B-ISDN)*

application service provider (ASP) Anwendungs-Diensteanbieter *m*, ASP-Anbieter *m (ermöglicht Zugriff auf und Benutzung von Anwendungssoftware in einem ASP-Server gegen Bezahlung)*

application software Anwendersoftware *f*, Anwendungssoftware *f*

applications processor Anwendungsprozessor *m*

applique circuit Additivkreis *m*, Zusatzschaltung *f (US, eine, die Funktionen (z.B. Übertragungsparameter) einer vorhandenen Grundschaltung ändert oder erweitert)*

apply anwenden; anlegen *(Spannung)*; einblenden *(Aufschalteton)*

apply current Strom *m* anlegen, bestromen

APPN (advanced peer-peer networking) erweiterte Punkt-zu-Punkt-Netzverbindung *f*

appointment data base Termindatenbasis *f*

appointments facility Termineinrichtung *f (Tk-Anl)*

approach Ansatz *m*, Methode *f*

appropriate jeweilig, sinnvoll

approval Zulassung *f*, Freigabe *f (QA)*

approval test Zulassungsprüfung *f* (ZulPr) *(FTZ)*

approved for posting postzugelassen

approximate (approx) ungefähr, angenähert, Näherungs-...; sich nähern, approximieren *(Math)*, annähernd bestimmen

approximate value Näherungswert *m (Math)*

APS s. auxiliary power source

APSK s. amplitude phase shift keying

APSL s. Augmented Protocol Specification Language

APT s. automatic picture transmission

AQ (adaptive quantisation) adaptive Quantisierung *f*

AQAP (Allied Quality Assurance Publications) NATO-Qualitätssicherungsdokumente *npl*

AQL (acceptable quality level) annehmbare Qualitätslage *f*, akzeptables Gütemaß *n*

arbiter Arbiter *m*, Zuteiler *m*, Busverwalter *m (Bus)*

arbitrary willkürlich, beliebig, wahlfrei; benutzerdefinierbar

arbitrary function generator (AFG) Funktionsgenerator *m* mit frei wählbarer Signalform *(Meßtechnik)*, arbiträrer Funktionsgenerator *m*, Arbiträrfunktionsgenerator *m*

arbitrate zuteilen, entscheiden, arbitrieren *(Bus)*

arbitration Entscheidung *f*, Steuerung *f*, Vermittlung *f*, Vergabe *f*, Arbitrierung *f (Bus)*

architectural model Architekturmodell *n (OSI-RM, s. Tabelle VI)*

architecture Architektur *f*

archival information Archivinformation *f (I.211, s. Tabelle IV)*

ARCS s. ASTRA return channel system

area code Bereichskennzahl *f* (BKZ), Vorwahlkennzahl *f*, Ortsnetzkennzahl *f*, Ortsvorwahl *f*, Kennzahlbereich *m (US)*

area code split Kennzahlbereichsteilung *f*, Bereichsteilung *f (US, s.a. 'NPA split')*

area identification signal Bereichskennung *f* (BK), Sendebereichskennung *f (RDS)*

area of activity Wirkungsbereich *m*

area of uncertainty Ünsicherheitsbereich *m (Entscheider)*

area-wide flächendeckend

ARHC appels réduits à l'heure chargée *(Verkehrswerteinheit, 1/30 Erl bzw. VE)*

ARINC 429 digitaler Datenbus *m* der Fa. Aeronautical Radio Inc. *(Aerospace)*

arithmetic (and logic) unit (ALU) Recheneinheit *f*, Arithmetik-Schaltwerk *n*

arithmetic function Rechenfunktion *f*, arithmetische Funktion *f*

arithmetic problem Rechenbeispiel *n*

arithmetic processor Arithmetikprozessor *m*

ARM s. asynchronous response mode

arm scharf stellen, bereit machen *(Auslöseschaltung)*; entsichern *(Mil.)*

ARO s. audio receive only

ARP (address resolution protocol) Adreßauflösungsprotokoll *n (Adressenumsetzung zw. Netzen bzw. Protokollschichten (IP/ATM), RFC0826, s. Tabelle VIII)*

ARPA (Advanced Research Projects Agency) US DoD-Agentur *f* für Spitzenforschungsprojekte *(auch verantwortlich für die Finanzierung eines Großteils des Internet einchl. Unix und TCP/IP (q.v.))*

ARPANET (Advanced Research Projects Agency network) Daten-Verbundnetz *n* der ARPA *(s. oben, diente als Backbone-Netz während der Entwicklung des Internet (q.v.))*

ARQ s. automatic repeat request

ARR s. automatic retransmission request

arrangement Anordnung *f*, Aufbau *m*; Belegung *f (Anzeigefeld)*

array Feld *n*, Reihe *f*, Matrix *f(LEDs)*; Gruppe *f (Antenne)*; Raster *m*; Anordnung *f*

arrow key Pfeiltaste *f*, Richtungstaste *f (PC-Tastatur)*

arrow pointer Vierfachpfeil *m (PC-Tastatur)*

ARS (adaptive resource sharing) adaptive Ressourcenzuteilung *f (TDMA)*

artefact Artefakt *n (Bild- oder Tonfehler)*, Fremdobjekt *n*

articulation Verständlichkeit *f (Sprache)*

artifact s. artefact

artificial antenna Kunstantenne *f (Prüflast, TV-Sender)*

artificial intelligence (AI) künstliche Intelligenz *f* (KI)

artificial line Leitungsnachbildung *f*, Kunstleitung *f*

artificial (mains) network Netz-Nachbildung *f*

artificial neural network (ANN) künstliches Neuronennetz *n*

artificial telephone line Telefon-Leitungs-Nachbildung *f* (TLN) *(FTZ)*

artwork Druckvorlage *f (Leiterplatten)*

ARX (alternate routing expert system) Streckenführungs-Expertensystem *n (IN)*

AS (access switch) Zugangskoppelnetzbaustein *m*

AS (active star coupler) aktiver Sternkoppler *m*

AS (air station) Bordstation *f (TFTS)*

AS s. audio station

ASC (adaptive subband coding) adaptive Teilbandcodierung *f* (ATBC)

ascent rate Steigfluggeschwindigkeit *f (Luftf.)*

ASCII (American Standard Code for Information Interchange) amerikanischer Standardcode *m* für Datenaustausch

ASE s. amplified spontaneous emission

ASE s. application service element

ASE s. automatic speech recognition

A Series of ITU-T Recommendations A-Serie *f* der ITU-T-Empfehlungen *(betrifft Organisation der Arbeit der ITU-T, s. Tabelle III)*

ASI s. additional service indicator

ASI (airspeed indicator) Fahrtmesser *m (Luftf.)*

ASI (asynchronous serial interface) asynchrone Serienschnittstelle *f (QPSK-QAM, DVB)*

ASIC (application-specific IC) anwendungsspezifische IC *f*

ASK (amplitude shift keying) Amplituden(um)tastung *f*

askey s. ASCII

ASN.1 (Abstract Syntax Notation One) Sprache *f* zur Beschreibung abstrakter Syntax *(OSI, s. Tabelle III, VI)*

ASP s. application service provider

aspect ratio Bildseitenverhältnis *n*, Seitenverhältnis *n*, Format *n (TV)*

ASR s. answer seizure rate

ASSC (automatic satellite saturation control) automatische Satelliten-Sättigungssteuerung *f*

assemble zusammenbauen; zusammenstellen, zusammensetzen; multiplexen *(PCM)*

assembly Baugruppe *f* (BG), Anordnung *f*, Einrichtung *f*; Zusammenbau *m*; Zusammenfügung *f*

assembly language Assemblersprache *f (SW)*

assert aktivieren *(Leitung)*, ansteuern; (logisch wahr) setzen *(Zustand)*; anlegen, senden *(Signal)*

assets Aktivposten *mpl*, Inventar *n*

assign belegen *(Tasten, Stifte, Kontakte)*, zuordnen

assigned cell zugeteilte Zelle *f*, gültige Zelle *f*

assignment Belegung *f (Tasten, Stifte, Kontakte)*, Vergabe *f*, Zuordnung *f*

assignment interface Zuteilungsschnittstelle *f*

assignment list Beschaltungsliste *f*

assignment matrix Beschaltungsmatrix *f (DCC)*

assignment store Zuordnungsspeicher *m*

assign priority priorisieren

assign to key Tastenzuordnung *f (PC)*

associate zuordnen, assoziieren

associated zugeordnet, zugehörig, verbunden

associated control channel (ACCH) assoziierter Organisationskanal *m (GSM)*

associated message assoziierte *oder* zugeordnete Meldung *f (ISDN)*, Verbindungsprotokoll *n*

associated mode assoziierte Zeichengabe *f*

association Zugehörigkeit *f*, Assoziation *f*, Kopplung *f (z.B. Frequenzbeziehung)*

association control service element (ACSE) Dienstelement *n* für Assoziationssteuerung, ablaufsteuerndes Dienstelement *n (s. CASE, ISO-RM Schicht 7, ISO DIS 8649)*

association law Kettenregel *f (Netzfunktionen, ITU-T I.340, s. Tabelle IV)*

associative assoziativ

associative memory Assoziativspeicher *m*; inhaltsadressierbarer *oder* inhaltsadressierter Speicher *m*

assure sicherstellen, zusichern *(QOS)*

assured gesichert *(Dienst)*

AST s. audio station

ASTRA return channel system (ARCS) ASTRA-Rückkanalsystem *n (Sat., 29.5–30.0 GHz, Datenrate 33,6 kB/s, Antenne wird auch als Sendeantenne benutzt)*

ASW (access switch) Anschlußvermittlung *f*

asymmetrical multiprocessing (AMP) ungleichmäßiger Multiprozessorbetrieb *m (prozessororientierte Aufgabe im Netz)*

asymmetric digital subscriber line (ADSL) unsymmetrische digitale Anschlußleitung *f*

asymmetric encryption asymmetrische Verschlüsselung *f (verwendet einen geheimen und einen öffentlichen Schlüssel)*

asynchronous asynchron *(bei IEEE 1394 (q.v.) auch Übertragung von Daten mit veränderlichen Zeitabständen zwischen den Zeichen, und Übertragung von Daten so wie sie anstehen)*; unverkoppelt *(Takt)*, ohne Taktverbindung *f*

asynchronous balanced mode (ABM) gleichberechtigter Spontanbetrieb *m*, Mischbetrieb *m (LAP-B)*

asynchronous communications interface adapter (ACIA) E/A-Schnittstelle *f* für serielle Anschlüsse

asynchronous connectionless (ACL) **link** asynchrone verbindungsunabhängige Verbindung *f (Bluetooth q.v.)*

asynchronous disconnected mode unabhängiger Wartebetrieb *m*

asynchronous mode Asynchronbetrieb *m*

asynchronous response mode (ARM) Spontanbetrieb *m (HDLC)*

asynchronous serial interface (ASI) asynchrone Serienschnittstelle *f (QPSK-QAM, DVB))*

asynchronous time division multiplex (ATD, ATM) asynchrones Zeitmultiplex *n*, asynchrone Zeitvielfachtechnik *f (ATM)*

asynchronous transfer mode (ATM) asynchroner Übertragungsmodus *m (FO, PCM-Daten, ITU-T Empf. I.121, s. Tabelle IV, wobei "asynchron" auf die Information und nicht die Bitsynchronisierung bezogen ist)*

asynchronous DTE Start-/Stopp-DEE *f (mit Start- und Stoppbit)*

ATB (all trunks busy) gassenbesetzt

AT bus AT-Bus *m (PC)*

AT bus interface AT-Busschnittstelle *f (auch IDE, PC)*

ATC (adaptive transformation coding) adaptive Transformationscodierung *f*

ATD s. asynchronous time division multiplex

ATE s. automatic telephone exchange

AT (attention) **instruction** AT-Befehl *m (Modem)*

AT instruction set AT-Befehlssatz *m (Modem)*

Atlantic Crossing Cable (ACC) transatlantisches Glasfaserkabel *n (Long Island bis Westerland/Sylt; 40 Gbit/s, Inbetriebnahme 1998)*

ATM s. asynchronous time division multiplex

ATM s. asynchronous transfer mode

ATM s. automatic teller machine

ATM adaptation layer (AAL) ATM-Anpassungsschicht *f*

ATM adaptation layer processor (AALP) ATM-Anpassungsschicht-Prozessor *m*

ATM address mapper (AAM) ATM-Adressenumcodierer *m*

ATM block transfer (ABT) ATM-Block-Übertraqung *f (ATM-Dienstklasse nach ITU-T I.131 u. I.371 für Datenaustausch zw. Zentralrechnern und Video auf Abruf, keine ATM-Forum-Entsprechung)*

ATM cell ATM-Zelle *f*

ATM cross connecting Durchschalten *n* im ATM-Crossconnect

ATM deterministic transfer mode deterministischer ATM-Übertragungsmodus *m (ITU-T I.113, s. Tabelle IV)*

ATM interface unit ATM-Schnittstelleneinheit *f (AT&T)*, ATM-Anschlußeinheit *f*

ATM management module (AMM) ATM-Management-Modul *n (AT&T)*

ATM multiplexer (AMX) ATM-Multiplexer *m*

ATM packet handler ATM-Paketsteuerung *f (AT&T)*

ATM pipe ATM-Leitung *f*, ATM-Übertragungsleitung *f*

ATM switch ATM-Vermittlung *f*, ATM-Switch *m (ITU-T I.150, s. Tabelle IV)*

ATM statistical transfer mode statistischer ATM-Übertragungsmodus *m (ITU-T I.113, s. Tabelle IV)*

ATMU s. ATM interface unit

ATMU CC (ATMU central controller) ATMU-Zentralsteuerung *f (AT&T)*

atomic memory atomarer Speicher *m*

atomic percent Atomprozent *n (Chemie)*

atomic unit of data unteilbare Grunddateneinheit *f*, unteilbares Datenelement *n*

ATP s. automatic train protection

AT (advanced technology) **PC** AT-PC *m (PC mit Intel 80286, -386 oder -486 Prozessor)*

ATRAC (adaptive transformation acoustic coding) adaptive Transformationscodierung *f* im akustischen Bereich *(Datenreduktion)*

at reduced charge gebührenermäßigt

ATSC (Advanced Television Systems Committee) US DTV-Standard *m (umschaltbares Seitenverhältnis: 640x480 (4:3)–1920x1080 (16:9) Pixel, 525/1018 Zeilen, Dolby Digital (AC-3))*

at sign Klammeräffchen *n*, At-Zeichen *n* (@) *(z.B. in einer E-Mail-Adresse, Sonderzeichencode: ALT + 64 oder (at))*

AT&T American Telephone & Telegraph Company *(US)*

attach anschalten *(DEE an Netz)*, anschließen *(DV, Task)*, angliedern, einbinden

attached task angeschlossene Aufgabe *f (OS)*

attaching task anschließende Aufgabe *f (OS)*

attachment Zusatz *m*, Zusatzgerät *n*; Anschluß *m (SW)*, Anlage *f (E-Mail)*

attack Angriff *m (chem., Hacker)*; Anstieg *m (Impuls)*

attack time Anstiegszeit *f*, Einschwingzeit *f*, Ansprechzeit *f*

attempted call Verbindungsversuch *m*

attendance side Manipulierseite *f (Verteiler)*

attendant Vermittlungskraft *f*, Bedienungsperson *f*

attendant('s) console (AC) Vermittlungsfernsprecher *m (NStAnl)*, Abfragestelle *f*

attendant station Abfragestelle *f (NStAnl)*

attended bedient *(Terminal)*

attended exchange bemanntes *oder* besetztes Amt *n*

attention tone Aufmerksamkeitston *m (NStAnl)*

attenuate bedämpfen *(Frequenzen)*

attenuation Dämpfung *f*, Dämpfungsbetrag *m (Meßverfahren nach IEC 874-1)*

attenuation coefficient Dämpfungsbelag *m (FO)*, Dämpfungskonstante *f*

attenuation constant Dämpfungsbetrag *m (PCM)*, Dämpfungskonstante *f*; Wellendämpfung *f (Kabel, dB/km)*

attenuation/crosstalk ratio (ACR) Verhältnis *n* Dämpfung zu Nebensprechen, Dämpfungsübersprechabstand *m*

attenuation dip Dämpfungseinbruch *m*

attenuation distortion Dämpfungsverzerrung *f (Test)*

attenuation equalization Dämpfungsausgleich *m*

attenuation event Dämpfungsereignis *n (Sat)*

attenuation skirt Dämpfungsflanke *f (Sat)*

attenuation slope Dämpfungsunterschied *m (Sat)*

attenuator Dämpfungsglied *n*, Teiler *m*

attribute Merkmal *n (ISDN)*, Eigenschaft *f (EMA)*; Standardeigenschaft *f (DECT)*, Kennwert *m*

attrition rate Fluktuationsrate *f (von Kunden)*

ATU (ADSL transmission unit) ADSL-Übertragungseinheit *f*, Teilnehmeranschluß *m*
ATU-C (ATU Central) Teilnehmeranschluß *m* Vermittlungsstelle *(ADSL)*
ATU-R (ATU Remote) Teilnehmeranschluß *m* Teilnehmer *(ADSL)*

ATV (advanced television) fortgeschrittenes TV *(US)*

AU (access unit) Anschlußeinheit *f* (AE)

AU (administrative unit) Verwaltungselement *n*

AUC s. authentication centre

audible hörbar

audible acknowledgement signal Quittungston *m*

audible alarm (signal) akustischer Alarm *m*

audible alert hörbare Rufmeldung *f (DEE)*

audible indication akustische *oder* hörbare Anzeige *f*

audible signal tolerance Hörzeichentoleranz *f*

audible tones Hörtöne *mpl*

audibly alert for the call den Ruf hörbar melden *(DEE)*

audience rating Einschaltquote *f*

audio amplifier Tonverstärker *m*

audio block Audioblock *m (Audiodaten)*

audio breakup Tonstörung *f (DVB)*

audio card Audiokarte *f*, Soundkarte *f (Multimedien-PC)*

audio circuit Tonleitung *f*, Tonschaltung *f*

audio clip Tonausschnitt *m*, Audioclip *m*

audio conference Fernsprechkonferenz *f*

audio data Audiodaten *npl (CD-A, CD-I, Multimedia)*

audio frequ%ncy (AF) Niederfrequenz *f*, Tonfrequenz *f*

audio-frequency transformer Niederfrequenzübertrager *m*, NF-Trafo *m*

audio FSK (AFSK) Tonfrequenzumtastung *f*

audio interference Tonstörung *f (TV)*

audio lines Tonleitungen *fpl*, Sprechwegeführung *f*

audio message Sprachmitteilung *f*, Sprachnachricht *f*

audio path Tonausbreitungsweg *m*

audio receive only (ARO) Tonfunkempfang *m (Sat)*

audio response unit Sprachausgabegerät *n*

audioscroll sprachunterstützte Wahl *f*

audio station (AS,AST) Sprechstelle *f (Gegensprechanlage)*

audio system Audiosystem *n*; Hifi-Anlage *f*, Stereoanlage *f (Heim)*; Beschallungsanlage *f*, Lautsprecheranlage *f (Saal)*

Audiotex Audiotex-Dienst *m*, Teleinfo-Dienst *m (Tel., Sprachspeicher- und -ausgabedienst)*

audio transformer Niederfrequenzübertrager *m*, NF-Trafo *m*

audio-visual (AV) audio-visuell (AV), Bild-Ton-. . ., optisch-akustisch

audit Audit *n*; Vergleichsprüfung *f (DV)*; Revision *f*; nachprüfen

auditive test Hörprüfung *f (Tel)*

aufsetzen place (on); sit on *(protocol layer)*; rely upon *(theorem)*

Augmented Protocol Specification Language (APSL) erweiterte Protokollspezifikationssprache *f*

augmented transition network (ATN) erweitertes Transitionsnetz *n (endl. Automat)*

AUP (Acceptable Use Policy) Allgemeine Nutzungsbedingungen *fpl (vom Netzbetreiber abhängige Nutzungsregeln, z.B. betreffs der Verbreitung von Pornomaterial oder der kommerziellen Netznutzung; RFC1983, s. Tabelle VIII)*

AUSTEL (Australian Telecom) Australische Aufsichtsbehörde für das Fernmeldewesen

authenticate autorisieren *(Benutzung)*, authentifizieren *(Benutzer)*, authentisieren

authentication (AUT(H)) Authentifikation *f (GSM 01.04, s. Tabelle VII; IP)*, Authentifizierung *f*, Authentisierung *f*, Berechtigung *f*

authentication centre (AC,AUC) Berechtigungszentrum *n*, Authentifizierungseinrichtung *f*, Autorisierungszentrale *f (D2 GSM)*

authentication header (AH) Authentifizierungskopf *m (IP, RFC2401, 2402, s. Tabelle VIII)*

authentication protocol Authentifizierungsprotokoll *n*

authenticity Echtheit *f (Dokumente)*

authenticity control (AC) Berechtigungszentrum *n (GSM)*

authoring Verfassen *n*

authoring tool Autorenwerkzeug *n (Übersetzung)*

authorization Berechtigung *f*, Zugangsberechtigung *f (für Benutzer)*; Erlaubnis *f (Zugriffssteuerung)*

authorization examination Berechtigungsprüfung *f (ISDN)*

authorized berechtigt *(Benutzer)*; erlaubt, autorisiert *(Benutzung)*

autoanswer automatische Antwort *f*, automatische Beantwortung *f (Verm., Modem)*

auto bill calling (ABC) Anrufen *n* mit automatischer Gebührenberechnung *(US)*

auto call automatischer Verbindungsaufbau *m (US)*

auto callback (automatischer) Rückruf *m (Tel)*

autoconfiguration Selbstkonfigurierung *f (PNNI-Netz)*

autocorrelation Autokorrelation *f*

autodialler Selbstwählvorrichtung *f (Vtx)*

auto-dialling automatischer Verbindungsaufbau *m*

auto-dial modem Wahlmodem *m*, Selbstwahl-Modem *m*

autoheterodyning Selbstmischen *n (HF)*

automated rechnergestützt *oder* -unterstützt

automated operator system Selbstwählsystem *n (US, z.B. EWS)*

automated manufacturing technology Automatisierungstechnik *f*

automated message accounting (AMA) automatische Gebührenerfassung *f (US)*

automated teller machine (ATM) *(US)* Bargeldautomat *m*, Geldautomat *m*, Geldausgabeautomat *m* (GAA), Geldautomat *m*, Kartenautomat *m*

automatic automatisch; bedienungslos *(NStAnl)*; rechnergestützt *oder* -unterstützt

automatic alternate routing Leitweglenkung *f*

automatic Baud (rate) recognition (ABR) automatische Schrittgeschwindigkeitserkennung *f*, Autobauding *n (Modem)*

automatic billing automatische Rechnungserstellung *f*

automatic call-back (ACB) automatischer Rückruf *m* (RRUF)

automatic call-back on busy (ACBS) automatischer Rückruf *m* bei Besetzt (RRUFB) *(Modem, Fax)*

automatic call distribution (ACD) automatische Anrufverteilung *f (ISDX, Call-Center)*

automatic calling facility automatische Wahlmöglichkeit *f*

automatic calling unit (ACU) automatische Nummernwähleinheit *f (Host-Rechner)*

automatic call restoration automatische Verbindungswiederherstellung *f*

automatic call set-up automatischer Verbindungsaufbau *m*

automatic cash dispenser Bargeldautomat *m*, Geldausgabeautomat *m* (GAA), Geldautomat *m*

automatic cleardown Zwangsauslösung *f (Tel)*

automatic data signal generator automatischer Datenmeßsender *m* (ADaM)

automatic dialler automatisches Wählgerät *n* (AWG), Rufnummerngeber *m* (RNG) *(Tel)*

automatic dialling and recorded announcement equipment automatisches Wähl- und Ansagegerät *n* (AWAG)

automatic dialling facility for data transmission automatische Wähleinrichtung *f* für Datenübertragung (AWD) *(V.24/ RS232C, s. Tabelle IX)*, Wählautomat *m* für Datenverbindungen (WAD) *(FTZ)*

automatic digital distribution frame (ADDF) automatischer Digitalverteiler *m*

automatic document feed (ADF) *(Fax)* automatischer Stapelbetrieb *m*, Stapelbetrieb *m*

automatic exchange Wählvermittlung(sstelle) *f*, Wählamt *n*

automatic exchange line seizure automatische Amtsholung *f oder* Amtsbelegung *f*, spontane Amtholung *f (NStAnl)*

automatic fallback automatisches Herunterschalten *n (Modem)*

automatic handoff Gesprächsweiterleitung *f (Mobilfunk)*

automatic information service machine Auskunftsautomat *m*

automatic level control (ALC) automatische Pegelregelung *f (Sat.-TWT)*

automatic measurement program automatischer Meßablauf *m (Meßplatz)*

automatic message accounting service Dienst *m* mit automatischer Nachrichtenverrechnung *(Mobilfunk)*

automatic network Wählnetz *n*

automatic number identification (ANI) automatische Rufnummernanzeige *f (ISDN, IN)*, automatische Rufnummernkennzeichnung *f*

automatic optical path selection selbsttätige optische Wegermittlung *f*

automatic picture transmission (APT) automatische Bildübertragung *f (Funkfax)*

automatic placement machine Bestückungsautomat *m*

automatic repeat request (ARQ) automatische Wiederholung *f (PCM-Daten)*

automatic reserve/backup activation Reserveschaltung *f*

automatic retransmission request (ARR) automatische Wiederholung *f (PCM-Daten)*

automatic retry Rufwiederholung *f*

automatic satellite saturation control (ASSC) automatische Satelliten-Sättigungssteuerung *f (VSAT)*

automatic sequence call Kettengespräch *n* (KET)

automatic shelf-wiring tester Etagenverdrahtungsprüfautomat *m*

automatic speech recognition (ASR) automatische Spracherkennung *f* (ASE)

automatic switching Wählvermittlung *f*

automatic telephone exchange (ATE) Überleiteinrichtung *f* (ÜLE)

automatic telephone system Selbstanschluß-Fernsprechanlage *f*

automatic telex/teletex directory service automatische Telex-Teletex-Auskunft *f* (AUTEX) *(DTAG)*

automatic teller machine (ATM) *(US)* Bargeldautomat *m*, Geldautomat *m*, Geldausgabeautomat *m* (GAA), Geldautomat *m*, Kartenautomat *m*

automatic tester Prüfautomat *m*

automatic train protection (ATP) automatische Zugsicherung *f*

automatic wiring tester Verdrahtungsprüfautomat *m*

automation level Automatisierungsstufe *f*

automation system Automatisierungsanlage *f*

automation technology Automatisierungstechnik *f*

autonomous unabhängig, selbständig

autonomous system autarkes System *n*

AUTOPLEX zellulares Mobilfunksystem *n* in den US *(AT&T)*

auto recall (automatische) Wahlwiederholung *f (Tel)*

autoscroll automatisches Rollen *n (PC-Bildschirm)*

autotracking Eigennachführung *f (Sat)*

auxiliary bit Hilfsbit *n*

auxiliary control element (ACE) Hilfs-Steuereinheit *f (Verm)*

auxiliary data Zusatzdaten *npl (TV)*

auxiliary device Hilfsvorrichtung *f*, Beistellgerät *n*, Zusatzgerät *n*

auxiliary equipment Zusatzgerät *n*

auxiliary equipment cabinet Beistell(geräte)schrank *m*

auxiliary exchange installation Nebenstellenanlage *f (US)*

auxiliary node Hilfs-Vermittlungsstelle *f (GSM)*

auxiliary power source (APS) Hilfsstromquelle *f*

auxiliary quantity Hilfsgröße *f*

auxiliary service channel Hilfsdienstkanal *m (ISDN)*

auxiliary signal Hilfssignal *n*; Zusatzsignal *n (digitale Tonübertragung)*

auxiliary switching node Hilfs-Vermittlungsstelle *f (GSM)*

availability Verfügbarkeit *f (Netz, Dienst),* Erreichbarkeit *f (Teilnehmer)*

Availability Analysis Tool (AAT) Programmsystem *n* zur Verfügbarkeitsanalyse *(BTRL)*

available verfügbar, frei *(Leitung)*

available bit rate (ABR) verfügbare Bitrate *f (ATM-Dienstklasse (ATM Forum TM4.0) für Internet-Anwendungen u. LAN-Zusammenschaltungen, ITU-T I.131 u. I.371)*

Available Status (AVS) Verfügbarkeitszustand *m (TMN)*

avalanche diode Lawinendiode *f*, Durchbruchdiode *f*

AVD (alternative voice/data) Alternativ-Sprache/Daten-Verfahren *n*

ave s. average

AVG s. average

average (AVG, ave) Durchschnitts...

average access time mittlere Zugriffszeit *f (Speicher, Festplatte)*

average DC value Gleichstrommittelwert *m*

averaged over time im zeitlichen Mittel *n*

average picture level (APL) mittlere Bildhelligkeit *f (Fernsehsender)*

average power handling capacity Durchschnittsbelastbarkeit *f*

averager Mittelwertbildner *m*

average transmitter carrier power mittlere Trägersignalleistung *f (GSM 11.20, s. Tabelle VII)*

averaging Mittelwertbildung *f*

averaging factor Mittelungsfaktor *m (Mobilfunk-Konzentrator)*

averaging circuit Mittelwertbildner *m*

AVI (audio/video interleaved) verschachtelte Bild/Tonwiedergabe *f (MS Windows, PC)*

avionics Avionik *f*, Luftfahrtelektronik *f (Luftf.)*

AVS s. Available Status

awaiting answer indication Anzeige *f* des Wartens auf Antwort *(ISDN)*

awaiting establishment state Prozedurzustand *m* "Verbindungsanforderung" *(ITU-T Q.921, s. Tabelle III)*

awaiting release state Prozedurzustand *m* "Auslöseanforderung" *(ITU-T Q.921, s. Tabelle III)*

Awake Indication (AWI) Aktivierung *f (HW)*

awaken aktivieren *(Prozeß)*

AWGN (additive white Gaussian noise) additives Gaußsches *oder* weißes Rauschen *n*

AWI s. Awake Indication

a wire a-Ader *f*, a-Draht *m (Stöpselspitze)*

AXE (Automatic Exchange Equipment) automatische digitale Vermittlungseinrichtung *f (Ericsson, S)*

axially parallel achs(en)parallel *(repro)*

B

B s. bidirectional

BA s. basic access

BABT (British Approvals Board for Telecommunications) Britische Zulassungsbehörde *f* für Fernmeldetechnik *(entspricht dem BZT)*

babyphone feature Babyruf *m (K.-Tel)*

back hinterlegen *(Vtx.-Monitor)*

backbone Rückgrat *n*, Backbone *n (Netzkonfiguration zur Verbindung lokaler Netze)*, Stütznetz *n*, Verteilnetz *n*, Übertragungsnetz *n*

backbone layout Linienführung *f (Netzplanung)*

backbone network (BN) Backbone-Netz *n*, Übertragungsnetz *n*; Hintergrundnetz *n (z.B. FDDI, verbindet inkompatible lokale Netze)*; Stammleitungsnetz *n (Signalverteilung, LAN)*

backbone path Netzlinienweg *m*, Hauptweg *m*, Fernverkehrsweg *m*, Weitverkehrsweg *m*

back channel Rückkanal *m (Sat)*

backdrop Hintergrundbild *n*

background Hintergrund *m*; Umgebung *f (Mon)*

background brightness Grundhelligkeit *f (TV)*

background noise Hintergrundrauschen *n (Tel)*; Ruhegeräusch *n*, Grundgeräusch *n*, Grundrauschen *n (Gerät)*; Störpegel *m*

background noise level Grundpegel *m*

background system Hintergrundsystem *n*

back-haul link rückwärtige Schiene *f (Sat.-Übertragung)*

backlit keypad hintergrundbeleuchtete Tastatur *f*

back-off Unteraussteuerung *f (Übertr.)*

back-off current Kompensationsstrom *m*

back-off voltage Gegenspannung *f*

back panel Rückwand *f*

backplane Rückwand *f*

backplane circuit board Rückwandleiterplatte *f*

back porch (hintere) Schwarzschulter *f (TV)*

back pressure Rückstau *m (ATM-Verbindungsnetzwerk)*

backpropagation (BPG) Backpropagation *f*, Zurückpropagierung *f (Rückverfolgung des Fehlergradienten, neuronales Netz)*

backpropagation algorithm Backpropagation-Algorithmus *m (Lernalgorithmus für ein neuronales Netz)*

Back Receive Data (BRD) Rückkanal Empfangsdaten *(V.24/RS232C, Tabelle IX)*

Back Request To Send (BRTS) Rückkanal Sendeteil einschalten *(V.24/RS232C, Tabelle IX)*

backslash Rückstrich *m*, Fluchtsymbol *n ("\", Tastatur)*

backspace (Bksp) Rückschritt *m*, Rücktaste *f (Tastatur)*

backspace key Rückschrittaste *f*

back-to-back Punkt-zu-Punkt-... *(Verbindung, MUX)*; antiparallel, gegensinnig, gegeneinander geschaltet *(Bauteile)*; Kurzschluß-..., Gegentakt-...

backtracking Zurückverfolgen *n*; Zurückziehen *n* von Entscheidungen *(AI)*

Back Transmit Data (BTD) Rückkanal Sendedaten *(V.24/RS232C, Tabelle IX)*

backup s. back-up

back-up Datensicherung *f (DV)*; sichern *(Daten auf MT)*

back-up amplifier Havarie-Verstärker *m*, Reserveverstärker *m*

back-up battery Stützbatterie *f*, Pufferbatterie *f (RAM)*

back-up circuit Ersatzschaltung *f (Netz-Management)*, Ersatzverbindung *f*

back-up computer Nebenrechner *m*

back-up copy Sicherungskopie *f*

back-up data base Sicherungsdatenbank *f*

back-up file Sicherungsdatei *f (Dateikennung *.BAK bzw. *.SIK (Word), PC)*

back-up memory Hintergrundspeicher *m (Verm.)*

back-up path Havarie-Weg *m*, Parallelweg *m*

back-up processor Reserveprozessor *m*

back-up route Ersatzweg *m*

back-up voltage Stützspannung *f (für Speicher)*

backward adaptive rückwärts adaptiv *(Sprachcodierung)*

backward call indicator Rückwärtskennzeichen *n (ZGS.7-UP)*

backward channel Rückwärtskanal *m*, Hilfskanal *m*

backward control Rückwärtssteuerung *f (Codierung)*

backward direction Rückwärtsrichtung *f*, Rückrichtung *f (Übertragung)*

backward prediction Rückwärtsprädiktion *f (Bildcodierung, MPEG-2)*

backward resistance Sperrwiderstand *m (Halbleiter)*

backward signal Rückwärtszeichen *n (entgegengesetzt zur Verbindungsaufbaurichtung übertragenes Zeichen)*

balance Nachbildung *f* (Nb); Symmetrie *f (Leitung, Satz)*; kompensieren; abgleichen *(Satz)*, ausgleichen, symmetrieren *(z.B. Modulatoren)*

balance bit Ausgleichsbit *n (Übertragung)*

balanced input symmetrischer Eingang *m*

balanced mode gleichberechtigter Spontanbetrieb *m (Modem)*

balanced modulator Gegentaktmodulator *m*

balanced station Hybridstation *f*

balanced to earth erdsymmetrisch

balance loss Nachbildungsdämpfung *f*

balance of plant (BOP) **system** Hilfs- und Nebenanlagen *fpl (Kraftwerk)*

balance return Nachbildungsfehler *m*

balance return loss Unsymmetriedämpfung *f*

balance-to-unbalance ratio Unsymmetriedämpfung *f*

balancing Kopplungsausgleich *m (Kabel)*

balancing bit Paritätsbit *n (Übertragungssignal)*; Ausgleichsbit *n (Gleichwert, Übertragung)*

balancing network (Leitungs-)Nachbildung *f* (Nb)

balancing (network) impedance Nachbildungsimpedanz *f*

balancing out Neutralisation *f (Kabel)*

BAMX s. basic access multiplexer

banana plug Einzelstecker *m*

band amplifier Bereichsverstärker *m*

band edge Bandkante *f (Mikroelektronik)*

band-edge channel Eckkanal *m*

band gap Bandabstand *m (FO)*, Bandlücke *f*

bandgap reference Ansteuerschaltung *f (für Teilschaltungen in e. IC)*

bandgap source regelbare Spannungsquelle *f (für Teilschaltungen in e. IC)*

band limitation Bandbegrenzung *f*

band predictive code modulation (BPCM) bereichsprädiktive Code-Modulation *f (Signalanalyse)*

band rejection filter Bandsperre *f*

band scanning Bandsuchlauf *m*

band splitter Frequenzweiche *f (ADSL)*

band spreading Bandspreizung *f*

band-stop filter Bandsperre *f*

bandwidth efficiency Bandbreitenwirkungsgrad *m*, Bandbreiteneffizienz *f (Teilnehmerzahl pro Bandbreiteneinheit)*, Bandbreitennutzwert *m (Codierung)*; Frequenzökonomie *f (Übertragung)*

bandwidth-length product Bandbreite-Reichweite-Produkt *n (FO)*

bandwidth on demand (BOD) Bandbreite *f* auf Anforderung *(Router)*

bandwidth pooling Bandbreiten-Pooling *n (Netzmanagement)*

bandwidth-time product (B-T) Bandbreite-Zeit-Produkt *n (Übertragung)*

bank assembly Bankfeld *n (Tel., Wähler)*

bank controller unit (BCU) Vielfach-Steuerungseinheit *f*

banner Werbefläche *f (E-Business)*

BAP s. basic access point

bar sperren *(Sprechstellen, Funkzellen)*

bar chart Balkendiagramm *n*

bar code Strichcode *m*, Balkencode *m (maschinenlesbar, DIN 66236, EAN, UPC)*

bar code scanner Strichcodeleser *m*

bare blank *(Draht)*; unisoliert, unummantelt, freigelegt; freilegen

barge in (sich) aufschalten *(NStAnl.)*

bar graph Balkendiagramm *n*

barker channel "Marktschreier"-Kanal *m (allgemeiner Informationskanal mit z.B. Wetter-, Nachrichten-, Werbeinformationen, TV, US)*

bark value Bark-Wert *m (Frequenz auf der Barkschen Skala, Psychoakustik)*

barometric altitude Druckhöhe *f (Luftf.)*

barred-code check Wahlkontrolle *f*

barred number Sperrnummer *f (tel)*

barrel Kelch *m (Quetschanschluß, Kabel)*

barrel distortion Tonnenverzeichnung *f (TV)*

barrel shifter Verschiebelogik *f*

barrel shifting Bitstellenverschiebung *f*

barrier Schranke *f (opt.)*; Sperrschicht *f (Mikroschaltung)*

barring check Zulässigkeitsprüfung *f*

barring facility Sperreinrichtung *f* (SpE)

barring level Berechtigungsstufe *f*

Barring of All Incoming Calls (BAIC) ankommende Sperre *f*

Barring of All Outgoing Calls (BOAC) abgehende Sperre *f*

Barring of all Outgoing International Calls (BOIC) abgehende internationale Sperre *f*

base Basis *f*; Basisstation *f*; (Geräte-)Park *m*; Fuß *m*, Sockel *m*, Unterteil *n (HW)*

base address store Grundadressenspeicher *m* (GAS)

baseband Basisband *n (das von einem Analog- oder Digitalsignal vor seiner Modulation bzw. nach seiner Demodula-*

tion belegte Frequenzband); Gleichsignallage *f*

baseband level Gleichsignallage *f*

baseband network Basisband-Netz *n (keine Modems, nur ein TDM-Kanal)*

baseband unit (BBU) Basisbandeinheit *f*

base line Nullinie *f*, Grundlinie *f*, Basis *f*,

base-line data Ausgangsdaten *npl*

base memory Arbeitsspeicher(bereich) *m (RAM-Bereich für DOS und Anwendungen, 0–640 kB, PC)*

base pin Sockelzapfen *m (Gestell)*

base plate Grundplatte *f (HW)*

base station (BS) Feststation *f* (FS) *(Mobilfunk)*, Funkkonzentrator *m* (FuKo) *(C-, D-Netz)*; Basisstation *f (CT2, GSM, DECT)*, Basis *f*

base-station ... ortsfest

base station area Einzugsbereich *m*, Funkverkehrsbereich *m*, Funkzelle *f (Mobilfunk)*

base station controller (BSC) Basisstationssteuerung *f (der BTSE übergeordnete Hierarchieebene, BSS, GSM)*

base station control unit Funkdatensteuerung *f* (FDS) *(Mobilfunk)*

base station identity code (BSIC) Kennung *f* der Basisstation *(GSM)*

base station subsystem (BSS) Basisstationssubsystem *n (GSM)*

base terminal Basisanschluß *m*

base-to-mobile ankommend *(Mobilfunk)*

base transceiver station (BTS) Basis-Funkstation *f (GSM BSS)*

base transceiver station equipment (BTSE) Basisstation *f (erste Hierarchieebene nach MS (q.v.), GSM)*

BASIC (Beginners All Symbolic Instruction Code) BASIC *n (symbolische Programmiersprache für Beginner, hauptsächlich für PCs)*

basic access Basisanschluß *m* (BA) *(ISDN S_0, ITU-T Empf. I.420, I.430, s. Tabelle IV; 192 kB/s, Kapazität B_{64}- + B_{64}- + D_{16}-Kanal, BT ISDN 2)*

basic access (channel) Basisanschlußkanal *m*; Basiskanal *m (ISDN)*

basic access concentrator BA-Konzentrator *m* (BAKT), Basisanschlußmultiplexer *m (ISDN)*

basic access line termination equipment Leitungsendeinrichtung *f* für den Basisanschluß (LEBA)

basic access multiplexer (BAMX) Basisanschlußmultiplexer *m*, BA-Konzentrator *m* (BAKT) *(ISDN)*

basic access network termination Netzabschluß *m* für den Basisanschluß (NTBA) *(DTAG ISDN)*

basic access point Basisanschlußpunkt *m* (BAP) *(ISDN)*

basic burst Grundbündel *n (PCM30)*

basic cell rate Grundzellrate *f (ATM)*

basic class of service Grundberechtigung *f (Tel)*

basic configuration Grundausbau *m*

basic connection component (BCC) Basis-Verbindungskomponente *f (ISDN)*

basic data store (of the DTAG) Grunddatenspeicher *m* (GRUSPE)

basic diagram Grundschema *n*, Grundschaltbild *n*, Prinzipschaltbild *n*

basic encoding rules (BER) Grundcodierregeln *fpl (Datenverpackung in ASN.1, Netzmanagement)*

basic frame Hauptrahmen *m (PCM)*

basic input/output system (BIOS) Ein-Ausgabe-Teil *m (des Betriebssystems, PC)*, BIOS *n*

basic ISDN access Basisanschluß *m* (BA, BaAs)

basic measurement unit (BMU) elementare Maßeinheit *f*

basic noise Grundgeräusch *n*

basic point Ausgangspunkt *m (Diagramm)*

basic rate access Basisratenanschluß *m* (BRA) *(ITU-T I.430, s. Tabelle IV)*

basic rate interface (BRI) Basisratenschnittstelle *f (ISDN)*

basic service Basisdienst *m (ISDN, GSM 01.04 (s. Tabelle VII), die Telekommunikationsdienste ausschließlich der Zusatzdienste)*

basic service request Basisdienst-Anforderung *f (ISDN)*

basic structure Prinzipaufbau *m*

basic subscriber line Basisanschlußleitung *f*

basic system Grundsystem *n*

Basic Technical Requirements Rahmen-TL *m* *(Technischer Leitfaden)*

basic tier Basisebene *f (TV-Übertr.)*

basic transport protocol Basistransportprotokoll *n (ISDN)*

basic unit Grundbaustein *m*

basic videotex computer system Btx-Grundsystem *n* (Vtx-GA)

BAT (bouquet association table) BAT-Tabelle *f (Zugehörigkeitstabelle für DVB-SI-Dienste)*

batch Datenblock *m (POCSAG-Code)*

batch digitizing stapelweise Digitalizierung *f (NLE)*

batch file Stapeldatei *f*, Batch-Datei *f*, Stapelprogramm *n (PC)*

batch mode Stapelbetrieb *m (PCM-Daten)*

batch processing Schubverarbeitung *f*, Stapelverarbeitung *f (DV)*

batch transmission Stapelübertragung *f (Datenblöcke)*; schubweise Übertragung *f (z.B. Faxe)*

battery and earth loop (BEL) Batterie- und Erdschleife *f (Tel)*

battery backed batteriegestützt, batteriegepuffert *(RAM)*

battery buffered stromausfallsicher *(Datenspeicherung)*

battery pack Batteriesäule *f (Verm.)*; Akku-Pack *n (Mobilfunk)*

battery voltage Batteriespannung *f*, Speisespannung *f (Tel)*

batton-passing bus Batton-Paß-Bus *m*

Baud (bd) Baud *n* (Bd) *(Einheit der Schrittgeschwindigkeit)*

Baudot code Baudot-Code *m (5-Kanal-Fernschreibcode nach Emile Baudot)*

Baud rate Baud-Rate *f (Produkt der Schrittgeschwindigkeit und der Anzahl von übertragenen Binärzuständen pro Schritt; in Bit/Sekunde)*

bayonet nut connector (BNC) Koaxsteckverbinder *m*

bayonet nut coupling (BNC) Koaxsteckverbinder *m*

BBD (bucket brigade device) Eimerkettenschaltung *oder* -vorrichtung *f (Halbleiter)*

BBS (bulletin board system) Mailbox-System *n*, Bulletin-Board-System *n (Internet)*

BBU s. baseband unit

BC s. bearer capabilities

BC s. billing center

BCC s. basic connection component

BCC (block check character) Blocksicherungszeichen *n*

BCD s. binary coded decimal

BCH Bose-Chandhuri-Hoequenghem *(Code)*

B channel B-Kanal *m (ISDN, 64 kB/s)*

BCLK (bus clock) Bustakt(frequenz *f*) *m (PC)*

BCU (bank controller unit) Vielfach-Steuerungseinheit *f*

Bd s. Baud

beacon signal Bakensignal *n (unmodulatiertes Sinussignal, sat)*

bead Programmelement *n (DV)*

beam Strahl *m*; Keule *f*, Antennendiagramm *n*; Schiene *f (Sat)*

beam forming Strahlenbündelung *f (Ultraschall)*

beam hopping Strahlschwenken *n (Ant)*

beam scanning Strahlschwenken *n (Ant)*

beam tilt Diagrammneigung *f (Antenne)*

beam width Strahlbreite *f*, Bündelbreite *f*, Öffnungswinkel *m*, Halbwertsbreite *f (3dB, Sat. Ant.)*

bearer Träger *m (ISDN)*; Informationsträger *m*, Übertragungsweg *m (DECT)*; Verbindung *f*

bearer capabilities (BC) Übermittlungseigenschaften *fpl (ISDN, KTV)*

bearer channel (B channel) Trägerkanal *m (ISDN)*

bearer service Transportdienst *m (ATM)*, Datenübermittlungsdienst *m*, Übermittlungsdienst *m (nur transportorientierte Netzfunktionen der OSI-Schichten 1–3, ISDN, ITU-T I.112, I.210, s. Tabelle IV (s.a. "teleservice"))*, Trägerdienst *m (GSM-Empf. 01.04, s. Tabelle VII)*

bearer traffic Trägerverkehr *m*

beat (frequency) Schwebung(sfrequenz) *f*, Überlagerungsfrequenz *f*, Mischfrequenz *f*

beat frequency Schwebungsfrequenz *f*

bec file bec-Datei *f (ASCII-Datei, Format zur Darstellung von Textzeichenformen, Repro.))*

BECR s. bit error correction rate

beep Warnzeichen *n (Funkruf)*

beeper s. bleeper

BEF (basic elementary function) Basis-Elementarfunktion *f (ISDN)*

beginning of message (BOM) Nachrichtenanfang *m*

behaviour Verhalten *n*, Verlauf *m*

being held in stehen

BEL s. battery and earth loop

belief system Überzeugungssystem *n (KI)*

bell signal Klingelzeichen *n*

bell wire Klingeldraht *m*, W-Draht *m (Tel)*

benchmark Vergleichspunkt *m*, Bezugspunkt *m (Rechner)*

benchmark figures Eckwerte *mpl*, Eckdaten *npl*

benchmark program Bewertungsprogramm *n*

benchmark test Leistungsprüfung *f*

bench test Prüfstandversuch *m*

BER s. basic encoding rules

BER s. bit error rate

BERT s. bit error rate test(er)

best case günstigster Fall *m*

best guess value Wert *m* nach bester Schätzung, bester Schätzwert *m*

beta module Beta-Modul *n*, Entwicklungsmodul *n (Weiterentwicklung)*

B frame s. bidirectionally predictively coded frame

BGF (basic global function) Basis-Globalfunktion *f (ISDN)*

BGP (border gateway protocol) BGP-Protokoll *n (EGP(q.v.)-Routing-Protokoll zur Verbindung von Organisationen, RFC1771, RFC1983, s. Tabelle VIII)*

BHCA (busy hour call attempt) Belegungsversuch *m* in der Hauptverkehrsstunde

BHCA value BHCA-Wert *m (Anzahl Wahlvorgänge/Zeiteinheit)*

BHLF (basic high layer function) Basisfunktion *f* der oberen Schichten *(ISDN)*

bias Vorbelastung *f (allg.)*, Vorspannung *f (Halbleiter)*; Ansteuerstrom *m*, Polarisation *f (Laser)*; Vormagnetisierung *f (Magnetband)*; Vorpolarisierung *f (US-Wandler)*; Vorverzerrung *f (Optik, CAD)*; vorspannen, vorverzerren

bias beam Polarisationsstrahl *m (opt. Koppelnetz)*

bias current Vorstrom *m (Halbleiter)*

bias distortion einseitige Verzerrung *f*

bias error konstanter Fehler *m (Sat.-Leistungsmessung)*

bias voltage Vorspannung *f (Halbleiter)*

BIC (bus interface controller) Busschnittstellensteuerung *f*

bid Vermittlungswunsch *m*

bidirectional (B) bidirektional *(Übertragungsrichtung; bei MPEG-2 die Verwendung von vorhergegangenen und nachfolgenden Bildern zur Ableitung eines weiteren Bildes durch Interpolation)*, zweiseitig gerichtet *(ISDN)*; beidseitig *(Verkehr)*

bidirectional coupler bidirektionaler Koppler *m*, Zweirichtungskoppler *m*

bidirectional optical multiplexer/demultiplexer (BOMUDEX) bidirektionaler optischer Multiplexer/Demultiplexer *m (FO)*

bidirectional pattern zweiseitige Richtcharakteristik *f*, Achterdiagramm *n (Antenne, Mikrofon)*

bidirectionally predictively coded frame (B frame) bidirektional prädiktionscodiertes Bild *n*, B-Bild *n (MPEG-2, aus I- und P-Bildern (q.v.) abgeleitetes Bild)*

bigram Bigramm *n (Zwei-Buchstaben-Gruppe)*

bilateral zweiseitig, beiderseitig, bilateral

BILD (bistable laser diode) bistabile Laserdiode *f (IOEC)*

bilevel, bi-level zweistufig

bilevel picture Binärbild *n (Grafik, 2 Graustufen bzw. 2 Farbwerte)*

bi-level still frame Zwei-Farben-Standbild *n (Videotelefon, ITU-T T.82, ISO/IEC 11544)*

bill Rechnung *f*; belasten *(Konto, Kreditkarte)*

billing Gebührenrechnungsstellung *f*, Gebührenabrechnung *f*, Vergebührung *f*, Gebührenberechnung *f*, Berechnung *f* *(ISDN)*, Gebührenverrechnung *f*

billing center (BC) Vergebührungszentrale *f*

billing identification Rechnungskennzeichnung *f (ISDN)*

billing number Rechnungsnummer *f*

billing service Rechnungsdienst *m*

bin Fach *n*, Behälter *m*; Bereich *m*, Ablagebereich *m*

binarization Digitalisierung *f*

binary binär, dual

binary code Dualcode *m*, Binärcode *m*

binary coded decimal (BCD) binär codierte Dezimalzahl *f*

binary halftone image binäres Rasterbild *n* *(Pseudohalbtonbild, Repro.)*

binary logarithm binärer Logarithmus *m*, dualer Logarithmus *m*, Logarithmus Dualis (log_2)

binary number Binärzahl *f*, Dualzahl *f*

binary offset code (BOC) binärer Offset-Code *m*

binary phase shift keying (BPSK) binäre Phasenumtastung *f*, Zweiphasenumtastung *f*, antipodische Phasenumtastung *f*

binary synchronous communication (BSC) binär-synchrone Übertragungssteuerung *f*

binary tree Binärbaum *m (KI)*

binaural binaural; beidohrig *(Hörprüfung, Tel)*, zweiohrig, stereophonisch

binaural effect Raumtonwirkung *f*

bin counter Bereichszähler *m (BIST, ICs)*

bind binden, anbinden *(DV)*; abbinden *(Kabelbaum)*

binding Verbindungsaufbau *m (HTTP, IP)*

bintree Binärbaum *m (KI)*

BIOS (basic input/output system) Ein-Ausgabe-Teil *m (des Betriebssystems, PC)*, BIOS *n*

BIP s. bit-interleaved parity

bipartition Zweiteilung *f (Math.)*

biphase-modulated zweiphasig moduliert

biphase modulation zweiwertige Phasenmodulation *f*, Zweiphasenmodulation *f*

biphase modulator Zweiphasenmodulator *m (z.B. I und Q)*

biplane transducer zweiflächiger Wandler *m*

bipolar detection circuit Bipolaritätserkennungsschaltung *f*

bipolar operation Bipolartastung *f*, Doppelstromtastung *f*

BIP 8 code s. bit-interleaved parity 8 code

birefringent doppelbrechend *(FO)*

Bis,bis *(einem ITU-T-Netzstandard nachgefügt, wird damit seine zweite Version identifiziert, z.B. V.25 bis, s. Tabelle V)*

BIS s. broadband information system

bisection Zweiteilung *f (techn.)*

B-ISDN s. broadband ISDN

BIST (built-in self test) integrierte Selbstprüfung *f*, eingebauter Selbsttest *m*

bisync (BSC) binär-synchrone Übertragungssteuerung *f*

bit (binary digit) Bit *n*, Element *n*, Schritt *m*

84-bit message 84-Schritt-Telegramm *n*

bit aligned bitsynchronisiert

bit alignment Bitsynchronität *f (DVB-Übertragung)*

bit allocation table Zeichenplan *m (Zeichengabe)*

bit channel Digitalkanal *m*, digitaler Kanal *m*

bit clock Bittakt *m*

bit converter Codeumsetzer *m*

BITE (built-in test equipment) eingebaute Prüfeinrichtung *f*, Selbstprüfvorrichtung *f*

bit energy/noise power density ratio (Eb/No) Verhältnis *n* Bitenergie zu Rauschleistungsdichte *(E_{bit}/N_o, BER)*

bit error correction rate (BECR) Bitfehler-Korrekturrate *f*

bit error rate (BER) Bitfehlerhäufigkeit *f* (BFH), Bitfehlerquote *f*, Bitfehlerrate *f* (BFR) *(PCM-Daten)*

bit error rate test (BERT) Bitfehlerratenprüfung *f (PCM, ITU-T G.821)*

bit error rate tester (BERT) Netzwerktester *m*

bit hit Bittreffer *m*

bit integrity Bit-Unversehrtheit *f*

bit-interleaved bitweise verschachtelt, bitverschachtelt

bit-interleaved parity (BIP) bitverschachtelte Parität *f*

bit-interleaved parity 8 (BIP 8 code) BIP-8-Code *m (STM-1)*

bit leak(age) Bitabzweigung *f (Signalsynchronisierung, STS-1)*

bit leak counter Leckbitzähler *m (Signalsynchronisierung, STS-1)*

bit level Bitebene *f*

bit loading table Bitzuweisungstabelle *f (ADSL)*

bit map (BMP) Bitmap *f*; Punktraster *m*, Punktmatrix *f*, Pixelmuster *n (Abbildung eines grafischen Bildschirms im Arbeitsspeicher, PC)*

bit-mapped bitweise abgebildet, in Einzelbit dargestellt

bit-mapped display Bitmap-Anzeige *f*, bitadressierbare Anzeige *f*, pixelorientierte Anzeige *f*, Pixelanzeige *f*

bit-mapped graphics Bitmap-Graphik *f*

bit-mapped image bitweise Abbildung *f*, Bitmap-Abbildung *f*

bit-mapped font Raster-Schrift *f*, feste Schriftart *f*

bitmap printer Rasterdrucker *m*

bit map table Bitmap-Tabelle *f (Adressen, Vermittlung)*

bit message Bittelegramm *n*

bitonic biton *(steigende und fallende Kennlinie)*

bit oriented bitorientiert

bit-oriented channel bitorientierter Kanal *m (keine Rahmenstruktur)*

bit-oriented protocol (BOP) bitorientiertes Protokoll *n (ATM)*

bit packing Datenverdichtung *f (Toncodierung)*

bit-parallel bitparallel

bit pattern Impulsmuster *n*

bit period Bitdauer *f*, Schrittdauer *f*

bit-plane coding Bitebenencodierung *f*, Codierung *f* auf Bitebene *(Videocodierung)*

bit position Bitstelle *f*, Binärstelle *f*, Bitposition *f*

bit position accuracy Bitgenauigkeit *f*

bit range Bittiefe *f*

bit rate Bitrate *f*, Datenrate *f*; Übertragungskapazität *f*

bit rate adaptation *oder* **adaptor** Geschwindigkeitsanpassung *f (D/D, ITU-T Empf. V.110, s. Tabelle V)*

bit rate assurance Bitraten-Zusicherung *f (service provider)*

bit rate of user information Nutzbitrate *f*

bit repetition coding Bitwiederholungscodierung *f (Bluetooth, q.v.)*

bit repetition rate Bitfolgefrequenz *f*

bit sequence Bitfolge *f*

bit-serial bitseriell; bitorientiert

bit-serial information serielle Information *f*

bit skew Bitschlupf *m*

bit slice Scheibe *f (2 oder 4 Bit)*

bit slip Bitschlupf *m*

bit spacing Bitabstand *m*, Bitraster *m*

bits per pixel Bildtiefe *f (Bildcodierung)*

bits per second (bps) Bit pro Sekunde (bit/s)

bits per word Bittiefe *f*, Tiefe *f*

bit stream Bitstrom *m*, Bitfluß *m*

bit stream modulation Bitstream-Modulation *f (digitale Toncodierung, Philips, Sony)*

bit swapping Bit-Umverteilung *f (ADSL)*

bit synchronism Bitgleichlauf *m*

bit timing Bittakt *m*

bit width Bitbreite *f*; Verarbeitungsbreite *f (Prozessor)*

bit word Bitraster *m*

bivalent remote switching Fernschalten *n (ein/aus, TEMEX, nach ITU-T V.31 bis, s. Tabelle V)*

bivalent teleindication zweiwertige Fernanzeige *f (ja/nein, ein/aus, TEMEX, nach ITU-T V.31 bis, s. Tabelle V)*

BKSP (backspace) Rückschritt *m*, Rücktaste *f (Tastatur)*

blackboard system Tafelsystem *n (KI-Datenbank)*

black crushing Schwarzwertstauchung *f (TV)*

black level Schwarzwert *m (TV)*

black-out Netzzusammenbruch *m*

black streching Schwarzwertdehnung *f*

black/white (b/w) schwarzweiß (S/W) *(Monitor)*

blade contact Messerkontakt *m (Verbinder)*

blank Leerstelle *f*, Leerzeichen *n*; Rohling *m (DVD-R)*; dunkelsteuern *(TV)*, austasten, ausblenden

blank-burst mode Zeitschlitzeinblendung *f*

blanked nicht sichtbar, unsichtbar *(Vtx.-Monitor)*

blanking Dunkeltastung *f (Vtx.-Monitor)*

blanking level Austastpegel *m (TV)*

blank out ausblenden *(Analogschaltung)*

bleeder resistor Vorbelastungswiderstand *m*

bleep Funkruf *m (GB)*

bleeper Funkrufempfänger *m*, Pager *m (GB)*, (Nur-)Ton-Empfänger *m*, Tonrufempfänger *m ("Piepser")*

BLER s. block error rate

BLLF (basic low layer function) Basisfunktion *f* der unteren Schichten *(ISDN)*

blind slot effect Blind-Slot-Effekt *m (DECT, Empfangs-/Sendeunfähigkeit in einem bestimmten Zeitschlitz)*

block Block *m (Tel., Datenübertragung)*, Feld *n (Klemmen, Stifte)*; Sperre *f (Zugang)*; Bildblock *m*, Bildbereich *m*, Teilbildbereich *m (Bildcodierung, ein Teilbereich von 8x8 Pixeln, an dem DCT angewandt wird, JPEG, MPEG)*; sperren *(fehlerhafte Geräte)*; blocken *(Textverarbeitung)*; blockieren *(HW)*, sperren, abblocken *(Signal)*

block by block blockweise

block check character (BCC) Blocksicherungszeichen *n*, Blockprüfzeichen *n (Fehlersicherung, DLC-Protokoll)*

block code Blockcode *m*; Blockkennung *f*

block coded blockcodiert

block companding Blockkompandierung *f*

block dispatch rate Abfertigungsrate *f*

blocked blockiert, gesperrt, abgeriegelt *(Ltg.)*

block encoder Blockcodierer *m*

blocker Sperre *f (MFW-Zeichen)*

block erasure rate Auswertbarkeitszahl *f (UMTS)*

block error rate (BLER) Blockfehlerhäufigkeit *f* (BlFH) *(CD)*, Blockfehlerrate *f (PCM)*

block header Blockkopf *m*

blocking Zustopfen *n (HF-Empfänger)*, Blockierung *f (Kanal)*; Behinderung *f (Verkehr)*; Einteilen *n* in Teil(bild)bereiche *(Bildcodierung)*, Blockbildung *f*; Blockung *f (DV)*
16-Hz meter pulse blocking 16-Hz-Sperre *f (Tel)*

blocking capability Sperrfähigkeit *f (Mikroschaltung)*

blocking circuit Sperrschaltung *f*, Sperre *f*

blocking criterion Sperrkriterium *n*

blocking ground Sperrerde *f (PCM-Daten)*

blocking probability Blockierungswahrscheinlichkeit *f (Leitungen)*

blocking rate Blockierungshäufigkeit *f (Mobilfunk)*

blocking signal Sperrsignal *n*, Sperrzeichen *n*

blocking transformer Sperrwandler *m*

block layer Blockübertragungsschicht *f (MPEG-2)*

block matching Bereichszuordnung *f (Bildcodierung)*

block mode Schubmodus *m (DV)*

block mosaic graphic character Blockmosaik-Grafikzeichen *n*, Lego-Grafik *f (Vtx)*

block of outgoing traffic Sperre *f* im gehenden Verkehr *(Tel)*

block payload Blocknutzsignal *n (ITU-T I.113, s. Tabelle IV)*

block/raster scan converter Teilbild-Vollbild-Rasterwandler *m (Bilddecodierung)*

block transfer Blockübertragung *f (ATM)*

blooming Überstrahlung *f (TV)*

blowing Durchbrennen *n (Sicherung, Schmelzverbindung)*; Einschreiben *n (PROM)*

blowing kit Einschreibesatz *m (PROM)*

blow-up Vergrößerung *f (Videofilm)*

Bluetooth drahtloser Kurzstrecken-Datenkommunikationsstandard *m (mit DECT (q.v.) vergleichbarer Industriestandard* *der Bluetooth Special Interest Group (SIG) einchl. Nokia, Ericsson, Intel; 2,40–2,48 GHz (ISM-Band, lizenzfrei), GFSK, FH/TDD, Datenrate 721 kbit/s (bis zu 6 MHz im Scatternetz (q.v.)), Sendeleistung 1 mW, Reichweite 0,1–10 m, 8 Geräte pro Pikonetz, 10 Pikonetze pro System, nach ETS 300328 u. 300628, IEEE P802.15; im Gegensatz zu DECT für den mobilen Einsatz (z.B. Notebook-Handy-Festnetz, PAN) bestimmt, 1998)*

blur verschmieren *(Bild)*

Bm (mobile B channel) B-Kanal mobil *(Nachrichtenkanal mit voller Bitrate)*

B-MAC (variant B of MAC) B-MAC *n* (Variante B von MAC) *(525/625 Zeilen, US/Australischer TV Sat.-Übertragungsstandard, CCITT Rep. 1073)*

BMC (burst-mode controller) Burst-Steuerung *f (DECT)*

BMP (bit map) Bitmap *f (Dateikennung in MS-Windows: *.BMP, PC)*

BMU (basic measurement unit) elementare Maßeinheit *f*

BN (backbone network) Backbone-Netz *n*

BNC (bayonet nut connector) Bajonettstekker *m*, Koaxsteckverbinder *m*

board Tafel *f*, Schalttafel *f*; Leiterplatte *f*, Platine *f*; Vermittlungsschrank *m*; Versorgungsschiene *f (KW)*

BOC Bell Operating Company *(US)*

BOC s. binary offset code

BOD (bandwidth on demand) Bandbreite *f* auf Anforderung *(Router)*

Bode diagram Bode-Diagramm *n*, Frequenzkennlinie *f*

body Körper *m*, Rumpf *m*

body of software Softwarekomplex *m*

bold fett *(Text)*

BOM (beginning of message) Nachrichtenanfang *m*

BOMUDEX s. bidirectional optical multiplexer/demultiplexer

book anmelden, reservieren

book a line eine Leitung *f* vormerken

booking Buchung *f*; Bestellung *f*, Reservierung *f (Leitungen)*; Anmeldung *f (DECT)*

booking station Reservierungsplatz *m (VBN)*

booking system Buchungssystem *n (DV)*

bookmark Lesezeichen *n (MS-Windows, PC; DVB-EPG (q.v.))*

book up ausbuchen *(Kapazität)*

Boolean algebra Boolesche Rechnung *f*

boost überhöhen *(Logikpegel)*

boosted power level höherer Leistungspegel *m (Referenzsignale im OFDM-Symbol, DVB-T)*

boosted pilot Pilot(träger) *m* mit erhöhter Amplitude *(Faktor 4/3 zu Nutzsignalträgeramplitude, TPS-Symbol, DVB)*

booster Sende- und Empfangsverstärker *m (Mobilfunk)*

boot Muffe *f (Verbinder)*; booten, aufbooten, aufstarten *(Rechner)*

boot erasable programmable ROM löschbarer programmierbarer Start-ROM *m* (Boot-ROM)

booting Booten *n*

bootstrap facilities Bootstrap-Fähigkeiten *fpl*

bootstrap loader Urleseprogramm *n (zum Selbstladen eines Programms, Computer)*

bootstrap protocol Boot-Protokoll *n (IP-Zugriff)*

boot up booten, aufbooten, aufstarten *(Rechner)*

boot-up sequence Startfolge *f*, Boot-Folge *f (z.B. Rechner, IDTV)*

BOP (bit-oriented protocol) bitorientiertes Protokoll *n (ATM)*

B operator Fernplatz *m (Tel)*

border Umrandung *f*, Rand *m (Schirmbild)*

border gateway protocol (BGP) BGP-Protokoll *n (EGP(q.v.)-Routing-Protokoll zur Verbindung von Organisationen, RFC1771, RFC1983, s. Tabelle VIII)*

boresight Ziellinie *f*; Keulenachse *f*, Hauptstrahlrichtung *f (Ant.)*; Justiervorrichtung *f (Sat.-Ant)*

BORSCHT (Battery feeding, Overvoltage protection, Ringing, Signalling, Coding, Hybrids, Testing) Schleifenstromeinspeisung, Überspannungsschutz, Rufstromeinspeisung, Kennzeichengabe, Signalcodierung *(A/D, D/A)*, Gabelschaltung, Leitungsmessung *(HAs-VSt-Schnittstellenfunktionen im digitalen Fernsprechnetz)*

BOT (Broadcast On-line TV) TV-programmbegleitende Datenübertragung *f (80 kb/s–3,6 Mb/s in der Horizontal-Austastlücke, DTAG, DE)*

both-way transmission beidseitige Übertragung *f*

bottleneck Engpaß *m (Verkehr usw)*

bottoming Durchschlagen *n (bis zum Aufsitzen, Federkontakte)*

bottom rail Bodenschiene *f (Gestell)*

bottom window border unterer Fensterrand *m (GUI, PC)*

bouquet (Programm-)Bouquet *n (DVB)*

bouquet association table (BAT) BAT-Tabelle *f (Zugehörigkeitstabelle für DVB-SI-Dienste)*

boundary representation Begrenzungsflächendarstellung *f (Grafik)*

boundary value Randwert *m*

bounded umgrenzt *(Betriebsmittel)*

bound mode geführter Modus *m (FO)*

bound state geführter Zustand *m*

box Kasten *m*, Rechteckrahmen *m (Diagramm)*

B party B-Teilnehmer *m* (TEB) *(Tel)*

B-party monitor Fremdbildmonitor *m (Bildtelefon)*

BPCM (band predictive code modulation) bereichsprädiktive Code-Modulation *f*

BPG (backpropagation) Backpropagation *f (Rückverfolgung des Fehlergradienten, neuronales Netz)*

BPON (broadband passive optical network) passiv übermittelndes optisches Breitbandnetz *n (FO, BT)*

B position B-Platz *m*, Fernplatz *m (Tel)*

bps s. bits per second

BPSK s. binary phase shift keying

BRA (basic rate access) Basisratenanschluß *m (ITU-T I.430, s. Tabelle IV)*

bracket Winkel *m (Gestell)*

Bragg reflector Bragg-Reflektor *m (FO, Laser)*

branch Zweig *m (Programm)*; Sprung *m (DV)*; Abzweigstelle *f (Kabelnetz)*; Pfad *m (Interleaver, DVB)*

branching Verzweigung *f*; Baumstruktur *f (DV)*

branching element Verzweiger *m (FO)*

branching network loss Weichendämpfung *f*

branching point Verzweiger *m (FO)*

branch manager Niederlassungsleiter *m*

branch office Niederlassung *f*

branch-off point Abzweigstelle *f*

branch point Abzweigstelle *f*, Abzweigknoten *m (Tel)*

BRD (Back Receive Data) Rückkanal Empfangsdaten *(V.24/RS232C, Tabelle IX)*

breadboard Rasterfeld (Karte *f*) *n*

breadth-first search Breitensuche *f (Suchbaum, KI)*

Break UNTBR (Unterbrechen) *(Tastatur-Funktion, PC)*

break Unterbrechung *f*, Trennstelle *f*; unterbrechen *(Verbindung)*, ausschalten *(Strom)*

break-before-make Öffner-vor-Schließer *m (Relais, Kontakt)*

breakdown Durchbruch *m (Isolation)*; Betriebsstörung *f*, Havarie *f (System)*

breakdown assistance Pannenhilfe *f*

breaker Schalter *m*, Leistungsschalter *m*

breaking-in Aufschalten *n*, Mitsprechen *n (Tel)*

breaking-in on a busy line auf eine belegte Leitung *f* aufschalten

break key Unterbrechungstaste *f (Tastatur)*

break point Trennstelle *f (Verm)*, Unterbrechungsstelle *f*, Anhaltepunkt *m (Programm)*

BRI (basic rate interface) Basisratenschnittstelle *f*

brickwall effect :¤Brickwall¤-Effekt *m*, Schwelleneffekt *m*, abrupter Empfangsausfall *m (dig. TV-Übertragung)*

bridge Brücke *f (HW)*; Brückenfunktion *f*, Koppelelement *n (Netz-HW, Datensicherungsschicht, LANs)*; Konferenzsatz *m*, Konferenztelefonnummer *f (Mobilfunk)*; überbrücken; durchschleifen, zusammenschalten *(Verbindungen)*

bridged tap überbrückte Abzweigung *f (ITU-T I.430, s. Tabelle IV)*

bridge onto aufschalten *(Tel, US)*

bridgeware Überleitungsprogramm *n*

bridging Konferenzeinrichtung *f (ISDN)*

brightness Helligkeit *f*; Strahldichte *f (in N)*

bring on-line aktivieren *(z.B. DEE)*, anschließen

bring up aktivieren *(z.B. eine Schnittstelle)*, hochfahren

bring up on the monitor auf dem Monitor *m* erscheinen lassen *oder* anzeigen

broadband Breitband *n* (BB) *(meist digital, auch Bezeichnung für DS3- Übertragung (q.v., US))*

broadband access switch Breitbandanschlußvermittlung *f* (BAV) *(VBN, FO)*

broadband cable network Breitband-Kabelnetz *n* (BK-Netz *n*) *(HFC network)*

broadband communication channel Breitband-Kommunikationskanal *m (ITU-T I.113, s. Tabelle IV)*

broadband communication distribution centre Breitbandkommunikations-Verteilstelle *f* (BKVtSt) *(NE1, BK-Netz)*

broadband communication function Breitband-Übermittlungsfunktion *f*

broadband communication network Breitband-Kommunikationsnetz *n* (BK-Netz)

broadband information system Breitbandinformationssystem *n* (BIS) *(DTAG, FO)*

broadband information transmission Breitband-Informationsübertragung *f (interaktive Daten-, Verteil- und Bewegtbildkommunikation, bis 400 MHz)*

broadband ISDN Breitband-ISDN *n* (B-ISDN) *(FO, 140–565 MB/s, ITU-T I.113–610, s. Tabelle IV)*

broadband service Breitbanddienst *m (s. "Breitbandinformationsübertragung")*

broadband switching centre Breitband-Vermittlungsstelle *f* (BBV) *(FO, VBN)*

broadband switching matrix Breitband-Koppelfeld *n (FO, VBN)*

broadband switching network Breitband-Koppelnetz *n* (BKN)

broadband transit switch Breitbanddurchgangsvermittlung *f* (BDV) *(FO, VBN)*

broadband wireless drahtlose Breitbandübertragung *f (1,0 Mbit/s und höher)*

broadcast Rundgabe *f (Daten)*, Rundsenden *n*, Rundspruch *m (Tel)*, Rundschreiben *n (FS)*; Rundfunk *m* (Rf); ausstrahlen *(Sender)*, aussenden (ohne Zielrichtung), rundsenden

broadcast capture Rundsendungsaufzeichnung *f (Funktion im DAVIC 1.5 DVB-C IP-Netz, virtueller digitaler Videorecorder)*

broadcast command Sammelbefehl *m (FW)*

broadcast communications Verteilkommunikation *f (Netz)*

broadcast data link connection Schicht-2-Rundsendeverbindung *f (ITU-T Empf. Q.920, s. Tabelle III)*

broadcast distribution switch Rundfunk-Schaltverteiler *m (GGA)*

broadcasting Rundfunk *m* (Rf), Rundfunkübertragung *f*, Ausstrahlung *f*; Rundgabe *f (Daten)*, Rundsenden *n*, Rundspruch *m (Tel)*, Rundschreiben *n (FS)*; Verteilkommunikation *f*

broadcasting area Verbreitungsgebiet *n*

broadcasting house Rundfunkhaus *n*

broadcasting satellite (BS) Rundfunksatellit *m*

broadcasting satellite service (BSS) Rundfunksatellitendienst *m (ITU-R)*

broadcasting service Rundfunkversorgung *f*

broadcasting service technology Versorgungstechnik *f*

broadcasting standard Ausstrahlungsnorm *f (Radio/TV)*

broadcast programme Sendeprogramm *m*

broadcast receiver Rundfunkempfänger *m*

broadcast service operator Rundfunkbetreiber *m*

broadcast station Rundfunkanstalt *f* (RfA), Sendeanstalt *f*

broken line Polygonzug *m (Vektor)*

broker's call Makeln *n*

broker's facility *oder* **station** Makleranlage *f*, Händlerarbeitsplatz *m (ITS)*

brokering makeln

browse blättern, nachschlagen *(SW-Lexikon, PC)*

browser Übersicht *f (Hypermedien)*; Zugangssoftware *f*, Navigationshilfe *f*, Browser *m (WWW, Internet)*

brush Fleck *m (Grafik)*

BRTS (Back Request To Send) Rückkanal Sendeteil einschalten *(V.24/RS232C, Tabelle IX)*

BS (base station) Basisstation *f*

BS (British Standard) Britische Norm *f*
BS6312 plug Telefon-Anschlußstecker *m (GB)*

BS s. broadcast satellite

BSB British Sky Broadcasting Ltd. *("ASTRA"-Satellit)*

BSC (base station controller) Basisstationssteuerung *f*

BSC s. binary synchronous communication

B Series of ITU-T Recommendations B-Serie *f* der ITU-T-Empfehlungen *(betrifft Telekommunikationsbegriffe und -definitionen, s. Tabelle III)*

BSI (British Standards Institution) Britisches Normen-Institut *n (s. Tabelle XIII)*

BSIC (base station identity code) Kennung *f* der Basisstation

BSS (base station subsystem) Basisstationssubsystem *n*

BSS s. broadcast satellite service

BSY (busy) belegt

BT British Telecom

B-T (bandwidth-time product) Bandbreite-Zeit-Produkt *n (Übertragung)*

BTA s. B-to-A

BTB s. B-to-B

BTC s. B-to-C

BTD (Back Transmit Data) Rückkanal Sendedaten *(V.24/RS232C, Tabelle IX)*

BTI British Telecom International

BTL British Telecom Laboratories *(früher BTRL, q.v.)*

BTMC British Telecom Mobile Communications

BTNR (British Telecom Network Requirement) BT-Netzerfordernis *n (BT-Spezifikationen)*

B-to-A (business-to-(public)administration) **commerce** (B2A) B-zu-A-Commerce *m (E-Commerce-Kategorie, Geschäftsverkehr mit Behörden)*

B-to-B (business-to-business) **commerce** (B2B) B-zu-B-Commerce *m (E-Commerce-Kategorie, Geschäftsverkehr mit anderen Unternehmen)*

B-to-C (business-to-consumer) **commerce** (B2C) B-zu-C-Commerce *m (E-Commerce-Kategorie, Geschäftsverkehr mit Kunden)*

BTRL British Telecom Research Laboratories *(heute BTL, entspricht dem FTZ)*

BTS (base transceiver station) Basis-Funkstation *f*

BTSE (base transceiver station equipment) Basis(-Funk)station *f*

BTV (business television) Industriefernsehen *n*

bucket chain Eimerkette *f (Schaltung)*

buffer Pufferspeicher *m*, Zwischenspeicher *m*, Verteiler *m (dig. Vermittlung)*; Polsterung *f (LWL)*; zwischenspeichern, puffern

buffer and forward Speichervermittlung *f (F-R)*

buffer chopper Zerhackerpuffer *m (Datenkomprimierung)*

buffered gepuffert *(Drucker, Koppelnetz)*

buffered fibre gepolsterte Glasfaser *f (FO)*

buffering Pufferbetrieb *m*, Pufferspeicherung *f (DV)*, Pufferung *f*, Zwischenpufferung *f (ATM)*, Geschwindigkeitsanpassung *f (Übertragung)*

buffer insertion kollisionsfreie Einspeisung *f (Ringnetze)*

buffer location Listenplatz *m*

buffer memory Pufferspeicher *m*, Zwischenspeicher *m*

buffer overflow Pufferüberlauf *m (Vermittlung)*

buffer period Schutzzeit *f (zwischen Trägerpaketen)*, Schutzintervall *n (DVB)*

buffer section Teilspeicher *m (Zellen)*

buffer store Zwischenspeicher *m*, elastischer Speicher *m (ATM)*

buffer underflow Pufferunterlauf *m*

bug Maikäfer *m (IS-Chip)*; Abhörvorrichtung *f*; Fehler *m*, Programmfehler *m (SW)*

bugging Abhörangriff *m*

building block Baustein *m (System)*

building cable installation Gebäudeverkabelung *f (nach EN 50173)*

building distribution system Gebäudeverteilnetz *n*

building-out capacitor Ausgleichskondensator *m (Kabel)*

building-out network Gabel-Nachbildung *f*, Ergänzungsnetzwerk *n* (ENW)

building (services) distributor Gebäudeverteiler *m*

building services automation Gebäudeautomatisierung *f*

building services management system Gebäudebetriebstechnik *f*

building up a connection Verbindungsaufnahme *f*

build-out Zusatz(zeit *f*) *m (Zellenverarbeitung, ATM, US)*

buildout block Erweiterungsblock *m (Koaxverbinder)*

build-out delay Zusatzlaufzeit *f (Datenübertragungskanal)*

build-up of oscillation Anschwingen *n*

build-up period Anschwingdauer *f (Impuls, Schwingung)*

built-in fest eingebaut

built-in DTE Einbau-DEE *f* (DFGt-E)

built-in self test (BIST) integrierte Selbstprüfung *f*

built-in test equipment (BITE) eingebaute Prüfeinrichtung *f*, Selbstprüfeinrichtung *f*

bulk data größere Datenmengen *fpl*

bulk data transmission Massendatenübertragung *f*, Volumen-Datenübertragung *f (Sat)*

bulk store Großraumspeicher *m*

bulk transmission Bitbündelübertragung *f*

bulk wave Volumenwelle *f (Mikrowellen)*

bulletin board Mitteilungsbrett *n*, schwarzes Brett *n (MHS)*

bulletin board system (BBS) Mailbox-System *n*, Bulletin-Board-System *n (Internet; Host-System für Nachrichtenaustausch, IAB RFC1983, s. Tabelle VIII)*

bumpy uneben *(Kurve)*

bunched gebündelt *(Kabel)*

bunching Bündeln *n*; Anhäufung *f (Verkehr)*

bundle Bündel *n (Kabel, Verbindungen)*

bundled gebündelt; zusammen verkauft, im Preis einbegriffen *(SW)*

burn brennen, "toasten" *(einer CD-ROM)*

burst Stoß *m*; Impulsfolge *f*; Paket *n*, Trägerpaket *n (Sat)*; Bitgruppe *f*, Burst *m*, Datenbündel *n*; Signalpaket *n (TDMA)*; Funkblock *m*, Zeitrahmen *m (DECT)*

burst access mode Burstzugriffsmodus *m (Bild-DV)*

burst control Zeitweichensteuerung *f*

burst domain Burstebene *f (Verkehrssteuerung)*

burst errors Burstfehler *mpl (mehrfaches, kurzzeitiges Auftreten von Fehlern mit längeren fehlerfreien Zwischenperioden)*

burstiness Bursthaftigkeit *f (Datenverkehrseigenschaft)*

burstiness factor Nutzzellen/Leerzellen-Verhältnis *n (ATM, zeitlich veränderlich)*

burst length Burstlänge *f (DECT)*

burst level Burstebene *f (ATM-Verkehrshierarchie)*

burst mode Zeitkompressionsmultiplex-Burstübertragung *f (ITU-T I.430, s. Tabelle IV)*

burst-mode controller (BMC) Burst-Steuerung *f (DECT)*

burst-mode transmission Burst-Übertragung *f*, verteilte Übertragung *f*, Zeitkompressionsverfahren *n (TCM oder Ping-Pong-Verfahren)*

burst scale congestion Überlast *f* auf Burstebene *(ATM-Multiplexer)*

burst transmission stoßweise Übertragung *f*, Bitbündelübertragung *f*

bursty gebündelt *(Zellenankunft, ATM)*; stoßartig *(Impulsrauschen)*, burstartig, mit Burst-Character *m*, büschelförmig

bursty data gebündelt auftretende Daten *npl*

bursty traffic diskontinuierlicher Bitstrom *m*

bus (binary utility system *oder* omnibus) Stammleitung *f*; Bus *m*, Leitung *f (als gemeinsame Übertragungsstrecke zwischen zwei oder mehr Schaltkreisen be-*

nutzte Leiter, IEEE), Vielfachleitung *f*; Sammelschiene *f*

bus access Buszutritt *m (DÜE; Netzbenutzer)*, Buszugriff *m*

bus access unit Busanschaltung *f*

bus adapter Busanpassung *f*, Busanschaltung *f*

bus approval Busbewilligung *f (bei Busanforderung)*

bus arbiter Buszuteiler *m*; Busvergabe *f*

bus arbitration Busvergabe *f (DÜE)*

bus arbitration unit Bus-Arbitrierungseinheit *f*

bus assignment Buszuteilung *f (DÜE)*

bus busy Bus belegt *(Dauerlicht, FO)*

bus busy signal Busbesetzt-Signal *n (bei Busanforderung)*

bus cable Sammelkabel *n*, Busleitung *f*

bus changeover Umstecken *n* am Bus

bus claim Busanspruch *m (DÜE in Warteschlange)*

bus cleared Bus frei *(kein Licht, FO)*

bus clock (BCLK) Bustakt(frequenz *f*) *m (PC)*

bus contention Buswettbewerb *m*

bus coupler Buskoppler *m*

bus delay Buslaufzeit *f*

bus framing Busraster *m*

bushing Durchführung *f (Kabel)*

business Geschäft *n*, Unternehmen *n*; Bewegtheit *f (Bild, Signal)*

business computer Bürorechner *m*

business graphics Geschäftsgrafik *f*

business segment Geschäftsfeld *n*

business services Geschäftsdienste *mpl*

business telephone Geschäftsanschluß *m*

business television (BTV) Industriefernsehen *n (US)*

bus interface controller (BIC) Busschnittstellensteuerung *f*

bus line receiver Busleitungsempfänger *m*

bus master Bushauptsteuerung *f*, Bus-Master *m*

bus request Busanforderung *f (DÜE; Netzbenutzer)*

bus segment Teilbus *m*

bus size Busbreite *f*; Übertragungsbreite *f*

bus system in TEMEX line termination H-Bus *m (nach EIA RS485)*

bus terminator Busabschluß(gerät *n*) *m*

bus transaction Bustransaktion *f*

bus transceiver Buskoppler *m*

bus transit time Buslaufzeit *f*

bus-type network Busnetz *n*

bus user Busteilnehmer *m*

bus width Busbreite *f*, Bitbreite *f*

busy (BSY) belegt *(Leitung)*; tätig, beschäftigt *(DV, z.B. Prozessor)*

busy (busiest) hour Hauptverkehrsstunde *f* (HVStd) *(Tel)*

busy condition Belegtzustand *m*, Besetztzustand *m*

busy flash Besetztzeichen *n (Tel)*

busy hour Hauptverkehrsstunde *f* (HVStd)

busy hour call attempt (BHCA) Belegungsversuch *m* in der Hauptverkehrsstunde

busy hours Spitzenbelastungszeit *f*

busy/idle status Belegungszustand *m* (frei *oder* belegt), Belegtzustand *m (TelAnl)*, Betriebszustand *m*

busy/idle status image Belegungsabbild *n*

busying out a subscriber Sperren *n* eines Teilnehmers

busyness Bewegtheit *f*, Lebhaftigkeit *f (US; Bild, Signal)*, Aussteuerung *f (Digitalsignal)*

busyness status Belegungszustand *m (Netz)*, Betriebszustand *m*

busy-out request Sperrungsanforderung *f*

busy server *(Tel.-Anl)* belegter Abnehmer *m*

busy signal Besetztanzeige *f* (BES), Besetztzeichen *n* (BZ, BZT) *(Tel)*

busy status indicator Besetztmelder *m*

busy testing Besetztprüfung *f*

busy time Belegungszeit *f*

Butterworth filter Potenzfilter *n*

button Knopf *m (HW)*; Schaltfläche *f*, Schalter *m (GUI, PC)*

buzz Summen *n*; Brummton *m (TV)*

buzzer Summer *m*

b/w (black/white) schwarzweiß (S/W) *(Mon)*

b wire b-Ader *f*, b-Draht *m (Stöpselhals)*

bypass überbrücken; umleiten, ableiten; durchschleifen *(in MUX)*

bypass capacitor Ableitkondensator *m*, Überbrückungskondensator *m*

bypass line Umgehungsleitung *f*

bypass path Nebenweg *m*, Parallelweg *m*

bypass switch Überbrückungsschalter *m*, Umgehungsschalter *m*

by-path Umgehungsweg *m*

byte Byte *n*, Oktett *n (digitales 8-Bit-Wort)*

byte timing Bytetakt *m*, Oktett-Takt *m (ITU-T X.21, s. Tabelle VI)*; Zeichentakt *m*

B2A s. B-to-A

B2B s. B-to-B

B2C s. B-to-C

C

CA s. call accepted

CA s. call appearance

CA (certification authority) Zertifizierungsstelle *f (TLS)*

CA (conditional access) Zugangsberechtigung *f (DVB)*

cabinet Schrank *m*, Gehäuse *n*

cabinetry Schrankausstattung *f*

cable Kabel *n*, Leitung *f*

cable access point (CAP) Kabelanschlußstelle *f*

cable access unit (CAU) Kabelanschlußeinheit *f (Koax/Telefon)*

cable assembly Kabelbaum *m*, Kabelsatz *m*, Leitungssatz *m*, Kabelbaum *m*, Kabelpaket *n*

cable attenuation Kabeldämpfung *f*

cable attenuation coefficient spezifische Kabeldämpfung *f*, Kabeldämpfungsbelag *m*

cablecasting Kabelsendung *f (TV)*

cable delay Kabellaufzeit *f*

cable distributor Kabelverzweiger *m* (KVZ)

cable duct Kabelkanal *m* (KK)

cable entrance Kabeldurchführung *f*

cable equalizer Kabelentzerrer *m*

cable harness Kabelbaum *m*, Kabelsatz *m*, Leitungssatz *m*, Kabelbaum *m*, Kabelpaket *n*

cable (installation) termination Kabelabschluß *m* (KA)

cable layout plan Kabel(lage)plan *m*

cable line verkabelte Leitung *f*

cable loss Kabeldämpfung *f*

cable management Kabelführung *f*

cable modem (CM) Kabelmodem *m (HFC-Kabelnetz, Daten u. DVB, DAVIC 1.5 u. ETS 300 800/ITU-T Empf. J.112A; DOCSIS (US))*

cable modem termination system (CMTS) Kabelmodem-Abschlußeinrichtung *f (Breitbandkabelnetz, DOCSIS, US)*

cable network Kabelanlage *f*, Kabelnetz *n*

cable network operator Kabelbetreiber *m*

cable pit Kabelbrunnen *m*

cable plant Kabelanlage *f*

cable plug Handstecker *m*

cable rack Kabelgerüst *n*, Rost *m*

cable record Beschaltungsbuch *n (Verm.)*

cable route Kabeltrasse *f*; Leitungsführung *f*

cable runway Kabelschacht *m*, Kabelrost *m*

cable shelf Rost *m*

cable system Kabelanlage *f*

cable television (CATV,CTV) Kabelfernsehen *n* (KTV)

cable terminal cabinet Kabelabschlußschrank *m*, Kabel-Endschrank *m*

cable terminating box Kabelabschlußkasten *m*

cable termination Kabelendverschluß *m*

cable tester Kabelmeßgerät *n*

cable tie Kabelbinder *m*

cable trough Kabelrost *m*

cable TV (CATV,CTV) Kabelfernsehen *n* (KTV)

cable TV band Hyperband *n (302–446 MHz, 12 MHz-Raster, für D2-MAC-Signal, DTAG)*

cable TV system Kabelfernsehanlage *f* (KTV)

cabling Verkabelung *f*, Verdrahtung *f*, Beschaltung *f*

cabling diagram Kabelführungsplan *m*

CAC s. call admission control

CAC s. carrier access code

CAC (conferencing access controller) Konferenzschaltungs-Zugangssteuerung *f*

CAC (connection admission control) Verbindungszugangskontrolle *f (B-ISDN)*, Verbindungsannahme-Steuerung *f (ATM-Verkehrssteuerung)*

cache Cache-Speicher *m*, Cache *m*, Zwischenspeicher *m (PC)*, Pufferspeicher *m (DV-Prozessor)*

cache alignment Cache-Abgleich *m (Mehrprozessorsystem)*

cache consistency Cache-Kohärenz *f (Mehrprozessorsystem)*

cache line Pufferspeicherzeile *f (Adreßverschränkung, Mehrprozessorsystem)*

caching Caching *n (Auslagern in den RAM-Cache von der Festplatte, PC)*

C/A code (course/acquisition code) C/A-Code *m*

CAD (computer-aided design) rechnergestützter Entwurf *m*

caddy Caddy *n*, CD-Träger *m (CD-ROM-Schutzhülle)*

cadence Rhythmus *m (z.B. 1 S EIN, 250 mS AUS, 1 S EIN)*, Taktgebung *f*

CAI (common air interface) universelle Luftschnittstelle *f*

CAL (chrominance alternating line) zeilenweiser Farbart/Luminanzwechsel *m (Bildcodierung, Bildfernsprecher)*

calculation of predicted frame Schätzbildberechnung *f (Bildcodierung)*

calibrate eichen *(Labor)*, kalibrieren; einmessen *(Strecke)*

calibration circuit Justierschaltung *f (TV)*

calibration run Meßlauf *m*

calibration signals Einmeßzeichen *npl (Übertr.)*

calibration trip Meßfahrt *f*

call Anruf *m*, Ruf *m*, Telefonat *n (Tel)*, Kommunikation *f (ISDN)*, Verbindung *f*, Gesprächsverbindung *f*, Gespräch *n (die ganze Kommunikationsbeziehung, für die, z.B. im Fall von Multimedia-"Gesprächen", mehrere einzelne Verbindungen durch das Netz benötigt werden)*; Belegung *f (über Bediener)*; anrufen *(Tel)*; aufrufen *(Programm)*

callable aufrufbar *(Programm)*

call acceptance Rufannahme *f*

call acceptance group Anrufübernahmegruppe *f*

call acceptance interval Belegungsannahmeintervall *n*

call acceptance waiting time (Rufannahme-) Karenzzeit *f*

call accepted (CA) Verbindungsbestätigung *f*, rufende Seite *(ITU-T Q.931, s. Tabelle III)*

call admission control (CAC) Verbindungsannahme-Steuerung *f*

call alerting Rufmeldung *f*

call appearance (CA) aufliegender Ruf *m (US, ISDX)*, Anrufzustand *m*

call appearance button Rufanzeigetaste *f*

call appearance number (CAN) Anrufnummer *f*, Rufanzeigenummer *f (US, ISDX)*

call answered abgefragte Verbindung *f*, gehende Verbindung *f*

call arrival indication Anzeige *f* eines Anrufes *(ISDN/)*

call arriving einfallende Belegung *f*, Anruf *m*

call assignment Weitervermittlung *f*, Gesprächszuteilung *f*

call-associated rufgebunden

call attempt Belegungsversuch *m*, Verbindungsversuch *m*, Wahlwunschanmeldung *f*; Schaltereignis *n (Verm)*

callback s. call-back

call-back Anrufwiederholung *f*, Rufwiederholung *f (Dienstmerkmal, Rückruf)*; Nachruf *m*, Wiederanruf *m*, Rückruf *m (ITU-T H.450.8)*

call-back service Rückrufdienst *m (VAS)*

call bar Sperrwerk *n (K.-Tel. SW)*

call barring Sperren *n*, Anrufsperrung *f (GSM)*

call barring lock Sperrschloß *n (K.-Tel)*

call button Ruftaste *f*, Anruftaste *f (Tx)*

call-by-call (cbc) **connection** Einzelrufverbindung *f*, Call-by-Call (CbC) Verbindung *f (LCR (q.v.))*

call-by-call (cbc) **mode** Einzelrufverfahren *m*, Call-by-Call-Verfahren *n* (CbC) *(LCR, Neuwahl des Anbieters bei jedem Verbindungsaufbau)*

call capacity Leistungsfähigkeit *f*

call centre Anrufzentrum *n*, Servicezentrum *n*, Vermittlungszentrale *f*, Informationszentrale *f*, Call-Center *n*, Callcenter *n*

call centre agent Mitarbeiter *m* des Call Centers

call centre server Call-Center-Server *m* *(ACD)*

call charge Verbindungsgebühr *f*, Verbindungsentgelt *n*

call-charge data Gebührendaten *npl (Tel)*

call-charge record Gebührendatensatz *m* *(Tel)*

call-charge registration Gebührenerfassung *f*

call-charge transfer Gebührenweitergabe *f*

call charging Gebührenberechnung *f*, Vergebührung *f*

call clear-down Verbindungsabbau *m*

call clearing Verbindungsabbau *m*

call completion Verbindungsherstellung *f*, Verbindungsvollendung *f*, Verbindungsbeendigung *f*; Warteschaltung *f (GSM-Zusatzdienst)*

call completion rate Anteil *m* zustandegekommener Verbindungen, Verkehrsgüte *f (der Vermittlungsstelle)*

call confirmation Rufbestätigung *f* (RBst), Verbindungsbestätigung *f*

call congestion Anrufblockierung *f*, Rufblockierung *f (Verm)*

call connected (CC) Verbindungsbestätigung *f*, gerufene Seite *(ITU-T Q.931, s. Tabelle III)*

call connected signal Verbundensignal *n*; Freizeichen *n (FS)*

call connection Rufverbindung *f*

call control Verbindungssteuerung *f*, Rufbehandlung *f*; Gesprächssteuerung *f* *(ATM-Zeichengabe)*, Anrufkontrolle *f* *(UM)*, Rufsteuerung *f*

call control access function (CCAF) Verbindungssteuerungs-Zugriffsfunktion *f (IN, ITU-T Q.1290, s. Tabelle III)*

call controller (CC) Vermittlungssteuerung *f (ISDN-NStAnl.)*

call control matrix Verbindungsmatrix *f* *(NStAnl)*

call control message Verbindungssteuerungsnachricht *f*

call control procedure Verbindungssteuerungsverfahren *n*

call control processor Verbindungssteuerungsprozessor *m*

call control protocol Verbindungssteuerungsprotokoll *n*

call costing Gebührenerfassung *f (Tel)*

call cost meter Gesprächszähler *m (Tel)*

call coverage Anrufüberwachung *f*

call data Verbindungsdaten *npl*

call data acquisition Gesprächsdatenerfassung *f (Tk-Anl)*

call deflection (CD) Rufumlenkung *f* *(ISDN)*, Rufablenkung *f*

call delay Verbindungsaufbaudauer *f*

call density Belegungsdichte *f (Anzahl von gleichzeitig herstellbaren Verbindungen pro km^2)*, Anschlußdichte *f*, Anrufhäufigkeit *f*

call destination Anrufziel *n*

call detail record (CDR) Rufdatensatz *m*, Verbindungsdaten *npl*

call detail recording Gesprächsdatenerfassung *f*

call distribution system Anrufverteilung *f*

call distributor Anrufverteiler *m*

call diversion Rufumleitung *f*, Anrufumleitung *f*, Gesprächsumleitung *f (K.-Tel)*

call diversion on busy Rufumleitung *f* bei Besetzt (RULB)

call diversion from destination Rufumleitung *f* vom Ziel (RULZ)

call-down Verbindungsabbau *m (US)*

calldown state Verbindungsabbauzustand *m (US)*

call drop Verbindungsabbruch *m (Mobilfunk)*

call drop rate (Verbindungs-)Abbruchhäufigkeit *f (Mobilfunk)*

call duration Belegungsdauer *f*, Gesprächszeit *f*

called line identification (CLI) Anschlußkennung *f* gerufene Station

called number verlangte Rufnummer *f*

called party (CLD) gerufener Teilnehmer *m*, B-Teilnehmer *m*

called party address (CdPA, CldPA) Zieladresse *f*, Zielrufnummer *f (GSM)*

called party number Zielrufnummer *f (ISDN)*

called party's answer Teilnehmermeldung *f*

called party tone Rufton *m*

called station Gegenstelle *f*

called subscriber B-Teilnehmer *m*

called subscribers Passiv-Verkehr *m*

caller Anrufer *m*, rufender Teilnehmer *m*

caller identification (ID) Anruferidentifikation *f*, Anrufererkennung *f (US-Telefondienst, CTI)*

caller identification unit (CIU) Fangeinheit *f*, Anruferidentifikationseinheit *f*

call failure nicht erfolgreiche Verbindung *f*

Call Failure Indication (CFI) Anzeige *f* für erfolglosen Verbindungsaufbau; erfolgloser Verbindungsaufbau *m (V.25 bis, s. Tabelle V)*

Call Failure Indication, Engaged Tone (CFIET) Erfolgloser Verbindungsaufbau *m*, Besetztton

Call Failure Indication, No Tone (CFINT) erfolgloser Verbindungsaufbau *m*, kein Ton

call forwarding Anrufumlegung *f*, Anrufumleitung *f (GSM)*, Anrufweiterschaltung *f*, Rufweiterleitung *f* (RWL); Rufweiterschaltung *f (ISDN)*

Call Forwarding Busy (CFB) Rufweiterschaltung *f* bei Besetzt *(ISDN)*

Call Forwarding mobile subscriber Busy (CFB) Rufweiterschaltung *f* bei Mobilteilnehmer Besetzt *(GSM 01.04, s. Tabelle VII)*

Call Forwarding mobile subscriber Not Reachable (CFNRc) Rufweiterschaltung *f* bei Mobilteilnehmer nicht erreichbar

Call Forwarding No Reply (CFNR,CFNRy) Rufweiterschaltung *f* bei keiner Antwort *(ISDN, GSM 01.04, s. Tabelle VII)*, Rufumleitung *f* bei Frei (RULF)

Call Forwarding on Busy (CFBS) Rufumleitung *f* bei Besetzt (RULB)

Call Forwarding Unconditional (CFU) ständige Rufweiterschaltung *f (GSM 01.04, s. Tabelle VII)*, Ruf *m* Weiterschalten *(ISDN, IN)*, Rufumleitung *f* (RUL)

call gapping Ruflückenbildung *f (Netzverwaltung)*

call handling Verbindungsbearbeitung *f*, Rufbearbeitung *f*, Rufabwicklung *f*, Gesprächsabwicklung *f*

call handling capacity Leistungsfähigkeit *f*

call handling device (CHAD) Verbindungsbearbeitungsvorrichtung *f*

call held condition Fangzustand *m*

Call Hold Parken *n (ISDN)*; Anrufwarteschleife *f*, Warteschaltung *f (GSM-Zusatzdienst, s. Tabelle VII)*

call holding Rufhaltung *f* (RH) *(Mobilfunk)*

call holding operation Warteschlangenbetrieb *m*

call hold on enquiry Rückfrage *f* (RFRA, RKF) *(Tel)*

call identification Rufkennung *f*

call identification circuit Fangsatz *m*

call identification class of service Fangberechtigung *f*

call identification line Kommunikationsdatenzeile *f (Teletex, ISDN I.241, s. Tabelle IV)*

call identification report Fangmeldung *f (Tel)*

call identification request Fangwunsch *m (Tel)*

call in abrufen; aufrufen *(Programmteil)*

call indicator Anrufsignalisierung *f (Tel)*, Rufmelder *m (Vermittlung)*

call information Rufinformationen *fpl*, Verbindungsinformationen *fpl*

calling area Anrufbereich *m*, Amtsbereich *m (Tel)*

calling card Anrufkarte *f*, Telefon-Chipkarte *f (Chipkarte, US)*; T-Card *f (DTAG-Produkt)*

calling card service Chipkartendienst *m*

calling equipment Anruforgan *n*

calling face Gesichtssymbol *n (WAP-Handy)*

calling jack Anrufklinke *f*

calling line identification (CLI,CLID) Anrufidentifizierung *f*; Anschlußkennung *f* rufende Station; Fangen *n* des rufenden Teilnehmers; Teilnehmeranschlußnummer *f*

calling line identification presentation (CLIP) Anzeige *f* der Rufnummer des Anrufers *(ISDN, GSM 01.04, s. Tabelle VII)*

calling line identification restriction (CLIR) Unterdrückung *f* der Anzeige *f* der Rufnummer des Anrufers *(ISDN, GSM 01.04, s. Tabelle VII)*, Rufnummernunterdrückung *f*

calling number Rufnummer *f* des Anrufers

calling number forwarding Rufnummernübermittlung *f*

calling number identification Rufnummernanzeige *f*, Rufnummernidentifizierung *f* *(ISDN)*

calling office Abgangsamt *n (US)*

calling party (CLG) rufender Teilnehmer *m*, A-Teilnehmer *m*

calling party address (CgPA) Sendeadresse *f* *(GSM, s. Tabelle VII)*

calling party identification (CPID) Rufnummernanzeige *f*

calling party number Rufnummer *f* des Anrufers *(ISDN)*

calling party tone Rufton *m*

calling pattern Gesprächsverhalten *n*

calling range Funkradius *m*, Funkreichweite *f (DECT, Funkruf)*

calling rate Gesprächsaufkommen *n*, Verbindungshäufigkeit *f*; Gesprächsbedürfnis *n*

calling signal Anrufsignal *n (Tel)*

calling station Anruferstation *f*, A-Teilnehmer *m*

calling subscriber A-Teilnehmer *m*, Anmelder *m*

calling subscribers Aktiv-Verkehr *m*

calling tone Kennton *m (Übertr.)*

call in progress laufendes Gespräch *n*, Gesprächszustand *m*, bestehende Verbindung *f*, Ruf *m* in Bearbeitung

call in progress counter Belegungszähler *m*

call initialization *f* Verbindungsaufbau *m*

call instruction Anforderung *f (PCM-Sprache)*

call intensity Belegungsintensität *f (Tel.-Anl)*

call intercept equipment Fangeinrichtung *f* *(Tel)*

call interruption Verbindungsunterbrechung *f*

call key Abfrageorgan *n*

call load sharing Belastungsteilung *f*

call log Anrufliste *f*

call maintenance Verbindungsaufrechterhaltung *f*

call management Verbindungsorganisation *f*

call management system Telefonvermittlung *f*

call manager Verbindungsverwaltungseinheit *f (MOVE)*

call memory Verbindungsspeicher *m* *(Verm)*

call meter Gesprächszeitmesser *m* (GZM), Gesprächszähler *m*

call number Rufnummer *f*, Anschlußnummer *f*

call number conversion Rufnummernumsetzung *f*

call number directory Rufnummernregister *n*

call number memory Rufnummernspeicher *m*, Kurzwahlspeicher *m (GSM)*

call offering Rufangebot *n*, Rufzustellung *f*, Anrufsteuerung *f (GSM-Zusatzdienst, s. Tabelle VII)*

call offering message Rufzustellungsnachricht *f*, Anrufmeldung *f (ISDN)*

call on hold gehaltene *oder* geparkte Verbindung *f*

call originating terminal Ursprungsendgerät *n*

call origination Verbindungsaufbau *m*, Rufeinleitung *f (ISDN)*

call park Parkschaltung *f*, Anruf *m* parken *(ITU-T H.450.5)*

call pattern Belegungsmuster *n*

call pick-up heranholen *(K.-Tel)*; Anrufübernahme *f*

call preparation Wahlvorbereitung *f*

call proceeding Gesprächszustand *m*

call processing Verbindungsbearbeitung *f*, Verbindungssteuerung *f*, Verbindungsabwicklung *f*, Gesprächsabwicklung *f*; (CP) Vermittlungstechnik *f (Vermittlungs-SW)*; vermittlungstechnisch

call processing data Vermittlungsdaten *npl (Verm)*

call processing module Vermittlungsmodul *n (VSt)*

call processing program Vermittlungsprogramm *n*

call processing rate Vermittlungsleistung *f*

call processing sequence vermittlungstechnischer Ablauf *m*

call processing software vermittlungstechnische Software *f*; Vermittlungstechnik *f (Vermittlungs-SW)*

call processor Vermittlungsprozessor *m*

call progress indication Verbindungsaufbauanzeige *f*, Dienstanzeige *f*

call progressing Verbindung *f* wird aufgebaut

call progress signal Dienstsignal *n (ISDN)*; Dienstmeldung *f*, Netzmeldung *f*

call progress tones Hörtöne *mpl (Tel)*

call promotion signal Verbindungsaufbausignal *n*, Dienstsignal *n*

call prompting interaktive Anrufbearbeitung *f (Call-Centre)*

call queuing Anrufreihung *f*

call quota allocation table Quotierungstabelle *f*

call rate Gesprächsaufkommen *n*, Verbindungshäufigkeit *f*

call record Verbindungsdaten *npl*; Verbindungsaufbau-Datensatz *m (US-ISDN)*, Gebührendatensatz *m (Tel)*

call recording Gesprächsaufzeichnung *f*

call record journalling (CRJ) Gebührendatenerfassung *f* (GDE, Gde), Verbindungsdatenaufzeichnung *f oder* -erfassung *f*, Rufdatenaufzeichnung *f* (RDA) *oder* -erfassung *f*

call redirection Rufweiterleitung *f* (RWL), Rufweiterschaltung *f*, Anrufumlenkung *f*

call reference Verbindungskennung *f (ISDN)*; Referenz-Nummer *f (ZGS.7)*

call reference number (CRN) Nummer *f* der Verbindungskennung *(ISDN)*

call register Verbindungsspeicher *m (Verm)*

call rejection Verbindungsabweisung *f*

call repetition Rufwiederholung *f*

call request Verbindungswunsch *m*, Gesprächswunsch; abgehender Ruf *m*

Call Request with Identification (CRI) Verbindungsanforderung *f (V.25 bis, s. Tabelle V)*, Wahlbefehl *m (V.25 bis, s. Tabelle V)*

call response Rufbeantwortung *f*

call restoration Verbindungswiederherstellung *f*

call restriction Anrufsperrung *f (GSM-Zusatzdienst, s. Tabelle VII)*, Teilnehmersperre *f*, Gesprächsbegrenzung *f*

call routing Rufwegelenkung *f*

call screening Anrufüberwachung *f*, Anrufvorabfrage *f*, Anruffilter *n*

call sender Rufnummerngeber *m (Tel)*

call sequence control Verbindungsablaufsteuerung *f*

call service Verbindungsdienst *m*

call set information Rufdateninformation *f (US)*

call set-up (CSU) Rufaufbau *m*, Gesprächsaufbau *m*, Verbindungsaufbau *m*

call set-up attempt Verbindungsaufbauversuch *m*

call signalling Anrufsignalisierung *f*, Rufsignalisierung *f (ISDN-Tel)*

call signalling device Rufmelder *m (Verm)*

call state Bereitschaftszustand *m (Tel)*, Verbindungszustand *m (ISDN)*

call storage device Reihenordner *m*, Warteordner *m*

call terminated Verbindung ausgelöst

call throughput rate Durchschalteleistung *f*

call time Verbindungszeit *f*, Verbindungsdauer *f*

call timer Gesprächszeitmesser *m* (GZM), Gesprächszähler *m*

call timing Gesprächsmessung *f*

call tracing Fangen *n*

call tracking Anrufverfolgung *f*

call traffic Rufverkehr *m*

call traffic unit Rufverkehrseinheit *f*

call transfer (CT) Anrufverlegung *f*, Rufweiterleitung *f* (RWL), Anrufweiterleitung *f*, Anrufweiterschaltung *f (GSM 01.04, s. Tabelle VII)*; Rufumlegung *f (ISDN)*, Verbindungsumlegung *f (Daten)*; Weitervermittlung *f*

call transport charge Verbindungsgebühr *f*

call unit statement Gebührenzuschreibung *f (BT, TTY)*

call up abrufen, aufrufen; anrufen

call-up Verbindungsaufbau *m (US)*

callup state Verbindungsaufbauzustand *m (US)*

call vectoring Verbindungssteuerung *f* über Vektoren *(TK-Anl)*

call waiting (CW) angeklopft, Anklopfen *n (Tel., Hinweis auf den Verbindungswunsch eines dritten Teilnehmers)*, Warteschaltung *f (GSM-Zusatzdienst, s. Tabelle VII)*

call waiting connection Anklopfverbindung *f*, Aufschalteverbindung *f*

call waiting indication Anklopfmeldung *f*

call waiting tone Anklopfton *m*, Aufschalteton *m*

call waiting with caller's number indication Anklopfen *n* mit Anzeige

call zone Rufzone *f* (RZo) *(Cityruf)*

CAM (communication access method) Kommunikationszugriffsmethode *f*

CAM (computer-aided manufacturing) rechnergestützte Herstellung *f*

CAM (content-addressable memory) inhaltsadressierbarer Speicher *m*

CAM (conditional access message) CA-Meldung *f (ECM u. EMM (q.v.), DVB)*

CAM s. CA module, conditional access module

CAMEL (Customized Application for Mobile Enhanced Logic) **network** CAMEL-Netzwerk *n (Mobilfunk-IN-Schnittstelle, ETSI GSM 03.78, 09.78, 09.02)*

CA (conditional access) **module** CA-Modul *n*, Entschlüsselungsmodul *n (an digitale Set-Top-Box bzw. DVB-Empfänger anschließbar, Pay-TV, s.a. DVB-CI)*

camp-on Wartezustand *m*

camp-on-busy Anrufwiederholung *f (Dienstmerkmal, Rückruf)*; Rückruf *m (auf Freiwerden der Leitung warten)*

camp-on-busy button Rückruftaste *f (K.-Tel)*

camp on busy (line) warten auf Freiwerden *(einer Leitung)*

camp-on function Anrufwartefunktion *f*

camp-on switching Wartevermittlung *f*

camp-on to a busy subscriber Rückruf *m*

campus Medienpark *m*, Campus *m (US)*

campus boundary Grundstücksgrenze *f (Ethernet)*

campus network Geländenetz *n*

CAN (call appearance number) Anrufnummer *f*

CAN (customer access network) Teilnehmer-Anschlußnetz *n*

cancel löschen; aufheben, auflösen; zurücknehmen; annullieren *(Nummer)*; abbrechen *(Programmablauf, Ruf, MS-Windows)*, abschalten

cancellation Löschung *f (Fehler)*, Auslöschung *f (Interferenz)*, Unterdrückung *f (Rauschen, Echo, Aliasing)*; Rücknahme *f (Befehl, Dienst)*; Ausbuchung *f (Mobilfunk)*

cancellation complete Löschungsvollzug *m*

cancellation of barring Aufheben *n* der Sperre *(Tel)*

cancelling class-of-service data Löschen *n* von Berechtigungen

cancel the block *oder* **suspension** Sperre *f* aufheben

cancel the call Ruf *m* abbrechen

candidate in Frage kommend *(z.B. Probe)*, angehend

canister Büchse *f*; Gehäuse *n (Mobilfunktransponder, US)*

canonical kanonisch *(Math)*

CAN (Controller Area Network) **protocol** CAN-Protokoll *n (Prozeßsteuerung, ISO/TC22/SC3/WG1 N422E)*

canting angle Neigungswinkel *m (Regen)*

CAP (cable access point) Kabelanschlußstelle *f*

CAP s. carrierless AM/PM

capability Eigenschaft *f*, Fähigkeit *f (Netz)*, Funktionsfähigkeit *f*, Leistungsfähigkeit *f*, Möglichkeit *f (Kommunikation)*

capability characteristic Leistungsmerkmal *n* (LM) *(Netz)*

capability set Stufe *f (ATM-Verbindungssteuerung, ITU-T Empf. Q.2931)*

capacity Kapazität *f*, Mächtigkeit *f (Speicher, Kanal)*, Fassungsvermögen *n (Leaky Bucket)*; Leistung *f*, Leistungsfähigkeit *f*; Abbild *n (z.B. der Anlage)*

capacity limited kapazitätsbeschränkt *(Downlink, UMTS)*

capacity utilization Auslastung *f*, Belegung *f* **used to full capacity** voll ausgelastet, voll belegt

CAPI (common application programming interface, common ISDN API) einheitliche ISDN-Progammierschnittstelle *f (PC-ISDN-Anwendungsschnittstelle, Softwareschnittstelle)*

CAPS s. Caps Lock

Caps Lock (CAPS) Feststelltaste *f* (UF) *(Tastastur-Funktion, PC)*

CAPTAIN (Character and Pattern Telephone Access Information Network) NTT-Videotexdienst *m (Japan)*

captive screw unverlierbare Schraube *f*

capture einfangen; erfassen

capture effect Mitnahmeeffect *m*, Capture-Effekt *m (Mobilfunk)*

capture range Fangbereich *m (PLL, DLL)*

carbon button Kohlemikrofonkapsel *f*

Carbon Copy Durchschlag *m (Fernabzug des Schirmbildinhalts, PC-Programm)*

card (Kartei)karte *f (WAP q.v.)*

card cage Baugruppenträger *m (HW)*

card file Kartei *f*

card frame Kartenträger *m*, Baugruppenträger *m (HW)*

cardioid pattern Nierencharakeristik *f (Mikrofon)*

card phone Geldkartentelefon *n*

card slot Leiterplattensteckplatz *m*, Baugruppensteckplatz *m*

care-of address Gastadresse *f (IP-Mobilfunk, IAB RFC 2002-2004, 2344, s. Tabelle VIII)*

car installation kit Kfz-Einbausatz *m (Mobilfunk)*

carphone Autotelefon *n*, Funktelefon *n*, Mobiltelefon *n (Mobilfunk)*

car radio Autoradio *n*, Autoempfänger *m*

car radio aerial Autoantenne *f*, Fahrzeugantenne *f*

car radio telephone Autotelefon *n*, Funktelefon *n*, Mobiltelefon *n (Mobilfunk)*

carriage return (CR) Wagenrücklauf *m (Drucker)*

carried getragen; geführt *(Signal)*

carried call verarbeitete Belegung *f (Tel.-Anl)*, Verbindung *f* Hergestellt

carrier Träger *m (Funktechnik)*; Netz *n*; Betreiber *m*, Netzbetreiber *m*, Netzträger *m*, Carrier *m*; Fernmeldebetriebsgesellschaft *f*, Übermittlungsgesellschaft *f oder* -organisation *f*, Tk-Anbieter *m*; Programmanbieter *m*

carrier access code (CAC) Netzbetreiber-Zugriffscode *m (ZGS7)*

carrierband LAN Trägerfrequenz-LAN *n*

carrier channel Trägerfrequenzkanal *m* (TF-Kanal)

carrier-current method Trägerstromverfahren *n (Analogübertr.)*

carrier frequency (CF) Trägerfrequenz *f* (TF)

carrier frequency line circuit TF-Übertragung *f (Tel.-Signalisierung)*

carrier/interference (C/I) **product** Träger/Störung-Produkt *n*, C/I-Produkt *n (Test)*

carrier/interferer (C/I) **ratio** Träger/Störung-Verhältnis *n oder* -Abstand *m (Sat., GSM, DVB)*

carrier leak Trägerrest *m (after filtering)*

carrierless AM/PM (CAP) trägerlose Amplituden-/Phasenmodulation *f (digitales ADSL-Übertragungsverfahren, Aufwärtskanal 16+8 kB/s, Abwärtskanal 2048+16+8 kB/s, ähnelt QAM q.v.)*

carrier line unit Teilnehmermultiplexanschlußeinheit *f (Verm., AT&T)*

carrier/noise ratio (C/N, CNR) Träger/Rausch-Verhältnis *n (Sat., in dB)*

carrier/noise temperature ratio (C/T) Träger/Rauschtemperatur-Verhältnis *n (Sat., in dB/K)*

carrier repeater Trägerstromverstärker *m*

carrier selection Auswahl *f* nach Netzbetreibern *(LCR-Merkmal)*

carrier-sense (*oder* **domain**) **multiple access** (CSMA) Vielfachzugriff *m* mit Trägerkennung *(LAN)*

carrier-sense multiple access with collision detection (CSMA/CD) Vielfachzugriff *m* mit Trägerkennung und Kollisionserkennung *(LAN, Ethernet, IEEE 802.3)*

carrier service Übermittlungsdienst *m*

carrier shift keying Trägerumtastverfahren *n (Prüfung)*

carrier spacing Frequenzabstand *m*, Trägerabstand *m*

carrier system Teilnehmermultiplexsystem *n (Verm., AT&T)*

carry Übertrag *m (Zähler)*; tragen, führen *(Signal)*

carry the load die Last *f* bewältigen

carry the traffic den Verkehr *m* abwickeln

carry through mitziehen *(z.B. Fehler bei der Programmierung)*

carry-through button Durchstelltaste *f*

cartridge Kassette *f (Magnetband)*; Patrone *f (Drucker)*

cartridge drive Kassettenlaufwerk *n (Streamer, PC)*

CAS (channel-associated signalling) Einzelkanalsignalisierung *f*; kanalindividelle Zeichengabe *f*, kanalgebundene Zeichengabe *f*

CAS (Communication Application Specification) CAS-Kommunikationsprotokoll *n*

CAS (customer account service) **system** Teilnehmerkontendienstsystem *n (US)*

cascadable kaskadierbar *(Schaltungen)*

cascade Kaskade *f*; kaskadieren, in Kaskade *f* schalten, aneinander reihen, hintereinander schalten

cascaded aneinandergereiht; in Kaskade *f* geschaltet, kaskadiert *(Schaltungen)*; überlappend *(Fenster auf dem Bildschirm, PC)*

cascading menus überlappende Menüs *npl (Bildschirm-Anzeige, PC)*

CASE (computer-aided software engineering) rechnergestützte Softwareentwicklung *f*

CASE (common application service element) Dienstelement *n* für allgemeine Anwendungen *(Netzmanagement)*

cased gehäust

case frame Gehäusekörper *m (Motor)*

cash card Geld(automaten-)Karte *f*

cash machine Geldautomat *m*

CAS (conditional access and security) **layer** CAS-Schicht *f (Schicht 2 des GATS-Protokolls q.v.)*

CA (conditional access) **system** CA-System *n*, System *n* für bedingten Zugriff *(DVB, Pay-TV)*

CAT (conditional access table) CA-Tabelle *f (erkennt CA-Pakete in einer DVB MPEG-2 Übertragung)*

catastrophe-resistant mapping ausfallsichere Abbildung *f*

catastrophic congestion Totalblockierung *f*

catastrophic failure Totalausfall *m*

catchment area Einzugsbereich *m (TV)*

category of access Zugangsart *f*

cathode ray oscilloscope (CRO) Kathodenstrahl-Oszillograph *m oder* -Oszilloskop *n* (KO)

cathode ray tube (CRT) Kathodenstrahlröhre *f*

CATV (cable TV) Kabelfernsehen *n*

CATV (community antenna TV system *oder* Community Authority TV) Groß-Gemeinschaftsantennenanlage *f* (GGA)

CAU (cable access unit) Kabelanschlußeinheit *f (Koax/Telefon)*

cavitation Kavitation *f (Ultraschall)*; Resonanz(schwingung) *f (Laser)*

cavity Hohlraum *m*; Resonator *m (Resonanzraum eines Lasers, Mikrowellen)*, Kammer *f*

CAW (computer-aided wiring) rechnergestützte Verdrahtung *f*

CAZAC/M (constant amplitude zero auto correlation with M sequences) **symbol** CAZAC/M-Symbol *n (im OFDM-Rahmen in DVB-T)*

CB s. cell broadcast

CB s. Citizen's Band

CB s. Connection Busy

C band C-Band *n (3,9–6,2 GHz, Sat)*

cbc (call-by-call) **mode** Einzelrufverfahren *m*, Call-by-Call-Verfahren *n* (CbC) *(LCR, Neuwahl des Anbieters bei jedem Verbindungsaufbau)*

CBC (cipher block chaining) Schlüsselblockverkettung *f (HBCI)*

CBCH s. cell broadcast channel

CBDS (Connectionless Broadband Data Service) **protocol** CBDS-Protokoll *n (verbindungsloser MAN-Datendienst nach SMDS (q.v., IEEE 802.6), ETSI ETS 300 217x)*

CBO (continuous bit stream oriented) dauerbitstromorientiert

CBP (Common Broadband Platform) gemeinsame Breitbandplattform *f*

CBP processor intervention (CPI) CBP-Prozessor-Eingriff *m (ATM)*

CBR (constant bit rate) konstante Bitrate *f (ATM-QoS-Klasse, HFC-Netz)*

CBS (common base station) gemeinsame Basisstation *f (Bündelfunk)*

CBX (computer(ized) branch exchange) rechnergesteuerte Nebenstellenanlage *f*

CC (call connected) Verbindungsbestätigung *f*, gerufene Seite *(ITU-T Q.931, s. Tabelle III)*

CC (call controller) Vermittlungssteuerung *f (ISDN-NStAnl.)*

CC (channel coding) Kanalkennzeichnung *f*

CC (cluster controller) Mehrfach-Steuereinheit *f*

CC (country code) Landeskennzahl *f*

CCAF (call control access function) Verbindungssteuerungs-Zugriffsfunktion *f (IN, ITU-T Q.1290, s. Tabelle III)*

CCBS s. completion of call to busy subscriber

CC&BS (Customer Care & Billing System) Kundenverwaltungssystem *n (GSM, IN)*

CCD (charge-coupled device) ladungsgekoppeltes Bauelement *n*

CCD (constant call delay) konstante Verbindungsverzögerung *f*

CCD array CCD-Zeile *f*

CCD line array CCD-Zeile *f*

CCE (cluster common equipment) dem Cluster gemeinsame Einrichtungen *fpl*

C cell Baby-Zelle *f (Batterie, ca. 8000 mA/h)*

C channel (control channel) C-Kanal *m*, Steuerkanal *m*, Kommunikationskanal *m (V-Schnittstelle)*

CCI (co-channel interference) Gleichkanalstörung *f (TV)*

CCI (contactless chip card interface) kontaktlose Chipkarten-Schnittstelle

CCIR (Comité Consultatif International des Radiocommunications) Internationaler Beratender Ausschuß *m* für den Funkdienst *(in der ITU (q.v.); seit 1992 ITU-R)*

CCIS (common channel interoffice signaling) Zwischenamts-Zentralkanalzeichengabe *f (Fernnetz)*

CCITT (Comité Consultatif International Télégraphique et Téléphonique) Internationaler Beratender Ausschuß *m* für den Fernschreib- und den Fernsprechdienst *(in der ITU (q.v.); seit 1.3.1993 ITU-T, s. Tabelle III)*

CCK (complementary code keying) Komplementärcode-Tastung *f (basiert auf MBOK q.v., WLAN, IEEC 802.11)*

CCM (cross connect multiplexer) Crossconnect-Multiplexer *m*

CCP (cross-connection point) Kabelverzweiger *m*

CCS (Cent Call Seconds) *(Verkehrseinheit, = 1/36 Erl oder VE)*

CCS (common channel signalling) Zentralkanal-Zeichengabe *f*

CCS (cross connect system) Crossconnect-System *n*

CCSC (control channel system code word) Organisationskanal-Systemkennwort *n*

CCSS (common-channel signalling system) Zentralkanal-Zeichengabesystem *n*

CCS7 (common channel signalling No.7) Zentralkanal-Zeichengabe *f* Nr.7 (ZGS 7) *(nach 1 TR 7)*

CCTV (closed-circuit TV) drahtgebundenes Fernsehen *n*, Betriebsfernsehen *n*

CCTV camera Überwachungskamera *f*, Fernauge *n*

CD (call deflection) Ruf-Umlenkung *f*

CD (Carrier Detect) Empfangssignalpegel *m (V.24/RS232C, Tabelle IX)*

CD (collision detect) Kollisionserkennung *f*

CD (compact disk) Compact-Disk *f (Durchmesser 120 mm, 44,1 kHz/16 Bit/ Zweikanal-Audio, PCM-Aufzeichnung, s.a. 'DVD-A')*

CD-DA (compact disk digital audio) Audio-CD *f (Red Book, Philips u. Sony)*

CDE (compact disk erasable) löschbare CD *f (s.a. CD-RW)*

CD-I (compact disk interactive) interaktive CD *f (ADPCM-codiert, Philips, Green Book, White Book)*

CD-I XA (compact disk interactive extended architecture) erweiterte interaktive CD *f (Yellow Book Mode 2)*

CDLC s. cellular data link control

CDM (character division multiplex) Zeichenmultiplex *n*

CDM (code division multiplex) Codemultiplex *n*

CDMA (code division multiple access) Vielfachzugriff *m* im Codemultiplexverfahren *(Zugriff über einzelne Teilnehmerkennungen, Mobilfunk, Spreizbandverfahren (q.v.); IS-95 (q.v.))*

cdma2000 US-3G-Mobilfunknetz *n (entspricht UMTS in Europa, s.a. "3G-Netz")*

CDMA code CDMA-Code *m*, Spreizcode *m (s. CDMA, GSM)*

CdPA (called party address) Zieladresse *f (GSM)*

CDPD s. Cellular Digital Packet Data

CD player CD-Player *m*

CDR (call detail record) Rufdatensatz *m*, Verbindungsdaten *npl*

CDR (common data rate) gemeinsame Datenrate *f*

CD-R (compact disk recordable) bespielbare *oder* beschreibbare CD *f (Orange Book)*

CD recorder CD-Brenner *m*

CD-ROM CD-Datenspeicher *m (ADPCM-codiert, Speicherkapazität bis zu 650 MByte, Dateisystem nach ISO 9660, Yellow Book Mode 1)*

CD-ROM XA (CD ROM extended architecture) erweiterter CD-Datenspeicher *m*

CD-RW (compact disk rewritable) wiederbespielbare *oder* -beschreibbare CD *f*

CDV s. cell delay variation

CD-V (compact disk video) Video-CD *f*

CDVT (cell delay variation tolerance) CDV-Toleranz *f (ATM)*

CE (connection element) Verbindungselement *n*

CE (control element) Steuereinheit *f*

CEBus (Consumer Electronics Bus) UE-Bus *m (EIA, entspricht dem OSI-RM)*

CEC s. cell error control

CEE (Commission Internationale de Reglementation en Vue de l'Approbation de l'Equipement Electrique) Internationale Kommission *f* für die Konformitätsprüfung elektrotechnischer Erzeugnisse

CEI (connection endpoint identifier) Verbindungsendpunkt-Kennung *f (ITU-T Q.920, s. Tabelle III)*

cel-based animation CEL-Animation *f*

cell Zelle *f (in ATM: 53 Byte einschließlich Zellenkopf (5 Byte) und Nutzsignal (48 Byte); auch Einzelträger im OFDM-Rahmen (DVB))*; Block *m (ATM-Zeitkanal)*; Funkzelle *f*, Funkzone *f*, Rufbereich *m*, Sendebereich *m*, Verkehrsbereich *m (Mobilfunk)*

cell block Zellblock *m (ATM)*

cell breathing atmende Zelle *f*, sich dynamisch verändernde Zellfläche *f (UMTS)*

cell broadcast (CB) Funkzellenrundspruch *m (GSM 03.41, SMS, s. Tabelle VII)*

cell broadcast channel (CBCH) Zonen-Rundsendekanal *m (Mobilfunk)*

cell buffer Zellspeicher *m (ATM)*

cell change Wechsel *m* der Funkzone, Umbuchen *n (Mobilfunk)*

cell copy Zellkopie *f (ATM-Multicast)*

cell delay Zellenlaufzeit *f (ATM)*

cell delay variation (CDV) Zellen-Laufzeitschwankung *f*, Zellaufzeitänderung *f*, Zellverzögerungsschwankung *f (ATM)*

cell delineation Zellenabgrenzung *f*, Zellgrenzenerkennung *f (ATM, I.113, s. Tabelle IV)*

cell demultiplexer Zellauflöser *m*

cell domain Zellebene *f (Verkehrssteuerung)*

cell error Zell(en)fehler *m*, Zellen-Übertragungsfehler *m*

cell error control (CEC) Zellenfehlersicherung *f*

cell error ratio (CER) Zellenfehler-Verhältnis *n (Anzahl fehlerhafter Zellen/Gesamtzahl korrekter + fehlerhafter Zellen, ATM)*

cell event Zell-Ereignis *n (CER, CLR usw., ATM)*

cell flow Zellenfluß *m (ITU-T I.321, s. Tabelle IV)*

cell header Zell(en)kopf *m (ATM)*

cell header overhead Zellenkopf-Overhead *n (ATM, ITU-T I.211, s. Tabelle IV)*

cell identity (CID) Zelleninformation *f (DECT)*, (CI) Zellenkennung *f (GSM)*

cell interconnect module (CIM) Zellenverbindungsmodul *n (Mobilfunk)*

cell interleaving Zellenmultiplexierung *f (ATM)*

cell interval Zellenraster *m (ATM)*

cell level Zellebene *f (ATM-Verkehrshierarchie)*

cell list processor (CLP) Zellenlistenprozessor *m (ATM)*

cell loss Zell(en)verlust *m (ATM)*

cell loss ratio (CLR) Zellenverlust-Verhältnis *n (Anzahl zu Verlust gegangener Zellen/Gesamtzahl übertragener Zellen, ATM)*

cell misinsertion falsche Einfügung *f* von Zellen

cell misinsertion rate (CMR) Zellen-Falscheinfügungsrate *f (Anzahl falsch eingefügter Zellen/Meßintervall, ATM)*

Cellnet *(Britisches nichtöffentliches mobiles Funkzellennetz, 450 MHz, entspricht C-Netz)*

cell offset Zellenversetzung *f (ATM)*

cell overhead Zellen-Overhead *n*, Zellenkopf *m (ATM)*

cell pattern Zellenmuster *n (im ATM-Datenstrom)*

cellphone Zellulartelefon *n*, Mobiltelefon *n*, Handy *n (US)*

cell placement Funkzonenzuordnung *f*

cell rate Zellrate *f*, Zellenrate *f*, Zellentakt *m*

cell rate decoupling Zellraten-Entkopplung *f (ITU-T I.610, s. Tabelle IV)*

cell relay service Zell(en)übermittlungsdienst *m (ATM)*

cell scrambling Verwürfelung *f* des Zellinformationsfeldes *(ATM)*

cell sectorisation Zonensektorisierung *f (Mobilfunk)*

cell sequence integrity Zellenfolgeintegrität *f*, Einhaltung *f* der Zellreihenfolge

cell site Zellenstandort *m (Mobilfunk)*

cell spacing Zellenraster *m (ATM, z.B. 69 Byte)*

cell stream Zellenstrom *m*

cell transfer delay (CTD) Zellenlaufzeit *f*, Zellaufzeit *f*, Zellverzögerung *f (ATM)*

cell transmission error Zell(en)fehler *m*

cell transmission period Zellübertragungsdauer *f (ATM)*

cell transmission time Zellübertragungsdauer *f (ATM)*

cell transport Zellentransport *m*

cellular data link control (CDLC) Zellen-Datenübertragungssteuerungsverfahren *n (Racal, GB, Protokoll für mobile Datenübermittlung)*

Cellular Digital Packet Data (CDPD) digitale Zellen-Paketdaten *npl (digitales auf AMPS (q.v.) basierendes mobiles Datenübertragungsverfahren vergleichbar mit SMS (q.v.) im GMS, auch "Wireless IP" genannt, US 1995, AT&T)*

cellular mobile radio zellularer Mobilfunk *m*

cellular mobile radio network Mobilfunkzellennetz *n*, zellulares Funkfernsprechnetz *n (gewöhnlich Duplex, einschl. CT1, CT2, C-Netz)*

cellular network (CN) zellulares Mobilfunknetz *n*

cellular radio Zellenfunk *m (Mobilfunk)*

cellular radio network Funk(zellen)netz *n (Mobilfunk)*

cellular radio telephone Zellulartelefon *n*

cellular radio telephony Zellulartelefonie *f*, Zellularfernsprechen *n*

cellular subscriber Teilnehmer *m* am zellularen Mobilfunk

cellular telephony Zellulartelefonie *f*, Zellularfernsprechen *n*

cell wide buffer Pufferspeicher *m* mit Zellengröße *(48 Byte, ATM)*

CELP (code excited linear predictive coding) lineare Prädiktionscodierung *f* mit Codeanregung

CE approved mit CE-Zulassung *f (EMV-Richtlinie 89/336/EWG u.a.)*

CE mark (Conformité Européen, Communauté Européen) CE-Kennzeichen *n (EMV-Richtlinie 89/336/EWG u.a., EN 61000-3-2)*

CEN (Comité Européen de Normalisation) Europäisches Normungskomitee *n (gegründet 1961, s. Tabelle XIII)*

CENELEC (Comité Européen de Normalisation Electrotechniques) Europäisches Komitee *n* für elektrotechnische Normung *(gegründet 1961, s. Tabelle XIII)*

Centel 100 BT-Centrex-Dienst *m*

centered zentriert *(Text)*

center stage switching unit Zentralkoppelfeldeinheit *f (Verm.)*

central zentral

central battery Amtsbatterie *f*

central booking station zentraler Reservierungsplatz *m (VBN)*

central booking processor zentraler Reservierungsprozessor *m* (ZRP) *(SK)*

central call record journalling zentrale Gebührendatenerfassung *f* (ZGDE)

central control unit zentrales Steuerwerk *n*, Zentralsteuerwerk *n*

central controller zentrale Kontrollstation *f*; zentrale Steuerung *f*

central display (unit *oder* equipment) zentrale Anzeigeeinheit *oder* -einrichtung *f* (ZA)

central emergency alarm station Notrufzentrale *f*

central exchange file zentrale Anlagendatei *f*

Central European Time (CET) mitteleuropäische Zeit *f* (MEZ)

Central European Summertime (CEST) mitteleuropäische Sommerzeit *f* (MESZ)

central function Kernfunktion *f*

central international exchange Auslandszentralvermittlungsstelle *f* (AZVST)

centralized zentral, zentralisiert

centralized control zentrale Steuerung *f*

centralized multi-endpoint connection Mehrpunktverbindung *f* mit zentraler Steuerung

centralized radio ripple control system Funkrundsteuersystem *n*

centralized radio telecontrol system Funkrundsteuersystem *n*

centrally controlled zentralgesteuert

centrally controlled call set-up vollversetzte Verbindungsherstellung *f*

central memory Vermittlungsspeicher *m* (VS)

central multiplexer section Multiplexzentrale *f*

central office (CO) Fernsprechvermittlungsstelle *f*, Vermittlungsamt *n (US)*, Fernmeldeamt *n*; Zentrale *f (Rundfunk)*

central office call (CO call) Amtsgespräch *n (US)*

central office code Amtskennziffer *f*

central office exchange (centrex) Centrex-Vermittlung *f*, zentralisierter Wählnebenstellendienst *m (Amtsvermittlungsdienst für Privatnetze, DOV, virtuelle Tk-Anlage (PBX) als Software in einer öffentlichen ISDN-Vermittlungsstelle, resident im EWSD-System des Netzbetreibers)*

central office switch Amtsvermittlungsanlage *f (US)*

central office trunk Amtsverbindungsleitung *f*

central processing unit (CPU) Zentraleinheit *f* (ZE) *(Computer)*

central processor (CPU) zentrales Steuerwerk *n*, Zentralsteuerwerk *n* (ZST), zentrale Steuereinheit *oder* -einrichtung *f* (ZST) *(Tel)*; zentrale Rechnereinheit *f* (ZRE)

central remote control system zentrale Fernbedienungsanlage *f* (FBAZ) *(Sat)*

central service observation (unit, equipment) zentrale (Betriebs-)Beobachtung *f* (ZBBeo)

central signalling section Signalisierungszentrale *f (DK)*

central station Zentrale *f*; Zentraleinheit *f (Tel)*

central switching network Zentralkoppelfeld *n (Verm)*

central telecontrol channel zentraler Fernsteuerkanal *m* (ZFK) *(VBN)*

central transmit clock Taktzentrale *f* S *(Sendetaktzentrale)*

centre Zentrale *f*, Amt *n*

centre channel Mittenkanal *m (MPEG-2)*

centre feed Mittelpunktspeisung *f (Antenne)*

centre of distribution Verteilungsschwerpunkt *m*

centre of gravity Schwerpunkt *m*

centre of mass Schwerpunkt *m*

centrex s. central office exchange

centroid Flächenschwerpunkt *m*

Centronics interface Centronics-Schnittstelle *f (für parallele Datenkommunikation mit 25-poligem D-Verbinder, z.B. für Druckerausgabe, PC)*

centrosymmetric zentrosymmetrisch

cepstral domain Cepstralbereich *m (Spracherkennung)*

cepstrum Cepstrum *n (Spracherkennung, Spektrum eines Spektrums, s.a. "Mel")*

CEPT (Conférence Européenne des Administrations des Postes et des Télécommunications) Europäische Konferenz *f* der Verwaltungen für das Post- und Fernmeldewesen *(s. Tabelle XIII)*

CEPT profile Cept-Profil *n* (1...3) *(Vtx Darstellungsstandards, s. Tabelle XI)*

Ceptel Cept-Tel, Ceptel, Cept-Telefon *n (DTAG, Vtx-Terminal, umfaßt Modem, mit Telefonoption, heute:* Multikom-Gerät*)*

CEQ (customer equipment) Teilnehmereinrichtung *f*

CER s. cell error ratio

Certificate of Conformance to Standard Normgerechtigkeitsbescheinigung *f*

certification Zertifizierung *f*

certification authority (CA) Zertifizierungsstelle *f*

CES (circuit emulation service) Leitungsemulierungsdienst *m*, CES-Dienst *m (AAL, emuliert DS1- bzw. E1-Leitungen für ATM-Transport in LAN-Backbones)*

CES (coast earth station) Küsten-Bodenstation *f*

CEST s. Central European Summertime

CET s. Central European Time

CF (call forwarding) Ruf-Weiterschaltung *f*

CF (carrier frequency) Trägerfrequenz *f*

CF (colour framing) Farb-Bildbegrenzung *f*

CFB s. Call Forwarding (mobile subscriber) Busy

CFBS s. Call Forwarding on Busy

CFDMA (code frequency division multiple access) Vielfachzugriff *m oder* Mehrfachzugriff *m* im Kennfrequenz(verfahren)

CFI s. Call Failure Indication

CFIET s. Call Failure Indication, Engaged Tone

CFINT s. Call Failure Indication, No Tone)

CFM (companded FM) kompandierte FM *f*

CFMA (conflict-free multiaccess) kollisionsfreier Vielfachzugriff *m*

CFNR s. Call Forwarding No Reply

CFNRc s. Call Forwarding mobile subscriber Not Reachable

CFNRy s. Call Forwarding No Reply

CFU s. Call Forwarding Unconditional

CFU (command fetch unit) Bereitstellungseinheit *f*

CGA (colour graphics adapter) Farb-Video-Adapter *m (320 x 200 Pixel, PC)*

CGA monitor CGA-Monitor *m (PC)*

CGI (Common Gateway Interface) CGI-Schnittstelle *f (IP)*

CGI (Computer Graphics Interface) Computer-Grafikschnittstelle *f*

CgPA (calling party address) Sendeadresse *f*

CGW (customer gateway) Teilnehmer-Netzübergangsknoten *m*

CHA (component handling) Komponentenbehandlung *f*

chad Stanzabfall *m*, Konfetti *n*

CHAD (call handling device) Verbindungsbearbeitungsvorrichtung *f*

chain of delay elements Verzögerungskette *f*

chained together verkettet, verknüpft

chaining Kettung *f (von Telegrammen)*; Verkettung *f (von Filtern)*

chairman Konferenzführer *m*, Konferenzleiter *m*

challenge abfragen *(Sendeaufforderung)*

challenge and response Abfrage und Antwort *(Authentisierung)*

Challenge Handshake Authentication Protocol (CHAP) CHAP-Protokoll *n (Authentifizierungsprotokoll, IAB RFC1994, s. Tabelle VIII)*

challenger Abfragesender *m*

change Änderung *f*, Wechsel *m*, Verlauf *m*, Umstellung *f*; ändern, wechseln, umstellen *(Frequenzen, Anzapfungen)*

change-back Rückwechsel *m*, Rückschaltung *f*, Rückschaltebetrieb *m (nach Dienstewechsel, ISDN, oder nach Ersatzschaltung, Vermittlung)*

change-back of traffic Lastrückschaltung *f (nach Verbindungswiederherstellung)*

changed-number interception Bescheiddienst *m*

change of connection Umkopplung *f*

change of priority level Prioritätswechsel *m*

change of service Dienstwechsel *m (ISDN)*

change of terminals Endgerätewechsel *m (ISDN)*

change-over Ersatzschaltung *f (ISDN)*; Umstecken *n (Terminals am Bus)*

change-over contact Umschaltekontakt *m (Relais)*

change-over counter Einspringzähler *m (FW)*

change-over mode Umschaltebetrieb *m*

change-over switch Wechselschalter *m*

change-over switching device Wechselschaltvorrichtung *f (Tel., zw. Sprechstellen)*

change-over time Umrüstzeit *f*

change-over to standby Ersatzschaltung *f*

change-over-to-standby contact Ersatzschaltekontakt *m*

change-over unit Ersatzschalteeinrichtung *f* (ESE) *(Verm., PCM-Daten)*; Umschalter *m (GGA)*

changer CD-Wechsler *m (bis zu 6 CDs (CD-ROMs) in einer Kassette)*

change state Zustand *m* ändern; kippen *(Flip-flop)*

changing services Dienstewechsel *m (z.B. Telefon zu Telefax, ISDN)*

channel Kanal *m*, Übertragungskanal *m*; -polig *(Dataverbindung)*

channel access method Kanalzugriffsverfahren *n (s. CDMA, TDMA, FDMA)*

channel alignment Kanalabgleichung *f*

channel allocation Kanalzuordnung *f*; Kanalraster *m*

channel arrangement Kanalraster *m*

channel-associated kanalgebunden; sprechkreisgebunden

channel-associated signalling (CAS) Einzelkanalsignalisierung *f*; kanalbegleitende Signalisierung *f*, kanalindividelle Zeichengabe *f*, sprechkreis- *oder* kanalgebundene Zeichengabe *f (ITU-T Empf. I.112, s. Tabelle IV)*

channel block Kanalbündel *n*

channel branching filter Kanalweiche *f*

channel branching network Kanalweiche *f*

channel bundeling Kanalbündelung *f*

channel coding Kanalcodierung *f (CRC, FEC (q.v.) bei DVB-T)*; Kanalaufbereitung *f (Stereoton)*; (CC) Kanalkennzeichnung *f (GSM, s. Tabelle VII)*

channel decoder Kanaldecoder *m (IDTV, Set-Top-Box, DVB-T)*

channel equalizer Kanalentzerrer *m (Mobilfunk)*

channel estimator Kanalschätzer *m (GSM)*

channel frequency deviation Kanalhub *m*

channel grouping Kanalbündelung *f (statisch und dynamisch, ISDN)*

channel holding Rufhaltung *f* (RH) *(Mobilfunk)*

channel identifier (CID) Kanalkennung *f (ATM AAL2)*

channel impulse response (CIR) Kanalimpulsantwort *f (Ausgangssignal eines mit einem Dirac-Impuls angeregten Übertragungssystems; DVB, DAB)*

channelisation Kanaleinteilung *f*

channelize kanalisieren

channel loading Gesprächsbelegung *f (Mobilfunk)*; Kanalbelegung *f*

channel-mapped auf einen Kanal abgebildet, kanalkonform *(Signalcodierung)*

channel mapping Abbildung *f* auf einen Kanal *(OFDM, betr. Übertragungskanal)*

channel pattern Kanalraster *m*

channel processing Kanalaufbereitung *f* *(Stereoton)*

channel scheduler Kanalzuordner *m*

channel separation Kanalraster(ung *f*) *m*

channel service unit Kanalbedieneinheit *f* *(KTV)*

channel spacing Kanalraster(ung *f*) *m*, Kanalabstand *m*, Kabelraster *m (Kabel TV, 7/12 MHz)*; Kanalhub *m (Sat)*

channel status information (CSI) Kanalzustandsinformation *f (GSM)*

channel switching Kanalschaltung *f* (KS) *(PCM)*, Kanalwechsel *m (DECT)*

channel symbol Kanalsymbol *n (zur Trägertastung, QPSK)*

channel timeslot Kanalzeitlage *f*, Zeitkanal *m*

channel under observation Beobachtungskanal *m*

channel usage (factor) Kanalauslastung *f*

channel width Kanalbreite *f*; Kanalhub *m* *(Sat)*

CHAP s. Challenge Handshake Authentication Protocol

character alignment Zeichenbildung *f (DIN 44302)*, Verhalten *n*

character division multiplex (CDM) **broadcasting** Zeichenmultiplexrundfunk *m*

character error rate Zeichenfehlerhäufigkeit *f*

characteristic Verlauf *m (Kurve)*, Kennlinie *f*; Verlaufsbeziehung *f (einer Anzahl Signale)*; Kennwert *m*

characteristic data Kenndaten *npl*, Eckdaten *npl*

characteristic distortion Apparateverzerrung *f*

characteristic frequency Nennfrequenz *f*

characteristic impedance Wellenwiderstand *m*

characteristics Kenndaten *npl*

characteristics as a function of time Zeitverlauf *m*

characteristic temperature Eigentemperatur *f* *(T_ω, Mikroschaltung)*

characteristic value Kennwert *m*; Ausprägung *f (Deskriptor)*

character map Zeichentabelle *f (PC)*

character path Schreibrichtung *f (Grafik)*

character pulse Zeichentakt *m*

character rate Zeichengeschwindigkeit *f*

character-serial zeichenweise

character set Zeichensatz *m (Videotext)*, Zeichenvorrat *m*

character space Merkmalsraum *m (Sprachcodierung)*

character string Zeichenfolge

characters/second (cps) Zeichen/Sekunde (Z/s) *(Drucker)*

character timing Zeichentakt *m*

chargeable gebührenpflichtig, zahlungspflichtig *(z.B. Gebührenfernsehen)*

chargeable minutes Gebührenminuten *fpl*

chargeable time gebührenpflichtige Verbindungsdauer *f*

charge advice Gebührenanzeige *f*

charge area *oder* **band** Gebührenzone *f*

charge card Kontokarte *f*

charge indicator Gebührenkontrolle *f (K.-Tel)*

charge meter Gebührenzähler *m*

charge meter adapter Vorsatzgebührenanzeiger *m*

charge meter reading *oder* **position** Gebührenstand *m*

charge metering Gebührenerfassung *f*, Gebührenzählung *f*

charge-pulse injection circuit Gebührenimpuls-Einspeisesatz *m*

charge pump Ladungspumpe *f*

charger Ladestation *f (Handys)*

charges Gebühren *fpl* (GEB) *(Tel)*

charge transfer Gebührenweitergabe *f*

charge unit Tarifeinheit *f*

charging Gebührenberechnung *f*, Gebührenabrechnung *f*, Gebührenverrechnung *f*, Gebührenerhebung *f*, Gebührenverantwortung *f*

charging bracket Ladeablage *f (Mobiltelefon)*

charging cradle Ladeablage *f (Mobiltelefon)*

charging information Gebührendaten *npl*

charging on a per-call basis Einzelabrechnung *f*

charging rate Gebührensatz *m*

charging registering Gebührenregistrierung *f (ISDN)*

charging tray Ladeschale *f (Mobiltelefon)*

charging unit Gebühreneinheit *f*

chartered domain satzungsgebundene Domäne *f (IP)*

chase mode Nachfolge-Synchronisationsmodus *m (Magnetbandtaktgabe, SMPTE-Zeitcode)*

chassis Chassis *n*, Aufbauplatte *f*, Einschub *m*, Gehäuse *n*; Masse *f (Erde)*

chat Online-Konferenz *f*, Chatten *n (Internet)*

chatter Prellen *n (Relais)*

check Kontrolle *f*; überprüfen; aktivieren, auswählen *(MS-Windows-Anzeige, PC)*

check-back signal Rückfrage *f (ISDN)*

check bit Kontrollschritt *m (FW)*; Prüfbit *n*

check bit generator Kontrollbitgenerator *m*

check box Kontrollkästchen *n (MS-Windows-Anzeige, PC)*

checked command gewählter *oder* aktivierter Befehl *m (PC)*

check-in file Aktivdatei *f (Mobilfunk)*

checking Überprüfung *f*

checking-in Einbuchen *n (Mobilfunk)*

check-in request Einbuchungsauftrag *m (Mobilfunk)*

check mark Häkchen *n (MS-Windows-Anzeige, PC)*

check out austesten; auschecken *(Online-Shop)*

checkpoint Rückzugspunkt *m*, Fixpunkt *m*, Checkpointmarke *f (Programm)*

checkpointed fixpunktmarkiert

checkpoint function Fixpunktfunktion *f*

checkpointing Fixpunkttechnik *f*

checkpoint mode (CP) Kontrollpunktverfahren *n (HDLC)*

check search Kontrollsuchlauf *m*

check sequence Prüffolge *f*

checks out stimmt

checksum Prüfsumme *f (mathematische Summe aller Bit in einer Folge)*, Quersumme *f*

check word Kontrollwort *n (CRC)*

chevrons Steuerzeichen *n (Bildschirmanzeige für Strg, PC)*

child process abgeleiteter Prozess *m (DV)*

child-proof device Kindersicherung *f*

child-proofing Kindersicherung *f*

CHILL (CCITT High Level Language) Höhere CCITT-Programmiersprache *f (ISDN)*

chinstrap receiver Kinnbügelempfänger *m (EB)*

chip Chip *m*, Baustein *m (IC)*; Chip *n (Bruchteil eines Bits, Einzel-Bit-Dauer des CDMA PN-Codes, Bandspreizung mit PN-Code, DS-Codierung, z.B. 1/256 Bit für DS-Codelänge 255, Spreizfaktor = 256)*

chip card Chipkarte *f*

chip card reader Chipkartenleser *m (Mobilfunk)*

chip code signal Chip-Codesignal *n (aus Pseudozufallsfolge abgeleitetes Signal zur Spreizmodulation, CDMA)*

chip codeword Chip-Codewort *n (Teil einer Pseudozufallsfolge oder Anfangswert einer P. zur Erzeugung eines Chip-Codesignals, q.v.)*

chip period Chipdauer *f*, Chipbreite *f (CDMA, s.o. "Chip")*

chipping rate Chip-Rate *f (Spreizmodulation, in Mcps)*

chipping sequence Chip-Sequenz *f*, Spreizcode *m (CDMA, s.o. "Chip")*

chip select (CS) **signal** Baustein-Auswahlsignal *n*, Baustein-Anwahlsignal *n*, Chip-Select-Signal *n*, Chip-Anwahlsignal *n*

chip sequence Chip-Sequenz *f (Spreizbandverfahren, CDMA)*

chip set Chipsatz *m (PC)*

chip timing Chiptakt *m (CDMA)*

chirp Chirpen *n (Laser, Linienverbreiterung)*; Zwitschern *n (Radio)*

chirp modulator Chirp-Modulator *m*

chirp pulse Chirp-Impuls *m*

choke Drossel *f*; drosseln

choke message Drosselungsmeldung *f (Vermittlung)*

choose wählen, auswählen

choose at random auslosen

chopping Zerhacken *n (Strom, Daten)*

chroma Farb-. . ., Chroma-. . .; Chrominanz *f (TV)*

chromatic dispersion Farbdispersion *f (FO)*

chromaticity Farbart *f*

chromaticity diagram Farbdiagramm n, Farb(en)dreieck *n*

chromaticity discrimination (threshold) Farbartunterscheidungsvermögen *n (Auge, Bildcodierung)*

chrominance Chrominanz *f (Video)*, Farbe *f*, Farbart *f*; Farbton *m* und -sättigung *f (TV)*

chronological order zeitliche Reihenfolge *f*

cHTML (compressed HTML) komprimierte HTML-Sprache *f (Seitenbeschreibungssprache für "i-Mode", s. "HTML")*

chunk Informationseinheit *f*, Informationspartikel *f (Hypermedien-Basisbaustein)*

churning Zeitverschwendung *f (DV)*

churn rate Churn-Rate *f (GSM, s. Tabelle VII)*

C/I (carrier/interferer) **ratio** Träger/Störung-Verhältnis *n oder* -Abstand *m*, C/I-Verhältnis *n oder* -Abstand *m (GSM, DAB, DVB)*

CI (cell identity) Zellenkennung *f (GSM)*

CI (common interface) standardisierte Schnittstelle *f*, CI-Schnittstelle *f*

CIB (computer integrated business) rechnerintegrierte Geschäftsabwicklung *f*

CIC s. circuit identification code

CID (cell identity) Zelleninformation *f (DECT)*

CID s. channel identifier

CIF (Common Intermediate Format) gemeinsames Zwischenformat *n (Bildtelefon- u. Videokonferenzstandard, Kompromiß zwischen dem europäischen (625 Zeilen) und amerikanischen (525 Zeilen) SIF (q.v.); Ortsauflösung 360x288 Pixel (625 Z.), Zeitauflösung 30 Hz (525 Z.), Bildfrequenz 8 1/3 Hz, ITU-T Empf. H.261, s. Tabelle III)*

CIM (committed information rate) vereinbarte Informationsrate *f (Frame-Relay)*

CIM (common interface module) CIM-Modul *n (CI-PCMCIA-Zusatzmodul zur Set-Top-Box q.v., s.a. "CI", "CAM", "sidecar box")*

cipher block chaining (CBC) Schlüsselblockverkettung *f (HBCI)*

ciphering Verschlüsselung *f (GSM, s. Tabelle VII)*

cipher key (Kc) Chiffrierschlüssel *m (GSM, s. Tabelle VII)*

CIR s. channel impulse response

C/I (carrier/interference) **product** Träger/Störung-Produkt *n*, C/I-Produkt *n (Test)*

C/I (carrier/interferer) **ratio** Träger/Störung-Verhältnis *n oder* -Abstand *m*

CIRC Cross-Interleaved Reed Solomon Code *(Fehlerkorrekturcode, Sat)*

circle of decisions Entscheidungskreis *m (QPSK)*

circle optimized modulation (COM) kreisoptimierte Modulation *f (Entscheidungskreis, QPSK)*

circuit Schaltkreis *m (zur Realisierung einer elektronischen Funktion)*, Schaltung *f*; Verbindung *f*, Leitung *f (ITU-T G.701 (s. Tabelle III), I.112 (s. Tabelle IV))*; Stromkreis *m (zur Realisierung eines Stromflusses)*; Stromweg *m*; Wegeführung *f*, Satz *m (Tel)*

circuit assembly Schaltungsmontage *f*, Bestückung *f*

circuit backup Ersatzschaltung *f (Netzmanagement)*

circuit board Baugruppe *f* (BG); Schaltungsplatte *f*, Leiterplatte *f*; Verdrahtungsträger *m*

circuit breaker Fernmeldeschutzschalter *m*

circuit card Schaltungsplatte *f*

circuit conditions Abhängigkeiten *fpl*

circuit connection Schalt(ungs)verbindung *f*; Leitungsverbindung *f (Verm.)*

circuit connection location Schaltplatz *m* (SchPl)

circuit continuity Leitungsdurchgang *m*, elektrischer Durchgang *m*

circuit diagram Stromlaufplan *m*

circuit element Bauelement *n*

circuit emulation Leitungsemulierung *f*, virtuelle Leitung *f (ATM)*

circuit emulation service (CES) Leitungsemulierungsdienst *m*, CES-Dienst *m*

(AAL, emuliert DS1- bzw. E1-Leitungen für ATM-Transport in LAN-Backbones)

circuit group Satz *m*, Leitungsbündel *n (Tel)*; Satzgruppe *f (Verm)*, Schaltgruppe *f (NStAnl)*

circuit identification (code) (CIC) Sprechkreiskennung(scode *m*) *f (GSM, s. Tabelle VII)*

circuit loudness rating (CLR) Planungs(bezugs)dämpfung *f (Netz, Tel.-Anl)*

circuit module Satzbaugruppe *f (Verm.)*

circuit multiplication equipment Leitungsvervielfacher *m (ISDN)*

circuit network Leitungsnetz *n*

circuit node Schaltungsknotenpunkt *m*, Verbindungsknoten *m*

circuit noise Leitungsrauschen *n (Übertragung)*

circuit occupancy Leitungsbelegung(szustand *m*) *f (Übertr.)*

circuit outage Leitungsausfall *m*

circuit pack bestückte Leiterplatte *f*, Schaltungsbaugruppe *f*; Schaltungsbestükkung *f*

circuit pack slot Leiterplattensteckplatz *m*

circuit pair Leitungspaar *n (Tel)*

circuit path Leitungsweg *m*

circuit redundancy Leitungsredundanz *f (Netz)*

circuit release Verbindungsabbau *m*

circuit resistor Beschaltungswiderstand *m*

circuit section Leitungsabschnitt *m*, Leitungszug *m*

circuit switch (CS) Durchschaltevermittlung *f (DK)*

circuit switched leitungsvermittelt

circuit-switched connection durchgeschaltete Verbindung *f*, Durchschalteverbindung *f*, Wählanschluß *m* der Gruppe L (Datex-L) *(DTAG)*

circuit-switched data exchange (network) leitungsvermitteltes (DTAG-)Datennetz *n* (Datex-L,Dx-L)

circuit-switched digital capability (CSDC) leitungsvermitteltes digitales Leistungsmerkmal *n (BOC-Dienste, AT&T, 56 kB/s-Accunet)*

circuit-switched public data network (CSPDN) leitungsvermitteltes öffentliches Datennetz *n*

circuit switching Wählbetrieb *m*, Durchschaltevermittlung *f*, Leitungsvermittlung *f*

circuit switching interface Durchschalteschnittstelle *f (FO)*

circuit switching memory Durchschaltespeicher *m*

circuit switching network Durchschaltekoppelnetz *n*

circuit time Verbindungszeit *f*, Verbindungsdauer *f*

circuit utility Satzmerkmal *n (Verm)*

circular buffer Umlaufspeicher *m*, Ringspeicher *m*

circularity Kreisförmigkeit f; Zirkularität *f (z.B. bei Paketen)*

circularly organized von Umlauftyp *(FIFO)*

circular segment Kreissegment *n*

circular shift register Ringschieberegister *n*

circulating buffer Umlaufspeicher *m*

circulating shift register Ringschieberegister *n*

circulator Zirkulator *m (Mikrowellen)*

CIR measurement CIR-Messung *f (Kanalimpulsantwort, DVB-T)*

CISC (complex instruction set computer) Rechner *m* mit komplexem Befehlsvorrat *(Prozessorarchitektur)*

CIT (computer-integrated telephony) rechnerintegriertes Telephonieren *n*

CITEL (Committee for Interamerican Telecommunications) Interamerikanischer Ausschuß *m* für das Fernmeldewesen

Citizen's Band (CB) CB-Band *n*, Jedermannfunk *m*, Privatfunk *m*, "Kinderfunk" *m (11-Meter-Band, 27 MHz)*

city carrier Stadtnetzbetreiber *m*, Citycarrier *m (MAN)*

city network Stadtnetz *n (ATM, SDH/SONET-Glasfaserring)*

CIU (caller identification unit) Fangeinheit *f*, Anruferidentifikationseinheit *f*

CL (connectionless (service)) verbindungsloser Dienst *m* (VL)

CL (crosstalk loss) Nebensprechdämpfung *f (ISDN)*

cladding Mantel *m (FO-Kabel)*

clamp Klemme *f*, Klammer *f*, Schelle *f (Kabel)*; Klemmelement *n*, Klemmschaltung *f*; klemmen; abfangen *(Signal)*; anklammern *(Synchronimpuls an einen Pegel, TV)*

clamping diode Klemmdiode *f (TV)*

clamp the line to "H" Leitung *f* auf "H" halten

CLAN (cordless local area network) schnurloses lokales Netz *n*

clarity Deutlichkeit *f*, Verständlichkeit *f*

CLASS (custom local area signalling service) kundenspezifischer Lokalbereichs-Übermittlungsdienst *m*

class A amplifier A-Verstärker *m*, Eintaktverstärker *m (NF-Verstärker)*

class A mode A-Betrieb *m (lineare NF-Verstärkung)*

class AB amplifier AB-Verstärker *m*, Gegentaktverstärker *m*

class B amplifier B-Verstärker *m*, Gegentaktverstärker *m (Leistungsverstärker)*

class C amplifier C-Verstärker *m (HF-Verstärker)*

classifier Klassiervorrichtung *f*; Klassifizierfunktion *f (DV)*

class of access (level) Berechtigungsklasse *f*

class of line Anschlußklasse *f*, Anschlußberechtigung *f*

class of phone power level Klasse *f* des Mobiltelefon-Sendeleistungspegels *(GB, DTI, Class 2 = 3 W (Autotelefone und transportable Mobiltelefone, Class 4 = 0,6 W (portable und Taschentelefone)*

class of service (COS) Anschlußberechtigung *f*, Amtsberechtigung *f*, Berechtigung *f*, Berechtigungsklasse *f*; Betriebsberechtigung *f*

class-of-service authorization Dienstberechtigung *f*

class-of-service changeover Berechtigungsumschaltung *f*

class-of-service check Berechtigungsprüfung *f*

class-of-service code Klassenkennzeichnung *f*, Berechtigungszeilen *fpl*

class-of-service data Berechtigungen *fpl*

class-of-service indicator Berechtigungsanzeige *f*

class-of-service selection Berechtigungsumschaltung *f* (BU)

CldPA (called party address) Zieladresse *f (GSM)*

clean room Reinstraum *m*

clean signal rauschfreies Signal *n*

clean tape Leerband *n (MAZ)*

clean up säubern, putzen; aufräumen *(im Speicher)*

clean up a signal ein Signal *n* von Störungen befreien

clear löschen *(Speicher, Register)*, ausfügen *(Zeichen)*; ausschalten, deaktivieren *(Markierung löschen, GUI, PC)*; freigeben *(Schieberegister)*; rückstellen *(Zähler)*; entstören, entstört *(Verbindungsstrecke)*

clear a call Verbindung *f* aufheben *oder* abbauen

clear a connection Verbindung *f* abbauen *oder* auflösen *(SK)*

clear back signal Schlußzeichen *n*, Auslösezeichen *n (nach Aufhängen des B-TN)*

clear call Freiruf *m (Tel.-Anl.)*

clear (down) Verbindung *f* auslösen *oder* abbauen

clear-down Abbau *m*, Auslösung *f (der Verbindung)*, Freigabe *f*; Freischalten *n (Vermittlung)*

clear-forward signal Auslösezeichen *n (nach Aufhängen des A-TN)*

clearing Auslösung *f (der Verbindung)*, Freigabe *f (der Leitung)*; Freischalten *n (Vermittlung)*; Schlußzeichen *n*

clearing house Verrechnungsstelle *f*

clearing time Ausschaltzeit *f (Fehlerbeseitigung)*

clear key *oder* **button** *(FS)* Schlußtaste *f*

clear request Auslöseanforderung *f (ISDN)*

clear signal Freizeichen *n* (FZ) *(Tel)*

Clear To Send (CTS) Sendebereitschaft *f (V.24/RS232C, Tabelle IX)*

cleaved face Spaltfläche *f (FO)*

cleaving device Trenngerät *n (FO)*

CLEC (competitive local exchange carrier) neuer regionaler Diensteanbieter *m*

CLI (called line identification) Anschlußkennung *f* gerufene Station

CLI (calling line identification) Anschlußkennung *f* rufende Station

clicking Knacken *n*, Klicken *n*; Anklicken *n* *(Computer-Maus)*

clicking (noise) Knacken *n* *(Sprachkanal)*

click on anklicken *(Computer-Maus)*

click rate Klickrate *f* *(E-Business)*

clicks kurzzeitiges Geräusch *n*, Knacktöne *mpl*

click suppressor Knackschutz *m*

click through durchklicken *(E-commerce)*

CLID (calling line identification) Anrufidentifizierung *f* *(ACD)*

client Bezieher *m*; Auftraggeber *m*; Mandant *m (CH)*; Client *m (Netzmanagement-Prozess)*; Aufrufer *m (RPC)*; dienstanforderndes Gerät *n*, dienstanfordernder Prozess *m (RFC1983, s. Tabelle VIII)*

client-handling capability Mandantenfähigkeit *f (CH)*

client management Mandantenverwaltung *f (CH)*

client name Mandantenbezeichnung *f (CH)*

client/server configuration Auftraggeber-Auftragnehmer-Konfiguration *f*, Client-Server-Konfiguration *f (Netzmanagement)*

client software Clientsoftware *f (VPN)*

clip Feder *f*, Federklammer *f (Federleiste)*; Lasche *f*; abschneiden, klippen *(Signal, Bild)*

CLIP s. calling line identification presentation

CLIP/CLIR Anzeige/Unterdrückung *f* der Rufnummer des Anrufers *(K-Tel.-Merkmal)*

clipboard Zwischenablage *f (MS-Windows, PC)*

clipboard viewer Zwischenablage *f (MS-Windows, PC)*

clipping Kürzung *f*, Verschlucken *n (von Sprachblöcken, PCM-Sprachpaketvermittlung)*; Kappen *n (Teilbänder bei Sprachcodierung)*; Abschwächen *n*, Begrenzen *n (Signal)*

clipping level Begrenzungsschwelle *f*, Abschneidepegel *m*

clipping stage Begrenzungsstufe *f*

CLIR s. calling line identification restriction

CLNS (connectionless network service) verbindungsloser Netzdienst *m*

clock Uhr *f*; Takt *m*, Taktgeber *m*, Zeittakt *m*; Zeittaktgeber *m*

clock accuracy Taktgenauigkeit *f*

clock alignment Taktanpassung *f*

clock controlled taktgesteuert
in clock-controlled synchronism taktsynchron

clock cycle Taktzeit *f (PCM-Daten)*

clock delay Taktverzögerung *f*

clock drift Taktabweichung *f*, Auswandern *n* der Taktfrequenz

clock driver Takttreiber *m*

clocked getaktet, taktgebunden, taktgesteuert; taktsynchron

clock edge Taktimpulsflanke *f*

clock extraction Taktableitung *f*

clock frequency standard Taktnormal *n*

clock generator Zeittaktgeber *m* (ZTG), Taktgeber *m*

clock in eintakten *(ein Signal)*

clock-independent nicht taktgebunden, taktautonom

clocking Takten *n*, Taktgabe *f*; Gleichlaufsteuerung *f*

clock master Taktmaster *m*

clock offset Taktoffset *m (FH, Bluetooth, q.v.)*

clock out austakten

clock period Taktzeit *f (PCM-Daten)*, Taktdauer *m*, Taktschritt *m*

clock pulse Arbeitstakt *m*, Schrittpuls *m*, Taktschritt *m*

clock pulse controlled taktgebunden, getaktet

clock pulse counter Zeittaktzähler *m*, Taktzähler *m*

clock pulse generation Taktgewinnnung *f*

clock pulse generator Zeittaktgeber *m* (ZTG)

clock pulse processing Taktaufbereitung *f* (TAB)

clock pulses Taktimpulse *mpl*, Zeittakt *m*

clock pulse space Taktpause *f*

clock pulse spacing Taktraster *m*

clock pulse supply Taktversorgung *f*, Takt *m*

clock rate Taktgeschwindigkeit *f*, Taktfrequenz *f*, Übertragungsgeschwindigkeit *f*, Taktfolge *f*, Übertragungsdichte *f*; Uhrengang *m*

clock reading Uhrenstand *m*

clock recovery Taktrückgewinnung *f*, Taktregenerierung *f*

clock regeneration Taktauffrischung *f* *(MPEG)*

clock selection signal Taktwahlzeichen *n* *(Verm)*

clock selector Taktweiche *f* *(PCM-Daten)*

clock signal quality Taktqualität *f* *(Übertragung)*

clock skew Taktschlupf *m*

clock spacing Taktraster *m*

clock speed Taktfrequenz *f*

clock synchronisation Taktanpassung *f*; Uhrenvergleich *m*

clock time (CT) Uhrzeit und Datum

clock timing Uhrenstand *m*

clone Nachbau *m* *(PC)*; Kopie *f* *(VOD)*; Clone *m*; nachbauen, kopieren, imitieren, clonen

close schließen *(Datei, Schalter)*; einschalten *(Schalter)*; freigeben *(Verbindung)*

close approximation gute Näherung *f* *(Math.)*

closed-circuit TV (CCTV) Industriefernsehen *n*, drahtgebundenes Fernsehen *n*, Betriebsfernsehen *n*

closed circuit TV monitoring Fernsehüberwachung *f*

closed loop geschlossene Schleife *f*, geschlossener Kreislauf *m*; Regelkreis *m*, Regelschleife *f*

closed-loop control Regelung *f* (im geschlossenen Kreis *oder* mit Rückführung)

closed-loop operation Regelbetrieb *m*

closed-loop prediction Rückwärtsprädiktion *f* *(Sprachcodec, GSM)*

closed-loop speed control Drehzahlregelung *f* *(Servomotor)*

closed notation abgeschlossenes Zahlensystem *n* *(Codierung)*

closed number system abgeschlossenes Zahlensystem *n* *(Codierung)*

closed numbering verdeckte Numerierung *f* *(Vermittlung)*

closed user group (CUG) geschlossene Benutzergruppe *f* (GBG) *(ISDN, GSM 01.04, s. Tabelle VII)*; Teilnehmerbetriebsklasse *f*

close vocal microphone Nahsprechmikrofon *n*

closing flag Endeflagge *f* *(ZGS.7, s. Tabelle III)*; Rahmen-Endeflagge *f* *(TDM)*

closing of a tunnel Tunnelschließung *f* *(Tunnelprotokoll)*

closure rate Annäherungsgeschwindigkeit *f* *(Luftf.)*

cloud Wolke *f* *(QAM-Konstellation, OFDM)*

CLP (cell list processor) Zellenlistenprozessor *m* *(ATM)*

CLR (cell loss ratio) Zellenverlustverhältnis *n*

CLR (circuit loudness rating) Planungs(bezugs)dämpfung *f*

CLSF (connectionless service function) Funktion *f* des verbindungslosen Dienstes

cluster Zellenbündel *n*, Zellengruppe *f*, Zellgruppierung *f*, Funkzonengruppe *f*, Cluster *n* *(Teilnetz im C-Netz)*; Gerätegruppe *f* *(DVA)*

cluster common equipment (CCE) dem Cluster *n* gemeinsame Einrichtungen *fpl* *(MAN)*

cluster controller (CC) Mehrfach-Steuereinheit *f* *(Multiplexer für mehrere Terminals)*; Gruppensteuerung *f* *(Gerätegruppe)*

clustered errors Störeinbruch *m* *(Datenübertragung)*

clustered zeroes gehäufte Nullen *fpl*

clustering Häufung *f* *(Bildcodierung)*; Bündelung *f* *(Signal)*

cluster size Clusterzahl *f*

cluster terminal Mehrfachanschluß *m* *(FO)*

CLUT s. colour lookup table

CM (cable modem) Kabelmodem *m* *(HFC-Kabelnetz, Daten u. DVB)*

CM s. communication module

CM s. configuration management

CM (coverage measurement) Versorgungsmessung *f (DVB-T)*

C-MAC (variant C of MAC) Variante C von MAC *(TV-Übertragungsprotokoll – FM-Video, PM-Digitalaudio, 8 Tonkanäle)*

CME (connection management entity) Verbindungsverwaltungsinstanz *f (ITU-T Q.920, s. Tabelle III)*

C-message weighting Bewertung *f* nach C-Message-Kennlinie *(US, in dBRn, Störpegelmessung auf Analogleitungen, VDE 0228, ITU-T-Empf. O.41 Anhang A (Tabelle III), entspricht ITU-T-Psophometer-Gewichtung, Psophometer-Wert in dBm = -90 dBRn)*

CMC s. coherent multi-channel

CMI s. coded mark inversion

CMIP s. Common Management Information Protocol

CMIS s. Common Management Information Service

CMISE s. Common Management Information Service Element

CMOS (complementary metal oxide semiconductor) komplementärer Metall-Oxid-Halbleiter *m*; Arbeitsspeicher *m (PC-Fachjargon in GB: Kurzform für CMOS RAM)*

CMOS RAM CMOS-RAM *m (batteriegepufferter Halbleiter-Arbeitsspeicher, PC)*

CMR (cell misinsertion rate) Zellen-Falscheinfügungsrate *f (Anzahl falsch eingefügter Zellen/Meßintervall, ATM)*

CMRR s. common mode rejection ratio

CMTS (cable modem termination system) Kabelmodem-Abschlußeinrichtung *f (BK-Netz, DOCSIS, US)*

CMTT (Commission Mixte CCIR-CCITT pour les questions relatives aux Transmissions de Télévision sur grande distance) gemischte Kommission *f* des CCIR und CCITT für Fragen der Fernsehübertragungen über weite Entfernungen

CMY(K) (cyan, magenta, yellow (black)) Zyan, Magenta, Gelb (Schwarz)*(Primärfarben, Repro)*

CN (cellular network) zellulares Mobilfunknetz *n*

CN (comfort noise) Komfortgeräusch *n (DTX)*

CN (connection) Verbindung *f (ISDN)*

CN (corporate network) Firmennetz *n*

CN (customer network) Teilnehmernetz *n*

CNET (Centre National d'Etudes des Télécommunications) Nationales Zentrum *n* für Telekommunikationsstudien

CNR (carrier/noise ratio) Träger-Rauschverhältnis *n*

CNR s. Controlled Not Ready

C/N (carrier/noise) **ratio** Träger-Rauschverhältnis *n*

CNS s. colour naming system

CO (central office) Fernsprechvermittlungsstelle *f*, Vermittlungsamt *n (US)*, Fernmeldeamt *n*

CO (connection-oriented (service)) verbindungsorientierter Dienst *m* (VO)

coarse-alignment sequence Grobsynchronisationssequenz *f (DIIS)*

coarse coding Grobcodierung *f*

coarse-time clock pulse Grobtakt *m*

coarse wavelength-division multiplexer Grob-Wellenlängenmultiplexer *m*

coast earth station (CES) Küsten-Bodenstation *oder* -stelle *f (INMARSAT, X.353, s. Tabelle VI)*

coaxial koaxial (Kx) *(RG 58/U)*

coaxial cable Koaxialkabel *n*

CO call (central office call) Amtsgespräch *n (US)*

co-channel interference (CCI) Kanalstörung *f*; Gleichkanalstörung *f (TV, Mobilfunk)*, Gleichfrequenzstörung *f*, Gleichkanalbeeinflussungen *fpl*

co-channel PAL interference PAL-Gleichkanalstörung *f (DVB-Empfang)*

co-channel reuse distance Gleichkanal(wiederhol)abstand *m*, Frequenzwiederholabstand *m (Mobilfunk, DVB)*

co-channel reuse ratio Frequenzwiederbenutzungfaktor *m (Mobilfunk)*

co-channel transmission Gleichkanalbelegung *f (2 Sender auf einem Kanal)*

co-channel transmitter Gleichkanalsender *m (TV, Analog- u. Digitalsender auf einem Kanal)*

cochlear filter Cochlearfilter *n (Gehör, Psychoakustik)*

code Code *m*, Kennung *f*, Schlüsselzeichen *n* (SZ)

code bit Kennungsbit *n (FW)*

code book Codelexikon *n*, Codetabelle *f*

codec Codierer/Decodierer *m*

code change Schlüsselwechsel *m*

code conversion Umcodierung *f*

code converter Codeumsetzer *m*, Umcodierer *m*

coded codiert, getastet

code digit Kennziffer *f (Tel)*

code division multiple access (CDMA) Codemultiplexzugriff *m (VSAT)*; Vielfachzugriff *m oder* Mehrfachzugriff *m* im Codemultiplex(verfahren) *(Mobilfunk, Spreizbandverfahren)*

code division multiplex (CDM) Codemultiplex *n*

coded mark inversion (CMI) codierte Schrittinversion *f (PCM-Code)*

coded orthogonal FDM (COFDM) codiertes Orthogonal-FDM *n (DAB-Übertragung)*

code excited linear predictive (CELP) **coding** lineare Prädiktionscodierung *f* mit Codeanregung *(Codierung mit niedrigen Bitraten)*

code extension character Codesteuerzeichen *n (DV)*

code family Codesystem *n*

code frequency Kennfrequenz *f (FS, für Einsen und Nullen)*

code frequency division multiple access (CFDMA) Vielfachzugriff *m oder* Mehrfachzugriff *m* im Kennfrequenz(verfahren)

code instructions Codevorschrift *f*

code level Codestufe *f*

code number Kennzahl *f*

code page Codetabelle *f (MS-DOS, PC)*

code point Codepunkt *m (ATM-Zellenkopffeld)*; Kennzahlenpunkt *m (Vermittlung)*

code position Datenstelle *f (Verbinder)*

coder Coder *m*, Codierer *m*, Code-Umsetzer *m (z.B. A/D-Umsetzer, DIN 44300)*

coder partitioning Coderunterteilung *f (Audio-Codec)*

code rate Coderate *f (Korrekturcode: Verhältnis von Informationsbits zu übertragenen Bits)*

coder/decoder (CODEC) Codierer/Decodierer *m*, Codec *m*

code ringing Coderuf *m (K.-Tel)*

code segment Teilcode *m*, Teilfolge *f (Spreizfolge, CDMA)*

code selection signal Codewahlzeichen *n (Verm.)*

code selector Amtswähler *m*

code sequence Codefolge *f*, Codestring *m*; Chip-Sequenz *f*, Spreizfolge *f (Spreizcode, CDMA)*

code set Codeliste *f (ISDN-ZGS, ITU-T Q.931, s. Tabelle III)*

code signalling Codewahl *f (Verm.)*

code string Codestring *m*, Codefolge *f*

code switch Codevielfach *n (CDM)*

code table Codetabelle *f*

code-transparent codetransparent, codeunabhängig

code violation Coderegelverletzung *f*

code violation monitor Coderegelprüfer *m (dig. Verm)*

code word Codewort *n*, Kennwort *n*

coding Codierung *f (digitale Bildübertragung: Komprimierung)*, Verschlüsselung *f*

coding convention Codierregel *f*

coding delay Codierverzögerung *f*

coding efficiency Codierleistung *f*

coding gain Codier(ungs)gewinn *m*

coding law Bildungsgesetz *n (Leitungscode)*

coding plug Codierstecker *m*

coding range Codiertiefe *f (in Bit)*

coding rule Coderegel *f*

coding scheme Codierungsart *f (GPRS)*

coding switch Codierschalter *m*

coexistence band Koexistenz-Band *n (LAN)*

COFDM s. coded orthogonal FDM

cofidec (coder, filter and decoder (IC)) Coder-, Filter- und Decoder-IS *f*

co-frequency interference Gleichfrequenzstörung *f*, Gleichkanalstörung *f (Mobilfunk)*

coherence Kohärenz *f*, Zusammenhalt *m*; Zusammengehörigkeit *f (Funktionen)*

coherence multiplexed channel Kohärenzmultiplexkanal *m (FO)*

coherent multi-channel (CMC) **system** kohärentes Vielkanalsystem *n (FO, RACE-Projekt 1010)*

coherent optical telecommunications kohärente optische Nachrichtentechnik *f* (KONT) *(Übertragungsprinzip)*

coherent phase shift keying (CPSK) kohärente Phasenumtastung *f*

cohort Kohorte *f (statistisches Universum)*, Teilnehmergruppe *f*

cohort normalized kohortennormiert *(Statistik)*

coil Spule *f (Wicklung)*

coil assembly Spulenpaket *n*

coiled flex Wendelschnur *f (Tel)*

coil-loaded cable Pupinkabel *n*

coin-operated telephone Münzfernsprecher *m*, Münzer *m*, Kassierstation *f (CH)*

coinbox equipment Kassiereinrichtung *f*

coinbox telephone Münzfernsprecher *m*, Münzer *m*

coincidence Koinzidenz *f*, Gleichzeitigkeit *f*
in coincidence deckungsgleich

coincidence factor Gleichzeitigkeitsfaktor *m (SV)*

coincident deckungsgleich

Col s. column

cold call unangemeldeter Anruf *m (Mobilfunk)*

cold solder joint kalte Lötstelle *f*

cold start Kaltstart *m (Rechner)*

collapse ausblenden *(Fenster, PC-Bildschirm)*

collate sortieren *(Kopien)*

collect call R-Gespräch *n (Tel)*

collection link Zuführungsverbindung *f (CATV)*

collection network Zusammenführungsnetz *n (CATV)*

collecting line Sammel(anschluß)leitung *f (Tel)*

collective number Sammelanschlußleitung *f*, Sammel(ruf)nummer *f (Tel)*

collision Zusammenstoß *m*, Kollision *f*

collision detect (CD) Kollisionserkennung *f (PCM-Daten)*

collision resolution Kollisionsauflösung *f*, Kollisionsentflechtung *f (Bus-Zugriffssteuerung)*

collocated am gleichen Standort *m*, ortsgleich *(US)*

collocation Kollokation *f (Funktionen, ISDN)*

co-located am gleichen Standort *m*, ortsgleich *(GB)*

CO-located amtsseitig, vermittlungsseitig *(US)*

colour depth Farbtiefe *f (z.B. 16 Bit)*

colour discrimination Farbunterscheidungsvermögen *n*

colour facsimile Farbfax *n*

colour framing (CF) Farb-Bildbegrenzung *f (TV-Studio)*

colour graphics adapter (CGA) Farb-Video-Adapter *m (320 x 200 Pixel, PC)*

colour lookup table (CLUT) Farbtabelle *f*

colour naming system (CNS) Farbbezeichnungssystem *n*

colour resolution Farbtiefe *f (Computer-Anzeige)*

colour scanner Farbscanner *m (PC-Eingabegerät)*

colour subcarrier Farbträger *m* (FT) *(TV)*

colour triangle Farb(en)dreieck *n*, Farbdiagramm *n (Bildcodierung)*

COLP s. connected line identification presentation

COLR s. connected line identification restriction

column (Col) Spalte *f* (Sp)

column barring Spaltensperre *f (Koppelvielfach)*

COM (circle optimized modulation) kreisoptimierte Modulation *f (Entscheidungskreis, QPSK)*

coma error Asymmetriefehler *m (Opt.)*

comail Computerpost *f*

comb filter Kammfilter *n (TV)*

combination Zusammenfassung *f*

combinational circuit Verknüpfungsschaltung *f*, Schaltnetz *n*

combinatorial point Verknüpfungsstelle *f*

combine kombinieren; bündeln *(PCM)*; verknüpfen

combined heating and power station Kombikraftwerk *n*

combined network Verbundnetz *n*

combined set Verknüpfungsmenge *f(Logik)*

combined station Hybridstation *f*

combiner Antennenweiche *f* (AtWe); Verknüpfungsglied *n*; Kombinierer *m (FO)*

combining diversity Kombinationsdiversity *f*

combining filter Mischfilter *n (Mikrowellen)*

combining frame Gruppenrahmen *m (Gestell)*

combining network Weiche *f (FO)*

combining/separating filter Weiche *f (Antenne)*

Combo (combined ADC/PCM coding chip) Kombinationsschaltung *f (K-Anlage)*

combo box Kombinationsfeld *n (GUI, PC)*

comfort level Komfortabilität *f*, Komfort *m*

comfort noise (CN) Komfortgeräusch *n (DTX)*

comfort tone Warteton *m (Tel)*

command button Befehlsschaltfläche *f (MS-Windows, PC)*

command echo Kommandospiegel *m (Verm.)*

command fetch unit (CFU) Bereitstellungseinheit *f*

commanded position Soll-Position *f (Servomotor)*

command frame Befehlsrahmen *m (Sicherungsschicht, ISDN PRM)*

command interpreter Befehlsinterpretierer *m (DV)*

command logic Befehlsverknüpfung *f*

command mode Befehlsmodus *m*, Befehlsebene *f*

command/response (C/R) **sequence** Befehls-/Quittungsfolge *f (ISDN, I.431, s. Tabelle IV)*

command separator Befehlstrennlinie *f (PC)*

commensurability Gleichgröße *f (Math)*

commentary Kommentar *n*, Reportage *f*

commentary channel Kommentarkanal *m* (KK) *(TV)*

commercial at Klammeräffchen *n* (@)*(z.B. in einer E-Mail-Adresse, Sonderzeichencode: ALT + 64 oder (at))*

commercially available handelsüblich

commission einmessen *(eine Strecke)*

commissioning Inbetriebnahme *f (Netze)*; Inbetriebsetzung *f* (IBS)

commitment Verpflichtung(svorgang *m*) *f (ISDN)*

committed bit rate vereinbarte *oder* zugesicherte *oder* zugesagte Bitrate *f (Netz)*

committed burst size vereinbarte Bündelgröße *f*

committed information rate (CIR) vereinbarte Informationsrate *f (Frame-Relay)*

commodity Leistung *f*, Leistungsmerkmal *n* (LM)

common gemeinsam, zentral; gemeinsame Leitung *f*, Rückleitung *f*, Bezugsleiter *m*

common air interface (CAI) universelle Luftschnittstelle *f (DTI, CT2-Zellenfunksprech- und Telepoint-Protokoll, ADPCM, nach ITU-T Empf. G.721 (Tabelle III), MPT 1343)*

commonality Gemeinsamkeiten *fpl*

common application programming interface (CAPI) einheitliche Progammierschnittstelle *f*

common band mode Gleichlageverfahren *n (Übertragung)*

common base station (CBS) gemeinsame Basisstation *f (Bündelfunk)*

Common Broadband Platform (CBP) gemeinsame Breitbandplattform *f*

common bus interface gemeinsame Busschnittstelle *f (DSP)*

common carrier Fernmeldeverwaltung *f*, Fernsprechverwaltung *f*, Postverwaltung *f* (PTT); Netzbetreiber *m (US, z.B. BOCs)*; öffentliches Netz *n*

common carrier network öffentliches Netz *n*, Fernmeldenetz *n*

common-channel radio Gleichkanalfunk *m*

common channel interoffice signaling (CCIS) Zwischenamts-Zentralkanalzeichengabe *f (Fernnetz)*

common-channel interference Gleichwellenstörungen *fpl (Mobilfunk)*

common channel signalling (CCS) Zentralkanal-Zeichengabe *f*

common-channel signalling system (CCSS) Zentralkanal-Zeichengabesystem *n (ISDN, Empf. I.112, s. Tabelle IV)*

common connection gemeinsame Verbindung *f*, Wurzelanschluß *m*

common control switching Verbindungsaufbau *m* unsynchronisiert

common control unit Zentralsteuerwerk *n*, zentrales Steuerwerk *n (Vermittlung)*

common data rate (CDR) gemeinsame Datenrate *f*

common earth bar Erdsammelschiene *f*

common equipment zentrale Einrichtungen *fpl (Tel.-Anl)*

common-frequency broadcasting Gleichwellenfunk *m*

common-frequency operation (Frequenz)-gleichlageverfahren *n*, Gleichwellenbetrieb *m*

common gateway interface (CGI) Allgemeine Datenaustausch-Schnittstelle *f*, CGI-Schnittstelle *f (IP)*

common interface (CI) standardisierte Schnittstelle *f*, CI-Schnittstelle *f (auf PCMCIA basierende CA-Decoder-Schnittstelle, DVB)*

common interface module (CIM) CIM-Modul *n (CI-PCMCIA-Zusatzmodul zur Set-Top-Box q.v., s.a. "CI", "CAM", "sidecar box")*

common intermediate format (CIF) gemeinsames Zwischenformat *n (Bildtelefon- und Videokonferenzstandard)*

Common Management Information Protocol (CMIP) Netzverwaltungsinformationsprotokoll *n (OSI, s. Tabelle III, VI)*

Common Management Information Service (CMIS) Netzverwaltungsinformationsdienst *m (im CMIP, OSI, s. Tabelle III, VI)*

Common Management Information Service Element (CMISE) Netzverwaltungs-Informationsdienstelement *n (im CMIS, OSI, s. Tabelle III, VI)*

common-mode attenuation Gleichtaktdämpfung *f*

common-mode rejection ratio (CMRR) Gleichtaktunterdrückungsverhältnis *n*

common-mode signal Gleichtaktsignal *n*

common night extension Sammelnachtstelle *f (Tel)*

common part gemeinsamer Teil *m*, Schnittmenge *f (Math.)*

common path distortion (CPD) **product** CPD-Produkt *n (Test)*

common processor Zentralsteuerwerk *n*, zentrales Steuerwerk *n (Vermittlung)*

common scrambling algorithm (CSA) gemeinsamer Verwürfelungsalgorithmus *m (DVB)*

common signalling channel (CSC) zentraler *oder* gemeinsamer Zeichen(gabe)kanal *m* (ZZK); zentraler Signalisierungskanal *m*

common TDMA terminal equipment (CTTE) gemeinsame TDMA-Stationseinrichtung *f (VSAT)*

Common Technical Regulations (CTR) gemeinsame technische Vorschriften *fpl (ETSI)*

common units zentrale Einrichtungen *fpl (Tel.-Anl)*

common wave Gleichwelle *f*

communicate mitteilen, übertragen; verkehren, korrespondieren

communicating kommunikationsfähig *(Gerät)*

communication Übermittlung *f (Informationsbeförderung Quelle-Senke, NTG 1203, umfaßt Vermittlung und Übertragung)*, Informationsübermittlung *f*; Fernmelde-... (FM, Fm); Verbindung *f*, Kommunikation *f*, Korrespondenz *f*, Verständigung *f*, Kommunikationsbeziehung *f*

communication access method (CAM) Kommunikationszugriffsmethode *f*

Communication Application Specification (CAS) CAS-Kommunikationsprotokoll *n (G3-telefax-kompatible PC-Kommunikation, Intel)*

communication area Verständigungsbereich *m* (VB) *(DV)*

communication bus Sammelleitung *f*, Bus *m*

communication channel Übertragungskanal *m*, Nachrichtenkanal *m*

communication circuit Verbindungszug *m (Übertragung)*

communication configuration Dienstkonfiguration *f (Transportdienst)*

communication control Fernbetriebseinheit *f*

communication device Fernmeldegerät *n*

communication engineering Kommunikationstechnik *f*, Nachrichtentechnik *f*

communication function Übermittlungsfunktion *f*, Übertragungsfunktion *f*

communication link Übermittlungsabschnitt *m*, Nachrichtenverbindung *f*, Verbindungsstrecke *f*

communication material Kommunikationsgüter *npl*

communication medium Übertragungsmedium *n*

communication module (CM) Kommunikationsmodul *n (ATM, AT&T)*

communication multiplex Übertragungsmultiplex *n*

communication path Verbindungsweg *m*, Nachrichtenweg *m*

communication protocol Übertragungsprotokoll *n*

communication receiver Betriebsempfänger *m (Mobilfunk)*

communication references Übertragungsbezug *m*, Übertragungskennung *f (ISDN)*

communication request Kommunikationswunsch *m*

communication satellite Nachrichtensatellit *m*

communications buffer Koppelspeicher *m*

communications circuit Verbindungszug *m (Übertragung)*

communications controller Übertragungsablaufsteuerung *f*; Leitzentrale *f (DFÜ)*

communication server (CS) Verbindungsabnehmer *m (LAN-Übergang)*

communication session Kommunikationsbeziehung *f*

communications link Datenübertragungsstrecke *f*

communications loop Nachrichtenübertragungsschleife *f*

communications network Nachrichtennetz *n*

communications user Kommunikationsteilnehmer *m*

communication system Übertragungssystem *n*

communication technology Übermittlungstechnik *f*

communication terminal (Kommunikations-)Endgerät *n (z.B. Handy)*

communication theory Nachrichtentheorie *f*

communication unit Busgerät *n*

communicative kommunikationstechnisch *(US)*

community Gemeinde *f*; Verwaltungsgemeinschaft *f (SNMP, IAB RFC1157, RFC1983, s. Tabelle VIII)*, Online-Gemeinde *f (E-Commerce)*

community antenna Gemeinschaftsantenne *f* (GA) *(Rundfunk)*

community antenna television system (CATV) Gemeinschaftsantennenanlage *f* (GA), Groß-Gemeinschaftsantenne *f* (GGA)

Community Authority TV system (CATV) Groß-Gemeinschaftsantennenanlage *f* (GGA)

community of interests Interessengemeinschaft *f (ISDN)*

commutative operation kommutative Verknüpfung *f (Logik)*

commutator Kommutator *m*, Multiplexer *m (Telemetrie, Luft-, Raumfahrt)*

compact kompakt; verdichten, zusammenschieben *(Text)*

compact disk (CD) Laserplatte *f*, Compact-Disk *f (Philips, nicht wiederbespielbar)*

compact structure Kompaktbauweise *f*

compaction Verdichtung *f*, Kompaktierung *f*, Auffüllung *f (Daten)*

compactor Verdichter *m*

companded FM (CFM) kompandierte Frequenz-Modulation *f (Sat)*

companding law Kompandergesetz *n*, Codierungskennlinie *f*

companion CD Begleit-CD *f (z.B. eine einem Buch beigelegte)*

company's premises Firmengelände *n*

comparator Komparator *m*, Vergleicher *m*

comparator circuit Vergleichsschaltung *f*

comparison method Vergleichsverfahren *n*

comparison signal Vergleichssignal *n*

compartmentalization Separierung *f*, Trennung *f (von Teilnehmergruppen, Mobilfunk)*

compatible (with) kompatibel (zu); -freundlich

compatibility check Verträglichkeitsprüfung *f*

compelled signalling Zwangslaufverfahren *n (SS5)*

compensate (for) kompensieren, ausgleichen; abfangen *(Fehler)*, ausregeln

competent body zuständige Stelle *f (EMV-Richtl.)*

competitive-access method Wettbewerbsverfahren *n (PCM-Daten)*, im konkurrierenden Zugriff *m*

competitive clipping Zugriffs-Clipping *n (von Paketen)*

competitive local exchange carrier (CLEC) neuer regionaler Diensteanbieter *m*

competitive services Wettbewerbsleistungen *fpl (DTAG)*

competitor Mitbewerber *m (Buszuteilung)*

compilation Zusammenstellung *f (Video-Schnitt)*

complement Bestückung *f (Geräte)*; Komplement *n (Math.)*; komplementieren *(Math.)*, ergänzen, vervollkommnen

complementary komplementär, entgegengesetzt, ergänzend

complementary code keying (CCK) Komplementärcode-Tastung *f (basiert auf MBOK q.v., WLAN, IEEC 802.11)*

complementary part Gegenstück *n*

complete a call Verbindung *f* herstellen

complete circuit geschlossener Stromkreis *m*

complete connection Vollverbindung *f (Tel)*

complete coverage Vollversorgung *f (Mobilfunk)*

completed vollständig, fertig, abgeschlossen

completed call erfolgreicher Anruf *m*, zustande gekommene *oder* hergestellte Verbindung *f*

complete loopback vollständige Prüfschleife *f (ITU-T I.430, s. Tabelle IV)*

completion of call Herstellung *f oder* Beendigung *f* einer Verbindung *(Tel)*

completion of call on meeting busy Rückruf *m* bei Besetzt

completion of call to busy subscriber (CCBS) Verbindungsherstellung *f* zu belegtem Teilnehmer *(ISDN, GSM 01.04, s. Tabelle VII)*, Rückruf *m* bei besetzt

complex Komplex *m (Gebäude)*; Verband *m (Einheiten)*; komplex, kompliziert, aufwendig

complex number komplexwertige Zahl *f*

complexity Komplexität *f*; Aufwand *m*

complex-valued number komplexwertige Zahl *f*

compliance Konformität *f*, Zustimmung *f*, Übereinstimmung *f*; Nachgiebigkeit *f*, Auslenkwert *m (Tonabnehmernadel)*, Federung *f (akust.)*

compliant konform

comply with einhalten *(Regeln)*

component Bauelement *n* (BE) *(Mikroschaltung)*, Bauteil *n*; Komponente *f*, Bestandteil *m*

component block Baugruppe *f (in einer IC)*

component case Kühlflansch *m (Halbleiter)*

component handling (CHA) Komponentenbehandlung *f (GSM)*

component layout Bestückungsplan *m*; Bestückung *f*

component service Dienstkomponente *f (ISDN)*

component side Bestückungsseite *f*, Einsetzseite *f* (E-Seite), Einsteckseite *f* (E-Seite) *(Leiterplatte)*

component signal Komponentensignal *n (TV)*, Teilsignal *n*

component spread Exemplarstreuung *f*

component wave Teilwelle *f*

composite Zusammensetzung *f*, Mischung *f*, Gemisch *n*; zusammengesetzt, gemischt, kombiniert

composite colour signal Farbart-, Bild-(Luminanz-), Austast- und Synchronsignal *n*, FBAS-Signal *n (TV)*, Farbbildsignalgemisch *n*

composite colour video (CVBS) **signal** FBAS-Signal *n (TV)*

composite curve Summenkurve *f*

composite encoding geschlossene Codierung *f (Dig.-TV)*

composite loss Betriebsdämpfung *f (PCM)*

composite picture signal Bild-(Luminanz-), Austast- und Synchronsignal *n*, BAS-Signal *n (TV)*

composite signal gemeinsames Signal *n (ITU-T Empf. G.703, s. Tabelle III)*; gemischtes Signal *n*, Signalgemisch *n*, BAS-Signal *n (TV)*; Summensignal *n*

composite source signal CS-Signal *n (stimmhafter Laut "künstliche Stimme", Meßsignal, Pause - Anhang B, ETS 10-07)*

composite synchronisation signal Synchronsignalgemisch *n*, S-Gemisch *n (TV)*

composite traffic Summenverkehr *m (Tel.-Anl)*

composite video baseband signal (CVBS) Basisband-Bildsignalgemisch *n*, Farbart-, Bild-(Luminanz-), Austastungs- und Synchron-(FBAS-)signal *n*

composite video signal Bild-(Luminanz-), Austast- und Synchronsignal *n*, BAS-Signal *n (TV)*

composite voice signal kombiniertes Sprachsignal *n*

compound condition zusammengesetzte Bedingung *f (Math.)*

compound device zusammengesetzte Einheit *f (USB, device + hub)*

compound document mail Multimediamail *f*

compound navigation system Koppelortung *f (EVA, aktualisiert mit RDS)*

compound probability Verbundwahrscheinlichkeit *f (Bildcodierung)*

compress komprimieren, packen *(Daten, Dateien auf Festplatte oder Floppy, PC)*; verdichten *(Text)*; stauchen *(Daten, Analogsignal)*

compressed dialling Kurzwahl *f* (KW)

compressed-video terminal SB-Videoterminal *n (mit Codec-komprimierter Bandbreite)*

compression Kompression *f*; Komprimierung *f (Codierung zur Verringerung der Datenrate)*, Packen *n (Dateien)*

compression algorithm Kompressionsalgorithmus *m*

compression layer Kompressionsschicht *f*, Kompressionslayer *m (der Elementardatenstrom komprimierter Daten bei MPEG, DVB)*

compression rate Kompressionsfaktor *m*

compressor Kompressor *m*; Komprimierer *m (Daten)*

compromise equalizer Kompromißentzerrer *m*

computationally intensive rechenintensiv

computer Rechner *m*, Computer *m (DIN 44300)*

computer-aided *oder* **-assisted** rechnergestützt *oder* -unterstützt

computer-aided design (CAD) rechnergestützter Entwurf *m*; rechnergestützte Konstruktion *f*

computer-aided manufacturing (CAM) rechnergestützte Fertigung *f*

computer-aided software engineering (CASE) computergestützte Software-Entwicklung *f*

computer-aided wiring (CAW) rechnergestützte Verdrahtung *f*

computer-assisted line information computerunterstützte *oder* rechnergestützte Leitungs-(Management-)Information *f* (CULI) *(Btx)*

computer branch exchange (CBX) rechnergesteuerte Nebenstellenanlage *f*

computer centre Rechenzentrum *n*

computer fax Rechner-Fax *n (LAN)*

computer game Computerspiel *n*, Videospiel *n (PC)*

Computer Graphics Interface (CGI) Computer-Grafikschnittstelle *f (ISO DIS)*

computer integrated business (CIB) rechnerintegrierte Geschäftsabwicklung *f*

computer integrated telephony (CIT) rechnerintegriertes Telefonieren *n (IN)*

computerized rechnergestützt *oder* -unterstützt

computerized branch exchange (CBX) rechnergesteuerte Nebenstellenanlage *f*

computer link Rechnerkopplung *f*

computer link-up Rechnerverbund *m (Vtx)*

computer network Rechnerverbund *m (Vtx)*

computer PABX circuit Datenverbundleitung *f*

computer scientist Informatiker *m*

computer system Rechenanlage *f*, Computer *m (DIN 44300)*

computer telephony integration (CTI) Computer-Telefon-Integration *f*, rechnerintegriertes Telefonieren *n (IN)*

computer terminal Rechner-Endgerät *n*

computer with LIFO memory structure Kellermaschine *f*

computing system Rechenanlage *f*, Rechensystem *n*, Datenverarbeitungssystem *n*

COMSAT Communications Satellite Corp. *(US)*

CON s. concentrator

concatenated aneinandergereiht; verkettet, gekettet *(SW)*

concatenation Verkettung *f (z.B. Codes)*

concatenator Verkettungsschaltung *f (Audio-Codec)*

conceal verdecken *(Btx)*

concealed box Unterputzdose *f*, Up-Dose *f*

concentrate konzentrieren; bündeln *(Kanäle)*

concentration Bündelung *f (von Datenkanälen)*

concentration highway Sammelbus *m*

concentration line Sammel(anschluß)leitung *f (Tel)*

concentration stage Konzentrationsstufe *f (Verm.)*

concentrator (CON) Konzentrator *m (TEMEX, ISDN, ITU-T I.430, s. Tabelle IV)*, Wählstern *m (Tel)*; Konzentratoreinheit *f* (KE) *(VSAT-Teilnehmeranschlußmultiplexer)*

concentrator line Wählsternanschluß *m*

concentrator station Knotenstation *f (FW)*

concentrator trunk Hauptleitung *f* (Hl)

concentrically illuminated zentrisch erregt *(Sat.-Antenne)*

concept Prinzip *n*; Konzept *n*

conceptual konzeptionell, begrifflich

conceptual dependency konzeptionelle Dependenz *f oder* Abhängigkeit *f (Sprachanalyse)*

concession Vergünstigung *f (Gebühren)*

concurrence Übereinstimmung *f*

concurrency Gleichzeitigkeit *f (im Netz)*; Nebenläufigkeit *f (KI)*

concurrency logic Gleichzeitigkeitslogik *f*

concurrent gleichzeitig; konkurrierend *(Verbindungskonfiguration)*; nebenläufig *(synchron laufender, jedoch nicht synchronisierter Betrieb paralleler Systeme)*

concurrently with operations betriebsbegleitend

condition konditionieren; vorverarbeiten, aufbereiten *(Signal, Meßwert)*; in einen (bestimmten) Zustand versetzen *(z.B. eine Schaltung)*

conditional access (CA) bedingter Zugriff *m*, Zugangsberechtigung *f*, Zugangskontrolle *f*, Zugangsbeschränkung *f (DVB, DF1)*

conditional access and security (CAS) **layer** CAS-Schicht *f (Schicht 2 des GATS-Protokolls q.v.)*

conditional access message (CAM) CA-Meldung *f (ECM u. EMM (q.v.), DVB)*

conditional access module (CAM) CA-Modul *n*, Entschlüsselungsmodul *n (an digitale Set-Top-Box bzw. DVB-Empfänger anschließbar, Pay-TV, s.a. DVB-CI)*

conditional access packet CA-Paket *n (DVB)*

conditional access table (CAT) CA-Tabelle *f (erkennt CA-Pakete in einer DVB MPEG-2 Übertragung, PSI)*

conditional branch bedingte Verzweigung *f (Flußdiagramm)*

conditional path selection weitspannende Wegesuche *f (Verm)*

conditional replenishment bedingtes Austauschen *n (Bildcodierung)*

conditional/unconditional operator request Operatorruf *m* bedingt/unbedingt

condition code register Anzeigenregister *n (PC)*

conditioned power geregelte Stromversorgung *f*

conditioned telephone line entzerrte Fernsprechleitung *f*

conditions of use Benutzungsrecht *n*

conducted geführt, geleitet; leitungsgebunden *(Störung)*

conducted interference Funkstörspannung *f*
conductive leitfähig; durchgeschaltet *(Halbleiter)*
conductive adhesive Leitkleber *m*
conductor Ader *f (Kabel)*; Leiter *m*
conductor arrangement Leitungsführung *f*
conductor pair Adernpaar *n*, Doppelader *f (Tel.)*
conductor pattern Leitungsmuster *n (Leiterplatte)*
conductor routing Leitungsführung *f (Weg)*
conductor run Leitungszug *m*
conductor section Leiterzug *m (Netz)*
conductor-to-earth voltage Leiter-Erde-Spannung *f*
conductor track Leiterzug *m (Leiterplatte)*
conduit Wegführung *f*, Rohrleitung *f*, Schutzrohr *n (Kabel)*
CONF s. conference calling
conferee Konferenzteilnehmer *m (Tel)*
conference bridge Konferenzbrücke *f (Tel)*, Konferenzsatz *m (ISDN)*
conference access status Konferenzberechtigung *f*
conference button Konferenztaste *f*
conference calling (CONF) Konferenzruf *m (ISDN, GSM 01.04, s. Tabelle VII)*
conference circuit Konferenzsatz *m* (KFS)
conferencer Konferenzschaltung *f*
conferencing access controller (CAC) Konferenzschaltungs-Zugangssteuerung *f*
conferencing bridge Konferenzbrücke *f (Tel)*
conferencing device Konferenzeinrichtung *f*, Aufschalteeinrichtung *f*
confidentiality Vertraulichkeit *f (Datensicherheit)*
configuration Konfiguration *f*, Konfigurierung *f*, Aufbau *m*, Bestückung *f*, Ausbau *m*; Anordnung *f*; Zusammenstellung *f*; Struktur *f (Netz)*, Konstellation *f*
configuration and fault management Technik *f* für Betriebslenkung (TBL) *(TMN)*
configuration level Ausbaustufe *f*
configuration management (CM) Beschaltungsverwaltung *f (Netz)*
confine begrenzen, beschränken, einschließen
confirm bestätigen, nachweisen; festlegen *(Tastatureingabe)*
confirmation Bestätigung *f*
conflict control Konfliktauflösung *f*
conflict-free multiaccess (CFMA) kollisionsfreier Vielfachzugriff *m (Sat)*
conflicting access demands gegensätzliche Zugriffsanforderungen *fpl*
conflicting event gegenteiliger Anreiz *m*
conflict resolution Konfliktauflösung *f*
conform (to) entsprechen, verträglich sein mit
conformability Paßfähigkeit *f*
conformal deckungsgleich
conformance Normentsprechung *f*, Konformität *f*, Verträglichkeit *f*
conformance check Verträglichkeitsprüfung *f (ATM)*
conformance criterion Konformitätskriterium *n (ATM-Verkehrssteuerung)*
conformance testing Konformitätsprüfung *f*
conformance test report Konformitätsprüfbericht *m*
conformity -treue, -gerechtigkeit *f*
conformity to standards Normentreue *f*
conformity to the (coding) law Gesetzmäßigkeit *f (Leitungscode)*
conform to einhalten *(Normen)*
confusion Verwirrung *f*, Verwechslung *f*
congested blockiert, besetzt, überlastet *(Netz)*
congested-route counter Bündelsperrzähler *m*
congestion Blockierung *f*, Behinderung *f (Verkehr)*; Stau *m (Daten)*; Besetztzustand *m*, Wegebesetztzustand *m*; Betriebsmittelengpaß *m*, Überbelegung *f*, Überlastung *f*, "Besetzt" *(Netzzustand)*
congestion avoidance Überlastvermeidung *f*
congestion control Überlastabwehr *f*, Blockierungsabwehr *f*, Überlastbehandlung *f*, Laststeuerung *f (Netzmanagement)*
congestion indication Überlastanzeige *f (Netzmanagement)*
congestion management Überlastabwehr *f*, Überlastmanagement *n*
congestion recovery Überlastfolgenbehebung *f*

congestion test function Blockierungsprüffunktion *f (ATM)*

congruence Kongruenz *f (Bereichszuordnung, Bildcodierung, DVB)*

congruent deckungsgleich *(Math)*

conjugate marker weitspannender Markierer *m (Verm)*

conjugate path selection weitspannende Wegesuche *f (Verm)*

conjugate quadrature filter (CQF) konjugiert-komplexes Quadraturfilter *n (Bildverarbeitung)*

conjunction UND-Verknüpfung *f*

connect einschalten *(Gerät)*, verbinden, anschließen, anschalten, anbinden, zuschalten, verschalten, schalten, einschleifen

connect additionally zuschalten

connect by links verlinken *(Webseiten)*

connect data set to line Übertragungsleitung anschalten *(V.24, s. Tabelle V, nicht RS232C-Spez.)*

connected gesteckt, geschaltet, beschaltet; Verbindung *f* hergestellt *(Dienstsignal)*, verbunden

connected at a single terminal *oder* **pin** einpolig miteinander verbunden

connected component Zusammenhangskomponente *f (Rasterbild-Graphik)*

connected/disconnected status Anschaltezustand *m*

connected line erreichter Anschluß *m (ISDN)*

connected line identification presentation (COLP) Anzeige *f* der Rufnummer des erreichten Teilnehmers *(ISDN, GSM 01.04, s. Tabelle VII)*

connected line identification restriction (COLR) Unterdrückung *f* der Anzeige der Rufnummer des erreichten Teilnehmers *(ISDN, GSM 01.04, s. Tabelle VII)*

connected load Anschlußleistung *f*

connect external call Amtsanruf *m* aufschalten

connect in cascade hintereinander schalten

connecting Verbindungsherstellung *f*

connecting box Anschlußdose *f* (ADo) *(Tel.-Steckanschluß)*

connecting charge Anschlußgebühr *f (Mobilfunk)*

connecting circuit Innenübertragung(sweg) *m*

connecting cord Anschlußschnur *f*

connecting delay Verbindungsaufbaudauer *f*

connecting jack Vermittlungsklinke *f (Tel)*

connecting lead Anschlußleitung *f*

connecting matrix Anschaltkoppler *m*, Koppler *m*

connecting matrix for control trunks Zugangskoppler *m* für Steuerleitungen

connecting network Koppler *m*, Koppelnetzwerk *n*

connecting path Innenübertragung(sweg) *m*

connecting plug Schaltstecker *m (Signalverteiler)*; Verbindungsstecker *m*

connecting point Koppelstelle *f*, Anschaltstelle *f (NStAnl./AL)*, Anschlußpunkt *m*, Verbindungspunkt *m (ATM, ITU-T I.311)*

connecting relay Anschalterelais *n (Tel)*, Durchschalterelais *n*

connecting selector Anschaltewähler *m (Verm.)*

connecting set Anschaltesatz *m*

connecting stage Koppelstufe *f*

connecting wire Anschlußader *f oder* -draht *m*

connect in series in Reihe schalten, hintereinander schalten

connect in tandem hintereinander schalten

connect into a network vernetzen

connection Anschaltung *f*, Anbindung *f*, Anschluß *m*, Durchschaltung *f*; (CN) Verbindung *f (ITU-T Empf. I.112, s. Tabelle IV)*; Andrahtung *f (CH, Drahtverbindung)*; Beziehung *f (z.B. Zeichengabebeziehung im Netz)*, Kommunikationsbeziehung *f*

connection admission control (CAC) Verbindungszugangskontrolle *f (B-ISDN)*, Verbindungsannahme-Steuerung *f (ATM-Verkehrssteuerung)*

connection-associated verbindungsindividuell

connection attribute Verbindungsmerkmal *n (ISDN)*

connection bit rate Verbindungsbitrate *f (Netz)*

Connection Busy (CB) Anschluß Belegt, Anschlußleitung Belegt *(V.25 bis, s. Tabelle V)*

connection capacity Beschaltungsmöglichkeit *f*

connection charge Anschlußgebühr *f (Mobilfunk)*

connection component Verbindungskomponente *f (ISDN)*

connection control Verbindungssteuerung *f (ATM-Zeichengabe, ITU-T Empf. Q.2931)*

connection diagram Verbindungsschema *n*

connection/disconnection of subscriber An-/Abschaltung *f* des Teilnehmers

connection/disconnection of switching system Ein-/Ausschaltung *f* der Vermittlung

connection domain Verbindungsebene *f (Verkehrssteuerung)*

connection element Verbindungsabschnitt *m*, Verbindungselement *n (ITU-T I.112, s. Tabelle IV)*

connection endpoint Verbindungsendpunkt *m (ZGS.7)*

connection endpoint identifier (CEI) Verbindungsendpunkt-Kennung *f (ZGS.7)*

connection handler Verbindungssteuerung *f*

connection handling Verbindungsbearbeitung *f*

connection identifier Verbindungskennung *f*

connection identity Verbindungsidentifikation *f*

connectionless (CL) **service** verbindungsloser Dienst *m* (VL) *(ZGS.7)*

connectionless network service (CLNS) verbindungsloser Netzdienst *m*

connectionless service function (CLSF) Funktion *f* des verbindungslosen Dienstes

connectionless transport service (CTS) verbindungsloser Transportdienst *m*

connection level Verbindungsebene *f (ATM-Verkehrshierarchie)*

connection licence Anschalteerlaubnis *f (DTAG)*

connection management entity (CME) Verbindungsverwaltungsinstanz *f (ITU-T Q.920, s. Tabelle III)*

connection mapping *f* Verbindungsabbildung *f (Sitzungsschicht)*

connection matrix Verbindungsmatrix *f*

connection memory Verbindungsspeicher *m (Verm.)*

connection message Anschaltenachricht *f (Verm.)*

connection modification Verbindungsänderung *f (Verm., ITU-T Empf. Q.2963.1)*

connection of ringing tone Rufanschaltung *f*

connection-oriented network service (CONS) verbindungsorientierter Netzdienst *m*

connection-oriented (service) (CO) verbindungsorientierter Dienst *m* (VO)

connection-oriented transport service (COTS) verbindungsorientierter Transportdienst *m*

connection overhead Verbindungs-Overhead *n*

connection panel Anschlußfeld *n* (AnFd)

connection path Verbindungsweg *m (ISDN)*

connection point Übergabepunkt *m (Tel)*

connection procedure Verbindungsabwicklung *f*, Verbindungsablauf *m*

connection processing message Verbindungsverarbeitungsnachricht *f (ISDN)*

connection-related function (CRF) verbindungsbezogene Funktion *f (ISDN)*

connection-related service attribute Verbindungsdienstmerkmal *n*

connection release Verbindungsabbau *m*

connection request (CR) Verbindungsanforderung *f (ZGS.7 UP)*

connection setup Verbindungsaufbau *m*

connection setup data Verbindungsaufbaudaten *npl*

connection setup time Aufbauzeit *f*

connection side Anschlußseite *f*

connection socket Anschlußdose *f*

connection status Anschaltezustand *m*

connection test signal Durchschalteprüfsignal *n (Netz)*

connection testing Durchschalteprüfung *f (Netz)*

connection to a common potential Wurzelanschluß *m*

connection type (CT) Verbindungstyp *m (ISDN)*, Verbindungsart *f*

connectivity Verknüpfbarkeit *f*, Konnektivität *f*; Anschlußmöglichkeit *f*, Anschließbarkeit *f*, Vernetzungsmöglichkeit *f*, Verbindungsmöglichkeit *f (ISDN)*

connectivity analysis Bilderkennung *f (Bildcodierung)*

connectivity graph Konnektivitätsgraph *m*, Verknüpfbarkeitsdiagramm *n (Netzanalyse)*

connector Verbinder *m*, Steckverbinder *m*; Anschlußstecker *m*; Steckerstelle *f*; Anschaltsatz *m* (AnS) *(Tel)*

connector box Verbinderdose *f* (VDo) *(Tel.-Festanschluß)*

connector circuit Verbindungssatz *m*

connector party tone Rufton *m*

connector panel Schaltfeld *n*

connector set Verbindungssatz *m (Vermittlung)*

connector strip Steckerleiste *f*

connector strip plug Messerleiste *f (Verbinder)*

connector unit Anschalteinheit *f (Verm)*

connect request Anschalteanforderung *f (Verm)*

connect through durchschalten

connect to anschließen an, zuschalten; aufschalten auf *(Tel)*

connect to the output of ... nachschalten

CONS s. connection-oriented network service

consecutive aufeinanderfolgend, laufend

consequential damage Folgeschaden *m*

consistency Widerspruchsfreiheit *f*, Verträglichkeit *f*; Konsistenz *f (Math)*

consistency check Übereinstimmungskontrolle *f*

console Bedien(ungs)platz *m (Tel.)*, Konsole *f*; Regiepult *n (TV-Studio)*

console operation Bedienoperation *f*

console request Bedienaufruf *m*

consolidate konzentrieren *(Netzanschlüsse)*

consolidated link layer message übergeordnete Nachricht *f* der Sicherungsschicht *(BISDN)*

consolidation Konzentrierung *f (Verkehr)*

constant konstant, unveränderlich

constant-amplitude amplitudenstabil

constant bit rate (CBR) (zeitlich) konstante Bitrate *f (B-ISDN, ATM-Dienstklasse (ATM Forum TM4.0) für Sprachanwendungen, entspricht DBR q.v. (ITU-T I.131))*

constant bit rate (CBR) **coded video** mit konstanter Bitrate codierte Videodaten *npl (komprimierter Video-Bitstrom mit konstanter Durchschnittsbitrate)*

constant call delay (CCD) konstante Verbindungsverzögerung *f*

constant field Gleichfeld *n*

constellation Konstellation *f*, Punktanordnung *f (Anzeige aller möglichen Zustände eines QAM- oder QPSK-Signals in I/Q-Phasenkoordinaten)*

constellation diagram Konstellationsdiagramm *n (IQ-Konstellation, OFDM, DVB)*

constellation pattern Konstellationsdiagramm *n (DVB)*

constellation point Modulationspunkt *m (DVB)*

constituent Bestandteil *m*; ...-bestandteil

constraint Zwangs- *oder* Nebenbedingung *f*, Bedingung *f*; Vorgabe *f*

constraint length Beeinflussungslänge *f*, Einflußlänge *f (Faltungscodierer: Gesamtzahl aller Bit in der Codierung; DVB)*

constraint system Beschränkungssystem *n (KI)*

constructional unit Baueinheit *f*

constructive solid geometry (CSG) Vollkörpergeometrie *f (Grafik)*

consultation Beratung *f*, Befragung *f*

consultation call Rückfrage *f*, Rückfrageverbindung *f*

consultation hold makeln; Rückfrage *f*

consumables Verbrauchsmaterial *n*

consumer electronics Konsumelektronik *f*, Unterhaltungselektronik *f*, U-Elektronik *f* (UE)

consumer services Massendienste *mpl*

..-consuming aufwendig

contact Kontakt *m*, Anschluß *m*; -polig *(Stecker)*; Ansprechpartner *m*
with contacts kontaktbehaftet

contact area Kontaktfläche *f*; Aufstandsfläche *f*

contact bank Kontaktfeld *n (Wähler)*

contact element Schaltglied *n (HW)*

contactless chip card interface (CCI) kontaktlose Chipkarten-Schnittstelle *f (C2-Karte, ISO 7816)*

contact point Kontaktpol *m (Relais, Steckverbinder)*

contact pressure Anpreßdruck *m*

contact strip plug Messerleiste *f (Verbinder)*

contact travel Schaltweg *m (HW)*

container Container *m*, Teil-Bitstrom *m (SDH)*

container document Container-Dokument *n (GUI, PC)*

container message Container-Nachricht *f (USSD-Dienst q.v)*

contaminated verunreinigt, verseucht *(mit Rauschen)*

contend streiten, konkurrieren *(Buszuteilung)*

contend mode Konkurrenzbetrieb *m (Bus)*

content-addressable memory (CAM) Assoziativspeicher *m*; inhaltsadressierbarer *oder* inhaltsadressierter Speicher *m*

contention Streit *m (Buszuteilung, z.B. verlorener Wettbewerb um einen Kanal)*, Wettbewerb *m*, Konflikt *m (DK, Bus, Bündelfunk)*

contention control Konfliktsteuerung *f*, Konfliktauflösung *f*

contention-free konfliktfrei *(bus)*

contention mode Konkurrenzbetrieb *m*; gleichberechtigter Zugriff *m*

contention resolution Konfliktauflösung *f*

content portion Inhaltsstück *n (ODA)*

content provider Programmanbieter *m (TV)*, Contentprovider *m (IP)*

contents Inhalt *m (Speicher, Register)*, Belegung *f (Datenfeld)*

context Kontext *m*, Zusammenhang *m*

context arbitration Überprüfung *f* der Randbedingungen *(durch den Diensteanbieter bei Dienstanforderung)*

context extractor Kontextableiteeinheit *f (Codierung)*

contextual textabhängig

contiguous zusammenhängend *(Speicherbereiche, Bit)*, sequentiell, benachbart

contiguous block Nachbarblock *m (Digitalsignalverarbeitung)*

contingency Eventualität *f*, Möglichkeit *f*

contingency plan Ausweichplan *m*

continual pilots ständige Pilote *mpl (TPS-Träger, OFDM, DVB)*

continuation of message Nachrichtenfortsetzung *f*

continuation statement Folgeanweisung *f (DV)*

continuity Durchgang *m*, Stromdurchgang *m*, durchgehende Verbindung *f*; Programmablauf *m (Studio)*
with circuit continuity stromschlüssig

continuity check Durchgangsprüfung *f*, Kontinuitätsprüfung *f*

continuity counter Fortlaufzähler *m (im Paketkopf, MPEG-2-Bitstrom, DVB)*

continuity test Leiterprüfung *f*, Durchgangsprüfung *f*; Durchschalteprüfung *f (ISDN)*, Kontinuitätsprüfung *f*

continuity tester Durchgangsprüfer *m*

continuous kontinuierlich, fortlaufend, ständig, ununterbrochen, stetig, stufenlos, lückenlos, endlos, permanent; Dauer...

continuous bit stream oriented (CBO) dauerbitstromorientiert *(ISDN)*

continuous circuit durchgehender Stromkreis *m*, durchgehende Verbindung *f*, Durchgang *m*

continuous (controlled) phase frequency shift keying (CPFSK) phasenkonstante Frequenzumtastung *f*

continuous field Gleichfeld *n*

continuous light Dauerlicht *n (Bus belegt, FO)*

continuously busy dauerbelegt

continuously variable slope delta modulation (CVSD) adaptive Deltamodulation *f*

(Voice-Mail-Verarbeitungscode, ITU-T Empf. G.721, s. Tabelle III)

continuous monitoring Dauerüberwachung *f (ISDN)*

continuous noise Dauergeräusch *n*

continuous phase differential FSK (CPDFSK) phasenkonstante Frequenzdifferenzumtastung *f*

continuous phase FSK (CPFSK) phasenkonstante Frequenzumtastung *f*

continuous phase modulation (CPM) kontinuierliche Phasenmodulation *f*

continuous test Dauerbelastung *f (FO)*

continuous tone controlled signalling system (CTCSS) dauertongesteuertes Zeichengabesystem *n (Mobilfunk)*

continuous-tone image Halbtonbild *n (ungerastert, Repro)*

continuous train of ones Dauereinssignal *n*

continuous train of zeros Dauernullsignal *n*

continuous wave (CW) kontinuierliche Welle *f*, ungedämpfte Welle *f*

continuous wave (CW) generator Dauerschallerzeuger *m (Ultraschall)*

continuous wave (CW) jammer unmodulierter Störsender *m*

continuous wave (CW) laser Dauerstrichlaser *m*

continuous wave (CW) signal Dauerschwingungssignal *n*; ungebämpftes Zeichen *n (Telegrafie)*

continuous 400 s timing signal Dauermäander *m*

contone image Halbtonbild *n (ungerastert, Repro)*

contour Kontur *f*, Profil *n*

contracting authority Auftraggeber *m* (AG)

contractor Auftragnehmer *m* (AN)

contrarotating gegenläufig

contrast enhancement Kontrastverstärkung *f*

contrast sensitivity Kontrastempfindlichkeit *f*

contribution Beitrag(szuführung *f*) *m*, Zuführung *f (TV-Programmsignal)*

contribution application Beitragsanwendung *f (ITU-T I.113, s. Tabelle IV)*

contribution level Studioqualität *f (Rundfunk)*

contribution-quality signal nahbearbeitbares Studiosignal *n (TV im ISDN, 135 MB/s)*

control Steuerung *f*, Regelung *f*, Führung *f*, Bedienung *f*; Überwachung *f*; Regler *m*; steuern, aussteuern, regeln; nachführen, nachziehen *(Frequenz)*

control and alarm panel Signalfeld *n*

control bit Steuerbit *n*, Steuertakt *m (FW)*; Drosselbit *n (Zentralsteuerung)*

control block Steuerblock *m (ITU-T I.327, s. Tabelle IV)*

control bus Steuerbus *m (DV)*

control cabinet Schaltschrank *m*

control carrier Schaltträger *m (OFDM)*

control channel Organisationskanal *m* (OgK) *(nömL, MPT 1343, Mobilfunkzellennetz)*; (C-channel) Steuerkanal *m (ITU-T I.430, s. Tabelle IV)*

control channel system code word (CCSC) Organisationskanal-Systemkennwort *n (Bündelfunk, MPT 1343)*

control character Steuerzeichen *n*

control circuit Steuerschaltung *f*, Regelschaltung *f*; Ansteuerschaltung *f*

control clock pulse Steuertakt *m*

control clock rate Steuertakt *m*

control connection Steuerverbindung *f (L2TP q.v.)*

control console Bedienplatz *m*, Bedien(ungs)konsole *f*

control desk Bedien(ungs)pult *n*, Bedien(ungs)konsole *f*

control deviation Regelabweichung *f (PLL)*

control element (CE) Steuereinheit *f* (STE) *(Verm)*; Stellglied *n (HW)*

control error Regelabweichung *f (PLL)*

control factor Aussteuer(ungs)grad *m (Leistungselektronik)*

control field Steuerfeld *n (ZGS.7 Rahmen)*

control function Einstellfunktion *f*

control key Funktionstaste *f*

controlled gesteuert, geregelt; beherrscht

controlled by acknowledgement signals quittungsgesteuert

Controlled Not Ready (CNR) DÜE nicht betriebsbereit *(X.21, Schleifenprüfung, s. Tabelle VI)*

controlled selection erzwungene Wahl *f (Verm.)*

controlled variable Regelgröße *f (Regelung)*

controller Einsteller *m* (EN), Steller *m*; Konferenzführer *m*; Steuerung *f*, Steuergerät *n*, Controller *m (z.B. ESDI, SMD, SCSI; PC)*; Regler *m*

controlling exchange betriebsführendes Amt *n*

controlling element Stellglied *n (Schaltung)*

controlling line betriebsführende Leitung *f*

control loop Regelschleife *f*

control mechanism Steuervorrichtung *f (Prüfschleife, ISDN, ITU-T I.430, s. Tabelle IV)*

control memory Mikroprogrammspeicher *m*, Haltespeicher *m (Koppelnetz)*

control menu Systemmenü *n (MS-Windows, PC)*

control-menu box Systemmenüfeld *n (MS-Windows, PC)*

control module Steuermodul *n*; Verwaltungsmodul *n (für Dienste)*

control network Leitnetz *n (Netzmanagement)*

control operation Einstellfunktion *f*

control panel Bedienungsfeld *n* (BF), Schaltfeld *n*; Systemsteuerung *f (MS-Windows, PC)*

control plane (C-plane) Steuerungsebene *f (ISDN)*

control point Schaltpunkt *m (Prüfschleife, ITU-T I.430, s. Tabelle IV)*, Schaltstelle *f*; Regelpunkt *m*, Bezugspunkt *m (Regelung)*

control processor Steuerungsprozessor *m*; Schaltwerk *n (Vermittlung)*

control protocol Steuerungsprotokoll *n*

control range Aussteuerungsbereich *m*

control section Bedienungsteil *n*

control sequencer Befehlsfolgesteuerung *f*

control set Steuerzeichensatz *m (WP)*

control signalling Steuerzeichengabe *f (Vermittlung)*

control station Leitstation *f*, Leitstelle *f*

control subunit Teilsteuereinheit *f (Verm)*

control system Kontrollsystem *n*, Steuerung *f*

control time slot (CTS) Steuerzeitschlitz *m (ATM)*

control track head Kontrollkopf *m (MAZ)*

control traffic Meldeverkehr *m*

control transmitter Steuersender *m (TV)*

control trunk Steuerleitung *f*

control unit Steuerwerk *n*; Bediengerät *n* (BDG); Befehlsgerät *n*

control units for switching units Koppelgruppen-Steuerteile *mpl*

control value Sollwert *m*

control variable Laufvariable *f (DV)*

convener Einberufer *m (Konferenz)*

convenience attachment Komfortzusatz *m (Tel)*

convenient bequem, komfortabel, praktisch, zweckdienlich

convention Konvention *f*, Vereinbarung *f*, Übereinkommen *n*, Vorschrift *f*; Sprache *f (Signal)*

conventional load Nennlast *f (Streckenprüfung)*

conventional memory Arbeitsspeicher(bereich) *m (RAM-Bereich für DOS und Anwendungen, 0–640 kB, PC)*

converge konvergieren *(Math)*: zusammenlaufen

convergence Konvergenz *f*

convergence sublayer (CS) Konvergenz-Teilschicht *f (B-ISDN)*

convergence time Konvergenzzeit *f (dig. Filter)*

conversational interaktiv, Dialog-...

conversational mode Dialog *m*

conversational quality Gesprächsgüte *f (Hörprüfung, Tel)*

conversational service Abrufdienst *m*, dialogorientierter Dienst *m (B-ISDN)*, Dialogdienst *m*

conversation opinion score (YC) Gesprächsbewertung *f*

conversation state Sprechzustand *m*

conversion Umwandlung *f*, Umsetzung *f*; Überführung *f (Math.)*; Umrüstung *f (HW)*

conversion efficiency Konversionswirkungsgrad *m (Laser)*

conversion gain Mischverstärkung *f (LNB)*

conversion program Konvertierungsprogramm *n (SW)*

convert wandeln, umwandeln; umstellen; umsetzen *(Code)*; konvertieren *(Dateiformat, PC)*; überführen

converted to binary code binärcodiert

converter Wandler *m*, Umformer *m (wenn das Signal auf beiden Seiten des Wandlers analog ist)*, Umsetzer *m (wenn das Signal auf mindestens einer Seite digital ist)*, Umcodierer *m (wenn das Signal auf beiden Seiten digital ist)*; Umwerter *m (Signalisierung)*; Versetzer *m (Frequenz)*

convert to bilevel format binärisieren *(Repro.)*

convolution Windung *f*, Faltung *f (Statistik)*; Umgang *m (Band, Draht)*

convolutional code Faltungscode *m (FEC)*

convolutional encoder Faltungscodierer *m*

convolutional coding Faltungscodierung *f (DVB-Kanalcodierung)*

convolutional interleaving Faltungsverschachtelung *f (DVB)*

convolution code Faltungscode *m (FEC)*

convolve (zusammen)falten *(Math.)*

cookie Cookie *n (WWW)*

cooperative project Verbund-Projekt *n*

coordinated koordiniert; nebengeordnet

coordinate system Koordinatensystem *n*, Zeichnungsraster *m*

copier Kopiergerät *n*, Kopierer *m*

copolar attenuation kopolare Dämpfung *f (Sat)*

copolarisation discrimination Kopolarisationsdiskrimination *f*, Kopolarisationsunterdrückung *f (Sat.-Ant)*

copper conductor cable network Kupfernetz *n*

copper line plant Kupfernetz *n*

copper pair Kupferdoppelader *f*

co-processor Coprozessor *m (PC)*

copy kopieren *(PC)*; abbilden, nachbilden; umspeichern, einlesen *(Computer)*; mitschneiden, überspielen *(MAZ)*

copying Kopieren *n*, Mitschnitt *m*

COR s. correlation counter

cord-connected schnurgebunden *(Telefon)*

corded schnurgebunden *(Telefon)*

cordless schnurlos

cordless local area network (CLAN) schnurloses lokales Netz *n*

cordless local loop drahtloser Teilnehmeranschluß *m (Telepoint)*

cordless loudspeaker schnurloser Lautsprecher *m*, Funklautsprecher *m (Surround-Sound, ISM-Band q.v.)*

cordless PBX (CPBX) schnurlose Nebenstellenanlage *f*

cordless telephone drahtloses *oder* schnurloses Telefon *n*, Schnurlostelefon *n (K.-Tel)*; Funktelefon *n*

cordless terminal mobility (CTM) **system** CTM-System *n (DECT access)*

core Kern *m (Transformator, LWL)*; Seele *f*, Ader *f (Metallkabel)*; -polig

core aspects Kernaspekte *mpl*

core band Einführungsband *n (UMTS)*

core network Kernnetz *n (vgl. Netzrand)*

core software grundlegende Software *f*

core switch Kernnetzknoten *m*, Kernnetz-Vermittlungsknoten *m*

corner frequency Eckfrequenz *f (Bode diagram)*

co-routing Gleichlauf *m (Kabel)*

corporate headquarters Firmenzentrale *f*, Firmensitz *m*

corporate network (CN) Firmennetz *n*, privates Netz *n*

corporate premises Firmengelände *n*

corporate TV Industriefernsehen *n*

correct korrigieren; nachstellen; ausregeln, nachregeln, abfangen *(Fehler)*; bereinigen, nachführen *(PLL)*; entzerren; fehlerfrei *(HW)*, ungestört *(Übertr.)*

correctable korrigierbar

correcting variable Stellgröße *f (Regelung)*

correction Korrektur *f*; (Funk)beschickung *f (Peilung)*, Nachgleich *m*

corrective maintenance Bedarfswartung *f*, Entstörung *f*

correct sequencing Reihenfolgetreue *f (von Blöcken, Sat)*

correct transmission ungestörte Übermittlung *f*

correlation Korrelation *f (Math.)*

correlation counter (COR) Korrelationszähler *m* (KOR)

correlative receiver Korrelationsempfänger *m*, korrelativer Empfänger *m (nichtkohärenter CDMA-Decodierer)*

correlator Korrelator *m*, Korrelationsanalysator *m*; Nachstellkorrelator *m (Übertragung)*

correspondence Entsprechung *f*, Übereinstimmung *f*

corrupt verfälschen *(Bit)*, verstümmeln *(Daten)*

corrupted packet verfälschtes Paket *n*

COS (class of service) Berechtigungsklasse *f*

COS changeover Berechtigungsumschaltung *f*

COS indicator Berrechtigungsanzeige *f*

COS Corporation for Open Systems *(US)*

COSINE (Cooperation of Open Systems Interconnection Networking in Europe) Arbeitsgemeinschaft *f* für OSI-Vernetzung in Europa *(Eureka-Projekt)*

cosine law Kosinussatz *m (Math.)*

cosine law for sides Seitenkosinussatz *m (Math.)*

COST (Cooperation Européenne dans le domaine de la recherche Scientifique et Technique) Europäische Arbeitsgemeinschaft *f* für wissenschaftliche und technische Forschung *(z.B. Projekt 205 betr. Wellenausbreitungseigenschaften über 10 GHz)*

Costas loop Costas-Schleife *f (QPSK-Demodulator)*

co-station Gegenstelle *f*

cost centre Kostenstelle *f*

COTS (connection-oriented transport service) verbindungsorientierter Transportdienst *m*

count Zählstand *m*, Zählerstand *m;* zählen

count by twos in Zweierschritten *mpl* zählen

count down rückwärts zählen *(Zähler)*

countdown counter Rückwärtszähler *m*

counter Zähler *m (Gebühren)*

counter difference Zähldifferenz *f*

counter-pumped in Gegenrichtung *f* gepumpt *(Laser)*

counter reading Zählerstand *m*

counting unit Zähleinheit *f (AAL-PDU)*

country code (CC) Auslandskennzahl *f*, Landeskennzahl *f* (LKZ) *(GSM)*, Länderkennzahl *f*, Landesvorwahl *f*

count towards the total mitzählen

count up vorwärts zählen *(Zähler)*

couple koppeln, verkoppeln

coupled computer Mitrechner *m*

coupler Koppler *m (FO)*

coupling Kopplung *f*, Einkopplung *f*; Verknüpfung *f (Regelung)*

coupling attenuation Auskoppeldämpfung *f (Direktkoppler, Sat)*

coupling capacitor Koppelkondensator *m*, Auskoppelkondensator *m*

coupling coefficient Kopplungsgrad *m*

coupling device Ankopplung *f (Bus, Ringnetz)*; Koppelglied *n (FO)*

coupling element Koppelglied *n (FO)*

coupling ratio Kopplungsgrad *m*, Koppelfaktor *m (LWL)*

coupling transformer Übergabetransformator *m*

course Weg *m*; Verlauf *m*

course/acquisition code (C/A code) C/A-Code *m (GPS, Zyklusdauer 1 ms)*

course of a curve Kurvenverlauf *m*

courtesy bill Kostenübersicht *f (GSM)*

covariance Kovarianz *f*

cover verdecken, überdecken; überwachen, übernehmen *(Anrufe)*; abfahren; erfassen

cover a range einen Bereich überstreichen

coverage Bedeckung *f*, Überdeckung *f*; Ausleuchtzone *f (Sat)*; Versorgung *f*, Versorgungsbereich *m*, Nutzreichweite *f (eines Netzes)*, Versorgungsgrad *m (D2 GSM, s. Tabelle VII)*; Überwachung *f (Anrufe)*; Erfassung *f (Bereich)*

coverage area Versorgungsgebiet *n*, Einzugsbereich *m (TV);* Wirkungsbereich *m*, Versorgungsbereich *m (eines Netzes)*, Abdeckungsbereich *m*, Verbreitungsgebiet *n*

coverage area travel Laufzeit *f* im Versorgungsbereich *(Mobilfunk)*

coverage limited reichweitenbeschränkt *(Uplink, UMTS)*

coverage measurement (CM) Versorgungsmessung *f (DVB-T)*

coverage rate Versorgungsgrad *m*

covered calls (PBX) überwachte Anrufe *mpl*

CP (call processing) Vermittlungstechnik *f (Vermittlungs-SW)*

CP (HDLC checkpoint mode) HDLC-Kontrollpunktverfahren *n (ARQ-Prozedur, Sat)*

CP (control plane, C-plane) Steuerungsebene *f*

CP (cyclic prefix) periodisches Vorzeichen *n (ADSL)*

CPA s. copolar attenuation

CPBX s. cordless PBX

CPC (cyclically permuted code) zyklisch vertauschter Binärcode *m*

CPD s. copolarisation discrimination

CPDFSK s. continuous phase differential FSK

CPD (common path distortion) **product** CPD-Produkt *n (Test)*

CPFSK s. continuous phase FSK

CPE (customer premises equipment, customer provided equipment) Teilnehmereinrichtung *f*; Endeinrichtung *f*

CPFSK s. continuous (controlled) phase frequency shift keying

CPI (CBP processor intervention) CBP-Prozessor-Eingriff *m (ATM)*

CPID (calling party identification) Rufnummernanzeige *f (US)*

C-plane (control plane) Steuerungsebene *f*, C-Ebene *f (DECT, Signalisierungsebene)* **Cf-plane** (fast control plane) Cs-Ebene *f (DECT, hochratige Signalisierungsebene)* **Cs-plane** (slow control plane) Cs-Ebene *f (DECT, niederratige Signalisierungsebene)*

CPM s. continuous phase modulation

CP/M (control program for microcomputers) Betriebssystem *n* für Mikrorechner *(8-Bit Prozessoren)*

CPN (customer premises network) Teilnehmerendstellennetz *n*

cps (characters per second) Zeichen pro Sekunde (Z/s)

CPS (customer premises station) Teilnehmerstation *f*

CPSK (coherent phase shift keying) kohärente Phasenumtastung *f*

CPU (central processing unit) Zentraleinheit *f*

CPU CLK (CPU clock) Prozessortakt *m*, Prozessorfrequenz *f (PC, heute bis 166 MHz (Pentium))*

CQF (conjugate quadrature filter) konjugiert-komplexes Quadraturfilter *n (Bildverarbeitung)*

CR (carriage return) Wagenrücklauf *m*

CR (Connection Request) Verbindungsanforderung *f*

crackling Knacken *n (Ton)*

cradle Gabel *f (HW)*; Trägersystem *f*, Dockingstation *f*, Ablage *f (Mobiltelefon)*; einhängen *(Tel, US)*

cradle contact Gabelkomtakt *m (Tel)*

cradle switch Gabelumschalter *m* (GU) *(Tel)*

cradle with satellite capability satellitenfähiges Trägersystem *n (z.B. für Iridium-Sat-Handy)*

craft input Technikereingabe *f*

craft maintenance access Techniker-Wartungszugang *m (Verm)*

craft personnel Fachpersonal *n (US)*

craftsman Facharbeiter *m*, Handwerker *m*

crank back abbauen *(Verkehr)*; zurückverweisen *(Verbindung bei alternativer Wegelenkung)*

crash Absturz *m (PC)*

CRC (cyclic redundancy check) zyklische Blockprüfung *f*

CRC character Prüfzeichen *n*

CRC word CRC-Kontrollwort *n*

create erzeugen; erstellen *(Programm)*

CRED s. credit card calling

credit Kredit *m*; Sendeberechtigung *f (ATM-Zeichengabe)*

credit card Kreditkarte *f*

credit card calling (CRED) Kreditkartenanruf *m*

credit check Bonitätsprüfung *f (Bankverkehr)*

credit procedure Kreditverfahren *n (PCM-Datenblockübertragung)*

crest factor Crestfaktor *m (Verhältnis Spitzenwert zu Effektivwert; OFDM)*

crest value Scheitelwert *m (Welle)*

CRF (connection-related function) verbindungsbezogene Funktion *f (ISDN)*

CRI (Call Request with Identification) Verbindungsanforderung *f*

crippled mode beschränkte Betriebsweise *f*

crisp scharf *(TV-Bild)*

crispening Versteilerung *f (TV)*

criterion of conformance Konformitätskriterium *n (ATM-Verkehrssteuerung)*

critical frequency Grenzfrequenz *f*

critical message wichtige Meldung *f*, Systemfehlermeldung *f (PC)*

CRJ (call record journalling) Gebührendatenerfassung *f* (GDE)

CRM s. customer relationship management

CRN (call reference number) Nummer *f* der Verbindungskennung *(ISDN)*

CRO (cathode ray oscilloscope) Kathodenstrahloszilloskop *n*

crop beschneiden *(Bildverarbeitung)*; zuschneiden, Rahmen *m* ändern *(PC-Anzeige)*

crossbar (XB) Kreuzschiene *f* (KS) *(Video-Verteiler)*; Koppelmatrix *f (ATM-Verbindungsnetzwerk)*

crossbar distributor Kreuzschienenverteiler *m*

crossbar exchange, unbalanced signalling (XBU) Koordinatenschalteramt *n*, unsymmetrische Zeichengabe

crossbar matrix Kreuzschienenverteiler *m*

crossbar selector Crossbar-Wähler *m*; Kreuzschienenwähler *m*

crossbar (selector) exchange (XB) Koordinatenschalteramt *n (analog)*

crossbar switch Kreuzschienenschalter *m*, Koordinatenschalter *m*

cross-border grenzüberschreitend

cross channel Querleitung *f (Verm)*

cross-channel interference Nebenkanalstörung *f*

cross-check Querkontrolle *f (Math.)*, Kreuzsicherung *f (Codierung)*; gegenkontrollieren

cross colour Farbübersprechen *n (TV)*

cross-comparison of data kreuzweiser Datenvergleich *m*

cross connect Crossconnect(or) *m (ITU-T I.150, s. Tabelle IV)*, Schaltstation *f*, Koppelfeld *n (DV)*, Verteilkoppelfeld *n*, Festvermittlung *f*; Querverbinder *m*; rangieren, durchschalten

cross connect equipment Schaltstation *f (für Ersatznetzschaltung)*; Zugangskoppler *m (ATM-Knoten)*

cross connect frame Rangierverteiler *m*

cross connect level Durchschalteebene *f*, Verteilebene *f*; Rangierebene *f*

cross connect matrix Zugangskoppler *m*

cross connect multiplexer (CCM) Schaltmultiplexer *m*, Crossconnect-Multiplexer *m (Netzmanagement)*

cross connect node Crossconnect-Knoten *m (ITU-T I.321, s. Tabelle IV)*

cross connect system (CCS) Crossconnect-System *n*, prozessorgesteuerter Schaltverteiler *m*

cross connecting Durchschalten *n* im Crossconnect

cross connection Querverbindung *f*, Querschluß *m*

cross connection coupler Rangierverteiler *m (FO)*

cross connection frame Rangierverteiler *m*

cross connection matrix Rangierverteiler *m (FO)*

cross connection point (CCP) Kabelverzweiger *m*

cross correlation value Kreuzkorrelationswert *m*

cross coupled signal Übersprechimpuls *m (Anl)*

cross coupling Kreuzkopplung *f*; Übersprechkopplung *f*

cross-fade überblenden *(TV)*

cross-hair pointer Fadenkreuz *n (Cursor, PC)*

crosshatch patttern Kreuzlinienmuster *n (TV-Testbild)*

crossing conductor track gekreuzte Leiterbahn *f*

cross-interference Nebenkanalstörung *f (Mobilfunk)*

cross jointing Auskreuzung *f (Verbindungen)*

cross-office (bereichs)übergreifend *(US)*, amtsintern

cross-office check Sprechkreisprüfung *f*

crossover climb kreuzender Steigflug *m (den Flugweg eines anderen Luftfahrzeuges kreuzend, GPWS (q.v.))*

crossover descent kreuzender Sinkflug *m (den Flugweg eines anderen Luftfahrzeuges kreuzend, GPWS (q.v.))*

cross-over distortion Übergangsverzerrung *f (Transistor-Gegentaktverstärker)*

cross-over frequency Eckfrequenz *f (Filter)*, Übergangsfrequenz *f*

cross-over network Frequenzweiche *f (NF)*

cross-phase modulation Kreuzphasenmodulation *f (FO, Kerr-Effekt)*

cross-platform sharing plattformübergreifendes Sharing *n (DV)*

crosspoint Knotenpunkt *m (passiver Signalverteiler)*; Koppelpunkt *m (aktiver Signalverteiler)*; Kreuzungspunkt *m (ATM-Koppelmatrix)*

cross polarisation discrimination (XPD) Kreuzpolarisationsdiskrimination *f oder* -unterdrückung *f (Sat)*

cross polarisation isolation (XPI) Kreuzpolarisationsentkopplung *f (Sat)*

cross polar(isation) rejection Kreuzpolarisationsunterdrückung *f (Sat)*

cross-polar level (XPL) kreuzpolare Leistung *f (Sat)*

cross-process prozessübergreifend

cross rail Querbügel *m (Gestell)*

cross reference Querverweis *m*

cross-scan direction in Querrichtung *f* zur Abtastung, rechtwinklig zur Abtastrichtung *f (Reproduktion)*

crosstalk Nebensprechen *n (ITU-T I.430, s. Tabelle IV)*, Übersprechen *n (Tel)*

crosstalk attenuation Nebensprechdämpfung *f*, Übersprechdämpfung *f*

crosstalk level Übersprechwert *m (Audio)*

crosstalk loss (CL) Nebensprechdämpfung *f*

C/R (command/response) **sequence** Befehls-/Quittungsfolge *f (ISDN)*

CRT (cathode ray tube) Kathodenstrahlröhre *f*

crunching Dateikomprimierung *f (Lempel-Ziv-Code, nur ein Durchlauf erforderlich, PC)*

cryptographic technology Kryptotechnik *f (z.B. PKI q.v.)*

crypto(graphic) unit Schlüsselgerät *n (DV)*

crystal Quarz *m*, Schwingquarz *m*, Kristall *m*

crystal calibrated quarzgenau

crystal controlled quarzstabilisiert

CS (circuit switch) Durchschaltevermittlung *f*

CS (communication server) Verbindungsabnehmer *m*

CS s. convergence sublayer

CSA (common scrambling algorithm) gemeinsamer Verwürfelungsalgorithmus *m (DVB)*

CSC (cleave, sleeve, leave) **splice** CSL-Spleiß *m (FO)*

CSC (common signalling channel) zentraler Zeichenkanal *m* (ZZK)

CSD Communications Systems Division *(BT)*

CSD code (canonical signed digit code) CSD-Code *m (digitale DV)*

CSDC (circuit-switched digital capability) leitungsvermitteltes digitales Leistungsmerkmal *n*

C Series of ITU-T Recommendations C-Serie *f* der ITU-T-Empfehlungen *(betrifft Statistiken, s. Tabelle III)*

CSG (constructive solid geometry) Vollkörpergeometrie *f (Grafik)*

CSI (channel status information) Kanalzustandsinformation *f (GSM)*

CSMA (carrier sense multiple access) Vielfachzugriff *m* mit Trägerkennung

CSMA/CD (carrier sense multiple access with collision detection) Vielfachzugriff *m* mit Trägerkennung und Kollisionserkennung *(durch Prioritätssteuerung)*

CSPDN (circuit switched public data network) leitungsvermitteltes öffentliches Datennetz *n*

CS (chip select) **signal** Baustein-Auswahlsignal *n*, Baustein-Anwahlsignal *n*, Chip-Select-Signal *n*, Chip-Anwahlsignal *n*

CSTA (computer supported telephony application) CSTA-Anwendung *f (PC)*

CSU (call set-up) Rufaufbau *m*, Gesprächsaufbau *m*, Verbindungsaufbau *m*

CT (call transfer) Rufumlegung *f*

C/T (carrier/noise temperature ratio) Träger/Rauschtemperatur-Verhältnis *n*

CT (clock time) Uhrzeit *f* und Datum *n*

CT (connection type) Verbindungstyp *m*

CT (cordless telephone) schnurloses Telefon *n (CEPT-Norm, 900 MHz, 1984, nach DTI-Standard MPT 1343)*

CT0 (cordless telephone 0) schnurloses Telefon *n (vor europäischer Normierung, hauptsächlich aus dem fernen Osten)*

CT1 (cordless telephone 1) schnurloses Telefon *n* der ersten Generation *(DTAG "Sinus"-Geräte, Analog-Hauptanschluß mit schnurlosen Zusatzgeräten, FDMA-Duplex, 885–887 u. 930–932 MHz; nach BS 6301)*

CT2 (cordless telephone 2) schnurloses Telefon *n* der zweiten Generation *(BT-Standard für das digitale Telepoint-System, CAI, FDMA/TDD, 864–868 MHz; nach BS 6301, 6833, Anfang 1991, Anrufen nicht möglich)*

CT3 (cordless telephone 3) schnurloses Telefon *n* der dritten Generation *(Ericsson, digital, Parallelentwicklung zum GSM DECT-Standard, TDMA/TDD, 862–866 MHz, Anrufen möglich)*

CTCSS s. continuous tone controlled signalling system

CTD (cell transfer delay) Zellenlaufzeit *f*, Zellaufzeit *f*, Zellverzögerung *f (ATM)*

CTI (computer and telephone integration, computer telephony integration) Computer-Telefon-Integration *f*

CTIA Cellular Telecommunications Industry Association *(vornehmlich US)*

CTM (cordless terminal mobility) **system** CTM-System *n (DECT access)*

CTR (Common Technical Regulations) allgemeine technische Vorschriften *fpl (ETSI)*

CTR3 Konformitätsprüfungsvorschrift *f (Konformität mit ETSI ETS 300.012)*

Ctrl (control) Strg (Steuerung) *(Tastatur-Funktion, PC)*

CTS (Clear To Send) Sendebereitschaft *f*

CTS (connectionless transport service) verbindungsloser Transportdienst *m*

CTS (control time slot) Steuerzeitschlitz *m (ATM)*

CTTE (common TDMA terminal equipment) gemeinsame TDMA-Stationseinrichtung *f*

CTV (cable TV) Kabelfernsehen *n*

cube-shaped quaderförmig

cubic B-spline kubische B-Spline *f (Reprografik)*

CUG (closed user group) geschlossene Benutzergruppe *f* (GBG)

cumulative information Summeninformation *f (Gebührenberechnung, ISDN)*

current Strom *m*; aktuell, laufend

current balancing circuit Stromspiegelschaltung *f (elektr.)*

current bit stromerfüllter Schritt *m (FW)*

current clamp Stromzange *f (Meßgerät)*

current consumption Stromaufnahme *f*, Stromverbrauch *m*

current converter-fed stromrichtergeführt

current date Tagesdatum *n*

current drain Stromaufnahme *f*

current-drawing stromziehend, stromaufnehmend

current drive Stromansteuerung *f*

current inertia Stromträgheit *f (SV)*

currentless stromlos

current limiter Strombegrenzer *m*

current loop Stromschleife *f*, Linienstromschnittstelle *f (FS)*

current loop interface Stromschnittstelle *f*

current meter Strommesser *m*

current mirror Stromspiegel *m (Signal)*

current mode logic Stromschalter *m*

current noise Stromrauschen *n*

current rating Strombelastung *f*

current return Stromableitung *f*

current saving mode Stromsparmodus *m*

current sensor Stromgeber *m*, Stromfühler *m*

current sink Stromsenke *f*

current status memory Aktualitätenspeicher *m*

current surge Stromstoß *m*

current tracer Stromtaster *m (Prüfgerät)*

current under high tension hochgespannter Strom *m*

cursor Textzeiger *m*, Eingabezeiger *m*, Positionsanzeiger *m*; Schreibmarke *f*, Cursor *m (Anzeige, PC)*

cursor keys Cursor-Tasten *fpl*, Pfeiltasten *fpl (PC-Tastatur)*

curve Kurve *f*, Ganglinie *f*, Kennlinie *f*, Verlauf *m*

curve shape Kurvenverlauf *m*

custom built kundenspezifisch, anwendungsspezifisch

custom calling service Auftragsdienst *m (US)*

custom-designed kundenspezifisch

customer access Teilnehmeranschluß *m*

customer access maintenance centre Wartungszentrum *n* für Teilnehmeranschluß *(ITU-T I.610, s. Tabelle IV)*

customer access network (CAN) Teilnehmer-Anschlußnetz *n (MAN)*

customer administration Teilnehmerverwaltung *f*

Customer Care & Billing System (CC&BS) Kundenverwaltungssystem *n (GSM, IN)*

customer engineer Kundenbetreuer *m (IBM)*

customer entity Teilnehmereinrichtung *f*

customer equipment (CEQ) Teilnehmereinrichtung *f (ITU-T I.430, s. Tabelle IV)*

customer feature Dienstmerkmal *n*

customer gateway (CGW) Teilnehmer-Netzübergangsknoten *m (MAN)*

customer handling capacity bedienbare Teilnehmerzahl *f*

customer installation Teilnehmerinstallation *f*

customer line Teilnehmerleitung *f (BT)*

customer network (CN) Teilnehmernetz *n*

customer network interface Teilnehmer-Netz-Schnittstelle *f (ITU-T I.430, s. Tabelle IV)*

customer premises Teilnehmergrundstück *n*, Kundenstandort *m*

customer premises equipment (CPE) Endeinrichtung *f*, Teilnehmereinrichtung *f*

customer premises network (CPN) Teilnehmerendstellennetz *n*

customer premises radio system Grundstücksfunksystem *n*

customer premises station (CPS) Teilnehmerstation *f (VSAT)*

customer provided equipment (CPE) Teilnehmereinrichtung *f*

customer relationship management (CRM) Kundenbetreuung *f*, Kundenmanagement *n (Marketing, Vertrieb u. Service)*

customer service Kundendienst *m*, Kundenbetreuung *f*; Fernsprechauftragsdienst *m* (FEAD)

customer site Kundenstandort *m*

customization kundenspezifische Anpassung *f*, Kundenanpassung *f*, Personalisierung *f*

customize einstellen *(Bildschirm-Menü, PC)*

customized kundenspezifisch, anwendungsspezifisch

customized user program kundenspezifisches *oder* teilnehmerbezogenes Anwenderprogramm *n*

custom local area signalling service (CLASS) kundenspezifischer Lokalbereichs-Übermittlungsdienst *m (IN)*

cut Schnitt *m*, Trennstelle *f*; Cut *m (Videofilm)*; ausschneiden *(GUI, PC)*

cut back zurücknehmen *(z.B. Leistung)*

cutback limiting Rückregelung *f (Leistungsabgabe, TV)*

cut-in Eintreten *n*; Aufschalten *n (Ersatzgenerator)*; aufschalten

cut-in on exchange line Amtsaufschaltung *f*

cut-in tone Aufschalteton *m*

cut-off button Trenntaste *f (K.-Tel)*

cut-off frequency Eckfrequenz *f*, Grenzfrequenz *f*

cut-off point Schulter *f (Kennlinie)*

cut-off voltage Sperrspannung *f*, Einsatzspannung *f*

cut-off wavelength Grenzwellenlänge *f (FO)*

cutover Inbetriebnahme *f (Ersteinschaltung)*; Überschneiden *n (Frequenzen)*

cut through durchschalten *(Verm)*

cut-through relay Durchschalterelais *n (Verm)*

cutting Bildschnitt *m (Film)*

CVBS (colour video, blanking and synchronisation signal, composite video baseband signal) Farbart-, Bild-(Luminanz-), Austastungs- und Synchron-(FBAS-)signal *n (Analogfernsehen, PAL, NTSC oder SECAM)*

CVSD (continuously variable slope delta modulation) adaptive Deltamodulation *f*

CW (call waiting) Anklopfen *(ISDN)*

CW (continuous wave) kontinuierliche Welle *f*, ungedämpfte Welle *f*, Dauerstrich-...

CW generator Dauerschallerzeuger *m (Ultraschall)*

c wire c-Ader *f*, c-Draht *m*, Meßleitung *f (Tel., Stöpselkörper)*

CW laser Dauerstrichlaser *m*

CW light component Gleichlichtanteil *m (FO)*

CW modulation Gleichwellenmodulation *f*

cybercash digitales Geld *n (Dresdner Bank)*

cybercoin wallet elektronische Brieftasche *f*, Wallet *f*

cycle Zyklus *m*, Durchlauf *m*, Gang *m*, Spiel *n*, Arbeitsspiel *n*, Takt *m*; Schwingungszug *m*, Periode *f*; zyklisch wiederholen *oder* durchlaufen, zyklisch durchlaufen lassen, zyklisch durchfahren

cycle-initiating primary centre zyklusführende Haupt-Z-Station *f*

cycle master Bushauptsteuerung *f*, Bus-Master *m*

cycle period Wiederholdauer *f*

cycle stealing Zyklusklau *m (Computer)*

cycle test Kreisprüfung *f (Übertragung)*

cycle time Zykluszeit *f (Computer)*, Taktdauer *m*

cycled getaktet

cyclic zyklisch, periodisch

cyclic prefix (CP) periodisches Vorzeichen *n (ADSL)*

cyclic redundancy check(CRC) zyklische Redundanzprüfung *f*, zyklische Blockprüfung *f oder* Blocksicherung *f (ARQ-Prozedur, mit Generatorpolynom gebildete Prüfsumme)*

cyclic redundancy check word CRC-Kontrollwort *n*

cyclic storage Durchlaufspeicherung *f* der gewählten Ziffer

cyclically permuted code zyklisch vertauschter Binärcode *m*

cycling Durchlaufen *n* einer Periode; Takten *n*; Taktablauf *m*

cycling time Umlaufzeit *f (selector)*

cyclometer Meßrad *n*, Peiseler-Rad *n (Wegmesser)*

C3 (command, control, communication) Führung *f*, Feuerleitung *f* und Kommunikation *f (mil)*

D

DA (demand assignment) abrufgesteuerte *oder* bedarfsgesteuerte Kanalzuteilung *f (Sat)*

DAA s. Data Access Arrangement

DAB (digital audio broadcasting) digitaler Hörfunk *m*

DAC (dial access code) Wahlberechtigungscode *m*

DAC (digital/analog converter) Digital-Analog-Umsetzer *m* (DAU)

DACS (Digital Access and Crossconnect System) digitales Anschluß- und Crossconnect-System *n (US, AT&T)*

daisy chain Hintereinanderschaltung *f*, Prioritätskette *f*, Warteschlangenkette *f*

daisy chain cable Girlandenkabel *n (FO-Seekabel entlang der Küste)*

daisychaining Hintereinanderschaltung *f (Buszugriff)*, Prioritätsverkettung *f*

daisywheel printer Typenraddrucker *m*

DAMA (demand assignment multiple access) Belegung *f* nach Bedarf *(VSAT)*

damping Dämpfung *f (mech. Schwingungen, Akustik)*

D-AMPS Digital AMPS *(US-Mobilfunkstandard (IS-54 (q.v.), IS-136), 900- u. 1900-MHz-Band, CDMA/¹/4-DQPSK, heute ADC (q.v.), s.a. "WAP")*

DAN (domestic area network) Teilnehmernetz *n*

Danger! Extremely Urgent! Gefahr! Sehr Dringend! (GSD) *(Prioritätsstufe 1 bei FS, sofortige Unterbrechung)*

DAPSK (differential amplitude phase shift keying) Amplituden- und Phasendifferenzumtastung *f*

dark current Dunkelstrom *m*

dark fibre unbeschaltete Glasfaser *f (Übertr.)*

DARPA Defense Advanced Research Projects Agency *(US)*

DARPANET (DARPA communications network) DARPA-Kommunikationsnetz *n (US)*

DASS (demand assignment signalling and switching) **unit** Zeichengabe- und Durchschalteeinheit *f* für abrufgesteuerte Kanalzuweisung *(Sat)*

DASS (Digital Access Signalling System) Digitalanschluß-Zeichengabesystem *n (BT)*

DASS1 (Digital Access Signalling System 1) Digitalanschluß-Zeichengabesystem *n* Nr.1 *(BT ISDN, BA, 80 kB/s)*

DASS2 (Digital Access Signalling System 2) Digitalanschluß-Zeichengabesystem *n* Nr.2 *(BT ISDN, PA, 2 MB/s ZZK, entspricht BTNR 190)*

DAT (digital audio tape) digitales Tonband *n (2 Stunden Audio)*, audionumerisches Magnetband *n (auch als Streamer q.v. für Datensicherung benutzt (DDS), PC)*

data Angaben *fpl*; Daten *npl* (Da), Datum *n*

Data Access Arrangement (DAA) Datenzugriffsanordnung *f (CERMETEC Modem-Schnittstelle)*

data adapter Datenanpassungseinheit *f* (DAN) *(ein Modem)*; Datenanpassungseinrichtung *f* (DAE)

data application Datenanwendung *f (z.B. E-Mail, FTP)*

data array Datenfeld *n*

database s. data base

data base Datenbank *f*, Datenbestand *m*, Datenhaltungssystem *n*

data base look-up Datenbanksuche *f*

data base management system Datenbankverwaltungssystem *n* (DBVS)

data base organisation Datenhaltung *f*

data base processor Datenbankrechner *m (Vtx)*

data base search Datenbankrecherche *f*

data base system (DBS) Datenbanksystem *n*

data bit Nutzbit *n*

data block Datenblock *m*

data burst Datenpaket *n*

data bus size Datenbusbreite *f*, Datenübertragungsbreite *f*

data call Datenverbindung *f*

data carrier Datenträger *m*

Data Carrier Detect (DCD) Empfangssignalpegel *m (V.24/RS232C, Tabelle IX)*

data capacity Datenbreite *f (Speicher, Bus)*

data channel (DC) Datenkanal *m* (DK) *(FW)*

data channel interface (DCI) Datenkanalschnittstelle *f*

data circuit-terminating equipment (DCE) Datenübertragungseinrichtung *f* (DÜE) *(d.h. Modem für RS232C-Verbindungen, Netzanschluß und PV-Netzknoten für X.25-Verbindungen, s. Tabelle VI)*; Datenfernschalteinrichtung *f*

data collection platform (DCP) Datensammler *m (Sat)*

data communication Datenübermittlung *f*, Datenübertragung *f*

data communication channel (DCC) Datenübertragungskanal *m*

data communication equipment (DCE) Datenübertragungseinrichtung *f* (DÜE) *(d.h. Modem)*; Datenfernschalteinrichtung *f*

data communication line Datenfernleitung *f (Übertragung)*

Data Communications Network (DCN) Datenkommunikationsnetz *n (TMN)*

data communication terminal Datenstation *f* (DST,Dst) *(DEE+DÜE)*

data comparison Datenvergleich *m*, Datenabgleich *m (Redundanz)*

data completion Datenergänzung *f*

data compression Datenkompression *f*, Datenreduktion *f*

data concentrator Datenkonzentrator *m* (DKZ)

data congestion Datenstau *m*

data connecting unit Datenanschaltgerät *n* (DAG) *(teletex)*; Datenanschlußgerät *n* (DAG(t)) *(TEMEX)*

data container Datencontainer *m (DVB)*

data conversion station Datenumsetzerstelle *f*

data converter Datenanschaltgerät *n*; Datenumsetzer *m* (DU) *(Modem, für Analogbetrieb)*

data country code (DCC) Datennetz-Landeskennzahl *f (ISDN)*

data deviation Frequenzhub *m (Daten)*

data device Datengerät *n*

data dictionary (DD) Datenverzeichnis *n*

data distributor Verteileinrichtung *f*, Datenverteileinrichtung *f*

data distribution switch Datenverteiler *m*

data driven datenorientiert *(Prozeduren)*, datenstrukturiert *(z.B. Schnittstelle)*

data element Datenelement *n*

data encryption standard (DES) Datenverschlüsselungsnorm f *(symmetrische Verschlüsselung, IBM, ANSI, NBS NBSIR77-1291 (Sept.1977)*

data encryption unit Datenschlüsselgerät *n*, Datenverschlüsselungsgerät *n*

data entry terminal Datenerfassungsterminal *n*

data error correction Datenentstörung *f* (DE)

data exchange Datenaustausch *m*

data fabric Datenvermittlungsstruktur *f*

data field Datenfeld *n*

data file Datendatei *f*, Datenablage *f*, Datei *f*

data frame Datenblock *m*

data glove Datenhandschuh *m (VR)*

datagram (DG) Datagramm *n (unabhängiges Datenpaket mit eigenen Wegeleitinformationen, Übertragung typisch ohne durchgehenden Sitzungsaufbau, d.h. verbindungslos, MAN, Internet)*

data in ankommende Daten *npl* (Dan) *(Prüfschleife)*

data interface unit Datenanschlußgerät *n* (DAG(t)) *(TEMEX)*

data integrity Datensicherheit *f*, Datenintegrität *f*

data item Datenelement *n*, Datum *n (Prozeß)*

data key Datentaste *f* (DT) *(am Telefongerät, FTZ)*

data level Datenposition *f (Datenbank)*

data line Datenleitung *f*; Datenzeile *f (TV)*

data link (DL) Übermittlungsabschnitt *m*; Datenstrecke *f (zwei wechselseitig betriebene einander zugeordnete Datenkanäle)*

data link connection identifier (DLCI) Sicherungsschichtadresse *f (ISDN)*

data link control (protocol) (DLC) Datenübertragungssteuerung *f*, Verbindungssteuerung *f*

data link handler Übertragungssteuereinrichtung *f*

data link layer Sicherungsschicht *f*, Datensicherungsschicht *f (ITU-T Empf. I.440 und I.441, s. Tabelle IV, Schicht 2, OSI Referenzmodell, s. Tabelle I)*; Verbindungsschicht *f (Schicht 2, OSI-RM (Tabelle I), FDDI)*

data link protocol Sicherungsprotokoll *n (ATM)*

data link service Sicherungsdienst *m (Netz)*

data link sublayer DL-Layer *m (V5.1,V5.2 Schnittstelle, ETS 300-324, 300-347, s. Tabelle V)*

data locking Datensicherung *f (Übertragungsstrecke)*

data maintenance Datenführung *f*, Datenpflege *f*

data management Datenhaltung *f*

data management system (DMS) Datenverwaltungssystem *n*

data medium Datenträger *m*

data message Datentelegramm *n*

data move controller (DMC) Kopiereinrichtung *f*

data network Datennetz *n (umfaßt alle zum Verbindungsaufbau zwischen DEE benötigten Einrichtungen)*

data network for fixed connections Direktrufnetz *n*

data network identification code (DNIC) Datennetzkennung *f*

data network signalling (DNS) Datennetzsignalisierung *f (TEMEX)*

data network unit Datennetzeinheit *f (Informationseinheit)*

data network/V interface adapter Datennetzanpassung *f* an die V-Schnittstelle (DAV)

data occurring in bursts gebündelt auftretende Daten *npl*

data out abgehende Daten *npl* (Dab) *(Prüfschleife)*

data overhead Datenüberhang *m (PDU)*

data over voice (DOV) dem Sprachband überlagerte Datenübermittlung *f (Centrex-Dienstmerkmal, typische Datenrate 19,2 kB/s, auch bei DTAG-TEMEX und ÖKartTel mit Trägerfrequenz 40 kHz)*

data-over-voice channel Überlagerungskanal *m (Centrex, Telepoint, ÖKartTel, TEMEX)*

data-over-voice equipment (DOVE) DOV-Einrichtung *f (BT, Datelnet 500)*

Dataphone digital service (DDS) Dataphone-Digitaldienst *m (AT&T BA, 56 kB/s im Telefonnetz)*

data packet Datenpaket *n*, Telegramm *n*

data privacy Datenschutz *m*

data processing Datenverarbeitung *f* (DV)

data processing system Datenverarbeitungsanlage *f* (DVA)

data protection Datenschutz *m*; Datensicherung *f (Systemausfall, DIN 44300)*

data protection procedure Sicherungsprozedur *f*

data protection section Sicherungsteil *m (einer Nachricht)*

data protection signal Sicherungssignal *n*

data rate Datengeschwindigkeit *f*, Schrittgeschwindigkeit *f*; Übertragungsgeschwindigkeit *f*, Übermittlungsgeschwindigkeit *f*; Datenrate *f*, Datendurchsatz *m*

data rate conversion Geschwindigkeitsumsetzung *f*

data rate of user packets Nutzdatenrate *f (in Byte/Paket)*

data recording medium Datenträger *m*

data reduction Datenreduktion *f*, Datenverdichtung *f*

data restriction Aufschalteschutz *m (bei Datenverbindungen)*

data retransmission Datenweiterleitung *f*

data retrieval Datenwiedergewinnung *f*

data route Datenweg *m*, Datenrouting *n*

data route selector Datenrichtungsauswahleinheit *f*

data saving Datensicherung *f*

data security Datensicherung *f*

data selector Datenweiche *f (Multiplexer)*

Data Set Ready (DSR) Betriebsbereitschaft *(V.24/RS232C, Tabelle IX)*

data sheet Kennblatt *n*, Datenblatt *n*

data signal element Datensignalzeichen *n*

data signal generator Datenmeßsender *m*

data signalling rate Übertragungsgeschwindigkeit *f*; Datenrate *f*

Data Signalling Rate selector Hohe Übertragungsgeschwindigkeit einschalten *(V.24/RS232C, Tabelle IX)*

data sink Datensenke *f (die Datenendeinrichtung)*, Datenaufnehmer *m*

data station Datenstation *f (DEE + DÜE, FTZ 118)*

data stream Datenstrom *m*; Multiplex *m (MPEG-2, s.a. "Programm-Multiplex" u. "Transport-Multiplex")*

data strobe signal Datenstrobesignal *n*

Data Surveillance Act Datenschutzgesetz *n (GB)*

data switch Datenschalter *m (Drucker)*, Datenumschalter *m*; Datenvermittlung *f*

data switching centre Datenvermittlungsstelle *f* (DVSt)

data switching exchange Datenvermittlungseinrichtung *f* (DVE)

data switching hub Datenvermittlungsknoten *m (FDDI)*

data switching network Datenvermittlungs-Koppelnetz *n*

data telegram Datentelegramm *n (DV)*

data/telephone network for fixed connections Direktrufnetz *n*

data terminal (equipment) (DTE) Datenendeinrichtung *f* (DEE), Datenendgerät *n* (DEG(t)) *(Benutzergerät)*

Data Terminal Ready (DTR) Terminal Betriebsbereit, Vorbereitende Anschaltung, DEE Betriebsbereit, Endgerät Betriebsbereit *(V.24/RS232C, s. Tabelle IX)*

data terminal subscriber Datenteilnehmer *m*

data test centre (DTC) zentrale Prüfstelle *f* für Dateneinrichtungen *(FTZ)*

data throughput Datendurchsatz *m*

data transfer control unit Datenaustausch- und Übertragungssteuerwerk *n* (DTÜ)

data transfer part Datenübertragungsteil *n* *(ISDN)*

data transfer rate Datenübertragungsgeschwindigkeit *f*, Transfergeschwindigkeit *f*

data transmission Datenübertragung *f*

data transmission block Datenübertragungsblock *m*

data transmission control Datenkopf *m* *(Multiplexer)*

data transmission device (DTD) Datenübertragungsgerät *n*

data transmission rate Übertragungsrate *f*

data tuple Datentupel *n* *(geordneter Datenkomplex)*

data unit Dateneinheit *f (DIN ISO 7498)*, Datenelement *n (DV, ISDN)*, Datenblock *m (OSI-RM, s. Tabelle I)*

data unit handling Datenelement-Steuerung *f (ISDN)*

data VHS (D-VHS) Daten-VHS *n (JVC)*

data volume Datenmenge *f*

data volume charge Volumengebühr *f* *(ISDN)*

data warehouse Data-Warehouse *n (Datenbanksystem mit subjektorientierten, integrierten, zeitbezogenen und dabei permanenten Informationen)*

data word protection Datenwortsicherung *f*

date Datum *n*, Termin *m*

datel (data telecommunication) Datel *n*

Datelnet 500 (datel network) Datel-Netz *n* *(BT-DOV-Einrichtung, bis 19,2 kB/s)*

datex network Datex-Netz *n*

datex terminating unit Datexnetzabschlußgerät *n*

DATV (digitally assisted TV) digital gestütztes Fernsehsignal *n (HD-MAC)*

daughter board Tochterplatine *f*

DAVIC Digital Audio Visual Council *(Die Mitglieder dieses Rates mit Sitz in Genf kommen aus allen Industrien, die sich mit der Anwendung der Digitaltechnik auf AV befassen. Seine Aufgabe ist die Definition und Spezifikation von Schnittstellen für optimales Zusammenwirken zwischen Ländern, Anwendungen und Diensten; ETS 300 800)*

dB (decibel) Dezibel *n*

dBA (decibel related to A-law) Dezibel *n* bezogen auf A-Kennlinie *(q.v.)*

dBm (decibel related to 1 mW) Dezibel *n* bezogen auf 1 mW *(Leistungsmessung)*

dBV (decibel related to 1 Volt) Dezibel *n* bezogen auf 1 Volt *(NF-Spannungsmessung)*

DBA (dynamic bandwidth adaptation) dynamische Bandbreitenanpassung *f* *(Router)*

D bit s. delivery confirmation bit

DBPSK (differential binary phase shift keying) binäre Phasendifferenzumtastung *f*

DBR (deterministic bit rate) deterministische Bitrate *f (ATM)*

DBR (distributed Bragg reflector) **laser** DBR-Laser *m*, Laser *m* mit verteiltem Bragg-Reflektor, Bragg-Reflektor-Laser *m (FO)*

DBS (data base system) Datenbanksystem *n*

DBS (direct broadcasting satellite) direktstrahlender Satellit *m*, Direktstrahlsatellit *m*, Rundfunksatellit *m*, direktempfangbarer Satellit *m*

DC (data channel) Datenkanal *m* (DK)

DC (direct current) Gleichstrom *m* (GS) *(DC bezieht sich auch auf den Null-Frequenz-Koeffizienten bei der DCT (q.v.))*

DC (distribution centre) Verteilzentrum *n* *(HFC-Netz)*

D/C (downconverter) Abwärtsumsetzer *m*

DC adapter Fremdspeiseadapter *m (Batteriegerät)*

DC-balance Gleichspannungssymmetrie *f* *(Codierung)*

DC-balanced gleichstromfrei *(PCM-Übertragungssignal)*

DC balancing bit Ausgleichsbit *n (Übertr.)*

DC bias Vorspannung *f*; unterlegte Gleichspannung *f (FO)*

DC blocking capacitor Kopplungskondensator *m*, Gleichstromsperre *f*

DCC (data communication channel) Datenkommunikationskanal *m*

DCC (data country code) Datennetz-Landeskennzahl *f (ISDN)*

DCC (differential chain coding) Differenzkettencodierung *f (Btx)*

DCC (digital communication channel) digitaler Kommunikationskanal *m*

DCC (digital compact cassette) digitale Tonkassette *f*

DCC (digital cross connect (multiplexer)) digitaler Crossconnect-Multiplexer *m*, digitaler Kreuzschienenverteiler *m*

DC coefficient Gleichanteil *m*

DC component Gleichanteil *m*, Gleichkomponente *f*

DC connection GS-Anschaltung *f*

DC continuity Gleichstromdurchgang *m*

DC coupled gleichspannungsgekoppelt, galvanisch angekoppelt *oder* verbunden

DCD (Data Carrier Detect) Empfangssignalpegel *m (V.24/RS232C, Tabelle IX)*

DC-DC converter Gleichspannungswandler *m (SV)*

DCDM (digitally controlled delta modulation) digital gesteuerte Deltamodulation *f*

DCE (data circuit-terminating equipment, data communication equipment) Datenübertragungseinrichtung *f* (DÜE)

D cell Mono-Zelle *f (Batterie, ca. 18000 mA/h)*

DC fault location Gleichstromfehlerortung *f (PCM-Daten)*

DC field Gleichfeld *n*

D channel D-Kanal *m*, Dienstkanal *m (ISDN, D_{16} = 16 kB/s, ZGS.7)*, Steuerkanal *m (Mobilfunk)*

D channel protocol D-Kanal-Protokoll *n (ZGS.7, ISDN, DTAG 1TR6, E DSS1)*

D-channel signalling D-Kanal-(Kenn)zeichengabe *f* (DKZ, DKZE) *(ISDX)*

DC coupled galvanisch durchgeschaltet

DCI (data channel interface) Datenkanalschnittstelle *f*

DC image DC-Bild *n (DC- bzw. Null-Frequenz-Koeffizient, DCT, Bildkomprimierung)*, Gleichspannungsbild *n*

DC isolated galvanisch getrennt

DC isolation Gleichstromabriegelung *f*, galvanische Trennung *f*

DC isolation of the speech paths Abriegeln *n* der Sprechwege

DC keying Gleichstrom-/Gleichspannungstastung *f* (GT)

DC level Gleichspannungspegel *m*; Gleichsignallage *f*

DCME (digital circuit multiplication equipment) digitaler Leitungsvervielfacher *m*

DCMS (digital circuit multiplication system) digitales Leitungsvervielfachungssystem *n*

DCMS (dynamic channel management system) dynamische Kanalzuordnung *f (NTT satellitengestützter Fm-Dienst)*

DCN (Data Communications Network) Datenkommunikationsnetz *n (TMN)*

DCO (digitally controlled oscillator) digital gesteuerter Oszillator *m (digitaler Phasenregelkreis)*

D connector D-Verbinder *m*

DCP (data collection platform) Datensammler *m (Sat)*

DCP (digital communications protocol) Protokoll *n* für digitale Nachrichtenübertragung

DC path galvanischer Weg *m (Verm.)*

DCPBX (digitally connected PBX) Nebenstellenanlage *f* mit Digitalanschluß

DCPC (differential coherent pulse code modulation) PCM *f* mit Differenzcodierung und Synchrondemodulation

DC power feeding Gleichstromspeisung *f (Tel)*

DCPSK (differential coherent phase shift keying) Phasenumtastung *f* mit Differenzcodierung und Synchrondemodulation

DCR s. degradation category rating

DC restoration Schwarzwerthaltung *f (TV)*

DC restoration clamp Schwarzwerthaltung *f (TV)*

DCS (digital communication system) digitales Kommunikationssystem *n*

DCS (dynamic channel selection) dynamische Kanalauswahl *f (DECT)*

DCS 1800 (Digital Cellular System at 1800 MHz) digitales Zellen(funk)system *n* mit 1800 MHz*(ETSI-PCN-Standard (PCS in den USA), Weiterentwicklung von GSM 900, Uplink 1710–1785 MHz, Downlink 1805–1880 MHz, Kanalabstand 200 kHz, 8 Kanäle/Träger, TDMA/GMSK; E1- u. E2-Netz (D), Orange, One-2-One (GB))*

DCS 1900 (Digital Cellular System at 1900 MHz) digitales Zellen(funk)system *n* mit 1800 MHz *(Weiterentwicklung von DCS 1800 (q.v.) für die amerikanischen PCS-Systeme)*

DC signal Gleichstromsignal *n*, Gleichsignal *n*, Gleichstromzeichen *n*

DCT (discrete cosine transform) diskrete Cosinus-Transformation *f*

DC term DC-Koeffizient *m*, Gleich(spannungs)anteil *m (Null-Frequenz-Koeffizient, DCT)*

DC trunk circuit Gleichstromleitungssatz *m*

DC value Gleichwert *m (Strom oder Spannung)*

DC voltage Gleichspannung *f*

DD (data dictionary) Datenverzeichnis *n*

DD (direct dialling) Durchwahl *f*, Selbstwahl *f*

D/D (digital/digital bit rate adaptation) Digital-Digital-Geschwindigkeitsanpassung *f*

DDCMP (digital data communications message protocol) Nachrichtenprotokoll *n* für digitale Datenübertragung

DDD (direct distance dialling) Fernwahl *f*, Fernwähltechnik *f*, Selbstwählferndienst *m* (SWFD)

DDD coinbox telephone Fernmünzer *m*

DDE (Dynamic Data Exchange) Dynamischer Datenaustausch *m (zw. Anwendungen, PC)*

DDF (digital distribution frame) Digitalverteiler *m*

DDI (direct dialling-in) *(GB)* Durchwahl *f*

DDI subscriber Selbstwählteilnehmer *m*

DDS s. Dataphone digital service

DDS (digital data storage) digitale Datensicherung *f (DAT)*

DDS (direct digital synthesis) direkte Digitalsynthese *f (TV)*

DDSN (Digital Derived Services Network) Digitalnetz *n* für abgeleitete Dienste *(BT IN)*

deactivate deaktivieren, abschalten; passivieren *(DEE)*; sperren *(Datei)*; ausschalten *(Dienst)*, außer Betrieb nehmen

deactivation Deaktivierung *f*, Ausschaltung *f (ISDN, ITU-T I.430, s. Tabelle IV; GSM 01.04, s. Tabelle VII)*, Außerbetriebnahme *f*; Abmeldung *f (Mobilfunk)*

deactivation request Abmeldungsantrag *m (Mobilfunk)*

dead tot, stromlos; Ruhezustand *m (Verbindung)*

dead line abgeschaltete Leitung *f*

deadline Termin *m*
  meet the deadline den Termin einhalten

dead-reckoning navigation Koppelnavigation *f*

dead spot Totpunkt *m*; Funkschatten *m*

dead-zone quantizer Totbereichsquantisierer *m (Teilbandcodierung)*

deadlock Verklemmung *f*; gegenseitige Blockierung *f*

de-affiliate abmelden

de-affiliated terminal abgemeldete Endeinrichtung *f (Tel)*

deallocate freigeben, die Zuordnung *f* aufheben *(Betriebsmittel, ISDN)*, entziehen

deallocation Freigabe *f (Betriebsmittel)*

deassert deaktivieren *(Leitung)*

deassign entziehen *(z.B. Adresse)*

deattenuation Entdämpfung *f (NStAnl)*

debit card Guthabenkarte *f*

debit card service Chipkartendienst *m*

deblocking Entblocken *n (Textverarbeitung)*

debug entstören, testen

debugger Fehlersuchprogramm *n*

debugging Entstörung *f*, Fehlersuche *f*, Putzen *n (Programm)*

decade selection Dekadenwahl *f (EMD, Verm)*

decaying field abklingendes Feld *n*

decay of oscillation Abschwingen *n*

decay time Nachschwingdauer *f (Schwingkreis)*

decelerate verlangsamen, verzögern, bremsen, herunterfahren *(Prozeß)*

decentralized dezentral *(Verm)*

decibel (dB) Dezibel *n*

decimal dotted durch Punkte getrennt *(IP-Adresse)*

decimal pulsing dekadische Impulswahl *f*, Impulswahl *f (Tel)*

decimation factor Dezimationsfaktor *m (Bild-im-Bild, TV)*

decimation filter Dezimationsfilter *n (dig. TV)*

decision chatter Entscheidungsstreuung *f*

decision circle Entscheidungskreis *m*, Entscheidungsspielraum *m*, Entscheidungszone *f (QPSK)*

decision circuit Entscheider *m*

decision engine Entscheidungsmaschine *f (E-Commerce)*

decision feedback equalizer (DFE) entscheidungsrückgekoppelter Entzerrer *m (zellularer Mobilfunk)*

deck (of cards) Stapel *m (WML (q.v.), ein Stapel entspricht einer HTML-Seite)*

declaration Erklärung *f*; Vereinbarung *f (DV)*

declare angeben *(Parameter usw.)*

declination angle Deklinationswinkel *m*, Vorwinkel *m (Sat.-Ant)*

decodability Decodierbarkeit *f*

decoder Decoder *m*, Decodierer *m*, Code-Umsetzer m *(z.B. D/A-Umsetzer, DIN 44300)*

decoder identification Decoder-Identifizierung *f* (DI) *(RDS)*

decoding Decodierung *f (digitale Bildübertragung: Dekomprimierung)*

decoding depth Decodiertiefe *f (Trelliscode)*

decoding time stamp (DTS) Decodierzeitmarke *f(Feld in einem PES-Paketkopf, zur Anzeige der korrekten Decodierzeit für eine MPEG-AU, DVB)*

decommissioning Außerbetriebnahme *f*

decommutator Dekommutator *m*, Demultiplexer *m (Telemetrie, Luft-, Raumfahrt)*

decomposition Dekomposition *f*, Zerlegung *f (Bildverarbeitung)*

decompression Dekomprimierung *f (Übertragung: Decodierung zur Wiederherstellung der ursprünglichen Datenrate)*

deconcentrator Dekonzentrator *m*

decorrelate dekorrelieren *(Math.)*

decorrelation Dekorrelation *f (Math.)*

decouple entkoppeln; auskoppeln *(Rückkopplung verringern)*

decoupling amplifier Auskoppelverstärker *m*

decoupling circuit Entkoppelschaltung *f*

decrease the gain zuregeln *(einen Signalkanal)*

decrement erniedrigen, abwärtszählen *(Zähler)*

decrementer Abwärtszähler *m*

DECT (Digital European *oder* Digital Enhanced Cordless Telephone) digitales europäisches Funkfernsprechnetz *n (GSM-Derivat; 1,88–1,90 GHz, TDMA/TDD/GMSK, Kanalabstand 1,728 MHz, 12 Kanäle/Träger, TDMA/GMSK, ab 1992, anfangs auch Bezeichnung für das PCN(q.v.), heute Standard für schnurlose NStAnl. und zunehmend für WLL (q.v.), nicht für mobilen Einsatz geeignet, ETSI ETS 300175, ETR 310)*

dedicate fest zuordnen, reservieren *(Kanal)*

dedicated circuit Standleitung *f*, Festleitung *f*, Festverbindung *f*

dedicated circuit data network Datenfestnetz *n (Paketvermittlung)*

dedicated connection Verbindung *f* ohne Wahl, Festverbindung *f*, festgeschaltete Verbindung *f*

dedicated data line Datenstandleitung *f*

dedicated line Standleitung *f*, durchgeschaltete Leitung *f*

dedicated-line modem Standmodem *m*

dedicated network Sondernetz *n*, Spezialnetz *n (ISDN)*, Standverbindungsnetz *n*, zweckbestimmtes Netz *n*, eigenständiges Netz *n*

dedicated server dedizierter Server *m*

dedicated short-range communication (DSRC) **device** Kurzstreckenfunkeinrichtung *f*

dedicated storage fest zugeordnete Speicherung *f*

deemphasis Deemphase *f (TV-Empfänger)*, Entzerrung *f*, Höhenabsenkung *f*

deemphasize entzerren; deakzentuieren, verringern

deenergized stromlos, deaktiviert

deep-sea cable Tiefseekabel *n (TAT)*

Deep Space Instrumentation Facility (DSIF) Weltraum-Meßanlage *f (US, JPL)*

Deep Space Network (DSN) Weltraum-Funkverbindungsnetz *n (weltweites Netz der JPL-DSIF-Bodenstellen)*

default Vorgabe-..., Standard-...; Vorbesetzung *f*; zurückfallen *oder* zurückgreifen (auf); vorgegeben
by default standardmäßig

default channel voreingestellter Kanal *m (s.a. "home channel")*

default number Regelnummer *f (ISDN)*

default profile Ausgangsprofil *n (LAP V-Schnittstelle (q.v.), ETS 300347-1)*

default route voreingestellter Weg *m*

default value Vorzugswert *m*, Vorgabe *f (Comp)*; Standardwert *m*, Ausgangswert *m*; Regelwert *m (ISDN)*; Rückfallwert *m*

defect Fehler *m*; Teilausfall *m*, Störung *f*

defect-free fehlerfrei

defective fehlerhaft, fehlerbehaftet *(HW)*, mangelhaft, gestört

defer aufschieben

deferred aufgeschoben, verschoben; zeitversetzt *(Übertragung)*

deferred alarm verzögerter Alarm *m*

deferred paging capability nachträgliche Rufmöglichkeit *f (Funkruf)*

deficiency Mangel *m*

define definieren; erarbeiten *(Norm)*, vereinbaren

definition Auflösungsvermögen *n (TV etc)*

definition of terms Begriffsbestimmung *f*

deflection angle Ablenkwinkel *m (TV)*

defuzzification Defuzzifizierung *f (fuzzy logic)*

degeneracy Degeneration *f*

degenerate entartet, ausgeartet, verschlechtert *(Signal)*; verschlechtern

degradation Güteminderung *f*, Alterung *f (FO)*

degradation category rating (DCR) Kategorietest *m* einer Störungskomponente *(Hörprüfung, Tel)*

degrade verschlechtern, herabsetzen, mindern *(z.B. Dienstgüte)*

degraded error performance verschlechtertes Fehlerverhalten *n (ISDN)*

degraded minutes (DM) beeinträchtigte Minuten *fpl (ITU-T Empf. G.821, s. Tabelle III)*

degraded service verminderte Dienstgüte *f*

degree of coupling Kopplungsgrad *m*

degree of coverage Bedeckungsgrad *m*

degree of modulation Modulationsgrad *m*

degree of RFI Funkstörgrad *m*

degree of the filter Filtergrad *m*

dehopper Frequenzhüpfer-(FH-)Schaltung *f (Empfänger)*; Frequenzsprungempfänger *m*

deinterlacer Zwischenzeilen-/Vollbildabtastungswandler *m (HDTV)*

deinterleaver Entschachteler *m (GSM, s. Tabelle VII)*

DEL (Delete) ENTF (Entfernen) *(Tastatur-Funktion, PC)*

DEL (direct exchange line) Direktanschluß *m* (DA)

delay Laufzeit *f*, Verzögerung *f*, Wartedauer *f*, Verzugszeit *f*

delay-bandwidth product Laufzeit-Bandbreite-Produkt *n (Umlaufzeitfenster q.v., Datennetze)*

delay budget Laufzeitbilanz *f (Übertr.)*

delay call handling Speicherverkehr *m*

delay circuit Verzögerungsglied *n*

delay compensation Laufzeitkompensation *f*

delay distortion Laufzeitverzerrung *f*

delayed binding verzögerter Verbindungsaufbau *m (HTTP, IP)*

delayed call wartende Belegung *f (Tel.-Anl)*

delayed delivery verzögerte Weitersendung *f*

delayed-pickup anzugsverzögert *(Relais)*

delay element Verzögerungsglied *n*

delay equalisation Laufzeitausgleich *m*

delay-exceeding probability Wartezeit-Überschreitungswahrscheinlichkeit *f (Wartesystem)*

delay filter Laufzeitfilter *n*

delay jitter Wartezeitjitter *m (Vermittlung, PCM)*, Laufzeitjitter *m (Übertragung, VoIP)*

delay line Laufzeitkette *f*, Verzögerungsleitung *f*

delay lock loop (DLL) verzögerte Regelschleife *f*

delay memory Verzögerungsspeicher *m (Audio-Codec)*

delay range Zeitbereich *m (Zeitrelais)*

delay register Verzögerungsregister *n*

delay-sensitive delivery laufzeitvariable Übergabe *f*

delay spread Laufzeitverbreiterung *f (Signal, in s, Mobilfunk)*, Vielfachempfang *m (CDMA, RAKE-Empfänger)*

delay system Wartesystem *n (Vermittlung, eine angebotene Belegung wird bei Blokkierung aufrechterhalten, kann warten)*

delay time Verzugszeit *f*

delay variation Verzögerungsschwankung *f (ATM-Zellen)*

delay variation with frequency Laufzeitverzerrung *f (Fax., in Mikro-Sek)*

delete löschen *(Daten)* , ausblenden, ausfügen *(Zeichen)*

delimitation Begrenzung *f (SW)*

delimiter Begrenzer *m*, Begrenzungszeichen *n*, Trenner *m*

delining Ausgleichen *n (Gruppen von Bildkanälen hinsichtlich Offset-Gleichspannungen usw.)*

deliver übergeben, zustellen; empfangen *(Bits)*; abgeben; auskoppeln *(FO)*

delivered frames empfangene Rahmen *mpl*

delivery Abgabe *f*, Übergabe *f*, Zustellung *f (Ruf, Dienst)*; Abfragebetrieb *m*, Nachrichtenabfragebetrieb *m*

delivery agent Übergabe-Systemteil *m (MHS)*

delivery confirmation bit (D bit) Übergabebestätigungsbit *n* (D-Bit) *(ISDN NUA)*

delivery device Zustellgerät *n (z.B. Drucker, ITU-T Empf. X.400, s. Tabelle VI)*

delivery interface Übergabeschnittstelle *f (Tel.-Anl.)*

delivery notification Ablieferungsbestätigung *f (MHS)*

delivery point Übergabepunkt *m*

delta frame Differenzbild *n (MPEG-1)*

delta frame method Differenzbildverfahren n *(MPEG-1, Videosignalkompression)*

delta modulation (DM) Deltamodulation *f*

delta/PCM converter Delta-PCM-Umsetzer *m* (DPU)

delta/sigma modulation Delta-Sigma-Modulation *f (digitales Abtastverfahren, die Änderungsrichtung des Analogsignals wird durch eine 0 bzw. eine 1 angezeigt)*

deluxe set Komforttelefon *n*

demand Bedarf *m*; nach Wahl *(bei Verbindung)*, sofort nach Anforderung *(bei Dienst)*, unmittelbar; Gleichzeitigkeitsfaktor *m (Energieverteilungsnetz)*

demand access connection Sofortanschlußverbindung *f (B-ISDN)*

demand assignment (DA) abrufgesteuerte *oder* bedarfsgesteuerte Kanalzuteilung *f oder* Kanalzuweisung *f (VSAT)*

demand assignment multiple access (DAMA) Belegung *f* nach Bedarf *(VSAT)*

demand assignment signalling and switching unit (DASS) Zeichengabe- und Durchschalteeinheit *f* für abrufgesteuerte Kanalzuweisung *(Sat)*

demand bearer service Sofort-Übermittlungsdienst *m*, Übermittlungsdienst *m* mit Wählverbindung

demand-driven bedarfsgetrieben *(Wirtschaft)*; abrufgesteuert

demanding anspruchsvoll

demand paging Seitenabruf *m (DV, virtueller Speicher)*

demand service Sofortdienst *m (ISDN, GSM 01.04, s. Tabelle VII)*, Wähldienst *m*, Wählverbindungsdienst *m (ITU-T I.112, s. Tabelle IV)*, Anforderungsdienst *m*

demand telecommunication service Fernmeldedienst *m* auf Abruf *(ISDN)*

demand traffic Sofortverkehr *m*

demarcated abgegrenzt

demonstration Vorführung *f*

demonstration approval Vorführzulassung *f (ZZF)*

demonstrator Vorführanlage *f*

demultiplex demultiplexen, entschachteln, auflösen, auffächern *(TDM)*; abbereiten *(TF-Technik)*

demultiplexed gedemultiplext, entschachtelt

demultiplexer Demultiplexer *m*; Dekommutator *m (Telemetrie, Luft-, Raumfahrt)*; Auflöser *m*

demultiplexing Multiplexauflösung *f*, Bündelauflösung *f*, Trennung *f*

demultiplexing logic Demultiplexerlogik *f*

DEMUX (demultiplexer) Demultiplexer *m*

denial Sperre *f (Tel)*

denial of service (DoS) Dienstverweigerung *f (HTTP)*

denial of service attack Denial-of-Service-Angriff *m*, DoS-Angriff *m (Internet, Überschwemmung des Angriffpunkts mit nutzlosen Daten, um den Webserver zu überlasten, wird durch NAT (q.v.) verhindert)*

denominator Nenner *m (Math)*

dense wavelength division multiplex (DWDM) dichtes Wellenlängenmultiplex *n (FO, US OC-48, 2.5 Gb/s, 32 Kanäle; ITU-Empf. G.692)*

density Dichte *f*

density of (pulse) edges Flankendichte *f*

density of the traffic Stärke *f* des Verkehrs

depacketizer Depaketierer *m*

department Geschäftsbereich *m*

departure time Abgangszeit *f (ATM-Zellen aus dem Multiplexer)*

dependability engineering Sicherheitstechnik *f (Vermittlung)*

dependability integration sicherheitstechnische Integration *f*

dependability software Sicherungssoftware *f*

dependability system Sicherungs- *oder* Sicherheitstechnik *f (Vermittlung)*

dependable (betriebs)sicher

dependent exchange Teilvermittlungsstelle *f*

dependent PABX bedienungslose Wählunteranlage *f* (WU-Anl.) *(veraltet)*, Unteranlage *f*

dependent station ferngespeistes Amt *n*

depict abbilden

deploy entfalten *(Ant.)*, einsetzen *(HW)*

deployable multibeam antenna Mehrstrahl-Entfaltantenne *f* (MEA) *(Sat)*

depolarisation Depolarisation *f (Sat.-Signal)*

deprecated abzulehnen *(z.B veralteter Begriff)*

depression Absenkung *f*, Einbruch *m (Signal)*, Vertiefung *f*, Einsattelung *f (Wellenform)*

depth of penetration Eindringtiefe *f (Kanalcodierung)*

dequantizer Dequantisierer *m (Bildcodierung, MPEG-2)*

deque (double-ended queue) beidseitig ergänzbare Warteschlange *f*

dequeue aus der Warteschlange *f* entfernen, ausketten

dequeue request Warteschlangeneintragentnahmeanforderung *f*, Eintragentnahmeanforderung *f*

deregulation Liberalisierung *f (Telekom-Unternehmen)*

derivative action Vorhaltwirkung *f (Regelkreis)*

derived services abgeleitete Dienste *mpl*

DES (Data Encryption Standard) Datenverschlüsselungsnorm *f (symmetrische Verschlüsselung, IBM, ISO 10126, ANSI X3.92, X9.23, 1981)*

descent rate Sinkfluggeschwindigkeit *f (Luftf.)*

descrambler (DSCR) Entwürfler *m (Sat., FO-Datenkanal)*, Entschlüssler *m*, Entschlüsselungseinheit *f*

descrambling Entwürfeln *n*; Entschleiern *n (TV)*, entschlüsseln

description language Beschreibungssprache *f (z.B. PDL)*

description of fault Störungsäußerung *f (Konformitätsprüfbericht)*

description of operation Funktionsbeschreibung *f*

description window Erklärungsfenster *n (Elektronisches Wörterbuch, PC)*

descriptive information Beschreibungsinformation *f*

descriptor Deskriptor *m (beschreibende Kenngröße)*

deselection Abwahl *f*

desensitisation Desensibilisierung *f (Repro)*; Blockierung *f (GSM-BS-Empfänger)*

design Konstruktion *f*, Entwurf *m*, Technik *f*, Ausführung *f*, Bauform *f*; konstruieren, entwerfen, bemessen

designate bezeichnen; bereitstellen *(Code)*

designated bezeichnet, bestimmt, designiert

designated pick-up gezieltes Heranholen *n* (PUZ)

designated seizure gezielte Belegung *f*

designational number Zielrufnummer *f*, angerufene Nummer *f (K.-Tel)*

design charts Bemessungsunterlagen *fpl (Tel.-Anl)*

design margin Auslegungsreserve *f*

design rating Bauleistung *f*

design rule Entwicklungsregel *f*, Entwurfsregel *f*; Entwurfsmaß *n (Leiterbahnen)*

desired frequency Nutzfrequenz *f*

desk access circuit Tischansteuerungssatz *m* (TAS)

desktop Desktop-Gehäuse *n (PC)*; Bildschirmhintergrund *m*, Desktop *n (MS-Windows-Oberfläche, PC)*

desk-top box (DTB) Desktop-Box *f (DVB-Decoder)*

desk-top model Tischgerät *n*

desk-top modem Tischmodem *m (PLC-Netzabschluß beim Kunden)*

desk top publishing (DTP) Desktop-Publishing *n*; Computersatz *m*

despatching Versendung *f (Pakete)*

despotic network zwangssynchronisiertes Netz *n*

despreading Spreizbanddemodulation *f*, Entspreizung *f (CDMA)*

destination Ziel *n*, Bestimmungsort *m*, Adressat *m*

destination address Zieladresse *f (ITU-T I.364, s. Tabelle IV)*

destination application Zielanwendung *f (PC)*

destination code Zielrufnummer *f*, Zielcode *m*, Zielkennzahl *f (ISDN)*

destination code receiver Wahlkennzeichenempfänger *m*

destination device Zieleinrichtung *f (Netz)*

destination exchange B-Vermittlungsstelle *f* (B-VSt), Zielvermittlungsstelle *f*, Gegenamt *n*, Zielamt *n*

destination finding Zielfindung *f (Verm.)*

destination key Zieltaste *f*

destination node (DN) Bestimmungs-Netzknoten *m (Datennetz)*

destination point code (DPC) Zielpunkt(-code) *m*, Zieladresse *f (ZGS.7-MTP, GSM)*, Kennzahl *f* der Zielvermittlungsstelle *f*

destination speed dialling Zielwahl *f*

destination switch (DSW) Zielvermittlung *f (AT&T)*

destuff entstopfen *(TDM-Bits)*

desynchronizer Absynchronisiereinrichtung *f*, Desynchronisierer *m (TDM)*

detach abschalten *(Terminal)*, ablösen, lösen, abnehmen

detachable abtrennbar, abnehmbar, lösbar *(HW)*

detach status abgeschnittener Zustand *m (Funkteilnehmer)*

detailed billing Einzelberechnung *f*

detailed record of charges Einzelgebührennachweis *m* (EGN) *(ISDN)*, Einzelentgeldnachweis *m* (EEN) *(D2 GSM)*

detailed registration of call charges Einzelgesprächsgebührenerfassung *f*

detailed switching plan Gruppenverbindungsplan *m (Vermittlung)*

detect entscheiden *(Verstärker)*, erfassen, erkennen

detection Erkennung *f*; Demodulation *f*

detection of congestion Überlastungserkennung *f (ISDN)*

detector diode Signalgleichrichter *m*; Empfangsdiode *f (FO)*

detent contact Rastkontakt *m (Verbinder)*

deteriorate verschlechtern

deteriorating sich verschlechternd; lebensdauerbeeinflußt

deterministic deterministisch *(ITU-T I.113, s. Tabelle IV)*, determiniert

deterministic bit rate (DBR) deterministische Bitrate *f (entspricht ATM CBR (q.v.), ITU-T I.131 u. I.371)*

deterministic modulation deterministische Modulation *f (Störphasenmodulation durch ein stetiges Signal)*

detrimental schädlich

detune verstimmen *(Empfänger)*

detuning Verstimmung *f(Empfänger)*

development environment Entwicklungsumgebung *f (DV)*

development module Entwicklungsmodul *n*, Beta-Modul *n (Weiterentwicklung, HW)*

development tool Entwicklungsinstrument *n*

deviation Ablage *f (Frequenz)*; Hub *m (FM)*

deviation error Störhub *m (Phase)*

device Vorrichtung *f*, Gerät *n*, Apparat *m*; Bauelement *n (Schaltung)*

device configuration Geräteausstattung *f*, Geräteaufbau *m*

device driver Gerätetreiber *m*, Treiber *m (PC-SW)*

device fault Gerätefehler *m*

device for (decentralized) call forwarding Anrufweiterschalter *m* (GEDAN) *(Tel)*

device handler (DH) Leitungstechnik *f (Vermittlungs-SW)*

device interface Geräteschnittstelle *f (s.a. ETS 300 292-5)*

device-oriented gerätegebunden

device search store Einrichtungssuchspeicher *m*

device under test (DUT) Meßobjekt *n*, Prüfling *m*

df (You Are In Communication With The Called Subscriber) FS-Verbindung hergestellt *(ITU-T Empf. F.60, s. Tabelle III))*

DFD (displaced frame difference) Restfehlerbild *n*, Fehlerbild *n*, Restfehler *m (Videocodierung)*

DFE (decision feedback equalizer) entscheidungsrückgekoppelter Entzerrer *m*

DF laser (distributed feedback laser) DFB-Laser *m*

DFR (document filing and retrieval) Dokumentenablage *f* und -suche *(OSI-Standard, s. Tabelle VI)*

DFSA (dynamic frame-length slotted Aloha) dynamische Rahmenlängenänderung *f (RAP, Bündelnetzsteuerung)*

DFSK (direct FSK) direkte Frequenzumtastung *f*

DFT (discrete Fourier transform) diskrete Fourier-Transformation *f (Bildcodec)*

DG (datagram) Datagramm *n*

DGD s. differential group delay

DGPS s. Differential GPS

DGS (DECT/GAP system) DECT/GAP-System *n (besteht aus RFP u. RPP (q.v.), ETSI ETS 300175, s. DECT u. GAP)*

DGS s. digital group selector

DH (device handler) Leitungstechnik *f (Vermittlungs-SW)*

DHA s. dialog handling

DHTML (dynamic HTML) dynamische HTML-Sprache *f (q.v.)*

D/I (drop and insert) Abzweigung und Wiederbelegung *f (Verkehr)*

diagnostic analysis Diagnose *f*

diagnostic indicator Zustandsanzeige *f*

diagnostic packet Diagnosepaket *n*

dial Nummernschalter *m*, Nummernscheibe *f*, Wählscheibe *f*; wählen, anwählen

dial access code (DAC) Wahlberechtigungscode *m*

dial code Rufnummer *f (Tel)*

DIALCOM Textspeicherdienst *m (US-MHS nach ITU-T Empf. X.400 (Tabelle VI), entspricht TELEBOX)*

dial digit Wahlziffer *f*

dial in einwählen

dial-in Einwahl *f*

dial-in unit (DIU) Einwahleinheit *f*, Router *m (LCR)*

dial-in node Einwahlknoten *m (of the carrier, e.g. LCR)*

dialled broadband service Breitband-Wähldienst *m*

dialled number identification service (DNIS) Wählnummernanzeigedienst *m (Service 800, US)*

dialled service Wähldienst *m*

dialled traffic Wählverkehr *m*

dialling wählfähig

dialling a suffix digit Nachwahl *f (K.-Tel)*

dialling code Vorwahlkennzahl *f*

dialling delay Wähltonverzug *m*

dialling equipment Wähler *m*

dialling-in Einwahl *f*, Netzeinwahl *f*

dialling keyboard Wähltastatur *f*

dialling line Wählverbindung *f*

dialling-out Auswahl *f*, Netzauswahl *f*

dialling pulses Wählzeichen *npl (Tel)*

dialling relay Wahlaufnahmerelais *n (Tel)*

dialling register Wahlspeicher *m*

dialling restriction Wahlsperre *f (Mobilfunk)*

dialling sequence Rufsequenz *f*

dialling signal Wählzeichen *n (Verm)*

dialling standby (status) Wahlbereitschaft *f*

dialling telephone system Selbstanschluß-Fernsprechanlage *f*

dialling tone Wählton *m*, Amtston *m*

dialling up Anwahl *f (Dienst)*

dialling with the handset replaced Wählen *n* mit aufgelegtem Handapparat (WaH), Wahl *f* bei aufliegendem Hörer *(Lauthörtaste)*

dial network Wählkreis *m (Tel)*

dialog box Dialogfeld *n (GUI, PC)*

dialog capability Dialogfähigkeit *f*

dialog handling (DHA) Dialogbehandlung *f (GSM)*

dialog window Dialogausschnitt *m (Monitor)*

dial pad Wähltastatur *f (Tel)*

dial pulse (DP) Wahlimpuls *m*

dial pulse correction Wählkorrektur *f (Tel)*

dial-pulse telephone Fernsprecher *m* für Impulswahl

dial pulse translator Wahlumsetzer *m* (WU) *(Verm.)*

dial sequence Rufsequenz *f*

dial service Wählerbetrieb *m*

dial switch Nummernschalter *m*

dial telephone system Selbstanschluß-Fernsprechanlage *f*

dial tone Wählton *m* (W-Ton), Amtszeichen *n*

dial tone receiver Wähltonempfänger *m* (WTE)

dialup s. dial-up

dial-up connection Wählverbindung *f* (WV) *(Dienstmerkmal)*

dial-up line durchgeschaltete Leitung *f*, Wählleitung *f*

dial-up modem Wählmodem *m*

dial-up network Wählnetz *n*

dial-up port Wählanschluß *m*

dial-up telephone network Telefonwählnetz *n*, Fernsprechwählnetz *n*

DIANE (Direct Information Access Network for Europe) europäisches Datennetz *n* für Informationsdienste

diary call Terminruf *m*

dibit Doppelbit n, Dibit *n (z.B. 00,01)*

DIC (Disregard Incoming Call (DIC)) Anrufablehnungsbefehl *m (V.25 bis, s. Tabelle V)*

DICE (direct-interface CEPT equipment) TDMA-Direktanschluß *m*

dichroic filter Spektralfilter *m*

dictating machine Diktiergerät *n*

DID (direct (inward) dialling) Durchwahl *f*

dielectric resonance oscillator (DRO) dielektrisch stabilisierter Oszillator *m*, DRO-Oszillator *m (Sat. LNB)*

difference Differenz *f*; Abstand *m*

difference meter Differenz-Zähler *m*, löschbarer Zähler *m (Tel)*

differential amplitude phase shift keying (DAPSK) Amplituden- und Phasendifferenzumtastung *f*

differential binary phase shift keying (DBPSK) binäre Phasendifferenzumtastung *f*

differential chain coding (DCC) Differenzkettencodierung *f (Btx, ITU-T Empf. T.101, s. Tabelle III)*

differential coherent phase shift keying (DCPSK) Phasenumtastung *f* mit Differenzcodierung und Synchrondemodulation

differential coding Differenzcodierung *f (Quellcodierung der Differenz zwischen einem Abtastwert und seinem Prädiktionswert)*

differential coherent pulse code modulation (DCPC) PCM *f* mit Differenzcodierung und Synchrondemodulation

differential delay Laufzeitdifferenz *f*

differential detection Differenzdemodulation *f*

differential four-phase modulation vierstufige Phasendifferenzmodulation *f*

differential frequency Differenzfrequenz *f*; Schlupffrequenz *f*

Differential GPS (DGPS) Differential-GPS *n* *(GPS-Fortentwicklung)*

differential group delay (DGD) differenzielle Gruppenlaufzeit *f (PMD, FO)*

differential microphone Differentialmikrofon *n*

differential phase Differenzphase *f*

differential phase shift keying (DPSK) Phasendifferenzumtastung *f*

differential pulse code modulation (DPCM) Differenz-Pulscodemodulation *f (Verfahren zur Codierung eines Wertes in Form seiner Differenz zum vorhergehenden Wert)*

differential quaternary phase shift keying (DQPSK) differenzcodierte QPSK *f*

differential time delay differentieller Zeitverzug *m*, Laufzeitdifferenz *f*

differential two-phase modulation Phasendifferenzmodulation *f*

difficult terrain kritische Topographie *f* *(TV-Übertragung)*

diffraction Beugung *f (FO)*

diffuse diffundieren *(Mikroelektr.)*; streuen, zerstreuen

diffusion Diffusion *f (Mikroelektr.)*; Zerstreuung *f*

digibox digitale Set-Top-Box *f*, d-Box *f* *(q.v.; UK)*

digit Stelle *f*; Codeelement *n*, Ziffer *f*

digital digital *(zeit- und wertdiskret)*

digital access link digitale Anschlußstrecke *f (ITU-T I.430, s. Tabelle IV)*

Digital Access Signalling System (DASS) Digitalanschluß-Zeichengabesystem *n (BT ISDN)*

digital/analog converter (DAC, D/A converter) Digital-/Analogumsetzer *m* (DAU)

digital audio broadcasting (DAB) digitaler Hörfunk *m (Eureka-Projekt Eu-147, ETSI ETS 300.401, COFDM)*

digital audio tape (DAT) digitales Tonband *n*, audionumerisches Magnetband *n*

digital carrier line unit Digitalnetz-Anschlußeinheit *f*

digital carrier system Digitalnetzsystem *n*

digital channel digitaler Kanal *m*, Digitalkanal *m*

digital circuit digitale Leitung *f (ISDN)*; digitales Schaltwerk *n*

digital circuit multiplication equipment (DCME) digitaler Leitungsvervielfacher *m*

digital circuit multiplication system (DCMS) digitales Leitungsvervielfachungssystem *n*

digital communication channel (DCC) digitaler Kommunikationskanal *m*

digital communications protocol (DCP) Protokoll *n* für digitale Nachrichtenübertragung

digital communication system (DCS) digitales Kommunikationssystem *n*

digital compact cassette (DCC) digitale Tonkassette *f (Philips)*

digital concentrator digitaler Konzentrator *m (ITU-T I.430, s. Tabelle IV)*

digital connection digitale Verbindung *f (ISDN, ITU-T I.112, s. Tabelle IV; Q.701, s. Tabelle III)*

digital cross connect (DCC, DXC) (**multiplexer**) digitaler Crossconnect-Multiplexer *m*, adressierbarer Multiplexer *m (ATM)*; digitaler Kreuzschienenverteiler *m*, Digitalsignalverteiler *m (Schaltstation auf Übertragungsstrecke)*; digitales *oder* rechnergesteuertes Koppelfeld *n*

digital cross connect system (DCS) digitales Crossconnect-System *n*

digital data communications message protocol (DDCMP) Nachrichtenprotokoll *n* für digitale Datenübertragung *(DEC)*

digital data storage (DDS) digitale Datensicherung *f (DAT)*

digital/digital bit rate adaptation (D/D) Digital-Digital-Geschwindigkeitsanpassung *f*

digital distribution frame (DDF) Digitalverteiler *m*

digital electronic switching system elektronisches Wählsystem *n*, digital (EWSD)

Digital European Cordless Telephone (DECT) digitales europäisches Funkfernsprechnetz *n (EG- u. CEPT-unterstützter Industriestandard für schnurlose Telefone der dritten Generation (CT3))*

digital exchange Telekommunikationsanlage *f* (Tk-Anlage); digitale Vermittlungsstelle *f (ISDN)*

digital extension circuit digitale Teilnehmerschaltung *f* (DTS)

digital group selector (DGS) digitaler Gruppenschalter *m*

Digital Interchange of Information and Signalling (DIIS) **system** DIIS-System *n (FDMA-Einzelfrequenzsystem, ergänzt TETRA (q.v.))*

digital interface unit (DIU) Anschlußeinheit *f* für digitale Übertragungssysteme

digital line adapter Leitungsanpassung *f* digital (LAD)

digital line equipment digitale Leitungsendeinrichtung *f* (DLE)

digital line interface (DLI) digitale Leitungsschnittstelle *f*

digital line interface circuit digitale Teilnehmerschaltung *f* (DTS)

digital line path Digitalsignal-Grundleitung *f* (DSGL)

digital line section Digital-Grundleitungsabschnitt *m* (DSGLA)

Digital Line Termination (DLT) digitaler Leitungsabschluß *m (BT ISDN)*

digital line unit (DLU) Beschaltungseinheit digital (BED), digitale Leitungsendeinrichtung *f* (DLE) *(BT ISDN)*, Konzentratoreinrichtung *f (TDM, IN)*

digital link digitale Strecke *f*, digitale Übertragungsstrecke *f (ISDN, ITU-T I.430, s. Tabelle IV; G.701 (Tabelle III)*

digital local exchange digitale Ortsvermittlung *f*

digital local line digitale Anschlußleitung *f (I.430, s. Tabelle IV)*

digital local network digitales Ortsnetz *n* (DIGON)

digital loopback digitale Prüfschleife *f (ITU-T I.430, s. Tabelle IV)*

digital loop carrier (DLC) **system** digitales Teilnehmermultiplexsystem *n (Zusammenfassung des Verkehrs von mehreren Telefonleitungen und Weiterübertragung über T1/E1-Leitung bzw. Glasfaser zur Vermittlungsstelle, US)*

digital loop transmission system digitales Übertragungssystem *n* im Teilnehmerbereich

digitally assisted TV (DATV) digital gestütztes Fernsehsignal *n (HD-Mac-Technik, Eu-95)*

digitally connected PBX (DCPBX) Nebenstellenanlage *f* mit Digitalanschluß *(BT IDA)*

digitally controlled delta modulation (DCDM) digital gesteuerte Deltamodulation *f*

digitally controlled oscillator (DCO) digital gesteuerter Oszillator *m (digitaler Phasenregelkreis)*

digital method Digitalverfahren *n*

digital micromirror device (DMD) Spiegelchip *m*

digital multiplex *n* digitales Multiplex *n (DVB-Programmpaket)*

digital multiplex equipment digitale Multiplexeinrichtung *f (ITU-T I.430, s. Tabelle IV)*

digital multiplexed interface (DMI) digitaler Multiplexanschluß *m (US-PMXA-Standard mit D-Kanal-Zeichengabe für PCI-Kommunikation)*

digital network digitales Netz *n*, Digitalnetz *n*

digital networking unit digitale Netzverbindungseinheit *f (Verm.)*

digital PABX digitale Nebenstellenanlage *f*, Kommunikationsnebenstellenanlage *f*, digitale Vermittlung *f*, Tk-Anlage *f*

digital path Digitalsignalverbindung *f* (DSV)

digital PBX Kommunikationsanlage *f* (K-Anlage), Kommunikationsnebenstellenanlage *f*

digital phosphor oscilloscope (DPO) Digital-Phosphor-Oszilloskop *n*

digital radio Digitalradio *n (DAB)*

digital radio concentrator system (DRCS) digitales Richtfunk-Konzentratorsystem *n (Aus., Landfunkverbindungssystem)*

digital radio link system digitales RichtfunkSystem *n* (DRS) *(Sat)*

digital radiotelephone and data network digitales Funkfernsprechnetz *n* (D-Netz)

digital radiotelephone network digitales Funkfernsprechnetz *n*

Digital Satellite Equipment Control (DiSEqC) **switch** DiSEqC-Umschalter *m (LNB-Ansteuerung mit 14/18V u. 22 kHz mit Digitaltastung)*

digital satellite radio (DSR) digitaler (Satelliten-)Hör(rund)funk *m*

digital satellite receiver digitaler Satellitenempfänger *m (Set-Top-Box, digitale Satellitenfernsehübertragung)*

digital satellite system (DSS) digitales Satelliten-Fernsehen *n (US)*

digital section digitale Teilstrecke *f (ITU-T I.430, s. Tabelle IV)*, Multiplex-Abschnitt *m (ATM, ITU-T I.311)*

digital section boundaries Grenzen *fpl* der digitalen Teilstrecke *f (ITU-T I.430, s. Tabelle IV)*

digital sense multiple access (DSMA) Vielfachzugriff *m* mit Digitalkennung *(Modacom)*

digital shortrange radio (DSRR) digitaler Nahbereichsfunk *m (933–935 MHz)*

digital signal digitales Signal *n*, Digitalsignal *n*

digital signal channel (DSC) digitaler Datenkanal *m*

digital signal demodulator Digitalsignal-Demodulator *m (DVB-Empfänger)*

digital signal level 0 (DS0) Digitalsignal *n* der Ebene 0

digital signal processor (DSP) Digitalsignal-Prozessor *m*, digitaler Signalprozessor *m (Baustein zur Verarbeitung digitalisierter Analogsignale)*

digital signature digitale Signatur *f (Sicherheit)*

digital speech interpolation (DSI) digitale Sprachinterpolation f

digital storage medium (DSM) digitales Speichermedium *n*, digitaler Datenträger *m (bezieht sich auf Massenspeicher wie Festplatte, Magnetband oder CD/DVD)*

digital storage oscilloscope (DSO) digitales Speicheroszilloskop *n*

digital subscriber circuit digitale Teilnehmerschaltung *f*

digital subscriber line digitale Teilnehmerleitung *f*

digital subscriber loop (DSL) digitale Anschlußleitung *f*, digitaler Teilnehmeranschluß *m (2-dr.-ISDN-Anschluß, Philips)*

digital subscriber pair gain system digitales Teilnehmermultiplexsystem *n (US)*

digital subscriber signalling system digitales Teilnehmer-Zeichengabeverfahren *n*, digitales Teilnehmersignalisierungverfahren *n*

digital subscriber signalling system No.1 (DSS1) digitales Teilnehmer-Zeichengabeverfahren *n* Nr.1 *(für Anschlußleitungen, ITU-T Q.920, s. Tabelle III)*, digitales Teilnehmersignalisierungverfahren *n* Nr.1

digital subscriber signalling system No.2 (DSS1) digitales Teilnehmer-Zeichengabeverfahren *n* Nr.2 *(für Breitband-ISDN, s. Tabelle III)*, digitales Teilnehmersignalisierungverfahren *n* Nr.2

Digital Subscribers Switching Subsystem (DSSS) Vermittlungsteilsystem *n* für digitale Teilnehmeranschlüsse *(BT ISDN)*

digital switching (centre) digitale Vermittlung *f* (DIV) *(ISDN)*

digital switching network (DSN) digitales Koppelnetz *n (System 12)*

digital switching network controller Einsteller *m* für Koppelnetz digital (END)

digital switching node digitaler Vermittlungsknoten *m (ISDN)*

digital switching system digitales Vermittlungssystem *n*, elektronisches Wählsystem *n* (EWS)

digital system digitales System *n (ITU-T I.430, s. Tabelle IV)*

digital telecommunication circuit digitale Fernmeldeleitung *f (ISDN)*

digital telephone Digitaltelefon *n*

digital television broadcasting (DTVB) digitaler Fernsehrundfunk *m*, digitales Fernsehen *n*

Digital Terrestrial Television (DTT) digitaler Fernsehrundfunk *m (UK)*

digital time stamp (DTS) digitale Zeitmarke *f (zeigt die Decodierzeit einer MPEG-AU an)*

digital transmission digitale Übertragung *f*

digital transmission channel digitaler Übertragungskanal *m (ISDN)*

digital transmission link digitale Übertragungsstrecke *f (ITU-T I.430, s. Tabelle IV)*

digital transmission system digitales Übertragungssystem *n (ITU-T I.430, s. Tabelle IV)*

digital trunk exchange digitale Fernvermittlung *f*

digital trunk unit (DTU) digitale Leitungseinheit *f (ATM)*

digital TV digitales Fernsehen *n*, Digital-TV *n (DVB)*

digital versatile disk (DVD) digitale Video-CD *f (s.a. "digital video disk")*

Digital Video (DV) digitale Videokassette *f (digitale Magentbandaufzeichnung für Camcorder, DCT u. VLC, Gesamtdatenrate 41 MB/s, nicht MPEG-2-kompatibel, Sony, JVC)*

digital video broadcasting (DVB) digitales Fernsehen *n (950–2050 MHz, MPEG-2; Modulation: Sat.-Übertr. QPSK, Kabel-Übertr. 64QAM, terr. Übertr. OFDM (DVB-T, ETSI ETS 3007xx); ETSI ETS 300 421 and ETS 300 429)*

digital video cassette (DVC) DV-Kassette *f (IEEE 1394)*, digitale Videokassette *f (DVS-Standard, Panasonic)*

digital video disk (DVD) digitale Video-CD *f (abwärtskompatibel zu CD-Audio und CD-ROM, MPEG-2; einseitig, 1 Lage (DVD-5): 4,7 GByte, 135 min. Spielzeit; einseitig, 2 Lagen (DVD-9): 9,4 GB, 270 min. Spielzeit; zweiseitig, 1 Lage (DVD-10): 14,4 GB, 2 x 135 min. Spielzeit; zweiseitig, 2 Lagen (DVD-18): 18,8 GB, 2 x 270 min. Spielzeit; Datenübertragungsrate 1,4 MB/s, Sony)*

digital video system digitales Videosystem *n* (DVS) *(Eureka-Projekt, 12,5–20 MB/s, FO)*

digital voice interpolation digitale Sprachinterpolation *f* (DSI)

digital voice terminal (DVT) digitale Sprachendeinrichtung *f*, digitale Sprechstelle *f*

digital voltmeter (DVM) digitaler Spannungsmesser *m*, Digitalvoltmeter *m*

digital watermark digitales Wasserzeichen *n (Sicherheit)*

digital wave filter Wellendigitalfilter *n*

digital wrapper Digital-Wrapper *m (optisches Transportnetz, ITU-T G.709)*

digit analysis Ziffernauswertung *f (Verm)*

digit circuit for rotary dialling Wahlsatz *m* für Nummernschalterwahl (WSN)

digit circuit Wahlsatz *m*

digit input Wahlaufnahme *f*

digit input circuit Wahlaufnahmesatz *m* (WAS), Wahlempfangssatz *m*

digitize digitalisieren

digitized image Digitalbild *n (Video)*

digitizer Digitalisiertablett *n*, Analog-Digital-Wandler *m*

digitizing pad Digitalisiertablett *n*

digitizing tablet Digitalisiertablett *n*

digit key Zifferntaste *f*

digit output Wahlausgabe *f*

digit output circuit Wahlnachsendesatz *m* (WNS)

digit period Zeichendauer *f (MFV)*

digit receiver Wahlempfangssatz *m*

digit reception state Wahlempfangszustand *m (Verm.)*

digit sequence Zeichenfolge *f (ISDN)*

digit sequence integrity Zeichenfolgeintegrität *f (ISDN)*

digit time slot Stellenzeitschlitz *m*, Nutzkanalzeitschlitz *m (ISDN)*

digit translation Ziffernumwertung *f*

DIIS s. Digital Interchange of Information and Signalling

dilatation parameter Dilatationsparameter *m (Rasterbildverarbeitung)*

dilemma Dilemma *n (Logik)*

dilution of precision Präzisionsverringerung *f (Navigation)*

dimension Dimension *f*,Größe *f*, Maß *n*, Abmessung *f*

dimensionality map Dimensionstabelle *f (coding)*

dimensioning Bemessung *f*, Dimensionierung *f*

dimensioning specification Bemessungsvorschrift *f*

diminished (radix) complement Stellenkomplement *n*

DIP (document image processing) Dokumentbildverarbeitung *f (EDI)*

DIP (dual in-line package) DIL-Gehäuse *n (Halbleiter-IS)*

dip Einsattelung *f (Wellenform)*

DIP (dual in-line package) **chip** DIP-Baustein *m (Halbleiter-IS)*

dip due to additional losses Dämpfungseinbruch *m (im Signalpegel usw.)*

dip in voltage level Spannungseinbruch *m*, Spannungsabfall *m*

diphone Diphon *n (Übergangston zw. Phonemen, Spracherkennung)*

diplexer Innenweiche *f*; Antennenweiche *f* (AtWe); Diplexer *m*, Frequenzweiche *f*, Multiplexer *m (Video)*

dipole antenna Dipolantenne *f*

dipole moment Dipolmoment *n*

DIP (dual in-line package) **switch** DIP-Schalter *m (direkt auf der Platine montiert)*

Dirac pulse Dirac-Impuls *m (Impulsantwortmessung)*

direct access Direktanschluß *m (ITU-T I.430, s. Tabelle IV)*, Endkunden-Zugang *m (Tel-Anl)*

direct access connection element Direktanschluß-Verbindungselement *n (ITU-T I.430, s. Tabelle IV)*

direct addressing Direktansprechen *n (über Lautsprecher, dig. K.-Tel)*

direct answering Direktantworten *n (über Mikrofon, dig. K-Tel)*

direct broadcasting satellite (DBS) Rundfunksatellit *m*, direktstrahlender Satellit *m*, Direktstrahlsatellit *m*, direktempfangbarer Satellit *m (Das ursprüngliche, für den Fernsehrundfunk reservierte DBS-Band betrug 11,7–12,5 GHz. Inzwischen sind andere Teile des Ku-Bandes (10,95–11,7 und 12,5–12,75 GHz) für DBS benutzt worden)*

direct call Direktruf *m (Tel)*

direct call set-up nicht versetzte Verbindungsherstellung *f*

direct-control system direkt gesteuertes System *n (Vermittlungsanlage)*

direct coupled galvanisch verbunden

direct data link Datendirektverbindung *f* (DDV)

direct dialling (DD) Durchwahl *f* (Duwa), Direktwahl *f*, Selbstwahl *f*, schritthaltende Wahl *f*

direct dialling-in (DDI) *(GB)* Durchwahl *f* (Duwa)

direct-dialling pulse Durchwahlimpuls *m (NStAnl)*

direct digital synthesis (DDS) direkte Digitalsynthese *f (TV)*

direct distance dialling (DDD) Fernwahl *f*, Selbstwählferndienst *m* (SWFD), Direktwahl *f*, Fernwähltechnik *f (US)*

direct distance dialling network Direktwahlnetz *n*

directed operation gerichtete Operation *f (Prozeßführung)*

direct exchange access Vollamtsberechtigung *f*

direct exchange line (DEL) Direktanschluß *m* (DA) *(Tel., BT)*

direct FSK (DFSK) direkte Frequenzumtastung *f*

direct interface CEPT equipment (DICE) TDMA-Direktanschluß *m (Sat)*

direct inward dialing (DID) *(US)* Durchwahl *f*

direct inward dialing circuit Durchwahlsatz *m* (DS)

directional gerichtet; gebündelt *(Antenne)* **highly directional** stark gebündelt *(Antenne)*

directional (antenna) array Richtstrahlfeld *n (TV-Sender)*

directional coupler Richtkoppler *m (Sat)*, Richtungskoppler *m (Sat., FO)*

directional information Richtungsinformation *f*, Lokalisation *f (Stereoton)*

directional pattern Richtcharakteristik *f*, Richtdiagramm *n (Antenne)*

directional power meter Durchgangsleistungsmesser *m (Senderprüfung)*

directional resolution Richtungsauflösung *f (Stereoton)*

directional tap Abzweiger *m (LAN)*

direction diversity Winkeldiversity *f*

direction finding Peilung *f*

direction of speech transmission Sprechrichtung *f (Fax)*

direction of travel Laufrichtung *f*

direction quadrant Richtungsfächer *m (Kompass, RDS)*

directivity function Richtfunktion *f*

direct line Direktrufanschluß *m* (DirRufAs), Nachbarverbindung *f*, Querverbindung(sleitung) *f (zwischen nichtöffentlichen Vermittlungsstellen)*

direct line access direkter Verbindungszugriff *m (LCR, mit Sub-Adressierung im ISDN D-Kanal oder mit MFV)*

direct listening Lauthören *n* (LH)

direct listening key Lauthörtaste *f*

directly coupled galvanisch verbunden

directly powered ferngespeist *(TEL)*

direct memory access (DMA) Speicherdirektzugriff *m*

direct mobile operation (DMO) Wagen-zu-Wagen-Ruf *m* (WzW) *(Betriebsfunk, TETRA, DIIS)*

direct mode Direktmodus *m (TETRA, Funkgerät-Funkgerät)*

direct modulation direkte Modulation *f (Modulation eines Trägersignals, dessen Trägerfrequenz gleich der Sendefrequenz ist, durch ein Basisbandsignal)*

directory Verzeichnis *n (DV, PC)*, Inhaltsverzeichnis *n*; Verweis *m (Mehrprozessorsystem)*

directory entry Registereintragung *f (Tel)*

directory file Verzeichnisdatei *f*

directory icon Verzeichnissymbol *n (MS-Windows, PC)*

directory inquiry service Auskunftsdienst *m*

directory number Langrufnummer *f*, Rufnummer *f*; Verzeichnisnummer *f (ISDN)*

directory service Verzeichnisdienst *m*

Directory Service Agent (DSA) verzeichnisorientierter Systemteil *m (ITU-T X.500, s. Tabelle VI; RFC1208, s. Tabelle VIII)*

Directory User Agent (DUA) verzeichnisorientierter Endbenutzer-Systemteil *m (ITU-T X.500, s. Tabelle VI; RFC1208, s. Tabelle VIII)*

direct outward dialing (DOD) *(US)* Durchwahl *f*

direct route Erstwahlbündel *n*, Erstweg *m*, Direktweg *m*

direct routed auf Erstweg *m* geleitet

direct satellite reception Satellitendirektempfang *m* (SDE) *(TV)*

direct sequence (DS) **coding** Direktsequenz-Codierung *f*, Spreizcode *m (PN-Code, Codelänge 1 = ursprünglicher unzerhackter Bitstrom, 255 = 256 "Chips" (q.v.) je Signalbit, d.h. Spreizfaktor (q.v.) = 256, Bandspreizung, CDMA, WCDMA)*

direct sequence CDMA (DS CDMA) Direktsequenz-CDMA *m*

direct sequence (DS) **modulation** Direktsequenz-Modulation *f*, Daten-Spreizmodulation *f*

direct sequence spread spectrum (DSSS) **signal** Direktsequenz-Spreizspektrum-Signal *n*, DSSS-Signal *n*, Frequenzsprungsignal *n (WLAN, IEEE 802.11)*, Chipping-Code *m*

Direct Services Dialing (DSD) Direktdienstewahl *f (US)*

Direct Services Dialing Capabilities (DSDC) Wählmöglichkeiten *fpl* für Direktdienste *(US)*

direct signal Gleichsignal *n*

direct station-to-station connection direkt durchgeschaltete Verbindung *f*

direct switched direktvermittelt

direct switching direktgesteuerte Vermittlung *f*

direct to the home (DTH) Direktempfang *m (TV)*

direct trunk group Direktbündel *n*

direct trunking Abfragebetrieb *m*, Nachrichtenabfragebetrieb *m*

direct voice input (DVI) direkte Spracheingabe *f (Mobilfunk)*

DIS (Draft International Standard) Internationaler Normenentwurf *m*

disable sperren *(Gatter)*, abschalten *(Funktion, Leitung)*, deaktivieren *(Prozeß)*

disabled blockiert *(Tastatur)*; unbeschaltet

disabling lock Sperrschloß *n (Tk-Anl)*

disabling tone Ausschalteton *m (Verm)*

disassemble demontieren *(HW)*; auflösen, fragmentieren *(Pakete, Zellen)*, zerlegen *(Signale)*

disassembly Demontage *f (HW)*; Auflösung *f (Pakete, Zellen)*

disassociate desassoziieren *(DV)*

disc Platte *f (s.a. "disk")*

discard abwerfen *(Verbindungen, Zellen)*, verwerfen *(Zellen)*

discarded cell verworfene Zelle *f*

discard elibility Verwerfungsberechtigung *f*

discard eligible abwerfbar *(Daten)*

discard information Informationen *fpl* verwerfen

disc dipole Scheibendipol *m (Ant.)*

discharge entladen, freigeben *(Kondensator)*

disconnect herausschalten *(Gerät)*, freischalten; ausschalten *(Modul)*; abschalten, sperren *(TLN)*, trennen *(Kanal)*; aufheben *(TLN-Einrichtung)*; entlasten *(Batterie)*

disconnect a call Verbindung *f* aufheben *oder* abbauen

disconnected nicht gesteckt *(TE)*; unbeschaltet

disconnected mode Wartebetrieb *m*

disconnecting device Abschalteeinrichtung *f*

disconnecting relay Trennrelais *n*

disconnection Abschaltung *f (des TLN)*, Auslösung *f*; Ausschaltung *f (Verm)*, Freigabe *f*, Abbruch *m*, Verbindungsabbruch *m*

disconnect request Trennanforderung *f*, Abschalteanforderung *f*

disconnect signal Schlußzeichen *n*

disconnect socket Trenn-Fernmeldesteckdose *f*

disconnect time-out Auslösezeitüberwachung *f*

discontinue unterbrechen; aufgeben, abbrechen *(Verbindung)*

discontinued item Auslaufteil *n*

discontinuities Unstetigkeit *f (Signal)*

discontinuity Sprung *m*, Sprungstelle *f*, Stoßstelle *f*; Unstetigkeit *f (Signal)*; Unterbrechung *f*

discontinuous sprunghaft, unstetig, diskontinuierlich, nicht-kontinuierlich

discontinuous reception (DRX) unterbrochener Empfang *m (GSM 03.13, s. Tabelle VII)*

discontinuous transmission (DTX) Übertragung *f* im Aussetzbetrieb, nicht-kontinuierliche Übertragung *f*, Schubabschaltung *f (GSM 01.04, s. Tabelle VII)*

discrepancies Unstimmigkeiten *fpl*

discrete component Einzelbauteil *n*, Einzelbauelement *n*

discrete cosine transform (DCT) diskrete Cosinus-Transformation *f (Transformationscodierung, Bildcodec; JPEG/MPEG-Verfahren, bei dem ein Pixel-Datenblock aus dem Zeitbereich in den Frequenzbereich umgewandelt wird, d.h. in eine Reihe von 64 Koeffizienten (1 DC- und 63 AC-Koeffizienten q.v.), die die Kosinusfunktionen der Pixel darstellen)*

discrete Fourier transform (DFT) *(IT)* diskrete Fourier-Transformation *f (Bildcodec)*

discretely timed signal diskret getaktetes Signal *n (ITU-T I.112, s. Tabelle IV)*

discrete multi-tone (DMT) **transmission** diskrete Mehrfrequenz-Übertragung *f (FDM, QAM-modulierter Leitungscode für ADSL, nach ANSI T1.413)*

discrete point Stützpunkt *m (auf einer Signalkurve)*

discrete registration gradierte Erfassung *f (Meßtechnik)*

discrete sampling pulse Einzelabtastimpuls *m*

discrete signal digitales Signal *n*

discrete-time oscillator (DTO) zeitdiskreter Oszillator *m (Taktgeber)*

discrete Walsh-Hadamard transform (DWT) diskrete Walsh-Hadamard-Transformation *f (Bildcodec)*

discretionary benutzerbestimmbar

discretization Diskretisierung *f*, Stufung *f (Signalquantisierung)*

discrimination Unterscheidung *f*, Unterscheidungsvermögen *n*, Diskrimination *f*, Unterdrückung *f*; Entkopplung *f (Ant.-Polarisation)*, Trennschärfe *f*

discriminator Diskriminator *m*, Entscheider *m (Schaltung)*; Unterscheidungskennzeichen *n (ISDN)*

DiSEqC (Digital Satellite Equipment Control) **switch** DiSEqC-Umschalter *m (LNB-Ansteuerung mit 14/18V u. 22 kHz mit Digitaltastung)*

disestablishment Abbau *m (Verbindung)*

disinhibit enthemmen *(Impulsstrom)*

disjoint disjunkt *(Logik)*, elementfremd, sich nicht überschneidend *(Mengenlehre)*, getrennt

disk Platte *f*, Plattenspeicher *m* (PSP)

disk cache Disk-Cache-Speicher *m (RAM-Speicherbereich für Daten von der Festplatte, PC)*

disk drive Plattenlaufwerk *n*, Diskettenlaufwerk *n*

disk icon Datenträgersymbol *n (MS-Windows, PC)*

diskless laufwerklos *(Netzwerkrechner)*

disk mirroring Plattenspiegelung *f*

disk operating system (DOS) Plattenbetriebssystem *n (SW, PC)*

disk space Plattenplatz *m (Festplatte)*

disk storage unit Plattenspeicher *m* (PSP)

dislocate verlagern, auslagern

dismantle abbauen

dispatch abfertigen, abliefern

dispatch radio Dispatcher-Funksprechgerät *n oder* -Sprechfunk *m (Profifunk, US)*

dispatch rate Abfertigungsrate *f*

dispatch strategy Abfertigungsstrategie *f*

dispersal Zerstreuung *f*, Verwischung *f*

dispersal frequency Verwischungsfrequenz *f (Frequenz der Energieverwischung, Sat)*

dispersal voltage Verwischungsspannung *f (MAC-Basisband-Trägerfrequenz-Verwischung)*

dispersed verteilt *(z.B. geografisch)*

dispersion Verteilung *f*, Ausbreitung *f*; Streuung *f*, Dispersion *f (FO)*

dispersion-shifted dispersionsverschoben *(FO)*

dispersive dispersiv, dispersionsbehaftet

displaced verschoben, verlagert, versetzt

displaced frame difference (DFD) Bildverschiebungsdifferenz *f*, Restfehlerbild *n*, Fehlerbild *n*, Restfehler *m (Videocodierung)*

displacement Verschiebung *f (Phase)*

displacement address Distanzadresse *f*

displacement sensor Wegfühler *m*, Weggeber *m*

displacement vector Verschiebungsvektor *m (Bildcod.)*

display Anzeige *f*, Display *n*; Sichtgerät *n*

display adapter Anzeige-Adapter *m*, Display-Adapter *m (PC)*

display background Bildschirmhintergrund *m*

display console Bildschirmarbeitsplatz *m*

display controller Ausgabeprozessor *m (Grafik)*

display driver Bildschirmtreiber *m (PC-SW)*, Anzeigetreiber *m*

display foreground Bildschirmvordergrund *m*

display generation Bildaufbereitung *f (Monitor)*

display paging Funkrufdienst *m* mit optischer Anzeige

display panel Anzeigefeld *n*, Anzeigetafel *f*

display processor Ausgabeprozessor *m (Grafik)*

display strip Anzeigeleiste *f*

display terminal Datensichtgerät *n* (DSG), Bildschirmgerät *n*

disposition Lage *f*, Anordnung *f*

disproportionate unverhältnismäßig

disregard a call Ruf *m* ablehnen

Disregard Incoming Call (DIC) Nichtbeantworten *n* eines Anrufs, Anrufablehnungsbefehl *m (V.25 bis, s. Tabelle V)*

disrupt stören *(Dienst)*

disruption Störung *f (Verbindung)*

disruptive NT operation indication (DOI) NT-Störbetriebanzeige *f (ISDN, Empf. I.430, s. Tabelle IV)*

dissect zerlegen

dissemination of information Informationsverbreitung *f*

dissipated power Verlustleistung *f*

dissipative regulator Verlustregler *m*

dissolve Überblendung *f (Videofilm)*

distance Entfernung *f*; Übertragungslänge *f*

distance function Distanzfunktion *f*, Metrik *f (Math.)*

distance learning Fernstudium *n*

distance pulse transmitter Wegimpulsgeber *m (Distanz-Zähler, Kfz.)*

distance ratio (D/R) Abstand *m* zwischen Funkzonen *(der gleichen Frequenz)*

distance relay Distanzrelais *n*

distant caller ferner Teilnehmer *m*

distant end Gegenstelle *f (PCM)*

distant exchange Gegenamt *n*

distant station Fernstation *f*; Gegenstelle *f (PCM)*

distant workstation Fernstation *f (z.B. tragbarer PC)*

distinct verschieden; deutlich *(opt.)*

distinctive charakteristisch, ausgeprägt

distinctive ringing Unterscheidungsruf(ton) *m (NStAnl)*

distinctness Ausgeprägtheit *f (Bit)*

distinguishable unterscheidbar

distinguished eindeutig

distortion Verzerrung *f*

distortion factor Klirrfaktor *m (NF)*

distortion factor of voice channel Gesprächsklirrfaktor *m*

distortion of colour Farbverschiebung *f*, Farbwandlung *f*

distortion of voice channel Gesprächsklirrfaktor *m*

distortion time Verzerrungszeit *f*

distributed verteilt; dezentral

distributed amplifier Kettenverstärker *m (LNA)*

distributed Bragg reflector (DBR) **laser** DBR-Laser *m*, Laser *m* mit verteiltem Bragg-Reflektor, Bragg-Reflektor-Laser *m (FO)*

distributed broadband service Breitband-Verteildienst *m (Netz)*

distributed computer system verteiltes Rechnersystem *n*

distributed-feedback laser (DF laser) DFB-Laser *m (FO)*

distributed queue dual bus (DQDB) Doppelbus *m* mit verteilter Warteschlange *(MAN, IEEE 802.6)*

distributed speech recognition (DSR) verteilte Spracherkennung *f*

distributed switching network Teilkoppelfeld *n* (TKF) *(Vermittlung)*

distribution Verteilung *f*, Belegung *f*

distribution amplifier Stammverstärker *m*; Verteil(er)verstärker *m (TV)*

distribution block Verteilerleiste *f (Verm)*

distribution box Abzweigdose *f*

distribution cable Verzweigungskabel *n* (VzK) *(ITU-T I.430, s. Tabelle IV)*, Aufteilungskabel *n* (AtK), Sekundärkabel *n*; Verteilungskabel *n (TV)*

distribution centre (DC) Verteilzentrum *n (HFC-Netz)*

distribution circuit Verteilerkreis *m (Netz)*

distribution communication Verteilkommunikation *f (Organisation)*

distribution density function Verteilungsdichtefunktion *f (Math.)*

distribution fibre Verzweigungsfaser *f*, Sekundärfaser *f (FO)*

distribution frame Verteiler *m (Tel)*

distribution matrix Verteilfeld *n (GGA)*

distribution network Verteilnetz *n*, Leitungsnetz *n (TV)*; Stammnetz *n (GGA)*; Verteilnetzwerk *n (Zellenverteilung auf ATM-Koppelnetz-Eingänge)*

distribution node Rangierknoten *m (Netz)*

distribution panel Verteilertafel *f*, Rangierfeld *n*

distribution pattern Verteilungsbild *n*

distribution point (DP) Endverzweiger *m* (EVz) *(Tel)*

distribution service Verteildienst *m (ISDN, Sat)*

distribution switch Schaltverteiler *m (GGA)*

distribution system Verteilsystem *n (ISDN)*; Verteilnetz n *(TV)*

distributive communication distributive Kommunikation *f*

distributor Verteiler *m*, Verzweiger *m (Signal)*

disturbance Störung *f*, Störgröße *f(Regelung)*

disturbance quantity Störgröße *f (Regelung)*

disturbance factor Störgröße *f (Regelung)*

disturbed gestört *(Signal, Kanal, Übertragung)*

dither Ausgleichsmodulation(ssignal *n) f*, Zittersignal *n*; zittern, phasenmodulieren, hin- und herschwingen, pendeln

dither matrix Zittermatrix *f (dig. Video-Verarbeitung)*

DIU (dial-in unit) Einwahleinheit *f*, Router *m (LCR)*

DIU (digital interface unit) Anschlußeinheit *f* für digitale Übertragungssysteme

diverse ungleich, divers

diversion service Anrufumleitung *f*

diversity Verschiedenheit *f*, Mannigfaltigkeit *f*

diversity receiver Diversity-Empfänger *m*

divert umleiten *(Ruf)*

diverter Umlenker *m*; Umschalter *m (el. Last)*, Ableiter *m (Nebenschluß)*

divide-by-two counter Halbierer *m*, Zähler *m* im Teilungsverhältnis 1:2

divide down herunterdividieren

divide-down counter Dividierzähler *m*

divider Teiler *m*, Dividierer *m*

dividing counter Dividierzähler *m*

dividing filter Multiplexer *m*, Diplexer *m (Mikrowellen)*

dividing network Frequenzweiche *f (Akustik)*

division Teilung *f*; Unterabteilung *f*

division ratio Teil(ungs)verhältnis *n*

DL (data link) Übermittlungsabschnitt *m*; Datenstrecke *f*

DL (downlink) Abwärtsstrecke *f (Sat)*

DLC (data link control (protocol)) Datenübertragungssteuerung *f*

DLC (data link control) **layer** Nachrichtenübertragungsschicht *f (DECT)*

DLC (digital loop carrier) **system** digitales Teilnehmermultiplexsystem *n (US)*

DLCI (data link connection identifier) Sicherungsschichtadresse *f (ISDN)*

DLE (digital line equipment *oder* unit (DLU)) digitale Leitungsendeinrichtung *f*

DLI (digital line interface) digitale Leitungsschnittstelle *f*

DLL (delay lock loop) verzögerte Regelschleife *f*

DLP (digital light processing) **chip** DLP-Chip *m (DMD)*

DLT (Digital Line Termination) digitaler Leitungsabschluß *m*

DLU (Digital Line Unit) digitale Leitungsendeinrichtung *f* (DLE)

DM (degraded minutes) beeinträchtigte Minuten *fpl*

DM (delta modulation) Deltamodulation *f*

DM (double median) **interpolation** Doppel-Medianinterpolation *f (Bildverarbeitung)*

Dm (mobile D channel) D-Kanal mobil *(GSM-Organisationskanal, s. Tabelle VII)*

DMA (direct memory access) Speicherdirektzugriff *m*

D-MAC (variant D of MAC) Variante D von MAC *(GB-TV-Übertragungs-Protokoll, Bandbreite 11 MHz, 8 Tonkanäle)*

DMC (data move controller) Kopiereinrichtung *f (Frame Relay)*

DMD (digital micromirror device) Spiegelchip *m*

DMI (digital multiplexed interface) digitaler Multiplexanschluß *m*

DMO (direct mobile operation) Wagen-zu-Wagen-Ruf *m* (WzW) *(Betriebsfunk, TETRA, DIIS)*

DMS (data management system) Datenverwaltungssystem *n*

DMT (discrete multi-tone) **transmission** diskrete Mehrfrequenz-Übertragung *f (FDM, QAM-modulierter Leitungscode für ADSL, Abwärts-/Aufwärtskanal zw. 30 kHz u. 1,104 MHz mit 255 Unterkanälen mit maximal je 15 Bit/s, nach ANSI T1.413)*

DN (destination node) Bestimmungs-Netzknoten *m*

DND s. Do-Not-Disturb

DNIC (data network identification code) Datennetzkennung *f*

DNIS (dialed number identification service) Wählnummernanzeigedienst *m (Service 800, US)*

DNS (data network signalling) Datennetzsignalisierung *f (TEMEX)*

DNS s. domain name service

docking station Docking-Station *f (Notebook-Rechner-Anschluß)*, Anschaltestation *f*

DOCSIS (data over cable service interface specification) **standard** DOCSIS-Standard *m (betr. Kabelmodems; MCNS und ITU-T Empfehlung J.112, Downstream TDM/MPEG, Modulation QPSK, IEEE 802.2 Data-Link, IP-Netzschicht, Kanalbandbreite 42 MHz im Uplink und 6 MHz im Downlink, s. Tabelle III; vgl. "DVBRCC", "EuroDOCSIS")*

document application profile Dokumentanwendungsprofil *n (ODA)*

document file icon Dateisymbol *n (MS-Windows, PC)*

document filing and retrieval (DFR) Dokumentenablage *f* und -suche *(OSI-Standard, s. Tabelle VI)*

document icon Dokumentsymbol *n (MS-Windows, PC)*

document image Dokumentdarstellung *f (ODA)*

document image processing (DIP) Dokumentbildverarbeitung *f (EDI)*

Document Transfer And Manipulation (DTAM) Dokumentenübertragung und -bearbeitung *f (ISDN, ITU-T Empf. I.430, s. Tabelle IV)*

document window Dokumentfenster *n (GUI, PC)*

DOD (direct outward dialing) Durchwahl *f (US, NStAnl)*

DOI (disruptive NT operation indication) NT-Störbetriebanzeige *f (ISDN, Empf. I.430, s. Tabelle IV)*

domain Bereich *m (Hypertext)*; Domäne *f*, Domain *n (Netzsegment oder Versorgungsbereich von Netzbetreibern oder Diensteanbietern, VANS)*; Zone *f (IP-Netz, ITU H.323, s. Tabelle III)*; Domäne *f*, Domain *n*, Internet-Bereich *m*, Firmenadresse *f (Internet-Adresse)*; Definitionsbereich *m (Math)*

domain name Domänenname *m (Internet-Hostname, z.B. .com (commercial), .gov (government), .us (US), .uk (United Kingdom), .au (Australia) usw. (ISO 3166, RFC1983, s. Tabelle VIII)*

domain name service (DNS) Domänennamen-Dienst *m (Internet-Suchdienst für Host-IP-Adressen, RFC1591, RFC2136, RFC1983, s. Tabelle VIII, s.a. "domain name")*

domain specific part (DSP) bereichsspezifischer Teil *m (ISDN, ITU-T Empf. I.334, s. Tabelle IV)*

domestic appliance Haushaltsgerät *n*

domestic area network (DAN) hauseigenes Netz *n*, Teilnehmernetz *n (Videokonferenz)*

domestic digital bus digitaler Heimanlagenbus *m (ITU-T)*

domestic distribution system Hausverteilanlage *f (NE4, BK-Netz)*

domestic environment Wohnbereich *m*

domestic installation haustechnische Anlage *f*

domestic telephone system Familientelefonanlage *f* (FTA), Heimtelefonanlage *f* (HTA)

domestic trunk Inlandfernleitung *f*

domestic use private Benutzung *f*

Domestic Video Programme Delivery Control system (DVPDC, PDC) Programmzustellungssteuersystem *n* für Heim-Videorecorder *(TV-Rundfunkdienst)*

dominant dominant *(Pegel Tief/Hoch je nach Logik, überschreibt ein gleichzeitig übertragenes rezessives Bit, CAN)*

dominant attribute Hauptmerkmal *n (ISDN)*

domotics Domotik *f (umfaßt alle Elektro-/Elektronikheimgeräte; FR "domotique")*

Done Fertig *(PC-Meldung)*

dongle Kopierschutzschaltung *f*, Kopierschutzstecker *m*, Dongel *m (PC-Sicherheits-Hardwareelement, Ver-/Entwürfler)*

Do-Not-Disturb (DND) (**feature**) Ruhe *f* vor dem Telefon, Anrufschutz *m (NStAnl)*

don't care condition Ignorierungszustand *m*

don't care value beliebiger Wert *m (Wahrheitstabelle)*

door (intercom) call Türruf *m (Tel)*

door (intercom) extension *oder* **station** Türsprechstelle *f (Apothekerschaltung)*

door intercom system Türsprechanlage *f*

door interphone Türsprechanlage *f*

door opener Türöffner *m (ISM-Band)*

door release/intercom system Türfreisprechanlage *f (K.-Tel)*

Doppler broadening Doppler-Verbreiterung *f*

Doppler spread Doppler-Verbreiterung *f (Signal, in Hz, Mobilfunk)*

DoS (denial of service) Dienstverweigerung *f (HTTP)*

DOS (disk operating system) Plattenbetriebssystem *n (SW, MS-DOS oder PC-DOS, PC)*

DoS attack DoS-Angriff *m*, DoS-Attacke *f (um den Webserver zu überlasten, wird durch NAT (q.v.) verhindert)*

DOS extender DOS-Extender *m (SW, PC)*

dot Punkt *m (auch in einer Baumstruktur an Verzweigungsstellen)*

dot matrix Punktraster *m (TV)*

dot matrix printer Punktmatrixdrucker *m*, Matrixdrucker *m*, Mosaikdrucker *m*

dot pitch (dp) Bildpunktabstand *m (PC-Monitor, z.B. 0,28 für SVGA)*; Lochabstand *m* (Lo) *(Farbbildröhre, TV)*

dot position modulation Punktpositionsmodulation *f*, Punktlagemodulation *f (Repro)*

dot size modulation Punktgrößenmodulation *f (Repro)*

double doppelt, zweifach

double connection Doppelverbindung *f*

double click Doppelklicken *n (Maus, PC)*

double density (DD) doppelte Aufzeichnungsdichte *f (Floppy)*

double-ended control Rückführung *f (Synchronisierung)*

double-ended queue (deque) beidseitig ergänzbare Warteschlange *f*

double group message Zweigruppentelegramm *n (FW)*

double-hop link Zweisprungverbindung *f (vernetzte VSATs, Ein- u. Zweiwegverbindung)*

double median (DM) **interpolation** Doppel-Medianinterpolation *f*

double-phantom circuit Achterkreis *m*

double seizing Doppelbelegung *f (Verm.)*

double seizure Doppelbelegung *f (Verm.)*

double sideband (DSB) Zweiseitenband *n* (ZSB)

double-sided doppelseitig *(z.B. DVD)*

double-sided clamp Klammer *f (Gestell)*

double tieing-in of subscribers Teilnehmerdoppeleinbindung *f (Tel)*

double-valued zweideutig

double-valued function zweideutige Funktion *f*

double-valuedness Zweideutigkeit *f (Math.)*

DOV (data over voice) dem Sprachband überlagerte Datenübermittlung *f*

DOV channel Überlagerungskanal *m*

DOVE (data-over-voice equipment) DOV-Einrichtung *f*

Down Abwärts *(PC-Meldung)*

down arrow Nach-Unten-Taste *f (Tastatur, PC)*

downconverted abwärtsgemischt, heruntergemischt

downconverter (D/C) Abwärtsumsetzer *m (VSAT)*, Abwärtsmischer *m*, Abwärtswandler *m*, Empfangsumsetzer *m*, Empfangskonverter *m (Sat.-Ant)*

down counter Rückwärtszähler *m*

downlead Ableitung *f (Antenne)*

downlink (DL) Abwärtsstrecke *f (Sat)*; Abwärtsverbindung *f*, Abwärts(übertragungs)richtung *f*, Downlink *m (BS-MS, Mobilfunk)*

downlink band Empfangsband *n (Sat)*

downlink channel Abwärtskanal *m (zum Endgerät)*, Downstream-Übertragungskanal *m (DECT)*

downlink path Abwärtsfunkfeld *n (Sat)*

download Download *m (Datei-Herunterladesitzung)*; herunterladen, fernladen, "saugen" *(herunterladen von einer anderen Festplatte)*

downloading Fernladen *n (Computer)*, Abwärts- *oder* Herunterladen *n*, Programmladen *n*; Zuspielen *n (Multimedia, VOD)*

downloading operation Herunterladesitzung *f (Datei)*

downloading process Übermittlungsprozess *m (Tk-Anl. -Endgerät)*

downpeak Abwärtsspitzenverkehr *m*

down-sampling Unterabtastung *f (US)*

down scroll arrow Bildlaufpfeil *m* abwärts *(MS-Windows, PC)*

downsizing Downsizing *n (Verlagerung von Anwendungen von Großrechnern auf PC-Netze)*

downstream stromab; nachgeschaltet, Folge-...; vorgelagert *(Prozeß)*

downstream channel Abwärtskanal *m (ADSL, 2048+16+8 kB/s; CTV)*, Downstream-Kanal *m*

downstream to the user im Downstream zum Teilnehmer *(Sat)*

downtime Ausfallzeit *f* (AZ), Ausfalldauer *f*, Störungszeit *f*

downward compatible abwärtskompatibel

DP (dial pulse) Wahlimpuls *m (GSM 01.04, s. Tabelle VII)*

DP s. distribution point

dp s. dot pitch

DP s. draft proposal

DPC (destination point code) Zielpunkt(-code) *m (GSM, s. Tabelle VII)*

DPCM (differential PCM) Differenz-Pulscodemodulation *f*

dpi (dots per inch) (Bild)punkte pro Zoll *(Faksimile-Auflösung, Drucker)*

dpn 100 *(paketvermitteltes System, Schweden)*

DPNSS (Digital Private Network Signalling System) Zeichengabesystem *n* für digitale private Datennetze *(BT IDA, für Querverkehr zwischen Tk-Anlagen, entspricht DASS2, DPNR 190)*

DPO (digital phosphor oscilloscope) Digital-Phosphor-Oszilloskop *n*

DPR (dual-port RAM) Doppelzugriff-RAM *m*

DPRAM (dual-port RAM) Doppelzugriff-RAM *m*

DPSK (differential phase shift keying) Phasendifferenzumtastung *f*

DQDB s. distributed queue dual bus

DQPSK (differential QPSK) differenzcodierte QPSK *f*

draft Entwurf *m*; Schnellschrift *f (Matrixdrucker)*

draft DIN standard DIN-Entwurf *m*

Draft International Standard (DIS) Internationaler Normenentwurf *m (FTZ, ISO)*, vorläufige (internationale) Norm *f*, Vornorm *f*

draft proposal (DP) Vorschlagsentwurf *m (ISO)*

draft specification vorläufige Spezifikation *f*

drag ziehen *(ein Objekt auf dem Bildschirm, CAD)*

drag and drop ziehen und ablegen *n (Maus-Funktion, MS-Windows, PC)*

drain Drain *m (FET)*; entleeren *(Speicher)*

DRAM (dynamic RAM) DRAM *m*, dynamischer RAM *m*

DRAW (direct read after write) direkt Lesen nach Beschreiben *(einmal beschreibbare Bildplatte)*

drawing primitive Darstellungselement *n*, Zeichenelement *n (Grafik)*

drawing tablet Zeichentableau *n (zum Fernzeichnen)*

DRCS (digital radio concentrator system) digitales Richtfunk-Konzentratorsystem *n (Aus)*

DRCS (dynamically redefinable character set) dynamisch neu definierbarer Zeichensatz *m (Bitmuster; Monitor, Vtx)*

drift Nullpunktabweichung *f*; Auswandern *n (aus dem Bereich, Sat)*, Drift *f (Verstärker)*, Weglaufen *n (Frequenz)*

drive Laufwerk *n*; Antrieb *m*, Ansteuerung *f*; treiben, ansteuern, aussteuern

drive bay Laufwerkschacht *m (PC)*

drive circuit Ansteuerschaltung *f*

drive current Ansteuerstrom *m*

driven converter fremderregter Leistungswandler *m*

driver chip Treiberbaustein *m*

driver software Treibersoftware *f (Betriebssystem)*

drive unit Laufwerk *n*

DRO (dielectric resonance oscillator) dielektrisch stabilisierter Oszillator *m*, DRO-Oszillator *m (Sat. LNB for DVB-S)*

drop Teilnehmeranschluß *m*; Löschen *n (Benutzer-O/R-Namen im MHS-Namenverzeichnis)*; ablegen *(Maus-Funktion, PC)*; herausnehmen, abzweigen *(Zeitka-*

näle); abfallen, herabsetzen, senken *(Spannung)*

drop a call Verbindung *f* abwerfen *(Konf)*; Ruf *m* abbrechen

drop and insert (D/I) Abzweigung und Wiederbelegung *f*

drop and insert multiplexer Weiterleit- und Endmultiplexer *m*, Abzweigmultiplexer *m* (AZ-MUX)

drop below ...... unterschreiten

drop (cable) Hausanschlußkabel *n (Kabel-TV)*

drop data Daten ableiten *(in MUX)*

drop-down list box Dropdown-Listenfeld *n (GUI, PC)*

drop-down menu Dropdown-Menü *n (GUI, PC)*

drop lock ausrasten

dropout Ausfall *m*, Signalausfall *m*, Aussetzer *m*, Aussetzfehler *m (TV)*, Fehlstelle *f*, Dropout *m (MAZ)*

drop out abfallen *(Relais)*

drop-out value Abfallschwelle *f (Relais)*

drop party Teilnehmer abwerfen *(ISDN)*

dropped call abgebrochener Anruf *m*

dropped packet Paketverlust *m*

dropping resistor Vorwiderstand *m*, Reihenwiderstand *m*, *(Spannungssenkungswiderstand)*

drop rate (Verbindungs-)Abbruchhäufigkeit *f (Mobilfunk)*

drop repeater Abzweigverstärker *m* (AZ-Vr) *(Übertragung)*

DRS (digital radio link system) digitales Richtfunk-System *n (Sat.)*

DRX (discontinuous reception) unterbrochener Empfang *m (GSM 03.13, s. Tabelle VII)*

dry joint kalte Lötstelle *f*

dry run Schreibtischtest *m*, Probelauf *m*

DS (digital signal) Digitalsignal *n*
 DS0 signal Digitalsignal *n* der Ebene 0 *(US, 64 kb/s Bitrate)*
 DS1 signal Digitalsignal *n* der Ebene 1 *(US, 1,544 Mb/s Bitrate, = 24 x DS0; T1, s. PCM-Hierarchie, "wideband", entspricht E1 (q.v.))*
 DS3 signal Digitalsignal *n* der Ebene 3 *(US, 44,736 Mb/s Bitrate, = 28 x DS1; T3, s. PCM-Hierarchie, "broadband", entspricht E3 (q.v.))*

DSA (Directory Service Agent) verzeichnisorientierter Systemteil *m*

DSB s. double sideband

DSC (digital signal channel) digitaler Datenkanal *m*
 DSC34COD (DSC 3 channels 64 kbit/s codirectional) kodirektionaler 3-Kanal-64-kBit/s-Digitalsignalkanal *m*

DS CDMA (direct sequence CDMA) Direktsequenz-CDMA *m*

DS coding (direct sequence coding) Direkt-Sequenz-Codierung *f (PN-Code, Bandspreizung, CDMA)*

DSCR (descrambler) Entwürfler *m*

DSD (Direct Services Dialing) Direktdienstewahl *f (US)*

DSD (Dolby Stereo Digital) s. AC-3 coding

DSDC (Direct Services Dialing Capabilities) Wählmöglichkeiten *fpl* für Direktdienste *(US)*

D Series of ITU-T Recommendations D-Serie *f* der ITU-T-Empfehlungen *(betrifft Gebührenberechnung für internationale Telekommunikationsdienste, s. Tabelle III)*

DSI (digital speech interpolation) digitale Sprachinterpolation *f*

DSI (digit sequence integrity) Zeichenfolge-Integrität *f (ISDN)*

DSIF (Deep Space Instrumentation Facility) Weltraum-Meßanlage *f (JPL, US, AUS)*

DSL (digital subscriber line) digitale Anschlußleitung *f*

DSL (digital subscriber line) **modem** DSL-Modem *m*

DSM (digital storage medium) digitales Speichermedium *n*, digitaler Datenträger *m*

DSMA (digital sense multiple access) Vielfachzugriff *m* mit Digitalkennung *(Modacom)*

DS mode (direct sequence mode) DS-Modus *m (PN-Code, Bandspreizung, CDMA, WCDMA)*

DSN (Deep Space Network) Weltraum-Funkverbindungsnetz *n*

DSN (digital switching network) digitales Koppelnetz *n*

DSO (digital storage oscilloscope) digitales Speicheroszilloskop *n*

DSP (digital signal processor) Digitalsignalprozessor *m*

DSP (domain specific part) bereichsspezifischer Teil *m (ISDN, ITU-T I.334, s. Tabelle IV)*

DSR (Data Set Ready) Betriebsbereitschaft *f (V.24/RS232C, Tabelle IX)*

DSR (digital satellite radio) digitaler Satelliten-Hörrundfunk *m*

DSR (distributed speech recognition) verteilte Spracherkennung *f*

DSRC (dedicated short-range communication) **device** Kurzstreckenfunkeinrichtung *f*

DSRR (digital short-range radio) digitaler Nahbereichsfunk *m*

DSS (digital satellite system) digitales Satelliten-Fernsehen *n (US)*

DSSS (Digital Subscribers Switching Subsystem) Vermittlungsteilsystem *n* für digitale Teilnehmeranschlüsse *(BT ISDN)*

DSSS (direct sequence spread spectrum) **signal** DSSS-Signal *n*, Chipping-Code *m*

DS-SSMA (direct sequence spread spectrum multiple access) **method** DS-SSMA-Multiplexverfahren *n*

DSS1 (digital subscriber signalling system No.1) digitales Zeichengabeverfahren *n* Nr.1 *(für Anschlußleitungen, Schmalband-ISDN, ITU-T Empf. Q.920, s. Tabelle III)*

DSS2 (digital subscriber signalling system No.2) digitales Zeichengabeverfahren *n* Nr.2 *(für Breitband-ISDN, s. Tabelle III)*

DSW (destination switch) Zielvermittlung *f*

DTAM (Document Transfer And Manipulation) Dokumentenübertragung und -bearbeitung *f*

DTB (desk-top box) Desktop-Box *f (DVB-Decoder)*

DTC (data test centre) zentrale Prüfstelle *f* für Dateneinrichtungen

DTDM s. dynamic time division multiplex

DTE (data terminal equipment) Datenendeinrichtung *f* (DEE) *(Benutzergerät)*, Datenendgerät *n (ISDN)*

DTF s. dynamic tracking filter

DTH (direct to the home) Direktempfang *m (sat. TV)*

DTI Department of Trade and Industry *(GB)*

DTM (dynamic (synchronous) transfer mode) dynamischer (synchroner) Übertragungsmodus *m*

DTMF s. dual-tone multifrequency (dialling)

DTMF trigger Mehrfrequenzwahltrigger *m*

DTO (discrete-time oscillator) zeitdiskreter Oszillator *m (Taktgeber)*

DTP (data transfer part) Datenübertragungsteil *n (ISDN)*

DTP (desk-top publishing) Desktop-Publishing *n*; Computersatz *m*

DTR (Data Terminal Ready) Endgerät *n* betriebsbereit *(V.24/RS232, Tabelle IX)*

DTS (decoding time stamp) Decodierzeitmarke *f (DVB)*

DTS (Digital Theatre Sound) **format** DTS-Format *n (digitale DVB/DVD-Toncodierung)*

DTS (digital time stamp) digitale Zeitmarke *f*

DTT (Digital Terrestrial Television) digitaler Fernsehrundfunk *m (UK, DVB-T, COFDM)*

DTTB (Digital Terrestrial TV Broadcasting) digitaler terrestrischer Fernsehrundfunk *m (Japan, 1 HDTV- bzw. 3 SDTV-Kanäle, OFDM)*

DTU (digital trunk unit) digitale Leitungseinheit *f (ATM)*

DTVB (digital television broadcasting) digitaler Fernsehrundfunk *m*, digitales Fernsehen *n*

DTW (dynamic time warp) dynamische Zeitanpassung *f (Spracherkennungsalgorithmus)*

DTX (discontinuous transmission) Übertragung *f* im Aussetzbetrieb, Schubabschaltung *f (GSM 01.04, s. Tabelle VII)*

D-type flip flop D-Flipflop *m* (DFF)

DUA (Directory User Agent) verzeichnisorientierter Endbenutzer-Systemteil *m*

dual assignment Doppelbelegung *f (Übertr.)*

dual-band converter Doppelbandkonverter *m*, Kombikonverter *m*, Zweibandkonverter *m (Sat)*

dual-band handheld telephone Zweiband-Handy *n (GSM/DCS1800)*

dual-band mobile station Dualband-Mobilstation *f (Mobilfunk)*

dual clocked bus doppeltgetakteter Bus *m*

dual homing doppelte Netzanbindung *f (NStAnl)*

dual-layer system Zweischichtensystem *n (MM-CD)*

dual-mode handheld telephone Dual-Mode-Handy *n*, Handy *n* für zwei Netze *(z.B. GSM/DECT, 900/1800 MHz)*

dual multiplexing Zweifachverschachtelung *f*

dual peak detector Zweiweg-Spitzenwertdetektor *m*

dual-polarised antenna doppelpolarisierte Antenne *f*

dual-port RAM (DPR) Doppelzugriff-RAM *m*

dual protocol basic access bilingualer Basisanschluß *m* (Biba) *(1TR6/E-DSS1)*

dual ring Doppelring *m (Token-Ring-Struktur, LANs)*

dual routing Zweiwegeführung *f*

dual seizure gleichzeitiger Anruf *m*, gleichzeitige Belegung *f*

dual-sound carrier system Zweitonträgerverfahren *n (TV)*

dual-sound operation Zweitonbetrieb *m (TV)*

dual speed CD-ROM drive CD-ROM-Laufwerk *n* mit doppelter Geschwindigkeit *(350 kB/s Datentransferrate, MPC)*

dual-telephone connection Fernsprech-Doppelanschluß *m*

dual-tone MFD connection (DTMF) Mehrfrequenzwahlverbindung *f*, bilingualer MFV-Anschluß *m (Tel)*

dual-tone multi-frequency dialling (DTMF) Mehrfrequenzwahl *f* (MF-Wahl), Tastwahl *f*

dual tone multi-frequency (dialling) method (DTMF) Mehrfrequenzverfahren *n* (MFV), Multifrequenz-(wähl)verfahren *n*, Tonwahlverfahren *n (CCITT Gelbbuch-Band VI.1 Empfehlung Q.23 (Tabelle III))*

dual watch Zweikanalüberwachung *f (Seefunk)*

duct Rohrleitung *f (Kabel)*

dumb terminal "dumme" Datenendeinrichtung *f (d.h. ohne eigene Intelligenz)*

dummy antenna Kunstantenne *f (Prüflast, TV-Sender)*

dummy bearer Dummy-Übertragungsweg *m (DECT/GAP)*

dummy bit Leerbit *n*, Nullbit *n*

dummy cell Leerzelle *f*, Leerblock *m (ATM)*; Blindzelle *f (Mikroelektronik)*

dummy character Blindzeichen *n*, Platzhalter *m (Datenfeld)*

dummy circuit Scheinschaltung *f*

dummy code Blindzeichen *n*, Platzhalter *m (Datenfeld)*

dummy command Pseudobefehl *m*

dummy load Lastnachbildung *f*, Kunstlast *f*

dummy plug Blindstecker *m*

dummy signal Füllsignal *n*

dummy variable Scheinvariable *f*

dump umspeichern

duplex Duplex *n* (DX) *(Modem)*; Gegensprechen *n (Tel)*

duplex channel method Gleichlageverfahren *n (ISDN B-Kanal, gleichzeitige und gleichfrequente Übertragung von Sende- und Empfangssignalen mit Echokompensation)*

duplex signal Gegentaktsignal *n (Datenübertragung)*

duplex spacing Duplexabstand *m*

duplex transmission Gegenbetrieb *m*

duplexer Duplexer *m*, Sende-Empfangs-Weiche *f*, SendeEmpfang-Schalter *m (Mikrowellen)*

duplicate Duplikat *n*, Kopie *f*; doppeln, verdoppeln, duplizieren, vervielfältigen

duplicate(d) traffic gedoppelter Verkehr *m (Vermittlung)*

duplication Verdoppelung *f*; Doppelung *f (Technik)*; Vervielfachung *f*

durability Dauerhaftigkeit *f*, Lebensdauer *f (Bauteil)*

duration Dauer *f*, Zeitdauer *f*; Laufzeit *f* *(Programm)*

duration of call Gesprächsdauer *f*

duration used in Anspruch genommene Zeitdauer *f (Gebühren, ISDN)*

during the life of a transaction innerhalb der Transaktionsklammer *f (DV)*

DUT (device under test) Meßobjekt *n*, Prüfling *m*

duty cycle Tastverhältnis *n (Impulse)*; relative Einschaltdauer *f*; Sendedauer *f (in % Gesamtsendezeit, ISM)*

duty factor Tastverhältnis *n (Impulse)*; Auslastungsfaktor *m (PCM-Sprache, in %)*

duty ratio Tastverhältnis *n (Impulse)*

DV (Digital Video) digitale Videokassette *f* *(ehem. DVC, nicht MPEG-2-kompatibel)*

DVB (digital video broadcasting) digitales Fernsehen *n (MPEG-2, White Book)*

DVB-C (digital video broadcasting via cable) digitales Fernsehen *n* über Kabel, digitales Kabelfernsehen *n (64QAM-Modulation, Hyperbandkanäle S24-S38)*

DVB-CI (DVB with common interface) digitales Fernsehen *n* mit gemeinsamer *oder* standardisierter Schnittstelle *(für CA-Module im PCMCIA-Format, Pay-TV)*

DVB-CS (DVB for cable/SMATV applications) digitales Fernsehen *n* über Gemeinschaftsanlage *(s.a. "SMATV")*

DVB-DB (DVB data broadcast) DVB-Datenrundfunk *m*

DVB-J (DVB Java) DVB-Java-Schnittstelle *f* *(für MHP, q.v.)*

DVB-MC (DVB-C for MMDS) DVB *n* für Richtfunkanwendungen *(unter 10 GHz, basiert auf DVB-C, s.a. "MMDS")*

DVB-MS (DVB-S for MMDS) DVB *n* für Richtfunkanwendungen *(über 10 GHz, basiert auf DVB-S, s.a. "MMDS")*

DVB-NIP (DVB Network-Independent Protocol) DVB-NIP-Protokoll *n (für interaktive Dienste)*

DVB-RC (DVB Return Channel) DVB-Rückkanal *m*

DVB-RCC(L) (DVB Return Channels for Cable (and LMDS)) DVB-Rückkanäle *mpl* für Kabel (und LMDS) *(DAVIC 1.5-Standard, ETS 300 800, ITU-T Empf. J.112, ETS 300 802, 300 429 (DVB-C), ITU-T J.83, ETS 300 421, EN 301 199 (LMDS (q.v.)), ATM Zellstruktur, 3.088 Mb/s Datenrate im Upstream, DQPSK Modulation, d.h. nicht kompatibel zu DOCSIS q.v.)*

DVB-RCT (DVB Return Channel via Telephone) DVB-Rückkanal *m* über Telefon

DVB-S (digital video broadcasting via satellite) digitales Fernsehen *n* über Satellit, digitales Satellitenfernsehen *n* *(QPSK-Modulation; "SkyDigital" in GB)*

DVB-SI (DVB system information) DVB-Systeminformationen *fpl (Eine Gruppe von Tabellen mit zusätzlichen Spezifikationen neben den programmspezifischen MPEG-2-Informationen (s.a. "PSI"), ETS 300 468)*

DVB-SUB (DVB Subtitles) DVB-Untertitel-Übertragung *f*

DVB-T (terrestrial digital video broadcasting) terrestrisches digitales Fernsehen *n (COFDM-Modulation, hierarchische Übertragung (q.v.), ETSI ETS 3007xx; "OnDigital" in GB)*

DVB-TXT (DVB Teletext) DVB-Videotext-Übertragung *f (betrifft den herkömmlichen analogen Videotext)*

DVC (digital video cassette) digitale Videokassette *f (DVS-Standard, Panasonic)*

DVD (digital video disk, digital versatile disk) digitale Video-CD *f (MPEG-2, Sony, Philips)*

DVD-A (DVD-Audio) Audio-DVD *f (Video + 96 kHz/24 Bit/5.0 Surround-Audio oder 192 kHz/24 Bit/Zweikanal-Audio, PCM-Aufzeichnung, s.a. 'SACD')*

DVD player DVD-Player *m*

DVD-R (recordable DVD) beschreibbare DVD *f (3.9 Gbyte)*

DVD recorder DVD-Brenner *m*

DVD-ROM Nur-Lese-DVD *f*, DVD-ROM *f* *(PC)*

DVD+RW (read/write DVD) wiederbeschreibbare DVD *f*

dv/dt pulse filter du/dt-Impulsfilter *n*

D-VHS (digital VHS) Daten-VHS *n (JVC)*

DVI (digital video interactive) interaktive Video-CD *f (Video-CD-ROM, IBM)*

DVI (direct voice input) direkte Spracheingabe *f (Mobilfunk)*

DVM (digital voltmeter) digitaler Spannungsmesser *m*, Digitalvoltmeter *m*

DVPDC (domestic video programme delivery control system) Programmzustellungs-Steuerungssystem *n* für Heim-Videorecorder

DVS (digital video system) digitales Videosystem *n (Eureka-Projekt)*

DVT (digital voice terminal) digitale Sprechstelle *f*

DWDM (dense WDM) dichtes Wellenlängenmultiplex *n*

dwell time Verweilzeit *f*

DWT (discrete Walsh-Hadamard transform) diskrete Walsh-Hadamard-Transformation *f (Bildcodec)*

DX s. duplex

DXC (digital cross connect) digitaler Crossconnect-Multiplexer *m (ATM)*

dye diffusion thermal transfer (D2T2) **printer** Farbstoffdiffusions-Thermotransferdrucker *m (Repro.)*

dynamic dynamisch, zeitabhängig

dynamically redefinable character set (DRCS) dynamisch neu definierbarer Zeichensatz *m (Bitmuster; Monitor, Vtx)*

dynamic bandwidth adaptation (DBA) dynamische Bandbreitenanpassung *f (Router)*

dynamic behaviour Zeitverhalten *n*

dynamic crosstalk dynamisches Übersprechen *n (MPEG-1, Mehrkanal-Ton)*

Dynamic Data Exchange (DDE) Dynamischer Datenaustausch *m (zw. Anwendungen, PC)*

dynamic HTML dynamische HTML-Sprache *f (s. "HTML")*

dynamic multiplex dynamisches Multiplex *n (ITU-T I.430, s. Tabelle IV)*

dynamic performance Dynamik *f*

dynamic RAM (DRAM) dynamischer RAM *m (Inhalt erfordert periodisches "Auffrischen")*

dynamic range Aussteuer(ungs)bereich *m*, Dynamik *f*, Dynamikbereich *m*

dynamic response Zeitverhalten *n*, Dynamik *f*

dynamic status information dynamische Zustandsinformationen *fpl (Netz)*

dynamic (synchronous) transfer mode (DTM) dynamischer (synchroner) Übertragungsmodus *m*

dynamic time division multiplex (DTDM) dynamisches Zeitmultiplex *n*

dynamic time warp (DTW) dynamische Zeitanpassung *f (Spracherkennungsalgorithmus)*, dynamische Zeitverzerrung *f*

dynamic tracking filter (DTF) dynamisches Mitlauffilter *n*

dynamic viewing dynamische Programmwahl *f (DVB-C, Funktion im DAVIC 1.5 IP-Netz)*

D1 (layer 1 D channel protocol) D-Kanal Schicht 1 *(ISDN)*

D2-MAC (duo-binary MAC) Variante D2 von MAC *(DTAG-TV-Übertragungs-Protokoll, Bandbreite 7 MHz, 4 Tonkanäle)*

E

E (essential) wesentlich, obligatorisch *(ISDN, GSM)*

E (extraordinary wave) außerordentliche *oder* extraordinäre Welle *f (FO)*

E (unit of width) Teileinheit *f* (TE) *(Gestell, 1 TE = 0.2", 5,08 mm)*

E *(symbol for voltage, potential difference)* U *(Symbol für Spannung)*

EA (extended address) erweiterte Adresse *f (ISDN)*

EACEM (European Association of Consumer Electronics Manufacturers) Europäische Vereinigung *f* der Unterhaltungselektronik-Gerätehersteller

EAN (European Article Numbering system) Europäisches Artikel-Numerierungssystem *n (entspricht UPC in den USA)*

EAN code EAN-Strichcode *m*

early/late interval Früh-/Spätabstand *m (DLL)*

early packet discard (EPD) frühzeitiges Verwerfen *n* von Paketen *(ATM-TM)*

earphone Hörer *m*; Hörkapsel *f (Tel)*

earphones Kopfhörer *m*

earpiece Hörmuschel *f (Tel)*

earpiece circuit Hörkreis *m (akustisch, Tel)*

earth Erde *f*, Masse *f (GB)*

earth conductor PE-Leiter *m*, Schutzleiter *m (SV)*

earth exploration satellite service (EES) Erderkundungs-Satellitendienst *m (ITU-R)*

earth fault Erdschluß *m*

earth ground Betriebserde *f (US)*

earth (radio) station Bodenfunkstelle *f*

earth (recall) button (R, ER) Erdtaste *f* (ET) *(Tel)*

earth station Bodenstelle *f*, Erdfunkstelle *f*, Bodenstation *f (Sat)*

earth terminal Bodenstation *f (Sat)*

earthing key Erdtaste *f* (ET)

earthing point Ableitungspunkt *m*

earthing through a Petersen coil Erdschlußkompensation *f*

ease of operation Bedienkomfort *m*

easily traceable übersichtlich

eavesdropping attack Abhörangriff *m*

EB s. electronic book

EBC (element based charging) auf Netzelementen basierende Entgeltstruktur *f*

EBCD (extended binary coded decimal) erweiterter BCD-Code *m (7-Bit-Code)*

EBCDIC (extended binary coded decimal interchange code) erweiterter BCD-Code *m* für Datenübertragung *(8-Bit-Code)*

EBHC Equated Busy Hour Call *(Verkehrswerteinheit, = 1/30 Erl. bzw. VE)*

EBIT (European Broadband Interconnection Trial) europäischer Breitbandverbundnetz-Versuch *m (RACE, 2 Mbit/s)*

Eb/No (bit energy/noise power density ratio) Verhältnis *n* Bitenergie zu Rauschleistungsdichte innerhalb 1 Hz Bandbreite *(E_{bit}/N_o, BER)*

EBR codec EBR-Codec *m (Bildreduktion)*

EB ROM (electronic book ROM) elektronisches Buch *n (Retrievalsoftware für Sony Data Discman)*

EBU (European Broadcasting Union) Union *f* Europäischer Rundfunkanstalten, Europäische Rundfunkunion *f (Vereinigung der bedeutendsten europäischen Rundfunkanstalten, die u.a. neue Standards erarbeitet, die dann die Genehmigung von ETSI erfordern)*

E-business s. electronic business

EC s. echo cancellation

EC (external computer) externer Rechner *m* (ER)

e-cash (electronic cash) digitales Geld *n*, digitale Münzen *fpl (z.B. Deutsche Bank)*

ECB s. electronic code book

ECC (elliptic curve cryptography) ECC-Kryptographie *f*

ECC (embedded communications channel) eingebetteter Kommunikationskanal *m*

eccentricity Unrundheit *f*

echo Echo *n*; Rückmeldung *f*; Rückhören *n* im eigenen Kanal

echo balance return loss Gabelübergangsdämpfung *f (PCM)*

echo cancellation (EC) Echokompensation *f (Modem, ITU-T Empf. G.165, I.430, s. Tabellen III u. IV)*, Echolöschung *f*

echo canceller Echokompensator *m*, Echolöscher *m (Ping-Pong-Methode)*

echo channel Echokanal *m*, Rückkanal *m*

echo checking Echoabfrage *f (Verm.)*

echo check register Spiegelregister *n (Verm.)*

echo compensation Echounterdrückung *f*

echo control device (ECD) Echounterdrückungseinrichtung *f (ITU-T Empf. Q.115(97), s. Tabelle III)*

echo control logic (ECL) Echo-Kontroll-Logik *f (Verm.)*

echo equalizer Echoentzerrer *m (DVB-C)*

echoing Rückübertragung *f*, Rückmeldung *f*, Spiegelung *f*

echoing loopback Echo-Prüfschleife *f (ITU-T Empf. I.430, s. Tabelle IV)*

echo measurement Echomessung *f*

echo path delay Echolaufzeit *f*

echoplexing Echobetrieb *m (bei Zeitmultiplexverbindungen)*

echo propagation time Echolaufzeit *f*

echo pulse Echoimpuls *m (Impulsübertragung)*

echo request Echoabfrage *f (ICMP, IAB RFC1885, s. Tabelle VIII)*

echo sensitivity Echoempfindlichkeit *f (TV)*

echo suppression requirement Echobedingung *f*

echo suppressor Echosperre *f*

echo transmission time Echolaufzeit *f*

ECL s. echo control logic

ECM (electronic countermeasures) elektronische Gegenmaßnahmen *fpl (mil)*

ECM (entitlement checking message) Zugriffsmeldung *f (erster Typ von CA-Meldung im DVB, Pay-TV)*

ECM (error correction mode) Fehlerkorrekturmodus *m (Fax)*

ECMA (European Computer Manufacturers' Association) Vereinigung *f* der Europäischen Computerhersteller *(s. Tabelle XIII)*

E-commerce s. electronic commerce

economies of scale Einsparungen *fpl* durch Massenproduktion

E-CRM elektronische Kundenbetreuung *f (Internet-Shop)*

ECS (electronic courier service) elektronischer Kurierdienst *m (US Postal Service)*

ECS (European Communications Satellite) europäischer Kommunikationssatellit *m*

ECSA Exchange Carriers Standards Association *(US)*

EDAC code (error detection and correction code) Fehlererkennungs- und Fehlerkorrekturcode *m*

EDC (error detection and correction) Fehlererkennung und Korrektur *f*

EDD s. electronic data display

EDD s. electronic direct debit

EDFA (erbium-doped fibre amplifier) auf erbium-dotierter Glasfaser basierender OFA *m*

edge Kante *f* (Ka) *(Verbindungslinie zwischen Knoten (Graph, geprüfter Übertragungsweg); auch in "Hypermedien", wo sie eine semantische Beziehung ausdrückt)*; Flanke *f (Puls)*

EDGE (Enhanced Data rates for GSM Evolution) **specification** EDGE-Spezifikation *f (GPRS, 3G-Netz, q.v.)*

edge connector Randstiftleiste *f*, Winkelsteckleiste *f*, Kantenverbinder *m*

edge effect Randeffekt *m (dig. Empfang)*

edge-emitting laser kantenemittierender Laser *m*

edge enhancement Kantenanhebung *f*, Konturverstärkung *f (TV)*

edge gateway Netzübergang *m*, Netzübergangsknoten *m*, Netzknoten *m (MAN, QPSX)*, Netzkanten-Router *m (IP)*

edge of coverage (EOC) Rand *m* der Ausleuchtzone *(Sat)*

edge router Netzkanten-Router *m (IP)*

edge slope Flankensteilheit *f*

EDGE (Enhanced Data rates for GSM Evolution) **specification** EDGE-Spezifikation *f (s. "GSM", "GPRS", "HSCSD", 8PSK-Modulation, erhöht Datenrate auf 48–384 kBit/s)*

edge switch Rand-Vermittlungsknoten *m (ATM-Netzrand, vgl. Kern)*

edge transition Flankenwechsel *m*

edge triggered flankengesteuert *(z.B. Flipflop)*

EDI s. Electronic Data Interchange

EDIFACT Electronic Data Interchange for Administration, Commerce and Transport *(ISO IS 9735, EDI)*

edit aufbereiten, bearbeiten, editieren *(Daten)*; nachbearbeiten *(Signale)*; schneiden *(Videofilm)*; Schnitt *m*, Schnittstelle *f (Videofilm)*

editing Schnitt *m (MAZ, Videofilm)*

editing list (EDL) Schnittliste *f (MAZ)*

editing workstation Schnittbearbeitungsplatz *m (MAZ)*

EDL s. editing list

EDO (extended data-out) **RAM** EDO-RAM *m (PC)*

EDP s. electronic data processing

EDP centre zentrale EDV-Anlage *f* (EDVA)

EDP-compatible EDV-gerecht

EDS s. electronic data switching system

E-DSS1 (European Digital Subscriber System No.1) Europäisches D-Kanal Protokoll *n (ITU-T-Empf. I.430, s. Tabelle IV; ersetzt das Protokoll 1TR67 für Leitungsvermittlung, 1TR68 für Paketvermittlung)*

EDTV (extended *or* enhanced definition TV) Fernsehen *n* mit erhöhter Auflösung *(US)*

educational TV Bildungsfernsehen *n*, Schulfernsehen *n*

EEMA European Electronic Mail Association *(an die EMA angeschlossen)*

EEMC (environmental EMC (electromagnetic compatibility)) elektromagnetische Umweltverträglichkeit *f* (EMVU)

EES s. earth exploration satellite service

EF (elementary function) Elementarfunktion *f (ISDN)*

EFCI (explicit forward congestion indication) explizite Anzeige *f* einer Überlast, EFCI-Anzeige *f (ATM ABR-Verbindung)*

effect Wirkung *f*, Auswirkung *f*

effective wirkungsvoll, wirksam

effective bandwidth genutzte Bandbreite *f*, Nutzbandbreite *f*

effective bit rate Nutzbitrate *f*

effective range Wirkbreite *f*, Wirkweite *f*

effective range of fault Fehlerwirkweite *f*

effective width Wirkbreite *f*

effect of scale Skaleneffekt *m*

efficiency Wirkungsgrad *m*, Leistung *f*, Leistungsfähigkeit *f*, Wirtschaftlichkeit *f*; Nutzwert *m*, Ergiebigkeit *f*, Gewinn *m*

efficient leistungsfähig, rationell

EFR (enhanced full-rate) **voice coding** EFR-Sprachcodierung *f*, verbesserte Sprachcodierung *f* mit Standardbitrate *(Tel)*

EFS s. error-free seconds

EFT s. electronic funds transfer

E-government s. electronic government

EGP (exterior gateway protocol) EGP-Protokoll *n (verteilt Internet-Leitweginformationen an Router; RFC0827, RFC1983, s. Tabelle VIII)*

egress node (Netz-)Ausgangsknoten *m*

EGW s. edge (gateway)

EIA Electronic Industries Association *(US, Standards für Schnittstellenfunktionen, z.B. RS232)*

EID (end point identifier) Endpunktkennung *f (ISDN)*

EIDE (extended IDE) **interface** EIDE-Schnittstelle *f (PC)*

eightfold achtfach

EIR (equipment identity register) Gerätekennungsdatei *f (GSM 01.04, s. Tabelle VII)*

EIRP (equivalent isotropically radiated power) Sendeleistung *f*, (effektive *oder* äquivalente isotrope) Strahlungsleistung *f (auf den isotopen Strahler bezogen)*

EISA (Extended Industry Standard Architecture, Extended ISA) **bus** EISA-Bus *m (32-Bit-ISA-Bus, PC)*

EIT (event information table) Ereignistabelle *f*, EIT-Tabelle *f (DVB-SI-Tabelle, die ein neues Ereignis anzeigt)*

ejector Auswerfer *m (Print)*

EKTS s. electronic key telephone system

elaborate aufwendig

elastic banding Bildeinschnürung *f*

elastic buffer dynamischer *oder* elastischer Pufferspeicher *m (ATM)*

elastic memory elastischer Speicher *m*

ELD s. electroluminescent display

electricity supply line Stromversorgungsleitung *f (EVU)*

electric loading Strombelag *m*

electroluminescent display (ELD) Elektrolumineszenzanzeige *f*

electromagnetic elektromagnetisch

electromagnetic compatibility (EMC) elektromagnetische Verträglichkeit *f* (EMV), elektromagnetische Kompatibilität *f (nach EN 50022, 50082, 55022)*

electromagnetic emission (EME) elektromagnetische Störstrahlung *f*

electromagnetic immunity Fremdfeld-Störfestigkeit *f*

electromagnetic interference (EMI) elektromagnetische Beeinflussung *f* (EMB), elektromagnetische Einkopplung *f*, Störstrahlung *f*

electromagnetic pulse (EMP) elektromagnetischer Impuls *m (nuklear)*

electromagnetic susceptibility (EMS) Störempfindlichkeit *f*, Fremdfeldempfindlichkeit *f*

electromagnetic waves elektromagnetische Wellen *fpl* (E-Wellen)

electromechanical distribution frame (EMDF) elektromechanische Vermittlungstechnik *f*

electronic elektronisch

electronic banking elektronischer Bankverkehr *m*, bargeldloser Zahlungsverkehr *m*

electronic book (EB) elektronisches Buch *n* *(CDI-Lesegerät, tragbar)*

electronic book ROM (EB ROM) elektronisches Buch *n* *(Retrievalsoftware für Sony Data Discman)*

electronic bulletin board elektronische Anschlagtafel *f*, elektronisches Anzeigenblatt *n* *(MHS)*

electronic business (E-business) elektronische Geschäftsabwicklung *f*

electronic cash (e-cash) digitales Geld *n* *(z.B. Deutsche Bank)*

electronic code book (ECB) elektronische Code(übersetzungs)tabelle *f (DES)*

electronic commerce (E-commerce) E-Commerce *m*, elektronischer Geschäftsverkehr *m*, elektronischer Handel *m* *(Internet; Kategorien B-to-A (B2A), B-to-B (B2B), B-to-C (B2C) q.v.)*

electronic commerce service E-Commerce-Dienst *m (Internet)*

electronic countermeasures (ECM) elektronische Gegenmaßnahmen *fpl (mil)*

electronic courier service (ECS) elektronischer Kurierdienst *m (US Postal Service)*

electronic data display (EDD) elektronisches Datensichtgerät *n*

Electronic Data Interchange (EDI) elektronischer *oder* standardisierter Datenaustausch *m (ein VAS)*

electronic data processing (EDP) elektronische Datenverarbeitung *f*

electronic data processing system elektronische Datenverarbeitungsanlage *f* (EDV)

electronic data switching system (EDS) elektronisches Datenvermittlungssystem *n (einschließlich Telex- und Datexnetze)*

electronic direct debit (EDD) elektronische Lastschrift *f*, Online-Lastschrift *f (E-Commerce)*

electronic directory elektronisches Adreßbuch *n (ITU-T X.500, s. Tabelle VI)*; elektronisches Telefonbuch *n* (ETB) *(Vtx-Attribut)*

electronic drive circuit *oder* **unit** Ansteuerelektronik *f*

electronic funds transfer (EFT) elektronische Geldüberweisung *f*, elektronischer Zahlungsverkehr *m (ein VAS)*

electronic government (E-government) elektronische Behördenvorgänge *mpl*

electronic in tray elektronischer Eingangskorb *m*

electronic key telephone system (EKTS) elektronische Reihenanlage *f*

electronic mail (E-mail, email, MHS) E-Mail *f*, elektronische Post *f* (TELEBOX), Textspeicherdienst *m (eine der populärsten Anwendungen des Internets; ITU-T Empf. X.400, s. Tabelle VI; s.a. EMA-Definition, D/E-Teil; RFC1983, s. Tabelle VIII)*, Mailing *n (zwischen Rechnern, LAN)*, Z-Netz *n*

electronic mail service Textspeicherdienst *m* (TELEBOX) *(MHS, ITU-T Empf. X. 400, s. Tabelle VI)*

electronic market (E-market) elektronischer Marktplatz *m (E-Commerce)*

electronic message system (EMS) elektronisches Mitteilungsübermittlungs-System *n (ITU-T X.400, s. Tabelle VI)*

electronic news gathering (ENG) elektronische Berichterstattung *f* (EB) *(TV)*

electronic notebook elektronisches Notizbuch *m (Tel)*

electronic programme guide (EPG) elektronischer Programmführer *m*, elektronische Programmübersicht *f (menüartige grafische Benutzeroberfläche zum leichteren Zugriff auf DVB-FTA-Programme (ARD, ZDF) auf dem TV-Bildschirm; auch Teletext)*

electronic sourcing (E-sourcing) elektronischer Materialeinkauf *m*

electronic switching system (ESS) *(AT&T)* elektronisches Wählsystem *n* (EWS)

electronic tagging elektronische Fußfessel *f* *(krimin.)*

electronic telephone mailbox Sprachbox *f*

electronic traffic pilot for drivers elektronischer Verkehrslotse *m* für Autofahrer (EVA) *(Bosch)*

electronic wallet elektronische Brieftasche *f*, Wallet *f (Bankverkehr-Software)*

electronic warfare (EW) elektronische Kampfführung *f (mil)*

electro-optical emitter elektrooptischer Wandler *m* (E/O-Wandler, EOW) *(FO)*

electro-optical shutter elektrisch schaltbare Lichtblende *f*

electro-optical transducer elektrooptischer Wandler *m* (E/O-Wandler, EOW) *(FO)*

electrophoretic information display (EPID) electrophoretische (Informations-) Anzeige *f*

electroplating Galvanisieren *n*

electrostatic discharge (ESD) elektrostatische Entladung *f (Klassen nach IEC-801.2)*

electrostatically sensitive components elektrostatisch gefährdete Bauteile *npl* (EGB)

element Element *n*, Funktionseinheit *f*

elemental bit Elementarbit *n (der "Hoch"- bzw. "Niedrig"-Pegelanteil)*

elementary frequency Taktfrequenz *f*

elementary function (EF) Elementarfunktion *f (ISDN)*

elementary stream (ES) Elementardatenstrom *m (Datenabgabe eines MPEG-2-Audio- oder Videocodierers)*

elementary stream clock reference (ESCR) ES-Zeitmarke *f (DVB PES)*

elementary transformation elementare Transformation *f (Matrix)*

element based charging (EBC) auf Netzelementenzahl basierende Entgeltstruktur *f*, EBC-Entgeltstruktur *f*

elevation angle Elevation(swinkel *m*) *f*, Höhenwinkel *m*, Erhebungswinkel *m (Sat)*

ELFEXT (equal-level FEXT) fernes Übersprechen *n* mit gleichem Pegel

eliminate ausblenden *(Jitter)*

eliminate distortion entzerren

ellipse Ellipse *f (Math)*

ellipsis Auslassung *f*, Auslassungspunkte *mpl (Text)*

elliptical footprint *oder* **coverage** Versorgungsellipse *f (Sat)*

elliptic curve cryptography (ECC) ECC-Kryptographie *f (ANSI X 9.62)*

E&M (engineering & maintenance) Betriebstechnik *f (US)*

E&M parameters betriebstechnische Parameter *mpl*

E&M trunk betriebstechnische Leitung *f*, Dienstleitung *f (US)*

EMA Electronic Mail Association *(Washington, DC, US)*

EMA s. enterprise management architecture

E-MAC (extended-definition wide aspect ratio MAC *q.v.*) MAC-Verfahren *n* mit verbesserter Auflösung und gesteigertem Seitenverhältnis)

E-mail s. electronic mail

E-market s. electronic market

embedded eingebettet, fest eingebaut *(im System, CA in STB)*

embedded coding hierarchische Codierung *f (PCM-Sprache)*

embedded communications channel (ECC) eingebetteter Kommunikationskanal *m*

embedded object eingebettetes Objekt *n*

embedded operations channel (EOC) eingebetteter Betriebskanal *m (HDSL)*

embody verkörpern, darstellen; verwirklichen *(Patent)*

embolden hervorheben *(Vtx.-Monitor)*

EMC s. electromagnetic compatibility

EMC Recommendation EMV-Richtlinie *f (89/336/EWG)*

EMDF s. electromechanical distribution frame

EME s. electromagnetic emission

emergency call service Notrufdienst *m* (NRD)

emergency call station Notrufs4elle *f*

emergency case Notfall *m*, Katastrophenfall *m* (K-Fall)

emergency control panel Havariefeld *n*, Reserveschaltfeld *n*

emergency manoeuvre Notflugmanöver *n (Luftf.)*

emergency operation Notbetrieb *m*

emergency organisation Notrufträger *m*

emergency pushbutton Not-Aus-Druckknopf *m*

emergency response service (ERS) Notrufdienst *m (IN)*

emergency stop button Not-Aus-Taster *m*, Not-Halt-Taster *m (Prozeß)*

emergency switching module Umschaltbaugruppe *f* (UB)

emergency telecommunication service Fernmeldenotdienst *m* (FND) *(DTAG-TELEKOM-Dienst)*

emergency telephone Notruftelefon *n* (NRTel)

EMI s. electromagnetic interference

emission Ausstrahlung *f*, Aussendung *f*, Abstrahlung *f*, Abgabe *f*

emission lobe Emissionskeule *f (Laser)*

emission signal Ausgangsschwingung *f*, Ausgangsstrahlung *f (FO)*

emissivity Lichtstärke *f (FO, in cd)*

EM-L (engineering model - life (test)) Ingenieurmodell *n* Lebensdauerprüfung *(ESA)*

EMM (entitlement management message) Zugriffsverwaltungsmeldung *f (zweiter Typ von CA-Meldung im DVB, Pay-TV)*

EMP s. electromagnetic pulse

emptying the counter Leerzählen *n*

EMRP s. equivalent monopole radiated power

EMS s. electromagnetic susceptibility

EMS s. electronic message system

EMS (expanded memory specification) **memory** EMS-Speicher *m*, Expansionsspeicher *m (RAM-Speicherbereich oberhalb 1 MB, PC)*

enable durchlässig steuern, freigeben, öffnen, entsperren *(Gatter, Teiler)*; aktivieren, freischalten; ermöglichen, befähigen; anschalten *(Funktion, Leitung)*

enable (EN) **time** Freigabezeit *f (Schaltung)*

enabling signal Freigabesignal *n (Ringleitungssystem)*

enamelled copper wire Kupferlackdraht *m*

en-bloc in einem Block, blockweise

en-bloc dialling Blockwahl *f*

en-bloc signalling Blockwahlziffern-Wahlverfahren *n*

encapsulate verkapseln *(HW)*; einkapseln *(in Rahmen bei Frame Relay, PPTP)*, paketieren

encapsulated security payload (ESP) eingebettete Sicherheitsnutzlast *f (Internet, RFC 2406, s. Tabelle VIII)*

encapsulation Einkapselung *f (in Rahmen bei Frame Relay, PPTP, IPSec)*

encipher chiffrieren, verschlüsseln, conzellieren

enciphered text Chiffrat *n*

encoder Codierer *m*

encoding Codierung *f*; Aufbereitung *f (AMI)*

encoding law Codierungskennlinie *f*, Kompandergesetz *n*

encrypted verschlüsselt

encryption Verschlüsselung *f (Daten, CA (q.v.))*, Verschleierung *f (TV)*

end Ende *n*. Endpunkt *m*
  at both ends beidseitig *(Kabel)*

end exchange Endamt *n*

end-flashing signal Flackerschlußzeichen *n* (FLSZ)

end group selector Endgruppenwähler *m*

ending Beendigung *f*; Absteuerung *f (Befehl)*

end-of-address time Wahlendezeit *f (ZGS.7 UP)*

end-of-block (EOB) Blockende *n*

end-of-dialling signal Wahlendezeichen *n*

end office (EO) Endstelle *f (Endbenutzer, IN)*

End Of File (EOF) Dateiende *f (in DOS: Strg + Y-Taste oder Funktionstaste F6, PC)*

End Of Message (EOM) Mitteilungsende *n (Signal)*, Übermittlungsende *n*

end-of-message signal Nachrichtenendezeichen *n*, Übermittlungsschlußzeichen *n*

end-of-number signal Nummernendezeichen *n*

end-of-pulsing signal Wahlendezeichen *n (Vorwärtssignal)*

end-of-selection signal Wahlendezeichen *n* (WE) *(Rückwärtssignal)*

end of text (EOT, ETX) Textende *n (PCM-Daten)*

End Of Transmission (EOT) Übertragungsende *n (Signal)*, Sendestop *m*

endpoint Endpunkt *m (ZGS.7, SAP, logische Verbindung, ITU-T I.311)*

endpoint identifier (EID) Endpunktkennung *f (ISDN)*

end record Endesatz *m (PCM-Daten)*

end signal Endekennzeichen *n* (Ende-KZ) *(Verm)*

end system Endsystem *n (Netz)*

end terminal Endanschluß *m*, Endpunkt-Endgerät *n (Netz)*

end-to-end connection Gesamtverbindung *f*

end-to-end coupling Aneinanderkopplung *f (FO)*

end-to-end function verbindungsweite Funktion *f (Netz)*

end-to-end gain Durchgangsverstärkung *f (Transponder)*

end-to-end measurement Streckenmessung *f*

end-to-end section Ende-zu-Ende-Abschnitt *m (durchgehende Signalisierung)*

end-to-end signalling durchgehende Signalisierung *f (Netz)*

end-to-end tunnel Ende-zu-Ende-Tunnel *m*, End-to-End-Tunnel *m (VPN)*

endurance Beanspruchungsdauer *f*; Zykelfestigkeit *f (Schreib-/Lösch-Zyklus, FLASH-Speicher)*

end user Endbenutzer *m*, Endkunde *m*, Endverbraucher *m*

end user perceived quality vom Endbenutzer wahrgenommene Güte *f (B-ISDN)*

energy costs Energiekosten *fpl*

energy dispersal Energieverwischung *f (Sat., DVB: Kombinieren einer PRBS mit einem digitalen Bitstrom zur gleichmäßigen Energieverteilung nach Modulation; in MHz)*, Energieverwürfelung *f*

energy gap Bandabstand *m (FO)*

energy level Energieniveau *n (Laser)*

enforce erzwingen

ENG s. electronic news gathering

engage eingreifen; beanspruchen *(Dienste)*; binden *(MS durch BS, DECT)*

engageable einrückbar *(Kontakte)*

engaged lamp Besetztlampe *f*

engaged tone (ET) Besetztton *m (V.25 bis, s. Tabelle V)*

engineer Ingenieur *m*, Techniker *m (GB)*; bemessen, dimensionieren, konstruieren

engineering Technik *f*, Entwicklung *f*, Konstruktion *f*, Bemessung *f*, Engineering *n*; technisch

engineering analysis betriebstechnische Analyse *f (TV-Rundfunk)*

engineering & maintenance (E&M) Betriebstechnik *f (US)*

engineering data Schaltunterlagen *fpl*

engineering model – life (test) (EM-L) Ingenieurmodell *n* Lebensdauerprüfung *(ESA)*

engineering operations & maintenance Betriebstechnik *f (TV-Rundfunk)*

engineering order wire (EOW) Dienstleitung *f (Tel)*

engineer's handset Techniker-Handgerät *n (Mobilfunkbasisstation)*

engineer's order wire (EOW) Diensttelefonverbindung *f*, Dienstleitung *f (Tel)*

enhanced verbessert, erweitert, ausgebaut

enhanced full-rate (EFR) **voice coding** EFR-Sprachcodierung *f*, verbesserte Sprachcodierung *f* mit Standardbitrate *(Tel)*

enhanced-definition television (EDTV) Fernsehen *n* mit erhöhter Bildqualität *(ISDN, s.a. "extended definition television")*

enhanced service erweiterter Dienst *m*

enhanced service provider Anbieter *m* erweiterter Dienste

enhancement kit Aufrüstsatz *m (z.B. PC zu MPC)*

enhancement layer Verbesserungsebene *f (MPEG-2)*

ENM s. enterprise network management

ENQ/ACK s. enquiry/acknowledge

enqueuing Einreihung *f* in eine Warteschlange

enquiry (ENQ) Abfrage *f (Daten)*; Stationsaufforderung *f (DLC-Protokoll)*; Rückfrage *f* (RFRA); Anfrage *f*

enquiry/acknowledge (ENQ/ACK) **method** Anfrage/Antwort-Verfahren *n*, Handshake-Verfahren *n (für Peripheriegeräte, HW)*

enquiry call Anfrageruf *m (ISDN)*, Rückfrageverbindung *f*, Rückfrage *f*

enquiry station Abfrageplatz *m (Telex)*

ensemble Datengesamtheit *f (Übertragungsprotokoll)*

enter eingeben, übernehmen *(Daten)*, Eingabetaste *f* drücken *(PC)*; eintragen *(Register)*

Enter Eingabetaste *f (PC-Tastatur)*

enter key Übernahmetaste *f*, Eingabetaste *f (PC-Tastatur)*

entering aufschalten

enterprise data model Unternehmensdatenmodell *n (CASE)*

enterprise management architecture (EMA) Unternehmens(kommunikations)-Management-Architektur *f*

enterprise network Unternehmensnetz *n*

enterprise network management (ENM) Unternehmensnetz-Management *n*

enterprise resource planning (ERP) Unternehmensplanung *f*

entertainment Unterhaltung *f*

EN (enable) **time** Freigabezeit *f (Schaltung)*

entitled to operate in restricted powering conditions notspeiseberechtigt

entitlement Berechtigung(sinformationen *fpl*) *f*

entitlement checking message (ECM) Zugriffsmeldung *f (erster Typ von CA-Meldung im DVB, Pay-TV, s.a. "CAM")*

entitlement management message (EMM) Zugriffsverwaltungsmeldung *f (zweiter Typ von CA-Meldung im DVB, Pay-TV, s.a. "CAM")*

entities of the same layer gleichrangige Instanzen *fpl (OSI)*

entity Instanz *f*; Definitionseinheit *f (Bluetooth-Authentifizierung, q.v.)*

entrant Einsteiger *m (in ein Rechnersystem)*

entrant signature Einstiegsunterschrift *f*, Eintrittsucherunterschrift *f (security)*

entropy Entropie *f*, mittlerer Informationsbelag *m (Informationstheorie: Informationsgehalt pro Zeichen)*

entropy encoding Entropie-Codierung *f (Videocodierung, bei der die Codierung der Informationselemente von der Wahrscheinlichkeit ihres Auftretens abhängt, Auch als VLC (q.v.) bekannt. Die bekannteste Form ist der Huffman-Algorithmus (q.v.))*

entry Eingang *m*, Eingabe *f*, Eintrag(ung *f*) *m*, Einsprung *m (Programm)*

entry-level model Einstiegsmodell *n*

entry node Einstiegsknoten *m (Netz)*

entry point Einstieg *m (in ein Programm)*

ENV (European preliminary standard) europäische Vornorm *f (NET)*

envelope Bitvollgruppe *f*, Envelope *n (Oktett + Status- und Synchronisierbit)*; Hüllkurve *f (AM)*, Einhüllende *f*; Trichter *m (Graph)*

envelope curve Hüllkurvenverlauf *m*

envelope delay Gruppenlaufzeit *f*

envelope distortion Laufzeitverzerrung *f*

envelope function sublayer EF-Layer *m (V5.1, V5.2 Schnittstelle, ETS 300-324, 300-347, s. Tabelle V)*

envelope mode channel divider Envelope-Kanalteiler *m (DTAG-Netzknoten)*

envelope mode transmission envelopeweise Übertragung *f*

envelope velocity Gruppengeschwindigkeit *f*

environment Umgebung *f*, Umgebungsbereich *m*, Umfeld *n*, Landschaft *f (z.B. Rechnerlandschaft)*, Bereich *m*; Benutzeroberfläche *f (z.B. MS-Windows)*

environmental condition descriptor Umgebungszustands-Parameter *m (ATM)*

environmental EMC (electromagnetic compatibility) (EEMC) elektromagnetische Umweltverträglichkeit *f* (EMVU)

EO s. end office

EOB s. end of block

EOC (edge of coverage) Rand *m* der Ausleuchtzone *(Sat)*

EOC s. embedded operations channel

EOF s. End Of File

EOM s. End Of Message

EOT, ETX s. End of Text

EOT s. End Of Transmission

EOW s. engineering order wire

EOW s. engineer's order wire

EP (executive process) Ausführungsprozess *m (ISDN)*

EPD (early packet discard) frühzeitiges Verwerfen *n* von Paketen *(ATM-TM)*

EPG (electronic programme guide) elektronischer Programmführer *m (DVB, Teletext)*

EPID (electrophoretic information display) elektrophoretische (Informations-) Anzeige *f*

EPLD s. eraseable programmable logic device

epoch Epoche *f (Zeitmarke)*

E-procurement Beschaffung *f* über das Internet

EPROM s. eraseable programmable read-only memory

equal-access gleichberechtigt *(Bus)*

equal-gain diversity Summendiversity *f*

equalization Entzerrung *f (Übertr.)*, Ausgleich *m (Frequ., Pegel)*, Glättung *f (el.)*

equalize ausgleichen, nivellieren

equalizer Entzerrer *m*, Korrekturfilter *n*

equalizing pulse Ausgleichsimpuls *m (TV)*

equal-level FEXT (ELFEXT) fernes Übersprechen *n* mit gleichem Pegel

equidirectional gleichgerichtet

equilibrated im Gleichgewicht, ausgeglichen; entlastet

equip ausrüsten, ausstatten; bestücken

equipment Einrichtung *f*; Betriebsmittel *n*, Systemausstattung *f*, Ausstattung *f*,

equipment configuration Geräteausstattung *f*

equipment identity register (EIR) Gerätekennungsdatei *f*, Gerätedatei *f*, Mobiltelefonregister *n (GSM, s. Tabelle VII)*

equipment jack Geräteklinke *f*

equipment level Ausstattung *f*

equipment list Belegungsliste *f (Gestell)*, Geräteübersicht *f*

equipment location Anschlußlage *f (Verm)*

Equipment Specifications Technische Lieferbedingungen *fpl* (TL), Pflichtenheft *n*

equipment under test (EUT) Prüfling *m*

equipment usage Belegungsverkehr *m*

equipotential earthing Erdung *f* mit Potentialausgleich *(nach VDE 0185)*

equiprobable gleichwahrscheinlich

equivalent gleichwertig, entsprechend; Abbild-

equivalent bit rate Übertragungsgeschwindigkeit *f*

equivalent circuit Ersatzschaltbild *n*

equivalent field strength Ersatzfeldstärke *f (EMV)*

equivalent isotropically radiated power (EIRP) Sendeleistung *f*, (effektive *oder* äquivalente isotrope) Strahlungsleistung *f (in dBW)*

equivalent line Leitungsnachbildung *f*

equivalent monopole radiated power (EMRP) äquivalente monopole Strahlungsleistung *f*

equivalent network circuit Ersatzschaltung *f*

equivalent network diagram Ersatzschaltbild *n*

equivalent offered load Ersatzangebot *n (Tel.-Anl)*

equivalent voltage Ersatzspannung *f*

ER (earth recall (button)) Erdtaste *f* (ET) *(K.-Tel)*

eraseable programmable logic device (EPLD) löschbare programmierbare Logikanordnung *f*

eraseable programmable read-only memory (EPROM) löschbarer programmierbarer Festwertspeicher *m (Löschen mit UV-Licht, Programmieren mit Impulsgeber)*

erasing Freischreiben *n (Speicher)*, Löschen *n (Magnetband)*

erasure Löschen *n (von früheren Eintragungen bei einem Dienst, GSM 01.04, s. Tabelle VII)*; Löschung *f (MAZ)*, Auslöschung *f (Paketverlust)*

erasure flag Irrungszeichen *n (Übertragung)*; Löschungszeichen *n (Schwund, Mobilfunk)*

ERC (European Radio Committee) Europäisches Funkkomitee *n*

erection site Aufstellungsort *m (z.B. TV-Sendeantenne)*

Erl s. erlang

erlang Erlang *n (dimensionslose Verkehrswerteinheit, 1 Erl = 36 CCS = 1 dauerbelegte Übertragungsstrecke, entspricht der Anzahl gleichzeitig möglicher Verbindungen, 0 Erl = 1 ständig freie Übertragungsstrecke)*

ERMES (European Radio Messaging System) europäisches Funk-Mitteilungssystem *n (EG, Funkrufnotdienst, 1992)*

ERP s. enterprise resource planning

ERR s. error *(GSM 01.04, s. Tabelle VII)*

erratic unregelmäßig, sprunghaft

erratic behaviour Fehlverhalten *n*

erratic signal Fehlersignal *n*

erratic value Streuwert *m*

erroneous fehlerhaft *(Daten usw.)*

erroneous block fehlerhaft empfangener Datenblock *m*

erroneous error indication Fehlmeldung *f*

error (ERR) Fehler *m (SW, Daten usw.)*, Fehlmeldung *f*; Ablage *f (Frequenz)*, Stand *m (Uhr)*

error burst Bündelfehler *m (z.B., von 20 Bit)*, Fehlerbüschel *n*, Fehlerhäufung *f*

error cancellation Fehlerlöschung *f*

error carry-over (in programming) Überprogrammierung *f* von Fehlern

error character fehlerhaftes Zeichen *n*

error check Fehlerprüfung *f*

error concealment Fehlerverschleierung *f*

error control Fehlersicherung *f*, Fehlerschutz *m*, Fehlerüberwachung *f*, Fehlerbehandlung *f*

error control bit Fehlerschutzbit *n*

error control function Sicherung *f (Netz)*

error control procedure Fehlersicherungsverfahren *n*, Fehlerüberwachung *f*

error control unit Fehlerüberwachungseinheit *f*

error-corrected gesichert *(Übertragungsstrecke)*

error correction code Fehlerkorrekturcode *m (z.B. Reed-Solomon-Code)*

error correction mode (ECM) Fehlerkorrekturmodus *m (Fax, ITU-T T.4, T.30, s. Tabelle III)*

error count Fehleranzahl *f (BER)*

error detection Störungserkennung *f*

error detection and correction (EDC, EDAC) **code** Fehlererkennungs und -korrekturcode *m (Übertragung)*

error diagnostics Fehlerdiagnose *f (DV)*

error diffusion Fehlerausbreitung *f (Repro.)*

error discard Fehlerabwurf *m*, Abwerfen *n* einer fehlerhaften Zelle *(ATM)*

errored fehlerhaft *(Daten usw.)*; gestört, störbehaftet*(Übertragung)*

errored information fehlerhafte Informationen *fpl*

errored second Fehlsekunde *f (ITU-T G.821, s. Tabelle III)*

error escape Nichterkennen *n* eines Fehlers

error flag Fehlermeldung *f*, Fehlerinformation *f*

error flag bit Fehlermeldungsbit *n*

error-free fehlerfrei *(HW)*, störungsfrei, ungestört *(Daten)*

error-free seconds (EFS) fehlerfreie Sekunden *fpl*

error function Fehlerfunktion *f*

error list signal Fehlersammelmeldung *f*

error immunity Fehlerfestigkeit *f*

error indication Fehleranzeige *f (Netz)*

error magnitude Fehlergröße *f*, Fehlermaß *n*

error management Fehlerbehandlung *f*

error masking Fehlerverdeckung *f*

error message Fehlermeldung *f*

error performance Fehlerverhalten *n (PCM)*

error propagation Fehlerfortpflanzung *f*

error-protected gesichert *(Strecke)*

error protection Fehlerschutz *m*, Fehlersicherung *f*, Übertragungssicherung *f*

error rate Fehlerhäufigkeit *f (DÜ)*

error recovery Fehlerkorrektur *f*, Fehlerfolgenbehebung *f*, Fehlerbehandlung *f*

error resilience Fehlertoleranz *f (video coding, H.263)*

error signal Irrungszeichen *n (Übertragung)*

error treatment Fehlerbehandlung *f*

error vector magnitude (EVM) Betrag *m* der Fehlervektoren, Fehlervektorbetrag *m (in %, OFDM, DVB, nach ETR 290)*

ERS s. emergency response service

ES (elementary stream) Elementardatenstrom *m (MPEG-2)*

ESA (European Space Agency) Europäische Weltraumorganisation *f*

ESC s. escape

escape (ESC) Codeumschaltung *f (DLC-Protokoll, Tastatur)*; umschalten; abbrechen (ESC) *(PC)*; entweichen *(Strahlung, Gas)*

escape code Netzübergangskennziffer *f (NKZ) (zw. Numerierungsplänen, ISDN)*

escape key Codeumschalttaste *f*, Abbruchtaste *f*, Escape-Taste *f (Tastatur)*

escape manoeuvre Ausweichmanöver *n (Luftf.)*

escape signal Datenumschaltesignal *n*, Umschaltesignal; Austrittssignal *n (Vermittlung)*

ESD (electrostatic discharge) elektrostatische Entladung *f (Klassen nach IEC-801.2)*, elektrostatische Effekte *mpl*

E Series of ITU-T Recommendations E-Serie *f* der ITU-T-Empfehlungen *(betrifft Telefondienste und ISDN-Numerierung, s. Tabelle III)*

E-shop E-Shop *m (Internet-Shop)*

E-sourcing (electronic sourcing) elektronischer Materialeinkauf *m*

ESP (encapsulated security payload) eingebettete Sicherheitsnutzlast *f (Internet, RFC 2406, s. Tabelle VIII)*

ESP frame ESP-Rahmen *m (Internet, RFC 2401, s. "ESP", Tabelle VIII)*

ESPRIT European Strategic Programme for Research and Development in Information Technologies

ESS (electronic switching system) *(AT&T)* elektronisches Wählsystem *n* (EWS)

essential wesentlich

essential services (E) obligatorische Dienste *mpl (ISDN, GSM)*

establish a bearer eine Verbindung *f* herstellen *(DECT)*

establish a connection eine Verbindung *f* herstellen *(allgemein)*

establishing charge Bereitstellungsgebühr *f* pro Verbindung *(Mobilfunk)*

establishing communication Verbindungsaufbau *m*, Verbindungsaufnahme *f*, Dienstaufbau *m (Transportdienst)*

establishment control Aufbausteuerung *f (Verbindung, ISDN)*

establishment/release Herstellung/Auslösung *f (VCC)*

establish radio contact Funkverbindung *f* herstellen

estimate Schätzwert *m*

estimated value Schätzwert *m*; Prädiktionswert *m (Videocodierung)*

estimator Schätzfunktion *f (Statistik)*

ET (Engaged (*oder* busy) Tone) Besetztton *m (V.25 bis, s. Tabelle V)*

ET s. exchange termination

ETACS, E-TACS (Extended TACS) erweitertes TACS *n (zellularer Mobilfunk, GB)*

etalon Meßnormale *f*; Etalon *n (Optik)*

ETCS s. European Train Control System

Ethernet *(lokales Netz, nach IEEE-Standard 802.3, 10 MB/s, CSMA/CD Basisbandübertragung)*

ETS (European Telecommunication Standard) europäischer Telekommunikations-Standard *m (s. "ETSI")*

ETSI (European Telecommunications Standards Institute) europäisches Institut *n* für Telekommunikationsnormen *(gegründet 1988, s. Tabelle XIII)*

ETX (End of TeXt) Textende *n*

Euclidian distance euklidische Distanz *f (math.)*

EUREKA (European Research Cooperation Agency) Europäische Organisation *f* für Zusammenarbeit in der Forschung *(Arbeitsgruppe zur Aufstellung eines Rahmenprogramms zur Förderung von Projekten wie HDTV, RACE; der Ausruf "heureka" von Archimedes steht symbolisch für den erhofften Forschungserfolg)*
Eu-95 Eureka-95 *(HDTV-, HD-Mac-Projekt)*
Eu-147 Eureka-147 *(DAB-Projekt)*

Eurocard Europakartenformat *n (100 x 168 mm-Leiterplatte)*

Eurocard design Europabauform *f*

EUROCOM Europäische Kommunicationsnormen *fpl (NATO, für taktische FM-Systeme)*

Eurocrypt (European satellite TV (MAC) encryption standard) europäische Verschlüsselungsnorm *f (CA-System, hauptsächlich bei D2-MAC)*

EuroDigital Britischer GSM-Mobilfunkdienst *m (Vodafone, seit Okt. 1993, mit "Roaming" in DK, FL, F, D, I, N, S, SZ)*

EuroDOCSIS (European DOCSIS standard) europäische Version *f* des US-Kabelmodemstandards DOCSIS *(q.v., unterscheidet sich davon nur in der physikalischen Schicht, ITU-T Empf. J.83A)*

Euromessage (European Messaging) europäischer Funkrufdienst *m (Zusammenschaltung von Europage (GB), Alphapage (F), Teledin (I), Cityruf (BRD), März 1990, Vorläufer zu ERMES)*

EURONET Europäisches wissenschaftliches Datennetz *n (paketvermitteltes EG-Netz, entspricht TRANSPAC)*

EuroOSInet (European OSI test network) europäisches OSI-Netz *n*

European Article Numbering (EAN) **system** Europäisches Artikel-Numerierungssystem *n (Strichcode, entspricht UPC in den USA)*

European Association of Consumer Electronics Manufacturers (EACEM) Europäische Vereinigung *f* der Unterhaltungselektronik-Gerätehersteller

European Broadcasting Union (EBU) Union *f* Europäischer Rundfunkanstalten (UER)

European Radio Committee (ERC) Europäisches Funkkomitee *n*, Europäischer Funkausschuß *m (Sitz Dänemark)*

European radio-paging system Europäischer Funkrufdienst *m* (EFuRD), Europiep *m*, Eurosignal *n*

European Train Control System (ETCS) Europäische Zugsteueranlage *f*

EUT (equipment under test) Prüfling *m*

Eutelsat (European Telecommunications Satellite Organisation) europäische Nachrichtensatelliten-Organisation *f (1977 gegründet)*

evaluation Auswertung *f*, Bewertung *f*

evanescence Auslöschung *f (Opt.)*, Abklingen *n (Welle)*

evanescent field abklingendes Feld *n (FO)*

evanescent field fibre coupler Dämpfungs-Faserkoppler *m (FO)*

evanescent mode Dämpfungstyp *m (FO)*

evanescent splitter Auslöschungsverzweiger *m (FO)*

evanescent waveguide Wellenleiter *m* mit herabgesetzter kritischer Frequenz

evaporative cooling Siedekondensationskühlung *f (TV-Leistungstetrode)*

even-bit register bitgeradzahliges Register *n*

even-line interlace geradzahliger Zeilensprung *m (TV)*

even parity gerade Parität *f*

event Ereignis *n*; Anreiz *m (Vermittlung)*

event-driven ereignisgesteuert

event information table (EIT) Ereignistabelle *f*, EIT-Tabelle *f (DVB-SI-Tabelle, die ein neues Ereignis anzeigt)*

event input Ereigniseingabe *f (DV)*

event log Betriebsprotokoll *n*

event/state diagram Anreiz-Zustands-Diagramm *n (Verbindungsaufbau, Verm.)*

EVM (error vector magnitude) Betrag *m* der Fehlervektoren

EW (electronic warfare) elektronische Kampfführung *f (mil)*

E waves E-Wellen *fpl (Hochfrequenztechnik)*

examination Untersuchung *f*; Abfrage *f (HW)*

exception condition Sonderzustand *m*, Ablaufunterbrechung *f*

exception handling Ausnahmebehandlung *f (DV)*

excess burst size Überschuß-Blockgröße *f*

excess path loss Zusatzdämpfung *f*

exchange Austausch *m*, Vertauschung *f*; Vermittlungsstelle *f* (VSt), Vermittlung *f*, Vermittlungsanlage *f*; Fernmeldeamt *n*, Amt *n*, Zentrale *f*; TEMEX-Zentrale *f* (TZ)

exchangeable hard disk Wechselplatte *f (PC)*

exchange access Amtsberechtigung *f (Tel)*

exchange area Anschlußbereich *m* (Asb), Vermittlungsbereich *m*, Einzugsbereich *m*, Netzbereich *m*

exchange area layout Netzplan *m (Verm.)*

exchange-barred nichtamtsberechtigt

exchange building Fernmelde(dienst)gebäude *n* (FDG)

exchange cable Vermittlungskabel *n*, Aufteilungskabel *n (ITU-T I.430, s. Tabelle IV)*

exchange cabling Aufteilungskabel *n*

exchange circuit Amtssatz *m*, Amtsorgan *n*

exchange clock pulse Amtstakt *m*

exchange code Vermittlungsstellenkennzahl *f*, offene Kennzahl *f*, Verkehrsausscheidungszahl *f*

exchange connection Internverbindung *f (ITU-T I.112, s. Tabelle IV)*; Anschlußeinheit *f*

exchange equipment Amtseinrichtung *f*

exchange group Amtsgruppe *f*

exchange hybrid Amtsgabel *f*

exchange junction circuit Amtssatz *m*

exchange line Amtsleitung *f* (AL)

exchange line access Amtsanlassung *f (NStAnl)*

exchange line answer Amtsabfrage *f*

exchange line call Amtsgespräch *n*

exchange line circuit vermittlungsseitige Anschlußschaltung *f* (VAS)

exchange line group Amtsbündel *n (NStAnl)*

exchange line holding coil Amtshaltedrossel *f*

exchange line interface Amtsübertragung *f*

exchange line seizure Amtsbelegung *f*, Amtsanlassung *f (NStAnl)*

exchange line transfer Amtsrufweiterleitung *f* (ARW)

exchange termination (ET) Vermittlungsabschluß *m*, VSt-Leitungsabschluß *m*, vermittlungsseitiger Leitungsabschluß *m*; Teilnehmeranschlußsatz *m*, Teilnehmermodul *n*; Vermittlungsendeinrichtung *f (ISDN)*

exchange wiring Innenverbindungskabel *n*

excitation Erregung *f*; Belegung *f (Ant)*

excitation pulses Anregungspulse *mpl*

excitation signal Anregungssignal *n*

excitation vector Anregungsvektor *m (CELP-Codierer)*

exclusion matrix Inhibitionsmatrix *f (logische Nicht-Wenn-Dann-Funktion)*

exclusion principle Eindeutigkeitsprinzip *n (math., Pauli)*

exclusive OR (element) Antivalenz(glied *n*) *f*, exklusives ODER *n*

excursion Auslenkung *f*; Hub *m (Spannung, Signal)*, Schwingweg *m (Wellenlänge)*

executable (ab)lauffähig, ausführbar *(Programm)*

execute *(tr)* ausführen, fahren, abwickeln, ablaufen lassen *(Programm)*; abarbeiten *(Programmschritte)*; *(itr)* ablaufen *(Programm)*

execution Realisierung *f*, Ausführung *f*

execution time Abwicklungszeit *f (Rechner)*

executive Kern *m (EMA)*

executive intrusion Aufschalten *n (Tk-Anl)*

executive process (EP) Ausführungsprozess *m (ISDN)*

executive-secretary system Chef-Sekretär-Anlage *f*, Vorzimmeranlage *f*

executive subscriber Chefteilnehmer *m (Tel)*

executive telephone system Chef-Telefonanlage *f*

exemption from charges Gebührenbefreiung *f*

exercise Prüfablauf *m (Geräteprüfung)*

exhibiting decay nachschwingend *(Schwingkreis)*

existing-quality television Fernsehen *n* mit gegenwärtiger Bildqualität *(ISDN)*

exit Austritt *m*, Ausstieg *m*; aussteigen, beenden *(Programm)*

Exit and Return to Beenden und Zurück zu *(PC-Meldung)*

exit node Ausstiegsknoten *m (Netz)*

exit the program das Programm verlassen

expand erweitern; entpacken *(Dateien von Floppy, PC)*; entwickeln *(Gleichung)*; dehnen *(Daten)*

expanded memory Expansionsspeicher *m (RAM-Speicherbereich oberhalb 1 MB, PC)*

expander Dehner *m*, Expander *m (PCM)*

expansion card Erweiterungskarte *f (z.B. Fax-Karte, PC)*

expansion interface Erweiterungsschnittstelle *f*

expansion module Erweiterungsbaugruppe *f*

expansion slot Erweiterungssteckplatz *m (PC)*

expectancy window Überwachungstor *n (Mobilfunk)*

expectation Erwartung *f*, Erwartungshaltung *f (Prozeß)*

expected value Erwartungswert *m (Bildcodierung)*

expendable equipment Verlustgerät *n*

expensive aufwendig

expert system Expertensystem *n (Systeme der KI)*

expiry Ablauf *m (eines Zeitgebers)*

expiry date Verfalldatum *n*, Ablaufdatum *n (Kreditkarte)*

explicit call transfer explizite Rufumlegung *f (ISDN)*

explicit forward congestion indication (EFCI) explizite Anzeige *f* einer Überlast *(ATM ABR-Verbindung)*

exploded view aufgelöste Darstellung *f*

exponentiating circuit Potenzierer *m*

export exportieren, überspielen *(DV)*

expose belichten *(Foto)*; freilegen *(Draht)*

exposure dose Belichtungsdosis *f (Mikroelektronik)*

EXT s. extend selection

extend sich erstrecken; verlängern *(Leitung)*, erweitern; weiterleiten *(Ruf)*, herstellen, weiterführen *(Verbindung)*

extendable erweiterungsfähig, ausbaubar

extended address (EA) erweiterte Adresse *f*

extended-area call Nahwählverbindung *f (Tel)*

extended-area service Fernverkehrsdienst *m* zu Ortsgebühren

extended binary coded decimal interchange code (EBCDIC) erweiterter BCD-Code *m* für Datenübertragung

extended call weitergeleitete Verbindung *f*

extended connection weitergeleitete Verbindung *f*

extended definition TV (EDTV) Fernsehen *n* mit erhöhter Auflösung *(Bildauflösung 960x576, Bildformat 16:9, Datenrate 12 Mbit/s, 5 Stereokanäle in CD (Surround-Sound) + 6 KK, ITU-R 601, MPEG-2)*

extended ISA (EISA) **bus** EISA-Bus *m (32-Bit-Bus, PC)*

extended local traffic Nahverkehr *m*

extended local zone Nahzone *f*

extended memory Erweiterungsspeicher *m (RAM-Speicherbereich oberhalb des Arbeitsspeichers, PC)*

extended special-channel band erweiterter Sonderkanalbereich *m* (ESB) *(TV)*

extended-time zeitgedehnt

extended-time sampling gedehnte Probennahme *f*

extend selection (EXT) Markierung *f* erweitern *(Tastatur-Funktion, PC)*

extensible markup language (XML) XML-Sprache *f (WWW-Metasprache, Teilmenge von SGML q.v., EDI)*

extension Ausbau *m*; Anschluß *m*, Nebenanschluß *m* (NAs), Teilnehmerstelle *f*; Nebenstelle *f* (NSt), Klappe *f* (Kl) *(A)*; Apparat *m*, Durchwahl *f*; Nebenstellenanschluß *m* (NStA); Abfragestelle *f (Tel)*, Sprechstelle *f (Gegensprechanlage)*; Zusatz *m*, Kennung *f*, Erweiterung *f (Datei)*, Zusatzinformation *f (PDU, DECT)*

extension busy Teilnehmer *m* besetzt

extension cable Verlängerungsleitung *f*

extension card Erweiterungskarte *f*

extension character Zusatzzeichen *n (Kompr.)*

extension circuit Teilnehmerschaltung *f*

extension line Nebenanschlußleitung *f* (NAsl)

extension mast Teleskopmast *m*

extension number Apparatnummer *f*, Teilnehmernummer *f*, Durchwahlnummer *f (Tel.)*

extension set Nebenstellenapparat *m*

extension speaker Zweitlautsprecher *m*

extension user Nebenstellenteilnehmer *m*

extent Erstreckung *f*; Lebensdauer *f (Programmobjekt)*

exterior gateway protocol (EGP) EGP-Protokoll *n (verteilt Leitweginformationen an Router, RFC0827, RFC1983, s. Tabelle VIII)*

external call Amtsanruf *m*, Amtsgespräch *n*, Amtsverbindung *f*, Externverbindung *f*, Ferngespräch *n*

external (**long distance**) **call** Fernübertragung *f*

external call connected (Amtsanruf) aufgeschaltet

external clock Fremdtakt *m*

external computer (EC) externer Rechner *m* (ER) *(Vtx-Informationsanbieter)*

external drive externes Laufwerk *n (PC)*

external line code Amtskennziffer *f*

external night service switching externe Nachtschaltung *f (Tk-Anl)*

external storage Externspeicher *m (DV)*

external traffic Amtsverkehr *m*

externalize nach außen weitergeben *(ein Signal)*

externally driven clock Fremdtakt *m*

extinction Auslöschung *f (FO)*

extinction ratio Extinktionsverhältnis *n (FO)*

extra bit zusätzliches Bit *n*, Zusatzbit *n*

extract ausblenden *(Signal, Zellen)*, entstopfen *(PCM-Signal)*; auskoppeln *(FO)*; aussondern *(Info.)*, absaugen

extract clock Takt ableiten

extraction signal Austastsignal *n (Pulse)*

extract timing Takt ableiten

extraordinary wave (E) außerordentliche *oder* extraordinäre Welle *f (FO)*

extreme traffic load Extrembelegung *f*

eye pattern Augendiagramm *n (PCM-Phase, auf Oszilloskop)*
in the centre of the eye pattern augenmittig

eye pattern of phase Phasenaugendiagramm *n (PCM)*

eye pattern probability density Augenwahrscheinlichkeitsdichte *f (PCM-Übertragung)*

E1 Standleitung *f* mit 2 Mb/s

E1 interface E1-Schnittstelle *f (2-Mb/s-Schnittstelle nach ITU-T-Empfehlung G.703, entspricht DS1 und T1 (q.v.), unterstützt Frame Relay (q.v.))*

E3 interface E3-Schnittstelle *f (34-Mb/s-Schnittstelle nach ITU-T-Empfehlung G.703, entspricht DS3 (q.v.))*

F

F (noise figure) Rauschmaß *n*, Rauschzahl *f (in dB)*

fabric Gefüge *n*, Konfiguration *f*, (Netz)-struktur *f (bis einschließlich Peripherie, d.h. Terminals usw.)*; Koppelnetz *n*, Verbindungsnetzwerk *n (ATM)*

face Stirnfläche *f (mech.)*, Seitenfläche *f*, Fläche *f*, Seite *f*

faceplate Schirmplatte *f (Anzeige)*; Frontplatte *f*, Frontabdeckung *f (HW)*

facet (Seiten-)Fläche *f* (Kristall); Facette *f (Laser)*

facilities network Netz *n* für (höhere) Übertragungsmerkmale

facilities switched network Koppelnetz *n* für (höhere) Übertragungsmerkmale

facility Einrichtung *f*; Betriebsmittel *n*; Dienstmerkmal *n*, Leistung *f*, Leistungsmerkmal *n*; Übertragungsmerkmal *n*; Betriebsmöglichkeit *f*

facility indicator Dienstmerkmal-Indikator *m (ZGS.7 UP, s. Tabelle III)*

facility interface Merkmalsschnittstelle *f (ATM)*

facility network Installationsnetz *n*, physikalisches Netz *n*

facility rate Dienstmerkmal-Geschwindigkeit *f oder* -Bitrate *f*

facility request (FRQ) Aufforderung *f* zur Durchführung eines Dienstmerkmals *(ZGS. 7 UP)*; Dienstmerkmal-Anforderung *f*, Leistungsmerkmalanforderung *f*

facility shift register (FSR) Einrichtungsschieberegister *n*

facsimile Faksimile *n*, Nachbildung *f*, Duplikat *n (s.a. 'fax')*

facsimile network Bildübertragungsnetz *n*

facsimile radio Bildfunk *m*

fade Aufblendung *f*, Abblendung *f (Video)*

fade in einblenden *(Video)*

fade out ausblenden *(Video)*

fade-out Totalschwund *m (Mobilfunk)*

fader Regler *m*, Schieber *m*, Flachbahnsteller *m*; Überblendregler *m*, Bildregler *m*, Tonregler *m*

fading Signalschwund *m*, Schwund *m (Mobilfunk)*

fading channel Kanal *m* mit Schwund, schwundbehafteter Kanal *m*

fading distribution Schwund-Überschreitungswahrscheinlichkeit *f (Wellen-Fortpflanzung)*

fading null Schwund-Nullstelle *f*, Fading-Nullstelle *f (Mobilfunk)*

fail ausfallen; erfolglos sein, mislingen

fail a request eine Anforderung *f* abweisen

failed unit Ausfalleinheit *f*

fail-safe ausfallsicher, fehlersicher, gesichert, signaltechnisch sicher

fail to arrive ausbleiben *(signal)*

failure Ausfall *m*, Havarie *f*, Störung *f*; Mißerfolg *m*, Erfolglosigkeit *f (z.B. Belegungsversuch)*

failure indication Störungsmeldung *f (Mobilfunk)*

failure penetration range Störwirkbreite *f*

failure-proof ausfallsicher

failure rate Ausfallquote *f*

failure recovery Fehlerbehebung *f*, Wiederherstellung *f* der Funktionsfähigkeit

failure threshold Abschalteschwelle *f (Zeichenstrecke)*

fair angemessen; gerecht

fair comparison gerechter Vergleich *m (A-B-Vergleich)*

fairness Gerechtigkeit *f (bei Buszuteilung)*

fall Einbruch *m (im Signal, in der Datenrate)*

fall-back Herunterschalten *n (Modem)*

fall-back circuit Ersatzleitung *f*

fall-back data rate Ausweichdatenrate *f*

fall-back system Bereitschaftssystem *n*, Rückzugssystem *n*, Rückfallebene *f*

fall-forward Hochschalten *n (Modem)*

falling edge abfallende Flanke *(Impuls)*

fall outside herausfallen *(Bereich)*

fall short of unterschreiten

false falsch *(Logikzustand)*

false error indication Fehlmeldung *f*

false framing Falschsynchronisierung *f*

false indication *oder* **reading** Störanzeige *f*

false seizure Blindbelegung *f (Tel)*

false signal Fehlanruf *m*

family of curves Kenn(linien)feld *n*, Kurvenschar *f*

fan Fächer *m*; Ventilator *m*, Lüfter *m*

fanfold(ed) paper Leporellopapier *n*, Zickzackpapier *n (Drucker)*

fan out Ausgangsfächerung *f*; auffächern *(Demux)*

fan-out factor Ausgangslastfaktor *m (IC)*

fan-out transceiver Verteilkoppler *m (FO)*

fan-out unit Verteileinrichtung *f (LAN)*

FAQ (frequently asked question) häufig gestellte Frage *f*, FAQ *n (Liste in WWW, RFC1983)*

far end fernes Verbindungsende *n*, fernes Leitungsende *n (Tel)*

far-end alerting Fern-Rufmeldung *f*

far-end block error (FEBE) Fern-Blockfehler *m*

far-end crosstalk (FEXT) Fernnebensprechen *n*, fernes Übersprechen *n (Tel., in dB, ITU-T I.430.E, s. Tabelle IV)*

far-end echo Fernecho *n*

far-end office Gegenamt *n*, Zielamt *n (Tel)*

far-end receive failure (FERF) Fern-Empfangsausfall *m (heute: RDI q.v.)*

far-off spectrum Weitabspektrum *n*

FAS (frame alignment signal) Rahmenkennwort *n* (RKW)

FAS (multiframe alignment signal) Mehrfachrahmen-Rahmenkennwort *n* (M-RKW), Multiframe-Rahmenkennwort *n* (M-RKW)

fast charger Schnelladegerät *n*, Schnellader *m (Mobilfunk, Ladezeit ca. 1 Std.)*

fast fading schneller Schwund *m*

fast FSK (FFSK) schnelle Frequenzumtastung *f (1200 Bd, nömL)*

fast forward (FF) Schnellvorlauf *m (MAZ)*; Weiterschaltung *f* mit voller Leitungsgeschwindigkeit *(Rahmen, Überlastabwehr)*

fast Fourier transform (FFT) schnelle Fourier-Transformation *f (schneller Algorithmus für eine DFT (q.v.))*

FASTON tab Steckzunge *f (Verbinder)*

fast packet switching Breitband-Paketvermittlung *f (unterstützt Sprache sowie Daten)*

fast rewind Schnellrücklauf *m (MAZ)*

FAT (file allocation table) Dateizuordnungstabelle *f (Festplatte, PC)*

fatal fault Totalausfall *m*

fat fibre Dickkernfaser *f (FO)*

fault Fehler *m*, Fehlerstelle *f*; Störung *f*, Störfall *m*

fault clearance Entstörung *f*

fault clearance office Störungsstelle *f*

fault clearance service Entstörungsdienst *m*

fault clearance time Störungsdauer *f (Netz)*

fault condition (FC) Störbedingung *f*

fault containment Fehlereindämmung *f*

fault currents unzulässige Ströme *mpl*

fault detection Fehleraufdeckung *f*, Fehlererkennung *f*

fault elimination mechanism Behebungsmechanismus *m (OAM)*

fault exclusion Fehlerausschluß *m*

fault finding Fehlersuche *f*, Fehlerlokalisierung *f (HW)*

fault immunity Störungssicherheit *f*

faultless fehlerfrei *(HW)*, fehlersicher

fault localization Fehlerlokalisierung *f*, Fehlereingrenzung *f*

fault locating Fehlerlokalisierung *f*

fault location Fehlerortung *f*, Störstelle *f*

fault location unit (FLU) Fehlerortungseinheit *f*, Ortungsgerät *n* (OG) *(Tel)*

fault management Störungsmanagement *n (NMS)*

fault penetration range Fehlerwirkweite *f*

fault recovery Störungs- *oder* Fehlerbeseitigung *f*

fault repair mechanism Behebungsmechanismus *m (OAM)*

fault report Störungsmeldung *f*

fault signal Fehlermeldung *f (AIS)*, Fehlertelegramm *n (Dienstkanal)*; Störmeldung *f*, Störsignal *n*

fault statistics Störungsstatistik *f (Betriebstechnik)*

fault-tolerance Fehlersicherheit *f*, Ausfallsicherheit *f*, Fehlerbeständigkeit *f*, Fehlertoleranz *f*

fault tolerancy Fehlertoleranztechnik *f (Vermittlung, US)*

fault-tolerant fehlertolerant, fehlersicher, ausfallbeständig, hochverfügbar

fault tree Fehlerbaum *m*

faulty fehlerhaft *(HW)*, gestört *(Übertragung)*, mangelhaft

faulty connection Verschaltung *f (HW)*

faulty line gestörte Leitung *f*

faulty selection Falschwahl *f*, Fehlwahl *f*

fax Fax *n*, Telefax *n*; Fernkopie *f*, Bildtelegramm *n (ITU-T Empf.T.0,T.2,T.3 und T.30, s. Tabelle III, s.a. 'facsimile')*; faxen, wegfaxen *(Dokumente, Grafik)*

fax broadcast Fax-Rundsendung *f*

fax call Faxverbindung *f*

fax card Fax-Karte *f (PC-Erweiterung)*

fax control field (FCF) Fax-Steuerfeld *n (Fax-Steuerzeichen)*

fax group 1,2 Fax-Gruppe 1,2 *(analoge Telefaxmaschinen, Seitenübertragung 2–6 Min)*

fax group 3,4 Fax-Gruppe 3,4 *(digitale Telefaxmaschinen, Seitenübertragung 10 Sek.–1 Min., ITU-T Empf.T.4 (G3); T.6,T.503,T.521,T.563 (G4), s. Tabelle III)*

fax journal Faxjournal *n*, Sendejournal *n*, Telefaxprotokoll *n*

fax machine Telefaxgerät *n*, Telekopierer *m*, Fernkopierer *m*

fax over IP (FoIP) Telefaxübertragung *f* per Internet-Protokoll

fax retrieval Faxabruf *m (UM)*

fax switch Fax-Schalter *f*, Fax-Weiche f *(Tel.-/Fax-Empfang)*

fax terminating number Telefax-Zielnummer *f (Übertr.)*

fax tone Faxton *m (2.1 kHz ohne/mit Phasenumtastung)*

FBC (folded binary code) gefalteter Binärcode *m*

FBG (fibre-Bragg grating) Faser-Bragg-Gitter *n (OXC)*

FBP (fish bite protected) fischbißgeschützt *(TAT8, FO)*

FC s. fault condition

FC (functional component) Funktionskomponente *f (ISDN)*

FCAPS (Fault, Configuration, Accounting, Performance and Security) **management** Störungs-, Beschaltungs-, Logbuchführungs-, Leistungs- und Sicherheitsverwaltung *f (OSI-Netzmanagementsystem, s. Tabelle VI)*

FCB (frequency correction burst) Frequenznachregelungsburst *m*, Frequenznormal *n (GSM)*

FCC s. Federal Communications Commission

FCF s. fax control field

FCFS (first-come-first-served) Abfragegerechtigkeit *f (Warteprotokoll)*

FCM (frequency code modulation) Frequenzcodemodulation *f*

FCS (frame checking sequence) Rahmenprüfzeichen *n*; Blockprüfzeichenfolge *f (HDLC)*

FD (floppy disk) Diskette *f*, Floppy *f*

F/D (focal length/diameter) F/D-Verhältnis *n (Brennweite/Antennendurchmesser, Sat)*

FDD (floppy disk drive) Diskettenlaufwerk *n*

FDD (frequency division duplex) Frequenzduplex *n (UMTS)*, Frequenzgetrenntlage-Verfahren *n*

FDDI s. Fiber Distributed Data Interface

FDDI interface FDDI-Schnittstelle *f (IEEE 802.3, CSMA/CD)*

FDM (frequency division multiplex) Frequenzmultiplex *n*, Frequenzgetrenntlage-Verfahren *n*

FDMA (frequency division *oder* domain multiple access) Vielfachzugriff *m* im Frequenzmultiplex *(Teilnehmerzugriff über unterschiedliche Frequenzbereiche, s.a. "SCPC")*

FDMA/TDMA access method FDMA/TDMA-Zugriffsverfahren *n (GSM)*

FDM grouping Frequenzmultiplexbündelung *f*

FDM/SC unit TF+DL-(Trägerfrequenz/Dienstleistungs)-Gerät *n (Mobilfunk-Endgerät)*

FDM switching stage Frequenzschaltstufe *f (Verm)*

FDR (frequency domain reflectometer) Frequenzreflektometer *n (Test)*

FD/TDMA s. FDMA/TDMA

FDX (full duplex) Gegenschreiben *n*; vollduplex

FEA (functional entity action) Funktionsinstanz-Aktion *f (ISDN)*

feasibility Realisierbarkeit *f*, Durchführbarkeit *f*

feature (Leistungs)merkmal *n*, Feature *m*, Zusatz *m*; Einzelheit *f*, Stelle *f (image)*; Funktion *f (TV-Menü)*

feature code Funktionscode *m (Mobilfunk, NStAnl.)*

feature film Spielfilm *m (TV)*

feature key Funktionstaste *f (Mobilfunk)*

feature signal Merkmalssignal *n (Spracherkennung)*

feature size Strukturgröße *f*, Elementbreite *f (Mikroschaltung)*

feature telephone Komforttelefon *n*

feature vector Merkmalsvektor *m (Spracherkennung)*

FEBE s. far-end block error

FEC (forward error correction) Vorwärts-Fehlerkorrektur *f (PCM-Daten)*, Kanalcodierung *f (DVB-T)*

FEC (front-end clipping) Kürzung *f* von Sprachblockanfängen *(PV)*

FED (field emission display) Feldemissionsanzeige *f*

fed gespeist

Federal Communications Commission (FCC) Bundeszulassungsbehörde *f* für das Fernmeldewesen *(US)*

Federal Information Processing Standard (FIPS) Bundes-Informationsverarbeitungsnorm *f (US)*

Federal Privacy Act Datenschutzgesetz *n (US, 1974)*

fee collection Gebührenerhebung *f*

feed Speisung *f*, Versorgung *f*; Vorschub *m (mech.)*; (ein)speisen, einspielen *(Musik, Ansagen)*

feedback Rückmeldung *f (Nachricht)*; Rückkopplung *f*, Mitkopplung *f (positiv, HW)*, Gegenkopplung *f (negativ, HW)*

feedback gain Rückkopplungsverstärkung(sfaktor *m*) *f*

feedback loss Umlaufdämpfung *f*

feedback shift register rückgekoppeltes Schieberegister *n*

feeder cable Stichleitung *f (Kabel-TV)*

feeder loop Zubringerleitung *f*

feeder network Zubringernetz *n (TV, Rundfunk)*

feeder system Zubringersystem *n*

feed forward Vorwärtskopplung *f*, Mitkopplung *f*, Vorwärtsregelung *f*; aufschalten *(NStAnl)*

feed forward circuit vorwärtsgekoppelte Schaltung *f*

feed forward converter Durchflußwandler *m*

feedforward network Feedforward-Netzwerk *n (neuronales Netz)*

feed forward signal regeneration (FFSR) Vorwärts-Signalregenerierung *f (ESB-Technik mit TTIB, für PMR nach MPT 1327, GB)*

feedforward tap Vorwärtsabzweigung *f*

feed hole Taktloch *n (LSL)*

feeding from one end einseitige Einspeisung *f*

feeding line Zubringer *m*

feeding loss Speisestromdämpfung *f*

feedpoint Anschluß *m (Antenne)*

feed-through principle Durchlaufprinzip *n (Speicherung, z.B. FIFO)*

feed-through power meter Durchgangsleistungsmesser *m (Senderprüfung)*

female aufnehmend, negativ *(Verbinder)*

female connector strip Federleiste *f*

female contact Mutterkontakt *m*

fenemic baseform fenemische Grundform *f (Spracherkennung)*

FEP (front-end processor) Anpassungsrechner *m*

FEQ (frequency equalizer) Frequenzentzerrer *m (ADSL)*

FER s. frame erasure rate

FER s. frame error rate

FeRAM s. ferroelectric RAM

FERF s. far-end receive failure

ferroelectric liquid crystal (FLC) ferroelektrischer Flüssigkeitskristall *m (FO-Schalter)*

ferroelectric liquid crystal display (FLCD) ferroelektrische Flüssigkeitskristallanzeige *f*

ferroelectric RAM (FeRAM) ferroelektrischer RAM-Speicher *m*

ferrule Hülse *f*, Kennhülse *f (Kabel)*, Faserhülse *f*; mit Hülse *f* versehen

fetch abrufen *(aus dem Speicher)*, abholen

fetch stage Bereitstellungsstufe *f*, Befehlsbereitstellungsstufe *f (Pipeline-Modus)*

F exchange, unbalanced signalling (FXU) F-Vermittlung *f*, unsymmetrische Zeichengabe

FEXT s. far-end crosstalk

FE1 s. fractional E1

FF s. fast forward

FFSK s. fast FSK

FFSR s. feed forward signal regeneration

FFT s. fast Fourier transform

FH (frequency hopping) Frequenzsprung *m*, Frequenzhüpfen *n*; Frequenzspringen *n*

FHSS (frequency hopping spread spectrum) **signal** FHSS-Signal *n (WLAN, IEEE 802.11)*

fiber s. fibre

fibre Faser *f*; Ader *f (FO-Kabel)*

fibre-based fasergebunden

fibre-Bragg grating (FBG) Faser-Bragg-Gitter *n (OXC)*

fibre coupler Faserkoppler *m (FO)*

Fibre Distributed Data Interface (FDDI) Datenanschluß *m* mit Signalverteilung über Glasfaser *(ANSI ASC X3T9.5, 100 MB/s, Token-Ring-LAN nach IEEE 802.2, 802.5; max. Übertragungslänge 2 km, US)*

fibre in the loop (FITL) Glasfaser *f* im Teilnehmeranschlußbereich *(FO)*

fibre loss Faserdämpfung *f (FO)*

fibre node (FN) Glasfaserknoten *m*, optoelektrischer Wandler *m (HFC-Netz)*

fibre optic cable Glasfaserkabel *n* (GFK)

fibre-optic link Lichtleiteranschluß *m (FO)*

fibre-optic news gathering (FONG) faseroptische Berichterstattung *f*

fibre optics Faseroptik *f* (FO), Glasfasertechnik *f*

fibre-optics bus Lichtleiterbus *m (FO)*

fibre-optics network Glasfasernetz *n (IEEE 802.8)*

fibre-optic termination Licht(wellen)leiterabschluß *m*

fibre tail Anschlußfaser *f*

fibre to the amplifier (FTTA) Glasfaser *f* bis zum Verstärker *(FO)*

fibre to the building (FTTB) Glasfaser *f* bis zum Gebäude *(FO)*

fibre to the curb (FTTC) Glasfaser *f* bis zum Straßenrand *(FO)*

fibre to the home (FTTH) Glasfaser *f* bis ins Haus, FTTH-System *n (FO-Breitbandanschluß, Verteiltechnik)*

FID s. fill input device

fidelity Wiedergabetreue *f*, Wiedergabegüte *f*; Formtreue *f (Mikroschaltung)*

fiducial mark Registriermarke *f (Leiterplattenaufbau)*

field Feld *n (Daten)*; Gebiet *n (Anwendung)*; Halbbild *n*, Teilbild *n (TV)*
in the field im Betrieb, beim Anwender, vor Ort, am Einsatzort, in der Praxis

field buffer Halbbildspeicher *m (TV)*

field bus Feldbus *m (Prozeßsteuerung)*

field emission display (FED) Feldemissionsanzeige *f*

field experience Betriebserfahrungen *fpl*, praktische Erfahrungen *fpl*

field offset Frequenzversatz *m (TV)*

field of view (FOV) Blickfeld *n (opt.)*, Gesichtsfeld *n*, Bildfeld *n*

field programmable gate array (FPGA) kundenprogrammierbares Verknüpfungsfeld *n*, frei programmierbare Logikanordnung *f*

field replaceable unit (FRU) Steckbaugruppe *f*, Austauscheinheit *f* (AE)

field sequential system Rasterwechselverfahren *n (TV)*

field strength Feldstärke *f (ITU-R P.370)*

field strength meter Feldmeßgerät *n (Messungen nach ITU-R Empf. P.370)*

field telephone Feldtelefon *n*

field test Feldversuch *m*, Betriebsversuch *m*

field trip Meßkampagne *f*

FIFO s. first-in-first-out

FIFO store FIFO-Speicher *m*, Stapelspeicher *m*

figure Figur *f*, Bild *n (Dokument)*; Zahl *f*

figure-of-eight network Achternetz *n*

figure-of-merit (FOM, Q) Güte *f (z.B. G/T)*, Q-Wert *m (Schwingkreis)*, Gütefaktor *m*, Leistungszahl *f*

figure-of-merit measurement Systemwertmessung *f*

figure shift Ziffernumschaltung *f* (Zi) *(Tx)*

figure shifting Ziffernzuschaltung *f (Tx)*

figure-8 shape Achterform *f (Spule)*

filament Faden *m*; Einzelfaser *f (FO)*

filament braiding Faden-Umspinnung *f (Kabel)*

file Datei *f*, File *n*; ablegen

file allocation table (FAT) Dateizuordnungstabelle *f (Festplatte, PC)*

file attachment Dateianhang *m (E-mail)*

file cabinet Aktenschrank *m (Windows95, PC)*

file descriptor Dateibezeichnung *f (DV)*

file extension Dateizusatz *m*, Datei(namens)erweiterung *f*, Dateikennung *f*

file identifier Dateibezeichner *m (DV)*

file handle Dateikennung *f (DV)*

file localizer Dateisucher *m (DV)*

file locator Dateisucher *m (DV)*

file name Dateiname *m*

file server Dateibediener *m (SW-Übergang für LAN)*, Datenserver *m*, Fileserver *m (DV)*

file specifier Dateispezifizierer *m (DV)*

file transfer Dateiübertragung *f*, Dateitransfer *m*, Dateiaustausch *m (DV, FTAM; ITU-T T.84, ISO/IEC 10918-3)*, Datenübermittlung *f*

file transfer and access method (FTAM) Dateiübertragungs- und Zugriffsverfahren *n (ISO IS 8571)*

file transfer protocol (FTP) Dateiübertragungsprotokoll *n (Internet, RFC0959, s. Tabelle VIII; also MIL-STD 1780)*

file tree Dateienbaum *m (DV)*

filing and retrieval system Ablage- und Suchsystem *n (Dokumente)*

fill Füllstand *m (Speicher)*; Füllbereich *m (Bildbearbeitung)*

fill input device (FID) Fülldaten-Eingabevorrichtung *f*

fill-in transmitter Füllsender *m (TV)*

filler Füllzeichen *n*

filler bit Füllbit *n*, Füllzeichen *n*

fill ratio Füllgrad *m (Speicher; Zelle (ATM))*

fill state Füllzustand *m (Zelle, ATM)*

film recorder Filmausgabeeinheit *f (Repro.)*

film video recording Filmaufzeichnung *f* (FAZ)

filter bank Filterbank *f (dig. Filter)*

filter implementation Filterimplementierung *f*; Mechanisierungsfilter *n (Kreiselkompass)*

filter out wegfiltern, ausfiltern, aussieben; absaugen *(Frequenzen)*; ausscheiden *(Pakete)*

filter section Filterglied *n*

filtration Ausscheidung *f (Pakete)*

final buy-off Endabnahmeprüfung *f*

final capacity stage Endausbau *m*, Endausbaustufe *f*

final digit Endziffer *f (einer Rufnummer)*

final high-usage route Letztquerweg *m* (LQW)

final processing module Endvermittlungsmodul *n (VSt)*

final route Kennzahlweg *m* (KZW)

final selector Endwähler *m*, Leitungswähler *m*; Sammelleitungswähler *m* (SLW)

Find Abfragen *n (Benutzer im MHS-Namensverzeichnis)*, Suchen. . .*(MS Windows, PC)*

finder (switch) Suchwähler *m (Vermittlung)*

Find Next Weitersuchen *(MS Windows, PC)*

fine-alignment word Feinsynchronisationswort *n (DIIS)*

fine-grained feinkörnig

fine-time alignment word Feinsynchronisationswort *n (DIIS)*

fine-time clock pulse Feintakt *m*

fine wavelength-division multiplex (FWDM) Fein-Wellenlängenmultiplex *n*

finger locating ridges Fingerführung *f (Folientastatur)*

fingerprint Fingerabdruck *m (Krypto-Prüfsumme)*; privater Signaturschlüssel *m*, Fingerprint *m (HBCI)*; signieren *(Kryptographie)*

finger-shaped fingerförmig, fingergerecht *(z.B. Einbuchtung in e. Gehäuse)*

finite field arithmetic Arithmetik *f* des finiten Feldes, Galois-Feld-Arithmetik *f (Bildcodierung, DVB-T)*

finite impulse response (FIR) **filter** FIR-Filter *n (digitale Audiocodierung)*, nichtrekursives Filter *n*, Transversalfilter *n*

finite integration technique (FIT) FIT-Verfahren *n (Berechnung von elektromagnetischen Feldern)*

finite state machine endlicher Automat *m*, Endlichautomat *m (math. Modell)*

finite state vector quantization (FSVQ) Finite-State-Vektorquantisierung *f*

FIPS (Federal Information Processing Standard) Bundes-Informationsverarbeitungsnorm *f (US)*

fire extinguishing device Feuerlöschgerät *n*

firewall Brandschutzmauer *f*; Firewall *f (Schutzvorrichtung (Rechner) gegen unerlaubte Zugriffe z.B. aus dem Internet durch Hacker)*

FireWire bus FireWire-Bus *m (serieller Datenbus nach IEEE 1394 (q.v.) , s. Tabelle XII)*

FIR filter s. finite impulse response filter

firmware Firmware *f*, hardwarenahe Software *f (unveränderliche Software, z.B. ZE-Mikroprogramm)*

first call attempt Erstanruf *m*

first choice route Erstweg *m*, Erstwahlbündel *n*, Direktbündel *n*

first choice trunk group Erstwahlbündel *n*, Direktbündel *n*

first-come-first-served (FCFS) Abfragegerechtigkeit *f (Warteprotokoll, Bedienung in Reihenfolge der Ankunft: "Wer zuerst kommt, mahlt zuerst")*

first-in-first-out (FIFO) Durchlaufprinzip *n*, Siloprinzip *n (Register-Speicherverfahren)*
  in first-in-first-out order in Eingabereihenfolge *f*

first party release Auslösen *n* durch den zuerst auflegenden Teilnehmer

fish bite protected (FBP) fischbißgeschützt *(TAT8, FO)*

fit Sitz *m*, Passung *f*; Entsprechung *f (Math.)*

FIT s. finite integration technique

FITL s. fibre in the loop

five-tone sequence Fünf-Ton-Folge *f (Betriebsfunk)*

fixed fest; stationär, ortsfest *(HW)*, starr; vorgegeben

fixed call diversion feste Rufumleitung *f*

fixed charge Grundgebühr *f*

fixed connection festgeschaltete Verbindung *f*, Festverbindung *f*, Festanschluß *m*

fixed connector Gehäusestecker *m*

fixed cycle operation getaktete Arbeitsweise *f*

fixed data Stammdaten *npl*

fixed-direction richtungsgebunden

fixed disk Festplatte *f (PC)*

fixed(-factor) multiplex starres Multiplex *n*

fixed-gain amplifier Festverstärker *m*

fixed length feste *oder* konstante Länge *f*

fixed-length cell Zelle *f* fester Länge, Festzelle *f (ATM)*

fixed-length numbering Feststellennumerierung *f*

fixed line Festleitung *f*

fixed multiplex festes Multiplex *n (ITU-T I.430, s. Tabelle IV)*, starres Multiplex *n*

fixed point notation Festkomma-Schreibweise *f*

fixed radio service fester Funkdienst *m*

fixed radio station Funkfeststation *f*, feste Funkstelle *f (Mobilfunk)*

fixed satellite service (FSS) fester Satelliten-Funkdienst *m (ITU-R)*

fixed station Feststation *f* (FS) *(Bündelfunk, nömL)*

fixed telephone station feste Fernsprechstelle *f (Mobilfunk)*

fixed-time call Festzeitverbindung *f (HfD)*

fixed transmission line Festleitung *f*

fixing of position Standortbestimmung *f*, Ortsbestimmung *f*

fixing of tariffs Tarifierung *f*

flag Flagge *f (Kennungsbit)*; Begrenzungszeichen *n (ISDN)*, Rahmenbegrenzung *f*; Merker *m*, Markierung *f*, Flag *n*; markieren
set the flag of ... armieren

FLAG (Fibre-optic Link Around the Globe) Glasfaserverbindung *f* um die Erde *(Länge 28.000 km, Kapazität 8 Gbit/s, Inbetriebnahme Sept. 1997)*

flag bit Kontrollbit *n*, Kennbit *n*

flag stuffing Füllzeichen *npl*

flagged call gekennzeichnete Verbindung *f*

flap position Klappenstellung *f (Luftf.)*

flash Flash *m*; blinken *(Lampe)*

flash button Flashtaste *f* (FT) *(Tel)*

flash EPROM Flash-EPROM *m*

flashing bar blinkender Strich *m (PC-Monitor)*

flash memory Flash-Speicher *m (PC, Handy, läßt sich nur in Blöcken und nicht einzelnen Adressen oder Zellen überschreiben, gleicht einer elektronischen Festplatte)*

flash override Flash-Übersteuerung *f (B-ISDN)*

flat flach, linear *(Frequenzgang)*, eben, flächenhaft; reflexionsfrei *(Optik)*; kontrastarm *(Reproduktion)*

flat attenuation konstanter Dämpfungsverlauf *m*

flatbed scanner Flachbett-Scanner *m (OCR)*

flat cable Flachkabel *n*, Bandkabel *n*

flat connection charge einmalige Anschlußgebühr *f*, Pauschalgebühr *f (Mobilfunk)*

flat fee Pauschalgebühr *f*

flat field Bildfeld *n (opt.)*

flat loss Verlust *m* im linearen Teil *(der Kurve)*

flat panel display Flachbildschirm *m*, Flachdisplay *n (LCD-, Plasma- oder LED-Anzeige)*

flat pin Flachstift *m*

flat pin plug Stecker *m* mit Flachkontakten *(GB, US, AUS)*

flat rate Pauschaltarif *m*

flat response flache, lineare *oder* gerade Wiedergabe *f*, flacher *oder* linearer Gang *m*

flatten out verflachen *(Kurve)*

flat twin flexible cord Zwillingsleitung *f (DIN)*

flawed fehlerhaft *(Daten, Blöcke usw.)*

FLC s. ferroelectric liquid crystal

FLCD s. ferroelectric liquid crystal display

fleet control Flottensteuerung *f*, Fuhrparksteuerung *f (Chekker)*

fleet monitoring system Fuhrparkkontrollsystem *n (Dornier/DTAG/Inmarsat)*

Fletcher-Munson contours Fletcher-Munson-Kurven *fpl (Kurven gleicher Lautstärke in Abhängigkeit von der Frequenz, Akustik, Tonübertragung)*

flexible allocation freizügige Zuordnung *f*

flex(ible) circuit flexible Schaltung *f*, Leiterfolie *f*, Flexiprint *f*

flexible lead *oder* **cord** Anschlußschnur *f*

flexible numbering system freie Rufnummernzuordnung *f*

flexible rate interface (FRI) Schnittstelle *f* mit flexibler Bitrate, bitratenveränderliche Schnittstelle *f*, bitratenadaptive Schnittstelle *f (zw. BRI und PRI, ISDN, AT&T)*

flexing Wechselbiegung *f (Kabel)*

flicker(ing) Flimmern *n (periodische sichtbare Veränderung der Bildschirmhelligkeit, wenn die Bildwechselfrequenz 50 Hz unterschreitet)*

flight guidance Flugführung *f (aero)*

flightworthiness Flug- *oder* Raumfahrttauglichkeit *f (HW)*

flip Klappblende *f (Videofilm)*

flip-flop Flipflop *m*, Kippstufe *f*

flip page function Seitenumkehrfunktion *f (Fax)*

float charge Erhaltungsladung *f*, Pufferladung *f (Batterie)*

floating gleichstromfrei, potentialfrei; Schwebezustand *m (Konferenz)*

floating channel unabhängiger Kanal *m (DV)*

floating charge Erhaltungsladung *f*, Pufferladung *f (Batterie)*

floating input potentialfreier Eingang *m*

floating insertion gleitende Einfügung *f*

floating network schwebendes Netz *n (DVB-T, nicht-GPS-synchronisiertes Gleichwellennetz)*

floating point notation Gleitkomma- *oder* Fließkomma-Schreibweise *f*

FLOF, flof (full level-one features) Gesamtmerkmale *npl* der Ebene 1 *(GB-Txt, entspricht TOP)*

flooding Überschwemmen *n*; Flooding *n (statische Leitweglenkung)*

floor bar Bodenschiene *f (Gestell)*

floor distribution board Stockwerkverteiler *m (Tel)*

floor (services) distribution Stockwerkverteiler *m*

floor (services) distributor Stockwerkverteiler *m*, Etagenverteiler *m*

floor space Stellfläche *f*, Bodenfläche *f (Gestell)*

floor station Etagenstation *f*, Stockwerkstation *f (Haussprechanlage)*

flop-over Vertausch *m* der beiden Seiten *(Videofilm-Schnitt)*

floppy disk (FD) Diskette *f*, Floppy *f*

floppy disk drive (FDD) Diskettenlaufwerk *n*

flow Fluß *m*; Verkehrsstrom *m*, Datenfluß *m*

flow chart Flußdiagramm *n (Programmablauf)*

flow control Flußsteuerung *f (B-ISDN)*, Verkehrssteuerung *f*; Überlastabwehr *f (ZGS.7, s. Tabelle III)*, Flußkontrolle *f (Datenübertragung)*

flow control device Drosselungseinrichtung *f (Verkehrsfluß)*

flow-soldered onto aufgeschwallt auf

FLU (fault location unit) Fehlerortungseinheit *f*, Ortungsgerät *n* (OG)

fluctuation Schwankung *f*

fluence Energie *f* je Flächeneinheit

fluence level Energieniveau *n (in J/cm^2, Laser)*

fluid flow model Flüssigkeitsmodell *n (ATM-TM)*

flush ausräumen *(ungültige Worte, Pakete usw.)*

flush-mounting Unterputz-... (UP) *(Steckdose)*

flush-mounting *oder* **-mounted socket** Up-Dose *f*, Unterputzdose *f (z.B. TAE)*

flush out ausräumen *(ungültige Worte, Pakete usw.)*

flutter fading Flutterfading *n (Mobilfunk)*

flux Fluß *m*, Flußmittel *n (z.B. Lötzinn)*

flux density Flußdichte *f*

flyback converter Sperrwandler *m (Elektronik)*

flying clock mobile Uhr *f (Zeitnormal)*

FM (frequency modulation) Frequenzmodulation *f*

FM loudspeaker Funklautsprecher *m (Surround-Sound, ISM-Band q.v.)*

FMV (full-motion video) Bewegtbildvideo *n*

FN s. fibre node

FN s. frame number

focus Fokus *m (Opt)*, Brennpunkt *m*

focussed fokussiert *(Opt)*, gebündelt *(Strahlen)*

focussed overload konzentrierte Überlast *f (Vermittlung)*

FOF s. freeze-out fraction

fog density Schleierdichte *f (Repro.)*

FoIP (fax over IP) Telefaxübertragung *f* per Internet-Protokoll

folded binary code (FBC) gefalteter Binärcode *m*

folded network Faltnetz *n*, Umkehrnetz *n (ATM-Koppelnetz)*

folded switching device Umkehr-Koppeleinrichtung *f*

folder Ordner *m (Windows95, PC)*

foldover distortion Faltungsverzerrung *f*, Rückfaltung *f (Frequenzgang, Spektrum)*

follow a curve einen Verlauf *m* aufweisen

follow me unabhängige TN-Suche *f*; Rufzuschaltung *f*, Anrufumleitung-Nachziehen *n*, Rufmitnahme *f (Heranholen der Rufumleitung, Tel)*

follow-me transfer Besuchsschaltung *f*

follow-up signal nachgeführtes Signal *n*

FOM s. figure of merit

FONG s. fibre-optic news gathering

font Schriftsatz *m*, Zeichensatz *m*; Schriftart *(Grafik)*

font style Schriftstil *m (Grafik)*

footprint Ausleuchtzone *f*, Ausleuchtgebiet *n*, Servicekontur *f (Sat)*; Aufstandsfläche *f*, Bodenfläche *f (Gestell)*

forced image refresh erzwungene Bildwiederholung *f (ITU-T I.211, s. Tabelle IV)*

forced release Zwangsauslösung *f*; rückwärts auslösen

forced ventilation Zwangsbelüftung *f (Tel.-Anl)*

forcing configuration Grundfolge *f (DFÜ)*

forecast Vorhersage *f*, Voraussage *f*

foreground Vordergrund *m*

foreground task Prioritätsaufgabe *f (DV)*

foreign agent *(Router im Gastnetz, IP-Mobilfunk, IAB RFC 2002-2004, 2344, s. Tabelle VIII)*

foreign exchange fremde Vermittlungsstelle *f*

foreign exchange line Ausnahmeanschluß *m (Tel)*, Leitung *f* zu/von einer fremden Vermittlungsstelle, Fremdvermittlungsleitung *f*, fremdvermittelter Anschluß *m*

foreign potential Fremdspannung *f (Übertragungskanal)*

forgiving (of) tolerant (gegen)

fork Gabel *f*; Verzweigung *f (DV)*

form Form *f*; Ausprägung *f*

formant Formant *m (Sprachcodierung)*

form A relay Schließrelais *n*

format Format *n*; formatieren *(z.B. Diskette)*

format effector Formatsteuerzeichen *n*

formboard Kabelform *f*, Kabelformbrett *n*

form B relay Öffnungsrelais *n*

form C relay einpoliges Umschaltrelais *n*

form factor Formfaktor *m (z.B. für internes CD-Laufwerk, PC)*

formfeed Seitenvorschub *m (Drucker)*

form of construction Bauform *f*

forms generator Maskengenerator *m (DV)*

forward abliefern *(Signal)*, weiterleiten *(Ruf)*; weiterschalten; übermitteln

forward bias Vorwärtsvorspannung *f*, Durchlaßvorspannung *f*; in Durchlaßrichtung *f* vorspannen *(Halbleiter)*

forward-biased operation Durchlaßbetrieb *m (FO)*

forward call indicator Vorwärtskennzeichen *n (ZGS.7 UP, s. Tabelle III)*

forward channel Vorwärtskanal *m*, Hauptkanal *m (Übertr)*

forward control channel Vorwärtskanal *m (Bündelfunk)*

forward-controlled adaptation vorwärtsgesteuerte Adaption *f*

forward converter Durchflußwandler *m (Elektronik)*

forward disconnect Vorwärtsabschaltung *f (Verm.)*

forwarded-to user Zielteilnehmer *m (der Weiterschaltung, ISDN)*

forward error correction (FEC) Vorwärts-Fehlerkorrektur *f (PCM; Kanalcodierung in DVB-T))*

forwarding Weiterleitung *f*, Weiterschaltung *f*; Versendung *f (Pakete)*

forward path Vorwärtsweg *m (ISDN)*, Vorwärts-Pfad *m*

forward prediction Vorwärtsprädiktion *f (Bildcodierung, MPEG-2)*

forward release Vorwärtsauslösung *f*

forward signal Vorwärtszeichen *n (in Verbindungsaufbaurichtung übertragen)*; Vorwärtssignal *n (ITU-T I.430, s. Tabelle IV)*

forward supervision Vorwärtssteuerung *f (DIN 44302)*

forward transfer nachrufen *(Tel)*

forward-transfer signal Nachruf *m*; Eintretezeichen *n*

For Your Information (FYI) FYI *n (nur der Information dienende Teilreihe der RFC-Protokolle, RFC1983, s. Tabelle VIII)*

Fourier transform (FT) Fourier-Transformation *f*, Fourier-Transformierte *f (nach dem französischen Mathematiker J.B.J.Fourier, 1772-1837)*

four-port Viertor *n*

four-port coupler Viertorkoppler *m*, optisches Viertor *n (FO)*

four-position switch Vierwegschalter *m*

four-quadrant multiplier Vierquadranten-Multiplizierer *m (Tel.-Anl.)*

four-section switch Vierfachschalter *m*

four-terminal network Vierpol *m*; Zweitor *n (Übertr.)*

four-way rocker switch Kreuzwippe *f (MAZ)*

four-wire ... vierdraht ... (vdr)

four-wire connector Kreuzklemme *f*

four-wire hybrid Vierdraht-Gabel *f*

four-wire termination Vierdraht-Gabel *f*

FOV (field of view) Blickfeld *n (opt.)*, Gesichtsfeld *n*, Bildfeld *n*

FPDU s. frame protocol data unit

FPGA (field programmable gate array) kundenprogrammierbares Verknüpfungsfeld *n*, frei programmierbare Logikanordnung *f*

FPLMTS (Future Public Land Mobile Telecommunication System) zukünftiges öffentliches Mobilfunksystem *n (US, s.a. UMTS)*

fractal Fraktal *n (Math)*

fractal transform Fraktal-Transformation *f (Bildcodierung)*

fraction Bruchteil *m*

fractional bit rate Teilbitrate *f*, fraktionale Bitrate *f (E1- bzw. T1-Betriebsart)*

fractional bit rate modulation gebrochene Schrittbildung *f*

fractional coding Teilcodierung *f*

fractional E1 (FE1) Fractional-E1 *f*, Sub-2Mbit/s-Standleitung *f (Teil-Systembitrate des PCM-Primärsystems, q.v., entspricht Fractional-T1 (s. "T1"))*

fractional installation Installation *f (einer Strecke)* mit einer Teilbitrate *(HDSL)*

fractional interface Subratenschnittstelle *f (s. Subrate)*

fractional load(ing) Unterbelastung *f (Netz)*

fractional tap equalization geteilte Abzweigentzerrung *f (DV)*

fractional T1 (FT1) Fractional-T1 *f*, Sub-1,5Mbit/s-Standleitung *f (US, Teil-Systembitrate des PCM-Primärsystems, q.v., entspricht Fractional-E1 (s. "E1"))*

fragile zerbrechlich; bruchanfällig *(LWL)*

fragment Bruchstück *n*, Fragment *n*; zerstückeln, zerlegen

fragmentation Zerlegung *f* in Teile

frame Rahmen *m (PCM; bei Audio eine Elementarperiode, während der psychoakustische Codierung stattfindet; entspricht 12x32 PCM-Abtastwerten und einer Periode von 8 bis 12 ms je nach Abtastfrequenz)*, Datenrahmen *(Frame Relay)*; Datenübertragungsblock *m*; Vollbild *n*, Bild *n (Video)*; Gestell *n*, (Baugruppen)träger *m*, Rahmen *m (HW)*; Masse *f (Erde)*

frame acquisition delay Rahmensynchronisierungsverzögerung *f*

frame aligner Synchronisierschaltung *f (PCM)*

frame alignment Rahmensynchronisierung *f*, Synchronismus *m*, Rahmengleichlauf *m (PCM-Daten)*

frame alignment signal (FAS) Rahmenkennwort *n* (RKW) *(PCM-Daten)*; Rasterkennwort *n (Leitungsprüfung)*

frame blanking pulse Bildaustastimpuls *m*, Vertikalaustastimpuls *m (TV)*

frame boundary Rahmengrenze *f*

frame buffer Bildspeicher *m (Vtx)*, Bildwiederholspeicher *m* (BWS), Bildpuffer *m*

frame build-up Bildaufbau *m (Bildrekonstruktion)*

frame checking method Blocksicherungsverfahren *n (ZGS.7 CRC)*

frame check(ing) sequence (FCS) Blockprüfzeichenfolge *f*, Rahmenprüfzeichen *n (HDLC, ZGS.7 CRC, s. Tabelle III)*

frame clock Rahmentakt *m*

frame control field Rahmenkontrollfeld *n (FDDI)*

frame counter Rahmenzähler *m (Mobilgerätschaltung, GSM)*

frame cycle Rahmentakt *m*

frame delay Rahmenversatz *m*

frame erasure rate (FER) Rahmenlöschrate *f (GSM, Sprachcodierung)*

frame error rate (FER) Rahmenfehlerrate *f*

frame frequency Rastfrequenz *f*

frame grabber Bildfangschaltung *f*, Bildabtaster *m (Multimedia-PC)*

frame ground Schutzerde *f (V.24/RS232C, Tabelle IX)*

frame interface Schnittstelle *f* mit Rahmenbildung *(Netzschnittstelle, ISDN)*

frame interpolator Bildinterpolator *m (Videocodierung, MPEG-2)*

frame interval Rahmentakt *m*

frame length Rahmenbreite *f (PCM)*

frame mode bearer service Rahmenmodus-Übermittlungsdienst *m*

frame number (FN) Blocknummer *f*

frame of reference Bezugssystem *n*

frame period Rahmendauer *f (PCM)*; Standzeit *f (Video)*, Bildperiode *f*, Bilddauer *f (TV)*

frame problem Rahmenproblem *n (KI)*

frame protocol data unit (FPDU) Rahmenprotokoll-Datenelement *n (ISDN)*

framer Rahmenbildner *m*

frame rate Bild(wechsel)frequenz *f*, Vollbildrate *f (MPEG-2)*; Rahmenfrequenz *f (PCM)*

frame receive buffer (FRB) Empfangspuffer *m oder* -speicher *m (Frame Relay)*

frame-relayed mit Rahmen *mpl* weitergeleitet

frame relay protocol Frame-Relay-Protokoll *n (Paketvermittlung in X.25, s. Tabelle VI; Schicht 1 und 2 im OSI RM, s. Tabelle I, ITU-T-Empf. Q.922)*

frame relaying Frame-Relay *n*, Rahmenweiterleitung *f (ITU-T X.31, 2 Mbit/s, s. Tabelle VI)*

frame relaying bearer service Frame-Relay-Trägerdienst *m*

frame repetition rate Bildwechselfrequenz *f (TV)*; Rahmenfolgerate *f (PCM-Mehrfachrahmen)*

frame sequence Bildsequenz *f*, Bildfolge *f*

frame size Baugröße *f*, Bildformat *n (TV)*

frame slip Rahmenschlupf *m*

frame store Bildspeicher *m (Vtx)*

frame structure (PCM) Rahmenaufbau *m*

frame-synchronized rahmensynchron

frame-synchronous rahmensynchron

frame timing Rahmentakt *m*; Rahmenstart *m (X.21, s. Tabelle VI)*

frame transfer rate Rahmenübertragungsrate *f*

frame transmit buffer (FTB) Sendepuffer *m oder* -speicher *m (Frame Relay)*

frame switching Rahmenvermittlung *f (ITU-T X.31, s. Tabelle VI)*

framing Rahmenbildung *f (PCM)*, Rahmenstart *m (X.21, s. Tabelle VI)*; Raster *m*; Rahmenbegrenzung *f*, Begrenzung *f (Übertragung)*; Bildbegrenzung *f (Monitor)*

framing bit Synchronisierbit *n*, Trennbit *n*, Rahmenkenn(ungs)bit *n*

framing network Rahmennetz *n*

framing overhead Rahmenkopfteil *m*

framing signal Synchronisierungssignal *n (ISDN)*

framing program Rahmenprogramm *n (Vermittlung)*

fraudulent betrügerisch

FRB s. frame receive buffer

freak value Ausreißer *m*

free call gebührenfreie Verbindung *f*

free channels table Freigabeliste *f (Mobilfunk)*

freedom phone Sinus-Gerät *n (GB, volkstümliche Bezeichnung für das erste schnurlose CT1-Telefon)*

free field Freifeld *n (Übertragung)*

FreeFone s.freephone service *(BT)*

free-form ohne Eingabeformat *n (DV)*

free of charge gebührenfrei

free of discontinuities stoßfrei *(Datensignal)*

free of gradings mischungsfrei

free of hits stoßfrei

free of royalties lizenzfrei

freephone number Servicenummer *f (z.B. "Service 130" (DTAG))*

freephone service Gebührenübernahme *f* (durch B-Teilnehmer) *(ISDN)*; *(BT: "0800 service")* gebührenfreier Anruf *m (DTAG-Dienst: "Service 130")*

free plugging wahlfreies Einstecken *n (frei wählbare Konfiguration von E/A-Einheiten am Bus (USB(q.v.)-Merkmal)*

free-running freilaufend *(nicht synchronisiert)*

free-space optics Freiraum-Optik *f (Übertragung mit Laser)*

free-space transmission Freiraum-Übertragung *f (z.B. Rundfunk)*

free-to-air (FTA) **channel** unverschlüsselter (TV-)Kanal *m*

free-to-air (FTA) **set-top box** FTA-Box *f (für unverschlüsseltes Digitalfernsehen)*, "Zapping-Box" *f*

freewheeling freilaufend *(Diode)*

freeze einfrieren *(Digitalbild)*; fixieren *(GUI, PC)*; anhalten, stehenbleiben *(Zähler)*

freeze frame Stoppbild *n*, Standbild *n (Videofilm)*

freeze-out Zugriffs-Clipping *n (von Paketen, PV)*

freeze-out fraction (FOF) Verlustrate *f (TASI)*

freeze panes Fenster fixieren *(MS Windows, PC)*

freeze the action Standbild *n* fahren *(TV)*

frequency Frequenz *f*, Frequenzlage *f*; Schwingung *f*, Häufigkeit *f*

frequency agile frequenzveränderlich *(FH)*

frequency allocation Frequenzzuweisung *f (Dienste)*, Frequenzverteilung *f (Länder)*; Frequenzraster *m*

frequency allocation table Frequenzrastertabelle *f*

frequency band Frequenzbereich *m (von VLF bis zu EHF, festgelegt in ITU-R Empf. 431-4, DIN 40015)*

frequency bandwidth Frequenzbandbreite *f*

frequency characteristic Frequenzkennlinie *f*, Bode-Diagramm *n*

frequency check Frequenzkontrolle *f*

frequency code modulation (FCM) Frequenzcodemodulation *f*

frequency comparison Frequenzvergleich *m*

frequency comparison unit Frequenzkontrolle *f*

frequency control circuit Frequenznachziehschaltung *f*

frequency converter Frequenzwandler *m*

frequency correction Frequenznachregelung *f*

frequency correction burst (FCB) Frequenznachregelungsburst *m*, Frequenznormal *n (GSM)*

frequency dehopper Frequenzsprungempfänger *m*, Frequenzhüpfer-(FH-) Schaltung *f (Empfänger)*

frequency deviation Frequenzabweichung *f*, Frequenzhub *m (FSK)*, Frequenzversatz *m*

frequency/digital converter F/D-Wandler *m*

frequency diversity Frequenzdiversity *f*

frequency division by cell Frequenzaufteilung *f* nach Zelle *(ATM)*

frequency division duplex (FDD) Frequenzduplex *n*, Frequenzgetrenntlage-Verfahren *n*

frequency division method Frequenzgetrenntlageverfahren *n (allgemein)*

frequency division *oder* **domain multiple access** (FDMA) Vielfachzugriff *m oder* Mehrfachzugriff *m* im Frequenzmultiplex *(Tel)*

frequency di6ision multiplex (FDM) Frequenzmultiplex *n*, Frequenzgetrenntlageverfahren *n (Tel., TF-Technik)*, Frequenzvielfach *n*

frequency division switching matrix Frequenzschaltfeld *n (OXC)*

frequency domain Frequenzbereich *m*, Frequenzebene *f*

frequency domain signal Signal *n* im Frequenzbereich, Frequenzsignal *n*

frequency domain reflectometer (FDR) Frequenzreflektometer *n (Test)*

frequency drift Frequenzdrift *f*, Frequenzabweichung *f*

frequency equalizer (FEQ) Frequenzentzerrer *m (ADSL)*

frequency-exchange modulation Doppeltonmodulation *f (Betriebsfunk)*

frequency error Frequenzversatz *m*

frequency frogging Bändertausch *m*, Bandumsetzung *f*; Frequenzabzweigung *f*, Frequenzgruppentausch *m*, Gruppentausch *m (UHF)*

frequency hopper (FH) Frequenzsprungsender *m*, Frequenzhüpfer-Schaltung *f (Sender)*

frequency hopping Frequenzsprung *m*, Frequenzwechselverfahren *n*

frequency hopping circuit Frequenzsprungschaltung *f*, Frequenzhüpfer-(FH-)Schaltung *f*, *(Spreizspektrumverfahren)*

frequency hopping modulation Frequenzsprungmodulation *f (Spreizbandverfahren, CDMA)*

frequency hopping spread spectrum (FHSS) **signal** Frequenzsprung-Spreizspektrum-Signal *n*, FHSS-Signal *n (WLAN, IEEE 802.11)*

frequency interlacing Spektralverkämmung *f (TV, DVB)*

frequency interleaving Spektralverkämmung *f (TV, DVB)*

frequency lock Frequenzgleichlauf *m*; Frequenzanbindung *f (Gleichwellennetz)*

frequency management Frequenzmanagement *n (GSM, s. Tabelle VII)*

frequency map Frequenzbelegungsplan *m (CATV)*

frequency modulation (FM) Frequenzmodulation *f*

frequency modulation halftoning frequenzmodulierte Rasterung *f (Repro.)*

frequency monitoring Frequenzkontrolle *f*, Funküberwachung *f (Spektrum)*

frequency multiplier Frequenzvervielfacher *m*

frequency offset Frequenz-Versatz *m*

frequency partitioning Frequenzaufteilung *f (Toncodierung)*

frequency pattern Frequenzraster *m*

frequency position Frequenzlage *f*

frequency pulling equipment Mitzieheinrichtung *f*

frequency range Frequenzbereich *m*, Frequenzlage *f*

frequency raster Frequenzraster *m*

frequency resolution Frequenzauflösung *f*, Frequenzraster *m*

frequency response Frequenzgang *m (Filter)*, Frequenzantwort *f (Leitungsprüfung)*

frequency response range Frequenzbereich *m (Instrument)*

frequency re-use Frequenzwiederverwendung *f*, Frequenzwiederholung *f (GSM, s. Tabelle VII)*

frequency router Frequenzwegesucher *m*, Frequenzrangiervorrichtung *f*, Frequenzverteiler *m (FO, Halbleiter-Mehrfrequenzlaser)*

frequency-selective frequenzgefiltert

frequency sensitive frequenzabhängig

frequency separating filter Frequenzweiche *f (Verm.)*

frequency shift Frequenzversatz *m*, Frequenzhub *m*

frequency shifter Frequenzschieber *m*

frequency shift keying (FSK) Frequenzsprungmodulation *f*, Frequenz(um)tastung *f*

frequency shift spacing Umtastabstand *m*, Frequenzhub *m*

frequency signal Frequenzsignal *n*, Signal *n* im Frequenzbereich

frequency spacing Frequenzabstand *m*, Frequenzraster *m*

frequency stability Frequenzgenauigkeit *f*, Frequenzkonstanz *f*

frequency stabilization curve Frequenzeinlaufkurve *f (Steuersender)*

frequency-stabilized frequenzkonstant

frequency step Frequenzintervall *n*

frequency swing Frequenzhub *m*

frequency switch Frequenzlagenvielfach *n* (FLVf)

frequency synchronization Frequenzsynchronisation *f*, Frequenzanbindung *f (Sender im SFN, DVB-T)*

frequency synthesizer Frequenzsynthetisator *m*, Frequenzsynthesizer *m*

frequency tuning Frequenzabstimmung *f*

frequency-weighted frequenzbewertet

Frequently Asked Questions (FAQ) häufig gestellte Fragen *fpl*, FAQ *n (Liste in WWW, RFC1983, s. Tabelle VIII)*

FRI (flexible rate interface) Schnittstelle *f* mit flexibler Bitrate *(zwischen BRI und PRI, ISDN, AT&T)*

fricative Reibelaut *m (Sprachcodierung)*

frictional connection kraftschlüssige Verbindung *f (mech.)*

frictionally engaged *or* **locked** reibschlüssig, kraftschlüssig *(mech.)*

fringe current Kantenstrom *m (Ant)*

fritting voltage Frittspannung *f*

frogging Leitungswechsel *m (US, EIA-Verbinder)*; Bändertausch *m*, Frequenzgruppentausch *m*

front end Vorfeld *n*, Vorfeldeinrichtung *f*, Vorschaltteil *m*, Vorstufe *f (z.B. HF-Empfangsteil)*; Empfangsstelle *f*, Kopfstelle *f (KTV)*

front-end vorgeschaltet *(Computer)*, vorgelagert

front-end clipping (FEC) **(of talkspurts)** Kürzung *f* von Sprachblockanfängen *(Paketvermittlung)*

front-end logic Eingangslogik *f*

front-end processor (FEP) Anpassungsrechner *m*, Vorrechner *m*, Vorschaltrechner *m*, Kommunikationsrechner *m*

front layout Gestellbelegung *f*

front loading Fronteinzug *m (CD-ROM)*

front porch (vordere) Schwarzschulter *f (TV-Signal)*

front-to-back ratio Rückdämpfung *f (Antenne)*

frozen picture Standbild *n*, Standbildverlängerung *f (TV)*

frozen state Schwebezustand *m (aus dem der Prozess fortgeführt werden kann)*

FRQ (facility request) Aufforderung *f* zur Durchführung eines Dienstmerkmals *(ZGS.7 UP, s. Tabelle III)*, Dienstmerkmal-Anforderung *f*

FRU (field replaceable unit) Steckbaugruppe *f*, Austauscheinheit *f*

FS (further study) (noch) keine Festlegung *f* (KF) *(CCITT Blaubuch)*

FSD s. full scale deflection

F Series of ITU-T Recommendations F-Serie *f* der ITU-T-Empfehlungen *(betrifft Telefax, Teletex und Telex, s. Tabelle III)*

FSK s. frequency shift keying

FSN s. full service network

FSR (facility shift register) Einrichtungsschieberegister *n (ATM)*

FSR s. full scale range

FSS (fixed satellite service) fester Satelliten-Funkdienst *m*

FSVQ s. finite state vector quantization

FT (Fourier transform) Fourier-Transformation *f*, Fourier-Transformierte *f*

FTA (Full Type Approval) volle Zulassung *f (FTZ)*

FTA (free-to-air) **set-top box** FTA-Box *f (für unverschlüsseltes Digitalfernsehen)*

FTAM (file transfer and access method) Dateiübertragungs- und Zugriffsverfahren *n (ISO 8571)*

FTB (frame transmit buffer) Sendepuffer *m oder* -speicher *m (Frame Relay)*

f. tel. s. feature telephone

FTR s. functional throughput rate

FTP (file transfer protocol) Dateiübertragungsprotokoll *n (Internet, RFC0959, s. Tabelle VIII, also MIL-STD 1780)*

FTTA s. fibre to the amplifier

FTTB s. fibre to the building

FTTC s. fibre to the curb

FTTH s. fibre to the home

FT1 s. fractional T1

full capacity Vollausbau *m (Anlage)*

full channel broadcast videography Vollkanal-Rundsende-Videografie *f (ITU-T I.211, s. Tabelle IV)*

full coverage flächendeckende *oder* landesweite Versorgung *f*

full coverage network flächendeckendes Netz *n*

full duplex (FDX) Gegenschreiben *n*; vollduplex

full-featured mit allen Merkmalen ausgestattet, mit Vollkomfort *m*

full-format formatfüllend *(TV)*

full kit Komplettkit *n (MPC-Aufrüstsatz)*

full menu ganzes Menü *n (GUI, PC)*

full-motion picture Bewegtbild *n (Breitbandvideo)*

full-motion video (FMV) Bewegtbildvideo *n (CD-I)*

full rate (FR) Sprachdatenkompression *f* auf 13 kB/s *(GSM, 992 Kanäle)*

full scale Endwert *m (ADU)*

full-scale deflection (FSD) Endwert *m (Meter)*

full scale range (FSR) Bereichsendwert *m (ADU)*

full screen display Vollformatanzeige *f (Monitor)*

full screen monitor Ganzseiten-Bildschirm *m (Monitor)*

full service network (FSN) Volldienst-Netz *n (TV, Daten u. Rundfunk; BK-Netz)*

full-size display Ganzseiten-Bildschirm *m*

full span gesamter Bereich *m (Meßgeräte)*

full-span Gesamtbereichs-. . .

full-text search Volltext-Suche *f (WWW)*

full time circuit Dauerverbindung *f (Verm)*

full tower case Tower-Gehäuse *n (PC)*

full video teleconference Bewegtbild-Telekonferenz *f*

full-wave dipole Ganzwellendipol *m (Ant.)*

full-wave rectifier Vollweggleichrichter *m*, Zweiweggleichrichter *m*

full width (at) half maximum (FWHM) Halbwertsbreite *f*

full window buffering Ganzfensterpufferung *f (Paket-Warteschlange)*

fully engineered voll durchentwickelt

fully restricted hausberechtigt, nicht amtsberechtigt

function Funktion *f (ITU-T I.112, s. Tabelle IV)*

function generator Funktionsgenerator *m*

function set Funktionsmenge *f (ISDN)*

function statement Funktionsanweisung *f (DV)*

functional funktionell; funktional; Funktions-. . .; betriebsbereit, betriebsfähig, funktionsfähig

functional block Funktionsblock *m (Übertragung)*

functional block diagram Wirkschaltbild *n*

functional capabilities Funktionsfähigkeiten *fpl*

functional circuit diagram Übersichtsschaltplan *m*, Übersichtsstromlauf(plan) *m*

functional component (FC) Funktionskomponente *f (ISDN)*

functional device Funktionsteil *n*

functional diagram Wirkschaltbild *n*

functional element (FE) Funktionseinheit *f (ITU-T I.430, s. Tabelle IV)*

functional entity Funktionsinstanz *f (ISDN)*

functional entity action (FEA) Funktionsinstanz-Aktion *f (ISDN)*

functional equivalent Nachbildung *f*

functional group Funktionsgruppe *f (ITU-T I.112, I.430, s. Tabelle IV)*

functional grouping Funktionsgruppierung *f (ISDN)*

functionality Funktionalität *f*, Funktionsvielfalt *f*, Funktionstüchtigkeit *f*

functional level Funktionsebene *f (Übertragung)*

functionally dependable funktionssicher

functionally identical funktionsgleich *(HW)*

functional protocol funktionales Protokoll *n (Schicht 3 OSI-RM, s. Tabelle I)*

functional section Funktionsteil *n*

functional test of subassemblies Teilfunktionsprüfung *f*

functional throughput rate (FTR) funktionelle Durchsatzrate *f (VHSIC)*

functional unit Funktionseinheit *f*

fundamental Grundwelle *f*, Grundschwingung *f*

fundamental frequency Grundfrequenz *f*, Nutzfrequenz *f*

fundamental mode Grundmode *f (FO)*

fundamental period Grundlänge *f (Signal)*

fundamental wave Grundwelle *f*, Grundschwingung *f*

FUN (Free Universe Network) **platform** FUN-Plattform *f(DVB-S, DVB-C, DVB-T, FTA + pay TV, NVOD, EPG, Spiele, Home-Shopping, Online-Dienste usw.; DE)*

funware Unterhaltungssoftware *f (PC)*

fuse Sicherung *f*

fuse bank Speicherbank *f (DRAM chip)*

fused abgesichert; verschmolzen, (ein)geschmolzen

fused fibre coupler Schmelzspleiß-Faserkoppler *m (FO)*

fusible cartridge Schmelzeinsatz *m*

Future Public Land Mobile Telecommunication System (FPLMTS) zukünftiges öffentliches Mobilfunksystem *n (US, s.a. UMTS)*

fuzzy unscharf

fuzzy logic unscharfe Logik *f*, Fuzzy-Logik *f*

fuzzy logic control Fuzzy-Steuerung *f*

fuzzy search unscharfe Suche *f (Datenbank)*

FWDM (fine wavelength division multiplex) Fein-Wellenlängenmultiplex *n*

FWHM s. full width (at) half maximum

FXU (F exchange, unbalanced signalling) F-Vermittlung *f*, unsymmetrische Zeichengabe

G

GaAs s. gallium arsenide

gain Verstärkung *f*; Steilheit *f (Verstärker)*; Gewinn *m*, Wandlungsfaktor *m oder* -maß *n (Antenne)*; Responsivität *f (opt. Detektor)*

gain bandwidth Verstärkungsbandbreite *f (FO)*

gain characteristic Verstärkungsverlauf *m*

gain-controlled amplifier Regelverstärker *m*

gain expander Dynamikdehner *m (HF)*

gain factor Übertragungsverhältnis *n (Netzwerktheorie)*

gain flatness Verstärkungsverlauf *m*

gain length Verstärkungslänge *f (Laser)*

gain/noise temperature (**ratio**) (G/T) effektive Leistungszahl *f*, Rauschzahl *f (Sat., in dB/K)*

gain reduction Zurückregelung *f*

gallery Muster *n (MS Windows, PC)*

gallium arsenide (GaAs) Galliumarsenid *n*

galvanizing Verzinken *n*

game paddle Drehregler *m (PC-Spiel)*

game port Gameport *m (PC)*

game program Unterhaltungssoftware *f (PC)*

ganged gruppiert, aneinandergereiht *(HW)*

gap Lücke *f*, Spalt *m*, Trennstelle *f*; Pause *f (zw. Sprachpaketen)*; Fehlstelle *f (Spektrum)*

GAP (Generic Access Profile) generisches Zugangsprofil *n (DECT, ETSI ETS 300444)*

gap change Lückenveränderung *f (Paketvermittlung)*

gap filler Füllsender *m*, Lückenfüllsender *m (TV)*

gap in the conversation Gesprächspause *f (Tel)*

gap in the coverage Versorgungslücke *f (TV)*

gapless lückenlos

gap modulation Pausenmodulation *f (PCM-Sprache)*

gapped lückenbehaftet *(PCM-Takt)*

gapped clock Lückentakt *m (PCM-Daten)*

gapping Lückenbildung *f*

garble verwirren, verstümmeln *(Signal, Sprache)*

gate Gatter *n*, Tor *n (Logikelement)*; Weiche *f (Münztel)*; Durchschalter *m*; Schaltelement *n*; Gate *m*, Steuerelektrode *f (FET)*; ansteuern, schalten, durchschalten *(digital)*; tasten; leiten

gate array Gatteranordnung *f*, Gate-Array *n(Mikroelektronik)*

gated gattergesteuert

gate in einsteuern *(Digitalkreis)*, einblenden *(Daten)*

gate (intercom) extension *oder* **station** Torsprechstelle *f (Apothekerschaltung)*

gate intercom system Torsprechanlage *f*

gate interphone Torsprechanlage *f*

gatekeeper Türsteher *m*, Gatekeeper *m (z.B. e. Firewall, Zugangssteuerung, ISDN-Router, ITU-T H.323, s. Tabelle III)*

gate off austasten

gate on eintasten, auftasten; aufschalten

gate out ausblenden *(Daten)*, aussteuern, austasten

gate time Zeitbasis *f (Zähler)*

gate through durchsteuern *(Signal durch eine Schaltung)*

gateway Gateway *n* (GW) *(Kommunikationsrechner zur Zusammenschaltung von heterogenen Netzen, Netzknoten oder Einrichtungen, im Internet-Gebrauch heute "Router" genannt, nicht protokollwandelnd, s.a. "Mail-Gateway", RFC1983, s. Tabelle VIII)*, Übergang *m (z.B. zum Telefonnetz)*, Netzübergang *m (zwischen Netzen)*, Umsetzeinrichtung *f (z.B. zum IP)*; Koppler *m*, Netzkoppler *m*, Router *m*, Überleiteinrichtung *f*; Relaissystem *n (Netz-HW, Anwendungsschicht, LANs)*; Schleuse *f (DV)*

gateway center Kopfamt *n (US, 5. Hierarchieebene)*

gateway computer Kommunikationsrechner *m* (KR) *(Vtx)*

gateway exchange Kopfamt *n*, Kopfvermittlungsstelle *f* (KopfVSt)

gateway GPRS support node (GGSN) GGSN-Knoten *m (s. "GPRS")*

gateway mobile switching centre (GMSC) Übergangs-Mobilvermittlungseinrichtung *f*, Zugangs-Mobilvermittlungsstelle *f (GSM, s. Tabelle VII)*, Koppler- Mobilvermittlungsstelle *f*

gateway MSC Einstiegs-MSC *f*

gateway protocol Kommunikationsprotokoll *n (internationales Vtx, z.B. EHKP für BRD, Prestel für GB, Teletel für FR, s. Tabelle XI)*

gateway station Überleit(ungs)stelle *f (Mobilfunk-Drahtnetz)*

gateway switch Übergangs-Vermittlungsanlage *f (US)*

gateway switching centre Übergangs-Vermittlungseinrichtung *f* (ÜVE) *(GSM, s. Tabelle VII)*

gating Auftasten *n*, Austasten *n*; Torsteuerung *f*

gating circuit Verknüpfungskreis *m*; Weiche *f (Daten)*

gating pulse Auftastimpuls *m*, Tastimpuls *m*

GATS s. Global Automotive Telematics Standard

GATS (Global Automotive Telematics Standard) **protocol** GATS-Protokoll *n*

Gaussian filter Gauß-Filter *n*

Gaussian Frequency Shift Keying (GFSK) Gaußsche Frequenzumtastung *f (DECT, Bluetooth)*

Gaussian Minimum Shift Keying (GMSK) Gaußsche Mindestwert-Umtastung *f (Code, zellularer digitaler Mobilfunk)*

Gaussian noise Gaußsches Rauschen *n*, weißes Rauschen *n*

GBN s. global backbone network

GBN s. Go-Back-N

GC s. global control

GCN (group call number) Gruppenanruf-Rufnummer *f (GSM)*

GCR (group call register) Gruppenanruf-Datenbasis *f (GSM 03.68, 03.69, s. Tabelle VII)*

GCRA s. generic cell rate algorithm

GDN s. Government Data Network

gear position Fahrwerkstellung *f (Luftf.)*

general broadcast signalling virtual channel (GBSVC) virtueller Kanal *m* für allgemeine Rundsende-Zeichengabe *(B-ISDN, ITU-T Empf. I.311)*

general class-of-service selection allgemeine Berechtigungsumschaltung *f* (ABU)

general interface Mehrzweckschnittstelle *f*

general packet radio service (GPRS) allgemeiner paketvermittelter Funkdienst *m (Internet-Zugangstechnik für HTML-Seiten und E-Mail, GSM der 3. Generation (3G-GSM))*

general purpose computer Universalrechner *m*

general purpose interface bus (GPIB) universaler Schnittstellenbus *m*, IEC-Bus *m (IEC-Standard 625)*, IEEE-488-Bus *m (IEEE-Standard 488, s.a. HP-IB)*

General Switched Telephone Network (GSTN) allgemeines Fernsprechwählnetz *n (ITU-T Empf. V.25 bis, s. Tabelle V)*, öffentliches Fernsprechwählnetz *n*

general system data anlagenunabhängige Systemdaten *npl*

general terms and conditions allgemeine Geschäftsbedingungen *fpl* (AGB)

general terms of business allgemeine Geschäftsbedingungen *fpl* (AGB)

general type approval Allgemeinzulassung *f (FTZ)*

generate erzeugen, erstellen; aufspannen *(Math.; Zelle (Mobilfunk))*

generation of harmonics Klirrproduktion *f*

generator Geber *m*, Generator *m*

generic gattungsgemäß *(Pat)*; generisch, generell, allgemein; übergeordnet *(z.B. Begriff)*

generic cell rate algorithm (GCRA) allgemeiner Zellratenalgorithmus *m (ATM)*

generic procedure Rahmenprozedur *f (ISDN)*

generic standard Fachgrundnorm *f (EN)*

generic term Oberbegriff *m*

gentex (general telegraph exchange) Telegrammwähldienst *m* (Gentex) *(Telegrammdienst des DTAG-Telexnetzes)*

geographic number portability geografische Rufnummernportierbarkeit *f (Orts-Portierbarkeit, IN, GSM)*

geometric distortion geometrische Verzeichung *f*, Geometriefehler *m (TV)*

geometric line of sight geometrische Sichtbarkeit *f (RiFu-Streecke)*

geostationary orbit (GSO) erdsynchrone *oder* geostationäre Umlaufbahn *f (Sat., 35.900 km über dem Äquator bzw. 42.400 km von Erdmitte)*

geostationary transfer orbit (GTO) Transferbahn *f (in die Synchronbahn, Sat)*

geosynchronous satellite Synchronsatellit *m (Sat)*

GF s. global function

GFSK s Gaussian Frequency Shift Keying

GGSN (gateway GPRS support node) GGSN-Knoten *m (s. "GPRS")*

GIF (graphics interchange format) GIF-Format *n*

gigantic magnetoresistance (GMR) gigantischer magnetoresistiver Effekt *m (Werkstoffe)*

give out durchgeben, durchsprechen *(Mitteilung)*

given value vorgesehener Wert *m*

ghost Geisterbild *n (Bildfehler, TV)*

ghost page Ghost-Page *f*, Geisterseite *f (Teletextseite mit hexadezimaler Seitennummer)*

ghost pulse Geisterimpuls *m*, Echoimpuls *m (Impulsübertragung)*

glare Gegenbelegung *f*, Doppelbelegung *f (Übertr.)*

glass filament Glasfaden *m*, Glasseide *f*

glideslope Gleitweg *m (Luftf.)*

glitch Störimpuls *m*, Störspitze *f*, Störsignal *n (Daten)*

global address Generaladresse *f*

Global Automotive Telematics Standard (GATS) Globaler Verkehrstelematik-Standard *m*, GATS-Standard *m*

global backbone network (GBN) globales Hintergrundnetz *n*

global call Sammelruf *m (ISDN)*

global control globale Steuerung *f (ISDN)*

global function (GF) Globalfunktion *f (ISDN)*

global mobile phone standard (GMP) Welt-Funktelefonnorm *f*

Global Navigation Satellite System (GNSS-2) weltweites (europäisches) Satelliten-Navigationssystem *n (ESA/EU-Projekt, erwartete Inbetriebnahme 2002, u.U. unter Einbindung von GLONASS q.v.)*

Global Orbiting Navigation Satellite System (GLONASS) weltweites (russisches) Satelliten-Navigationssystem *n (z.Zt. 12*

Satelliten., 12–16 GHz, erwartete Außerbetriebnahme Anfang 2001)

Global Positioning System (GPS) weltweites (US-)Navigationssystem *n (Sat., 1,57/ 1,22 Ghz)*

Globalstar US-Gesellschaft für weltweiten satellitengestützten Mobilfunk *(weltweites Satelliten-Kommunikationssystem im LEO (780 km), Betriebsbeginn Herbst 1999, Datenübertragungsrate 9,6 kBit/s; s.a "Iridium" und "Inmarsat")*

global switch module (GSM) globales Vermitttlungsmodul *n (ATM)*

global title (GT) globaler Bezeichner *m (GSM)*

global title translator (GTT) globaler Schriftübertrager *m (GSM, IN)*

GLONASS s. Global Orbiting Navigation Satellite System

glossary Glossar *n*

GMP s. global mobile phone standard

GMR s. gigantic magnetoresistance

GMSC s. gateway mobile switching centre

GMSK s. Gaussian Minimum Shift Keying

GND (signal GrouND) Betriebserde *f (V.24/ RS232C, Tabelle IX)*

GNSS-2 s. Global Navigation Satellite System

Go-Back-N (GBN) *(ARQ-Protokoll, Sat)*

go High auf H (Hoch) schalten *(Logik)*

Golay method Golay-Methode *f (alphanumerische und Sprach-Signalisierungsmethode für Funkruf, Motorola)*

go Low auf L (Niedrig) schalten *(Logik)*

Go/No-Go, go/nogo Gut/Schlecht, Ja/Nein *(Prüfung)*

Go/No-Go evaluation Richtig/Falsch-Bewertung *f (Prüfung)*

Go/No-Go indication Gut/Schlecht-Aussage *f (Prüfung)*

go off-hook abhängen, sich (an)melden *(Tel)*

go on-hook aufhängen, sich abmelden *(Tel)*

GOP (group of pictures) Bildgruppe *f (MPEG-2)*

gopher Such-Server *m (Internet-Informationsdienst, RFC1436, RFC1983, s. Tabelle VIII)*

GOP layer Bildgruppen-Schicht *f (MPEG-2)*

GOS s. grade of service

GOSIP (Government OSI Profile) Regierungsprofil *n* für OSI *(Benutzernorm)*

Go To Gehe Zu *(MS Windows, PC)*

Goto button Schaltfläche *f* "Gehe Zu" *(MS Windows, PC)*

go to sleep pausieren *(Prozeß)*

GOU s. ground or open unbalanced

govern regeln *(Geschwindigkeit)*; beherrschen, bestimmen, lenken

governmental telecommunications carrier staatliche Fernmeldeverwaltung *f*

Government Data Network (GDN) Regierungsdatennetz *n (privaten Benutzern zugängliches paketvermitteltes X.25-Netz, Racal, GB)*

GP s. group processor

GPIB s. general purpose interface bus

GPRS s. general packet radio service

GPRS (general packet radio service) **service** GPRS-Dienst *m (s. "GPRS", GSM der 3. Generation, ergänzt HSCSD (q.v.))*

GPRS support node (GSN) Paketvermittlungsstelle *f (MSC+IWF, GSM)*

GPS s. Global Positioning System

GPWS s. ground proximity warning system

grabber Bildschirmübernahme(schaltung) *f (PC)*

GRAC s. group association code

graceful degradation stufenförmiger Güteabfall *m (digitale TV-Übertragung)*, sanfter Leistungsabfall *m*, gleitender Qualitätsabfall *m (analoge TV-Übertragung)*; Teilstörung(sanfälligkeit) *f (bei weiterbestehender beschränkter Funktionsfähigkeit)*, Teilausfall *m*, sanfter Ausstieg *m*

gradation Abstufung *f*, Gradation *f (Repro.)*

gradation curve Gradationskurve *f (Repro.)*

grade Güte *f*; Grad *m*, Stufe *f*, Klasse *f (Güte)*; Ausbaustufe *f (HW)*, Erweiterungsstufe *f (SW)*

grade of service (GOS) Betriebsgüte *f*, Dienstgüte *f*; Verkehrsgüte *f (Tel.-Anl)*; Dienstgattung *f*

grade of switching performance Vermittlungsgüte *f*

grade of transmission performance Übertragungsgüte *f*

graded abgestuft, gestaffelt
graded-index fibre Gradientenglasfaser *f (FO)*
gradient Gradient *m*, Steigung *f*; veränderlich *(Brechungszahl, FO)*
gradient descent Gradientenabstieg *m (Backpropagation-Lernalgorithmus, neuronales Netz)*
gradient microphone Gradientmikrofon *n*
grading Einstufung *f*; Mischung *f (Abnehmer/Zubringer-Teilgruppen-Verbindungsschema; Tel.-Anl)*
grading group Teilgruppe *f*, Zubringergruppe *f*
gradual stufenweise, sukzessiv, sanft *(Steigung)*, allmählich
gradual slope geringe Steigung *f (einer Kurve)*
graduated abgestuft, gestaffelt
graininess Körnigkeit *f*, Körnung *f (Repro.)*
granularity Granularität *f*, Auflösung *f (Bandbreite)*
granular noise Flächenrauschen *n (DPCM-Video-Codierung)*
granule Körnchen *n*, Granule *f (bei MPEG-Layer-2-Audio eine definitive Gruppe von 3 aufeinanderfolgenden Teilband-Abtastwerten entsprechend 96 PCM-Abtastwerten)*
graphical equalizer schaubildliche Ausgleichsvorrichtung *f (Ton)*
graphical primitives Darstellungselemente *npl (Kreise, Linien usw., Vtx)*
graphical user interface (GUI) grafische Benutzeroberfläche *f (z.B. MS Windows, PC)*
graphic character Schriftzeichen *n (DV)*
graphic image Bildgraph *m (Videocodierung)*
graphic rendition Hervorhebungsart *f (Monitor)*
graphics card Grafikkarte *f (Bildschirmadapter, PC)*
graphics adapter Grafikadapter *m*, Grafikkarte *f (PC)*
graphic set Schriftzeichensatz *m*
graphic signal Schriftsignal *n*
graphics interaction grafischer Dialog *m (DIN 66234, Teil 8)*
graphics interchange format (GIF) GIF-Format *n*
graphics pad Grafiktablett *n (Fernzeichnen)*
graphics tablet Grafiktablett *n*, Grafiktableau *n (Fernzeichnen)*
grating Gitter *n*; Raster *m (optisch)*
grating coupler Gitterkoppler *m (FO)*
grating lobe Rasterkeule *f (Ant)*
grating-type monochromator Gitter-Monochromator *m (DWDM)*
grazing angle streifender Winkel *m (Strahl)*
gray s. grey
Green Book Green Book *n (legt den Standard für CD-I fest; Philips, Sony)*
grey level Graustufe *f (TV)*
grey scale Grautreppe *f (TV)*
grey-scale image Grauwertbild *n (TV)*
grid Gitter *n*; Raster *m (Verdrahtung)*
GRID s. group identity
grid shaped gitterförmig
grid spacing Rastermaß *n*
grid square Flächenquadrat *n*, Planquadrat *n*
grooming Vorbereitung *f*, Grooming *n (Netzmanagement)*
gross bit rate Bruttobitrate *f*, Summenbitrate *f*
gross bit error rate Bruttobitfehlerrate *f*
gross data rate Bruttodatenrate *f*
ground (GND) Erde *f*, Masse *f (US)*
ground based erdgebunden
ground fault Erdschluß *m*, Masseschluß *m*, Erdfehler *m*
grounding fault Erdungsfehler *m*
grounding contact Schutzkontakt *m (Steckverbinder)*
grounding key Erdtaste *f* (ET)
ground or open unbalanced (GOU) Erde oder offener Kreis unsymmetrisch *(Signalisierung)*
ground plane Masseebene *f (Leiterplatte)*; Gegengewicht *n (Antenne)*
ground-plane antenna Monopolantenne *f*
ground proximity warning system (GPWS) Bodenabstands-Warnsystem *n (Luftf.)*

ground station Bodenstelle *f*, Erdfunkstelle *f*, Erdstation *f*, Bodenfunkstelle *f (Sat)*, (GS) Bodenstation *f (TFTS)*

ground switching centre (GSC) Bodenvermittlungsstelle *f (TFTS)*

ground wire Masseleitung *f*

group Gruppe *f*, Bündel *n*

group abbreviated dialling Gruppenkurzwahl *f*

group association code (GRAC) Gruppenzugehörigkeit *f (Gruppenanruf, GSM 03.68, s. Tabelle VII)*

group blocking ground Gruppensperrerde *f*

group box Gruppenfeld *n (MS Windows, PC)*

group call Gruppenruf *m*, Gruppenanruf *m*, Konferenzschaltung *f (Mobilfunk)*

group call attributes Gruppenanrufdaten *npl (GSM 03.68, 03.69, s. Tabelle VII)*

group call number (GCN) Gruppenanruf-Rufnummer *f (GSM 03.68, 03.69, s. Tabelle VII)*

group call register (GCR) Gruppenanruf-Datenbasis *f (GSM 03.68, 03.69, s. Tabelle VII)*

group communication Gruppenkommunikation *f (PMR)*

group delay distortion Gruppenlaufzeitverzerrung *f*

group delay ripple Variation *f* der Gruppenlaufzeit *(TV)*

group distribution Bündelaufteilung *f*

grouped gebündelt *(Frequenzen)*

grouped-frequency operation Getrenntlageverfahren *n (Sende- und Empfangssignale werden mit unterschiedlichen Frequenzen übertragen)*

group frequency Wellenzugfrequenz *f*

group handling capability Pulkfähigkeit *f (Güter)*

group hunting Gruppenwahl *f*, gruppenweise Nummernsuche *f*, Sammelruf *m*

group icon Gruppensymbol *n (MS Windows, PC)*

group identity (GRID) Gruppeninformation *f (Gruppenanruf, GSM 03.68, s. Tabelle VII)*

grouping Gruppenbildung *f*, Bündelung *f*

group link Primärgruppenverbindung *f (Modem)*

group membership Gruppenzugehörigkeit *f (Gruppenanruf)*

group number Sammelrufnummer *f*

group (of lines) Bündel *n*

group of pictures (GOP) Bildgruppe *f (ein MPEG-2-Videolayer, d.h. eine Gruppe von 12 Bildern beginnend mit einem I-Bild (q.v.))*

group paging Gruppenruf *m*

group processor (GP) Gruppensteuerung *f*, Gruppensteuerwerk *n*, (dezentrale) Steuereinrichtung *f*, Teilsteuerwerk *n*

group selection stage Gruppenwahlstufe *f*

group selector Gruppenwähler *m* (GW), Gruppenschalter *m* (GS) *(Fax)*

group service area Gruppenvermittlungsbereich *m*

groups per minute (gpm) Gruppen/Minute *(FS)*

group switch (GS) Gruppenkoppler *m*; Teilkoppelfeld *n* (TKF) *(Vermittlung)*, Hauptkoppelfeld *n (System 12)*

group switching centre Gruppenvermittlungsstelle *f*, Knotenvermittlungsstelle *f* (KVSt)

groupware Groupware *f (Workgroup-Software, Anwendungssoftware für Arbeitsgruppen, LAN)*

grow wachsen; ziehen, züchten *(Kristall)*

growth Wachstum *n (Kristall)*

growth concentrator Einführungskonzentrator *m* (EKT)

GS s. ground station *(TFTS)*

GS s. group switch

GSA s. GSM system area

GSC s. ground switching centre *(TFTS)*

G Series of ITU-T Recommendations G-Serie *f* der ITU-T-Empfehlungen *(betrifft PCM-Übertragung, s. Tabelle III)*

GSM (global switch module) globales Vermitttlungsmodul *n (ATM)*

GSM (Groupe Special Mobile) Sondergruppe *f* Mobilfunk *(CEPT-Arbeitsgruppe für digitalen zellularen Mobilfunk), heute:* (Global Standard for Mobile Communication) globaler Standard *m* für mobile Kommunikation *(ETSI, angelehnt an*

ITU-T M.30, s. Tabelle VII u. D/E-Teil; am Anfang auch: ¤God Send Mobiles¤ wegen des Mangels an GSM-Handys)

GSM mobile GSM-Handy *n*

GSM-R (GSM-Rail, Railway GSM) Bahn-GSM *m (GSM-Band Uplink 876–880 MHz, Downlink 921–925 MHz, basiert auf DIBMOF q.v., 1989)*

GSM standard GSM-Standard *m (Europäischer digitaler Mobilfunkstandard, Uplink 890–915 MHz, Downlink 935–960 MHz, Kanalabstand 200 kHz, 8 Kanäle/Träger, TDMA/GMSK, s. Tabelle VII, D1/D2-Netze (D))*

GSM system area (GSA) GSM-Systembereich *m*

GSN (GPRS support node) Paketvermittlungsstelle *f (MSC+IWF, GSM)*

GSO s. geostationary orbit

GSTN s. General Switched Telephone Network

GT (global title) globaler Bezeichner *m (GSM)*

G/T (gain/noise temperature ratio) effektive Leistungszahl *f (Sat)*

GTEM (Gigahertz transverse electromagnetic) **cell** GTEM-Zelle *f (max. 20 GHz, für Absorberräume und Meßzellen)*

GTO s. geostationary transfer orbit

GTT s. global title translator

guaranteed function zugesicherte Funktion *f (Netz)*

guard band Schutzabstand *m*, Frequenzabstand *m*, Sicherheitsband *n (Nachbarkanäle, DVB)*, Rasen *m (MAZ)*

guard bit Schutzbit *n (DVB)*

guard interval Schutzintervall *n (DVB)*

guard space Sicherheitsrahmen *m (DECT)*, Sicherheitsabstand *m (zw. TDMA-Zeitschlitzen)*

GUI (graphical user interface) grafische Benutzeroberfläche *f (z.B. X Window, MS Windows, PC)*

guidance Leitung *f*, Führung *f*

guided geführt, gerichtet

guided tour Führung *f (Hypermediensystem)*

gullwing distortion Knicklinienverzeichnung *f (TV)*

H

H (high state) H-Zustand *m (Bit)*, Hoch-Zustand *m*, Hochpegel *m*

hacker Hacker *m (einer, der unerlaubt auf fremde Computer zugreift)*

half-circuit provider Teilleitungsbetreiber *m (z.B. BT u. DTAG)*

half duplex Halbduplex *n* (HDX, HX) *(Modem)*

half duplex transmission Wechselbetrieb *m*

half of the band Teilband *n (Richtfunk)*

half-power bandwidth (HPBW) Halbwertsbreite *f*, Strahlbreite *f (Sat)*

half-power point Halbwertspunkt *m*, 3-dB-Punkt *m*, Bandgrenze *f*

half rate (HR) Sprachdatenkompression *f* auf 6,5 kB/s *(GSM, 1984 Kanäle)*

half tone Graustufe *f*

halftone copy Rasterdruckvorlage *f (Reproduktion)*

halftone dot Rasterpunkt *m (Reproduktion)*

halftone screen Grauwertraster *m (Reproduktion)*

halftoning Rastern *n*, Rasterung *f (Reproduktion)*

half-wave dipole Halbwellendipol *m (Ant.)*

half-wave rectifier Halbwellengleichrichter *m*, Einweggleichrichter *m*

Hamming distance Hamming-Abstand *m (FEC) (in zwei stellenweise verglichenen Binärwörtern gleicher Länge, die Stellenzahl mit unterschiedlichen Bitzeichen, DIN 44300)*, Hamming-Distanz *f (FEC)*

HAN (home access network) Heimzugangsnetz *n (DVB, DAB etc)*

hand-blown mundgeblasen *(Glas)*

hand-carried transceiver Handsprechfunkgerät *n*

handheld Handtelefon *n*, Handheld *n*, "Handy" *n (pl. Handys, D2-,E-Netz)*

hand-held cordless telephone schnurloses Handtelefon *n*

Handheld Device Markup Language (HDML) HDML-Sprache *f (Seitenbeschreibungssprache für Handys; Teilmenge von HTML (q.v.), CDPD-Dienst, US, Vorläufer von WML q.v.)*

Handheld Device Transport Protocol (HDTP) HDTP-Protokoll *n (WAP, CDPD-Dienst, US)*

handheld PC Hand-PC *m*, Handheld-PC *m (PDA. q.v.)*

hand-held radio telephone Handfunktelefon *n*

hand-held telephone Handtelefon *n*, "Handy" *n (D2-, E-Netz)*, Handfunksprechgerät *n*, Taschentelefon *n*

hand-held test instrument Handheld-Tester *m*

hand-held transmitter Handsender *m (EB)*

handicap Vorbelastung *f*

handle Handgriff *m*, Griffblende *f (Gestell)*; behandeln, bearbeiten, abwickeln *(Gespräch)*, abfertigen, steuern, bewältigen *(Last)*

handler Steuerprogramm *n (z.B. Paketsteuerung)*, Behandlungseinrichtung *f (Pakete)*, Hantierer *m*

handling Bedienen *n (HW)*, Handhaben *n*

handling facility Behandlungseinrichtung *f (Pakete, ATM)*

handling of calls Abfertigung *f* von Belegungen *(Tel.-Anl)*, Kommunikationsbearbeitung *f*, Gesprächsabwicklung *f*

handling of traffic Verarbeitung *f* des Verkehrs, Verkehr *m* abwickeln

HANDO s. handover

handoff, hand-off Umschalten *n*, Weiterschalten *n*, Anrufweiterschaltung *f*, Weiterreichvorgang *m*, Gesprächsumschaltung *f (Mobilfunk)*

handoff threshold Weiterschalteschwellwert *m (Mobilfunk)*

handover (HO, HANDO) Basisstationswechsel *m*, Funkkanalwechsel *m*, Kanalwechsel *m (C-Netz)*, Handover *n*, Umschaltung *f*

handover interface Übergabeschnittstelle *f (DVB-T)*

handover protocol Weiterschaltprotokoll *n*

handover event Weiterreichvorgang *m*

hand over weiterreichen *(Tel)*

hand portable (unit) (HPU) Handtelefon *n (GSM 01.04, s. Tabelle VII)*

handset Bedienhörer *m*, Sprechhörer *m*, Handy *n (Mobilfunk)*; Handapparat *m*, Hörer *m*, Hörsprecheinrichtung *f (Tel)*, Handset *n (DECT)*

hands-free loudspeaker telephone Freihörsprechgerät *n* (FHS)

hands-free talking Freisprechen *n* (FS) *(K.-Tel)*

hands-free talk key Freisprechtaste *f (K.-Tel)*

hands-free telephone (set) (HFT) Freisprechgerät *n*, Freihand-Telefon *n*, Lauthörfernsprecher *m*

hands-free voice input device Freisprecheinrichtung *f (Funkfernsprechwahl)*

handshake Quittungsaustausch *m*, einleitender Datenaustausch *m*, Handshake *m (TLS q.v.)*

handshake communication Anfrage-/Antwort-Kommunikation *f*

handshake method Handshake-Verfahren *n (für Peripheriegeräte, HW)*

handshake packet Handshake-Paket *n (zur Übertragung von ACK/NACK-Meldungen, USB)*

handshake procedure Quittungsbetrieb *m (Bus)*, Handshake-Verfahren *n*, Verständigungsverfahren *n (DV)*

handshake signal Abstimmzeichen *n*

handshaking method Quittungsverfahren *n (PCM-Daten, -Sprache)*; Beginnabgleich *m*; Rendezvous-Technik *f*

hangover Abfallverzögerung *f (PV)*; Überhang *m (von Sprachblöcken)*

hangover (time) Nachwirkzeit *f (Gegenteil von Antwortzeit, Modem)*

hang up aufhängen, einhängen, auflegen *(Hörer)*; hängenbleiben, blockieren *(Programm)*

hang up a call Verbindung *f* in den Einhängezustand versetzen *(Verm)*

hang-up Blockierung *f*, Programmstopp *m*

hang-up signal Zeichen *n* "Einhängen" *(Steuersignalisierung)*

HAPS (high altitude platform station) HAPS-Plattform *f (UMTS/IMT2000)*

hard bit hartes Bit *n (MSB)*

hard blank harte Leerstelle *f (WP)*

hardcopy Hardcopy *f*, Druckausgabe *f*, Druckexemplar *n*, Ausdruck *m*, Papierkopie *f*

hardcopy output Protokollausgabe *f*, Ausdruck *m*

hardcopy peripherals Papierperipherie *f (Rechner)*

hard decision harte Entscheidung *f*, Hartentscheidung *f (Decodierung)*

hard disk Festplatte *f (Speicherplatte, PC)*

hard disk controller Festplattensteuereinheit *f*, Festplatten-Controller *m (PC)*

hard disk drive (HDD) Festplattenlaufwerk *n (PC)*

hard disk encryption Festplattenverschlüsselung *f (Sicherheit)*

hard disk partition Festplattenbereich *m*, Partition *f (PC)*

hard disk space Festplattenplatz *m (PC)*

hard drive Festplattenlaufwerk *n (PC)*

hard handoff harte Weiterschaltung *f (zellularer Mobilfunk, Weiterschaltung zw. Funkzellen mit Frequenzwechsel)*

hard hyphen echter Trennstrich *m (WP)*

hardkey Hard-Taste *f*, Hardkey *m (nicht programmierbare Funktionstaste)*

hard keying harte Umtastung *f*

hard sectored hartsektoriert *(vom Hersteller sektoriert, Floppy, PC-Festplatte)*

hard to reach (HTR) schwer erreichbar *(Vermittlung)*

hardware Gerätetechnik *f*, Hardware *f* (HW), Technik *f*

hardware check system Inbetriebnahmesystem *n*

hardware fault Gerätefehler *m*

hardware implementation Geräterealisierung *f*, gerätetechnische Implementierung *f*

hardware-oriented software hardwarenahe Software *f*

hard-wired festverdrahtet; drahtgebunden, Draht-... *(z.B. öffentliches Wählnetz: Drahtnetz)*

hard-wired program (fest)verdrahtetes Programm *n*, verdrahtungsprogrammiert

harmonic Oberschwingung *f*, Oberwelle *f*, Harmonische *f*; Oberton *m (Akustik)*; harmonisch

harmonic antenna oberwellenerregte Antenne *f*

harmonic distortion Klirrverzerrung *f*, Klirren *n*

harmonic filter Oberwellenfilter *n*

harmonic function Sinusfunktion *f*

harmonic generator Frequenzvervielfacher *m*, Frequenzteiler *m*

harmonic lock Oberwellensynchronisierung *f (PLL)*

harmonic marker oberwellenerregter Markierer *m (Artikelüberwachung)*

harmonic ratio Klirrdämpfung *f*

harmonics Oberwellen *fpl*

harness Kabelbaum *m*, Kabelsatz *m*, Leitungssatz *m*, Kabelbaum *m*, Kabelpaket *n*

hash Mischsumme *f*

hash code Hash-Code *m*

hash coding Hash-Codierung *f*

hash function Has(c)h- *oder* Streufunktion *f*

hash key Rautentaste *f (US)*

hash probe Has(c)hsuche *f*

hashing Hashing *n (binäre Bitsuche)*, Hash-Codierung *f*; Datenstreuung *f*; Streuspeicherung *f (SW)*

hashing function Has(c)h- *oder* Streufunktion *f*

hashing value Hashwert *m*

have control over beherrschen

HBCI s. Home Banking Computer Interface

HBD (human body discharge) (elektrostatische) Körperentladung *f*

HBO (Home Box Office) Gebührenfernsehen *n (US)*

HBR s. high burst rate (mode))

H channel (high-speed user information channel) H-Kanal *m*, Breitbandinformationskanal *m (ISDN)*

HCI s. human/computer interface

HCS s. Hundred Call Seconds

HCT s. Huffmann code table

HD (home domain) Heimat-Zone *f (IP-Netz, ITU H.323)*

HD (high density) hohe Aufzeichnungsdichte *f (Floppy)*

HDB3 high-density bipolar *(3-stufiger Code, ITU-T G.703, Anhang A, s. Tabelle III)*

HDCD (High Definition Compatible Digital) **format** HDCD-Format *n (digitale DVB-Toncodierung)*

HDCT (hybrid discrete cosine transform) hybride diskrete Cosinus-Transformation *f (DVB)*

HDD s. hard disk drive

HDLC s. High-level Data Link Control

HD-Mac s. high-definition MAC

HDML s. Handheld Device Markup Language

HDMM-CD s. high-density multimedia CD

HDOP (horizontal dilution of precision) horizontale Präzisionsverringerung *f*

HDPCM (hybrid DPCM) Hybrid-DPCM *f (HD-MAC)*

HDR (high data rate) hohe Datenrate *f (CDMA technology, asymmetric 2.4 Mbit/s/384 kbit/s operation, QUALCOMM, US)*

HDSL (high-bit-rate digital subscriber line) digitale Anschlußleitung *f* mit hoher Bitrate *(bis zu 52 Mbit/s)*

HDTP s. Handheld Device Transport Protocol

HDTV s. high-definition TV

HDV s. high-definition video

HDWDM s. high-density WDM

HDX s. half duplex

HE s. head end

head end (HE) Empfangsstelle *f (Gemeinschaftsantenne)*, Kopfstelle *f*, Kopfstation *f (KTV)*, Kabelkopfempfangsstelle *f (HFC-Netz)*

header Kopf *m*, Kopf-Feld *n*, Zellkopf *m (ATM)*; Datenkopf *m*, Blockkopf *m (TDM, ATM)*; Einleitungsfolge *f (DECT)*; Halterung *f*, Träger *m*, Sockel *m (Halbleiter, Steckverbinder)*

header error control (HEC) Kopffehlersicherung *f*, Zellkopf-Kontrollsumme *f*

header field Kopffeld *n (Zelle)*

header part Einleitungsteil *m (DECT)*

head extension Kopfzusatz *m*

head-mounted display (HMD) Datenhelm *m (VR)*

head of department Geschäftsbereichsleiter *m*, Abteilungsleiter *m*

head of line blocking Warteschlangenkopf-Blockierung *f (ATM-Multiplexer)*

head of section Referatsleiter *m*

headphones Kopfhörer *m*

headset Abfragegarnitur *f*, Sprechgarnitur *f*, Hörsprechgarnitur *f*, Kopfsprechhörer *m*, Kopfsprechgarnitur *f*, Kopfhörergarnitur *f*, Headset *n*, Kopfset *n*

head station Kopfstation *f*, Kopfstelle *f (Kabel-TV)*

headwheel Kopfrad *n*, Scanner *m (VTR, VCR)*

heap Haufen *m*; Halde *f*, Freispeicher *m (PC)*

hearing Gehör *n*

heartbeat message Testmeldung *f ("Herzschlag"-Meldung, Prozeßzustand, IN)*

heat removal Wärmeabfuhr *f*

heat shrink Schrumpfschlauch *m*

heat sink Kühlkörper *m (Halbleiter)*

heat sinking Wärmeableitung *f*

heavily doped hoch *oder* stark dotiert *(Halbleiter)*

heavy schwer; stark *(Verkehr)*

heavy hours verkehrsstarke *oder* -reiche Zeit *f*

heavy loading starke Belastung *f (Verkehr)*, Hochlast *f*

HEC s. header error control

height of the centre of mass Schwerpunkthöhe *f (Antenne)*

held belegt *(Leitung)*

held call gehaltene Verbindung *f (Tel)*

helical scan recording Schrägspuraufzeichnung *f (MAZ)*

help desk Kundenanlaufstelle *f*, Helpdesk *m*

help line Hilfe-Nummer *f*, Sorgentelefon *n*

helpline attendant Hotline-Mitarbeiter *m*

help menu Hilfemenü *n (z.B. unter MS-Windows, PC)*

HEMT s. high electron mobility transistor

heredity Vererbung *f (objektorientierte Modellierung, Datenhaltung)*

hermaphrodite *oder* **hermaphroditic (sexless) connector** Hermaphrodit-Kupplung *f*, Zwitterkupplung *f*

HERMES (Handling through European Message Electronic System) elektronisches Nachrichtenübertragungssystem *n* der europäischen Eisenbahnen

hermetically sealed hermetisch dicht, luftdicht

heterodyne frequency Überlagerungsfrequenz *f*

heterodyne interference Überlagerungsstörung *f (von 2 Sendern, TV)*

heterodyne receiver Überlagerungsempfänger *m* ($f_{ZF} > 0$)

heterodyning Überlagerung *f (Frequenzen)*

heterogeneity Heterogenität *f*, Verschiedenartigkeit *f*

heterojunction Heteroübergang *m (Mikroelektronik)*

heuristic Heuristik *f (Problemlösungsmethode)*; heuristisch

hexadecimal notation Hexadezimal- *oder* Sedezimaldarstellung *f (Math., 16 Anordnungen von 4 Bit: 0-9 u. A-F))*

HF (high frequency) Hochfrequenz *f* (HF)

HFC (hybrid fibre coax) **network** HFC-Netz *n*, gemischtes Glasfaser-Koaxialkabel-Netz *n*, Hybrid-Faser-Koax-Netz *n*

HFCTP (hybrid fibre coax twisted pair) verdrilltes Hybrid-Faser-Koax-Paar *n*

HFT (hands-free telephone) Freisprechgerät *n (K.-Tel)*

hidden file versteckte *oder* unsichtbare Datei *f (PC)*

hidden layer versteckte *oder* verborgene Schicht *f (Backpropagation-Algorithmus (q.v.))*

hidden Markov model (HMM) Hidden-Markow-Modell *n*, HMM-Modell *n (Spracherkennung)*

hide ausblenden *(Grafik, PC)*, verbergen

hierarchical level Hierarchieebene *f (Prozess)*, Hierarchiestufe *f (Netz)*; Aufbaustufe *f (PCM)*

hierarchically complete routing Wegesuche *f* durch das gesamte Netz *(PNNI-Netz, ATM)*

hierarchical operator Rangordnungsoperator *m (dig. Filter)*

hierarchical predictive coding (HPC) hierarchische Prädiktionscodierung *f (Videocodierung)*

hierarchical system Aufbausystem *n (PCM)*

hierarchical transmission hierarchische Übertragung *f (DVB-T, MRQAM: 64QAM Auflösung, herabgesetzt auf 16QAM bei schlechter BER, um den "Brickwall"-Effekt (q.v.) zu vermeiden und einen gleitenden Güteabfall wie bei analoger TV-Übertragung zu erreichen)*

high altitude platform station (HAPS) HAPS-Plattform *f (für UMTS/IMT2000-Basisstation)*

high-availability hochverfügbar

high band Hochband *n (KTV, 174–216 MHz, EIA-Kanäle 14–23)*

high-bit-rate channel hochratiger Kanal *m*, Hochratenkanal *m*, Kanal *m* mit hoher Bitrate

high-bit-rate digital subscriber line (HDSL) digitale Anschlußleitung *f* mit hoher Bitrate *(Tel., 2 Mb/s)*

high-bit-rate modulation hochratige Modulation *f*, Modulation *f* mit hoher Bitrate

high burst rate (mode) (HBR) hochratige Burstübertragung *f*

high-calling-rate subscriber Vielsprecher *m*

high-capacity leistungsfähig *(Speicher etc)*

high-capacity station Hochgeschwindigkeitsstation *f (LAN)*

high-convenience function Komfortfunktion *f (Dienst)*

high-cut filter Tiefpaß(filter *n*) *m*

high data rate (HDR) hohe Datenrate *f*

high-definition MAC (HD-Mac) hochauflösendes MAC *n (HDTV-Standard, Zeitmultiplextechnik)*

high-definition TV (HDTV) Hochzeilenfernsehen *n (1250 Zeilen, Bildauflösung 1440x1152, Bildformat 16:9, progressive Abtastung 1:1, Datenrate 30 Mbit/s, 5 Stereokanäle in CD (Surround-Sound) + 6 KK; Eu-95, 2xITU-R 601)*

high-definition video (HDV) Hochzeilen-Video *n*, Video *n* mit hoher Auflösung *(Kamerasignal)*

high density (HD) hohe Aufzeichnungsdichte *f (Floppy)*

high-density bipolar (HDB3) Dreiercode *m (ITU-T Empf. G.703, Annex A, s. Tabelle III)*

high-density multimedia CD (HDMM-CD) Multimedia-CD *f* hoher Dichte *(Philips, Sony, Aug.1995, s. MM-CD)*

high-density WDM (HDWDM) dichtes Wellenlängenmultiplex *n (FO)*

high electron mobility transistor (HEMT) Transistor *m* mit hoher Elektronenbeweglichkeit

higher-level höher *(z.B. Sprache)*, übergeordnet *(Rechner, System)*; überlagert

higher-level bit rate Obersystem-Bitrate *f*

higher-order höherwertig *(Byte)*, übergeordnet *(Parameter)*

higher-ranking broadband communication repeater station übergeordnete Breitbandkommunikations-Verstärkerstelle (ÜBKVrSt) *(NE2, BK-Netz)*

higher than tertiary level überzentral *(Verm.)*

high fidelity hohe Wiedergabegüte *f*, Hi-Fi *f*

high-fidelity klanggetreu, Hi-Fi-..., Hifi-...

high frequency (HF) Hochfrequenz *f* (HF)*(Kurzwellenbereich)*; hohe Frequenz *f*, hohe Frequenzlage *f*

high-frequency hochfrequent

high-impedance hochohmig

high-layer attribute Merkmal *n* der oberen Schichten *(ISDN)*

high-layer compatibility (HLC) Kompatibilität *f* der oberen Schichten *(ISDN)*

high-layer function (HLF) Funktion *f* der oberen Schichten *(ISDN)*

high-layer interface standard Schnittstellenstandard *m* der oberen Schichten *(IEEE 802.1)*

high-level communication protocol höheres Kommunikationsprotokoll *n*

High-level Data Link Control (HDLC) Hochpegel-Datenübertragungssteuerung *f*, Hochpegel-Zeichengabeverfahren *n (bitorientiertes Übertragungssteuerungsverfahren, synchrones Schicht-2-Protokoll im LAN, ISO 3309, 4335, DIN 66221)*

high-level language höhere Sprache *f*, Hochsprache *f*, problemorientierte Sprache *f (DV; z.B. ADA, FORTRAN, COBOL)*

high-level service höherer Dienst *m*

highlighting Hervorheben *n (Monitor)*

highly directional stark gebündelt *(Antenne)*

highly ramified weitverzweigt

highly resistive hochohmig

high memory area oberer Speicherbereich *m (RAM, PC)*

high-MTBF hochverfügbar

high noise immunity logic (HNIL) störsichere Logik *f*

high-pass filter (HPF) Hochpaß(filter *n*) *m*

high-performance Hochleistungs-..., performant

high-performance computer Hochleistungsrechner *m*

High-performance radio LAN (HiperLAN) Hochleistungs-Funk-LAN *n (ETSI, 5,15–5,3 GHz, 23,5 Mbyte, GMSK, 50 m Reichweite)*

high power amplifier (HPA) Hochleistungsverstärker *m (Sat)*

high power satellite (HPS) Satellit *m* hoher Sendeleistung

high-priority hochprior, priorisiert

high-priority call instruction priorisierte Anforderung *f*

high-Q circuit Kreis *m* hoher Güte

high-quality ... Qualitäts-...

high-quality speech breitbandige *oder* klanggetreue Sprach(wiedergabe) *f*

high-resistance hochohmig

high-resolution hochauflösend, feingepixelt *(Monitor)*

high side heißes Ende *n (Schaltkreis)*, Hochspannnungsseite *f (Transformator)*

high signal Hochpegelsignal *n (DV)*

high-speed hochratig, hochbitratig *(Strecke)*

high-speed bus Hochgeschwindigkeitsbus *m*

high-speed channel Breitbandkanal *m (ISDN-H-Kanal)*

high-speed circuit switched data (HSCSD) hochbitratige leitungsvermittelte Daten *npl (GSM-Spezifikation GSM 02.34 u. 03.34, s. Tabelle VII)*

high-speed data network Hochgeschwindigkeits-Datennetz *n* (HDN) *(ersetzt das Wissenschaftsnetz "WIN", q.v.)*

high-speed memory Schnellzugriffsspeicher *m*

high-speed user information channel (H channel) H-Kanal *m*, Breitband-Informationskanal *m (ISDN, H_0 = 384 kB/s, H_{11} = 1,536 MB/s, H_{12} = 1,92 MB/s, H_2 = 30–45 MB/s, H_4 = 120–140 MB/s, für Videokonferenzdienst usw)*

high state (H) Hoch-Zustand *m*, H-Zustand *m (Bit)*

high temperature superconductor Hochtemperaturspuraleiter *m* (HTSL) *(adaptives Antennensystem)*

high-throughput durchsatzstark

high-usage line (HUL) Querleitungsbündel *n* (Ql) *(Netz)*

high-usage route Direktweg *m*, Querweg *m* (QW)

high-valued hochohmig *(Widerstand)*

high-voltage HRC-type fuse HH-(Hochspannungs-Hochleistungs)-Sicherung *f*

highway Leitung *f*, Vielfachleitung *f*, Zeitmultiplexleitung *f (PCM)*; Ringleitung *f*; Schiene *f*; Abnehmerleitung *f (Verm.)*

hijacking of a connection Übernahme *f* einer Verbindung *(durch einen Hacker, IP-Sicherheit)*

Hilbert transformer Hilbert-Transformator *m (Quadratursignalerzeugung)*

hinged-frame construction Schwenkrahmenbauweise *f (Gestell)*

hinged-frame panel Schwenkrahmenfeld *n (Gestell)*

HiperLAN s. High-performance radio LAN

HIPERLAN (high-performance LAN) **network** HIPERLAN-Netz *n (similar to Ethernet (q.v.), includes QoS like ATM; s.a. "High-performance radio LAN")*

hired software Mietsoftware *f*

hissing Zischen *n (Ton)*

historical data Vergangenheitsdaten *npl*

historical statistics Vergangenheitsstatistik *f*

history Vorgeschichte *f*; Lebenslauf *m (eines Teils)*

History Bisher *(MS-Windows-Meldung, PC)*

history list Sitzungsprotokoll *n (Internet-Browser)*

history of calls Gesprächeprotokoll *n (Tel.)*

hit Störung *f*, Störungsspitze *f (PCM)*, Nadelspitze *f*, Spannungsstoß *m*; Treffer *m (Fehlerkorrektur, Internet-Suche)*

hitless störungsspitzenfrei

hitless switching verlustloses Umschalten *n (Ersatzschaltung ohne Zell- oder Paketverluste)*

hit probability Treffsicherheit *f (Tel)*

hit rate Trefferquote *f (Dateisuche)*, Einwahlquote *f (Internet)*

HLC s. high layer compatibility

HLF s. high layer function

HLN s. home local network

HLR s. home location register

HMD (head-mounted display) Datenhelm *m (VR)*

HMM (hidden Markov model) Hidden-Markow-Modell *n*, HMM-Modell *n (Spracherkennung)*

HNIL s. high noise immunity logic

HO s. handover

HOLD (Call Hold) Parken *n (ISDN-Funktion)*, Halten *n (GSM, s. Tabelle VII)*

hold a call eine Verbindung *f oder* einen Ruf parken

hold a display eine Anzeige *f* festhalten

hold for inquiry rückfragen *(Tel)*

hold for pickup Einmann-Umlegung *f*

holding (a call) (Ruf *m*) park(ier)en, in Rückfrage halten; Parken *n*

holding circuit Warteschaltung *f (EWS)*; Belegungsstromkreis *m (Tel)*

holding key Haltetaste *f*

holding time Belegungsdauer *f (ununterbrochene Belegtzeit des Abnehmers, Tel.-Anl)*; Belegungszeit *f (Fernwirktechnik)*

hold-in range Haltebereich *m (VCO)*

hold invocation Aufruf *m* der Parkfunktion *(ISDN)*

hold latch Haltespeicher *m (Verm)*

hold period Wartezeit *f*

"Hold the Line" "Bleiben Sie am Apparat", "Bitte Warten" *(Tel.-Ansage)*

hold toggle makeln

holdover (time) Haltezeit *f (SV)*

Home POS1 *(Tastatur, PC)*; Normalstellung *f (Schalter)*

home access network (HAN) Heimzugangsnetz *n (DVB, DAB etc)*

home agent Heimatagent *m (Router, IP-Mobilfunk, IAB RFC 2002-2004, 2344, s. Tabelle VIII)*

home appliance Haushaltsgerät *n*

home banking elektronischer Bankverkehr *m*

Home Banking Computer Interface (HBCI) Computerschnittstelle *f* für den elektronischen Bankverkehr *(RSA/DES, Internet-sicher, Zentraler Kreditausschuß (ZKA) 1996)*

home base station Haus-Feststation *f (Telepoint)*

Home Box Office (HBO) Gebührenfernsehen *n (US)*

home channel voreingestellter Kanal *m (im Kanaldecoder, IDTV, STB, s.a. "default channel")*

home cinema Heimkino *n (Breitbild-Fernseher + Surround-Sound)*

home computer Heimrechner *m*, Heimcomputer *m*

home domain (HD) Heimat-Zone *f (IP-Netz, ITU H.323, s. Tabelle III)*

home exchange eigenes Amt *n*, Heimatvermittlungsstelle *f*

homefax private Telefaxnutzung *f*

home in on ansteuern, anpeilen

home local network (HLN) Heim-Endgerätenetz *n (DVB, DAB etc)*

home location register (HLR) Heimatdatei *f (GSM, s. Tabelle VII)* , Teilnehmerdatenbasis *f (allg., GSM)*

home MSC area Heimatbereich *m (GSM, s. Tabelle VII)*

home network Heimatnetz *n (GSM)*

home page Homepage *f (Internet)*, Einstiegsseite *f*

home PBX Heim-Vermittlungsanlage *f (dem Telekommunikationsgerät zugeordnet)*

home PLMN (HPLMN) Heimat-Mobilfunknetz *n (GSM-Empf. 03.79)*

home receiver Heimempfänger *m*

home shopping Einkaufen *n* aus dem Videokatalog

Homes Passed (HP) anschließbare Wohneinheiten *fpl (DOCSIS)*

homing Leitungssuche *f (Verm.)*, Nullstellung *f (Suchverfahren)*; Rücklauf *m (Drehwähler)*, Heimlauf *m (Tel.)*

homing capability Zielsuchfähigkeit *f (Netz)*

homodyne receiver Überlagerungsempfänger *m* $(f_{ZF} = 0)$

homologous homolog, gleichnamig *(Math.)*

homonymous homonym

hook flash Gabelzeichen *n (Tel)*

hook switch Gabelumschalter *m* (GU) *(Tel)*

hook-up verbinden, zuschalten

hook-up wire Schaltdraht *m*

hop Sprung *m*; Frequenzsprung *m*, Frequenzwechsel *m*, Hop *m*; Funkfeld *n*, Richtfunkstrecke *f*, Abschnitt *m (Übertragung)*; schwenken *(Keule, Sat)*

hop by hop abschnittweise *(Wegesuche)*

hop channel Hop-Kanal *m (Bluetooth, q.v.)*

hopped-beam antenna Schwenkstrahlantenne *f (Sat)*

hopper Frequenzsprungsender *m*; Stapler *m (DV, Tasks)*

hopping Frequenzspringen *n oder* -hüpfen *n*

hopping rate Umschaltrate *f*, Frequenzumschaltrate *f*

hop sequence Sprungsequenz *f*, Sprungfolge *f (Bluetooth, q.v.)*

hops list Datenweiterleitungsliste *f (IP)*

horizontal accuracy Genauigkeit *f* der Entfernungsmessung *(OTDR, FO)*

horizontal blanking interval Zeilenaustastlücke *f (TV)*

horizontal dilution of precision (HDOP) horizontale Präzisionsverringerung *f (GPS)*

horizontal polarisation horizontale Polarisation *f (Sat)*

horizontal readout resolution Auflösung *f* der Entfernungsanzeige *(OTDR, FO)*

horizontal scrollbar horizontale Bildlaufleiste *f (MS-Windows, PC)*

horizontal split bar horizontaler Fensterteiler *m (MS-Windows, PC)*

horn Horn *n (Ant.)*; (Schall)trichter *m*

host Zentralrechner *m*, Großrechner *m*; Host *m (jedes an das Internet angeschlossene System)*; Primär...-; als Host *m* dienen

host computer Dienstleistungsrechner *m (ZGS.7 UP, s. Tabelle III)*; Verarbeitungsrechner *m*; Hostrechner *m (Netz)*

hostile agressiv *(Umgebung, Chem.)*, unfreundlich *(Umgebung, Übertr.)*

hostile code Schadprogramm *n*, Malware *f (Internet-Sicherheit)*

host network Host-Netz *n (ISDN)*

hot content heißer *oder* sehr begehrter Inhalt *m (HTTP)*

hot key heiße Taste *f (Funktionstaste, K-Tel)*

hot line Direktruf *m*, Hotline *f*

hot-line operator Hotline-Platz *m (TK-Anlage)*

hot-line service selbsttätiger Verbindungsaufbau *m*

hot plugging heißes Umstecken *n (Auswechseln von E/A-Einheiten am Bus während des Betriebes, USB(q.v.)-Merkmal)*

hot potato routing Leitweglenkung *f* auf dem schnellsten Weg *(nach der kürzesten Warteschlange)*

hot spot teilnehmerintensives Gebiet *n (Mobilfunkzelle)*

hot spot traffic Spitzenverkehr *m (Netz)*

hot standby Betriebsbereitschaft *f* (BB), Bereitschaftsbetrieb *m*

hot swap Wechsel *m* während des Betriebs *(z.B. Dienst)*

hourglass pointer Sanduhr(zeiger *m*) *f (MS-Windows, PC)*

house connection *oder* **service** Hauszuführung *f* (Hszf)

house emergency alarm terminal Hausnotrufzentrale *f*

housekeeping instruction Organisationsbefehl *m (DV)*

housekeeping task organisatorische Aufgabe *f (DV)*

housing Gehäuse *n*

HP s. Homes Passed

HPA s. high power amplifier

HP (high-priority) **bit** HP-Bit *n (TPS data, DVB)*

HPBW s. half power bandwidth

HPC (hierarchical predictive coding) hierarchische Prädiktionscodierung *f (Videocodierung)*

HPF (high-pass filter) Hochpaß(filter *n*) *m*

HP-IB (Hewlett Packard interface bus) HP-IB-Bus *m (für Meßtechnik und Daten, entspricht IEC 625, IEE 488, q.v.)*

HPLMN s. home PLMN

HPS s. high power satellite

HPU s. hand portable unit

HRC s. hypothetical reference connection

HSCSD (high-speed circuit switched data) hochbitratige leitungsvermittelte Daten *npl (GSM- und Internet-Zugriffstechnik für Echtzeitübertragung von Bewegtbildern u. Ton, GSM der 3. Generation, 1997, GSM 02.34 u. 03.34, s. Tabelle VII)*

HSCSD (high-speed circuit switched data) **service** HSCSD-Dienst *m (s. "HSCSD", GSM der 3. Generation, ergänzt GPRS (q.v.))*

H section Doppel-T-Glied *n*

H Series of ITU-T Recommendations H-Serie *f* der ITU-T-Empfehlungen *(betrifft AV-Dienste und Übertragung, MPEG-4, s. Tabelle III)*

HTML s. hypertext markup language

HTR (hard to reach) schwer erreichbar *(Vermittlung)*

HTTP s. hypertext transfer protocol

hub Netzkontrollstation *f*, Hubstation *f*, Hub *n*, Zentralstation *f (ATM-Netz, VSAT-Netz)*, Übergabeeinheit *f (IP/ATM-Netz)*; zentraler Verteiler *m*, Verteiler *m (USB)*, Vermittlungsknoten *m*, logischer Zwischenpunkt *m (LAN, IN)*; Kontrollzentrum *n (EMA)*; Konzentrator *m*, Sternkoppler *m*, Hub *n (Netzmanagementfunktion)*

hubbing Verkehrskonzentrierung *f*

hubbing multiplexer Hubbing-Multiplexer *m (Mini-CCM, SDH)*

hub station Hub-Station *f (VSAT)*

hue Farbton *m (TV)*

Huffmann code table (HCT) Huffmann-Codetabelle *f (Bilddatenreduktion durch Entropie-Codierung (q.v.))*

HUL s. high-usage line

human body discharge (HBD) (elektrostatische) Körperentladung *f*

human/computer interface (HCI) Benutzeroberfläche *f*

human interface Benutzeroberfläche *f (ISDN)*

hum loop Brummschleife *f (Audio)*

Hundred Call Seconds (HCS) *(Verkehrswerteinheit, = 1/36 Erl)*

hundred-line (100-line) **selector** hundertteiliger Wähler *m*, Hunderter *m (EMD, Verm)*

hundred-line (selector) group Hundertgruppe *f (EMD)*

hung blockiert *(Programm)*

hunt suchen, absuchen *(Leitungen)*

hunt group Sammelgruppe *f*, Sammelanschluß *m* (SA), Sammelrufnummer *f*

hunt state Suchzustand *m (ITU-T I.432, s. Tabelle IV)*

hunting Suchen *n*, Abtastung *f*, Freiwahl *f (Tel.)*; Pumpen *n (Oszillator)*; Pendeln *n*

hunting contact Sammelkontakt *m*

hunting group Sammelgruppe *f*, Sammelanschluß *m* (SA), Sammelrufnummer *f*

hunting (selection) freie Wahl *f*

hunting selector Mischwähler *m*

HW (hardware) Hardware *f*, Gerätetechnik *f*, Technik *f*

hybrid circuit Hybridschaltung *f*, Gabel *f (Tel)*, Gabelung *f*

hybrid DPCM (HDPCM) Hybrid-DPCM *f (HD-MAC)*

hybrid fibre coax (HFC) **network** HFC-Netz *n (gemischtes Glasfaser-Koaxialkabelnetz)*

hybrid interface structure hybride Schnittstellenstruktur *f*, Schnittstellenmischstruktur *f (Protokolle)*

hybrid junction Hybrid *m (FO)*

hybrid network Gabelschaltung *f (Tel)*

hybrid termination Gabelnachbildung *f (Tel)*

hybrid transformer Gabelübertrager *m (Tel)*

hybrid transformer loss Gabelübergangsdämpfung *f*

hybrid transition Gabelübergang *m (Tel)*

hyperband Hyperband *n (KTV, 302–446 MHz, Kanäle 36–47)*

hypercube Hypercube *m (sehr dichtes, dreidimensional vermaschtes Kommunikationsnetz für MPP, VOD)*

hypermedia documents Hypermedia-Dokumente *npl (inhaltlich (d.h. durch Querverweise) durch Hypertext verknüpfte multimediale Dokumente)*

hypermedia service Hypermediendienst *m (Multimedien-Hypertext-Informationssystem aus monomedialen "Informationspartikeln" ohne Layoutstrukturierung, Zugriff erfolgt durch Navigation entlang vernetzter "Kanten", s. "Multimedien")*

hypersphere Hyperkugel *f (Math.)*

hypertext Hypertext *m (computerunterstützte nichtlineare netzwerkartige Verknüpfung von Textstücken zur Navigation durch Softwareanwendungen, Dokumentation, Informationssysteme, Problemlösungssysteme u.a.)*

hypertext markup language (HTML) HTML-Sprache *f*, Auszeichnungssprache *f (WWW-Seitenbeschreibungssprache, RFC 1866, s. Tabelle VIII)*

hypertext transfer protocol (HTTP) Hypertext-Transfer-Protokoll *n*, HTTP-Protokoll *n (TCP/IP-Subprotokoll zur Verständigung mit Webservern für HTML-(q.v.)-Dokumente, RFC 2616, s. Tabelle VIII)*

hyphenation Silbentrennung *f*

hypothetical reference connection (HRC) Bezugsverbindung *f*

HX (half duplex) Halbduplex *n*

100-line (hundred-line) **selector** hundertteiliger Wähler *m*

I

I *(symbol for current)* I *(Symbol für Strom)*

I (in-phase) gleichphasig *(bei QAM (q.v.) der Träger auf der Nullachse)*

I (intra(coded)) intracodiert *(bei MPEG-2 ein komplettes Bild (I-Bild (q.v.), das er-*

ste in einer Reihe von 12), das für sich benutzt wird und dann als Bezugsbild für weitere Bilder in der Gruppe (s. GOP))

IA (incoming access) ankommender Anschluß *m (GBG)*

IA (intelligent agent) Software-Agent *m*

IAB s. Internet Architecture Board

IAD s. integrated access device

IAM (initial address message) Initialisierungsnachricht *f*, IAM-Meldung *f (GSM, ISDN)*

IANA s. Internet Assigned Numbers Authority

IAOG (International Administrative management domain Operators Group) Internationale Verwaltungsgruppe *f* von Betreibern im Versorgungsbereich

Iasnet russisches paketvermitteltes X.25-Netz *n (GUS, DNIC 2501)*

IA5 (International Alphabet No.5) internationales (Telegraphen-) Alphabet *n* Nr.5

IBC (Integrated Broadband Communications) integrierte Breitbandkommunikation *f (RACE-Projekt)*

IBC (International Broadcasting Convention) Internationale Rundfunk-Konvention *f*

IBCN (Integrated Broadband Communications Network) integriertes Breitband-Kommunikationsnetz *n*

I-beam pointer I-förmiger Mauszeiger *m (MS-Windows, PC)*

IBIC (ISDN binary interface converter) ISDN-Binärschnittstellenumsetzer *m (BT)*

IBM International Business Machines Corp.

IBS (Intelsat Business Service) Intelsat-Geschäftsdienst *m (Sat., entspricht IESS 309)*

IBU (International Broadcasting Union) Welt-Rundfunkunion *f*

IC (incoming call) Verbindungsanforderung *f* gerufene Seite

IC (integrated circuit) integrierter Schaltkreis *m*, integrierte Schaltung *f* (IS)

IC (interlock code) Verriegelungscode *m*

ICA (Initiate Call Attempt) Rufauslösung *f*

ICB (incoming calls barred) Sperre *f* ankommender Rufe

ICC (ISDN communication controller) ISDN-Kommunikationssteuerung *f (BT)*

I channel I-Kanal *m (QAM)*

ICI (interface control information) Schnittstellensteuerdaten *npl (ISDN)*

ICLID (incoming caller line identification) Anrufer-Anschlußkennzeichnung *f (US)*

ICM (incoming message) ankommende Nachricht *f (Fax)*

ICM (internal communication matrix) Internverkehrvielfach *n*

ICMP s. Internet Control Message Protocol

ICO (intermediate circular orbit) mittlere Kreislaufbahn *f (Sat., 10.000 km)*

I component (in-phase component) I-Komponente *f*, Inphase-Komponente *f (I/Q-Modulation)*

icon Piktogramm *n*, Bildschirmsymbol *n*, Bildzeichen *n*; Symbol *n*, Ikon *n (GUI, PC)*

ICPM (incidental carrier phase modulation) synchrone Trägerphasenmodulation *f (TV)*

ICS (ISDN communication system) ISDN-Kommunikationssystem *n (bis 70 Anschlüsse)*

ICT (in-circuit test) In-Circuit-Test *m*

ID s. identification *(GSM)*

IDA (Integrated Digital Access) integrierter digitaler Anschluß *m (BT-BA, 1B + D, heute "ISDN 2")*

IDAphone BT-Digitaltelefon *n (unterstützt V.24, s. Tabelle V)*

IDAST (Interpolated Data and Speech Transmission) Übertragung *f* mit Daten-/Sprachinterpolation

IDCT inverse DCT *f (q.v.)*

IDD (international direct dialling) internationale Selbstwahl *f oder* Direktwahl *f*

IDDD (international direct distance dialling) internationale Fernwahl *f*, internationaler Selbstwählferndienst *m*

IDE (integrated drive electronics) integrierte Laufwerkelektronik *f (Festplatten-Controller, PC)*

IDEA (International Data Encryption Algorithm) IDEA-Algorithmus *m (wird z.B bei PGP (q.v.) angewandt)*

IDE controller IDE-Controller *(Festplattenlaufwerk, PC)*

identification (ID) Kennzeichnung *f*

identification code Kennung *f (Nachrichtenkopf)*

identification number Identifikationsnummer *f (z.B. DECT)*

identifier Kennzeichnung *f*; Bezeichner *m*, Identifizierer *m (DV)*

identifier bit Kennbit *n*

identify kennzeichnen, identifizieren, ausweisen

identity function Identitätsfunktion *f*, Äquivalenzfunktion *f*

IDF (intermediate distribution frame) Zwischenverteilergestell *n (Tel)*

IDFT (inverse discrete Fourier transform) diskrete Fourier-Rücktransformation *f*

IDI (initial domain identifier) Anfangsbereichskennung *f (ITU-T I.334, s. Tabelle IV)*

idle belegungsbereit, benutzbar, frei, meldungsfrei *(Kanal, Leitung)*; spannungsfrei; Ruhezustand *m (Übertragungskanal)*; freischalten

idle call Leerruf *m*

idle cell Leerzelle *f (ATM, ITU-T I.321, s. Tabelle IV)*

idle channel unbelegter Kanal *m*

idle-channel identifier Freikennung *f*

idle-channel noise Leerkanalgeräusch *n*; Grundgeräusch *n*, Ruhegeräusch *n (Tel)*

idle-circuit condition Freileitungszustand *m*; Schreibruhezustand *m (FS)*

idle code word Ruhecodewort *n (PCM)*

idle condition Freizustand *m*, Ruhe *f*, Ruhezustand *m (Übertragungskanal)*

idle cycle Ruhezyklus *m*

idle mode Bereitschaftsmodus *m (GSM)*

idle state Ruhezustand *m (Hörer)*

idle state power Ruheleistung *f*

idle status indication Freimeldung *f*

idle status signal Freizustandssignal *n*

idling Leerlauf *m*

IDN (Integrated Digital Network) integriertes Text- und Datennetz *n*, integriertes Digitalnetz *n*

IDP (initial detection point) **message** IDP-Nachricht *f (beginnt einen Dienst in einem IN)*

IDR (Intermediate Data Rate) mittlere Übertragungsgeschwindigkeit *f (Intelsat-Dienst nach IESS 308, Fernsprechübermittlung)*

IDS (intrusion detection system) Einbruchssicherungssystem *n*

IDSE (International Data Switching Echange) Internationale Datenvermittlungsstelle *f*

IDT (integrated digital TV) Fernsehempfänger *m* mit integriertem DVB-Decoder

IDTV (improved definition TV) Fernsehen *n* mit verbesserter Auflösung *(US)*

IDTV (integrated digital TV) Fernsehempfänger *m* mit integriertem DVB-Decoder

IDU (indoor unit) Inneneinheit *f (z.B. WLL)*

IDU (interface data unit) Schnittstellendatenelement *n (ISDN)*

IE (information element) Informationselement *n*, Nachrichtenelement *n (ISDN)*

IEC (interexchange carrier) Querverbindungsnetzbetreiber *m*, Verbindungsnetzbetreiber *m* (VNB) *(US)*

IEC (International Electrotechnical Commission) Internationale Elektrotechnische Kommission *f (gegründet 1906, Sitz: Genf, s. Tabelle XIII)*

IEC (ISDN echo canceller) ISDN-Echolöscher *m*

IEC bus IEC-Bus *m*, IEEE-488-Bus *m*, GPIB-Bus *m (Parallelbus für Meßtechnik und Daten nach IEC 625, IEEE 488, s.a. HP-IB)*

IEEE (Institute of Electrical and Electronic Engineers) Verband *m* der Elektroingenieure und -techniker *(US, gegründet 1884, s. Tabelle XIII)*

IEEE 488 bus IEEE-488-Bus *m*, IEC-Bus *m (s.a. Bemerkungen für den IEC bus)*
IEEE 802.x *IEEE-Ortsnetzstandards auf Ebene 1 u. 2 des OSI-Referenzmodells*
IEEE 1284 *IEEE-Standard für bidirektio-*

nale parallele Breitband-Datenschnittstellen, verbesserte Centronics-Schnittstelle

IEEE 1394-1995 FireWire-Bus *m (IEEE-Standard für serielle Multimedia-Übertragungsbusse und Schnittstellen für digitale Videosignale bis zu 400 Mb/s, kompatibel zu ATM und MPEG-2 (q.v.), DVB, DVC, DVD, DV, s. Tabelle XII)*

IEEE P1394 s. IEEE 1394-1995

IESG s. Internet Engineering Steering Group

IETF s. Internet Engineering Task Force

I-ETS (Interim European Telecommunication Standard) europäischer Interim-Telekommunikationsstandard *m (ETSI)*

i/f, I/F (interface) Schnittstelle *f* (SS)

IF (intermediate frequency) Zwischenfrequenz *f*

IFFT (inverse fast Fourier transform) schnelle Fourier-Rücktransformation *f*

IFIP International Federation of Information Processing *(Genf)*

IFP (Internet Facsimile Protocol) IFP-Protokoll *n (IP)*

I frame (intracoded frame) intracodiertes Bild *n* (I-Bild) *(MPEG-2)*

IFRB (International Frequency Registration Board) Internationaler Ausschuß *m* für Frequenzregistrierung *(ITU, seit 1993 von ITU-R übernommen)*

IFT (inverse (Fourier) transform) (Fourier-)Rücktransformation *f*

IFU (interface unit) Schnittstelleneinheit *f*

IGE (international gateway exchange) internationales Kopfamt *n*, Auslandsvermittlung *f*

IGMP (Internet Group-Membership Protocol) IGMP-Protokoll *n*

ignition noise Funkenstörung *f (Auto)*

ignore ignorieren, verwerfen

IGP (interior gateway protocol) IGP-Protokoll *n (tauscht Internet-Leitweginformationen zw. Routern aus, RFC1074, RFC1983, s. Tabelle VIII)*

IH s. In-House application *(RDS)*

IHDCT (interpolative hybrid DCT) hybride DCT *f* mit Interpolation *(DTVB)*

IHN (in-house network) hauseigenes Netz *n*, Hausnetz *n (ISM-Frequenzen)*

IIF Image Interchange Facility *(Standbild-Standard)*

IIR filter s. infinite impulse response filter

IIU (Iridium interworking unit) Iridium-Übergangseinheit *f (zw. Iridium-Gateway u. Mobil-VSt)*

ILC (ISDN link controller) ISDN-Übertragungssteuerung *f*

ILD (injection laser diode) Injektionslaser *m* (-diode *f*) *(FO)*

ILEC s. incumbent local exchange carrier

illegal unzulässig, ungültig, verboten

illuminated switch Leuchtschalter *m*

illumination Beleuchtungsstärke *f (FO, in lx)*; Ausleuchtung *f (Ant)*

illumination model Beleuchtungsmodell *n (CAD)*

illustration Veranschaulichung *f*, Darstellung *f*; Bebilderung *f (documents)*

IM s. independent maintenance

IM (intensity modulation) Intensitätsmodulation *f (FO)*

image Bild *n*; Abbild *n*, Darstellung *f*; Wiederholung *f (Übertragung)*; abbilden

image attenuation Wellendämpfung *f*

image data compression circuit Bildpresser *m*

image enhancement Bildverbesserung *f*, Bildverstärkung *f*

image formation Abbildung *f*, Bilderzeugung *f*; Bildrekonstruktion *f*

image frame Einzelbild *n*

image frequency rejection Spiegelselektion *f (HF-Empfänger)*

image grab Bilderfassung *f*, Bildfang *m (digitale Bildverarbeitung)*

image grabber Bildfangschaltung *f*

image phone Bildtelefon *n*

image printing Bebilderung *f (Repro)*

image processing Bildverarbeitung *f*

imager Bildwandler *m*

image recognition Bildverstehen *n (KI)*

image reduction Bildaufbereitung *f*

image regeneration Bildwiederholung *f*

image rejection Spiegelselektion *f (Empfänger)*; Spiegelwellendämpfung *f (LNB)*

image restoration Bildrekonstruktion *f*

image scale Abbildungsmaßstab *m (Repro)*

imaginary component Imaginärteil *m (Signal)*

imaginative einfallsreich

imaging Abbildung *f*; Bildgebung *f*; bildgebend

imaging path Abbildungsweg *m (FO)*

imaging process Darstellungsvorgang *m (ODA)*

imbalance Ungleichgewicht *n (Ströme, s.a. 'Longitudinalstrom')*

IM/DD (intensity modulation with direct detection) Intensitätsmodulation *f* mit Direktdetektion *(FO)*

IMEI (international mobile station equipment identity) internationale Gerätekennung *f (GSM, s. Tabelle VII)*

immersion Eintauchen *n*, Immersion *f (VR)*

immobilizer Wegfahrsperre *f (Kfz, ISM-Band)*

immune to adjacent-channel interference nachbarkanaltauglich *(TV)*

immune to faults störungsunanfällig, störfest

immunity to conducted *oder* **line-induced interference** Einströmungsstörfestigkeit *f*

immunity to noise Rauschfestigkeit *f*

immunity to radiated *oder* **radiation-induced interference** Einstrahlungsstörfestigkeit *f*

i-Mode Japanischer Paket-Informationsdienst für Mobilfunkgeräte *(drahtloser Internet-Service mit cHTML (q.v.), entspricht und konkurriert mit WAP (q.v.))*

IMP (intermodulation product) Intermodulationsprodukt *n*

impact button Schlagtaste *f*

impact printer Anschlagdrucker *m*, mechanischer Drucker *m (z.B. Typenraddrukker)*

impact-sound filter Trittschallfilter *n (EB)*

impairment Güteabfall *m*

impairments Störbelag *m*

impedance Impedanz *f*, Scheinwiderstand *m*

impedance match Widerstandsanpassung *f*

impedance-transparent impedanztransparent

imperfect mangelhaft *(Güte)*

implement implementieren, realisieren, umsetzen

implementation Implementierung *f*, Realisierung *f*, Umsetzung *f*; Mechanisierung *f (dig. Filter-SW, Kreisel)*

implicit signalling implizite Zeichengabe *f*

import importieren, übernehmen, einspielen *(DV)*

imposed oscillation aufgedrückte Schwingung *f*

impress einprägen, aufprägen *(Spannung usw.)*

improved definition TV (IDTV) Fernsehen *n* mit verbesserter Auflösung *(US)*

impulse hit Impulsstoß *m (Tel)*

impulse noise Impulsstörung *f*

impulse PPV Impuls-Gebührenfernsehen *n*

impulse response Impulsantwort *f*, Stoßantwort *f*

impulse viewing impulsive *oder* spontane Programmwahl *f (DVB-Dienst)*

impulsing Stromstoßgabe *f (Tel)*

impulsive noise kurzzeitiges Geräusch *n*

IMS s. information management service

IMS (interprocess message switch) Prozeß-Prozeß-Nachrichtenvermittlung *f*

IMSI (international mobile subscriber identity) Internationale Mobilteilnehmerkennung *f oder* Funkkennung *f (GSM, s. Tabelle VII)*

IMT-2000 (International Mobile Telecommunication at 2000 MHz) **standard** IMT-2000-Standard *m (ITU-T, globale Version von UMTS (q.v.) in Europa und cdma2000 (q.v.) in den US, Datenrate 2 MB/s)*

IMUX s. input multiplexer

IN (intelligent network) intelligentes Netz *n*

IN (intermediate node) Transitknoten *m*

IN (interrogating node) Abfrageknoten *m*

INA (interactive network adapter) interaktive Netzanpassung *f*

inactive inaktiv, passiv, un(an)gesteuert

inactive window inaktives Fenster *n (GUI, PC)*

inactivity timer Inaktivitätsüberwachung *f (Netz)*

inadvertent ungewollt

INAP s. intelligent network access point *or* intelligent network application part

INAP protocol INAP-Protokoll *n (s. "INAP", ITU-Empf. Q.1218, s. Tabelle III)*

inband Inband-, Imband-

in-band signalling Imband-Signalisierung *f*

inband tone signalling Imband-Tonsignalisierung *f (VMS)*

inbound kommend; (in) Sammelrichtung *f*; Dateneingang *m (VSAT)*

inbuilt control Bordbedienung *f (TV)*

INC s. INcoming Call

INC (interface circuit) Schnittstellenschaltung *f (DECT)*

in-call handover Umbuchen *n* bei bestehender Verbindung *(Mobilfunk)*

in-call modification (Dienst-)Änderung *f* bei bestehender Verbindung *(ISDN)*

in-car accessory Autozubehör *m (für "Handy")*

incarnation Inkarnation *f (SW)*

in-car telephone Autotelefon *n (Mobilfunk)*

in-channel echo Rückhören *n* im eigenen Kanal

incidence Aufkommen *n (von Zellen)*; Einfall *n (Strahl)*

incidence time Einfallzeit *f (PV)*

incident Störfall *m*

incidental carrier phase modulation (ICPM) synchrone Trägerphasenmodulation *f (TV-Störung, z.B. Zwischenträger-Brummton)*

incidental time Nebenzeit *f*

in-circuit test (ICT) In-Circuit-Test *m*, Echtzeitprüfung *f*, Prüfung *f* im Schaltkreis

in-circuit tester Prüfgerät *n* für eingebaute Schaltungen

include einschließen, erfassen

inclusion relation Enthaltensein-Relation *f (Rasterbildcodierung)*

incoherent inkohärent *(Frequenzen)*

incoming ankommend, kommend *(Ruf)*

incoming access (IA) Berechtigung *f* zur Annahme ankommender Verbindungen, ankommender Anschluß *m (GBG-Option)*

incoming call ankommender *oder* eingehender Anruf *m*, eingehender Ruf *m*

incoming call (IC) Verbindungsanforderung *f* gerufene Seite

incoming caller line identification (ICLID) Anrufer-Anschlußkennzeichnung *f (US)*

incoming-call protection Anrufschutz *m*

incoming call set-up Verbindungsaufbau *m* kommend (VAK) *(C-Netz)*

incoming call signal light Anrufschauzeichen *n (Tel)*

INcoming Call (INC) Ankommender Ruf *m (V.25 bis, s. Tabelle V)*

incoming calls barred (ICB) Sperre *f* ankommender Rufe

incoming circuit kommender Satz *m (Vermittlung)*; Empfangsleitung *f (TV-Rundfunk)*

incoming distribution frame Eingangsverteiler *m (Verm)*

incoming load control Lastregelung *f oder* Überlastabwehr *f* kommend *(Verm)*

incoming message (ICM) ankommende Nachricht *f (Fax)*

incoming signal Empfangssignal *n*

incoming traffic Verkehrsangebot *n*

incoming trunk interface Eingangsleitungsanschluß *m (Vermittlung)*

incongruity Nichtübereinstimmung *f (math.)*

inconsistent unvereinbar, unverträglich

inconsistency Widersprüchlichkeit *f*, Unverträglichkeit *f*

inconvenient unbequem, unpraktisch, aufwendig

incorrect fehlerhaft *(Daten, Blöcke usw)*, falsch

incorrect action Fehlverhalten *n (Bediener)*

incorrect output Falschausgabe *f*

incorrect synchronisation Fehlsynchronisation *f (Zellen, ATM)*

increase the gain aufregeln *(einen Signalkanal)*

increment Schritt *m*, Raster *m*; erhöhen, hochzählen, aufwärtszählen, fortschalten *(Zähler)*

incremental schrittweise, stufenweise, inkremental

incremental charging schrittweise Gebührenberechnung *f (ISDN)*

incremental information Einzelinformationen *fpl (ISDN)*

incremental step Zuwachsschrittt *m*

incrementer Inkrementierer *m*, Aufwärtszähler *m*

incumbent local exchange carrier (ILEC) ehemaliger Monopolist *m (z.B. DTAG)*

indenture level Wartungsstufe *f (GSM-Empf. 01.04, s. Tabelle VII)*

independent unabhängig, selbständig, eigenständig; ortsgespeist *(Zwischengenerator)*

independent maintenance (IM) unabhängige Wartung *f*

independent station selbstgespeistes Amt *n*

independent subscriber search unabhängige TN-Suche *f*

independent voice recognition (IVR) sprecherunabhängige Spracherkennung *f*

independently powered versorgungsunabhängig, speisungslos *(Tel)*

index of cooperation (IOC) Modul *n* der Auflösung *(Fax, Verhältnis Trommeldurchmesser/Zeilenabstand)*

index of refraction Brechungsindex *m*, Brechzahl *f (Optik)*

index page Programmvorschauseite *f (Fernsehtext)*

indexed sequential index-sequentiell

indexing Indizierung *f*; Zeilenvorschub *m (Drucker)*

indexing register Indexregister *n (Verm.)*

indicate anzeigen, melden

indication Meldung *f (Signal, FW)*; Hinweis *m*, Anzeige *f*

indication message Meldetelegramm *n (FW)*

indication store Meldespeicher *m (FW)*

indicia Symbole *npl (pictures and/or characters, e.g. on coupons etc.)*, Hinweiszeichen *n*, Angabe *f*

indirect exchange access Halbamtsberechtigung *f*

indirectly coupled galvanisch getrennt

indirect path Umweg *m (Funkstrecke)*

indirect route Umweg *m (Telekom.-Netz, Funkstrecke)*

indirect routing Umwegleitung *f (Vermittlung)*

indirect path delay Umweglaufzeit *f (Funkstrecke)*

indirect user indirekter Benutzer *m (Teilhaber eines fremden Netzes)*

individual Einzelperson *f*

individual presentation control teilnehmergesteuerte Anzeige *f (ITU-T I.211, s. Tabelle IV)*

individual-route store richtungsindividueller Speicher *m*

individual type approval Einzelzulassung *f (ZZF)*

indoor cable Innenraumkabel *n*, Installationskabel *n*

indoor communication Kommunikation *f* in Gebäuden, hausinterne Kommunikation *f*, Indoor-Kommunikation *f*

indoor environment Innenraumumgebung *f (Mobilfunk)*

indoor unit (IDU) Inneneinheit *f*, Innenbaugruppe *f (z.B. WLL)*

induction Beeinflussung *f (z.B. elektromagnetischer Störung)*

inductive interference Einstreuung *f (HF)*

inductor Induktivität *f*, Spule *f*

industrial PC Industrie-PC *m*

industrial TV Betriebsfernsehen *n*

industry standard Industrienorm *f*; industriekompatibel

INE (intelligent network element) Netzelement *n* im intelligenten Netz

ineffective erfolglos *(Belegungsversuch)*

ineffective access Leergriff *m*

inefficient unwirksam, unrationell

inefficiency Unwirksamkeit *f*, Unzulänglichkeit *f*

inertial navigation Trägheitsnavigation *f (Luftf.)*

inference Schlußfolgerung *f*, Ableitung *f*, Inferenz *f (Logik)*

inference program Inferenzprogamm *n*

infidelity Mangel an Wiedergabetreue *f*; Mangel an Formtreue *f (Mikroschaltung)*

infinite unendlich

infinite impulse response (IIR) **filter** IIR-Filter *n*, rekursives Filter *n*

infinite server Bedienstation *f* mit unendlich vielen Bedienern *(Netzübergangsfunktion, Sat)*

in-flight phone Flugzeugtelefon *n*

inflection point Schulter *f (Kennlinie)*

influencing characteristic beeinflussende Kenngröße *f*

influencing factor Einflußfaktor *m*

influencing variable Einflußgröße *f*, Störgröße *f*

informatics Informatik *f*, Nachrichtentheorie *f*

information Daten *npl*, Information *f*, Meldung *f*

information and communications equipment Informations- und Kommunikationsgeräte *npl* (I+K-Geräte)

information base Datenbank *f*

information-bearing packet Nachrichtenpaket *n*, Informationspaket *n*, Nutzpaket *n*

information carrier Informationsträger *m*

information cell Nachrichtenzelle *f*, Nutzzelle *f (ATM)*

information channel Informationskanal *m*, Nachrichtenkanal *m*, Datenkanal *m*, Nutzkanal *m*

information channel network Nutzkanalnetz *n*

information content Aussagefähigkeit *f*, Aussagekraft *f*

information element (IE) Informationselement *n*, Nachrichtenelement *n (ISDN)*

information entity Informationseinheit *f (ISDN)*

information exchange Nachrichtenaustausch *m*

information field Informationsfeld *n*, Nutzfeld *n (ATM-Zelle)*

information flow Informationsfluß *m*

information frame Informationsblock *m (ISDN)*

information-handling capacity Nachrichtenkapazität *f*

information highway Datenautobahn *f*

information management service (IMS) Informationsverwaltungsdienst *m*

information medium Informationsträger *m*

information message Nachrichtentelegramm *n*; Übertragungszeichenfolge *f*

information on available legal remedies Rechtsbehelfsbelehrung *f*, Rechtsmittelbelehrung *f*

information payload capacity Nutzsignalkapazität *f (ITU-T I.113, s. Tabelle IV)*

information provider (IP) Informationsanbieter *m*; Netzwerkrechner *m* (NR), Teilnehmerrechner *m* (TR) *(Vtx)*

information provider database externer Rechner *m* (ER) *(Vtx)*

information rate Informationsfluß *m (pro Zeiteinheit)*

information-related service attribute Informationsdienstmerkmal *n*

information retrieval system Informationsabrufsystem *n*

information server Auskunftssystem *n (mit Sprachsynthese und -erkennung)*

information service Informationsdienst *m*, Auskunftsdienst *m*

information signal Nachrichtensignal *n*

information specialist Informatiker *m*

information superhighway Datenautobahn *f (ATM, up to 10 Gbit/s, interactive multimedia)*

information technology (IT) Informationstechnik *f*, Informatik *f*

information tone Bescheidzeichen *n*

information transfer Informationsübertragung *f*, Informationsübermittlung *f*

information transfer attribute Informationsübertragungsmerkmal *n (ISDN)*

information transfer capability Dienstnutzung *f*, Nutzung *f (Transportdienst)*

information transfer rate Übertragungsrate *f (Transportdienst)*

information transfer service Übertragungsdienst *m (ISDN)*

information transfer susceptance Informationsübertragungsfähigkeit *f (ISDN)*

information transmission Nachrichtenübertragung *f*

information transmission system Nachrichtenübertragungssystem *n*

information type (IT) Informationsart *f (B-ISDN)*

information-while-queueing Wartefeldansage *f (Vorspielen von Musik und Ansagen in Tk-Anlagen u. ACD-Systemen)*

infrared (IR) Infrarot *n*

infrared emitting diode (IRED) Infrarot emittierende Diode *f*

ingress node (Netz-)Eingangsknoten *m*

inherent distortion Eigenverzerrung *f*, Apparateverzerrung *f*

inherent noise Eigenrauschen *n (Gerät)*

inheritance mechanism Vererbungs-Mechanismus *m (objekt-orientierte Modellierung, Netzsteuerung)*

inhibit anhalten *(Takt)*; sperren *(Daten, Pulse)*, blockieren, inhibieren; verhindern

inhibit signal Sperrsignal *n*

In-House (IH) **application** Eigenanwendung *f (RDS)*

in-house emergency alaram system Hausnotrufanlage *f*

in-house enquiry Hausrückfrage *f (NStAnl)*

in-house network (IHN) hauseigenes Netz *n*, Hausnetz *n (ISM-Frequenzen)*

in-house system unternehmenseigene Anlage *f*

in-house transfer price Verrechnungspreis *m*

in-house videotex system privater Bildschirmtext *m*

in-house wiring Endstellenleitung *f*

initial address message (IAM) Initialisierungsnachricht *f (GSM, s. Tabelle VII)*, IAM-Meldung *f*, Anfangsadresse *f (ISDN)*

initial capacity stage Erstausbau *m*, Erstausbaustufe *f*

initial code Ausgangscode *m*, Urcode *m*

initial configuration Erstkonfigurierung *f*

initial connection charge Anschlußkosten *fpl*

initial detection point (IDP) **message** IDP-Nachricht *f (beginnt einen Dienst in einem IN)*

initial domain identifier (IDI) Anfangsbereichskennung *f (ITU-T I.334, s. Tabelle IV)*

initial evaluation Vorabbeurteilung *f (QS)*

initialization Initialisierung *f (Rechner)*

initialization mode Vorbereitungsbetrieb *m (Modem)*

initialize definiert starten *(Mikroprozessor)*, einrichten *(SW)*, vorbereitend schaltend, vorbereiten

initial load Vorbelastung *f*

initial parameter Ausgangsgröße *f*

initial program loader (IPL) Urlader *m (Computer)*

initial section Anlauffeld *n (Fernspeisung)*

initial service request message (ISRM) Dienst-Erstanforderungssignal *n*

initiate einleiten, anstoßen, auslösen, absetzen *(Ruf)*

Initiate Call Attempt (ICA) Rufauslösung *f*

initiating entity (Ruf-)einleitende Instanz *f (ISDN)*

initiating PLMN (IPLMN) (Ruf-)einleitendes Mobilfunknetz *n (GSM-Empf. 03.79)*

initiation message Anreiztelegramm *n (FW)*

inject einspeisen, einfügen, einkoppeln *(Signal)*, stopfen *(PCM)*, einblenden *(Signal, PCM)*; einspielen *(Musik)*; anlegen *(Ton)*

inject a signal into a time slot Zeitkanal *m* mit einem Signal beaufschlagen

injection laser diode (ILD) Injektionslaser *m* (-diode *f*) *(FO)*

injection point Einspeisepunkt *m (Test)*

injector Einkoppler *m (Signal)*

injector circuit Gebührenweiche *f* (GBW)

inkjet printer Tintenstrahldrucker *m*, Bubble-Jet-Drucker *m*

inlet Eingang *m (Netz)*

in-line in einer Reihe *f oder* Linie *f*, hintereinander; gleichachsig, ausgerichtet *(z.B. Kabelverbinder)*; einzeilig *(Anzeige)*; linear *(Codierung)*; in der Leitung *f* liegend, eingeschleift

in-line control direkte Regelung *f*

in-line module Reihenmodul *n*

in-line processing schritthaltende *oder* gleichzeitige Verarbeitung *f*, sequentielle Abarbeitung *f (von Prozeßschritten)*

INMARSAT (International Maritime Satellite Organisation) Internationale Seefunk-Satelliten-Organisation *f (gegründet*

1980, Datenübertragungsrate 0,6 kBit/s ("Inmarsat C"), 2,4 kBit/s ("Inmarsat Mini M" bzw. "Inmarsat Phone" bei DeTeSat), 64 kBit/s ("Inmarsat ISDN" bzw. "M4"); s.a "Globalstar" und "Iridium")

inoperable arbeitsunfähig, fehlerhaft; nicht nutzbar *(z.B. Kanal)*

in-orbit test (IOT) Prüfung *f* im Orbit *(Sat)*

in phase phasengleich, gleichphasig

in-phase channel I-Kanal *m (QAM; FO, Homodynempfänger)*

in-phase component (I component) I-Komponente *f*, Inphase-Komponente *f (I/Q-Modulation)*, gleichphasige Komponente *f*

in-phase control Längsregelung *f (SV)*

in phase opposition gegenphasig

in-phase/quadrature (I/Q) **modulation** I/Q-Modulation *f (COFDM, DVB)*

in-phase signal Gleichtaktsignal *n*

in progress laufend *(Verbindung)*

input Eingang *m*; Eingangssignal *n*, Eingabe *f*, Ansteuerung *f*; Aufgabe *f*

input attenuation Vordämpfung *f*

input attenuator Vorteiler *m*

input backoff Eingangssignalabstand *m* vom Sättigungspunkt *(TWT, in dB)*

input circuit Vorkreis *m*; Aufnahmesatz *m (Vermittlung)*

input coupler Einkoppler *m (FO)*

input current Stromaufnahme *f*

input filter Vorsatzweiche *f (GGA)*

input level control Vorpegelregler *m (CH)*

input line Zubringer *m*

input matrix Eingangskoppler *m*

input multiplexer (IMUX) Eingangsmultiplexer *m (im Sat)*

input/output code converter *(EDS)* Ein-/Ausgabe-Codewandler *m* (EACW)

input-output controller Datenkonzentrator *m* (DKZ) *(Mobilfunk-FuKo)*

input/output coupler Ein-/Auskoppler *m (VBN)*

input power flux density (IPFD) Eingangsleistungsflußdichte *f (Sat)*

input queue Eingabewarteschlange *f*

input stage Eingangsstufe *f*, Vorstufe *f*

in-quad near-end crosstalk attenuation Imvierer-Nahnebensprechdämpfung *f*

in-quad crosstalk Imvierernebensprechen *n*

inquiry Anfrage *f*, Auskunft *f (Tel)*, Aufforderung *f (zum Senden)*, Rückfrage *f*

inquiry call Anfrageruf *m*, Rückfrage *f*

inquiry sequence Abfragefolge *f*

inquiry set Abfrageapparat *m*

insensitive unempfindlich

Ins (insert) E (einfügen) *(Tastatur-Funktion, PC)*

insane nicht plausibel *(Prozessor)*

insensitive unempfindlich

insert einfügen; einblenden *(Signal, PCM)*, zuschalten; einkoppeln *(FO)*; einordnen, einreihen *(in eine Folge oder Warteschlange, PCM-Daten, -Sprache)*; stopfen *(PCM)*; weiterleiten *(Daten in MUX)*; bestücken *(Leiterplatte)*

insertion Anschaltung *f (HW)*; Einblendung *f*; Bestückung *f (Leiterplatte)*

insertion loss Einschaltdämpfung *f*, Einfügungsdämpfung *f*, Grunddämpfung *f*, Restdämpfung *f*

insertion point Einfügemarke *f (Tastatur-Funktion, PC)*

insertion signal test set Prüfzeilenmeßplatz *m (TV)*

in service in Betrieb

in-service monitoring (ISM) Betriebsüberwachung *f (ISDN)*, Überwachung *f* ohne Betriebsunterbrechung, betriebsbegleitende Überwachung *f*

in-service test Betriebsmessung *f*

inset Einsatz *m*

inset location Einsatzplatz *m* (EPL) *(Gestell)*

inset section Einsatzfeld *n*

inside wiring Teilnehmereinrichtungsverdrahtung *f*

in-slot signalling Imband-Signalisierung *f (ITU-T I.112, s. Tabelle IV)*, Zeichengabe *f* innerhalb der Zeitlagen

instability Instabilität *f*, Unbeständigkeit *f*

install einrichten *(ein Programm)*, installieren *(eine Anwendung, PC)*

Install Registrieren *n (Benutzer in MHS-Namensverzeichnis)*

installation Anlage *f* (A); Neueinrichtung *f* *(einer TLN-Einrichtung)*; Montage *f*; Bereitstellung *f* *(eines Anschlusses)*

installation barring level Anlagenberechtigung *f*, Nicht-Anlagenberechtigung *f*

installation cable Installationskabel *n* *(ITU-T I.430, s. Tabelle IV)*

installation charge Bereitstellungsgebühr *f*

installation kit Montagesatz *m*

installation pitch Einbauteilung *f*

instance Ausprägung *f*; Instanz *f* *(physikalische oder logische Abstraktion von Ojekten, DV, KI)*, Exemplar *n* *(einer Klasse, DV, KI)*

instances of managed objects Instanzen *fpl* gemanagter Objekte *(GSM)*

instancing Instantiieren *n* *(KI)*

instant Zeitpunkt *m*; sofort(ig)

instantaneous augenblicklich, momentan, unverzögert, verzögerungsfrei, Schnell...

instantaneous frequency Momentanfrequenz *f*

instant call forwarding schnelle Rufweiterleitung *f* (SRWL)

instantiation Partikularisierung *f*

Institute of Electrical and Electronic Engineers (IEEE) Verband *m* der Elektroingenieure und -techniker *(US)*

instruction cycle Befehlsablauf *m* *(EDV)*

instruction length Befehlslänge *f*

instruction sequence Befehlsfolge *f* *(EDV)*

instruction set Befehlsvorrat *m*, Befehlssatz *m* *(EDV)*

instrumented van Meßbus *m*

instrument quality amplifier für Meßzwecke geeigneter Verstärker *m*, Meßverstärker *m*

insulated pliers Isolierzange *f*

insulating resistance Isolierwiderstand *m*

integer ganze Zahl *f*, Ganzzahl *f* *(Math.)*

integer arithmetic ganzzahlige Arithmetik *f*

integral integral, stoffschlüssig; einstückig; ganzzahlig

integrate integrieren, einbauen, einbinden

integrated integriert, eingebaut, Einbau-...; ganzheitlich

integrated access device (IAD) integrierte Zugriffsvorrichtung *f* *(VoDSL q.v.)*

integrated automatic dialling facility integrierte automatische Wähleinrichtung *f* für Datenübertragung (iAWD)

Integrated Broadband Communications (IBC) integrierte Breitbandkommunikation *f* *(RACE-Projekt)*

Integrated Broadband Communications Network (IBCN) integriertes Breitband-Kommunikationsnetz *n* *(besteht aus TLN-Netz und PTT-Netz)*

integrated broadband telecommunication network integriertes Breitband-Fernmeldenetz *n* (IBFN) *(DTAG, FO)*

integrated circuit (IC) integrierter Schaltkreis *m*, integrierte Schaltung *f* (IS)

integrated communication terminal multifunktionales Kommunikationsendgerät *n*, Verbund-Kommunikationsendgerät *n* *(z.B. mit Telefon-, Telefax- u. PC-Kommunikationsfunktionen)*

integrated data network (IDN) zusammengefaßtes Daten- und Textnetz *n*

Integrated Digital Access (IDA) integrierter digitaler Anschluß *m* *(BT, baut das IDN zum TLN hin aus, um damit das ISDN bereitzustellen; B_{64}+B_8+D_8)*

Integrated Digital Network (IDN) integriertes digitales Text- und Datennetz *n* *(digitales Fernsprech-, Text- und Datennetz mit analoger Zugriffsweise)*

integrated digital transmission and switching integrierte digitale Übertragung *f* und Vermittlung *f*

integrated digital TV (IDTV) Fernsehempfänger *m* mit integriertem DVB-Decoder

integrated method geschlossenes Verfahren *n*

integrated navigation Koppelnavigation *f*

integrated network Verbundnetz *n*

integrated optical circuit (IOC) integrierte optische Schaltung *f*

integrated optoelectronic circuit (IOEC) integrierte optoelektronische Schaltung *f* *(FO)*

integrated receiver/decoder (IRD) digitaler Satellitenempfänger *m* *(Set-Top-Box, digitale Satellitenfernsehübertragung)*

integrated services data terminal (ISDT) diensteintegrierendes Datenendgerät *n (BT)*, Mehrdienstterminal *n*

Integrated Services Digital Network (ISDN) diensteintegrierendes Digitalnetz *n (IDN mit Digitalzugriff)*, diensteintegrierendes digitales Fernmeldenetz *n*

integrated services network (ISN) diensteintegrierendes Netz *n*

integrated sidelobe ratio (ISLR) integrierter Nebenzipfelabstand *m (Sat.-Antenne, in dB)*

Integrated Trading System (ITS) integrierte Makleranlage *f (BT-NStAnl. für Börsenmakler)*

integrated voice/data terminal (IVDT) Mehrdienstterminal *n (Multikom-Gerät, to IEEE 802.9, US)*

integrating Einbinden *n (Teilnehmer)*

integrating period Integrierintervall *n*

integration Integrierung *f*, Integration *f*; Zusammenfassung f

integrator Integrierer *m*, Integrator *m*

integrity Integrität *f*, Unversehrtheit *f*

integrity check Integritätskontrolle *f (IN)*

intelligence Intelligenz *f (System)*; Nutzinformationen *fpl*, Sinngehalt *m*

intelligent agent (IA) Software-Agent *m (SW-Werkzeug zur Ausführung einer Anwendung, z.B. im Internet: Telescript, Applets)*

intelligent network (IN) intelligentes Netz *n*

intelligent network access point (INAP) Anschlußpunkt *m* zu einem intelligenten Netz

intelligent network application part (INAP) Anwenderteil *m* des intelligenten Netzes

intelligent network element (INE) Netzelement *n* im intelligenten Netz

intelligent peripheral (IP) intelligente Peripherie *f*, intelligente Netzumgebung *f*, Automat *m (IN)*

intelligent terminal intelligentes Endgerät *n*, programmierbare DEE *f*

intelligible verständlich, deutlich

intelligibility Hörbarkeit *f (Tel)*; Verständlichkeit *f (Sprache)*

INTELSAT (International Telecommunications Satellite Organisation) Internationale Gesellschaft *f* für den Betrieb von Nachrichtensatelliten *(gegr. 1964)*

Intelsat Business Service (IBS) Intelsat-Geschäftsdienst *m (Sat., IESS 309)*

intended beabsichtigt, geplant, vorgesehen

intensity Helligkeit *f*, Intensität *f*

intensity-dependent helligkeitsabhängig *(FO)*

intensity modulation Intensitätsmodulation *f* (IM) *(FO)*

intensity modulation with direct detection (IM/DD) Intensitätsmodulation *f* mit Direktdetektion *(FO)*

interaccess switch link Verbindungsstrecke *f* zwischen Anschlußvermittlungen *(US)*

interact zusammenwirken

interaction Wechselwirkung *f*; Dialog *m*

interactive capability Dialogfähigkeit *f*

interactive network adapter (INA) interaktive Netzanpassung *f (DVB/DAVIC Kabelmodem-Anschlußsystem)*

interactive operation dialoggeführte Bedienung *f*

interactive service Dialogdienst *m*

interactive terminal Dialoggerät *n*

interactive video on demand (IVOD) dialogfähiger Abruf-Video-Dienst *m*, interaktives Fernsehen *n* auf Abruf

interactive voice response (IVR) interaktive Sprachausgabe *f oder* -steuerung *f (CT, UM)*

interactivity Interaktivität *f*, Dialog *m*

inter-arrival time Einfallabstand *m (Wartesystem)*, Zwischenankunftsabstand *m (ATM-Multiplexer)*

inter-call pause Wahlberuhigungspause *f (Tel)*

intercarrier method Zwischenträgerverfahren *n (TV-Ton)*

intercell handoff externes Umschalten *n*, Externumschaltung *f (Mobilfunk)*

intercell spacing Zellenabstand *m (ATM)*

intercept abfangen *(böswilligen Anruf)*; erfassen *(Radar)*; abhören *(Informationen)*

intercept announcement Bescheidansage *f*

intercept announcement unit Hinweisansagegerät *n*

intercepted angeklopft *(Tel)*

intercept point Schnittpunkt *m* (IP)
3rd order intercept point (3IP) Schnittpunkt *m* für Intermodulationsprodukte 3. Ordnung *(LNB)*

intercept service Bescheiddienst *m*, Bescheidverkehr *m*, Hinweisdienst *m*

intercept tone Hinweiston *m*

intercept trunk Bescheidleitung *f*

interception telephonischer Hinweis *m (bei Anklopfen)*

interception circuit Fangschaltung *f (Tel)*

interception-proof abhörsicher

interchange circuit Schnittstellenleitung *f (DIN 44302)*

interchange point Übergabepunkt *m* (ÜP), Übergabestelle *f (Tel)*

interchangeability Austauschbarkeit *f (TE, ISDN)*

interchanging Austauschen *n (Dateien)*

interchannel coupling Kanalkopplung *f*

interchannel crosstalk Kanalübersprechen *n (TV-Zweiton)*

interchannel gap Kanallücke *f*

interchannel signal/crosstalk ratio Kanalisolation *f*

intercoding Zwischen(bild)codierung *f (Videocodierung)*

intercom Reihenanlage *f (Tel)*, Sprechanlage *f*, Wechselsprechanlage *f*

intercom calling Wechselsprechen *n*

intercommunication Übergang *m (zu anderen Diensten)*; Zusammenarbeit *f*; Verkehr *m*, Wechselverkehr *m*, Wechselsprechen *n*

intercommunication between service attributes Dienstübergang *m* (Dü) *(Transportdienst)*

interconnect zusammenschalten, koppeln, verschalten, vermaschen; Anschaltung *f*, Zwischenverbindung *f (Chips)*

interconnect device Koppelvorrichtung *f*, Anschaltevorrichtung *f*

interconnected zusammengeschaltet, vernetzt

interconnected system Verbundnetz *n (Energieversorgung)*

interconnect fabric Verbindungsnetzwerk *n (ATM)*

interconnecting cable Schnittstellenkabel *n*

interconnection Verschaltung *f (Chips)*, Zusammenschaltung *f*, Verknüpfung *f*; Netzverbund *m*, Vernetzung *f*; Querverbindung *f*; Durchverbindung *f*; Ortsnetzzugang *m*, Anschaltung *f (anderer Diensteanbieter)*, Interconnection *f* (IC) *(für DTAG-Wettbewerb, s.a. "PoI")*

interconnection arrangement Verband *m (Vst)*

interconnection contract Anschaltungsvertrag *m (zw. Netzen)*

interconnection device Verbindungsvorrichtung *f*

interconnection diagram Verbindungsplan *m*

interconnection function Zusammenschaltungsfunktion *f (ITU-T I.311, s. Tabelle IV)*

interconnection level Anschaltepegel *m*

interconnection line group Querverbindungs-Leitungsgruppe *f (Maschennetz)*

interconnection network Verbindungsnetzwerk *n*

interconnection option Anschlußmöglichkeit *f*

interconnection panel Anschaltefeld *n*

interconnection point Anschaltepunkt *m* (Ap)

interconnection support equipment Verbindungsunterstützungseinrichtung *f* (VU-E)

interconnection support system Verbindungsunterstützungssystem *n* (VU-S)

interconnection table Verbindungstabelle *f (ATM)*

interconnection unit (ICU) Verbindungskoppler *m (ATM)*

interconnect medium Verbindungsmedium *n*, Anschaltemedium *n*

interconnect system Verbindungssystem *n*

interdependent gegenseitig abhängig, in Wechselbeziehung *f* stehend

interdialling pause Zwischenwahlzeit *f (Tel)*

interdiction signal Sperrsignal *n (KTV)*

interdigit(al) pause Zwischenwahlzeit *f*, Wahlpause *f (Tel)*

interested party Bedarfsträger *m*

interexchange carrier (IEC,IXC) *(US)* Fernnetzbetreiber *m*, Querverbindungsnetzbetreiber *m*, Amtsverbindungsnetzbetreiber *m*, Verbindungsnetzbetreiber *m* (VNB); Übertragungssystem *n*

interexchange circuit Externsatz *m* (ES)

interexchange connection diagram Ämterverbindungsplan *m*

interexchange line network Verbindungsliniennetz *n*

interexchange signalling externe Leitungszeichengabe *f*; Zeichengabe *f* zwischen Vermittlungsstellen *(ISDN)*, Zwischenamtssignalisierung *f*

interexchange traffic Externverkehr *m*, Verbindungsverkehr *m*

interexchange trunk Verbindungsleitung *f* (Vl) *(Tel.-Anl)*

interexchange trunk cable Amtsverbindungskabel *n*

interface (i/f, I/F) Schnittstelle *f (ITU-T I.430, s. Tabelle IV)*, Nahtstelle *f*, Anschluß *m (DK)*, Interface *n*; Anschaltstelle *f*, Koppelstelle *f*, Koppelglied *n*, Koppelbaustein *m*; Übergangsstelle *f*, Übergabestelle *f*, Übergangspunkt *m (Tel)*; (sich) anschließen *oder* anschalten; anpassen, koppeln, ankoppeln, anbinden

interface adapter Schnittstellenanpassung *f*, Anpassungsglied *n*; Datenumsetzer *m* (DU) *(für Digitalbetrieb)*

interface attenuation Schnittstellendämpfung *f*

interface bit rate Schnittstellenbitrate *f*, Schnittstellengeschwindigkeit *f*

interface circuit (INC) Anpassungsschaltung *f*, Schnittstellenschaltung *f (DECT)*

interface control information (ICI) Schnittstellensteuerdaten *npl (ISDN, OSI RM, s. Tabelle I)*

interface converter Schnittstellenumsetzer *m*

interface data Schnittstellendaten *npl (SAP, OSI-RM, s. Tabelle I)*

interface data unit (IDU) Schnittstellen-Datenelement *n (ICI+PDU, Schicht N; ICI+SDU Schicht N-1, OSI RM, s. Tabelle I)*

interface handling Schnittstellen-Bearbeitung *f*

interface lockout Anschlußsperre *f*

interface loopback Prüfschleife *f*

interface module Schnittstellenbaustein *m*, Nahtstellenbaustein *m*

interface node Anschlußknoten *m (Vermittlung)*

interface overhead Schnittstellen-Overhead *n*

interface payload Schnittstellen-Nutzsignal *n (ITU-T I.113, s. Tabelle IV)*

interface range Schnittstellen-Reichweite *f (ITU-T I.432, s. Tabelle IV)*

interface rate Schnittstellenrate *f*

interface specifications Schnittstellenspezifikation *f*, Schnittstellenbedingungen *fpl*

interface structure Schnittstellenstruktur *f (ISDN)*

interface transceiver Schnittstellenübertrager *m*

interface transformer Schnittstellenübertrager *m*

interface unit (IFU) Schnittstelleneinheit *f*

interfacing Zwischenschaltung *f*, Anpassung *f*, Anbindung *f*

interfade interval Fadingabstand *m (Sat)*

interference Störeinkopplung *f*, Einkopplung *f*, Störbeeinflussung *f*, Beeinflussung *f (z.B. elektromagnetischer Störung)*, Einstreuung *f*, Störeinfluß *m*, Störung *f*; Nebenaussendung *f (CATV)*; Interferenz *f (opt)*

interference area Störgebiet *n*

interference filter Entstörfilter *n (HF)*; Interferenzfilter *n (FO)*

interference-free störungsfrei, ungestört *(Signal)*

interference immunity Interferenzfestigkeit *f (FO, Sat., in dB)*

interference pick-up Störeinstreuung *f*

Interference-proof störsicher

interference range Störreichweite *f (Funknetz)*

interference suppression Entstörung *f*

interference suppression filter Entstörfilter *n (HF)*

interferer Störer *m (Funkübertragung)*

interferer power Störerleistung *f (CIR, DVB)*

interfering field beeinflussendes Feld *n*

interfering frequency Nebenfrequenz *f*

interfering transmitter Störsender *m(z.B. TV)*

interferometer Interferometer *n (opt)*

interferometer arm Interferometerzweig *m (opt)*

interframe Zwischenbild *n (Bildcodierung)*

interframe-coded transmission Zwischenbildübertragung *f (MPEG-2, Videocodierung)*

interframe coding Zwischenbildcodierung *f*, Bild-zu-Bild-Codierung *f*, Interframe-Codierung *f (die Werte zur Vorhersage eines Bildes werden den vorgegangenen und aktuellen Bildern entnommen)*

interframe difference Zwischenbilddifferenz *f (Videocodierung, I.211, s. Tabelle IV)*

interframe motion Zwischenbildbewegung *f (Videocodierung)*

interframe time fill Füllzeichen *npl* zwischen Rahmen *(PCM)*

interhandoff externes Umschalten *n*, Externumschaltung *f (Mobilfunk)*

interim vorläufig, Zwischen...

Interim European Telecommunication Standard (I-ETS) europäischer Interim-Telekommunikationsstandard *m (ETSI)*

interim measure Übergangsmaßnahme *f*

interim provision Übergangsmaßnahme *f*

interim standard Interimstandard *m*, vorläufiger Standard *m*

interim type approval (ITA) vorläufige Typzulassung *f (ZZF)*

interior gateway protocol (IGP) IGP-Protokoll *n (tauscht Internet-Leitweginformationen zw. Routern aus, RFC1074, RFC1983, s. Tabelle VIII)*

interlace Zeilensprungverfahren *n (TV)*

interlaced fields ineinandergeschriebene Halbbilder *npl (TV)*

interlaced mode Interlaced-Modus *m (Monitor, PC)*

interlaced scanning Zeilensprung- *oder* Zwischenzeilen(abtast)verfahren *n*, Halbzeilenabtastung *f (TV)*

interlacing Spreizen *n (Impulse im TDM)*; Verzahnen *n (Impulse, Halbbilder)*

interlacing shortfall Bildfrequenzdefizit *m (Monitor, PC)*

inter-layer ... Zwischenschicht-... *(I.327, s. Tabelle IV)*

interleave verschachteln *(Pakete, Zellen, Bytes)*; verzahnen *(Programmteile, Träger)*, verkämmen *(TDM)*, verschränken, verwürfeln *(Kanalcodierung)*

interleaved channel Versatzkanal *m*

interleaved channel arrangement Doppelraster *m (Mobilfunk)*

interleaved coding Spreizungscodierung *f*

interleaved (mixed) frame buffers verschränkte Bildspeicher *mpl*

interleaved signals verschachtelte Signale *npl (TDM)*

interleave factor Interleave-Faktor *m oder* -Wert *m (Festplatte, PC)*

interleaver Verchachteler *m (GSM)*

interleaving Verschachtelung *f (von Paketen)*, Verschränkung *f (von Adressen, Mehrprozessorsystem)*, Datenverwürfelung *f (DVB-T)*; Code-Spreizung *f (Sat)*, Verwürfelung *f (Kanalcodierung, AMR (q.v.))*

interleaving depth Interleavingtiefe *f (Abstand zwischen Symbolen; DVB)*

interlock code (IC) Verriegelungscode *m (ISDN)*

interlocked verzahnt, verriegelt

interlocking Verriegelung *f*; Blockierung *f*

interlocking connection formschlüssige Verbindung *f (mech.)*

intermediary Vermittler *m*

intermediate buffering Zwischenbufferung *f (ATM)*

intermediate circular orbit (ICO) mittlere Kreislaufbahn *f (Sat., 10.000 km)*

Intermediate Data Rate (IDR) mittlere Übertragungsgeschwindigkeit *f (Intelsat-Dienst nach IESS 308, Fernsprechübermittlung)*

intermediate distributor Zwischenverteiler *m* (ZV) *(Vermittlung)*

intermediate distribution frame (IDF) Zwischenverteilergestell *n (Tel)*

intermediate exchange Zwischenvermittlungsstelle *f*

intermediate frame Zwischenbild *n (Bildcodierung)*

intermediate frequency (IF) Zwischenfrequenz *f*

intermediate level teilzentral, teilzentrale Ebene *f (Vermittlung)*

intermediate-level processor Teilsteuerwerk *n*

intermediate network Zwischennetz *n* (ZN) *(GSM)*

intermediate node (IN) Transitknoten *m (PCM-DFÜ)*

intermediate signal Zwischensignal *n (Mischosz.)*

intermediate switch (ISW) Zwischenvermittlung *f (AT&T)*

intermediate system (IS) Relaissystem *n (Netzebene, LAN, kann Einzeleinrichtung ebenso wie ein ganzes Teilnetz sein)*

intermeshing Vermaschung *f (Netzelemente)*

intermittent contact Wackelkontakt *m (el.)*

intermittent operation Aussetzbetrieb *m*

intermodulation Intermodulation *f*

intermodulation noise Klirrgeräusch *n*

intermodulation noise measurement Rauschklirrmessung *f*

intermodulation product (IP, IMP) Intermodulationsprodukt *n*

intermodulation ratio Intermodulationsabstand *m* (IMA)

intermodulation rejection ratio Schulterabstand *m (dB, Abstand Außerband-Intermodulationsprodukte/Imbandmodulation, OFDM, DVB)*

internal intern, Innen-...

internal call Hausgespräch *n*

internal call privacy geheimer Internverkehr *m*

internal communication matrix (ICM) Internverkehrvielfach *n*

internal cut-in internes Aufschalten *n*

internal drive internes Laufwerk *n (PC)*

internal name key answering interne Abfrage *f* über Zieltaste (IZT)

internal network clock netzinterner Takt *m*

internal network timing netzinterner Takt *m*

internal noise Eigenrauschen *n (Gerät)*

internal routing Innenführung *f (Kabel)*

internal test Eigentest *m*

internal test point nicht nach außen geführter Meßpunkt *m*

internal workings Innenleben *n (HW)*

international international, länderübergreifend

International Administrative management domain Operators Group (IAOG) Internationale Verwaltungsgruppe *f* im Versorgungsbereich *(von Postverwaltungen zum Verwalten des E-Mail-Protokolls X.400, s. Tabelle VI)*

International Alphabet (IA) internationales (Telegraphen-) Alphabet *n*

International Broadcasting Union (IBU) Weltrundfunkunion *f*

international call Auslandsverbindung *f*

international circuit Auslandsleitung *f* (Alg)

international data switching exchange (IDSE) internationale Datenvermittlungsstelle *f*

international direct dialling (IDD) internationale Selbstwahl *f oder* Direktwahl *f*

international direct distance dialling (IDDD) internationale Fernwahl *f*, internationaler Selbstwählferndienst *m*

International Electrotechnical Commission (IEC) Internationale Elektrotechnische Kommission *f (s. Tabelle XIII)*

international exchange internationales Amt *n*, Auslandsvermittlungsstelle *f*, Auslandsamt *n*

International Frequency Registration Board (IFRB) Internationaler Ausschuß *m* für Frequenzregistrierung

international gateway Auslandskopfvermittlungsstelle *f*

international gateway centre internationales Kopfamt *n*

international gateway exchange (IGE) internationales Kopfamt *n*, Auslandsvermittlung *f*

international group selector Auslandsgruppenwähler *m*

international inter-exchange trunk Auslandsquerverbindungsleitung *f*

international leased circuit internationale Mietleitung *f*

international line Auslandsleitung *f*

international mobile station equipment identity (IMEI) internationale Gerätekennung *f (GSM, s. Tabelle VII)*

international mobile subscriber identity (IMSI) internationale Mobilteilnehmerkennung *f oder* Funkkennung *f (GSM, s. Tabelle VII; s.a. ITU-T Empf. E.212, Adreßformat, s. Tabelle III)*

international personal unblocking identity (IPUI) internationale Freischaltekennung *f (DECT)*

international portable user identity (IPUI) internationale Benutzerkennung *f*, internationale Freichaltekennung *f (DECT)*

international roaming Gespräch *n* im Ausland *(D2 GSM)*, Ausland-Roaming *n*

international route translator Auslandsumwerter *m*

international signalling point (ISP) internationaler Signalisierungspunkt *m*

international signalling point code (ISPC) internationaler Signalisierungsendpunkt *m*

International Standard (IS) internationale Norm *f (ISO)*

International Standardisation Organisation (ISO) Internationale Organisation *f* für Normung *(s. Tabelle XIII)*

International Switching Centre (ISC) internationales Vermittlungsamt *n (internationaler Gateway)*, internationale Vermittlungsstelle *f* (IVSt); Auslands-Vermittlungseinrichtung *f* (Auslands-VE, VE-A) *(GSM, s. Tabelle VII)*

International Telecommunication Union (ITU) Internationale Fernmeldeunion *f* (IFU) *(Welt-Kontrollbehörde für Telekommunikation mit Sitz in Genf, s. Tabelle XIII; früher CCIR/CCITT)*

international tertiary exchange Auslandszentralvermittlungsstelle *f* (AZVSt)

international traffic management centre Verkehrsmanagement *n* Ausland (VMA)

internet Verbundnetz *n (Ansammlung von Netzen, die durch Router (ehem. "Gateways") miteinander verbunden sind; RFC1983, s. Tabelle VIII)*

Internet Internet *n (größter weltweiter Verbund von TCP/IP-basierenden Netzen auf drei Hierarchieebenen: Backbone (z.B. Ultranet), mittlere Ebene (z.B. Nearnet), und Zubringernetz (s. "stub network"), IAB RFC1983, s. Tabelle VIII)*

Internet Activities Board s. Internet Architecture Board (IAB)

Internet Architecture Board (IAB) Ausschuß *m* zur Überwachung von Internet-Entwicklungstätigkeiten *(ehem. "Internet Activities Board", besteht aus Mitgliedern der IETF (q.v.) und der ISOC (q.v.); heute Mitglied der ISOC, RFC1120, RFC1601, RFC1983, s. Tabellen VIII, XIII)*

Internet Assigned Numbers Authority (IANA) Zentralregistratur *f* für Internet-Protokollparameter und RFC-Nummern *(RFC1117, RFC1797, RFC1983, Tabelle VIII)*

Internet Control Message Protocol (ICMP) Nachrichtenprotokoll *n* für IP-Dienste *(RFC1885, RFC2463, RFC1983, s. Tabelle VIII)*

Internet Engineering Steering Group (IESG) Arbeitsgruppe *f* zur Lenkung der IETF-Entwicklungstätigkeiten *(RFC1602, RFC1983, s. Tabelle VIII)*

Internet Engineering Task Force (IETF) Arbeitsgruppe *f* zur Entwicklung und Koordinierung von Internet-Protokollen *(RFC1438, RFC1983, s. Tabellen VIII, XIII)*

Internet packet data network (IPDN) Internet-Paketdatennetz *n*

Internet portal Internet-Portal *n (WAP)*

Internet Protocol (IP) Internet-Protokoll *n (für verbindungslose Dienste im Internet; RFC0791, STD0005, RFC1983, s. Tabelle VIII, also MIL-STD-1777)*

Internet Protocol Device Control (IPDC) IPDC-Protokoll *n (VoIP, ITU-T H.323)*

Internet service provider (ISP) Internet-Diensteanbieter *m*

Internet shop Internet-Shop *m (E-Commerce, B2C)*

Internet telephony gateway Internet-Telefonie-Gateway *m (VoIP, ITU-T H.323)*

internetwork Verbindungsnetz *f*; netzüberschreitend, netzübergreifend

internetwork call Querruf *m*

internetworking Vernetzung *f*

internetworking processor Verbindungsrechner *m*, Überleiteinrichtung *f (Protokollumsetzer zwischen unterschiedlichen Netzen*

internetwork interface Netz-Netz-Schnittstelle *f*

internetwork node Netzzwischenknoten *m*

Internetwork Packet Exchange (IPX) **protocol** IPX-Protokoll *n (Novell FTP (q.v.), s.a. IAB RFC1234)*

internetwork protocol Übergangsprotokoll *n (OSI-Schicht 3 und höher)*

internetwork switch Netzübergangsvermittlung *f*

internetwork traffic Querverkehr *m*

internodal path Zwischenknotenweg *m (Verm.)*

internodal signalling netzinterne Zeichengabe *f*

interobject communication Kommunikation *f* zwischen Objekten

interoffice network Ortsverbindungsnetz *n*

interoffice circuit Querverbindung(sleitung) *f*

interoffice signaling Zwischenamts-Signalisierung *f*, Zwischenamts-Zeichengabe *f (Netz)*

interoffice trunk Amtsverbindungsleitung *f*, Querverbindung(sleitung) *f (US)*

interoperable gemeinsam betreibbar

interoperability Interoperabilität *f (Netzmanagement)*, gemeinsamer Betrieb *m*

interoperation Zusammenarbeit *f (zw. Anlagenteilen)*

inter-PBX tie line Querverkehrsleitung *f*

interpersonal messages (IPM) interpersonelle Mitteilungen *fpl (ITU-T X.400, s. Tabelle VI)*

interpersonal messaging service (IPM) interpersoneller Nachrichtenübermittlungsdienst *m*

interphone Interphonanlage *f*, Türsprechanlage *f*

interpin space Polteilung *f (Verbinder)*

Interpolated Data and Speech Transmission (IDAST) Übertragung *f* mit Daten-/Sprachinterpolation *(GB, Datenpaketübertragung auf Sprechwegen)*

interpolation Interpolation *f (Math.)*

interpolation circuit Unterteilungsschaltung *f*

interpolation node Stückstelle *f (Math)*

interpolative hybrid DCT (IHDCT) hybride DCT *f* mit Interpolation *(DTVB)*

interpret auswerten, deuten, interpretieren *(DV)*; dolmetschen

interpretation Deutung *f*, Auswertung *f*

interpreter circuit Empfangsauswerter *m*

interpretive program Interpretierprogramm *n (DV)*

interprocess prozessübergreifend

interprocess message switch (IMS) Prozeß-Prozeß-Nachrichtenvermittlung *f*

interpulse space Impulspause *f*

inter-quad crosstalk Nebenviernebensprechen *n*

interregister signal Registerzeichen *n (dig. Tel)*

interrogate abfragen *(Adressen, Tasten, rufenden TLN)*, überprüfen

interrogating node (IN) Abfrageknoten *m (GSM-Empf. 01.04, s. Tabelle VII)*

interrogation Stationsaufforderung *f*, Abfrage *f (Tel., Daten, ISDN, GSM 01.04, s. Tabelle VII)*

interrogation and information Abfrage- und Auskunftsystem *n*

interrupt Unterbrechung *f (CPU, PC)*, Unterbrechungssignal *n*; unterbrechen; abbrechen *(Verbindung)*; ausschalten, schalten *(Leitung)*

interrupt controller Unterbrechungssteuerung *f*, Interrupt-Steuerung *f (PC)*

interrupted dialling abgesetzte Wahl *f*

interrupted ringing signal periodischer Ruf *m*

interruptible abschaltbar *(SV)*

interruption Unterbrechung *f*, Unterbruch *m (CH)*

interrupt request (IRQ) Unterbrechungsanforderung *f*, Interrupt-Anforderung *f (PC, Chip-Ansteuersignal)*

intersatellite link (ISL) Satelliten-Querverbindung *f*

intersatellite spacing Satellitenabstand *m*

inter-scan distance Rasterzeilenabstand *m* *(Repro.)*

interservice diensteüberschreitend

interservice communication diensteüberschreitende Kommunikation *f*

interservice interference Dienstestörung *f* *(zwischen Zusatzdiensten)*

interspersed eingestreut, durchsetzt

interstitial line generator Zwischenzeilen-Generator *m (TV, Flimmerreduktion)*

interswitch s. inter-switch

inter-switch link Querverbindungsleitung *f*

inter-switch trunk Querverbindungsleitung *f*

intersymbol interference (ISI) Impulsnebensprechen *n (FO, NRZ-Impulsfolge allgemein)*, Nachbarzeichenstörung *f*; Intersymbol-Interferenz *f (OFDM-Symbole, DVB)*, Zwischensymbolinterferenz *f*, Symbolinterferenz *f*

intersystem crosstalk System-System-Nebensprechen *n (ITU-T I.430, s. Tabelle IV)*

intertoll network Fernämterverbindungsnetz *n*

inter-vendor networking herstellerneutrale Netzverbindung *f (AMIS)*

intervening time Zwischenschaltzeit *f*

intervention tone Eintretezeichen *n*

interworking Anbindung *f*, Interworking *n (von Netzen)*; Zusammenarbeit *f (ISDN)*; Übergang *m*, Verbund *m*; Zusammenwirken *n*

interworking function (IWF) Umsetzungsfunktion *f*, Netzanpassungsfunktion *f (GSM)*, Anpassungsfunktion *f*, Übergangsfunktion *f (ISDN)*, Übersetzungsfunktion f *(z.B. zwischen ZGS7 und X.25, s. Tabelle VI)*

interworking point Übergangspunkt *m (ISDN)*

interworking service (IWS) Übergangsdienst *m*

interworking unit (INU, IWU) Relaissystem *n*, Übergangseinheit *f*, Netzübergangseinheit *f (konkret, Netzebene)*, Anpassungseinheit *f (DECT)*

intolerable untragbar

intonation Sprachmelodie *f*

intra-cell handoff internes Umschalten *n*, Internumschaltung *f (Mobilfunk)*

intra-cell interference Intra-Zellen-Interferenz *f (MC-CDMA)*

intracoded frame (I frame) intracodiertes Bild *n* (I-Bild) *(MPEG-2)*

intracoding Intracodierung *f (Videocodierung, die Werte eines Bildes oder Makroblocks werden nur ihm selbst entnommen, MPEG-2)*

intra-exchange amtsintern, Innenamts...

intra-exchange call Internverbindung *f*, Interngespräch *n (Tel)*

intra-exchange circuit Internsatz *m* (IS) *(Verm.)*

intra-exchange connector circuit Internverbindungssatz *m (Verm.)*

intra-exchange signalling Inneramtssignalisierung *f*

intra-field coding Intrafield-Codierung *f*, Innerbildcodierung *f (Videocodierung)*

intra-frame coding Intraframe-Codierung *f*, Intracodierung *f (Videocodierung, die Werte eines Bildes werden nur ihm selbst entnommen, vgl. B- und P-Bilder)*

intra-frame motion Intraframe-Bewegung *f (Videocodierung)*

intranet Intranet *n (auf Internet-Einrichtungen basierendes Ortsnetz, ggf. mit Abschottung gegen die Außenwelt (sog. Firewalls, q.v.) im Server, also eine private Internetanlage)*

intranodal knotenintern

intra-office amtsintern *(Einrichtungen)*

intra-office call internes Gespräch *n*, Interngespräch *n (Tel, US)*

intra-office circuit Internsatz *m (Verm, US)*

intra-quad crosstalk Imviernernebensprechen *n*

intra-subset distance untermengeninterner Abstand *m (DVB-Modulation)*

intra-system crosstalk systeminternes Nebensprechen *n (ITU-T I.430, s. Tabelle IV)*

intrinsic error Grundfehler *m (PCM)*

intrinsic loss Eigendämpfung *f*

intrude (on) aufschalten (auf)

intrusion Aufschalten *n (NStAnl)*

intrusion detection Einbruchssicherung *f*

intrusion detection system Einbruchssicherungssystem *n* (IDS)

intrusion-protected call Datenschutzverbindung *f (Tel)*

intrusion protection Anklopfschutz *m*, Aufschalteschutz *m* (AS) *(Tel)*

intrusion tone Aufschalteton *m*

intrusive testing eingreifende Prüfung *f*

intuitive interface intuitive Schnittstelle *f*

INU s. interworking unit

INV s. INValid

invalid (INV) Ungültigkeit *f (V.25 bis Meldung, s. Tabelle V)*; falsch, fehlerhaft *(Daten, Blöcke)*

invalid cell ungültige Zelle *f (B-ISDN)*

invalidate verfälschen *(Datensatz)*, ungültig machen

invariable unveränderlich

invariance Unveränderlichkeit *f*, Invarianz *f (Mustererkennung)*

invasive eingreifend

inventory Bestand *m*, Inventar *n*

inverse invers, umgekehrt, gegenläufig

inverse conversion Rückwandlung *f*

inverse discrete Fourier transform (IDFT) diskrete Fourier-Rücktransformation *f*

inverse fast Fourier transform (IFFT) schnelle Fourier-Rücktransformation *f*

inverse (Fourier) transform (IFT) (Fourier-)Rücktransformation *f*

inverse mapping Umkehrabbildung *f*

invert invertieren; kippen *(Bit)*

inverted umgekehrt, invertiert

inverted position Kehrlage *f (HF-Trägerseitenband)*

inverter Inverter *m*, Umkehrstufe *f*, Umkehrverstärker *m*; Wechselrichter *m (SV)*

inverting amplifier Umkehrverstärker *m*

inverting input invertierender Eingang *m*, Minuseingang *m (Operationsverstärker)*

invitation of tender Ausschreibung *f*

invocation Aufruf *m (Funktion, Dienst, ISDN, GSM 01.04, s. Tabelle VII)*

invoke aufrufen *(Code)*, abrufen *(Funktionen, Merkmal, NStAnl)*, absetzen *(Aufrufe)*

invoke priority Priorität *f* in Anspruch nehmen

invoking entity aufrufende Instanz *f (ISDN)*

I/O map E/A-Abbild *n*

I/O port E/A-Port *n*, E/A-Anschluß *m*

IOC (index of cooperation) Modul *n* der Auflösung *(fax)*

IOC (integrated optical circuit) integrierte optische Schaltung *f*

IOEC (integrated optoelectronics circuit) integrierte optoelektronische Schaltung *f*

IOM (ISDN-oriented modular) **interface** IOM-Schnittstelle *f (Siemens)*

IOT (in-orbit test) Prüfung *f* im Orbit *(Sat., vor Inbetriebnahme)*

IP (information processing) Informationsverarbeitung *f*

IP (information provider) Informationsanbieter *m (Vtx)*

IP (intelligent peripheral) intelligente Peripherie *f*, intelligente Netzumgebung *f (IN)*

IP s. Internet protocol, internetwork protocol

IP (intermodulation product) Intermodulationsprodukt *n*

IP3 (3rd order intermodulation product) Intermodulationspegel *m* 3. Ordnung (IM3) *(in dBm)*
3IP (3rd order intermodulation product) Intermodulationspegel *m* 3. Ordnung (IM3) *(in dBm)*

IP address IP-Adresse *f (32-Bit-Wort für einen Anschlußpunkt im Internet)*

IPAT (ISDN Primary Access Transceiver) ISDN-Primärraten-Sender/Empfänger *m (HW)*

IP backbone IP-Backbone *m (Internet)*

IPDC s. Internet Protocol Device Control

IPDN s. Internet packet data network

IPFD (input power flux density) Eingangsleistungsflußdichte *f*

IPL (initial program loader) Urlader *m (Computer)*

IPLMN s. initiating PLMN

IPM s. interpersonal messages, interpersonal messaging service

IPM service IPM-Dienst *m (ITU-T X.400, s. Tabelle VI)*

IPM transfer service IPM-Übermittlungsdienst *m (ITU-T Empf. X.400, P2, s. Tabelle VI; Schicht 7 OSI-Modell, s. Tabelle I)*

IP multicast IP-Multicast *n*, Multicastübertragung *f (PMP-Verbindung)*

IPng (IP next generation) Internet-Protokoll *n* der nächsten Generation *(RFC1983, s. Tabelle VIII)*

IP PBX (IP branch exchange) IP-Telefonanlage *f (s. "VoIP")*

IPSec (IP Security) **standard** IP-Sicherheitsstandard *m (IPv6, RFC 1825-1829, 2401-2412)*

IP service IP-Dienst *m (Internet, s. "Internet protocol")*

IP (Internet Protocol) **telephony** IP-Telefonie *f (s.a. VoIP)*

IPUI (international personal unblocking *or* portable user identity) internationale Freischaltekennung *f (DECT)*

IP unicast IP-Unicast *n*, Unicastübertragung *f (PP-Verbindung)*

IPv4 (Internet Protocol version 4) Internet-Protokoll *n* Version 4 *(32 Bit Adreßraum, hexadezimal, Semikolon-Trennzeichen; RFC0791, 2734, s. Tabelle VIII)*

IPv6 (Internet Protocol version 6) Internet-Protokoll *n* Version 6 *(128 Bit Adreßraum, dezimal, Punkt-Trennzeichen; RFC1883-1886, s. Tabelle VIII)*

IPX s. Internetwork Packet Exchange

IQ, I/Q (in-phase/quadrature) **constellation** IQ-, I/Q-Konstellation *(COFDM, DVB)*

IQ, I/Q (in-phase/quadrature) **modulation** IQ-, I/Q-Modulation *f (COFDM, DVB)*

IRC (Internet Relay Chat) **channel** IRC-Kanal *m*

IRD (integrated receiver/decoder) digitaler Satellitenempfänger *m (Set-Top-Box, digitale Satellitenfernsehübertragung)*

IrDA (Infrared Data Association) **specification** IrDA-Spezifikation *f (Punkt-zu-Punkt-Datenrate 9,6 kbit/s–4 Mbit/s, ohne Datensicherheit)*

IRED (infrared emitting diode) Infrarot emittierende Diode *f*

Iridium LLC Internationale Gesellschaft für weltweiten satellitengestützten Mobilfunk *(FCC-Lizenz erteilt 1995 (Motorola), 66 Satelliten im LEO (780 km), Betriebsbeginn Herbst 1998, Konkurs Feb. 2000, Wiederauferstehung Dez. 2000 als "Iridium Satellite LLC" (Boeing, mit Unterstützung vom Pentagon), Datenübertragungsrate 2,4 u. 9,6 kBit/s; s.a "Globalstar" und "Inmarsat")*

IRIG Inter-Range Instrumentation Group *(US, Standards für Datenerfassung und -aufzeichnung)*

IRQ (interrupt request) Unterbrechungsanforderung *f (Chip-Ansteuersignal)*

irradiance Bestrahlungsstärke *f (FO, in W/cm²)*

irradiate bestrahlen

irradiate with sound beschallen

irregular terrain nicht quasiebenes Gelände *n (Mobilfunk)*

irrelevance Belanglosigkeit *f*, Irrelevanz *f (Ton-, Bildinformation)*

irrelevance compression Irrelevanzreduktion *f (Ton-, Bildcodierung, DVB)*

irrelevance-reducing irrelevanzmindernd

irrelevancy s. irrelevance

irreversible nicht umkehrbar, für eine Drehrichtung *(Motor)*

irreversible drive Einrichtungsantrieb *m*

IS s. intermediate system

IS (Interim Standard) vorläufige Norm *f (US)*

IS-41 (Interim Standard 41) US-Äquivalent zu GSM *(q.v.)*

IS-54 (Interim Standard 54) D-AMPS-Standard in den US *(Uplink 824–849 MHz, Downlink 869–894 MHz, Kanalabstand 30 kHz, 3 Kanäle/Träger, TDMA/1/4-DQPSK)*

IS-95 (Interim Standard 95) Mobilfunk-Standard in den US *(Zellularbereich 800–900 MHz, PCS-Bereich 1850–1990 MHz, Kanalabstand 1,23 MHz, 64 Kanäle/Träger, DS-SSMA Multiplexverfahren, CDMA/QPSK, 1993; nicht zu UMTS*

(q.v.) kompatibel)
IS-136 (Interim Standard 136) 2G-Mobilfunkstandard in den US *(1994)*

ISA International Federation of National Standardizing Organisations *(jetzt "ISO")*

ISA (Industry Standard Architecture) **bus** ISA-Bus *m (16-Bit-Bus für IBM AT-kompatible PCs)*

ISAC s. ISDN subscriber access controller

ISC s. International Switching Centre

ISDB-T (terrestrial integrated services digital broadcasting) terrestrischer diensteintegrierender digitaler Rundfunk *m*

ISDN (Integrated Services Digital Network) diensteintegrierendes Digitalnetz *n (zwei B-Kanäle mit je 64 kBit/s für Nutzdaten, ein D-Kanal mit 16 kBit/s für die Zeichengabe, ITU-T I.112, s. Tabelle IV)*

ISDN access capability ISDN-Anschlußkapazität *f (ITU-T I.112, s. Tabelle IV)*

ISDN binary interface converter (IBIC) ISDN-Binärschnittstellenumsetzer *m (BT)*

ISDN communication controller (ICC) ISDN-Kommunikationssteuerung *f (BT)*

ISDN communication system (ICS) ISDN-Kommunikationssystem *n (bis 70 Anschlüsse)*

ISDN connection ISDN-Verbindung *f (ITU-T I.112, s. Tabelle IV)*

ISDN connection attribute ISDN-Verbindungsmerkmal *n (ITU-T I.112, s. Tabelle IV)*

ISDN connection element ISDN-Verbindungselement *n (ITU-T I.112, s. Tabelle IV)*

ISDN connection type ISDN-Verbindungsart *f (ITU-T I.112, s. Tabelle IV)*

ISDN customer access ISDN-Teilnehmeranschluß *m (ITU-T I.430, s. Tabelle IV)*

ISDN echo canceller (IEC) ISDN-Echolöscher *m*

ISDN image transmission ISDN-Bilddienste *mpl*

ISDN line unit ISDN-Anschlußeinheit *f* (IAE) *(TAE für ISDN)*

ISDN link controller (ILC) ISDN-Übertragungssteuerung *f*

ISDN local exchange ISDN-Ortsvermittlung *f (ITU-T I.430, s. Tabelle IV)*

ISDN multipoint interface ISDN-Mehrgeräteanschluß *m (S_0-Schnittstelle)*

ISDN PBX (ISDX, ISPBX) ISDN-Nebenstellenanlage *f*; Telekommunikations-Anlage *f* (Tk-Anl.) *(neue TKO-Definition)*

ISDN signalling ISDN-Zeichengabe *f (ITU-T Empf. Q.931, s. Tabelle III)*

ISDN socket IAE-Dose *f*

ISDN station ISDN-Anlage *f*

ISDN subscriber access ISDN-Teilnehmeranschluß *m (ITU-T I.430, s. Tabelle IV)*

ISDN subscriber access controller (ISAC) ISDN-Teilnehmeranschlußsteuerung *f (BT)*

ISDN-UP s. ISDN user part

ISDN user-network interface structure ISDN-Teilnehmerschnittstellenstruktur *f (ITU-TI.112, s. Tabelle IV)*

ISDN user part (ISDN UP) ISDN-Anwenderteil *m (ZGS.7, ITU-T Q.761...764, s. Tabelle III)*

ISDN 2 BT-ISDN-Basisanschluß *m (2B + D, bisher "IDA")*

ISDN 30 BT-ISDN-Primärratenanschluß *m (30B + D, bisher "Multiline IDA")*

ISDT (integrated services data terminal) diensteintegrierendes Datenendgerät *n (BT)*, Mehrdiensttterminal *n*

ISDX s. ISDN PBX

I Series of ITU-T Recommendations I-Serie *f* der ITU-T-Empfehlungen *(betrifft ISDN, s. Tabelle III und IV)*

ISI s. intersymbol interference

ISL s. intersatellite link

ISLR (integrated sidelobe ratio) in4egrierter Nebenzipfelabstand *m (Sat)*

ISM (industrial, scientific, medical) industriell, wissenschaftlich, medizinisch *(HW)*

ISM (industrial, scientific, medical) **band** ISM-Band *n (900, 2400–2483,5, 5,7 MHz, lizenzfrei, FCC, Spreizbandtechnik bei 1 Watt)*

ISM (in-service monitoring) Betriebsüberwachung *f*

ISN (integrated services network) diensteintegrierendes Netz *n*

ISO (International Standardisation Organisation) Internationale Organisation *f* für Normung *(gegründet 1946, Sitz: Genf. Mitglieder: AFNOR (Frankreich) 18%, DIN (BRD) 13%, BSI (GB) 13% ANSI (USA) 9%, GOST (GIS) 6%, JIS (Japan) 3%, Rest 38%, s. Tabelle XIII)*
ISO 8877 ISO-Norm *f* für ISDN-Steckverbinder
ISO 9660 ISO-Norm *f* für das CD-ROM-Dateiformat *(Yellow Book; ehem. "High Sierra" (1985))*

ISOC Internet Society *(internationale Gesellschaft zur Förderung und Weiterentwicklung des Internets, RFC1983, RFC2134, s. Tabellen VIII, XIII)*

isochronous isochron *(in Echtzeit)*, zeitgleich

isolate entkoppeln; abriegeln; eingrenzen, lokalisieren *(Fehler)*; isolieren *(Verbindung)*; absondern, trennen *(Informationen)*

isolated network Inselnetz *n*

isolated solution Insellösung *f*

isolating amplifier Trennverstärker *m*, Entkopplungsverstärker *m*

isolating diode Trenndiode *f*

isolating transformer Sperrwandler *m*

isolation Freischalten *n (Geräte)*, Isolieren *n*, Trennen *n*, Entkoppeln *n*

isolation amplifier Trennverstärker *m*

isolator Einwegleiter *m (Mikrow., FO)*; Trennschalter *m*, Trenner *m (el.)*

isotropic gain isotropische Verstärkung *f (Ant.)*

ISP s. international signalling point

ISP s. Internet service provider

ISPBX (integrated services PBX, ISDN PBX) diensteintegrierende Tk-Anlage *f*, ISDN-Nebenstellenanlage *f*, Telekommunikationsanlage *f (Tk-Anl)*, ISDN-Tk-Anlage *f*

ISPC s.international signalling point code

ISRM (initial service request message) Dienst-Erstanforderungssignal *n*

issue a read call einen Leseaufruf *m* stellen

ISUP s. ISDN user part

ISW (intermediate switch) Zwischenvermittlung *f (AT&T)*

IT (information technology) Informationstechnik *f*, Informatik *f*

italic cursiv *(Text)*

item Posten *m*; Datenelement *n*, Element *n*, Informationselement *n*, Informationseinheit *f*

item number Positionsnummer *f*

item of information Informationseinheit *f*, Information *f*

item under test (IUT) Prüfling *m*

itemized billing Einzelberechnung *f*; Einzelverbindungsnachweis *m* (EVN)

itemized charge account Einzelgesprächsnachweis *m*; Einzelgebührennachweis *m* (EGN) *(ISDN)*

itemized list Stückliste *f*

iteration Wiederholung *f*, Durchgang *m*

iterative iterativ

iterative loop Iterationsschleife *f (DV)*

ITINERIS französisches GSM-Netz *n (France Télécom, 1992)*

ITS (Integrated Trading System) integrierte Makleranlage *f*

ITU (International Telecommunication Union) Internationale Fernmeldeunion *f* (IFU) *(s. Tabelle XIII)*

ITU-R (Radiocommunication Sector of the ITU) Sektor für das Funkwesen der IFU *(Nachfolger des CCIR und des IFRB seit 1993)*
ITU-R 601 ITU-R-Empfehlung *f* 601 *(Standard für Bildsignaldigitalisierung, 576 Zeilen mit je 720 Pixeln, Abtastfrequenz 13,5 MHz, YUV im Format 4:2:2, TV-Studio)*
ITU-R 656 ITU-R-Empfehlung *f* 656 *(betrifft das Zusammenschalten von ITU-R 601-Signalen, die üblichste Anordnung ist 8 Bit YUV-Parallelmultiplex)*

ITU-R test pattern ITU-R-Testbild *n*, FuBK-Testbild *n (TV)*

ITU-T (ITU Telecommunication Standardisation Sector) IFU-Sektor für die Normierung bei der Telekommunikation *(Nachfolger des CCITT seit 1.3.1993)*

IUT (item under test) Prüfling *m*

IVDT (integrated voice/data terminal) Mehrdiensttermina *n*

IVOD (interactive video on demand) dialogfähiger Abruf-Video-Dienst *m*, interaktives Fernsehen *n* auf Abruf

IVR (independent voice recognition) sprecherunabhängige Spracherkennung *f*

IVR (interactive voice response) interaktive Sprachausgabe *f oder* -steuerung *f*

IW (information warfare) Informationskrieg *m*

IWF s. interworking function

IWS s. interworking service

IWU s. interworking unit

IXC (interexchange carrier) Querverbindungsnetzbetreiber *m*, Verbindungsnetzbetreiber *m* (VNB) *(US)*

I^{2}C (inter-IC) **bus** I^{2}C-Bus *m*, IC-Verbindungsbus *m (Philips)*

I^{2}R losses Stromwärmeverluste *mpl*

I420 interface Teilnehmer-Netz-Schnittstelle *f (BT ISDN, 192 kB/s, entspricht S_0-Schnittstelle nach ITU-T I.420, s. Tabelle IV; BTNR 191)*

J

jabber zufälliger Datenstrom *m (gestörte Netzstation)*

jacket Ummantelung *f*, Hülle *f (FO-Kabel)*

jacket stripper Abmantelwerkzeug *n (FO-Kabel)*

jackfield Klinkenfeld *n*

jackfield distributor Schnurverteiler *m*

jack panel Klinkenfeld *n*

jack plug Klinkenstecker *m*

jammer Störsender *m*

jamming Verklemmung *f*, Festklemmen *n (mech.)*; Störung *f (HF-Signal)*

jamming interval Störintervall *n*, Störzeit *f (in % Signaldauer, KTV)*

jamming signal Störsignal *n (KTV)*

jamming transmitter Störsender *m*, Störungssender *m*

jam signal Störsignal *n*, Kollisionssignal *n (CSMA/CD)*

JANET (Joint Academic NETwork) gemeinsames wissenschaftliches Netz *n (GB, entspricht dem DFN)*

Java Java *n (objektorientierte Programmiersprache von Sun Microsystems, Kalifornien, für Netzanwendungen, basiert auf C++, 1996)*

JBIG Joint Bi-Level Image Group *(Bildcodierung, verlustlose binäre Bildkomprimierung (Telefax))*

JDC Japanese Digital Cellular *(Japanischer zellularer PDC-Mobilfunkstandard, Uplink 940–960 MHz, Downlink 810–830 MHz, Kanalabstand 25 kHz, 3 Kanäle/Träger, TDMA/π/4-DQPSK)*

JD processor s. joint detection processor

jitter Aperturunsicherheit *f (ADU)*; Zeitschwankung *f*, Impulszittern *n*, Jitter *m (PCM)*, Verzögerungsschwankung *f (ATM-Zellen)*; Flattern *n (Tonträger)*

jitter buffer Jitter-Puffer *m*

jittering verjittert *(z.B. Taktsignal)*

jitter tolerance Jitterfestigkeit *f (PCM)*

jog dial Drehtaste *f (PC-Spiel, K-Tel)*

join zusammenschließen *(DECT, MS mit BS)*; sich anschließen *(einer Konferenz)*

joint Kabelverbindung *f*; Stoßstelle *f*, Trennstelle *f (HW)*

joint detection (JD) **processor** JD-Prozessor *m (detektiert Nutz- u. Signalisierungsinformation, CDMA, Mobilfunk)*

joint loss Übergangsdämpfung *f (FO)*

joint manhole Kabelbrunnen *m*

jointing Spleißen *n (FO)*

joint optimization gemeinsame Optimierung *f (von Parametern, CELP-Codierer)*

joystick Steuerknüppel *m (Bedienstation, PC)*

JPEG Joint Photographic Experts Group *(ISO-Datenkompressionsstandard für Standbilder)*

JPL Jet Propulsion Laboratories *(UCLA, US)*

JRTIG Joint Radiophone Technical Interfaces Group *(GB, Urheber von TACS)*

J Series of ITU-T Recommendations J-Serie *f* der ITU-T-Empfehlungen *(betrifft Ton- und Fernsehübertragung, s. Tabelle III)* **J.17** Audio-Preemphase *f* für C-MAC/Paket und D2-MAC/Paket *(ITU-T-Empf. J.17, s. Tabelle III)*

jukebox CD-ROM-Wechsler *m*, Jukebox *f* *(NEC, Philips)*

jumper Verbindungsdraht *m*, Brücke *f*, Verbindungsbrücke *f*, Steckbrücke *f*, Schaltbrücke *f*, Schalter *m*, Umschalter *m*; zusammenschalten

jumper module Schaltelement *n*

jumper wire Rangierdraht *m*

jumpering Rangieren *n*

jumpering distributor Rangierverteiler *m*

junction Knoten *m (Netz)*; Übergangszone *f* *(Halbleiter)*; Polarisationweiche *f*

junction box Anschlußdose *f* (ADo) *(Tel.-Steckverbindung)*; Abzweigdose *f*

junction cable Ortsverbindungskabel *n* (OVk), Ortsverbindungsleitung *f* (OVl)

junction circuit Verbindungssatz *m (Vermittlung)*

junction exchange Knotenamt *n*

junction line Verbindungsleitung *f* (Vl) *(Tel.-Anl)*, Anschlußleitung *f*

junction matrix Verbindungsmatrix *f*

junk mail Müllpost *f (E-Mail)*

justification bit Füllbit *n*, Stopfbit *n (PCM)*

justification service bit Füllinformation(sbit) *n*

justified Blocksatz *m (Text)*

justify ausrichten, füllen *(PCM)*

just noticeable difference Unterscheidungsschwelle *f*, Schwellenwert *m*

just noticeable noise floor Störpegel-Unterscheidungsschwelle *f*

K

Ka band Ka-Band *n (19–36 GHz, Sat)*

Kalman filter Kalman-Filter *n (Zustandsschätzer)*

K band K-Band *n (10,9–36 GHz, Sat)*

KBS s. knowledge-based system

Kc (cipher key) Chiffrierschlüssel *m (GSM)*

keep-alive packet Keep-Alive-Paket *n*, Watchdog-Paket *n (ISDN-Router)*, Halte-Paket *n*

keep available verfügbar halten, vorhalten

keep clear frei halten

keep time Takt *m* halten

keep watch empfangsbereit sein

KEO s. key expansion option

kernel Kern *m (Betriebssystem)*

kernel software for intelligent terminals Kernsoftware *f* für intelligente Terminals (KIT) *(T.Online, DTAG vtx software)*

kerning Unterschneidung *f (Grafik)*

key Schlüssel *m*; Taste *f*; Suchbegriff *m* *(DV)*; Nase *f*, Führungsnase *f*, Keil *m* *(mech.)*; tasten, umtasten *(Modulation)*; stanzen *(Video)*

key account Großkunde *m* (GrK)

key array Tastenfeld *n (VDU)*

keyboard Tastatur *f* Tastenfeld *n (Terminal usw)*

keyboard transmitter Handsender *m*

key click filter Schaltknackfilter *n*

keyed getastet

key elements Eckpunkte *mpl*

key escrow Hinterlegung *f* des Schlüssels *(IPSec)*

key exchange Schlüsselaustausch *m (IP IKE, IAB RFC2409)*

key expansion option (KEO) Tasten-Erweiterungszusatz *m (Tel.)*

key figure Eckwert *m*

key frame Originalbild *n (MPEG-1, Bildsignalkompression)*

key in eintasten

keying filter Tastfilter *n*

keying colour Stanzfarbe *f (Video)*

keying level Stanzpegel *m (Video)*

keying-off pulse edge Austastflanke *f*, Abschaltflanke *f (Sendertastung)*

keying-on pulse edge Hochtastflanke *f*, Einschaltflanke *f (Sendertastung)*

keying pulse Tastimpuls *m*

KeyLine BT-Punkt-zu-Punkt-Datenverbindung *f (X.21, 48 u. 64 kB/s, s. Tabelle VI)*

KEYLINK-D Textspeicherdienst *m (AUS-MHS nach ITU-T Empf. X.400, s. Tabelle VI; entspricht TELEBOX)*

key lock Tastensperre *f*

keylock switch Schlüsselschalter *m*

key off austasten *(Sender)*

key on hochtasten *(Sender)*

key-operated switch Schlüsselschalter *m*

key-operated telephone Tastfernsprecher *m*

key operation Tastenbetätigung *f*

keypad Tastatur *f*, Tastaturblock *m*; Tastwahlblock *m* (TWB), Wahlblock *m (Tel)* **12-button keypad** 12er Wahlblock *m (Tel)*

key pulse Tastenwahlimpuls *f (MFV)*

key recovery Wiederherstellung *f* des Schlüssels *(IPSec)*

keysending Tastung *f*

keystroke Tastenanschlag *m*, Tastendruck *m (Tastatur)*

key switch Taster *m*

key (system) function Reihenanlagen-Funktion *f*

key telephone station Reihenanlagen-Nebenstelle *f*

key (telephone) system (KTS) Reihenanlage *f*; Büro-Nebenstellenanlage *f*, Teilnehmereinrichtungs-Nebenstellenanlage *f*

keyword Kennwort *n*, Kennungswort *n*

kick Stoß *m*, Anstoß *m*; anstoßen *(Zeitgeber)*

kilometric cable attenuation Kabeldämpfung *f* pro km, kilometrische Kabeldämpfung *f*

KiloStream BT-Punkt-zu-Punkt-Analog-Datenverbindung *f (bis 14,4 kb/s)*

kinescope Kineskop *n*, Bildröhre *f (TV)*

kink Kennlinienknick *m*

kit Bausatz *m*

knapsack problem Rucksackproblem *n (Kryptographie)*

knock out ausscheiden *(Pakete)*

knockout Ausscheidung *f (Pakete)*

knowledge-based system (KBS) wissensbasiertes System *n (KI)*

knowledge data base Wissensdatenbank *f*

K Series of ITU-T Recommendations K-Serie *f* der ITU-T-Empfehlungen *(betrifft Schutz gegen Störungen, s. Tabelle III)*

KTS s. key (telephone) system

Ku band Ku-Band *n (15,3–17,2 GHz, Sat)*

L

L (low state) L-Zustand *m (Bit)*, Niedrig-Zustand *m*, Tiefpegel *m*

LA (line access module) Leitungsanschlußmodul *n*

label Beschriftung *f*, Etikett *n*, Marke *f (DV)*; Kennsatz m *(Daten)*, Nachrichtenkopf *m*, Label *n*

label mounting Schildträger *m*

labelled channel etikettierter Kanal *m (ITU-T I.113, s. Tabelle IV)*

labelled interface structure etikettierte Schnittstellenstruktur *f (ITU-T I.113, s. Tabelle IV)*

label swapping Austausch *m* von Label-Informationen

label switching Etikett- Austausch *m (RSVP)*

laboratory model Funktionsmuster *n*

LAC (location area code) Aufenthaltsbereichskennzahl *f*, Bereichskennzahl *f*, Bereichscode *m (GSM, s. Tabelle VII)*

lacing cord, string *oder* **thread** Kabelformgarn *n*

lack of reception Nichtempfang *m*

lag Nacheilung *f (Phase)*; Verzögerung *f*; Verschmierung *f (Bild)*; Nachleuchten *n (CRT)*

lag circuit Verzögerungsschaltung *f*

lag filter Weichtastfilter *n (TTY)*

lag time Nachlaufzeit *f*, Nacheilzeit *f (phase)*

LAI (location area identification) Aufenthaltsbereichskennung *f*, Aufenthaltsinformation *f*, Bereichsinformation *f (GSM, s. Tabelle VII)*

LAM (line access module) Leitungsanschlußmodul *n*

lambda (λ) modulation Lambda-Modulation *f*, Wellenlängenmodulation *f*

lamp array Lampenfeld *n*

lamp test Lampenkontrolle *f*

LAN (local area network) Grundstücknetz *n*, Standortnetz *n*, lokales Netz *n (Datagramm-orientiertes Privatnetz, gewöhnlich in einzelnen Gebäuden)*, Ortsnetz *n*

LAN computer Netzwerkrechner *m*

land-based landgestützt, auf Land installiert, Land-...

land earth station (LES) Land-Erdfunkstelle *f (INMARSAT)*

land line Landlinie *f*, Landleitung *f (TV, Beitragszuführung)*

landline network Festnetz *n*

landline subscriber Festnetz-Teilnehmer *m (Mobilfunk)*

landline telephone Festnetztelefon *n*

land (mobile) radio service Landfunkdienst *m*, Landmobilfunkdienst *m*, landmobiler Funkdienst *m*

land mobile satellite service (LMSS) satellitengestützter Landfunkdienst *m (VSAT)*, Satelliten-Mobilfunk *m*

land mobile radio Landmobilfunk *m*

landscape format Querformat *n (Drucker)*

LANE s. LAN emulation

LAN emulation (LANE) LAN-Emulation *f*, Ortsnetz-Emulation *f*

language Sprache *f*

language code Sprachenkennziffer *f*

language department Sprachendienst *m*

language prompt Aufforderungstext *m (DV)*

LAN hub LAN-Hub *m (s. "LAN")*

LAN party LAN-Party *f (Computerspielveranstaltung mit vernetzten PCs)*

LAN station Netzwerkrechner *m*

LAP (link access procedure) Übertragungssteuerungsverfahren *n*, Leitungszugangsverfahren *n*) *(ISDN)*, Sicherungsprotokoll *n*

LAPB (LAP for balanced mode) LAP für gleichberechtigten Spontanbetrieb *(X.25 LAP, ISO 6256, DIN 66222 Teil 1, s. Tabelle VI)*

LAPD (LAP for ISDN D channel) LAP für ISDN-D-Kanal *(X.32, X.75 LAP (Tabelle VI), ITU-T Empf. I.440,441 (Tabelle IV), FTZ 1R6D, Schicht 2 OSI-RM (Tabelle I))*

LAPF (LAP for frame mode bearer services) LAP für Rahmen-Übermittlungsdienste

LAPM (LAP for modem error control) LAP für Modem-Fehlerüberwachung *(basiert auf ITU-T LAPD, V.42, einschl. MNP, s. Tabelle V)*

laptop Laptop(-Computer) *m*, Schoßcomputer *m*

large-area flickering Flächenflimmern *n (TV)*

large-capacity disk storage unit Großplattenspeicher *m*

large-capacity selector unit Großwählergruppe *f*

large facility hochratiges Übertragungsmerkmal *n (US)*

large-scale integrated (LSI) hochintegriert *(Mikroelektronik)*

large-screen großformatig *(TV)*

large signal Großsignal *n (Halbleiter)*

large-signal rate equation Großsignal-Bilanzgleichung *f (Laser)*

laser Laser *m*

laser diode (LD) Laserdiode *f*

laser disk Bildplatte *f*

laser printer Laserdrucker *m*

laser shutdown Laserabschaltung *f* (LSA) *(FO)*

laser turn-on signal Laserstartsignal *n (FO)*

lasing (Emission *f* von) Laserstrahlung *f*

lasing efficiency Laserwirkungsgrad *m*

lasing mode Lasermodus *m*

LASS (local area signaling service) Zeichengabedienst *m* im Ortsbereich *(US)*

last-choice route Letztweg *m* (LW)

last-in-first-out (LIFO) **memory** LIFO-Speicher *m*, Kellerspeicher *m*

last mile letzte Meile *f (Teilnehmeranschlußleitung, Tel., s.a. "WLL")*

last-number (automatic) redialling (LR) Wahlwiederholung *f (K.-Tel)*

LATA (Local Access and Transport Area) Ortsnetz *n (lokaler, gewöhnlich regionaler Telefonanschlußbereich, US)*

latch Signalspeicher *m*, Haltespeicher *m*, Halteglied *n*, Speicher-Flipflop *m*, Auffang-Flipflop *m*, Auffangregister *n*, Auffangspeicher *m (Signal)*, Bitspeicher *m*; Merkkippstufe *f*, Speicherkippstufe *f*; Riegel *m (mech.)*; auffangen, speichern; verriegeln *(z.B. FF-Ausgang)*

latched verriegelt; rastend *(Druckknopf)*

latched switch Halteschalter *m (Verbindungsnetzwerk)*

latching block Rastblock *m (X.21, s. Tabelle VI; ISO 4903)*

latching flip flop Speicherkippstufe *f*, Merkkippstufe *f*

latch-up Sperren *n (Tastatur)*; Latchup *n (Halbleiter)*

late entry Spätzugang *m*, Einsprechen *n (GSM Pro)*, nachträglicher Eintritt *m (TETRA)*

latency Latenzzeit *f (DV, enthält Wartezeit)*

lateral access horizontaler Zugriff *m (Netzebene)*

lateral section Seitenteil *n*

lattice filter Kreuzglied *n (dig. Audio)*

launch einkoppeln *(Signal, FO)*; aufrufen *(Anwendung)*

launch angle Einkopplungswinkel *m (FO)*

launcher Trägersystem *n (Sat.)*

launch vehicle Trägersystem *n oder* -rakete *f (Sat)*

launching coefficient Startkoeffizient *m (Wellen, Sat.-Übertragung)*

law conversion Umcodierung *f (A-Gesetz)*

lawful interception rechtmäßiges Abhören *n oder* Abfangen *n (GSM 02.33, s. Tabelle VII)*

law of cosines Kosinussatz *m (Math.)*

layer Schicht *f*, Layer *m (im OSI 7-Schicht-Referenzmodell (RM), s. Tabelle I)*; Lage *f (Wicklung)*; Bildebene *f (Teilzeichnung)*
of the same layer gleichrangig *(Instanzen im OSI-RM)*

layer 1 B channel protocol B-Kanal Schicht 1 (B1) *(ISDN)*

layer 2 relay (L2R) Schicht-2-Brückenfunktion *f (GSM, s. Tabelle VII)*

layer 3 signalling protocol Schicht-3-Signalisierungsprotokoll *n*

layered coding video provider Anbieter *m* von Bildkommunikation mit schichtweiser Codierung

layering protocol Schichtenbildungsprotokoll *n (ISDN)*

layer interface Schichtschnittstelle *f (ITU-T I.112, s. Tabelle IV)*

layer management Schichtenmanagement *n (Managementebene, ISDN PRM)*

layer management entity Schichtverwaltungsinstanz *f (ITU-T Empf. Q.920, s. Tabelle III)*

layer protocol Schichtenprotokoll *n (ISDN)*

layout Disposition *f*; Bestückung *f*; Lage *f*; Anordnung *f*; Layout *n (Grafik)*, Format *n (Dokument)*; Aufbau *m*

layout character Formatsteuerzeichen *n*

layout diagram Übersichtsplan *m* (Üp)

layout drawing Ansichtsplan *m*, Übersichtsplan *m*

layout plan Bestandsplan m *(vorhandener Anlagen)*

layout process Formatiervorgang *m (Dokument)*

L band L-Band *n (390–1650 MHz, Sat)*

LBR (low burst rate(mode)) niedrigratige Burstübertragung *f*

LB (load balancing) **series** LB-Reihe *f (IP)*

LC (link control) Übertragungssteuerung *f*

LC (local control) örtliche Steuerung *f (ISDN)*

LCD (liquid crystal display) Flüssigkristallanzeige *f*

LCL (longitudinal conversion loss) Unsymmetriedämpfung *f*

LCN (local communications network) regionales Kommunikationsnetz *n (Transportmedium im TMN)*

LCN (logical connection number) Übertragungswegnummer *f (DECT)*

L conductor Außenleiter *m (SV)*

LCP (location cancellation procedure) Standortlöschung *f (GSM, s. Tabelle VII)*

LCR s. least cost routing, least cost router

LCR s. level crossing rate

LD (laser diode) Laserdiode *f*

LD (loop disconnect) Impulswählverfahren *n* (IWV)

LDL (long-distance loop) Weitverkehrsschleife *f*

LDM s. limited distance modem

LDTV (low *or* limited definition TV) Fernsehen *n* mit niedriger *oder* begrenzter Auflösung

LE s. line equipment

LE (local exchange) Ortsvermittlungsstelle *f* (OVSt) *(GSM 01.04, s. Tabelle VII)*

lead Leitung *f*, Anschlußdraht *f (Bauteil)*; Voreilung *f (Phase)*

lead acid battery Bleiakku(mulator) *m*, Bleibatterie *f*, Säurebatterie *f*

leader Vorspann *m (Band, Film)*

lead-in Einlaufbereich *m (CD)*

lead-in angle Einlaufwinkel *m (Band)*

lead-in (character) Antext *m (PCM-Daten)*

leading base station Bezugs-Funkkonzentrator *m (Mobilfunk)*

leading contact voreilender Kontakt *m (Schalter)*

leading digit Vorkommastelle *f*

leading edge voreilende Impulsflanke *f*, Vorderflanke *f (Impuls)*

leading one führende Eins *f*

leading pulse Leitimpuls *m*, führender Impuls *m*

lead-out Auslaufbereich *m (CD)*

lead pitch Anschlußraster *m*

lead tail Leitungsende *n*

lead time Vorlaufzeit *f (bei langem Code, PCM)*; Vorhaltezeit *f*; Voreilzeit *f (Phase)*

leaf Blatt *n*; Ast *m*, Leaf-Teilnehmer *m*, Senke *f (ATM-Zeichengabe, Punkt-Mehrpunkt-Verbindung)*

leafemic baseform leafemische Grundform *f (Spracherkennung)*

leaf node Astknoten *m (Baumcodierung)*

leak Leck *n*, Ableitung *f*, Abzweigung *f*; ableiten, abzweigen *(Bit)*; entweichen *(Strahlung, Gas)*

leakage Leckverlust *m*, Undichtigkeit *f*; Einstreuung *f (durch HF-Abschirmung)*

leakage current Leckstrom *m*

leakage effect Leckeffekt *m (PLC)*

leakage factor Streufaktor *m*, Streukoeffizient *m*, Streuzahl *f (Filter)*

leakage resistance Ableitwiderstand *m*, Leckwiderstand *m*

leakage to earth Erdschluß *m*

leakance Ableitung *f*, Ableitungsbelag *m (Kabel, in kOhm/km)*

leak bit Leckbit *n (Signalsynchronisierung, STS-1)*

leak out auslaufen, herauslassen

leaky undicht, leck

leaky bucket löchriger Eimer *m (Warteschlangenprinzip)*

leaky feeder signal transmission Übermittlung über Leckleitung *f (Mobilfunk)*

leaky mode Leckwelle *f (FO)*

leaky wave Leckwelle *f (Kabel)*

learning lernfähig *(intelligente Maschine)*

learning curve Lernkurve *f*, Erfahrungskurve *f*

learning machine lernender Automat *m*, Lernautomat *m (KI)*

learning tool Einarbeitungshilfe *f*

lease Miete *f*, Überlassung *f*

lease of transmission paths Überlassen *n* von Übertragungswegen

leased-circuit data/telephone network Direktrufnetz *n*

leased line Mietleitung *f*, Standleitung *f*; Übertragungsweg *m* im Netzmonopol *(DTAG)*

leased line for data communications Datendirektverbindung *f*

leased-line network Mietleitungsnetz *n*

leased-line service Mietleitungsdienst *m*

least cost router (LCR) Wegweiser *f* für geringste Kosten *(Tel.)*

least cost routing (LCR) kostenoptimierte Wegesuche *f*, Wegewahlverfahren *n* der geringsten Kosten *(Tel.)*

least mean square (LMS) **error method** Methode *f* der kleinsten Fehlerquadrate *(Math)*

least significant bit (LSB) niedrigstwertiges Bit *n*

least-weight geringstwertig *(Weg im Netz)*

leave the connection up die Leitung *f* stehen lassen

LEC (local exchange carrier) Ortsnetzbetreiber *m*

lectern Rednerpult *n*

LED (light-emitting diode) Leuchtdiode *f*, Lumineszenzdiode *f*

left aligned linksbündig *(Text)*

left arrow Nach-Links-Taste *f*, Pfeil links *(Tastatur, PC)*

left hand circular polarisation (LHCP) linkszirkulare Polarisation *f (Sat)*

left scroll arrow Bildlaufpfeil *m* links *(MS-Windows, PC)*

left shift Linksschieben *n*, Linksshift *m* *(Register)*

leg Teilstrecke *f*, Abschnitt *m*

legacy *(adj)* bisherig, Vorläufer... *(z.B. "legacy Windows": Windows 3.x aus der Sicht von Windows95)*

legal zulässig *(Daten)*

legal warp path erlaubter Zeitanpassungsweg *m* *(Spracherkennung)*

leg of a call Verbindungsabschnitt *m*

Lego graphics Lego-Grafik *f*, Blockmosaik-Grafikzeichen *n* *(Txt)*

leisure electronics Unterhaltungselektronik *f* (UE)

length indicator (LI) Längenindikator *m* *(ZGS.7, s. Tabelle III)* , Längenidentifizierung *f* *(ATM AAL2)*

length of lay Schlaglänge *f* *(Kabel)*

lenticular screen Rasterlinsenschirm *m* *(opt)*

LEO (low earth orbit) erdnahe Umlaufbahn *f* *(Sat)*

LEO satellite LEO-Satellit *m*, Satellit *m* auf erdnaher Erdumlaufbahn

LES (land earth station) Land-Erdfunkstelle *f*

lessee Mieter *m* *(e.g. of a transponder)*

less than or equal to kleiner gleich ( )

less than proportionally unterproportional *(Math.)*

LET s. link establishment time

letter of intent Absichtserklärung *f*

letter shift Buchstabenumschaltung *f* (BU) *(Tx)*

letterbox format Breitbildformat *n* *(TV, 16:9)*

lettering Beschriftung *f*

level Höhe *f*, Pegel *m*, Stand *m*; Ebene *f* *(Software, Netz)*; Stufe *f* *(SW, FS)*; Wertigkeit *f* *(Modulation, OFDM, DVB)*; Level *m* *(ATM-Dienst)*
16-level modulation 16-wertige Modulation *f* *(OFDM, DVB)*

level adjustment Pegeleinstellung *f*; Pegelung *f* *(Rundfunk)*

level balance (technique) Pegelwaage *f* *(richtungsorientierte Verstärkung je nach Signalenergie – Freisprechen, Mobilfunk)*

level changer Pegelwandler *m*

level-change value Sprungwert *m*

level control Pegelsteuerung *f*, Aussteuerung *f*

level crossing Pegelkreuzung *f*, Pegeldurchgang *m*, Schwellenüberschreitung *f*

level crossing rate (LCR) Schwellenüberschreitungszahl *f*

level discriminator Pegelwaage *f* *(Mobilfunk)*

levelizing Ebenensortierung *f*

levelling Horizontierung *f* *(Photogrammetrie)*

level matching circuit Logikadapter *m*

level of abstraction Abstraktionsebene *f*

level of approximation Annäherungsgrad *m*

level of background noise Grundpegel *m*

level of integration Integrationsgrad *m*

level of occupancy Füllstand *m* *(Speicher)*

level of service Berechtigungsklasse *f* *(KTV)*

level of significance Signifikanzniveau *n* *(Statistik)*

level-operated zustandsgesteuert *(IC)*

level response Pegelverlauf *m*

level shifter Pegelwandler *m*

level shifting Pegelverschiebung *f*, Pegelumsetzung *f*

level-1 distributor Verteiler *m* 1. Ordnung *(elektronischer oder aktiver Verteiler)*

level-2 distributor Verteiler *m* 2. Ordnung *(elektromechanischer oder passiver Verteiler)*

level-3 distributor Verteiler *m* 3. Ordnung *(Schnurverteiler)*

lexical lexikalisch *(Spracherkennung)*

LF s. line feed

LFC (local functional capabilities) örtlich verfügbare Funktionen *fpl*

LFSR s. linear-feedback shift register

LGX s. light guide cross connect frame

LH s. line hunting

LHCP s. left hand circular polarisation

LI s. length indicator

liberalization Liberalisierung *f (der Monopole)*

LIC s. line interface circuit

licence Genehmigung *f (ZZF)*, Konzession *f (BAKO, CH)*

licence fee GEZ-Gebühr *f*

LIDS (listener idle state) Ruhezustand *m* des Hörers

life Lebensdauer *f*, Nutzungsdauer *m (Batterie)*

life cycle Lebensdauer *f*, Lebenszyklus *m*

LIFO (last-in-first-out) **memory** LIFO-Speicher *m*, Kellerspeicher *m*

lift Hub *m (mech.)*; abnehmen *(Hörer)*

light Licht *n*; leicht, schwach *(Verkehr)*

light barrier Lichtschranke *f*

light combiner Lichtkombinierer *m (FO)*

light-emitting diode (LED) Leuchtdiode *f*, Lumineszenzdiode *f*

light entertainment programme Unterhaltungssendung *f (Radio/TV)*

light guide Lichtleiter *m (FO)*

light guide cross connect frame (LGX) Lichtleiter-Rangierverteiler *m*

lighting Beleuchtung *f*

light intensity Lichtstärke *f (FO, in cd)*

light level Lichtmenge *f*, Lichtstärke *f*

light loading schwache Belastung *f (Verkehr)*

lightly doped niedrig *oder* schwach dotiert *(Halbleiter)*

light pen Lichtgriffel *m (Terminal)*

light pipe Lichtleiter *m (FO)*

light sensor Lichtempfänger *m (FO)*, Lichtaufnehmer *m*

light signal equipment Lichtzeicheneinrichtung *f* (LZE)

light splitter Lichtteiler *m*, Lichtverzweiger *m (FO)*

light-traffic period verkehrsschwache Zeit *f*, Schwachlastzeit *f*

light transmission Lichtleitung *f (FO)*

light weight protocol Leichtgewichtsprotokoll *n*

likelihood Mutmaßlichkeit *f*, Wahrscheinlichkeit *f*

likelihood function Likelihood-Funktion *f*, Mutmaßlichkeitsfunktion *f (Math.)*

LIM s. line interface module

limit Grenzwert *m*; Eckwert *m*

limit cycle Grenzzyklus *m (Regelung)*

limit cycle oscillation Grenzkurvenschwingung *f (nichtlineare Systeme)*

limited definition television (LDTV) Fernsehen *n* mit begrenzter Auflösung *(vergleichbar VHS-Qualität, Bildauflösung 352x288, Bildformat 4:3, Datenrate 3 Mbit/s; s.a. "low definition television")*

limited distance Kurzdistanz *f (Modem)*

limited distance modem (LDM) Modem *m* für begrenzte Leitungslänge

limited in time zeitlich begrenzt

limiter Begrenzer *m*, Begrenzungsschaltung *f*

limit frequency Eckfrequenz *f (FO)*; Grenzfrequenz *f*

limiting Begrenzung *f*

limiting stage Begrenzungsstufe *f*

limit violation Überschreitung *f*

line Leitung *f* (Ltg) *(Stromkreis zwischen TLN-Anschluß und Vermittlung, ITU-T I.430, s. Tabelle IV)*, Anschluß *m*; Strang *m (Gestelle)*; Strecke *f*; Zeile *f (TV; DV (bei Adreßverschränkung q.v.))*; Linie *f*

line access module (LA, LAM) Leitungsanschlußmodul *n*

line activation Leitungsaktivierung *f (ITU-T I.430, s. Tabelle IV)*

line adapter Netzanpassung *f*, Netzvorsatz *m (SV)*

line amplifier Leitungsverstärker *m (Sat)*

linear-feedback shift register (LFSR) linear rückgekoppeltes Schieberegister *n (BIST)*

linear PCM lineare PCM *f (digitale Toncodierung)*

linear predictive coding (LPC) lineare Prädiktions-Codierung *f*

line attenuation Leitungsdämpfung *f*

line backing Zeilenhintergrund *m (Vtx.-Mon)*

line balance Leitungsnachbildung *f*

line balancing network Nachbildung *f* (Nb)

line bit rate Leitungsbitrate *f*, Leitungstakt *m*

line blanking pulse Zeilenaustastimpuls *m*, Horizontalaustastimpuls *m (TV)*

line broadcasting Drahtfunk *m* (DrFu)

line buffer Leitungsspeicher *m*

line building-out network Leitungsnachbildung *f*

line card Leitungsanschlußkarte *f* (LAK) *(VBN, 140 MB/s)*, Linecard *f (Verm)*

line category (Anschluß-)Klasse *f*

line circuit Teilnehmeranschluß *m*, Anschluß *m (Verm)*; Übertragung *f* (Ue), Leitungsübertragung *f*, Verbindungsübertragung *f* (V-Ue) *(Tel.-Signalisierung)*; Anschlußorgan *n*, Anschlußleitung *f*

line circuit facilities Anschlußeinrichtungen *fpl*

line clock Schrittakt *m (Übertragung)*

line clock generator Leitungstaktgenerator *m*

line code Leitungscode *m (Übertragung)*

line coded leitungscodiert *(Datenstrom)*

line concentrator Teilnehmerkonzentrator *m*; Wählsternschalter *m (Tel)*

line-conducted leitungsgebunden *(Signal)*

line-connected leitungsgebunden *(System)*

line connection drahtgebundene Übertragung *f*

line designation Leitungszugname *m*

line driver Leitungstreiber *m*

line equipment (LE) linientechnische Einrichtung *f*, Leitungsausrüstung *f*

line error control Leitungssicherung *f (Sat)*

line feed (LF) Zeilenvorschub *m (Drucker)*

line filter Netzfilter *n* (NFI) *(SV)*

line finder Anrufsucher *m* (AS)

line group Sammelanschluß *m* (SA) *(NStAnl)*; Bündel *n*

line group connection Sammelanschlußschaltung *f* (SAS) *(NStAnl)*

line group controller Bündelsteuerung *f*

line grouping Mehrfach-Teilnehmer-Anschluß *m (Tel)*

line hit Leitungsstörung *f*

line holding time Verbindungszeit *f*, Verbindungsdauer *f*

line hunting (LH) Leitungssuche *f (ITU-T I.252.6, s. Tabelle IV)*, Teilnehmersuche *f*

line identification Rufnummernanzeige *f (D2-Zusatzdienst)*

line impedance Leitungswiderstand *m*, Wellenwiderstand *m*

line interface Leitungsschnittstelle *f*, U-Schnittstelle *f (ISDN)*; Leitungsmodul *n (ATM-Verbindungsnetzwerk)*

line interface circuit (LIC) Teilnehmeranschlußschaltung *f*

line interface module (LIM) Vermittlungsschrank *m (DFS-Bodenstelle)*

line interfacing system Anschlußtechnik *f (Vermittlung)*

line jack unit (LJU) Leitungsanschlußeinheit *f*, Teilnehmeranschlußeinheit *f*, Telefonsteckdose *f*, TAE-Dose *f*, Übergabestelle *f (nach BS6506 für NStAnl., entspricht der DTAG TAE, s. Tabelle XII)*

line jitter Zeilenflimmern *n (TV)*

line jitter elimination Zeilenflimmerbefreiung *f (TV)*

line location Anschlußlage *f (Verm)*

line lock Zeilensynchronisierung *f (TV)*; Netzsynchronisierung *f (TV-Kamera)*

line lockout technisches Fangen *n (TLN-Anschlußzustand, nachdem der Antwortzustand eine vorbestimmte Zeitdauer statisch geblieben ist)*

line lockout time Dauer *f* der unnötigen Belegungen

line loss Leitungsdämpfung *f*

line losses Leitungsverluste *mpl*

line matching Leitungsanpassung *f*

line module Anschlußmodul *n (Verm)*

line of heredity Vererbung *f (objektorientierte Modellierung, Datenhaltung)*

line of sight Blicklinie *f (Bildtelefon)*; Sichtlinie *f*; (LOS) Richtfunk *m*

line-of-sight link Sichtverbindung *f*

line-of-sight propagation Sichtausbreitung *f*

line of visual contact Blickkontaktlinie *f (Bildtelefon)*

line-only activation Nur-Leitungsaktivierung *f (ITU-T I.430, s. Tabelle IV)*

line path Grundleitung *f*

line path section Grundleitungsabschnitt *m*

line period Zeilenzeit *f (TV)*

line plant Leitungsnetz *n*

line position Anschlußposition *f*, Anschlußstelle *f (Verteiler)*

line-powered ferngespeist *(Tel.)*

line processing unit (LPU) Anschlußprozessor *m (ATM)*

line processor Anschlußprozessor *m*

line protection Teilnehmerschutz *m*

line rate Leitungs-Bitrate *f*, Leitungstakt *m*, Leitungsgeschwindigkeit *f*; Zeilenfrequenz *f*, Horizontalfrequenz *f (TV)*; Netzfrequenz *f (SV)*

line records Liniennachweis *m*

line replaceable unit (LRU) leicht austauschbare Einheit *f* (LAE) *(Mil.)*, Schnellaustauschblock *m*, Schnellwechseleinheit *f (Luftf.)*

line retrace Zeilenrücklauf *m (TV)*

line routing Leitungsführung *f*

linescan camera Zeilenabtastkamera *f (Betriebsfernsehen, Photogrammetrie, CCD (q.v.))*

line scanner Leitungsabfrage *f (Verm)*; Zeilenscanner *m*, Zeilenabtastkamera *f (Betriebsfernsehen, Photogrammetrie, CCD (q.v.))*

line scanning Leitungsabfrage *f (Verm)*; Zeilenablenkung *f*, Zeilenabtastung *f (TV)*

line section Teilstrecke *f*, Leitungsabschnitt *m*, Leitungszug *m*

line seizure attempt Belegungsversuch *m*

line selection stage Leitungswahlstufe *f*

line selector Leitungswähler *m* (LW) *(Tel)*

line service marking (LSM) Leitungsdienstmarkierung *f (ISDN)*

line shuffling Zeilenverwürflung *f*, Zeilenumordnung *f (HDTV-Abtasttechnik, Eu-95)*

line side Netzseite *f (SV)*; Kabelseite *f*

line signal Leitungszeichen *n*

line spectrum Spektrallinienabstand *m*

line switch Netzschalter *m (US, SV)*; Anrufsucher *m (Tel)*

line switching Durchschaltebetrieb *m*, Durchschaltevermittlung *f*

line terminating equipment (LTE) Leitungsendeinrichtung *f* (LE), Leitungsendgerät *n*; Leitungsempfänger *m* (LE)

line terminating unit (LTU) Leitungsendgerät *n*

line termination (LT) Leitungsabschluß *m (ITU-T I.430, s. Tabelle IV)*, Leitungsanschluß *m*; Übertragungseinheit *f* (TÜE, *jetzt* TÜ) *(TEMEX)*; Vermittlungsstelle *f*

line termination equipment Leitungsanschlußeinrichtung *f* (LAE); Leitungsanpassung *f (ISDN)*; Leitungsendeinrichtung *f* (LE)

line termination for the switching network Leitungsanpassung *f* für das Koppelnetz (LAK) *(VBN)*

line termination unit (LTU) Leitungsanschlußeinheit *n* (LE)

line terminator Leitungsanschluß *m (Verm.)*, Leitungsabschluß *m*

line testing circuit Prüfanschluß *m*

line trace Zeilenvorlauf *m (TV)*

line transformer Leitungsübertrager *m*, Fernmeldeübertrager *m*

line transmission drahtgebundene Übertragung *f*

line turnaround Umschaltezeit *f (RS232C-Verbindung, halbduplex)*

line trunk group (LTG) Anschlußgruppe *f (Verm.)*

line/trunk module Anschlußbaugruppe *f (Verm.)*

line trunk unit (LTU) Anschlußeinheit *f (Verm.)*

line unit (LU) Anschlußeinheit *f* (AE) *(PCM-Daten)*; Beschaltungseinheit *f* (BE)

line-up Abgleich *m (Schaltung)*, Einpegelung *f*, Einmessung *f*, Einschaltung *f (Liniennetz)*; Gruppierung *f (Kanäle)*

line-up table Registertisch *m (DTP)*

line verification Anschlußerkennung *f*

line wipers a/b-Bürsten *fpl (Tel.-Wähler)*

link Anschluß *m (Computer)*, Verknüpfung *f*; Brücke *f*, Verbindungsbrücke *f*, Verbindungsglied *n*, Lasche *f (HW)*; Strecke *f*, Verbindung *f*, Signalverbindung *f*, Verbindungsstrecke *f*, Verbindungszweig *m (Netz)*, Verbindungsabschnitt *m (ATM)*, Übertragungsstrecke *f*, Übertragungsleitung *f (Netz)*; Zwischenleitung *f*, Zwischenstrecke *f*, Linkleitung *f (Verm)*, Link *m*; Zugangspfad *m (PAD)*;

Querverweis *m*, Sprungmarke *f (HTTP)*; verknüpfen, binden, anbinden

link access procedure (LAP) Leitungszugangsverfahren *n*; Übertragungssteuerungsverfahren *n (ISDN)*, Link-Zugangsprozedur *f*

link access protocol (LAP) Sicherungsprotokoll *n*

link address Folgeadresse *f (DV)*

link block Streckenblock *m (ITU-T I.327, s. Tabelle IV)*

link budget Streckenbilanz *f (Sat)*

link by link abschnittweise *(ZGS.7-Netz, s. Tabelle III)*

link by pointer durch Zeiger *m* verknüpfen, verpointern *(Datenhaltung)*

link connection Linkverbindung *f (Verm)*

link control (LC) Übertragungssteuerung *f (ISDN)*

linked list verkette Liste *f*

linked object verknüpftes Objekt *n (PC)*

link establishment Verbindungsaufbau *m*

link establishment time (LET) Verbindungsaufbauzeit *f (Bündelfunk)*

link finding device Wegesucheinrichtung *f (Koppelnetz)*

link group Zwischenleitungsbündel *n*

linking Streckenverbindung *f (ISDN)*

link interface Verbindungsschnittstelle *f (Verm.)*

link interface layer Verbindungsschicht *f (Schicht 2, OSI-Referenzmodell, s. Tabelle I)*

link layer Sicherungsschicht *f (Schicht 2, OSI 7-Schicht-Referenzmodell, s. Tabelle I)*

link level protocol Link-Level-Protokoll *n (Bluetooth, q.v.)*

link management Streckenmanagement *n (ZGS.7 MTP, s. Tabelle III)*

link margin Leistungsreserve *f (DVB-T-Übertragungsstrecke, in dBW)*, Schwundreserve *f*

link plug Verbindungsstecker *m (Verteiler)*

link protocol Übermittlungsvorschrift *f*

link section Funkfeld *n*

linkset (LS) (Zeichengabe)streckenbündel *n*, Linkset *n (GSM)*

link-up Anbindung *f*, Verbund *m*

liquid crystal display (LCD) Flüssigkristallanzeige *f*

list of circuit connections Verbindungsliste *f*

listen in mithören *(Tel)*

listen to abhören *(Sprachmitteilung)*; hineinhören in *(Kanal, vor und während der Übertragung, PCM)*

listener Hörer *m*, Nachrichtenaufnehmer *m (Meßgerät)*

listener idle state (LIDS) Ruhezustand *m* des Hörers *(Meßgerät)*

listening device Protokollgerät *n*

listening protection Abhörsicherheit *f (Tel)*

listener echo Hörerecho *n (Tel)*

listener quality Hörqualität *f (Hörprüfung, tel)*

listening test Hörprobe *f*

List Files of Type ... Dateiformat ... *(MS-Windows-Meldung, PC)*

list of services Diensteverzeichnis *n (GSM)*

live conductor Außenleiter *m (SV)*

LJU s. line jack unit

LL s. local laser

LLC (logical link control) Steuerung *f* der logischen Verbindung, logische Übertragungssteuerung *f*

LLC (low layer compatibility) Kompatibilität *f* der unteren Schichten *(ISDN)*

LLF (low layer function) Funktion *f* der unteren Schichten *(ISDN)*

LLI (logical link identifier) Kennung *f* der logischen Verbindung

Lm (mobile L channel) L-Kanal mobil *(Nachrichtenkanal mit niedriger Kapazität als Bm)*

LMDS s. local multipoint distribution service

LMS (least mean square) **error method** Methode *f* der kleinsten Fehlerquadrate *(Math)*

LMSS (land mobile satellite service) satellitengestützter Landfunkdienst *m (VSAT)*, Satelliten-Mobilfunk *m*

LMT s. local maintenance terminal

LNA (low noise amplifier) rauscharmer Verstärker *m*

LNB (low noise block converter) rauscharmer Blockwandler *m (Sat)*

LNC (low noise converter) rauscharmer Empfangsumsetzer *m oder* Konverter *m (Sat)*

LNP s. local number portability

LNR (low noise receiver) rauscharmer Empfänger *m (Sat)*

LO s. local oscillator

load Last *f*, Belastung *f*; Aufwand *m (Rechner)*; Auslastung *f*, Beschaltung *f*; Verbraucher *m (el)*; Senke *f (Daten)*; laden, beladen, belasten; belegen, einschreiben *(Speicherbereich)*; bestücken *(Leiterplatte)*

loadable ladbar, lauffähig *(Programm)*

load balance Auslastung *f (Netz)*

load balancer Lastverteiler *m (IP-Server)*

load balancing Lastausgleich *m*, Lastverteilung *f (IP-Server)*

load balancing (LB) **series** LB-Reihe *f (IP)*

load carrying capability Belastbarkeit *f*

load-commutated inverter lastgeführter Wechselrichter *m (SV)*

load conductance Lastleitwert *m (FO)*

loaded belastet; bespult *(Leitung)*; eingeschrieben *(Pufferspeicher, PCM-Daten)*

loaded cable Pupinkabel *n*

loading Belastung *f*; Belegung *f (Kanal)*; Füllstand *m (Speicher)*

loading coil Pupinspule *f*; Lastspule *f*, Belastungsspule *f (ITU-T I.430, s. Tabelle IV)*

loading density Belegungsdichte *f (Netz)*

loading ratio Füllgrad *m (Vermittlung, Speicher)*

load input Verbraucheranschluß *m (el)*

load-invariant belegungsunabhängig

load measurement Belastungsmessung *f*

load of traffic carried Belastung *f (Verkehrswert des abgewickelten Verkehrs)*

load resistor Arbeitswiderstand *m (Schaltung)*

load sharing Lastteilung *f*

load shedding Lastabwurf *m (Netz)*

lobe (**cable**) Schleifenleitung *f (LAN)*

lobe bypass Schleifenleitungsüberbrückung *f (LAN)*

LOC s. loss of cell delineation

local lokal, örtlich, dezentral; Orts-...

local access Ortszugang *m (Ortsanschlußbereich, DSL)*

local access and transport area (LATA) Ortsnetz *n (US-Telefondienst)*

local access network Ortsanschlußnetz *n*

local area Ortsbereich *m (Verm)*

local area code Ortsnetzkennzahl *f* (ONKZ)

local area network (LAN) lokales Netz *n (Datagramm- bzw. Paket-orientiertes Privatnetz, IEEE 802.x)*; Nahbereichsnetz *n*, Grundstücknetz *n*, Standortnetz *n (Daten)*; Ortsnetz *n* (ON) *(Tel)*

local area signaling service (LASS) Zeichengabedienst *m* im Ortsbereich *(US)*

local area wireless network (LAWN) drahtloses Datennetz *n*

local battery Ortsbatterie *f* (OB)

local-battery set Ortsbatterie-(OB-)Apparat *m (Tel)*

local bus Nahbus *m*; Lokalbus *m (Direktanschluß von Bauteilen an den Prozessor, schneller als Systembus, PC)*

local cable Ortskabel *n*

local call Orts(wähl)verbindung *f (Tel)*, Innenübertragung *f*, Stadtgespräch *n (Tel)*

local carrier Ortsnetzbetreiber *m*, Anschlußnetzbetreiber *m*, Teilnehmernetzbetreiber *m* (TNB)

local central office Ortsvermittlungsstelle *f* (OVSt), Ortsamt *n*, Endamt *n*, Endvermittlungsstelle *f (US)*

local code Ortscode *m*

local communications network (LCN) regionales Kommunikationsnetz *n (TMN)*, Ortsverbindungsnetz *n*

local computer Teilnehmerrechner *m* (TR, TNR) *(Vtx)*; Vorortrechner *m (Prozeßleitsystem)*

local congestion punktuelle Überlastung *f (Verkehr)*

local control (LC) örtliche Steuerung *f*

local data retrieval Zurückholen *n* noch nicht gesendeter Daten *(ATM-Zeichengabe)*

local device lokales Gerät *n (Peripheriegerät, das anstatt an den Datei-Server direkt an einen Arbeitsplatzrechner angeschlossen ist, LAN)*

local distribution network örtliches Verteilnetz *n (NE3, BK-Netz)*

local exchange (LE,LX,LTE) Ortsvermittlungsstelle *f* (OVSt) *(ITU-T I.430, s. Tabelle IV)*, Ortsamt *n*, Endamt *n*, Endvermittlungsstelle *f*

local exchange area Ortsanschlußbereich *m*

local exchange carrier (LEC) Ortsnetzbetreiber *m*

local (exchange) line Hauptanschlußleitung *f* (HAsl)

local fee zone Nahbereichszone *f*

local functional capabilities (LFC) örtlich verfügbare Funktionen *fpl*, örtliche Funktionalitäten *fpl (ISDN)*

local group selector Ortsgruppenwähler *m* (OGW)

locality name Ortsbezeichnung *f (Nav.)*

localization Lokalisierung *f (Fehlereingrenzung; auch Übersetzung und linguistische und kulturelle Anpassung eines Textes (Produktes) an die örtlichen Gegebenheiten und Normen)*, Positionsbestimmung *f (Mobilfunk)*

localized ortsgebunden, punktuell

localized stress punktuelle Beanspruchung *f*

localizer Landekurssender *m (ILS, Luftf.)*

local junction line Ortsverbindungsleitung *f* (Ovl)

local laser lokaler Laser *m* (LL) *(optischer Heterodynempfänger, FO)*

local line Anschlußleitung *f*, Ortsleitung *f (ISDN, ITU-T I.430, s. Tabelle IV)*

local line distribution network Anschlußleitungsnetz *n (ITU-T I.430, s. Tabelle IV)*, Anschlußnetz *n (senkrechte Seite des HVt)*

local line distribution point Verteiler *m (ISDN)*

local loop Anschlußleitung *f*, Ortsanschlußleitung *f*; Teilnehmeranschluß *m*; Anschlußbereich *m*, Ortsanschlußbereich *m*

locally fed ortsgespeist *(Zwischengenerator)*

locally log mitprotokollieren

locally powered ortsgespeist, eigengespeist

locally record mitprotokollieren

locally restricted räumlich begrenzt *(Netz)*

local maintenance terminal (LMT) Wartungseinrichtung *f (wird über die T-Schnittstelle im BSS angeschlossen, GSM)*

local management interface lokale Managementschnittstelle *f*

local message eigenes Telegramm *n*; interne Nachricht *f*

local mobility Mikromobilität *f (Netzinterne Bewegung zwischen Zellen, IP-Mobilfunk, IAB RFC 2002-2004, 2344, s. Tabelle VIII)*

local multipoint distribution service (LMDS) **service** LMDS-Dienst *m (WLL u. DVB PMP-Richtfunk für den Teilnehmeranschluß, 28–31 GHz, nach Standard EN 301 199)*

local network Ortsnetz *n* (ON) *(Tel)*

local network code Ortskennzahl *f (Tel)*

local node Ortsvermittlung *f* (OV)

local number portability (LNP) örtliche Rufnummernportierbarkeit *f (Dienstanbieter-Portierbarkeit, IN)*

local office Ortsamt *n*, Endamt *n*, Ortsvermittlung *f* (OV), Endvermittlungsstelle *f (US, 1. Hierarchieebene)*

local oscillator (LO) Empfangsoszillator *m*, Empfängeroszillator *m*, Überlagerungsoszillator *m*, Hilfsoszillator *m*

local oscillator frequency (LOF) Umsetzfrequenz *f (Sat)*

local plant diagram Bereichsplan *m*

local power Eigenspeisung *f (Endgerät)*

local rate Ortsgebühr *f*, Ortstarif *m*

local record Mitlesekopie *f (Verm.)*

local reference lokale Referenz *f (ISDN)*

local serving network Abnehmerortsnetz *n*

local tandem exchange Gruppenvermittlungsstelle *f*

local tariff Nahtarif *m*

local telephone line Ortslinie *f* (OL)

local telephone system Teilnehmersystem *n*

local time offset (LTO) lokale Uhrzeit *f (VPT, = Ortszeit - UTC)*

local traffic Ortsverkehr *m*

local transit exchange Ortsdurchgangsvermittlungsstelle *f* (ODgVSt)

local trunk Ortsverbindungskabel *n*

local trunk network Ortsverbindungsleitungsnetz *n*

local urban network Großstadtortsnetz *n (Tel)*

local wire c-Ader *f*, c-Draht *m*, Meßleitung *f (Tel., Stöpselkörper)*

located ahead vorgelagert

locate request Suchanfrage *f (Bluetooth, q.v.)*

locating part Paßteil *n (Verbinder)*

locating wedge Polungskeil *m (Verbinder)*

location Steckplatz *n (Baugruppenträger)*; Aufenthaltsort *m (GSM)*; Lage *f (Anschluß, Verm)*, Standort *m*, Stelle *f*

location area Aufenthaltsgebiet *n (GSM)*

location area code (LAC) Aufenthaltsbereichskennzahl *f*, Bereichskennzahl *f*, Bereichscode *m (GSM, s. Tabelle VII)*

location area identification (LAI) Aufenthaltsbereichskennung *f*, Bereichsinformation *f*, Aufenthaltsinformation *f (GSM, s. Tabelle VII)*

location area identity Aufenthaltsgebietskennung *f (GSM)*

location area information Ortsinformation *f (Mobilfunk)*

location based data ortsabhängige *oder* positionsabhängige Daten *npl (WAP service)*

location based search ortsabhängige Suche *f (Internet)*

location based service lokalisierter Dienst *m*, ortsabhängiger Dienst *m*, positionssensitiver Dienst *m*, standortabhängiger Dienst *m*, lokalisiertes Angebot *n (WAP-Dienst)*

location cancellation procedure (LCP) Standortlöschung *f (GSM)*

location code Zugangskennziffer *f (Mitteilungsdienst)*

location criterion Standortbestimmung *f (Mobilfunk)*

location-dependent ortsabhängig

location finding Ortung *f*, Lokalisierung *f*

location-independent ortsunabhängig, ortsneutral

location monitoring Ortsüberwachung *f (Mobilfunk)*

location of functions Zuordnung *f* von Funktionen

location prefix Vorwahlnummer *f (Mitteilungsdienst)*

location register (LR) Standortdatei *f (GSM, s. Tabelle VII)*, Lokalisierungsregister *n (allg. Netz)*, Hinweisregister *n (HW)*, Hinweisfeld *n (SW)*

location registration Einbuchen *n* in die Standortdatei, Standorterfassung *f (GSM)*, ortsabhängige Anmeldung *f (DECT)*

location update (LU) Aktualisierung *f* der Aufenthaltsregistrierung *(GSM, s. Tabelle VII)*

location update request (LUR) **message** LUR-Meldung *f (GSM, s. Tabelle VII)*

locator Suchgerät *n*, Ortungsgerät *n*, Sucher *m*

lock sperren, verriegeln, verkoppeln; Sperre *f*, Verriegelung *f*; Synchronismus *m*, Synchronzustand *m (PCM, Signal)*

locked eingerastet *(Signal)*, verriegelt; synchronisiert

locked in phase phasenstarr

locked oscillator Mitlaufoszillator *m*

locked phase Sperrphase *f (Betriebstechnik)*

locked range Haltebereich *m (VCO)*

locked to ... im Rhythmus *m* der/des ..., mit ... verrastet

lock-in circuit Fangschaltung *f*

locking-in range Fangbereich *m (z.B. PLL)*

locking part Rastteil *n (Verbinder)*

locking pulse *(PCM-Daten)* Verkopplungsimpuls *m* (V-Impuls)

locking shift sperrende Umschaltung *f*

lock-in (with) mitziehen *(Informationen)*

lock key Schloßtaste *f*

lock on (to) einrasten (auf), aufsynchronisieren *(Träger)*

lock out sperren *(Tastatur)*; abfangen

lock-out Abwerfen *n*

lockout Sperre *f (Tastatur)*

lockout circuit Sperrschaltung *f (DV)*

lock-out time Sperrzeit *f*

lock switch Schloßtaste *f*, Schlüsselschalter *m*

lock together verkoppeln

lock-up Blockierung *f (Stromquelle)*

LOF s. local oscillator frequency

LOF s. loss of frame

log Protokoll *n (DV, Fax)*; protokollieren

logarithm to base e (log_e) natürlicher Logarithmus *m*, Logarithmus *m* zur Basis e, Logarithmus naturalis *m*

logarithm to base 2 (log_2) binärer Logarithmus *m*, Logarithmus *m* zur Basis 2, Logarithmus Dualis *m*

logarithm to base 10 (log_{10}) Zehnerlogarithmus *m*, Logarithmus *m* zur Basis 10

log_e s. logarithm to base e

logging device Protokollgerät *n*

logging function Protokollierungsfunktion *f*, Logfunktion *f (Firewall)*

logical logisch; abstrakt *(softwarebezogen)*, virtuell *(z.B. Kanal)*

logical channel logische Verbindung *f (paketiert, ISDN)*; virtueller Kanal *m (Sat)*

logical connection logische Verbindung *f (ISDN)*, Übertragungsweg *m*

logical connection number (LCN) Übertragungswegnummer *f*

logical face logische Fläche *(versorgender Bereich einer Funkzelle, q.v.)*

logical high (H) logischer H-Zustand *m*, Hochpegel *m*

logical input device funktionales Eingabegerät *n*

logical link logische Verbindung *f (ein paketierter Unterkanal, Mode-3-LAPD-Protokoll)*

logical link control (LLC) Steuerung *f* der logischen Verbindung, logische Übertragungssteuerung *f (Schicht-2-Protokoll im LAN, IEEE 802.2; IAB RFC1983)*

logical link identifier (LLI) Kennung *f* der logischen Verbindung

logical loopback logische Prüfschleife *f (ITU-T I.430, s. Tabelle IV)*

logical low (L) logischer L-Zustand *m*, Tiefpegel *m*

logically combine verknüpfen

logically combined bit Verknüpfungsbit *n*

logically combined set Verknüpfungsmenge *f*

logical signalling channel logischer Kennzeichenkanal *m (ITU-T I.113, s. Tabelle IV)*

logical terminal number (LTN) logische Anschlußnummer *f (ACD-Gruppe)*

logic array Gatternetzwerk *n*

logic circuit Logikschaltung *f*, Verknüpfungskreis *m*

logic device Logikbaustein *m*

logic element Schaltglied *n*

logic (function) Verknüpfung *f*

logic level Logikpegel *m*

logic probe Logikprüfspitze *f*, Logiktastkopf *m*, Logiktester *m*

log in (sich) einloggen

logmap Logmap *f (Bildverarbeitung)*

log of incoming calls Anrufliste *f*

log off (sich) abmelden; verlassen

log on (sich) anmelden *oder* melden, einloggen

log-on request Anmeldeanforderung *f*

log out (sich) abmelden, ausloggen, ausbuchen

log_2 s. logarithm to base 2

log_{10} s. logarithm to base 10

long-distance call Ferngespräch *n*, Fernverbindung *f*

long-distance call fee Ferngebühr *f*

long-distance carrier Weitverkehrsnetzbetreiber *m*

long-distance communication Fernverkehr *m*

long-distance exchange Fernvermittlung *f* (FVSt)

long-distance exchange trunk Fernamtsleitung *f*

long-distance field cable Feldfernkabel *n* (FFK) *(NATO)*

long-distance lines Fernlinien *fpl*

long-distance loop (LDL) Weitverkehrsschleife *f*

long-distance network Weitverkehrsnetz *n*

long-distance switching system Fernamtstechnik *f*

long-distance telephone service Fernsprechferndienst *m*

long-distance traffic Fernverkehr *m*, Weitverkehr *m (Tel, PCM)*

long-distance transmission link Fernübertragungsstrecke *f*

long-distance zone Fernzone *f*

long-haul modem Fernverkehrsmodem *m (s.a. LDM)*

long-haul network Fernnetz *n*, überregionales Fernnetz *n (Tel)*; Fernverkehrsnetz *n (FO)*

long-haul path Fernverkehrsweg *m*, Weitverkehrsweg *m*

longitudinal longitudinal, Längs-...

longitudinal balance Unsymmetriedämpfung *f (PCM-Daten)*

longitudinal conversion loss (LCL) Unsymmetriedämpfung *f (Kabel, Schnittstelle, ADSL)*

longitudinal current Longitudinalstrom *m (Tel, Leitungsungleichgewicht)*

longitudinal induced voltage Längsspannungsbeeinflussung *f (Tel)*

longitudinal redundancy check (LRC) Blockprüfung *f*, Längsprüfung *f*

longitudinal recording Längsaufzeichnung *f (MAZ)*

longitudinal support Längsholm *m (Gestell)*

longitudinal voltage Längsspannung *f*

long-, medium-, short-wave signal Lang-, Mittel-, Kurzwellensignal *n* (LMK-Signal) *(Hörfunk)*

long-range langreichweitig

long-range communications network Weitverkehrsnetz *n*

long-term fading Dauerschwund *m*

long-term memory (LTM) Langzeitgedächtnis *m (KI)*

long-term prediction (LTP) Langzeitprädiktion *f (GSM)*

long-term storage Langzeitspeicher *m (z.B. Festplatte)*

long word Langwort *n (DV, 4 Byte Länge)*

look-ahead coder vorausschauender Codierer *m*

look up einsehen

lookup Suchlauf *m (DV)*

look-up table (LUT) Nachschlagetabelle *f (im Speicher)*

loop Schleife *f (ITU-T I.430, s. Tabelle IV)*; Regelkreis *m*; Teilnehmeranschluß(bereich) *m*, Anschlußbereich *m (Tel)*; Ringleitung *f*

loop-around test frame Prüfschleifenrahmen *m (US)*

loop back rückschleifen, spiegeln *(Verm.)*

loopback Prüfschleife *f (ITU-T I.430, s. Tabelle IV)*, Testschleife *f*; Nahe Prüfschleife einschalten *(nicht standardisiert, V24, Pin 9/10)*, Schleifenschaltung *f*

loop-back Rückführung *f*, (betriebsbegleitende) Schleifenbildung *f*, Spiegelung *f*

loopback application Prüfschleifenanwendung *f (ITU-T I.430, s. Tabelle IV)*

loop-back command Schleifenbefehl *m (NT)*

loopback control mechanism Prüfschleifen-Steuervorrichtung *f (ITU-T I.430, s. Tabelle IV)*

loopback control point Prüfschleifen-Schaltpunkt *m (ITU-T I.430, s. Tabelle IV)*

loopback point Prüfschleifenpunkt *m (ITU-T I.430, s. Tabelle IV)*

loopback request (LB) Prüfschleifen-Anforderung *f*

loopback requesting point Prüfschleifen-Anforderungspunkt *m (ITU-T I.430, s. Tabelle IV)*

loopback test pattern Prüfschleifen-Prüfmuster *n (ITU-T I.430, s. Tabelle IV)*

loopback type Prüfschleifenart *f (ITU-T I.430, s. Tabelle IV)*

loop carrier (system) Teilnehmermultiplexsystem *n*

loop closure Schleifenschluß *m (Tel)*

loop closure on a/b wires Belegung *f* (Bel)

loop current Schleifenstrom *m*

loop delay Schleifen(impuls)laufzeit *f*

loop disconnect (LD) Impulswahlverfahren *n* (IWV) *(Tel)*

loop disconnect signalling Hauptanschluß-Kennzeichen *n* (HKZ)

loop gain Schleifenverstärkung *f (Übertr.)*

looping Schleifenbildung *f*, Schleifendurchlauf *m*; schleifenbildend, eine Schleife *f* durchlaufend

loop in idle condition Ruheschleife *f*

loop network Ringleitungssystem *n (FO)*

loop output circuit Wahlnachsendesatz *m* für Schleifenkennzeichen (WNSS)

loop plant Leitungsnetz *n*, Teilnehmerleitungsnetz *n*

loop signalling Hauptanschlußkennzeichengabe *f (ZGS.7 UP, s. Tabelle III)*, Schleifenimpulsgabe *f*

loop supervision Anschlußüberwachung *f*

loop through durchschleifen

loop transit time Schleifen(impuls)laufzeit *f*

loose contact Wackelkontakt *m (el.)*

loose wiring fliegende Verdrahtung *f*

LOP s. loss of pointer

LOS s. line of sight

LOS s. loss of signal

lose lock ausrasten

loser Verlierer

loss Dämpfung *f*, Verlust(e) *m(pl)*

loss budget Dämpfungsbilanz *f (Übertragung)*

loss compensation Dämpfungsausgleich *m (Übertragungsdämpfung, Mobilfunk)*

loss-free verlustlos

loss/frequency distortion Restdämpfungsverzerrung *f*

lossless compression verlustlose Kompression *f (Bildcodierung, erreichbar durch umkehrbare Codierung q.v., symmetrische Algorithmen, ITU-T 601 u. 723)*

loss of cell delineation (LOC) Zellenabgrenzungsverlust *m*

loss of frame (LOF) Rahmenverlust *m*

loss of lock Synchronisierungsfehler *m*, Synchronisierungsausfall *m*

loss of pointer Zeigerverlust *m*

loss of power (LP) Stromausfall *m*

loss of radio contact Abreißen *n* der Funkverbindung

loss-of-service time Dienstunterbrechungsdauer *f*

loss of signal (LOS) Signalverlust *m*; Synchronisierungsausfall *m (Sat)*

loss of synchronism Synchronisierungsfehler *m*, Synchronisierungsausfall *m*

loss sensitivity Empfindlichkeit *f* für Zellenverlust

loss system Verlustsystem *n (Vermittlung, eine angebotene Belegung wird bei Blokkierung abgewiesen, geht verloren)*

loss voltage Verlustspannung *f*

lossy verlustreich, verlustbehaftet

lossy compression verlustbehaftete Kompression *f (asymmetrische Algorithmen, MPEG-1 u. MPEG-2)*

lost call Verlustbelegung *f (Tel.-Anl)*, zu Verlust gehender *oder* gegangener Verbindungswunsch *m*, nicht zur Verbindung führender Anruf *m*, zurückgewiesene *oder* abgewiesene Verbindung *f*

lost-call principle Verlustprinzip *n*

lost-call probability Verlustwahrscheinlichkeit *f*

lost cell verlorengegangene Zelle *f (ATM)*

lost time Verlustzeit *f*

lost traffic Verlustverkehr *m (Tel.-Anl)*

loudspeaker monitoring Lauthören *n*

loudspeaker intrusion protection Ansprechschutz *m (dig. K-Tel)*

loudspeaker-room-microphone system (LRMS) Lautsprecher-Raum-Mikrofon-System *n (betrifft Freisprechanlage)*

loudspeaking Lautsprechen *n* (LS) *(K.-Tel)*

low band Tiefband *n (TV, 54–88 MHz, EIA-Kanäle 2-6)*

low bit rate channel niedrigratiger Kanal *m*, Kanal *m* mit niedriger Bitrate, Niederratenkanal *m*

low bit rate modulation niedrigratige Modulation *f*

low burst rate (mode) (LBR) niedrigratige Burstübertragung *f*

low-calling-rate subscriber Wenigsprecher *m*

low-charge period gebührengünstige Zeit *f*

low-cut filter Hochpaß(filter *n*) *m*

low-definition TV (LDTV) Fernsehen *n* mit niedriger Auflösung *(MPEG-1, Bandbreite wie VHS-Video (<3 MHz), Datenrate 1,5 Mbit/s, 1 Stereokanal (NICAM728))*

low earth orbit (LEO) erdnahe Umlaufbahn *f*, erdnaher Orbit *m (Sat, 780 km)*

lower band Unterband *n (Mobilfunk)*

lower half band Unterband *n (Mobilfunk)*

lower sideband Unteres Seitenband *n* (USB)

lower special channel band Unterer Sonderkanalbereich *m* (USB) *(TV)*

low-layer compatibility (LLC) Kompatibilität *f* der unteren Schichten *(ISDN)*

low-layer function (LLF) Funktion *f* der unteren Schichten *(ISDN)*

low level niedriger Pegel *m*; Tiefpegel *m* *(Logik)*

low-level format niedrigeres Format *n*

low-level language maschinenorientierte Sprache *f* *(DV)*

low-level modulation Vorstufenmodulation *f*

low-level signal Kleinsignal *n*, Niederpegelsignal *n*

low-noise amplifier (LNA) rauscharmer Vorverstärker *m* *(Sat)*

low-noise block converter (LNB) rauscharmer Blockwandler *m* *(Sat, Rauschzahl 15K (35K = 0,5 dB))*

low-noise converter (LNC) rauscharmer Empfangsumsetzer *m*, rauscharmer Konverter *m* *(Sat)*

low-noise receiver (LNR) rauscharmer Empfänger *m* *(Sat)*

low-pass filter (LPF) Tiefpaß(filter *n*) *m*

low-power satellite (LPS) Satellit *m* niedriger Sendeleistung *(Fernmeldesat)*

low-power transistor Kleinleistungstransistor *m*

low-priority niederprior

low profile niedrige Bauform *f*

low radiation (LR) strahlungsarm *(PC-Monitor)*

low-rate charge Billigtarif *m*, Nebentarif *m* *(D2 GSM)*

low-rate encoding (LRE) Codierung *f* mit niedriger Bitrate, niedrigratige Codierung *f* *(ISDN)*

low-resolution niedrigauflösend, grobgepixelt *(MPC-Monitorbild)*

low side kaltes Ende *n* *(Schaltkreis)*

low signal Tiefpegelsignal *n* *(DV)*

low-speed niedrigratig *(Strecke)*

low-speed transmission niederratige *oder* langsame Übertragung *f*

low state (L) Niedrig-Zustand *m*, L-Zustand *m* *(Bit)*

lozenge key Rautentaste *f* *(#, Tel)*

LP s. loss of power

LP (low-priority) **bit** LP-Bit *n* *(TPS data, DVB)*

LPC (linear predictive coding) lineare Prädiktions-Codierung *f* *(Quellencodierungsverfahren)*

LPF s. low-pass filter

LPS s. low power satellite

LPU (line processing unit) Anschlußprozessor *m* *(ATM)*

LR (last number redialling) Wahlwiederholung *f* *(Tel)*

LR s. location register

LR s. low radiation

LRC s. longitudinal redundancy check

LRE s. low rate encoding

LRMS (loudspeaker-room-microphone system) Lautsprecher-Raum-Mikrofon-System *n* *(betrifft Freisprechanlage)*

LRU (line replaceable unit) leicht austauschbare Einheit *f* (LAE), Schnellaustauschblock *m*, Schnellwechseleinheit *f* *(Luftf.)*

LS (linkset) (Zeichengabe)streckenbündel *n*, Linkset *n* *(GSM)*

LSA (laser shutdown) Laserabschaltung *f* *(FO)*

LSB (least significant bit) niedrigstwertiges Bit *n*

L Series of ITU-T Recommendations L-Serie *f* der ITU-T-Empfehlungen *(betrifft Schutz gegen Korrosion, s. Tabelle III)*

L-shaped upright L-profiliger Gestellholm *m*

LSI (large-scale integrated) hochintegriert *(Mikroelektronik)*

LSM (line service marking) Leitungsdienstmarkierung *f* *(ISDN)*

LT (line termination) Leitungsabschluß *m*; Übertragungseinheit *f* *(TEMEX)*

LTE (line terminating equipment) Leitungsendeinrichtung *f*, Leitungsendgerät *n*

LTE s. local (telephone) exchange

LTG (line trunk group) Anschlußgruppe *f*, Leitungsanschlußgruppe *f*

LTM (long-term memory) Langzeitgedächtnis *m* *(KI)*

LTN (logical terminal number) logische Anschlußnummer *f (ACD-Gruppe)*

LTO (local time offset) lokale Uhrzeit *f*

LTP (long term prediction) Langzeitprädiktion *f (GSM, Sprachcodierung)*

LTU (line termination unit) Leitungsanschlußeinheit *f* (LE)

LTU (line trunk unit) Anschlußeinheit *f (Verm.)*

LU (line unit) Anschlußeinheit *f* (AE); Beschaltungseinheit *f*

LU (location update) Aktualisierung *f* der Aufenthaltsregistrierung *(GSM, s. Tabelle VII)*

lug Haltenase *f*, Lasche *f (HW)*

luma Luminanz *f (TV)*

luminance Leuchtdichte *f (FO, in cd/cm^2)*, Luminanz *f* (Y) *(Video)*

LUR (location update request) **message** LUR-Meldung *f (GSM, s. Tabelle VII)*

LUT (look-up table) Nachschlagetabelle *f*

LX (local exchange) Ortsvermittlungsstelle *f* (OVSt)

L2F (layer 2 forwarding) **protocol** L2F-Protokoll *n (IP, IAB RFC2341)*

L2R (layer 2 relay) Schicht-2-Brückenfunktion *f (GSM, s. Tabelle VII)*

L2TP (layer 2 tunneling protocol) L2TP-Protokoll *n (IP, IAB RFC2661)*

M

M s. mandatory

M (microphone) Mikrophon *n* (M) *(Tel.-Hörer)*

MA s. medium adapter

MAC (Media Access Control) Endgeräte-Anschlußsteuerung *f (FDDI, DECT, Internet: der untere Teil der Sicherungsschicht OSI-Schicht 2, RFC1983, s. Tabelle VIII)*

MAC (monitoring, alarm and control facility) Überwachungs-. Alarm- und Kontrolleinrichtung *f (Sat)*

MAC (multiple fibre array connector) optischer Mehrfachsteckverbinder *m (FO)*

MAC (Multiplexed Analog Components) gemultiplexte Analog-Komponenten *fpl (TV-Übertragungsprotokoll, CCITT Rep. 1073, Zeitmultiplextechnik)*

machine Maschine *f*; Rechner *f*; Automat *m (Theorie)*

machine-aided *oder* **-assisted** rechnerunterstützt *oder* -gestützt

machine-assisted translation (MAT) rechnergestützte Übersetzung *f*

machine identity number (MIN) Maschinenkennung *f (GAA)*

machine learning Maschinenlernen *n*

machine-oriented protocol maschinenorientiertes Protokoll *n* (MOP) *(Netzmanagement)*

machine-readable maschinenlesbar

machine room Maschinenraum *m (DVA)*

MAC (Media Access Control) **layer** MAC-Schicht *f (DECT)*

MACP (Motion Adaptive Color Plus) bewegungsadaptives Colorplus *n (PALplus)*

macro Makro *m (Befehlswort)*

macroblock Makroblock *m (MPEG-2)*

macroblock layer Makroblockschicht *f (MPEG-2, bewegungskompensierende Prädiktion)*

macrocell Großzelle *f (Mobilfunk)*

macrotrack Spurpaket *n (z.B. mit je 80 Spuren in Längsaufzeichnung, MAZ)*

macrovirus Makrovirus *m (Internet, WP)*

magazine number Magazinnummer *f (Teletext)*

magnetic bubble memory Magnetblasenspeicher *m*

magnetic disk Magnetplatte *f*

magnetic ink character recognition (MICR) Magnetschriftzeichenerkennung *f*

magnetic layer memory Magnetschichtspeicher *m*

magnetic tape recording (MTR) Magnetbandaufzeichnung *f* (MAZ)

magneto-motive force (mmf) Durchflutung *f*

magneto-optical disk (MOD) magnetooptische Platte *f (wiederbeschreibbar)*

magnetoresistance Magnetoresistenz *f*, magnetfeldabhängiger Widerstand *m*

magnification factor Vergrößerungsfaktor *m*; Erhöhungsfaktor *m*

magnitude Größe *f*, Maß *n*; Betrag *m (Vektor; OFDM-Träger, DVB)*

magnitude of error Fehlergröße *f*

MAH (mobile access hunting) (automatische) Anrufverteilung *f*, Mobilanschlußsuche *f (GSM-Empf. 01.04, s. Tabelle VII)*

mail box (MB) Mailbox *f*, Postfach *n*, Nachrichtenspeicher *m*; Textspeicherdienst *m*, verzögerte Weitersendung *f (MHS, ITU-T Empf. X.400 (Tabelle VI), AT&T-E-Mail-Dienst, NStAnl.-Merkmal)*, Anrufeinrichtung *f (GSM)*

mail exploder Mail-Verteiler *m*, Mail-Exploder *m (RFC1208, RFC1983, s. Tabelle VIII)*

mail gateway Mail-Gateway *n (Gateway (q.v.) der OSI-Schicht 7 (Anwendungsebene), Verbindungsrechner zw. E-Mail-Systemen, gewöhnlich mit Speichervermittlung, RFC1208, RFC1344, RFC1983, s. Tabelle VIII)*

mail host Mail-Host *m (E-Mail)*

mailing list Mailing-Liste *f (RFC1983, s. Tabelle VIII)*

main Hauptstelle *f (NStAnl. oder Centrexeinrichtung, an die andere NStAnl. angeschlossen sind)*; Hauptgruppe *f (MS-Windows, PC)*

main cable Hauptkabel *n* (Hk) *(ITU-T I.430, s. Tabelle IV)*

main center office Knotenamt *n* (KA) *(US)*

main distribution frame (MDF) Hauptverteiler *m* (HV,HVT), Hauptverteilergestell *n* (HV,HVT) *(Verm)*

main exchange (MX) Hauptvermittlungsstelle *f* (HVSt), Vollamt *n*, Vollvermittlungsstelle *f*; Vermittlungszentale *f* (VZ), Hauptzentrale *f* (HZ, THZ *(TEMEX)*)

mainframe (computer) Großrechner *m (im Gegensatz zu Mikrorechnern)*, Mainframe *n*

main line Anschlußleitung *f* (Asl), Hauptanschluß *m* (HAs)

main memory Arbeitsspeicher *m (RAM, PC)*

main program Rahmenprogramm *n*, Leitprogramm *n*

main profile @ main level (MP@ML) Hauptprofil *n* auf Hauptebene *(das Haupt-Videoformat im DVB-Standard)*

main rest position Hauptrastschritt *m (EMD)*

main route Grundleitung *f*

mains adapter Netzteil *n*

mains buffered netzausfallsicher, stromausfallsicher *(Datenspeicherung)*

mains failure Netzausfall *m*

mains control relay Netzkontrollrelais *n* (NK-Relais) *(NStAnl)*

mains filter Netzfilter *n* (NFI) *(SV)*

mains fuse Netzsicherung *f*

mains hold Netzsynchronisierung *f*

mains-independent netzunabhängig, netzlos *(PV)*

mains lock Netzsynchronisierung *f*

mains plug Netzstecker *m*

mains power requirement Netzaufnahmeleistung *f (Sender)*

main station Fernsprechhauptanschluß *m* (FeHA), Hauptanschluß *m* (HAs) *(TLN)*, Hauptapparat *m*; Hauptstelle *f (NStAnl. oder Centrexeinrichtung, an die andere NStAnl. angeschlossen sind)*

main station for fixed connections Hauptanschluß *m* für Direktruf *oder* Direktverbindung (HfD) *(Datex)*

main station for tie lines Hauptanschluß *m* für Direktruf *oder* Direktverbindung (HfD) *(DTAG-Datex)*

main station identification Hauptanschlußkennzeichen *n* (HAK,HKZ) *(Tel., für Nichtdurchwahl)*

main station line Einzelanschluß *m* (EA)

main switch Knotenvermittlungsstelle *f*

maintain warten, bewahren; pflegen *(Daten)*; führen

maintenance Unterhaltung *f*, Wartung *f*; Überwachung *f (Netz)*; Pflege *f (SW)*

maintenance cell Wartungszelle *f (ATM)*

maintenance centre Wartungszentrale *f*, Entstörungsstelle *f*, Kundendienststelle *f*

maintenance entity (ME) Wartungsinstanz *f*

maintenance event Wartungsereignis *n (B-ISDN)*

maintenance panel Wartungsfeld *n*

Maintenance, Repair and Operation (MRO) Instandhaltung *f*, Reparatur *f* und Betrieb *m (auch: "indirekte Güter")*

maintenance termination unit (MTU) Wartungs-Anschlußeinheit *f (Tel.)*

main traffic burst (MTB) Bündelburst *m (Sat)*

main transit exchange Durchgangs-Hauptvermittlungsstelle *f* (DgHVSt)

major axis Hauptachse *f (Ellipse)*

majority element Majoritätselement *n (Automaten)*

majority decision Mehrheitsentscheidung *f*

majority voting logic Mehrheitsentscheidungslogik *f*

majorize abschätzen nach oben *(Math)*

make einschalten *(Schalter, Stromkreis)*

make a call eine Verbindung einleiten, ein Gespräch führen, telefonieren

make-before-break Schließer-vor-Öffner *m (Relais, Kontakt)*

make-busy key Sperrtaste *f*

male positiv *(Verbinder)*

male pin Steckerstift *m*

malfunction Fehlfunktion *f*, Funktionsstörung *f*, Fehlverhalten *n*

malfunction test Fehlfunktionstest *m*

malfunction time Störungsdauer *f*

malicious böswillig, bösartig

malicious call hold Fangzustand *m (Tel)*

malicious call identification (MCI) Identifikation *f oder* Fangen *n oder* Feststellen *n* böswilliger Anrufer *(ISDN, GSM)*

malicious call identification circuit Fangsatz *m*

malicious call identification data Fangdaten *npl (Tel)*

malicious call tracing Auffangen *n* des Anrufers bei böswilligem Anruf

malicious server böswilliger Server *m (DoS-Angriff)*

MAN (metropolitan area network) Stadtnetz *n (IEEE 802.6)*, Großstadtnetz *n*

manageable handhabbar, beherrschbar, verträglich

managed entity verwaltete Instanz *f*

managed network services Netzwerkdienste *mpl*

managed object Management-Objekt *n*

managed recorded information service (MRIS) verwaltete Ansagedienste *mpl*

managed transmission network (MTN) verwaltetes Übertragungsnetz *n*

management Verwaltung *f (Daten, Programme)*, Betriebsführung *f (Netz)*

management data network service (MDNS) Netzdienst *m* für Managementdaten

management division Unternehmensbereich *m*

management domain Versorgungsbereich *m (Verm., MHS)*, Geltungsbereich *m (NMS)*

management entity Versorgungsinstanz *f*

management information base (MIB) Managementinformations-Datenbank *f (für SNMP-Zugriff)*

management information service (MIS) Managementinformationsdienst *m (VAS)*

management interface Managementschnittstelle *f*, Managementoberfläche *f (Firewall)*

management mediation function Betriebsführungsumsetzer *m* (BFU) *(Netz)*

management network Managementnetz *n*, Kontrollnetz *n*

management system Leitsystem *n*

manager/secretary function Chef-Sekretär-Funktion *f (Tel)*

manager/secretary station Chef-Sekretär-Anlage *f (Tel)*

Manchester code Manchester-Code *m (Ethernet, IEEE 802.3)*

mandatory (M) verbindlich (vereinbart), zwingend (vorgeschrieben), obligatorisch

mandatory services Pflichtleistungen *fpl*

Manhattan Street Network (MSN) Manhattan-Straßen-Netz *n (LAN mit Gitter-Netzstruktur nach dem Vorbild des Stadtplans von Manhattan)*

manhole Kabelschacht *m*, Kabelbrunnen *m*

man-in-the-middle attack Lauschangriff *m (Internet, Hackerangriff auf Nutzer- und Netzverwaltungsdaten)*

manipulation Manipulation *f (unberechtigte Daten- oder Hardwareänderungen)*

manipulation protection Manipulationsschutz *m (Verkabelung)*

man-machine interface (MMI) Benutzerschnittstelle *f*, Mensch-Maschine-Kommunikation *f* (MMK)

man-machine language (MML) Mensch-Maschine-Kommunikationssprache *f (ITU-T)*

man-made noise technisches Geräusch *n*, künstliche Störungen *fpl*

Manned Spaceflight Network (MSFN) Funkverbindungsnetz *n* für die bemannte Raumfahrt *(weltweites JPL-Bodenstellennetz)*

MAN switching system (MSS) MAN-Vermittlungsanlage *f*

manual von Hand, hand..., manuell *(auch umgangssprachl.: "zu Fuß")*

manual answering service Dienstplatz *m (ISDN)*

manual calling Handruf *m*

manual exchange Handvermittlungsstelle *f* (VStHand)

manual link manuelle Verknüpfung *f (PC-Applikationen)*

manually switched handvermittelt

manual mode handvermittelt *(Tel)*

manual operation Rufbetrieb *m (Vermittlung)*

manual ringing Handruf *m*

manual signalling Morseruf *m*

manual switchboard Handvermittlung *f*

manual switching position (MSP) Vermittlungsplatz *m*

manual trunk operator position Nachvermittlungsplatz *m*

Manufacturing Automation Protocol (MAP) Fertigungsautomationsprotokoll *n (General Motors, OSI bis Schicht 5)*

Manufacturing Message Specification (MMS) Fertigungs-Nachrichtenspezifikation *f (Automatisierung, ISO 9506)*

many-valued function mehrdeutige Funktion *f*

many-valuedness Mehrdeutigkeit *f*, Mehrwertigkeit *f*

MAP s. Manufacturing Automation Protocol

MAP (mobile application part) Mobilanwenderteil *m (GSM, s. Tabelle VII)*

map Abbild *n (Speicher)*; abbilden, umsetzen, zuordnen, umcodieren

mapper Umcodierer *m*

mapping Abbildung *f (logische Zuordnung von Werten, wie Adressen in einem Netz, zu Werten, wie Vorrichtungen, in einem anderen Netz)*, Mappen *n*; Zuordnung *f*, Umcodierung *f (Protokoll)*

MAR (miscellaneous apparatus rack) Universalgestell *n*

MAR (mobile access radio) Mobilanschluß-Funkgerät *n*

margin Abstand *m*, Reserve *f*

marginal isolation Randtrennung *f (zw. Nutzsignalen, Zellularfunk)*

margin of bandwidth Bandbreitenreserve *f*

marine radio Seefunk *m*

maritime mobile service beweglicher Seefunkdienst *m*

maritime radio Seefunk *m (INMARSAT)*

maritime radionavigation service Seenavigationsfunkdienst *m*

maritime satellite data switching exchange (MSDSE) maritime Satelliten-Datenvermittlungsstelle *f (INMARSAT, ITU-T X.353, s. Tabelle VI)*

mark Marke *f*, Kennzeichen *n*; Einsbit *n*, Zeichenschritt *m*; markieren

mark frequency Zeichenfrequenz *f (FS)*

mark/space ratio Impuls-Pausen-Verhältnis *n*

marker Markierer *m*, Markierung *f*, Marke *f*

marker amplitude Markenamplitude *f (Oszillogramm)*

marker signal Markierungskennzeichen *n*

marking Markieren *n*, Kennzeichnen *n*

marking condition Signalzustand "Eins"

Markoff s. Markov

Markov equation Markowsche Gleichung *f (Statistik)*

markup Auszeichnung *f (ODA)*

markup language Seitenbeschreibungssprache *f*, Textauszeichnungs-Sprache *f*, Auszeichnungssprache *f (WWW, SGML)*

M-ary bi-orthogonal keying (MBOK) M-wertige Bi-Orthogonale Tastung *f (WLAN, IEEC 802.11)*

MAS (mobile access system) Mobilfunk-Anschlußsystem *n (an das Netz)*

MASCAM (masking pattern adapted sub-band coding and multiplexing) an die Mithörschwelle angepaßte Teilbandcodierung *f* und Multiplexbildung *f (Toncodierungs-Prozedur)*

mask Maske *f*; Schema *n (am KO- bzw. Monitor-Bildschirm, nach ITU-T G.712 u.a., s. Tabelle III)*; verdecken, überdekken

mask out ausblenden *(Jitter)*, aussparen *(Bit)*

masking Verschleierung *f*, Verdeckung *f (dig. Audio)*, Maskierung *f*

masking level Verdeckungspegel *m (dig. Audio)*

masking level difference (MLD) Verdekkungspegeldifferenz *f (dig. Stereo-Codec)*

masking pattern (threshold) Mithörschwelle *f (MASCAM, dig. Sat.-Sprachkanal)*

masking sound Maskierer *m (dig. Audio)*

mass communication services Massenkommunikationsdienste *mpl*

massively parallel processing (MPP) massivparallele Verarbeitung *f (hunderte bis tausende von Prozessoren, Multimedia-Server-Technologie, Hypercube q.v., VOD)*

mass storage device Massenspeicher *m*

master Master *m*, Bussteuerstation *f (LAN)*; Hauptgerät *n*; Leitrechner *f*; Muttermaske *f*, Original n *(Mikroschaltung)*; Vaterplatte *f*, Negativ n *(Phonoplatte, CD)*

master antenna TV (MATV) Gemeinschaftsantennenanlage *f (TV)*

master cell Leitzelle *f (Mobilfunk)*

master clock Mutteruhr *f*, Hauptuhr *f*, Muttertakt *m*, Haupttakt *m*; Haupttaktgeber *m (Meßsender)*

master clock signal generator Haupttaktgeber *m*

master code Urcode *m (Sicherheitsanlage)*

master computer Führungsrechner *m*

master control (MC) Endkontrolle *f (TV)*, übergeordnete Regelung *f*

master file Stammdatei *f*

master frequency Steuerfrequenz *f*

master oscillator Hauptoszillator *m*, Taktgeber *m (dig. System)*; Steuersender *m (TV)*

master pulse Leitimpuls *m*

master set Hauptapparat *m*

mastership Herrschaft *f (bei Busvergabe)*

master station Sendestation *f*; Hauptanlage *f*, Erstnebenstellenanlage *f (Tel)*, Erstanlage *f (Konferenzkreis)*; Leitstelle *f* (LSt) *(TEMEX)*, Leitstation *f*; Referenzstation *f (Sat)*; Hauptstation *f (DÜ)*

MAT (machine-assisted translation) rechnergestützte Übersetzung *f*

match Gegenstück *n*; Paarigkeitsvergleich *m*; *(itr)* übereinstimmen; *(tr)* anpassen

Match Case Groß-/Kleinschreibung *(MS-Windows-Anweisung, PC)*

matched angepaßt; gepaart *(z.B. Verstärker)*, aufeinander abgestimmt

matched filter (signal)angepaßtes Filter *n*, Anpassungsfilter *n (RAKE-Empfänger, CDMA)*

matched filtering signalangepaßte Filterung *f (DVB-T)*

matched quarter-wave monopole angepaßter Viertelwellenlängen-Monopol *m (antenna)*

matching übereinstimmend, paarig, angepaßt

matching attenuation Anpassungsdämpfung *f (Filter)*

matching element Anpassungsglied *n*

matching field Paarigkeitsfeld *n*

matching impedance Abschlußwiderstand *m*; Anpassungswiderstand *m (Ant)*

matching network Leitungsanpassung *f*

matching option Anpaßmöglichkeit *f*

matching pad Anpaßglied *n*, Anpassung *f (Test)*, Transformationsglied *n (Ant.)*

matching unit Anpassungseinrichtung *f*

match word Vergleichswort *n*

mate paaren, Kontakt *m* herstellen

material measure Maßverkörperung *f*

materials Sachmittel *npl*, Arbeitsmittel *npl*

mating contact Gegenkontakt *m (Verbinder)*

mating part Gegenstück *n (Verbinder)*

matrix Matrix *f*; Kreuzschienenverteiler *m (Audio, Video)*; Verteiler *m*, Vielfach *n*; Koppler *m*

matrix board Lochrasterplatte *f*

matrix distribution panel Kreuzschienenverteiler *m*

matrix plane Koppelfeldebene *f*

matrix plug Koordinatenstecker *m (Signalverteiler)*

matrix printer Nadeldrucker *m (PC)*

matrix recording head Matrixkopf *m (Blockaufzeichnung, MAZ)*

matrix scan recording Blockaufzeichnung *f (MAZ)*

matrix spacing Rastermaß *n*

matrix switch Koppelfeld *n (US)*

matrix system Vielfachsystem *n*

MATS (mobile automatic telephone system) Selbstwähl-Funktelefonsystem *n*

MATV s. master antenna TV

MAU s. medium attachment unit

MAU (multistation access unit) Mehrfachendgeräte-Anschlußeinheit *f (LAN)*

Maximize Vollbild *(MS-Windows-Anweisung, PC)*

maximize button Schaltfläche *f* für Maximieren *(MS-Windows, PC)*

maximum maximal; Höchstwert *m*

maximum a posteriori probability (MAP) **estimation** MAP-Schätzung *f (CDMA-Entspreizungsalgorithmus)*

maximum capacity Maximalausbau *m*

maximum group delay distortion maximale Gruppenlaufzeitverzerrung *f (Symbol: Tg)*

maximum likelihood detector Maximum-Likelihood-Detektor *m (DPSK)*

maximum likelihood sequence estimation (MLSE) Abschätzung *f* der Folge mit der größten Wahrscheinlichkeit

maximum load Belastbarkeit *f (Übertragungsstrecke)*

maximum power Spitzenleistung *f*, Höchstleistung *f*, Dachleistung *f*

maximum transfer unit (MTU) maximale Transferlänge *f (layer-1 protocol)*

maximum usable frequency (MUF) höchste Nutzfrequenz *f (Mobilfunk)*

MB (mail box) Mailbox *f*, Postfach *n*, Nachrichtenspeicher *m*

MBA (multiple-beam antenna) Mehrstrahlantenne *f (Sat)*

MBOK s. M-ary bi-orthogonal keying

MC s. master control

MC s. measurement & control

MCA (Micro-Channel Architecture) **bus** MCA-Bus *m (32-Bit-Bus für PS/2-Rechner, IBM)*

MCC (mobil country code) Mobil-Landeskennzahl *f (GSM, s. Tabelle VII)*

MC CDMA (multi-carrier CDMA) Mehrträger-CDMA *n (3G-Mobilfunk)*

MCFI (motion compensating frame interpolator) bewegungskompensierender Bildinterpolator *m*

MCI (Malicious Call Identification) Identifikation *f oder* Fangen *n* böswilliger Anrufer *(ISDN)*

MCI (Media Control Interface) Medien-Steuerschnittstelle *f (MPC-Schnittstelle zu externen Multimedia-Peripherien)*

MCI Microwave Communications Inc. *(US)*

MCL Mercury Communications Ltd. *(2. Netzbetreiber in GB)*

MCMI (modified coded mark inversion) modifizierte codierte Schrittinversion *f (FO)*

MCN (microcellular network) Kleinzellennetz *n (digital PCN, Vodafone, GB)*

MCNS Multimedia Cable Network Systems Partners Ltd *(Stammhaus des Forschungs- u. Technologiezentrums Cable-Labs, die Urheber des Kabelmodemstandards DOCSIS (q.v.), US)*

M-commerce (mobile commerce) M-Commerce *m (Geschäftsverkehr über Mobilgeräte, z.B. WAP-Handys)*

MCPC (multi-channel per carrier) **system** Mehrkanal-pro-Träger-System *n (Sat, DVB-S)*

Mcps (Megachips per second) Megachips pro Sekunde *(Chip-Rate, Spreizmodulation)*

MCPR (Multimedia Communication, Processing and Representation) Multimedien-Kommunikation, -Verarbeitung und -Darstellung *f (RACE-Projekt)*

MCR (minimum cell rate) minimale Zellrate *f (ATM)*

MCU (multipoint control unit) Mehrpunktsteuereinheit *f (ITU-T H.323 q.v.)*

MD s. mediation device

MD s. Message Digest

MD (minidisk) Minidisk *f (MOD, digitale wiederbeschreibbare Laser-Tonplatte, Sony)*

MDF (main distribution frame) Hauptverteiler(gestell) *n* (HV, HVT)

MDM (mode division multiplex) Modenmultiplex *n (FO)*

MDMA (multidimensional multiple access) mehrdimensionaler Vielfachzugriff *m (Frequenz- und Zeitspreizung, Chirp-Impuls)*

MDNS (management data network service) Netzdienst *m* für Managementdaten

MDS (multipoint distribution service) Mehrpunkt-Verteildienst *m (2,1 GHz-Band)*

MDT s. mean downtime

MD5 (Message Digest 5) s. Message Digest

ME s. maintenance entity

meander Mäander...

meandering mänderförmig verlaufend

meander line Mäanderleitung *f*, mäanderförmige Leitung *f (Verzögerungsglied, Mikrowellen)*

mean downtime (MDT) mittlere Störungsdauer *f (einschl. Wartezeiten)*

mean holding time mittlere Belegtzeit *f*

meaning Bedeutung *f*, Sinngehalt *m*

meaningful sinnvoll

mean interconnecting number Mischungsverhältnis *n* (Q) *(Tel.-Anl)*

mean signal Gleichsignal *n*

means of authentication Berechtigungsmittel *n*

means of transport Fortbewegungsmittel *n*

mean (subjective) opinion score (MOS) mittlere Bewertung *f (s. dort, NF)*

mean time between failures (MTBF) mittlerer Ausfallabstand *m*, mittlere Verfügbarkeitsdauer *f* zwischen zwei Ausfällen,Fehlerzahl *f*

mean time to failure (MTTF) mittlere Zeit *f* bis zur (ersten) Störung, mittlere Funktionsdauer *f*

mean time to repair (MTTR) mittlere Reparaturzeit *f*, Fehlerdauer *f*

mean traffic carried mittlere Verkehrsbelastung *f*

mean value analysis Mittelwertverfahren *n (math.)*

measurand Meßwert *m*, Meßgröße *f*

measure Maß *n*; messen, erfassen, aufnehmen

measure of confidence Sicherheitsmaß *n (Statistik)*

measure of reliability Zuverlässigkeitsmaß *n*

measure process Meßwertprozess *m*, Maßwertprozess *m*

measured value Meßwert *m*, Meßgröße *f*

measurement & control (MC) Messen, Steuern, Regeln *n* (MSR); Messen und Regeln *n* (MR)

measurement range Meßbereich *m*; Reichweite *f (OTDR, FO)*

measurement uncertainty Meßunsicherheit *f*

measuring error Meßungenauigkeit *f*

measuring inaccuracy Meßungenauigkeit *f*, Meßunsicherheit *f*

measuring interval Meßintervall *n*

measuring uncertainty Meßunsicherheit *f*

mechanical design Aufbau *m*

mechanical micromirror mikromechanischer Spiegel *m* (MEMS) *(s. "DMD")*

mechanism Mechanismus *m*, Wirkungsweise *f*

Media Access Control (MAC) Endgeräte-Anschlußsteuerung *f (FDDI-Teilprotokoll nach IEEE 802.x, ergänzt LLC)*

media function mediale *oder* medientechnische Funktion *f*

media gateway control protocol (MGCP) MGCP-Protokoll *n (VoIP)*

media interface Medienschnittstelle *f (z.B. Kupfer-Glasfaser, LAN)*

medial part Medialteil *m (Math.)*

median filter Medianfilter *n (Bildaufbereitung)*

media player Medien-Wiedergabe *f (MS-Windows, PC)*

mediation device (MD) Anpassungseinrichtung *f (GSM, s. Tabelle VII)*; Umsetzungseinrichtung *f*, Telegrammkonzentrator *m (TMN)*

mediation function Umsetzungsfunktion *f (NMS)*

medical technology medizinische Technik *f*

medium Datenträger *m*, Medium *n*

medium adapter (MA) Medienanpassung *f (B-ISDN)*

medium attachment unit (MAU) Medium-Anschlußeinheit *f*, Endgeräte-Anschalteinheit *f (Sende-/Empfangseinheit, LAN)*

medium-dependent interface Medium-Schnittstelle *f (LAN)*

medium discontinuity Medienbruch *m (DFÜ)*

medium-power satellite (MPS) Satellit *m* mittlerer Sendeleistung

medium-power transistor Mittelleistungstransistor *m*

medium-rate speech coding (MSC) mittelratige Sprachcodierung *f (dig. Audio, US)*

medium-sized concentrator mittlerer Konzentrator *m* (MKT)

meet treffen; entsprechen, erfüllen, einhalten *(Bedingung)*

meet-me-conference Verabredungskonferenz *f*

MEG (Mobile Expert Group) Mobilfunk-Expertengruppe *f (ETSI)*

MegaStream BT-Punkt-zu-Punkt-Digitalverbindung *f (2 MB/s, unterstützt G.703 (Tabelle III) und HDB3)*

MEI (mobile equipment identity) Gerätekennung *f (GSM, s. Tabelle VII)*

Mel-Frequency Cepstral Coefficient (MFCC) Mel-Frequenz-Cepstrum-Koeffizient *m (Spracherkennung, Mel = Tonhöhenmaßstab)*

member Mitglied *n (of a set, math)*

membership class Zugehörigkeitsklasse *f (Neuronennetz)*

membrane keypad Folientastatur *f*

memory Speicher *m*; Gedächtnis *n (eines Kanals, coders, DVB)*

memory array Speicherfeld *n*, Seicherplatzanordnung *f*

memory bank Speicherbank *f*

memory capacity Speicherraum *m*, Speichertiefe *f*

memory cartridge Speicherkassette *f*

memory content Speicherfüllung *f*

memory effect Speicherwirkung *f*

memory loading Speicherfüllstand *m*

memory management Speicherverwaltung *f*, Speicherbetriebsverfahren *n*

memory map Speicherplan *m*

memory partitioning Speicherplatzaufteilung *f*

memory section Teilspeicher *m*

memory storage facility Speichereinrichtung *f (allg.)*

menu Menü *n (Benutzeroberfläche zur Programmanwahl)*

menu bar Menüleiste *f (GUI, PC)*

menu driven menügesteuert, menügeführt *(Programm)*

menu feature Menüpunkt *m (PC)*

menu item Menüpunkt *m (PC)*

menu page Programmvorschau-Seite *f (Fernsehtext)*

menu prompt(ing) Menüführung *f*, Bedienerführung *f*

menu prompting level Bedienerführungsebene *f*

merge (ein)mischen, zusammenfügen, zusammenlegen, vereinigen; überblenden *(Signale)*; zusammenlaufen

merit parameter Güteparameter *m*

MES s. micro earth station

MESFET metal semiconductor FET *(Halbl.)*

mesh Gitter *m*; Masche *f (Netz)*

meshed vermascht; gitterförmig

meshed network vermaschtes Netz *n*, Maschennetz *n*

meshed ribbon Gitterband *n (Kabel)*

meshed star network Maschen-Stern-Netz *n*

meshing Vermaschung *f (Netz)*

message (MSG) Nachricht *f*, Meldung *f*; Telegramm *n (TEMEX)*

message answering machine Anrufbeantworter *m*

message authentication code (MAC) Nachrichten-Authentisierungscode *m (HBCI)*

message block Funkblock *m (Mobilfunk)*

message box Meldungsfeld *n (MS-Windows, PC)*

message buffer Nachrichtenverteiler *m (dig. Vermittlung)*; Zwischenspeicher *m (Verm)*, Meldungspuffer *m*, Telegrammspeicher *m*

message call Durchsageruf *m (K-Tel)*

message channel Nutzkanal *m*

message code Mitteilungscode *m (Vermittlung)*

message delivery system Nachrichtenzustellungssystem *n (VMS)*

Message Digest (MD) Message-Digest-Algorithmus *m (Hashverfahren, erzeugt eine 128-Bit-lange Signatur einer Nachricht; RFC1186, RFC1319,20,21, s. Tabelle VIII)*

message discrimination Nachrichtenunterscheidung *f (ZGS.7 Schicht 3, s. Tabelle III)*

message element Meldungselement *n (SAAL)*

message handler Nachrichtenzuteiler *m (Vermittlung)*

message handling service (MHS) Mitteilungsdienst *m*, mitteilungsfähiger Dienst *m*, Mitteilungs-Übermittlungs-System *n (ITU-T Empf. X.400, s. Tabelle VI; ISO MOTIS)*,

message handling system (MHS) Nachrichtenübertragungssystem *n (ITU-T Empf. X.400, s. Tabelle VI)*

message header Nachrichtenkopf *m*

message interchange Nachrichtenaustausch *m (VMS)*

message layer Nachrichtenübertragungsschicht *f*

message layer device (MLD) Vorrichtung *f* der Nachrichtenübertragungsschicht *(ATM)*

message notification Nachrichtenmeldung *f*, Mitteilungshinweis *m (VMS)*

message oriented signalling (MOS) Mitteilungssignalisierung *f*

Message-Oriented Text Interchange Standard (MOTIS) Mitteilungsdienst *m (ISO, entspricht ITU-T Empf. X.400, s. Tabelle VI)*

message originator Nachrichtenabsender *m (VMS)*

message preamble Nachrichtenkopf *m*

message prefix signal Dateneinleitungszeichen *n*

message processing Nachrichtenverarbeitung *f*

message recording mode Nachrichtenablegebetrieb *m (Tel)*

message router Nachrichtenverteiler *m (Vermittlung)*

message routing Meldungslenkung *f*

message segment Teilnachricht *f (PCM-Daten, -Sprache)*

message service Benachrichtigungsdienst *m*, Meldedienst *m (SMS)*, Speicherdienst *m*

message signal unit (MSU) Nachrichtenzeicheneinheit *f (ZGS.7, s. Tabelle III)*

message sink Nachrichtensenke *f (DECT)*

message source Nachrichtenquelle *f (DECT)*

message store (MS) Nachrichtenspeicher *m (ITU-T Empf. X.400, s. Tabelle VI)*

message-switched system nachrichtenvermitteltes System *n (Speichervermittlung)*

message switching Sendungsvermittlung *f*; Nachrichtenvermittlung *f (TWX, Telex)*

message telephone service (MTS) Ferngesprächsdienst *m (US, amtliche Bezeichnung)*

message transfer Nachrichtenübertragung *f*

message transfer agent (MTA) Transfersystemteil *m*, elektronisches Postamt *n (MHS SW, ITU-T X.400, s. Tabelle VI)*

message transfer event (MTE) Nachrichtenübertragungsereignis *n (ISDN)*; Mitteilungsaustausch-Systemteil *m*

message transfer function Nachrichtenübertragungsfunktion *f*, Übermittlungsfunktion *f*

message transfer part (MTP) Nachrichtentransferteil *m*, Nachrichtenübertragungsteil *m (ZGS.7, ITU-T Empf. Q.701...707, s. Tabelle III)*

message transfer plane Nachrichtenübertragungsebene *f (DECT)*

message transfer service (MTS) Mitteilungs-Transfer-Dienst *m* (MT-Dienst) *(ITU-T Empf. X.400, P1 (Tabelle VI), OSI Schicht 7 (Tabelle I))*

message transmission Nachrichtenübermittlung *f*

message transmission link Nachrichtenübertragungsstrecke *f (DECT)*

message unit Nachrichteneinheit *f*

Message Waiting Indication Anzeige *f* Nachricht wartet *(ITU-T H.450.7)*

messaging Mitteilungsübermittlung *f*, Nachrichtenübermittlung *f (ITU-T X.400, s. Tabelle VI)*

messaging service Nachrichtenübermittlungsdienst *m*, Nachrichtenvermittlungsdienst *m*

messenger call Botenruf *m (Chef-TelAnl)*; Gespräch *n* mit Herbeiruf

meta-language Meta-Sprache *f (Sprache zur Beschreibung von Sprachen)*

metallic cable Metallkabel *n (Kupferkabel)*

metallic path galvanischer Weg *m (Verm.)*

meta-signalling Meta-Zeichengabe *f (B-ISDN, ITU-T Empf. Q.2120)*

meter Meßinstrument *n*; Zähler *m (Gebühren)*

meter clock pulse Gebührentakt *m*

meter comparison Zählvergleich *m*

meter comparison device Zählervergleichseinrichtung f (ZVE) *(Fangen)*

metering Zählung *f (Tel)*, Zeitzählung *f (Tel., DK)*

metering fault Zählstörung *f*

metering pulses Zählimpulse *mpl*, Gebührenimpulse *mpl*, Taximpulse *mpl (CH)*

metering pulse stability Gebührenimpulsfestigkeit *f (Test)*

meter interface Zählerschnittstelle *f (EVU)*

meter pulse generator Zählimpulsgeber *m*

meter reader Zählerablesegerät *n*

meter status log Zählwerkprotokoll *n*

metric metrisch; Maß(stab *m*) *n*; Metrik *f (Distanzfunktion, Math.)*; dynamische Zustandsinformationen *fpl (Netz)*

metric function Metrik *f (Distanzfunktion, Math.)*

metropolitan area network (MAN) Stadtnetz *n*, Großstadtnetz *n*, regionales Datennetz *n*, Regionalnetz *n (1–200 MB/s, IEEE 802.6, ANSI X3T9.5, Ende 1990, IAB RFC1392)*

MF (multiframe) Mehrfachrahmen *m*, Überrahmen *m (TDM)*

MFC (multifrequency code) Mehrfrequenz-Code *m*

MFC (multifrequency code) **dialling** Mehrfrequenz-Codewahl *f*

MFD (multifrequency dialling) Mehrfrequenzwahl(verfahren *n*) *f* (MFV)

MFLOPS million floating point operations per second

MGCP s. media gateway control protocol

MGT (mobile global title) Mobil-Globalbezeichner *m (GSM, s. Tabelle VII)*

MHEG Multimedia Hypertext Experts Group *(ISO, Digital Audio-Video Council DAVIC (q.v.))*

MHP (multimedia home platform) MHP-Plattform *f (Set-Top-Box CI-Anwendung unter DVB-J, q.v.)*

MHS s. message handling service

MIB (management information base) Managementinformations-Datenbank *f (für SNMP-Zugriff, IAB RFC1157, RFC1983, s. Tabelle VIII)*
  MIB-I Internet-MIB *f (RFC1156, s. Tabelle VIII)*
  MIB-II Internet-MIB *f (MIB-I-Nachfolgerin, RFC1213, s. Tabelle VIII)*

MICR (magnetic ink character recognition) Magnetschriftzeichenerkennung *f*

microbase Kleinzellen-Basisstation *f (Mobilfunk)*

microbend(ing) Mikrokrümmung *f (FO)*

microbrowser Mikrobrowser *m (Web-Browser für 3G-Handys oder PDAs q.v.)*

microcell Kleinzelle *f (Mobilfunk)*

microcellular network (MCN) Kleinzellennetz *n (digital PCN, Vodafone, GB)*

microcode Mikrocode *m (DV)*

Microcom Networking Protocol (MNP) Microcom-Netzverbindungsprotokoll *n*

microcomputer Mikrorechner *m*, Mikrocomputer *m (ZE ist ein Mikroprozessor)*

micro earth station (MES) Kleinstation *f (Sat., Ku-Band)*

microinstruction Mikrobefehl *m*

micrometer Mikrometer *m (µ, 110^{-6} m)*; Mikrometer *n (Meßwerkzeug)*

micron Mikrometer *m (µ, 110^{-6} m)*

microphone (M) Mikrofon *n* (M) *(Tel.-Hörer)*; Mikrophon *n*, Mikro *n*

microphone station Sprechstelle *f (ELA-Anlage)*

microprocessing unit (MPU) Mikroprozessoreinheit *f*, MPU *f (PC)*

microprocessor Mikroprozessor *m (ZE auf einem integrierten Baustein, PC)*

microprocessor-controlled mikroprozessorgesteuert, mikroprozessorverwaltet

microprocessor system bus (MPSB) Mikroprozessor-Systembus *m*

microsynchronism Mikrosynchronität *f (Verm.)*

microsynchronous operation mikrosynchroner Betrieb *m (Verm.)*

microtelegram bit Telegrammschritt *m*

microtelephone set Hörsprechgarnitur *f*, Sprechgarnitur *f (NStAnl)*

microterminal Kleinstation *f (Sat., Ku-Band)*

microwave Mikrowelle *f*; Richtfunk *m* (RiFu), Richtstrahl *m (CH)*

microwave landing system (MLS) Mikrowellen-Landesystem *n oder* Blindlandesystem *n*

microwave link Richtfunkstrecke *f* (RF-Strecke *f*)

microwave service Richtfunkdienst *m*

microwave video distribution service (MVDS) Mikrowellen-Videoverteildienst *m (GB)*

MID (multiplexing identification) Multiplexkennzeichnung *f (B-ISDN)*, Multiplex-ID *f (Tunnelprotokoll)*

mid-air collision Zusammenstoß *m* in der Luft *(Aero.)*

midamble Mittambel *f (EDV)*

midband Mittelband *n (TV, 108–174 MHz, EIA-Kanäle 7–22)*

mid-band Bandmitte *f*

middleware Middleware *f (Integrationssoftware für offene Systeme)*

MIDI (Musical Instrument Data Interface) digitale Schnittstelle *f* für Musikinstrumente *(Multimedia, serielle Schnittstelle, 31.250 Bit/s, PC)*

mid-level network Durchgangsnetz *n (mittlere Ebene in der Internet-Hierarchie; RFC1983, s. Tabelle VIII)*

midpoint junction *or* **connection** Mittelanschluß *m (Bus)*

midpoint of bit Bitmitte *f*

midrange gain Mittenverstärkung *f*

midrange speaker Mitteltonlautsprecher *m*

mid-talkspurt clipping (MTC) Sprachausblendung *f (PCM-Sprache)*

migratable übertragbar *(DV)*

migration Wechsel *m*, Umstellung *f (DV)*; Migration *f (TETRA, =Roaming)*

mil tausendstel Zoll *m (25,4 ìm)*

mild congestion leichte Blockierung *f*

millenium bug Jahrtausendfehler *m*, Jahrtausendcrash *m*, Datencrash *m* 2000, 2000-Problematik *f (beim Milleniumswechsel 1999/2000 sahen Computer mit zweistelligen Jahreszahlen das Jahr 2000 als 1900, mit dementsprechenden Folgen für alle von Datumsangaben abhängigen Programme; BS DISC PD2000, s.a. "Y2K")*

millenium-compliant 2000-fähig *(s. "millenium bug")*

MIME (multi-purpose Internet mail extension) **message** MIME-Nachricht *f (ermöglicht multimediale Anhänge bei E-Mails über SMTP, IAB RFC2045, s. Tabelle VIII)*

MIN (machine identity number) Maschinenkennung *f (GAA)*

miniature fuse Geräteschutzsicherung *f* (G-Sicherung)

minicell Kleinzelle *f (zellularer Mobilfunk)*

minimize minimieren; ikonisieren *(MS-Windows, PC)*

Minimize Symbol *(MS-Windows-Anweisung, PC)*

minimize button Schaltfläche *f* für Minimieren *(MS-Windows, PC)*

minimum cell rate (MCR) minimale Zellrate *f (ATM)*

mini-tower case (MT) Minitower-Gehäuse *n (PC)*

minority-interest channel Spartenkanal *m (TV)*

minorize abschätzen nach unten *(Math)*

MIPS (million instructions per second) Millionen Befehle *mpl* pro Sekunde *(DSP)*

mirrored gespiegelt *(Opt)*; spiegelbildlich aufgezeichnet *(Daten)*

mirrored disk spiegelbildliche Speicherplatte *f*

mirrored hard disk gespiegelte Festplatte *f*, Spiegelbild-Platte *f (PC)*

mirror file Spiegeldatei *f (PC)*

mirroring Spiegeln *n (Opt)*; spiegelbildliche Darstellung *f (Daten)*

mirror site Spiegelseite *f (verteilte Website q.v.)*

MIS (management information service) Management-Informationsdienst *m (VAS)*

misalignment Fehlanpassung *f (ITU-T I.432, s. Tabelle IV)*; Gleichlauffehler *m*, Synchronisationsfehler *m (Rahmen, ATM)*

miscellaneous apparatus rack (MAR) Universalgestell *n*

misconnection Fehlverbindung *f*

misdelivered fehlgeleitet

misdirected call fehlgeleiteter Ruf *m*

misinserted cell falsch eingefügte *oder* eingeblendete Zelle *f*, fehlgeleitete Zelle *f (ATM)*

mismatch Fehlabschluß *m*, Fehlanpassung *f*; Nichtübereinstimmung *f*, Unpaarigkeit *f (Datenvergleich)*

misrouted falsch geleitet

misrouting Fehlleitung *f (cells, ATM)*

missed handover nicht zustandegekommener Weiterreichvorgang *m*

missequencing Fehlreihung *f (Pakete)*

mission-critical einsatzkritisch *(Anwendung)*

mistake Fehler *m*; Verwechslung *f*

mistracking Gleichlauffehler *m (Koeffizienten)*

mistuning *n* Verstimmung *f (Empfänger)*

misuse Mißbrauch *m*

mix mischen; hinterlegen *(Vtx.-Mon)*

mixed communication Verbundkommunikation *f (Daten/Sprache)*

mixed configuration Mischbestückung *f (Gestell)*

mixed document Mischdokument *n (ISDN)*

mixed mode Mischmodus *m* (MM), Mischkommunikation *f (Teledienste, ISDN)*, ISDN-Textfax *n (ITU-T T.4 Annex E, T.30, s. Tabelle III)*

mixed network Verbundnetz *n*

mixed-services communication Mischkommunikation *f*

mixed-use line Mischbetriebsanschluß *m*

mixer Mischstufe *f*, Umsetzer *m*

mixing Überlagerung *f (Frequenzen)*

MJB (multi-joint box) Verbindungs- und Verteildose *f* (VVD) *(Tel)*

M-JPEG Motion – Joint Photographic Experts Group *(ISO-Datenkompressionsstandard für Bewegtbilder, Komprimierungsfaktor 1:5–1:15 (wie VHS))*

MLCS (multi-level charge storage) Mehrpegel-Ladungsspeicherung *f (Mikroelectronik)*

MLD (masking level difference) Verdekkungspegeldifferenz *f (dig. Stereo-Codec)*

MLD (message layer device) Vorrichtung *f* der Nachrichtenübertragungsschicht *(_TM)*

MLQAM (multi-level QAM) QAM *f* mit mehreren Kennzuständen

MLS s. microwave landing system

MLSE (maximum likelihood sequence estimation) Abschätzung *f* der Folge mit der größten Wahrscheinlichkeit

MM (mixed mode) Mischkommunikation *f*, Text-Fax-Modus *m (ISDN)*

MM (multimedia) Multimedia *npl*

MM-CD (multimedia compact disk) Multimedia-CD *f (HDMM-CD von Philips, Sony, Zweischichtensystem, VBR, 7,4 GByte, 270 Minuten Spielzeit, MPEG-2)*

MMD (multi-media document) Multimedien-Dokument *n*

MMDS (multipoint multi-channel (microwave) distribution service) Mehrkanal-Mikrowellenverteildienst *m (TV, 2,5–2,6 GHz, 50 km Reichweite, s.a. "DVB-MC", "DVB-MS")*

MME s. mobile management entity

mmf (magneto-motive force) Durchflutung *f*

MM fibre (multi-mode fibre) Multimodenfaser *f (FO)*

MMI (man-machine interface) Benutzerschnittstelle *f*, Mensch-Maschine-Kommunikation *f* (MMK)

MML (man-machine language) Mensch-Maschine-Kommunikationssprache *f (ITU-T)*

MMM s. mobile multimedia

MMS (Manufacturing Message Specification) Fertigungs-Nachrichtenspezifikation *f (OSI-RM Schicht 7, s. Tabelle I)*

MMS43 code (modified monitored sum code) MMS43-Code *m (DTAG BA-Leitungscode, 43 = 4B3T-Codierung)*

M-nary PSK M-näre Phasenumtastung *f*

MNC s. mobile network code

mnemonic Mnemonik *f*, Kürzel *n*, Merkname *m*

mnemonic instruction Merkbefehl *m*

MNP s. Microcom Networking Protocol

MNP s. mobile number portability

MO s. mobile originated

mobile beweglich, mobil; ortsveränderlich; Mobilteil *m*, Mobileinheit *f*, Handy *n (GB)*;

mobile access hunting (MAH) (automatische) Anrufverteilung *f*, Mobilanschlußsuche *f (GSM-Empf. 01.04, s. Tabelle VII)*

mobile access radio (MAR) Mobilanschluß-Funkgerät *n*

mobile access system (MAS) Mobilfunk-Anschlußsystem *n (an das Netz)*

mobile agent mobiler Agent *m (Softwareprogramm, das eine Aufgabe selbsttätig in einem anderen Rechner erledigt und mit dem Ergebnis zurückkehrt)*

mobile application part (MAP) Mobilanwenderteil *m (GSM, s. Tabelle VII)*

mobile automatic telephone system (MATS) Selbstwähl-Funktelefonsystem *n*

mobile banking mobiler Bankdienst *m (WAP)*

mobile base station Funkfeststation *f* (FuFst) *(Mobilfunk einschl. C-Netz)*, feste Funkstation *f*

mobile call number Funkrufnummer *f*

mobile communications Mobilkommmunikation *f* (MK), Mobilfunk *m*

mobile country code (MCC) Mobil-Landeskennzahl *f (GSM, s. Tabelle VII)*

mobile equipment identity (MEI) Gerätekennung *f (GSM, s. Tabelle VII)*

Mobile Expert Group (MEG) Mobilfunk-Expertengruppe *f (ETSI)*

mobile fax Mobilfax *n*

mobile global title (MGT) Mobil-Globalbezeichner *m (GSM, s. Tabelle VII; s.a. ITU-T Empf. E.164, Adreßformat, s. Tabelle III)*

mobile management entity (MME) Mobil-Versorgungsinstanz *f (GSM 01.04, s. Tabelle VII)*

mobile multimedia (MMM) **project** MMM-Projekt *n (ACTS)*

mobile network Funknetz *n (Mobilfunk)*

mobile network code (MNC) Mobilnetzkennzahl *f*, Mobil-Dienste-Kennzahl *f (GSM, s. Tabelle VII)*

mobile network dialling Funkwahl *f* (FuW)

mobile number Funknummer *f* (FuNr)

mobile number portability (MNP) Mobilrufnummernportierbarkeit *f (GSM)*

mobile originated (MO) Mobilstation *f* abgehend *(Ruf, SMS, GSM 01.04, s. Tabelle VII)*

mobile originated call (MOC) vom Mobiltelefon abgehender Ruf *m*

mobile phone Mobiltelefon *n*, Handy *n*, Funktelefon *n*, *(GB)*

mobile radio Mobilfunk *m*

mobile radio communication Mobilfunk(-verkehr) *m*

mobile (radio) concentrator Funkkonzentrator *m* (FuKo) *(C-Netz)*

mobile radio network Mobilfunknetz *n*, Mobilnetz *n*

mobile radio telephone Mobilfunkgerät *n*

mobile radiotelephone system Mobilfunksystem *n*

mobile satellite communications Satellitenmobilfunk *m*, satellitengestützter Mobilfunk *m*

mobile satellite service (MSS) mobiler Satelliten-Funkdienst *m (ITU-R)*

mobile (service) network code (MNC) Mobil-Dienstekennzahl *f (GSM)*

mobile services switching centre (MSC) Mobil(kommunikations)-Vermittlungseinrichtung *f (GSM)*, Funkvermittlungsstelle *f*

mobile station (MS) Mobilstation *f*, mobile Station *f (C-Netz, GSM RSS)*, Mobil-Benutzerstation *f (GSM)*, Endgerät *n (D2 GSM)*, Teilnehmer *m*, Funkteilnehmer *m*, Funkteilnehmerstation *f*, Teilnehmerstation *f*, Teilnehmergerät *n* (TG), Mobiltelefon *n*, Mobilfunkgerät *n (Mobilfunk allgemein)*

mobile station originated Mobilstation *f* ausgehend *(GSM SMS)*

mobile station roaming number (MSRN) Roamingnummer *f*, Aufenthalts-Rufnummer *f (GSM, s. Tabelle VII)*

mobile station terminated Mobilstation *f* eingehend *(GSM SMS)*

mobile subscriber Funkteilnehmer *m* (FuTln), Mobilteilnehmer *m*

mobile subscriber A (MSA) A-Teilnehmer *m*

mobile subscriber B (MSB) B-Teilnehmer *m*

mobile subscriber identification number (MSIN) Mobil-Teilnehmerkennung *f (GSM, s. Tabelle VII)*

mobile subscriber identity (MSI) Teilnehmerkennung *f (GSM, s. Tabelle VII)*

mobile subscriber ISDN number (MSIDN, MSISDN) ISDN-Mobilrufnummer *f (GSM, s. Tabelle VII)*

mobile subscriber roaming number (MSRN) Aufenthalts-Rufnummer *f*, Roamingnummer *f*, Wegenummer *f (GSM, s. Tabelle VII)*

mobile switching centre (MSC) Funkvermittlungsstelle *f* (FVSt), Mobilvermittlungsstelle *f*, Mobilvermittlungseinrichtung *f (C-Netz, GSM, dem BSS übergeordnete Hierarchieebene)*; Überleiteinrichtung *f* (ÜLE) *(Mobilfunk)*

mobile telecommunications network Mobilfunknetz *n*

mobile telephone Mobiltelefon *n*, Handy *n*, Funktelefon *n*, Funksprechgerät *n*, Autotelefon *n*; Endgerät *n (D2 GSM, s. Tabelle VII)*

mobile telephone exchange (MTX) Funkvermittlungsstelle *f (US)*

mobile telephone network Autotelefonnetz *n*, Funktelefonnetz *n*, Mobilfunknetz *n*

mobile telephone service Funktelefondienst *m* (FuTelD)

mobile telephone switching office (MTSO) Mobilfunk-Überleitstelle *f*, Funktelefonvermittlungsstelle *f (US)*

mobile-terminal (MT) mobiles Endgerät *n (GSM, s. Tabelle VII)*

mobile-terminated (MT) Mobilstation *f* ankommend, eingehend *(Anruf, SMS, GSM 01.04, s. Tabelle VII)*

mobile terminated call (MTC) an den Funkteilnehmer gerichteter ankommender Anruf *m*, am Mobiltelefon ankommender Ruf *m*, ankommende Verbindung *f (GSM)*

mobile-to-base abgehend

mobile transceiver Funksprechgerät *n*, Autofunkgerät *n*

mobile transmitter Übertragungswagen *m (Mobilfunk)*

mobile unit Mobilteil *m*, Mobileinheit *f*

mobile videophone mobiles Bildtelefon *n (UMTS, nach H.324M, s. Tabelle III)*

mobility Mobilität *f (Mobilfunk)*; Beweglichkeit *f*, Nachgiebigkeit *f (mech.)*

mobility control Mobilitätssteuerung *f (Mobilfunk)*

mobility management Mobilitätsverwaltung *f (Mobilfunk)*

mobility server Mobilitäts-Server *m*, Mobility Server *m (ATM mobile, DECT/GSM-Konnektivität)*

mobility support Mobilitätsunterstützung *f (IP-Mobilfunk, IAB RFC 2002-2004, 2344, s. Tabelle VIII)*

MOC s. mobile originated call

MOD (magneto-optical disk) magnetooptische Platte *f (wiederbeschreibbar)*

mode Modus *m*, Betriebsart *f* (BA); Zustand *m*; Ebene *f (z.B. Befehlsebene)*

mode bit Betriebsartbit *n*

mode change Betriebswechsel *m*

mode control logic Betriebssteuerlogik *f*

mode converter Modenwandler *m (FO)*

mode division multiplex (MDM) Modenmultiplex *n (FO)*

mode enable Betriebsartfreigabesignal *n*

mode field diameter Felddurchmesser *m (FO)*

mode selection switch Funktionsschalter *m*

mode setting command Befehl *m* zur Betriebsartfestlegung

mode size Modenfleckdurchmesser *m (FO)*

model Modell *n*; Ausführung *f*, Bauform *f*, Baumuster *n*

modem (modulator/demodulator) Modem *m*, Anpassungseinrichtung *f*, Datenumsetzer *m* (DU), Umsetzer *m (Datenübertragung auf analogen Leitungen, Datenumsetzer digital/analog-analog/digital, s. Tabellen V u. VI)*

modem bypass Modem-Eliminator *m*, Nullmodem *m* (0-Modem)

modem eliminator Modem-Eliminator *m*, Nullmodem *m* (0-Modem); Kreuzkabel *n (DEE-DEE-Direktverbindung)*

modem socket Modemdose *f (TAE6 bzw. ADo8)*

moderate mäßig *(Geschwindigkeit)*, mittelmäßig *(Güte)*

modification of COS Berechtigungsumschaltung *f*

modification wiring list Nachlegeliste *f*

modified monitored sum code MMS43-Code *m (DTAG BA-Leitungscode, 43 = 4B3T-Codierung)*

modified Palm Jacobus formula MPJ-Formel *f*

modular concept Baukastenprinzip *n*

modulate modulieren, aussteuern

modulating voltage Modulationsspannung *f*

modulation Modulation *f*; Austeuerung *f (Sender)*

modulation accuracy Modulationssicherheit *f (OFDM)*

modulation depth Modulationstiefe *f (AM)*

modulation error ratio (MER) Modulationsfehlerverhältnis *n (in dB; DVB, to ETR 290)*

modulation factor Modulationsgrad *m*

modulation index Modulationsindex *m (FM)*

modulation level Modulationshöhe *f*, Modulationsniveau *n*, Modulationsstufe *f (OFDM, z.B. 16QAM, 64QAM, DVB)*

modulation percentage Modulationsgrad *m*

modulation point Modulationspunkt *m (OFDM)*

modulation range Aussteuerungsbereich *m*

modulation rate Modulationsrate *f*, Schrittgeschwindigkeit *f (in Bd)*, Schrittrate *f*

modulation stage Modulationsstufe *f (HW)*

modulation step Modulationsschritt *m (OFDM, DÜ)*

modulation symbol Modulationssymbol *n (DVB)*

modulator Modulator *m*; Sendeumsetzer *m (dig. TV)*

modulator and demodulator stages Umsetzerstufen *fpl*

module Baugruppe *f* (BG), Modul *n*; Print *n*

19″ rack size module 19″-Raster-Modul

module administration and maintenance controller (AMC) Modul-Betriebssteuerung *f*

module dependability system Modulsicherheitstechnik *f (Verm)*

module extractor Baugruppenziehwerkzeug *n*

module extractor tool Ziehwerkzeug *n*

module frame Baugruppenrahmen *m* (BGR)

module group Großmodul *n*

module handle earth Blendenerde *f*

modulo N Modulo-N *n (eine Anzahl N von z.B. Telegrammen oder Rahmen, die vor Rücksetzen des Zählers bzw. erforderlicher Bestätigung hochgezählt werden kann)*

m-of-n system m-aus-n-System *n (Systemanalyse)*

MOH (music on hold) Wartemusik *f*

molested subscriber belästigter Teilnehmer *m*

monitor Monitor *m (Anzeige)*; Wächter *m (Alarm)*, Kontrollempfänger *m (Rundfunk, Funkfeld)*, Überwacher *m* *(z.B.Synchronspitzenleistung, TV)*; überwachen; erkennen, erfassen; mitlesen *(Kanal)*, abhören *(auch Datenverkehr)*

monitored channel Beobachtungskanal *m*

monitored section Überwachungsabschnitt *m*

monitored value Überwachungsgröße *f*

monitoring Überwachung *f*, Ablaufüberwachung *f*, Ablaufverfolgung *f*, Aufschalten *n*, Kontrolle *f*, Beobachtung *f*, Verfolgung *f*; Abhören *n*

monitoring, alarm and control facility (MAC) Überwachungs-. Alarm- und Kontrolleinrichtung *f (Sat.-Bodenstation)*

monitoring attack Abhörangriff *m*

monitoring decoder Meßdecoder *m (RDS)*

monitoring detector Meßempfänger *m (Funkruf)*

monitoring device Abhörvorrichtung *f*

monitoring interval Abhörintervall *n (Bluetooth, q.v.)*

monitoring protection Aufschalteschutz *m (Tel)*

monitoring-protected call Datenschutzverbindung *f (NStAnl)*

mono carrier Monoträger *m (TV)*

monofunctional einfunktional *(Endgerät)*

monomode einwellig, Einmoden... *(FO)*

monomode fibre Einmodenfaser *f (FO)*

monomode insertion loss Monomode-Einfügungsverlust *m*

monopole antenna Monopolantenne *f*

monopoly services Monopolleistungen *fpl*

monotonic monoton *(linear steigende <u>oder</u> fallende Kennlinie)*

monotonous monoton

MOP (machine-oriented protocol) maschinenorientiertes Protokoll *n (Netzmanagement)*

More Weitere Optionen *(MS-Windows-Anweisung, PC)*

more significant höherwertig *(Bit)*

Morphological Analyzer Lemmatisieren *(Anweisung im elektronischen CD-ROM-Wörterbuch, PC)*

MOS (Mean (subjective) Opinion Score) mittlere Bewertung *f (NF)*

MOS (message-oriented signalling) Mitteilungssignalisierung *f*

mosaic Mosaik *n*; gerastert *(Bildschirm)*

MOSFET metal oxide silicon FET *(Halbl.)*

most significant bit (MSB) höchstwertiges Bit *n*

motherboard Grundplatine *f*, Hauptplatine *f*, Mutterplatine *f (PC)*

motion adapted bewegungsrichtig

motion adaptive bewegungsadaptiv

Motion Adaptive Color Plus (MACP) bewegungsadaptives Colorplus *n (Verfahren gegen Crosscolor- und Cross-Luminanz-Bildstörungen, PALplus)*

motion compensating frame interpolator (MCFI) bewegungskompensierender Bildinterpolator *m (Videocodierung)*

motion compensation Bewegungskorrektur *f*

motion compensatory prediction bewegungskompensative Prädiktion *f (Videocodierung, MPEG-2)*

motion estimator Bewegungs(ein)schätzer *m (Videocodierung)*

motion vector Bewegungsvektor *m (Videocodierung)*

MOTIS (Message-Oriented Text Interchange Standard) Mitteilungsdienst *m (ISO, entspricht ITU-T Empf. X.400, s. Tabelle VI)*

motor circuit breaker Motorschutzschalter *m*

motor-driven motorisch

moulded plastic Preßstoff *m*

moulded plug Kunststoffstecker *m*

mount montieren, befestigen; anmelden, mounten *(Betriebssystem)*

mounting adapter Einbausatz *m*

mounting bracket Montagewinkel *m*

mounting hardware Befestigungsteile *npl*

mounting location Einbauplatz *m oder* -ort *m oder* -stellung *f*

mounting rail Tragschiene *f*

mouse Maus *f (PC-Eingabevorrichtung)*

mouse cursor Mauszeiger *m (PC)*

mouse pad Mausunterlage *f (PC)*

mouse pointer Mauszeiger *m (PC)*

mouthpiece Sprechmuschel *f (Tel)*

mouthpiece circuit Sprechkreis *m (akustisch, Tel)*

movable ortsveränderlich, beweglich

Move Verschieben *(MS-Windows-Anweisung, PC)*

moving average gleitender Mittelwert *m*

moving image Bewegtbild *n*

MPC (multimedia PC) Multimedien-PC *m (Standard des MPC Council, Washington, empfiehlt PC-Mindestleistungen für Multimedia-Betrieb)*
  MPC I (MPC Level I) MPC-Stufe *f* I *(Intel 80386)*
  MPC II (MPC Level II) MPC.Stufe *f* II *(Intel 80486)*

MPEG Motion Picture Experts Group *(Gemeinsame ISO/IEC-Arbeitsgruppe zur Ausarbeitung eines Datenkompressionsstandards für Bewegtbilder, 1988; engl. Aussprache: "Empeg")*
  MPEG-1 MPEG-Standard für Multimedien-Video *(digitale Bewegtbild- bzw. Tonfilmcodierung für CD-ROM, CD-I, Computer etc., VHS-Qualität, Datenrate 1–15 Mbit/s, vollbildbasierend, 1992, ISO/IEC 11172-1 (Systems) /-2 (Video) / -3 (Audio))*
  MPEG-2 Weiterentwicklung von MPEG-1 für Fernsehen *(Quellencodierung für Fernsehübertragung (DVB, q.v.), TV-Studio-Qualität, Datenrate 3–100 Mbit/s, voll- und teilbildbasierend, Nov. 1994, ISO/IEC 13818-1/2/3,)*
  MPEG-2 audio MPEG2-Audio *n (digitale DVD-Audiocodierung nach dem MPEG-2-Standard; Abtastrate 48 kHz, 16 Bit, max. Datenrate 640 kb/s, 3x5.1 (oder 7.1) Kanäle, d.h. 3 Kanäle nach vorn und 2 Rundumkanäle und 1 Tiefsttonkanal; s. "MP3", s.a. "AC-3-Codierung")*
  MPEG-3 ursprünglich für HDTV-Anwendungen vorgesehen *(Datenrate 20–40 Mbit/s, seit 1992 Teil von MPEG-2)*
  MPEG-4 interaktive AV-Multimedia-Anwendungen *(Datenrate 0,01–1 Mbit/s, 2-64 kb/s für den zugehörigen Ton, Komprimierungsfaktor 1:100, z.B. Bildtelefon, SNHC, MSDL)*

MPEG audio decoder MPEG-Audiodecoder *m (IDTV, STB)*

MPEG video decoder MPEG-Videodecoder *m (IDTV, STB)*

MPLPC s. multipulse linear predictive coding

MPLS s multi-protocol label switching

MP@ML (main profile @ main level) Hauptprofil *n* auf Hauptebene *(das Haupt-Videoformat im DVB-Standard)*

MPP (massively parallel processing) massiv-parallele Verarbeitung *f (VOD)*

MPR s. multi-protocol router

MPS (medium power satellite) Satellit *m* mittlerer Sendeleistung

MPSB (microprocessor system bus) Mikroprozessor-Systembus *m*

MPT Ministry of Posts and Telecommunications *(GB)*
  MPT 1327 DTI-Signalisierungsstandard *m* für Bündelfunk *(zufallsmäßiger Zugriff in S-Aloha-Technik mit dynamischer Rahmenlänge, Philips)*
  MPT 1343 DTI CAI-Protokoll *(q.v., Telegrammfolgen und physikalische Parameter)*

MPT s. multipoint-to-point tree

MPU (microprocessing unit) Mikroprozessoreinheit *f (PC)*

MPX s. multiplex

MP3 (MPEG-2 Layer 3) **encoder** MP3-Codierer *m (Audiokompression nach dem MPEG-2-Standard (s. "MPEG-2 audio"), DVD, Internet, s.a. "AC-3-Codierung")*

MQW laser (multiple quantum well laser) MQW-Laser *m (FO)*

MR constellation MR-Konstellation *f*, Multi-Resolution-Konstellation *f (OFDM, DVB)*

MRIS (managed recorded information services) verwaltete Ansagedienste *mpl (BT)*

MRJE (multileaving remote job entry) verschachtelte Jobfernverarbeitung *f*

MRO (Maintenance, Repair and Operation) Instandhaltung *f*, Reparatur *f* und Betrieb *m (auch: "indirekte Güter")*

MRQAM (multiresolution QAM) Multi-Resolution-QAM *f (DVB-T)*

MRS s. multi-role switch

MS (message store) Nachrichtenspeicher *m (ITU-T Empf. X.400, s. Tabelle VI)*

MS Microsoft Corporation, California *(US-Software-Firma, entwickelte z.B. die Be-*

nutzeroberfläche MS-Windows und das Betriebssystem DOS für PCs)

MS s. mobile station

MS (music/speech switching) Musik-/ Sprache-Umschaltung *f (RDS)*

MSA (Metropolitan Service Area) Großstadt-Versorgungsbereich *m (umfaßt mindestens 50000 Einwohner und Umgebung, US, s.a. "RSA")*

MSA (mobile subscriber A) A-Teilnehmer *m*

MSB (mobile subscriber B) B-Teilnehmer *m*

MSB s. most significant bit

MSC Matrix Systems Corporation

MSC (Medium-rate Speech Coding) mittelratige Sprachcodierung *f*

MSC s. mobile (service) switching centre

MSDL (MPEG-4 Syntactic Description Language) Programmiersprache *f* für SNHC *(MPEG-4)*

MS DOS (Microsoft Disk Operating System) **prompt** MS-DOS-Eingabeaufforderung *f*

MSDSE (maritime satellite data switching exchange) maritime Satelliten-Datenvermittlungsstelle *f (INMARSAT)*

MSE (mean square error) mittlerer quatratischer Fehler *m*

M Series of ITU-T Recommendations M-Serie *f* der ITU-T-Empfehlungen *(betrifft Betrieb und Wartung, s. Tabelle III)*
M.1020 *ITU-Empfehlung für internationale Mietleitungen, s. Tabelle III*
M.3xxx *ITU-Empfehlungen für TMN, s. Tabelle III*

MSFN (Manned Spaceflight Network) Funkverbindungsnetz *n* für die bemannte Raumfahrt

MSG (message) Nachricht *f*, Meldung *f*; Telegramm *n (TEMEX)*

MSI s. mobile subscriber identity

MSIN s. mobile subscriber identification number

MSIDN s. mobile subscriber ISDN number

MSISDN s. mobile subscriber ISDN number

MSK (minimum shift keying) Mindestwertumtastung *f*, Minimum-Frequenzumtastung *f*

MSN (Manhattan Street Network) Manhattan-Straßen-Netz *n*

MSN (multiple subscriber number) Mehrfach-Teilnehmernummer *f*

MSP (manual switching position) Vermittlungsplatz *m*

Msps (Megasymbols per second) Millionen Symbole pro Sekunde *(Burstübertragung)*

MSRN s. mobile station *oder* mobile subscriber roaming number

MSS (MAN switching system) MAN-Vermittlungsanlage *f*

MSS s. mobile satellite service

MSU (message signal unit) Nachrichten-Zeicheneinheit *f*

MT (mini-tower case) Minitower-Gehäuse *n (PC)*

MT (mobile terminal) mobiles Endgerät *n (GSM, s. Tabelle VII)*
MT0 MT-Schnittstelle für Komplettgerät *(e.g. laptop with RSS, GSM)*
MT1 MT-ISDN-Schnittstelle *(GSM)*
MT2 MT-R-Schnittstelle *(GSM)*

MT (mobile terminated) Mobilstation *f* eingehend *oder* ankommend *(Anruf, GSM, s. Tabelle VII)*

MTA (message transfer agent) Transfersystemteil *m*, elektronisches Postamt *n*

MTB (main traffic burst) Bündelburst *m*

MTBF (mean time between failures) mittlerer Ausfallabstand *m*, Fehlerzahl *f*, mittlere Verfügbarkeitszeit *f* zwischen Ausfällen

MTC (mid-talkspurt clipping) Sprachausblendung *f*

MTC (mobile terminated call) am Mobiltelefon ankommender Ruf *m*, ankommende Verbindung *f (GSM)*

MTE (message transfer event) Nachrichtenübertragungsereignis *n (ISDN)*

MTE (mobile telecommunication equipment) mobile Endgeräte *npl*

MTN (managed transmission network) verwaltetes Übertragungsnetz *n*

MTP (message transfer part) Nachrichtenübertragungsteil *m*

MTR (magnetic tape recording) Magnetbandaufzeichnung *f* (MAZ)

MTS (message telephone service) Ferngesprächsdienst *m (US)*

MTS (message transfer service) MT-Dienst *m*

MTS (MPEG-2 transport stream) MPEG-2-Transportstrom *m (Datenpakete, DVB)*

MTSO (mobile telephone switching office) Mobilfunk-Überleitstelle *f*, Funktelefonvermittlungsstelle *f (US)*

MTTF (mean time to failure) mittlere Zeit *f* bis zur (ersten) Störung, mittlere Funktionsdauer *f*

MTTR (mean time to repair) mittlere Reparaturzeit *oder* Reparaturdauer *f*, mittlere Fehlerdauer *f*

MTU (maintenance termination unit) Wartungs-Anschlußeinheit *f (Tel.)*

MTU (maximum transfer unit) maximale Transferlänge *f (layer-1 protocol)*

MTX s. mobile telephone exchange

MUF (maximum usable frequency) höchste Nutzfrequenz *f (Mobilfunk)*

MULAP s. multi-line appearance)

MULDEX s. multiplexer/demultiplexer

multi-access line Mehrfachanschluß *m*

multi-access point Mehrfachanschluß *m*

multi-access radio system Punkt-Mehrpunkt- Funksystem *n*, Funksystem *n* mit mehreren Anschlüssen *(RURTEL q.v.)*

multi-address branching gefächerter Sprung *m*

multi-address call Gruppenruf *m ("Cityruf")*

multi-address calling Rundsenden *n*

multi-address communication Gruppenkommunikation *f (PMR)*

multi-address connection Rundsendeverbindung *f (ATM)*

multi-addressing device Rundsendeeinrichtung *f*

multiband antenna Mehrbereichsantenne *f*

multibeam antenna Mehrstrahlantenne *f (Sat)*

multibeam coverage Vielstrahlbedeckung *f (Sat)*

multiburst Multi-Zeitrahmen *m (DECT)*

multiburst signal Multiburst *m (TV)*

multi-call Vielfachanruf *m (ISDN)*

multi-call handling Vielfachanruf-Bearbeitung *f*

multi-carrier CDMA (MC CDMA) Mehrträger-CDMA *n*

multi-carrier method Multiträgerverfahren *n*, Vielträgerverfahren *n (OFDM, DVB)*

multicast Punkt-Mehrpunkt-Kommunikation *f*, Multicastfunktion *f (ATM)*, Gruppenruf *m (LAN)*

multicasting Punkt-Mehrpunkt-Kommunikation *f (ATM)*

multicast message distribution Rundschreibnachrichtenübermittlung *f*

multicasting Rundsenden *n*, Rundschreiben *n*

multi-channel per carrier (MCPC) **system** Mehrkanal-pro-Träger-System *n (Sat)*

multi-computer system Mehrrechnersystem *n*

multicoupler Antennenweiche *f* (AtWe)

multi-digit display mehrstellige Ziffernanzeige *f*

multidimensional multiple access (MDMA) mehrdimensionaler Vielfachzugriff *m (Frequenz- und Zeitspreizung)*

multidrop Mehrpunktverbindung *f (MUXs, gemeinsamer Kanal für Mehrfachanschlüsse)*

multi-element signal Mehrelementen-Signal *n*

multi-endpoint connection Mehrpunktverbindung *f*

multi-feed system Mehrfachempfang *m (Sat)*

multiframe (MF) Mehrfachrahmen *m*, Überrahmen *m (TDM)*, Multi-Zeitrahmen *m* (MZR) *(DECT)*

multiframe alignment Überrahmensynchronisierung *f (PCM)*

multiframe alignment signal Signalisierungs-Rahmenkennungswort *n (PCM)*, Rasterkennwort *n (Leitungsprüfung)*

multiframe alignment signal (FAS) Mehrfachrahmen-Rahmenkennwort *n* (M-RKW), Multiframe-Rahmenkennwort *n* (M-RKW)

multiframing Mehrfachrahmensynchronisierung *f*

multifrequency code (MFC) Mehrfrequenz-Code *m (PCM-Zeichengabe)*

multifrequency code (MFC) **dialling** Mehrfrequenz-Codewahl *f*

multifrequency code signalling Mehrfrequenz-Code-Zeichen *n (PCM)*

multifrequency dialling Mehrfrequenzwahl *f* (MFV)

multifrequency receiver Mehrfrequenzempfänger *m* (MFE) *(NStAnl)*

multifrequency transmitter Mehrfrequenzsender *m* (MFS) *(NStAnl)*

multifunctional communication device multifunktionales Kommunikationsgerät *n*, Multikom-Gerät *n (ehem. Ceptel, Vtx-Terminal mit Telefonoption)*

multifunctional communication system multifunktionales Kommunikationssystem *n* (MFKS) *(Multimedien-Arbeitsplatz)*

multifunctional communication terminal Verbund-Kommunikationsendgerät *n*

multifunction rocker switch Kreuzwippe *f (MAZ)*

multifunction terminal Mehrdienstterminal *n (Tel)*

multi-homing Teilnehmerdoppeleinbindung *f (Tel)*

multihop in mehreren Teilstrecken *fpl (Verbindung allg.)* Mehrsprung-... *(Funk- u. Sat.-Verbindung)*

multi-joint box (MJB) Verbindungs- und Verteildose *f* (VVD) *(Tel)*

multi-layer coding Multilayer-Codierung *f*, mehrschichtige Codierung *f (DVB)*

multileaving remote job entry (MRJE) verschachtelte Jobfernverarbeitung *f*

multi-level charge storage (MLCS) Mehrpegel-Ladungsspeicherung *f (Mikroelectronik)*

multi-level code mehrwertiger *oder* mehrstufiger Code *m*

multi-level coder Mehrebenen-Codierer *m*, Mehrschicht-Codierer *m (DVB)*

multi-level network mehrstufiges Netz *n (Hierarchiestufen)*

multi-level precedence and preemption service Mehrstufen-Prioritäts- und Entziehungsdienst *m*

multi-level QAM (MLQAM) QAM *f* mit mehreren Kennzuständen

Multiline BT-Primärratenanschluß *m oder* Multiplexanschluß *m (ISDN-S_{2M}, 2 MB/s, Kapazität 30xB_{64}+D_{64}-Kanäle, seit 1988, heute "ISDN 30")*

multi-line appearance (MULAP) mehrfach aufliegende Leitung *f (Reihenanlage)*

multi-line hunt group Mehrfachanschluß-Sammelgruppe *f*

Multiline IDA s. Multiline

multilingual mehrsprachig

multilink Mehrfachanschluß *m*, Mehrfachübermittlung(sabschnitt *m*) *f*

multimedia document (MMD) Multimediendokument *n (Mixed-Mode-Dokument, das zusätzlich zum Text Grafik-, Sprach- und (Bewegt-)Bildinformationen enthalten kann)*

multimedia home platform (MHP) MHP-Plattform *f (Set-Top-Box CI-Anwendung)*

multimedia kit Multimedia-Aufrüstsatz *m (umfaßt CD-ROM-Laufwerk, Soundkarte und Lautsprecher, MPC)*

multimedia PC (MPC) Multimedia-PC *m (PC zur Wiedergabe verschiedener Medien wie Text, Bild, Ton und Video)*

multimedia server Multimedia-Server *m (Bereitstellung von über 20.000 parallel angebotenen Video-Datenstationen, VOD)*

multimedia service Multimediendienst *m (B-ISDN, Informationsdienst mit komplexen Mixed-Mode-Dokumenten und Layoutstrukturierung, Zugriff inhaltsorientiert über Stichworte, s. "Hypermedien")*

multi-mode dispersion Intermodendispersion *f (FO)*

multi-mode fibre (MM fibre) Multimodenfaser *f (FO)*

multiparty service Dienst *m* für Mehrpunktverbindungen *(ISDN)*, Konferenzschaltung *f (D2-Zusatzdienst)*

multi-pass writing Mehrfachschreiben *n (Video)*

multipath effect Mehrwegübertragungseffekt *m (DVB-T)*, Echobild *n (TV)*

multipath fading Mehrwege-Fading *n*, Mehrwegeschwund *m (Mobilfunk)*

multipath signal Umwegsignal *n*

multi-pin mehrpolig

multiple vielfach; vielfach schalten; Vielfachschaltung *f*

multiple access Vielfachzugriff *m*, Mehrfachzugriff *m*

multiple-access installation Installation *f* mit mehreren Anschlüssen *(ISDN)*

multiple access interference Vielfachzugriffsinterferenz *f* (MAI)

multiple access method Teilnehmerseparierungsverfahren *n (CDMA)*

multiple adapter Mehrfachstecker *m (El.)*

multiple backup Mehrfachabstützung *f (Vermittlungsanlage)*

multiple-beam antenna (MBA) Mehrstrahlantenne *f (Sat)*

multiple bit error Bit-Vielfachfehler *m*

multiple call indicator Reihenrufanzeige *f (Reihenanlage)*

multiple call appearance mehrfach aufliegende Verbindung *f*; Vielfachrufanzeige *f*, Vielfachrufsignalisierung *f (an mehreren DEE, Tk-Anlage)*

multiple connections Mehrfachverbindungen *fpl (ISDN)*

multiple display image Mehrfachanzeigebild *n (TV, Bild-im-Bild)*

multiple fibre array connector (MAC) optischer Mehrfachsteckverbinder *m (FO)*

multiple frame established state Prozedurzustand *m* "Mehrfachrahmenbetrieb"

multiple-path (switching) network Koppelfeld *n* mit mehrfacher Wegeführung *(ATM)*

multiple parties Mehrpunktverbindungen *fpl (ISDN)*

multiple polling Mehrfachabruf *m (Fax)*

multiple routing Mehrwegeführung *f*

multiple subscriber number (MSN) Mehrfach-Teilnehmernummer *f (ISDN)*, Mehrfachrufnummer *f*

multiple use of channels Kanalteilung *f*

multiplex Multiplex *n* (MPX) *(ITU-T I.430, s. Tabelle IV)*, Vielfach *n*; Multiplex *m (MPEG-2: Audio, Video u. Zusatzdaten (SI, PSI); ISO 13818)*; bündeln *(FO)*; (zeitlich) verschachteln *oder* verschränken; zusammenstellen, zusammensetzen, multiplexen *(TDM)*

multiplexed gemultiplext, verschachtelt, zeitlich verschränkt *oder* verzahnt

multiplexed analog components (MAC) gemultiplexte Analogkomponenten *fpl (TV)*

multiplexed at bit level bitebenenverschachtelt

multiplexed channels Kanalbündel *n*

multiplexed data stream Multiplex *m (MPEG-2, s.a. "Programm-Multiplex" u. "Transport-Multiplex")*

multiplexed D channel Multiplex-D-Kanal *m* (Dm) *(ISDN)*

multiplexer (MUX) Multiplexer *m*, Kommutator *m (Telemetrie)*; Vielfach *n*, Verteiler *m*, Vielfachübertrager *m*

multiplexer/demultiplexer (MULDEX) Multiplexer/Demultiplexer *m*

multiplex factor Multiplexfaktor *m*

multiplex ID (MID) Multiplex-ID *f (Tunnelprotokoll (q.v.))*

multiplexing Bündelung *f*, Multiplexbetrieb *m*, Multiplexbildung *f*, Verschachtelung *f*, Vielfachübertragung *f*; Vielfachnutzung *f (Antenne)*

multiplexing gain Multiplexgewinn *m (ATM)*

multiplexing identification (MID) Multiplexkennzeichnung *f*

multiplexing level Bündelungsebene *f*

multiplex link Mehrfachanschluß *m*

multiplex switch Vielfachkoppler *m*, Multiplexkoppler *m*

multiplication Überlagerung *f (Pulsmodulation)*

multiplier Multiplizierer *m*, Multiplikator *m*, Vervielfacher *m*; Vorwiderstand *m (Prüfung)*

multipoint Mehrpunkt *m (ITU-T I.113, s. Tabelle IV)*

multipoint access Mehrfachanschluß *m*

multipoint-capable mehrpunktfähig

multipoint conference system Mehrpunkt-Konferenzeinrichtung *f* (MKE)

multipoint connection Mehrpunkt-Anschluß *m (ISDN)*, Mehrfachanschluß *m*, Mehrgeräteanschluß *m*

multipoint connector Steckerleiste *f*

multipoint controller (MC) Mehrpunktsteuerung *f (ITU-T H.323 q.v.)*

multipoint control unit (MCU) Mehrpunktsteuereinheit *f (ITU-T H.323 q.v.)*

multipoint distribution service (MDS) Mehrpunkt-Verteildienst *m (2,1 GHz-Band)*

multipoint interface Mehrgeräteanschluß *m (ISDN)*

multipoint multi-channel (microwave) distribution service (MMDS) Mehrkanal-Mikrowellenverteildienst *m (TV, GB)*

multipoint network Knotennetz *n*

multipoint-to-point service Datensammeldienst *m*, Sammeldienst *m (VSAT)*

multipoint-to-point tree (MPT)Mehrpunkt-Punkt-Baum *m (IP-Routing)*

multipoint traffic Gemeinschaftsverkehr *m (FW)*

multiport memory (MPM) Speicher *m* mit Mehrfachzugriff

multiport network Mehrtor *n (Schaltung)*

multiprocessing Mehrprozessorbetrieb *m*

multiprocess operating system Mehrprozess-Betriebssystem *n*

multiprocessor system Multiprozessorsystem *n*, Mehrprozessorsystem *n*

multi-protocol label switching (MPLS) Multi-Protokoll-Etikett- Austausch *m (IP-Verfahren)*

multi-protocol router (MPR) Multi-Protokoll-Router *m (ISDN)*

multipulse linear predictive coding (MPLPC) Multipuls-LPC *f*

multipurpose interface Universalschnittstelle *f (ISDN)*

multirate bearer capability Mehrkanal-Übermittlungsdienst *m*

multirate circuit switching Mehrkanal-Durchschaltevermittlung *f*

multiresolution computation Multiskalen-Analyse *f (Bildverarbeitung)*

multiresolution QAM (MRQAM) Multi-Resolution-QAM *f (DVB-T, hierarchische Übertragung)*

multi-role switch (MRS) Koppeleinrichtung *f* für Mehrfachnutzung

multiscan monitor Mehrfrequenz-Monitor *m*, Multiscan-Monitor *m (PC)*

multi-section count abschnittsweise Zählung *f (mech.)*

multiservice communication Mehrfachkommunikation *f*

multi-services terminal Mehrdiensttterminal *n (Tel)*

multi-service type of communication Mehrdienstekommunikation *f (ISDN)*

multi-stage switching network mehrstufiges Koppelfeld *n (ATM)*

multistar structure Mehrfachsternstruktur *f (Netz)*

multi-state memory Mehrzustandsspeicher *m*

multistation access unit (MAU) Mehrfachendgeräte-Anschlußeinheit *f (LAN)*

multistation system Mehrplatzsystem *n (LAN)*

multiswitch Multischalter *m*, Multiswitch *m (Sat-Verteiler)*

multisync monitor Mehrfrequenz-Monitor *m*, Multisync-Monitor *m (PC)*

multitasking Abarbeitung f mehrerer Aufgabenprogramme *(DV)*, Mehrprozeßbetrieb *m*, Multitasking *n (Rechnerbetrieb)*

multitasking mode Teilhaberbetrieb *m (DV)*

multi-terminal configuration Mehrgerätekonfiguration *f (ISDN)*

multi-terminal installation Mehrfachendgeräte-Anschluß *m*

multi-topical multithematisch

multitrack recording Vielspuraufzeichnung *f (MAZ)*

multiuser detection Mehrsignaldetektion *f (Empfänger, Mobilfunk)*

multi-user mobile station (MUMS) Mehrbenutzer-Mobilstation *f*

multi-user system Mehrplatzsystem *n (NStAnl)*; Mehrteilnehmeranlage *f (Kabel-TV)*

multi-valued mehrwertig

multi-valuedness Mehrdeutigkeit *f*, Mehrwertigkeit *f*

multi-valued function mehrwertige *oder* nicht eindeutige Funktion *f*

multi-vendor herstellerunabhängig, herstellerneutral

multi-vendor network Multivendor-Netz *n (d.h. Netz mit Komponenten mehrerer Lieferanten)*

multiway switch Mehrwegschalter *m*, Signalverteiler *m (LAN)*

MUMS s. multi-user mobile station

MUSE Multiple Sub-Nyquist Sampling Encoding *(NHK-HDTV-Codierungsmethode)*

music centre Musik-Center *n*, Kompaktanlage *f*

music injection Musikeinspielung *f (Tel)*

music on demand Musik *f* auf Abruf *(DTAG-Internet-Projekt, MPEG-1)*

music on hold (MOH) Wartemusik *f*, Beruhigungssystem; Musikeinspielung *f*

music/speech switching Musik-/Sprache-Umschaltung *f* (MS)

music-while-you-wait Wartemusik *f*

MUSICAM (masking pattern adapted universal subband integrated coding and multiplexing) an die Mithörschwelle *f* angepaßte teilbandintegrierte Codierung und Multiplexbildung *f (DAB, DCC, MPEG-1-Audio Layer 2)*

mutilate verfälschen *(Zeichen)*, verstümmeln

muting elektronische Störaustastung *f* (ESA) *(FM-Rundfunk)*; Stummschaltung *f*

mutual broadcasting Gleichwellenfunk *m*

MUX s. multiplexer

MVDS (microwave video distribution service) Mikrowellen-Videoverteildienst *m (GB)*

MX (main exchange) Hauptvermittlungsstelle *f* (HVSt), Hauptzentrale *f* (Hz), Vermittlungszentrale *f* (Vz)

N

NA (network adapter) Netzanpassung *f (ISDN)*

NAB National Association of Broadcasters *(US)*

NABTS North American Basic Teletext Specification *(US)*

NACD s. network automatic call distribution

NACK s. negative acknowledgement

nadir bulk data transmission (NBDT) Volumen-Datenübertragung *f* im Nadir *(Sat)*

nailed connection (NC) Langzeitverbindung *f (Hilfsdienstkanal, ISDN)*

nailed-up connection semipermanente Verbindung *oder* Durchschaltung *f*, Langzeitverbindung *f*

NAM (network access method) Netzzugriffsverfahren *n (Mobilfunk)*

name key Namentaste *f*, Ziel(wahl)taste *f (K.-Tel)*

names display Namensanzeige *f (ITU-T H.450.8)*

name identification Namensanzeige *f*

name server (elektronisches) Namensverzeichnis *n (MHS SW, ITU-T Empf. X.400, s. Tabelle VI)*

name server system elektronisches Verzeichnissystem *m (ITU-T Empf. X.400, s. Tabelle VI)*

name space Namensraum *m*, Bezeichnungsraum *m (in einer Nachricht, DV)*

NAMPS (narrow-band AMPS) Schmalband-AMPS-Dienst *m (US, abgeleitet von NTACS, q.v.)*

NAN (Not a Number) Keine Nummer *(DSP-Steuersignal)*

NAP s. network access point

NAPI (Numbering and Addressing Plan Identifier) Numerierungs- und Adressierungskennung *f (ISDN)*

NAPLS (North American Presentation Layer Protocol Syntax) nordamerikanische Protokollsyntax *f* für die Präsentationsschicht *(AT&T/ANSI-Vtx-Standard, nach Telidon, Kanada)*

narrowband (NB) Schmalband *n* (SB) *(auch Bezeichnung für Standard 64-kB-Übertragung, s. "wideband", "broadband", US)*

narrow-band FM (NFM) Schmalband-FM *f*

narrow-band interference source Schmalband-Störer *m*

narrow-band noise farbiges Rauschen *n*,Schmalband-Störer *m*

narrow-band service Schmalbanddienst *m (bis 140 MHz, z.B. dig. Telefon, Bildtelefon)*

narrowcasting Nahbereichsrundfunk *m (Funkrufdienst "Inforuf", z.B. Wetter, Aktien)*

NAS s. network access server

NAT (network address translation) Netzadreßumsetzung *f (Internet, IAB RFC1631, s. Tabelle VIII; s.a. "DoS")*

national national, länderspezifisch, Landes...

national code Landeskennzahl *f* (LKZ) *(Tel)*

national DDD network Landesfernwahlnetz *n (US)*

national destination code (NDC) nationale Zielkennzahl *f*, Ortsnetzkennzahl *f* (ONKZ)

national direct distance dialling network Landesfernwahlnetz *n (US)*

national indicator (NI) Nationalindikator *m*, Landesindikator *m (GSM, s. Tabelle VII)*

national long-distance dialling network Landesfernwahlnetz *n*

national number (NN) nationale Zielnummer *f (ISDN)*

national significant number (NSN) nationale Kennummer *f (IDDD)*

national STD network Landesfernwahlnetz *n (GB)*

national terminal number (NTN) nationale Anschlußnummer *f (ISDN)*

national trunk dialling network Landesfernwahlnetz *n (GB)*

nationwide landesweit; flächendeckend *(Versorgung)*

nationwide provision *oder* **availability** Flächendeckung *f (Netz, Dienst)*

nationwide uniform tariffs Tarifeinheit *f* im Raum

native eigentlich; -eigen, -spezifisch

native clock Taktgeber *m*

natural (base) logarithm (log_e) natürlicher Logarithmus *m*, Logarithmus *m* zur Basis e, Logarithmus naturalis *m*

natural frequency Eigenfrequenz *f*

navigation Navigation *f (auch Zugriffsverfahren auf "Hypermedien")*; Zielführung *f (Kfz.)*

navigate navigieren *(SW)*

NAVSTAR (Navigation System with Timing And Ranging) **system** NAVSTAR-System *n (GPS)*

NB s. narrow band

NBDT s. nadir bulk data transmission

NBS National Bureau of Standards *(US)*

NC s. nailed connection

NC s. network code

NC s. network computer

NC s. network congestion

NCC s. network control centre

NCCI s. network call correlation identifier

NCELL s. neighbouring cell

NCFW (night call forwarding) **line** Nachtanruf-Weiterschalteleitung *f*

NCL s. network control layer

NCP s. network control point

NCP s. network control program

NCP s. network control protocol

NCTA National Cable Television Association *(US)*

NCT link s. network control and timing link

NCT link interface (NLI) NCT-Schnittstelle *f (ATM)*

NCU s. network control unit

NDB s. network determined busy

NDC s. national destination code

NDUB s. network determined user busy

NE s. network element

nearby spectrum Nahspektrum *n*

near-end echo Nahecho *n*

near-end crosstalk (NEXT) Nahnebensprechen *n (in dB, ITU-T I.430, s. Tabelle IV)*

near field Nahfeld *n (Funk)*

near-instantaneous companding (NIC) echtzeitnahe Kompandierung *f (A/D-Quantisierung*

near-instantaneously companded audio multiplex (NICAM) echtzeitnah kompandiertes Tonfrequenz-Multiplex *n (digitales Stereotonverfahren für Analogfernsehen, DQPSK-Modulation mit 2 Trägern*

(6,0 u. 6,552 MHz), 728 kB/s, GB-Standard I)

near letter quality (NLQ) Beinahe-Schönschrift *f (Matrixdrucker)*

near-real-time echtzeitnah

near-term jitter Kurzzeitjitter *m (ATM-Zellen, US)*

near video on demand (NVoD) Video-Verteildienst *m*

necklace Umhängesender *m (EB)*

necklace microphone Umhängemikro(-phon) *n (EB)*, Kehlkopfmikrophon *n*

needle printer Nadeldrucker *m*

negative acknowledgement (NACK) negative Bestätigung *f*; Schlechtquittung *f*

negative feedback Gegenkopplung *f*

negative peak limiter Begrenzer *m* negativer (Signal-)Spitzen *(TV)*

negative phase relationship Gegenlauf *m (Filter, Phase)*

negative rail Minusleitung *f (SV)*

negatively acknowledged (N-ACK) unbestätigt

negotiate aushandeln *(Dienst, Parameter)*

negotiation Verhandlung *f*, Aushandlung *f (Dienst, ISDN)*

neighbouring cell (NCELL) Nachbarzelle *f*, Nachbarzone *f (GSM 01.04, s. Tabelle VII)*

NEMP (nuclear electromagnetic pulse) nuklearer elektromagnetischer Impuls *m*

nested eingelagert, (ineinander)geschachtelt; verschachtelt *(Programmschleifen)*

nesting Schachtelung *f*, Verschachtelung *f (DV)*

nesting depth Schachtelungstiefe *f (DV)*

NET (Norme Européenne de Télécommunication) Europäische Telekommunikationsnorm *f (CEPT-Standard, auch ETS; s. Tabelle II)*

net bit rate Nutzbitrate *f (Übertragung)*

netcasting Netzverteildienst *m (Internet, Push-Dienst)*

net data rate Nettodatenrate *f*, Nutzdatenrate *f*

net information (NI) Nutzinformation *f (DECT)*

netiquette Netikette *f (Regeln zum Verhalten in Internet und E-Mail, RFC1855, RFC1983, s. Tabelle VIII; s.a. "AUP")*

net loss *(US)* Restdämpfung *f*

Net market elektronischer Marktplatz *m (E-Commerce, Internet)*

network (N/W) Netz *n (vernetzte Gruppe von Knotenpunkten - ISO TC97)*, Netzwerk *n (mehrschichtige hierarchische Netzstruktur)*; vernetzen, vermaschen

network access Netzanschaltung *f* (NA) *(Funkruf)*, Netzzugang *m*, Netzzugriff *m*

network access method (NAM) Netzzugriffsverfahren *n (Mobilfunk)*

network access node Netzanschlußknoten *m (IN)*

network access number Netzzugangsnummer *f*

network access point (NAP) Anschlußpunkt *m* zu anderen Netzen

network access server (NAS) Netzzugangsserver *m (SS7-Gateway, ITU-T Q.931)*

network adapter (NA) Netzanpassung *f (ISDN)*

network adapter card Netzanschlußkarte *f (PC)*

network address Netzadresse *f*, Rufnummer *f*, Endsystemadresse *f*

network addressing plan Netzadressierungsplan *m (Mitteilungsdienst)*

network address translation (NAT) Netzadreßumsetzung *f (Internet, IAB RFC1631, s. Tabelle VIII)*

network architecture Netzarchitektur *f (Vtx)*, Netzstruktur *f*

network automatic call distribution (NACD) automatische Anrufverteilung *f* im Netz *(IN)*

network broadcasting Netzverteildienst *m (Internet, Push-Dienst)*

network call correlation identifier (NCCI) Netz-Verbindungszuordnungskennung *f (ATM, ITU-T Empf. Q.2726.3)*

network capabilities Netzeigenschaften *fpl*

network capacity Netzkapazität *f*

network change-over system Netzersatzschaltung *f*

network clock Netztakteinheit *f* (NTE)

network code (NC) Dienstekennzahl *f (GSM, s. Tabelle VII)*

network computer (NC) Netzcomputer *m (ohne Festplatte oder Diskettenlaufwerk, für Firmennetze, Programmiersprache "Java", Sun Microsystems)*; Verbundrechner *m* (VR) *(Vtx)*

network configuration Netzkonstellation *f*

network congestion (NC) Netzüberladung *f (Netzmeldung)*

network connection Netzanschluß *m*

network connectivity map Netzverknüpfbarkeitsplan *m*

network control Netzsteuerung *f*, Netzverwaltung *f*

network control and timing (NCT) **link** Netzsteuerungs- und -synchronisationsstrecke *f (ATM)*

network control centre (NCC) Netzkontrollzentrale *f* (NKZ)

network control layer (NCL) Netzsteuerschicht *f*

network control point (NCP) Netzsteuerungspunkt *m (Fernnetz)*

network control program (NCP) Netzsteuerprogramm *n*

network control protocol (NCP) Netzsteuerprotokoll *n*

network control unit (NCU) Netzsteuereinheit *f (VSAT)*

network controller Einsteller *m* (EN)

network-dependent service attribute netzgestütztes Dienstmerkmal *n*

network destination point Endpunkt *m (ISDN)*

network determined (user) busy (NDB, NDUB) vom Netz bestimmtes (Teilnehmer) Besetzt *(ISDN)*

network distribution frame Netzverteiler *m* (VtN) *(FO)*

networked vernetzt

network edge Netzrand *m (UNI)*

network element (NE) Netzelement *n* (NE) *(Netzmanagement)*, Netzeinrichtung *f* (NE) *(BK-Netz)*

network element function (NEF) Netzelementfunktion *f (Netzmanagement)*

network element level Netzeinrichtungsebene *f (TMN)*

network entity Netzinstanz *f*, Vermittlungsinstanz *f*

network facility (NF) Netzeinrichtung *f*

network file system (NFS) NFS-System *n*, Netz-Dateizugriffssystem *n (Sun Microsystems, RFC1094, RFC1813, RFC1983, s. Tabelle VIII)*

network gateway (NG) Netzübergang *m* (NÜ) *(für DEE)*

network-independent netzunabhängig, netzungebunden, endgeräteautark

network-independent service attribute autarkes Dienstmerkmal *n*

network indicator (NI) Netzkennung *f (D-Netz)*

network information table (NIT) Netzinformationstabelle *f*, NIT-Tabelle *f (DVB-SI-Tabelle für Informationen wie Kanalnummern und -frequenzen)*

networking Netzverbindung *f*, Netzanbindung *f*, Vernetzung *f*, Vermaschung *f* **with networking capability** vernetzbar

network interconnecting trunk Netzverbindungsleitung *f*

network interface Netzschnittstelle *f*, Netzübergang *m*, Netzanschluß *m (LANs)*

network interface card (NIC) Netzschnittstellenkarte *f*, Netzanschlußkarte *f*, Netzwerkkarte *f (PC)*

network interface unit (NIU) Netzschnittstelleneinheit *f*, Netzanschlußeinheit *f*, Netzcontroller *m (LANs)*

network interconnection Netz(werk)verbindung *f*

network interworking (unit) Netzübergang *m*

network layer Netzwerkebene *f*, Netzwerkschicht *f* (NWK-Schicht), Vermittlungsschicht *f (ITU-T I.450 und I.451, s. Tabelle IV; Schicht 3, OSI 7-Schicht-Referenzmodell, s. Tabelle I)*

network level Netzebene *f* (NE) *(z.B. untere, obere N. im Fm-Netz, BK-Netz)*

network load Netzbelastung *f*, Netzlast *f*

network management (NMT) Netzführung *f (TMN)*, Netzverwaltung *f*, Netzmanagement *n (IN)*

network management centre (NMC) Netzführungszentrum *n*

network management processor (NMP) Netzführungsrechner *m*

network management protocol (NMP) Netzmanagementprotokoll *n*

network management signal Netzmanagementzeichen *n*

network management system (NMS) Netzkontrolleinrichtung *f*, Netzmanagement-System *n (ATM)*

network map Netzplan *m (Verm.)*

network monopoly Netzmonopol *n (in D: DTAG)*

network node Netzknoten *m (eine Vermittlungsstelle)*

network node interface (NNI) Netzknotenschnittstelle *f (ISDN, ITU-T G.70x, s. Tabelle III)*, netzinterne Schnittstelle *f*

network occupancy Netzbelegung *f*

network operating system (NOS) Netzbetriebssystem *n*

network operations centre (NOC) Netzmanagementstation *f*

network operator Netzbetreiber *m*

network outage Netzausfall *m*, Ausfall *m* im Netz

network out of service (NOS) Übertragung *f* im Netz gestört *(Schleifenprüfung)*

network parameter control (NPC) Netzparameterkontrolle *f (ATM-TM, UPC zwischen Netzen)*

network PC Netz-PC *m (Pentium-PC mit beschränkter Prozessorleistung, für Vernetzung im "Internet", Microsoft/Intel)*

network performance Netzgüte *f (ISDN)*, Netzleistung *f*

network performance objective Netzleistungsziel *n*

network printer Netzwerkdrucker *m (LAN)*

network protocol Vermittlungsprotokoll *n*

network protocol address (NPA) Vermittlungsprotokolladresse *f (Fernnetz)*

network provider Netzbetreiber *m (ISDN)*

network provision Netzzugang *m*

network resource management Netzbetriebsmittelversorgung *f*

network resources Netzbetriebsmittel *npl (Netzmanagement)*

network response Netzreaktion *f*

network routing Netzverkehrslenkung *f*

network routing address Netzleitwegadresse *f*

network routing data base Netzleitwegdatenbank *f*

network separation Netztrennung *f (zw. zwei aneinander angeschalteten Netzen)*

network service (NS) Vermittlungsdienst *m*; Netzdienst *m*

network service access point (NSAP) Netzdienst-Zugriffspunkt *m (ZGS.7, ITU-T Empf. Q.761...764, s. Tabelle III)*

network side Netzseite *f (Kommunikation)*

network start-up Netzstart *m*

network status display Netz-Zustandsanzeige *f*

network structure Netzstruktur *f*

network subscriber Netzteilnehmer *m*

network support (function) Netzbetreuung *f*

network switching subsystem (NSS) Netz-Durchschaltevermittlungssystem *n*, Vermittlungssubsystem *n (alle MSC und einige Datenbanken im Netz, oberste Hierarchieebene, GSM)*

network terminal selection Polvorgabe *f (bei Schaltungsentwurf)*

Network Terminating Equipment (NTE) Netzabschlußeinrichtung *f (BT ISDN)*

Network Terminating Unit (NTU) Netzabschlußeinheit *f (BT ISDN)*

network termination (NT) Netzabschluß *m (ISDN, ITU-T I.112, I.430, s. Tabelle IV)*, teilnehmerseitiger Leitungsabschluß *m*, Teilnehmeranschlußeinheit *f*, Monopolabschluß *m (TAE)*; TEMEX-Netzabschluß *m* (TNA); Abschlußeinrichtung *f*

Network Termination and Test Point (NTTP) Netzabschluß- und Meßstelle *f (BT)*

network termination point (NTP) Hauptanschluß *m*

network termination unit Abschlußeinrichtung *f*

network termination basic access (NTBA) BA-Steckdose *f*, Basisanschlußsteckdose *f (ISDN)*

network time slot Netzzeitschlitz *m (Verm.)*

network timing Netztakt *m*, Netzsynchronisation *f*, Synchronisation *f* durch das Netz

network topology Netzstruktur *f*

network transmission delay Netzdurchlaufzeit *f*

network trunk Netzverbindungsleitung *f*

network usage Netzauslastung *f*

network user Netzwerkteilnehmer *m (Industrie)*

network user address (NUA) Netzanschluß-Rufnummer *f (Paketvermittlung, ITU-T X.25, s. Tabelle VI)*

network user identification (NUI) Teilnehmerkennung *f (DTAG DATEX-P, X.25, s. Tabelle VI)*

network voice protocol (NVP) Netz-Sprachübertragungsprotokoll *n*

network-wide netzweit

neural network Neuronennetz *n*, neuronales Netz *n*

neutral balance Neutralgrauabgleich *m (Repro.)*

neutral conductor N-Leiter *m*, Mittelpunktleiter *m (SV)*

neutralizing modem Neutralisationsmodem *m*

new call Neubelegung *f*

new-call rate Rufleistung *f*

new communication media neue Kommunikationsmedien *npl (seit den 70er Jahren entwickelte Technik und Verfahren auf Grundlage der Mikroelektronik, z.B. (digitale) Rundfunk-Satellitentechnik, Faseroptik, Kabelfernsehen, LAN, digitaler Mobilfunk, Internet usw., die als Vermittler von Informationen aller Arten sowie der neuen Dienste dienen)*

new communication services Neue Dienste *mpl (d.h. solche, die seit den 70er Jahren realisiert worden sind, z.B.: Teletex, Telefax, Bildschirmtext, Sprach- und Textspeicherung (E-Mail, Sprachbox), Mobilkommunikation, direkte Satellitenkommunikation, Online-Informations- und Diagnosedienste, Videokonferenz, Bildfernsprechen, Desktop-Publishing, Multimedia-Verarbeitung und -Kommunikation)*

New Line (NL) Neue Leitung *f (V.25 bis, s. Tabelle V)*

news report Reportage *f*

Next Weiter *(PC-Menüanzeige)*

NEXT s. near-end crosstalk

NF s. network facility

NF s. noise figure

NFM (narrow-band FM) Schmalband-FM *f*

NFS s. network file system

NFS (network file system) **service** NFS-Dienst *m (TCP/IP, s. "NFS")*

NG s. network gateway

NHK (Nippon Hoso Kyokai) nationale japanische Rundfunkgesellschaft *f*

NI s. national indicator

NI s. net information

NI s. non-interlaced

nibble 4-Bit-Wort *n*, Tetrade *f*, Halbbyte *n*

NIC s. near-instantaneous companding

NIC s. network interface card

NICAM s. near-instantaneously companded audio multiplex

night call forwarding (NCFW) **line** Nachtanruf-Weiterschalteleitung *f*

night service Nachtdienst *m*, Nachtbesetzung *f (Tk-Anl)*

night service extension Nachtabfragestelle *f* (Nacht), nachtgeschalteter NStA *m*, Vertreter(stelle *f*) *m (Tel)*

night service key *oder* **switch** Nachtschalter *m*; Vertretungsschalter *m (Chef-Sekretär-Anlage)*

night service number Nachtrufnummer *f (Tel)*

night-time rate Nachttarif *m*

NIST National Institute of Standards and Technology *(US, ehem. National Bureau of Standards)*

NIT (network information table) Netzinformationstabelle *f*, NIT-Tabelle *f (DVB-SI)*

NIU s. network interface unit

NL s. New Line

NLE s. non-linear editing

n-level modulation n-wertige *oder* n-stufige Modulation *f (QAM, z.B. 16QAM, 64QAM)*

NLI (NCT link interface) NCT-Schnittstelle *f (ATM)*

NLQ (near letter quality) Beinahe-Schönschrift *f (Matrixdrucker)*

NMC s. network management centre

NMEA National Marine Electronic Association *(gibt GPS-Spezifikationen an – NMEA 0183)*

NMP s. network management processor

NMP s. network management protocol

NMR s. noise/masking ratio

NMS s. network management system

NMT s. network management

NMT 450, 900 (Nordisk Mobiltelefon) Nordisches Mobiltelefon *n (Erstes analoges Zellularfunksystem, 450 bzw. 900 MHz, 1979)*

NN (national number) nationale Zielnummer *f (ISDN)*

NNI (network to node interface) Netzknotenschnittstelle *f (netzinterne Schnittstelle, ISDN)*

no-address ... adressenfrei

No (answer) Tone detected (NT) Keine Antwort *(V.23-Signal, s. Tabelle V)*

NOC (network operations centre) Netzmanagementstation *f*

no-charge gebührenfrei

no-current bit stromloser Schritt *m (FS)*

nodal equipment Knoteneinrichtung *f*

nodal switching centre Knotenvermittlungsstelle *f* (KVSt)

node Knoten *m*, Netzknoten *m*, Knotenpunkt *m*; Teilnehmer *m (der an den Bus angeschaltet ist, IEEE 1394)*; Schaltungspunkt *m (Schaltung)*; Stützstelle *f (Math)*

node selection Knotenanwahl *f*

no-exit condition gassenbesetzt

NOF (normal operational frame) normaler Betriebsrahmen *m (ITU-T Empf. I.431, s. Tabelle IV)*

no-fault condition fehlerfreier Zustand *m*

noise Rauschen *n*; Signalgemisch *n*

noise burst Bündelstörung *f*

noise cancellation Rauschunterdrückung *f*

noise component Störanteil *m*

noise-corrupted durch Rauschen *n* verstümmelt *(Signal)*

noise-equivalent power rauschäquivalente Leistung *f*

noise figure (F, NF) Rauschmaß *n*, Rauschzahl *f (LNB, in dB)*

noise filter Rauschfilter *n*; Störschutzfilter *n (SV)*

noise floor Grundrauschen *n*, Störpegel *m*

noise free device (NFD) rauschfreie Vorrichtung *f (Tonaufzeichnung und Studios, zur Rauschunterdrückung in Signalpausen)*

noise generator Quasizufallsgenerator *m* (QZG); Rauschsender *m*

noise immunity Rauschfestigkeit *f*, Störfestigkeit *f*

noise immunity margin Störabstandreserve *f*

noise level Rauschpegel *m*, Störpegel *m*; Stromrauschen *n*

noise/masking ratio (NMR) Verhältnis *n* Rausch-Maskierungsschwelle *(Toncodierung)*

noise matching Rauschanpassung *f*

noise pick-up Einstreuung *f*

noise power ratio (NPR) Rauschleistungs(-dichte)abstand *m* (RLA)

noise pulses impulsförmige Bildstörungen *fpl (TV)*

noise reduction Rauschreduktion *f (Bildcodierung)*; Rauschunterdrückung *f*, Rausch(ver)minderung *f*

noise shaping Rausch(spektrum)formung *f*

noise source Störer *m*, Rauschquelle *f*

noise spectrum Störspektrum *n*, Rauschspektrum *n*

noise spike Störspitze *f*

noise voltage Störspannung *f*, Rauschspannung *f*

noise window Störtor *n (Schirmwirkung, Frequenzbereich)*

noisy verrauscht, rauschbehaftet, gestört

no light kein Licht *n (Bus frei, FO)*

no-load operation Leerlauf *m*

no loop closure on a/b wires Keine Belegung *f* (K.Bel.)

NOMAD (National Ownership, Mobile Access and Disaster) **program** NOMAD-Programm *n (Iridium (q.v.) Programm zur Verbesserung der Telekommunikationsinfrastrukturen in der 3. Welt)*

No Match Nichtübereinstimmung *f*

no-message state telegrammloser Zustand *m*

nominal loss Nenndämpfung *f*

nominal traffic load Nennlast *f (Verm.)*

non- -fremd, nicht ...

non-acceptance signal Abweissignal *n*

no name ohne Markennamen *(PC)*

non-blocking blockierungsfrei *(Koppelfeld)*

non-centralized control dezentrale Steuerung *f*

non-chargeable subscriber gebührenfreier Anschluß *m*

noncircularity Unrundheit *f (Antennendiagramm)*

non-coherent nicht kohärent, inkohärent *(Frequenzen)*

non-completed call nicht hergestellte Verbindung *f*

non-composite signal Komponentensignal *n (TV)*

non-conformity Nichtübereinstimmung *f*

non-conversational nicht interaktiv

non-decreasing nichtfallend *(Funktion)*

non-dedicated nicht permanent *(OgK-Benutzung, Bündelfunk)*

non-dialling nicht wählfähig

non-dominant attributes sonstige Merkmale *npl (ISDN)*

non-equivalent antivalent

non-executable nicht (ab)lauffähig, nicht ausführbar *(Programm)*

non-framing word Nichtrahmenwort *n*

non-homing nicht rücklaufend *(Drehwähler)*

non-increasing nichtwachsend *(Funktion)*

non-interacting wechselwirkungsfrei, rückwirkungsfrei

non-interlaced (NI) fortlaufend abgetastet *(Monitor, PC)*

non-interlaced scanning Vollbildabtastung *f*, Folgeabtastung *f*, fortlaufende Abtastung *f*, fortlaufende Bildabtastung *f (Zeitfolgeverfahren, Video)*

non-invasive coupling Biegekoppler *m (FO)*

nonlinear s. non-linear

non-linear nichtlinear

non-linear distortion Steilheitsverzerrung *f*

non-linear editing (NLE) nichtlinearer *oder* digitaler Schnitt *m (TV, bezieht sich auf den nichtlinearen Zugriff auf das Masterband)*

nonlinearity Nichtlinearität *f*

non-matching nichtübereinstimmend

non-metering relay Zählverhinderungsrelais *n*

non-native to ... nicht ...-spezifisch

non-operate current Fehlstrom *m*

non-packet-mode DTE Start-Stopp-DEE *f (asynchron arbeitende DEE mit Start- und Stoppbit)*

non-positive connection kraftschlüssige Verbindung *f*, Kraftschluß *m (mech.)*

non-positively locked kraftschlüssig *(mech.)*

non-power-fed station selbstgespeistes Amt *n*

non-preemptable nicht vorbelegbar, nicht entziehbar *(Dienst)*

non-preemptive priority nicht unterbrechende Priorität *f*

nonproprietary herstellerunabhängig, herstellerneutral

non-radiative recombination strahlungslose Rekombination *f (Laser)*

non-reacting rückwirkungsfrei

non-recoverable nicht korrigierbar *(Fehler)*

non-restricted dialling amtsberechtigt

non-restrictive vollamtsberechtigt

non-retentive nichtremanent *(Daten)*

non return to zero (change) (NRZ(C)) **code** Richtungsschrift *f (PCM-Code)*

non return to zero inverted (NRZI) **code** Wechselschrift *f (PCM-Code)*

non return to zero (mark) (NRZ(M)) **code** Wechselschrift *f (PCM-Code)*

non-reversible nicht umkehrbar; für eine Drehrichtung, Einrichtungs- *(Motor)*

non-revertive redundancy Redundanz *f* ohne Zurückschalten nach Verbindungswiederherstellung *(Vermittlung)*

non-secure nicht verschlüsselt

non-service-specific diensteneutral

non-shared memory nicht gemeinsam genutzter Speicher *m (Multiprozessor-System)*

non-speech data Nichtsprachdaten *npl*

non-speech interval Sprechpause *f*

non-stationary instionär

non-steady instationär

non-switched connection fest geschaltete Verbindung *f*; Festverbindung *f*; Festanschluß *m*

non-switched (ISDN) connection element festgeschalteter (ISDN-) Verbindungsabschnitt *m (ITU-T I.112, s. Tabelle IV)*

non-transparent loopback nicht transparente Prüfschleife *f (ITU-T I.430, s. Tabelle IV)*

non-uniform quantization nichtgleichmäßige Quantisierung *f (benutzt ungleich beabstandete Quantisierungsstufen)*

non-unique function nicht eindeutige Funktion *f*

non-urgent alarm (signal) Nicht-Dringend-Alarm *m* (N-Alarm) *(FS)*

non-verbal michtsprachlich

non-voice information Nicht-Sprache-Information *f*

non-voice service Nicht-Telefondienst *m*, Nicht-Sprache-Dienst *m*, Telematikdienst *m*

non-volatile memory Festspeicher *m*; Haftspeicher *m*

non-volatile RAM (NVRAM) nichtflüchtiger Direktzugriffsspeicher *m*, unverlierbarer Speicher *m*

nonwrapping counter nichtumkehrender Zähler *m*

non-zero value Wert *m* ungleich Null

no-op call s. no-operation call

no operation (NOP) Nulloperation *f (DV)*

no-operation call Leerruf *m* (LR) *(C-Netz)*

NOP (no-operation) **instruction** Nulloperationsbefehl *m*, Blindbefehl *m*, Leeranweisung *f*

no-reply call unbeantworteter Anruf *m*

no-reply timer Zeitüberwachung *f* Keine Antwort, Überwachungszeitgeber *m* für "keine Antwort" *(ISDN)*

normal Normale *f*, Senkrechte *f (Math.)*; normal, senkrecht *(Math.)*

normal call number Langrufnummer *f*

normal disconnected mode abhängiger Wartebetrieb *m*

normalize normieren *(Math.)*

normally closed contact Ruhekontakt *m*, Öffnungskontakt *m*, Trennkontakt *m*, Ausschaltglied *n (HW)*

normally closed relay Öffnungsrelais *n*

normally open contact Arbeitskontakt *m*, Schließkontakt *m*, Einschaltglied *n (HW)*

normally open relay Schließrelais *n*

normal operation Regelbetrieb *m*

normal operational frame (NOF) normaler Betriebsrahmen *m (ITU-T Empf. I.431, s. Tabelle IV)*

normal position Regellage *f (HF-Trägerseitenband)*

normal response mode (NRM) Aufforderungsbetrieb *m (HDLC)*

normal route Regelweg *m (Tel)*

normal state Ruhestellung *f (Flipflop)*

normal use bestimmungsgemäßer Betrieb *m*

norms Richtwerte *mpl*

NOS (network operating system) Netzbetriebssystem *n (LAN)*

NOS (network out of service) Übertragung *f* im Netz gestört

No Seizure Keine Belegung *f*

NOSFERT (Nouveau Système Fondamental Européen de Référence pour la Transmission Téléphonique) Europäischer Fernsprecheichkreis *m (Genf)*

No Signal signal "kein Signal" (KS), "kein Digitalsignal" (KDS)

Not a Number (NAN) Keine Nummer *(DSP-Steuersignal)*

notation Schreibweise *f (ITU-T I.432, s. Tabelle IV)*, Darstellung(sweise) *f*; Zahlensysstem *n (Math.)*

notch filter Kerbfilter *n*, Sperrfilter *n*

notch frequency Sperrfrequenz *f*

notch out aussparen, ausblenden *(Bits)*

notebook Terminregister *n (K.-Tel)*; Notebook *n (tragbarer PC, A4-Größe)*

notebook PC Notebook-Rechner *m*, Notizbuchrechner *m (A4-Größe)*, elektronisches Notizbuch *n*

notepad Terminregister *n (K.-Tel)*; Stift-Computer *m (für Handschrifteingabe)*; Notizblock *m*, Editor *m (MS-Windows, PC)*

no-test trunk Leitung *f* ohne Aufprüfung, aufprüfungsfreie Leitung *f (Verm.)*

notification Benachrichtigung *f*, Hinweis *m*, Mitteilung *f*; Dienstsignal *n (ISDN)*

notification option Benachrichtigungsoption *f (ISDN)*

notified body gemeldete Stelle *f (EMV-Richtlinie)*

not-in-use condition Freizustand *m (Übertragungskanal)*

notional fiktiv *(Signal)*, begrifflich

not required nicht erforderlich, entfällt

not subject to licensing lizenzfrei *(z.B. ISM-Band q.v.)*

noun phrase Nominalphrase *f (Spracherkennung)*

NPA (network protocol address) Vermittlungsprotokolladresse *f (Fernnetz)*

NPA (numbering plan area) Numerierungsplanbereich *m (US)*

NPA code restriction Bereichskennzahlunterdrückung *f (K.-Tel.-Merkmal, US)*

NPA number Bereichskennung *f (US)*

NPA split Numerierungsplanbereichsteilung *f*, Kennzahlbereichsteilung *f*, Bereichsteilung *f (Tel, Zuweisung neuer KZB, US)*

NPC (network parameter control) Netzparameterkontrolle *f (ATM-TM, UPC zwischen Netzen)*

NPI (numbering plan identifier) Numerierungsplankennung *f (ISDN)*

NPR s. noise power ratio

N-PSK (N phase shift keying) N-Phasenumtastung *f*

N-QAM (N quadrature amplitude modulation) N-Quadratur-Amplitudenmodulation *f (zellularer Mobilfunk)*

NRM s. normal response mode

NRZ(C) s. non-return to zero (change)

NRZ(M,I) s. non-return to zero (mark, inverted)

NS (network service) Netzdienst *m*, Vermittlungsdienst *m*

NSAP (network service access point) Netzdienst-Zugriffspunkt *m (ZGS.7, ITU-T X.213, s. Tabelle III)*

N Series of ITU-T Recommendations N-Serie *f* der ITU-T-Empfehlungen *(betrifft Unterhaltung von internationalen Ton- und Fernsehwegen, s. Tabelle III)*

NSF National Science Foundation *(US, Organisation zur Förderung der Wissenschaften; das von der NSF angelegte 45-MB/s-NSFNET war einst wesentlicher Bestandteil der akademischen Kommunikation in Amerika; RFC1983)*

NSN (national significant number) nationale Kennummer *f (IDDD, US)*

NSS (network switching subsystem) Netz-Durchschaltevermittlungssystem *n*, Vermittlungssubsystem *n (GSM)*

NT s. No (answer) Tone detected

NT (network termination) Netzabschluß *m (ISDN)*; teilnehmerseitiger Leitungsabschluß *m*
  NT1 *(NT mit Schicht-1-Funktionen, OSI-RM)*
  NT2 *(NT mit Schicht-1-bis-3-Funktionen, OSI-RM)*
  NT12 *(NT1 + NT2)*

NTACS (narrow-band TACS) Schmalband-TACS *n*

NTBA (network termination basic access) BA-Steckdose *f*, Netzabschluß *m* für den Basisanschluß *(ISDN)*

NTE (Network Terminating Equipment) Netzabschlußeinrichtung *f (BT ISDN)*

NTN (national terminal number) nationale Anschlußnummer *f (ISDN)*

NTP (network termination point) Hauptanschluß *m*

NTSC National Television System Committee *(Original-FBAS-TV-Codierungssystem, Frequenzmultiplexübertragungstechnik; auch: "Never Twice the Same Color", US)*

NTT Nippon Telegraph and Telephone Corporation

NTTP (Network Termination and Test Point) Netzabschluß- und Meßstelle *f (BT)*

NTU (Network Terminating Unit) Netzabschlußeinheit *f (BT ISDN)*

NU s. number unobtainable

NUA (network user address) Netzanschluß-Rufnummer *f (ITU-T X.25, s. Tabelle VI)*

nuclear electromagnetic pulse (NEMP) nuklearer elektromagnetischer Impuls *m*

NUI (network user identification) Teilnehmerkennung *f*

nuisance caller Klingelstörer *m (Tel)*

null Null *f*, Nullstelle *f*; nullen, auf Null stellen

null character Nullzeichen *n*, Füllzeichen *n*

nulling Nullabgleich *m*

null modem Nullmodem *m*, Modem-Eliminator *m*, Kreuzkabel *n (DEE-DEE-Direktverbindung)*

null pointer indication (NPI) Leerzeigeranzeige *f*

NUM s. Num Lock

Num Lock (NUM) Nummernfeld (NF) *(Tastatur-Funktion, PC)*

number allocation Rufnummernvergabe *f*

number base Basis *f (Math.)*

number conversion Rufnummernumsetzung *f (Nummern im Register)*

number directory Rufnummernregister *n*

numbered sequentially durchnumeriert

number identification Rufnummernanzeige *f (ISDN)*, Rufnummernidentifizierung *f*

Numbering and Addressing Plan Identifier (NAPI) Numerierungs- und Adressierungskennung *f (ISDN I.450, s. Tabelle IV)*

numbering plan Numerierungsplan *m (ISDN)*, Rufnummernplan *m*

numbering plan area (NPA) Numerierungsplanbereich *m (US)*

numbering plan area (NPA) **number** Bereichskennzahl *f (US)*

Numbering Plan for signalling points in the common signalling

numbering plan identifier (NPI) Numerierungsplankennung *f (ISDN)*

number lock Nummernsperrwerk *n (TkAnl)*

number of bits/pixel (Bit-)Tiefe *f*, Pixeltiefe *f (Videocodierung)*

number of connections Anschlußquote *f (z.B. BK-Kabel)*

number of cycles Periodenzahl *f*, Frequenz *f*; Spielzahl *f (Mechanik)*

number of incoming calls Belegungsangebot *n*

number of samples/second Punkteanzahl *f (digitale Signalverarbeitung)*

number of seizures Belegungszahl *f*

number of transmission channels Bündelstärke *f*

number porting Rufnummernportierung *f*, Rufnummernmitnahme *f (zu einem neuen Wohnsitz, Tel)*

number translator Nummernumwerter *m (FmAnl)*

number unobtainable (NU) Nummer *f* unbeschaltet (NU)
"This number is unobtainable" "Kein Anschluß unter dieser Nummer" *(Tel.-Ansage)*

number unobtainable tone NU-Ton *m*

channel network Numerierungsplan *m* für Signalisierungspunkte im ZZK-Netz (NumP)

numbering plan identifier (NPI) Numerierungsplankennung *f (ISDN)*

numerator Zähler *m (Math)*

numeric numerisch

numeric keypad Zehnertastatur *f*, Ziffernblock *m (z.B. am Handy)*

numeric mode Ziffernmodus *m (EWS)*

numeric pager Numerikrufempfänger *m ("Cityruf")*

NUMERIS französisches ISDN *n (RNIS)*

NVoD (near video on demand) Video-Verteildienst *m*

NVP (network voice protocol) Netz-Sprachübertragungsprotokoll *n*

NVRAM s. non-volatile RAM

N/W (network) Netz *n (GSM, s. Tabelle VII)*

Nyquist theorem Nyquist-Theorem *n*, Abtasttheorem *n*

NXX number Rufnummer *f* der gerufenen Stelle *(US, N=2–9, X=0–9)*

O

O (optional) wahlfrei

O & M service (operation and maintenance service) Betriebsdienst *m*

OA (outgoing access) abgehender Anschluß *m (GBG, ISDN)*

OADM (optical add/drop multiplexer) optischer Add/Drop-Multiplexer *m*

OAM (operation, administration and maintenance) Betrieb *m*, Verwaltung *f* und Wartung *f*

OAM (operation, administration and maintenance) **data** OAM-Daten *npl*

OAM (operation, administration and maintenance) **function** Betriebsführungsfunktion *f*

OAM (operational, administrative and maintenance) **information** Betriebsführungsinformation *f (Netz)*

OAM (operational, administrative and maintenance) **message** betriebliche, verwaltungsmäßige und wartungsorientierte Nachricht *f (ISDN)*, betriebstechnische Nachricht *f*, Betriebsdienstnachricht *f*

OAMC s. operation, administration and maintenance centre

OAMP s. operation, administration and maintenance provisioning

object call objektspezifisches Rufen *n*

object code Maschinencode *m*, Objektcode *m (in Maschinensprache übersetztes Programm, PC)*

objectionable echo unerwünschtes Echo *n*

objective function Zielfunktion *f*

objective reference equivalent measurement (OREM) objektiver Bezugsdämpfungsmeßplatz *m* (OBDM)

object linking and embedding (OLE) **application** OLE-Anwendung *f (PC)*

object packager Objektmanager *m (PC-Applikation)*

object under measurement Meßobjekt *n*

object under test Meßobjekt *n*

obligation Verbindlichkeit *f*

obligatory obligatorisch, vorgeschrieben

oblique schräg (gestellt)

oblique stroke Schrägstrich *m*

OBN (optical broadband network) optisches Breitbandnetz *n*

observability Beobachtbarkeit *f*, Erkennbarkeit *f*

observational switchboard Beobachtungsplatz *m*

observe beobachten; einhalten *(Regeln)*

obsolescence-proof zukunftssicher

obtain erhalten, erlangen, erreichen, beschaffen

obtainable erreichbar *(Teilnehmer)*

OBU s. on-board unit

OB van (outside broadcast van) Übertragungswagen *m* (Ü-Wagen) *(TV)*

obvious naheliegend

OC (optical carrier) optischer Träger *m*

OC (optical channel) optischer Kanal *m*

OC-1 (level 1 optical channel) optischer Kanal *m* der Ebene 1 *(SONET-Standard, = STS-1, 51,84 MB/s, 672 Kanäle)*

OC-3 (level 3 optical channel) optischer Kanal *m* der Ebene 3 *(= STS-3, 155,52 MB/s, 2016 (3 x 672) Kanäle)*

OC-12 (level 12 optical channel) optischer Kanal *m* der Ebene 12 *(= STS-12, 622,08 MB/s, 8064 (4 x 2016) Kanäle)*

OCB (outgoing calls barred) Sperre abgehender Rufe *(ISDN, GSM, s. Tabelle VII)*

OCC (optical crossconnect) optischer Cross-Connect *m*, optisches Koppelfeld *n*

occupancy Belegung *f*, Belegungszustand *m*, mittlere Ausnutzung *f (Leitungen)*; Füllstand *m (Speicher)*

occupancy level Füllungsgrad *m (Datei)*, Füllgrad *m*, Füllstand *m*

occupancy rate Belegungsrate *f (Strecke)*

occupancy time Belegungszeit *f*

occupied besetzt, belegt *(Leitung, Zeitkanal)*

occurrence Auftreten *n*, Auftritt *m*, Vorkommnis *n*, Ereignis *n*; Ausprägung *f*

OCR (optical character recognition) optische Schrifterkennung *f*

OCS s. office communication software

octet Oktett *n (8-Bit Byte)*

octet timing Bytetakt *m (X.21, s. Tabelle VI)*, Worttakt *m (TE)*

octonary phase shift keying (8PSK) Achtphasenumtastung *f*

octuple achtfach

OCXO (oven-controlled Xtal oscillator) thermostatstabilisierter Quarzoszillator *m*

ODA s. Office Document Architecture

ODA s. Open Document Architecture

ODBC (open data base connectivity) **interface** ODBC-Schnittstelle *f*

odd-bit register bitungeradzahliges Register *n*

odd-line interlaced scan ungeradzahliger Raster *m (TV)*

odd parity ungerade Parität *f*

ODIF s. Office Document Interchange Format

ODMA (opportunity-driven multiple access) **method** ODMA-Zugriffsverfahren *n (UTRA, q.v.)*

ODN (originating station directory number) Rufnummer *f* der rufenden Station

odometer Wegmesser *m*, Distanz-Zähler *m (Kfz.)*

ODU (outdoor unit) Außeneinheit *f (WLL)*

OEIC (optoelectronic IC) optoelektronische Schaltung *f (FO)*

OEM (original equipment manufacturer) Originalgerätehersteller *m*

OE (output enable) **signal** OE-Signal *n (Chip-Ansteuersignal)*

O/E transducer s. optoelectric transducer

OFA (optical fibre amplifier) optischer Faserverstärker *m*

OFDM (orthogonal frequency division multiplex) orthogonales Frequenzmultiplex *n (DVB-T, Multiträger-Modulation, wobei alle Träger um 90° voneinander beabstandet sind (DAB: 1536 (16QAM), DVB: 1705 (16QAM) bzw. 6817 (64QAM) Träger je Symboldauer))*

off-air sprechkanalfrei *(Mobilfunk)*

off-air call set-up Verbindungsaufbau *m* ohne Sprechkanal *(C-Netz-Merkmal)*

off-axis außeraxial *(Optik)*

off-centre außermittig *(Math.)*

off-chip chipextern

offer call Ruf *m* zustellen, rufen *(ISDN)*

offered call Verbindungswunsch *m*, angebotene Belegung *f (Tel.-Anl)*, Verbindungsangebot *n (Netz)*, Rufangebot *n*

offered load Verkehrsangebot *n*, Angebot *n (Verkehrswert des angebotenen Verkehrs, Tel.-Anl)*

offered traffic Verkehrsangebot *n*

offering Anbieten *n (eines Gesprächs nach Aufschalten)*, Anklopfen *n*

offering signal Meldezeichen *n (von der Vermittlung)*; Aufschaltezeichen *n*

offering trunk group Zubringerbündel *n*, Zubringerleitung *f (Tel.-Anl)*

off-hook abhängen, abheben, aushängen; Hörer *m* abgenommen
go off-hook aushängen, in den Beginnzustand gehen

off-hook detection Anreizerkennung *f*

off-hook program Aushängeprogramm *n*

off-hook signal Beginnzeichen *n (Tel)*

off-hook state Beginnzustand *m*, abgehobener Zustand *m (Tel)*

office *(US)* Vermittlung *f*, Amt *n*; Dienststelle *f*

office and information technology Büro- und Informationstechnik *f* (BIT)

office code Amtskennzahl *f (Verm)*

office communication Bürokommunikation *f* (BK)

office communication system (OCS) **software** Bürokommunikationssoftware *f*, OCS-Software *f*

office computers Bürorechner *mpl*, mittlere Datentechnik *f* (MDT)

Office Document Architecture (ODA) Dokumentenarchitektur *f (ISO DIS 8613), ITU-T T.410x, s. Tabelle III)*

Office Document Interchange Format (ODIF), Dokumenten-Austauschformat *n (ISDN, ITU-T Empf. I.415, s. Tabelle IV; ISO DIS 8613)*

office selector Amtswähler *m*

official document Dienstwerk *n*

official gazette Amtsblatt *n*

off-line lokal *(FS-Betrieb)*; nicht angeschlossen, unabhängig, rechnerunabhängig, indirekt, Offline-...

off-line status Offline-Zustand *m (nicht angeschlossen)*

off-load unbelastet, Leerlauf-...

off-loading Übernahme *f (Funktionen, DV)*

off-net link netzunabhängige Strecke *f (Netzmanagement)*

off-peak rate period gebührengünstige Zeit *f*

off-peak rate Billigtarif *m*

off period Ausschaltzeit *f (Elektronik)*

off-premises Außer-Haus-. . ., abgesetzt

off-premises extension (OPX) außenliegende *oder* abgesetzte Nebenstelle *f*

off-screen display device vom Bildschirm abgesetzte Anzeigevorrichtung *f*

offset Versatz *m*; Relativzeiger *m (DV)*; versetzt

offset current Fehlstrom *m*

offset PSK (OPSK) Offset-PSK *n (Sat.-gestützter Fm-Dienst)*

offset value Versatz *m*, Versatzwert *m*; Korrekturwert *m*; Relativzeigerwert *m*

off-site paging network überlokales Funkrufnetz *n*

OFTEL Office of Telecommunications *(GB, Aufsichtsbehörde für das Fernmeldewesen)*

OGC (outgoing trunk circuit) abgehende Fernleitung *f (ISDN)*

OGM (outgoing message) abgehende Nachricht *f (Fax)*

OIC (optical IC) optischer Baustein *m (FO)*

OIRT (Organisation Internationale de Radiodiffusion et Télévision) Internationale Rundfunk- und Fernsehorganisation *f*

OLE application s. object linking and embedding application

OLL s. open loop loss

OLR s. overall loudness rating

OLTU s. optical line termination unit

O&M s. Operation and Maintenance

OMC s. operation and maintenance centre

omitted entfällt *(Dokument)*

omni-cell Flächenkleinzone *f (Mobilfunk)*

omnidirectional ungerichtet, Allrichtungs-. . .

omnidirectional microphone Kugelmikrofon *n*, Allrichtungsmikro(fon) *n*

omnidirectional mode Rundstrahlbetrieb *m (Ant.)*

omnidirectional pattern Kugelcharakteristik *f (Mikrofon)*

omnidirectional sensor Allrichtungsmikrofon *n*

OMT (orthogonal mode transducer *oder* orthomode transducer) Polarisationsweiche *f*

OMUP (operation and maintenance user part) Anwenderteil *m* für Bedienung, Unterhaltung und Wartung *(GSM, s. Tabelle VII)*

OMUX (output multiplexer) Ausgangsmultiplexer *m (Sat)*

ON (Other Networks) andere Programme *npl (RDS)*

ONA s. Open Network Architecture

on-air synchronisation Synchronisation *f* während der Übertragung *(GPRS)*

on-board computer Bordrechner *m*

on-board memory Platinenspeicher *m*, Speicher *m* auf der Leiterplatte

on-board unit (OBU) Bordeinheit *f (Mobilfunk)*

on-channel resistance Durchlaßkanalwiderstand *m*

on-chip chipintern, chipintegriert, auf dem Chip *m*

on demand nach Teilnehmerwahl *f (Transportdienst)*

on duty diensthabend

one bit Einsbit *n*

one-bit adder Ein-Bit-Addierer *m*

ones Einsen *fpl (Dig.)*, Einer *mpl*

one shot Monoflop *m*

one-shot display Momentaufnahme *f (KO)*

one-step activation einstufige Aktivierung *f (ITU-T I.430, s. Tabelle IV)*

one-step deactivation einstufige Deaktivierung *f (ITU-T I.430, s. Tabelle IV)*

one-stop shopping (OSS) Vollsortiment *n*, Angebot *n* aus einer Hand

one-stop supplier *m* Vollsortimenter *m*

one-to-one correspondence eineindeutige *oder* umkehrbar eindeutige Zuordnung *f (Math.)*

one-touch dialling button Kurzwahltaste *f (K-Tel., Mobiltel.)*

one-touch memory Kurzwahlspeicher *m (Mobiltel.)*

one-valued eindeutig

one-way Einweg-. . .; einseitig *oder* einfach (gerichtet), gerichtet

one-way communication (OWC) einseitige Kommunikation *f (ISDN)*

one-way propagation time einfache Echolaufzeit *f (PCM)*

one-way service Einwegdienst *m (z.B. Teletext oder Funkruf)*

One-2-One PCN-Netz in GB *(Mercury, seit 7. September 1993 (1. PCN-Netz weltweit), nach ETSI DCS 1800, entspricht E1-Netz, nur regional, kein Roaming mit Orange-PCN-Netz (q.v.))*

ongoing call bestehende Verbindung *f (ISDN)*

on-hook aufhängen, auflegen *(Handapparat)*; Hörer aufgelegt

on-hook device bei aufliegendem Hörer funktionierende Vorrichtung *f (z.B. Telefax)*

on-hook dialling Wahl *f* bei aufliegendem Hörer, Wählen *n* mit aufgelegtem Handapparat (WaH)

on-hook pulse (negative) Einhängeminus *n*

on-hook pulse (positive) Einhängeplus *n*

on-hook state Einhängezustand *m*, Schlußzustand *m (Tel., zeigt Auflegen des Handapparats in Rückwärtsrichtung an)*, aufgelegter Zustand *m*

on hot standby in Betriebsbereitschaft *f* stehen

ONI (optical network interface) optische Netzschnittstelle *f (FO)*

onion diagram Schalenmodell *n*

on-line (aktiv) angeschlossen, On-line

on-line connection Onlineverbindung *f (IP)*

on-line monitoring Betriebsüberwachung *f*, Überwachung *f* ohne Betriebsunterbrechung

on-line service Online-Dienst *m (Internet)*

on-line shop Online-Shop *m (Internet)*

on-line user Teilhaber *m (Tel.-Anl)*

on/off colour effect Farbschwindeffekt *m*, Ein-/Auseffekt *m (Folientastatur)*

on/off keying(OOK) Trägertastung *f*

ONP s. Open Network Provision

on period Einschaltzeit *f (Elektronik)*

on premises vor Ort *m*

on resistance Einschaltwiderstand *m (Halbl.)*

on-screen display (OSD) Bildschirmanzeige *f*, Bildschirminformationen *fpl (Set-Top-Box, DVB)*

on-screen menu Bildschirmmenü *n*

on-site computer Vorortrechner *m (Prozeßleitsystem)*

on-site paging (OSP) Grundstücks-Personenruf *m*, Personenruf *m* vor Ort, lokaler Funkruf *m*

on state Einschaltzustand *m*

on-state resistance Durchlaßwiderstand *m*

on-state voltage Spannung *f* im Durchlaßzustand

on-the-fly printing fliegender Druck *m*

on the input side eingangsseitig, vorgeschaltet *(Schaltung)*

ONU (optical network unit) optische Netzeinheit *f (Siemens)*

onward routing of data Datenweiterleitung *f*

on wires drahtgebunden

OOK s. on/off keying

op-amp s. operational amplifier

OPC (optical proximity correction) optische Nachbarschaftskorrektur *f (microelectronics)*

OPC (originating point code) Ursprungscode *m (GSM, s. Tabelle VII)*

opcode (operation code) Operationscode *m (Rechner)*

open offen, getrennt *(Schaltung)*; öffnen *(Schleife, Datei)*, aufspannen; sperren *(Verbindung)*

open-circuit fault Unterbrechungsfehler *m (Datenleitung, Logik)*

open-circuit operation Leerlauf *m*

open-circuit voltage Leerlaufspannung *f*

Open/Closed Offen/Geschlossen (O/G) *(Verbindung, ISDN)*

open competitive tender offene Ausschreibung *f*

Open Document Architecture (ODA) Dokumentenarchitektur *f (ISO DIS 8613), ITU-T T.410x, s. Tabelle III)*

open-ended line leerlaufende Leitung *f*

opening flag Beginnflagge *f (ZGS.7, s. Tabelle III)*, Rahmenbeginnflagge *f (TDM)*

opening screen Einstiegsbild *n (Multimedien)*

open listening Lauthören *n* (LH) *(K.-Tel)*

open listening key Lauthörtaste *f (K.-Tel)*

open loop offene Schleife *f*, offener Wirkungskreis *m*

open-loop control (rückführungslose) Steuerung *f (Regeltechnik)*

open-loop gain Leerlaufverstärkung *f*

open-loop loss (OLL) Umlaufdämpfung *f*

open loop signal Schleifenöffnungszeichen *n (Verm.)*

Open Network Architecture (ONA) Offene Netzarchitektur *f (FCC)*

Open Network Provision (ONP) Offener Netzzugang *m (Richtlinien für offene Netze, EG)*

Open System Interconnection (OSI) Offene Kommunikation *f (ISO DIS 8613, US-Netzstandard, 1983 von der ISO definiert, s. Tabelle VI)*

open wire Freileitung *f (ITU-T I.430, s. Tabelle IV)*

open-wire circuit *oder* **line** Freileitung *f*

operability Funktionsfähigkeit *f*, Funktionstüchtigkeit *f*, Nutzbarkeit *f (z.B. e. Kanals)*

operable arbeitsfähig, funktionsfähig, funktionstüchtig; lauffähig

operand Operand *m*, Parameter *m (DV)*

operate bedienen, betätigen, betreiben; ansteuern, ansprechen

operate a connection eine Verbindung *f* führen

operate on wirken auf

operate time Ansprechzeit *f (Relais)*

operated betrieben; bedienbar

operating Bedienen *n*, Betreiben *n*

operating aisle Bedienungsgang *m (Gestell)*

operating and maintenance panel Bedienungs- und Wartungsfeld *n*

operating and monitoring centre Betriebsführungs- und Überwachungszentrale *f* (BÜZ)

operating channel Betriebskanal *m* (BK) *(Richtfunk)*

operating comfort Bedienkomfort *m*, Verwendungskomfort *m*

operating company Betriebsgesellschaft *f*, Betreibergesellschaft *f*

operating condition Betriebszustand *m*

operating cycle Arbeitstakt *m*

operating data acquisition (unit) Betriebsdatenerfassung *f* (BDE)

operating data entry (unit) Betriebsdatenerfassung *f* (BDE)

operating error Gebrauchsfehler *m*, Fehlbedienung *f*

operating experience Betriebserfahrungen *fpl*

operating facilities Bedieneinrichtungen *fpl*

operating frequency Arbeitsfrequenz *f*, Betriebsfrequenz *f*

operating hardware Betriebstechnik *f*

operating interface Bedienoberfläche *f*

operating licence Betriebszulassung *f*

operating life Betriebslebensdauer *f*

operating loss Rückflußdämpfung *f (Verstärkerröhre)*

operating manual Betriebshandbuch *n*

operating method Betriebsverfahren *n (z.B. Simplex, Duplex usw.)*

operating mode Betriebsart *f* (BA), Betriebszustand *m*

operating panel Bedienfeld *n*

operating personnel Bedien(ungs)personal *n*

operating point Arbeitspunkt *m (Halbl., Verstärker)*; Schaltstelle *f*

operating range Arbeitsbereich *m*, Betriebsbereich *m*

operating state Betriebszustand *m*; Arbeitslage *f (einer Triggerschaltung)*

operating station Betriebsstelle *f*

operating system (OS) Betriebssystem *n (SW, z.B. DOS, UNIX, CP/M, OS/2)*; Bedienungsrechner *m* (BR) *(Tel)*

operating test Bedienbarkeitsprüfung *f*, Funktionsprüfung *f*

operating threshold Ansprechwert *m (Schaltung)*

operating time Eigenzeit *f*, Ansprechzeit *f (Relais)*; Einschaltdauer *f*; Betriebzeit *f*, Betriebsdauer *f*, Laufzeit *f*

operating voltage Betriebsspannung *f*, Speisespannung *f*

operation Betrieb *m*, Bedienung *f*; Gang *m*, Funktion *f*, Arbeitsschritt *m*; Ablauf *m*, Ausführung *f (Dienst)*; Verknüpfung *f (Logik)*

operation, administration and maintenance (OAM) Betrieb *m*, Verwaltung *f* (*oder* Konfiguration *f*) und Wartung *f*

operation, administration and maintenance (OAM) **function** betriebstechnische Funktion *f*, Betriebsführungsfunktion *f*

operation, administration and maintenance centre (OAMC) Betriebs-, Verwaltungs- und Wartungszentrum *n*

operation, administration and maintenance provisioning (OAMP) Beschaffung *f* von Organisationsmitteln

operational betriebsbereit, betriebsfähig, funktionsfähig; lauffähig

operational amplifier (op-amp) Operationsverstärker *m*

operational data Betriebsdaten *npl*

operational feature Funktionsmerkmal *n*

operational span Betriebsreichweite *f* *(Signale)*

operational state Betriebszustand *m* *(Kanal)*

operational task betriebstechnische Aufgabe *f*

operational transconductance amplifier (OTA) Operations-Steilheitsverstärker *m*

Operation and Maintenance (O&M) Betrieb und Wartung *f* *(ISDN)*, Betriebsdienst *m*, Betriebstechnik *f*

operation and maintenance centre (OMC) Betriebs- und Wartungszentrum *n* (BWZ) *(im MSC, verkehrt mit der BSC über die O-Schnittstelle, GSM, s. Tabelle VII)*

operation and maintenance system Betriebs- und Wartungssystem *n*

operation and maintenance terminal (OMT) Betriebs- und Wartungseinrichtung *f* *(im OMC, GSM)*

operation and maintenance user part (OMUP) Anwenderteil *m* für Bedienung, Unterhaltung und Wartung *(GSM, s. Tabelle VII)*

operation code (opcode) Operationscode *m*, Befehlscode *m* *(EDV)*

operation mode indication Anwendungskennung *f* *(Übertragungssignal)*

operations control data Betriebssteuerdaten *f* *(TV-Rundfunk)*

operations inhibit signal Betriebssperrsignal *n*

operations management Betriebsführung *f*, Betriebsleitung *f*, Betriebslenkung *f* *(Netz)*

operations support system (OSS) Betriebsunterhaltungssystem *n* *(Netz, IN)*

operations system (OS) Netzführungssystem *n*

operations system function (OSF) Netzführungsfunktion *f* *(TMU)*

operative wirksam

operative portion Ansteuerteil *m* *(Signal)*

operator Bediener *m* *(DEE)*; Betreiber *m* *(Netz)*; Vermittlungskraft *f*, Telefonist(in *f*) *m*, Platzkraft *f* *(Tel)*; Kundenbetreuer *m* *(D2 GSM)*; Operator *m* *(Math)*

operator action Bedienoperation *f*

operator assistance Wahlhilfe *f*, Platzbeteiligung *f*

operator-assisted handvermittelt, platzvermittelt

operator-assisted calls Handvermittelung *f*

operator circuit Vermittlungssatz *m*

operator determined barring vom Bediener bestimmte Sperre *f* *(GSM 02.41, s. Tabelle VII)*

operator error Bedienfehler *m*

operator's answering delay Warten *n* auf Abfragen

operator('s) console Abfragestelle *f* *(NStAnl)*, Abfragebedienplatz *m* (ABP), Bedien(ungs)konsole *f*

operator('s) controls Bedienelemente *npl*

operator('s) handset Sprechzeug *n*, Sprechgarnitur *f* *(NStAnl)*

operator's headset Kopfsprechgarnitur *f* *(NStAnl)*

operator interface Bediener-, Benutzeroberfläche *f*

operator('s) position Vermittlungsplatz *m*, Abfragestelle *f* *(NStAnl)*

operator prompt(ing) Bedienerführung *f*

operator recall Eintreteaufforderung *f*, Platzherbeiruf *m*

operator service Handvermittlungsdienst *m* *(Tel.)*

operator('s) set Sprechgarnitur *f*, Abfrageapparat *m*

operator('s) side Bedienseite *f*, Manipulierseite *f*

operator's station Bedien(ungs)platz *m* (BPL) *(Tel)*

operator support system Platzkraftunterstützungssystem *n* (PLUS) *(Funkruf)*

operator-switched handvermittelt, platzvermittelt

operator's telephone set Abfrageapparat *m*

OPLL s. optical phase-locked loop

opportunity-driven multiple access (ODMA) ODMA-Zugriffsverfahren *n (UTRA, q.v.)*

opposite-seizing signal Gegenbelegtzeichen *n (Tel)*

OPSK s. offset PSK

optical optisch, Licht-

optical add/drop multiplexer (OADM) optischer Add/Drop-Multiplexer *m*

optical attenuation test set LWL-Meßplatz *m*

optical bench optische Bank *f (Optik)*

optical broadband network optisches Breitbandnetz *n* (OBN)

optical carrier (OC) optischer Träger *m*

optical channel (OC) optischer Kanal *m*

optical character recognition (OCR) optische Schrifterkennung *f*

optical coupler optischer Koppler *m*, Optokoppler *m*

optical crossconnect (OXC) optischer Cross-Connect *m*, optisches Koppelfeld *n (FO, ITU-T-Empf. G.681, 691, 692)*

optical directional coupler Faserrichtkoppler *m*

optical disk optische Speicherplatte *f*, Laserplatte *f*

optical fibre optische Faser *f*, Glasfaser *f* (GF), Lichtleitfaser *f*, Glasfaserkabel *n*, Lichtwellenleiter *m* (LWL) *(FO)*

optical fibre amplifier (OFA) optischer Faserverstärker *m*

optical fibre coupler Lichtwellenleiterkoppler *m*, LWL-Koppler *m*

optical fibre line Glasfaserverbindung *f*

optical fibre ring Glasfaserring *m (z.B. SDH/SONET, city network)*

optical fibre trunk Glasfaserleitung *f*

optical grating optischer Raster *m*

optical heterodyne receiver optischer Überlagerungsempfänger *m (FO,* $f_{ZF}>0$*)*

optical homodyne receiver optischer Überlagerungsempfänger *m (FO,* $f_{ZF}=0$*)*

optical IC (OIC) optischer Baustein *m (FO)*

optical isolator optischer Isolator *m*; Optokoppler *m*

optical line termination unit (OLTU) optische Leitungsanschlußeinheit *f*

optical link Lichtleitstrecke *f*, optische Richtfunkstrecke *f*

optical local line optische Anschlußleitung *f* (OPAL) *(FITL, FO)*

optically coupled optisch gekoppelt

optical media optische Datenträger *mpl (z.B. CD-ROMs)*

optical network Glasfasernetz *n*

optical network interface (ONI) optische Netzschnittstelle *f*

optical network unit (ONU) optische Netzeinheit *f (Siemens)*

optical packet optisch übertragenes Paket *n*

optical phase-locked loop (OPLL) optischer Phasenregelkreis *m (FO)*

optical power optische Leistung *f*, Lichtleistung *f*

optical proximity correction (OPC) optische Nachbarschaftskorrektur *f (microelectronics)*

optical receiver optischer Empfänger *m* (OE), Lichtempfänger *m*

optical service interchange point optischer Hausübergabepunkt *m* (OHÜP) *(FO)*

optical space division multiplex (OSDM) optisches Raummultiplex *n (FO, Faserzahl)*

optical supervision channel (OSC) optischer Überwachungskanal *m (WDM-Ring)*

optical switch Optoschalter *m (FO)*

optical time division multiplex (OTDM) optisches Zeitmultiplex *n (FO, ITU-T-Empf. G.681)*

optical time domain reflectometer (OTDR) Rückstreumeßgerät *n (FO)*

optical transmitter optischer Sender *m* (OS), Lichtsender *m*

optical tuner optischer Überlagerungsempfänger *m*, optischer Tuner *m*

optical waveguide (OWG) Lichtwellenleiter *m* (LWL), Lichtleiter *m*

optical waveguide transition Querschnittswandler *m*

optical wiring panel Faserverkabelungsfeld *n*

optics Optik *f*; Faseroptik f, Glasfasertechnik *f*

optimal routing (OR) optimierte Leitweglenkung *f (Mobilfunk)*

-optimized -freundlich, optimiert

optimum billing Bestabrechnung *f*

opt in sich zuschalten

option Option *f*, Wahlmöglichkeit *f*, Möglichkeit *f*; Anwahl *f (Bildschirmmenü)*; Zusatz(vorrichtung *f*) *m*

optional (O) wahlfrei, wahlweise; fakultativ *(GSM-Merkmal)*; zuschaltbar

optional error discard Fehlerabwurfoption *f*, wahlweiser Abwurf *m* fehlerhafter Zellen *(ATM)*

optional priority freier Vorzug *m*

option button Optionsfeld *n (MS-Windows, PC)*

options Bestückung *f (Geräte)*

options bay Feld *n* für Zusatzvorrichtungen *(dig. K-Tel.)*, Bestückungsfeld *n*

optocoupler Optokoppler *m*

optoelectric transducer (O/E transducer) optoelektrischer Wandler *m* (O/E-Wandler, OEW) *(FO)*

optoelectronic IC (OEIC) optoelektronische Schaltung *f (FO)*

optoelectronic signal processor (OSP) optoelektronischer *oder* optischer Signalprozessor *m*

Optus Communications Australische Privatgesellschaft im Wettbewerb mit Telstra (q.v.)

OPX (off-premises extension) außenliegende Nebenstelle *f*

OR s. optimal routing

ORACLE Optional Reception of Announcements by Coded Line Electronics *(IBA-Videotext, bis 1993, heute "Teletext")*

O/R address s. originator/recipient address

ORANGE PCN-Netz in GB *(Hutchison, seit 28. April 1994, nach ETSI DCS 1800, national, kein Roaming mit One-2-One-PCN-Netz (q.v.), entspricht E-Plus und kann in dessen Bereich benutzt werden, s. "PCN")*

Orange Book Orange Book *n (Katalog von Kriterien zur Sicherheit in Rechnersystemen; DoD-Studie 5200.28-STD)*

orbit Umlaufbahn *f*, Umlauf *m (Sat)*

orbital altitude Bahnhöhe *f (Sat)*

orbital period Umlaufzeit *f (Sat)*

orbital plane Bahnebene *f (Sat)*

order Auftrag *m*; Reihenfolge *f*, Ordnung *f*; Wertigkeit *f*

order intensity Intensität *f* in den (Gitter-)Ordnungen *(Optik)*

order of calls Gesprächsfolge *f*

order of rank Rangfolge *f*

order of priority Rangfolge *f*

order-statistic filter Ranggrößenfilter *n*

order wire Dienstleitung *f (Tel)*

ordinary RAM Arbeitsspeicher(bereich) *m (RAM-Bereich für DOS und Anwendungen, 0–640 kB, PC)*

ordinary rate charge Normaltarif *m*, Haupttarif *m (ISDN, GSM)*

ordinary subscriber Normalteilnehmer *m*

ordinary wave (O) ordentliche *oder* ordinäre Welle *f (FO)*

OREM (objective reference equivalent measurement) objektiver Bezugsdämpfungsmeßplatz *m* (OBDM)

organisational byte Organisationsbyte *n*

organisation(al) chart Organigramm *n*

orientation Orientierung *f*; Format *n (MS-Windows, PC)*

origin Quelle *f*, Ursprung *m*

original address Ausgangsadresse *f*

original equipment manufacturer (OEM) Originalgerätehersteller *m*

original image Originalbild *n*

original picture Originalbild *n*, Bildvorlage *f (Repro.)*

originate (from...) (von ...) abgehen

originate a call Ruf *m* beginnen *oder* einleiten

originate mode Sendemodus *m*

originated traffic erregter Verkehr *m*

originating call Ursprungsanruf *m (ISDN)*

originating connection abgehende Verbindung *f (ISDN)*

originating device Ursprungseinrichtung *f (Netz)*

originating exchange A-Vermittlungsstelle *f* (A-VSt), Anmeldestelle *f* (Am), Ursprungsvermittlung *f*, Ursprungsamt *n*

originating office Anmeldestelle *f* (Am), Ursprungsamt *n (US)*

originating point Anmeldeplatz *m* (AmPl)

originating point code (OPC) Ursprungscode *m (GSM, s. Tabelle VII)*

originating service abgehender Verkehr *m (ISDN)*

originating station directory number (ODN) Rufnummer *f* der rufenden Station

originating user rufender Benutzer *m oder* Teilnehmer *m*

origination point code (OPC) Ursprungspunktcode *m (ZGS7)*

origination traffic Ursprungsverkehr *m*, abgehender Verkehr *m*

originator Urheber *m (einer Verbindung)*, Quellstation *f*; Absender *m (Meldung)*

originator-based call costing verursachergerechte Gebührenerfassung *f*

originator/recipient address (O/R address) O/R-Adresse *f*, Sender/Empfänger-Adresse *f (MHS)*

originator/recipient name (O/R name) O/R-Name *m (ITU-T Empf. X.400, MHS, s. Tabelle VI)*

O/R name s. originator/recipient name

orthogonal frequency division multiplex (OFDM) orthogonales Frequenzmultiplex *n (Multiträgerverfahren: bis zu 8000 Trägersignale; DVB-T, s.u. OFDM)*

orthogonality Orthogonalität *f (Math.; Eigenschaft eines Multiträgersystems, wenn der Abstand zwischen aufeinanderfolgenden Trägern gleich dem Kehrwert der Periode der Modulationsfrequenz ist. Das Spektrum jedes Trägers ist dann bei dem Maximum seiner Nachbarträger Null. Dies trifft auf OFDM (q.v.) zu)*

orthogonal modulation orthogonale Modulation *f*, Quadraturmodulation *f*

orthogonal mode transducer (OMT) Polarisationsweiche *f (Sat)*

orthogonal sampling Orthogonalabtastung *f (Verwendung eines zeilensynchronen Taktes zur Abtastung eines Videosignals, so daß die erhaltenen Abtastwerte feste Positionen in einem kartesischen Koordinatengitter einnehmen)*

orthomode transducer (OMT) Polarisationsweiche *f (Sat)*

OS (operating system) Betriebssystem *n (DV)*

OS (operations system) Netzführungssystem *n*

OSC s. optical supervision channel

oscillation Schwingung *f*

oscillator Oszillator *m*

oscillator crystal Schwingquarz *m*

oscilloscope Oszilloskop *n*

OSD (on-screen display) Bildschirmanzeige *f*

with OSD bildschirmmenügestützt *(Fernbedienung)*

OSDL (Overall Specifications and Description Language) Übersichts-SDL *f*, allgemeine Spezifikations- und Beschreibungssprache *f (ISDN)*

OSDM s. optical space division multiplex

O Series of ITU-T Recommendations O-Serie *f* der ITU-T-Empfehlungen *(betrifft Eigenschaften von Meßgeräten, s. Tabelle III)*

OSF (operations system function) Netzführungsfunktion *f (TMU)*

OSI (Open Systems Interconnection) Offene Kommunikation *f (1983 von der ISO definiert, s. Tabelle VI)*

OSInet NBS-Prüfnetz *n* für OSI-konforme Produkte *(US)*

OSI Reference Model (OSI RM) OSI-Referenzmodell *n (ISO 7498, ITU-T X.200, s. Tabelle I, VI)*

OSI RM s. OSI Reference Model

OSITOP (international association of OSI users) OSITOP-Anwendervereinigung *f (OSI + TOP)*

OSP (on-site paging) Grundstücks-Personenruf *m*

OSP s. optoelectronic signal processor

OSS (one-stop shopping) Vollsortiment *n*

OSS s. operation(s) support system

OTA s. operational transconductance amplifier

OTA (over-the-air) **upgrade** Programmänderung *f* über Satellit *(DTB, DVB-S)*

OTAG (overlay tag) Overlay-Tag *n (IP)*

OTC Overseas Telecommunications Commission *(AUS)*

OTDM s. optical time division multiplex

OTDR s. optical time domain reflectometer

Other Networks (ON) andere Programme *npl (Dienstinformation, RDS)*

other station Gegenstelle *f*

other telephone user Sprechgast *m*

OTSC (out-of-band telephone station control) **protocol** OTSC-Protokoll *n (ISDN-Mobilfunk)*

outage Ausfall *m*, Stillstand *m*, Nichtverfügbarkeit *f*; Ausfallzeit *f* (AZ) *(Verbindung)*

outage probability Versorgungswahrscheinlichkeit *f*

outage time Ausfalldauer *f* (AD)

out-band (intermodulation) rejection ratio Schulterabstand *m (dB, Abstand Außerband-Intermodulationsprodukte/Imbandmodulation, OFDM, DVB)*

out-band signalling Signalisierung *f* außerhalb des Bandes, Außerband-Signalisierung *f*, Outband-Signalisierung *f*

outboard memory Außenspeicher *m*

outbound Verteilrichtung *f (VSAT)*

outdoor model Außenraumversion *f (HW)*

outdoor unit (ODU) Außeneinheit *f (WLL)*, Außenbaugruppe *f (Sat)*

outer conductor Außenleiter *m (SV)*

outgoing abgehend, gehend, Abgangs-

outgoing access (OA) abgehender Zugang *m (von einem Netz zu einem Teilnehmer in einem anderen Netz, ITU-T)*; abgehender Anschluß *m*; Berechtigung *f* zum Herstellen abgehender Verbindungen *(GBG-Option, ISDN)*

outgoing call abgefragte Verbindung *f*, gehende Verbindung *f*, gehender Ruf *m*, abgehende Belegung *f*

outgoing-call barring facility gehende Sperre *f*

outgoing calls barred (OCB) Sperre *f* abgehender Rufe *(ISDN, GSM)*

outgoing call set-up Verbindungsaufbau *m* gehend (VAG) *(C-Netz)*

outgoing circuit gehender Satz *m* (GS) *(Vermittlung)*; Sendeleitung *f(TV-Rundfunk)*

outgoing conductor section Leiterabgang *m (Folientastatur)*

outgoing line blocking Abnehmerblockierung *f (ATM)*

outgoing message (OGM) abgehende Nachricht *f (Fax)*

outgoing register Abgangsregister *n*

outgoing time slot Ausgangszeitlage *f*

outgoing trunk circuit (OGC) abgehende Fernleitung *f (ISDN)*

outgoing trunk interface Abgangsleitungsanschluß *m (Vermittlung)*

outlet Austritt *m*, Anschluß *m*; Steckdose *f*
3-wire power outlet Terko-Steckdose *f (Gestell)*

outletbar Suchbrücke *f (zu einem freien Anschlußweg/-Satz, Tel)*

outlier Ausreißer *m (Bildcodierung)*

out-of-area equipment Vorfeldeinrichtung *f*

out-of-balance schieflastig *(Verkehr)*

out-of-band signalling Signalisierung *f* außerhalb des Bandes, Außerband-Signalisierung *f*

out-of-frame condition Nicht-im-Rahmen-Zustand *m (Übertr.)*

out of lock ausgerastet, außer Tritt *m*

out of order gestört *(Verbindung)*

out-of-order tone Gestörtzeichen *n*

out of phase phasenungleich, phasenverschoben, asynchron

out-of-range (Bereichs-)Überschreitung *f*

out of service außer Betrieb

out of synch(ronisation) außer Tritt, ausgerastet, nicht synchronisiert

outpulse Impulse *mpl* ausgeben; Adreßinformationen *fpl* austauschen *(Vermittlung)*

outpulser Impulsgeber *m*

output Ausgang *m*; Ausgabe *f*, Ausgangssignal *n*, Ausgangsgröße *f*, Leistung *f*; ausgeben, abgeben, abliefern, ausspielen *(Zellen)*; auskoppeln *(FO)*

output amplifier Sendeendstufe *f*, Senderverstärker *m (Mobilfunk)*

output buffer Ausgabepufferspeicher *m*

output circuit Wahlnachsendesatz *m* (WNS)

output coupler Auskoppler *m (FO)*

output enable (OE) **signal** OE-Signal *n (Chip-Ansteuersignal)*

output frequency Ausgangsschwingung *f (als Signal)*, Sendefrequenz *f (z.B. TV-Sender)*

output line Abnehmer *m (PCM-Daten/ Sprache)*

output matching circuit Ausgangsanpassung *f*

output multiplexer (OMUX) Ausgangsmultiplexer *m (Sat)*

output port Ausgangspunkt *m*, Ausgangsanschluß *m*

output queue Ausgabewarteschlange *f*

output switching network Auskoppelfeld *n*

output variable Ausgangsgröße *f*

outside broadcast van (OB van) Übertragungswagen *m* (Ü-Wagen) *(TV)*

outside line Amtsleitung *f*, Amtsverbindung *f (NStAnl)*

outside plant Ortsleitungsnetz *n*, Liniennetz *n (Gesamtheit der Linientechnik)*

outside plant network Leitungsnetz *n*

out-slot signalling Außerband-Signalisierung *f (ITU-T I.112, s. Tabelle IV)*, Zeichengabe *f* außerhalb der Zeitlagen

outsourcing Fremdbezug *m*, Outsourcing *n (Bezug von Fremdquellen, Multivendornetz, q.v.)*

outstanding unerledigt; unbezahlt

outstanding charge data Schuldnerdaten *npl*

outstation Außenstation *f (Tel., z.B. in ländlichen Bereichen)*; Unterstation *f (TEMEX)*

oven-controlled Xtal oscillator (OCXO) thermostatstabilisierter Quarzoszillator *m*

overall attenuation Restdämpfung *f*; Betriebsdämpfung *f*

overall attenuation plan Dämpfungsplan *m*

overall control Steuerungshoheit *f*

overall decoupling capacitor Summenentkopplungskondensator *m*

overall delay Gesamtlaufzeit *f*

overall height Bauhöhe *f*

overall layout Übersichtsplan *m*

overall loss Restdämpfung *f*

overall loudness rating (OLR) Gesamtbezugsdämpfung *f* (GBD)

overdesign überdimensionieren

overdrive übersteuern

overengineer überdimensionieren

overfitting Übertrainieren *n (neuronales Netz)*

overflow Überlauf *m (z.B. Zähler)*

overflow call Überlaufbelegung *f (Tel.-Anl., auf ein anderes Abnehmerbündel überlaufende angebotene Belegung)*

overflow contact Überlaufkontakt *m (Tel.-Anl)*

overflow traffic Überlaufverkehr *m (Tel.-Anl)*

overhead Kopfteil *m*, Rahmenkopfteil *m (TDM)*, Kopffeld *n (ATM-Zelle)*; Aufwand *m*, Zusatzaufwand *m (Steuerung, Wiederholungen)*, Overhead *n*

overhead bits zusätzliche Informationsbit *npl*, Zusatzbit *npl (TDM)*

overhead byte Zusatzbyte *n (an den Zellkopf angehängt, ATM-Übertragung)*

overhead data vermittlungstechnische Daten *npl*

overhead information Paketkopfinformation *f*

overhead line Freileitung *f (el.)*

overlaid cell überlagerte Funkzelle *f*

overlap sending Sendeüberlappung *f (ISDN)*; Einzel(wahl)ziffernwahl *f*; Nachwahl *f (SAAL, Teile der Adresse werden in getrennten Meldungen übertragen)*

overlap signalling Einzelwahlziffern-Wahlverfahren *n (ZGS.7 MTP, s. Tabelle III)*

overlay überlagern, Überlagerung *f*; stanzen, Schablone *f*, Einblendung *f*, Überblendung *f (Bildbearbeitung)*

overlay model Überlagerungsmodell *n (IP/ ATM-Protokollschichten)*

overlay network überlagertes Netz *n*, Overlay-Netz *n*, Zusatznetz *n (FO)*

overlay tag (OTAG) Overlay-Tag *n (IP, führt fliegende Veränderungen an HTML-(q.v.)-Dateien vor, während und nach deren Übertragung durch)*

overload Überlast(ung) *f*

overload buffer Überlastspeicher *m*

overload capability Überlastbarkeit *f*

overloading Überbelastung *f*, Überbeanspruchung *f*; Mehrfachbelegung *f (von Operatoren bzw. Funktionen, z.B. bei ADA)*

overload level Betriebsgrenze *f (Datenblatt)*

overload prevention Überlastabwehr *f (Verm)*

overload protection Überlastabwehr *f (Verm)*

override übersteuern; durchbrechen *(z.B. Aufschalteschutz, K-Tel)*, aufschalten, anklopfen

override category Durchbrechungskategorie *f* Durchbrechen *n* der Sperre

oversampling Überabtastung *f (DV)*

overscan (Nutzflächen)überabtastung *f (TV)*

overseas item überseeische Überspielung *f (TV)*

overshoot Vorläufer *m (Puls)*; Überreichweite *f (Ausbreitung)*

overshoot period Überschreitungszeitdauer *f (Schweller)*

oversized überdimensioniert

overstress Überbeanspruchung *f*, Überlastung *f*; überlasten

over-the-air drahtlos *(Übertragung)*

over-the-air (OTA) **upgrade** Programmänderung *f* über Satellit *(DTB, DVB-S)*

over-the-horizon Überhorizont-..., Überreichweite-...

overtime rate Folgegebühr *f*

overvoltage arrester Überspannungsableiter *m* (ÜsAg)

overvoltage threshold Überspannungsansprechgrenze *f*

OWC (one-way communication) einseitige Kommunikation *f (ISDN)*

OWG (optical waveguide) Lichtwellenleiter *m* (LWL)

own class-of-service selection eigene Berechtigungsumschaltung *f* (EBU)

own facility eigene Einrichtung *f*

own-number dialling Eigenwahl *f (NStAnl)*

own receiver busy Empfänger besetzt *(Zustand)*

owned bandwidth Inhaber-Bandbreite *f (Netzmanagement)*

owner of an access facility Anschlußinhaber *m (Teilnehmer)*

ownership Inhaberschaft *f (Netz)*

OXC (optical crossconnect) optischer Cross-Connect *m*, optisches Koppelfeld *n (FO)*

P

P (predictiv) prädiktiv, Prädiktions... *(bei MPEG-2 jedes vierte Bild in einer GOP (P-Bild (q.v.), diese Bilder sind aus den vergangenen I-Bildern abgeleitet und werden wiederum zur Ableitung der B-Bilder benutzt)*

PA (power amplifier) Leistungsverstärker *m*

PA (primary rate access) Primärmultiplexanschluß *m* (PMXA) *(ISDN)*

PA system (public address system) ELA-Anlage *f*, Beschallungsanlage *f*

PABX (private automatic branch exchange) Nebenstellenanlage *f (nach BS6301, 6324, nur Sprachband)*; Wählnebenstellenanlage *f*; bedienungslose Wählunteranlage *f* (WU-Anl.) *(veraltet)*

PABX line group Sammelanschluß *m*

PAC (perceptual audio coder) perzeptorischer Audiocoder *m (dig. Audio-Codec)*

PACE s. paging access control equipment

pacing Nachrichtenmengendosierung *f (Übertragung)*

pack packen, komprimieren *(Daten zur Speicherung auf Festplatte)*

package Paket *n (GUI, PC)*; Gehäuse *n*, Baustein *m (IS)*

packaging Verpackung *f*; Montage *f*, Zusammenbau *m*; Kapselung *f (Mikroschaltung)*

packet Datenpaket *n*, Paket *n (diskrete Datenbitvollgruppe mit Nutzinformationssegment, Wegeleit-, Folgesteuerungs- und Fehlersicherungsinformationen)*

packet assembly Paketierung *f (ATM)*

packet assembly facility Paketierer *m* (PAK)

packet assembly/disassembly delay Paketierungs-/Depaketierungsverzögerung *f (ATM-Sprachübertragung)*

packet assembly/disassembly facility (PAD) Paketierer/Depaketierer *m (DEE, die nicht-X.25-Terminals mit einem X.25-Netz verbindet. PAD-Protokoll-bezogene Standards sind X.3, X.28, X.29, s. Tabelle VI)*

packet body Paketrumpf *m*

packet channel (p channel) Paketkanal *m* (p-Kanal) *(IN)*

packet/circuit interface (PCI) Datenpaket-Leitung-Schnittstelle *f*

packet circuit multiplication equipment (PCME) Leitungsvervielfacher *m* für Paketvermittlung

packet control unit (PCU) Paketsteuereinheit *f (GPRS)*

packet data network (PDN) Paket-Datennetz(werk) *n*

packet disassembly facility Depaketierer *m* (DEPAK) *(PCM-Daten)*

packet fanout circuit Paketverteilschaltung *f*

packet filter Paketweiche *f*, Paketfilter *n*, Packet-Filter *n (Firewall q.v.)*

packet filtration Paketausscheidung *f (NMS,SNMP)*

packet group Paketbündel *n*

packet handler (PH) Paketsteuerung *f (ISDN)*, Paketbehandlungseinrichtung *f*

packet handling Paketsteuerung *f*

packet identifier (PID) Paketkennung *f (zur Kennzeichnung von Paketen in einem MPEG-2-Multiplex benutzte Nummer)*

packeting Paketierung *f*

packet interleaved paketweise verschachtelt

packetize paketieren

packetized elementary stream (PES) paketierter Elementardatenstrom *m (als Teil eines Multiplexes, MPEG-2)*

Packetized Ensemble Protokoll (PEP) Protokoll *n* für die paketierte Datengesamtheit *(Datenkompressionsprotokoll für hochratige Modems)*

packetized voice transmission paketvermittelte Sprachübertragung *f*

packetizer Paketierer *m*

packet layer protocol (PLP) Paketschichtprotokoll *n (ISDN)*

packet length in bits (PLB) Paketlänge *f* in Bit

packet looping Paketschleifenbildung *f*

packet loss rate Paketverlustrate *f* (PVR)

packet losses Paketverluste *mpl*

packet-mode paketorientiert

packet-mode DTE Paket-DEE *f*

packet mode network Paketnetz *n*

packet node Paketnetzknoten *m*

packet-oriented paketweise

packet-oriented interexchange trunk paketorientierte Verbindungsleitung *f* (Vl-P)

packet overhead Paketkopf *m*

packet radio (PR) Paketradio *n (paketvermittelter Funkdienst, AX25 – Amateur-X.25, VHF)*

packet radio unit (PRU) Paketradioeinheit *f*

packet rate (PR) Paketrate *f* (PR) *(Pakete/Sek)*

packet retransmission Paketwiederholung *f*

packet routing Paketleitweg *m*

packet sequence number Paketlaufnummer *f*

packet sequencing Paketreihung *f*

packet stream Paketblock *m*

packet switch (PS) Paketvermittlung *f (US)*

packet switched paketvermittelt

packet-switched connection Wählanschluß *m* der Gruppe P (Datex-P) *(DTAG)*

packet-switched data exchange (network) paketvermitteltes Datennetz *n* (Datex-P, Dx-P)

packet-switched data network (PSDN) paketvermitteltes Datennetz *n* (Datex-P, Dx-P)

packet-switched network paketvermitteltes Netz *n*

packet-switched public data network (PSPDN) paketvermittelndes öffentliches Datennetz *n*

packet-switching network (PSN) Paketvermittlungsnetz *n* (PV-Netz, PVN), paketvermittelndes Netz *n*

packet switching node Paketvermittlungsknoten *m*

packet switching unit (PSU) Paketvermittlungseinheit *f (ATM)*

Packet SwitchStream (PSS) paketvermittelter Dateldienst *m (BT, entspricht Datex-P)*

packet-terminal customer Paketteilnehmer *m*

packet-terminal subscriber Paketteilnehmer *m*

packet transfer mode (PTM) Paketübertragungsmodus *m (ITU-T I.113, s. Tabelle IV)*

packet tunneling Pakettunnel *m (Internet, IAB RFC2473)*

packet utilization ratio Paketnutzungsgrad *m*

packet voice terminal (PVT) Sprechstelle *f* für Paketvermittlung, paketvermitteltes Sprachendgerät *n*

packing Packung *f*, Verpackung *f*, Integrierung *f (ICs)*; Verdichtung *f (DV)*

packing density Packungsdichte *f (Bauelemente)*; Belegungsdichte *f*, Speicherdichte *f (Speicher)*; Schreibdichte *f (Aufzeichnung)*

pack set Tornistergerät *n ("Walkie-Talkie")*

pad stopfen *(Zeichen, Bit (zum Einstellen der Dauer eines Rahmens), EWS)*; Anschlußfläche *f (IC-Anschlüsse)*; Anpassungsglied *n (Übertragungsleitung)*

pad (character) Füllzeichen *n*

PAD s. packet assembly/disassembly facility

padder Stopfschaltung *f*

padding cell Stopfzelle *f (ATM-Zellenstrom)*

padding (stop) element Stopfschritt *m*, Füllschritt *m (Geschwindigkeitsanpassung)*

padding stream Fülldatenstrom *m (zum Einstellen der Bitrate eines Bitstromes)*

paddle Drehregler *m (PC-Spiel)*; Ventilator *m (am Lüfter)*

PAG s. paging

page Seite *f (Speicher, Teletext)*, Tafel *f (Vtx)*, Kachel *f*, Rahmen *m*; Funkruf *m*; ausrufen *(e. Person)*, abfragen *(e. Station)*; blättern *(Monitor)*

page description language (PDL) Seitenbeschreibungssprache *f (DTP)*

page down zurückblättern*(Monitor)*

page frame Speicherfenster *n (PC)*; Seite *(Speicher)*

page layout Seitengestaltung *f (Vtx.-Mon)*

pager Pager *m*, Personenrufempfänger *m*, Rufempfänger *m*, Tonrufempfänger *m*, (Nur-) Ton-Empfänger *m*, Personenrufendgerät *n (Funkrufdienst)*; Anrufmelder *m*, Nachrichtenmelder *m (Mobilfunk)*

pager database management operating system (PDM/OS) Pager-Datenbankverwaltungs-Betriebssystem *n ("Inforuf", POCSAC)*

page setup Seite *f* einrichten *(MS-Windows, PC)*

pages per hour (pph) Seiten pro Stunde *(Drucker)*

page up vorwärtsblättern *(Monitor)*

paging (PAG) Funkruf *m (RDS)*; Personenruf *m*; Meldeanruf *m (Mobilfunk)*; Seitenwechsel *m (Monitor)*

paging access control equipment (PACE) Funkrufleitzentrale *f (BTMC, Sat.-Funkruf)*

paging broadcast (PB) Funkrufnachricht *f (GSM)*

paging call Funkruf *m*

paging channel (PCH) Rufkanal *m* (RK)

paging command message Rufbefehlsmeldung *f (GSM)*

paging information Rufmeldeinformationen *fpl (GSM)*

paging logic Seitenwechsellogik *f (DV)*

paging loudspeaker Ruflautsprecher *m*

paging message Rufmeldung *f (GSM)*

paging operation Rufmeldeoperation *f (GSM)*

paging receiver Funkrufempfänger *m*, Selektivrufempfänger *m*

paging request Rufauftrag *m (GSM)*

paging response (PR) (Funkruf-)Antwortnachricht *f (GSM)*

paging signal Rufsignal *n*

paging speed Seitenwechselgeschwindigkeit *f (Monitor)*

paging system Personensucheinrichtung *f* (PSE), Personenrufeinrichtung *f*

pair Doppelader *f*, Doppelleitung *f*, Leitungspaar *n (Tel)*

pair-gain system Paarvervielfachungssystem *n*, Teilnehmermultiplexsystem *n (Teilnehmeranschluß)*

PAL (phase alternation line) zeilenweiser Phasenwechsel *m (FBAS-TV-Codierung, Frequenzmultiplexübertragungstechnik auf Basis des NTSC-Systems q.v., Standard für analoge Fernsehübertragung u.a. in Europa, Australien)*

PAL (programmable array logic) programmierbare Matrix-Logik *f*

PAL decoder PAL-Decoder *m (TV)*

palette Palette *f (Grafik)*

PALplus verbesserte PAL-TV-Übertragung *f (mit 16:9 Aufnahmetechnik und bewegungsadaptiver Codierung gegen Übersprechstörungen (MACP, q.v.). Die entsprechende Codierung wird im sog. Helpersignal mitübertragen, getrennte Übertragung von Luminanz und Chrominanz)*

PAM (pulse amplitude modulation) Pulsamplitudenmodulation *f*

PAMR (public access mobile radio) öffentlicher beweglicher Landfunk *m* (öbL), öffentlicher mobiler Landfunk *m* (ömL), öffentlicher Bündelfunk *m*

PAN s. personal area network

pan schwenken *n (TV)*

pane Ausschnitt *m (MS-Windows, PC)*

pan-European europaweit

Pan European Crossing (PEC) **network** PEC-Netz *n(angebunden an das Global-Crossing(q.v.)-Netz, Glasfaser-(G.655)-Backbone-Ringe, WDM, jede Wellenlänge transportiert ein 10-Gbit/s-Signal (STM-64))*

Pan European Paging service (PEP) Europäischer Funkrufdienst *m* (EFuRD)

panel Platte *f*, Feld *n*, Tafel *f*

panel jack Einbaubuchse *f*

panel mounting Plattenmontage *f*

panic button Not-Aus-Druckknopf *m*; Schlagtaster *f*

PAP (password authentication protocol) PAP-Protokoll *n (ISDN-Router)*

paper alignment Papieranpassung *f (Fax)*

paper feed Papiertransport *m (Drucker)*

paper tape Lochstreifen *m* (LS) *(FS)*

paper tape reader (PTR) Lochstreifenleser *m*

PAR, P/AR s. peak/average ratio

paragraph Absatz *m (Text)*

parallel parallel, nebengeordnet

parallel computer Parallelrechner *m*, Mitrechner *m*

parallel in/parallel out (PIPO) **shift register** PIPO-Schieberegister *n*

parallel input/output (PIO) Parallel-Ein-/Ausgabe *f (Port)*

parallel input/output bus paralleler Ein-/Ausgabebus *m* (PEAB)

parallel in/serial out (PISO) **shift register** PISO-Schieberegister *n*

parallel interface parallele Schnittstelle *f (Druckeransteuerung, z.B. Centronics, PC)*

parallelism Parallelität *f (Mikroschaltung)*

parallelize parallelisieren, in (bit)parallele Form *f* bringen, serien-parallel wandeln

parallel operation Parallelbetrieb *m*, Parallellauf *m*

parallel processing Parallelverarbeitung *f*, Parallelisierung *f*

parallel port paralleler Anschluß *m (Centronics-Druckeranschluß, PC)*

parallel/serial converter Parallel-Serien-Umsetzer *m*

parallel (telephone) set Nebenapparat *m*

parallel to the axis achs(en)parallel *(repro)*

parameter Parameter *m*, Kennwert *m*

parameter block Parametersatz *m*

parameterizable parametrisierbar, parametrierbar

parametrization Parametrisierung *f*

parasitic parasitär

parasitic induction Störeinfluß *m*

parasitics Störeinflüsse *mpl*, Störschwingungen *fpl*, Streuschwingungen *fpl*

parental lock Kindersperre *f*, Jugendschutzsperre *f (TV)*

parent class Vaterklasse *f (Datenhaltung)*

parent exchange Muttervermittlungsstelle *f*, Mutteramt *n*, Hauptvermittlung *f*

parent process Stammprozess *m (DV)*

parent system Muttersystem *n (Systemtel., ISDN)*

parent transmitter Grundnetzsender *m (TV)*

PARI (primary access right identity) Primärzugriffskennung *f (DECT)*

parity bit Paritätsbit *n (Übertragungssignal)*

parity check Paritätskontrolle *f*, Paritätssicherung *f*

parity check bit Kennschritt *m (FS)*

parity error Paritätsfehler *m*

parity inverter Paritätsdreher *m*

park parken *(Ruf, Tel)*

PARK (portable access rights key) Schlüssel *m* für portable Zugriffsrechte *(DECT)*

parked position Parkstellung *f (Tel)*

parking Parken *n*, Parkierung *f (Ruf, Festplattenköpfe)*

PARK length indicator (PLI) PARK-Längenanzeiger *m (DECT)*

parse syntaxanalytisch zerlegen, parsen

parser Parser *m (Analysealgorithmus; Spracherkennung, Sprachsynthese)*

parsing Syntaxanalyse *f*, syntaktische Analyse *f*, Parsing *n (Spracherkennung)*

partial authorization Teilberechtigung *f*

partial connection Teilverbindung *f*

partial data stream Teildatenstrom *m (hierarchische Übertr., DVB-T)*

partial fault Teilstörung *f*

partial loopback Teilprüfschleife *f (ITU-T I.430, s. Tabelle IV)*

partially filled cell teilgefüllte Zelle *f (ATM-Sprachverbindung)*

partially meshed teilvermascht *(Netz)*

partially selected teilbewählt *(Leitung)*

partial number Teilnummer *f (ISDN)*

partial-rate coded teilratencodiert *(Übertragung)*

partial-response continuous-phase modulation phasenkonstante Pseudo-Mehrstufenmodulation *(digital)*

particularize instanzieren *(z.B.: einen Logikzustand mit "H" oder "L" instanzieren)*

partition Abtrennung *f*, Aufteilung *f*, Unterteilung *f*; Bereich *m (Festplatte)*; Partition *f (Speicher)*, Speicherblock *m*, Programmbereich *m*; aufteilen, unterteilen

partition noise Verteilungsrauschen *n (FO)*

partitioned clock stopping aufgeteiltes Taktstoppen *n (DV)*

partitioning Aufteilung *f (ISDN, Netzmanagement)*

partner Teilnehmer *m (Konferenz)*; Gesprächspartner *m*

part operation Teiloperation *f (Verm.)*

party (PTY) Konferenzteilnehmer *m*, Teilnehmer *m* (TLN) *(Tel)*; Gesprächspartner *m*; Partner *m (z.B. Manager u. Agent, Netzmanagement)*

party identification Teilnehmerkennung *f*

party-line Gemeinschaftsleitung *f*, Gesellschaftsleitung *f (Tel)*

party-line discriminator Gemeinschaftsumschalter *m*

party-line telephone Halbtelefon *n (DTAG, BT-REN = 2)*, Vierteltelefon *n (ÖBP, BT-REN = 4)*

party-line trunk Gemeinschaftshauptleitung *f*

PASC (precision adaptive subband coding) adaptive Präzisions-Teilbandcodierung *f (DCC-Toncodierung)*

pass Durchlauf *m (Programm, Band)*; Durchgang *m*, Überflug *m (Sat)*; durchlaufen, durchfließen; durchführen

pass-along facility Weitergabemerkmal *n (ISDN, ITU-T I.3xx, s. Tabelle IV)*

passband Durchlaßbereich *m (Filter)*, Durchlaßband *n*, Wellenlängenbereich *m (FO)*

pass-band attenuation Durchlaßdämpfung *f*, Grunddämpfung *f (Filter)*

pass-band carrier signal Trägersignal *n* im Durchlaßbereich

pass band characteristic Durchlaßkurve *f (Filter)*

pass-band curve Durchlaßkurve *f (Filter)*

pass-band loss Grunddämpfung *f*

passband shaper Durchlaßbereichsformer *m (z.B. TV)*

passed/failed Gut-Schlecht *(Prüfling)*, Bestanden/Nicht Bestanden *(Prüfung)*

pass/fail test Gut-Schlecht-Prüfung *f (Protokoll-Konformität)*

pass frequency Durchlaßfrequenz *f*

passing trade Laufkundschaft *f (Internet-Shop)*

passive optical network (PON) passiv übermittelndes optisches (Fernmelde-)Netz *n (FO)*

passive repeater passive Relaisantenne *f (Autozubehör für "Handy")*

passive station Wartestation *f*

passive test termination passiver Prüfabschluß *m* (PPA) *(NT)*

pass on weitergeben; vererben *(objektorientierte Modellierung, Datenhaltung)*

pass on information weitermelden

Pass/Reject indication Gut/Schlecht-Aussage *f*

pass through durchreichen *(Meldungen)*

pass-through mode Durchlaß-Modus *m (WAN)*

pass transistor Durchgangstransistor *m (Mikroschaltung)*

password (PSWD) Kennwort *n*, Kennungswort *n*, Paßwort *n*; Kennung *f (Datenbank)*

password authentication protocol (PAP) PAP-Protokoll *n (ISDN-Router)*

password challenge Paßwortabfrage *f (POP3 q.v.)*

paste einfügen *(MS-Windows, PC)*

Paste Special Inhalte Einfügen *(MS-Windows-Anweisung, PC)*

PAT (port address translation) Port-Adreßumsetzung *f*

PAT (programme allocation *oder* association table) Programmzuordnungstabelle *f*, PAT-Tabelle *f (PSI, DVB)*

patch Fleck *m*, Flächenstück *n (Grafik)*; Änderung *f*, Korrektur *f (SW)*; Flächenresonator *m (Antenne)*; schalten, stekken

patch antenna Patch-Antenne *f*, Flachantenne *f (Kfz-montierte GPS-Antenne)*

patch board Schalttafel *f*, Stecktafel *f*

patching Rangieren *n*, Schalten *n*

patching error Steckfehler *m (Kreuzschiene)*

patching wire Rangierdraht *m*

patch panel Schaltfeld *n*, Schalttafel *f*, Stecktafel *f*, Patchfeld *n*, Rangierverteiler *m*

patch resonator Flächenresonator *m (Antenne)*

patch through durchschalten, verbinden

path Gang *m (optisch)*; Weg *m*, Zweig *m*; Pfad *m*, Suchpfad *m*, Suchweg *m (DOS)*

path attenuation Streckendämpfung *f (FO, LAN)*

path continuity Streckendurchgang *m (Vermittlung)*

path finding Wegermittlung *f*, Wegesuche *f*

path hunt Wegesuche *f (Vermittlung)*

path loss Funkfelddämpfung *f (Sat)*, Übertragungsdämpfung *f (Mobilfunk)*; Streckendämpfung *f (FO, LAN)*

path name Pfadname *m (PC)*

path overhead (POH) Pfadkopfteil *m*, Pfadrahmenkopf *m (TDM, SDH)*, Pfadzusatz *m*

path search Wegesuche *f (ITU-T I.3xx, s. Tabelle IV)*

path selection Wegermittlung *f*, Wegesuche *f*

path setup Wegedurchschaltung *f*

path through-connection Wegedurchschaltung *f*

path trace Absenderkennung *f (SDH)*

pattern Muster *n*, Raster *m (Frequenz)*, Takt *m (Impuls)*; Charakteristik *f*, Richtcharakteristik *f*, Richtdiagramm *n (Ant.)*

pattern alignment signal Rasterkennwort *n (Leitungsprüfung)*

pattern matching Muster(paarigkeits)vergleich *m (Sprachcodierung)*

pattern matching network Mustergleichzeitigkeitsnetzwerk *n*

pattern noise periodische Störung *f (TV)*

pattern of movement Bewegungsverlauf *m*

pattern recognition Mustererkennung *f*

pattern search Mustersuche *f*

pause Pause *f*, Kurzstopp *m (MAZ)*; verweilen, anhalten

pause indication Pausenmeldung *f (EWS)*

pay-as-you-go subscriber Prepaid-Teilnehmer *m (Mobilfunk)*

pay channel Bezahlkanal *m (Pay-TV)*

payload Nutzlast *f (Nutzsignalteil des PCM-Rahmens, ATM)*, Nutzdaten *npl (STM)*, Nutzdatenfeld *n (ATM-Zelle)*, Nutzsignal(e) *n(pl)*; Nutzdatenstrom *m (die 184 Nutzbyte nach dem Kopfteil eines 188-Byte-Transportpakets bei MPEG-2)*

payload cell Nutzzelle *f (ATM)*

payload channel Nutzsignalkanal *m*

payload module Nutzlastmodul *n (ITU-T I.113, s. Tabelle IV)*

payload stream Nutzdatenstrom *m (MPEG-2)*

payload type (PT) Nutzsignalart *f*

payment card Geldkarte *f*

payment function Zahlungsfunktion *f (E-Commerce, Internet)*

pay-per-view (PPV) **TV** (Einzelprogramm-)Gebührenfernsehen *n*

pay telephone Münzfernsprecher *m*, öffentlicher Fernsprecher *m*

pay TV Gebührenfernsehen *n*, Wunschfernsehen *n*, Bezahlfernsehen *n*, Abo-Fernsehen *n*

PB (paging broadcast) Funkrufnachricht *f (GSM)*

PBS (position based service) lokalisierter Dienst *m*, ortsabhängiger Dienst *m*, lokalisiertes Angebot *n (WAP-Dienst, IP-Mobilfunk)*

PBX (private branch exchange) Nebenstellenanlage *f* (NStAnl), Nebenstelleneinrichtung *f*, Nebenstellenzentrale *f*, PBX *f (virtuelle TK-Anlage, die als Software im EWSD-System des Netzbetreibers resident ist)*

PBX final selector Sammelleitungswähler *m*

PBX line Nebenstellen-Anschlußleitung *f*, Sammelanschlußleitung *f*, Sammelleitung *f*

PBX main line Nebenstellen-Anschlußleitung *f*

PBX-to-Computer-Interface (PCI) Nebenstellenanlage-Computer-Schnittstelle *f (US)*

PBX with dialling capability Wählanlage *f* (W-Anl)

PC (personal computer) Personal-Computer *m*

PC (power change) Sendeleistungsänderung *f (GSM)*

PC (private circuit) Mietleitung *f*

PC/AT (PC Advanced Technology) PC/AT *m (IBM-kompatibler PC mit 80286-, 80386- oder 80486-Prozessor)*

PCB (printed circuit board) Leiterplatte *f* (LP), Print(platte) *f*

PCB module Kartenbaugruppe *f* (KBG)

PCC (protocol communications controller) Protokoll-Übertragungsablaufsteuerung *f*

PC-Card PC-Karte *f (neue Bezeichnung für PCMCIA-Karte q.v.)*

PCH (paging channel) Rufkanal *m* (RK) *(GSM 01.04, s. Tabelle VII)*

p channel (packet channel) p-Kanal *m*, Paketdatenkanal *m (IN)*

PCI (packet/circuit interface) Datenpaket-Leitung-Schnittstelle *f*

PCI s. PBX-to-Computer-Interface

PCI s. peripheral component interconnect

PCI (protocol control information) Protokollsteuerdaten *npl*

PCI (programmable communication interface) **controller** PCI-Controller *m (PC)*

PCM (pulse code modulation) Pulscodemodulation *f (ITU-T-Empf. G.711, s. Tabelle III)*

PCMCIA Personal Computer Memory Card International Association *(1989, Peripherieschnittstelle für Laptop-Computer (heute in "PC-Card" umbenannt); für PC-Erweiterungsmodule und bei DVB für abtrennbare CA-Module mit DVB-CI benutztes Format)*

PCMCIA card PCMCIA-Karte *f (Fax/Modem-Karte als Schnittstelle zw. Mobiltelefon und Computer, 26-Bit-Adreßbus, 16-Bit-Datenbus)*

PCMCIA slot PCMCIA-Steckplatz *m (am Laptop-Computer)*

PCM/delta converter PCM-Delta-Umsetzer *m* (PDU)

PCME (packet circuit multiplication equipment) Leitungsvervielfacher *m* für Paketvermittlung

PCM hierarchy PCM-Hierarchie *f (q.v.)*

PCN s. Personal Communication Network

P code (precision code) P-Code *m (GPS)*

PCR s. peak cell rate

PCR (preventative cyclic retransmission) vorbeugende zyklische Wiederholung *f*

PCR (program clock reference) Zeitfrequenzmarke *f (DVB)*

PCS s. Personal Communication Service

PCS s. Personal Communication System

PCS1900 PCN-Standard *m* in den US *(basiert auf GSM, TDMA)*

PCT s. peripheral control and timing (link)

PCU (packet control unit) Paketsteuereinheit *f (GPRS)*

PCUG (preferential CUG) bevorzugte geschlossene Benutzergruppe *f (ISDN)*

PC/XT (PC Extended Technology) PC/XT *m (IBM-kompatibler PC mit 8086- oder 8088-Prozessor)*

PDA (personal digital assistant) persönlicher digitaler Assistent *m (Hand-PC)*

PDAU (physical delivery access unit) Anschlußeinheit *f* für physikalische Zustellung

PDC (Personal Digital Cellular) s. JDC

PDC (Programme Delivery Control) **system** Programm-Zustellungssteuersystem *n (TV)*

PDC (propagation delay counter) Laufzeitzähler *m*

PDH (plesiochronous digital hierarchy) plesiochrone digitale Hierarchie *f*

PDL (page description language) Seitenbeschreibungssprache *f (DTP)*

PDM (pulse duration modulation) Pulsdauermodulation *f*

PDMA (polarisation division multiple access) Vielfachzugriff *m* im Polarisationsmultiplex *(Sat)*

PDM/OS (pager database management operating system) Pager-Datenbankverwaltungs-Betriebssystem *n ("Inforuf", POCSAC)*

PDN (packet data network) Paket-Datennetz(werk) *n*

PDN (public data network) öffentliches Datennetz *n*

PDOP (position dilution of precision) Positions-Präzisionsverringerung *f (GPS)*

PDP (plasma diplay panel) Plasma-Bildschirm *m*, Plasma-Display *n (TV)*

PDS s. physical delivery system

PDU (protocol data unit) Protokoll-Dateneinheit *f (PCI+SDU, ISDN, DECT)*, Dateneinheit *f (DECT)*, Informationseinheit *f (Vtx)*

PDX (private digital exchange) private Telekommunikationsanlage *f*

PE s. perceptual entropy

PE s. protective earth

peak/average ratio (PAR,P/AR) Spitze-Mittelwert-Verhältnis *n*, Spitzenfaktor *m (analoge Leitungsmessung)*

peak cell rate (PCR) maximale Zellenrate *f*, Spitzenzellrate *f (ATM)*

peak code Aussteuergrenze *f*, maximale Codeaussteuerung *f (PCM)*

peak detector Spitzenwertdetektor *m*

peak deviation Spitzenhub *m (FM)*

peakedness factor Spitzigkeitsfaktor *m (Stat.)*

peak excursion Spitzenhub *m (Symbol)*

peak hours Spitzenbelastungszeit *f*

peak incoming traffic hours Spitzenbelastungszeit *f* kommend *(Verm)*

peak limiter Spitzenbegrenzer *m*

peak load Lastspitze *f*

peak outgoing traffic hours Spitzenbelastungszeit *f* gehend *(Verm)*

peak programme modulation Spitzenaussteuerung *f (TV-Sender)*

peak rate charge Spitzentarif *m (ISDN)*

peak rectifier Spitzenwertgleichrichter *m*

peak synch power Synchronspitzenleistung *f (TV-Sender)*

peak traffic demand Spitzenbelastung *f*

peak traffic load Spitzenbelastung *f*, Spitzenbelegung *f*

peak traffic mode Stoßbetrieb *m*

peak traffic period Stoßzeit *f*

peak value Spitzenwert *m*

peak value rectifier Spitzenwertgleichrichter *m*

peak white level Scheitelwert *m* für Weiß *(TV)*

PEC s. Pan European Crossing

PE (protective earth) **conductor** PE-Leiter *m*, Schutzleiter *m (SV)*

pedestal Sockel *m*; Schwarzwert(impuls) *m*, Schwarzwertabhebung *f*, Schwarzwertabsetzung *f (TV)*

pedestal-mounted Sockel..., auf Sockel (befestigt) *(KTV)*

peer Partner *m*

peer entity Partnerinstanz *f (OSI, s. Tabelle VI)*

peering Partner-zu-Partner-Netzverbindung *f*, Peering *n*

peer-level gleichberechtigt

peer protocol Verständigungsprotokoll *n*

peer receiver busy Empfänger besetzt *(Zustand)*

peer-to-peer Partner-zu-Partner *(Informationsfluß)*

peer-to-peer networking (PPN) Punkt-zu-Punkt-Netzverbindung *f*, Partner-zu-Partner-Netzverbindung *f*

peg Stöpsel *m*; Belegungszahl *f (Verm.)*; festhalten, zählen *(Statistik)*

peg count Anzahl *f* der Belegungsversuche, Mesung *f* der Belegungszahl, Belegungszählung *f (Verm.)*; Stichprobenzählung *f (QA)*

PEL (photographic element) fotografisches Element *n (Fax)*

PEL (picture element) Bildpunkt *m (Bildcodierung)*

pel path Richtung *f* der fotografischen Elemente *(Fax)*

PELV (protected extra low voltage) geschützte Kleinspannung *f (Tel)*

penalty Abzug *m*, Nachteil *m*; Mehraufwand *m*; Strafterm *m (Math., Bildcodierung)*

penalty term Strafterm *m (Math., Bildcodierung)*

pen computer stiftgesteuerter Computer *m*

pended bus anstehender *oder* wartender Bus *m*

pending request anstehende Anforderung *f (Verm.)*

penetration profile Stärkenprofil *n (Markt)*

Pentium processor Pentium-Prozessor *m (Intel-32-Bit-Mikroprozessor, PC)*

PEP (Packetized Ensemble Protocol) Protokoll *n* für die paketierte Datengesamtheit

PEP (Pan European Paging service) europäischer Funkrufdienst *m*

perceptibility Wahrnehmbarkeit *f*, Erkennbarkeit *f (Bildverarbeitung)*

perceptible wahrnehmbar

perception Wahrnehmung *f*, Empfindung *f*

perceptive aufnahmefähig

perceptive to hearing hörbar

perceptual wahrnehmungsmäßig, wahrnehmungsbezogen, perzeptorisch, gegenständlich

perceptual audio coder (PAC) perzeptorischer Audiocodierer *m (dig. Audio-Codec)*

perceptual entropy (PE) perzeptorische Entropie *f (dig. Audio-Codec)*

perceptual image Wahrnehmungsbild *n*, Gegenstandsbild *n (Bildcodierung)*

perceptual model Wahrnehmungsmodell *n (Psychoakustik)*

perceptual transform coding (PCT) perzeptorische Transformationscodierung *f*

perfect shuffle ideale Mischung *f (hochratige PV)*

perforate durchlöchern; stanzen

perforated tape Lochstreifen *m (DV)*

performance Leistung *f*, Leistungsverhalten *n*, Leistungsfähigkeit *f*, Leistungsvermögen *n*

performance attribute Gütemerkmal *n (Netz)*

performance check Funktionsprüfung *f*

performance criterion Leistungsmaß *n*

performance function Zielfunktion *f*

performance index Gütekriterium *n (Reg.)*

performance management Leistungsmanagement *n*, Leistungsüberwachung *f (FCAPS, Netz)*

performance monitoring (PM) Überwachung *f* der Übertragungsgüte *(ATM)*, Leistungsüberwachung *f (NMS)*, Güteüberwachung *f (I.430, s. Tabelle IV)*

performance objective Leistungsziel *n (Netze)*, Güteziel *n (ISDN)*

performance report message (PRM) Güteberichtmeldung *f*

period Periode *f*, Zeitdauer *f*; Ablaufzeit *f* *(Verzögerungsglied)*

periodic frame periodischer Rahmen *m* *(ITU-T I.113, s. Tabelle IV)*

periodicity Periodizität *f*

periodic pulse metering (PPM) Zeitimpulszählung *f* *(Verm.)*

periodic ringing Weiterruf *m*

period under review Berichtszeitraum *m*

peripheral Peripherie *f*, Peripheriegerät *n* *(HW)*, Netz(werk)umgebung *f*, Anschlußgerät *n*, Zusatzgerät *n* *(PC)*

peripheral component interconnect (PCI) Peripheriekomponentenbus *m*, PCI-Bus *m* *(SCSI, PC)*

peripheral control and timing (PCT) **link** Peripheriesteuerungs- und synchronisationsstrecke *f* *(ATM)*

peripheral event Anreiz *m* aus der Peripherie *(Verm.)*

peripheral interface adapter (PIA) Peripherie-Adapter *m*

peripheral processing (PP) (**software**) Peripherietechnik *f* *(Vermittlungs-SW)*

peripheral sections Netzausläufer *mpl*

peripheral side Peripherieseite *f*, Anschlußseite *f* *(Verm.)*

peripheral time slot Ein-/Ausgabezeitschlitz *m* *(Verm.)*

peripheral unit Anschlußgerät *n*

permanency Dauerhaftigkeit *f*, Beständigkeit *f*

permanency factor Beständigkeitsfaktor *m* *(Mobilübertr.)*

permanent bleibend, fortdauernd, permanent; starr *(Netz)*

permanent activation Daueraktivierung *f* *(ITU-T I.430, s. Tabelle IV)*

permanent circuit fest geschaltete Verbindung *f*

permanent circuit service Festverbindungsdienst *m* *(ITU-T I.112, s. Tabelle IV)*

permanent connection Festanschluß *m*, festgeschaltete Verbindung *f*, starre Durchschaltung *f*

permanent file permanente Datei *f*, Ablegedatei *f* *(DV)*

permanent line durchgeschaltete Leitung *f*, Standleitung *f*

permanent node ortsfeste Knotenvermittlung *f* (ofKnV)

permanent switch ortsfeste Knotenvermittlung *f* (ofKnV)

permanent virtual circuit (PVC) feste virtuelle Leitung *f* *(ISDN)*, Festverbindung *f*, quasi-permanente Verbindung *f* *(ATM)*, permanente Paketverbindung *f* *(festgeschaltete Verbindung)*

permanent virtual connection (PVC) Festverbindung *f* *(ATM)*

permanently connected festgeschaltet, fest verbunden

permanently installed fest eingebaut

permissible zulässig, erlaubt

permissive dialing period (PDP) Zeit *f* der freien Wählmöglichkeit *(während KZB-Überlappung nach Bereichsteilung, US)*

permutate permutieren, vertauschen

permute permutieren, vertauschen

persistence Nachleuchtdauer *f* *(Bildschirm)*

persistence check Wiederholungsprüfung *f* *(eine bitweise Prüfung von PCM-Empfangsdaten)*

persistency Persistenz *f* *(Daten)*

persistency check Fehlerbestätigung *f*

persistent information Dauermeldung *f*

persistent store (PST) Festspeicher *m*

personal area network (PAN) Netz *n* für den persönlichen Bereich, Kurzstreckennetz *n* *(z.B. "Bluetooth", IEEE 802.15, s.a. "WPAN")*

personal call Gespräch *n* mit Voranmeldung

Personal Communication Network (PCN) persönliches *oder* personenbezogenes Kommunikationsnetz *n*, Fußgängernetz *n* *(DTI-Konzept als Telepoint-Nachfolgedienst, nach ETSI DCS 1800 (q.v.), ermöglicht auch Anrufen und Textübermittlung, umfaßt im Gegensatz zum flächendeckenden GSM lokale zellulare Netze, die durch das Festnetz miteinander verbunden sind; in D = E1, E-Plus (1.4.94.) in GB = One-2-One (7.9.93.), Orange (28.4.94.), die PCN-Dienste beider Länder können von Teilnehmern beider Länder benutzt werden (internationales Roaming))*

Personal Communication Service (PCS) PCN-Dienst *m* in den US *(DCS-1900-Standard, 2 GHz (IS-95, q.v., Datenrate 9,6 kB/s); Telesis, s.a. PCN)*

personal communication system (PCS) persönliches Kommunikationssystem *n (s.a. PCN)*

personal computer (PC) Personal-Computer *m*

personal digital assistant (PDA) persönlicher digitaler Assistent *m (Hand-PC)*

personal earth station (PES) persönliche Erdfunkstelle *f (VSAT)*

personal identification number (PIN) persönliche Kennnummer *f*, Geheimnummer *f (Telepoint-System, elektronischer Bankverkehr, ISDN)*

personality module kundenspezifisches *oder* anwendungsspezifisches Modul *n*

personalization Personenzuordnung *f (Chipkarte)*, Personenbindung *f*

personalize individualisieren

personalized call number personenorientierte Rufnummer *f*

personal mobile communicator (PMC) persönliches mobiles Kommunikationsgerät *n (Mobilfunknetz PCN im Bereich 1,7–1,9 GHz)*

personal mobility Personenmobilität *f (I.114, s. Tabelle IV, UPT)*

personal portable telephone (PPT) persönlicher Funkfernsprecher *m (GB)*

personal unblocking identity (PUI) Freichaltekennung *f (DECT)*

personal unblocking key (PUK) Freischalteschlüssel *m*, SuperPIN *f (D2 GSM, PCN)*

personal video recorder (PVR) persönlicher Videorecorder *m (Festplatten-Recorder, MPEG2, Linux-Prozessor, 13.6 Gbyte Kapazität: 14 Stunden, 30 Gbyte: 30 Stunden Aufzeichnung)*

personnel post Dienstposten *m*

person-to-person call Voranmeldungsgespräch *n (Tel)*

perturbated gestört *(Verfahren)*

perturbed gestört, fehlerbehaftet *(Parameter)*

PES (packetized elementary stream) paketierter Elementardatenstrom *m (MPEG-2)*

PES packet PES-Paket *n (s. PES, MPEG-2)*

PES s. personal earth station

PFD (power flux density) Leistungsflußdichte *f* (LFD) *(Sat., dB (W/m² auf der Erdoberfläche)*

PFM (pulse frequency modulation) Pulsfrequenzmodulation *f*

P frame (predicted frame) Prädiktionsbild *n* (P-Bild *n*) *(MPEG-2, s. "P")*

Pg Dn (page down) Bild-Ab-Taste *f (Tastatur, PC)*

PGP s. pretty good privacy

Pg Up (page up) Bild-Auf-Taste *f (Tastatur, PC)*

PH (packet handler) Paketsteuerung *f*

PH s. physical layer

PH (protocol handler) Protokollabwickler *m (ATM)*

phantom circuit Phantomkreis *m oder* -leitung *f*, (Leitungs)vierer *m (Tel)*

phantom powering Phantomspeisung *f (Tel)*

phase Phase *f*; Strang *m (E-Mot.)*; Takt *m* **in phase** gleichphasig, im Gleichtakt

phase alignment Phasenabgleich *m (Takt)*

phase ambiguity mehrdeutige Phasenfehler *mpl*

phase angle Phasenwinkel *m*, Phasenlage(nabstand *m*) *f*

phase-angle controlled phasenangesteuert, phasenanschnittgesteuert, phasenangeschnitten *(SV)*

phase calculating unit Phasenrechenwerk *n (DTO)*

phase change Phasenänderung *f*

phase conductor Phasenleiter *m*, Außenleiter *m (SV)*

phased array antenna phasengesteuerte Gruppenantenne *f (Sat., Radar)*

phase deviation Phasenhub *m (Bildträger, TV)*

phase difference Phasendifferenz *f*; Phasenschaltweite *f (phasengesteuerte Gruppen-Ant.)*

phase displacement Phasenverschiebung *f*, Phasenabweichung *f*

phase encoding Richtungstaktschrift *f*

phase error Phasenfehler *m*

phase excitation Phasenbelegung *f (Ant)*

phase front Phasenfläche *f (FO)*

phase hit Phasensprung *m (ITU-T Empf. 0.95)*

phase jitter Phasenjitter *m*, Phasenzittern *n (DFÜ)*

phase locked phasensynchron(isiert)

phase-locked loop Phasenregelkreis *m*

phase match Phasenübereinstimmung *f*

phase modulation (PM) Phasenmodulation *f*, Winkelmodulation *f*; Richtungstaktschrift *f*

phase noise Phasenrauschen *n*

phase opposition Gegentakt *m*

phase region Phasenbereich *m (PCM)*

phase reversal keying (PRK, 2PSK) Phasenrücktastung *f*

phase rotator Phasendreher *m (Ant.)*

phase segregation Phasenisolation *f*

phase shift Phasenverschiebung *f*; Phasensprung *m*, Phasendrehung *f*, Phasenabweichung *f*, Phasenänderung *f*

phase shifter Phasenschieber *m*

phase shift keying (PSK) Phasen(um)tastung *f*, Phasensprungmodulation *f*

phase signature Phasenlage *f*

phase space Phasenraum *m (PCM)*

phase splitter Phasenteiler *m*

phase switching increment Phasenschaltweite *f (Ä_, Ant)*

phase synchromism Phasengleichlauf *m*

phasor Wechselstromzeiger *m (elektrisches Äquivalent eines Zeigers)*

phone book Telefonbuch *n*

phonecard Berechtigungskarte *f*, Telefonkarte *f*, Telekarte *f (ÖKartTel, Magnetstreifentechnik)*

phonecard telephone öffentliches Kartentelefon *n* (ÖKartTel) *(DOV-Technik)*

phonecard telephone access unit Anschalteinheit *f* Kartentelefon (AEK) *(amtsseitig, DOV-Technik)*

phoneme Phonem *n*, Sprachlaut *m*, Lautform *f*

phone plug Klinkenstecker *m*

phonepoint Phonepoint *m (öffentliche Telepoint-Feststation, BT CT2, 860 MHz, Reichweite 200 m, nicht DECT-kompatibel, auch Name des BT-Telepoint-Dienstes)*

phonetic dialling phonetisches Anwählen *n (CT)*

phonetics Phonetik *f*

phono plug Cinchstecker *m (Audio)*

phosphor Leuchtstoff *m*

phosphor screen Leuchtschirm *m*

photoconductive fotoleitend

photographic element (PEL) fotografisches Element *n (Fax)*

photostimulable fotostimulierbar *(Leuchtschirm)*

photo-videotex ISDN-Bildschirmtext *m*

phrase intelligibility Satzverständlichkeit *f*

PHS (Personal Handyphone System) persönliches Handtelefonsystem *n (digitales Mobilfunksystem, Datenrate 32–1152 kB/s, ADPCM, nach ITU-T G.726, NTT-PCS, Japan u. Asien)*

PHY s. physical layer

physical physikalisch, konkret *(Hardware-bezogen)*; physisch

physical access control Zugangskontrolle *f (von Personen)*

physical channel physikalischer Kanal *m (einem Zeitschlitz fest zugeordnet oder fest durchgeschaltet)*

physical connection physikalische Verbindung *f*

physical delivery access unit (PDAU) Anschlußeinheit *f* für physikalische Zustellgeräte *(z.B. Drucker, ITU-T Empf. X.400, s. Tabelle VI)*

physical delivery device physikalisches Zustellgerät *n (ITU-T Empf. X.400, s. Tabelle VI)*

physical delivery system (PDS) Postsystem *n (IPM)*

physical frame physikalischer Rahmen *m*

physical interface physikalische Schnittstelle *f (ISDN, ITU-T I.430, s. Tabelle IV)*

physical layer (PH, PHY) physikalische Schicht *f*, Bitübertragungsschicht *f (ITU-T I.422.1 and I.432, s. Tabelle IV, Schicht 1, OSI-Referenzmodell, s. Tabelle I; GSM, s. Tabelle VII)*; Hardwareschicht *f (FDDI)*

physical line wirkliche Leitung *f*

physical link physikalische Strecke *f*

physical medium (PM) physikalisches Medium *n*

physical medium dependent (PMD) **sublayer** PMD-Subschicht *f ((Teilschicht der physikalischen Schicht, el. Schnittstelle ITU-T G.703 und opt. Schnittstelle ITU-T G.957 u. G.958 (SDH), B-ISDN, SDH/PDH, enthält FO-Hardware-Spezifikationen)*, Medium-Hardwareschicht *f (FDDI)*

physical routing physikalische Leitwegführung *f*

physical service Bitübertragungsdienst *m*

physical signalling channel physikalischer Kennzeichenkanal *m (ITU-T I.113, s. Tabelle IV)*

physical unit (PU) physische Einheit *f (SNA)*

pi () Kreiszahl *f (Math., Verhältnis Kreisumfang zu Durchmesser)*

PI (Programme Identification) Programmketten- *oder* Senderkennung *f* (SK) *(RDS)*

PIA s. peripheral interface adapter

PIC (product identification code) UPC-Strichcode *m*

pick-up (PU) Heranholen *n (Ruf, Tel)*; Einstreuung *f (Rauschen)*; aufnehmen *(Daten, Signale)*

picobase Kleinstzellen-Basisstation *f (Mobilfunk)*

picocell Kleinstzelle *f*, Pikozelle *f (Mobilfunk innerhalb eines Gebäudes, DECT)*

piconetwork Pikonetz *n (Bluetooth, q.v.)*

PICS (Protocol Implementation Conformance Statement) Erklärung *f* zur Konformität der Protokollumsetzung *(BK-Netz, DOCSIS q.v.)*

pictogram Bildzeichen *n*, Piktogramm *n*

pictorial bildhaft

picture area Bildbereich *m (allgemein)*, Bildfläche *f*

picture composition Bildaufbau *m*

picture compression Bildkompression *f (Seitenverhältnis, TV)*

picture defect Bildstörung *f (TV)*

picture definition Bildschärfe *f (TV)*

picture editing Bildschnitt *m (Film)*

picture element Bildpunkt *m*, Pixel *n (TV)*

picture in picture (PIP) Bild-im-Bild *n (TV-Empfänger)*

picture layer Bildschicht *f (MPEG-2)*

picture line Bildzeile *f (TV)*

picture mail Bildspeicherdienst *m*, Bildpost *f*

picture messaging Bildübermittlung *f (WAP-Handy)*

picture phone Bildtelefon *n*

picture sharpness Bildschärfe *f (TV)*

picture-signal encoding Bildcodierung *f*

picture still Einzelbild *n (TV, aus Bildspeicher)*

picture synthesis Bildaufbau *m*

PID (packet identifier) Paketkennung *f (zur Kennzeichnung von Paketen in einem MPEG-2-Multiplex benutzte Nummer)*

pie chart Kreisdiagramm *n*, Kreisgrafik *f*, Tortendiagramm *n*, Tortengrafik *f*

pie shaped kreissegmentförmig

piezo-optically tunable filter akusto-optisch abstimmbares Filter *n (OXC)*

pigeon hole Speicherfach *n (Mailbox-Dienst)*

piggyback module Huckepack-Modul *n (HW)*

piggyback service Huckepack-Dienst *m (z.B. DOV)*

pigtail (LWL-)Anschlußfaser *f (FO)*

pilot broadband network Breitbandvorläufernetz *n* (BVN), Vorläufer-Breitbandnetz *n* (VBN) *(DTAG, FO, 565 MB/s)*

pilot carrier Pilotträger *m (TPS (q.v.) bei DVB-T)*

pilot carrier tone Pilotträgerton *m (TV)*

pilot extraction Pilotauskopplung *f (Übertr.)*

pilot lamp Kontrollampe *f*, Meldelampe *f*, Betriebsanzeige *f*

pilot signal Pilotsignal *n (Rundfunk)*

pilot time slot (PTS) Pilot-Zeitschlitz *m (ZGS7, GPRS)*

pilot tone Kennton *m (TV)*

pilot trial Pilotversuch *m*

pin Anschluß *m*, Stift *m*, Kontaktstift *m (Mikroschaltung)*

-pin -polig *(Verbinder)*
2-pin/3-wire power outlet Schuko-Steckdose *f*
6-pin connector box 6-polige Verbinderdose *f* (VDo6)
8-pin junction box plug 8-poliger Anschlußdosenstecker *m* (ADoS8) *(ISDN, X-Schnittstelle)*
9-pin D connector 9-poliger D-Verbinder *m(PC)*

PIN s. personal identification number

PIN (positive-intrinsic-negative) positiv dotiert - eigenleitend - negativ dotiert, p-, eigenleitend, n-dotiert *(Photodiode, Laufzeitdiode)*

PIN (procedural interrupt negative) negatives Übertragungsquittungssignal *n* *(Fax)*

PIN (Programme Identification Number) Programm-Reihenfolge *f (RDS)*

pin assignment Anschlußbelegung *f*

pin configuration Anschlußanordnung *f* *(IC)*

pin-contact and receptacle strip Stift- und Federleiste *f*

pincushion distortion Kissenverzeichnung *f* *(TV)*

ping (packet internet groper) IP-Verbindungs-Testprogramm *n*, Ping *n (zw. zwei IP-Adressen mittels ICMP-Echo, RFC1208, RFC1983, s. Tabelle VIII)*; pingen *(einen Internet-Hostrechner)*

ping command Ping-Kommando *n (Internet, IAB RFC1983)*

pin pitch Anschlußraster *m*

ping pong method Ping-Pong-Verfahren *n* *(Vollduplex-Zeitgetrenntlageverfahren, Übertragungsrichtung gleichfrequenter Signale wechselt, z.B. im 8-kHz-Rhythmus)*

ping ring Pieps(ton)impuls *m (Mobilfunk-Warnzeichen, US)*

pin-on microphone Ansteckmikrofon *n (EB)*

pinout Anschlußbelegung *f*

PIN/TAN (personal identification number/ transaction number) persönliche Kennummer/Transaktionsnummer *f (Bankverkehr-Paßwortcode)*

PINX (private ISDN branch exchange) ISDN-Nebenstellenanlage *f*

PIO (parallel input/output) Parallel-Ein-/ Ausgabe *f*

PIO (programmable input/output) programmierbare Ein-/Ausgabe *f*

PIP s. picture in picture

pipe Leitung *f*, Übertragungsleitung *f (virtuelle Verbindung, ATM)*

pipeline im Pipelinemodus *m* verarbeiten *(DV)*

pipeline method Pipelineverfahren *n*, Fließbandverfahren *n (DV)*

pipelining Verarbeitung *f* im Pipelinemodus, Fließbandverarbeitung *f*, Pipeline-Betrieb *m*

pipe system Pipe-System *n*, Verkettungssystem *n (Befehle, DV)*

PIPO (parallel in/parallel out) **shift register** PIPO-Schieberegister *n (mit paralleler Ein- und Ausgabe)*

pirated copy Piratenkopie *f*, Raubkopie *f* *(Programme, Sat.-Dekoder)*

pirating Piratentätigkeit *f*, Datenraub *m*

PISN (private integrated services network) privates diensteintegrierendes Netz *n*

PISO (parallel in/serial out) **shift register** PISO-Schieberegister *n (mit paralleler Ein- und serieller Ausgabe)*

pitch Teilung *f*; Raster *m (Verbinder-Stifte)*; Schlaglänge *f (FO)*; Tonhöhe *f*, Klangfarbe *f (Audio)*

pitch angle Nickwinkel *m (Luftf.)*

pitch bend Tonhöhenbeugung *f (MIDI-Begriff, PC)*

pitch synthesis filter Pitchsynthesefilter *n* *(CELP-Codierer)*

pixel Bildelement *n*, Bildpunkt *m*, Pixel *n* *(TV, Größe des ruhenden Abtastpunktes, d.h. 1 Zeile breit u. 1 Zeile hoch; bei Digital-TV der kleinste Bildbereich, der vom Bitstrom dargestellt werden kann)*

pixel array Bildelementmatrix *f*

pixel chart Pixeldiagramm *n*, Pixelgraphik *f*

pixel graphics Pixelgrafik *f (Teletext)*

pixel noise Pixelrauschen *n (Bildverarbeitung)*

pixel screen Pixelraster *m*

pixel word length Pixeltiefe *f*, Bildtiefe *f* *(Bildcodierung)*

Pix-in-Pix (PIP) Bild-im-Bild *n (TV-Empfänger)*

PKI (public key infrastructure) **encryption** PKI-Verschlüsselung *f*

PLA (programmable logic array) programmierbare Logikanordnung *f*

place a call eine Verbindung *f* einleiten, ein Gespräch *n* anmelden

place a product ein Produkt *n* einstellen *(in den Marktplatz, E-Commerce)*

place of installation Aufstellungsort *m*, Einbauort *m*

plain language text Klartext *m*

plain paper fax (PPF) Normalpapier-Fax *n*

plain text Klartext *m*

plan approval procedure Planfeststellungsverfahren *n*

planar planar, flach, flächenhaft

planar antenna Flachantenne *f*, Patch-Antenne *f (GPS)*

planar array antenna Flachantenne *f*, Flächenantenne *f*

planar cable shelf Flächenkabelrost *n (Gestell)*

planar waveguide Schichtwellenleiter *m (FO)*

plane Ebene *f (Verteiler; ISDN Protokoll-Referenzmodell (PRM), s. Tabelle IV)*; Stufe *f (DV)*

plane of polarisation Polarisationsebene *f (FO)*

plane management Ebenenmanagement *n (Managementebene, ISDN PRM)*

planned route Planweg *m*

planning Planung *f*, Projektierung *f*, Disposition *f*

planning regulations for telecommunications equipment Fernmeldebauordnung *f* (FBO) *(DTAG)*

plasma display Plasma-Anzeige *f*, Plasma-Display *n*

plasma diplay panel (PDP) Plasma-Bildschirm *m*, Plasma-Display *n (TV)*

plastic J-leaded chip carrier Kunststoff-Chipträger *m* mit J-förmigen Anschlüssen *(Leiterplattenaufbau)*

plastic memory plastisches Gedächtnis *n (mech.)*

plastic optical fibre (POF) optische Kunststoffaser *f*, optische Polymerfaser *f (PMMA, Stufenprofil)*

plate Platte *f*, Anode *f*; Ladeleitung *f (Fe-RAM)*

plateau value Plateauwert *m (Kurve)*

plausible plausibel *(Prozessor)*

play Wiedergabe *f (MAZ)*

play back abspielen, wiedergeben

playback Abspielung *f*, Wiedergabe *f*, Rückspielen *n*

PLB (packet length in bits) Paketlänge *f* in Bit (PLB)

PLC s. powerline communication

PLC (programmable logic controller) programmierbare Verknüpfungssteuerung *f (Prozeß)*

PLC channel TFH-Kanal *m (s. TFH)*

PLC transmission s. powerline carrier transmission

PLE s. plesiochronous line equipment

PLE (principal local exchange) Haupt-Teilnehmervermittlungsstelle *f*

"Please Hold the Line" "Bitte Warten" *(Tel.-Ansage)*

plesiochronous plesiochron *(freilaufend zeitgleich)*; unabhängig getaktet

plesiochronous digital hierarchy (PDH) plesiochrone digitale Hierarchie *f (Drop-and-Insert-Multiplexer, bis zu 565 Mb/s, ITU-T G.832)*

plesiochronous line equipment (PLE) plesiochrone Leitungseinrichtung *f*

PLI (PARK length indicator) PARK-Längenanzeiger *m (DECT, s. "PARK")*

PLK s. primary link

PLM (pulse length modulation) Pulslängenmodulation *f*

PLMN (public land mobile network) öffentliches Landfunknetz *n*, Funkfernsprechnetz *n*, (nationales) Mobilfunknetz *n*

plot Verlauf *m (Diagramm)*

PLP (packet layer protocol) Paketschichtprotokoll *n (ISDN)*

plug-and-play (PnP,PNP) einstecken und fahren, ablaufbereit, Plug-and-Play *(PC-Karte/Programm, ohne Installation bzw. Konfiguration)*

plug-in Einschub *m (HW)*; Anwendung *f*, Plug-In *n (PC-SW)*

plug-in board Steckkarte *f*, Einsteckkarte *f*

plug-in card Steckkarte *f*, Einsteckkarte *f*; Minikarte *f (D2 GSM, fest eingebaute PIN-Karte)*

plug-in device Steckgerät *n*
as a plug-in device in Einschubtechnik *f*

plug-in jumper Steckbrücke *f*

plug-in location Einsteck- *oder* Einbauplatz *m*

plug panel Steckerfeld *n*

plug storage *oder* **panel** Steckerdepot *n*, Steckerablage *f (Verteilerstecker)*

PM (performance monitoring) Güteüberwachung *f*

PM (phase modulation) Phasenmodulation *f*

PM (physical medium) physikalisches Medium *n (s. PMD)*

PM (processable mode) Nachverarbeitungsmodus *m*

PMC (personal mobile communicator) persönliches mobiles Kommunikationsgerät *n (Vorschlag für 1,7–1,9-GHz-Mobilfunknetz, GB)*

PMC s. polarisation-maintaining coupler

PMD (physical (layer) medium dependent) **sublayer** PMD-Subschicht *f (Teilschicht der physikalischen Schicht)*, Medium-Hardwareschicht *f (FDDI)*

PMD (polarisation mode dispersion) Polarisationsmoden-Dispersion *f (WDM)*

PMP s. point-to-multipoint

PMP s. Point-to-Multipoint Protocol

PMR (private mobile radio, professional mobile radio) privater Mobilfunk *m*, Profifunk *m*, nicht-öffentlicher beweglicher *oder* mobiler Landfunk *m* (nöbL, nömL) *(analoger Profifunk)*, Betriebsfunk *m (Mobil- und Bündelfunktechnik für öffentliche Dienste)*, nicht-öffentlicher Bündelfunk *m*

PMR chipcard Telekarte *f (nömL)*

PMR system PMR-System *n (s. "PMR")*

PMT (programme map table) PMT-Tabelle *f (DVB)*

PN (preferred number) Vorzugs-Rufnummer *f (tel)*

PN (pseudo noise) Pseudozufallsfolge *f*

PNC (powerline network connector) Powerline-Anschluß *m (HÜP für PLC q.v.)*

PN code Pseudozufallscode *m*

PN generator (pseudo noise generator) Pseudozufallsfolgen-Generator *m*

PNNI (private network node interface) private Netzknotenschnittstelle *f (ATM)*

PnP s. plug-and-play

PNP (Private Numbering Plan) privater Numerierungsplan *m (ISDN)*

pocket phone Taschentelefon *n*, Westentaschengerät *n*, Handy *n (Mobilfunk)*

POCSAG Post Office Code Standardisation Advisory Group *(GB; alphanumerische Signalisierungsnorm für Funkruf, vom ITU-R als "Radio Paging Code No.1" übernommen)*

POF (plastic optical fibre) optische Kunststoffaser *f*

POH (path overhead) Pfadkopfteil *m (TDM, SDH)*

PoI s. Point of Interconnection

Pointel französisches Telepoint-System *n (öffentliches Funkfernsprechen)*

pointer (PTR) Zeiger *m*, Hinweismarke *f (PC-Bildschirm)*

pointing (at) Ausrichtung *f* (auf) *(Ant)*

point of entry Zugriffspunkt *m*; Ankerpunkt *m (Datennetz)*

Point of Interconnection (PoI) Verbindungspunkt *m (zum DTAG Telekom-Netz, s.a. "IC")*

point of origin Ausgangspunkt *m*, Ursprung *m*

point of presence (POP) Übergabepunkt *m (zw. Netzen, z.B. Fernsprechnetz/Internet)*; Zugangsknoten *m*, Zugriffspunkt *m (Internet-Ortsserver)*

point of sale (POS) Kassenterminal *n*, Point-of-Sale *n (elektron. Bankverkehr, E-Commerce)*

point of sale terminal Kassenterminal *n*, POS-Terminal *n (elektron. Bankverkehr, E-Commerce)*

point of sale (POS) **without garantee of payment** Point-of-Sale *n* ohne Zahlungsgarantie (POZ) *(E-Commerce)*

point of termination (POT) Übergabepunkt *m*

point-to-multipoint (Pt-Mpt, PMP) Punkt-zu-Mehrpunkt *(Verbindung)*

point-to-multipoint microwave link in the wireless local loop Funkanbindung *f* von Teilnehmeranschlüssen durch Punkt-zu-Mehrpunkt-Richtfunk (WLL-PMP-Rifu) *(3.410–3.580 MHz u. 26 GHz)*

point-to-multipoint (PMP) **microwave system** PMP-Richtfunksystem *n (2–3, 10 und 26 GHz)*

point-to-multipoint network Punkt-zu-Mehrpunkt-Netz *n*, Punkt-zu-Multipunkt-Netz *n* (PMP-Netz) *(VSAT)*

Point-to-Multipoint Protocol (PMP) PMP-Protokoll *n*, Point-to-Multipoint-Protokoll *n (IP, IAB RFC1208, s. Tabelle VIII)*

point-to-multipoint switch Verteilvermittlung *f*

point-to-point (PTP) Punkt-zu-Punkt *(Verbindung)*

point-to-point circuit Standleitung *f (Mobilfunk)*

point-to-point communication Standverbindung *f*

point-to-point connection fest geschaltete Verbindung *f*, Festverbindung *f*, Festanschluß *m*; Punktverbindung *f*, Zweipunktverbindung *f (RS232)*, Ende-zu-Ende-Verbindung *f*

point-to-point link Standverbindung *f*

point-to-point microwave link Richtfunkstrecke *f*

point-to-point protocol (PPP) PPP-Protokoll *n*, Point-to-Point-Protokoll *n (IP, IAB RFC1208, s. Tabelle VIII)*

point-to-point tunneling protocol (PPTP) PPTP-Protokoll *n (IP, IAB RFC2661)*

polarisation diplexer Polarisationsweiche *f (Mikrowellen)*

polarisation discrimination Polarisationsentkopplung *f (Ant)*

polarisation diversity Polarisationsdiversity *f (FO)*

polarisation division multiple access (PDMA) Vielfachzugriff *m oder* Mehrfachzugriff *m* im Polarisationsmultiplex *(Sat)*

polarisation handling Polaristionsanpassung *f (FO)*

polarisation isolation Polarisationsentkopplung *f (Ant)*

polarisation-maintaining coupler (PMC) Koppler *m* mit konstanter Polarisation

polarisation mode dispersion (PMD) Polarisationsmoden-Dispersion *f (WDM)*

polarisation multiplex Polarisationsmultiplex *n*

polarisation-preserving coupler s. polarisation-maintaining coupler“

polarisation switch Polarisationsweiche *f*

polarity reversal Polaritätswechsel *m*, Umschwingen *n (SV, Gleichrichter)*

polarity reversal protection Verpol(ungs)-schutz *m*, Polungsschutz *m*

polarizer Polarisator *m (Sat)*

pole-mounted Mast..., am Mast befestigt

pole point Polstelle *f (Netzwerk-Theorie)*

pole-zero filter Pol-Nullstellen-Filter *n*

policing Überwachung *f (Bitrate, ATM)*

policing function Überwachungsfunktion *f*, Policing-Funktion *f (ATM-TM, UPC-Funktion)*

policy-based switch regelbasierter Switch *m (Ethernet)*

polling (periodische) Abfrage *f*, Sendeabruf *m (Daten, Terminals, Telefaxstationen)*, Fernabfrage *f*; Abruf *m*, Abrufbetrieb *m*, Fernabruf *m (Fax)*; Aufrufverfahren *n*, Sendeaufruf *m*; Aufforderung *f (zum Empfangen)*; Befragung *f (TLN, KTV)*; abfragen, abpollen

polling call Sendeaufforderung *f*, Lockruf *m*

polling method zyklisches Zuteilungsverfahren *n (Zugriffssteuerung)*

polling primary centre zyklusführende Haupt-Z-Station *f*

polling mode Aufrufbetrieb *m*

polling unit for telephone connections with data service Abfrageeinrichtung *f* für Telefonanschlüsse mit Datenverkehr (AED) *(FTZ)*

polluted verseucht *(mit Rauschen)*

polyline Linienzug *m (Grafik)*

polyphase filter bank Polyphasen-Filterbank *f (MUSICAM-Teilbänder)*

polyvalent mehrwertig

POM s. power optimized modulation

PON (passive optical network) passiv übermittelndes optisches (Fernmelde-)Netz *n (FO)*

pool capacity utilized Poolbelegung *f*

pooling Pooling *f*, Zusammenfassung *f (z.B. von Bandbreite, Netzmanagement)*

pool management Pool-Management *n (z.B. bei Bandbreite-Pooling)*

POP s. point of presence

population Gesamtheit *f (Statistik)*, Population *f*, Besetzung *f*

pop-up menu Aufklappmenü *n*, Pop-up-Menü *n (Bildschirm, PC)*

pop-up window Pop-up-Fenster *n (Comp.)*

POP3 (Post Office Protocol Version 3) POP3-Protokoll *n (UM)*

port Anschluß *m (Mikroschaltung)*; Port *m*, Anschluß *m (MUX, DACS, Koppelnetz, NStAnl.)*; Übertragungsschnittstelle *f*, Zugangspunkt *m*, Anschlußleitung *f (Verm.)*; Eingang *m*, Ausgang *m*; Kanal *m*; Portierung *f (SW, Rufnummer)*; übertragen, portieren *(SW, Rufnummer)*

portability Tragbarkeit *f*; Übertragbarkeit *f*, Portierbarkeit *f (SW)*, Portabilität *f*

portable tragbar; portabel, portierbar *(SW)*; Mobilstation *f (DECT)*

portable access rights key (PARK) Schlüssel *m* für portable Zugriffsrechte *(DECT)*

portable application portable Anwendung *f (Netzmanagement)*

portable part Mobilteil *m (DECT)*

portable transceiver tragbares Funktelefon *n (Mobilfunk, auch: "Schleppy")*

portable VF test set Fernmeldemeßkoffer *m*

port address translation (PAT) Port-Adreßumsetzung *f*

portal Portal *n (WWW)*

portal site Portal *n*, Portalseite *f*, Einstiegsseite *f*, Startseite *f (WWW)*

porting Portieren *n (SW)*; Rufnummernportierung *f*, Rufnummernmitnahme *f (zu einem neuen Wohnsitz, Tel)*

porting code Portierungskennung *f(Rufnummernportierung, IN, GSM)*

portrait format Hochformat *n (Drucker)*

port scan Portscan *n (e.g. by a hacker, s.a. "firewall")*

POS s. point of sale

position Einbauplatz *m*, Lage *f*; -polig *(Schalter)*, Stelle *f (DV)*; Schritt *m (EMD)*

position based service (PBS) lokalisierter Dienst *m*, ortsabhängiger Dienst *m*, lokalisiertes Angebot *n (WAP-Dienst, IP-Mobilfunk)*

position detection Positionserkennung *f*

position dilution of precision (PDOP) Positions-Präzisionsverringerung *f (GPS)*

positioned channel positionierter Kanal *m (ITU-T I.113, s. Tabelle IV)*

positioned interface structure positionierte Schnittstellenstruktur *f (ITU-T I.113, s. Tabelle IV)*

position finder Positionserfassungsgerät *n*

position finding Positionsbestimmung *f*, Positionserfassung *f*, Standortbestimmung *f*, Ortsbestimmung *f*

position indicator Positionsbestimmungsgerät *n (radar)*, Positionserfassungsgerät *n*

position multiplexing Stellenmultiplex *m (Math)*

position point Wegpunkt *m (Navig.)*

position value Ortswert *m (GPS)*

position vector Ortsvektor *m (Navigation)*

position value Ortswert *m (GPS)*

positive eindeutig; positiv, Plus-...

positive connection formschlüssige Verbindung *f (mech.)*

positive dynamization Zwangsdynamisierung *f (Prozeß)*

positive feedback Mitkopplung *f*, Rückkopplung *f*

positive-going positiv verlaufend *(Spannung)*

positively locked formschlüssig *(mech.)*

positive phase relationship Mitlauf *m (Filter, Phase)*

positive rail Plusleitung *f (SV)*

positive-tending positiv verlaufend *(Spannung)*

positive wire a-Ader *f (Tel.)*

post Post *f (GB)*; Dienstposten *m*

POST s. power-on selftest

postamble Postambel *f (DV)*

postamplifier Nachverstärker *m*

post code Postleitzahl *f (GB)*

postcursor Nachläufer *m (Impuls, Geisterbild)*

post-detection amplitude response Frequenzgang *m* nach der Detektion

post-dialling delay Rufverzug *m*

postecho Nachecho *n (Audio-Codec)*

posted writes capability Nachschreibfähigkeit *f (DV)*

postfilter Nachfilter *n (Sprachcodec, GSM)*

postfiltering Nachfilterung *f*

postmasking Nachverdeckung *f (Audio-Codec)*

post-oscillation period Nachschwingdauer *f*

postpone aufschieben

post-processing Nachbearbeitung *f (DVD-Toncodierung)*

post-processing of call data Rufdatennachverarbeitung *f*

post processor Nachprozessor *m*, Postprozessor *m*

post-production processing Beitragsnachbearbeitung *f (TV, ITU-T I.113, s. Tabelle IV)*

post-pulse oscillation Nachschwingen *n*

post-pulse ringing Nachschwingen *n*, Nachschwinger *m (Wellenform)*

POT s. point of termination

pot s. potentiometer

potential equalization Potentialausgleich *m*

potential profile Potentialverlauf *m*

potential user Bedarfsträger *m*

potentiometer (pot) Potentiometer *n*, Regelwiderstand *m*, Steller *m*, Spannungsteiler *m*

POTS (plain old telephone system) das einfache herkömmliche Fernsprechsystem *n ("Dampftelefon")*

POTS splitter Trennungsfilter *n*, Frequenzweiche *f (ADSL, trennt Telefonbereich 0–4 kHz von Digitalsignalbereich 30–1,104 MHz)*

power Energie *f*, Kraft *f*, Leistung *f*, Strom *m*, "Netz" *n*; Vermögen *n*

power activation Stromaktivierung *f (ISDN)*

power adapter Fremdspeiseadapter *m*, Netzanschlußgerät *n (Batteriegerät)*

power amplifier (PA) Leistungsverstärker *m*, Sendeleistungsverstärker *m*, Sendeendstufe *f*, Sendeverstärker *m (Mobilfunk)*

power budget Leistungsbilanz *f*

power change (PC) Sendeleistungsänderung *f (GSM)*

power circuit Speiseschaltung *f (Tel)*

power combiner/divider Sende-Empfangs-Weiche *f*

power connection Netzanschluß *m*

power consumption Leistungsaufnahme *f (in W)*

power consumption unit (PCU) Stromverbrauchseinheit *f*

power control Leistungsregelung *f (Antennen-Ausgangsleistung, Mobilfunk)*

power costs Energiekosten *fpl*

power cutback circuit Leistungsanpassungsschaltung *f (ATU (q.v.))*

power density Leistungsdichte *f (Sat., W/Hz empfangen)*

power density spectrum Leistungsdichtespektrum *n (Sat)*

power dissipation Verlustleistung *f*, Energieverlust *m*

power distributor Netzverteiler *m*

power divider Leistungsteiler *m (Mikrowellen)*

power-down mode Ruhe(betriebs)zustand *m*, Wartezustand *m (HW)*

power down switch Sparschalter *m (Mobilfunk)*

power factor Leistungsfaktor *m (SV)*

power fade Spannungseinbruch *m (SV)*

power failure mode Netz-Ausfallbetrieb *m*

power-fed fernspeisbar

power-fed station ferngespeistes Amt *n*

power feeding Speisung *f (von DEE)*

power-feeding ... (RPF) Fernspeise- (FSP) *(Tel)*

power flux density (PFD) Leistungsflußdichte *f* (LFD) *(Sat., dB(W/m^2) auf der Erdoberfläche)*

powerful leistungsfähig *(Rechner)*

power handling capacity Belastbarkeit *f* *(Leistungsverstärker)*

power-law index profile Potenzprofil *n (FO)*

power level difference Leistungspegelabstand *m*

powerline carrier (PLC) **transmission** Trägerfrequenzübertragung *f* auf Hochspannungsleitungen (TFH-Übertragung)

powerline communication (PLC) Kommunikation *f* auf dem Stromnetz *oder* über die Stromleitung *(3–148.5 kHz, CSMA, EN 50065)*

powerline network connector (PNC) Powerline-Anschluß *m (HÜP für PLC q.v.)*

power lock-up Stromblockierung *f (TE-SV)*

power margin Leistungsreserve *f (Sat)*

power matching circuit Leistungsanpassungsschaltung *f*

power-on reset Einschaltrückstellung *f*

power-on selftest (POST) Selbsttest *m* beim Einschalten *(PC)*

power optimized modulation (POM) leistungsoptimierte Modulation *f (Ausgangsleistung, QPSK)*

power penalty Leistungsverlust *m (FO)*

power rating Leistungsaufnahme *f (in W)*

power ringing Rufen *n* mit Rufstrom *(Telemetrie)*

power separating filter Fernspeiseweiche *f* (FspWR) *(BK)*, Speisestromweiche *f*

power source (PS) Stromquelle *f*, Speisequelle *f*

power spectral density (PSD) spektrale Leistungsdichte *f (Empf. I.431, s. Tabelle IV)*

power spectrum distribution spektrale Leistungsverteilung *f*

power splitter Leistungsteiler *m*

power supply (unit) (PS, PSU) Stromversorgung *f* (STRV, SV), Netzteil *n*

power supply system Stromnetz *n*

power switching Fernschaltsystem *n*

power system frequency Betriebsfrequenz *f*

power train Stromstrecke *f (SV)*

power-up Hochfahren *n (System)*

power-up mode Betriebszustand *m (HW)*

PP (peripheral processing) (**software**) Peripherietechnik *f (Vermittlungs-SW)*

PPC (program-to-program communication) Programm-Programm-Verbindung *f*

PPF (plain-paper fax) Normalpapier-Fax *n*

pph (pages per hour) Seiten pro Stunde *(Drucker)*

ppi (pixels per inch) Pixel *npl* pro Zoll *(Bildauflösung)*

PPM (periodic pulse metering) Zeitimpulszählung *f (Verm.)*

PPM (pulse phase modulation) Pulsphasenmodulation *f*

ppm (parts per million) Parts per million (ppm), Millionstel *n*

PPN (peer-to-peer networking) Punkt-zu-Punkt-Netzverbindung *f*, Partner-zu-Partner-Netzverbindung *f*

PPP (Point-to-Point Protocol) PPP-Protokoll *n*, Point-to-Point-Protokoll *n (IP, IAB RFC1208, s. Tabelle VIII)*

PPT (personal portable telephone) persönlicher Funkfernsprecher *m (GB)*

PPTP (Point-to-Point Tunneling Protocol) PPTP-Protokoll *n (IP, IAB RFC2661)*

PPV (pay per view) (Einzelprogramm-)Gebührenfernsehen *n*

PR (packet radio) Paketradio *n*

PR (packet rate) Paketrate *f*

PR (paging response) (Funkruf-)Antwortnachricht *f (GSM)*

PR (private) privat *(Tel)*

practicability Realisierbarkeit *f*

practical praktisch, praxisnah

PRBS (pseudo-random binary *or* bit sequence) binäre Pseudozufallsfolge *f*, Pseudozufalls-Bitfolge *f (Signalverwürfelungs- und Energieverwischungsverfahren)*

PRBS signal PRBS-Signal *n (Empfänger-Empfindlichkeitsmessung, TETRA, s. "PRBS")*

preamble Einleitung *f*; Präambel *f*; Vorspann *m (Paket)*

preamplifier Vorverstärker *m*, Vorstufe *f*

preassigned values vorbelegte *oder* voreingestellte Werte *mpl*, Vorbelegungswerte *mpl*

precedence Vorrang *m*, Priorität *f*; Dringlichkeit(sstufe) *f*

precedence call Prioritätsverbindung *f*

precedence handling system Vorrang-Handhabungssystem *n*

precedence indicator Prioritätsanzeige *f*

precedence level Vorrangstufe *f*

precedence rating Dringlichkeitsstufe *f* *(Verm)*

precipitation Niederschlag *m (Wetter)*

precision code (P code) P-Code *m (GPS, Zyklusperiode 7 Tage)*

precision pointing Feinausrichtung *f (Ant)*

preconcentrate vorkonzentrieren *(Verkehr)*

precondition Vorbedingung *f*, Vorgabe *f*

precorrection Vorentzerrung *f (DVB-T-Leistungsverstärker)*

precursor Vorläufer *m (Impuls, Geisterbild)*

predefined vordefiniert, vorgegeben, vorbestimmt

predetermined vorbestimmt, vorgegeben, vorbestimmt

predicted frame (P frame) prädiziertes Bild *n*, Prädiktionsbild *n* (P-Bild) *(MPEG-2)*

predicted value Prädiktionswert *m (Bildcodierung)*, Schätzwert *m*

predicted-value buffer *or* **store** Prädiktionsspeicher *m*

prediction rule Prädiktionsregel *f (Bildcodierung)*

predictive coding Prädiktionscodierung *f* *(Bild)*

predictor Prädiktor *m (Bildcodierung)*

pre-drilled gebohrt *(Chassis, Print)*

pre-echo Vorecho *n (Audio-Codec)*

preemphasis Vorverzerrung *f*, Voranhebung *f*; Akzenturierung *f*, Preemphase *f* *(TV-Sender)*

preempt entziehen, vorbelegen *(Betriebsmittel)*, verdrängen *(Priorität)*

preemptable entziehbar *(Betriebsmittel)*

preemption Prioritäts-Unterbrechung *f*, Prioritätsverkehr *m (Tel)*; Verschiebung *f*, Verdrängung *f (Verkehr)*; Betriebsmittelentzug *m oder* (Vor)belegung *f (Netz)*

preemption tone Unterbrechungsankündigungston *m*

preemptive priority unterbrechende Priorität *f*

prefabrication Konfektionierung *f*

preference Priorität *f*; Anhalt *m*; Bildschirmeinstellung *f (MS Windows, PC)*

preferential CUG (PCUG) bevorzugte geschlossene Benutzergruppe *f (ISDN)*

preferred number (PN) Vorzugs-Rufnummer *f (tel)*

prefetching Vorabrufen *n (Daten)*, Prefetching *n (WWW)*

prefix Präfix *m*; Vorspann *m (PCM)*; Zugangskennziffer *f*, Verkehrsausscheidungsziffer *f*, Kennung *f (Tel, Vorwahl)*; voranstellen

prefix area Vorwahlgebiet *n (Tel)*

prefix code Zusatzcode *m (Datenkomprimierung)*

preliminary regulation vorläufige Regelung *f*

preload vorbelasten; vorbelegen *(Zähler)*

preloaded (parental) lock Vorsperrung *f* *(TV, Jugendschutzsperre)*

preloading Vorbelastung *f*

premasking Vorverdeckung *f (dig. Audio-Codec)*

pre-mating pins voreilende Stifte *mpl (Verbinder)*

premeditated vorsätzlich

premises Grundstück *n*, Haus *n*

premises telephone system Teilnehmerfernsprechanlage *f*

premium (TV) channel gebührenpflichtiger Fernsehkanal *m*, Gebührenkanal *m* *(KTV)*

Premium Ordinance Zugabeverordnung *f*

premium rate services (PRS) private Informationsdienstleistungen *fpl* (PID), Teleinfo(-Dienst *m*) *f (DTAG-Dienst 0190, 0900, BT-Dienst 0898)*

pre-oscillation period Anschwingdauer *f*

prepaid card Prepaid-Karte *f (Mobilfunk-Dienstleistung)*

prepaid service Prepaid-Dienst *m*, Vorvergebührung *f (Mobilfunk-Dienstleistung)*

preparation Vorbereitung *f*

prepare vorbereiten, vorbereitend schalten

pre-press Druckvorbereitung *f (DTP)*

preprocessing Vorverarbeitung *f*

preprocessing module Vorvermittlungsmodul *n (Vst)*

preprocessor Vorprozessor *m*, Präprozessor *m*

pre-pulse ringing Vorschwinger *m (Wellenform)*

prerecorded aufgezeichnet, zwischengespeichert; bespielt *(Band)*

prerecorded message Bandansage *f*

prerecorded tape (vor)bespieltes Band *n*

prerelease Vorabversion *f (SW)*

prescaler Vorteiler *m (Synthesizer)*

prescribed vorgeschrieben

preselection Vorwahl *f (Tel)*; Vorbelegung *f*, Netzvoreinstellung *f*, Preselection *f (eines anderen VNB (q.v.), LCR, Call-by-Call-Telefonie)*

preselection code Vorwahlkennzahl *f (Tel)*, Vorwahlnummer *f*

preselection stage Vorwahlstufe *f (Verm)*

presence signal Anwesenheitssignal *n*

present darstellen; anzeigen

presentation layer Darstellungsschicht *f*, Präsentationsebene *f (Schicht 6, OSI 7-Schicht-Referenzmodell, s. Tabelle I)*

presentation level Präsentationslevel *m (Teletext, ETS 300 706)*

presentation module Darstellungsmodul *n*

presentation service Darstellungsdienst *m (EMA)*

presentation standard Darstellungsstandard *m (für Vtx-Terminals, CEPT-Profil 1...3, s. Tabelle XI)*

presentation style Darstellungsstil *m (ODA)*

presentation time stamp (PTS) Darstellungs-Zeitmarke *f (markiert den Zeitpunkt der Darstellung bzw. Hörbarmachung einer PU (q.v.), DVB)*

presentation unit (PU) Darstellungseinheit *f (decodierte MPEG-2-Audio- oder Videodaten, DVB)*

presented abfragebereit *(Wahlcode)*

present-time counter Istzeitzähler *m*

preserve erhalten, bewahren

preset voreingestellt, vorgegeben, vorbestimmt

preshoot Vorschwinger *m (Wellenform)*

press button Druckknopf *m (Verbinder)*

pressure differential microphone Druckdifferentialmikrofon *n*

pressure gradient microphone Druckgradientmikrofon *n*

Prestel *(Videotex-Standard in GB, Belgien; Cept-Profil 3, s. Tabelle XI)*

prestored vorgespeichert, vorbestimmt *(Vorgabewerte)*

pretty good privacy (PGP) **program** ziemlich gute Geheimhaltung *f*, PGP-Programm *n (asymmetrisches E-Mail-Ver- und Entschlüsselungsprogramm mit 128-Bit IDEA-Algorithmus (q.v.), RFC1983, RFC2015, s. Tabelle VIII)*

preventative cyclic retransmission (PCR) vorbeugende zyklische Wiederholung *f (Fehlerkorrekturverfahren, ZGS.7, s. Tabelle III)*

preview monitor Vorschaumonitor *m*, Kontrollmonitor *m (TV)*

previous frame Vorbild *n (Bildcodierung)*

PRI s. primary rate interface

price range Preisstaffel *f*

primal sketch primäre Skizze *f (Bildverstehen, KI)*

primary Leitsteuerung *f (Funktion der Kommunikationssteuerung)*; primär

primary access Primär(raten)anschluß *m (ISDN)*

primary access right identity (PARI) Primärzugriffskennung *f (DECT)*

primary cable Hauptkabel *n* (HK), Primärkabel *n*

primary center Hauptamt *n (US, 3. Hierarchieebene)*

primary centre Knotenvermittlungsstelle *f* (KVSt) *(GB)*, Knotenamt *n (SWFD)*

primary circuit route Erstweg *m*, erster Leitweg *m*, Direktweg *m (Verm., Weg erster Wahl)*

primary colour Grundfarbe *f*, Primärfarbe *f (in TV: Rot, Grün, Blau (RGB); in Reproduktion: Zyan, Magenta, Gelb (CMY))*

primary control Leitsteuerung *f*, übergeordnete Steuerung *f*

primary data file Zentraldatei *f*

primary fibre Primärfaser *f (FO)*

primary frequency control Leitfrequenzsteuerung *f*

primary information Hauptinformation *f*

primary line switch erster Anrufsucher *m*

primary link (PLK) Erststrecke *f*

primary PCM system Primärraten-PCM-Strecke *f*, Grundsystem *n* *(30xB_{64}+2xD_{64}-Kanäle = 2048 kbit/s (1544 kbit/s US)*

primary protection (circuit) Grobschutz *m*

primary rate access (PA) Multiplexanschluß *m*, Primärmultiplexanschluß *m* (PMXA), Primärratenanschluß *m (ISDN S_{2M}, 2 MB/s, Kapazität 30xB_{64}+D_{64}-Kanäle, ITU-T Empf. I.421, I.430, s. Tabelle IV)*

primary rate access for permanent connections Primärmultiplex-Festanschluß *m*

primary rate access line termination equipment Leitungsendeinrichtung *f* für den Primärmultiplexanschluß (LEPM)

primary rate interface (PRI) Primärraten-Schnittstelle *f (ISDN)*

primary rate PCM system Primärraten-PCM-Strecke *f* (PCM-Grundsystem *n (DTAG PCM30, BT ISDN 30 oder "Multiline IDA", 30xB_{64}+2xD_{64} Kanäle = 2048 kB/s (US = 1544 kB/s), s.a "PCM-Hierarchie")*

primary rate multiplex access Primärmultiplexanschluß *m* (PMXA)

primary rate TDM system Primärmultiplexsystem *n*

primary ring Primärring *m (Doppelring, FDDI)*

primary route Erstweg *m*, erster Leitweg *m*, Direktweg *m (Verm., Weg erster Wahl)*

primary station Erstanlage *f (Konferenzkreis)*; Erstnebenstellenanlage *f*, Hauptanlage *f*; Leitsteuerungsstation *f (HDLC)*

primary trunk group Direktbündel *n*

prime aktivieren, vorbereiten *(Schaltung)*

priming input Vorbereitungseingang *m (Logikschaltung)*

primitive Dienstelement *n (DIN)*, Meldung *f*, Primitive *n*, Schnittstellenelement *n (ZGS.7, Elementarnachricht für die vertikale Verständigung zwischen Schichten; Grundeinheit des Maschinenbefehls, s. Tabelle III)*; Grundelement *(Logik)*, Befehlselement *n*

principal Auftraggeber *m* (AG); Chef *m*, Manager *m*; Haupt...

principal axis Hauptachse *f (Math)*

principal local exchange (PLE) Haupt-Teilnehmervermittlungsstelle *f*

principal mode Hauptmode *m*, Grundschwingungsart *f (Mikrowellen)*

principal station Haupt(end)stelle *f (ISDX)*; Chef-Fernsprecher *m oder* -Sprechstelle *f*

principle of random selection Zufallsprinzip *n*

printable beschreibbar *(Fläche)*

print cartridge Druckkopfpatrone *f (Tintenstrahl-Drucker)*

print data flow Druckstrom *m (DV)*

printed art Druckvorlage *f (DTP)*

printed backplane gedruckte Rückverdrahtung *f* (GRV) *(Gestellverdrahtung)*

printed circuit board (PCB) Leiterplatte *f* (LP), Printplatte *f*

printed conductor Leiterbahn *f*

printed image Druckbild *n (Repro)*

printer Drucker *m*

printer buffer Druckerpuffer *m (Zwischenspeicher im Drucker, PC)*

printer terminal Schreibstation *f*

print format Druckbild *n (DV)*

print image Druckbild *n (Repro)*

print information flow Druckstrom *m (DV)*

printing format Druckbild *n (DV)*

printing speed Zeichengeschwindigkeit *f*

print manager Druck-Manager *m (MS Windows, PC)*

printout Ausdruck *m*, Druckprotokoll *n*

printout format Druckbild *n (DV)*

print preview Seitenansicht *f (MS Windows, PC)*

print queue Druckwarteschlange *f (PC)*

print queue management Druckauftragsverwaltung *f*

print setup Druckereinrichtung *f (MS Windows, PC)*

Print to File Druckausgabe in Datei umleiten *(MS Windows-Anweisung, PC)*

prior information Vorabinformation *f*

prior knowledge Vorabinformation *f*

prioritize priorisieren

prioritizing device Priorisiereinrichtung *f*

priority Priorität *f*; Bevorrechtigung *f*, Vorrang *m*, Rangfolge *f*; Dringlichkeit(sstufe) *f*; Wertigkeit *f*

priority A A-wertig *(AIS, Fehlermeldung)* **with priority A** A-wertig *(AIS, Fehlersignal)*

priority grading Prioritätsstaffelung *f*

priority level Prioritätsstufe *f*

priority number Prioritätsziffer *f (Mobilfunk)*

priority return information Schnellrückmeldung *f*

priority space Prioritätsraum *m (in einer Nachricht, DV)*

priority variant Vorrangvariante *f (FTZ)*

privacy Abhörsicherheit *f*, Mithörsicherheit *f (Tel)*; Geheimhaltung *f*; Vertraulichkeit *f*; Identität *f*

privacy code Verschleierungscode *m*

privacy of telecommunications Fernmeldegeheimnis *n*

privacy protection Datenschutz *m (K-Tel, DIN 44300)*

private (PR) privat *(Tel)*; proprietär *(z.B. MIB)*

private automatic branch exchange (PABX) Nebenstellenanlage *f* (NStAnl) *(mit Amtsverbindung)*, Wählnebenstellenanlage *f (wählfähig)*; Teilnehmervermittlungsanlage *f* (TVA), Hauszentrale *f (CH)*

private automatic exchange Hausvermittlung *f (keine Amtsverbindung)*

private branch exchange (PBX) Nebenstellenanlage *f* (NStAnl) *(nach BS6450)*, Nebenstelleneinrichtung *f*, Nebenstellenzentrale *f*, privates Kommunikationssystem *n*

private branch network privates Netz *n*

private circuit Festanschluß *m (BT)*

private communication switching system Kommunikationsnebenstellenanlage *f*

private communication system privates Kommunikationssystem *n*

private digital exchange (PDX) private Telekommunikationsanlage *f*

private enterprise code Herstellerkennung *f (IP L2TP, IAB RFC1700)*

private integrated services network (PISN) privates diensteintegrierendes Netz *n*

private ISDN branch exchange (PINX) ISDN-Nebenstellenanlage *f*

private key privater Schlüssel *m (symmetrisches Verschlüsselungssystem mit begrenzter Gültigkeit, Chipkarten)*

private line Mietleitung *f*

privately owned PBX private Fernsprech-Nebenstellenanlage *f*

private management domain (PRMD) privates MHS-System *n*; privater MHS-Versorgungsbereich *m (ITU-T Empf. X.400, s. Tabelle VI)*

private mobile radio (PMR) privater Mobilfunk *m (DTI, UK)*, nichtöffentlicher beweglicher *(veraltet) oder* mobiler Landfunk *m* (nöbl,nömL) *(gewöhnlich Simplex, umfaßt Teilnehmerbetriebsklasse, Bündelnetze, BOS)*, Betriebsfunk *m*

private network Hausnetz *n*, hauseigenes Netz *n*

private network node interface (PNNI) private Netzknotenschnittstelle *f (ATM)*

private numbering plan (PNP) privater Numerierungsplan *m (ISDN)*

private radio data transmission nichtöffentlicher Datenfunk *m*

private telecommunications network (PTN) privates Telekommunikationsnetz *n*

private telephone Wohnungsanschluß *m*

private transatlantic telephone cable (PTAT) privates transatlantisches Telefonkabel *n*

private virtual network (PVN) privates virtuelles Netz *n (IN)*

private wire c- Ader *f*, c-Draht *m*, Meßleitung *f (Tel., Stöpselkörper)*

privilege Privileg *n*, Vergünstigung *f*

PRK (phase reversal keying) Phasenrücktastung *f*, Phasenumtastung *f* mit zwei Zuständen

PRM (performance report message) Güteberichtmeldung *f (Empf. I.431, s. Tabelle IV)*

PRM s. Protocol Reference Model

PRMD s. private management domain

PRN s. pseudo-random noise

PRN code Spreizcode *m (CDMA)*

PRN sequence s. pseudo-random noise sequence

probability density Wahrscheinlichkeitsverteilung *f (Math.)*

probability density function Wahrscheinlichkeits- *oder* Verteilungsdichtefunktion *f (Math.)*

probability of delay Wartewahrscheinlichkeit *f*

probability of occurrence Auftrittswarscheinlichkeit *f (Bildcodierung)*

probe Sonde *f*, Tastkopf *m*; Suchvorgang *m (Computer)*

probing Suchfunktion *f*

procedural description Prozedurbeschreibung *f*, verfahrensorientierte Beschreibung *f (SDL q.v., DTP)*

procedural guidelines Arbeitsanweisungen *fpl* (ArbAnw) *(FTZ, z.B. 12 R 2)*

procedural interrupt negative (PIN) negatives Übertragungsquittungssignal *n (Fax)*

procedure Verfahren, Prozedur *f*; Anweisung *f (Verwaltung)*

procedure call Prozeduraufruf *m (DV)*

procedure error Ablauffehler *m (DV)*

proceed indication Wählton *m*, Wahlbereitanzeige *f (Verm., ISDN)*

proceed response Wählton *m*, Wahlaufforderung *f (Verm)*

proceed-to-dial signal Wahlaufforderungszeichen *n*, Wahlbeginnzeichen *n*

proceed-to-send signal Abruf *m*, Abrufzeichen *n*, Amtszeichen *n*

process verarbeiten, bearbeiten *(Ruf)*; bedienen *(Signal)*; abarbeiten *(Blöcke)*; Verfahren *n*, Vorgang *m*, Prozeß *m*

processable mode (PM) Nachverarbeitungsmodus *m (Teletex, ITU-T Empf. X.200, s. Tabelle VI)*, Betriebsart *f* mit Nachverarbeitung

process computer Prozeßrechner *m*

process control computer Prozeßrechner *m*

process control system Prozeßleitsystem *n*

process controller Betriebssteuerung *f*

process field bus (profibus) Profibus *m (entspricht EN 50170, DIN 19245, IEC 1131-3, 9318)*

process image Prozeßabbild *n*

processing amplifier Korrekturverstärker *m (Video)*

processing equipment Aufbereitungseinrichtung *f* (ABE) *(ISDN-Vtx)*

processing gain Verfahrensgewinn *m (CDMA, Verhältnis Chip-Rate geteilt durch Bitrate)*

processing module Vermittlungsmodul *n (VSt)*

processing of charges Rechnungsschreibung *f (ISDN)*

processing rate Bearbeitungstakt *m (Daten)*

processing status Abarbeitungszustand *m (DV)*

process interfacing Prozeßkopplung *f*

process management system Prozeßführungssystem *n*

processor Prozessor *m*, Rechenwerk *n (DV)*; Steuerwerk *n*, Verarbeitungsschaltwerk *n*, Schaltwerk *n (Vermittlung)*

processor intervention function Prozessor-Eingriffsfunktion *f (ATM)*

Processor Ready Rechenbereit! *(DV)*

processor slice Prozessorscheibe *f (Mehrprozessorsystem)*

product identification code (PIC) UPC-Strichcode *m*, Artikelkennzeichnungscode *m*

production line Fertigungslinie *f*, Fertigungsstraße *f*, Fließband *n*

production management Betriebsführung *f*

professional mobile radio (PMR) nichtöffentlicher beweglicher *(veraltet) oder* mobiler Landfunk *m* (nöbl,nömL) *(analog gewöhnlich Simplex, umfaßt Teilnehmerbetriebsklasse, Bündelnetze, DTI; digital: TETRA q.v. und TETRAPOL)*, Betriebsfunk *m*, Profifunk *m*

profibus s. process field bus

profile Profil *n (Layer zur Videocodierung bei MPEG-2, s.a. "scalability")*, Kontur *f*

PROFS (Professional Office Systems) **address** PROFS-Adresse *f (IBM, Büro-DFÜ)*

program programmieren; belegen

program bit Nutzbit *n*

program clock reference (PCR) Zeitfrequenzmarke *f (in einer MPEG-2-Übertragung übermittelte Information zum Synchronisieren des Empfänger-Decodertaktes mit dem Takt des empfangenen Programms, DVB)*

program control unit Programmsteuereinheit *f* (PE) *(EWS)*

program-dependent programmspezifisch

program flow Programmablauf *m*

program flow control Programmablaufsteuerung *f (EDV)*

program item icon Anwendungssymbol *n (MS Windows, PC)*

programmable array logic (PAL) programmierbare Matrix-Logik *f*, programmierbare Array-Logik *f (Mikroelektronik)*

programmable function key funktionsprogrammierbare Taste *f* (FPT) *(K-Tel)*

programmable input/output (PIO) programmierbare Ein-/Ausgabe *f*

programmable logic array (PLA) programmierbare Logikanordnung *f*

programmable logic controller (PLC) programmierbare Verknüpfungssteuerung *f (Prozeß)*

programme Programm *n*, Sendung *f (Radio/TV)*

programme allocation table (PAT) Programmzuordnungstabelle *f*, PAT-Tabelle *f (DVB-Tabelle, die die PID (q.v.) der ein Programm bildenden Pakete anzeigt)*

programme-associated information programmbegleitende Informationen *fpl (txt)*

programme association table (PAT) Programmzuordnungstabelle *f*, PAT-Tabelle *f (PSI, DVB, s. "programme allocation table")*

programme break Sendepause *f (Rundfunk)*

programme circuit Programmleitung *f (Rundfunk)*

programme delivery control system (PDC) Programm-Zustellungssteuersystem *n (TV-Rundfunkdienst)*

programme diversity Programmvielfalt *f (TV)*

programme feed Programmzuführung *f (TV-Rundfunkdienst)*

Programme Identification (PI) Programmkettenkennung *f*, Senderkennung *f* (SK) *(RDS)*

Programme Identification Number (PIN) Programm-Reihenfolge *f (RDS)*

programme item Programmbeitrag *m (Rundfunk)*

programme line Modulationsleitung *f (Rundfunk)*

programme list Programmliste *f* (PL)

programme map Programmbelegungsplan *m (TV)*

programme map table (PMT) Programmbelegungstabelle *f*, PMT-Tabelle *f (DVB-Tabelle zur Erkennung aller Programme in einem MPEG-2-Multiplex)*

programme number Programmplatz *m (TV, Sat.-Receiver)*

programme organiser Veranstalter *m (Rundfunkdienste))*

programme position Programmplatz *m (TV, Sat.-Receiver)*

programme segment Sendungseinheit *f (15 bzw. 25 Min., Radio/TV)*, Programminhalt *m*

Programme Service (PS) Programmname *m (RDS)*

programme sound Sendeton *m (Rundfunk)*

programme specific information (PSI) programm-spezifische Informationen *fpl*, PSI-Informationen *fpl (die in einer DVB-Übertragung enthaltenen Informationen wie CAT, NIT, PAT und PMT (q.v.), um die Verfolgung der Daten im Multiplex zu ermöglichen)*

programme stream (PS) Programm-Multiplex *m*, Programm-MUX *m (MPEG-2)*

programme supply service Programmzubringerdienst *m (TV)*

programme-to-program communication (PPC) Programm-Programm-Verbindung *f*

programme transmission Programmsendung *f (TV)*

Programme Type (PTY) Programmartenkennung *f (RDS)*

programme unit Sendungseinheit *f (Radio/TV)*

programming Programmierung *f (EDV)*, Programmgestaltung *f*, Programme *npl (TV)*

programming error Programmierfehler *m*

programming mode Programmierbetriebsart *f*

program protection circuit Kopierschutzschaltung *f*, Dongel *m (PC-Sicherheits-Hardwareelement)*

progress Fortschritt *m*; Verlauf *m*; Ruf *m* in Bearbeitung *(ISDN)*

progress indicator Bearbeitungsindikator *m (ISDN)*; Statusanzeiger *m (MS Windows, PC)*

progression Verlauf *m*; Polygonzug *m (Vektor)*

progression matrix Weiterschaltmatrix *f*

progressive fortschreitend, allmählich; sukzessive

progressive error kontinuierlicher Fehler *m*

progressively scanned fortlaufend abgetastet *(TV)*

progressive scanning Vollbildabtastung *f*, Folgeabtastung *f*, fortlaufende Abtastung *f*, fortlaufende Bildabtastung *f (Zeitfolgeverfahren, TV)*

progress message Zwischenmeldung *f*

progress signal Dienstsignal *n*

progress tone Warteton *m (Tickerzeichen)*, Hörton *m*

PROM (programmable read-only memory) programmierbarer Nur-Lese-Speicher *m oder* Festwertspeicher *m*

PROM-equipped verpromt *(d.h. nicht ladbar, programmgesteuerte Einrichtung)*

prompt (for) auffordern (zu) *(DV)*; Aufforderung *f*, Aufforderungszeichen *n*, Eingabeaufforderung *f (DOS, Monitor)*; Sprachansage *f (in Sprachspeicherung)*

prompter Wecker *m*

prompting Bedienerführung *f*

prompting instruction Weckbefehl *m (DV)*

propagation Ausbreitung *f*, Fortpflanzung *f*

propagation angle Führungswinkel *m (FO)*

propagation coefficient Gangkonstante *f*

propagation conditions Ausbreitungsbedingungen *fpl*

propagation constant Fortpflanzungskonstante *f*, Übertragungsmaß *n (Kabel)*

propagation delay Ausbreitungslaufzeit *f (von Paketen)*, Laufzeit *f*, Laufzeitverzögerung *f*; Schaltverzögerung *f (Gatter)*

propagation delay counter (PDC) Laufzeitzähler *m*

propagation function Propagierungsfunktion *f (neuronales Netz)*

propagation time Laufzeit *f (von Paketen)*

proper genau, korrekt, eigen(tlich)

proper delay system reines Wartesystem *n*

proper subset echte Teilmenge *f (math.)*

property MIB (management information base) Eigenschaftsdatenbank *f (für SNMP-Zugriff)*

proportional spacing Proportionalschrift *f (WP)*

proprietary firmeneigen, anwendereigen, herstellerspezifisch, firmenspezifisch, proprietär

prose definition Prosadefinition *f*, verbale Definition *f (ISDN, CCITT Blaubuch)*

prose description Prosabeschreibung *f (ISDN)*

protect schützen; sichern *(Übertragung)*

protected geschützt; gesichert *(Daten)*

protected extra low voltage (PELV) geschützte Kleinspannung *f (Tel)*

protected network gesichertes Netz *n*

protected-privacy call Datenschutzverbindung *f (NStAnl)*

protected service gesicherter Dienst *m (gegen Fehler)*

protection class Schutzart *f*

protection group Sicherungsgruppe *f (von Kanälen, V-Schnittstelle (q.v.), ETS 300324-1)*

protection procedure Sicherungsprozedur *f (Daten)*

protection protocol Sicherungsprotokoll *n (V-Schnittstelle (q.v.), ETS 300347-1)*

protection switching Schutzumschaltung *f*, Ersatzschaltung *f (bei Störfall, Verm.)*, Schutzschaltung *f (SDH)*

protection switch-over Sicherungsschalten *n (V-Schnittstelle (q.v.), ETS 300347-1)*

protective earth (PE) **conductor** Schutzleiter *m (SV)*

protective ground Schutzerde *f (V.24/ RS232C, Tabelle IX)*

protocol Protokoll *n*, Interpretationsregel *f*, Vereinbarung *f (Satz von Datenübertragungsregeln)*, Verbindungsablauf *m*

protocol analyzer Protokollanalysator *m*

protocol block Protokollblock *m (ISDN PRM)*

protocol communications controller (PCC) Protokoll-Übertragungsablaufsteuerung *f*

protocol control information (PCI) Protokollsteuerdaten *npl (ISDN, PDU, OSI-RM, s. Tabelle VI)*

protocol conversion Protokollwandlung *f (ISDN)*

protocol converter Protokollumsetzer *m (Programm bzw. Vorrichtung zur Umsetzung zw. unterschiedlichen Protokollen, die gleichartigen Funktionen dienen; z.B. TCP und TP4; nicht Gateway; RFC1983, s. Tabelle VIII)*

protocol data unit (PDU) Informationseinheit *f (ISO, ein zwischen Netzinstanzen ausgetauschtes Datenpaket; auch Vtx.)*, Protokoll-Dateneinheit *f (ISDN, OSI)*, Dateneinheit *f (DECT)*

protocol discriminator Protokolldifferenzierung *f*, Protokollkennung *f (ISDN ZGS.7, s. Tabelle III)*

protocol driver Protokolltreiber *m (SW)*

protocol handler (PH) Protokollabwickler *m*

Protocol Implementation Conformance Statement (PICS) Erklärung *f* zur Konformität der Protokollumsetzung *(Breitbandkabelnetz, DOCSIS q.v.)*

protocol layer Protokollschicht *f (Netz)*

protocol layering Protokoll-Schichtenbildung *f (B-ISDN)*

Protocol Reference Model (PRM) Protokoll-Referenzmodell *n (ISDN, Erweiterung des OSI-Referenzmodells, ITU-T-Empf. I.320, s. Tabelle IV)*

protocol sequence Protokollablauf *m*

protocol stack Protokollprofil *n*, Protokollstack *m*

protocol suite Protokollreihe *f*

protocol trace Protokolltrace *f (Netz)*

protocol tracer Protokollablauf-Verfolgungsprogramm *n*, Protokolltracer *m (Netz)*

prototype Entwicklungsmuster *n*, Baumuster *n*

prototype approval Versuchszulassung *f (ZZF)*

prototype construction Musterbau *m*

provide bereitstellen, anbieten

provide coverage Versorgung *f* anbieten, versorgen

provide privacy Geheimhaltung *f* wahren

provider Anbieter *m*

proving Probebetrieb *m*; Garantienachweis *m*

provision Einrichten *n*, Bereitstellung *f (Dienst, ISDN, GSM 01.04, s. Tabelle VII)*, Angebot *n*; Vorgabe *f*

provision for use Bereitstellung *f* zur Abnahme (BzA)

provisional vorläufig, provisorisch

provisional recommendation vorläufige Empfehlung *f (ITU-T)*

provisioning Bereitstellung *f (Netztechnik)*; Beschaffung *f*

provisioning time Bereitstellungszeit *f (line)*

proximity Nähe *f*

proximity search Näherungssuche *f (Informationsabruf)*

proximity zone Nahfeldbereich *m (Funkausbreitung)*

proxy agent Stellvertreter-Agent *m (NMP zu Nicht-Internet-Umgebung)*

proxy cache stellvertretender Cache *m (Firmennetz)*

PRS s. premium rate services

PRS information provider privater Informationsanbieter *m* (PIA)

PRU (packet radio unit) Paketradioeinheit *m*

PS (packet switch) Paketvermittlung *f (US)*

PS (power source) Stromquelle *f*

PS (power supply) Stromversorgung *f*

PS s. Programme Service

PS s. program stream

PSD (power spectral density) spektrale Leistungsdichte *f (Empf. I.431, s. Tabelle IV)*

PSDN (packet-switched data network) paketvermitteltes Datennetz *n* (Datex-P)

PSDS s. Public Switched Digital Service

P Series of ITU-T Recommendations P-Serie *f* der ITU-T-Empfehlungen *(betrifft Fernsprechübertragungsgüte, s. Tabelle III)*

pseudo-noise (PN) Pseudozufallsfolge *f* (PZF)

pseudo-noise generator (PN generator) Pseudozufallsfolgen-Generator *m*

pseudo-noise signal Schröder-Rauschen *n* *(dig. Tonkanal)*

pseudorandom s. pseudo-random

pseudo-random binary sequence (PRBS) binäre Pseudozufallsfolge *f*

pseudo-random bit sequence (PRBS) Pseudozufalls-Bitfolge *f*, binäre Pseudozufallsfolge *f*

pseudo-random chip sequence pseudozufällige Chipfolge *f (CDMA)*

pseudo-random noise (PRN) Pseudozufallsfolge *f* (PZF)

pseudo-random noise (PRN) **sequence** Spreizfolge *f (Spreizbandsignal)*

pseudo-random number sequence Pseudozufallsfolge *f* (PZF)

pseudo-random PSK pseudozufällige Phasenumtastung *f (Codierung)*

pseudo-random sequence Pseudozufallsfolge *f* (PZF); Spreizfolge *f (CDMA)*

PSI (programme specific information) programm-spezifische Informationen *fpl*, PSI-Informationen *fpl (DVB)*

PSK (phase shift keying) Phasenumschaltung *f*, Phasenumtastung *f*, Phasensprungmodulation *f*
2PSK (two-level phase shift keying, phase reversal keying (PRK)) Phasenrücktastung *f*, Phasenumtastung *f* mit zwei Zuständen
4PSK (quaternary PSK) Vierphasenumtastung *f*, Phasenumtastung *f* mit vier Zuständen
8PSK (octonary PSK) Achtphasenumtastung *f*, Phasenumtastung *f* mit acht Zuständen

PSM (pulse step modulation) Pulsstufenmodulation *f*, Treppenstufenmodulation *f*

PSN (packet switching network) paketvermittelndes Netz *n*, Paketvermittlungsnetz *n* (PVN)

PSN (public switched network) öffentliches Wählnetz *n (Tel)*

psophometer Psophometer *n*, Geräuschspannungsmesser *m*

psophometric filter Ohr(kurven)filter *n*

psophometric power Rauschleistung *f*

PSPDN (packet-switched public data network) paketvermitteltes öffentliches Datennetz *n*

PSS (Packet SwitchStream) paketvermittelter Dateldienst *m (BT, entspricht Datex-P, X.25, s. Tabelle VI)*

PSTN s. public switched telephone network

PSTN call number Drahtrufnummer *f*

PSU (packet switching unit) Paketvermittlungseinheit *f (ATM)*

PSU (power supply unit) Stromversorgung(seinheit) *f* (SV), Netzteil *n*

PSWD (password) Kennwort *n*, Kennungswort *n*, Paßwort *n*; Kennung *f (Datenbank)*

PT (payload type) Nutzsignalart *f*

PTAT (private transatlantic telephone cable) privates transatlantisches Telefonkabel *n*

PTC (perceptual transform coding) perzeptorische Transformationscodierung *f*

PTM (packet transfer mode) Paketübertragungsmodus *m*

Pt-Mpt (point-to-multipoint) Punkt-zu-Mehrpunkt *(Verbindung)*

PTN (private telecommunications network) privates Telekommunikationsnetz *n*

PTO s. public telecommunications operator

PTP (point-to-point) Punkt-zu-Punkt *(Verbindung)*

PTR (paper tape reader) Lochstreifenleser *m*

PTR s. pointer

PTS (pilot time slot) Pilot-Zeitschlitz *m (ZGSz, GPRS)*

PTS s. presentation time stamp

PTSN s. public toll switched network

PTT (Postes, Télécommunications et Télédiffusion) Postverwaltung *f*; Eidgenössische Generaldirektion *f* für Post-, Telefon- und Telegrafenverwaltung *(CH)*; Fernsprechverwaltung *f*

PTT-owned circuits posteigene Stromwege *mpl*

PTT (push-to-talk) key Sprechtaste *f*

PTY (party) Teilnehmer *m* (TLN) *(Tel.)*
3PTY (three-party service) Dreierverbindungsdienst *m (ISDN)*

PTY s. Programme Type

PU s. physical unit

PU s. pick-up

PU s. presentation unit

public access mobile radio (PAMR) öffentlicher beweglicher Landfunk *m* (öbL), öffentlicher mobiler Landfunk *m* (ömL), öffentlicher Bündelfunk *m*

public address network Lautsprechernetz *n*

public address system (PA system) ELA-Anlage *f*, Beschallungsanlage *f*

public coin(-operated) telephone öffentlicher Münzfernsprecher *m* (ÖMünz)

public common carrier öffentlicher Netzbetreiber *m*

public CT2 service Telepoint-Dienst *m (öffentlicher Funktelefondienst)*

public data network (PDN) öffentliches Datennetz *n*

public key öffentlicher Schlüssel *m (asymmetrisches Verschlüsselungssystem, bei dem ein Teil des Schlüssels veröffentlicht wird, Chipkarten)*

public key infrastructure (PKI) **encryption** PKI-Verschlüsselung *f*

public land mobile network (PLMN) Funkfernsprechnetz *n*, öffentliches Landfunknetz *n*, (nationales) Mobilfunknetz *n (GSM)*, Autotelefonnetz *n*

public maritime radio service Seefunkdienst *m*

public phone booth öffentliche Telefonzelle *f*

public phonecard phone öffentliches Kartentelefon *n* (ÖKartTel) *(BT)*

public-service broadcast station öffentlich-rechtliche Rundfunkanstalt *f*

public short-distance passenger services öffentlicher Personennahverkehr *m* (ÖPNV)

Public Switched Digital Service (PSDS) öffentlicher digitaler Vermittlungsdienst *m (BOC-Dienst, AT&T-CSDC, US)*

public switched network (PSN) öffentliches Wählnetz *n (Tel)*

public switched telephone network (PSTN) öffentliches Telefonwählnetz *n*, öffentliches (Post-) Netz *n*, Postnetz *n*, analoges Telefonnetz *n*, Drahtnetz *n*, Selbstwähl-fernsprech-Drahtnetz *n*, Fernsprechdrahtnetz *n*, Selbstwähl-Fernsprechnetz *n*

public telecommunications operator (PTO) Anbieter *m* öffentlicher TK-Dienste *(z.B. Mercury, GB; auch DTAG)*

public telephone service öffentlicher Telefondienst *m* (öTel)

public toll switched network (PTSN) öffentliches Fernwählnetz *n (Tel)*

public trunked mobile radio Bündelfunk *m*

public utility Versorgungsbetrieb *m*; Energieversorgungsunternehmen *n* (EVU)

public videotex terminal öffentliches Btx-Terminal *n* (Ö-Btx) *(DTAG)*

PUI (personal unblocking identity) Freichaltekennung *f (DECT)*

PUK (personal unblocking key) Freischaltetaste *f*, SuperPIN *f (D2 GSM)*

pull nachziehen *(Frequenz)*

pull down herunterziehen *(Fenster im Schirmbild)*

pull-down menu Pulldown-Menü *n (Monitor)*, Untermenü *n*

pulling into lock Intrittfallen *n*; Einrasten *n*, Aufsynchronisieren *n*, Intrittziehen *n*

pull-in period Einschwingzeit *f (PLL)*

pull into synchronism in Tritt ziehen *oder* fallen

pull mode Pullbetrieb *m (der Benutzer fordert einen Dienst vom Anbieter an)*

pull out of lock außer Tritt ziehen *oder* fallen, kippen, ausrasten

pull-out range Ausrastbereich *m (Signalsynchronität)*

pull service Pull-Dienst *f (s.a. "pull mode")*

pull up hochziehen *(Fenster im Schirmbild)*

pull-up resistor Endwiderstand *m*, Pull-up-Widerstand *m (Schaltg.)*

pulse Impuls *m*, Puls *m*; pulsen

pulse action Impulswahl *f*

pulse amplitude modulation (PAM) Pulsamplitudenmodulation *f*

pulse centre Impulsschwerpunkt *m*

pulse code modulation (PCM) Pulscodemodulation *f*

pulse controlled impuls- *oder* taktgesteuert

pulse converter Impulswandler *m (IWV/ MFV-Wandler)*

pulsed gepulst, getaktet, getastet

pulse detector Impulserkenner *m (IWV/ MFV-Umsetzung für digitale OVSt)*

pulse dialling Impulswahl *f*

pulse dialling (loop disconnect) method Impulswahlverfahren *n* (IWV) *(Tel)*

pulse duration modulation (PDM) Pulsdauermodulation *f*

pulse duty ratio *oder* **factor** Impulstastverhältnis *n*, Tastverhältnis *n*, Impuls-Pausen-Verhältnis *n*

pulse fault location Pulsfehlerortung *f (PCM-Daten)*

pulse frequency modulation (PFM) Pulsfrequenzmodulation *f*

pulse generator Impulsgeber *m*, Impulsbildner *m*

pulse inertia Impulsstehvermögen *n*

pulse length modulation (PLM) Pulslängenmodulation *f*

pulse noise Impulsstörer *m*, Impulsstörung *f*

pulse period Pulsperiode *f*, Schrittdauer *f*

pulse phase modulation (PPM) Pulsphasenmodulation *f*

pulse repeater Stromstoßübertragung *f (Tel)*

pulse repetition rate Impulswiederholrate *f*

pulse separation Impulsabstand *m*

pulse separator Impulssieb *n*

pulse shaper Impulsformer *m*

pulse signal Impulskennzeichen *n* (IKZ) *(Tel., für Durchwahl)*

pulse signalling Impulssignalisierung *f*, Impulszeichengabe *f* (IKZ) *(Tel. Netz)*, Impulswahl *f*

pulse spacing Impulsabstand *m*, Taktzeit *f*

pulse speed Wahlfrequenz *f (Tel)*

pulse step modulation (PSM) Pulsstufenmodulation *f*, Treppenstufenmodulation *f*

pulse stuffing Pulsstopfen *n*

pulse tail Nachschwinger *m*, Nachschwingdauer *f*

pulse time delay Impulslaufzeit *f (Kabel)*

pulse timing Impulstastung *f*

pulse train Impulsserie *f*, Pulsfolge *f*, Impulsfolge *f*, Impulskette *f*

pulse triggered getaktet

pulse width modulation (PWM) Pulsbreitenmodulation *f*

pumping Pumpen *n*

pumping efficiency Pumpwirkungsgrad *m (Laser)*

pump level Pumpniveau *n (Laser)*

pump radiation Pumpstrahlung *f (Laser)*

punch stanzen

punched card Lochkarte *f*

punched-card reader Lochkartenleser *m* (LKL)

punched tape Lochstreifen *m* (LS) *(FS)*

punched-tape reader (PTR) Lochstreifenleser *m*

punctual pünklich *(DLL, s.a. "Früh-/Spätabstand")*

puncture punktieren *(Faltungscodierung, DVB-S/T, GSM)*

puncturing Punktierung *f (Anpassung der Datenrate an die Übertragungsrate des Funkkanals: nur einige der durch Faltungscodierung erzeugten Bit werden benutzt, Kanalcodierung bei DVB-S/T und GSM (s.a "AMR"))*

pure-chance traffic (reiner) Zufallsverkehr *m*

purge löschen, freigeben *(Speicher)*, bereinigen

purpose-built zweckentsprechend konstruiert, anwendungsspezifisch

pushbutton dialling Tastwahl *f (Tel)*

pushbutton dialling receiver for malicious call identification Fangtastenwahlempfänger *m* (FTE) *(Tel)*

pushbutton key Drucktaster *m*, Tastschalter *m*

pushbutton operation Tastenbetätigung *f*

pushbutton signal Tastwahlzeichen *n*

pushbutton telephone Fernsprecher *m* für Tastwahl, Tastfernsprecher *m*, Tastenfernsprecher *m*, Tastwahlapparat *m*

push-fitting Anschlagen *n (Kabel)*

push mode Pushbetrieb *m (dem Benutzer wird vom Anbieter ein Dienst angeboten, d.h. Netzverteildienst)*

push-pull Gegentakt; gegenphasig

push-pull amplifier Gegentaktverstärker *m*

push service Push-Dienst *m (s.a. "push mode")*

push-to-talk (PTT) key Sprechtaste *f*

put into operation in Betrieb *m* nehmen *oder* setzen

put through durchstellen *(Ruf)*; durchsagen, durchsprechen *(Mitteilung)*

putting into service Inbetriebnahme *f (Einrichtung)*

put up aufstellen, aufspannen

PVC (permanent virtual circuit) feste virtuelle Leitung *f (ISDN)*, Festverbindung *f (ATM)*

PVC (permanent virtual connection) Festverbindung *f (ATM)*

PVN s. private virtual network

PVR (personal video recorder) persönlicher Videorecorder *m (Festplatten-Recorder)*

PVT (packet voice terminal) Sprechstelle *f* für Paketvermittlung

PWM s. pulse width modulation

pyramidal decomposition pyramidale Zerlegung *f (Bildverarbeitung)*

Q

Q s. Q factor, figure of merit

Q (quadrature) Quadratur *f (das Verhältnis zwischen zwei Signalen/Trägern mit einer Phasendifferenz von* 90^0*, bei QAM (q.v.) der Träger auf der* 90^0*-Achse)*

QA s. Q (interface) adapter

QA s. quality assurance

QAM s. quadrature amplitude modulation

16QAM (16-level QAM) 16-stufige QAM *f*, 16-wertige QAM *(DVB-T)*

QAM conditioning QAM-Aufbereitung *f (DTAG DVB-C)*

Q band Q-Band *n (36–46 GHz, Sat)*

Q bit s. qualifier bit

Q channel s. quadrature channel

Q-CIF s. quarter CIF

Q component s. quadrature component

QDU s. quantization distortion unit

QD2 interface QD2-Schnittstelle *f (DTAG-Netzmanagementschnittstelle, ITU-T Empf. G.773, s. Tabelle III)*

QEF (quasi-error-free) **signal** QEF-Signal *n*, praktisch fehlerfreies Signal *n (DVB, BER* $< 10^{-11}$ *am Demultiplexer)*

Q factor Q-Wert *m*, Gütefaktor *m (Schwingkreis)*

QIM (QPSK input module) QIM-Modul *n (DVB-S-CIM für DVB-T-Receiver)*

Q (interface) adapter Q-Schnittstellenanpassung *f (GSM 01.04, s. Tabelle VII)*

QMF s. quadrature mirror filter

QOS s. quality of service

QoS buffer QoS-Puffer *m (ATM)*

QoS class QoS-Klasse *f*, Dienstgüteklasse *f*, Serviceklasse *f (ATM, HFC network: VBR, CBR, ABR, UBR, SBR q.v.)*

QOS meter Gütezähler *m*

QPSK s. quadrature phase-shift keying

QPSK s. quaternary PSK

QPSX s. queued packet synchronous exchange

QRN s. quasi-random noise

QSAM s. quadrature sideband amplitude modulation

Q Series of ITU-T Recommendations Q-Serie *f* der ITU-T-Empfehlungen *(betrifft u.a. das Zeichengabesystem Nr.7, s. Tabelle III)*

Q switch Güteschalter *m (Laser)*

QTAM s. queued telecommunications access method

quad Vierer *m*

quad amp Vierfach-Verstärker *m (Mikroschaltung)*

quad bit coding Quadbit-Codierung *f* $(2^4 =$ *16 Bit, QAM)*

quadratic switch fabric quadratisches Verbindungsnetzwerk *n (d.h. mit N Eingängen und N Ausgängen)*

quadrature amplitude modulation (QAM) Quadratur-Amplitudenmodulation *f (Amplituden- u. Phasenmodulation von*

Trägern mit der gleichen Frequenz, aber mit einer Phasendifferenz von 90⁰, DVB, ETSI ETS 300.429, Standardmodulation für digitale Fernsehübertragung und DAB in Europa)

quadrature channel (Q channel) Quadraturkanal *m*, Q-Kanal *m (Kanal mit 90° Phasendrehung, QAM)*

quadrature component (Q component) Quadratur-Komponente *f* (Q-Komponente *f*) *(I/Q modulation)*

quadrature mirror filter (QMF) Quadratur-Mirror-Filter *n*, Quadratur-Spiegelfilter *n (dig. Audio-Teilbandfilter, DAB, DVB)*

quadrature modulation Quadraturmodulation *f*, orthogonale Modulation *f (das zweite Trägersignal (Q) liegt orthogonal, d.h. ist um 90° phasenverschoben, zum ersten (I))*

quadrature phase-shift keying (QPSK) Quadratur-Phasenumtastung *f*, Vierphasenumtastung *f (Modulation eines oder beider von zwei orthogonalen Trägern, um vier mögliche Signalzustände (Zeiger) bei 45°, 135°, 225° u. 315° zu erhalten, DVB-S)*

quadrature sideband amplitude modulation (QSAM) Quadratur-Seitenbandamplitudenmodulation *f*

quadripole Vierpol *m*

quadruple vierfach

quad speed Vierfach-Geschwindigkeit *f (Datentransferrate 0,6 MB/s, CD-ROM)*

quad tree Bildbaum *m (Bildverarbeitung)*

qualification test Typenprüfung *f (FTZ)*

qualifier Qualitätsmerkmal *n*

qualifier bit (Q bit) Q-Bit *n*, Unterscheidungsbit *n (ISDN NUA)*

quality Qualität *f*; Güte *f (Filter)*

quality assurance (QA) Qualitätssicherung *f* (QS)

quality characteristic Qualitätsmerkmal *n*

quality criterion Qualitätsmerkmal *n*

quality control protocol Güteprüfprotokoll *n (ZZF)*

quality level Qualitätslage *f*, Gütemaß *n*

quality offset Güteabweichung *f (Bildcodierung)*

quality of service (QOS) Dienstgüte *f (ISDN, HFC-Netz, ATM, IP, Vereinbarung über die Güte einer Verbindung)*

quality-of-service meter Gütezähler *m*

quality per unit length Belag *m*

quantification scale Quantisierungsmaß *n*

quantization Quantisierung *f*, Rasterung *f*, Stufung *f*, Schrittweitenbestimmung *f*; Signalraster *m*, Signaltiefe *f*

quantization decision value Quantisierungsschwelle *f*

quantization distortion Quantisierungsverzerrung *f*

quantization distortion unit (QDU) Quantisierungsverzerrungseinheit *f*

quantization interval Quantisierungsstufe *f*

quantization level Quantisierungspegel *m*, Quantisierungsstufe *f*

quantization noise Quantisierungsrauschen *n (s.a. "quantization distortion")*

quantization noise power Quantisierungsstörleistung *f*

quantization scale Quantisierungsmaß *n*

quantization size Quantisierungsstufe *f*

quantization step Quantisierungssprung *m*

quantize quanteln, quantisieren

quantizer Quantisierer *m*, A/D-Größenwandler *m*

quantizing level Quantisierungspegel *m (Sprach-, Bildcodierung)*

quantizing noise Quantisierungsrauschen *n*

quantum efficiency Quantenausbeute *f (Laser)*

quantum well Potentialgraben *m (Laser)*, Quantenmulde *f (Mikroelektronik)*

quarantine service Zurückstellungsdienst *m*

quarter CIF (Q-CIF, QCIF) gemeinsames Zwischenformat *n* mit Viertel-Pixelzahl *(ITU-T-Bildtelefonstandard mit 38016 Pixeln, ITU-T Empf. H.261, H.263 (q.v.), s. Tabelle III)*

quartet Tetrade *f (4-Bit Byte)*

quartz fiber Quarzfaser *f*

quasi-error-free (QEF) quasifehlerfrei *(DVB, BER = 10^{-11} am Demultiplexer)*

quasi-full availability quasivollkommene Erreichbarkeit *f*

quasi-random (bit) sequence Quasizufallsfolge *f* (QZF)

quasi-random noise (QRN) Quasizufallsfolge *f*

quasi-smooth terrain quasiebenes Gelände *n (Mobilfunk)*

quasi-steady-state condition quasistationärer Zustand *m*, Quasi-Stationarität *f (DVB-Transportmultiplex)*

quasi-synchronous common-frequency broadcasting quasi-synchroner Gleichwellenfunk *m* (QSGF) *(Betriebsfunk)*

quaternary quaternär, quartär, Quartär-... *(PCM)*

quaternary DPSK Vierphasen-Differenzmodulation *f*

quaternary PSK (QPSK,4PSK) Vierphasen-Modulation *f*, Vierphasen-Umtastung *f*, Phasenumtastung *f* mit vier Zuständen *(Sat., DSR)*

query Abfrage *f (Daten)*

queue Warteschlange *f (PCM-Daten, Sprache)*, Wartefeld *n*; eine Warteschlange *f* bilden, in eine Warteschlange *f* einreihen, einketten
the block has reached the head of the queue der Block *m* ist an der Reihe

queued access method erweiterte Zugriffsmethode *f*

queue discipline Abfertigungsreihenfolge *f (Wartesystem)*

queued packet synchronous exchange (QPSX) synchrone Koppeleinrichtung *f* mit Paketwarteschlangenbetrieb *(FDDI, DQDB MAN-Standard 802.6)*

queued telecommunications access method (QTAM) erweiterte Telekommunikations-Datenzugriffsmethode *f*

queue handling Warteschlangensteuerung *f*

queueing s. queuing

queue management Warteschlangenverwaltung *f*

queue weight factor (QWF) Warteschlangen-Gewichtungsfaktor *m (ATM)*

queuing Warten *n*, Reihen *n*, Einreihen *n*, Staffeln *n*; Parken *n (Ruf)*; Warteschlangenbetrieb *m*; Wartebedingung *f*

queuing buffer Wartespeicher *m*

queuing delay Wartezeit *f*

queuing device Reihenordner *m*, Warteordner *m*

queuing memory Wartespeicher *m*

queuing network Warteschlangennetz *n (PCM-Daten, Sprache)*

queuing point Wartepunkt *m (Paketübertragung)*

queuing scheduling Warteschlangensteuerung *f (ATM)*

queuing theory Bedienungstheorie *f*

queuing time Staffelzeit *f*, Wartezeit *f*

quick-call button Schnellruftaste *f*

quiescent state Ruhezustand *m (EWS)*

quieting curve Quieting-Kurve *f (Abhängigkeit zwischen SNR und CNR, Sat)*

quietness Ruhe *f*, Geräuschlosigkeit *f*

quiet period Sprechpause

quint bit coding Quintbit-Codierung *f* (2^5 = *32, hochratige Modems)*

quit beenden *(PC)*

quota-based traffic allocation Quotieren *n*

quote Hochkomma *n (Tastatur)*

quote tone Ansage-Anfangston *m (Tel)*

QWF s. queue weight factor

Qx interface Qx-Schnittstelle *f (ITU-T Empf. G.771, s. Tabelle III)*

Q3 interface Q3-Schnittstelle *f (ITU-T Empf. G.513, s. Tabelle III)*

R

R (earth recall (button)) Erdtaste *f* (ET)

R (receiver) Fernhörer *m* (F) *(Tel.-Hörer)*

RA s. rate adaptation

RA (registration authority) Registrierungsstelle *f (TLS)*

Rabbit CT2-Telepointnetz in GB *(Hutchison, eingestellt am 31. Dez. 1993)*

race überlaufen *(Verm.)*; durchdrehen *(E-Motor)*

RACE Research and development for Advanced Communications in Europe *(Eureka-Projekt, FO-Netz, HDTV, UMTS)*

RACH s. random access channel

rack Gestell *n*, Gestellrahmen *m*, Rahmen *m*

rack base Gestellsockel *m*

rack equipment Gestellbelegung *f*
rack face layout *oder* **plan** Gestellbelegung *f*
rack frame Gestellrahmen *m* (GR)
rack front layout *oder* **plan** Gestellbelegung *f*
rack row Gestellreihe *f*
rack row base Gestellreihenfuß *m*
rack shelf Gestellrost *m*, Rost *m (Kabel)*, Etage *f*, Baugruppenträger *m*
rack suite Gestellreihe *f*
rack unit (RU, U) Höheneinheit *f* (HE) *(1 HE = 1 3/4″, 44,45 mm; Gestell)*
19″ rack 19″-Gestell *n*, Großrahmen *m*
radar system Radaranlage *f*, Funkmeßanlage *f*
radial radial; sternförmig *(Verbindung)*
radial network Strahlennetz *n*
radiance Strahldichte *f (FO, in N)*
radiant emittance Leuchtdichte *f (FO, in cd/m²)*
radiant intensity Strahlstärke *f (FO, in W/sr)*
radiated interference Störstrahlung *f*
radiation Strahlung *f*, Abstrahlung *f*, Ausstrahlung *f*
radiation as sound Beschallung *f*
radiation centre Antennenschwerpunkt *m*
radiation image Durchstrahlungsbild *n*
radiation pattern Antennendiagramm *n*, Antennencharakteristik *f*
radio Funk *m*, Rundfunk *m*, Rundfunkgerät *n*, Funkgerät *n*
by radio mit Funk, über die Luft
radio access network (RAN) Funkanschlußnetz *n (W-CDMA, UMTS)*
radio access point (RAP) Funkanschlußpunkt *m (zum Netz, Tel)*
radio access system Funkanschlußsystem *n* (RAS) *(ATM mobile Kommunikation)*
radio altitude Funkhöhe *f (aero)*
radio apparatus Funkgerät *n*
radio area monitoring Funkraumüberwachung *f*
radio base station (RBS) feste Funkstelle *f*, Funkfeststation *f* (FFS); drahtlose Basisstation *f (RLL)*
radio bay Radioschacht *m (Kfz)*
radio beacon Funkbake *f*
radio broadcasting Rundfunk *m* (Rf), Hörfunk *m*
radio broadcasting area Rundfunkbereich *m*; Funkfeld *n (SFN, DVB)*
radio car Funk(meß)wagen *m*
radio cell Funk(verkehrs)bereich *m* (FuVB), Funkzelle *f (Mobilfunk)*
radiochannel Funkkanal *m (Mobilfunk)*
radio chip Funkchip *m (WLAN)*
Radiocom 2000 (RC2000) französisches zellulares Mobilfunksystem *n (200 und 400 MHz, ab Nov. 1985, Ausdehnung auf 900 MHz geplant)*
radio communication interface (RCI) Funkschnittstelle *f (DECT)*
radio communication service Funkdienst *m*
radio congestion Funküberlastung *f*
radio contact Funkverbindung *f*
radio control Funkfernsteuerung *f*
radio-controlled locking system Funk-Schließeinrichtung *f (Kfz)*
radio control station Funkleitstelle *f (Mobilfunk)*, Leitfunkstelle *f*
radio coverage Funkversorgung *f*, Funkversorgungsbereich *m*
radio coverage area Funkbereich *m (Mobilfunk)*, Funkversorgungsbereich *m*
radio data communication Datenfunk *m*
radio data modem Datenfunkmodem *m*
radio data system (RDS) Radio-Datensystem *n*, Datenfunksystem *n (EBU-Spezifikationsdokument Tech. 3244-E, Jan.1987)*
radio data transmission Datenfunk *m*
radio detector van Funkpeilfahrzeug *n*
radiodetermination Ortungsfunk *m*
radiodetermination satellite service (RDSS) Satelliten-Ortungsfunkdienst *m (US)*
radiodetermination service Ortungsfunkdienst *m*
radio distribution unit (RDU) Funksteuereinrichtung *f*, Netzkontrolleinheit *f (RLL)*
radio drop Funkanschluß *m*
radio emission Funkabstrahlung *f*
radiofax Funkfax *n*
radio fixed part (RFP) Funk-Festteil *m*, Funkstation *f (DECT)*

radio fixed part identity (RFPI) Funkstationskennung *f (DECT)*

radio fixed part number (RPI) Funkstationsnummer *f (DECT)*

radio frame Funkbaugruppenträger *m (mobile BS)*

radio frequency (RF) Hochfrequenz *f* (HF) *(gewöhnlich ab 150 kHz, allgemein der gesamte Frequenzbereich, der für Funkübertragung verwendbar ist)*

radio frequency channel (RFCH,RFC) Hochfrequenzkanal *m (GSM 01.04, s. Tabelle VII)*

radio frequency compatibility Funkverträglichkeit *f (EMV)*

radio frequency identification (RFID) Hochfrequenz-Identifizierung *f (induktive Funkanlage, Sicherheit)*

radio frequency interface (RFI) Funkschnittstelle *f (Chipkartenleser)*

radio frequency interference (RFI) Funkstörung *f*

radiographic film Roentgenfilm *m*

radiography Radiografie *f*, Roentgendurchstrahlung *f*, Roentgenaufnahme *f*

radio hop Richtfunkstrecke *f*; Funkfeld *n*

radio installation Funkanlage *f* (FuAnl)

radio interface Funkschnittstelle *f*, Luftschnittstelle *f (Tel, Mobilfunk)*

radio interference suppression Funkentstörung *f*

radio in the local loop (RLL) Funk(-Netzzugang) *m* im Ortsnetz

radio in the loop (RITL) Funk *m* im Anschlußbereich

radio key Funkschlüssel *m (Kfz)*

radio LAN (RLAN) Funk-LAN *n (Datenrate 11 MB/s nach IEEE 802.11 HR (High Rate))*

radio link Funkverbindung *f*, Funkstrecke *f*, Richtfunkstrecke *f*

radio link control (RLC) Funkübertragungssteuerung *f (GPRS)*

radio link protocol (RLP) Funkverbindungsprotokoll *n (GSM mit ARQ)*

radio location Funkortung *f*, Ortungsfunk *m*

radiolocation installation Funkmeßanlage *f*

radiolocation service (nichtnavigatorischer) Ortungsfunkdienst *m*

radio monitoring service Funkkontroll-Meßdienst *m* (FuKMD) *(Sat., Mobilfunk)*

radio monitoring station Funkkontroll-Meßstelle *f* (FuKMS) *(Sat., Mobilfunk)*

radio network Funknetz *n*

radio network controller (RNC) Funknetzsteuerung *f (GPRS)*

radio network resources manager (RNM) Funkressourcenmanager *m (mobile RT)*

radio network subsystem (RNS) Funknetz-Teilsystem *n*

radio network terminating (RNT) **unit** Funknetz-Abschlußeinheit *f (RLL)*

radio outstation Funkaußenstation *f (Tel., z.B. in ländlichen Bereichen, s.a. RURTEL)*

radio PABX Funk-Nebenstellenanlage *f*; mobile Nebenstellenanlage *f*

radio paging Funkruf *m* (FuR) *(ITU-R-Empf. 584, 1982)*

radio paging call Funkruf *m*

Radio Paging Code No.1 Funkrufcode *m* Nr.1 *(vom ITU-R übernommener POCSAG-Code)*

radio paging service Funkrufdienst *m* (FuRD)

radio paging switching centre Funkrufvermittlungsstelle *f* (FuRVSt) *(Cityruf)*

radio path Funkweg *m*, Funkstrecke *f*

radio portable part (RPP) Funk-Mobilteil *m (DECT)*

radio propagation Funkausbreitung *f*

radio range Funkreichweite *f*

radio receiver Rundfunkempfänger *m*

radio relay Richtfunk *m* (RiFu), Richtstrahl *m (CH)*

radio (relay) link Richtfunkstrecke *f*, Richtverbindung *f* (RV)

radio relay section Richtfunkabschnitt *m*

radio relay (station) Funkvermittlung *f*

radio relay station cable network Zubringersystem *n* für Richtfunk

radio relay (switching centre) Funküberleitstelle *f (C-Netz)*

radio relay system Richtfunknetz *n*

radio room Funkraum *m*

radio-scannable funkauslesbar *(Güter)*

radio service switching Funkvermittlung *f (DAL)*

radio set Funkgerät *n*, Radio *n*, Radioapparat *m*

radio signalling system Funkmeldesystem *n* (FMS) *(in BOS-Netzen)*

radio signal processor (RSP) Funkprozessor *m*

radio signal strength indication (RSSI) Feldstärkemessung *f (Mobilfunk)*

radio silence Funkstille *f*

radio subsystem (RSS) Funk-Teilsystem *n (GSM, s. Tabelle VII)*

radio supervisor (RSV) Funküberwachung *f*

radio switching computer Funkvermittlungsrechner *m (DAL)*

radio switching station Funkvermittler *m (BS, GSM)*

radio telefax Funkfax *n*

radio telegraphy Tastfunk *m*

radiotelephone Funktelefon *n*, Sprechfunkgerät *n*, Funkfernsprecher *m*

radiotelephone service Funkfernsprechdienst *m* (FuFeD)

radiotelephony (RT) Funkfernsprechen *n (Mobilfunk, nömL)*, Sprechfunk *m*, Telefonrundspruch *m*

radiotelephony service Funkfernsprechdienst *m*

radio teleswitching Funk-Fernschaltsystem *n (GB; FW-Nachtstrom-Fernschaltung)*

radioteletype (RTTY) Funkfernschreiben *n*, Schreibfunk *m*

radio test van Funkmeßwagen *m (Mobilfunk)*

radio text (service) (RT) Radiotext *m (RDS)*

radio traffic congestion Funkstau *m (Mobilfunk)*

radio train running control Funkzugbeeinflussung *f* (FZB)

radio transceiver Funksprechgerät *n*

radio transmission Funkübertragung *f*, drahtlose Übertragung *f*

radio transmission regulation Funkvorschrift *f*

radio transmitter Funksender *m*

radio trunking Bündelfunk *m* (BüFu) *(nömL)*

radius of coverage Versorgungsradius *m (TV transmitter)*

radius of propagation Ausstrahlungsradius *m (Sat)*

radix notation Radixschreibweise *f*, Stellenwertschreibung *f*

radix sorting algorithm Basiskomma-Sortieralgorithmus *m*

RADSL s. rate-adaptive DSL

RAG (region adjacency graph) Zusammenhangsgraph *m (Bildverarbeitung)*

RAID (redundant array of inexpensive disks) redundante Festplattenanordnung *f (Daten werden zur Datensicherung unter den Platten verteilt)*

RAI s. remote alarm indication

rail Schiene *f (mech.)*; Leitung *f (SV)*; Verbindungsbus *m (Signal)*

rail splitter Versorgungsspannungsteiler *m*

rail voltage Versorgungsspannung *f*

rain attenuation Regendämpfung *f (Sat., Mikrowellen)*

rainfall rate Regenintensität *f (Sat., Mikrowellen)*

rake angle Neigungswinkel *m (US-Strahl)*

RAKE amplifier RAKE-Verstärker *m (Spreizspektrum, CDMA)*

RAKE combiner RAKE-Kombinierer *m (Empfang zeitversetzter Empfangssignalkomponente (z.B. aufgrund von Mehrwegeausbreitung))*

RAKE finger RAKE-Finger *m (einer der Empfänger des RAKE-Empfängers q.v.)*

RAKE receiver RAKE-Empfänger *m*, Korrelationsempfänger *m (Spreizspektrum, CDMA)*

RAM s. random access memory

RAM disk RAM-Disk *f (virtuelles Laufwerk im RAM eines PC)*

ramification Verästelung *f (Netz)*

ramp down herunterfahren *(Prozeß)*

ramped ringer Tonrufschweller *m (DECT)*

ramp function Hochlauffunktion *f*

ramp up Hochlauf *m*; hochlaufen, hochfahren *(Prozeß)*

RAN s. radio access network

RAN s. regional area network

random access willkürlicher Zugriff *m (GSM)*

random access channel (RACH) Kanal *m* zum willkürlichen Zugriff, Direktzugriffskanal *m (UMTS)*

random access memory (RAM) Direktzugriffsspeicher *m (z.B. als Arbeitsspeicher im PC)*, Schreib-Lese-Speicher *m*

random access protocol (RAP) Direktzugriffsprotokoll *n (Bündelnetzsteuerung)*

random bit errors statistische Bitfehler *mpl*

random broadcast zufallsmäßiger Rundruf *m*

random error fluktuierender Fehler *m (Sat)*

randomize auf Zufallszahlen *oder* in Zufallswerte umrechnen, randomisieren; willkürlich anordnen; verwürfeln, verschmieren *(Bit; DVB-Transportmultiplex)*

randomization Verwürfelung *f*; Verschmierung *f (Interleaver, DVB)*

randomized verwürfelt

randomly zufallsmäßig, zufallsgesteuert

random multiple access (RMA) zufallsmäßiger Vielfachzugriff *m (Sat)*

random noise stochastisches Rauschen *n*, weißes Rauschen *n*

random number Zufallsnummer *f*, Zufallszahl *f*

random-number generator Zufalls(zahlen)-generator *m*

random process Zufallsprozeß *m*

random pulse regelloser Impuls *m*

range Bereich *m (Meßgerät)*, Entfernung *f (Radar)*, Hub *m (Spannung, Signal)*, Reichweite *(Sender, Mobilfunk-BS)*

range bin Entfernungstor *n (Radar)*

range of acceptance Akzeptanzbereich *m*

range of action Wirkungsbereich *m*

range of effectiveness Wirkbreite *f*

range of expected values Erwartungsbereich *m (Bildcodierung)*

range of faulty operation Abschaltebereich *m (Zeichengabestrecke)*

range of influence Wirkbreite *f*

range of power supply Speisereichweite *f (Fernspeisung, in Ohm)*

range of values Wertebereich *m*

range predictive code modulation bereichsprädiktive Codemodulation *f (Bereich von Erwartungswerten, Bildcodierung)*

range switch Bereichsumschaltung *f* (BU)

ranging Bereichswahl *f (Meßtechnik)*; Positionierung *f (Sat.)*; Ortung *f (Ultraschall)*

rank Rang *m*; Reihe *f (Vermittlungseinrichtungen)*

RAP s. radio access point

RAP s. random access protocol

RARE (Réseaux Associés pour la Récherche Européenne) Vereinigung *f* der Netzbetreiber für europäische Forschung

RAS (radio access system) Funkanschlußsystem *n (ATM mobile Kommunikation)*

RAS (registration, administration and status) **protocol** RAS-Protokoll *n (für den Verkehr mit Gatekeepers, ITU-T H.323)*

raster Raster *m*, Bildraster *m (Anzeige)*; Vollbild *n (Bildcodierung)*; Abtastfeld *n*

raster/block scan converter Vollbild-Teilbild-Rasterwandler *m (Bildcodierung)*

raster display Rasterbildschirm *m*

raster font Raster-Schrift *f*

raster graphics information Rasterbildinformation *f (DTP)*

raster image processor (RIP) Rasterbildprozessor *m (DTP)*

raster pattern Rasterung *f (Frequenzkanäle)*

raster screen Rasterbildschirm *m*

raster unit Rastereinheit *f (Grafik)*

rastered gerastert

rate Geschwindigkeit *f*, Rate *f*, Tarif *m*, Takt *m*
at a 10-ms rate im 10-ms-Zeitraster *oder* -Rhythmus

rate adaptation (RA) Geschwindigkeitsanpassung *f (GSM, ISDN)*

rate adaptive DSL (RADSL) ratenadaptive DSL *f (q.v.)*, digitale Anschlußleitung *f* mit Geschwindigkeitsanpassung

rate buffer Bitratenpufferspeicher *m*, Geschwindigkeitspuffer *m*

rate control loop Ratenanpassungsschleife *f*, Geschwindigkeitsschleife *f (Datenrate, dig. Audiocodec)*

rate converter Bitratenwandler *m*

rated range Nennbereich *m*

rated working voltage Isolationsspannung *f (FO)*

rate enforcer function Kontrollfunktion *f* zur Geschwindigkeitseinhaltung

rate equation Bilanzgleichung *f (Laser)*

rate loop processor Ratenschleifenprozessor *m (Ratenanpassungsschleife, dig. Audiocodec)*

rate of a clock Gang *m* einer Uhr *(in ns/d für Atomuhr)*

rate of change zeitliche Änderung *f*, Änderungsgeschwindigkeit *f*; Gradient *m*, Steilheit *f (Wert, z.B. Spannung)*, Flankensteilheit *f*;

rate of impairment Störbeeinflussung *f (ISDN)*

rate of phase change Phasensteilheit *f*

rate of voltage change Spannungssteilheit *f*

rate peaking Geschwindigkeitsüberhöhung *f (ATM)*

rate shaping (RS) Geschwindigkeitsausgleich *m (ATM scheduler)*

ratings Betriebsdaten *npl*, Nennwerte *mpl*

ratio Verhältnis *n*, Abstand *m*

raw bit error rate Rohbitfehlerrate *f (DVB-T)*

raw data Rohdaten *npl*, Originaldaten *npl*, Ausgangsdaten *npl*

rayl Rayl *n (Einheit der akustischen Impedanz, bar(cm/s)$^{-1}$)*

Rayleigh scattering Rayleigh-Streuung *f (FO)*

RB (return to bias) Rückkehr *f* zur Grundmagnetisierung, Rückkehr *f* zum Ausgangszustand

RBER (residual bit error rate) Restbitfehlerrate *f*

RBL s. repair block

RBOC Regional Bell Operating Company *(US)*

RBS s. radio base station

RBW (resolution bandwidth) Auflösebandbreite *f (Meßgeräte)*

RC (access computer *oder* local *oder* regional computer) Teilnehmerrechner *m* (TR,TNR) *(Vtx)*

RC s. Receive Clock

RC (regional centre) Fernamt *n*

RC (regional computer) Teilnehmerrechner *m* (TR, TNR) *(Videotex)*

RC (resistor-capacitor circuit) belasteter Kondensator *m*

RC2000 s. Radiocom 2000

RCI s. radio communication interface

RCLED (resonant cavity LED) Hohlraumresonator-LED *f*

RCVR (receiver) Empfänger *m* (E)

RD s. Receive Data

R&D (research and development) Forschung *f* und Entwicklung *f* (F&E)

RDI (radio data interface) RDI-Schnittstelle *f (DAB)*

RDI (remote defect indication) Fern-Störungsanzeige *f (ersetzt FERF q.v.)*

RDN (relative distinguished name) relativer eindeutiger Kennzeichnungsname *m (GSM 12.20, s. Tabelle VII)*

RDS s. radio data system

RDS (running digital sum) laufende Digitalsumme *f*

RDSS s. radio determination satellite service

RDTD (restricted differential time delay) beschränkter differentieller Zeitverzug *m (ISDN)*, begrenzte Laufzeitdifferenz *f*

RDU (radio distribution unit) Funksteuereinrichtung *f (RLL)*

reacceptance Anrufübernahme *f (Tel)*

reactive ion etching (RIE) reaktives Ionenätzen *n (Mikroelektronik)*

reactive load Blindlast *f (Ausgangsverstärker)*

reactive loss Blindleistungsverlust *m*

read lesen, auslesen *(z.B. Speicherinhalt)*

read addressing Ausleseadressierung *f*

reaback channel Rücklesekanal *f (Prozeß)*

reader Leser *m*, Lesegerät *n (Chipkarte)*; Abtaster *m (Karten)*

reader wand Stiftabtaster *m (Strichcode)*

readily problemlos

reading Ablesung *f*, Messung *f*, Anzeige *f (Meßgerät)*, Stand *m (Uhr)*

readjust neu einstellen, nachstellen

read only file schreibgeschützte Datei *f*

read-only memory (ROM) Festwertspeicher *m*, Festspeicher *m*

read out of memory aus dem Speicher *m* auslesen, ausspeichern

read pointer Lesezeiger *m*, Lesepointer *m* *(Speicher)*

read/write head Schreib-/Lesekopf *f* *(Festplatte, PC)*

read/write mode control Lese-/Schreibsteuerung *f* *(Speicher)*

ready criterion Bereitschaftskriterium *n* *(EWS)*

ready for booking anmeldebereit *(DECT)*

ready status Betriebsbereitschaft *f*

ready to operate betriebsbereit

ready to send ausgabebereit, sendebereit

real reell, echt

real component Wirkanteil *m*, Realteil *m* *(Signal)*

real estate Chipfläche *f*, Nutzfläche *f* *(Mikroschaltung)*

reallocate neu zuteilen, neu verteilen, umlegen *(Kanäle an DEE)*

real mode Real-Modus *m* *(Prozessorbetriebsart für weniger als 1 MB RAM, PC)*

real-time clock (RTC) Echtzeituhr *f* *(batterieversorgt, PC)*

real-time communication Echtzeitkommunikation *f* *(Sprache, Video)*

real-time kernel Echtzeitkern *m* *(Steuer-Software)*

real-time monitoring Echtzeit-Ablaufverfolgung *f*

real-time network routing (RTNR) Echtzeit-Netzverkehrslenkung *f*

real-time sampling Echtzeit-Probennahme *f*

Realtime Transport Protocol (RTP) Echtzeit-Signalübertragungsprotokoll *n*, RTP-Protokoll *n* *(Internet, IAB RFC1889, s. Tabelle VIII, ITU-T Empf. H.225.0)*

real-to-complex conversion Umwandlung *f* der Reellen in komplexe Darstellung *(DVB-Receiver)*

reasonable sinnvoll, angemessen; plausibel

reasonableness check Plausibilitätskontrolle *f*

reassemble wiederzusammensetzen *(Pakete)*, wiedervereinigen

reassign erneut *oder* wieder zuteilen *oder* zuweisen, umweisen; wiedereingliedern *(TLN in Warteschlange)*

reattach party Teilnehmer *m* wiederanschalten *(ISDN)*

reattempt Anrufwiederholung *f*

reboot neustarten *(Computer)*

reboot sequence Wieder-Aufstartfolge *f* *(Prozessor)*

rebroadcasting site Ballempfangsstandort *m* *(TV-Rundfunk)*

recall neu rufen; abrufen *(Meldungen in E-Mail)*; Neuruf *m*; Wiederherbeiruf *m*; Herbeiruf *m*, Rückruf *m* *(von Platzkraft)*

recall ratio Trefferquote *f* (TQ)

re-call Zweitanruf *m*, Wiederanruf *m* *(K.-Tel)*

Recallcard Recallcard *f* *(laseraktualisierbare Speicherkarte f, BT, mit WORM-Laufwerk)*

recall rate Trefferquote *f* *(Video-Bildabruf)*

receivability Empfangbarkeit *f*

receive aufnehmen, empfangen

receive acknowledgement Empfangsquittung *f* *(Übertragung)*

receive a signal ein Signal empfangen, mit einem Signal beaufschlagt werden

receive buffer Empfangspufferspeicher *m* *(ATM)*

Receive Clock (RC) Empfangsschrittakt *(V.24/RS232C, Tabelle IX)*

Receive Data (RD) Empfangsdaten *(V.24/RS232C, Tabelle IX)*

received level Empfangspegel *m*, Empfangsstärke *f*

received signal Empfangssignal *n*

received signal level (RXLEV) Empfangssignalpegel *m* *(GSM 01.04, Tabelle VII)*

received (signal) strength Empfangsstärke *f*

receive identifier Empfangsadresse *f* *(PCM-Daten)*

receive loudness rating s. receiving loudness rating

receive module Empfangsbaustein *m* *(PCM)*

receive not ready (rnr) keine Empfangsbereitschaft *f* *(Vtx)*

receive only (RO) Nur-Empfang *m (Sat.-TV)*

receive only satellite (ROS) Satellitenempfangsantenne *f (Antenne)*

receive path Empfangszweig *m*

receiver (R,RCVR,RX) Empfänger *m* (E); Aufnehmer *m*; Hörer *m*, Fernhörer *m* (F), Einspracheteil *n (Tel)*; Wandler *m*, optoelektrischer Wandler *m* (O/E-Wandler) *(FO)*

receiver capsule Hörkapsel *f (Tel)*

receive ready (rr) Empfangsbereitschaft *f (Vtx)*

receive requests for connection Verbindungswünsche *mpl* aufnehmen

receiver front end Außenbaugruppe *f (Sat)*

receive signal Empfangssignal *n*

receive terminal (RT) Empfangsendgerät *n (Mobilfu.)*

receiving channel Empfangskanal *m*, Empfangszug *m*

receiving facility Aufnahmeeinrichtung *f*

receiving level equivalent Empfangsbezugdämpfung *f* (EBD) *(FO, Tel)*

receiving loudness rating (RLR) Empfangslautstärkeindex *m (Tel)*

receiving socket Aufnahmebuchse *f*

receptacle Aufnahme(vorrichtung) *f*; Federleiste *f (Verbinder)*

receptacle socket Steckbuchse *f*

receptacle strip Federleiste *f (Verbinder)*

reception Empfang *m*, Aufnahme *f*

reception interval Empfangsabstand *m (z.B. Informationsträger, DECT)*

reception ruggedness Empfangsrobustheit *f (DVB-Receiver)*

recessive rezessiv *(Pegel Hoch/Tief je nach Logik, wird von einem gleichzeitig übertragenen dominanten Bit überschrieben, CAN)*

rechargeable wiederaufladbar *(Batterie)*

recipient Empfänger *m (MHS)*

reciprocal Kehrwert *m*; reziprok *(Math.)*, wechselseitig

reciprocal value Kehrwert *m (Math.)*

recirculate zurückführen *(Schleife)*; wiederholen, umlaufen lassen *(Pakete)*

recirculating Wiederholung *f*, umlaufend *(Pakete)*

recirculating (loop) memory Schleifenspeicher *m*

recognition Erkennung *f*, Verstehen *n (Videocodierung)*

recognizability Erkennbarkeit *f*

recognize erkennen

recognized private operating agency (RPOA) Betriebsgesellschaft *f*

recognizer station Erkennerstelle *f (MSI (q.v.))*

recombination Wiederzusammenfügung *f (Pakete)*

recommendation Empfehlung *f (z.B. ITU-T)*; Richtlinie *f (FTZ, DIN)*

recomposition Wiederaufbau *m (Bilddecodierung)*

reconfigurable rekonfigurierbar *(z.B. Busstruktur)*

reconfiguration Neukonfiguration *f*, Neukonfigurierung *f*

reconnect wiedereinschalten, entsperren; umklemmen *(terminals)*

reconnection Freigabe *f (eines TLN-Anschlusses)*

reconstruct wiederherstellen, rekonstruieren, decodieren; nachvollziehen

reconstructed sample zurückgebildeter Abtastwert *m*

reconstruction artefacts Rekonstruktionsfehler *mpl (dig. TV)*

record aufzeichnen, erfassen, aufnehmen; Satz *m (DV)*; Aufzeichnung *f*, Protokoll *n*

recordable beschreibbar *(CD)*

record circuit Meldeleitung *f* (ML) *(Vermittlung)*

record collection Gebührendatenerfassung *f*

recorded announcement gespeicherte Ansage *f*

recorded announcement equipment Ansagegerät *n*

recorded announcement service Ansagedienst *m*

recorded information service (RIS) Ansagedienst *m*, Wartefeldansagedienst *m*

recorder Aufzeichnungsgerät *n (allgem.),* Aufnahmegerät *n (TV),* Recorder *m,* Filmbelichter *m (Repro.)*

recorder element (rel) Recorderelement *n (Bildpunkt, Repro.)*

recorder pitch Recorder-Punktabstand *m,* Belichter-Punktabstand *m (Repro.)*

recorder trace Schreiber-Mitschrift *f*

recording Aufzeichnung *f,* Registrierung *f,* Mitschnitt *m,* Mitschrieb *m*

recording chart Meßstreifen *m*

recording density Aufzeichnungsdichte *f*

recording device Aufzeichnungsvorrichtung *f,* Protokollgerät *n*

recording field trip Meßkampagne *f*

recording level Aufzeichnungspegel *m,* Aussteuerung *f (Rundfunk)*

recording oscilloscope Registrieroszillograph *m,* Oszilloreg *n*

recording programme Meßkampagne *f*

recording set Registriersatz *m*

record player Plattenspieler *m*

recover zurückgewinnen, wiedergewinnen; wiederherstellen; erholen

recoverable wiederherstellbar, wiedergewinnbar, regenerierbar *(Signal),* korrigierbar *(Fehler)*

recover function Wiederherstellungsfunktion *f (Prozeß)*

recovery Einschwingen *n (Transienten, Signal),* Rückgewinnung *f,* Wiedergewinnung *f (Daten);* Wiederherstellung *f (Verbindung);* Störungsbehebung *f (Netz)*

recovery filter Rekonstruktionsfilter *n (DV)*

recovery point Rückzugspunkt *m*

recovery procedure Wiederherstellung *f*

recovery state variable (V(M)) Fehlervariable *f (Q.921, s. Tabelle III)*

recovery voltage einschwingende Spannung *f*

rectangular function Rechteckfunktion *f*

rectified gleichgerichtet *(Strom)*

rectified current Richtstrom *m (TDM, Richtfunk)*

recurrence Wiederkehr *f,* Wiederholung *f;* Rekursion *f (Math)*

recurrence frequency Folgefrequenz *f*

recursion Rekursion *f,* Wiederkehr *f,* ständige Wiederholung *f*

recursive code rekursiver *oder* rückgekoppelter Code *m*

recursive program rekursives Programm *n*

recycle zurückführen, wieder verfügbar machen, umlaufen lassen

recycle bin Papierkorb *m (MS-Windows95, PC)*

Red Book Red Book *n (legt den Standard für CD-DA fest: Abtastrate 44.1 kHz, Wortlänge 16 Bit, Stereo; Philips, Sony)*

redial neu wählen

redialling Wahlwiederholung *f* (WW)
2nd-exchange redialling Nachwahl 2. Amt *(nur MFVF-Vermittlungen)*

redialling memory WW-Speicher *m (K-Tel)*

redirect weiterleiten, weiterschalten *(Ruf)*

redirection Umlenkung *f,* Weiterleitung *f,* Weiterschaltung *f (Ruf)*

redistribution Neuverteilung *f,* Weiterverteilung *f (Kabel-TV);* Umrangieren *n (Crossconnect)*

Redo Wiederholen, Wiederherstellen *(MS Windows-Anweisung, PC)*

reduce vermindern, abbauen

reduced accuracy bedingte Genauigkeit *f*

reduced-charge gebührenermäßigt

reduced instruction set computer (RISC) Computer *m* mit verringertem Befehlsvorrat *(zur besseren Ausnutzung des Computer-ROMs)*

reduced rate ermäßigter Tarif *m*

reduced rate charge Billigtarif *m (ISDN)*

reduce load entlasten *(z.B. Prozessor)*

reduce selection Markierung *f* verkleinern *(Tastatur-Funktion, PC)*

reduction Verringerung *f;* Überführung *f (Math.)*

reduction of redundancy Redundanzreduktion *f (Bildkompression, Bildcodierung, DVB)*

redundancy Redundanz *f (HW, Information)*

redundancy bits Redundanzbit *npl (Kanalcodierung, DVB-T)*

redundancy check Redundanzprüfung *f,* Blocksicherung f

redundancy-compressed redundanzkomprimiert *(Bildcodierung, DVB)*

redundancy compression Redundanzreduktion *f*, Redundanzreduzierung *f*, Bildkompression *f (Bildcodierung, DVB)*

redundancy extraction Redundanzausblendung *f (dig. Audio-Codec)*

redundancy factor Redundanzfaktor *m*

redundancy reducing redundanzsparend, redundanzvermindernd

redundancy reduction Redundanzverminderung *f (Bildcodierung)*

redundant redundant, hochverfügbar

redundant packet Redundanzpaket *n (RTP)*

redundant path Ersatzschaltweg *m (Verm.)*

redundant routing Mehrwegeführung *f*, Vermaschung *f*

Reed Solomon (RS) **code** Reed-Solomon-Code *m* (RS-Code) *(Fehlerkorrektur, bei DVB der "äußere" Teil der Kanalcodierung, wobei den 188-Byte-Paketen 16 Paritätsbit zugefügt werden, wodurch bis zu 8 Byte pro Paket korrigiert werden können: RS(204,188,8))*

reel Spule *f (Band)*

reentry Rücksprung *m (von Unterprogramm ins Hauptprogramm, DV)*

re-establishment Wiederherstellung *f*; Wiedereinrichtung *f (ITU-T Empf. Q.921, s. Tabelle III)*

reference Bezug *m*, Bezugswert *m*, Referenz *f*, Hinweis *m*; Normal *n*; referenzieren; ansprechen, ansteuern *(z.B. einen Anschluß, DV)*

reference clock Führungstakt *m (Netz)*

reference configuration Bezugs(punkt)konfiguration *f (ITU-T I.112, s. Tabelle IV)*

reference data Bezugsdaten *npl*; Stützdaten *npl (Navigation)*

reference equivalent Bezugsdämpfung *f (PCM)*

reference frequency Bezugsfrequenz *f*, Leitfrequenz *f*

reference generator Bezugswertgeber *m*

reference level Bezugspegel *m*

reference model (RM) Referenzmodell *n*, Schicht(en)modell *n (7-Schicht OSI-Modell, s. Tabelle I)*

reference point Bezugspunkt *m (ITU-T I.112, I.430, s. Tabelle IV:*
V: zw. Vermittlungsabschluß u. Leitungsabschluß,
V_1-V_4 s. ITU-T I.430,
U: zw. Leitungsabschl. u. Netzabschl.(NT),
T: zw. NT1 u. NT2,
S: zw. NT u. Endgeräteanpassung (TA) oder Endeinrichtung (TE1),
R: zw. TA u. TE2)

reference position Stützposition *f (Navigation)*

reference shaper Führungsformer *m (Reg)*

reference signal Sollwert *m (KO)*, Vergleichssignal *n*; Leitsignal *n*, Führungssignal *n*

reference to something auf etwas abstützen *(Werte)*

reference tone Normalton *m*

reference value Sollwert *m*

referencing Bezugseinstellung *f*, Verweisung *f*

reflect back zurückspiegeln *(Bit, ISDN D-Kanal)*

reflected wave rejection Spiegelwellendämpfung *f*

reflection loss Stoßdämpfung *f (FO)*, Reflexionsdämpfung *f*

reflection measurement Echomessung *f*

reflection model Beleuchtungsmodell *n (CAD)*

reflection point Stoßstelle *f (FO)*

reflection test Echomessung *f (HF)*

reflective mixer Reflexionsmischer *m (FO)*

reflectivity Reflexionsvermögen *n (Optik)*

reflectometry Reflexionsmessung *f*

reflector Antennenspiegel *m*

refraction Brechung *f (FO)*
index of refraction Brech(ungs)zahl *f (Optik)*

refractive index Brech(ungs)zahl *f (Optik)*

reframing Rahmenwiederholung *f*; Rahmenneubildung *f*

refresh auffrischen *(Speicher)*

refresh memory Auffrischspeicher *m (Bildverarbeitung)*

refresh rate Bildwechselfrequenz *f*, Bildelement-Wiederholfrequenz *f (Monitor)*, Bildwiederholfrequenz *f*, Wiederholfrequenz *f*

regenerate regenerieren, aufbereiten *(Impulse)*, zwischenverstärken *(Signale)*

regeneration Aufbereitung *f (Impulse)*; Störbefreiung *f (von Signalen)*

regenerative repeater Zwischenregenerator *m* (ZWR) *(Tel., ISDN BA)*, Zwischenverstärker *m*

regenerator section (RS) Regeneratorfeld *n (Tel)*, Regenerator-Teilstrecke *f*, Regenerator-Abschnitt *m (ATM, ITU-T I.311)*

regime Betriebszustand *m (System)*

region adjacency graph (RAG) Zusammenhangsgraph *m (Bildverarbeitung)*

regional Bezirks-, regional

regional area network (RAN) Regionalnetz *n*

regional centre (RC) Fernamt *n* (FA)

regional computer (RC) Teilnehmerrechner *m* (TR,TNR) *(Vtx)*

regional exchange (RX) Knotenvermittlungsstelle *f* (KVSt)

regional group selector Knotengruppenwähler *m* (KGW)

regional postal district administration Oberpostdirektion *f* (OPD) *(DBP)*

regional radio-paging service Stadtfunkrufdienst *m* (SFuRD, Cityruf) *(DTAG, nach POCSAG-Standard)*; Ortsruf B *(Schweiz, nach POCSAG-Standard)*; Piepserl *m (Österreich)*

regional switch Hauptvermittlungsstelle *f*

regional traffic Regionalverkehr *m*

regional zone Regionalzone *f*

register Register *n*; registrieren, eintragen; erfassen, aufzeichnen

register address Registeradresse *f* (RA)

register control Registersteuerung *f*

register-controlled call set-up teilversetzte Verbindungsherstellung *f*

register-controlled line versetzte Leitung *f*

register-controlled switching system Registersystem *n*

register-controlled system Registersystem *n*, System *n* mit Registersteuerung

register-controller Steuerschalter *m (Verm.)*

registered mobile subscriber beheimateter *oder* gemeldeter Funkteilnehmer *m*

register finder marker Registersuchermarkierer *m* (RSM)

register signalling Registerzeichengabe *f*

register system Registersystem *n*, System *n* mit Registersteuerung

register-type switching system Registersystem *n*

registration Registrierung *f (ISDN, GSM 01.04, s. Tabelle VII, Dienste)*, Erfassung *f*

registration authority (RA) Registrierungsstelle *f*

registration mark Zulassungszeichen *n (Radio)*

regular directory number Langrufnummer *f (K.-Tel)*

regular feature Regelmäßigkeit *f*

regular routing Regelverkehr *m*

regularity Regelmäßigkeit *f*

regularity return loss Rückflußdämpfung *f (Fernleitung)*

regulating authority Regulierungsbehörde *f*, Kontrollbehörde *f*

regulation Regulierung *f*; Vorschrift *f*

regulator Regler *m*, Konstanthalter *m*; Regulierungsbehörde *f*

regulatory situation ordnungspolitische Situation *f*

regulatory type acceptance Typzulassung *f* der Kontrollbehörde

reify vergegenständlichen

reject abweisen, unterdrücken; Wiederholungsaufforderung *f (Netzbetrieb)*

reject exception condition Sonderzustand *m* "Abweisung" *(ITU-T Empf. Q.921, s. Tabelle III)*

reject frame zurückgewiesener *oder* unterdrückter Rahmen *m*

rejection circuit Sperrschaltung *f (Zählimpulse)*

rejection device Abweisvorrichtung *f (Verkehrssteuerung)*

rejection filter Sperrfilter *n*, Sperre *f*

rel (recorder element) Recorderelement *n (Bildpunkt, Repro.)*

REL s. release

related verwandt, bezogen, zusammenhängend; Abbild-

related colour bezogene Farbe *f*

relation Beziehung *f (z.B. Zeichengabebeziehung im Netz)*; Verknüpfung *f*

relational database relationale Datenbank *f*

relational operator Vergleichsoperator *m (Math., oder)*

relative distinguished name (RDN) relativer eindeutiger Kennzeichnungsname *m (GSM 12.20, s. Tabelle VII)*

relaxation labelling Markierungsrelaxation *f*

relay Relais *n (HW)*; Brückenfunktion *f (GSM, ISDN)*; Richtfunkverbindung *f*; weiterleiten *(Rahmen, X.31, s. Tabelle VI)*, weitergeben *(Information)*, weitervermitteln *(Nachricht)*

relay finder Relaissuchwähler *m (Verm.)*

relaying Weiterschaltung *f*, Vermittlung *f*, Übertragung *f*; Relaistechnik *f (HW)*

relay matrix Relaiskoppler *m (Verm.)*

relay station Zwischenstelle *f*

relay system Relaissystem *n (allgem.)*; Koppelsystem *n (LAN)*

release (REL) Auslösung *f*, Freigabe *f (für Weitergabe)*; Abbau *m (Kommunikation)*; freigeben, auslösen, trennen *(Signal, Verbindung)*, freischalten *(Leitung)*, beenden *(Verbindungsversuch)*; abwerfen *(Relais)*

release acknowledgement signal Freigabebestätigungssignal *n (Ringleitungssystem)*

Release Complete Auslösebestätigung *f (ZGS.7 SCCP, s. Tabelle III)*

release guard signal Auslösequittungszeichen *n*

release message Auslösemeldung *f (Verm)*

release signal Auslösezeichen *n*

releasing delay Abfallverzögerung *f (Relais)*

reliable sicher, verläßlich, funktionssicher

relieve entlasten

relocate versetzen *(Leitungen)*; auslagern *(Daten)*

relocated line versetzte Leitung *f*

RELP (residual excited linear predictive) **coding** RELP-Codierung *f*, lineare Prädiktionscodierung *f* mit Restanregung

remanence Remanence *f (Magn.)*

remapping Neuzuordnung *f*; umblenden *(im RAM, PC)*

remark Kommentar *m*, Bemerkung *f*

reminder service Termineinrichtung *f*

remodulator Remodulator *m (Sat)*

remote abgesetzt, entfernt, fern; dezentral *(Testsystem)*; fernsteuern *(Vermittlungseinheiten)*

remote access Fremdanschluß *m (ITU-T I.430, s. Tabelle IV)*, Ausnahmeanschluß *m (an ISDN-Vermittlung in nicht-ISDN-Vermittlung)*; Fernabfrage *f (Anrufbeantworter)*

remote access connection element Fremdanschluß-Verbindungselement *n (ITU-T I.430, s. Tabelle IV)*

remote access server Einwahlknoten *m (Firmennetz)*

remote alarm indication (RAI) Fern-Alarmindikation *oder* -anzeige *f (ISDN)*

remote amplifier Reportageverstärker *m (EB)*

remote BSS diagnostic subsystem dezentrales BSS-Diagnose-Teilsystem *n (GSM-Prüfung)*

remote (circuit) management Fernverwaltung *f (Konferenzkreis)*

remote communication processor Knotenrechner *m*

remote concentrator vorgezogener Konzentrator *m (für Fremdanschluß)*

remote control Fernbedienung *f (TV, Set-Top-Box, VTR)*

remote control unit Fernbedieneinheit *f (TV usw.)*, Fernschaltgerät *n (Datex, TEMEX)*

remote data communications controller Datenfernübertragungssteuerung *f*

remote data processing Datenfernverarbeitung *f* (DFV)

remote data switching unit Datenfernschaltgerät *n* (DFG(t) *(Sat)*

remote data transmission Datenfernübertragung *f* (DFÜ)

remote defect indication (RDI) Fern-Fehleranzeige *f*, Fern-Störungsanzeige *f (in Rückwärtsrichtung, ersetzt FERF q.v.)*

remote device abgesetztes Gerät *n (Peripheriegerät, das anstatt an den Arbeitsplatzrechner direkt an den Dateiserver angeschlossen ist, LAN)*

remote equipment Vorfeldeinrichtung *f (ISDN)*

Remote Fiber Test System (RFTS) Glasfaser-Ferndiagnosesystem *n (Hewlett Packard)*

remote file access netzweiter Dateizugriff *m*

remote front-end processor Knotenrechner *m (Vermittlung)*

remote job entry (RJE) Auftragsferneingabe *f (DV)*

remotely connected dezentral angeschlossen

remotely controlled ferngesteuert, fernbedient

remotely initiated fernausgelöst *(z.B. Telemetrieabfrage)*

remotely located vom Amt *n* abgesetzt, herausgezogen *(HW)*

remote management interface (RMI) Fernverwaltungsschnittstelle *f (ISDN-Tk-Anl)*

remote monitoring (RMON) Fernüberwachung *f*

remote operations service element (ROSE) Dienstelement *n* für Fern-Betriebsführung *(von SASE, Netzmanagement)*

remote polling Fernabfrage *f (z.B. Stromzähler)*

remote power feeding (RPF) Fernspeisung *f* (FSP) *(Tel)*

remote procedure call (RPC) Prozeduraufruf *m* der Gegenstelle, Fern-Prozeduraufruf *m (MAN; Internet, RFC1831, RFC1983, s. Tabelle VIII)*, Fernaufruf *m*

remote screening Fernvorabfrage *f (Antwortbeantworter)*

remote station fernes Amt *n (Tel)*; abgesetzte Station *f (PMP-Verbindung)*

remote supervision (system) Fernüberwachung *f*

remote switch abgesetzte periphere Einrichtung *f* (APE) *(Verm)*

remote switching unit (RSU) ferngesteuerte Vermittlungseinheit *f (ISDN, ITU-T I.3xx, s. Tabelle IV)*, Konzentratorzentrale *f*

remote (telecontrol) terminal unit (RTU) Fernwirk-Unterstation *f*, Unterstation *f* (US) *(FW)*

remote terminal Gegenstelle *f (Übertragung)*; entferntes Endgerät *n (Daten)*

remote terminal unit (RTU) (Fernwirk-)Unterstation *f* (US) *(FW)*

remote unit (RU) Vorfeldeinheit *f*

remote user Fernteilnehmer *m*, abgesetzter Teilnehmer *m*

remoting Fernsteuerung *f (z.B. von Vermittlungseinheiten)*

removable herausnehmbar *(z.B. Speicher)*, ausbaubar, entnehmbar

removable hard disk Wechselplatte *f (PC)*

removal Herausnahme *f*; Rücknahme *f (TEI-Zuordnung)*

remove entfernen, ausblenden

Remove Split Teilung aufheben *(MS Windows-Anweisung, PC)*

remove the handset abheben, abhängen, aushängen

REN s. ringer equivalent number

rendering Wiedergabe *f (Tonwerte, Repro.)*; Bildaufbereitung *f*, Aufbereitung *f*

re-negotiation Neuaushandlung *f (Dienst)*

rental Mietgebühr *f (Mobilfunk)*

reorganization Sanierung *f*

reorigination Ursprungsänderung *f*

repackaging Umpacken *n (Zellen, ATM)*

repair Reparatur *f*, Entstörung *f*

repair block (RBL) Reparaturbereich *m (System 12)*

repair order Instandsetzungsauftrag *m* (IA)

Repair Service Centre (RSC) Reparaturdienstzentrale *f (BT-IDA)*

repeat wiederholen

repeatability error Wiederkehrfehler *m*

repeat counter Wiederholungszähler *m*

repeat dial key Wahlwiederholungstaste *f (K.-Tel.)*

repeat distance Wiederbelegungsentfernung *f (Gleichkanal, Mobilfunk)*

repeater Zwischenregenerator *m (Tel)*; Satzübertrager *m*, Übertragung *f (Verm)*; Koppeleinrichtung *f (Teilnetze)*; Relaissystem *n (Netz-HW, Bitübertragungsschicht, LAN)*; Verstärker *m* (Vr)

(NStAnl); Aufholverstärker *m (TAT)*; Zwischenverstärker *m*, Busverstärker *m (DSP)*

repeatered access Regeneratoranschluß *m*

repeater section Verstärkerfeld *n* (VrF)

repeater service area Verstärkerbereich *m* (VrB)

repeater station Verstärkeramt *n*, Verstärkerstelle *f* (VrSt); Zwischenstelle *f (Übertragungsstrecke)*

repeating coil (Leitungs)übertrager *m (Tel)*

repeating counter Wiederholungszähler *m*

repeat last call Wahlwiederholung *f*

repeat printing Doppeldruck *m (Fax)*

repertory Wähldatenvorrat *m (K.-Tel)*

repertory dialler Namentaster *m*, Speicherwähleinrichtung *f (K.-Tel)*

repertory dialling Anrufwiederholung *f (K.-Tel)*

repetition counter Wiederholungszähler *m*

repetition frequency Folgefrequenz *f*, Wiederhol(ungs)frequenz *f*, Wiederhol(ungs)rate *f*

repetition interval Tastintervall *n*, Wiederholintervall *n (FH)*

repetition period Folgezeit *f (Pulse)*; Wiederholdauer *f*

repetition rate Wiederhol(ungs)rate *f*, Wiederhol(ungs)frequenz *f*, Folgefrequenz *f*

repetitive periodisch, wiederholt

repetitive error Wiederholungsfehler *m*

repetitive metering Mehrfachgebührenerfassung *f (Tel)*

replace ersetzen, erneuern; anhängen, aufhängen, auflegen *(Hörer)*

replace a defective amplifier einen defekten Verstärker austauschen *oder* havarieren

replacement assembly *oder* **module** Ersatzbaugruppe *f*

replay attack Wiederholungsangriff *m (IP-Sicherheit)*

replenishment Aufladung *f (Batterie)*; Austauschen *n (Bildcodierung)*

replica Wiedergabe *f*, Kopie *f*, Duplikat *n*

replicate kopieren

replication Nachbildung *f*, Wiederholung *f*

replugging of terminals Umstecken *n (am Bus)*

report Bericht *m*, Meldung *f*

report generator Protokollgenerator *m (DV)*

repository Verzeichnis *n (XML)*

representative repräsentativ, typisch

representative voltage Abbildspannung *f (eines Stromes)*

reproduce wiedergeben, abbilden, nachvollziehen

reproducibility Vergleichbarkeit *f (QA)*; Wiederholgenauigkeit *f*

reprogram umprogrammieren *(z.B. Flash-EPROM)*

REQ s. request

request (REQ) Anforderung *f*; Aufforderung *f*; Befehl *m (ein Primitive von einer höheren an eine niedrigere Schicht)*; anfordern; abrufen *(Meldung in E-Mail)*

Request for Comments (RFC) Kommentaranforderung *f*, Aufforderung *f* zu Anmerkungen *(IAB-Empfehlungen zum Internet-Management, z.B. SNMP, RFC0825, RFC1111, RFC2299, s. Tabelle VIII)*

request for connection Verbindungswunsch *m (Tel.-Anl)*

Request for Information (RFI) Antrag *m* auf Auskunftserteilung *(vor Beschaffung)*

Request for Price Quotation (RPQ) Preisangebotsanforderung *f*

Request for Proposal (RFP) Angebotsanforderung *f*, Ausschreibung *f*

Request for Quote (RFQ) Ausschreibung *f*

request key Abfragetaste *f*

request lockout Anforderungssperre *f*

request registration sich anmelden *(Mobilfunk)*

request service Anfragedienst *m*

request stage Anmeldungsphase *f (DECT)*

request time Anmeldezeit *f*

Request To Send (RTS) Sendeteil einschalten *(V.24/RS232C, Tabelle IX)*

requirement Erfordernis *n*, Vorhaltung *f*

requirement specification Pflichtenheft *n*, Lastenheft *n*

rerouting Neuwahl *f*; Rückführung *f (nach Verbindungswiederherstellung)*; Verkehrsumlenkung *f*, Umlenkung *f*, Umlenken *n*, Umleiten *n*; Umwegsteuerung *f*, Umsteuerung *f (PCM-Daten, Sprache)*, Leitungsumschaltung *f*

rerouting of traffic Lastübernahme *f*

reseller Anbieter *m*, Zwischenhändler *m (Gesprächszeit, Dienste)*

resequencing Wiederherstellung *f* der Zellreihenfolge *(ATM)*

reservation Reservierung *f (Kanäle usw)*

reservation TDMA (R-TDMA) TDMA *m* mit Buchung *(Sat)*

reserve reservieren, buchen; vorhalten *(e. Verbindung)*

reserved-access method Reservierungsverfahren *n (PCM-Sprache)*

reserved-capacity method Reservierungsverfahren *n (Netz)*

reserved circuit service Reservierungsdienst *m*

reserved service Reservierungsdienst *m*

reset zurücksetzen, rücksetzen, löschen *(Zähler)*; normieren

reside stehen *(gespeichert sein)*, sitzen *(SW)*

resident speicherresident, resident *(im Arbeitsspeicher, PC)*, beheimatet
be resident (in) (in) resident *oder* beheimatet sein, sitzen (in) *(SW)*

residential im Wohnbereich *m*

residential customer Privatkunde *m* (PK)

residential system Privatsystem *n*

residential unit Wohneinheit *f* (WE)

residual restlich, remanent

residual attenuation Grunddämpfung *f (FO)*; Restdämpfung *f*

residual bit error rate (RBER) Restbitfehlerrate *f (Mobilfunkprüfung)*

residual error Restfehler *m*

residual error rate Restfehlersatz *m (in %)*

residual error ratio Echorestabstand *m (Echolöscher)*

residual excited linear predictive coding (RELP) RELP-Codierung *f*, lineare Prädiktionscodierung *f* mit Restanregung

residual image Restbild *n (Leuchtschirm)*

residual parameter Schaltwert *m*

residual pulse excitation (RPE) **code** RPE-Code *m*

residual sideband modulation (RSB) Restseitenbandmodulation *f* (RM)

resistance Widerstand *m*

resistance characteristic Widerstandsprofil *n*

resistance per unit area Flächenwiderstand *m*

resistance per unit length Widerstandsbelag *m (Kabel, in Ohm/km)*

resistance to DC variations Gleichstromfestigkeit *f*

resistance to echoes Echoresistenz *f (DVB)*

resistant against robust gegen *(Störungen usw.)*

resistive reell *(Widerstand)*

resistive coupling Widerstandskopplung *f*,ohmsche Kopplung *f*

resistive load Wirklast *f (Ausgangsverstärker)*

resistive loss Wirkleistungsverlust *m*

resistor-capacitor (RC) circuit RC-Schaltung *f*, belasteter Kondensator *m*

resistor coding RKM-Code *m (z.B. 4R7,47K,4M7)*

resize Größe *f* ändern *(PC)*

resolution Auflösung *f*, Auflösungsvermögen *n (Pixel pro Zeile, TV)*; Rastermaß *n (dpi, Fax)*

resolution bandwidth (RBW) Auflösebandbreite *f (Meßgeräte)*

resolution in bits Bittiefe *f*, Signaltiefe *f (Videocodierung, z.B. 8 Bit/Pixel)*

resolution of access contentions Zugriffssteuerung *f*

resolution selector Rasterschalter *m (Fax)*

resolve collisions Kollisionen *fpl* auflösen

resolving capability Auflösungsvermögen *n*

resonant schwingfähig, schwingend, Resonanz-...

resonant cavity LED (RCLED) Hohlraumresonator-LED *f*

resonant circuit Schwingkreis *m*

resonant frequency Resonanzfrequenz *f*

resource Hilfsmittel *n*, Betriebsmittel *n*; Sachmittel *n*, Einrichtung *f*, Kanal *m*

resource allocation Belegungskontrolle *f (Vermittlungsanlage)*

resource handling Betriebsmittelsteuerung *f (ISDN)*

resource management control Betriebsmittelversorgungssteuerung *f (B-ISDN)*

resource platform Ressourcenplattform *f (in einem verteilten IN)*

resource requirement Ressourcenumfang *m*

resource reservation protocol (RSVP) Betriebsmittel-Buchungsprotokoll *n*, RSVP-Protokoll *n (IP, IAB RFC2205, s. Tabelle VIII)*

resources Betriebsmittel *npl*, Arbeitsmittel *npl*, Ressourcen *fpl*

resource sharing Betriebsmittelteilung *f*, gemeinsame Nutzung *f* von Betriebsmitteln

re-spacing Umrastern *n (Zellen, ATM)*

respond antworten

responder Responder *m*, Antwortsender *m*

responding entity antwortende Instanz *f (ISDN)*

respond to reagieren; erfassen

response Verlauf *m*, Gang *m (Frequenz)*; Meldung *f (HDLC)*; Antwort *f (Puls)*, Verhalten *n*; Quittung *f (Befehl, Dienstelement)*

response block Antwortblock *m (PCM)*

response curve Filterkurve *f*

response frame Meldungsrahmen *m (Sicherungsschicht, ISDN PRM)*

response message Antwortnachricht *f (Sprachspeicherdienst)*; Antwortmeldung *f (DV)*

response packet Antwortpaket *n (Bluetooth, q.v.)*

response page Dialogseite *f (Btx)*

response pattern Ansprechcharakteristik *f*, Empfindlichkeitsdiagramm *n (Mikrofon, Antenne)*

response signal Rückwärtszeichen *n (Tel)*

response time Antwortzeit *f (Modem)*; Antwortverzug *m*, Beantwortungszeit *f (Abfrage)*; Meßzeit *f*; Einschwingzeit *f (Tel., MFV)* Ansprechzeit *f*, Reaktionszeit *f*

response timer Antwortzeitüberwachung *f*

restamping Korrektur *f* der Zeitfrequenzmarken

restart Neuformierung *f (Programm)*, Neubeginn *m (Funktion, Dienst)*; Wiederanlauf *m (Rechner)*, Wiederinbetriebnahme *f*, Neustart *m*

restoral attempt Wiederaufprüfung *f (Sat)*

restoration Wiederherstellung *f*; Ersatzschaltung *f*

restoration circuit Ersatzschaltung *f*

restoration of the call *oder* **connection** Wiederaufbau *oder* Wiederherstellung *f* der Verbindung

restoration switch(ing) Ersatzschaltung *f*, Ersatzschalteeinrichtung *f (PLE)*

restore wiederherstellen

restoring Wiederherstellen *n (Information)*

re-storing Wiedereinschreiben *n*

restrict beschränken, sperren, unterdrükken

restricted gesperrt *(Anschluß)*

restricted differential time delay (RDTD) beschränkter differentieller Zeitverzug *m*, begrenzte Laufzeitdifferenz *f (ISDN)*

restricted mode power consumption unit (RPCU) Stromverbrauchseinheit *f* im Notbetrieb *(ISDN I.430, s. Tabelle IV)*

restricted mode power supply Notspeisung *f (Fernspeisung)*

restricted night service Nachtkonzentration *f*

restricted powering Notspeisung *f*, Notstromversorgung *f (Fernspeisung)*

restriction Einschränkung *f*, Begrenzung *f*; Sperre *f*; Unterdrückung *f (Dienste)*

restriction conditions Einschränkungsbedingungen *fpl (ISDN, Dienst)*

restriction of presentation Anzeigesperre *f (der Rufnummer, ISDN)*

resume fortsetzen

resumption Fortsetzung *f*, Wiederaufnahme *f (DECT)*

resynchronisation Resynchronisierung *f*

resynchronisation of a connection Rücksetzen *n* einer Verbindung *(ISDN)*

retain aufbewahren, erhalten; speichern *(Daten im Netz)*

retard bremsen *(Feld)*, verzögern, rückverschieben *(Phase)*

retention Erhaltung *f*

retention time Verweilzeit *f*, Speicherzeit *f*

retention timer Speicherzeitgeber *m (Netz, ITU-T I.241, s. Tabelle IV)*

retentive remanent *(Daten)*

retiming Taktregenerierung *f*, Neutaktung *f*; Zeitanpassung *f*, zeitliche Anpassung *f*

retrace interval Rücklaufzeit *f*, Rücklaufperiode *f (Bildabtastung, TV)*

retransmission Nachsendung *f*, Wiederholung *f*, Wiederholungssendung *f (Pakete)*, Weitergabe *f (in einer Transit-VSt)*, Weitervermittlung *f*, Weiterleitung *f*

retransmission buffer (RTB) Wiederhol(ungs)speicher *m*

retransmission counter Sendewiederholzähler *m (ITU-T Q.921, s. Tabelle III)*

retrievable abrufbar *(Daten, Medien)*

retrieval Abfrage *f (Daten)*, Rückholen *n (eines umgelegten oder geparkten Rufes)*; Aufsuchen *n*, Auffinden *n*, Rückgewinnung *f (Informationen)*

retrieval mode Abfragebetrieb *m*, Nachrichtenabfragebetrieb *m*

retrieval service Abfragedienst *m*, Abrufdienst *m (ISDN)*

retrieval software Retrievalsoftware *f (Informationsabruf, z.B. von CD-ROM)*

retrieve wiedergewinnen; abfragen *(Mitteilungen)*, suchen; rückholen *(einen umgelegten Ruf)*; einspielen *(Sicherungsdaten)*

retrofit Umrüstung *f (HW)*

retrospective nachträglich

retry Wiederholung *f*, Wiederholungsversuch *m*; wiederholen

retune nachsteuern *(Filter)*

return Rückkehr *f*, Rückmeldung *f*, Rücklauf *m (Strahl)*, Rücksprung *m (Programm)*, Eingabe *f (PC)*; zurückführen, zurückleiten, zurückkehren; zurückgeben, zurücksenden *(Signal)*, melden, rückmelden *(Zustand)*; zurückspringen *(Programm)*; ablaufen *(Nummernscheibe)*; ergeben

return channel Rückkanal *m (Kabel, Sat.)*, Rückmeldekanal *m (Uplink bei Netz-Dialogbetrieb)*
with return channel capability rückwegtauglich *(BK-Netz)*, rückkanaltauglich

return control channel Antwortkanal *m (Bündelfunk)*

return current Strom *m* ableiten *(zu Masse)*

return data Rückdaten *npl*

returned zurückgesandt *(Signal)*

return error indication Fehlerrückmeldung *f (ISDN)*

Return key Eingabetaste *f (PC-Tastatur)*, Wagenrücklauf *m (Schreibmaschine usw.)*

return loss Reflexionsdämpfung *f*, Echodämpfung *f*, Rückflußdämpfung *f (Verstärker; Verteiler, FO)*; Rückhörbezugsdämpfung *f (Tel)*

return path Rückweg *m (ISDN)*, Rückpfad *m*

return power Rücklaufleistung *f (Senderprüfung)*

return result indication Ergebnisrückmeldung *f (ISDN)*

return to bias (RB) Rückkehr *f* zum Ausgangszustand, Rückkehr *f* zur Grundmagnetisierung *(Daten-Aufzeichnungsmethode, PCM)*

return to zero (RZ) Rückkehr *f* nach Null *(PCM-Code)*

re-use Wiederverwendung *f*

re-use distance Wiederbelegungsentfernung *f (Gleichkanal, Mobilfunk)*

REV (Reverse Charging) Gebührenübernahme *f (ISDN)*

revenue time gebührenpflichtige Zeit *f*

reverberation Nachschwingen *n (Schallwelle)*

reversal Wechsel *m*, Umkehrung *f*, Vertauschung *f (z.B. Adern, Pole)*

reversal to normal polarity Rückpolung *f (Tel)*

reverse umkehren, invertieren; umsteuern; umlegen *(Relais)*

reverse bias in Sperrichtung *f* vorspannen *(Halbleiter)*

reverse charging (REV) Gebührenübernahme *f*

reverse charging request Anforderung *f* der Gebühren

reversed-charge call R-Gespräch *n (Tel)*

reverse direction Sperrichtung *f (Halbl.)*, Gegen- *oder* Rückwärtsrichtung *f (Übertr.)*

reversed polarity gekreuzt *(Tel.-Stromspeisung)*

reversed position Kehrlage *f (HF-Trägerseitenband)*

reversed trunking scheme Umkehrgruppierung *f*

reversed wires Adernvertauschung *f*

reverse frequency operation Gegenfrequenzbetrieb *m (Feststation, Bündelfunk)*

reverse image invertiertes Bild *n (Negativbild, Video)*

reverse permuted rückwärts permutiert *(FFT)*

reverse polarity umpolen

reverse sampling Rückabtastung *f*

reverse signalling Rückzeichengabe *f*

reverse terminal connections umklemmen

reverse traffic Rückverkehr *m*, Verkehr *m* in Gegenrichtung

reverse voltage Sperrspannung *f*

reversible coding umkehrbare Codierung *f (damit können durch Anwendung des umgekehrten Verfahrens die genauen Informationen wiedergewonnen werden. Entspricht der verlustlosen Komprimierung bei Bildcodierung)*

Revert ... Wiederherstellen ... *(MS Windows-Anweisung, PC)*

revertive redundancy Redundanz *f* mit Zurückschalten nach Verbindungswiederherstellung *(Vermittlung)*

revertive switching device Umkehr-Koppeleinrichtung *f*

review monitor Kontrollmonitor *m (TV)*

revision field Nachprüfungsfeld *n (Quittungsaustausch)*

revolution Umdrehung *f*; Umlauf *m (Sat)*

rewind Rücklauf *m (MAZ)*; rückspulen *(Lochstreifenleser)*, aufspulen *(Band)*

rewritable wiederbespielbar, wiederbeschreibbar *(Magnetplatte, CD-RW)*

RF (radio frequency) Hochfrequenz *f* (HF)

RF absorber HF-Absorber *m*

RF block Hochfrequenzabriegelung *f*

RFC, RFCH (radio frequency channel) Hochfrequenzkanal *m (GSM 01.04, s. Tabelle VII)*

RFC s. Request for Comments

RF channel Funkkanal *m (Mobilfunk)*

RF channel loss Funkkanaldämpfung *f (Mobilfunk)*

RF distribution matrix HF-Verteilungsmatrix *f* (HVM) *(HF-Sender)*

RF interference (RFI) regulations Funkschutzbestimmungen *fpl*

RF voltmeter Diodenvoltmeter *n*

RF-screened door HF-dichte Tür *f*

RFI (radio frequency interface) Funkschnittstelle *f*

RFI (radio frequency interference) Funkstörung *f*

RFI (Request for Information) Antrag *m* auf Auskunftserteilung

RFID (radio frequency identification) Hochfrequenz-Identifizierung *f (induktive Funkanlage, Sicherheit)*

RFP (radio fixed part) Funk-Festteil *m*, Funkstation *f (DECT)*

RFP (Request for Proposal) Angebotsanforderung *f*, Ausschreibung *f*

RFPI (radio fixed part identity) Funkstationskennung *f (DECT)*

RFQ (Request for Quote) Ausschreibung *f*

RFTS (Remote Fiber Test System) Glasfaser-Ferndiagnosesystem *n*

RGB (red, green, blue) Rot, Grün, Blau *(Primärfarben, TV)*

RHCP s. right-hand circular polarization

Rhine radio-telephone service Rheinfunkdienst *m (international)*

RI s. Ring Indicator

ribbon cable Flachkabel *n*, Flachbandkabel *n*, Bandkabel *n*

RID (routing identifier) Leitwegkennung *f*

RIE (reactive ion etching reaktives Ionenätzen *n (Mikroelektronik)*

RIF (routing information field) Leitinformationsfeld *n (Leitweglenkungs-Kopfteil)*

right aligned rechtsbündig *(Text)*

right arrow Nach-Rechts-Taste *f*, Pfeil rechts *(Tastatur, PC)*

right-hand circular polarization (RHCP) rechtszirkulare Polarisation *f (Sat)*

right-of-access code Berechtigungszeichen *n*

right scroll arrow Bildlaufpfeil *m* rechts *(MS Windows, PC)*

right shift Rechtsschieben *n*, Rechtsshift *m (Register)*

rightsizing Strukturanpassung *f (Comp.)*

right to transmit Senderechte *npl (PCM-Datenblöcke)*

ring Rufzeichen *n*, Anruf *m;* Stöpselhals *m*, b-Ader *f (Tel)*; anrufen; klingeln *(Tel., Endgerät)*; (über)schwingen, unkontrolliert schwingen *(Filter)*

ring-around thyristor Umschwingthyristor *m (SV)*

ring back nachrufen, rückrufen *(Tel)*

ringback Rufton *m (rückwärts)*, Verbundenkennzeichen *n (Vermittlung)*

ring configuration Ringstruktur *f (Netz)*

ring detection circuit Ruferkennungsschaltung *f*

ringdown Abklingen *n (Ultraschall, Nachschwingen)*

ring down junction Abfragebetrieb *m*, Nachrichtenabfragebetrieb *m*

ring down line Rufleitung *f*

ringer Tonruf *m*; Wecker *m*, Rufmaschine *f*, Rufsatz *m (Tel)*

ringer circuit Weckschaltung *f*

ringer equivalent number (REN) Anschluß(belastungs-Ersatz)wert *m (Tel.,BT, s."Vierteltelefon")*

ringer volume Tonruflautstärke *f*

Ring Indicator (RI) Ankommender Ruf *m (V.24/RS232C, Tabelle IX)*

ringing Tonruf *m (Tel)*; Nachschwingen *n (Impuls)*

ringing and signalling generator Ruf- und Signaleinrichtung *f* (RSE)

ringing bell Anrufglocke *f (Tel)*

ringing cadence Ruftakt *m*

ringing call Weckruf *m (Tel.-Anl.)*

ringing circuit Weckstromkreis *m (Tel)*

ringing current Rufstrom *m*, Weckstrom *m*, Weckerstrom *m (Tel)*

ringing current source Rufstromquelle *f*

ringing cycle Ruftakt *m*

ringing frequency Überschwing(er)frequenz *f (Impuls)*; Ruffrequenz *f*

ringing generator Rufgenerator *m*

ringing length Meldewartezeit *f*

ringing line Rufanschalteleitung *f (Tel)*

ringing mechanism Wecker *m (Tel)*

ringing packet Rufpaket *n*

ringing procedure Weckprozedur *f (Tel)*

ringing relay Anrufrelais *n*

ringing signal Freiton *m* (F-Ton), Ruf *m*, Rufzeichen *n*

ringing sound Klingelton *m*, Weckton *m (Tel)*

ringing source Rufstromquelle *f*

ringing time Rufzeit *f*

ringing time supervision Rufzeitüberwachung *f (ZGS.7, s. Tabelle III)*

ringing tone Anrufton *m*; Freiton *m* (F-Ton), Rufton *m*

ringing-tone frequency Freizeichenfrequenz *f*

ringing-tone signal Freizeichen *n (Tel)*

ringing transmitter Rufsender *m*

ringing vector Schwingungsvektor *m (Sprachcodierung)*

ringing voltage Rufspannung *f (Tel)*

ring tripping Rufabschaltung *f*

ring wire (R wire, b wire) b-Ader *f*, b-Draht *m (Tel., Stöpselhals)*

R interface R-Schnittstelle *f (zw. TA und TE2, ISDN)*, serieller Datenanschluß *m (PC, RS232)*

RIP (raster image processor) Rasterbildprozessor *m (DTP)*

RIP (routing information protocol) RIP-Protokoll *n (Internet-IGP-Protokoll, RFC1058, RFC1983, s. Tabelle VIII)*

ripple Welligkeit *f (SV)*

ripple counter Asynchronzähler *m*

ripple-through FIFO memory Durchlauf-FIFO-Speicher *m*

RIS (recorded information service) Ansagedienst *m*, Wartefeldansagedienst *m*

RISC (reduced instruction set computer) Computer *m* mit verringertem Befehlsvorrat

rise Anstieg *m*; Hub *m (Spannung, Signal)*

riser closet Steigleitungsschrank *m (Gebäudenetz)*

rise time Flankensteilheit *f (Puls)*; Einschwingzeit *f*

rising edge ansteigende Flanke *(Impuls)*

RITL (radio in the loop) Funk *m* im Anschlußbereich

RJE (remote job entry) Auftragsferneingabe *f (DV)*

RJ-11 Western-Stecker *m (US-Norm für 8-polige (ISDN-)Telefonstecker)*

RJ-12 *US-Norm für 6-polige Steckverbinder für analoge Endgeräte (Fernsprecher, Faxgeräte, Modems)*

RJ-45 Western-Steckdose *f (US-Norm für 8-polige Steckverbinder für digitale Endgeräte (ISDN))*

RLAN (radio LAN) Funk-LAN *n*

RLC (radio link control) Funkverbindungssteuerung *f (GPRS)*

RLL (radio in the local loop) Funk(-Netzzugang) *m* im Ortsnetz

RLL (radio in the local loop) **access profile** RLL-Zugangsprofil *n (ISDN 30B + D Kanäle, Datenrate 1,5 MB/s)*

RLP (radio link protocol) Funkverbindungsprotokoll *n (GSM, s. Tabelle VII)*

RLR (receive loudness rating) Empfangslautstärke-Index *m (Tel)*

RM (reference model) Referenzmodell *n (7-Schicht OSI-Modell, s. Tabelle I)*

RM (residual sideband modulation) Restseitenbandmodulation *f (TV)*

RMA (random multiple access) zufallsmäßiger Vielfachzugriff *m (Sat.-Zugriffsverfahren, z.B. ALOHA)*

RMI (remote management interface) Fernverwaltungsschnittstelle *f (Tk-Anl)*

RMON (remote monitoring) Fernüberwachung *f*

RMS (root-mean-square) **meter** Effektivwertmesser *m*

RMVD (running majority vote detection) Erkennung *f* durch laufende Mehrheitsentscheidung

RN (routing number) Leitwegnummer *f (GSM)*

RNC (radio network controller) Funknetzsteuerung *f (GPRS)*

RNIS (Réseau Numérique à Intégration des Services ("numeris")) diensteintegrierendes Digitalnetz *n* (ISDN) *(in FR)*

RNM (radio network resources manager) Funkressourcenmanager *m (mobile RT)*

rnr (receive not ready) keine Empfangsbereitschaft *f (Btx)*

RNS (radio network subsystem) Funknetz-Teilsystem *n*

RNT (radio network terminating) **unit** Funknetz-Abschlußeinheit *f (RLL)*

RO (receive only) Nur-Empfang *m*

road transport informatics (RTI) Straßenverkehrsinformatik *f*

road transport telematics (RTT) Straßenverkehrstelematik *f (RDS/TMC)*

road user Verkehrsteilnehmer *m*

roamer Bereichswechsler *m*, Gastteilnehmer *m (Mobilfunk)*

roaming Wandern *n*, Teilnehmermobilität *f*, Bereichswechsel *m*, Sendebereichswechsel *m*, Ruf- *oder* Verkehrsbereichswechsel *m*, Roaming *n*; Gesprächsweitergabe *f (FuKo-Bereichswechsel, Mobilfunk)*, Migration *f (TETRA, q.v.)*

roaming subscriber Gastteilnehmer *m (Mobilfunk)*

robust fehlerfest; hochbelastbar

robustness Robustheit *f (z.B. Prüfung, Signal)*

roll rollen; weglaufen *(Bild)*

roll angle Rollwinkel *m (Luftf.)*

roll back zurückrollen; zurückfahren, wiederholen *(vom Fixpunkt, Prozeß)*

rollback Wiederholung *f (Prozeß)*

rollback attempt Wiederholungsversuch *m (SW)*

rollback counter Wiederholungszähler *m*

roller ball Rollkugel *f (DSG)*

roll-off Flankenabrundung *f (Modem)*, Flankensteilheit *f*, Flankenabfall *m (Frequenzgang)*, Dämpfung *f (Filter)*, Dämpfungszunahme *f (Verstärkung bei Operationsverstärkern)*

roll-off factor Steilheit *f (Nyquistflanke, TV)*

roll-over Überlauf *m (Zähler)*, Zählerrückstellung *f*; Bildverschiebung *f (vertikal, horizontal, Monitor)*

ROM (read only memory) Festwertspeicher *m*, Nur-Lese-Speicher *m*

roof-top antenna Dachantenne *f (Mobilfunk)*

room surveillance Raumüberwachung *f (K.-Tel)*

root Wurzel *f*; Root-Teilnehmer *m*, Quelle *f (ATM-Zeichengabe, Punkt-Mehrpunkt-Verbindung)*

root call identification Wurzel-Rufkennung *f (ISDN)*

root directory Wurzelverzeichnis *n*, Stammverzeichnis *n (DV)*

root-mean-square (RMS) **value** Effektivwert *m*

ROS (receive only satellite) Satellitenempfangsantenne *f*

ROSE (remote operations service element) Dienstelement *n* für Fern-Betriebsführung *(von SASE, Netzmanagement)*

rotary dialling Nummernschaltwahl *f (Tel)*

rotary out-trunk *oder* **outgoing selector** Ausgangsdrehwähler *m*

rotary selector Drehwähler *m*

rotate drehen, rotieren; (zyklisch) vertauschen *(Bit)*

round robin Zeitscheibe *f (zyklische Abarbeitung von Warteschlangen, IP)*

round-robin distribution Reihumverteilung *f (z.B. von Meldungen in einem verteilten IN)*

round-robin model Reigenmodell *n (Prozeßsteuerung)*

round-robin sequence Zeitrasterfolge *f (Systembus)*

round-trip delay Antwortzeit *f (= 2 x Signallaufzeit, Sat)*, doppelte Signallaufzeit *f (Mobilfunk)*, gesamte Echolaufzeit *f (PCM)*

round-trip time Umlaufzeit *f*

round-trip window Umlaufzeitfenster *n (Laufzeit-Bandbreite-Produkt (q.v.), Netz)*

rough result Rohergebnis *n*

route Leitweg *m*, Trasse *f*; Strecke *f*; Richtung *f*, Leitungsweg *m (Tel.-Anl)*; Linienzug *m (Tel)*; Suchweg *m (DOS-SW)*; Kabelverbindung *f*; leiten *(Zeichengabe)*, steuern *(Signale)*; weiterführen, weiterleiten *(Verbindungen)*

route allocation Leitwegzuteilung *f (Tel)*

route allocation unit Leitwegzuordner *m (Tel)*

route clock (pulse) Streckentakt *m*

route fan-out Wegefächer *m (Planung)*

route group Richtungsbündel *n*

route-idle-marking relay Bündelfreimarkierungsrelais *n*

route index Leitwegindex *m (Verm)*

route management Wegemanagement *n (ZGS.7 MTP, s. Tabelle III)*

route name key for exchange lines Bündelzieltaste *f* (BZT) für Amtsleitungen

route oscillations Leitwegpendeln *n (bei virtuellen Verbindungen)*

router Adreßumsetzer *m* und Nachrichten-Weiterleitgerät *n*, Verteiler *m*, Router *m (LAN, Internet: ehem. "Gateway", übermittelt Verkehr zw. Netzen, OSI-Schicht-3-Gateway)*; Relaissystem *n*, Koppeleinrichtung *f (IWU mit teilnetzunabhängigem Netzprotokoll)*; Rangiervorrichtung *f*, Wegesucher *m*, Leitwegsucher *m (z.B. FO)*, Wegweiser *m*; Entflechter *m (CAD)*

route section Streckenabschnitt *m*

route segment Streckenabschnitt *m*

route segregation Richtungsausscheidung *f*

route selection Richtungswahl *f*

route selector Richtungswähler *m*

route set Wegebündel *n*

route setup Wegedurchschaltung *f*

route tap Richtungsabgriff *m (Verzoner)*

route translation Richtungsumwertung *f*

route trunk group Richtungsbündel *n*

route updating interval Aufdatierungsintervall *n (Wegemanagement)*

routine Routine *f*; Unterprogramm *n*, Hilfsprogramm *n*; routinemäßig, laufend

routine maintenance work Revisionsarbeiten *fpl*

routing Leitwegführung *f*, Leitweglenkung *f (ZGS.7, ISDN, s. Tabelle III)*, Anruflenkung; Wegelenkung *f*, Wegewahl *f*, Routing *n*, Verkehrslenkung *f (Verm)*, Wegsteuerung *f (ATM)*, Lenkung *f (Signale)*; Vermittlung *f*; Rangieren *n (Signale)*

routing address Leitwegadresse *f*

routing area Aufenthaltsgebiet *n (GPRS)*

routing assignment Belegungsplan *m* (Blp)

routing bit Leitbit *n*, Richtungsbit *n (ITU-T I.150, s. Tabelle IV)*

routing centre Leitvermittlungsstelle *f*

routing command Leitbefehl *m*

routing data base Leitwegdatenbank *f*

routing digit Leitziffer *f*

routing group selector Umsteuergruppenwähler *m*

routing identifier (RID) Leitwegkennung *f*

routing information Leitweginformation(en) *f(pl)*, Leitinformationen *fpl*

routing information field (RIF) Leitinformationsfeld *n (Leitweglenkungs-Kopfteil)*

routing information protocol (RIP) RIP-Protokoll *n (TCP/IP-basierendes Internet-IGP-Protokoll, RFC1058, RFC1983, s. Tabelle VIII)*

routing label Nachrichtenkopf *m*

routing number (RN) Leitwegnummer *f (GSM)*

routing page Leitseite *f (Vtx)*

routing plan Leitwegplan *m*

routing processor Weiterleitungsprozessor *m*

routing protocol Leitwegsuchprotokoll *n*, Routing-Protokoll *n*

routing selector Umsteuerwähler *m*

routing status memory Wegezustandsspeicher *m (Verm)*

routing system Wege(such)system *n (Verm)*

routing table Leitwegtabelle *f*, Wegetabelle *f (Vermittlung)*

routing tree Weiterleitungsbaum *m (Verm)*

row Reihe *f (Anzeige)*; Zeile *f (Verteiler, Matrix)*

row blocking contact Zeilensperrkontakt *m*

row/column clearing Putzen *n (Koppelfeld)*

row rest-condition marking Zeilensummenmarkierung *f*

RPC (remote procedure call) Fernaufruf *m (RFC1831, s. Tabelle VIII)*

RPCU (restricted mode power consumption unit) Stromverbrauchseinheit *f* im Notbetrieb *(ISDN)*

RPE (regular pulse excitation) **code** RPE-Code *m*

RPF (remote power feeding) Fernspeisung *f* (FSP) *(HW)*

RPI (radio fixed part number) Funkstationsnummer *f (DECT)*

RPOA (recognized private operating company) anerkannte private Betriebsgesellschaft *f*

RPP (radio portable part) Funk-Mobilteil *m (DECT)*

RPQ (Request for Price Quotation) Preisangebotsanforderung *f*

rr (receive ready) Empfangsbereitschaft *(Btx)*

RS (rate shaping) Geschwindigkeitsausgleich *m (ATM scheduler)*

RS (Recommended Standard) Normempfehlung *f (EIA, see e.g. RS232)*

RS (regenerator section) Regeneratorfeld *n (Tel)*, Regenerator-Teilstrecke *f*

RSA (Rivest-Shamir-Adleman) RSA-Verfahren *n (asymmetrische "public-key"-Verschlüsselung für Chipkarten)*

RSA (Rural Service Area) ländlicher Versorgungsbereich *m (umfaßt höchstens 50000 Einwohner, US, s.a. "MSA")*

RSA768 768-Bit RSA-Code *m*

RSB (residual sideband) Restseitenband *n (TV)*

RSC (Repair Service Centre) Reparaturdienstzentrale *f (BT-IDA)*

RS (Reed Solomon) **code** Reed-Solomon-Code *m* (RS-Code) *(Fehlerkorrektur)*

R Series of ITU-T Recommendations R-Serie *f* der ITU-T-Empfehlungen *(betrifft Telegrafenkanäle, s. Tabelle III)*

RSP (radio signal processor) Funkprozessor *m*

RSS (radio subsystem) Funk-Teilsystem *n (GSM, s. Tabelle VII)*

RSSI (radio signal strength indication) Feldstärkemessung *f (Mobilfunk)*

RST (running status table) RST-Tabelle *f (DVB-SI-Tabelle)*

RST (reset) **signal** RST-Signal *n (Chip-Ansteuerung)*

RSU (remote switching unit) ferngesteuerte Vermittlungseinheit *f (ISDN, ITU-T I.3xx, s. Tabelle IV)*

RSV (radio supervisor) Funküberwachung *f*

RSVP (resource reservation protocol) Betriebsmittel-Buchungsprotokoll *n*, RSVP-Protokoll *n (IP, IAB RFC2205, s. Tabelle VIII)*

RS232 *EIA-Standard für (relativ langsame) asynchrone serielle Datenschnittstellen mit bis zu 20 kbit/S und NRZ-Signalisierung (0 = +3 bis 25V, 1 = -3 bis -25V; in ITU-T-Empfehlungen V.24, V.28 (Tabelle V) und DIN 66020 aufgenommen, s. Tabelle IX und XII)*

RS232 interface RS232-Schnittstelle *f*, R-Schnittstelle *f (PC)*

RS232 plug RS232-Stecker *m (ISO 2110)*

RS232 port RS232-Schnittstelle *f*, R-Schnittstelle *f (PC)*

RT (radio text (service)) Radiotext *m (RDS)*

RT (radiotelephony) Funkfernsprechen *n (Mobilfunk, nömL)*

RT (receive terminal) Empfangsendgerät *n*

RTB (retransmission buffer) Wiederhol(ungs)speicher *m*

RTC (real time clock) Echtzeituhr *f*

RTCP (Realtime Transport Control Protocol) RTCP-Protokoll *n (Internet)*

R-TDMA (reservation TDMA) TDMA *m* mit Buchung *(Sat)*

RTI (road transport informatics) Straßenverkehrsinformatik *f*

RTNR (real-time network routing) Echtzeit-Netzverkehrslenkung *f*

RTP (Realtime Transport Protocol) Echtzeit-Signalübertragungsprotokoll *n*, RTP-Protokoll *n (Internet (IP), IAB RFC1889, s. Tabelle VIII, ITU-T Empf. H.225.0)*

RTS (Request To Send) Sendeteil einschalten *(V.24/RS232C, Tabelle IX)*

RTT (road transport telematics) Straßenverkehrstelematik *f (RDS/TMC)*

R&TTE (Radio & Telecommunication Equipment) **Directive** R&TTE-Richtlinie *f (EU, 1998, betrifft alle Geräte, die das CE-Zeichen tragen)*

RTTY (radio teletype) Funkfernschreiber *m*

RTU (remote terminal unit) Fernwirk-Unterstation *f*

RU (rack unit) Höheneinheit *f* (HE) *(Gestell)*

RU (remote unit) Vorfeldeinheit *f*

rubber banding Dehnlinientechnik *f (Grafik)*

rugged hochbelastbar

rule Regel *f*; Vorschrift

rule of precedence Rangfolge *f (Math.)*

ruler Lineal *(Text)*

rule system Regelwerk *n*

run ablaufen (lassen), abarbeiten, fahren, aufrufen, abwickeln, durchlaufen, ausführen *(Programm)*; Ablauf *m*, Durchlauf *m*

Run ... Ausführen ... *(MS Windows-Anweisung, PC)*

runaway Weglaufen *n*; Ausreißer *m (Meßwert)*

run-down Absteuerung *f*

running laufend; lauffähig *(z.B. unter DOS)*

running digital sum (RDS) laufende Digitalsumme *f*

running majority vote laufende Mehrheitsentscheidung *f*

running majority vote detection (RMVD) Erkennung *f* durch laufende Mehrheitsentscheidung

running status table (RST) RST-Tabelle *f (DVB-SI-Tabelle, die Auskunft über den aktuellen Übertragungszustand gibt)*

running-up Hochlauf *m (System)*

run length coding (RLC) Lauflängen-Codierung *f (Fax, Video; Datenkompressionsverfahren, bei dem zur Darstellung einer relativ langen Reihe von gleichen Bit ein Code benutzt wird)*

run on top of ... überlagert sein *(Protokoll usw.)*

runt verstümmelter Impuls *m*

run-time environment Laufzeitumgebung *f (Java)*

runtime log Ablaufprotokoll *n*

runtime parameter Laufparameter *m (DV)*

runway Rost *m (Gestell)*

runway support Roststütze *f*

rural exchange Landzentrale *f*

rural telecommunication(RURTEL) Telekommunikation *f* in ländlichen Bereichen *(Punkt-Mehrpunkt-Funksystem, TDMA, TELSTRA)*

RURTEL s. rural telecommunication

R wire (ring wire) b-Ader *f*, b-Draht *m* *(Tel., Stöpselhals)*

Rx (receiver) Empfänger *m* (E)

RX (regional exchange) Knotenvermittlungsstelle *f* (KVSt)

RXLEV (received signal level) Empfangssignalpegel *m (GSM 01.04, s. Tabelle VII)*

RZ (return to zero) Rückkehr *f* nach Null *(PCM-Code)*

S

S (secrecy) Vertraulichkeit *f*, Geheimhaltung *f (Tel)*

S (signalling network) Signalisierungsnetz *n (GSM)*

SA (security association) Sicherheitsvereinbarung *f (VPN)*

SAA (Systems Applications Architecture) SAA-Architektur *f*

SAAL (signalling ATM adaptation layer, signalling AAL) ATM-Anpassungsschicht *f* für Zeichengabe

saccadic movement Sakkade *f (Bildauswertung)*

SACD (Super Audio CD) SACD *f (Durchmesser 120 mm, 2,8220 MHz / 1 Bit / Surround-Audio, kein Video, DSD-(direct stream digital)Aufzeichnung, Frequenzgang 0–100 kHz, Dynamikbereich 120 dB, Philips/Sony)*

SAD (signalling converter. A/D) Analog-/Digital-Zeichen-Umsetzer *m*

SAF (store-and-forward (S&F,SF)) Speichervermittlung *f (Vermittlung)*

safety margin Sicherheitsabstand *m*, Sicherheitsfaktor *m*

safety mat Trittmatte *f (Sicherheit)*

safety precautions Schutzmaßnahmen *fpl* *(Datenblatt)*

sagittal sagittal *(Opt.)*

SAID (service area identifier) Versorgungsbereichsinformation *f (GSM)*

S-ALOHA (slotted ALOHA) segmentiertes Aloha *n (getaktet)*

Samaritans' call service Telefonseelsorge *f*

SAM (sequential address message) SAM-Meldung *f (ISUP q.v.)*

sample Muster *n*, Probe *f*, Abtastprobe *f*; Abtastwert *m* (AW); abtasten *(digital)*

sample-and-hold circuit Abtast- und Halteschaltung *f*, Abtastumschaltung *f*, Abtaster *m*, Tastspeicher *m*, Abfrage- und Speicherglied *n*; Signalabtastung *f*; Halte- und Entnahmekreis *m (ADU)*

sample input Abfrageeingabe *f (Grafik)*

sampled abgetastet, getastet

sampled-data system Abtastsystem *n (Reg.)*

sampler Abtaster *m*

sampling Abtastung *f (Codierung)*, Probennahme *f*

sampling cadence Abtasttakt *m (Tel)*

sampling clock Abtasttakt *m (IDTV)*

sampling error Abtastfehler *m*

sampling interval Abtastabstand *m*

sampling pattern Abtastraster *n*

sampling period Abtastperiode(ndauer) *f*

sampling phase Abtastphase *f (TDM)*

sampling point Abtastpunkt *m (DP)*

sampling rate Abtastfrequenz *f*, Abtastrate *f* *(Abtastwerte pro Sekunde (= Punkte))*, Abtasttakt *m*

sampling rate alteration (SRA) Abtastratenumsetzung *f (VoIP)*

sampling size Auflösung *f (CD, in Bit)*

sampling theorem Abtasttheorem *n (nach Shannon: T=1/2B, wobei T = Abtastintervall (Zeit zwischen 2 Abtastungen) u. B = Bandbreite des abgetasteten Signals)*, Nyquisttheorem *n*

SAN (storage area network) Lagernetz *n*

sandbox Sandkasten *m (geschlossenes Umfeld, Firewall q.v.)*

sandwich übereinanderschichten, zwischenschichten, zwischen zwei Schichten *fpl* anordnen

sandwich panel Mehrschichtplatte *f*

sanity check Integritätskontrolle *f*, Plausibilitätskontrolle *f (Prozessor)*

SAP (service access point) Dienstzugriffspunkt *m (ZGS.7, Q.920, s. Tabelle III)*

SAPI (service access point identifier) Dienstzugriffspunktkennung *f (ZGS.7, Q.920, s. Tabelle III)*

p-SAPI (SAPI for packet data) SAPI *f* für Paketdaten

s-SAPI (SAPI for signalling data) SAPI *f* für Signalisierungsdaten

SAPI (speech application programming interface) SAPI-Schnittstelle *f (UM q.v.)*

SAR s. segmentation and reassembly sublayer

SAR (specific absorption rate) spezifische Absorptionrate *f (EMVU-Prüfung, Mobilfunk, DIN/VDE 0848)*

SAR (successive approximation register) Iterationsregister *n (IC)*

SARCOM (search and rescue communication) Seenotfunknetz *n (BRD, FM-Seefunkdienst)*

SARI (secondary access right identity) Sekundärzugriffskennung *f (DECT)*

SASE (specific application service element) Dienstelement *n* für spezifische Anwendungen *(Netzmanagement)*

SAT (supervisory audio tone) Überwachungston *m (Mobilfunk)*

satellite circuit Satellitenverbindung *f*, Satellitenstromweg *m*

satellite closet Zubringerschrank *f (Gebäudenetz)*

satellite communications Satellitenfunk *m* (SatFu), Satelliten-Kommunikation *f* (Sat-Kom)

satellite data distribution service Satelliten-Verteildienst *m* (SAVE)

satellite distribution Satellitenzuführung *f (TV)*

satellite diversity Satelliten-Diversity *f*

satellite exchange Zweitnebenstellenanlage *f (Tk-Anl)*, Teilvermittlungsstelle *f*

satellite link protocol Satellitenkommunikationsprotokoll *n*

satellite master antenna TV (SMATV) Fernsehen *n* mit Satelliten-Zentralantenne *(Gemeinschafts-TV, s.a. "DVB-CS")*

Satellite Multiservice System (SMS) Satelliten-Mehrdienstesystem *n (Eutelsat)*

satellite newsgathering (SNG) satellitengestützte Berichterstattung *f*

satellite program distribution Satellitenzuführung *f (TV)*

satellite station Zweitnebenstellenanlage *f* (ZNA); Unteranlage *f*

satellite switched TDMA (SS-TDMA, SSTDMA) TDMA *m* mit Vermittlung im Satelliten *(Sat)*

Satellite Tracking and Data Network (STADAN, STDN) Satellitenverfolgungs- und Datenerfassungsnetz *n (NASA)*

satellite uplink Satelliten-Aufwärtsstrecke *f oder* -Zuführung *f (TV)*

satisfy erfüllen *(Gleichung)*, einhalten

saturation Sättigung *f (maximale Netzkapazität)*, Absättigung *f*

saturation routing Verkehrslenkung *f* mit Zielsuche

save speichern; abspeichern, sichern *(Daten nach Bearbeitung)*

Save As ... Speichern unter ... *(MS Windows-Anweisung, PC)*

save point Rückzugspunkt *m (Programm)*

SAW (surface acoustic waves) akustische Oberflächenwellen *fpl* (AOW)

SAW filter (surface acoustic wave filter) Oberflächenwellenfilter *n*, OFW-Filter *n*, AOW-Filter *n*

SB (synchronisation burst) Synchronisierburst *m*, Synchronisationsdatenpaket *n (GSM 01.04, s. Tabelle VII)*

S band S-Band *n (1,55–3,9 GHz, Sat)*

SBL s. security block

SBR (statistical bit rate) statistische Bitrate *f (ATM QoS, HFC-Netz)*

SC (service channel) Dienstkanal *m* (DK)

S/C (spacecraft) Raumfahrzeug *n (Sat)*

scalability Skalierbarkeit *f (MPEG-2-Verfahren, ermöglicht DVB-Empfang mit hoher oder Standardauflösung bzw. unter schwierigen Bedingungen, s.a. "profile")*

scalable skalierbar; modular erweiterbar

scalable video coding skalierbare Videocodierung *f (z.B. MPEG-2)*

scale skalieren, Größe *f* ändern

scale back rückstufen

scale down maßstäblich verkleinern

scale factor Skalenfaktor *m*, Skalenwert *m*, Skalierung *f*

scaler Teiler *m*, Vervielfacher *m*

scale up maßstäblich vergrößern

scaling Skalierung *f (z.B. Objekt auf dem Bildschirm, CAD)*, Untersetzung *f (Takt)*; Normierung *f*; Schrittweitenbestimmung *f*, Stufung *f (Bildcodierung)*

scaling factor Skalierungsfaktor *m (bei MPEG-Audio ein Multiplikationsfaktor 6, der für die Dauer eines Rahmens an jeden Teilbandkoeffizienten angelegt wird)*; Normierungsfaktor *m (DV)*

scan abfragen *(Adressen, Tasten, Zeichengabe)*; abtasten *(analog)*; absuchen *(Sat)*; überwachen *(Mobilfunk)*; abrastern; zerlegen *(Bild)*; schwenken *(Antennenstrahl)*

scan code Tastaturabtastcode *m*, Tastaturcode *m*, Scan-Code *m (Tastenposition in der Tastatur, PC)*

scan conversion Rasterwandlung *f*

scan converter Bildrasterwandler *m (TV)*

scan in einscannen *(Text, Bilder)*

scanner Abtaster *m*; Fühlerschaltung *f (PCM-Daten)*; Suchempfänger *m*, Scanner *m (Mobilfunk)*; Lesegerät *n (PC-Eingabegerät)*; Scanner *m*, Kopfrad *n (VTR, VCR)*

scanning Abfragen *n*, Abtasten *n*, Abtastung *f (elektronisch/optisch)*; Kanalsuche *f*, Suchlauf *m (Mobilfunk)*; (Frequenz-)Ablenkung *f (Empfänger)*

scanning and distribution circuits Fühler und Geber *mpl*, Fühler- und Geberschaltungen *fpl (dig.tel)*

scanning angle Ablenkwinkel *m (Ant.)*

scanning cadence Abtasttakt *m (Tel)*

scanning circuit Fühlerschaltung *f (PCM-Daten)*

scanning density Zeilendichte *f (Fax)*

scanning head Abtastkopf *m (MAZ)*

scanning line Abtastzeile *f*, Bildzeile *f (TV)*

scanning pattern Rasterung *f (Videoanzeige)*

scanning point Abfragestelle *f (dig. Verm)*

scanning process Abtastvorgang *m*, Scanvorgang *m*

scanning receiver Suchempfänger *m (Mobilfunk)*, Suchlaufempfänger *m (Rundfunk)*

scanning tuner Suchlaufempfänger *m*, Scanner *m*

scanning voltage Abtastspannung *f*; Suchspannung *f (Sägezahn, Mobilfunk)*

scan pulse Abfrageimpuls *m*

scan velocity modulation Ablenkgeschwindigkeitsmodulation *f (PALplus)*

SCART (Syndicat des Constructions d"Appareils Radio, Récepteurs et Téléviseurs) **connector** SCART-Steckverbinder *m (21-poliger genormter Euro-AV-Steckverbinder für UE, s. Tabelle XII)*

scatter Streuung *f*; streuen

scatter band Streubreite *f*

scattered insertion Einstreuung *f*

scattered light Streulicht *n (FO)*

scattered network Scatternetz *n (Ansammlung von Pikonetzen, Bluetooth, q.v.)*

scattered pilots verstreute Pilote *mpl (TPS-Träger, OFDM, DVB)*

SCCP (signalling connection control part) Steuerteil *m* für Zeichengabeverbindungen, Transportfunktionsteil *m (ZGS.7, s. Tabelle III; GSM, s. Tabelle VII)*

S-CDMA (synchronous CDMA) synchroner CDMA *m (DVB-C, Mobilfunk)*

scene edit Szenenschnitt *m (Videofilm)*

SCF (service creation function) Diensterstellungsfunktion *f (IN)*

SCH (synchronisation channel) Synchronisierungskanal *m (GSM 01.04, s. Tabelle VII)*

s channel (service channel) s-Kanal *m (IN)*

schedule Terminplan *m*, Zuordnungsplan *m*; planen, ansetzen, vorgeben, disponieren

scheduled call geplanter Ruf *m*, Terminruf *m*

scheduled information Sollinformationen *fpl (DV)*

scheduled maintenance work Revisionsarbeiten *fpl*

schedule of events Zeitplan *m* (von Ereignissen)

scheduler Ablaufsteuerung *f (SW)*, Zeitplansteuerung *f*; Verteiler *m (z.B. von Meldungen in einem verteilten IN)*

scheduling Zeitplanung *f*, Zeitsteuerung *f*

scheduling table Ablaufsteuerungstabelle *f (DV)*

schematic diagram Schaltbild *n*, Wirkschaltbild *n*

SCI (scalable coherent interface) **protocol** SCI-Protokoll *n (für Mehrprozessorsysteme, nach IEEE 1596–1992)*

SCI (subscriber-controlled input) Teilnehmer-Selbsteingabe *f (GSM)*

SCLA (semiconductor laser amplifier) Halbleiterlaser-Verstärker *m*

SCM (subcarrier multiplex) Zwischenträger-Multiplex *n (FO)*

SCO (synchronous connection-oriented) **link** synchrone verbindungsorientierte Verbindung *f (Bluetooth q.v.)*

S-commerce (silent commerce) stiller Handel *m*, S-Commerce *m (Maschine-Maschine-Transaktionen)*

scope Umfang *m*, Bereich *m*, Geltungsbereich *m (eines Dienstes)*, Problemstellung *f*; Oszilloskop *n*

score Punktzahl *f*; Punkte *mpl* zählen, Treffer *mpl* erzielen

scoring Bewertung *f*, Einstufung *f*, Bonitur *f (Statistik)*

SCP (service control point) Dienstesteuerungspunkt *m*, Dienstesteuerungsstelle *f*, Dienst-Steuerzentrale *f*, Dienststeuerknoten *m (IN)*

SCPB (single channel per burst) Einzelkanalburst *m (Sat)*

SCPC (single channel per carrier) Ein-Kanal-pro-Träger-System *n (Sat, DVB-S)*

SCPT (single channel per Transponder) Ein-Kanal-pro-Transponder-System *n (Sat)*

SCR (sustainable cell rate) andauernd erlaubte Zellrate *f (ATM)*

SCR (system clock reference) Systemtaktfrequenzmarke *f (MPEG-1)*

scrambler Verwürfler *m*, Verschlüsseler *m*

scrambling Verwürfeln *n*, Verwürfelung *f (Energieverwischung)*; Verschleierung *f (TV)*, Verschlüsselung *f (Sprache)*

scratch buffer Zwischenpuffer *m (DV)*

scratchpad Notizblock *m (MS Windows)*

scratchpad memory Hilfsarbeitsspeicher *m*

screen Bildschirm *m (Monitor)*; Schirmbild *n*, Ansicht *f (Anzeige)*; Raster *m (Reprographik)*; Abschirmung *f (Kabel)*; abschirmen; vorführen *(Film)*; sortieren, aussondern; verfolgen *(ACD)*

screen bitmap Rasterbild *n (Grafik)*

screen button Bildschirm-Knopf *m (Maus-betätigt, PC)*

screen font Raster-Schrift *f*

screening Rasterung *f (Reprographik)*; Vorführung *f (Film)*; Abschirmung *f (Kabel)*; Vorabfrage *f (Anrufbeantworter, Fax)*; Klassierung *f (bei Vorabfrage)*

screen key Bildschirmtaste *f (PC)*

screen layout Bildschirmgestaltung *f (z.B. MS-Windows, PC)*

screen list blocking Sperre *f* Listenanzeige *(K.-Tel.-Merkmal)*

screen saver Bildschirmschoner *m (Monitor, PC)*

screw assembly Kombiverschraubung *f (Kabelkupplung)*

script Schriftart *f*; Text *m (Sendeprogramm)*; Befehlsfolge *f (NMS)*

Scrl s. Scroll Lock

scroll rollen, Bildlauf *m* durchführen *(PC-Bildschirm)*

scroll arrow Bildlaufpfeil *m (PC-Bildschirm)*

scroll bar Bildlaufleiste *f*, Schiebebalken *m (PC-Bildschirm)*

scroll box Bildlauffeld *n (PC-Bildschirm)*

scroll down zurückrollen *(Monitor)*

scrolling Bildverschiebung f *(Monitor*

Scroll Lock (Scrl) Rollen *(Tastatur-Funktion, PC)*

scroll up vorrollen *(Monitor)*

scrubbing Löschen *n (von Daten in temporär belegten Speichern)*

SCSI (small computer system interface) Schnittstelle *f* für Kleinrechner, SCSI-Schnittstelle *f (PC, engl. Aussprache ¤Skasi¤; Übertragungsrate 5–40 Mb/s ("Ultra-Wide SCSI"))*

SCSI socket SCSI-Buchse *f (STB)*

SCVF (single channel voice frequency) Einkanal-Niederfrequenz-Verfahren *n*

SCU (service channel unit) Dienstkanal-Einheit *f*

SCU (shield coupling unit) Schirmkoppeleinheit *f (PLC)*

SCU (subnetwork control unit) Unternetz-Steuereinheit *f (VSAT)*

SDA (Signalling converter, Digital/Analog) Digital-/Analog-Zeichenumsetzer *m*

SDD (state description diagram) Zustandsbeschreibungsplan *m (ITU-T)*

SDH (synchronous digital hierarchy) Synchron-Digital-Hierarchie *f*, synchrone digitale Hierarchie *f (ITU-T-Empf. G.707-709, s. Tabelle III, s.a. "SONET" (US))*

SDI (Switched Digital International network) vermitteltes internationales Digitalnetz *n (64 kb/s, AT&T, Europa-USA)*

SDL s. signalling data link

SDL s. Specification and Description Language

SDLC (synchronous data link control) synchrone Übertragungssteuerung *f (IBM)*

SDM (space division multiplex) Raummultiplex *n*

SDMA (space division multiple access) Vielfachzugriff *m* im Raummultiplex *(Teilnehmerzugriff über unterschiedliche Raumbereiche mit steuerbaren Antennen)*, räumliche Teilnehmerseparierung *f*, räumlicher Mehrfachzugriff *m*

SDM stage Raumstufe *f (Verm)*

SDM switch Raumkoppelanordnung *f*

SDM switching matrix Raumkoppelfeld *n* (RKF), Raumkoppelvielfach *n*

SDM switching point Raumkoppelpunkt *m*

SDM switching stage Raumschaltstufe *f*

SDP s. service data point

SDRAM (synchronous dynamic RAM) synchroner dynamischer Direktzugriffsspeicher *m (16-Bit-RAM im MPEG-Decoder)*

SDS (switched digital service) vermittelter Digitaldienst *m (AT&T Accunet)*

SDSL (single-line DSL) digitale Anschlußleitung *f* mit Einzelanschluß, Einzelanschluß-DSL *f*

SDSL (symmetric digital subscriber line) symmetrische digitale Anschlußleitung *f*

SDS (short data service) **message** SDS-Meldung *f (TETRA q.v.)*

SDT s. service description table

SDTV (standard definition television) Fernsehen *n* mit Standardauflösung

SDU s. service data unit

SDXC (synchronous digital cross-connect) synchroner digitaler Crossconnect-Multiplexer *m*

SE (substructural element) Substruktur-Element *n (ATM AAL2)*

SE (support entity) Unterstützungsinstanz *f (GSM 01.04, s. Tabelle VII)*

SeaMeWe3 (South-East Asia, Middle East, Western Europe) Glasfaserkabel *n* von Westeuropa bis Australien *(Länge 40000 km, Kapazität 10 Gbit/s, Inbetriebnahme 1998)*

seamless handover nahtloser Kanalwechsel *m (DECT)*

search Suche *f*; suchen

search and rescue communication system Seenotfunknetz *n (SARCOM)*

search criteria Suchbereich *m (Datenbank)*

search engine Suchmaschine *f (Internet)*

search field Suchbereich *m (Datenbank, CD-ROM-Wörterbuch, PC)*

search key Suchbegriff *m (KI)*

search operation Suchvorgang *m*

search plan Suchplan *m*, Sendeplan *m (Tel)*

search tool Suchwerkzeug *n (WWW)*

search tree Suchbaum *m (Datenwiedergewinnung)*

search word Suchbegriff *m*

SECAM (séquentiel couleur à mémoire *oder* séquence en couleur avec mémoire) sequentielle (Farb-)Übertragung *f* mit Zwischenspeicherung *(FBAS-TV-Codierung auf Basis des NTSC-Systems (q.v.), FR)*

SECBR (severely errored cell block ratio) Verhältnis *n* stark gestörter Zellblöcke *(Anzahl der gestörten Zellen/Gesamtzahl übertragener Zellenblöcke, ATM)*

second (third, fourth ...) **station** Zweit-, Dritt-, Viert- *usw.* anlage *f (Konferenzkreis)*

second *usw.* **choice routing** alternatives Bündel *n*

secondary Sekundär-..., Neben-..., Zweit-...; Folgesteuerung *f (Kommunikationssteuerungsfunktion)*

secondary access right identity (SARI) Sekundärzugriffskennung *f (DECT)*

secondary alarm Folgemeldung *f*

secondary attribute Nebenmerkmal *n (ISDN)*

secondary centre Hauptamt *n*, Hauptvermittlungsstelle *f (SWFD)*

secondary exchange Knotenamt *n*

secondary fibre Verzweigungsfaser *f*, Sekundärfaser *f (FO)*

secondary frequency Nebenfrequenz *f*

secondary information Nebeninformation *f*

secondary line finder zweiter Anrufsucher *m*

secondary line switch zweiter Anrufsucher *m*

secondary operator's console Nebenbedienungsplatz *m* (NBP)

secondary PABX Zweitnebenstellenanlage *f* (ZNA)

secondary path Nebenweg *m*

secondary protection (circuit) Feinschutz *m*

Secondary Received data (SRCV) Hilfskanal Empfangsdaten, Rückkanal Empfangsdaten *(V.24/RS232C, Tabelle IX)*

secondary ring Sekundärring *m (Doppelring, FDDI)*

secondary ringer Rufzweitgerät *n* (ZR)

secondary station Zweitnebenstellenanlage *f* (ZNA) *(Tel)*; Folgesteuerungsstation *f (HDLC)*; Gegenstation *f*

Secondary Transmit data (SXMT) Hilfskanal Sendedaten, Rückkanal Sendedaten *(V.24/RS232C, Tabelle IX)*

second-generation (2G) **network** 2G-Netz *n (GSM)*

second-order PCM link PCM-Strecke *f* 2. Ordnung *(s.a. PCM-Hierarchie)*

secrecy (S) Vertraulichkeit *f*, Geheimhaltung *f*, Verschwiegenheit *f*

secrecy of telecommunications Fernmeldegeheimnis *n*

secretarial function transfer Vertretungsschaltung *f (K.-Tel)*

secretarial station Vertretungssprechstelle *f*, Vorzimmersprechstelle *f*

secretarial unit Vorzimmeranlage *f*

secret key geheimer Schlüssel *m (Verschlüsselung)*

section Abschnitt *m*; Feld *n (Verstärker, Gestell)*; Teilstrecke *f (Tel., ISDN, ITU-T I.430, s. Tabelle IV)*; Teilabschnitt *m (eines Verbindungsweges)*, Teilstück *n (PDU)*; Profil *n (HW)*; Fachbereich *m* (FB), Referat *n (Organisation)*

sectional center Zentralamt *n (US, 4. Hierarchieebene)*

section attenuation Teilstreckendämpfung *f*

section by section abschnittsweise *(Übertragung)*

section-by-section switching Teilstreckenvermittlung *f*

section control unit Arbeitsfeldsteuerwerk *n* (AST) *(EWS)*

section filter Abschnittsfilter *n (DVB-Receiver)*

section head Fachbereichsleiter *m*

section overhead (SOH) Abschnittsrahmenkopf *m (SDH, STM-1, ITU-T G.70x, s. Tabelle III)*, Abschnittskopfteil *m*, Abschnitts-Overhead *n*

secure gesichert; verschlüsselt *(Daten)*

secure dial-back Sicherheitsrückruf *m*

secure key geschützter Schlüssel *m (Verschlüsselung)*

secure session gesicherte Sitzung *f (TLS q.v.)*

secure socket layer (SSL) SSL-Schicht *f (IP)*

secure tunnel gesicherte Röhre *f (durch das Netz)*

security against interception Abhörsicherheit *f*

security against monitoring Abhörsicherheit *f*

security association (SA) Sicherheitsvereinbarung *f (VPN)*

security (block) (SBL) *oder* **unit** Abschaltebereich *m (von Einrichtungen in Vermittlung)*

security box Sicherungseinheit *f (AC, GSM)*

security level Sicherheitsstufe *f*

security management Sicherheitsverwaltung *f (FCAPS)*, Sicherheits-Management *n (NMS)*

security mechanism Sicherheitsmechanismus *m (E-Commerce, Internet)*

security parameter (SPAR) Sicherheitsparameter *m (GSM)*

security screening Sicherheitsüberwachung *f (IN-Dienst)*

seed Keim *m (CRC, Bildverarbeitung, Kristall)*, Anfangswert *m*; als Anfangswert eingeben *(Pseudozufallsfolgengenerator)*

SEED s. self-electro-optic device

segment Segment *n*, Teil *m (z.B. PDU)*; Übertragungseinheit *f (TCP)*, Programminhalt *m (TV)*; segmentieren

segmentation Segmentierung *f*

segmentation and reassembly sublayer (SAR) Segmentierungs- und Wiedervereinigungs-Teilschicht *f (B-ISDN)*

segmented reflector *or* **dish** Segmentspiegel *m (Ant)*

segment header (SH) Segmentkopf *m (MAN)*

segment jumping Sofortsprung *m* zu einem bestimmten Programminhalt *(Funktion im DAVIC 1.5 IP-Netz)*

segregation Entmischung *f*, Trennung *f*, Absonderung *f*

seize belegen *(Leitung)*

seize coming (an)kommend belegen

seize outgoing (ab)gehend belegen

seize outgoing exchange line Amt *n* gehend belegen (AG)

seized belegt *(Leitung)*

seizing signal Belegungszeichen *n*

seizure Belegung *f (Leitung, Kanal)*

seizure in coming direction (an)kommende Belegung *f*

seizure in outgoing direction (ab)gehende Belegung *f*

seizure of exchange line Amtsbelegung *f*, Amtsanlassung *f*

seizure signal Belegungskennzeichen *n*

SEL (SELect data signal rate) Übertragungsgeschwindigkeit *f (V.24/RS232C, Tabelle IX)*

SEL (surface-emitting laser) flächenstrahlender *oder* -emittierender Laser *m*

SELCALL s. selective call facility

select auswählen, anwählen, bewählen *(Leitung)*, wählen *(mit Tastatur)*; ansteuern *(Adressen)*, aktivieren *(Kontrollkästchen, MS Windows)*; markieren *(Text, PC-Bildschirm)*; abrufen

selectable einstellbar *(Adressen)*

Selectacom GB-Bündelfunkdienst *m (DTI-Standard MPT 1327,1343)*

select address Ansteueradresse *f*

selected clock pulse edge programmierte Taktflanke *f*

selected command hervorgehobener Befehl m *(GUI, PC)*

selecting mode Aufrufbetrieb *m*

selection Auswahl *f*; Markierung *f (Text)*; Anwahl *f (Dienst)*; Ansteuerung *f (Daten)*

selection circuit Ansteuerschaltung *f*

selection code Wahlcode *m*; Kennung *f (ZGS.7 MTP, s. Tabelle III)*

selection code analysis Wahlbewertung *f*

selection code interpretation Wahlbewertung *f*

selection cursor Auswahl-Cursor *m (PC)*

selection digit Wahlziffer *f*, Wählziffer *f*

selection information transmission Wahlinformationsgabe *f*

selection input Ansteuereingang *m*

selection line Ansteuerleitung *f (Koppelfeld)*

selection network Ansteuernetzwerk *n (adaptive Antenne)*

selection request Wahlwunsch *m (Tel.-Anl.)*

selection signal Wählzeichen *n (X.21, s. Tabelle VI)*

selection tree Suchbaum *m (Baumsortierung, DV)*

selective selektiv, ausgewählt, wahlweise, gezielt

selective answering gezielte Abfrage *f*, konzentrierte Abfrage *f (Tel)*

selective answering of internal calls konzentrierte Abfrage *f* von Internrufen (IA) *(NStAnl)*

selective broadcast signalling virtual channel (SBSVC) virtueller Kanal *m* für selektive Rundsende-Zeichengabe *(B-ISDN, ITU-T Empf. I.311)*

selective call code Selektivrufcode *m*

selective call acceptance selekive Rufannahme *f (LASS)*

selective call facility (SELCALL) Selektivrufeinrichtung *f*

selective call forwarding selektive Rufweiterleitung *f (LASS)*

selective call rejection selektive Verbindungsabweisung *f (LASS)*

selective calling Selektivruf *m (Tel)*

selective detector Meßempfänger *m (Richtfunk)*

selective distinguished alerting selektive eindeutige Rufmeldung *f (LASS)*

selective exchange line answering konzentrierte Amtsabfrage *f* (KAA) *(NStAnl)*

selective mode Anwahlbetrieb *m*

selective polling Selektivabfrage *f*

selective reader Selektierleser *m (PTR)*

selective repeat (SR) selektive Wiederholungsaufforderung *f (ARQ-Prozedur, Sat)*

selective response message service selektiver Antwortnachrichten-Dienst *m (LASS)*

selective ringing Einzelanruf *m (Gemeinschaftsleitung)*

selective serial repeat (SSR) selektive serielle Wiederholung f *(ARQ)*

selectivity Trennschärfe *f*, Selektivität *f*; Sperrselektion *f (OFW-Filter)*

selectivity characteristic Selektionseigenschaft *f (Empfänger)*

selectivity curve Selektionseigenschaft *f (Empfänger)*

select line Ansteuerleitung *f (Matrix)*

select lines and poke points Anwahlzeilen *fpl* und -punkte *mpl (Sichtgerät)*

selector Wähler *m*, Wahlstufe *f (Vermittlung)*

selector bank assembly Bankfeld *n*

selector logic Auswahllogik *f*

selector setting Wählereinstellung *f*

select transmit frequency Sendefrequenz *f (V.24/RS232C, Tabelle IX)*

self-check Eigenprüfung *f*

self-delineating block selbstabgrenzender Block *m (ITU-T I.113, s. Tabelle IV)*

self-delineating labelled interface selbstabgrenzende etikettierte Schnittstelle *f (ITU-T I.113, s. Tabelle IV)*

self-electro-optic device (SEED) Bauelement *n* mit elektrooptischem Effekt

self-guarding selbstüberwacht, selbstbewacht *(DV)*

self-healing selbstheilend *(Netz, z.B. DQDB MAN)*

self-location automatische Standorterfassung *f*

self-looping mit automatischem Schleifendurchlauf *m (DV)*; eine eigene Schleife bildend, selbstrückkoppelnd *(Flipflop, ohne weitere FF in der Schleife)*

self-oscillating selbstschwingend; eigenerregt *(Leistungswandler)*

self-provided Eigen...

self-provided application (SPA) lizenzfreie Anwendung *f (ERC)*

self-restoring selbstregenerierend; selbstheilend *(Kondensator)*

self-routing switching network selbststeuerndes Koppelnetz *n (ATM)*

self-service point Dienstleistungsautomat *m*

self-service terminal Selbstbedienungsterminal *n* (SB-Terminal)

selftest s. self-test

self-test (ST) Selbsttest *m*, Eigentest *m*

self-test fail (STF) Selbsttest *m* "Nicht Erfolgreich"

self-test pass (STP) Selbsttest *m* "Erfolgreich"

self-view monitor Eigenbildmonitor *m (Bildtelefon)*

SELP (stochastically excited linear prediction) lineare Prädiktion *f* mit stochastischer Anregung *oder* Zufallsanregung *(Toncodierung)*

semaphore *oder* **semaphore counter** Koordinationszähler *m*, Semaphor *n (DV, Synchronisationszeichen)*

semiduplex bedingtes Gegensprechen *n*, Semi-Duplex *n*, Zwei-Frequenz-Simplex *n*

semigraphic symbols halbgraphische Symbole *npl (Anzeige)*

semipermanent connection semipermanente Verbindung *f*, vorbestellte Dauerwählverbindung *f*

semipermanent tie line Simultan-Querverbindung *f (NStAnl)*

semirestricted halbamtsberechtigt (ha), halbgesperrt *(Nebenstelle)*

send senden, absenden

send AIS signals alarmieren *(vorwärts)*

send by fax faxen, wegfaxen *(Dokumente, Graphik)*

sender Absender *m*

sending call waiting tone Anklopfen *n*

sending loudness rating (SLR) Sendelautstärkeindex *m (Tel)*

sending reference equivalent Sendebezugsdämpfung *f* (SBD) *(FO)*

send loudness rating s. sending loudness rating

send RDI signals alarmieren *(rückwärts)*

Send Routing Information (SRI) **message** SRI-Nachricht *f (MAP, GSM)*

send sequence number Sendefolgenummer *f (Q.921, s. Tabelle III)*

send state variable (V(S)) Sendezustandsvariable *f*; Sendefolgezähler *m (Verm.; ATM-Zeichengabe)*

send terminal (ST) Sendeterminal *n (DK)*

sense Richtung *f*; fühlen, messen, prüfen
of the opposite sense entgegengerichtet
of the same sense gleichgerichtet

sense amplifier Abtastverstärker *m (Koppelfeld)*, Leseverstärker *m (Speicher)*

sense selector Abtastwähler *m*

sensible sinnvoll

sensing Abfrage *f*, Abtastung *f*, Erfassen *n*, Messen *n (HW)*

sensitive empfindlich; sensitiv, schutzbedürftig *(Daten)*

sensitivity Empfindlichkeit *f*; Anfälligkeit *f*; Steilheit *f (Verstärker)*; Responsitivität *f (opt. Detektor)*

sensor Sensor *m*, Meßfühler *m (Servo usw.)*; Abtaster *m*, Fühler *m*, Meßwertgeber *m (EDV)*

sensor mat Tretmatte *f (Sicherheit)*

sensor technology Sensorik *f*

sentinel function Überwachungsfunktion *f (ATM, Policing)*

separate trennen *(Verbindung)*; getrennt, eigenständig

separate solution Insellösung *f*

separate system Inselnetz *n*

separate the channels in the frame Rahmen *m* auflösen

separating filter Weiche *f*, Auftrennweiche *f*; Trennweiche *f (GGA)*; Impulsweiche *f*

separating point Auftrennpunkt *m (Frequenzbänder, xDSL))*

separation Trennung *f*, Separierung *f*; Abstand *m*; Frequenzraster *m*, Kanalraster *m*

separation filter Filterweiche *f (dig.)*

separator Trennzeichen *n (SW)*

sequence Folge *f*; Ablauf *m (Prozess)*; Reihung *f*; fortschalten

sequence calling Rundsenden *n (ISDN-Tel)*

sequence conformity Reihenfolgetreue *f (von Blöcken, Sat)*

sequence control Ablaufsteuerung *f (Vermittlung)*; Reihenfolgesicherung *f (Schicht 2, ISDN)*

sequenced geordnet, gestaffelt *(zeitlich)*

Sequenced Packet Exchange (SPX) **protocol** SPX-Protokoll *n (s.a. IAB RFC1412, IPX)*

sequenced protocol class sequenzgesicherte Protokollklasse *f (ZGS.7, s. Tabelle III)*

sequence error exception condition Sonderzustand *m* "Folgefehler" *(ITU-T Empf. Q.921, s. Tabelle III)*

sequence key Folgetaste *f*

sequence layer Bildfolgenschicht *f*, Sequenz-Schicht *f (MPEG-2)*

sequence number (SN) Reihenfolgenummer *f* (RFN) *(von Blöcken, Sat)*, Folgenummer *f*, Laufnummer *f (ZGS. 7)*

sequence of operations Funktionsablauf *n*

sequencer Folgesteuerung *f*, Ablaufsteuerung *f*

sequence signal Folgesignal *n (Telekomm.)*

sequence supervisor Ablaufüberwachung *f*

sequence test line Abschnittsprüfzeile *f (TV)*

sequencing Folgesteuerung *f*; Sequentialisierung *f (ISO – Aufteilung der Nutznachricht in Rahmen, Blöcke oder Pakete mit Folgenummer)*, Reihung *f*

sequencing logic Ablauflogik *f*

sequential sequentiell, fortschreitend, Folge-..., starr fortlaufend *(DV)*

sequential address message (SAM) SAM-Meldung *f (ISUP q.v.)*

sequential call Kettengespräch *n* (KET)

sequential filter sequentielles Filter *n (dig. Übertragung)*

sequential hunting geordnete Suche *f (ISDN)*

sequential logic sequentielle Logik *f*

sequentially scanned fortlaufend abgetastet *(TV)*

sequential operation Serienbetrieb *m*, Sequenzbetrieb *m*

sequential scanning Vollbildabtastung *f*, Folgeabtastung *f*, fortlaufende Abtastung *f*, fortlaufende Bildabtastung *f (Zeitfolgeverfahren, TV)*

sequential update Folgeänderung *f (DV)*

SER (signal-to-echo ratio) Signal-Echo-Verhältnis *n (Übertragung)*

SER (symbol error rate) Symbolfehlerrate *f (Übertragung, DVB)*

serial seriell, Serien-..., starr fortlaufend *(DV)*

serial bus serieller Bus *m*

serial call Kettengespräch *n* (KET)

serial input/output (SIO) serielle Ein-/Ausgabe *f (Port)*

serial interface serielle Schnittstelle *f*, Kommunikationsschnittstelle *f (z.B. RS 232, V.24, PC)*

serialization Parallel-Serien-Umsetzung *f*

serialize in (bit)serielle Form *f* bringen, serialisieren, parallel-serien wandeln, seriell wandeln

Serial Line Internet Protocol (SLIP) SLIP-Protokoll *n (Zugang zum Internet über serielle Verbindungen, IAB RFC1055, s. Tabelle VIII)*

serial link serielle Verbindung *f*

serial network Liniennetz *n (FS)*

serial number Seriennummer *f*

serial/parallel converter Serien-Parallel-Umsetzer *m*

serial peripheral interface (SPI) serielle Peripherieschnittstelle *f (für Tel.-Zusatzvorrichtungen)*

serial port serieller Anschluß *m*, RS232-Anschluß *m*, RS232-Schnittstelle *f*, R-Schnittstelle *f (PC)*

serial signal serielles Signal *n*
  convert into a serial signal seriell wandeln

series Folge *f*, Reihe *f*, Serie *f*

series call *(BT)* Kettengespräch *n* (KET)

series circuit Serienschaltung *f*, Vorkreis *m*

series-connected in Reihe geschaltet

series connection Reihenschaltung *f*, Hintereinanderschaltung *f*

series expansion Reihenentwicklung *f (Math.)*

series mode rejection range (SMRR) Serientakt-Unterdrückungsmaß *n*

series resistance Längswiderstand *m* (LW)

series resonant circuit Saugkreis *m*

series return Kettengespräch *n* (KET)

series telephones Reihenanlage *f (Tel)*

series-connected vorgeschaltet *(Bauteil)*

serration Zackenbildung *f (TV-Bild)*; Einschnitt *m (Vertikalimpuls, TV)*

serrations Mäusezähnchen *npl (TV-Bild)*

serve bedienen; versorgen, betreuen *(Tln)*; abwickeln *(Verbindungen)*

served user Dienstnutzer *m (A-Teilnehmer, ISDN)*

server Server *m*; Abnehmer *m*, Abnehmerleitung *f (Tel.-Anl)*; Bediener *m*, Bedienstation *f (Sat., Netzübergangsfunktion)*; Dienstleistungsrechner *m*, Dienstanbieter *m*, Zentralrechner *m*, Auftragnehmerprozeß *m (TMN)*

service (SVC) Dienst *m (ITU-T I.112, s. Tabelle IV)*, Dienstleistung *f*; bedienen; abarbeiten, bearbeiten *(Programm)*
  putting into service Inbetriebnahme *f (Einrichtung)*
  Service 800 (advanced freephone service) Gebührenübernahmedienst *m (US, wie DTAG-Dienst "Service 130")*

serviceability Nutzbarkeit *f*

serviceable funktionstüchtig, betriebsfähig, brauchbar

service access code Funknetzkennzahl *f*

service access point (SAP) Dienstzugriffspunkt *m (ZGS.7 Schicht-Zugriff, ITU-T Empf. Q.761...764, s. Tabelle III)*

service access point identifier (SAPI) Dienstzugriffspunktkennung *f*

service adaptation function Dienstanpassungsfunktion *f (ITU-T I.150, s. Tabelle IV)*

service alarm signal Störungsmeldung *f (PCM-Daten, ITU-T Empf. G.704, s. Tabelle III)*

service area Anschlußbereich *m (Tel)*; Versorgungsgebiet *n*, Versorgungsbereich *m* (VB) *(TV)*, Einzugsbereich *m*, Betriebsbereich *m*, Sendebereich *m*, Verbreitungsgebiet *n*; Reichweite *f*

service area identifier (SAID) Versorgungsbereichsinformation *f (GSM)*

service attribute Dienstmerkmal *n (ISDN, ITU-T Empf. I.112, s. Tabelle IV; GSM 01.04, s. Tabelle VII)*; Merkmalsattribut *n (ITU-T X.32, s. Tabelle VI)*

service category Dienstart *f*, Diensteklasse *f (AAL)*

service centre Leitzentrale *f (Vtx)*; Dienstleistungszentrum *n*; Dienstzentrale *f (ITU-T I.430, s. Tabelle IV)*

service channel (SC) Betriebskanal *m* (BK) *(TF)*, Nutzkanal *m*, Servicekanal *m* (s-Kanal) *(IN)*, Dienstkanal *m* (DK) *(ITU-T I.430, s. Tabelle IV)*; Zusatzkanal *m (PLE)*

service channel below message unterlagerter Betriebskanal *m*

service channel network Betriebskanalnetz *n* (BK-Netz)

service channel unit (SCU) Dienstkanaleinheit *f*

service circuit Dienstübertragungsweg *m*, Dienstleitung *f*

service code Hinweisgabe *f (BT, FS)*, Dienstsignal *n (FS)*, Dienstekennzahl *f (GSM)*, Funknetzkennzahl *f*

service computer Bedienungsrechner *m* (BR) *(Tel)*

service connection endpoint identifier Verbindungskennung *f (ISO)*

service control Dienststeuerung *f (ITU-T I.430, s. Tabelle IV)*

service control point (SCP) Dienstesteuerungspunkt *m (ACD)*, Dienstesteuerungsstelle *f*, Dienst-Steuerungszentrale *f*, Dienststeuerknoten *m (IN)*, Dienstezentrale *f (IN)*

service coverage Diensteversorgung *f*

service creation Dienstentwicklung *f*

service creation environment (SCE) Dienstentwicklungsumgebung *f (IN)*

service creation function (SCF) Dienstentwicklungsfunktion *f (IN, ITU Q.1290, s. Tabelle III)*

service data Dienstdaten *npl (IN)*, Nutzdaten *npl (DECT)*

service data point (SDP) Dienstdatenpunkt *m (IN)*

service data unit (SDU) Dienstdatenelement *n (IN, Q.920, s. Tabelle III)*, Dienst-Dateneinheit *f (AAL)*, Nutzdatenblock *m (DECT)*

service delay Dienstverzögerung *f*

service demand Versorgungsbedarf *m (Mobilfunk)*

service denial Anschlußsperre *f*

service description table (SDT) Dienstbeschreibungstabelle *f*, SDT-Tabelle *f (DVB-SI-Tabelle mit Informationen über die Dienste in einer Sendung)*

service directory Teilnehmerverzeichnis *n (ISDN)*

service element Dienstelement *n (Netz)*

service enhancement Diensterweiterung *f*

service facility Leistungsmerkmal *n* (LM) *(Tel)*

service feature Leistungsmerkmal *n* (LM) *(Tel)*

service file Betriebsdatei *f*

service GPRS support node (SGSN) SGSN-Knoten *m*, Dienstenetzknoten *m (s. "GPRS")*

service identifier (SI) Dienstkennung *f (BK-Netz, DOCSIS)*

service-independent dienst(e)neutral

service-independent building block (SIB) dienstunabhängiger Baustein *m (IN)*

service indication Dienstanzeige *f (ITU-T I.430, s. Tabelle IV)*

service indicator (SI) Dienstekennung *f (ISDN, ITU-T I.430, s. Tabelle IV)*

service indicator octet (SIO) Dienstkennung *f (ZGS.7 MTP, s. Tabelle III)*

service information (SI) SI-Informationen *fpl (Benutzerinformationen für Set-Top-Box, DVB)*

service information channel (SIC) Dienstinformationskanal *m (ATM)*

service interchange point Hausübergabepunkt *m* (HÜP) *(Tel)*

service intercommunication (SI) Dienstübergang *m* (Dü)

service interworking (SI) Dienstübergang *m* (Dü)

service level Betriebspegel *m (DÜ)*; Verbindungsgüte *f*, Verbindungshöhe *f (E-Commerce)*

service level agreement (SLA) Vereinbarung *f* über die Verbindungsgüte *(E-Commerce)*

service life Lebensdauer *f (eines Bauteils)*

service management Dienst(e)verwaltung *f (IN)*

service management function (SMF) Diensteverwaltungsfunktion *f (IN, Q.1290, s. Tabelle III)*

service management point (SMP) Diensteverwaltungspunkt *m (IN)*

service management system (SMS) Diensteverwaltungssystem *n*, Dienstmerkmal-Verwaltung *f (IN)*

service mix Dienstespektrum *n*

service node (SN) Dienstknoten *m (verteiltes IN)*

service number portability Dienst-Rufnummernportierbarkeit *f (nicht-geografische Rufnummernportierbarkeit, IN, GSM)*

service observation equipment Betriebsbeobachtungseinrichtung *f (Vermittlung)*

service on demand (SoD) Abrufdienst *m (z.B. VoD)*

service operation Dienstablauf *m*

service order Dienstanforderung *f*

service primitive Dienstelement *n (ISDN, ITU-T I.430, s. Tabelle IV)*

service processor Servicerechner *m* (SVR) *(Vtx)*

service profile identifier Dienstprofilkennung *f (ITU-T I.311, s. Tabelle IV)*

service provider (SP) Diensteanbieter *m* (DA), Diensttträger *m*, Diensteerbringer *m*, Dienstleister *m*; Dienstleistungsanbieter *m (Vtx., Mobilfunkzellennetz, Temex)*, Provider *m (Internet)*

service provider interface Anbieterschnittstelle *f (TEMEX)*

service-providing service Servicedienst *m*

service provision Dienstangebot *n*

service radio Betriebsfunk *m (nömL, Teilnehmerbetriebsklasse)*, Truppenfunk *m*

service-related dienstorientiert

service request Bedienungswunsch *m*

services Dienstleistungen *fpl (Schicht-Schicht)*

service side Manipulierseite *f*, Bedienungsseite *f (Verteiler)*

service signal Dienstsignal *n (FS)*; Nutzsignal *n*, Netzmeldung *f*

services number Dienstenummer *f (Tel, Privatdienstleistungen)*

service-specific dienstspezifisch

service-specific terminal Einzeldienst-Endgerät *n (ISDN)*

service station Bedienstation *f (Netzübergangfunktion, Sat)*

service switching function (SSF) Dienstvermittlungsfunktion *f (IN)*

service switching point (SSP) Dienstevermittlungspunkt *m*, Dienstvermittlungsknoten *m* (DVK) *(IN)*

service time Betriebszeit *f*; Abfertigungszeit *f*

service timing Dienstsynchronisierung *f*

service transmitter Versorgungssender *m (TV)*

service unit (SU) Servicegerät *n* (SG) *(FO-Dienstkanal)*; Bedieneinheit *f (Verm.)*

service user Dienstteilnehmer *m*

service voltage Betriebsspannung *f*

service word Meldewort *n* (MW) *(PCM-Daten)*

servicing Instandhaltung *f*

serving Abnehmer- *(Durchschalteverm.)*; Bedienen *n*

serving basestation versorgende Basisstation *f*, betreuende Basisstation *f*

serving area Anschlußbereich *m (Vermittlung)*; versorgender Bereich *m (Mobilfunk)*

serving cell versorgende Zone *f (Mobilfunk)*

serving channel Abnehmerkanal *m (Durchschalteverm.)*

serving delay Bedienzeit *f (Netzübergangsfunktion)*

serving line Abnehmer *m (PCM-Daten/Sprache)*, Partnerleitung *f*

serving network Abnehmernetz *n*

serving office (den Dienst anbietende) Vermittlungsstelle *f (ISDN)*

serving port Partnerleitung *f*

serving port address Abnehmeradresse *f*

serving rate Bedienrate *f (ATM-TM)*

serving time Abwicklungszeit *f (Mobilfunk)*

serving time slot Abnehmerkanal *m*

serving trunk Abnehmerleitung *f (Tel.-Anl)*

serving trunk group Abnehmerbündel *n (Tel.-Anl)*

servo loop Regelkreis *m*, Folgeregelkreis *m*

servo motor Stellmotor *m*

SES s. severely errored seconds

SES s. ship earth station

SES Societé Européenne des Satellites *(Betreiberin der bei 19,2° Ost stationierten Astra-Rundfunksatelliten)*

session adaptation manager Kommunikationsverbindungs-Anpassungseinheit *f (MOVE)*

session establishment Sitzungsaufbau *m*

session initiation protocol (SIP) SIP-Protokoll *n (VoIP, ITU-T H.323)*

session layer Kommunikationssteuerungsschicht *f*, Sitzungsebene *f (Schicht 5, OSI 7-Schicht-Referenzmodell, s. Tabelle I)*

session service (SS) Kommunikationssteuerungsschichtdienst *m*, Sitzungsdienst *m*

set Satz *m*; Block *m (PCM-Rahmen)*; Menge *f (Math)*; setzen, festlegen, einstellen, überführen

set a signal to Low, to High ein Signal *n* tieflegen, hochlegen

set including subsets Obermenge *f (Math)*

set(-mounted) controls Nahbedienung *f (TV)*

set of curves Kennfeld *n*

set of expected values Erwartungsmenge *f (Bildcodierung)*

set of rules Regelsatz *m*

setpoint Sollwert *m (Regelung)*

SET (secure electronic transaction) **protocol** SET-Protokoll *n (IP)*

setting accuracy Treffunsicherheit *f (Meßgerät)*

setting instruction Einstellbefehl *m*

setting signal Einstellsignal *n*

setting up Aufbau *m*, Einrichtung *f (Verbindung)*

setting-up time Aufschaltezeit *f*

settle ausregeln, einschwingen; einpendeln *(Oszillator)*

settling time Einschwingzeit *f*

set-top box (STB) Beistellgerät *n (allgemein)*; Beistelldecoder *m*, Set-Top-Box *f*, Digitalreceiver *m*, MPEG2-Receiver *m*, DVB-Empfänger *m (DTV-Adapter, DVB, mit PCMCIA-Schacht für CA-Module)*, Teilnehmeranschaltgerät *n (Pay-TV)*

set-top unit (STU) Beistellgerät *n (TV)*

Setup Einrichten, Setup *(MS Windows-Anweisung, PC)*

set up aufbauen, aufstellen, zusammenstellen, konfigurieren, anlegen *(Eintrag)*, einrichten, aufspannen; vorbereiten

Setup Acknowledge Weckbestätigung *f (ISDN-Signal)*

set up a connection Verbindung *f* aufnehmen, Verbindung *f* herstellen

setup message Verbindungsaufbaumeldung *f*, Setup-Nachricht *f (ISDN, GSM)*

setup program Installationsprogramm *n (DV)*

setup time Verbindungsherstellzeit *f*, Aufbauzeit *f*

seven-segment display Siebensegmentanzeige *f (LED, LCD)*

severe conditions rauhe Bedingungen *fpl*

severe congestion schwere Blockierung *f*

severely errored seconds (SES) stark gestörte Sekunden *fpl (ITU-T G.821, s. Tabelle III)*

severely errored cell block ratio (SECBR) Verhältnis *n* stark gestörter Zellblöcke *(Anzahl der gestörten Zellen/Gesamtzahl übertragener Zellenblöcke, ATM)*

sexless connector, adapter Zwitterkupplung *f (Kabel)*

SF, S&F (store-and-forward (switching) (SAF)) Speichervermittlung *f*

SFET (synchronous frequency encoding technique) frequenzsynchrones Codierverfahren *n*

SFF (store-and-forward facility) Teilvermittlungseinrichtung *f*, Speichervermittlungseinrichtung *f*

SFH (slow frequency hopping) Frequenzsprung *m* mit niedriger Umschaltrate *(GSM)*

SFN (single frequency network) Gleichwellennetz *n (DVB-T)*

SG (Study Group) Arbeitsgruppe *f* (AG) *(ITU-T)*

SGCP (Simple Gateway Control Protocol) SGCP-Protokoll *n (VoIP, ITU-T H.323)*

SGML (Standard Generalized Markup Language) SGML-Sprache *f (WWW-Metasprache, Textauszeichnungssprache)*

SGSN s. service GPRS support node

shading Schattierung *f (Grafik)*; Abschattung *f (Funkfeld)*

shadow Schatten *m*, Strahlenschatten *m (opt)*

shadow fading langsamer Schwund *m (Mobilfunk)*

shadowing Abschattung *f (Funkfeld)*; Umkopieren *n (ROM zu RAM, PC)*

shadow RAM Shadow-RAM *m (RAM-Bereich für BIOS vom ROM, PC)*

shape Form *f*; Verlauf *m (Kurve)*

shaper Former *m (Frequenzgang)*

share teilen, mitverwenden *(Übertragungsbandbreite)*

shareable mehrbenutzbar *(SW)*

shared buffer gemeinsamer Speicher *m*, Zentralpuffer(ung *f*) *m (ATM-Koppelnetz)*

shared call appearance gemeinsam aufliegender Ruf *m*, gemeinsame Rufanschaltung *f (an mehreren DEE, ISDN, Telemarketing)*; Vielfachrufanzeige *f*, Vielfachrufsignalisierung *f (Tk-Anlage)*

shared hub geteilte Zentralstation *f (VSAT)*

shared line Gemeinschaftsanschluß *m* (GA), Zweieranschluß *m (Tel)*

shared-line equipment Gemeinschaftseinrichtung *f*

shared medium geteiltes *oder* gemeinsames Medium *n (ITU-T I.327, s. Tabelle IV)*

shared memory Vermittlungsspeicher *m* (VS); gemeinsam(genutzt)er Speicher *m (Multiprozessor)*

shared object Gemeinschaftsobjekt *n (Comp.)*

shared-resource LAN verteiltes lokales Netz *n*

shared service installation Gemeinschaftsleitung *f (Tel., BT)*

sharply directional richtscharf *(Antenne)*

sheath Mantel *m (Kabel)*

sheath eddies Mantelwellen *fpl*

sheathing Umhüllung *f*

shedding Abwerfen *n (Rufe, Last, Bandbreite)*

shelf Baugruppenträger *m*, Etage *f*, Rost *m (Kabel)*, Gestellrost *m (Gestell)*; Regal *n*, Fach *n*

shelf life Lagerfähigkeitsdauer *f (z.B. Batterien)*

19″ shelf 19″-Etage *f*

shell Gehäuse *n*, Riegelwanne *f (Verbinder)*; Shell *f (OS)*

SHF (super high frequency) superhohe Frequenz *f (Sat., 3–30 GHz)*

shield abschirmen *(HF)*

shield coupling unit (SCU) Schirmkoppeleinheit *f (PLC)*

shielded twisted pair (STP) abgeschirmte verdrillte Doppelleitung *f (FireWire- und USB-Kabel, für 12 Mbit/s und 5 m Länge, s. Tabelle XII)*

shielding efficiency Schirmdämpfung *f*

shielding factor Schirmungsmaß *n*

shift Verschiebung *f (Phasen)*, Hub *m (FSK, PSK)*; Umschaltebene *f (TTY)*

Shift Umschalttaste *f (Tastatur, PC)*

shift instruction Schiebebefehl *m (DV)*

shift keying Umtastung *f*

shift register (SR) Schieberegister *n*

shift signal Umschaltzeichen *n (TTY)*

ship earth station (SES) Schiff-Erdefunkstelle *f (INMARSAT, X.353, s. Tabelle VI)*

ship-to-shore radio Seefunk *m*

shock-proof plug CEE-Stecker *m*, Perilex-Stecker *m*

shop hosting Shophosting *n (Miete eines Onlineshops, Internet)*

shopping basket Einkaufskorb *m*, Warenkorb *m (Internet-Shopsystem)*

shopping trolley Einkaufswagen *m (Internet-Shopsystem)*

shop system Shopsystem *n (E-Commerce, Internet)*

short circuit between wires Querschluß *m*

short-circuit fault Kurzschlußfehler *m (Datenleitung)*

short-circuit-proof kurzschlußsicher

short-circuit protection Kurzschlußsicherheit *f*

shortcode dialling Kurzwahl *f* (KW) *(K.-Tel)*

shortcode dialling position Kurzwahlplatz *m (K.-Tel)*

shortcut key Tastaturbefehl *m (PC)*

short data service (SDS) **message** SDS-Meldung *f (TETRA q.v.)*

short-distance traffic Nahverkehr *m*

short-distance link Kurzstreckenverbindung *f*

shortened code verkürzter Code *m (Reed Solomon, DVB)*

short-haul modem Modem *m* für begrenzte Leitungslänge *(s.a. LDM)*

short-haul network regionales Fernnetz *n*, Bezirksnetz *n (Tel)*

short-hold mode Short-Hold-Modus *m (Router)*

shortlived kurzlebig

short message Kurznachricht *f (GSM)*

short message data Kurzdaten *npl (Mobilfunk)*

short message service (SMS) Kurznachrichtendienst *m*, Kurzmitteilungsdienst *m*, Kurzrufdienst *m (GSM, s. Tabelle VII, heute bei den meisten digitalen Zellularfunknetzen im Gebrauch)*

short message service centre (SMSC) Kurznachrichtendienstzentrale *f (GSM)*

short messaging Kurznachrichtenübermittlung *f*, Texten *n (SMS, Handy)*

short-path switching Kurzwegdurchschaltung *f*

short-range kurzreichweitig

short-range business radio Nahbereichs-Geschäftsfunk *m (PMR 446, nach ETS 300 296)*

short-range radio telephone Nahbereichsfunktelefon *n (z.B. Telepoint)*

short-term kurzfristig

short-time kurzzeitig *(Spitzen)*

short-wave band Kurzwellenbereich *m*, K-Bereich *m*, KW-Bereich *m*

shot(-effect) noise Schrotrauschen *n (FO)*

shoulder Schulter *f (Kennlinie)*

shrink-wrap package Shrinkwrap-Paket *n (auf vielen Systemen lauffähige Software, z.B. alle DOS-Applikationen)*

shuffle verwürfeln *(Zeilen, HDTV)*, mischen *(Pakete)*

shuffle exchange network Shuffle-Exchange-Netz *n (Mischen u. Austauschen, Koppelnetzalgorithmus)*

shuffle wiring Mischungsverdrahtung *f (¤ideale Mischung¤, DSP)*

shunt bracket Nebenschlußbügel *m*

shunt tripping Spannungsauslösung *f (Leistungsschalter)*

shut down abschalten, herunterfahren *(Prozeß)*, außer Betrieb nehmen

shutdown sequence Abschaltkette *f (Prozeß)*

shuttle makeln *(Tel. Schalten zwischen zwei bestehenden Verbindungen)*, pendeln; Pendelsuchlauf *m (VTR)*

SI s. DVB-SI

SI s. service identifier

SI s. service indicator

SI s. service information

SI s. service intercommunication *oder* interworking

SIAM (superconductive intelligent antenna module) supraleitendes intelligentes Antennen-Modul *n (adaptives Antennensystem, Mobilfunk)*

SIC s. service-independent building block

SIC s. service information channel

SIC (S-interface circuit) S-Schnittstellenschaltung *f (ISDN)*

side Seite *f*; Flanke *f (Filter)*

sideband Seitenband *n*

sideband emissions Nebenaussendung *f*

sidecar box Zusatzmodul *n (zur Set-Top-Box, CIM (q.v.), DVB)*

side circuit Stammkreis *m (PCM-Daten, Sprache)*, Stammleitung *f (Tel)*

side-lobe attenuation *oder* **gain** Nebenzipfelabstand *m (Antennen)*

side panel Seitentafel *f (Videotext)*

side switch Seitenwechsel *m (bei Ersatzbetrieb)*

sidetone s. side tone

side tone Mithörton *m (Tel)*, Rückhören *(im Tel.-Hörer)*, Nebenton *m*

side tone masking ratio (STMR) Rückhördämpfung *f (Tel., ITU-T-Empf. P.10)*

side tone reference equivalent Rückhörbezugsdämpfung *f* (RBD)

side tone suppression Rückhördämpfung *f*

side-to-phantom crosstalk Mitsprechen *n (Tel)*

side-to-side crosstalk Übersprechen *n (Tel)*

SIF (source intermediate format) SIF-Format *n (MPEG-1)*

sigmoid(al) curve S-Kurve *f (nichtlineare Übertragungskennlinie)*

sign unterschreiben; signieren *(Kryptographie)*

signal mitteilen, melden, signalisieren; Signal *n*, Zeichen *n*, Kennzeichen *n*; Meldung *f*, Nachricht *f*

signal and protective ground Betriebs- und Schutzerdung *f* (BSE)

signal back zurückmelden

signal bit size Signalbreite *f (IC)*

signal burst geschlossenes Signal *n*

signal capacity Zeichenkapazität *f*

signal change Signalverlauf *m*

signal channel Meldekanal *m (FS)*

signal collector Signalsammler *m* (SISA) *(DTAG-Rebell)*

signal combiner Signalweiche *f*

signal component signal element

signal conditioning Signalaufbereitung *f*, Signalumformung *f*, Meßwertaufbereitung *f*

signal conduction path Signallaufweg *m*

signal constellation Signalkonstellation *f*, Punktanordnung *f (QAM, DVB transmission)*

signal contribution Signalzuführung *f (TV-Studios)*

signal/crosstalk ratio Signal/Nebensprechverhältnis *n (Tel)*; Isolationsabstand *m (Koppelfeld, dB)*

signal crushing Signalstauchung *f (GGA, Schwarzwert)*

signal delay Signallaufzeit *f*

signal dispersion cancelling filter Steusignallöschfilter *n (TV-Übertragung, z.B. für "Geisterbilder")*

signal distance Hamming-Abstand *m*

signal distortion Signalverformung *f (HF)*; Zeichenverzerrung *f (Tel)*

signal distribution Signalausbreitung *f (TV-Rundfunk)*

signal distributor Signalverteiler *m (Audio, Video)*

signal duration Zeichenlänge *f (Tel)*

signal element Schritt *m*; Bit *n (bei Binärmodulation)*; Signalzeichen *n*, Zeichenschritt *m (ZGS.7, s. Tabelle III)*; Zeichenelement *n*, Informationselement *n*

signal element length Schrittlänge *f*, Schrittdauer *f*

signal element timing Schrittakt *m (X.21, s. Tabelle VI)*

signal end Rufende *n (PCM-Daten,Sprache)*

signal enhancement Signalüberhöhung *f*

signal fault Signalstörung *f*

signal flow Signalverlauf *m*

signal flow diagram Signalzug *m*

signal form Signalform *f*, Wellenform *f*

signal generator Signalgeber *m*, Meßsender *m*

signal graph Signaldiagramm *n*

Signal Ground (GND) Betriebserde (BE) *(V.24/RS232C, Tabelle IX)*; Funktionserde *f*, Signalerde *f*

signaling s. signalling

signal/interference ratio (SIR) Signal/Störleistungsverhältnis *n*

signal level Nutzpegel *m*

signal levels Signalbelegung *f*

signalling Signalisierung *f*, Signalgabe *f*, Kennzeichengabe *f*, Zeichengabe *f (ITU-T Empf. I.112, s. Tabelle IV)*; Rückmeldung *f*

signalling AAL s. signalling ATM adaptation layer

signalling ATM adaptation layer (SAAL) ATM-Anpassungsschicht *f* für Zeichengabe

signalling burst Signalisierungsblock *m (DECT)*

signalling channel Zeichengabekanal *m*, Kennzeichenkanal *m*, Signalisierungskanal *m*; Rufkanal *m (Mobilfunk)*

signalling character Signalisierungszeichen *n*

signalling code Kennzeichen *n (PCM)*

signalling connection control part (SCCP) Steuerteil *m* für Zeichengabeverbindungen *(GSM, s. Tabelle VII)*, Transportfunktionsteil *m* (TF) *(ZGS.7, ITU-T Empf. Q.711...714, s. Tabelle III; FTZ)*

signalling converter Kennzeichenumsetzer *m* (KZU) *(Tel.-Zeichengabe)*; Signalisierungs-Umsetzer *m*, Signalumsetzer *m*

Signalling converter, Analog/Digital (SAD) Analog-/Digital-Zeichenumsetzer *m*, Zeichenumsetzer *m* (Analog-/Digital)

Signalling converter, Digital/Analog (SDA) Digital-/Analog-Zeichenumsetzer *m*

signalling current Zeichenstrom *m (Tel)*

signalling data Kennzeicheninformation *f (PCM)*

signalling data link (SDL) Zeichengabekanal *m*, Zeichengabeübertragungsstrecke *f*, Zeichengabestrecke *f*, Zeichenstrecke *f (ZGS.7 MTP, s. Tabelle III)*; Kennzeichenabschnitt *m*

signalling diagram Zeichengabeplan *m (LAPD)*

signalling frequency Ruffrequenz *f (Mobilfunk)*

signalling interval Signalisierungsperiode *f (DVB)*

signalling link Zeichengabestrecke *f*, Zeichenstrecke *f (ZGS.7 MTP, s. Tabelle III)*

signalling link selection (SLS) Signalisierungsstrecke *f (GSM, s. Tabelle VII)*

signalling link selection code Zeichengabestrecken-Kennung *f (ZGS.7 MTP, s. Tabelle III)*

signalling link set Zeichengabestrecken-Bündel *n (ZGS.7 MTP, s. Tabelle III)*

signalling message Kennzeichennachricht *f (ZGS.7, s. Tabelle III)*, Zeichengabenachricht *f*, Zeichengabemeldung *f (AAL)*

signalling multiplexer Signalisierungs-Multiplexer *m* (SMUX) *(DK)*

signalling opportunity pattern (SOP) ausgewähltes Bitmuster *n*, Signalisierungsgelegenheitmuster *n*

signalling point (SP) Zeichengabepunkt *m*, Zeichengabeknoten *m*, *(Netzknoten im ZGS.7-Netz)*

signalling point code (SPC) Signalisierungsendpunkt *m (GSM, s. Tabelle VII)*

signalling processor Signalisierungs-Prozessor *m* (SPROZ) *(DK)*; Zeichengaberechner *m* (ZGR) *(VBN, FO)*

signalling protocol Zeichengabeprotokoll *n*, Zeichengabeprotokoll *n*

signalling receiver Rufempfänger *m (Mobilfunk)*

signalling relation Zeichengabebeziehung *f (ISDN, SAAL)*

signalling route set Zeichengabewegebündel *n (ZGS.7, s. Tabelle III)*

signalling set Wahlsatz *m (Vermittlung)*

signalling system (SS) Signalverfahren *n*, Zeichengabesystem *n* (ZGS) *(ITU-T Empf. Q.700 ff, s. Tabelle III; FTZ RL 1TR6)*, Zeichengabeverfahren *n*, Zeichengabenetz *n*, Vermittlungsnetz *n*

Signalling System No.7 (SS7) Zeichengabesystem Nr.7 (ZGS 7) *(ISDN, ITU-T Empf. Q.701–764, s. Tabelle III; FTZ RL 1R7)*

signalling time slot Kennzeichenwort *n*

signalling tone Rufton *m*

signalling transfer point (STP) Zeichengabe-Transferpunkt *m (ITU-T I.430, s. Tabelle IV; GSM 01.04, s. Tabelle VII, IN)*

signalling transit system Zeichengabezwischennetz *n* (ZZN)

signalling unit Signalmaschine *f (Tel)*

signalling virtual channel (SVC) virtueller Kanal *m* für Zeichengabe, virtueller Zeichengabekanal *m (B-ISDN, Meta-Zeichengabe, ITU-T Empf. Q.2120)*

signalling wire Signalader *f (FS)*

signalling wraparound Informationsumkehr *f*

signal map Signalabbildung *f (DVB-T-Übertragung)*

signal/mask ratio (SMR) Signal-Maske-Verhältnis *n (Audio-Codec)*

signal network Signalwegenetz *n (Verm)*

Signal/Noise and Distortion ratio (SINAD) Störabstand *m* einschließlich Verzerrungen

signal/noise-density ratio Signal/Rausch-Leistungsdichte-Verhältnis *n*

signal/noise ratio (SNR, S/N) Rauschabstand *m*, Rauschverhältnis *n*, Signal-Geräusch-Abstand *m* (SGA), Signal/Rausch-Abstand *m* (SRA), Signalrauschabstand *m*, Signal-Rausch-Verhältnis *n* (SRV), Störabstand *m (in dB)*

signal path Signalweg *m*, Signalzug *m*, Signalverlauf *m*

signal point Signalpunkt *m*, Zustandspunkt *m (Übertragung)*

signal power Nutzleistung *f*

signal processing Signalaufbereitung *f*

signal processor Signalprozessor *m*

signal propagation path Signallaufweg m

signal propagation time Signallaufzeit *f (Netz)*

Signal Quality detect (SQ) Empfangsgüte *(V.24/RS232C, Tabelle IX)*

signal/quantization Signalquantisierung *f*, Signalraster *m*

signal/quantization noise ratio (SQNR) Quantisierungsrauschabstand *m*

signal/quantizing distortion ratio (S/Q) S/Q-Verhältnis *n (ADU)*

signal resolution Signaltiefe *f (Videocodierung, z.B. 8 Bit/Pixel)*

signal range Meßspanne *f*

signals Signale *npl*, Kennzeichen *npl*, Informationen *fpl*

signal scaling Signalraster *m (Quantisierung)*

signal shape Signalverlauf *m*, Signalform *f*

signal space Signalraum *m (Übertragung)*

signal space diagram Strahlendiagramm *n (Übertragung)*

signal speed Signalgeschwindigkeit *f (Übertragung, in s/km)*

signal strength Signalstärke *f*, Feldstärke *f (am Empfänger)*, Nutzfeldstärke *f*

signals which change abruptly with time Signale *npl* mit Unstetigkeitsstellen

signal tag Lötstift *m*

signal-to-echo ratio (SER) Signal-Echo-Verhältnis *n (Übertragung)*

signal tone Signalton *m*; Rufton *m (Daten)*

signal/tone converter Zeichentonumsetzer *m* (ZTU)

signal-to-noise ratio s. signal/noise ratio

signal/total distortion ratio Gesamtverzerrung *f*

signal trace Signalverlauf *m (KO)*

signal tracking the input voltage nachgeführtes Signal *n*, Nachlaufsignal *n*

signal transfer point (STP) Zeichenübergabepunkt *m (ITU-T I.430, s. Tabelle IV)*

signal transfer response Übertragungsverhalten *n*

signal transit time Signallaufzeit *f (2 x = Antwortzeit)*

signal transmission Signalführung *f*, Zeichenübertragung *f*

signal transmitter Signalgeber *m*

signal unit Zeicheneinheit *f (ZGS.7 MTP-Rahmen, s. Tabelle III)*; Signalmaschine *f (Tel)*

signal variation Signalverlauf *m*

signal vector Signalzeiger *m (DVB)*

signal waveshape Signalform *f*

signature Unterschrift *f*; Signalkombination *f*, Bitkombination *f*, Signatur *f*, Erkennungsgröße *f*

signature analysis Signaturanalyse *f (Mikroelektronik)*

signature reader Unterschriftleser *m*

signed key gezeichneter Schlüssel *m (PGP q.v.)*

signed response Antwort *f* mit Vorzeichen *(GSM-Empf. 01.04, s. Tabelle VII)*

sign gantry Schilderbrücke *f (Verkehr)*

significance Wertigkeit *f (Bitstelle)*

significant bedeutsam, aussagekräftig

significant bit bedeutsames Bit *n*

significant condition *oder* **state** Kennzustand *m (FS)*

sign off sich abmelden

sign on sich anmelden, einbuchen *(Mobilfunk)*

silence Ruhe *f*; Funkstille *f*, Pause *f*, Pausenblock *m (PCM Sprache)*

silence duration Pausenblocklänge *f*

silence interval Sprechpause *f*

silence period Pausenlänge *f*

silence suppression Sprachpausenunterdrückung *f (Mobilfunk)*

silent alerting unhörbares Melden *n (DEE)*

silent call leiser Ruf *m (DECT)*

silent commerce (S-commerce) stiller Handel *m*, S-Commerce *m (Maschine-Maschine-Transaktionen)*

silent fault unhörbarer Fehler *m (Tel)*

silent gap Pause *f (zw. Sprachpaketen)*

silent reversal Weichumtastung *f (der Leitungspolung, Tel)*

silent zone tote Zone *f*, Funkschatten *m (Mobilfunk)*

silica Siliziumdioxid *n*

silica fibre Quarzfaser *f (FO)*

silicon Silizium *n*

silicon optical bench (SiOB) optische Bank *f* aus Silizium *(FO, Bauelement für aktive optische Mikroschaltungen)*

silicone Silikon *n*

SIM (subscriber identity module) Teilnehmerkennungsmodul *f*, SIM-Karte *f (GSM-Chipkarte, GSM 11.11, s. Tabelle VII)*

SIMD (single instruction, multiple data) **processor** SIMD-Prozessor *m (DSP)*

similar ähnlich, vergleichbar

similarity figure Ähnlichkeitsmaß *n*

similarity transform Ähnlichkeitstransformation *f (Math.)*

SIMM s. single in-line memory module

Simple Gateway Control Protocol (SGCP) SGCP-Protokoll *n (VoIP, ITU-T H.323)*

Simple Mail Transfer Protocol (SMTP) Einfaches E-Mail-Übertragungsprotokoll *n (Internet, IAB RFC0821/22, STD0010, s. Tabelle VIII; auch MIL-STD-1781)*

Simple Network Management Protocol (SNMP) einfaches Netzmanagementprotokoll *n (Internet, IAB RFC1157, s. Tabelle VIII)*

Simple Retransmission Protocol (SRP) einfaches Wiederholungsprotokoll *n (ITU-T H.324)*

simplex Wechselsprechen *n*, Einzelsprechen *n (Tel)*; Simplex *n* (SX) *(Modem)*

simplex dialling Simultanwahl *f (NStAnl)*

simplex mode Einwegbetrieb *m*

simplex signal Eintaktsignal *n (Datenübertragung)*

simplex transmission Richtungsbetrieb *m*

SIM toolkit SIM-Toolkit *n (GSM 11.14, s. Tabelle VII)*

simulate nachbilden

simulation Simulation *f*, Modellierung *f*, Nachbildung *f*

simulcasting Simulcasting *n (gleichzeitige Übertragung von Analog- und Digitalprogrammen bzw. PAL- und DVB-Programmen)*, Gleichkanalbelegung *f*

Simulcrypt transmission Simulcrypt-Sendung *f (Übertragung von Zugriffs- und Zugriffsverwaltungsmeldungen für mehr als ein CA-System, um den Empfang mit unterschiedlichen Decodern zu ermöglichen)*

simultaneity factor Gleichzeitigkeitsfaktor *m*

simultaneous gleichzeitig

simultaneous broadcasting Gleichwellenfunk *m*

simultaneous (broadcasting) network Gleichwellennetz *n*

simultaneous masking gleichzeitige Verdekkung *f (Stereo-Codec)*

SINAD (Signal to Noise and Distortion (ratio)) Störabstand *m* einschließlich Verzerrungen

sinewave signal Sinussignal *n*

singing Pfeifen *n (Tel)*

single Ein-, Einfach-, Einzel-

single carrier Einzelträger *m*, Monoträger *m*

single-carrier method Monoträgerverfahren *n (TV-Übertragung)*, Einträgerverfahren *n (PLC)*

single-channel FDM data transmission system Ein-Kanal-Datenübertragungssystem *n* mit Frequenzmultiplex (EDF) *(Tx)*

single channel per burst (SCPB) Einzelkanalburst *m (Sat)*

single channel per carrier (SCPC) Ein-Kanal-pro-Träger-System *n (Sat)*

Single channel per carrier PCM multiple Access Demand assignment Equipment (SPADE) Vielfachzugriff *m* im Frequenzmultiplex mit Kanalzuteilung nach Bedarf *(Sat)*

single channel per transponder (SCPT) Ein-Kanal-pro-Transponder-System *n (Sat)*

single-channel stopper Einzelkanalsperre *f*

single channel voice frequency (SCVF) Einkanal-Niederfrequenz-Verfahren *n (Telex-Signalisierung)*

single-character call forward mode Einzelabrufbetrieb *m*

single clock pulse Einzeltakt *m*

single-conductor einadrig

single-core einadrig

single echo Einzelecho *n (DVB Empfang)*

single-ended amplifier Eintaktverstärker *m*, A-Verstärker *m*

single-ended feeding einseitige Einspeisung *f*

single-ended input unsymmetrischer Eingang *m*

single-ended, outer conductor grounded einseitig geerdet

single-ended signal einseitig gerichtetes Signal *n*

single-fee metering Einzelgesprächszählung *f*

single-frequency network (SFN) Gleichwellennetz *n (DVB-T)*

single-frequency system Einzelfrequenzsystem *n (DIIS, ungleich dem Bündelfunksystem TETRA q.v.)*

single-hop link Einsprungverbindung *f (VSAT-Sternnetz, Einwegverbindung)*

single in-line memory module (SIMM) SIMM-Speicherbaustein *m (Steck-RAM für PC)*

single-length start element einfacher Startschritt *m*

single-level network einstufiges Netz *n (Hierarchiestufe)*

single line Einzelanschluß *m* (EA)

single-line DSL (SDSL) Einzelanschluß-DSL *f*, digitale Anschlußleitung *f* mit Einzelanschluß

single-line IDA Basisanschluß *m (BT-ISDN, 80 kB/s, Kapazität B_{64}+B_8+D_8)*

single-line telephone Ganztelefon *n*, ganzes Telefon *n (DTAG, BT-REN = 1)*, Einzelanschluß-Telefon *n*

single link protocol (SLP) Einzelstreckenprotokoll *n (ISDN)*

single-loop PLL Einschleifen-Phasenregelkreis *m*, Einschleifen-PLL *f*

single message Einzelmeldung *f (Telefax-Protokoll)*

single metering Einfachzählung *f*

single mode fibre inferometer (SMFI) Einmodenfaser-Interferometer *n (FO)*

single-number value Einzahlwert *m (Sprachqualität, Hörprüfung, Tel)*

single parity check (SPC) **code** SPC-Code *m (Fehlerkorrekturcode mit 1 Bit Redundanz)*

single-path network Koppelfeld *n* mit einfacher Wegeführung, Einpfadnetz *n (ATM)*

single path routing Einwegeführung *f*, Einzelwegführung *f*

single-path switching network Koppelfeld *n* mit einfacher Wegeführung *(ATM)*

single peak detector Einweg-Spitzenwertdetektor *m*

single-polarised antenna einfach polarisierte Antenne *f*

single-pole double-throw (SPDT) **relay** einpoliges Umschaltrelais *n*

single segment message (SSM) Einzelsegment-Nachricht *f*

single sideband (SSB) Einseitenband *n* (ESB)

single-sideband modulation (SSB) Einseitenbandmodulation *f* (EM)

single-sided clamp Einfachklammer *f*, Halbklammer *f (Gestell)*

single shared memory gemeinsam(genutz-t)er Speicher *m (Multiprozessor)*

single-stage circuit einstufige Schaltung *f*

single-step call transfer Rufumlegung *f* in einem Schritt, Einschritt-Rufumlegung *f (ISDN)*

single-terminal access Einzelendgeräte-Anschluß *m*

single-terminal configuration Einzelkonfiguration *f*

single-tone modulation Eintonmodulation *f (Betriebsfunk)*

single-user detection Einzelsignaldetektion *f (Empfänger, Mobilfunk)*

single-valued eindeutig

single-valued function eindeutige Funktion *f*

single-valuedness Eindeutigkeit *f*

single-vendor network Netz *n* aus einer Hand

sink Senke *f*, Verbraucher *m (Datenaufnehmer)*, Abnehmer *m*; aufnehmen *(Daten, Signale)*

S-interface circuit (SIC) S-Schnittstelle *f (Teilnehmerschnittstelle zw. NT und TA oder TE1, Vierdraht-Leitung, ISDN)*
 S_B interface Breitbandschnittstelle *f* S
 S_0 interface S_0-Schnittstelle *f (S-Schnittstelle für ISDN-BA)*
 S_{2M} interface S_{2M}-Schnittstelle *f (S-Schnittstelle für ISDN-PA)*

SIO (scientific and industrial organisation) wissenschaftlich-technische Organisation *f*

SIO (serial input/output) serielle Ein-/Ausgabe *f (Port)*

SIO (service indication octet) Dienstindikator *m*, Dienstkennung *f (ZGS.7 MTP, s. Tabelle III)*

SiOB s. silicon optical bench

SIP (single in-line package) SIP-Gehäuse *n (IS-Baustein)*

SIP (session initiation protocol) SIP-Protokoll *n (VoIP)*

SIR (signal/interference ratio) Signal/Störleistungsverhältnis *n*

SITA Societé Internationale Télécommunication Aeronautique *(internationales Datennetz für die Luftlinien)*

site Standort *m*; Anlage *f*

site diversity Standortdiversity *f (Sat.-Übertragung)*, Ortsdiversity *f*

site interface unit (SIU) Anlagenschnittstelleneinheit *f*

site search Standortklärung *f (Mobilfunk)*

siting Wahl *n* des Standorts *(z.B. Antenne)*

SIU s. site interface unit

SIU s. SM interface unit

SIU s. SONET interface unit

six-pin connector box 6-polige Verbinderdose *f* (VDo6)

size Größe *f*, Maß *n*; Breite *f*, Mächtigkeit *f (Speicher, Kanal)*; Breite *f*, Datenbreite *f (Bus)*

Size Größe ändern *(MS Windows-Anweisung, PC)*, Vergrößern, Verkleinern

sizing Bemessung *f*; Größenänderung *f (PC-Fenster)*

sizing handle Ziehpunkt *m (MS Windows, PC)*

skeleton ... Elementar...

skew Schieflage *f*, Schlupf *m (Taktanpassung)*, Schieflauf *m (Fax)*; Bandlängenänderung *f*, *(MAZ)*, Schräglauf *m (Magnetband)*; Bitversatz *m*, Bitschlupf *m*

skew angle Drehlage *f (Grafik)*, Schrägstellungswinkel *m (LNB)*

skewed schräg (verlaufend, gestellt), versetzt, (zeitlich) verschoben

skew factor Skew-Faktor *m (Festplattenzugriff, s. Interleave-Faktor, PC)*

skewing Schräglage *f*, Schieflage *f*; Versetzung *f*, (zeitliche) Verschiebung *f*

skew value Versatzwert *m (Adressen)*

skill based routing kenntnisbasierende Verkehrslenkung *f (Callcenter-Agent)*

skimming Beschneiden *n (Offset-Gleichspannungen in Bildkanälen)*

skip überspringen, überlesen; ausblenden *(Programmteile)*

skip frame method Skip-Frame-Verfahren *n (Videofilm-Schnitt)*

skirt Flanke *f (Signal)*

Skyphone Passagiertelefondienst *m (BT, INMARSAT-unterstützt)*, Flugzeugtelefon *n*

SLA (service level agreement) Vereinbarung *f* über die Verbindungsgüte *(E-Commerce)*

SLAC (subscriber line access circuit) Teilnehmerleitung-Anschaltekreis *m (enthält Codec und AD-DA-Umsetzer)*

slack bytes Füllbytes *npl*

slack period verkehrsschwache Zeit *f*

slamming Umschalten *n* von Telekom-Kunden auf einen anderen Provider

slash Schrägstrich *m (Tastatur)*

slave Neben..., Slave-, abhängiger Teilnehmer *m (Bluetooth q.v.)*; untergeordnet

slave cell Folgezelle *f (zellularer Mobilfunk, CDMA)*

slave clock Nebenuhr *f*, Tochteruhr *f*; lokaler Takt(geber) *m*

slave station Zweitnebenstellenanlage *f* (ZNA), Folgestation *f*; Nebenstation *f (DÜ)*

SLC (subscriber line circuit) Teilnehmersatz *m* (TS)

SLC (subscriber line *oder* loop carrier) **system** Teilnehmermultiplexsystem *n (Teilnehmeranschluß)*

SLED (super LED) Super-LED *f*

sleep pausieren *(Prozeß)*

sleep mode Schlafstrombetrieb *m*, Stromsparmodus *m*, Schlafmodus *m (Prozessor)*

sleeve wire (S wire) c-Ader *f*, c-Draht *m*, Meßleitung *f (Tel., Stöpselkörper)*

slew rate Nachführgeschwindigkeit *f (IC)*

SLIC (subscriber line interface circuit) Teilnehmeranschluß-Schnittstellenbaustein *m*, Teilnehmer-Anschlußschaltung *f (Tel., K-Anl)*

slice Scheibe *f (bei MPEG-2 ein aus horizontal aufeinanderfolgenden Makroblöcken bestehender Teil eines Bildes, der für Intraframe-Adressierung und Nachsynchronisierung benutzt wird)*

slice layer Slice-Schicht *f (MPEG-2)*

slicer circuit Doppelbegrenzer *m (Teletext)*

slicing Doppelbegrenzung *f (Impulse)*

slicing level Abschneidepegel *m (Impulse)*

slide-in unit Einbausatz *m*, Einschub *m*

slider Bildlauffeld *n (MS Windows, PC)*; Flachbahnregler *m (HW)*

slider indicator Bildlaufanzeige *f (MS Windows, PC)*

sliding-window protocol Gleitfenster-Protokoll *n (Datenübertragung, ISDN)*

slim design schmale Bauform *f*

slip Schlupf *m*; aus dem Tritt fallen

SLIP s. Serial Line Interface Protocol

slip communication Serienschnittstellenkommunikation *f*

slip frequency Schlupffrequenz *f*

slip performance Schlupfverhalten *n (ISDN)*

sliver Splitter *m (digital)*

SLM (subscriber line module) Anschlußmodul *n*, Anschlußbaugruppe *f*

slope Abfall *m*, Steigung *f (Charakteristik)*, Steilheit *f (Kurve)*, Flanke *f (Filter)*, Neigung *f (Kurve)*, Dämpfungsunterschied *m (über die Bandbreite)*, Pegelschräglage *f*

slope of a curve Kurvenverlauf *m*

slope overload Überschwingen *n (DPCM-Video-Codierung)*

slope polarity Neigungspolarität *f*, Neigungsrichtung *f (Kennlinie)*

slope rate Flankensteilheit *f*

slot Einbauplatz *m*, Anschlußplatz *m*, Anschlußsteckplatz *m*, Steckplatz *m (Baugruppenträger)*; Einsteckschacht *m (Smart-Card)*; Abschnitt *m*, Segment *n (Zeitschlitz)*, Dateneinheit *f (Datenstrom)*

slot in einstecken

slotted ALOHA (S-ALOHA) segmentiertes Aloha *n (Sat., RMA-Verfahren der University of Hawaii)*

slotted cable Schlitzkabel *n (Tunnelfunk, Mobilfunkempfang im Tunnel)*

slotted-core cable Kammerkabel *n (FO)*

slotted-disc antenna Schlitzscheibenantenne *f (DVB-T-Antenne für den mobilen Empfang)*

slow frequency hopping (SFH) Frequenzsprung *m* mit niedriger Umschaltrate *(GSM)*

slow motion Zeitlupe *f (MAZ)*

slow scan TV (SSTV) Schmalband-Fernsehen *n* (SB-TV)

slow-speed transmission langsame Übertragung *f*

SLP s. single link protocol

SLR (sending loudness rating) Sendelautstärkeindex *m (Tel)*

SLS (signalling link selection) Signalisierungsstrecke *f (GSM, s. Tabelle VII)*

sluggishness Schwergängigkeit *f (Motor)*

SM (switch module) Vermittlungsmodul *n (ATM, US)*

S-MAC (studio MAC) Studio-MAC *n (ca. 10 MHz Bandbreite)*

small and medium-sized enterprises (SME) kleine und mittlere *oder* mittelständische Unternehmen *npl* (KMU)

small business customers BMW-Kunden *mpl (Bäcker, Metzger, Wirte)*

small capitals Kapitälchen *npl (Text)*

small computer system interface (SCSI) Schnittstelle *f* für Kleinrechner *(ANSI X3T9, X3.131, 1986)*

small facility niedrigratiges Übertragungsmerkmal *n (US)*

small signal Kleinsignal *n (Halbleiter)*

smart card Speicherkarte *f*, Chipkarte *f*

smart phone 3G-Handy *n*, intelligentes Handy *n (digitales Zellulartelefon mit Textübermittlung, Web-Zugang und Datendiensten neben reiner Sprachkommunikation)*

smart switch programmierbarer Schalter *m (damit können Peripheriegeräte ohne Netz gemeinsam benutzt werden)*

smart terminal programmierbare DEE *f*, intelligentes Endgerät *n*

SMATV (satellite master antenna TV) Fernsehen *n* mit Satelliten-Zentralantenne, Mehrteilnehmer-Fernsehanlage *f*

SMD (surface mounted device) oberflächenmontiertes Bauelement *n*

SMDS (Switched Megabit Data Service) **protocol** SMDS-Protokoll *n (verbindungsloser MAN-Datendienst, IEEE 802.6, Bellcore; s.a. ETS 300 217x, CBDS (q.v.))*

SME s. small and medium-sized enterprises

smearing Verschmierung *f (Bild, Signal)*

SMF (service management function) Diensteverwaltungsfunktion *f (IN, Q.1290, s. Tabelle III)*

SMFI (single mode fibre interferometer) Einmodenfaser-Interferometer *n (FO)*

SMI (structure and identification of management information) Struktur *f* und Kennzeichnung *f* von Managementinformationen *(IAB RFC1155, s. Tabelle VIII)*

smiley Smiley *n (ASCII-Zeichen wie :-) oder :-(, E-Mail)*

SM (switch module) **interface unit** SM-Schnittstelleneinheit *f (ATM, AT&T)*

smooth glatt, geglättet, eben. gleichmäßig, ausgeglichen; glätten, ausgleichen, abflachen *(Kurve)*

smoothed geglättet; verschliffen *(modulierende Funktion, GMSK)*

smoothing choke Speicherdrossel *f (SV)*

SMP (service management point) Diensteverwaltungspunkt *m (IN)*

SMP (switch module processor) Vermittlungsmodulprozessor *m (ATM)*

SMP (system management preprocessor) Baugruppenrechner *m (PLE)*

SMP bus (Siemens microprocessor bus) Siemens-Mikroprozessor-Bus *m* (SMP-Bus)

SMPS (switched-mode power supply) Schaltnetzteil *n*

SMPTE Society of Motion Picture and Television Engineers *(US)*
SMPTE 240 M Standard für HDTV-Studio-Organisation
SMPTE 260 M digitale Version von 240 M

SMR (signal/mask ratio) Signal-Maske-Verhältnis *n (Audio-Codec)*

SMR (Specialized Mobile Radio) Mobilfunk *m* für Sonderdienste *(Dispatcher-Sprechfunk, Profifunk, US)*

SMRR (series mode rejection range) Serientakt-Unterdrückungsmaß *n*

SMS (Satellite Multiservice System) Satelliten-Mehrdienstesystem *n (Eutelsat)*; Geschäftskommunikationssystem *n*

SMS (service management system) Diensteverwaltungssystem *n*, Dienstmerkmal-Verwaltung *f (IN)*

SMS (short message service) Kurznachrichtendienst *m*, Kurzmitteilungsdienst *m*

SMSC (short message service centre) Kurznachrichtendienstzentrale *f (GSM)*

SMS message SMS-Kurznachricht *f (Mobilfunk)*

SMT (station management) Endgeräteverwaltung *f (IN)*

SMT (surface mounting technology) Oberflächenmontagetechnik *f*

SMTP (Simple Mail Transfer Protocol) Einfaches E-Mail-Übertragungsprotokoll *n (Internet, RFC0821, 0822, s. Tabelle VIII)*

SMU (statistical multiplexing unit) statistische Multiplexeinheit *f*

SMUX (signalling multiplexer) Signalisierungsmultiplexer *m (DK)*

SMX (synchronous multiplexer) synchroner Multiplexer *m*

SN (sequence number) Folgenummer *f (ATM PDU)*

SN (service node) Dienstknoten *m (verteiltes IN)*

SN s. source node

SN s. subscriber number

SN s. switching node

SNA (Systems Network Architecture) SNA-Architektur *f (IBM)*

snap-action element Schnappelement *n (HW)*

snap closure Schnellverschluß *m*

snap disc Schnappfeder *f (Folientastatur)*

snap fit Schnappverbindung *f*

snap shot Momentaufnahme *f*, Schnappschuß *m*

sneakernet Pseudonetz *n (ein auf Diskettentransport basierendes Netz)*

SNG (satellite news gathering) satellitengestützte Berichterstattung *f*

SNG terminal SNG-Terminal *n (VSAT)*

SNHC (synthetic/natural hybrid coding) hybride Codierung *f* bei MPEG-4 *(MSDL)*

SNI (subscriber network interface) Teilnehmer-Netz-Schnittstelle *f (MAN)*

sniffer Protokollanalysator *m*, Protokollanalyzer *m*

SNMP s. simple network management protocol

snoop Abhörer *m*, Horcher *m*; abhören *(Telekom)*

snoop bus Snoop-Bus *m*, Schnüffelbus *m (Multiprozessorsystem)*

snooper Schnüffler *m (Bus-Arbitrierungseinheit)*

snooping Schnüffeln *n (Multiprozessorsystem, Cache-Kohärenz)*

SNPA (subnetwork point of attachment) Teilnetz-Anschaltepunkt *m (DEE, ISDN)*

SNR (signal/noise ratio) Signal-Geräuschabstand *m* (SGA), Signalrauschabstand *m*, Rauschverhältnis *n (in dB)*

snr margin Störabstandreserve *f*

SNRP s. SNR scalable profile

SNR scalability Rausch-Skalierbarkeit *f (MPEG-2-Codierung)*

SNR scalable profile (SNRP) rausch-skalierbares Profil *n (MPEG-2, DVB)*

SNR scaling Rausch-Skalierung *f*, Rauschabstufung *f (MPEG-2)*

soak durchwärmen, durchkühlen, temperieren *(HW)*

socket Buchse *f*, Steckdose *f*, Dose *f*; Steckstelle *f*; Einwahlmodus *m (InterNet)*, Prozessadresse *f (Prozess-Prozess-Kommunikation, TCP/IP, IAB RFC1983, s. Tabelle VIII)*

socket strip Buchsenleiste *f*, Federleiste *f*

SoD (service on demand) Abrufdienst *m*

soft bit weiches Bit *n (LSB)*

soft copy Softcopy *f*, Softkopie *f*, flüchtige Kopie *f (auf Sichtgerät)*

soft decision weiche Entscheidung *f*, Weichentscheidung *f (Decodierung)*

soft handoff sanfte Weiterschaltung *f (zellularer Mobilfunk, Weiterschaltung zw. Funkzellen ohne Frequenzwechsel)*

soft hyphen Bedarfstrennstrich *m (WP)*

softkey Softtaste *f*, Softkey *m (programmierbare Taste)*, Funktionstaste *f*, funktionsprogrammierbare Taste *f* (FPT) *(K-Tel)*

soft keying Weichtastung *f (Sender)*

soft output Sicherheitsmaß *n*, Zuverlässigkeitsmaß *n (Soft-Decision-Decodierung, Kanaldecodierung, CDMA)*

soft sectoring Softsektorieren *n (Floppy)*

soft stop weicher Stopp *m*

soft switching sanftes Schalten *n*

software (SW, S/W) Software *f (Programme, Anwendungen, auch die Magnetband- oder Plattenspeicher dafür)*

software interrupt Programmunterbrechung *f*

software localization Softwarelokalisierung *f (Übersetzung und linguistische/kulturelle Anpassung eines global angebotenen Softwareprodukts an seinen örtlichen Zielanwenderkreis)*

software provider Software-Anbieter *m (Vtx)*

software recovery Softwareanlauf *m*

software update Software-Hub *m*

SOH (section overhead) Abschnittsrahmenkopf *m (SDH)*

SOHO (small office, home office) **equipment** Kleinbüro-, Heimbüro-Gerät *n (Telearbeit an Pcs)*

SOHO application SOHO-Anwendung *f (s. "SOHO")*

soldered-on transistor aufgelöteter Transistor *m (Leiterplattenaufbau)*

soldering pin Lötstift *m*

soldering side Leiter-, Lötseite *f* (L-Seite) *(Print)*

solder lug Lötöse *f (DIN)*

solder paste Lötpaste *f*

solder tag Lötfahne *f (DIN)*

solicit abrufen *(e. DEE-Reaktion)*

solid massiv, starr, fest;

solid area Flächenelement *n (Grafik)*

solid circle ausgefüllter Kreis *m*, Kreisfläche *f (Grafik)*

solid model Volumenmodell *n (Grafik)*

solid-state drive (SSD) Festkörperansteuerung *n*

solid-state power amplifier Halbleiterleistungsverstärker *m*

solid-state relay (SSR) Festkörperrelais *n*

solid-state switch elektronischer Schalter *m*

SONET (synchronous optical network) synchrones optisches Netz *n*, synchrones Glasfasernetz *n (ANSI T1.105 (US), entspricht der europäischen SDH q.v.)*

SONET interface unit (SIU) SONET-Schnittstelleneinheit *f (ATM)*

SOP (signalling opportunity pattern) Signalisierungsgelegenheitsmuster *n*, ausgewähltes Bitmuster *n*

SOP (standard operating procedure) Standardverfahren *n*

sophisticated raffiniert, ausgeklügelt, hochgezüchtet, hochentwickelt, auf hohem technischen Entwicklungsstand, für hohe Ansprüche

sorter Sortiereinheit *f (schnelle asynchr. PV)*

sorting network Sortiernetz *n (Zellenfilternetz in ATM-Koppelnetz)*

sound Ton *m*, Schall *m*, Klang *m*; Laut *m (Sprache)*

sound broadcasting Hörrundfunk *m*

sound card Soundkarte *f*, Audiokarte *f (Multimedien-PC)*

sound carrier Tonträger *m* (TT) *(TV-Rundfunk)*

sound component Begleitton *m (TV)*

sound input akustische Eingabe *f*, Toneingabe *f*

sound output akustische Ausgabe *f*, Tonausgabe *f*

sound-powered speisungslos *(Seefunk-Tel)*

sound radio Hörfunk *m*

sound recorder Tonschreiber *m*

sound recording medium Tonträger *m*

sound retrieval service Tonabfragedienst *m (ISDN)*

sound system Beschallungsanlage *f*, Akustiksystem *n*

source Quelle *f*, Ursprung *f*; Source *m (FET)*; Zufuhr *f (Papier, PC)*; abgeben, erzeugen, liefern

source address Ursprungsadresse *f*

source coding Quellcodierung *f (Komprimierung; SW, Datenübertragung)*

source computer Ausgangsrechner *m (Datensignal)*; Übersetzungsrechner *m (Compilierer)*

source encoding Quell(en)codierung *f (SW, DVB)*

source image Quellbild *n (Bildcodierung)*

source intermediate format (SIF) SIF-Format *n (Basis für MPEG-1-Kompression, s.a. "CIF")*

source node (SN) Ursprungsknoten *m (Netz)*, Quellensystem *n*

source routing abgehende Leitweglenkung *f*

source station Quellstation *f*

SP (service provider) Diensteanbieter *m* (DA)

SP (signalling point) Zeichengabepunkt *m (Netzknoten im ZGS.7-Netz)*

SPA (self-provided application) lizenzfreie Anwendung *f (ERC)*

space Raum *m*, Weltraum *m*; Leerzeichen *n*, Leerschritt *m*; Pause *f (Takt)*; Raumgebiet *n (math)*

space bar Leertaste *f (Tastatur, PC)*

spacecraft antenna Bordantenne *f (Sat)*

space diversity Raumdiversity *f (Ant)*

space division matrix Raumkoppelvielfach *n*

space division circuit switching räumliche Durchschaltung *f*, räumliche Vermittlung *f*

space division method Raumgetrenntlageverfahren *n*

space division multiple access (SDMA) Vielfachzugriff *m oder* Mehrfachzugriff *m* im Raummultiplex, räumliche Teilnehmerseparierung *f*, räumlicher Mehrfachzugriff *m*

space division multiplex (SDM) Ortsmultiplex *n*, Raum(lagen)vielfach *n*, Raummultiplex *n*

space division multiplex stage Raumstufe *f*

space division multiplex switching element Raumkoppelelement *n*

space division multiplex switching network Raumvielfachkoppelnetz *n*

space division network Raumnetz *n*

space division path Raummultiplexweg *m*

space division switch Raumkoppelvielfach *n*

space division switching Raummultiplexdurchschaltung *f*

space division switching matrix Raumkoppelvielfach *n*, Raumkoppelfeld *n* (RKF); Raumschaltfeld *n (OXC)*

space division (switching) network Raumkoppelnetz *n (je Ruf wird ein getrennter physikalischer Weg durch die VSt. aufgebaut)*

space domain Raumbereich *m (Vermittlung)*; Ortsbereich *m*, Ortsebene *f (Bildcodierung)*

space domain filter Raumfilter *n*

space factor Füllfaktor *m (Wicklung)*

spaceflightworthiness Raumfahrttauglichkeit *f (Sat)*

space frequency Trennfrequenz *f*

space key Leertaste *f*, Schritt-Taste *f (Tastatur)*

space stage Raumstufe *f (Verm)*

space switch Raum(lagen)vielfach *n*, Raumkoppelanordnung *f*

space switching räumliche Durchschaltung *f oder* Vermittlung *f*, Raummultiplexdurchschaltung *f (EWS)*

space switching matrix Raumkoppelvielfach *n*

space switching point Raumkoppelpunkt *m*

space switch module Raumstufenmodul *m*

space/time switch Raum-/Zeitlagenvielfach *n*

space vector Raumzeiger *m (Math)*

spacing Abstand *m*; Teilung *f (Verbinder)*, Raster *m (Frequenz, Takt(-impuls))*, Frequenzraster *m*, Kanalraster *m*; Rasterweite *f*

spacing condition Signalzustand *m* "Null"

spacing stop bit stromloser Sperrschritt *m (FS)*

SPADE (Single channel per carrier PCM multiple Access Demand assignment Equipment) Vielfachzugriff *m* im Frequenzmultiplex mit Kanalzuteilung nach Bedarf *(Sat)*

SPAG (Standards Promotion and Applications Group) Arbeitsgruppe *f* zur Förderung und Anwendung von Standards *(im EG-Esprit-Programm)*

spam Massen-E-Mail-Sendung *f (Marketing)*

span Spanne *f*, Abstand *m*; aufspannen *(Math.)*, überbrücken *(Entfernung)*

span length Feldlänge *f (Übertragung)*

SPAR (security parameter) Sicherheitsparameter *m (GSM)*

spare Reserve *f*; unbelegt *(Anschluß)*, überzählig; mit Redundanz *f* konfigurieren*(Vermittlung, US)*

spare bit unbelegtes Bit *f*

spare capacity Systemreserve *f (Sat)*

spare channel redundanter Kanal *m (Sat)*

spare control capacity Stellreserve *f*

spared N+1 mit Redundanz *f* N+1 konfiguriert *(Vermittlung, US)*

spare fibre Ersatzfaser *f (FO)*

spare part Ersatzteil *n* (ET)

spare time Reservezeit *f (DVB-Messung)*

sparking Funkenstörung *f*

sparklies Funkenstörungen *fpl*, Spratzer *mpl*, Fische *mpl*, Fischchen *npl (GB; impulsförmige Bildstörungen, Sat-TV)*

sparse dünnbesetzt *(Codetabelle)*, dünnbesiedelt *(Feld)*

spatial contrast sensitivity örtliche Kontrastempfindlichkeit *f (Videocodierung)*

spatial filter Ortsfilter *n (Bildcodierung)*

spatial frequency Ortsfrequenz *f (Bildcodierung)*

spatially scalable örtlich skalierbar

spatially scalable profile (SSP) örtlich skalierbares Profil *n (DVB-T)*

spatial resolution örtliche Auflösung *f*

spatial reuse räumliche Mehrfachnutzung *f (IP)*

spatial reuse protocol (SRP) SRP-Protokoll *n (IP)*

spatial scalability Orts-Skalierbarkeit *f (MPEG-2-Codierung)*

spatiotemporal pattern recognition raumzeitliche Mustererkennung *f (neuronales Netz)*

spawn function Spawn-Funktion *f (Betriebssystem, erzeugt neuen Teilprozess)*

SPC s. signalling point code

SPC (stored program control) speicherprogrammierbare Steuerung *f* (SPS)

SPC code s. single parity check code

SPDT (single-pole double-throw) **relay** einpoliges Umschaltrelais *n*

SPE (synchronous payload envelope) synchrone Nutzlast-Bitvollgruppe *f (TDM)*

speaker-adaptive voice recognition (AVR) sprecheradaptive Spracherkennung *f*

speaker-dependent voice recognition (DVR) sprecherabhängige Spracherkennung *f*

speaker-independent voice recognition (IVR) sprecherunabhängige Spracherkennung *f*

speakerphone Lauthörfernsprecher *m*, Lautfernsprecher *m*, Lautsprecher *m (Tel)*

speaker recognition Sprechererkennung *f (Sprachcodierung)*

speaker telephone Lauthörfernsprecher *m*, Lautfernsprecher *m*, Lautsprecher *m (Tel)*

speaking circuit Sprechkreis *m (Tel)*

speaking clock service Zeitansage *f (Tel)*

speaking key Sprechtaste *f (ELA-Anlage)*, Abfragetaste *f (NStAnl)*

speaking pair Sprechadern *fpl (Tel)*

SPEC s. Speech Predictive Encoding Communication

special channel Sonderkanal *m (Kabel-TV)*

special character Sonderzeichen *n (Codes: MS Word = ALT + Nummer, Teletext = x/26, EPG = ESC sequence)*

special effects film Trickfilm *m (z.B. Musikvideo-Clip)*

special-interest channel Spartenkanal *m (Pay-TV)*

special-interest programme Spartenprogramm *n (TV)*

specialist channel Spartenkanal *m (Pay-TV)*

specialized services Sonderdienste *mpl (B-ISDN; Sat.-Nutzlast)*

specialized service provider Sonderdienstanbieter *m (B-ISDN)*

special-purpose IC anwendungsspezifische IC *f*

special-purpose key Sondertaste *f*

special-purpose telephone Sonderfernsprecher *m*

special-service circuit Sonder(dienst)satz *m* (SDS)

special subscriber cable Fernanschlußkabel *n*

specific absorption rate (SAR) spezifische Absorptionsrate *f (EMVU-Prüfung, Mobilfunk)*

specific application service element (SASE) Dienstelement *n* für spezifische Anwendungen *(Netzmanagement)*

specification Spezifikation *f*; Vorschrift *f*

Specification and Description Language (SDL) *(ITU-T-Programmierungssprache, Empf. Z.100...104, ISDN)*

specifications Spezifikationen *fpl*, technische Daten *npl*; Lastenheft *n*, Vorgaben *fpl*

specific emission rate spezifische Abstrahlungsrate *f* (SAR) *(Mobilfunk, CENELEC-Standard)*

specifier Spezifizierer *m*, Spezifikationselement *n (DV)*

specify angeben, ermitteln

specimen Probe *f*

speckle noise Modenrauschen *n (FO)*

speckle pattern Fleckenmuster *n (FO)*

spectral compatibility spektrale Verträglichkeit *f*, Frequenzverträglichkeit *f*

spectral domain Frequenzbereich *m*

spectral efficiency spektraler Wirkungsgrad *m*, Bandbreitenwirkungsgrad *m (Verhältnis der Bitrate eines Bitstroms zur Bandbreite des durch diesen Bitstrom modulierten HF-Signals, in Bit/sec/Hz)*

spectral leakage Linienverlust *(FO)*

spectral window Übertragungsfenster *n (FO)*

spectrum analyser Spektralanalysator *m*

spectrum efficiency Frequenzökonomie *f*

spectrum monitoring Funküberwachung *f*

spectrum oscillator Rasteroszillator *m*

spectrum width spektrale Breite *f*

speculative write Schreibversuch *m (DV)*

speech Sprache *f*

speech activated sprachgesteuert

speech activity Sprachaktivität *f*

speech application programming interface (SAPI) SAPI-Schnittstelle *f (UM q.v.)*

speech circuit Sprechkreis *m*, Sprechschaltung *f*

speech detector Sprachdetektor *m*

speech deviation Frequenzhub *m (Sprache)*

speech digit signalling Sprachkanal-Zeichengabe *f (ITU-T I.112, s. Tabelle IV)*

speech encoding Sprachverschlüsselung *f*

speech frequency signal Tonfrequenzsignal *n*

speech interpolation Sprachpausennutzung *f (TASI)*; Sprachinterpolation *f*

SpeechLine BT-Analog-Festverbindung *f (Sprachband, 2-drahtig)*

speech path Sprechweg *m*, Sprechwegeführung *f*

speech phase Gesprächsphase *f (Verbindungsaufbau)*

Speech Predictive Encoding Communication (SPEC) Kommunikation *f* mit Sprachprädiktionscodierung

speech processing circuit Sprachverarbeitungsschaltung *f*, Sprachprozessorschaltung *f*

speech programmable control sprachprogrammierbare Steuerung *f (Mobilfunk)*

speech quality Sprachqualität *f*, Sprachgüte *f (Messung)*

speech recognition Spracherkennung *f*

speech signal Sprachsignal *n*

speech synthesis Sprachsynthese *f*, "Phonetik" *f*

speech utterance string Lautäußerungssfolge *f (Spracherkennung)*

speech voltage Sprachspannung *f (Tel)*

speech wire Sprechader *f*

speed dialling Zielwahl *f* (ZW) *(zu externem TLN, mit Zieltasten, Tel)*

speed peaking Geschwindigkeitsüberhöhung *f (ATM)*

speed-power product Schaltenergie *f (in fJ, dig. Empfänger)*

speed sense Geschwindigkeitsrichtung *f (Kfz)*

speed-up Zeitgewinn *m*; Geschwindigkeitsüberhöhung *f (in ATM-Verbindungsnetzwerken)*

sphere of influence Wirkungsbereich *m*

SPI (serial peripheral interface) **bus** SPI-Bus *m (dig. Tel. mit Zusatzvorrichtungen)*

spike Nadelspitze *f (auf Impulsen)*, Nadelimpuls *m*, Fehlimpuls *m*

spikes Fische *mpl (TV-Bildfehler)*

spikey spitzenbehaftet, zackig *(Oszillogramm)*

spin box Drehfeld *n (MS Windows, PC)*

spin motor Kreiselmotor *m*

spill-over Überstrahlung *f (außerhalb des Sat.-Versorgungsbereichs empfangene Ausstrahlung)*

splice spleißen; Spleiß *m*, Spleißstelle *f (FO, Magnetband)*

splice enclosure Spleißumhüllung *f (FO)*

splice nest Spleiß(stellen)aufnahme *f (FO-Spleißwerkzeug)*

splicing Spleißen *n (FO)*

split abtrennen *(Verbindung, von Konferenz, ITU-T I.430, s. Tabelle IV)*; teilen

split bar Fensterteiler *m (MS Windows, PC)*

split box Teilungsfeld *n (MS Windows, PC)*

split charging geteilte Gebühren *fpl (IN-Dienst)*

split frequency Spaltfrequenz *f (Meßtechnik)*

split group geteiltes Bündel *n (Vermittlung, Zweiweg-Verkehr)*

split low-pass filter (split LPF) Spalttiefpaß *m*

split operation getrennter Betrieb *m*

split pulse Spaltimpuls *m (Chirp-Impuls-Übertragung)*

split-screen monitor Eigenbildmonitor *m (Videokonferenz)*

split-speed transmission asymmetrische Übertragung *f (Modem, vollduplex, z.B. V.23, s. Tabelle V)*

splitter Verteiler *m (GGA)*; Verzweiger *m*, Verzweigung *f (FO)*; Weiche *f*, Antennenweiche *f*

splitting factor Aufspaltungsfaktor *m (PON)*

splitting jack Trennbuchse *f (Tel)*

splitting point Auftrennpunkt *m (Schaltung, xDSL))*

splitting up Abbereitung *f (Trägerfrequenztechnik)*

SPN (subscriber premises network) Teilnehmernetz *n (LAN, B-ISDN)*

spoken message Sprachdurchsage *f*

spontaneous emission Spontanemission *f (laser)*

spontaneous voice messaging system (SVMS) spontan reagierendes Sprachspeichersystem *n*

spoofing Mogeln *n*, Schwindeln *n*, Spoofing *n (Router täuscht Beantwortung eines "Keep-Alive-Pakets" (q.v.) durch die entfernte Station vor, ISDN)*

spool Spule *f*, Rolle *f*; spulen, wickeln

spool up aufwickeln

spooler Spooler *m (SPOOL: Simultaneous Peripheral Operations On Line; puffernde Hintergrundfunktion in der Datenverarbeitung)*

spot beam punktuelle Strahlungskeule *f*, Richtstrahl *m*, Spotbeam *m*, Bündelstrahl *m*, scharfgebündelte Abwärtsübertragung *f (Sat)*

spot beam antenna Spotbeam-Antenne *f (Sat)*

spot frequencies Festfrequenzen *fpl (Meßtechnik)*

spot solution Insellösung *f*

spread Streubereich *m*, Streuung *f*; spreizen

spreading factor Spreizfaktor *m (CDMA)*

spreadsheet Kalkulationstabelle *f (PC-SW)*

spread-spectrum code Spreizcode *m*

spread spectrum method Spreizbandverfahren *n*, bandspreizendes Verfahren *n*, Bandspreizungsverfahren *n*, Spreizmodulationsverfahren *n (Mobilfunkübertragung, CDMA, DS-Codierung, Mchips/s)*

spread spectrum multiple access (SSMA) Spreizspektrumzugriff *m (VSAT)*

spread spectrum signal Spreizbandsignal *n*

spread spectrum technique Spreizspektrum-Verfahren *n*, Bandspreiztechnik *f*

spring contact pins federnde Kontaktstifte *mpl*

spring-loaded key federnde Taste *f*

spring terminal Federkabelschuh *m*

sprocket wheel Stiftenwalze *f (Bandleser)*

sprung tastend *(Druckknopf)*

spurious emission Nebenwellenausstrahlung *f (allgem. Funkübertr.)*, Störaussendung *f (GSM, zw. 9kHz u. 12.75 GHz)*

spurious emissions Nebenwellen *fpl (Funkübertr., GSM 11.20, s. Tabelle VII)*

spurious emission ratio Nebenwellenabstand *m (TV-Übertr.)*

spurious frequency Nebenfrequenz *f*

spurious modulation Störmodulation *f (TV)*

spurious-response rejection Nebenempfangsstellendämpfung *f*

spurious-signal rejection Nebenempfangsdämpfung *f*

spurious switch-off (SSO) ungewollte Abschaltung *f (Sat)*

spurious-wave attenuation Nebenwellenabschwächung *f (TV-Übertr.)*

SPX (Sequenced Packet Exchange) **protocol** SPX-Protokoll *n (s.a. IPX)*

SQ (Signal Quality (detect)) Empfangsgüte *f (V.24/RS232C, Tabelle IX)*

S/Q (signal/quantizing distortion ratio) S/Q-Verhältnis *n (ADU)*

SQCIF (sub QCIF) Sub-QCIF *n (12288 Pixel, ITU-T H.263, s.a. "QCIF")*

SQL (structured query language) Abfragesprache *f*

SQNR (signal/quantization noise ratio) Quantisierungsrauschabstand *m (ADU)*

square-law detector quadratischer Gleichrichter *m*

square pixel quadratisches Pixel *n (bei Abtastung, die die gleiche Auflösung entlang den beiden Bildachsen ergibt)*

square-root calculator Quadratwurzelbildner *m*

square wave Rechteckwelle *f*

square-wave function Rechteckfunktion *f*

squaring circuit Quadrierer *m*

squint angle Schielwinkel *m (Sat.-Ant. mit mehreren LNBs)*

SR (selective repeat) selektive Wiederholungsaufforderung *f (ARQ-Prozedur, Sat)*

SR (shift register) Schieberegister *n*

SR (symbol rate) Symbolrate *f (in Mbaud, DVB-S-Daten)*

SRA (sampling rate alteration) Abtastratenumsetzung *f (VoIP)*

SRAM s. static RAM

SRCV (Secondary ReCeiVed data) Hilfskanal-Empfangsdaten *npl (V.24/RS232C, Tabelle IX)*

SRI (send routing information) **message** SRI-Nachricht *f (MAP, GSM)*

SRP (Simple Retransmission Protocol) einfaches Wiederholungsprotokoll *n (ITU-T H.324 q.v.)*

SRP s. spatial reuse protocol

SS (session service) Kommunikationssteuerungsschichtdienst *m*, Sitzungsdienst *m*

SS (signalling system) Signalverfahren *n*, Zeichengabesystem *n (ITU-T Empf. Q.700 ff, s. Tabelle III; FTZ RL 1TR6)*
SS5 (Signalling System No.5) Zeichengabesystem Nr.5 (ZGS.5) *(s. Tabelle III*
SS7 (Signalling System No.7) Zeichengabesystem Nr.7 (ZGS.7) *(ISDN, s. Tabelle III)*

SS (supplementary service) Zusatzdienst *m (GSM 01.04, s. Tabelle VII)*

SS-TDMA (satellite switched TDMA) TDMA *m* mit Vermittlung im Satelliten *(Sat)*

SSB (single-sideband (modulation)) Einseitenband *n* (ESB)

SSB frequency converter ESB-Versetzer *m*

SSD (solid-state drive) Festkörperansteuerung *n*

S Series of ITU-T Recommendations S-Serie *f* der ITU-T-Empfehlungen *(betrifft Endgeräte für Telegrafiedienste, s. Tabelle III)*

SSF (service switching function) Dienstvermittlungsfunktion *f (IN)*

SSL (secure socket layer) SSL-Schicht *f (IP)*

SSM (single-segment message) Einzelsegment-Nachricht *f*

SSMA s. spread spectrum multiple access

SSN (subsystem number) Teilsystemadresse *f (GSM, s. Tabelle VII)*

SSO s. spurious switch-off

SSP (service switching point) Dienstevermittlungspunkt *m*, Dienstvermittlungsknoten *m* (DVK) *(IN)*

SSP (spatially scalable profile) örtlich skalierbares Profil *n (DVB-T)*

SSR (selective serial repeat) selektive serielle Wiederholung *f (ARQ)*

SSR (solid-state relay) Festkörperrelais *n*

SSS (switching subsystem) Vermittlungs-Teilsystem *n (GSM, s. Tabelle VII)*

SSTDMA (satellite switched TDMA) TDMA *m* mit Vermittlung im Satelliten *(Sat)*

SSTV (slow scan TV) Schmalband-Fernsehen *n*

SSU (Step-by-Step exchange, Unbalanced signalling) Schrittschaltesystem *n*, unsymmetrische Zeichengabe *(analog)*
SS7 point code ZGS.7-Endpunkt *m*

ST (self-test) Selbsttest *m*, Eigentest *m*

ST (send terminal) Sendeterminal *n (DK)*

ST (stuffing table) Fülltabelle *f*, ST-Tabelle *f (DVB-SI)*

stab Flachkörper *m (Schalter-HW)*

stabilisation characteristic Einlaufverhalten *n*

stability Stabilität *f*, Konstanz *f (Frequenz)*; Kippsicherheit *f*, Pfeifsicherheit *f*

stability of deviation Hubstabilität *f (Gleichwellenfunknetz, Betriebsfunk)*

stability with time zeitliche Stabilität *f (Frequenz)*

stack Keller(speicher) *m*, LIFO-Speicher *m (DV)*

stacked array gestockte Antenne *f*

stacked components Schichtbausteine *mpl (Verteiler)*

stacked dipole Dipolebene *f (Antennen)*

stacked terminal block Schichtverteiler *m*

STADAN (Satellite Tracking and Data Acquisition Network) Satellitenverfolgungs- und Datenerfassungsnetz *n (NASA)*

staffed (mit Personal) besetzt

stage Stufe *f (Schaltung)*; Phase *f (Prozeß)*

stage-by-stage control system schritthaltend gesteuertes System *n*

stage of completion Ausbaustufe *f*

staggered gestaffelt, versetzt *(VCR, mech.)*

staggering Staffelung *f*; Verstimmung *f (Filter)*

staging Stufentrennung *f*

staging buffer Einspeicherungspuffer *m (DV)*

staging memory Zwischenspeicher *m (Umformatierung)*

staircase voltage Treppenspannung *f*

staircase signal Treppensignal *n (TV)*

stairstep Treppe(nstufe) *f (TV)*; treppenförmig

stairstep generator Treppen(stufen)generator *m (TV)*

stairstep pulse stufenförmiger Impuls *m*

stairstep signal Treppensignal *n (TV)*

stalk earphone headset Stielhörer *m (EB)*

standalone unabhängig, freistehend, selbständig

standalone device Alleingerät *n*, Einzelgerät *n*

standalone system Inselnetz *n*

standard standardmäßig, einheitlich, genormt, serienmäßig, handelsüblich

standard abbreviated call number Einheitskurzrufnummer *f* (EKR)

standard abbreviated directory number Einheitskurzrufnummer *f* (EKR)

standard cable equivalent Leitungsdämpfung *f*

standard channel Einheitskanal *m (z.B. 64 kB/s)*

standard definition television (SDTV) Fernsehen *n* mit Standardauflösung *(Bildauflösung 720x576, Bildformat 4:3, PAL, SECAM, NTSC, DTV, DVB, ca. 5 MHz; MPEG-2, Datenrate 4–6 Mbit/s, 1 Stereokanal (NICAM728) + 3 KK)*

standard frequency inset Normalfrequenzeinsatz *m* (NFR)

Standard Generalized Markup Language (SGML) SGML-Sprache *f (WWW-Metasprache zur Definition anderer Markup-Sprachen, ISO 8879)*

standard grading Normmischung *f (TelAnl)*

standardisation Standardisierung *f*, Normierung *f*; Typisierung *f*

standardize by type typisieren

standard mismatch Fehlernormal *n (Meßtechnik)*

standard operating procedure (SOP) Standardverfahren *n*

standard route Regelweg *m (Tol)*

Standards and Codes Regelwerk *n*

standards converter Normwandler *m (TV)*

standby Reserve *f*, Betriebsbereitschaft *f*, Bereitschafts-

standby link Ersatzstrecke *f*

standby mode Betriebsbereitschaft *f*, Bereitschaftsbetrieb *m*, Bereitschaftsmodus *m (Mobilfunk)*, Wartezustand *m*,

Stromsparmodus *m*, Schlafmodus *m* *(Prozessor)*

standby operation Ersatzbetrieb *m*, Ersatzschaltung *f*

standby power system switching Netzersatzschaltung *f*

standby processor Reserveprozessor *m*

standby system Bereitschaftssystem *n*

standby time Bereitschaftszeit *f (Mobilfunk)*

standby transmitter passive Reserve *f (Fernsehrundfunk)*

standing wave Stehwelle *f*, stehende Welle *f*; Mantelwelle *f (Kabel)*

standing wave ratio (SWR) Stehwellenverhältnis *n*

standing wave trap Mantelwellensperre *f*

stand-in secretary Vertretungssekretärin *f*

stand-in (selection) switch Vertretungsschaltung *f (Chef-Sekretär-Anlage)*

star coupler Sternkoppler *m* (STK), Konzentrator *m*

star-dot-star Sternchen-Punkt-Sternchen *(Bezeichnung für "Alle Dateien", PC)*

star-shaped sternförmig *(Netz)*

start Beginn *m*, Anfang *m*, Start *m*; beginnen, anfangen, starten, in Betrieb *m* nehmen *oder* setzen, Inbetriebnahme *f*

start bit Anlaufschritt *m (FS)*

start delay Anlaufverzögerung *f*

start element Startbit *n*

start flag Beginnflagge *f*

starting Starten *n*, Anlassen *n*, Inbetriebnahme *f*

starting direction Angriffsrichtung *f (Impuls)*

starting delimiter Anfangsfeld *n (FDDI)*

starting point Anfangspunkt *m*, Anfang *m* *(Signal)*

starting potential Anlaßpotential *n (Wähler)*

start of frame Rahmenbeginn *m*, Rahmenanfang *m (Übertr.)*

start of operation Betriebsbeginn *m*

start-of-text character (STX) Anfangszeichen *n*

start record Anfangssatz *m (PCM-Daten)*

start relay Beginnrelais *n*

start signal Anlaufschritt *m (FS)*

start/stop counter Start-Stopp-Zähler *m*

startup Anlauf *m*, Start *m*, Hochfahren *n*

StartUp Autostart *m (PC)*

start-up procedure Anlaufprozedur *f*, Initialisierungsprozedur *f (Modems)*

start-up sequence Startfolge *f*, Einschaltfolge *f*, Initialisierungsfolge *f (IDTV)*

start-up time Startzeit *f*

star-type network Sternnetz *n*

starve aushungern *(Prozess)*

state Zustand *m*; Stand *m (Uhr)*

state alignment Informationsabgleich *m* *(TMN)*

state description diagram (SDD) Zustandsbeschreibungsplan *m (ITU-T)*

state diagram Zustandsdiagramm *n (ITU-T I.432, s. Tabelle IV)*, Zustandsfolgediagramm *n (Codierung)*

state/event diagram Zustands-Anreiz-Diagramm *n (Vermittlung)*

state machine Automat *m*, Zustandsautomat *m*, Zustandsmaschine *f (math. Modell)*

statement Anweisung *f (Rechner)*; Ansatz *m (Math.)*

statement of compliance Konformitätserklärung *f*

statement of services provided Leistungsbeschreibung *f*

state of completion Ausbaustand *m*

state of loading Lastzustand *m (Netz)*, Belegung *f (Bus)*

state of occupancy Belegung *f (Bus)*

state of recovery Einschwingzustand *m* *(Oszillator)*

state realignment Informationsabgleich *m* *(TMN)*

state switching Stufenkippen *n*

state transition Zustandsübergang *m*

state transition diagram Zustandstabelle *f* *(ISDN)*

state variable Zustandsvariable *f*

static statisch *(zeitunabhängig)*

static communication area statischer Verständigungsbereich *m* (SVB) *(SW)*

static multiplex statisches Multiplex *n* *(ITU-T I.430, s. Tabelle IV)*

static picture transmission Standbildübertragung *f*

static RAM (SRAM) statischer RAM *m (Inhalt erfordert kein "Auffrischen")*

station Sprechstelle *f*, Anlage *f* (A), Endgerät *n*

station answerback Anschlußkennung *f (Tx)*

stationarity Beständigkeit *f*

stationary feststehend, stationär, ortsfest; starr

stationary condition Stationarität *f*

station battery Amtsbatterie *f*, Zentralbatterie *f* (ZB), Ortsbatterie *f* (OB) *(Vermittlung)*

station control equipment Betriebssteuereinrichtung *f* (BSE) *(Sat)*

station feature Stationsmerkmal *n*, Stationsfunktion *f (NStAnl)*

station finding Suchlauf *m (Rundfunk)*

station identification Senderkennung *f*

station interface Anschlußschnittstelle *f (FDDI)*

station management (SMT) Endgeräteverwaltung *f (IN, ITU Q.1290, s. Tabelle III)*

station search Suchlauf *m (Rundfunk)*

station seeking Suchlauf *m (Rundfunk)*

station seeking receiver Suchlaufempfänger *m (Rundfunk)*

station set Sprechstellengerät *n*, Teilnehmerapparat *m*

station wiring Amtsverdrahtung *f*

statistical statistisch *(ITU-T I.113, s. Tabelle IV)*

statistical bit rate (SBR) statistische Bitrate *f (ATM, ITU-T I.371)*

statistical coding statistische Codierung *f*

statistical multiplex statistisches Multiplex *n (ITU-T I.430, s. Tabelle IV)*

statistical multiplexing unit (SMU) statistische Multiplexeinheit *f*

statistical time division multiplexer (STDM) statistischer Multiplexer *m*

statistical variation statistische Streuung *f*

status Zustand *m*, Abarbeitungszustand *m (DV)*, Status *m*

status bar Statusleiste *f (MS Windows, PC)*

status bar indicator Statusanzeige *f (MS Windows, PC)*

status description Zustandsbeschreibung *f (ARQ)*

status line Statusleiste *f (PC-Fenster)*

status map Zustandstabelle *f (Verkehrslenkung)*

status message Zustandsmeldung *f*, Rückmeldung *f*

status request Statusabfrage *f*

STB (set-top box) Beistellgerät *n (allgemein)*; Beistelldecoder *m*, Set-Top-Box *f*, Digitalreceiver *m*, MPEG2-Receiver *m*, DVB-Empfänger *m (DTV-Adapter, DVB, mit PCMCIA-Schacht für CA-Module)*

STD (subscriber trunk dialling) Selbstwählferndienst *m* (SWFD) *(GB)*

STD (synchronous time division multiplex) synchrones Zeitmultiplex *n (STM)*

STD capable selbstwählfähig *(Vermittlung)*

STDN (Satellite Tracking and Data Acquisition Network) Satellitenverfolgungs- und Datenerfassungsnetz *n (NASA)*

steady-state condition eingeregelter Zustand *m*, eingeschwungener Zustand *m*, Stationarität *f*

steady-state distribution stationäre Besetzung *f (FO)*

steady-state operation stabile Betriebsweise *f (synchronisiert)*

steepness Steilheit *f (Impuls, Flanke)*, Anstiegssteilheit *f*

steep-sided steilflankig *(Filter)*

steer steuern; lenken *(Daten)*

steerable steuerbar, schwenkbar *(Ant., Ant.-keule)*

steerable-beam antenna Schwenkstrahlantenne *f (Sat)*

steering diode (Strom-)Steuerdiode *f*

step Schritt *m*, Stufe *f*; Arbeitsschritt *m* (AS); fortschalten *(Zähler)*

step-by-step call set-up schritthaltende Verbindungsherstellung *f*

step-by-step (SXS) selector Schrittschaltsystem *n (analog)*; Step-by-Step-Wähler *m*

step change Sprung *m (Spannung)*

step-down transformer Abwärtswandler *m oder* -transformator *m*

step function Stufenfunktion *f*

step-function excitation Sprunganregung *f (FO)*

step length Schrittlänge *f (Modulationsschritt, OFDM)*

step load change Lastsprung *m*

stepped index profile Stufenprofil *n (FO)*

stepping-down Untersetzung *f (Transformator)*

stepping motor Schrittmotor *m*

stepping pulse Fortschaltimpuls *m*

stepping selector Schritt(schalt)wähler *m*

stepping speed Schrittgeschwindigkeit *f (Relais)*

step size control Skalenfaktor *m (ADM, CCITT Rep.953)*

step-up transformer Aufwärtswandler *m oder* -transformator *m*

stereo crosstalk Stereoübersprechen *n(TV-Zweiton usw.)*

stereophonic sound Raumklang *m*, Stereoton *m (TV-Zweiton usw.)*

stereo separation Stereo-Übersprechdämpfung *f (TV-Zweiton usw.)*

stereo signal Stereosignal *n*, Stereoton *m (TV-Zweiton usw.)*

STF (self-test fail) Selbsttest *m* "Nicht Erfolgreich"

STI (surface transfer impedance) Kopplungswiderstand *m (ITU-T Empf.I.432, s. Tabelle IV)*

stick steckenbleiben, hängenbleiben *(mech.)*

sticky connection dauerhafte Verbindung *f (HTTP)*

still frame Standbild *n*, Stehbild *n*, Einzelbild *n*, Festbild *n*

still image Standbild *n*, Stehbild *n*, Einzelbild *n*, Festbild *n*

still picture Standbild *n*, Stehbild *n*, Einzelbild *n*, Festbild *n*

stimulate anreizen, induzieren, ansteuern

stimulating radiation Stimulationsstrahlung *f*, Reizstrahlung *f (Leuchtschirm)*

stimulus Anreiz *m*

stimulus protocol Anreizprotokoll *n (Schicht 3 OSI-RM, s. Tabelle I)*

stipulate festlegen

stipulation Festlegung *f (Vertrag)*

STM (synchronous transfer mode) synchroner Übertragungsmodus *m (SDH)*
STM-1 (level 1 synchronous transport module) synchroner Transportmodul *m* der Ebene 1 *(SDH-Impulsrahmen, ITU-T G.70x, für 155,52 Mbit/s, s. Tabelle III, entspricht STS-3 (OC-3) im SONET)*
STM-4 (level 4 synchronous transport module) synchroner Transportmodul *m* der Ebene 4 *(622,08 Mbit/s, entspricht STS-12 (OC-12) im SONET)*
STM-16 = *2,488 Gbit/s (s. SDH-Hierarchie))*

stochastically excited linear prediction (SELP) lineare Prädiktion *f* mit stochastischer Anregung *oder* Zufallsanregung

stochastic noise stochastisches Rauschen *n*

stop anhalten, beenden, sperren, stoppen, außer Betrieb nehmen

stop band Sperrbereich *m (Filter)*

stop-band attenuation Sperrdämpfung *f*, Sperrtiefe *f (Filter)*

stop bit Stoppbit *n*; Sperrschritt *m*

stop element Stoppschritt *m (Geschwindigkeitsanpassung)*

stop filter Sperrfilter *n*

stop flag Endeflagge *f*

stop signal Sperrschritt *m*

storage area network (SAN) Lagernetz *n*

storage bus interface unit Speicherleitungsanschluß *m* (SLA)

storage cycle Speichertakt *m*

storage flip flop Speicherkippstufe *f*, Merkkippstufe *f*

storage location Speicherstelle *f*

storage space Speicherraum *m*

storage unit Speichereinheit *f* (SE) *(EWS)*

store Speicher *m (allgemein: eine Hilfsspeichervorrichtung)*; speichern, ablegen

store-and-forward facility (SFF) Teilvermittlungseinrichtung *f*, Speichervermittlungseinrichtung *f*

store-and-forward mode Speicherbetrieb *m*

store-and-forward service Speicher- und Verarbeitungsdienst *m*

store-and-forward (SF,SAF,S&F) switching Teilstreckenvermittlung *f*, Speichervermittlung *f*; Zwischenspeicherung *f* *(MHS)*

stored position Ablageposition *f*

stored-program control (SPC) speicherprogrammierbare Steuerung *f* (SPS)

stored-program control switch speicherprogrammierte Vermittlung *f*

store externally auslagern

STP (self-test pass) Selbsttest *m* "Erfolgreich"

STP (shielded twisted pair) abgeschirmte verdrillte Doppelleitung *f* *(USB-Kabel)*

STP(signalling transfer point) Zeichengabe-Transferpunkt *m*, Signalübertragungs- *oder* -übergabepunkt *m*
STP-C (signalling transfer point, C7) Zeichengabe-Transferpunkt *m* für ZGS.7

straddle überbrücken *(zwei Leitungen)*

straight-through reception Geradeausempfang *m*

straight-through switching arrangement gestreckte Koppelanordnung *f*

straight-through trunking scheme gestreckte Gruppierung *f*

strained MQW laser belasteter MQW-Laser *m* *(unterliegt symmetrischer Verformung unter Druck und Zug)*

strain relief Zugentlastung *f*, Zugsicherung *f* *(CH)*, Entspannungsbogen *m* *(Kabel)*

strain-relief element Zugorgan *n*, Zugentlastung *f* *(Kabel)*

strand Litze *f*, Einzelleiter *m* *(Leitung)*; Schiene *f* *(Sat)*

strand-mounted am Tragseil *n* angebracht *(KTV)*

strap Verbindungsbrücke *f*; Lasche *f* *(HW)*; überbrücken, rangieren

stray current vagabundierender Strom *m*

stray pick-up Einstreuung *f*

streaking Fahneneffekt *m* *(TV)*

stream Strom *m* *(Daten)*, Folge *f* *(Bits)*; Multiplex *m* *(MPEG-2)*

streamer Bandlaufwerk *n* *(Festplatten-Archivierung, PC)*, Streaming-Bandlaufwerk *n*

streaming Streaming *n*, Strombildung *f* *(ITU-T I.363, s. Tabelle IV)*; Echtzeitübertragung *f* *(Datenstrom)*

streaming media Streaming-Media *npl* *(Echtzeitübertragung von Multimedien)*

streaming mode Streaming-Betrieb *m*, Zügig-Betrieb *m* *(DV)*

stretch strecken; dehnen *(Analogsignal)*

stretching Strecken *n* *(Objekt auf dem Bildschirm, CAD)*, Dehnen *n* *(Analogsignal)*

string Strang *m* *(Laufwerke)*; Zeichenfolge *f*, Zeichenkette *f*, Kette *f* *(Zeichen)*, String *m*

string code Kettencode *m* *(Datenkomprimierung)*

string of fenemes fenemische Folge *f* *(Spracherkennung)*

string table Kettentabelle *f* *(Datenkomprimierung)*

strip eliminieren, ausblenden *(Bit)*; ablösen, abmanteln, abisolieren, freilegen *(Kabel)*

strip frame zu beseitigender Rahmen *m* *(PCM)*

striping Striping *n* *(Verteilen von aufeinanderfolgenden Videofilm-Datenblöcken auf mehrere Festplatten, VOD)*

strip line Streifenleitung *f* *(Mikrowellen)*

strip line connector Streifenleiterverbinder *f* *(Leiterplatten)*

strip off abstreifen *(z.B. Header)*

strobe Tastimpuls *m*, Abtastimpuls *m*, Auftastimpuls *m*, Ausblendimpuls *m*; Übernahmesignal *n* *(DP-Bus)*; Taktfrequenz *f*; abtasten, auftasten, eintasten, ausblenden; freigeben, öffnen *(Gatter)*

strobe line Taktleitung *f* *(Bus)*

strobe out austakten

strobe pulse Takt-, Leit-, Auftast-, Öffnungsimpuls *m*

structogram Ablaufdiagramm *n*, Struktogramm *n*, Strukturbild *n*

structural diagram Strukturbild *n*

structural part Konstruktionsteil *n*

structural unit Baueinheit *f*

structure Gebilde *n* *(Kabel)*, Aufbau *m* *(Feld, Rahmen)*; Struktur *f*, Anordnung *f*

structure diagram Struktogramm *n*, Strukturbild *n*

structured query language (SQL) Abfragesprache *f*

structure of the exchange area Anschlußstruktur *f*

STS (synchronous transport signal) synchrones Transportsignal *n (SONET q.v., US)*
STS-1 (level 1 synchronous transport signal) synchrones Transportsignal *n* der Ebene 1 *(51,84 Mbit/s (= OC-1 q.v.))*
STS-3 (level 3 synchronous transport signal) synchrones Transportsignal *n* der Ebene 1 *(155,52 Mbit/s (= OC-3), entspricht STM-1 in der SDH)*
STS-12 (level 12 synchronous transport signal) synchrones Transportsignal *n* der Ebene 12 *(622,08 Mbit/s (= OC-12), entspricht STM-4 in der SDH)*

STU (set-top unit) Beistellgerät *n (TV)*

stub Stumpf *m*; Stichleitung *f*, Blindleitung *f*

stub network Zubringernetz *n (unterste Ebene in der Internet-Hierarchie; IAB RFC1983, s. Tabelle VIII)*

stuck-at fault Haftfehler *m (Logikoperation)*

stuck at "1" haftend an (Logikpegel) "1"

studio MAC (S-MAC) Studio-MAC *n (ca. 10 MHz Bandbreite)*

Study Group (SG) Arbeitsgruppe *f* (AG) *(ITU-T)*, Studienkommission *f*

stuff einblenden *(Bit, Blockbegrenzer)*; stopfen *(PCM, Geschwindigkeitsanpassung)*

stuffable stopfbar *(PCM-Daten)*

stuffing bits Stopfbit *npl (PCM)*, Leerbit *npl*

stuffing/multiplexing Stopf-Mux-Technik *f (Übertr.)*

stuffing table (ST) Fülltabelle *f*, ST-Tabelle *f (DVB-SI-Tabelle)*

stuffing word Füllwort *n*, Stopfwort *n (PCM)*

style Bauform *f*, Ausführungsform *f*

style sheet Druckvorlage *f*, Vorlage *f (DTP)*

STX s. start of text

SU (service unit) Servicegerät *n*

SUB s. sub-addressing

SUB s. subscriber

subaddressing (SUB) Subadressierung *f (ISDN, IP)*

subassembly Baugruppe *f* (BG) *(in einem Modul)*

sub-attribute Teilmerkmal *n (ISDN)*

subband Teilband *n (Frequenzspektrum)*

subband coding Teilbandcodierung *f* (TBC) *(dig. Audio, Video)*

subband sample Teilband-Abtastwert *m (bei MPEG-Audio die Ausgabe eines der 32 Teilbandfilter. Die Dauer beträgt 32 PCM-Abtastwerte entspr. 1 ms bei einer Abtastfrequenz von 32 kHz)*

sub-block counter Teilblockzähler *m (Kompr.)*

subcarrier Hilfsträger *m (TV)*, Zwischenträger *m (FO)*, Unterträger *m (PLC)*

subcarrier multiplex (SCM) Zwischenträger-Multiplex *n (FO)*

subceed unterschreiten

sub-centre Teilvermittlungsstelle *f*

subchannel Unterkanal *m*

subcircuit Teilschaltung *f (IC)*

subclass of service access level Teilberechtigung *f*

subconductor Teilleiter *m (Leiterbündel)*

sub-entity Teilinstanz *f*, Unterinstanz *f (ITU-T I.610, s. Tabelle IV)*

subfocal plane Teilbildebene *f (Repro.)*

subfolder untergeordneter Ordner *m*, Unterordner *m (MS-Windows95, PC)*

subframe Unterrahmen *m (PCM)*; Rahmenabschnitt *m (Spracherkennung)*

subfunction Unterfunktion *f*, Teilfunktion *f*

subgroup Teilbündel *n (Verm.)*; Teilgruppe *f (Tel.-Anl)*

subgroup switching centre Untergruppenvermittlungsstelle *f*

subinterval Teilinterval *n (Math)*

subject Sachgebiet *n*; unterwerfen, aussetzen; beaufschlagen (mit)

subject to change Änderung *f* vorbehalten

subject to notification anzeigepflichtig *(z.B. HF-Geräte, ZZF)*

subject to permit *oder* **approval** zulassungspflichtig

sublayer Teilschicht *f*, Subschicht *f (ATM)*

submarine cable Unterwasserkabel *n*, Unterseekabel *n*, Seekabel *n*

submenu Untermenü *n (PC)*

submerged repeater Unterseeverstärker *m (für Seekabel)*

submit senden *(Bit)*, übergeben *(Nachrichten)*

submultiple in einer Zahl enthaltener Faktor *m*; Bruchteil *m*, Teil *m*; (höhere) Wurzel *f* einer Zahl *(ohne Rest, Math.)*

submultiple reference frequency Unterbezugsfrequenz *f (Zeitgabe)*

subnetwork Teilnetz *n*, Subnetz *n (OSI-RM)*; Inselnetz *n*

subnetwork control unit (SCU) Unternetz-Steuereinheit *f (VSAT)*

subnetwork point of attachment (SNPA) Teilnetz-Anschaltepunkt *m (ISDN, DEE)*

sub-nyquist sampling method Unterabtastverfahren *n (Bildcodierung)*

suboptimum suboptimal

subpage Unterseite *f (Teletext)*

sub-pel accuracy Subpelgenauigkeit *f (Bildcodierung, s. "PEL")*

subprocess Teilprozess *m*

subproduct Teilprodukt *n (Math.)*

subprogram Unterprogramm *n*

subrack Baugruppenträger *m* (BGT), Etage *f*, Chassis *n*
19″ subrack 19″-Etage *f*

subrate Subrate *f*, Subbitrate *f (Teilbitrate des Basiskanals, d.h. 64/n kbit/s, bezieht sich meistens auf die Modemraten von z.B. 300, 1200, 4800 usw. Baud)*

subrate service Dienst *m* mit geringerer Geschwindigkeit *oder* mit Teilgeschwindigkeit; Teilratendienst *m (ISDN)*

subroutine Unterprogramm *n*, Subroutine *f (DV)*

subsampling Unterabtastung *f (DV)*

subsatellite point Subpunkt *m*

subscanning Teilabtastung *f (Bildbearbeitung)*

subscribe teilnehmen, bestellen, abonnieren *(KTV)*; indizieren *(Wert)*

subscribed demand bestellte Leistung *f*, Vertragsleistung *f*

subscriber (SUB) Teilnehmer *m* (TN, TLN) *(Tel., ein Kunde, der einen Vertrag mit dem Netzbetreiber besitzt, d.h. der Anschlußinhaber (ITU-T-Definition), s. "user")*

subscriber access Teilnehmeranschluß *m (ITU-T I.430, s. Tabelle IV)*

subscriber access unit Teilnehmeranschaltgerät *n (Pay-TV)*

subscriber-activated change-over Selbstumschaltung *f*

subscriber-activated service features Selbsteinschreiben *n* von Betriebsmöglichkeiten

subscriber-associated teilnehmerindividuell

subscriber base Teilnehmerkreis *m*

subscriber cable Anschlußkabel *n* (AsK)

subscriber category Anschlußart *f (Tel-Anl)*

subscriber's (check) meter Gebührenanzeige *f*, Gebührenkontrolle *f*, Mitlaufgebührenanzeiger *m* für Hausanschluß *(Tel)*

subscriber connection Teilnehmeranschluß *m*, Hauszuführung *f (Tel)*

subscriber connection line Anschlußlinie *f (Linie zum Anschließen von Endgeräten an Knoten- oder Endpunkte oder aneinander)*

subscriber connector Teilnehmer-Anschalteeinheit *f* (TAE)

subscriber-controlled input (SCI) Teilnehmer-Selbsteingabe *f (GSM)*

subscriber dialling Teilnehmerwahl *f*, Selbstwählverkehr *m (Tel)*

subscriber directory Teilnehmerverzeichnis *n*

subscriber's directory number Fernsprechnummer *f*

subscriber's fill Beschaltungsgrad *m (Verm.)*

subscriber identity module (SIM) Teilnehmerkennungsmodul *n (GSM-Chipkarte)*

subscriber installation Teilnehmereinrichtung *f (ITU-T I.430, s. Tabelle IV)*

subscriber('s) line Anschlußleitung *f* (Asl) *(allgemein, Tel., FTZ, alle Leitungen in Anschlußnetzen)*; Teilnehmeranschluß(-leitung *f*) *m*, Teilnehmerleitung *f*; Ortsleitung *f (ITU-T I.430, s. Tabelle IV)*; Hausanschluß *m* (Has)

subscriber line access circuit (SLAC) Teilnehmerleitung-Anschaltekreis *m (enthält Codec und AD-DA-Umsetzer)*

subscriber line cable Anschlußkabel *n* (AsK)

subscriber line carrier (SLC) **system** Teilnehmermultiplexsystem *n (Teilnehmeranschluß)*

subscriber line category Teilnehmerklasse *f*

subscriber line circuit (SLC) Teilnehmersatz *m* (TS); Teilnehmerschaltung *f*, Teilnehmeranschlußschaltung *f*

subscriber line connection unit Anschlußbaugruppe *f*

subscriber('s) line finder erster Anrufsucher *m*

subscriber line interface circuit (SLIC) Teilnehmeranschluß-Schnittstellenbaustein *m*, Teilnehmer-Anschlußschaltung *f (Tel., K-Anl)*

subscriber line location Teilnehmeranschlußlage *f (Verm)*

subscriber line module (SLM) Anschlußmodul *n*, Anschlußbaugruppe *f*, Teilnehmeranschlußstelle *f (TDM)*

subscriber line multiplexer Anschlußleitungsmultiplexer *m* (AslMx) *(ADSL)*

subscriber line network Liniennetz *n*, Anschluß(linien)netz *n (Tel)*

subscriber line position Teilnehmeranschlußstelle *f (Verm.)*

subscriber line supervision Teilnehmerüberwachung *f*

subscriber line testing network Wählprüfnetz *n*

subscriber line unit Teilnehmer-Anschlußgerät *n*

subscriber('s) loop (Teilnehmer-)Anschlußbereich *m*; Teilnehmerschleife *f*, Teilnehmerdoppelleitung *f*

subscriber loop carrier (SLC) **system** Teilnehmermultiplexsystem *n (Teilnehmeranschluß)*

subscriber's main station Hauptapparat *m*, Hauptanschluß *m*

subscriber's meter Gebührenzähler *m (Tel)*

subscriber module Teilnehmerbaugruppe *f* (TB)

subscriber network interface (SNI) Teilnehmer-Netz-Schnittstelle *f (MAN)*

subscriber number (SN) Teilnehmernummer *f* (TN), Teilnehmerrufnummer *f*, Rufnummer *f (ISDN)*

subscriber number portability Rufnummernportierbarkeit *f oder* -portabilität *f*

subscriber number profile Rufnummernprofil *n (Diensteinformationen, HLR, GSM)*

subscriber off-hook program Teilnehmeraushängeprogramm *n*

subscriber premises network (SPN) Teilnehmernetz *n (LAN, B-ISDN)*

subscriber's private meter Mitlaufgebührenanzeiger *m* für Hausanschluß

subscriber search Teilnehmersuche *f*

subscriber separation method Teilnehmerseparierungsverfahren *n (CDMA, GSM)*

subscriber service Abonnentenverwaltung *f (CATV)*

subscriber signalling Teilnehmersignalisierung *f (SAAL)*

subscriber('s) station Teilnehmerstelle *f*, Teilnehmerstation *f (Mobilfunk)*

subscriber terminal Teilnehmerendeinrichtung *f* (TEE) *(FTZ)*; Fernsprechendeinrichtung *f*

subscriber terminal data Anschlußdaten *npl*

subscriber to a prepaid service Prepaid-Teilnehmer *m (Mobilfunk-Dienst)*

subscriber trunk dialling (STD) Selbstwählferndienst *m* (SWFD), Selbstwählfernverkehr *m*, Fernwahl *f*

subscriber usage pattern Teilnehmernutzungsverhalten *n*

subscription Bestellung *f*, Teilnahme *f*; Einrichtung *f (des Dienstes, ISDN)*
at subscription time bei Einrichtung *f*, zum Zeitpunkt der Antragstellung *f oder* Bestellung *f (Dienstleistung)*

subscription card Abokarte *f (CAM für DVB-C, DVB-S)*

subscription data Subskriptionsdaten *npl (DECT)*

subscription option Bestelloption *f*, Teilnehmeroption *f (ISDN)*

subscription service Abonnementdienst *m (KTV)*

subscription TV Münzfernsehen *n*, Abonnementfernsehen *n*, Abo-Fernsehen *n*

subset Teilnehmerapparat *m (US)*; Teilmenge *f*, Untermenge *f (Math)*

substitute Ersatz *m*; Platzhalter *m*

substitute message Leertelegramm *n (Übertragungsstrecke)*

substitute signal Ersatzsignal *n*

substream Teilstrom *m (Daten)*

substring Teilstring *f (GPS-Nachricht, NMEA 0183)*

substructural element (SE) Substruktur-Element *n (ATM AAL2)*

subsume subsumieren, unterordnen, einordnen

subsynchronous untersynchron

subsystem number (SSN) Teilsystemadresse *f (GSM, s. Tabelle VII)*

subtask sekundäre Task *f (Betriebssystem)*, Teilaufgabenprogramm *n*

subtend gegenüberliegen *(Math.)*

subtractor Subtrahierer *m*, Subtrahierglied *n*

subvector Untervektor *m (Bildcodierung)*

subwoofer Tiefsttonlautsprecher *m*

subzone Netzgruppe *f (Verm.-Bereich)*

successful DCE Gewinner *m (DÜE in Buszuordnung)*

successive approximation schrittweise Näherung *f (Math.)*

successive approximation register (SAR) Iterationsregister *n*

successor signal Folgesignal *n*

suffix (digit) Nachwahlnummer *f*, Suffix *m (K.-Tel)*

suffix dialling Nachwahl *f (K.-Tel)*

suitable for reception für den Empfang *m* geeignet, empfangswürdig *(Signal)*

sum former Summenbildner *m*

sum-forming circuit Summen-Bildner *m*

summation alarm Summenalarm *m*

summation meter Summenzähler *m*

summator Summierer *m*, Summierglied *n*

summer Summierer *m*

summing circuit Summierer *m*

summing element Summierglied *n*

summing integrator Summator *m (diskretes Analog des Integrators)*

sum of the digits Quersumme *f (dekadisch)*

superaudio channel Überlagerungskanal *m (TEMEX, Centrex, ÖKartTel)*

superband Superband *n (KTV, 216–302 MHz, EIA-Kanäle 23–35)*

superconductive intelligent antenna module (SIAM) supraleitendes intelligentes Antennen-Modul *n (adaptives Antennensystem, Mobilfunk)*

superconductor Supraleiter *m*

superframe Überrahmen *m (PCM)*

superheterodyne receiver Überlagerungsempfänger *m (HF)*

super high frequency (SHF) superhohe Frequenz *f (Sat., 3–30 GHz)*

superimpose überlagern; einblenden *(Signal, FO)*

superimposed feedback Rückwirkungsüberlagerung *f*

superimposition Überlagerung *f*; Simultanschaltung *f (Tel)*

superimposure Überlagerung *f (Videofilm)*

supermaster group Quartärgruppe *f* (QG) *(Verm.)*

super-multiplex highway Supermultiplexschiene *f*

superpose überlagern

superposition Überlagerung *f*

superrate Superrate *f (Vielfaches der Basiskanalbitrate, d.h. n x 64 kbit/s)*

superset Obermenge *f (Math)*

supersymbol Supersymbol *n (DVB)*

supersystem bit rate Übersystem-Bitrate *f*, Superrate *f (Vielfache der Basis-Systembitrate)*

supervised learning überwachtes *oder* beaufsichtigtes Lernen *n (neuronales Netz)*

supervision Überwachung *f* (Ü) *(PCM-Einheit bzw. Einrichtung, ITU-T I.430, s. Tabelle IV)*; Kontrolle *f*

supervision circuit Überwachungssatz *m*

supervision threshold Überwachungseinsatz *m*

supervisor password Überwacherkennung *f (Datenbankzugriff)*

supervisory Steuer-, Überwachungs-

supervisory audio tone (SAT) Überwachungston *m (Mobilfu.)*

supervisory channel Steuerkanal *m*

supervisory control in networks Netzleittechnik *f*

supervisory control system Fernwirksystem *n* (FW) *(allgemein)*; Leitsystem *n (Prozess)*

supervisory computer Überwachungsrechner *m*

supervisory facility Indikationsstelle *f (für BORSCHT-Funktionen)*

supervisory frame Überwachungsrahmen *m*; Steuerblock *m*

supervisory function Überwachung *f*, Überwachungsaufgabe *f*

supervisory monitor Überwachungsmonitor *m (Verm.-Anl)*

supervisory network control system Netzführungssystem *n*

supervisory sequence Übertragungssteuerzeichenfolge *f*

supervisory signal Überwachungszeichen *n*

supervisory timer Überwachungszeitgeber *m*

supplementary zusätzlich, ergänzend

supplementary circuit Zusatzschaltung *f*

supplementary equipment Zusatzeinrichtung *f* (ZE) *(DEE in HA oder in Tk-Anl)*

supplementary function Zusatzfunktion *f (Verm)*

supplementary service (SS) Dienstmerkmal *n*, Teilnehmer-Dienstmerkmal *n*, teilnehmerbezogenes Dienstmerkmal *n*, Zusatzdienst *m (ZGS.7, s. Tabelle III; X.25, ITU-T I.451, s. Tabelle IV)*; zusätzliches Dienstmerkmal *n*, Zusatzdienst *m (ITU-T I.250, s. Tabelle IV; GSM 01.04 (Tabelle VII), zusätzlich zu einem Basisdienst)*

provide a supplementary service Dienstmerkmal *n* durchführen

supplementary service attribute Zusatz-Dienstmerkmal *n*, Zusatzdienst *m (SAAL, ZGS.7, s. Tabelle III)*

supplier Auftragnehmer *m* (AN)

supply Versorgung *f*, Zufuhr *f*; Ablauf *m (Kabel, Band)*; versorgen, zuführen, bereitstellen, anspeisen; auskoppeln *(Signal)*

supply bus Versorgungsbus *m* (Vbus) *(+5V, ICs)*

supply conditions Anschlußbedingungen *fpl*

supply point Stromanschluß *m (SV)*

supply rail Versorgungsschiene *f*

supply side Netzseite *f (SV)*

supply terminal Stromanschluß *m (SV)*

supply turntable Vorratsteller *m (Band, Film)*

supply voltage Speisespannung *f (Tel.)*

supply voltage conversion Speisespannungsaufbereitung *f (Tel.-Anl)*

support Unterstützung *f*, Halterung *f*; unterstützen, betreuen *(Tln)*; absichern *(Ergebnisse)*, ermöglichen

support entity (SE) Unterstützungsinstanz *f (GSM 01.04, s. Tabelle VII)*

support plate Stützblech *n*

support strand Tragseil *n (für Luftkabel, KTV)*

support structure Tragwerk *n (TV-Sendeantenne)*

suppress unterdrücken; absaugen *(z.B. Oberwellen)*

suppressed ringing Rufunterdrückung *f (Tel.)*

suppression of silent gaps Sprachpausenunterdrückung *f (Mobilfunkübertragung)*

supralocal überörtlich *(VPN)*

supraregional überregional

surface Oberfläche *f*, Fläche *f*

surface acoustic waves (SAW) akustische Oberflächenwellen *fpl* (AOW) *(Filter)*

surface acoustic wave filter (SAW filter) Oberflächenwellenfilter *n*, OFW-Filter *n*

surface-bonded *oder* **-connected** stoffschlüssig

surface-emitting laser (SEL) flächenstrahlender *oder* -emittierender Laser *m*

surface impedance Flächenwiderstand *m*

surface mounted device (SMD) oberflächenmontiertes Bauelement *n*, oberflächenmontierte Vorrichtung *f*

surface-mounting Aufputz-... (AP) *(Steckdose)*

surface mounting technology (SMT) Oberflächenmontagetechnik *f*

surface transfer impedance (STI) Kopplungswiderstand *m (ITU-T Empf.I.432, s. Tabelle IV)*

surfing Surfen *n (WWW q.v.)*

surge voltage Stoßspannung *f*

surplus überzählig

surplus length bent inwards Ausgleichsknick *m* nach innen *(Drahtbrücke)*

surplus load Mehrbelastung *f*

surplus wire Aderplus *n*

surround sound Rundumklang *m*, Surround-Ton *m*, Surround-Sound *m (Hi-Fi, Dolby Pro-Logic (Dolby Surround - 5.0 channels), Dolby Digital (DD, 5.1 channels, s.a. "AC-3"))*

survey notice Vorerkundigungsanzeige *f* (VAZ)

survivability Überlebensfähigkeit *f (Netz)*

susceptance Blindleitwert *m*

susceptibility Empfindlichkeit *f*, Anfälligkeit *f*

susceptible to faults störungsanfällig

suspend anhalten *(Programm)*

suspend and resume Wartebetrieb *m (ISDN)*, Umschalten *n*

suspended event wartender Anreiz *m*

suspended state Wartezustand *m (Dienst)*

suspension of connection Sperren *n* der Verbindung *(ITU-T I.430, s. Tabelle IV)*

suspension strand Tragorgan *n (Kabel)*, Tragseil *n (für Luftkabel, KTV)*

sustainable cell rate (SCR) andauernd erlaubte Zellrate *f*, mittlere Zellrate *f (ATM, Grundlast)*

sustained oscillation ungedämpfte Schwingung *f*

sustained short circuit Dauerkurzschluß *m*

sustaining program reklameloses Programm *n (TV, US)*

sustaining voltage Brennspannung *f (Lichtbogen)*

SUT s. switch under test

SVC s. service

SVC s. signalling virtual channel

SVC s. switched virtual channel

SVC s. switched virtual circuit *(ATM)*

SVC s. switched virtual connection *(ATM)*

SVGA (Super Video Graphics Adapter) **monitor** Super-VGA-Monitor *m (Auflösung 800x600 Pixel, 16 Millionen Farben, Bildpunktabstand 0,28; PC)*

SVMS (spontaneous voice messaging system) spontan reagierendes Sprachspeichersystem *n*

SW, S/W s. software

SW (synchronization word) Synchronwort *n*

swap Vertauschung *f*; Dienstewechsel *m (ISDN-Tel./Daten, BT-DPNSS)*; wechseln, austauschen, vertauschen

swap area Auslagerungsbereich *m (Speicher)*

swap file Austauschdatei *f (DV)*

swap in einlagern *(Daten, Festplatte zu RAM, PC)*

swap out auslagern *(Daten, RAM zu Festplatte, PC)*

swath Bodenstreifen *m (Erderkundungssat.)*

swath width Streifenbreite *f (Erderkundungssat.)*

sweep Ablenkung *f*, Hub *m (KO)*, Durchlauf *m*; abtasten, wobbeln *(Frequenz)*, überstreichen

sweep amplifier Kippverstärker *m*

sweep generator Wobbelgenerator *m*, Wobbelsender *m*

sweep rate Wobbelfrequenz *f*

sweep speed Ablaufgeschwindigkeit *f (KO)*

sweep range Kippwahl *f (KO)*

sweep the telephone band das Fernsprechband durchwobbeln

swept frequency Wobbelfrequenz *f*

SWIFT Society for Worldwide Interbank Financial Telecommunications *(Banknetz)*

swing Ausschlag *m*; Hub *m (Messwert, Logik)*

S wire (sleeve wire) c-Ader *f*, c-Draht *m*, Meßleitung *f (Tel., Stöpselkörper)*

SWISSNET Schweizerisches D-Kanal-Protokoll *n (ISDN)*

switch Schalter *m*, Schaltteil *n*; Vermittlung *f*, Vermittlungsanlage *f*, Switch *m (US)*, Wählanschluß *m (NStAnl)*; Zentrale *f*, Telefonzentrale *f (A)*; Koppeleinrichtung *f*, Koppelnetzbaustein *m*; kippen *(Flip-flop)*, vermitteln, koppeln, schalten, umschalten, beschalten *(Kontakte)*; wechseln, austauschen *(Dienste, Geräte am Bus)*, überführen

switchable umschaltbar, abschaltbar

switchable attenuator geschaltetes Dämpfungsglied *n*

switchable link Schaltbrücke *f (DIP FIX-Schalter)*

switchboard Vermittlungstisch *m*, Zentrale *f*, Handvermittlung *f*

switchboard position Vermittlungsplatz *m*

switch controller Schaltsteuerung *f*; Koppelnetzsteuerung *f*, Kopplersteuerung *f*

switched geschaltet, getastet, gekoppelt, vermittelt, vermittelnd

switched attenuator geschaltetes Dämpfungsglied *n*, Schaltteiler *m*

switched broadband network vermittelndes Breitbandnetz *n* (VBN)

switched circuit Wählleitung *f*

switched coaxial jack koaxiale Schaltbuchse *f*

switched connection Wählverbindung *f* (WV), vermittelte Verbindung *f (Dienstmerkmal)*

switched (ISDN) connection element vermittelter Verbindungsabschnitt *m (ITU-T I.112, s. Tabelle IV)*

switched data exchange network Wählnetz *n* für Datenaustausch (Dx)

switched data network schaltbares Datennetz *n (LAN)*

switched data traffic Datenwählverkehr *m*

switched digital service (SDS) vermittelter Digitaldienst *m (AT&T Accunet)*

switched distribution network Verteil-Koppelnetz *n*

switched-distribution service verteilvermittelter Dienst *m (TV etc.)*

switched line durchgeschaltete Leitung *f*

switched-loop answering konzentrierte Abfrage *f*

switched-loop answering of internal calls konzentrierte Abfrage *f* von Internrufen (IA) *(NStAnl)*

switched-loop exchange line answering konzentrierte Amtsabfrage *f (NStAnl)*

switched-mode power supply (SMPS) Schaltnetzteil *n*

switched network vermitteltes Netz *n*, Wählnetz *n*

switched path Schaltweg *m*

switched public common carrier network öffentliches Wählnetz *n*

switched satellite connection vermittelnde Satelliten-Datenverbindung *f*

switched system Wählvermittlungssystem *n*

switched telecommunication system Fernmelde-Wählvermittlungssystem *n*

switched telephone network Telefonwählnetz *n*, Fernsprechwählnetz *n*

switched virtual channel (SVC) geschalteter virtueller Kanal *m (Datex-P)*

switched virtual circuit (SVC) Wählverbindung *f (ATM)*

switched virtual connection (SVC) geschaltete virtuelle Verbindung *f*, Wählverbindung *f (ATM)*

switch element Schaltteil *n*

switcher Umschalter *m (TV)*

switch fabric Verbindungsnetzwerk *n*, Koppelstruktur *f*, Koppelnetz *n (ATM)*

switchgear cabinet Schaltschrank *m*

switchhook Gabelumschalter *m (US)*

switch in zuschalten

switching Schalten *n*, Rangieren *n (Signale)*, Kopplung *f*, Durchschaltung *f*, Vermittlung *f*, Vermittlungstechnik *f*

switching action Schaltgefühl *n (Folientastatur)*

switching amplifier Schaltverstärker *m*

switching array Koppelfeld *n*

switching bank Schalteinheit *f (Verm.)*

switching block Vermittlungsblock *m*

switching centre Vermittlungsstelle *f* (Vst) *(Festnetz)*; Vermittlungseinrichtung *f* (VE) *(GSM, s. Tabelle VII)*

switching circuit Umschaltnetzwerk *n (Übertragung)*, Koppelschaltung *f*; Schaltnetz *n (Schaltungen)*

switching connection Koppelverbindung *f*

switching delay Vermittlungsverzögerung *f*

switching device Schalteinrichtung *f*; Schaltelement *n*

switching director Einstellsatz *m (Verm.)*

switching element Koppelpunkt *m (Signalverteiler)*; Schaltglied *n (Vermittlung)*, Koppelelement *n (ATM-Verbindungsnetzwerk)*

switching equipment Vermittlungseinrichtung *f* (VE); Anpassungseinrichtung *f* (ANPE) *(Sat)*

switching fault Fehlschaltung *f*

switching frequency Schaltton *m (DVB-S LNB)*

switching from door intercom to telephone mode Apothekerschaltung *f (K.-Tel)*

switching increment Schaltweite *f (Ò in Grad, Ant)*

switching information Leitinformationen *fpl*

switching job Schaltauftrag *m*

switching matrix Koppelfeld *n* (KF), Koppelnetz *n* (KN), Koppelvielfach *n*, Koppelmatrix *f (ATM)*, Koppeleinheit *f*, Koppler *m*; Schaltfeld *n*, Schaltmatrix *f (OXC)*

switching matrix row control units Koppelvielfachreihen-Steuerteile *npl*

switching memory Koppelstufeninformationsspeicher *m*, Informationsspeicher *m (Koppelnetz)*

switching module Koppelbaustein *m*

switching network Koppeleinrichtung *f*, Koppelnetz *n* (KN), Koppelanordnung *f*, Koppelfeld *n* (KF)

switching network array Koppelfeld *n*

switching network section Teilkoppelfeld *n* (TKF)

switching node Vermittlungsknoten *m*, Vermittlungsstelle *f* (Vst) *(IN, Mobilfunknetz)*

switching office Vermittlungsstelle *f (US, Festnetz)*

switching path Koppelweg *m*

switching point (SP) Koppelpunkt *m (aktiver Signalverteiler)*; Koppelstelle *f (D-Netz)*; Schaltstelle *f*, Umschaltpunkt *m (TDMA)*

switching processor Vermittlungsprozessor *m*, Vermittlungsrechner *m* (VR, TVR *(TEMEX-VR)*)

switching response Schaltgefühl *n (Folientastatur)*

switching section Koppelabschnitt *m (Gesamtheit aller Koppelstufen)*

switching sequence Ansteuerfolge *f*; Schaltfolge *f*

switching service Vermittlungsdienst *m* (VD) *(Tel)*, Vermittlungsbetrieb *m*

switching signal Schaltkennzeichen *n*, Kennzeichen *n (Tel., Vermittlung)*

switching slice Koppelfeldscheibe *f*

switching spectrum Schaltspektrum *n*

switching stack Schaltpaket *n (Folientastatur)*

switching stage Koppelfeld *n*, Koppelstufe *f*, Wahlstufe *f*, Teilkoppelfeld *n* (TKF) *(Vermittlung)*, Schaltstufe *f*

switching state Schaltzustand *m*, Schaltstellung *f (Flipflop)*

switching subsystem (SSS) Vermittlungs-Teilsystem *n (GSM, s. Tabelle VII)*

switching system Vermittlungsanlage *f*, Vermittlung *f*, Vermittlungsrechner *m* (VR), Durchschaltevermittlungseinheit *f*

switching systems Vermittlungstechnik *f*

switching task vermittlungstechnische Aufgabe *f*

switching threshold Schaltstelle *f*

switching time Umschalt(e)zeit *f*; Aufschaltezeit *f (Tel)*

switching unit (SWU) Durchschalteeinheit *f*, Schaltwerk *n*; Koppeleinheit *f*, Koppler *m*, Vermittlungseinheit *f (ISDN, ITU-T I.430, s. Tabelle IV)*; Koppelgruppe *f* (KG); Schaltergruppe *f (HW)*

switching value Schaltwert *m*

switch mat Trittmatte *f (Einbruchschutz)*

switch module (SM) Vermittlungsmodul *n (ATM, US)*

switch module processor (SMP) Vermittlungsmodulprozessor *m (ATM)*

switch on einschalten, zuschalten

switchover time Umschalt(e)zeit *f (z.B. zwischen Senden/Empfangen, Profifunk)*

switch-over to standby Ersatzschaltung *f*

switch path availability Koppelwegverfügbarkeit *f (Verm.)*

switch port Koppelnetz-Baustein *m (System 12)*

switch position Schaltstellung *f*

switch terminal Vermittlungsterminal *n*

switch through durchschalten *(Tel)*

Switch to ... Wechseln zu ... *(MS Windows-Anweisung, PC)*

switch to transparent mode transparent schalten *(Übertragung)*

switch under test (SUT) Prüfling *m (Koppelnetz)*

switch unit Schaltergruppe *f (HW)*

SWR (standing wave ratio) Stehwellenverhältnis *n*

SWU s. switching unit

SX (simplex) Simplex *n (Modem)*

SXMT (Secondary transmit data) Hilfskanal Sendedaten *(V.24/RS232C, Tabelle IX)*

SXS (Step-by-Step (selector) exchange) Schrittschaltsystem *n (analog)*

symbol Symbol *n (Datensymbol, z.B. Bildzeichen; Kanalsymbol, abgeleitet von Signal-Dibit zur Trägerphasenumtastung, die Anzahl Bit/Symbol beträgt 2 bei QPSK und 6 bei QAM; alle 6817 bzw. 1705 Träger während der Symboldauer TS, OFDM, DVB)*; Zeichen *n*

symbol clock recovery Schrittakt-Regeneration *f*

symbol element Symbolschritt *m (QPSK)*

symbol error Schrittfehler *m*, Symbolfehler *m (Übertragung)*

symbol error rate (SER) Symbolfehlerrate *f*, Symbolfehler-Wahrscheinlichkeit *f (Übertragung, DVB, DECT)*

symbol period Symboldauer *f (QPSK, CDMA)*

symbol rate (SR) Schrittfolgefrequenz *f (in Bit/sec, Bitstrom)*, Schrittrate *f (Übertragung)*, Zeichengeschwindigkeit *f*, Symbolrate *f (in Mbaud bzw. Msps, DVB-S)*

symbol sequence Symbolfolge *f (QPSK, Folge von Symbolen +1, -1 zur Trägerphasenumtastung)*

symbol stream Zeichenstrom *m*

symmetric digital subscriber line (SDSL) symmetrische digitale Anschlußleitung *f*

symmetric encryption symmetrische Verschlüsselung *f (verwendet den gleichen geheimen Schlüssel, schneller als asymmetrische V. (q.v.))*

symmetric feeding Gegentaktspeisung *f (Ant)*, Gegentaktanregung *f (Kabel)*

symmetry Symmetrie *f (PCM-Codierer)*

sync bearer Synchronisationsdatenwort *n (DECT, digitaler Mobilfunk)*

sync (character) trap Synchronfalle *f (FW)*

sync detector Synchronsignaldetektor *m (TV)*

sync error Gleichlauffehler *m*

synchronism Gleichlauf *m (Signale)*, Mitlauf *m*, Synchronzustand *m*, Synchronität *f*

in synchronism with ... im Takt *m* des/der ...

synchronization Synchronisierung *f*

synchronization burst (SB) Synchronisierburst *m*, Synchronisationsdatenpaket *n (GSM 01.04, s. Tabelle VII)*

synchronization channel (SCH) Synchronisierungskanal *m (GSM 01.04, s. Tabelle VII)*

synchronization error Gleichlauffehler *m*

synchronization header word Synchron-Einleitungswort *n (DECT)*

synchronization point Wiederaufsetzpunkt *m (Netz)*

synchronization time Einschwingzeit *f*

synchronization word (SW) Synchronwort *n*

synchronized broadcasting Gleichwellenfunk *m*

synchronized flashing Einphasenblinken *n (Vtx.-Monitor)*

synchronizing character Synchronzeichen *n (FS)*

synchronizing to Aufsynchronisieren *n (z.B. Anschlußzustand)*

synchronous synchron, gleichlaufend, zeitgleich *(Ton und Bild)*

synchronous CDMA (S-CDMA) synchroner CDMA *m (DVB-C)*

synchronous common-frequency broadcasting synchroner Gleichwellenfunk *m* (SGF) *(Betriebsfunk)*

synchronous connection-oriented (SCO) **link** synchrone verbindungsorientierte Verbindung *f (Bluetooth q.v.)*

synchronous data link control (SDLC) synchrone Übertragungssteuerung *f*

synchronous demodulator Synchrondemodulator *m (OFDM, IQ demodulator, DVB)*

synchronous digital cross-connect (SDXC) synchroner digitaler Crossconnect-Multiplexer *m*

synchronous digital hierarchy (SDH) Synchron-Digital-Hierarchie *f (155 Mbit/s (STM-1)–2,5 Gbit/s, RiFu, FO, ITU-T-Empf. G.707-709, s. Tabelle III, entspricht dem SONET (US: STS-3) für den Transport von ATM-Zellen)*

synchronous frequency encoding technique (SFET) frequenzsynchrones Codierverfahren *n*

synchronous line equipment (STM-N) synchrone Leitungsausrüstung *f* (SLA-N) *(SDH)*

synchronous monitoring Mitlaufüberwachung *f*, mitlaufende Überwachung *f*

synchronous multiplexer (SMX) synchroner Multiplexer *m*

synchronous optical network (SONET) synchrones optisches Netz *n (FO, US, ANSI-Standard T1X1)*

synchronous payload envelope (SPE) synchrone Nutzlast-Bitvollgruppe *f (TDM)*

synchronous supervision mitlaufende Überwachung *f*

synchronous time division (STD) multiplex synchrones Zeitmultiplex *n (STM)*, synchrone Zeitvielfachtechnik *f*

synchronous transfer mode (STM) synchroner Übertragungsmodus *m (FO, leitungsvermittelte PCM-Datenübertragung, wobei "synchron" auf die Information und nicht die Bitsynchronisation bezogen ist)*

synchronous transport module (STM) synchroner Transportmodul *m (Pulsrahmen, ITU-T Empf. G.70X, s. Tabelle III)*

synchronous transport signal (STS) synchrones Transportsignal *n*

sync separator Impulstrennstufe *f*, Amplitudensieb *n (TV)*

sync tip level Synchronbodenpegel *m (TV)*

syndrome Syndrom *n (Fehlerkorrektur bei dig. Übertragung)*

synoptical capability Übersichtsvermögen *n (einer Person)*

synthesis Synthese *f*; Aufbereitung *f (Frequ.)*

synthesizer Synthetisator *m*, Synthesizer *m*

synthetic speech generator Sprechmaschine *f*

syntonisation Frequenzabstimmung *f*, Frequenzvergleich *m*, Abstimmung *f*

syntonize abstimmen *(Frequenzen)*

Syntran Syntran-Standard *m (US, synchrones Übertragungssystem mit 45 Mb/s Bitrate)*

system System *n*, Anlage *f* (A)

system administrator Systemverwalter *m*, Netzverwalter *m (SW)*

system barring level Anlagenberechtigung *f*

system black-out Netzzusammenbruch *m*

System Busy System Blockiert *(Meldung)*

system call System-Aufruf *m (DV)*

system clock reference (SCR) Systemtaktfrequenzmarke *f (Synchronisationssignal in den komprimierten MPEG-1-Informationen zum Synchronisieren des Taktgebers eines MPEG-Decoders mit dem Systemtakt)*

system collapse Netzzusammenbruch *m*

system complex Systemverband *m*

system component Systemteil *m (Netz)*

system console Systemkonsole *f*, System-Bedienplatz *m*

system control unit Systemsteuerung *f (DV)*

system deadlock Systemverklemmung *f (Netzknoten)*

system earth Betriebserde *f* (BE)

system engineer Systemberater *m (DV)*

system equalizing amplifier System-Entzerrverstärker *m* (SyVr)

system hardware Systemtechnik *f*

system-inherent systemgebunden, systemeigen

system-linked systemgebunden

system management Betriebsführung *f*

system management preprocessor (SMP) Baugruppenrechner *m (PLE)*

System Network Architecture (SNA) SNA-Architektur *f (IBM-LAN)*

system of actuators Aktorik *f (Prozeß)*

system of sensors Sensorik *f*

system prompt Eingabeaufforderung *f*, Bereitschaftszeichen *n (z.B. C:\> bei DOS, PC)*

Systems Applications Architecture (SAA) SAA-Architektur *f (IBM-LAN)*

system specification Kenndaten *npl*

system taxonomy Systemstruktur *f (Referenzmodell)*

system user Teilnehmer *m (off-line, Datenkanal)*

System X digitale Vermittlungsanlage *f* System X *(Plessey, GB)*

T

TA (terminal adapter) Endgeräteanpassung *f (ISDN)*
TA-A (TA for manual calling) Endgeräteanpassung *f* für Handruf *(leitungsvermittelt, I.463, s. Tabelle IV, V.110, s. Tabelle V)*
TA-B (TA for automatic calling) Endgeräteanpassung *f* für automatische Wahl *(leitungsverFmittelt, ITU-T Empf. I.463, s. Tabelle IV; V.25, V.25 bis, s. Tabelle V)*

TA (Traffic Announcement) Verkehrsdurchsagekennung *f (RDS)*

tab Flachstift *m*; Nase *f*, Lappen *m*, Fahne *f*

table Tabelle *f (bei MPEG-2 Liste von Informationen zur Decodierung von Sendungen, DVB-SI)*

table lookup Tabellenlesen *n*, Tabellensuchen *n (Speicher)*

table of (preview) pages (TOP) Programmvorschau-Seitentabelle *f (Vtx., entspricht FLOF)*

table set Tischapparat *m*

tablet Tablett *n (Tastenfeld)*, Tableau *n (z.B zum Fernzeichnen)*

table telephone Tischapparat *m*

tabletop charger Tischladestation *f (Handys)*

taboo channel Tabu-Kanal *m (US TV, Schutzabstand gegen Nachbarkanalstörung)*

TACS (Total Access Communications System) Kommunikationssystem *n* mit Totalzugriff *(GB "Cellnet" u. "Vodafone", JRTIG, mobiles Analog-Fernsprechsystem auf Basis von AMPS (US), 900 MHz)*
E-TACS (extended TACS) erweitertes TACS *n (GB, plus 720 Kanäle)*
N-TACS (narrow-band TACS) Schmalband-TACS *n*

tactile response Tastgefühl *n (Folientastatur)*

tag Etikett *n (SW)*; Meta-Zeichen *n*, Tag *n (HTML)*; Fahne *f (HW)*; markieren, kennzeichnen, taggen

tag bit Identifizierungsbit *n*, Markierungsbit *n*

tagged image format (TIFF) **file** TIFF-Datei *f (PC)*

tagged text markup language (TTML) TTML-Sprache *f*

tagging Markierung *f*, Etikettierung *f*, Kennzeichnung *f (von Verbindungen)*, Taggen *n*

tag switching Tag-Switching *n (IP, Routing mit Etiketten, RFC2105, s. Tabelle VIII)*

tail hintere Flanke *f (Welle)*; Anschlußfaser *f (FO)*; Listenende *n*, Fuß *m (Code)*

tail bits Flankenformungsbits *npl (GSM)*

tailor gezielt verändern, zuschneiden, abstimmen, anpassen

take down abbauen *(Verbindung)*

take off-line deaktivieren *(DEE)*, passivieren

take out of service außer Betrieb nehmen

takeover circuit Einspringschaltung *f (FS)*

takeover priority Einspringberechtigung *f (FS)*

take physical form vergegenständlichen

talkback Rücksprechen *n*

talkback circuit Rücksprechleitung *f*, Gegensprechanlage *f*, Kommandoanlage *f (Rundfunk)*

talkback transmitter Reportagesender *m (ENG)*

talk-back TV Talkback-TV *n (AV-Rücksendefunktion für Zuschauer im DAVIC 1.5 IP-Netz)*

talk button Sprechtaste *f*

talker echo Sprecherecho *n (Tel)*

talker echo loudness rating (TELR) Sprecherechobezugsdämpfung *f* (SEBD) *(Tel)*

talker quality Sprechqualität *f (Hörprüfung, Tel)*

talking circuit Sprechkreis *m (Tel)*

talk-listen switch Hörsprechschalter *m*

talk mode Sprachbetrieb *m (Mobilfunk)*

talk path Sprechweg *m (Vermittlung)*

talkspurt Sprachblock *m (PCM Sprache)*

talkspurt compression Sprachblockstauchung *f (PCM Sprache)*

talkspurt duration Sprachblocklänge *f (PCM Sprache)*

talk time Gesprächszeit *f*, Sprechzeit *f (Mobilfunk)*

talk-together TV Talktogether-TV *n (Direktkommunikation zwischen Zuschauern, Funktion im DAVIC 1.5 IP-Netz)*

TAM (telephone answering machine) Telefon-Anrufbeantworter *m (Fax)* , Anrufbeantwortungseinrichtung *f* (AAE)

tamperproof fälschungssicher, eingriffssicher

TAN (transaction number) Transaktionsnummer *f*

tandem Tandem *n*, Tandemanordnung *f*, Kaskade *f*; Tandembetrieb *m*; Tandem..., Reihen..., Doppel..., Zwillings...
in tandem hintereinander geschaltet *(ISDN)*

tandem coding Tandemcodierung *f*

tandem exchange Durchgangsamt *n (verbindet OVSt)*, Durchgangsvermittlungsstelle *f*

tandem dialling Durchgangswahl *f*

tandem ISDN mehrere in Reihe geschaltete ISDN

tandem memory Staffelspeicher *m*

tandem switch Knotenvermittlung(sanlage) *f (US)*

tandem switching Knotenvermittlung *f* (KnV)

TANet (total area network) Gesamtbereichsnetz *n (Verknüpfung von WANs)*

tangible faßbar

tank circuit Senderschwingkreis *m*

tap Anzapfung *f*, Abgriff *m (Transformator, Schieberegister)*; Abzweigung *f (ISDN)*; abzweigen *(Zeitkanäle)*; anzapfen; auskoppeln *(Energie)*

tape Band *n*, Magnetband *n*

tape bin Streifenbehälter *m (Bandleser)*

tape count Bandstand *m (MAZ)*

taped umbändert *(Kabel)*

taped message Bandansage *f*

tape drive Bandlaufwerk *n (z.B. Streamer, DAT, PC)*

tape position Bandstelle *f (MAZ)*

tape punch Lochstreifenlocher *m*, Lochstreifenstanzer *m (FS)*

tape reader Lochstreifenleser *m*

tape recorder Band(aufzeichnungs)gerät *n (MAZ)*

tape reel Bandwickel *m (Film, Band)*

tapering Verjüngung *f*, Querschnittsveränderung *f*

tape take-up system Streifenaufnahme *f (Bandleser)*

tape tension Streifenzug *m (Bandleser)*

tape unit Magnetbandmaschine *f*

TAPI (telephony application programming interface, telephony API) Anwendungssoftware *f* für Zugriff auf Telefondienste *(MS-Windows, PC)*

tap-off Abzweiger *m (GGA)*

tapping node Anzapfstelle *f (Telefonnetz)*

tap-weight coefficient Abgriffswichtungskoeffizient *m (Filter)*

target Ziel *n*; Meßobjekt *n (Ultraschall)*

tariffing Tarifierung *f (Tel)*

TASI (time-assigned speech interpolation) zeitmultiplexierte Sprachübertragung *f*

task Aufgabe *f*, Aufgabenprogramm *n (DV)*, Auftrag *m*, Task *f*, Prozess *m*, Funktion *f*

task bar Task-Leiste *f (MS-Windows95, PC)*

task-dependent anwendungsspezifisch *(DV)*

task dispenser Aufgabenverteiler *m (Verm.-Software)*

task handling Auftragsabwicklung *f (DV)*

task management Auftragsverwaltung *f*, Task-Management *n (DV)*

TAT (theoretical arrival time) Soll-Ankunftszeit *f (Zelle, ATM)*

TAT dialling TAT-Wahl *f (TransAtlantic Telephone cable, Grundlage für SS5)*

TAT-x (TransAtlantic Telephone cable No. x) transatlantisches Telefonkabel Nr. x *(TAT8 in FO-Technik)*

TAU (terminal adapter unit) Engeräteanpassungseinheit *f (K-Anl., US)*
TAU-P (terminal adapter unit for PCs) Endgeräteanpassungseinheit *f* für PCs
TAU-T (terminal adapter unit for telephone) Endgeräteanpassungseinheit *f* für Fernsprecher

TB (traffic bearer) Verkehrsträger *m (DECT)*

TBR s. Technical Basis for Regulation

TC s. Technical Committee

TC s. telecontrol

TC (time code) Zeitcode *m*

TC (time constant) Zeitkonstante *f (auch Chip-Dauer, CDMA)*

TC (transform coding) Transformationscodierung *f (digitale Ton-, Bildübertragung)*

TC (transmission control) Übertragungssteuerung *f*

TC (transmission convergence) **sublayer** TC-Teilschicht *f oder* Subschicht *f (PHY, SDH/PDH, B-ISDN)*

TC (Transmit Clock) Sendeschrittakt *(V.24/RS232C, Tabelle IX)*

TC (trust center) vertrauenswürdige Institution *f*, Trustcenter *n (PGP q.v.)*

TCAP (transaction capability application part) Transaktions-Anwenderteil *m (GSM, ANSI T1.114, SS7)*

T carrier T-Netzträger *m*, T-Band *n (US, T1: 24 DS0-Kanäle (q.v.))*

T carrier trunk T-Netzträger-Leitung *f*

TCAS (traffic alert and collision avoidance system) Flugverkehrmelde- und Kollisionsvermeidungssystem *n (Luftf.)*

TCC (telephone country code) Telefon-Landeskennzahl *f (ISDN)*

TCE (threshold-crossing event) Grenzwert-Überschreitung *f (ATM)*

TCH (traffic channel) Verkehrskanal *m (GSM, s. Tabelle VII)*

TCM (time compression multiplex) Zeitkompressionsmultiplex *n*, Burst-Übertragung *f*

TCP (transmission control protocol) Übertragungssteuerungsprotokoll *n*, TCP-Protokoll *n (Internet, RFC0793, STD0007, s. Tabelle VIII; also MIL-STD-1778)*

TCP/IP (Transmission Control Protocol/Internet Protocol) TCP/IP-Protokoll *n*, Übertragungssteuerungsprotokoll/Internet-Protokoll *n (Rechner-Rechner-Verkehr, IAB RFC1983, s. Tabelle VIII)*

TCRF (transit connection related function) auf die Transitverbindung bezogene Funktion *f*

TCU (telecommunication user) Telekommunikationsteilnehmer *m (DECT)*

TCU (transceiver control unit) S/E-Steuereinheit *f (GSM-R)*

TD (Transmit Data) Sendedaten *npl (V.24/RS232C, Tabelle IX)*

T-DAB (terrestrial digital audio broadcasting) terrestrischer digitaler Hörfunk *m (Kanal 12, Einführung geplant für 1997)*

TDC (Data Channel) Datenkanal *m (RDS)*

TDD s. telecommunication devices for the deaf

TDD (time division duplex) Zeitduplex *n*; Zeitgetrenntlageverfahren *n*

TDF1 Télédiffusion de France 1 *(französischer DBS, D2-Mac)*

TDM (time division multiplex) Zeitmultiplex *n*

TDMA (time division *oder* domain multiple access) Vielfachzugriff *m* im Zeitmultiplex *(VSAT, GSM, Teilnehmerzugriff über unterschiedliche Zeitbereiche, in den USA Synonym für AMPS (q.v.))*, zeitgestaffelter Vielfachzugriff *m*, Zeitlagenmultiplex *m*
R-TDMA (reservation TDMA) TDMA *m* mit Buchung *(Sat)*
SS-TDMA (satellite-switched TDMA) TDMA *m* mit Vermittlung im Satelliten

TDM data transmission Zeitmultiplex-Datenübertragung *f* (ZD)

TDM matrix switch Zeitkoppelfeld *n*

TDM multiplexer Zeitmultiplexer *m*

TDM switch Zeitvielfach *n*

TDM switching matrix Zeitkoppelfeld *n* (ZKF)

TDPSK (three-level differential PSK) dreiwertige Differenz-Phasenumtastung *f*

TDRSS (Tracking and Data Relay Satellite System) Bahnverfolgungs- und Datenübermittlungs-Satellitensystem *n (NASA, ersetzt Bodenstationen)*

TDT (time and date table) Uhrzeit- und Datumstabelle *f*, TDT-Tabelle *f (DVB-SI)*

TE (terminating exchange) Endamt *n*

TE (terminal *oder* terminating equipment) Endeinrichtung *f* (EE), Endgerät *n (ISDN,GSM)*

TE1 (ISDN terminal equipment) ISDN-Endeinrichtung *f*

TE2 (non-ISDN terminal equipment) Endeinrichtung *f* ohne ISDN-Schnittstelle *(benötigt TA für ISDN-Zugriff)*

TE (transit exchange) Transitamt *n*, Durchgangsvermittlungsstelle *f*, Durchgangsamt *n*, Fernvermittlung *f*

team terminal Teamendgerät *n (Firmennetz)*

tear-down Verbindungsabbau *m*

tear down a connection eine Verbindung *f* abbauen

teardown packet Löschpaket *n*, Teardown-Paket *n (mobile IP, löscht Paging- and Routing-Informationen in den Caches)*

technical and office protocol (TOP) Bürokommunikationsprotokoll *n (OSI, s. Tabelle VI)*

Technical Basis for Regulation (TBR) Technische Grundlage *f* für eine Regelung *(ETSI)*

Technical Committee (TC) Technischer Ausschuß *m (ISO, ETSI)*

technical information Gebrauchsunterlage *f*, Bedienungsanleitung *f*

technical operations Betriebsabwicklung *f (TV-Rundfunk)*

Technical Recommendations Technische Richtlinien *fpl* (TR) *(FTZ)*

technical regulation Technische Vorschrift *f* (TV)

Technical Requirements Technischer Leitfaden *m* (TL)

technical service position Betriebsdienstplatz *m*

technician input Technikereingabe *f (BS, Mobilfunk)*

technique Technik *f*, Verfahren *n*

technology Technologie *f*, Technik *f*

technology centre Technologiezentrum *n*

TEI (terminal endpoint identifier) Endgeräte-Endpunktkennung *f (ISDN)*

TEL Trans-Europe Line *(2000 km FO-Strecke Frankfurt-Warschau, Prag, Budapest)*

telco s. telecommunication company, telephone company

teleaction Fernwirken *n (DTAG-TEMEX-Dienst; NTG Empf. 2001)*, Fernwirk- (Fw)

teleaction link Fernwirk-Verbindung *f*

teleaction master station Fernwirk-Leitstelle *f* (FwLSt)

teleaction service Fernwirkdienst *m (ITU-T I.112, s. Tabelle IV)*

teleaction service provider Fernwirk-Dienstanbieter *m*

teleaction station Fernwirk-Stelle *f* (FwSt)

teleaction terminal Fernwirk-Endgerät *n* (FwEG)

teleaction terminal equipment Fernwirk-Endeinrichtung *f* (FwEE)

tele-advertising Telefonwerbung *f*

telealerting Weckdienst *m (ISDN)*

telebanking elektronischer Bankverkehr *m*

Telecom Gold BT-Textspeicherdienst *m (MHS nach ITU-T Empf. X.400, s. Tabelle VI; entspricht DTAG TELEBOX)*

Telecom Silver BT-Transaktions- und Kreditüberprüfungsdienst *m (PSS und X.400, s. Tabelle VI)*

telecommanding Fernschalten *n (TEMEX)*

telecommunication Fernmelde- (Fm), Übermittlung *f*, Nachrichtenübertragung *f*, Fernmeldewesen *n*, Kommunikationstechnik *f*

telecommunication circuit Fernmeldeleitung *f (ITU-T I.112, s. Tabelle IV)*

telecommunication company (telco) Fernmeldeunternehmen *n* (Telco) *(in BRD z.B. Siemens)*

telecommunication devices for the deaf (TDD) Telekomgeräte *npl* für Taube *(US)*

telecommunication equipment Fernmeldegerät *n*, Fernübertragungseinheit *f* (FÜ) *(FS)*

telecommunication installation Fernmeldeanlage *f*, Telekommunikationsanlage *f*, TK-Anlage *f*

telecommunication line unit (TLU) Telekommunikations-Anschlußeinheit *f*, Teilnehmer-Anschlußeinrichtung *f* (TAE) *(FTZ) heute:* Übergabestelle *f (ISO-Standard IS 8877)*; Universalanschluß *m (ISDN)*

Telecommunication Management Network (TMN) Fernmelde-Kontrollnetz *n*, Führungssystem *n (ITU-T Empf. M.30xx, s.a. Tabelle III, VII)*, Telekommunikations-Managementnetz *n*

telecommunication network (TN) Fernmeldenetz *n (ITU-T I.112, s. Tabelle IV)*, Telekommunikationsnetz *n* (Tk-Netz)

telecommunications Fernmeldewesen *n*, Telekommunikation *f*, Nachrichtentechnik *f*

Telecommunications Act Telekommunikationsordnung *f* (TKO)

telecommunications authorities Fernmeldebehörde *f*

telecommunications billing service Fernmelderechnungsdienst *m* (FRD)

telecommunications carrier Fernmeldegesellschaft *f*

telecommunication service Fernmeldedienst *m (ITU-T I.112, s. Tabelle IV)*, Telekommunikationsdienst *m* (Tk-Dienst *m*)

telecommunication service attribute Fernmeldedienstmerkmal *n (ITU-T I.112, s. Tabelle IV)*

telecommunication service provider Telekommunikationsanbieter *m* (Tk-Anbieter)

telecommunications exchange Fernmeldevermittlungsanlage *f*

telecommunications grounding system Fernmeldepotentialerdung *f* (FPE)

Telecommunications Law Telekommunikationsgesetz *n* (TKG)

telecommunications maintenance district Fernmeldeunterhaltungsbezirk *m* (FEUBZ)

telecommunication socket Fernmeldesteckdose *f (ISDN)*, TAE-Dose *f*, Monopolanschlußdose *f (NT)*

telecommunications office Fernmeldeamt *n* (FA)

telecommunications operator Fernmeldegesellschaft *f*

Telecommunications Ordinance Telekommunikationsverordnung *f* (TKV)

telecommunications payload nachrichtentechnische Nutzlast *f (Sat)*

telecommunications satellite Fernmeldesatellit *m*, Nachrichtensatellit *m*

telecommunications service Fernmeldedienst *m (ISDN)*

telecommunications station Telekommunikationsstelle *f* (TKSt)

telecommunications tower Fernmeldeturm *m* (FmT)

telecommunication user (TCU) Telekommunikationsteilnehmer *m (DECT)*

telecommuting Telearbeit *f (US)*

teleconferencing Telekonferenz *f*

telecontrol (TC) (**system**) Fernwirksystem *n* (FW)

telecopier Fernkopierer *m*, Telefaxmaschine *f*, Telefaxgerät *n*

Teledesic zukünftiges weltweites Satelliten-Kommunikationssystem im LEO *(Betriebsbeginn voraussichtlich 2004)*

tele-education Fernunterricht *m*

telefax s. fax

telefax machine Fernkopierer *m*, Telefaxmaschine *f*, Telefaxgerät *n*

telefax service Telefax(dienst *m*) *n* (Tfx)

Telegraph Lines Act Telegrafenwegegesetz *n*

teleindication Fernanzeige *f*

telemarketing Telefonmarketing *n*, Telefonverkauf *m*, Telefon-Vertrieb *m*, Telemarketing *n*

telematics services Telematikdienste *mpl (Masseninformatik, Textkommunikation, Datenfernverarbeitung, Videokonferenz, TV usw.; FR télématique)*

telemetering Fernmessen *n*, Fernmessung *f*

telemetry band Telemetrieband *n (868–870 MHz, lizenzfrei)*

telemetry data Telemetriedaten *npl*

telemetry equipment Fernmeßeinrichtung *f*

telemetry service Telemetriedienst *m* (TmD)

telemetry, tracking and command (TT&C) s. tracking, telemetry and command

telephone fernsprechen, telefonieren; Fernsprecher *m*, Telefon *n*, Apparat *m* (Tel), Fernsprech- (Fe)

telephone access Telefonanschluß *m* (TelAs)

telephone accounts service Fernmelderechnungsdienst *m* (FRD)

telephone answering desk Abfrageplatz *m*

telephone answering machine (TAM) (Telefon-)Anrufbeantworter *m (Fax)*, Anrufbeantwortungseinrichtung *f* (AAE)

telephone answering service Auftragsdienst *m*

telephone answering station Abfragestelle *f*

telephone area Anschlußbereich *m*

telephone billing number Fernsprechgebührennummer *f*

telephone box *oder* **booth** Telefonzelle *f*, Telekiosk *m (CH)*

telephone call Telefongespräch *n*, Telefonat *n*, Anruf *m*

telephone circuit Fernsprechübertragungsweg *m*, Sprechweg *m*

telephone company (telco) Telefongesellschaft *f* (Telco)

telephone conference Audiokonferenz *f*

telephone connection Telefonanschluß *m* (TelAs)

telephone construction district Fernmeldebaubezirk *m* (FBBZ)

telephone country code (TCC) Telefon-Landeskennzahl *f*

telephone directory Fernsprechbuch *n*, Telefonbuch *n*

telephone exchange Fernsprechvermittlungsanlage *f*, Fernsprechamt *n*, Telefonzentrale *f (CH)*

telephone exchange building Fernmelde(-dienst)gebäude *n* (FDG)

telephone fault clearance Fernsprechentstörung *f* (FeE)

telephone line Telefonleitung *f*, Telefonanschluß *m* (TelAs), Telefonanschlußleitung *f*

telephone line network Telefon-Festnetz *n*

telephone loop Telefonanschluß *m* (TelAs)

telephone network Fernsprechnetz *n* (FeN)

telephone network service Telefonnetzdienst *m* (TND)

telephone number Telefonnummer *f*, Fernsprechnummer *f*, Rufnummer *f (ITU-T Empf. E.164, Adreßformat für normale Fest- und Mobilfunknummern, s. Tabelle III)*

telephone operator Telefonist(in *f*) *m*, Platzkraft *f*

telephone receiver Telefonhörer *m*, Fernhörer *m*

telephone ringer Weckeinrichtung *f*

telephone routing address Fernsprechleitwegadresse *f (US)*

telephone sensor Telefonmelder *m*

telephone service Telefondienst *m*, Fernsprechdienst *m*

telephone set Fernsprecher *m*, Fernsprechapparat *m* (FeAp), Sprechgarnitur *f (Bediener)*

telephone signal Fernsprechzeichen *n*

telephone signalling Fernsprechzeichengabe *f*, Telefonsignalisierung *f*

telephone socket Telefonsteckdose *f*, TAE-Dose *f*, Telefonanschlußeinheit *f* (TAE)

telephone station Sprechstelle *f*

telephone subscriber line Fernsprech-Anschlußleitung *f* (FeAsl)

telephone switching office (TSO) Fernsprechvermittlungsstelle *f (US)*

telephone system Telefonanlage *f*, Fernsprechanlage *f (Vermittlung)*

telephone tag Telefon-¤Fangspiel¤ *(wenn Tln. den Kontakt miteinander verfehlen)*

telephone terminal Fernsprechendgerät *n*, Tk-Anlage *f*

telephone traffic Fernsprechverkehr *m*

telephone user part (TUP) Anwenderteil *m* für Fernsprechen *(ZGS.7, ITU-T Empf. Q.721–725, s. Tabelle III)*

telephone voice service Telefonsprachdienst *m*

telephony Fernsprechübertragung *f* (FeÜ) *(300–3.400 Hz)*

telephony API s. telephony application programming interface

telephony application programming interface (TAPI) Anwendungssoftware *f* für Zugriff auf Telefondienste *(MS-Windows, PC; s.a. "API")*

telephony monopoly Sprachmonopol *n (DBT)*

telephony service provider (TSP) Telefoniedienste-Anbieter *m (TAPI)*

telephony teleservice Telefondienst *m* (Tel) *(ISDN)*

telephony user interface (TUI) Telefondienst-Benutzeroberfläche *f (UM)*

telepictures Fernzeichnen *n*

Telepoint Telepoint *m (öffentliches Funktelefon-System, BT, umfaßte Handapparat, Haus-Feststation und Zugriff zum öffentlichen "Phonepoint", CT2, nicht zu DECT kompatibel; DTAG "Birdie", FR "Bibop", GB "Rabbit" (eingestellt am 31. Dez. 1993, da insgesamt nur 9000 Teilnehmer!))*

Telepoint subscriber identity module (TIM) Telepoint-Teilnehmerkennungsmodul *n (BT)*

teleport Teleport *m ("Medienpark", Gebäude(-komplex) mit Telematik-Verbund für mietende Unternehmen, ggf. mit IBS/ IDR bzw. SMS)*

teleprinter Fernschreiber *m*, Fernschreibmaschine *f*

teleprocessing application Fernverarbeitungsanwendung *f*

telescope (into each other) ineinanderschieben

telescript Fernzeichnen *n*

teleservice (telecommunication service) standardisierter Dienst *m*, Teledienst *m (z.B. Telefon- oder Telefax-Dienst, OSI-Schichten 1–7 einschl. der Endgerätefunktionen, ITU-T Empf. I.112, I.210, s. Tabelle IV; GSM, s. Tabelle VII (s.a. "bearer service"))*

teleshopping Ferneinkauf *m*, Bestelldienst *m*; Bestellterminal *n*

telesoftware Telesoftware *f*

Teletel *(Videotex-Dienst in Frankreich, CEPT-Profil 2, s. Tabelle XI)*

teleterminal Mehrdienstterminal *n (Tel., US)*

teletex Teletex *n* (Ttx), Bürofernschreiben *n (2400 bit/s, leitungs- oder paketvermittelt, nach OSI-Standard)*

teletex access unit (TTXAU) Teletex-Anschlußeinheit *f*

teletex/telex converter (TTC) Teletex-Telex-Umsetzer *m* (TTU)

teletext (txt) Fernsehtext *m*, Videotext *m (nicht dialogfähiger Videotextdienst im Rundfunk-TV)*, Teletext *m (CH)(eine Teletextseite ist mit einer Magazinnummer (x) und einer dezimalen Seitennummer gekennzeichnet, eine Zeile im Magazin ist dann z.B. x/5; der sichtbare Bereich ist x/1–x/23, der nicht sichtbare ist x/27–x/31; EBU Interim Technical Document SPB 492, ETS 300 472, 300 7xx)*

teletext data Videotext-Daten *npl (360 Bit/ Zeile)*

teletype (TTY) Fernschreib- (Fs), Fernschreiben *n* (FS)

television (TV) Fernsehen *n*; Fernseher *m (GB)*

television broadcasting Fernsehrundfunk *m*

television engineering operations Betriebstechnik *f* Fernsehen

television licence holder Fernsehteilnehmer *m*

television rate Fernsehtakt *m*, Bildwechselfrequenz *f*

television standard Fernsehnorm *f (PAL, SECAM, NTSC, q.v.)*

television synchronisation rate Fernsehtakt *m*, Bildwechselfrequenz *f*

television viewer Fernsehteilnehmer *m*

televoting service Televotum-Dienst *m (Telefon-Abstimmung, DTAG-Dienst 0137, Kabel-TV)*

teleworking Telearbeit *f (GB)*

telewriting Fernschreiben *n*, Fernzeichnen *n*

telex (teleprinter exchange (tx)) Telex *n*, Fernschreiben *n* (FS) *(ASCII)*

tellback Rückmeldung *f (US)*

Telnet Telnet *n (Internet-Anwendungsprotokoll für virtuelle Terminaldienste, IAB RFC0854, s. Tabelle VIII; auch MIL-STD-1782)*

TELR (talker echo loudness rating) Sprecherechobezugsdämpfung *f* (SEBD)

TELSTRA (Telecom Australia) australische Telekommunikationsbehörde *(vereinigt die frühere Postbehörde Post Master Ge-*

neral's department (PMG), die Telecom Australia und die Overseas Telecommunications Commission (OTC))

TEM (transverse electromagnetic) **cell** TEM-Zelle *f (EMV-Messung)*

temperature-dependent resistor temperaturabhängiger Widerstand *m*

temperature-stabilize temperieren

template Vorlage *f (DTP)*

template folder Vorlagen-Ordner *m (DTP)*

template matching Musteranpassung *f (Spracherkennung)*, Schablonenvergleich *m*

temporal clipping Signalfluß-Lückenbildung *f (Hörprüfung, Tel)*

temporally indeterminate zeitunscharf

temporally uncertain zeitunscharf

temporal noise shaping (TNS) **function** Funktion *f* der Formung des Rauschspektrums, TNS-Funktion *f (Spracherkennung, MPEG 4)*

temporal resolution Zeitauflösung *f*, zeitliche Auflösung *f (Bildcodierung)*

temporary file temporäre Datei *f (DV)*

temporary line bewegliche Leitung *f*

temporary meter comparison befristeter Zählvergleich *m*

temporary mobile subscriber identity (TMSI) temporäre Funkkennung *f* des Teilnehmers *(GSM, s. Tabelle VII)*, zeitweilige Teilnehmerkennung *f*

temporary pool Ausgleichspool *m (Netzmanagement)*

temporary post Aushilfsposten *m*

temporary signalling connection temporäre Zeichengabetransaktion *f* (tZGT) *(ZGS.7 MTP, ITU-T Empf. Q.711...714, s. Tabelle III)*

temporary storage Zwischenspeicherung *f*

tend neigen, streben

tender specifications Leistungsverzeichnis *n* (LV)

tension arm Spannarm *m (Bandleser)*

tentative vorläufig, provisorisch

tentative specification vorläufige Spezifikation *f*

tentative standard Vornorm *f (DIN)*

TEQ (time equalizer) Zeitentzerrer *m (ADSL)*

Ter, ter *(einem ITU-T-Netzstandard nachgefügt, wird damit seine dritte Version identifiziert, z.B. V.27 ter, s. Tabelle V)*

term Glied *n*, Element *n (Math)*; Begriff *m*

terminal (TE) Endeinrichtung *f* (EE), Endgerät *n* (EG); Terminal *n*, Außenstation *f*; Anschluß *m (Bauteil)*; Anschlußpunkt *m (Netz)*; Klemme *f*, Anschlußklemme *f (HW)*; -polig *(Klemmenblock)*

terminal adapter (TA) Endgeräteanpassung *f (ISDN, für (TE2-) Einrichtungen ohne ISDN-Schnittstelle)*

terminal adapter unit (TAU) Endgeräteanpassungseinheit *f (K-Anl., US)*

terminal assignment Anschlußbelegung *f*

terminal board Rangierverteiler *m*

terminal block Reihenklemme *f*, Anschlußverteiler *m*, Klemmenblock *m*, Verteiler *m*, Rangierverteiler *m*

terminal box Klemmenkasten *m*; Endverzweiger *m* (EVz) *(Tel)*

terminal capabilities Endgeräteeigenschaften *fpl*

terminal card Anschlußbaugruppe *f (DV)*

terminal clip Polklemme *f*, Anschlußlasche *f*

terminal computer Endstellenrechner *m*

terminal conditions Anschlußbedingungen *fpl*

terminal connection Anschlußverbindung *f (Verteiler)*

terminal connection box Endgeräte-Anschlußdose *f* (EAD) *(ISDN)*

terminal connection diagram Anschlußplan *m*

terminal controller Terminal-Steuereinheit *f*; Anschlußsteuerung *f (Bus, ARINC)*

terminal device Endgerät *n* (EG); Anschlußstelle *f*

terminal disconnect patchboard Trennsteckverteiler *m*

terminal endpoint identifier (TEI) Endgeräte-Endpunktkennung *f*

terminal equipment (TE) Endeinrichtung *f* (EE) *(ISDN, ITU-T Empf. I.112, I.430 (Tabelle IV), s. TE1,TE2)*, Teilnehmeranlage *f (CH)*

terminal exchange (TX) Endvermittlungsstelle *f* (EVSt), Endamt *n*

terminal failure voltage (TFV) Klemmenausfallspannung *f*

terminal for data channel Anschluß *m* für Datenkanal

terminal identification (TID) Endgerätekennung *f (ISDN)*

terminal line Endstellenleitung *f* (EndStLtg) *(Tel)*, Endleitung *f*

terminal link Querverbinder *m (Verbinder)*, Klemmenbrücke *f*

terminal mobility Endgerätemobilität *f (I.114, s. Tabelle IV; UPT)*

terminal module Klemmenbaustein *m*

terminal node controller (TNC) Netzknotensteuerung *f (PR)*

terminal office Endamt *n*

terminal operating elements Bediener-, Benutzer-Oberfläche *f*

terminal performance Endgeräteausstattung *f*

terminal portability (TP) Umstecken *n* am Bus *(ISDN, E-DSS1)*

terminal regenerator Endregenerator *m*

terminal restriction data Anschlußsperre *f*

terminal station Endstelle *f* (E) *(PCM-Daten, Sprache)*, Datenstation *f*; Anschlußstation *f* (AS) *(Sat)*; Endgerätestation *f (WLL)*

terminal strip Anschlußleiste *f*, Klemmenleiste *f*, Verteilerleiste *f*

terminal that has alerted Endgerät *n*, das geantwortet hat

terminate abschließen; abbrechen *(Programm)*

terminate a service einen Dienst *m* beendigen

terminated abgeschlossen; terminiert *(Math)*

terminated call ausgelöste Verbindung *f*

terminated convolutional code terminierter Faltungscode *m (Kanalcodierung)*

terminate in characteristic impedance wellenrichtig abschließen

terminating Abschluß-, End-; abschließend

terminating cable Schaltkabel *n*

terminating call Endkommunikation *f (ISDN)*

terminating circuit Endschaltung *f*

terminating code screening Zielrufnummernüberwachung *f*

terminating configuration Meßanordnung *f*

terminating connection Zielverbindung *f*, ankommende Verbindung *f (ISDN)*

terminating criteria Endebedingungen *fpl*

terminating customer Zielteilnehmer *m (ISDN)*

terminating device Zieleinrichtung *f (Netz)*

terminating equipment (TE) Endeinrichtung *f* (EE) *(ISDN, ITU-T Empf. I.112, s. Tabelle IV)*

terminating exchange (TE) Endamt *n*

terminating impedance (TR) Abschlußwiderstand *m (I.430, s. Tabelle IV)*

terminating modem Endmodem *m (Übertragungsstrecke)*

terminating number Zielnummer *f (Tel, Fax)*

terminating power meter Abschluß-Leistungsmesser *m (Senderprüfung)*

terminating private branch exchange Endvermittlung *f*

terminating rack Endgestell *n*

terminating subscriber Endteilnehmer *m*

terminating termination Zielanschluß *m (ISDN)*

terminating traffic Endverkehr *m*

terminating transmission path Endstellenleitung *f (NStAnl)*

termination Abschluß *m*; Endverschluß *m* (Evs), Endenabschluß *m (Kabel)*; Anschluß *m (Festverbindung)*; Auslösung *f (Verbindung)*

termination circuit Anschlußschaltung *f*

termination panel Anschlußfeld *n* (AnFd)

termination point Anschlußpunkt *m (ITU-T I.432, s. Tabelle IV)*

terms of reference Aufgabenstellung *f*

ternary ternär *(mit drei diskreten Werten)*

terrain Gelände *n (Funkversorgung)*

terrain clearance Bodenfreiheit *f (Luftf.)*

terrestrial terrestrisch, erdgebunden, Erd-...

terrestrial digital audio broadcasting (T-DAB) terrestrischer digitaler Hörfunk *m* *(Kanal 12, Einführung geplant für 1997)*

terrestrial digital video broadcasting (DVB-T) terrestrisches digitales Fernsehen *n* *(MPEG-2, QPSK, hierarchische Übertragung (q.v.), eingeführt Okt.1996 (DF1)*

terrestrial field compass Erdfeldkompass *m*

Terrestrial Flight Telephone System (TFTS) terrestrisches Flugpassagier-Fernsprechsystem *n* *(ETSI-Spezifikation ETS 300 326)*

terrestrial reception terrestrischer Empfang *m*, Bodenempfang *m* *(Sat)*

terrestrial station Erdstelle *f*

terrestrial systems Terrestrik *f* *(Nicht-Satelliten-Systeme)*

terrestrial transmission technology Terrestrik *f* *(Nicht-Satelliten-Systeme)*

tertiary centre Zentralamt *n*

tertiary exchange Zentral(knoten)amt *n*, Zentralvermittlungsstelle *f* (ZVSt) *(SWFD)*; Fernzentrale *f* (Fz)

tesselation Überdeckung *f* mit regulären Vielecken, Parkettierung *f* *(e. Ebene, Math.)*

test Prüfung *f*, Test *m*, Probe *f*; aufprüfen *(einen Draht auf z.B Belegung)*, prüfen, messen;

test accessories Meßzubehörkoffer *m*

test assembly Meßplatz *m*

test call generator automatischer Teilnehmer *m*

test cell Testzelle *f* *(ATM)*

test circuit Prüfkreis *m*, Prüfsatz *m*

test desk Prüftisch *m*; Meßplatz *m*

test environment Testumgebung *f* *(Programm)*

test equipment Prüfgerät *n* (PrGt), Meßeinrichtung *f*

test generator Prüfgenerator *m*, Prüfsender *m*

test in the field Betriebsversuch *m*

test indicator Prüfzustand *m* *(nicht standardisiert, V.24/RS232C, Tabelle IX)*

testing Prüfen *n*, Prüftechnik *f*

test instrument Prüfgerät *n* (PrGt)

test interface Meßebene *f*

test jack Prüfbuchse *f*

test kit Meßzubehörkoffer *m*

test level Testschärfe *f*

test line Meßleitung *f* *(Verm.)*; Prüfzeilenmeßsignal *n*, Prüfzeile *f* (PRZ) *(TV)*

test line group Prüfbündel *n* *(Verm.)*

test line inserter Prüfzeileneinmischer *m*, Prüfzeileneintaster *m* *(TV)*

test load Prüflast *f*

test multiple Prüfvielfach *n* *(Verm.)*

test object Meßobjekt *n*

test panel Meßfeld *n*

test pattern Prüfmuster *n* *(Bitübertr.)*; Prüfbild *n*, FuBK-Testbild *n* *(TV)*

test pattern generator (TPG) Testmuster-Generator *m* *(ASIC)*; Testbildgeber *m* *(TV)*

test period Meßintervall *n*

test planning Prüfvorbereitung *f*

test point Prüfstelle *f*, Meßstelle *f*; Trennstelle *f* *(Verm)*; Meßpunkt *m*

test port Meßtor *n* *(Netzanalysator)*

test position Meßplatz *m*, Prüfstellung *f*

test probe Prüfsonde *f*

test rack Meßplatz *m*

test receiver Meßempfänger *m* *(Ant.-Feldstärke)*

test response analyzer Testantwort-Analysator *m* *(ASIC)*

test rig Meßplatz *m*

test room Prüfraum *m*, Prüffeld *n*

test run Meßlauf *m*

test set *oder* **set-up** Meßplatz *m*, Meßeinrichtung *f*

test setup Meßaufbau *m*

test signal Prüfsignal *n*, Prüffolge *f*

test station Prüffeld *n*

test termination Prüfabschluß *m* (PA) *(Tel)*

test tone receiver Meßtonempfänger *m* (MTE)

test trunk group Prüfbündel *n*

test van Meßwagen *m* *(Mobilfunk, TV)*

test volume Prüfvolumen *n*

test wire Meßleitung *f*, c-Ader *f*, c-Draht *m* *(Tel., Stöpselkörper)*

TETRA (Trans-European *oder* TErrestrial Trunked RAdio) Europaweites (digitales) Bündelfunksystem *n (für öffentliche u. nichtöffentliche BOS-Dienste (PAMR/PMR, einschl. Public Safety Radio Project, GB), 380–440/870–890 MHz, Datenrate 7,2 kB/s/Zeitschlitz, Direktmodus Tln-Tln, TDMA, Lambda/4DQPSK, ETSI ETS 30039x)*

Tetrapol französische Variante von TETRA *(q.v., nur für nichtöffentliche BOS-Dienste (PMR), FDMA)*

texel s. texture element

text Text *m*; texten *(SMS, Handy)*

text box Textfeld *n (GUI, PC)*

text editor Texteditor *m*

text/fax server (TFS) Text-Fax-Server *m (ISDN)*

texting Texten *n (SMS, Handy)*

text messaging Textnachrichtenübermittlung *f*, Texten *n (SMS, Handy)*

text path Schreibrichtung *f (Grafik)*

text terminal Textendgerät *n*, Textstation *f*

text-to-speech (TTS) **module** Sprachwiedergabemodul *n*, TTS-Modul *n (wandelt PC-basierende Nachrichten in Sprachnachrichten um, UM)*

texture element (texel) Texturelement *n (Grafik)*

texture masking Strukturmaskierung *f (Bildcodierung)*

TFS s. text/fax server

TFT s. thin film transistor

TFTS s. Terrestrial Flight Telephone System

TFV s. terminal failure voltage

THA (transaction handling) Transaktionsbehandlung *f (GSM, s. Tabelle VII)*

THD (total harmonic distortion) Klirrfaktor *m*

theoretical arrival time (TAT) Soll-Ankunftszeit *f (Zelle, ATM)*

thermal capacity Wärmekapazität *f*

thermal drift thermisches Weglaufen *n*

thermal noise thermisches Rauschen *n*, weißes Rauschen *n*

thermal power meter thermischer Leistungsmesser *m (Sender)*

thermal printer Thermodrucker *m*

thermal runaway thermische Instabilität *f (Batterie)*, thermische Zerstörung *f (Halbleiter)*

thermal sublimation printer (TSP) Thermosublimationsdrucker *m (Repro.)*

thermistor Thermistor *m*, temperaturabhängiger Widerstand *m*

Thicknet Thicknet *n (Ethernet-Verkabelung für größere Entfernungen)*

thin client PC *m* mit reduzierter Rechenleistung

thin film transistor (TFT) Dünnschichttransistor *m*

Thinnet Thinnet *n (Ethernet-Verkabelung für kürzere Entfernungen)*

thinning (out) Ausdünnung *f (z.B. einer Liste)*

third-generation (3G) **mobile radio** 3G-Mobilfunk *m (UMTS)*

third-generation (3G) **network** 3G-Netz *n (GSM)*

third-order intercept point Schnittpunkt *m* für Intermodulationsprodukte dritter Ordnung *(LNB)*

third-order intermodulation products (3IP) Intermodulationspegel *m* dritter Ordnung (IM3)

third-order polynomial Polynom *n* mit Grad 3 *(math.)*

third-party connection Fremdanschaltung *f*

third-party development Fremdentwicklung *f*

third-party maintenance (TPM) Herstellerwartung *f* für Eigen- und Fremdsysteme

thrashing Verschwendung *f (Zeit, Netzbetriebsmittel)*, Durchgehen *n (Rechner)*

threaded ferrule Schraubstutzen *m (Kabel)*

three-channel recorder Dreifachschreiber *m*

three-dB coupler Hybridkoppler *m*, 3-dB-Koppler *m (Mikrowellen, FO)*

three-dB point Halbwertspunkt *m*, 3-dB-Punkt *m*, Bandgrenze *f*

three-level differential PSK (TDPSK) dreiwertige Differenz-Phasenumtastung *f*

three-party call Dreierverbindung *f*

three-party service (3PTY,TPS) Dreierverbindungsdienst *m*, Konferenzschaltung *f (ISDN, GSM 01.04, s. Tabelle VII)*, Makeln *n*

three-port coupler Y-Verzweigung *f (FO)*

three-tone caller Drei-Ton-Ruf *m (K.-Tel)*

three-tone ringing Dreiklang-Tonruf *m (Tel)*

three-way conversation Dreierkonferenz *f (ISDN)*

threshold bit error rate Grenz-Bitfehlerrate *f (DVB)*

threshold-crossing event (TCE) Grenzwert-Überschreitung *f (ATM)*

threshold detector Schwellendetektor *m*, Grenzsignaldetektor *m*

threshold effect Schwelleneffekt *m*, Aussatzeffekt *m*, "Brickwall"-Effekt *m (DVB-T)*

thresholding Schwellwertbildung *f*, Begrenzung *f (Bildcodierung, die Beseitigung aller Werte unter einem bestimmten Schwellwert zur Verringerung der übertragenen Informationsmenge)*

threshold period Zeitschwelle *f*

threshold value Schwellwert *m*, Eckwert *m*

threshold voltage Schwellenspannung *f*, Einsatzspannung *f*

throat microphone Kehlkopfmikrofon *n*

throttle drosseln *(Verkehr)*, ausbremsen *(Datenfluß)*

through durchgeschaltet

through-connected durchgeschaltet

through-connection Durchschaltung *f*, durchgeschaltete Verbindung *f*, Durchgangsverbindung *f*

through-connection gate Durchschaltegitter *n* (DG) *(PCM, Tel)*

through-connect path Durchschalteweg *m (Verm)*

through line durchgeschaltete Verbindung *f*

throughout the service area flächendeckend

throughput Durchsatzrate *f (Pakete/Sek)*, Durchsatz *m*

throw (distance) Projektionsentfernung *f (Strahl)*

thumbnail picture Miniaturbild *n*

TIA Telecommunications Industry Association *(US)*

tick Tick *m (Byte-Dauer, z.B. 125 s)*

ticking tone Tickerzeichen *n (Warteton, Tel)*

tick rate Tickfolge *f*

TICOG Texas Instruments Communications Grid *(US)*

TID s. terminal identification

TID s. touch input device

tie breaker Zuteiler *m (z.B. Bus-Arbiter)*

tie-breaking vote ausschlaggebende Stimme *f oder* Entscheidung *f*

tie line Standleitung *f*, Festanschluß *m*, Festverbindung *f*; Direktanschluß *m*, Nachbarverbindung *f*; Mietleitung *f*; Querverbindung(sleitung) *f (zw. privaten Vermittlungen)*;

tier Reihe *f*; Ebene *f (Netz)*, Schicht *f (Programmgestaltung, TV)*

tie trunk Querverbindungsleitung *f (zwischen NStAnl)*

tie up (unnötig) belegen, blockieren *(Ltg.)*

tie wrap Kabelbinder *m*

tieing-in Einbinden *n (Teilnehmer)*

TIFF (Tagged Image File Format) **file** TIFF-Datei *f (PC)*

tightly coupled fest gekoppelt *(Spulen)*

tile Mosaiksteinchen *n*; reguläres Vieleck *n (Math.)*

tiled windows nebeneinander angeordnete Fenster *npl (PC-Bildschirm)*

tiling Überdeckung *f* mit regulären Vielecken, Parkettierung *f (e. Ebene, Math.)*, Kachelung *f*

tilt Schräge *f*, Dachschräge *f*, Abfall *m*, Dachabfall *m (Impuls)*; kippen, neigen, schrägstellen

tilt angle Neigungswinkel *m (Ant.-Polarisation)*

TIM (Telepoint subscriber identity module) Telepoint-Teilnehmerkennungsmodul *n (BT)*

time Zeit *f*
- **as a function of time** zeitlich
- **at the correct time** zeitgerecht
- **in the correct time relationship** zeitgerecht
- **in time with** ... im Rhythmus *m* der/des ...
- **over time** zeitlich
- **with respect to time** zeitlich

time alignment Zeitabgleich *m (GSM)*

time and date table (TDT) Uhrzeit- und Datumstabelle *f*, TDT-Tabelle *f (zur Aktualisierung der Echtzeituhr eines DVB-Empfängers, DVB-SI)*

time announcement Zeitansage *f*

time-assigned speech interpolation (TASI) zeitmultiplexierte Sprachübertragung *f*

time average Zeitmittel *n*, zeitliches Mittel *n*

time-based routing zeitbasierendes Routing *n*

time-base extension Zeitdehnung *f*

time bin Zeitzone *f*

time cell Zeitfach *n (Vermittlung)*

time characteristic zeitlicher Verlauf *m*, Zeitverlauf *m*

time code (TC) Zeitcode *m* (ZC) *(FS)*

time compression Zeitkompression *f*, Zeitraffung *f*

time compression multiplex (TCM) Zeitkompressionsmultiplex *n*, Burst-Übertragung *f (Ping-Pong-Verfahren, mit wechselseitiger Übertragung hochratiger Datenpakete, ITU-T I.430, s. Tabelle IV; CT2/CAI)*

time congestion Zeitsperrung *f (Telime-Anl)*

time constant (TC) Zeitkonstante *f*

time-continuous zeitkontinuierlich *(z.B. analog)*

time correlation Zeitbezug *m*, Zeitbeziehung *f*

timed taktgesteuert; zeitlich gesteuert *oder* erfaßt *oder* überwacht; zeitabhängig

time dependence Zeitabhängigkeit *f*

time-dependent zeitabhängig

time-derived channel Zeitmultiplexkanal *m*

time deviation Standablage *f (Uhr)*

time dilation Zeitdehnung *f*

time-discrete zeitdiskret *(z.B. digital)*

time discriminator Zeitentscheider *m*

time diverse zeitlich divers *(Signalpunkte)*

time diversity Zeitdiversity *f (Empfänger)*

time divided serial line serielle Zeitgetrenntlageleitung *f oder* Zeitmultiplexleitung *f (dig. Tel.)*

time division CDMA (TD-CDMA) Zeitmultiplex-CDMA *m (s. CDMA, UMTS)*

time division circuit switching zeitliche Durchschaltung *f (Verm)*

time division duplex (TDD) Zeitduplex *n*; Zeitgetrenntlageverfahren *n (Ping-Pong-Verfahren für Ortsanschlußleitung, ISDN-B-Kanal)*

time division matrix switch Zeitkoppelfeld *n*

time division method Zeitgetrenntlageverfahren *n (allgemein)*

time division multiple access (TDMA) Vielfachzugriff *m* im Zeitmultiplex *(VSAT)*, Zeitmultiplexzugriff *m*; Zeitvielfachzugriff *m*, zeitgestaffelter Vielfachzugriff *m*, Zeitlagenmultiplex *m*

time division multiplex (TDM) Zeitlagenvielfach *n*, Zeitvielfach *n*; Zeitmultiplex *n* (ZMX), Zeitscheibenteilung *f*; wechselzeitiger Mehrfachbetrieb *m (bit- oder byteweise Verschachtelung mehrerer Nutzdatenströme in Zeitschlitzen auf einem seriellen Kommunikationskanal)*

time division multiplex stage Zeitstufe *f (Verm)*

time division multiplexer Zeitmultiplexer *m*, Zeitvielfach *n*

time division multiplexing Zeitmultiplexbildung *f*

time division random access zeitlicher Zufallszugriff *m (TDMA, GSM)*

time division switching Zeitmultiplexdurchschaltung *f (Verm)*

timed lockout Abwurf *m* nach Zeit *(Tk-Anl)*

timed loop Zeitschleife *f*

time domain Zeitbereich *m*, zeitliche Ebene *f*

time domain signal Signal *n* im Zeitbereich, Zeitsignal *n*

time domain Zeitbereich *m*, Zeitebene *f*

time domain filter Zeitfilter *n*

time domain multiple access (TDMA) Vielfachzugriff *m oder* Mehrfachzugriff im Zeitmultiplex *(VSAT)*

timed ringing signal zeitbegrenzter Ruf *m*

timed task Zeitauftrag *m (DV)*

time gap zeitliche Unterbrechung *f*

time equalizer (TEQ) Zeitentzerrer *m (ADSL)*

time frame Zeitskala *f*; Zeitrahmen *m*; zeitliches Vollbild *n*; Zeitraster *m (Instrument)*

time gap Zeitabstand *m*, zeitlicher Abstand *m*, zeitliche Unterbrechung *f*

time hopping Zeitsprung(verfahren *n*) *m*

time increment Zeitschritt *m*

time instance Zeitpunkt *m (ISDN)*

time-interleaved zeitlich verschachtelt *oder* verschränkt *oder* verzahnt

time interval Zeitabschnitt *m*, Zeitabstand *m*, zeitlicher Abstand *m*

time-invariant zeitlich unveränderlich

time level Zeitebene *f*, zeitliche Ebene *f (ATM-Verkehrshierarchie) (ATM-Verkehrshierarchie)*

time line Zeithorizont *m (Planung)*

time margin Reservezeit *f (DVB-Messung)*

time measurement Zeitmessung *f*

time multiplexed zeitlich gemultiplext *oder* verschachtelt

time multiplexed switch (TMS) Zeitvielfach *n*

time-of-day (TOD) **program** Uhrzeitprogramm *n*

time of origin (TOO) Sendezeit *f*

time of reception (TOR) Empfangszeit *f*

time of the wake-up call Weckzeit *f (Tel)*

timeout Zeitüberwachung *f (SW)*; Zeitsperre *f*, Zeitauslösung *f*, Zeitabschaltung *f*; Zeitablauf *m*, Zeitüberschreitung *f (Zeitüberwachung)*

time out zeitlich sperren *oder* abschalten; ablaufen *(Zeitüberwachung)*, die Zeitgrenze *f* überschreiten

timeout period Zeitüberwachungsdauer *f*

time pattern Zeitraster *m*

timeplex Zeitmultiplex *n (TV-Codierung)*

time pulse counter Zeittaktzähler *m*

time pulse metering Zeitimpulszählung *f*

timer Zeit(takt)geber *m*; Zeitüberwachung *f*; Verzögerungseinrichtung *f*; Zeituhr *f (TV, VCR)*

time range Zeitbereich *m*

time reference Zeitbezug *m*, Zeitraster *m*; Zeitreferenz *f*

time reserve Zeitrückhalt *m*

time response Zeitverhalten *n*, Zeitverlauf *m*

timer recovery condition Zustand “Zeitüberschreitung” *(ITU-T Empf. Q.921, s. Tabelle III)*

time scale Zeitmaß(stab *m*) *n*

time scale modification Zeitskalaumsetzung *f (VoIP)*

time-shared simultan, im Teilnehmerbetrieb *oder* zeitlich geschachtelt benutzt *(DV, z.B. Bus)*

time sharing Zeitteilung *f*, zeitliche Schachtelung *f*, Zeitmultiplexbetrieb *m*; Teilnehmerbetrieb *m (DV)*

timesharing mode Teilnehmerbetrieb *m (DV)*

time-sharing station Teilnehmerstation *f (DV)*

time-sharing system Teilnehmersystem *n (DV)*

time-sharing user Teilnehmer *m (Netz)*

time shifted zeitversetzt (MAZ)

time signal Zeitsignal *n (Zeitangabe)*

time skew Zeitverschiebung *f*

time slice Zeitscheibe *f (Teilmenge der Gesamtrechenzeit in Multitasking)*

time slot (TS) Zeitabschnitt *m*, Zeitlage *f (PCM)*; Zeitintervall *n*, zeitliche Unterbrechung *f*; Zeitschlitz *m*, Zeitkanal *m (ein bzw. mehrere Oktette)*; Zeitblende *f*

time slot assign (TSA) Zeitlagenzuordnung *f (ATM)*

time slot counter Zeitlagenzähler *m*

time-slot interchange Zeitlagenwechsel *m*, Zeitschlitzumsetzung *f (ATM)*

time-slot interchanger (TSI) Kanalwahlsystem *n (Mobilfunk)*; Zeitlagentauscheinheit *f*, Zeitlagenvielfach *n (Verm)*

time slot interval Zeitschlitzintervall *n*, Zeitschlitzlänge *f*

time-slot number (TN) Kanalnummer *f (GSM 01.04, s. Tabelle VII)*

time-slot pattern Kanal-Zeitlage *f*, Zeitraster *m*

time-slot sequence integrity (TSSI) Zeitschlitzfolgeintegrität *f (ISDN)*, Einhaltung *f* der Zeitschlitzfolge

time-slot switching unit (TSU) Zeitkanalkoppler *m*

time-space-space-time structure Zeit-Raum-Raum-Zeit-Struktur *f (Vermittlung)*

time-space-time (TST) Zeit-Raum-Zeit-Verfahren *n (Vermittlung)*

time stage Zeitstufe *f (Verm)*

time stage group Zeitstufengruppe *f (Verm)*

time stamp Zeitstempel *m (Testzelle, ATM)*, Zeitmarke *f (DVB-Decodierung)*

time stamping mit Zeitmarke *f* versehen, Zeitmarkierung *f*

time standard Zeitnormal *n (UTC)*

time supervision Zeitüberwachung *f (HW)*

time switch Zeit(lagen)vielfach *n*

time switching zeitliche Durchschaltung *f (Verm)*

time switching function Zeitkoppelfunktion *f*

time to live (TTL) Lebensdauer *f (IP, RFC1825, s. Tabelle VIII)*

time-variant zeitveränderlich, zeitvariant, zeitabhängig variable

time window of expectancy Erwartungszeitfenster *n*

timing Taktung *f*, Takt *m*, Takten *n (PCM-Daten)*; Taktverhalten *n*; Taktgabe *f*, Zeitgabe *f*; Synchronisierung *f*; Zeitmessung *f*, zeitliche Überwachung *f*; zeitliche Abstimmung *f*; Zeitlage *f (Verhältnis zw. zwei Datensignalen)*; Zeitablauf *m*
with correct timing zeitgerecht

timing advance Taktanpassung *f*, Taktvorstellung *f*, Vorhaltezeit *f (GSM, Empfängereinstellung)*

timing chart Ablaufdiagramm *n*

timing circuit Zeitglied *n*

timing diagram Taktdiagramm *n*, Pulsplan *m*, Impulsdiagramm *n*, Signaldiagramm *n*, Ablaufdiagramm *n*

timing (difference) Stand *m (Uhr)*

timing distribution Taktversorgung *f*

timing error Rasterverzerrung *f (EWS)*

timing extraction Taktableitung *f*, Taktgewinnnung *f*

timing generator Synchronisiereinheit *f*, Taktgeber *m*

timing handling Zeitsteuerung *f (ISDN)*

timing information Taktgehalt *m*, Synchronisierungsinformationen *fpl*, Taktinformationen *fpl*

timing pattern Rasterung *f (Impuls)*, Zeitraster *m*, Taktraster *m*

timing program Zeitprogramm *n*

timing pulse Zeitimpuls *m*, Zeitsteuertakt *m*

timing pulse train Mäanderfolge *f (Verm)*

timing recovery Taktregenerierung *f*

timing relationship Zeitlage *f (PCM)*

timing signal Taktsignal *n*, Zeitgebersignal *n*, Zeitsignal *n (Zeitgabe)*, Synchronisiersignal *n (Übertragung)*

timing signal error Zeitgeberfehler *m*

timing synchronisation Zeitsynchronisation *f (Prozeßsteuerung)*

timing synchronisation system Taktsynchronisierungseinrichtung *f (DVB-Receiver)*

timing uncertainty Zeitunschärfe *f*

tint Farbton *m (Repro.)*

T interface T-Schnittstelle *f (zw. NT1 und NT2, ISDN)*

tip Stöpselspitze *f (Tel.)*, a-Ader *f (Tel.)*

tip-and-ring (TR) **device** a/b-Vorrichtung *f (Tel.)*

tip-and-ring (TR) **line** a/b-Anschluß *m (Tel.-Kupferanschluß)*

tip-and-ring (TR) **pair** a/b-Kabel *n*, Kupferdoppelader *f*

tip wire (T wire) a-Ader *f*, a-Draht *m (Tel., Stöpselspitze)*

title bar Titelleiste *f (z.B. Fenster im CD-ROM-Wörterbuch, PC)*

titling Betitelung *f (Video*-Bildbearbeitung*)*

TIU (trunk interface unit) Leitungsanschlußeinheit *f*

TLD s. top-level domain

TLS (transport layer security) Sicherheit *f* auf dem Transportlayer *(IP, früher "SSL")*

TLU (telecommunication line unit) Telekommunikations-Anschluß-Einheit *f* (TAE)

TM s. traffic management

TMA (analog trunk module) Leitungsbaugruppe *f* analog

T-mail (text-to-speech mail) T-Mail *f (E-Mail mit Sprachwiedergabe, UM)*

TMC s. traffic message channel

TMC location code TMC-Ortscode *m (RDS-Tabelle)*

TMD (digital trunk module) Leitungsbaugruppe *f* digital

TMFI (two-mode fibre interferometer) Zweimodenfaser-Interferometer *n (FO)*

TMN (Telecommunications Management Network) Fernmelde-Kontrollnetz *n (ITU-T M.3010, s. Tabelle III)*

TMN (transmission management network) Übertragungs-Kontrollnetz *n (SDH)*

TMS (time multiplexed switch) Zeitvielfach *n*

TMSI (temporary mobile subscriber identity) temporäre Teilnehmer-Funkkennung *f (GSM, s. Tabelle VII)*

TM waves (transverse magnetic waves) E-Wellen *fpl (Hochfrequenztechnik)*

TN (telecommunication network) Fernmeldenetz *n*

TN s. timeslot number

TNC (terminal node controller) Netzknotensteuerung *f (PR)*

TNS (temporal noise shaping) **function** TNS-Funktion *f (Spracherkennung, MPEG 4)*

TOD (time-of-day) **program** Uhrzeitprogramm *n*

toggle Schalter *m*, Umschalter *m (SW)*, Kippschalter *m (HW)*; umschalten, hin- und herschalten; makeln *(Tel., Schalten zwischen zwei bestehenden Verbindungen)*

toggle bit Schaltbit *n*

toggle bus Schaltbus *m (DSP)*

toggle rate Schaltfrequenz *f*

TOH (transport overhead) Übertragungskopfteil *m (TDM)*

token Token *m*, Belegungs-Steuerblock *m*, Zugangs-Steuerblock *m (steuert den Zugang zu einem Token-Ring-Netz)*, Sendeberechtigung(smarke) *f*, Zugriffsberechtigung *f*; Zeichen *n*, Marke *f*

token bus interface Token-Bus-Schnittstelle *f (IEEE 802.4)*

tokenizing Markierung *f (Spracherkennung)*

token passing Berechtigungsweitergabe *f*, Tokenübergabe *f (LAN)*

token ring network Token-Ring-Netz *n (LAN nach IEEE 802.5, in dem ein Token der Reihe nach von Anschlußpunkt zu Anschlußpunkt weitergegeben wird)*

tolerable erträglich, verträglich

tolerance Toleranz *f*, Abweichung *f*, Verträglichkeit *f*

tolerance band Toleranzbereich *m*; Toleranzschlauch *m (Kabel)*

tolerance mask Toleranzmaske *f (2T-Impuls, TV)*

tolerant tolerant; unempfindlich

toll Ferngebühr *f*

toll call Ferngespräch *n*

toll center Fernvermittlungsstelle *f*, Knotenamt *(US, 2. Hierarchieebene)*

toll centre Knotenvermittlungsstelle *f* (KVSt) *(DTAG, Mobilfunk)*

toll-free gebührenfrei *(Anruf)*

toll network Fern(verkehrs)netz *n (US)*

toll office Fernamt *n* (FA) *(US)*

toll pulse Ferngebührenimpuls *m*

toll quality Fernübertragungsgüte *f*

toll rate Ferngebühr *f (US)*

toll restriction Fern(wahl)sperre *f*

toll road Mautstraße *f*

toll switch Fernvermittlungsanlage *f (US)*

toll switching system Fernvermittlungsanlage *f*

toll telephone network Fernsprech-Fernnetz *n (US)*

toll telephone service Fernsprech-Fernwahldienst *m (US)*

toll traffic Fernverkehr *m*

toll trunk Fernleitung *f*

TON (type of number) Art *f* der Rufnummer *(ISDN)*

TON (transparent optical network) tranparentes optisches (Fernmelde-)Netz *n (FO)*

tonality Tonalität *f (Audio)*; Tönung *f (Farbe)*

tonal range Tonskala *f*, Tonwertskala *f (Repro.)*

tone burst Tonfrequenzburst *m*, Tonimpulsfolge *f (DiSEqC)*

tone caller Tonruf *m (K.-Tel)*

tone detector Signalempfänger *m (Übertragung)*

tone dialling Tonwahl *f*, Mehrfrequenzwahl *f (Tel)*

tone-dialling telephone Fernsprecher *m* für Mehrfrequenzwahl

tone level Tonfrequenzpegel *m (LNB, DVB-S)*

tone-off condition Pausenzustand *f*

tone pager Tonrufempfänger *m*, (Nur-)Ton-Empfänger *m ("Cityruf")*

toner Toner *m (Kopierer)*

tone ringer Tonwecker *m (Tel.)*

tone/two-party circuit Ton-Zweiersatz *m* (TZS)

tongue Zunge *f*, Lasche *f (HW)*

TOO s. time of origin

tool Werkzeug *n*, Tool *n*, Hilfsprogramm *n (SW)*; Symbol *n (GUI, PC)*

tool bar Werkzeugleiste *f*, Symbolleiste *f (Bildschirm, PC-Anwendung)*

toolbox Werkzeugkasten *m*, Toolbox *f (Sammlung von Hilfsprogrammen, Bildschirmmenü, PC)*

toolkit Programmierwerkzeug *n*, Toolkit *n (DV)*

tools Hilfsmittel *npl*, Arbeitsmittel *npl*, Extras *npl (MS Windows, PC)*

TOP (table of (preview) pages) Programmvorschau-Seitentabelle *f (Vtx)*

TOP (technical and office protocol) Bürokommunikationsprotokoll *n (OSI, s. Tabelle VI)*

top-level domain (TLD) Internetbereich *m* oberster Stufe, Top-Level-Domain *n (Dot-Endung wie .org, .com, .gov; WWW q.v., ISO 3166, RFC1983, s. Tabelle VIII)*

topographical data Geländedaten *npl (Mobilfunk)*

topology Topologie *f*; Lagebeziehung *f*, Lage *f (IC)*; Verbindungskonfiguration *f (Netz)*

top-up layer Zusatzschicht *f (Zusatzdatenströme, hierarchische Übertr., DVB-T)*

top window border oberer Fensterrand *m (GUI, PC)*

TOR s. time of reception

torque reaction Reaktionsmoment *n (Servomotor)*

ToS (type of service) **field** ToS-Feld *n (ATM)*

Total Access Communications System (TACS) Kommunikationssystem *n* mit Totalzugriff *(GB "Cellnet" u. "Vodafone", JRTIG, mobiles Analog-Fernsprechsystem auf Basis von AMPS (US), 900 MHz)*

total area network (TANet) Gesamtbereichsnetz *n (Verknüpfung von WANs)*

total failure Totalausfall *m*, Vollstörung *f*

total harmonic distortion (THD) Klirrfaktor *m*

total loss Systemdämpfung *f (Prüfung)*

total traffic intensity Summenverkehrswert *m*

touch area Tastfläche *f (auf Taste)*

touch display berührungssensitive Anzeige *f*

touch input device (TID) Tasteingabevorrichtung *f*, berührungssensitive Eingabeeinrichtung *f (DSG)*

touch panel Tastenfeld *n*

touch plate Tastfläche *f*

touch screen Berührungsanzeige *f*, Touch-Screen *m*, Sensorbildschirm *m*

touch select antippen *(Feld auf Touch-Screen)*

touch sensitive berührungssensitiv

touch-sensitive coding switch Tastkodierschalter *m*

touch-tone dialling Tastaturwahl *f*, Tastaturtonwahl *f*, Tastenwahl *f (Tel)*

touch-tone pad Tonwahltastatur *f (Tel)*

touch-tone signal Tonwahlsignal *n (Tel)*

tour Rundgang *m (Hypertext)*

TP (terminal portability) Umstecken *n* am Bus *(ISDN, E-DSS1)*

TP s. Traffic Programme (identification)

TPC (transmission power correction) **instruction** Stellanweisung *f (Mobilfunk)*

TPDD s. true tone post delay dial

TPG (test pattern generator) Testbildgeber *m (TV)*

tpi s. tracks per inch

T piece T-Stück *n (BNC-Verbinder)*

TPM (third-party maintenance) Herstellerwartung *f* für Eigen- und Fremdsysteme

TPON (telephony over passive optical networks) Fernsprechbetrieb *m* über passiv übermittelnde optische Netze *(FO, BT)*

TPS s. three-party service *(tel)*

TPS s. transmission parameter signalling *(DVB)*

TPS symbol TPS-Symbol *n (DVB)*

TQA (transmision quality assurance) Übertragungsgütesicherung *f*

TR (terminating impedance) Abschlußwiderstand *m*

trace Mitschrift *f*, Mitschrieb *m*, Linienzug *m (Schreiber)*; Ablaufverfolgungsprogramm *n*, Überwachungsprogramm *n*, Überwacher *m (DV)*; Protokoll *n (Anlagenkonfiguration)*; verfolgen, abfahren *(Kabel, Leiterzüge)*; nachvollziehen; protokollieren *(Betriebstechnik)*

traceability Rückverfolgbarkeit *f (Produkt, Fehler)*, Nachweisbarkeit *f*

tracer Ablaufanalysator *m (Verbindungsablauf)*

tracer gas Spürgas *n (Kabel)*

Traceroute Traceroute-Programm *n (Testprogramm für IP-Verbindungen, ICMP)*

trackball Trackball *m*, Steuerkugel *f*, Rollkugel *f*, Standmaus *f (DSG)*

tracker ball s. trackball

tracking Verfolgung *f*, Bahnverfolgung *f (Sat)*, Nachführung *f*; Nachlauf-; nachlaufend; Spurhaltung *f*, Spurführung *f (MAZ)*; Gleichlauf *m (Bauteileigenschaften)*

tracking accuracy Nachführgenauigkeit *f*

Tracking and Data Relay Satellite System (TDRSS) Bahnverfolgungs- und Datenübermittlungs-Satellitensystem *n (NASA)*

tracking error Nachlauffehler *m*, Nachführungsfehler *m*; Abtastfehler *m (Audio/ Video)*

tracking filter Mitlauffilter *n*, Nachlauffilter *n*

tracking range Haltebereich *m (VCO)*

tracking rate Nachführgeschwindigkeit *f (Sat)*

tracking station Verfolgungsstation *f*, Erdfunkstelle *f*, Erdstation *f*, Beobachtungsstation *f*, Bodenstelle *f*

tracking synchronization Nachlaufsynchronisation *f (Taktwiedergewinnung)*

tracking, telemetry and command (TTC, TT&C) Bahnverfolgung, Telemetrie und Befehlsgabe *f (Sat.-Bodenstation, Iridium)*

tracking unit Nachführeinheit *f (Sat)*

track pitch Spurabstand *m (MAZ)*

track reference Kursreferenz *f (Navigation)*

Tracks Titel *m (GUI, PC)*

track side Leiter-, Lötseite *f* (L-Seite) *(Print)*

tracks per inch (tpi) Spuren *fpl* pro Zoll *(Aufzeichnungsdichte, Floppy)*

trade makeln *(Tel., Schalten zwischen zwei bestehenden Verbindungen)*

trade-off Kompromiß *m*, Abstrich *m*

trading facility *oder* **station** *oder* **system** Makleranlage *f*

traffic Verkehr *m*
to suit traffic conditions verkehrsgerecht

traffic alert and collision avoidance system (TCAS) Flugverkehrmelde- und Kollisionsvermeidungssystem *n (Luftf.)*

traffic announcement Verkehrsmeldung *f (allgemein, RDS)*

Traffic Announcement (TA) Verkehrsdurchsagekennung *f*, Durchsagekennung *f* (DK) *(RDS)*

traffic bearer (TB) Verkehrsträger *m (DECT)*

traffic (broadcast) programme Verkehrs(-rund)funk *m* (VRF)

traffic capacity Leistungsfähigkeit *f (Tel.-Anl)*

traffic category Verkehrskategorie *f*

traffic channel (TCH) Verkehrskanal *m*, Nachrichtenkanal *m*, Nutzkanal *m (GSM, s. Tabelle VII)*, Kommunikationskanal *m*; Verbindungskanal *m* (VK), Verkehrsweg *m*, Sprachkanal *m (Bündelfunk)*

traffic circuit Dienstleitung *f*

traffic components Verkehrsanteile *mpl*, Teilverkehre *mpl (Tel.-Anl)*

traffic congestion Verkehrsstauung *f*, Verkehrsüberlastung *f*

traffic contract Verkehrsvertrag *m (mit dem Betreiber)*, Teilnehmervertrag *m*, Verkehrsvereinbarung *f (ATM)*

traffic control Verkehrssteuerung *f*

traffic control function Verkehrsleitfunktion *f (Netz)*

traffic demand Verkehrsaufkommen *n*

traffic density Verkehrsstärke *f (Tel.-Anl)*

traffic discrimination code Verkehrsausscheidungsziffer *f*

traffic distributor Anrufverteiler *m*

traffic flow Verkehrsfluß *m*, Verkehrswert *m*, Durchlaßquote *f*; Verkehrsstrom *m (Straßenverkehr)*

traffic frame Verkehrsrahmen *m*

traffic grooming Dienstetrennung *f (Netzmanagement)*

traffic handling capacity Verkehrsleistung *f*

traffic intensity Verkehrslast *f*; Verkehrswert *m (dimensionslos, in Erlang)*

traffic level Verkehrsaufkommen *n*

traffic list Anrufliste *f*

traffic load Verkehrswert *m (allgemein)*, Verkehrsumfang *m*

traffic load carried Verkehrsbelastung *f*

traffic load condition Verkehrsbelastungszustand *m*

traffic loading Verkehrsbelastung *f*

traffic management (TM) Verkehrsmanagement *n (ZGS.7, s. Tabelle III; ATM-Forum)*

traffic management centre Verkehrsmanagementzentrum *n* (TMZ)

traffic management function Verkehrsleitfunktion *f (Netz)*

traffic matrix Verkehrsmatrix *f (Netzplanung)*

traffic message channel (TMC) Verkehrsfunkkanal *m (RDS)*

traffic mode Verkehrsart *f*

traffic negotiation Verkehrsverhandlung *f (mit dem Betreiber)*

traffic padding Scheinverkehr *m*, Störverkehr *m*

traffic pattern Verkehrsverhalten *n*, Verkehrsverlauf *m*

traffic policing Verkehrsüberwachung *f (Verm)*

traffic processor Funkprocessor *m (Bündelfunk, nömL)*

Traffic Programme Identification (TP) Verkehrsfunkkennung *f (RDS)*

traffic programme transmitter Verkehrsfunksender *m*

traffic relation Verkehrsbeziehung *f*, Partnerbeziehung *f (ISDN)*

traffic route Verkehrsrichtung *f*

traffic routing Verkehrsführung *f*

traffic section Betriebsdienst *m*

traffic segment Verkehrsabschnitt *m*

traffic shaping Ausgleich *m* von Lastspitzen, Management *n* des Verkehrsverhaltens *(ATM-Vermittlung)*

traffic sorting Dienstetrennung *f (Netzmanagement)*

traffic source Verkehrsquelle *f*

traffic stream Verkehrsstrom *m*

traffic surge Verkehrsspitze *f*, Spitzenbelegung *f*

traffic telematics Verkehrstelematik *f (z.B. Verkehrsinfo.)*

traffic unit (TU) Verkehrseinheit *f* (VE) *(= 1 Erl)*, Gebühreneinheit *f*

traffic variance method Streuwertverfahren *n*

traffic volume Verkehrsaufkommen *n*, Verkehrsumfang *m*

trail Leitweg *m (Container, SDH)*

trailer Nachspann *m (Band, ATM-Zelle)*, Nachsatz *m (Rahmen)*, Anhang *f (Dateneinheit)*; Container *m (HW, z.B. VSAT-Bodenstation)*

trailing digit Nachkommastelle *f*

trailing edge nacheilende Impulsflanke *f*, Hinterflanke *f (Impuls)*

train Folge *f*, Zug *m (Impulse, Wellen)*; trainieren *(z.B. ein Wort bei Spracherkennung)*

trainable lernfähig *(intelligente Maschine)*

training algorithm Lernalgorithmus *m (neuronales Netz)*

training period Lernzeit *f*

training sequence Trainingfolge *f*, Trainingsequenz *f*; Einstellfolge *f (GSM 01.04, s. Tabelle VII)*

training signal Einstellsignal *n*, Trainingsignal *n*

train of ones, zeroes Dauereins-, -nullsignal *n*

train of pulses Impulsreihe *f*, Impulsfolge *f*

train radiotelephony Zugfunk *m*

train tannoy Fahrgastinformationssystem *n* (FIS) *(GB)*

transaction and cost account Leistungs- und Kostenrechnung *f*

transaction capability application part (TCAP) Transaktions-Anwenderteil *m (GSM, s. Tabelle VII)*

transaction data Bewegungsdaten *npl (Datenbank)*

transaction handling (THA) Transaktionsbehandlung *f (GSM, s. Tabelle VII)*

transaction number Transaktionsnummer *f* (TAN)

transaction-oriented security Transaktionssicherung *f*

transaction processing Transaktionsverarbeitung *f*

transceiver (transmitter/receiver) (TRX, XCVR) Sender/Empfänger *m* (S/E), Sendeempfänger *m*, Sende- und Empfangseinheit *f*, S/E-Einheit *f*, Sprechfunkgerät *n*, Funkgerät *n* (FuGt) *(Mobilfunk)*; Buskoppler *m (FO)*

transceiver control unit (TCU) S/E-Steuereinheit *f (GSM-R)*

transceiver station Funkstation *f (DECT)*

transcoder Transcoder *m (Sat)*; Normwandler *m (TV)*

transcoder and rate adapter unit (TRAU) Transcodier- und Ratenanpaßeinheit *f (BSS, GSM)*

transcoding Umcodierung *f (z.B. NTSC/PAL)*; Codeumsetzung *f*

transconductance Steilheit *f (Verstärker)*

transconductance amplifier Steilheitsverstärker *m*, steilheitsgesteuerter Verstärker *m*

transcontinental transkontinental *(US)*

transcribe umschreiben, aufschreiben *(z.B. einer Ansage)*, kopieren *(Speicher-Speicher)*

transducer Wandler *m*, Umsetzer *m*, Signalgeber *m*

Trans-European Trunked Radio (TETRA) Europaweites (digitales) Bündelfunksystem *n (ETSI-ETS 30039x)*

transfer Übertragung *f*, Übermittlung *f*, Transfer *m (Informationen)*; Weitergabe *f*, Weiterleitung *f* (WL), Weiterschaltung *f*, Umlegung *f (Ruf)*, Übernahme *f*, Übergabe *f*; Anschaltung *f*; überkoppeln *(Licht)*; überspielen *(Daten)*, vermitteln, übertragen, überführen; verlegen, umlegen *(Ruf)*

transfer call offering (TCO) Anklopfer übernehmen *(Tel)*

transfer capability Übertragungsfähigkeit *f (ITU-T I.432, s. Tabelle IV)*

transfer characteristic Übertragungscharakteristik *f*

transfer exchange Überleitungsamt *n (Tel)*

transfer facility Überleitungseinrichtung *f*

transfer function Übertragungsfunktion *f*

transfer gate Transfergatter *n (Speicher, Anzeige)*

transfer impedance Kopplungswiderstand *m (Kabel)*

transfer in channel Kanalsprung *m*

transfer message Übergabemeldung *f (ISDN)*, Übertragungsprotokoll *n*

transfer mode Übertragungsmodus *m*

transfer rate Übertragungsrate *f*, Datenübertragungsrate *f*, Transferrate *f (CD-ROM-Laufwerk, PC)*

transfer ratio Übertragungsverhältnis *n*

transferred-charge call R-Gespräch *n (Tel)*

transferring a call Ruf *m* umlegen *(K.-Tel)*

transfer traffic Überweisungsverkehr *m (NStAnl)*

transfer volume Transfervolumen *n (Anzahl der Webseiten-Zugriffe, WWW q.v.)*

transform Transformation *f*, Transformierte *f (Math)*; transformieren, umformen; überführen *(Zustände)*

transformation Umwandlung *f*, Umspannung *f*; Transformation *f (CAD)*

transformation matrix Transformationsmatrix *f (Math)*

transformation ratio Übersetzungsverhältnis *n (Transformator)*

transform coding (TC) Transformationscodierung *f (Quellcodierung bzw.-komprimierung, bei der jedes Bild in Teilbilder aufgeteilt, an jedem Teilbildsignal eine lineare Transformation durchgeführt und das Ergebnis digitalisiert wird)*

transformerless transformatorlos, übertragerlos, eisenlos *(Schaltung)*, ohne Transformator *m*

transform image coding Transformationsbildcodierung *f*

transform length Transformationslänge *f (8 kBit usw., OFDM)*

transform of a matrix transformierte Matrix *f*, Transformierte *f* einer Matrix *(Math)*

transhybrid Gabelung *f (US)*, Gabel *f*

transhybrid loss Gabelübergangsdämpfung *f*

transient Wischer *m*, Störspannung *f*, Störgröße *f*, Störspitze *f*, Übergangsvorgang *m*, Einschwingvorgang *m*; vorübergehend *(Fehler)*; kurzzeitig *(Spitzen)*, instationär *(Vorgang)*

transient call Verbindung *f* im Aufbau

transient data temporäre Daten *npl*

transient data memory transienter Datenspeicher *m (Vermittlung)*

transient event Einschwingvorgang *m*

transient recovery Einschwingvorgang *m*

transient response Einschwingverhalten *n*, Zeitverhalten *n*; Übergangsfunktion *f*

transient response time Einschwingzeit *f*

transient signal Einzelimpuls *m*

transient state Einschwingvorgang *m (Oszillator)*

transit Durchgang *m*, Transit *m (ISDN)*; Übergang *m*, Durchlauf *m*

transit connection related function (TCRF) auf die Transitverbindung bezogene Funktion *f (ISDN)*

transit delay Transitlaufzeit *f (ITU-T I.113, s. Tabelle IV)*, Laufzeit *f*; Laufzeitverzögerung *f*

transit exchange (TE) Transitamt *n*, Transitvermittlungsstelle *f*, Durchgangsvermittlungsstelle *f*, Durchgangsamt *n*, Fernvermittlung *f*

transition Übergang *m*, Sprung *m*

transition count Flankenzählung *f*

transition density Flankendichte *f (bitorientierter Kanal)*

transition to idle state Außerbetriebnahme *f*

transition traffic Übergangsverkehr *m*

transit link Durchgangsstrecke *f (ISDN)*

transit network Durchgangsnetz *n (s.a. "mid-level network")*

transit resources Transitbetriebsmittel *npl*, Durchgangsmittel *npl (ISDN)*

transit store Durchlaufspeicher *m (FIFO-Prinzip)*

transit switching Durchgangsvermittlung *f* (DV)

transit switching node Transitvermittlungsknoten *m*

transit time Laufzeit *f (von Paketen)*, Durchlaufzeit *f*

transit-time effect Laufzeiteffekt *m*

transit traffic Durchgangsverkehr *m*

translation Umwertung *f (Rufnummern)*; Übersetzung *f (DV)*; Verschiebung *f*, Translation *f (Math.)*

translation data Umwertungsdaten *npl*

translation mode Übersetzungsmodus *m (CD-ROM-Wörterbuch, PC)*

translation table Umrechnungstabelle *f*

translator Zuordner *m (NTG 0902)*; Umwerter *m*, Umwertespeicher *m (Signalisierung)*; Umsetzer *m*, Kanalumsetzer *m*; Umrechner *m*

translator station Umsetzerstation *f (TV-Rundfunk)*

transmission Übertragung *f*, Übermittlung *f*; Ausstrahlung *f*, Sendung *f (Radio/TV)*

transmission bandwidth Übertragungsbereich *m*

transmission bit rate (TBR) Übertragungsbitrate *f*

transmission block Übertragungsblock *m*, Telegramm *n*

transmission breakdown Übertragungsstörung *f*

transmission bridge circuit Speisebrückenschaltung *f (Verbindungsleitungsübertragung)*

transmission burst Trägerpaket *n (Sat)*

transmission capacity Übertragungskapazität *f*, Übertragungsmedium *n*

transmission chain Übertragungskette *f*, Sendekette *f (TV)*

transmission channel Übertragungskanal *m (ITU-T I.113, s. Tabelle IV)*

transmission coefficient Kopplungsgrad *m (FO)*, Übertragungsverhältnis *n (Netzwerktheorie)*

transmission control (TC) Übertragungssteuerung *f (FS)*

transmission control character Übertragungs(steuer)zeichen *n*

transmission control protocol (TCP) Übertragungssteuerungsprotokoll *n (OSI-Schicht 4, s. Tabelle I; DARPA-Internet, RFC0793, STD0007, s. Tabelle VIII; auch MIL-STD-1778)*

transmission convergence (TC) Übertragungskonvergenz *f (PHY, SDH/PDH)*

transmission convergence sublayer (TC sublayer) TC-Teilschicht *f oder* -Subschicht *f (B-ISDN)*

transmission delay Durchlaufzeit *f*, Durchlaufverzögerung *f (Verm)*

transmission distance Übertragungslänge *f*

transmission frame Übertragungsrahmen *m (STD)*

transmission frequency Durchgangshäufigkeit *f (Signale)*

transmission function Übertragungsfunktion *f*

transmission gain Durchgangsverstärkung *f (Transponder)*

transmission gate Übertragungsgatter *n (Speicher, Anzeige)*

transmission interval Sendeabstand *m (z.B. Informationsträger, DECT)*, Sendepause *f (Paketübermittlung)*

transmission journal Sendejournal *n*, Faxjournal *n*, Telefaxprotokoll *n*

transmission line Übertragungsleitung *f*; Nachrichtenstrecke *f*

transmission line termination übertragungstechnischer Kabelanschluß *m (ISDN U-Schnittstelle)*

transmission link Übertragungsstrecke *f (ITU-T I.112, s. Tabelle IV)*; Nachrichtenstrecke *f*

transmission loss Betriebsdämpfung *f*, Dämpfungswert *m*, Durchgangsdämpfung *f (FO, Tel)*

transmission management network (TMN) Übertragungs-Kontrollnetz *n (SDH)*

transmission measurement Übertragungspegelmessung *f*, Signalpegelmessung *f*, Dämpfungsmessung *f*

transmission medium Übertragungsmedium *n*, Transportmittel *n (Kabel, Mikrowellen)*

transmission method Übertragungsverfahren *n (ITU-T I.430, s. Tabelle IV)*

transmission mode Durchstrahlungsmodus *m (Opt.)*, Übertragungsart

transmission module Übertragungsbaugruppe *f* (TÜB) *(TEMEX)*

transmission of images Bildübertragung *f*

transmission on demand Abfragebetrieb *m (FW)*

transmission overhead Übertragungs-Overhead *n (ITU-T I.432, s. Tabelle IV)*

transmission power correction (TPC) **instruction** Stellanweisung *f (Mobilfunk)*

transmission range Übertragungsreichweite *f (Mobilfunk)*

transmission rate Übertragungsrate *f*, Übertragungsgeschwindigkeit *f*, Senderate *f (ATM)*

transmission parameter signalling (TPS) Übertragungsdatensignalisierung *f (mit Pilotträgern zum Anzeigen von Modulation und Kanalcodierung, DBPSK, DVB-T)*

transmission path Übertragungsweg *m* (Üw), Übertragungsabschnitt *m (ATM)*, Verbindungsweg *m*

transmission path diagram Pegelplan *m*

transmission performance Übertragungsgüte *f (Tel)*, Übertragungsleistung *f (Daten)*

transmission performance rating Übertragungsgütewert *m*

transmission plan Dämpfungsplan *m (Fernsprechnetz)*

transmission quality assurance (TQA) Übertragungsgütesicherung *f*

transmission rate Übertragungsgeschwindigkeit *f*

transmission reliability Übertragungssicherheit *f*

transmission restoration switching Ersatzschaltung *f (PLE)*

transmission route Trasse *f*

transmission schedule Sendeplan *m (radio/TV)*

transmission section Übertragungsabschnitt *m (ATM, ITU-T I.311)*

transmission sequence control Übertragungsablaufsteuerung *f* (UEAS) *(EWS)*

transmission service Übermittlungsdienst *m*; Übertragungsleistung *f*

transmission speed Übertragungsgeschwindigkeit *f (allgem.)*, Taktgeschwindigkeit *f (FW)*

transmission surveillance centre zentrale (Betriebs-)Beobachtung *f* (ZBBeo) *(FO)*

transmission system Übertragungstechnik *f (TV-Rundfunk)*

transmission system design übertragungstechnische Planung *f (DTAG, FTZ 1TR800)*

transmission test equipment Pegelsende- und Meßeinrichtung *f* (PSME)

transmission test equipment connecting matrix Sende- und Meßkoppler *m* (SMK)

transmission trouble Übertragungsstörungen *fpl*, mangelhafte Verständigung *f*

transmission-type power meter Durchgangsleistungsmesser *m (Senderprüfung)*

transmissive mixer Durchgangsmischer *m (FO)*

transmit übertragen, übermitteln, senden, abliefern, absetzen *(Signal)*, durchreichen *(Meldungen)*

transmit antenna diplexer Sendeantennenweiche *f* (SAtWe)

transmit block Sendesperre *f*

transmit buffer Sendepufferspeicher *m*, Sendespeicher *m (ATM)*

transmit burst Sendeblock *m (GPRS, GSM)*

transmit clock (TC) Sendeschrittakt *m (vom DÜE, DEE, V.24/RS232C, Tabelle IX)*; sendeseitige Taktzentrale *f*

Transmit Data (TD) Sendedaten *(V.24/RS232C, Tabelle IX)*

transmit identifier Sendeadresse *f (PCM-Daten)*

transmit plan Sendeplan *m (Übertragung)*

transmit signal Sendesignal *n*

transmittance Übertragungsverhältnis *n (LWL)*

transmitted power Sendeleistung *f*; Vorlaufleistung *f (Senderprüfung)*

transmitted signal Sendesignal *n*; Vorlaufsignal *n (Mikrowellen)*

transmitter (TX) Sender *m* (S); Geber *m*; Sprechteil *n*, Mikrofon *n (Tel)*

transmitter bit timing Sendetakt *m* (ST)*(Vermittlung)*

transmitter (capsule) Sprechkapsel *f (Tel)*

transmitter diplexer Senderweiche *f (Bild/Ton, TV)*

transmitter park Sendepark *m*

transmitter power Sendeleistung *f*

transmitter range Sendereichweite *f*

transmitting antenna Sendeantenne *f*

transmitting area Sendebereich *m*

transmitting area identification signal Sendebereichskennung *f (RDS)*

transmitting frequency Sendefrequenz *f (z.B. TV-Sender)*

transmitting period Sendelänge *f (Rahmen)*

transmodulate transmodulieren *(MPEG-2-Bitstrom, QPSK-QAM)*

transmodulator Transmodulator *m (MPEG-2-Bitstrom, QPSK-QAM)*

transmultiplexer Transmultiplexer *m (MPEG-2-Transportstrom)*

transoceanic cable Tiefseekabel *n (TAT)*

TRANSPAC paketvermitteltes Datennetz *n (FR, unterstützt X.25, X.3, X.28 und X.29 DÜEs und DEEs, 72 kB/s-Kanäle, s. Tabelle VI)*

transparent transparent, durchlässig *(allgemein mit Außerbandsignalisierung)*

transparent connection Transportverbindung *f*

transparent loopback transparente Prüfschleife *f (ITU-T I.430, s. Tabelle IV)*

transparent mode Transparent-Modus *m (Nutzdatenübertragung)*

transparent optical network (TON) tranparentes optisches (Fernmelde-) Netz *n (FO)*

transparent tone-in-band (TTIB) transparenter Pilotton *m* im Band *(ESB-Technik für PMR nach MPT 1327, GB)*

transponder (txp) Transponder *m (Sat)*

transportable tragbares Mobilfunkgerät *n (gewöhnlich zweiteilig, schwerer als ein Handgerät)*

transport connection Transportverbindung *f*

transport facility Übertragungseinrichtung *f*

transporting information Nachrichten *fpl* befördern

transport layer Transportebene *f*, Transportschicht *f (Schicht 4, OSI 7-Schicht-Referenzmodell, s. Tabelle I)*

transport layer security (TLS) Sicherheit *f* auf dem Transportlayer *(IP, früher "SSL")*

transport network Transportnetz *n*

transport-only path reiner Transportweg *m*

transport overhead (TOH) Übertragungskopfteil *m (TDM, SDH)*

transport packet Transport(multiplex)paket *n (MPEG-2)*

transport protocol Transportprotokoll *n (ISO, Sat)*

transport stream (TS) Transport-Datenstrom *m*, Transport-Multiplex *m*, Transport-MUX *m (MPEG-2)*

transport stream (TS) **demultiplexer** Transportmultiplex-Demultiplexer *m (IDTV)*

transport stream (TS) **packet** Transportmultiplexpaket *n (188 Byte mit 184 Nutzbyte und 4 Kopfbyte, MPEG-2)*

transpose auskreuzen *(Verbindungsleitungen)*; umsetzen *(Daten)*

transposed line gekreuzte Leitung *f*

transpose memory Transpositionsspeicher *m (Matrix)*

transposer Umsetzer *m (TV)*

transposition Verschiebung *f (Frequenz)*; Austausch *m (Matrix)*, Vertauschung *f (z.B. Phasen)*; Verschränkung *f*

transversal filter Transversalfilter *n (Übertr)*

transverse electromagnetic (TEM) **cell** TEM-Zelle *f (EMV-Messung, IEC 50(161))*

transverse electromagnetic wave TEM-Welle *f*, elektromagnetische Transversalwelle *f*

transverse magnetic waves (TM waves) E-Wellen *fpl (Hochfrequenztechnik)*

transverse reactive power Transversalblindleistung *f (Versorgungsnetz)*

transverse sum Quersumme *f*

transverse support Querholm *m (Gestell)*

transverse voltage Querspannung *f*

trap Falle *f (Filter)*

trap amplifier Trennverstärker *m (Tel)*

trap circuit Bildfalle *f (TV-Signal)*

trapezoidal rule Trapezregel *f (Math)*

trap for sheath eddies Mantelwellensperre *f (HF-Kabel)*

trap network Trennungsnetzwerk *n (Pakete)*; Sortiernetz *n (Zellenfilternetz in ATM-Koppelnetz)*

TRAU (transcoder and rate adapter unit) Transcodier- und Ratenanpaßeinheit *f (bildet mit BTSE und BSC das BSS des Mobilfunknetzes, GSM)*

travel Weglänge *f*, Hub *m (mech)*; Lauf *m*; abfahren *(Strecke)*

travel charger Reiseladegerät *n (Mobilfunk)*

travelling class mark mitlaufende Klassenmarkierung *f (Fax)*

travelling clock Transportuhr *f (Uhrensynchronisation)*

travelling distance Lauflänge *f (Signal)*

travelling in opposite directions gegenläufig *(Signale)*

travelling wave tube (TWT) Wanderfeldröhre *f* (WFR) *(Sat)*

travelling wave tube amplifier (TWTA) Wanderfeldröhrenverstärker *m (Sat)*

tray Ablage *f*, Trog m *(Batt.)*, Rost *m (Kabel)*, Schublade *f (CD-Player)*

TR (tip-and-ring) **device** a/b-Vorrichtung *f (Tel.)*

tree coding Baumcodierung *f*

tree-shaped baumähnlich *(Baumcodierung)*

trellis Trellis *m*

trellis coding Trelliscodierung *f*, (Kreuz)-gittercodierung *f*, Maschencodierung *f*

trellis diagram Trellisdiagramm *n*, Spalierdiagramm *n (z.B. Viterbi-Decoder)*

trial and error method empirische Methode *f*, Probieren *n*, Experimentieren *n*

trial approval Erprobungszulassung *f (FTZ)*

trial subscription Probeabonnement *n*, Schnupperabo *n (Pay-TV)*

trial version Schnupperversion *f (Angebot)*

triangular function Dreiecksfunktion *f (Math)*

triangular-wave generator Dreieckgenerator *m*

tributary Zubringer *m*, Zubringersignal *n (eines einer Anzahl niederratiger Eingabesignale für einen Multiplexer zur Bildung eines höherratigen Multiplexsignals; SDH, SONET)*

tributary bits Nutzinformation *f (TDM)*

tributary channel Unterkanal *m (Multiplex)*

tributary group system Untersystemeinheitenkette *f (SDH)*

tributary interface Trabantenschnittstelle *f*

tributary signal Zubringersignal *n (s.o.)*

tributary unit (TU) Untersystemeinheit *f*, Zubringereinheit *f (SDH, ITU-T G.709, s. Tabelle III)*

tributary unit group (TUG) Einzelsignalgruppe *f (SDH, G.709, s. Tabelle III)*, Untersystemeinheitengruppe *f*

trickle charge Dauerladung *f*, Pufferladung *f (Batterie)*

trickle charger Kleinlader *m (Ladezeit ca. 8 Std.)*

trigger Trigger *m*, Triggerimpuls *m*,Auslöser *m (DV)*; ansteuern, anstoßen, kippen, auslösen, triggern

triggerable triggerbar

trigger flip flop T-Flipflop *m*

trigger logic Ansteuerlogik *f*

trigger signal Auslösesignal *n*, Triggersignal *n (Meßtechnik)*, Ansteuersignal *n*

trigram Trigramm *n*, Drei-Buchstaben-Gruppe *f*; Dreierwortfolge *f (Spracherkennung)*

trilemma Trilemma *n (Logik)*

trimming information Triminformation *f (bei der IC-Herstellung)*

trip auslösen *(Relais)*

triphone table Triphone-Tabelle *f (Spracherkennung)*

triple Tripel *n (Bildpunkte, Anzeige)*; dreifach

triplet Tripel *n (Bildpunkte, Anzeige)*

triplex buffer Dreifach-Pufferspeicher *m*

tristate bus Tristate-Bus *m*, Bus *m* mit drei Zuständen

TR (tip-and-ring) **line** a/b-Anschluß *m (Tel.-Kupferanschluß)*

trojan horse trojanisches Pferd *n*, Killer-Programm *n (Internet, richtet bei Ausführung Schaden an)*

trouble report Fehlerbericht *m*

trouble ticket Störungsinformationsfenster *n (NMS)*

trough Wanne *f (Kabel)*, Kabelkanal *m*; Tal *n (Welle)*

TR (tip-and-ring) **pair** a/b-Kabel *n*, Kupferdoppelader *f*

true wahr, richtig *(Logikzustand)*

true diversity reception Ablösediversity-Verfahren *n (Mikrophon)*

true earth radius natürlicher Erdradius *m*

true tone post delay dial (TPDD) **measurement** TPDD-Messung *f (QoS-Überwachung)*

truncated abgestumpft *(Kegel)*, kegelstumpfförmig; abgestrichen *(Stellen nach dem Komma)*; abgeschnitten, gekürzt, gestutzt

trunk Leitung *f (ein Kommunikationskanal zwischen 2 Vermittlungseinrichtungsreihen derselben Vermittlungsstelle oder zwischen 2 Vermittlungsstellen)*, Verbindungsleitung *f* (Vl); Nutzleitung *f*, Nutzkanal *m*, Übertragungsstrecke *f (Tel.-Anl)*; Vielfachleitung *f*; bündeln *(Fu-Kanäle)*

trunk access (level) Fernberechtigung *f*

trunk amplifier Streckenverstärker *m* (ABVr)

trunk-barring level Nicht-Amtsberechtigung *f*, Amtsberechtigung *f (Tel)*

trunk busy fernbesetzt

trunk cable Programmzuführungskabel *n (Kabel-TV)*

trunk call Ferngespräch *n*, Fernverbindung *f*

trunk charge Ferngebühr *f*

trunk circuit Fernleitung *f*, Leitungssatz *m* (LS)

trunk circuit bothways wechselseitiger Leitungssatz *m*

trunk circuit with dialling facility Fernwahlleitung *f*

trunk code Ortskennzahl *f*, Ortsnetzkennzahl *f (Tel)*

trunk coding equipment Bündelschlüsselgerät *n (Tel)*

trunk communication network Fernverbindungsnetz *n*

trunk connection cable Fernverbindungskabel *n* (FVK)

trunk echo Leitungsecho *n (Tel)*

trunked channels Kanalbündel *n (nömL)*

trunked mobile radio network Bündelfunknetz *n* (BüFuN) *(regionaler nömL-Dienst "CHEKKER" der DTAG, ZVEI-RegioNet 43; Organisationskanäle, Warteschlangen, analoger DTI-Standard nach MPT 1327 u. 1343; digitaler Mobilfunkstandard "TETRA" q.v.)*

trunked radio channels gebündelte Funkkanäle *mpl*

trunk exchange Fernvermittlung *f* (FVSt., FernVSt), Fernamt *n* (FA)

trunk exchange access Vollamtsberechtigung *f*

trunk group Bündel *n (Tel.-Anl., Bündelung von Übertragungswegen einer Strecke)*, Leitungsbündel *n*

trunk group capacity Bündelstärke *f*

trunk group layout Bündelführung *f (Tel)*

trunk group splitting Bündelspaltung *f*

trunk hunting Leitungssuche *f (US)*

trunking Kanalbündelung *f*; Bündelfunk *m* (BüFu); Fernverkehr *m*, Fernverkehrsleitung *f (Schmalbandnetz, ATM)*

trunking arrangement Gruppierung *f (TelAnl)*

trunking diagram Übersichtsplan *m* (Üp), Verkehrswegeschaltbild *n (Tel.-Vermittlung)*

trunking scheme Fernleitungsschema *n*, Verbindungsaufbau *m*

trunking system Bündelnetz *n (nömL)*

trunking system control (TSC) Bündelnetzsteuerung *f (nömL)*

trunking term gruppentechnischer Begriff *m (TelAnl)*

trunk interface circuit Leitungsanschlußschaltung *f*

trunk interface unit (TIU) Leitungsanschlußeinheit *f*

trunk junction circuit Fernverbindungsleitung *f* (FVl)

trunk junction exchange Fernknotenamt *n*

trunk line Fernverbindungsleitung *f* (FVl)

trunk line network Fernleitungsnetz *n*, Fernliniennetz *n* (FLNz)

trunk module Leitungssatzbaugruppe *f*

trunk network Fernnetz *n*, Verbindungsleitungsnetz *n (US)*, Zuführungsnetz *n*

trunk noise Streckenrauschen *n (Übertr.)*

trunk number Ortskennzahl *f*, Ortsnetzkennzahl *f (Tel)*

trunk offering Aufschalten *n* (AS)

trunk-offering message Aufschaltemeldung *f*

trunk-offering tone Aufschalteton *m*

trunk position B-Platz *m*, Fernplatz *m*

trunk prefix Ausscheidungszahl *f*, Verkehrsausscheidungszahl *f* (VAZ)

trunk repeater Übertragung *f (Schaltung)*, Verbindungsleitungsübertragung *f*

trunk signalling Leitungszeichengabe *f (Tel.)*

trunk speed Leitungsgeschwindigkeit *f*

trunk status map Zustandstabelle *f (Verkehrslenkung)*

trunk subscriber's line Fernanschluß *m*

trunk subscriber line cable Fernanschlußkabel *n*

trunk terminating unit Fernleitungsabschluß *m*

trunk traffic Fernverkehr *m*

trunk unrestricted subscriber fernamtsberechtigter Teilnehmer *m*

trust center (TC) vertrauenswürdige Institution *f*, Trustcenter *n (PGP q.v.)*

trusted relationship verläßliche Beziehung *f (z.B. im IPDN)*

TRX (transceiver) Sender/Empfänger *m (GSM 01.04, s. Tabelle VII)*

TS (time slot) Zeitkanal *m*

TS (transport stream) Transport-Multiplex *n (MPEG-2)*

TSA (time slot assign) Zeitlagenzuordnung *f (ATM)*

TSAPI (Telephony Service Application Programming Interface) Fernsprechdienst-Programmierschnittstelle *f (Novell/ AT&T)*

TS (transport stream) Transportmultiplex *n (MPEG-2, DVB)*

TSC s. trunking system control

TS (transport stream) **demux** Transport-multiplex-Demultiplexer *m (IDTV)*

T Series of ITU-T Recommendations T-Serie *f* der ITU-T-Empfehlungen *(betrifft Faksimile der Gruppe 1,2,3, Telematik-, Teletex-, Telex- und Videotex-Dienste, s. Tabelle III)*

TSI (time slot interchanger) Kanalwahlsystem *n (Mobilfunk)*; Zeitlagenvielfach *n*

TSO (telephone switching office) Fernsprechvermittlungsstelle *f (US)*

TSP (telephony service provider) Telefoniedienste-Anbieter *m (TAPI)*

TSP (thermal sublimation printer) Thermosublimationsdrucker *m (Repro.)*

TS packet s. transport stream packet

TSR (terminate and stay resident) **program** TSR-Programm *n (im RAM, PC)*

TSSI (time-slot sequence integrity) Zeitschlitzfolgeintegrität *f (ISDN)*

TST (time-space-time) Zeit-Raum-Zeit-Verfahren *n (Vermittlung)*

TSU (time slot switching unit) Zeitkanalkoppler *m*

TTC (teletex/telex converter) Teletex-Telex-Umsetzer *m* (TTU)

TTC (tracking, telemetry and command) Bahnverfolgung, Telemetrie und Befehlsgabe *f (Sat, Iridium)*

TT&C s. TTC

TTCN (Tree and Tabular Combined Notation) **test suite** TTCN-Tabelle *f (definiert ISDN-Endgeräteprüfungen nach ITU-T I-CTR3 auf Konformität mit ETSI ETS 300.012)*

TTIB s. transparent tone-in-band

TTL (time to live) Lebensdauer *f (IP, RFC1825, s. Tabelle VIII)*

TTML (tagged text markup language) TTML-Sprache *f*

TTS (text-to-speech) **module** Sprachwiedergabemodul *n*, TTS-Modul *n (UM)*

Ttx (teletex) Teletex *n*

TTXAU (teletex access unit) Teletex-Anschlußeinheit *f*

TTY (teletype) Fernschreiben *n* (FS)

TU (Traffic Unit) Verkehrseinheit *f* (VE)

TU (tributary unit) Untersystemeinheit *f (SDH, G.709, s. Tabelle III)*

TUG (tributary unit group) Einzelsignalgruppe *f (SDH, ITU-T G.709, s. Tabelle III)*

TUI (telephony user interface) Telefondienst-Benutzeroberfläche *f (UM)*

tunable abstimmbar, durchstimmbar *(Empfänger)*

tune abgleichen *(Frequenz)*; abstimmen *(Empfänger)*
in tune abgestimmt

tuned circuit Schwingkreis *m*

tune in abstimmen (auf), nachstimmen

tune out ausstimmen; auskoppeln, entkoppeln

tune to einstellen (auf), abstimmen (auf)

tuning efficiency Abstimmempfindlichkeit *f (LL, GHz/mA)*

tuning range Abstimmbereich *m*

tunnel Tunnelverbindung *f*, Tunnel *m (Paketdurchgangsverbindung, IAB RFC 1234, 1853)*

tunneling s. tunnelling

tunnelling Tunneln *n*, Durchtunnelung *f (Mikroelektronik)*, Tunnelaufbau *m (Pakettunnel, IAB RFC2473, 2637)*

tunnelling mode Leckwelle *f (FO)*

tunnelling protocol Tunnelprotokoll *n (zum Tunneln von z.B. IP-Meldungen, IAB RFC2637)*

tunnel radio Tunnelfunk *m (Schlitzkabeltechnik)*

tunnel switch Tunnel-Switch *m (Multiprotokoll-Routing, VPN)*

tunnel terminating point Tunnelgegenstelle *f (PPP, IAB RFC2637)*

TUP (telephone user part) Anwenderteil *m* für Fernsprechen *(ZGS.7, s. Tabelle III)*

tupel Tupel *n (US, Math., endliche Zeichenreihe, zweistellige Relation)*

tuple Tupel *n (GB, s.o.)*

turnaround (time) Durchlaufzeit *f (für ein Job, DV)*, Verweilzeit *f*; Wartezeit *f (Netzkonfiguration)*

turnkey system schlüsselfertiges System *n*

turn off abschalten; sperren *(Transistor)*

turn-off time Ausschaltzeit *f (Transistor)*

turn-off voltage Einsatzspannung *f*

turn on einschalten *(Bauteil)*, durchschalten *(HW)*; durchsteuern *(Halbleiter)*

turn on harder mehr durchsteuern

turn-on time Einschaltzeit *f (Transistor)*

turn-on voltage Einsatzspannung *f*

turn up aufdrehen *(Lautstärke)*, reaktivieren *(DEE)*

turn-up message Wiederanschaltungsmeldung *f*, Reaktivierungsmeldung *f (DEE im LAN)*

tutorial Lehrprogramm *n*, Lernprogramm *n*

TV (television) Fernsehen *n*; Fernseher *m (GB)*

TV Anywhere "Fernsehen Überall" *(Zuschauer, die das gleiche Programm wünschen, teilen sich den Datenstrom, Funktion im DAVIC 1.5 IP-Netz)*

TVRO (TV receive only) Fernsehempfang *m*, Fernsehempfangsstation *f (Sat)*

TV-SAT TV-Satellit *m (deutscher DBS, D2-Mac)*

TV-top unit Beistellgerät *n (Sat.-Heimempfänger)*

TV translator Fernsehumsetzer *m* (TVU)

TWA s. two-way alternate

tweeter Hochtonlautsprecher *m*, Hochtöner *m*

twice-critical sampling doppeltkritische Abtastung *f*

twin connector zweipoliger Verbinder *m*

twin contact Doppelkontakt *m*

twin copper wire Kupferdoppelader *f*

twin lead Bandleitung *f (TV)*

twin speed Doppelgeschwindigkeit *f (Datentransferrate 0,35 MB/s, CD-ROM)*

twin-T section Doppel-T-Glied *n*

T wire (tip wire) a-Ader *f*, a-Draht *m (Tel., Stöpselspitze)*

twisted verdreht, verwunden; verseilt, verdrillt *(Adern)*

twisted nematic cell verdrillt nematische Flüssigkristall-Anzeige *f*, nematische Drehzelle *f*

twisted pair verdrilltes Paar *n oder* Leitungspaar *n (Tel.-Kabel)*

twisted-pair paarverseilt *(Kabel, ITU-T I.430, s. Tabelle IV)*

twisted-quad viererverseilt *(Kabel)*

twisting Rotieren *n (Objekt auf dem Bildschirm, CAD)*

twisting dipole Drehdipol *m*, Rotationsdipol *m (Optik)*

two-channel audio transmission Zweikanal- *oder* Zweitonübertragung *f (TV)*

two-channel sound Zweikanalton *m (TV)*

two-frequency recording Wechseltaktschrift *f (Magnetstreifenkarte)*

two-layer (channel) coding Kanalcodierung *f* mit zwei Ebenen, Zwei-Layer-Codierung *f (OFDM, 64QAM)*

two-level phase shift keying (2PSK) Phasenumtastung *f* mit zwei Zuständen, Phasenrücktastung *f*

two-level rendition zweistufige *oder* binäre Wiedergabe *f (Repro.)*

two-mode fibre interferometer (TMFI) Zweimodenfaser.Interferometer *n (FO)*

two-party line Gemeinschaftsanschluß *m* (GAS), Zweieranschluß *m (Tel)*

two-party subscriber Zweieranschluß *m*

two-port Zweitor *n (Übertr.)*, Vierpol *m (Netzwerk mit 2 Eingangs- und 2 Ausgangsklemmen)*; zweitorig ...

twos Zweier *mpl*

two-step activation zweistufige Aktivierung *f (ITU-T I.430, s. Tabelle IV)*

two-terminal network Zweipol *m*

two-tone call Doppeltonruf *m (Betriebsfunk)*

two-tone intermodulation product Zweiton-Intermodulationsprodukt *n*

two-tone modulation Doppeltonmodulation *f (Betriebsfunk)*

two-valued zweideutig

two-valuedness Zweideutigkeit *f*

two-way Zweiweg-, doppeltgerichtet *(Abnehmerleitung, Tel)*

two-way alternate (TWA) halbduplex; wechselseitig (gerichtet)

two-way communication Wechselsprechbetrieb *m*

two-way radio Sprechfunk *m*, Sprechfunkgerät *n*, Funksprechgerät *n*

two-way simultaneous vollduplex

two-way telephone Wechselsprechanlage *f*

two-way transmission beidseitige Übertragung *f*

two-way trunks wechselseitig betriebene Leitungen *fpl*

two-way videotext Videotex *n*, Bildschirmtext *m* (BTX)

two-wire ... zweidraht..., 2-draht... (Z, zdr)

two-wire/four-wire (trans)hybrid Zweidraht/Vierdraht- *oder* 2-Draht-/4-Draht-Gabelung *f (Tel)*

two-wire/four-wire transition Zweidraht/Vierdraht- *oder* 2-Draht-/4-Draht-Übergang *m (Tel)*

two-wire trunk Zweidrahtleitung *f*

TWT s. travelling wave tube

TWTA s. travelling wave tube amplifier

TWX (teletypewriter exchange) Fernschreibvermittlung *f (ASCII, Western Union, US)*

tx (telex) Telex *n*

TX (terminal exchange) Endvermittlungsstelle *f* (EVSt)

TX (transmitter) Sender *m* (S)

txp (transponder) Transponder *m (Sat)*

txt (teletext) Fernsehtext *m*, Videotext *m*

Tymnet *(paketvermitteltes US-Netz, X.25/X.75, s. Tabelle VI)*

type Typ *m*, Bauform *f*, Bauart *f*, Ausführung *f*; (maschine)schreiben, eintasten, eingeben *(Tastatur)*

type acceptance Typenabnahme *f*, Typzulassung *f*

type approval Zulassung *f*, Typzulassung *f (FTZ)*

type approval number DTAG-Zulassungsnummer *f (FTZ)*

type approval test Zulassungsprüfung *f* (ZulPr) *(FTZ)*

type of call Kommunikationsart *f (ISDN)*

type of number (TON) Art *f* der Rufnummer *(ISDN)*

type of user information Art *f* der Nutzinformation *(ISDN)*

type of service (ToS) Dienstart *f*, Diensteklasse *f (ATM)*

type of service (ToS) **field** ToS-Feld *n (ATM)*

type test Typenprüfung *f*

typographical language Textsatzsprache *f*

T1 *(digitales Übertragungsmerkmal mit Imband-Zeichengabe, AT&T, 1,544 Mbit/s, US, entspricht E-1 (q.v.), unterstützt Frame Relay (q.v.))*

T3 *(T-Netzträger mit Summenbitrate 44,736 Mbit/s, US)*

U

U (rack unit) Höheneinheit *f* (HE) *(1 HE = 1 3/4″, 44,45 mm, Gestell)*

UA (user agent) Benutzer *m*, Benutzermittel *n*, elektronischer Briefkasten *m*, Endsystemteil *m (ITU-T Empf. X.400, s. Tabelle VI)*

UAID (user agent identification) Endsystemteilkennung *f*

UART s. universal asynchronous receiver/transmitter

ubiquitous access netzweiter Zugang *m*

UBR (unspecified bit rate) nicht spezifizierte Bitrate *f (ATM-QoS-Dienstklasse, HFC-Netz)*

UC (Unit Call) *(Verkehrseinheit, = 1/36 Erl)*

UCNR s. UnControlled Not Ready

UD (urgency descriptor) Dringlichkeits-Parameter *m (ATM)*

UDB (user determined busy) vom Teilnehmer bestimmtes Besetzt *(ISDN)*

UDP (user datagram protocol) UDP-Protokoll *n (Protokoll der OSI-Schicht-4 (Transportebene), RFC0768, RFC1208, RFC1983, s. Tabelle VIII)*

UDSL s. universal digital subscriber line

UDUB (user determined user busy) vom Teilnehmer bestimmtes Teilnehmer Besetzt *(ISDN)*

UE (user equipment) Teilnehmergerät *n*, Teilnehmereinrichtung *f*

UI s. unit interval

UIC s. U-interface circuit

U-interface circuit (UIC) U-Schnittstelle *f (netzseitige Schnittstelle zw. LT und NT für Zweidraht-Anschluß, ISDN)*

U_{k0} interface U_{k0}-Schnittstelle *f (U-Schnittstelle für ISDN-BA-Kupferleitungen zur ISDN-OVSt)*

U_M interface U_M-Schnittstelle *f (Luft-Schnittstelle zw. BTS u. MS, GSM-Serie 04, s. Tabelle VII)*, Funkschnittstelle *f (GSM)*

U_{P0} interface U_{P0}-Schnittstelle *f (U-Schnittstelle für ISDN-BA Zweidraht-Leitung, für Ping-Pong-Übertragung zu/von der OVSt, de facto Tk-Anl.-Standard in der BRD 1989)*

U_{2M} interface U_{2M}-Schnittstelle *f (netzseitige U-Schnittstelle für ISDN-PA)*

UL (uplink) Aufwärtsstrecke *f*

ultimate customer Endkunde *m*

ultimate frequency Endfrequenz *f (TV-Leistungsstufe)*

ultrasonic transmission Ultraschallübertragung *f*

ultrasound Ultraschall *m*

UM s. unified messaging

umbilical cable Speisekabel *n*, Verbindungskabel *n*

umbrella cell Schirmzelle *f*, überlagerte Funkzone *f (über mehrere Kleinzellen)*

umbrella (management) system Schirmsystem *n*, Umbrellasystem *n*, Rahmensystem *n (Netzmanagement)*

umbrella site Großflächen-Basisstation *f (Mobilfunk)*

UM interface s. unified messaging interface

UMS s. unified messaging service

UMSC s. UMTS Mobile Switching Centre

UM server s. unified messaging server

UMTS s. universal mobile telephone system

UMTS Mobile Switching Centre (UMSC) UMTS-Mobilvermittlungsstelle *f*

UMTS Terrestrial Radio Access (UTRA) UMTS-Erd-Funkschnittstelle *f*

UN s. universal number

unabbreviated call number Langrufnummer *f*

unacknowledged information transfer service unquittierter Übertragungsdienst *m (Sicherungsschicht, ISDN)*

unalterable unveränderbar

unambiguous definition eindeutige Definition *f*

unassigned unbelegt

unassigned cell nicht zugeteilte Zelle *f*, leere Zelle *f*, Leerzelle *f (ATM)*

unassigned (exchange line) answer allgemeine Amtsabfrage *f* (AA), offene Amtsabfrage *f*

unassured service ungesicherter Dienst *m*

unattended unbeaufsichtigt, unbesetzt *(Fernstation)*; unbedient, bedienungslos, bedienungsfrei *(NStAnl., Modem)*

unattended exchange unbemanntes Amt *n*

unattended reception automatischer Empfang *m*

unauthorized unzulässig, unerlaubt, unberechtigt, unbefugt

unauthorized data modification Manipulation *f*

unavailability time Ausfalldauer *f* (AD)

unavailable nicht verfügbar *(Anschluß)*; nicht erreichbar, nicht zu erreichen *(Person)*

unavailable command nicht verfügbarer Befehl *m (PC)*

unavailable time (UT) nicht verfügbare Zeit *f*

unbalance Unsymmetrie *f*; Verstimmung *f (Brücke, I/Q-Modulator)*

unbalanced unsymmetrisch *(Eingang)*, Einader- *(Zeichengabe)*

unbalanced force einseitig wirkende Kraft *f*

unbalanced interference unsymmetrische Überlagerung *f (PCM-Daten)*

unbalanced load Schieflast *f (Netzbetriebsmittel)*

unbalancing Verstimmung *f (I/Q-Modulator, DVB)*

unbiased vorspannungslos *(Schaltung)*; erwartungstreu *(Schätzfunktion)*

unbiasedness Erwartungstreue *f (Statistik)*

unblank sichtbar machen *(Bildschirm-Fenster)*

unblanked hellgetastet, sichtbar *(Vtx. Mon)*

unblanked area sichtbarer Bereich *m*, Sichtbarkeit *f (Bildschirm-Fenster)*

unblanking Helltastung *f (Vtx., Mon)*

unblock entsperren, entblocken; freischalten *(der D2-Karte, eines Zusatzdienstes durch das Netz)*; enthemmen *(Impulsstrom)*

unbuffered ungepuffert *(Drucker, Koppelnetz)*

unbundle entbündeln *(Netzzusammenschaltung)*

unbundled entbündelt *(Zugang zu den Teilnehmeranschlußleitungen im Kollokationsraum, Tel)*; nicht im Preis enthalten *(PC-Verkauf)*

uncanted ungeneigt *(Niederschlag)*

uncased ungehäust

unconditional bedingungslos, unbedingt

unconnectorized fibre unkonfektionierte Faser *f (FO)*

uncontrolled congestion unkontrollierte Blockierung *f (Verkehr)*

Uncontrolled Not Ready (UCNR) nicht betriebsfähig *(X.21, s. Tabelle VI)*, DÜE nicht betriebsfähig *(Schleifenmeßtechnik)*

uncorrelate dekorrelieren *(Math.)*

uncorrelated unkorreliert, nicht korreliert *(Math.)*

uncover freilegen

under control unter Steuerung; beherrscht

underdrive untersteuern

underflow Unterlauf *m*, Bereichsunterschreitung *f (DV)*

underground cable Erdkabel *n (KTV)*

underground pipe Erdrohr *n (FO-, Metallkabel)*

underlaid cell unterlagerte Funkzone *f*

underrating Unterauslastung *f (QA)*

underrun unterschreiten *(Zeit)*; unterlaufen *(Zellenzähler, ATM, US)*; unterbelasten *(Puffer)*

underrun suppression circuit Unterlaufunterdrückungsschaltung *f (Rahmenzähler, MS, GSM)*

undersampling Unterabtastung *f (Videocodierung)*

undersea cable Seekabel *n*

undershoot Unterschwingen *n*, Nachläufer *m (Impuls)*; unterschreiten

undershoot period Unterschreitungszeitdauer *f (Schweller)*

underused unterbenutzt; unterbeschaltet *(Verbindungsnetzwerk)*

underutilization Unterauslastung *f (z.B. Netzkapazität)*

underutilize nicht voll ausnutzen *oder* auslasten *(z.B. Netzkapazität)*

undo rückgängig machen *(Programmierung)*

unencrypted channel unverschlüsselter Kanal *m (DVB)*

unequipped unbestückt, nicht ausgebaut

unequipped signal unbelegtes Signal *n*

unfold entfalten, aufspannen

unformatted unformatiert *(Diskette)*; formatfrei *(Datensatz)*

unframed rahmenlos

unfreeze Fixierung *f* rückgängig machen *(GUI, PC)*

unhide einblenden *(MS Windows, PC)*

UNI (user-network interface) Teilnehmer-Netz-Schnittstelle *f (ISDN, AAL)*, Teilnehmerschnittstelle *f* S_0

unicast Punkt-Punkt-Kommunikation *f*

unidirectional Einweg-...; einseitig gerichtet, gleichgerichtet

unified messaging (UM) vereinheitlichter Nachrichtenverkehr *m (für WAP q.v.)*

unified messaging (UM) **interface** UM-Schnittstelle *f*

unified messaging (UM) **server** UM-Server *m*, Server *m* für vereinheitlichte Nachrichtenübermittlung *(Telefax, E-mail, Sprache, Daten)*

unified messaging service (UMS) UM-Dienst *m (Telefax, E-mail, Sprache, Daten)*

unified S-band (USB) kombiniertes S-Band *n (Sat)*

uniform gleichförmig, gleichmäßig; einheitlich

uniform call distribution globale Anrufverteilung *f (Vermittlung)*

uniform encoding lineare Codierung *f*

uniformity ratio Gleichmäßigkeitsgrad *m (der Beleuchtung, FO)*

uniformly illuminated aperture homogen belegte Apertur *f (Sat)*

uniform numbering einheitliche Numerierung *f*

uniform resource locator (URL) URL-Adresse *f*, Internet-Adresse *f (z.B. einer Website, RFC1738, RFC2368, RFC1983, s. Tabelle VIII)*

unilateral einseitig

unilateral conductivity unipolare Leitfähigkeit *f (Kabel)*

unintelligible unverständlich

uninterrupted switch-over unterbrechungsfreies Umschalten *n (DVB-Empfänger-Programmwahl)*

uninterruptible power supply (UPS) unterbrechungsfreie Stromversorgung *f* (USV)

union directory Vereinigungsverzeichnis *n (DV)*

uniphone table Uniphone-Tabelle *f (Spracherkennung)*

unipolar operation Einfachstromtastung *f*, Unipolartastung *f (NTG 1203)*

unique eindeutig

uniqueness Eindeutigkeit *f*

uniselector Drehwähler *m*

uniselector with gold-plated contacts Edelmetallmotordrehwähler *m* (EMD)

unit Einheit *f*, Einrichtung *f*; (U) Einheit *f*, Höheneinheit *f* (HE) *(Gestell, 1 HE = 1 3/4″, 44,45 mm)*; (E) Teileinheit *f* (TE) *(Gestell, 1 TE = 0.2″, 5,08 mm)*
seven units high 7HE hoch *(Gestell)*

unitary unitär

unit call (UC) Verkehrseinheit *f (= 1/36 Erl)*

unit distance code einschrittiger Code *m*

unit front Frontplatte *f*, Bedienfeld *n*

unit height Bauhöhe *f (Bezugseinheit 5-1/4″-Diskettenlaufwerk mit 8 cm, PC)*

unit interval (UI) Schrittlänge *f*; Einheitsschritt(länge *f*) *m (Übertragung)*

unit location Einschubplatz *m* (EP) *(Gestell)*

unit of traffic intensity Verkehrseinheit *f*

unit pulse Dirac-Impuls *m (Impulsantwortmessung)*

unit pulse response Stoßantwort *f*, Impulsantwort *f (r(t))*

unit under test (UUT) Prüfling *m*

universal asynchronous receiver/transmitter (UART) universeller asynchroner Empfänger/Sender *m*

universal digital subscriber line (UDSL) universelle digitale Anschlußleitung *f (kein Trennnungsfilter erforderlich, Downstream 1,5 Mb/s, Upstream 512 kb/s)*

Universal Mobile Telecommunication System (UMTS) universelles Mobilfunk-Telekommunikationssystem *n (PCN-Nachfolgersystem, integriert gegenwärtige diensteorientierte Mobilsysteme, jeder Teilnehmer weltweit erreichbar über persönliche Kommunikationsnummer, mit Zweiweg-Datenübertragung von 8-2000 kbit/s, entspricht FPLMTS (q.v.), FDD-Uplink 1,900-1,980, -Downlink 2,110-2,170 GHz, TDD-Uplink 1,900–1,920 GHz, -Downlink 2,010–2,025 GHz (nach ERC/DEC(99)25)), voraussichtliche Einführung 2002)*

universal night service (extension) allgemeine Nachtschaltung *f (Tel)*

universal number (UN) bundeseinheitliche Rufnummer *f (IN)*

universal personal telecommunication (UPT) universelle personenbezogene Telekommunikation *f (Zukunftskonzept)*

universal plug-and-play (UPnP) s. plug-and-play

universal serial bus (USB) universeller serieller Bus *m (1996 von IBM, Microsoft, Intel, DEC, Siemens, Philips et al. ent-*

wickelter PC-Schnittstellenstandard, 12 Mb/s mit max. 5-m-STP-Kabel bzw. 5 Mb/s mit max. 3-m-UTP-Kabel)

universal synchronous/asynchronous receiver/transmitter (USART) universeller synchroner/asynchroner Empfänger/ Sender *m*

universal synchronous receiver/transmitter (USRT) universeller synchroner Empfänger/Sender *m*

universal telecommunication socket einheitliche Fernmeldesteckdose *f (s. TAE)*, Universalanschluß *m (ISDN)*

universal time (UT) Weltzeit *f (= GMT)*

universal time coordinated (UTC) koordinierte Weltzeit *f*

universal transaction monitor (UTM) universeller Transaktionsmonitor *m (Vtx., DV SW)*

universe Universum *n (Math.)*

UNIX UNIX-Betriebssystem *n (Multitasking, harwareunabhängig, Bell)*

unknown signalling point unbekannter Signalisierungspunkt *m* (uSP)

unlicensed nicht angemeldet *(Radio usw.)*, unlizenziert, lizenzfrei *(z.B. ISM-Band)*

unlicensed (radio) listener Schwarzhörer *m*

unlicensed (TV) viewer Schwarz(fern)seher *m*

unlink lösen, trennen

unlisted number Geheimnummer *f (Tel)*

unloaded VF line unbespulte NF-Leitung *f*

unmasking level Erfaßbarkeitspegel *m (Audio-Codec)*

unmatched unpaarig *(Datenvergleich)*

unoccupied unbesetzt, frei *(Leitung)*

unpack entpacken, auspacken *(Dateien auf Festplatte, PC)*

unpackaged gehäuselos *(Baustein)*

unpatterned unstrukturiert *(Mikroschaltung)*

unpredictability Unvoraussagbarkeit *f (Math.)*

unpredictable nicht im voraus bestimmbar, nicht vorherzusagen(d), unvorhersagbar

unquote tone Ansage-Endton *m (Tel)*

unrandomized unverwürfelt

unreasonable unangemessen

unrecoverable nicht korrigierbar *(Fehler)*

unregister austragen

unrelated unbezogen

unresolved nicht aufgelöst *(Konflikt im Buswettbewerb)*

unrestricted amtsberechtigt *(Nebenstelle)* berechtigt *(TLN)*

unseizable unbelegbar *(Leitung)*

unselected unbewählt *(Leitung)*

unserviceable funktionsuntüchtig, betriebsunfähig, unbrauchbar

unshielded twisted pair (UTP) unabgeschirmte verdrillte Doppelleitung *f (z.B. Telefonkabel, USB-Kabel, für 1,5 Mbit/s und 3 m Länge)*

unsolicited inputs freilaufende Eingaben *fpl (ISDN)*

unsolicited message freilaufende Meldung *f*

unspecified bit rate (UBR) nicht spezifizierte Bitrate *f (ATM-Dienstklasse (ATM-Forum TM4.0) für Verkehrsmanagement u. Dateitransfer, E-Mail, keine ITU-T-Entsprechung)*

unstable labil, instabil

unstructured unstrukturiert *(Signal)*

unstructured supplementary services data (USSD) **service** USSD-Dienst *m (für Container-Nachrichten)*

unsuccessful erfolglos *(Belegungsversuch)*

unsuccessful attempt Fehlversuch *m*

unsuccessful call attempt erfolgloser Verbindungsversuch *m oder* Belegungsversuch *m*, nicht zum Gespräch führender Verbindungsversuch *m*, Nichtverbindung *f*

unsynchronized nicht synchronisiert

untimed ohne Zeitzählung *f*

unused jack unbelegte Buchse *f*

unvoiced stimmlos

unwanted unerwünscht, störend, unzulässig

unwanted predistortion Vorbelastung *f (Übertragungskanal)*

unwanted deviation Störhub *m (FSK)*

unwanted mixture product Störmischprodukt *n (Übertragung, DVB)*

unweighted unbewertet

unweighted noise voltage Fremdspannung *f*

unwind abwickeln, abspulen *(Band)*

UP s. user part

up arrow Nach-Oben-Taste *f (Tastatur, PC)*

UPC (Universal Product Code) Universal-Produktcode *m (US, corresponds to EAN in Europe)*

UPC s. usage parameter control

UPC (Universal Product Code) **code** UPC-Strichcode *m (s. UPC oben)*

UPC (usage parameter control) **function** UPC-Funktion *f (ATM-TM, Überwachungsfunktion)*

up conversion (technique) Hochmischtechnik *f (KTV)*

upconverted hochgemischt

up converter Aufwärtsumsetzer *m*, Aufwärtswandler *m*, Aufwärtsmischer *m*, Hochmischer *m*, Sendeumsetzer *m* (SU) *(VSAT)*

up counter Vorwärtszähler *m*

update Aktualisierung *f (DV)*; Update *n (KI)*;ändern *n*, aktualisieren; nachführen *(Datei, Anzeige)*, pflegen *(Daten)*; erneuern

update level Ausbaustufe *f (SW)*

up/down counter Vorwärts-/Rückwärtszähler *m*

upgradable erweiterungsfähig, ausbaubar

upgrade Ausbau *m*, Aufrüstung *f*, Umrüstung *f*; verbessern; aufwerten, erweitern *(SW)*, ausbauen, aufrüsten *(HW)*

upgrade kit Aufrüstsatz *m (z.B. Multimedia-PC)*

upgrading Verbesserung *f*, Ausbau *m*, Aufrüstung *f*

upgrading options Ausbaumöglichkeiten *fpl*

U-plane (user plane) Benutzerebene *f*, U-Ebene *f (DECT, ETSI ETS 300175)*

uplink (UL) Aufwärtsstrecke *f*, Zuführung *f (Sat)*; Aufwärtsverbindung *f*, Aufwärts(-übertragungs)richtung *f*, Uplink *m (Mobilfunk, MS-BS)*

uplink channel Aufwärtskanal *m (zu Vermittlung, Basisstation, Satellit usw.)*, Upstream-Übertragungskanal *m (DECT)*

uplink frequency Aufwärtsfrequenz *f*

uplink path Aufwärtsfunkfeld *n (Sat)*

uplink station Uplink-Station *f (Sat)*

upload Upload *m (Datei-Hochladesitzung)*; aufwärts- *oder* hochladen *(DV)*

uploading operation Hochladesitzung *f (Dateien)*

UPnP s. universal plug-and-play

upper (half) band Oberband *n (Mobilfunk)*

upper memory area hoher Speicherbereich *m (RAM, PC)*

upper memory block hoher Speicherblock *m (RAM, PC)*

upper sideband (USB) oberes Seitenband *n*

upper special channel band Oberer Sonderkanalbereich *m* (OSB) *(TV)*

upper specification limit Grenzwert *m* nach Datenblatt

upright Gestellholm *m*

UPS s. uninterruptible power supply

up-sampling Überabtastung *f (US)*

up scroll arrow Bildlaufpfeil *m* aufwärts *(MS Windows, PC)*

upstream stromauf; vorgeschaltet; zurückliegend

upstream channel Aufwärtskanal *m (ADSL, 16+8 kb/s)*, Upstream-Kanal *m (CTV)*

upstream from the user im Upstream *m* vom Teilnehmer

upstream information Rückinformationen *fpl (TV)*
in the upstream (link) from the user im Upstream *m* vom Teilnehmer *(Sat)*

UPT s. universal personal telecommunication

uptime Verfügbarkeitszeit *f (Netz, Computer)*, Betriebszeit *f*

upward compatible aufwärtskompatibel

urban local network Großstadtortsnetz *n (Tel)*

urban mobile radio Mobilfunk *m* im Stadtbereich

urgency Dringlichkeit *f*

urgency descriptor (UD) Dringlichkeits-Parameter *m (ATM)*

urgent alarm (Signal) D-Alarm *m* (Dringend) *(FS)*

URL (uniform resource locator) URL-Adresse *f*, Internet-Adresse *f (z.B. einer Website, RFC1738, RFC2368, RFC1983, s. Tabelle VIII)*

usable capacity Nutzkapazität *f*

usable field strength Nutzfeldstärke *f*

usable signal Nutzsignal *n*

usage Belegung *f (Kanal)*

usage factor Belegungsfaktor *m*, Auslastungsgrad *m*

usage monitoring Nutzungsüberwachung *f (Netz)*

usage parameter control (UPC) Nutzungsparameterkontrolle *f (B-ISDN, ATM-TM, Überwachungsfunktion)*

USART s. universal synchronous/asynchronous receiver/transmitter

USB (unified S-band) kombiniertes S-Band *n (Sat)*

USB s. universal serial bus

USB s. upper sideband

use Benutzung *f*, Inanspruchnahme *f*

used benutzt, gebraucht

used to full capacity voll ausgelastet

useful wirksam, nützlich, brauchbar, sinnvoll

useful area Nutzfläche *f*

useful frequency Nutzfrequenz *f*

useful life Betriebslebensdauer *f*

useful range Nutzreichweite *f (Funknetz)*

useful signal Nutzsignal *n*

useful video bandwidth Bildnutzbandbreite *f (TV)*

useful voltage Nutzspannung *f*

user Benutzer *m*, Teilnehmer *m*, Anwender *m (der Benutzer des Anschlusses des Anschlußinhabers (ITU-T-Definition), s. "subscriber")*, Beleger *m (Kanal)*; Bedarfsträger *m*

user access Anwender-Zugriff *m (ITU-T I.112, s. Tabelle IV)*, Teilnehmer-Anschluß *m*

user agent (UA) Benutzer *m*, Benutzermittel *n*, Endsystemteil *m*, elektronischer Briefkasten *m (Box in TELEBOX, MHS-SW, ITU-T-Empf. X.400, s. Tabelle VI)*

user agent identification (UAID) Endsystemteilkennung *f*, Briefkastenadresse *f (X.400, s. Tabelle VI)*

user class of service Benutzerklasse *f* (BK), Teilnehmerbetriebsklasse *f*

user connection device Teilnehmeranschlußeinrichtung *f* (TAE) *(DTAG ISDN-Steckverbinder)*, Übergabestelle *f (ehem. TAE)*

user data Nutzinformation *f*

user datagram protocol (UDP) UDP-Protokoll *n (Protokoll der OSI-Schicht-4 (Transportebene), RFC0768, RFC1208, RFC1983, s. Tabelle VIII)*

user data protocol (UDP) Teilnehmer-Datenprotokoll *n (Netzmanagement)*

user-definable benutzerdefinierbar, benutzerprojektierbar

user-dependent anwenderspezifisch

user determined busy (UDB) vom Teilnehmer bestimmtes Besetzt *(ISDN)*

user determined user busy (UDUB) vom Teilnehmer bestimmtes Teilnehmer Besetzt *(ISDN)*

user entity Anwenderinstanz *f (SAAL)*

user equipment (UE) Teilnehmergerät *n*, Teilnehmereinrichtung *f*

user facility Leistungsmerkmal *n (Tel, Computer)*

user-friendly anwenderfreundlich, benutzerfreundlich, komfortabel

user-friendliness Bedienbarkeit *f*, Bedienerkomfort *m*, Bedienkomfort *m*, Verwendungskomfort *m*

user identification (user ID) Teilnehmerkennung *f*, Userkennung *f (ISDN)*

U Series of ITU-T Recommendations U-Serie *f* der ITU-T-Empfehlungen *(betrifft Telegrafievermittlung, s. Tabelle III)*

user-individual presentation control benutzergesteuerte Präsentation *f*

user information Nutzinformation *f*

user information channel Informationskanal *m*, Nutzkanal *m*

user information (channel) connection Nutzkanalverbindung *f*

user (information) signal Nutzsignal *n*

user interface Bediener-, Benutzeroberfläche *f (Shell)*, Bedienoberfläche *f*; Nutzerschnittstelle *f (TEMEX)*

user line circuit Teilnehmeranschlußschaltung *f* (TAS)

user memory Arbeitsspeicher *m (CPU)*

user module Teilnehmeranschlußmodul *n* (TAM) *(DTAG BIGFON)*

user (network) access Anwenderzugriff *m* *(ITU-T I.112, s. Tabelle IV)*

user-network access resources Teilnehmer-Netz-Zugangsmittel *npl (ISDN)*

user-network interface (UNI) Teilnehmerschnittstelle *f* S_0, Teilnehmer-Netz-Schnittstelle *f (ISDN,* $B+B+D_{16}$*, ITU-T I.432.2, s. Tabelle IV)*

user-network interface only activation Nur-Teilnehmer-Netz-Schnittstellen-Aktivierung *f (ITU-T I.430, s. Tabelle IV)*

user of a telecommunication network Benutzer *m* eines Fernmeldenetzes *(ITU-T I.112, s. Tabelle IV)*

user organisation Bedarfsträger *m (Betriebsfunk)*

user-oriented anwenderfreundlich

user part (UP) Anwenderteil *m (ZGS.7, s. Tabelle III)*

user plane (U-plane) Benutzerebene *f*

user port Teilnehmeranschluß *m (VSAT-Terminal)*

user position Teilnehmerplatz *m (Konferenz)*

user premises Teilnehmerbereich *m*

user program Anwenderprogramm *n*

user prompt(ing) Benutzerführung *f*

user prompts Benutzerführung *f*

user session Teilnehmersitzung *f*

user signal channel Nutzsignalkanal *m*

user signalling Teilnehmersignalisierung *f (SAAL)*

user-specific projekt-spezifisch, kundenspezifisch

user system Teilnehmersystem *n*

user terminal Teilnehmergerät *n*, Teilnehmeranschlußgerät *n* (TAG) *(DTAG BIGFON)*; Teilnehmereinrichtung *f*

user-to-user information (UUI) Teilnehmer-zu-Teilnehmer-Information *f (ISDN)*, Sender-Empfänger-Identifizierung *f (ATM AAL2)*

user-to-user protocol Anwender-Anwender-Protokoll *n (ITU-T I.112, s. Tabelle IV)*

user-to-user signalling (UUS) Teilnehmer-zu-Teilnehmer-Zeichengabe *f (ISDN, GSM 01.04, s. Tabelle VII)*

user traffic Nutzkanalverkehr *m*, Trägerverkehr *m*

user-user s. user-to-user

user with a relevant requirement Bedarfsträger *m*

USOC s. US socket (standard)

USRT (universal synchronous receiver/transmitter) universeller synchroner Empfänger/Sender *m*

USSD (unstructured supplementary services data) **service** USSD-Dienst *m (für Container-Nachrichten)*

US socket (USOC) US-Steckdose *f (Standard)*

UT (Universal Time) Weltzeit *f (= GMT)*

UTC (Universal Time Coordinated) koordinierte Weltzeit *f*

utilities Hilfsprogramme *npl*, Extras *npl (MS Windows, PC)*

utility Energieversorgungsunternehmen *n* (EVU); Merkmal *n (Vermittlungstelle)*; Hilfsprogramm *n (DV)*

utility current Netzstrom *m (US)*

utility device Netzvorrichtung *f*

utility program Hilfsprogramm *n (DV)*

utilization Nutzung *f*, Inanspruchnahme *f*

utilization rate of capacity Auslastung *f*

utilization ratio Nutzungsgrad *m (PCM-Daten, Sprache)*

UTM (universal transaction monitor) universeller Transaktionsmonitor *m*

UTP s. unshielded twisted pair

UTRA s. UMTS Terrestrial Radio Access

UTRAN UMTS Terrestrial Radio Access Network *(s. "UTRA")*

utterance Ausspruch *m*, Äußerung *f*, Lautäußerung *f (Spracherkennung)*

UUI s. user-to-user-information

UUS s. user-to-user signalling

UUT (unit under test) Prüfling *m*

V

V (volt) V (Volt) *(Spannungseinheit)*

VAD s. voice activity detector

VADS s. value-added data service

VAL s. Valid

valid gültig; fehlerfrei *(HW)*; Gültigkeit *f (V.25 bis Nachricht, s. Tabelle V)*

valid cell gültige Zelle *f (ATM, ITU-T I.113, s. Tabelle IV)*

validate auf Gültigkeit *oder* Richtigkeit prüfen, bestätigen, validieren

validation Gültigkeitsbestätigung *f*, Validierung *f*, Zulässigkeit(sprüfung) *f*

validity Gültigkeit *f*, Bestandsfähigkeit *f*

validity check Plausibilitätskontrolle *f*

validity of a number Richtigkeit *f* einer Nummer

validity period Lebensdauer *f (Daten)*

valuator Wertgeber *m (Grafik-DV)*

value-added data service (VADS) Datenmehrwertdienst *m* (DMWD), Mehrleistungs-Datendienst *m (ein MDNS)*

value-added network (VAN) Dienstleistungsnetz *n*, Mehrwertnetz *n*

value-added network services (VANS) Dienstleistungsnetzdienste *mpl*

value-added service (VAS) Mehrwertdienst *m (ISDN)*, erweiterter Dienst *m*

value-added voice service Telefon-Mehrwertdienst *m* (TMWD)

value set festgelegter Wert *m (PC)*

value to be monitored Überwachungsgröße *f*

value unit Werteinheit *f (credit card entry)*

VAM/VAD s. variable asynchronous multiplexer and demultiplexer)

VAN s. value-added network

VANS s. value-added network services

VAP s. videotex access point

variable Variable *f*; variabel, veränderlich

variable asynchronous multiplexer and demultiplexer (VAM/VAD) variabler asynchroner Multiplexer/Demultiplexer *m (FO, ATM)*

variable attenuator steuerbarer Teiler *m*, Regler *m*, Dämpfungsregler *m*; Eichleitung *f (FO, Tel)*

variable bit rate (VBR) veränderliche Bitrate *f (ATM-QoS-Dienstklasse (ATM-Forum TM4.0) für Multimedia-Kommunikation, HFC-Netz, entspricht SBR (q.v.), TM; tritt auch während der Decodierung eines komprimierten Signals auf)*; variable Transferrate *f (MPEG-2)*

variable bit rate service Dienst *m* mit veränderlicher Bitrate *(B-ISDN)*

variable call delay (VCD) veränderliche Verbindungsaufbaudauer *f (Verm)*

variable connecting delay veränderliche Verbindungsaufbaudauer *f (Verm)*

variable data rate veränderliche Datenrate *f*

variable-delay unit Laufzeitharfe *f (FO)*

variable-frequency frequenzveränderlich

variable-length coder Codierer *m* mit variabler *oder* veränderlicher Wortlänge *(Bildcodierung)*

variable-length coding (VLC) variable Längencodierung *f*, Codierung *f* mit variabler *oder* veränderlicher Wortlänge *(Bildcodierungs u. -kompressionsverfahren, bei dem zur Codierung von häufigen Datenmustern weniger Bit als für seltenere benutzt werden, s.a. "entropy coding")*

variable quantizing level (VQL) variabler Quantisierungspegel *m (Sprachcodierung, nom. 32 kb/s)*

variable radix packing method Verdichtungsverfahren *n* mit veränderlicher Basis *(Toncodierung)*

variable time division duplex (VTDD) variables Zeitduplex *n*

variance Streuung *f*; Wechselleistung *f (des Quantisierungsfehlers, ADU)*

variance coefficient Streuwert *m (Verkehr)*

variation Abweichung *f*, Schwankung *f*; Verlauf *m*; Streuung *f*

variation due to temperature Temperaturgang *m*

variation with time Zeitverlauf *m*, zeitliche Veränderung *f*

vary gradually feinstufig verändern

VAS s. value-added service

VBR s. variable bit rate

nrt-VBR (non-realtime VBR) Nicht-Echtzeit-VBR *f (ATM-Dienstkklasse (ATM-Forum TM4.0) für Multimedia-Kommunikation)*

rt-VBR (real-time VBR) Echtzeit-VBR *f (ATM-Dienstklasse (ATM-Forum TM4.0) für Sprache oder Video, entspricht SBR q.v. (ITU-T I.131))*

VBS (voice broadcast service) Gruppenanrufdienst *m*, Sprach-Rundsendedienst *m* *(GSM 02.69, 03.69, s. Tabelle VII)*

VC s. video conference

VC s. virtual channel

VC s. virtual circuit

VC s. virtual container

VC (voice channel) Sprechkanal *m*

VCC s. virtual channel connection

VCD s. variable call delay

VCI s. virtual channel identifier

VCL s. virtual channel link

VCO (voltage controlled oscillator) spannungsgesteuerter Oszillator *m (analoger Phasenregelkreis)*

VCR s. video cassette recorder

VCSEL s. vertical cavity surface-emitting laser

VCX s. virtual container cross-connect

VCXO (voltage-controlled X-tal oscillator) spannungsgesteuerter Quarzoszillator *m*

VD (visited domain) Besucher-Zone *f (IP-Netz, ITU H.323)*

VDA s. video distribution amplifier

VDOP s. vertical dilution of precision

VDSL (very high data rate digital subscriber line) digitale Anschlußleitung *f* mit sehr hoher Bitrate *(bis zu 52 Mb/s, G.991.1, T1E1.4)*

VDT s. video display terminal

VDU s. video display unit

vectored interrupt gerichtete Unterbrechung *f (DV)*

vector group Schaltgruppe *f (Transformator)*

vector quantization Vektorquantisierung *f* (VQ)

velocity microphone Geschwindigkeitsmikrofon *n*, Druckgradientmikrofon *n*

Venn diagram Euler-Diagramm *n (Statistik)*

verbal wörtlich; verbal, sprachlich, mündlich

verbal message mündliche Nachricht *f*

verification Überprüfung *f*; Nachweis *m*; Bestätigung *f (des Synchronzustandes)*

verified event gesicherter Anreiz *m*

verify (über)prüfen, nachweisen; absichern *(Ergebnisse)*, bestätigen

version Ausführung *f*, Variante *f*, Bestükkungsvariante *f*; Ausgabe *f*, Auslieferung *f (SW)*

vertical senkrecht, vertikal

vertical blanking interval Bildaustastlücke *f (TV)*

vertical cavity surface-emitting laser (VCSEL) flächenemittierende Laserdiode *f* mit Vertikalresonator, Oberflächenemitter *m*

vertical communication vertikale Verständigung *f (zwischen OSI Schichten)*

vertical dilution of precision (VDOP) vertikale Präzisionsverringerung *f (GPS)*

vertical filtering Vertikalfilterung *f (Bildcodierung)*

vertical frequency Bild(wechsel)frequenz *f (TV)*

vertical insertion *or* **interval test signal** (VITS) Prüfzeilenmeßsignal *n*, Prüfzeile *f* (PRZ) *(TV)*

vertical polarisation vertikale Polarisation *f (Sat)*

vertical readout Dämpfungsanzeige *f (OTDR, FO)*

vertical readout resolution Auflösung *f* der Dämpfungsanzeige *(OTDR, FO)*

vertical redundancy check (VRC) Querprüfung *f*, Vertikalprüfung *f*

very high performance computer Höchstleistungsrechner *m*

very long instruction word (VLIW) sehr langes Befehlswort *n (Mikroprozessor)*

very small aperture terminal (VSAT) Bodenstelle *f* mit sehr kleinem Öffnungswinkel, Kleinstation *f (Sat., Ku-Band, Hughes)*

VESA (Video Electronic Standard Association) **standard** VESA-Norm *f (normiert PC-Videokarten- und Monitorauflösungen)*

vestigial sideband (VSB) Restseitenband *n* (RSB) *(TV-Signal)*

VF s. video frequency

VF (voice frequency) Niederfrequenz *f* (NF)

VF level NF-Lage *f*

VF path Sprechweg *m*

VF section NF-Führung *f (Netz)*

VFT (voice-frequency telegraphy) Wechselstrom-Telegraphie *f*

VGA (Video Graphics Adapter) **monitor** VGA-Monitor *m (Auflösung 640x480 Pixel, 256 Farben, Bildpunktabstand 0,35; PC)*

VGCS (voice group call service) Gruppenanrufdienst *m*, Sprach-Gruppenrufdienst *m (GSM 02.68, 03.68, s. Tabelle VII)*

VHDL s. VHSIC Hardware Description Language

VHDSL (very-high-bit-rate digital subscriber line) digitale Anschlußleitung *f* mit sehr hoher Bitrate

VHF (very high frequency) **reception** UKW-(Ultrakurzwellen-)Empfang *m (Radio)*

VHSIC (very high-speed IC) integrierte Schaltung *f* mit sehr hoher Arbeitsgeschwindigkeit *bzw.* Schaltgeschwindigkeit

VHSIC Hardware Description Language (VHDL) VHSIC-Schaltungsbeschreibungssprache *f*

VI s. videotex interworking (protocol)

via Kontaktloch *n (Leiterplatte)*

viability Funktionsfähigkeit *f*, Funktionstüchtigkeit *f*

viable funktionsfähig, -tüchtig

via net loss (VNL) Durchgangsdämpfung *f*

video Video *n*, Fernsehen *n*; Video-, Bild-; Videokassette *f*; aufzeichnen

video/audio streaming Video/Audio-Streaming *n (IP, UDP-Protokoll)*

video card Video-Karte *f (PC)*

video cassette player Videokassettenspieler *m*, Video-Player *m*

video cassette recorder (VCR) Videorecorder *m*

video CD Bild-CD *f*, Video-CD *f (MPEG-1, 74 Min Spieldauer)*

video channel Bildkanal *m*

video clip Filmausschnitt *m*, Videoclip *m (TV)*

video communication system Videokommunikationsanlage *f* (VKA)

video component Bildanteil *m (FBAS-Signal, TV)*

video conference (VC) Videokonferenz *f* (VK), Bildkonferenz *f*

video conference party VK-Teilnehmer *m*

video conference room Videokonferenzraum *m* (VKR)

video conferencing (VC) Videokonferenz *f* (VK), Bildkonferenz *f (Rahmenstandard ITU-T Empf. H.320, H.261 q.v., T.120, I.400)*

video data bits lineare Datenbit *npl (dig. TV)*

video disk Bildplatte *f*

video display Bildausgabe *f*, Bildschirmanzeige *f*, Videoanzeige *f*; Bildschirm *m*

video display terminal (VDT) Datensichtgerät *n* (DSG) *(ISDN)*

video display unit (VDU) Sichtgerät *n* (SG), Datensichtgerät *n* (DSG)

video distribution amplifier (VDA) Video-Verteilverstärker *m (TV)*

video distribution switch VF-Schaltverteiler *m*, Video-Schaltverteiler *m (GGA)*

video frequency Videofrequenz *f* (VF)

video look-up table (VLT) Farbtabelle *f (Videocodierung)*

video mail service Bildübermittlungsdienst *m*

video messaging Bildübermittlung *f (ISDN)*

video mixer Bildmischer *m*

video multiplexer (VMUX) Video-Multiplexer *m (Bildcodierung)*

video on demand (VOD) Abruf-Video-Dienst *m*, Fernsehen *n* auf Abruf, teilnehmerindividueller Video-Dienst *m (Kabel-TV)*

video ordering service TV-Bestelldienst *m*; Auftragsdienst *m*

videophone Bildtelefon *n*, Bildfernsprecher *m (ISDN 64 kbit/s, Bewegtbildübermittlung)*, Fernsehtelephon *n*, Gegenseheinrichtung *f*

videophone signal Bild-Fernsprechsignal *n* (BiF)

video player Videokassettenspieler *m*, Video-Player *m*

video pump Video-Pumpe *f (Programm im Hypercube zum Abrufen von Videofilm-*

Datenblöcken von den Festplatten, auf denen sie zwischengespeichert sind, und Einspeisen derselben in der richtigen Reihenfolge in das Netz, VOD)

video rate Bildfrequenz *f (Videofilmschnitt)*

video recorder (VTR) Videorecorder *m*

video recorder programming system Video-Programm-System *n* (VPS) *(TV-Rundfunkdienst)*

video recorder programming by teletext (VPT) Videorecorder-Programmierung *f* mit Fernsehtext *(TV-Rundfunkdienst)*

video recording medium Bildträger *m*

video sequence Videosequenz *f (bei MPEG-2 eine ununterbrochene Reihe von Bildgruppen (GOPs), die die gleichen Grundparameter aufweisen. Die höchste Schicht in der MPEG-Hierarchie)*

video signal/noise ratio *(A)* Videostörabstand *m*

VideoStream BT-Punkt-zu-Punkt-Videokonferenz- und Bildtelefondienst *m (64 Bbit/s,2 MB/s)*

video switch(**er**) VF-Schaltverteiler *m*, Video-Schaltverteiler *m (GGA)*

video tape Videoband *n*, Bildband *n*, Magnetband *n*

video tape recorder (VTR) Videorecorder *m*

video tape recording (VTR) Magnetbandaufzeichnung *f* (MAZ)

video teleconferencing (VC) Videokonferenz *f* (VK), Bildkonferenz *f*

video teleconferencing service Videokonferenzdienst *m (ITU-T Empf. H.261, H.320 q.v., 41,920 Mbit/s, s. Tabelle III)*

videotelephone Bildfernsprecher *m*

video telephony Bildfernsprechen *n* (BiFe) *(I.211, s. Tabelle IV)*

video terminal Datensichtgerät *n* (DSG), Bildschirmgerät *n (2 Mbit/s)*

videotex Videotex *n* (Vtx) *(dialogfähiger Videotext, international, auf Prestel-Basis, s. Tabelle XI)*, Bildschirmtext *m* (BTX, Btx) *(DTAG-Dienst "T-Online", Übertragung von Text/Grafik interaktiv mit Modem auf Fernseher, nach CEPT Empf. T/CD06-01, ITU-T Empf. T.100, s. Tabelle III)*

videotex access point (VAP) Videotex-Anschlußpunkt *m (internationaler Vtx)*

videotex access unit Btx-Anschlußbox *f (an ISDN)*

videotex computer centre Bildschirmtext-zentrale *f* (BTZ), BTX-Zentrale *f*

videotex E-mail service Btx-Mitteilungsdienst *m*

videotex interworking (VI) **(protocol)** Videotex-Verbund *m (internationaler Vtx)*

videotex-ISDN access Btx-ISDN-Anschluß *m (BA, später PA)*

videotex message handling service Btx-Mitteilungsdienst *m*

videotex service centre Bildschirmtext-Leitzentrale *f* (Btx-LZ)

videotex switching centre Bildschirmtext-Vermittlungsstelle *f* (Btx-VSt)

videotext center Videotextzentrale *f (US)*

videotex-telex converter Bildschirmtext-Telex-Umsetzer *m* (BTU)

videotex-telex service Bildschirmtext-Telex-Dienst *m* (Btx-Tx) *(bietet Telex-Zugriff für Videotexbenutzer)*

videotex terminal for Teletel Minitel *n (FR)*

video workstation Bildschirmarbeitsplatz *m* (BSA)

view Ansicht *f (Zeichnung)*; View *n (SNMP, IAB RFC1157, s. Tabelle VIII)*; ansehen, einsehen, anzeigen

View Ansicht *f (MS Windows-Anweisung, PC)*

viewdata Bildschirmtext *m* (BTX, Btx) *(GB Prestel, BT, s. Tabelle XI)*

viewer Zuschauer *m (TV)*; Bildsucher *m (Kamera)*, Anzeigevorrichtung *f*, Betrachter *m (Röntgenfilm)*

viewfinder Bildsucher *m (Kamera)*

viewing Betrachtung *f*, Programmwahl *f (TV)*

viewing angle Betrachtungswinkel *m*, Sichtwinkel *m (TV)*

viewing figures Einschaltquote *f (TV)*

viewphone teleservice Bewegtbilddienst *m (ITU-T)*

viewport Darstellungsfeld *n (Grafik)*

V interface V-Schnittstelle *f*, Zwischenschnittstelle *f (zw. ET und LT, ETS 300324-1, ITU-T I.430, s. Tabelle IV)*

violate verletzen, über- *oder* unterschreiten *(Grenzen)*

violation bit Verletzungsbit *n (TDM)*

violation of ... philosophy Bruch *m* der ...-Philosophie

violation of range limits Überschreiten *n* der Einstellbereiche, Bereichsüber-/unterschreitung *f*

VIP address s. virtual IP address

virtual virtuell, scheinbar

virtual channel (VC) virtueller Kanal *m (Sat)*

virtual channel connection (VCC) VC-Verbindung *f*, Verbindung *f* über virtuellen Kanal *(Kanalnummer, ITU-T I.113, s. Tabelle IV)*

virtual channel identifier (VCI) Kennung *f* des virtuellen Kanals *(ISDN, ITU-T I.150/I.361)*

virtual channel link (VCL) VC-Abschnitt *m*, Abschnitt *m* des virtuellen Kanals *(ATM, ITU-T I.311)*

virtual circuit (VC) virtuelle *oder* scheinbare Verbindung *f* (VV) *(PVN)*, virtuelle Leitung *f (ISDN)*

virtual circuit packet switch Paketvermittlung *f* mit virtuellen Leitungen

virtual community virtuelle Gemeinschaft *f (Internet-Gemeinschaft, z.B ein Diskussionsforum)*

virtual container (VC) virtueller Container *m (SDH, I.432 (Tabelle IV), ITU-T Empf. G.709 (Tabelle III))*

virtual container cross-connect (VCX) Crossconnect-Multiplexer *m* mit VC-Fähigkeit *(STM)*

virtual Internet service provider (VISP) virtueller ISP *m*

virtual IP (VIP) **address** VIP-Adresse *f (HTTP)*

virtual ISP s. virtual Internet service provider

virtual LAN (V-LAN, VLAN)virtuelles LAN *n (UMTS)*

virtual networking service (VNS) virtueller Vernetzungsdienst *m (Privatnetze)*

virtual path virtueller Pfad *m (ITU-T I.113, s. Tabelle IV)*

virtual path connection (VPC) VP-Verbindung *f*, Verbindung *f* über virtuellen Pfad *(ATM, ITU-T-Empf. I.311, F.813)*

virtual path identifier (VPI) Kennung *f* des virtuellen Pfades, VP-Kennung *f (ITU-T I.150/I.361)*

virtual path link (VPL) VP-Abschnitt *m*, Abschnitt *m* des virtuellen Pfades *(ATM, ITU-T I.311)*

virtual private network (VPN) virtuelles Privatnetz *n (Vermittlungsdienst, gewährt einen sicheren Weg durch das Web und Verschlüsselung)*

virtual reality (VR) Scheinwelt *f*, Virtual Reality *f*

virtual time synchronous (VTS) **access** virtuelles zeitsynchrones Zugriffsverfahren *n (Modacom)*

virtual tributary (VT) virtueller Zubringer *m (SDH, SONET)*

virus Virus *m (sich reproduzierendes, im schlimmsten Fall Daten löschendes Programm, PC)*, Software-Fremdkörper *m*

virus scanner Virusscanner *m*, Virenscanner *m (PC SW)*

vision carrier Bildträger *m* (BT) *(TV-Rundfunk)*

vision mixer Bildmischer *m (Studio)*

vision/sound diplexer *or* **combining unit** Bild-Ton-Weiche *f (TV-Rundfunk)*

vision switching Bildschnitt *m (Studio)*

visited domain (VD) Besucher-Zone *f (IP-Netz, ITU H.323)*

visited mobile switching centre (VMSC) Fremdvermittlungsstelle *f*, Besucher-Mobilvermittlungsstelle *f (GSM, s. Tabelle VII)*

visited MSC (VMSC) Besucher-Mobilvermittlungsstelle *f (GSM)*

visited MSC area Fremdbereich *m (GSM, s. Tabelle VII)*

visited network (VPLMN) Aufenthaltsnetz *n*, Fremdnetz *n (Mobilfunk)*, Gastnetz *n (IP-Mobilfunk)*, besuchtes Netz *n*

visited PLMN (VPLMN) Aufenthaltsnetz *n*, Besucher-Mobilfunknetz *n (GSM-Empf. 03.79)*, Besuchernetz *n*

visiting subscriber Gastteilnehmer *m (Mobilfunk)*

visitor address Gastadresse *f (IP-Mobilfunk)*

visitor location register (VLR) Besucherdatei *f*, Fremddatei *f*, Aufenthaltsdatei *f*, Besuchsregister *m (GSM, s. Tabelle VII)*, Teilnehmerdatenbasis *f (allg., GSM)*

VISP s. virtual Internet service provider

visual alert Sichtmeldung *f*

visual call signalling optische Anrufsignalisierung *f (K.-Tel)*

visual call-waitung indication optisches Anklopfen *n*

visual contact Sichtkontakt *m (Webseiten-Impression)*

visual display Visualisierung *f*; Sichtanzeige *f*, Bildschirmanzeige *f*, optische Anzeige *f*

visual display unit (VDU) Sichtgerät *n* (SG), Datensichtgerät *n* (DSG)

visual field Gesichtsfeld *n*

visualisation Sichtbarmachung *f*, optische Darstellung *f*

visual material Vorlage *f (Videokonferenz)*

visual module interface (VMI) VMI-Schnittstelle *f (PC)*

visual perception optische Wahrnehmung *f*, Gesichtswahrnehmung *f*

visual range Sichtbereich *m*

visual system Sehapparat *m (biol.)*

visual type Farbdarstellungsklasse *f (X Window)*

Viterbi equalizer Viterbi-Entzerrer *m (GSM)*

VITS (vertical (blanking) interval test signal) Prüfzeilenmeßsignal *n (TV)*

VITS inserter Prüfzeileneintaster *m (TV)*

VLAN, V-LAN s. virtual LAN

VLC (variable length coding) variable Längencodierung *f (Bildcodierung)*

VLIW s. very long instruction word

VLR s. visitor location register

VLT s. video look-up table

V(M) (recovery state variable) Fehlervariable *f (ITU-T Empf.Q.921, s. Tabelle III)*

VMI s. visual modula interface

VMS s. voice mail server

VMS s. voice messaging system

VMSC s. visited mobile switching centre

VMUX s. video multiplexer

VNL (via net loss) Durchgangsdämpfung *f (US)*

VNS s. virtual networking service

vocabulary Vokabular *n*; Wortschatz *m (Spracherkennung)*

vocal activity Sprachaktivität *f*

vocal apparatus Stimmapparat *m*

vocal tract Stimmapparat *m (Sprachcodierung)*

VOCODER (voice code to recreate) Vocoder *m*

VOD (video on demand) Abruf-Video-Dienst *m*, Fernsehen *n* auf Abruf, teilnehmerindividueller Video-Dienst *m (Kabel-TV)*

Vodafone Vodafone-Mobilfunksystem *n* in GB und Australien *(GSM, 880–960 MHz)*

VoDSL s. voice over DSL

voice Sprache *f*; Gesprächszustand *m (z.B. "Gesprächszustand hergestellt")*

voice activated sprachgesteuert

voice activity Sprachaktivität *f*, Sprechaktivität *f*

voice activity detector (VAD) Gesprächserkennung *f*, Sprechaktivitätserkennung *f (Mobiltelefon)*

voice annotated sprachkommentiert *(Multimedientext)*

voice annotation Sprachanmerkung *f*

voice announcement Sprachansage *f*

voice back zurücksprechen *(US)*

voice band Sprachband *n*, Niederfrequenzband *n* (NF-Band *n*) *(Tel., 300–3.400 Hz)*

voice-band connection Tonfrequenzverbindung *f (ISDN)*

voice-band data toncodierte Daten *npl (ISDN)*

voice band modem Sprachbandmodem *m*

voice block Sprachblock *m (Spracherkennung)*

voice box Anrufbeantworter *m*

voice broadcast service (VBS) Gruppenanrufdienst *m*, Sprach-Rundsendedienst *m (GSM 02.69, 03.69, s. Tabelle VII)*

voice call Sprachverbindung *f*

voice channel (VC) Sprachkanal *m* (SK); Sprechkanal *m* (SpK) *(C-Netz)*, Sprechkreis *m*

voice circuit Sprechkreis *m*, Sprechwegeführung *f*, Sprechweg *m*, Fernsprechübertragungsweg *m*

voice circuit continuity check Sprechkreisdurchgangsprüfung *f*

voice codec Sprachcodec *m (GSM)*

voice coder Sprachcodierer *m*

voice communication Sprechverkehr *m*, Sprechverbindung *f*

voice communication unit Sprechapparat *m (Feststation für schnurloses Tel., DECT)*

voice communication system Sprachvermittlungssystem *n* (SVS)

voice compression Sprachkomprimierung *f (ITU-T Empf. G.723.1, G.729a, s. Tabelle III)*

voice control (VOX) Sprachsteuerung *f*

voice coordination traffic Verständigungsverkehr *m*

voiced stimmhaft

voice/data mailbox Sprach-/Datenspeicher *m*

voice/data multiplex (VDM) Sprach-/Datenmultiplex *n (Firmenkommunikation)*

voice device handler Sprachgerätesteuerung *f (Verm)*

voice dialling sprachgesteuertes Wählen *n (Mobilfunk)*, Sprach(an)wahl *(Tel)*

voice directed sprachgeführt *(Sprecheridentifizierung)*

voice encoder Sprachcodierer *m*

voiced response Sprachausgabe *f*

voice frequency (VF) Niederfrequenz *f* (NF), Tonfrequenz *f (Tel)*, Stimmfrequenz *f (Spracherkennung)*

voice-frequency tonfrequent

voice-frequency dialling Tonwahl *f*

voice-frequency signalling Tonfrequenzwahl *f*

voice-frequency telegraphy (VFT) Wechselstrom-Telegraphie *f* (WT)

voice generator Sprachgeber *m (Sprachausgabe)*

voice-grade channel Sprechkanal *m*; Fernsprechkanal *m* mit Sprachbandbreite *(300–3.400 Hz, Abtastrate 8,8 kHz)*

voice group call service (VGCS) Sprach-Gruppenrufdienst *m*, Gruppenanrufdienst *m (GSM 02.68, 03.68, s. Tabelle VII)*

voice guidance akustische Bedienerführung *f (ÖKartTel)*

voice input Spracheingabe *f (Mobilfunk, Freisprechen)*, akustische Eingabe *f*

voice line Sprechleitung *f (NStAnl.)*

voice link Sprechweg *m*, Sprechverbindung *f*

voice mail Sprachspeicher *m*, Sprachbox *f*, (elektronischer) Anrufbeantworter *m*, akustische Telegramme *npl*, Sprachpost *f*

voice mailbox Sprachspeicher *m*

voice mail message Sprachspeicher-Mitteilung *f*, Sprachpostmitteilung *f*

voice mail retrieval Sprachabruf *m (UM)*

voice mail server (VMS) Sprachinformationsserver *m (Tk-Anl)*; Sprachspeicherserver *m*, Nachrichtenspeichereinheit *f*, Sprachbox-Server *m*, Sprachspeicherdienst-Bediener *m (ISDN)*

voice mail service Sprachspeicherdienst *m (AUDIOTEX)*

voice memory Sprachspeicher *m* (SS) *(Vorrichtung)*

voice menu Sprachmenü *n*

voice message Sprachmitteilung *f (VMS)*; Durchsage *f*

voice messaging Sprachnachrichtenübermittlung *f*, Sprachmitteilungsdienst *m*, Sprachspeicherdienst *m*

voice messaging service Sprachspeicherdienst *m (AUDIOTEX)*, Sprachmitteilungsdienst *m*

voice messaging system (VMS) Sprachspeichersystem *n (eine Art besserer Anrufbeantworter)*

voice-only channel reiner Sprachkanal *m*

voice operated sprachgesteuert

voice output Sprachausgabe *f*, akustische Ausgabe *f*

voice output buffer Sprachausgabepuffer *m*

voice over DSL (VoDSL) Sprachübertragung *f* über DSL *(Schnittstelle: V5.1/5.2 in Europa, TR-008, GR-338 in US)*

voice over IP (VoIP) Sprachübertragung *f* per Internet-Protokoll, Internet-Telefonie *f (IP, ITU-T Empf. H.323, s. Tabelle III)*

voice packet transmitter Sprachpaketsender *m* (SPS)

voice path Sprechweg *m*

voice phone Sprechgarnitur *f (NStAnl.-Bediener, US)*

voice power Sprachleistung *f*

voice presentation layer Sprachdarstellungsschicht *f (OSI-Schicht 6)*

voice prompting akustische Bedienerführung *f*, Sprachmenüführung *f*

voice quality Sprachübertragungsgüte *f (ISDN)*

voice quality enhancement (VQE) Verbesserung *f* der Sprachqualität

voice range Tonfrequenzbereich *m*

voice recognition Spracherkennung *f*

voice recognition system Spracherkennungssystem *n*, Spracherkenner *m (MPEG 4)*

voice response Sprachausgabe *f*

voice response system Sprachausgabesystem *n*

voice service Sprachdienst *m*, Sprachkommunikation *f*

voice set Sprechgarnitur *f (NStAnl.-Bediener, US)*

voice store and forward (VSF) **facility** Sprach(zwischen)speichereinrichtung *f*

voice telephony service Sprachtelefon(ie)dienst *m*, Fernsprechdienst *m*

voice terminal Sprachterminal *n (Tk-Anl)*, Sprechstelle *f*

voice terminating number Sprach-Zielnummer *f (Tel. Verm.)*

voice test Sprachprobe *f* (ELA)

voice traffic Fernsprechverkehr *m*

voice transcoder (XCDR) Sprachtranscoder *m (GSM)*

voice transmission Sprachübertragung *f*

voice trunk Sprachübertragungsweg *m (Mobilfunknetz)*

voiceware equipment Sprachmedieneinrichtung *f*, sprachtechnische Einrichtung *f*, Sprachtechnik *f (US)*

void value Leerwert *m*

VoIP s. voice over IP

volatile memory flüchtiger Speicher *m (z.B. DRAM)*

voltage characteristic Spannungsverlauf *m*

voltage coefficient Spannungsabhängigkeit *f*

voltage-controlled crystal oscillator (VCXO) spannungsgesteuerter Quarzoszillator *m*, nachgeführter Quarz-Oszillator *m*

voltage-controlled oscillator (VCO) spannungsgesteuerter Oszillator *m (analoger Phasenregelkreis)*, Nachlaufoszillator *m*

voltage drop Spannungsabfall *m*

voltage drop across the resistor Spannungsabfall *m* am Widerstand

voltage drop across the transistor Spannungsabfall *m* im Transistor

voltage dropping circuit Spannungssenkungsschaltung *f*

voltage excursion Spannungshub *m*

voltage graph Spannungsdiagramm *n*

voltage meter Spannungsmesser *m*

voltage minimum Spannungsknoten *m*

voltage node Spannungsknoten *m*

voltage peaking Spannungsüberhöhung *f*

voltage rail Versorgungs(spannungs)leitung *f*

voltage reference Bezugsspannungsquelle *f*

voltage resistance level Spannungswiderstand *m*

voltage shape Spannungsverlauf *m*

voltage source drive Spannungssteuerung *f (RS 232)*

voltage standing wave ratio (VSWR) Stehwellenverhältnis *n (Ant.)*, Welligkeit *f (SV)*

voltage stress Spannungsbeanspruchung *f*

voltage supply system Spannungsnetz *n (SV)*

voltage swing Spannungshub *m*

voltmeter Spannungsmesser *m*

volume (Daten)volumen *n (Gebühren, ISDN)*; Lautstärke *f*

volume charge Volumengebühr *f (ISDN)*

volume of data Datenmenge *f*

voluntary freiwillig; willkürlich

Voronoi neighbourhood Voronoi-Fläche *f (Math.)*

voter Entscheider *m (Schaltung)*

VOX s. voice control

VPC s. virtual path connection

VPI s. virtual path identifier

VPIM (voice profile for Internet mail) **protocol** VPIM-Protokoll *n (IP, IAB RFC2421, s. Tabelle VIII)*

VPL s. virtual path link

VPLMN s. visited network, visited PLMN

VPN s. virtual private network

VPS s. videorecorder programming system

VPT s. videorecorder programming by teletext

VQ (vector quantization) Vektorquantisierung *f*

VQE s. voice quality enhancement

VQL (variable quantization level) variabler Quantisierungspegel *m*

VR (virtual reality) Scheinwelt *f*, Virtual Reality *f*

VRC (vertical redundancy checking) Querprüfung *f*, Vertikalprüfung *f*

V reference point Bezugspunkt *m* V *(ITU-T I.430, s. Tabelle IV)*

V(S) (send state variable) Sendezustandsvariable *f (ITU-T Empf. Q.921, s. Tabelle III)*

VSAT (very-small aperture termminal) Bodenstelle *f* mit sehr kleinem Öffnungswinkel, Kleinstation *f (Sat., Ku-Band, Hughes)*

VSB (vestigial sideband) Restseitenband *n (TV-Signal)*

V Series of ITU-T Recommendations V-Serie *f* der ITU-T Empfehlungen *(betrifft Datenübertragung im Fernsprechnetz, s. Tabelle III und V)*

VSF s. voice store and forward

VSWR s. voltage standing wave ratio

VT (virtual tributary) virtueller Zubringer *m (SDH, SONET)*

VTDD (variable time division duplex) variables Zeitduplex *n*

VTR (video tape recorder) Videorecorder *m*

VTR (video tape recording) Magnetbandaufzeichnung *f* (MAZ)

VTS (virtual time synchronous access) virtuelles zeitsynchrones Zugriffsverfahren *n (Modacom)*

Vtx (videotex) Videotex *n*

vulnerability Verletzbarkeit *f*; Anfälligkeit *f*

W

WACK (Wait before positive ACKnowledgement) Meldung *f* der momentanen Nichtempfangsbereitschaft

WACS (Wireless Access Commmunications System) Kommunikationssystem *n* mit drahtlosem Zugriff *(US)*

wait warten

waiting wartend

waiting call wartende Belegung *f (Tel.-Anl)*

waiting loop Warteschleife *f*

waiting traffic Wartebelegung *f*, Wartebelastung *f*

wait state Wartezustand *m*, Waitstate *m (PC-Prozessor)*

wait to be answered anstehen *(Anruf)*

wait to be attended anstehen *(Teilnehmer)*

wait to be served anstehen *(Dienstanforderung)*

wake-up call Weckruf *m*

wake-up carrier Weckträger *m (Bluetooth, q.v.)*

wake-up facility Weckeinrichtung *f*

wake-up message Wiederanschaltungsmeldung *f*, Reaktivierungsmeldung *f (DEE im LAN)*

wake-up signal Wecksignal *n (HW-Aktivierung)*

walkie-talkie Handfunke *f*, Handsprechfunkgerät *n (Bündelfunk)*

walking ones wandernde *oder* durchlaufende Einsen *fpl*

walk time Wanderzeit *f (Zeitschlitze in wiederkehrenden Rahmen)*

walk through durchschieben *(z.B. Einsen durch ein Wort mit Nullen)*

wall-mounted set Wandgerät *n (Tel)*

wallpaper Hintergrund(bild *n*) *m (MS Windows, PC)*

wall socket Anschlußdose f (ADo) *(Tel)*

WAN s. wide area network

WAN-CTS s. Wide-Area Networks Conformance Testing

wander Wandern *n (PCM-Signal, ITU-T I.431, s. Tabelle IV)*; wandern, umherirren *(Zellen)*

wanted band Nutzband *n*

wanted signal Nutzsignal *n*

wanted-to-unwanted signal ratio (W/UNW) Nutzsignal-Störsignal-Abstand *m* (N/S-Abstand)

WAP s. Wireless Application Protocol

WAP gateway WAP-Gateway *n (Software, die die rohen WML-Daten für den Mikrobrowser kompiliert und umgekehrt)*

WAP Identification Module (WIM) WIM-Modul *n (s. "WAP")*

WAP phone WAP-Handy *n (s. "WAP")*

WARC (World Administrative Radio Conference) Wellenkonferenz *f (weist weltweit Rundfunkfrequenzen im Hochfrequenzspektrum zu; Kopenhagen 1951 und Stockholm 1961)*

warp path Zeitanpassungsweg *m (Spracherkennung)*

waste basket Papierkorb *m (Windows, PC)*

waste traffic Blindverkehr *m*

watchdog Überwachungseinrichtung *f (Computer)*

watchdog timer Überwachungszeitgeber *m (DV)*

watch receiver Zweithörer *m (NStAnl)*; Wachempfänger *m (Seefunk)*

WATS s. Wide Area Telephone Service

WATTC World Administrative Telegraph and Telephone Conference

wattless leistungslos

waveform Wellenform *f*, Schwingungsabbild *n*; Kurvenverlauf *m*

waveguide run Hohlleiterzug *m*

wavelength division duplex (WDD) Wellenlängenduplex *n (FO)*

wavelength division multiplex (WDM) Wellenlängenmultiplex *n* (WD-Multiplex); Frequenzbandmultiplex *n (FO) (Multi-Laser FO-Anwendung)*; Wellenlängengetrenntlageverfahren *n*

wavelength selective coupler wellenlängenselektiver Koppler *m (FO)*

wave number Wellenzahl *f*

wave propagation Wellenausbreitung *f*

waveshape Wellenform *f*; Signalform *f*, Kurvenform *f (Signal)*, Kurvenverlauf *m*

waveshape generator *m* Kurvenformgenerator *m (TV-Prüfung)*

wave shaping Wellenformgestaltung *f*

WAV (Windows Audio Video) **file** WAV-Datei *(PC)*

WB s. wideband

WBLLN s. wideband leased line network

WC (world coordinate) Weltkoordinate *f (Grafik)*

WCDMA s. wideband CDMA

WDD s. wavelength division duplex

WDM s. wavelength division multiplex

WDM demultiplexer Wellenlängen-Demultiplexer *m (FO)*

WDM multiplexer Wellenlängen-Multiplexer *m (FO)*

weatherproof wetterfest

weather radar Wetterradar *n (Luftf.)*

web address Web-Adresse *f*, Webadresse *f (WWW)*

web-based Web-basierend, webbasierend *(WWW q.v.)*

webcasting Webcasting *n (Verteildienst, PMP-Bereitstellung von Multimedia im Web)*

web clipping Web-Seitenausschnitt *m (zur Anzeige auf einem 3G-Handy oder PDA)*

web enabled webfähig *(WWW)*

web hosting Web-Hosting *n*, Webhosting *n (Miete von Plattenplatz auf dem Server des Providers, WWW)*

web hosting service Webhosting-Dienst *m (Web-Server, WWW q.v.)*

web housing Webhousing *n (Web-Server, WWW q.v.)*

web of trust Netz *n* des Vertrauens *(PGP q.v.)*

web page Webseite *f (im WWW q.v.)*

web presence Web-Präsenz *f*, Webpräsenz *f (WWW)*

web server Web-Server *m*, Webserver *m (WWW, wird zum Speichern und Abrufen von HTML-Dokumenten (q.v.) mit HTTP-Protokoll (q.v.) benutzt)*

web site Website *f*, Web-Auftritt *m*, Webauftritt *m*, Auftritt *m*; Anlaufstelle *f* *(Adresse im WWW q.v.)*

webspace provider Webspace-Provider *m*, Webhoster *m (WWW q.v.)*

web switch Webswitch *m (WWW)*

web TV Web-TV *n (WWW, MPEG-1-codiertes Internet-Video)*

wedge Keil *m*

weight Gewicht *n*, Gewichtigkeit *f*, Stelligkeit *f*, Wichtung *f*

weighted fair queueing (WFQ) gewichtete gerechte Warteschlangensteuerung *f* *(ATM)*

weighted noise Ruhegeräusch *n (PCM)*

weighted round robin (WRR) gewichtete Zeitscheibe *f (Warteschlangenbearbeitung)*

weighted threshold of audibility Ruhehörschwelle *f (Fletscher-Munson-Kurven: Kurven gleicher Lautstärke in Abhängigkeit von der Frequenz)*

weighting Gewichtung *f (math.)*, Metrik *f*; Bewertung *f*, Wertigkeit *f*

weighting circuit Bewertungsschaltung *f*, Bewerter *m*

weighting coefficient Wichtungskoeffizient *m (Filter)*

weighting factor Bewertungsfaktor *m*, Gewichtungsfaktor *m*

weighting network Bewertungsschaltung *f*, Bewerter *m*

weighting program Wägeprogramm *n*

welcome screen Begrüßungsbildschirm *m* *(PC)*

welling-up of noise Aufrauschen *n*, Aufrauscher *m*

west beam Westschiene *f (Sat.-Programme)*, Westkeule *f (Sat.-Ausstrahlung)*

wetting voltage Frittspannung *f*

WFQ s. weighted fair queueing

while speaking sprachbegleitend, gesprächsbegleitend *(Tk-Anl., bei Benutzung anderer Dienste)*

white balancing Weißabgleich *m (TV)*

white crushing Weißwertstauchung *f (TV)*

white lens cap Weißkappe f *(Kamera-Weißabgleich, TV)*

white line skipping (WLS) Weißflächenüberspringen *n (Fax)*

whitening filter Filter *n* mit sprachähnlicher Kurve *(US, Vocoder)*

white noise weißes Rauschen *n (Prüf.)*

white-noise loading sprachähnliche Belastung *f*

white-paper edition Weißdruck *m (DIN)*

white stretching Weißwertdehnung *f (TV)*

Who-are-you (WRU) Werda *(Tx)*

Who-are-you key (WRU key) Abfragetaste *f*

whole-page scanner Ganzseitenabtastung *f* *(Fax)*

whole-picture-frame-synchronous vollbildrahmensynchron *(HDTV)*

whole-word model Ganzwortmodell *n* *(Spracherkennung)*

wide area mobility Makromobilität *f (Roaming zwischen Netzen, IP-Mobilfunk, IAB RFC 2002-2004, 2344, s. Tabelle VII)*

wide area network (WAN) Fernverkehrnetz *n*; Weitverkehrsnetz *n*, Fernnetz *n*, Regionalnetz *n*; Langstreckennetz(werk) *n* *(Verknüpfung von LANs)*

Wide-Area Networks Conformance Testing Services (WAN-CTS) WAN-Konformitätsprüfungsdienste *mpl (EG, Prüfhäuser für X.21-, X.25- und ISDN-Terminals, s. Tabelle VI)*

wide area radio paging großräumiges Personenrufsystem *n*

Wide Area Telephone Service (WATS) Fernsprech-Fernverkehr *m (zu Festgebühr bzw. Nulltarif für A-Tln, US, entspricht dem DTAG-Service 130)*, Ferngesprächspauschaldienst *m*

wideband (WB) Breitband *n* (BB) *(meist analog, veraltet, aber auch Bezeichnung für DS1-Übertragung (q.v., US), s. "broadband", "narrowband")*

wideband cable system Breitbandkabelanlage *f* (BK-Anlage)

wideband CDMA (WCDMA) Breitband-CDMA *m (3G-CDMA, jetzt als DS-Mode (q.v.) bezeichnet, s.a. "CDMA"; "UMTS", "cdma2000")*

wideband leased line network (WBLLN) Breitband-Standleitungsnetz *n*

wideband route Breitbandweg *m (analog, Bandbreite >300–3400 kHz (Tel))*

wideband speech Breitband-Sprachübertragung *f (50–7.000 Hz, Abtastrate 16 kHz)*

wideband switching point (WSP) Breitbandkoppelstelle *f (D-Netz)*

wide-meshed großmaschig

widescreen format Breitbildformat *n (16:9, HDTV, PALplus)*

wide wave division multiplex (WWDM) breiter Wellenlängenmultiplex *m*

widget Interaktionsbaustein *m*, Interaktionsobjekt *n*, Dialogobjekt *n (X Window)*

width modulated längenmoduliert *(Impuls)*

width unit (E) Teileinheit *f* (TE) für die Breite *(1 TE = 0.2″, 5,08 mm, Gestell)*

Wiener filter Wiener-Filter *n*

wild card Joker *m*, Platzhalter *m*, Stellvertreter(zeichen *n*) *m (? (= ein Zeichen) oder * (= beliebige Anzahl von Zeichen) in DOS, PC)*

WILL s. wireless (in the) local loop

WIM s. WAP Identification Module

WIN s. wireless in-building network

WIN s. wireless intelligent network

window Fenster *n*; Öffnung *f (Tor)*; Window *n (DV)*; Übertragungssequenz *f (DECT)*

window capacity Fenstergröße *f (in Paketen)*

window flow control Fenster-Flußsteuerung *f (ITU-T I.311, s. Tabelle IV)*

windowing Fensterung *f*; Fensterbildung *f (Paketübertragung)*, Fenstertechnik *f (Anzeige)*, Aufteilung *f* in Fenster *(eines Signals)*

window program Fensterprogramm *n*

window range Fenstergröße *f (PC)*

Windows application Windows-Applikation *f (Anwendung, die unter der Benutzeroberfläche Microsoft-Windows läuft, PC)*

window size Fenstergröße *f (in Paketen)*

Windows 95 Windows 95 *n (32-Bit Microsoft-Betriebssystem, erfordert mindestens 12 MB RAM, 30 MB Festplatte und Pentium-Prozessor, PC)*

wind up aufwickeln

wink start signal Quittierungsbeginnzeichen *n (Verm.)*

winner Gewinner *m (bei Buszuordnung)*

wipe Schiebeblende *f (Videofilm)*

wiper switch Schiebeschalter *m*

wire Draht *m*, Ader *f (Kabel)*; verdrahten, verkabeln, beschalten, zusammenschalten

wire into schaltungstechnisch einbauen

2-wire 2-Draht-, Zweidraht-

wire center (Draht-)Vermittlungsanlage *f (US)*

wire-connected drahtgebunden

wire-connected subscriber Drahtteilnehmer *m (Mobilfunk)*

wire-connected telephone Drahtfernsprecher *m (Mobilfunk)*

wire connection drahtgebundene Übertragung *f*

wired verdrahtet, drahtgebunden, beschaltet

wired-AND verdrahtete UND-Verknüpfung *f*

wired telecommunications installation Drahtfernmeldeanlage *f*

wired television network Kabelfernsehnetz *n*

wire frame model Drahtmodell *n (Grafik)*

wire-free schnurlos, drahtlos *(Mobilfunk)*

wireless access drahtloser Anschluß *m*

Wireless Access Commmunications System (WACS) Kommunikationssystem *n* mit drahtlosem Zugriff *(US, WLL)*

wireless access network Funkzugangsnetz *n (mobile IP)*

Wireless Application Protocol (WAP) Protokoll *n* für drahtlose Anwendungen, WAP-Protokoll *n (mobiler Internet-Zugang mit WML q.v., für Handys und PDAs)*

wireless call drahtlose Verbindung *f*

wireless in-building network (WIN) drahtloses Gebäudenetz *n*

wireless intelligent network (WIN) drahtloses intelligentes Netz *n*

Wireless IP Funk-IP *n (s. "CDPD")*

wireless LAN (WLAN) drahtloses Ortsnetz *n*, Funk-LAN *n (ISM-Band 2,4 GHz, Reichweite bis 300 m, DSSS u. FHSS,*

Datenrate 2,5 MB/s nach IEEE 802.11, 1997, 11 MB/s nach IEEE 802.11 HR (High Rate), mit Roaming zwischen Zellen)

wireless local area network (WLAN) s. wireless LAN

wireless local loop (WLL, WILL) drahtlose Anschlußleitung *f* (DAL) *(DTAG-Projekt für die neuen Bundesländer, NMT-900-Technik)*, drahtloser Netzzugang *m* im Ortsbereich, drahtloser Teilnehmeranschluß *m (DECT: 1880–1900 MHz, extended DECT: 1900–1920 MHz, DCS1800: 1710–1785, 1805–1880 MHz, PMP in WLL: 1540–2670, 3400–3600 MHz u. 24,5–26,5 GHz)*, PMP-Richtfunksystem *n*, WLL *m*

wireless loudspeaker Funklautsprecher *m (Surround-Sound, ISM-Band q.v.)*

wireless markup language (WML) WML-Sprache *f (Seitenbeschreibungssprache für mobile Endgeräte, basiert auf XML (q.v.))*

wireless network drahtloses Netz *n*

wireless PAN (WPAN) drahtloses Netz *n* für den persönlichen Bereich, drahtloses Kurzstreckennetz *n (2.4 GHz at 720 kbit/s, 10 m range, z.B. "Bluetooth", IEEE 802.15)*

wireless PBX (WPBX) NStAnl für schnurlose Mobilfunkverbindungen

wireless personal area network (WPAN) s. wireless PAN

wireless portal drahtlose Portalseite *f (WWW, unterstützt Benutzer mit 3G-Handy oder Pager)*

wireless relay station (WRS) drahtlose Zubringerstelle *f (RLL)*

wireless service provider (WSP) Anbieter *m* drahtloser Dienste

wireless terminal interface unit (WIU) drahtlose Endgeräteanschlußeinheit *f*

wireless transport layer security (WTLS) Sicherheit *f* auf dem WTL *(WAP-Funktion, basiert auf TLS q.v., früher "Secure Socket Layer (SSL)")*

wire-line network Drahtnetz *n (gegenüber Mobilfunk)*

wire-line network subscriber number Drahtrufnummer *f*

wire-line telephone network Fernsprechdrahtnetz *n*

wire pair Adernpaar *n*, Doppelader *f (Tel.-Kabel)*

wire printer Nadeldrucker *m*

wire up verschalten

wirewrap block Wrapfeld *n*

wirewrap connection Wickelanschluß *m*

wirewrap method Drahtwickeltechnik *f*

wiring Verdrahtung *f*; Beschaltung *f*; Leitungsführung *f*

wiring compartment Verdrahtungsraum *m (Gestell)*

wiring concentrator Konzentrator *m*, Verteiler *m*, Hub *m (USB)*

wiring configuration Kabelanordnung *f*

wiring connector Leitungsverbinder *m*

wiring diagram Bauschaltplan *m*, Leitungsplan *m*, Montageschaltbild *m*, Montageschaltplan *m*

wiring grid Verdrahtungsraster *m*

wiring list Beschaltungsliste *f*

wiring pin Stützpunkt *m*

wiring post Stützpunkt *m*

wiring run Leitungszug *m*

wiring tool Beschaltwerkzeug *n*

wiring unit Beschaltungseinheit *f*

with access authorisation benutzungsberechtigt *(Mobilfunk)*

with access rights benutzungsberechtigt *(Mobilfunk)*

with a Gaussian distribution gaußverteilt

with compressed data datenreduziert

with contacts kontaktbehaftet

withdraw aufheben *(Dienst)*

withdrawal Entziehung *f (ISDN, GSM 01.04, s. Tabelle VII)*

with each clock pulse taktweise

with general coverage flächendeckend

with higher bit rate höherratig

with high load-carrying capacity hochbelastbar

within the connection verbindungsintern

with low noise level störpegelarm

with memory gedächtnisbehaftet *(Kanal)*

without average component mittelwertfrei *(signal)*

without memory gedächtnislos *(Kanal)*

with return channel capability rückkanaltauglich *(DVB-C)*

with voice activity sprachaktiv

WIU s. wireless terminal interface unit

WLAN s. wireless LAN

WLL s. wireless local loop

WLS (white line skipping) Weißflächen-Überspringen *n (Fax)*

WML s. wireless markup language

wobbel generator Wobbelgenerator *m (Meßgerät)*

woofer Tieftonlautsprecher *m*, Tieftöner *m*

word boundary Wortgrenze *f*

word interleaving wortweise Verschachtelung *f*

word length Wortbreite *f*, Datenbreite *f (Speicher, Bus)*; Tiefe *f*; Bittiefe *f (Bildcodierung, z.B. 8 Bit/Pixel)*

wordlist Terminologieliste *f*, Wortliste *f*

wordlist window Lexikonfenster *n (CD-ROM-Wörterbuch, PC)*

word processing (WP) Textverarbeitung *f*

word processing station Textstation *f*

word processor Textverarbeitungsprogramm *n*, Textprozessor *m (PC-SW)*

word spotting Worterkennung *f (Spracherkennung)*

word synthesis Wortaufbereitung *f (PCM-Sender)*

working directory Arbeitsverzeichnis *n (DV)*

working frequency Betriebsfrequenz *f*

Working Group (WG) Arbeitsgruppe *f* (AG)

Working Party (WP) Arbeitsgruppe *f* (AG) *(ITU)*

working voltage (WV) Betriebsspannung *f*

workload Belastung *f (Betriebsmittel)*, Arbeitsaufwand *m*

workshop Werkstatt *f*; Workshop *m (Seminar)*, Kampagne *f*

workspace Arbeitsbereich *m (GUI, PC)*

workstation (WS) Bedienplatz *m* (BPL), Arbeitsplatz *m* (AP), Bedienstation *f (TMN)*; Arbeitsplatzrechner *m (an ein Client-Server-Netz angeschlossener PC, LAN)*

workstation function (WSF) Bedienplatzfunktion *f*

world coordinate (WC) Weltkoordinate *f (Grafik)*

World Radio Conference (WRC) Welt-Funkkonferenz *f*

World Telecommunication Standardisation Conference (WTSC) Normierungskonferenz *f* für Weltkommunikation *(Dachorganisation für ITU-Arbeitsgruppen, trifft sich alle vier Jahre)*

World Wide Web (WWW, W3) *(auf Hypertext basierendes Informationssystem im Internet, das von Forschern und besonders von Tim Berners-Lee bei CERN in CH konzipiert wurde; RFC1983, s. Tabelle VIII; auch ¤World Wide Wait¤ genannt)*

WORM s. write once, read many

worm Wurm *m (bösartiger mobiler Agent, eine Art Online-Virus)*

worst case ungünstigster Fall *m*

worst-case condition Grenzbedingung *f*, ungünstigste Bedingung *f*

worthwhile sinnvoll

woven ribbon Webband *n (Kabel)*

WP s. word processing

WP s. Working Party

WPAN s. wireless PAN

WPBX s. wireless PBX

wrap einpacken *(Daten in Pakete)*

wraparound Umlauf *m (z.B. Bild)*, zyklische Wiederholung; zyklische Adressierung *f (DV)*

wrap around umwickeln

wraparound inhibitor Umkehrsperre *f (Zähler)*

wrapping Umwicklung *f*

WRC s. World Radio Conference

wristwatch (radio-)paging Funkruf *m* mit der Armbanduhr, "Scall(Swatch call)-Dienst" *m (DeTeMobil, Cityruf-Frequenz, ab 1994/5, entspricht BT-Funkrufdienst "easyreach")*

write schreiben *(Aufzeichnungsmedium)*, beschreiben *(Halbleiterscheibe)*

writeable beschreibbar *(Speicher)*

write/erase cycle Schreib-/Lösch-Zyklus *m (FLASH-Speicher)*

write in einschreiben, einlesen, einspeichern

write once, read many (WORM) einmal beschreiben, mehrmals lesen *(CD-R, Speicherplatte)*

write pointer Schreibzeiger *m*, Schreibpointer *m (Speicher)*

write protect notch Schreibschutzkerbe *f (Floppy)*

write to beschreiben *(Speicher)*, beaufschlagen; schreiben auf *(Parallelverbindung, z.B. Bus)*, schreiben in *(serielle Verbindung, z.B. Pipeline)*

wrong connection Fehlverbindung *f*

Wrong Number Falsch Verbunden

wrong-number call Fehlverbindung *f*, Falschanruf *m*

WRR (weighted round robin) gewichtete Zeitscheibe *f (Warteschlangenbearbeitung, IP)*

WRU s. who-are-you

WRU key s. who-are-you key

WS s. workstation

WSP s. wideband switching point

WST (World System Teletext and Data Broadcasting System) weltweiter Videotextstandard *m (DTI)*

WTLS s. wireless transport layer security

WTSC s. World Telecommunication Standardisation Conference

W/UNW (wanted-to-unwanted signal ratio) Nutzsignal-Störsignal-Abstand *m*

WV s. working voltage

WWDM s. wide wave division multiplex

WWW s. World Wide Web

WYSIWYG what-you-see-is-what-you-get *(DTP-Methode)*

WYSIWIS what-you-see-is-what-I-see *(Videokonferenz)*

W3 s. World Wide Web

W3C World Wide Web Consortium *(1994 gegründete Vereinigung von weltweit über 400 Organisationen zur Förderung des WWW; http://www.w3c.org)*

X

XB (crossbar) Kreuzschiene *f*

X band X-Band *n (6,2–10,9 GHz, Sat)*

XB(X) (crossbar (selector) exchange) Koordinatenschalteramt *n (analog)*

XBU (crossbar exchange, unbalanced signalling) Koordinatenschalteramt *n*, unsymmetrische Zeichengabe

XCDR (voice transcoder) Sprachtranscoder *m (GSM, s. Tabelle VII)*

XCVR (transceiver (transmitter/receiver)) Sender/Empfänger *m* (S/E)

XGA (Extended Graphics Array) **monitor** XGA-Monitor *m (Auflösung 1024x768 Pixel, 65536 Farben; PC)*

XHTML (eXtensible HTML) flexible HTML-Sprache *f (s. "HTML", abwärtskompatibel zu WML und cHTML (q.v.), UMTS)*

X interface X-Schnittstelle *f (Achtdraht-ISDN-Anschlußvorrichtung zwischen Fernsprecher und Zusatzeinrichtung, analog)*

XML (extensible markup language) XML-Sprache *f (WWW-Metasprache, Teilmenge von SGML q.v., entwickelt von W3C 1998, EDI)*

Xon/Xoff Handshakeverfahren *n* für Peripheriegeräte *(SW, s.a. RTS/CTS)*

X/OPEN Vereinigung *f* von Computerherstellern für Softwarestandardisierung *(RARE)*

X.PC Tymnet-Fehlersicherungsprotokoll *n (bis zu OSI-Schicht 3, s. Tabelle I)*

XPD (cross polarisation discrimination) Kreuzpolarisationsdiskriminierung *f*, Kreuzpolarisationsunterdrückung *f (Sat.-Ant)*

XPI (cross polarisation isolation) Kreuzpolarisationsentkopplung *f (Sat.-Ant)*

XPL (cross polar level) kreuzpolare Leistung *f (Sat.-Ant)*

X-ray film Roentgenfilm *m*

X Series of ITU-T Recommendations X-Serie *f* der ITU-T-Empfehlungen *(betrifft leitungs- und paketvermittelte digitale Datenübertragung, Mitteilungsdienstleistungen, Dokumentübermittlung, s. Tabelle III und VI)*

X.4xx Series of ITU-T Recommendations Serie *f* X.4xx der ITU-T-Empfehlungen *(betrifft Mitteilungsdienste, s. Tabelle VI)*

X.7xx Series of ITU-T Recommendations Serie *f* X.7xx der ITU-T-Empfehlungen *(betrifft das OSI-Protokoll der Netzverwaltung, angelehnt an die entsprechenden OSI-Standards, s. Tabelle III u. VI)*

Y

yaw angle Gierwinkel *m (Luftf.)*

YC (conversation opinion score) Gesprächsbewertung *f (Tel)*

YC (luminance and chrominance) Luminanz- und Chrominanzsignale *npl (Komponenten-TV)*

Yellow Book Yellow Book *n (legt den erweiterten Standard für CD-ROM fest, ISO 9660; Philips, Sony)*

yellow-paper edition Gelbdruck *m (DIN)*

Y interface Y-Schnittstelle *f (Vierdraht-ISDN-Anschlußvorrichtung zwischen Fernsprecher und Zusatzeinrichtung, digital)*

Y junction Y-Verzweigung *f (FO)*

YUV components YUV-Komponenten *fpl (Y = Luminanz, U = Blau, V = Rot, TV, DIN 5033)*

Y2K (Year 2000) Jahr *n* 2000 *(in Verbindung mit dem Jahrtausendfehler q.v.)*

Z

zapping mode Programmanwahlmodus *m (DVB-Empfänger)*

ZC s. zone centre

zero Null *f*; nullen, auf Null stellen

zero bit Nullbit *n*

zero byte Nullbyte *n (nur Nullen, äußere Codierung bei DVB)*

zero clamping level Nulltastwert *m (TV-Rundfunk)*

zero crossing Nulldurchgang *m*

zero dispersion wavelength (Wellenlänge des) Dispersionsminimum(s) *n (FO)*

zero-frequency quantity Gleichgröße *f*

zero insertion force (ZIF) **connector** kraftfrei einzuführender Verbinder *m*

zero-level clamping Nulltastung *f(TV-Rundfunk)*

zero-loss verlustlos

zero-movement bit rate Ruhebitrate *f (Bildcodierung)*

zero-power leistungslos

zero sidetone (line) impedance (Z_{S0}) Rückhörimpedanz f (ZR) *(Tel., ITU-T-Empf. P.10, Impedanz zw. 300–3400 Hz)*

zero-signal current Ruhestrom *m*

zero-slot LAN Nullkanal-LAN *n (Netz, in dem ein paar PC über den seriellen oder parallelen Port miteinander verbunden sind)*

zero-sum parity check Nullsummen-Paritätsprüfung *f*

zero speed Nullgeschwindigkeit *f (Servomotor)*

zero symbol Nullsymbol *n*

zero-symbol synchronisation Nullsymbol-synchronisation *f (DVB-T, SFN)*

zero transition Nulldurchgang *m (Wellenform)*

ZIF s. zero insertion force (connector)

zig-zag scanning Zickzack-Abtastung *f (bei DCT ergibt sich eine Matrix mit 64 Koeffizienten. Die Zickzack-Abtastung dieser Matrix beginnend mit dem Koeffizienten niedrigster Frequenz (DC) ergibt einen am besten für die nächsten Komprimierungsschritte RLC und VLC geeigneten Datenfluß, DVB)*

Z interface Z-Schnittstelle *f (am Fernsprechterminal, z.B. X.21, S_0, ISDN, s. Tabelle VI)*

zip code Postleitzahl *f (US)*

zip tone Besetztton *m (Tel., US)*

zone centre (ZC) Zonenzentrum *n (Vermittlung)*

zone of dispersion Streubereich *m*

zone of silence tote Zone *f (Mobilfunk)*

Zonephone public CT2 service *(GB, öffentlicher Funktelefondienst, Ferranti-Telepoint-System)*

zoner Verzoner *m* (VZ) *(Vermittlung)*

zoning Verzonung *f (Vermittlung)*

Zoom ... Zoom ... *(MS Windows-Anweisung, PC)*

zoom in vergrößern *(Grafik, PC)*

zoom out verkleinern *(Grafik, PC)*

Z Series of ITU-T Recommendations Z-Serie *f* der ITU-T-Empfehlungen *(betrifft Programmier- und Spezifikationssprachen, s. Tabelle III)*

Z_{S0} s. zero sidetone impedance

1–3

10 Base-T verdrilltes Kupferpaar bis 10 Mb/s (RJ45 Buchse)

10 Base-2 KoaxialKabel bis zu 200 m, 10 Mb/s (RG58, BNC Buchse)

10 Base-5 KoaxialKabel bis zu 500 m

10 GE 10-Gigabit-Ethernet *n*

1G (first-generation) **mobile radio** 1G-Mobilfunk *m (analoger Mobilfunk, z.B. D1)***2G** (second-generation) **mobile radio** 2G-Mobilfunk *m (digitaler Mobilfunk, GSM)*

2G (second-generation) **network** 2G-Netz *n (GSM)*

3G (third-generation) **mobile radio** 3G-Mobilfunk *m (Sprache/Daten/Multimedia/Internet, UMTS, cdma2000)*

3G (third-generation) **network** 3G-Netz *n (UMTS, cdma2000)*

9-V block E-Block *m (Batterie)*

ANHANG: Tabellen
APPENDIX: Tables

Tabelle I: Schichten im Referenzmodell für offene Kommunikation
Tabelle II: Europäische Telekommunikationsnormen NET
Tabelle III: The ITU-T Series of Recommendations
Tabelle IV: I Series of ITU-T Recommendations
Tabelle V: V Series of ITU-T Recommendations
Tabelle VI: X Series of ITU-T Recommendations
Tabelle VII: ETSI GSM-Spezifikationen
Tabelle VIII: Internet-IAB-Protokolle (RFCs)
Tabelle IX: V.24/RS232C-Schnittstelle
Tabelle X: TEMEX-Schnittstellen
Tabelle XI: Europäische Videotextnetze
Tabelle XII: Kommunikationsschnittstellen
Tabelle XIII: Nationale und internationale Normierungsorganisationen

Tabelle I. Schichten im Referenzmodell für offene Kommunikation
Table 1. Layers in the OSI 7-layer reference model

1. Schicht: physikalische Schicht, Bit-Übertragungsschicht	(layer 1: physical layer) *(ITU-T-Empf. I.430, Medium, Datenrate, Signalpegel, Steckerbelegung)*
2. Schicht: Sicherungsschicht	(layer 2: data link layer) *(ITU-T-Empf. I.440 und I.441, Zugriffsverfahren, Fehlerbehandlung)*
3. Schicht: Netzwerkebene, Vermittlungsschicht	(layer 3: network layer) *(ITU-T-Empf. I.450 und I.451, Auf- und Abbau von Verbindungen, Lenkung der Datenströme (Routing), Adressierung fremder Netze)*
4. Schicht: Transportebene	(layer 4: transport layer) *(Aufbau des Transports, Zuordnung von logischer zu physikalischer Adresse)*
5. Schicht: Sitzungsebene, Kommunikationssteuerungs-schicht	(layer 5: session layer) *(Eröffnung, Durchführung und Beendigung der Kommunikationsbeziehung, Synchronisation und Zugriffsschutz)*
6. Schicht: Präsentationsebene, Darstellungsschicht	(layer 6: presentation layer) *(Codevereinbarungen zur einheitlichen Daten-darstellung, Datenanpassungen*
7. Schicht: Anwendungsebene, Verarbeitungsschicht	(layer 7: application layer) *(Schnittstelle zu den Anwendungsprogrammen, Protokolle für Standardanwendungen)*

Tabelle II. Europäische Telekommunikationsnormen NET*
Table II. (Normes Européennes de Télécommunications)

I. Access to public (switched) networks
(Zugang zu öffentlichen (vermittelten) Netzen)

NET 1	X.21 Access	relates to ITU-T Rec. X.21 *(1984)*; X.21 access by terminal equipment to a PSTN and point-to-point or multipoint leased circuits *(Zugang zu Leitungsvermittlungen nach ITU-T-Empf. X.21)*
NET 2	X.25 Access	relates to ITU-T Rec. X.25 and CEPT Rec. T/CD 08.01 access by terminal equipment to a PTN (*Zugang zu Paketvermittlungen nach ITU-T-Empf. X.25)*
NET 3	ISDN Basic Access	relates to ITU-T Rec. I.420 *(1984)* and CEPT Rec. T/GSI 04.01, 04.02,1,2,3 access by terminal equipment to a PTN at an ISDN BAP *(ISDN-Basisanschluß)*
NET 4	PSTN Basic Access	relates to access by analog voice or non-voice terminals *(modems)* to a PSTN *(Telefonnetz-Basisanschluß)*
NET 5	ISDN Primary Access	additional to NET 3, relates to telephony via a PTN *(ISDN-Primärratenanschluß)*
NET 6	Switched Access to PSPDN	relates to ITU-T Rec. X.32 *(Schnittstelle zw. Paket-DEE und DÜE mit Anschluß an ein öffentliches paket- oder leitungsvermitteltes Datennetz)*
NET 7	ISDN Terminal Adapter	DCE-DTE BA interface to a PTN, relates to ITU-T Rec. I.460, 461, 462; additional to NET 3 *(DÜE-DEE-Basisanschlußschnittstelle zu einem öffentlichen Telefonwählnetz)*

II. Access to mobile telecommunication networks
(Zugang zu Mobilfunknetzen)

NET 10	European 900 MHz digital cellular mobile telecommunication network access *(Zugang zum europäischen digitalen Mobilfunknetz GSM)*
NET 11	Telephony characteristics of terminal equipment for the European 900 MHz digital cellular mobile telecommunication network *(Fernsprecheigenschaften von Endgeräten für das europäische digitale Mobilfunknetz GSM)*

III. PSTN access for Voice frequency modems
(Sprachband-Modems)

NET 20	Requirements for Category I (non-ITU-T, PEP- type and V.26 bis, V.26 ter, V.27 ter) modems *(Erfordernisse für Modems der Kategorie I)*

NET 21		Requirements for Category II (V.21, V.22, V.22 bis, V.23, V.32) modems, V.21 modem *(Erfordernisse für Modems der Kategorie II)*
NET 22		V.22 modem
NET 23		V.22 bis modem
NET 24		V.23 modem
NET 25		V.32 modem

IV. Other terminal equipment
(Andere Endgeräte)

NET 30	Group 3 Fax	relates to CEPT Rec. T/SF 21, connection to a PSTN *(Anschluß von Faxgeräten der Gruppe 3 an ein öffentliches Telefonwählnetz)*
NET 31	Group 4 Fax	relates to Class 1 Fax at 64 kbit/s *(Anschluß von Faxgeräten der Gruppe 4 an ein öffentliches Telefonwählnetz)*
NET 32	Teletex	relates to CEPT Rec. T/SF 22, connection to a PSTN *(Anschluß von Teletexgeräten an ein öffentliches Telefonwählnetz)*
NET 33	Telephony	relates to characteristics of terminal equipment for the ISDN *(Fernsprecheigenschaften von Endgeräten für das ISDN)*

*(Quelle u.a.: Telecommunications Approvals Handbook, British Telecom 'Teleprove', Ausgabe 1988/89)

Tabelle III/Table III. The ITU-T Series of Recommendations*

Series	Volume Fascicle	Subject
A	I.2	Organisation and working procedures of ITU-T *(Organisation der Arbeit des ITU-T)*
B	I.3	Terms and definitions, means of expression *(Begriffe und Ausdrucksmittel)*
C	I.3	General telecommunications statistics *(Statistiken)*
D	II.1	General tariff principles – Charging and accounting in international telecommunications services *(Gebührenberechnung für internationale Telekommunikationsdienste)*
E	II.2	Telephone networks and ISDN – Operation, numbering, routing and mobile service *(Fernsprechbetrieb - Betrieb, Numerierung, Leitweglenkung)*
E.100-229		Internatidonal operation
E.230-299		Charging and accounting in the international telephone service
E.300-329		Non-telephony applications
E.330-399		ISDN provisions concerning users
E.400-489		Network management
E.490-799		Traffic engineering
E.800-899		QoS: Concepts, models, objectives *(Dienstgüte, Netzmanagement)*
F	II.4	Telegraph and mobile services *(Telegrafenbetrieb)*
F.1-109		Telegraph services
F.110-159		Mobile service
F.160-399	II.5	Telematic, data transmission and teleconference *(Telefax, Datenübertragung und Telekonferenz)*
F.400-499	II.6	Message handling and directory service *(Mitteilungsdienst)*
F.500-599		Directory services and document communications
F.600		Service and operational principles for public data transmission
F.700		Framework Recommendation for audiovisual/multimedia services
F.800		ISDN services
F.811-812		Broadband bearer services
F.850-853		Universal Personal Telecommunication (UPT)
F.900		Universal Personal Telecommunication (UPT)
F.910		Symbols, pictograms and icons
G	III.1	International telephone connections *(Internationale drahtgebundene Fernsprechverbindungen)*
G.100-199		Internationsl telephone connections and circuits
G.211-544	III.2	International analogue carrier systems *(analoge Trägersysteme)*
G.601-654	III.3	Transmission media *(Transportmedien)*
G.700-795	III.4	Digital transmission systems *(digitale Übertragungssysteme)*
G.703		Physical/electrical properties of hierarchical digital interfaces *(physikalische/elektrische Eigenschaften hierarchischer digitaler Schnittstellen)*
G.710		PCM

G.711		Compressionless codecs *(kompressionsfreie Codecs)*
G.712		Performance of AF PCM channels *(Leistung von NF-PCM-Kanälen)*
G.724-729		Voice compression *(Sprachkomprimierung)*
G.801-974	III.5	Digital networks *(digitale Netze)*
G.821		Error characteristics of a digital ISDN connection *(Fehlerverhalten einer digitalen ISDN-Verbindung)*
G.900-990		*einer digitalen ISDN-Verbindung)*
G.991-997		Digital subscriber line (DSL)
H	III.6	Line transmission of non-telephone signals *(drahtgebundene Übertragung von Nicht-Fernsprechsignalen)*
H.100		Visual telephone systems
H.110		Hypothetical reference connections for videoconferencing using primary digital group transmission
H.120		Codecs for videoconferencing using primary digital group transmission *(Videokonferenz-Codecs mit digitaler Primärraten-Übertragung)*
H.130		Frame structures for use in the international interconnection of digital codecs for videoconferencing or visual telephony
H.140		A multipoint international videoconference system
H.200		Framework for Recommendations for audiovisual services
H.221		Frame structure for a 64 to 1920 kbit/s channel in audiovisual teleservices *(Rahmenstruktur für AV-Dienste (64-1920 kb/s) und den Ausgleich von Laufzeitunterschieden)*
H.222.0		Information technology - Generic coding of moving pictures and associated audio information: Systems
H.222.1		Multimedia multiplex and synchronization for audiovisual communication in ATM environments
H.223		Multiplexing protocol for low bit rate multimedia communication
H.224		A real time control protocol for simplex applications using the H.221 LSD/HSD/MLP channels *(Echtzeitdatenübertragung)*
H.225.0		Call signalling protocols and media stream packetization for packet-based multimedia communication systems
H.226		Channel aggregation protocol for multilink operation on circuit-switched networks H.230 (05/99) - Frame-synchronous control and indication signals for audiovisual systems *(rahmensynchrone Signalisierung H.242 im Rahmen von H.221)*
H.230		Frame-synchronous exchange of H.242 signalling within the H.221 framework
H.231		Multipoint control units for audiovisual systems using digital channels up to 1920 kbit/s
H.233		Confidentiality system for audiovisual services *(Verschlüsselung)*
H.234		Encryption key management and authentication system for audiovisual services
H.235		Security and encryption for H-Series (H.323 and other H.245-based) multimedia terminals
H.242		System for establishing communication between audiovisual terminals using digital channels up to 2 Mbit/s *(Aufbau und Abbau der Bildkommunikation, die Imband-Signalisierung und die Zuordnung von Bild, Sprache und Daten zu den Kanälen)*
H.243		Procedures for establishing communication between three or more audiovisual terminals using digital channels up to 1920 kbit/s

H.244		Synchronized aggregation of multiple 64 or 56 kbit/s channels
H.245		Control protocol for multimedia communication
H.246		Interworking of H-Series multimedia terminals with H-Series multimedia terminals and voice/voiceband terminals on GSTN and ISDN
H.247		Multipoint extension for broadband audiovisual communication systems and terminals
H.261		Video codec for audiovisual services at p x 64 kbit/s *(Codier-/ Decodieralgorithmus für Bewegtbilder im Bereich Px64 (p=1–30)*
H.262		Information technology – Generic coding of moving pictures and associated audio information: Video
H.263		Video coding for low bit rate communication *(Blockcodierung und Videokompression (1:119)*
H.281		A far end camera control protocol for videoconferences using H.224
H.282		Remote device control protocol for multimedia applications
H.283		Remote device control logical channel transport
H.310		Broadband audiovisual communication systems and terminals
H.320		Narrow-band visual telephone systems and terminal equipment *(technische Erfordernisse für Schmalband-Bildkommunikationsdienste, Oberstandard für die H-Empfehlungen, enthält folgende Protokollmodule: G.711, G.722, G.728, H.221, H.224, H.230, H.231, H.242, H.243, H.261, H.281, PT.724, T.120, T.122/125, T.123, T.124, T.126, T.127; s. Tabelle III)*
H.321		Adaptation of H.320 visual telephone terminals to B-ISDN environments
H.322		Visual telephone systems and terminal equipment for local area networks which provide a guaranteed quality of service
H.323		Packet-based multimedia communications systems *(paket-basierende* Multimedia-Kommunikationssysteme, umfaßt LANs, WANs, Intranets und das Internet, enthält folgende Protokollmodule: G.711, G.722, *G.723.1, G.728, G.729, H.225, H.245, H.261, H.263 (s. Tabelle III)*
H.324		Terminal for low bit-rate multimedia communication *(niederratige Multimedia-Kommunikation über V.34/V.8-Modems in GSTNs, enthält folgende Protokollmodule: G.723.1, H.261, H.263, V.14, LAPM, H.245 (Verbindungssteuerung, SRP), V.34/V.8, H.223, V.25ter, s. Tabelle III)*
H.331		Broadcasting type audiovisual multipoint systems and terminal equipment
H.332		H.323 extended for loosely coupled conferences
H.450.1		Generic functional protocol for the support of supplementary services in H.323
H.450.2		Call transfer supplementary service for H.323
H.450.3		Call diversion supplementary service for H.323
H.450.4		Call hold supplementary service for H.323
H.450.6		Call waiting supplementary service for H.323
I	III.7 to III.9	ISDN (s. Table IV)
J	III.6	Transmission of sound-programme and television signals *(Ton- und Fernsehübertragung)*
J.17		Preemphasis used on sound-programme circuits *(Audio-Preemphase)*

J.83		Digital multi-programme systems for TV, sound and data services for cable distribution *(DVB-C)*
J.85		Digital television transmission over long distances
J.110-119		Interactive services
J.112		Transmission systems for interactive cable TV services *(1998)*
J.131		Transport of MPEG-2 signals in PDH networks
J.132		Transport of MPEG-2 signals in SDH networks
J.150		Operational functionalities for the delivery of digital multi-programme television, sound and data services through multi-channel, multipoint distribution systems (MMDS)
K	IX	Protection against interference *(Schutz gegen Störungen)*
K.1-99		
L	IX	Protection against corrosion *(Schutz gegen Korrosion)*
L.1-99		Construction, installation and protection of cable and other
M	IV.1 to IV.2	Maintenance of transmission systems and telephone and telegraph circuits *(Unterhaltung von Übertragungssystemen und Fernsprechleitungen)*
M.1020		International leased telephone tie lines *(Internationale Mietleitungen)*
M.1520-3400		Telecommunications Management Network (TMN)
M.3000-3499		TMN requirements
M.3600-3699		ISDN management
N	IV.3	Maintenance of international sound-programme and television ransmission circuits *(Unterhaltung von internationalen Ton- und Fernsehübertragungswegen)*
N.1-99		
O	IV.4	Specifications for measuring equipment *(Eigenschaften von Meßgeräten)*
O.40-129		Measurement of analogue parameters
O.130-199		Measurement of digital parameters
O.191		In-service testing of cell transport *(Betriebsmessung des Zellentransports)*
P	V	Telephone transmission quality (Fernsprechübertragungsgüte)
P.1-999		
Q	VI.1	Telephone switching and signalling *(Fernsprechvermittlung und -zeichengabe)*
Q.1 - 110		
Q.115		Logic for the Control of Echo Control Devices *(Logik zur Steuerung von Echounterdrückungseinrichtungen)*
Q.120-180	VI.2	Signalling System 4 and 5 *(Zeichengabe*system Nr.4 und 5)
Q.251-300	VI.3	Signalling System 6 *(Zeichengabesystem Nr.6)*
Q.310-490	VI.4	Signalling System R1 and R2 *(Zeichengabesystem R1 und R2)*
Q.500-554	VI.5	Digital exchanges *(digitale Vermittlungs*stellen)
Q.601-699	VI.6	Interworking of signalling systems *(Zusammenarbeit von Zeichengabesystemen)*
Q.700-795	VI.7 to VI.9	Signalling System 7 *(Zeichengabesystem Nr.7)*
Q.811-850		Q3 interface, ISDN *(Schnittstelle Q)*

Q.920-957	VI.10 to VI.11	Digital subscriber signalling system No.1 (DSS1) *(Digitales Zeichengabesystem Nr.1 für Anschlußleitungen)*
Q.1000-1063	VI.12 to VI.13	Public land mobile network *(öffentliches Landfunknetz)*
Q.1100-1152	VI.14	Interworking with satellite mobile systems *(Zusammenarbeit mit satellitengestützten Mobilsystemen, INMARSAT)*
Q.1200		relates to intelligent network Recommendation structure *(Intelligente Netze)*
Q.1290		Glossary of Terms used in the Definition of Intelligent Networks *(Begriffe zur Definition von intelligenten Netzen)*
Q.1300		Telecommunication applications for switches and computers
Q.1400		Architecture framework for the development of signalling and OAM protocols using OSI concepts *(Rahmenarchitektur für die Entwicklung von Zeichengabe- und Betriebsdienstprotokollen)*
Q.2010-		Broadband ISDN *(Breitband-ISDN)*
Q.2100-2199		B-ISDN - ATM Adaptation Layer
Q.2200-2599		B-ISDN - Signalling Network Protocols
Q.2600-2699		B-ISDN - Access and Network Signalling and Interworking
Q.2700-2999		Application Protocols
R	VII.1	Telegraph transmission *(Telegrafenkanäle)*
S	VII.1	Telegraph services terminal equipment *(Endgeräte für Telegrafiedienste)*
T	VII.3	Telematic equipment and protocols
T.0 - 63		*(Telematik-Geräte und -Protokolle)*
T.64	VII.4	Teletex conformance testing *(Teletex-Konformitätsprüfung)*
T.65-564	VII.5 to VII.7	Telematic terminal equipment *(Telefax-Endgeräte)*
T.611		Programming communication interface (PCI) for fax group 3/4, e-mail and file transfer
U	VII.2	Telegraph switching *(Telegrafievermittlung)*
U.1-220		
V	VIII.1	Data communications over the telephone network (s. Table V) *(Datenübertragung über das Fernsprechnetz)*
X	VIII.2	Data communications networks: Services and interfaces (s. Table VI) *(Dienste und Schnittstellen in Datennetzen)*
X.1 - 39		
X.50 -144	.3	Signalling and switching *(Zeichengabe und Vermittlung)*
X.200-219	.4	Open System Interconnection model *(OSI-Modell)*
X.220-296	.5	Open System Interconnection protocol *(OSI-Protokoll)*
X.300-350	.6	Interworking between networks *(Zusammenarbeit zwischen Netzen)*
X.400-485	.7	Message handling service *(Mitteilungsdienst)*
X.500-582	.8	Directory service *(Verzeichnisdienst)*
X.610-666		OSI Networking *(Netzverbindung)*
X.680-691		Abstract Syntax Notation One (ASN.1)
X.700-790	.9	OSI systems management *(OSI-Protokoll der Netzverwaltung)*
X.800-833		Security *(Sicherheitsaspekte)*

X.902-903		Open distributed processing *(Modell der offenen verteilten Datenverarbeitung)*
X.931-960		Information technology - Open distributed processing (06/99) *(offene verteilte Verarbeitung)*
Y		Global Information Infrastructure (GII) and Internet Protocol (IP) Aspects
Y.100		General overview of the Global Information Infrastructure
Y.101		GII Terminology - Terms and definition
Y.130		Information communication architecture
Y.1001	I	P Framework - A framework for convergence of telecommunications network and IP network technologies
Y.1231		IP Access Network Architecture
Y.1310		Transport of IP over ATM in public networks
Y.1401		General requirements for interworking with Internet Protocol-based networks
Z	X.1	Languages and general software aspects for telecommunication systems *(Programmiersprachen für rechnergesteuerte Vermitt*lungen)
Z.100		Functional Specification and Description Language (SDL)
Z.130		ITU object definition language
Z.200	X.6	ITU-T High Level Language (CHILL)
Z.301-341	X.7	Man-Machine Language (MML)
Z.351		Human-machine interface specification
Z.360		Guidelines for the Definition of Managed Objects (GDMO)
Z.361		Human-Computer Interfaces (HCI)
Z.400		Structure and format of quality manuals for telecommunications software
Z.500		Conformance testing
Z.600		Distributed processing environment architecture

*(Stand Mai 2001; Quellen u. a.: Index of ITU-T Recommendations in Force (Mai 2001,) http//www.itu.int/ITU-T/publications/index.html); ITU-T Blue Book; Lexikon Informatik und Kommunikationstechnik (F.Krückeberg u. Otto Spaniol, VDI Verlag, 1990))

Tabelle IV/Table IV. I Series of ITU-T Recommendations, relating to ISDN**

I.100 series	Relates to the general ISDN concept, definitions, terminology, descriptions of ISDNs, general modelling methods *(Rahmen der Empfehlungen der Serie I.100 – Terminologie)*
I.110 family*	Preamble and general structure, relationship with other Recommendations and vocabulary *(Vorwort und allgemeine Gliederung, Beziehung zu anderen Empfehlungen und Vokabular)*
I.112*	Vocabulary of terms for ISDN *(Vokabular von Begriffen für ISDN)*
I.113*	Vocabulary of terms for B-ISDN *(Vokabular von Begriffen für B-ISDN)*
I.114*	Vocabulary of terms for UPT *(Vokabular von Begriffen für UPT)*
I.120 family*	Description of ISDNs including broadband aspects *(Beschreibung von ISDN einschließlich von Breitbandaspekten)*
I.130*	General modelling methods *(Allgemeine Modellierungsverfahren)*
I.140*	Telecommunication network and service attributes *(Telekommunikationsnetz und Dienstmerkmale)*
I.141	ISDN network charging capabilities attributes *(Merkmale der Netz-Gebührenabrechnung bei einem ISDN)*
I.150*°	B-ISDN Asynchronous Transfer Mode functional characteristics *(Funktionseigenschaften des asynchronen Übertragungsmodus im B-ISDN)*
I.200 series	Relates to service aspects of ISDNs, telecommunication services, bearer services, teleservices supported by an ISDN *(Diensteigenschaften von ISDN, Telekommunikationsdienste, Übermittlungsdienste, Teledienste)*
I.210 family*	General aspects of services in ISDN and B-ISDN *(Allgemeine Aspekte von Diensten in ISDN und B-ISDN)*
I.220 family*	Common aspects of services in ISDN *(Allgemeine Aspekte von Diensten in ISDN)*
I.230 family*	Bearer services supported by an ISDN *(Übermittlungsdienste, die von einem ISDN unterstützt werden)*
I.240 family*	Teleservices supported by an ISDN *(Teledienste, die von einem ISDN unterstützt werden)*
I.250 family*	Supplementary services in ISDN *(Zusatzdienste in ISDN)*
I.300 series	Relates to network functional principles, modelling, numbering *(Allgemeine Netzaspekte und -funktionen)*
I.310 family*	Network functional principles, ISDN and B-ISDN *(Netzfunktionsgrundlagen im ISDN und B-ISDN)*
I.312 (Q.1201)	Principles of IN architecture *(Grundlagen der Architektur eines IN)*
I.320 family*	Reference models, ISDN, B-ISDN and IN *(Referenzmodelle für ISDN, B-ISDN und IN)*
I.328° (Q.1202)	IN architecture for services *(IN-Architektur der Dienstebene)*

I.329° (Q.1203)	IN architecture for global functions *(IN-Architektur für die Ebene globaler Funktionen)*
I.330 family*	Numbering, adressing and routing *(Numerierung, Adressierung und Verkehrslenkung)*
I.340*	ISDN connection types *(ISDN-Verbindungstypen)*
I.350 family*	Performance objectives *(Güteziele)*
I.360 family*	B-ISDN ATM layer specification *(Spezifikation der ATM-Schicht im B-ISDN)*
I.370 family*	Network capabilities, B-ISDN, Frame Relaying, UPT, Multi-Media services *(Netzeigenschaften zur Unterstützung von B-ISDN, Frame-Relay, UPT und Multimediendiensten)*
I.400 series	Relates to ISDN and B-ISDN user-network interfaces *(ISDN- und B-ISDN-Teilnehmer-Netz-Schnittstellen)*
I.410 family*	Relates to general aspects and principles, reference configurations, interface structures *(Allgemeine Aspekte und Grundlagen)*
I.420 family*	Relates to the application of I-Series Recommendations to ISDN user-network interfaces *(Anwendung der Empfehlungen der I-Serie auf ISDN-Teilnehmer-Netz-Schnittstellen)*
I.420*	Basic user-network interfaces *(Teilnehmer-Netz-Schnittstelle für den Basisanschluß)*
I.421*	Primary rate user-network interfaces *(Teilnehmer-Netz-Schnittstellen für den Primärratenanschluß)*
I.430 family	Relates to ISDN layer 1 recommendations *(ISDN-Teilnehmer-Netz-Schnittstellen – Empfehlungen zu Schicht 1)*
I.430*	Basic user-network interfaces *(Teilnehmer-Netz-Schnittstelle für den Basisanschluß – Spezifikation der Schicht 1)*
I.431*	Primary rate user-network interfaces *(Teilnehmer-Netz-Schnittstellen für den Primärratenanschluß – Spezifikation der Schicht 1)*
I.432*°	B-ISDN user-network interfaces *(B-ISDN-Teilnehmer-Netz-Schnittstelle)*
I.43x	Higher-rate user-network interfaces *(Teilnehmer-Netz-Schnittstellen für höhere Geschwindigkeiten)*
I.440 family	Relates to ISDN layer 2 recommendations *(ISDN-Teilnehmer-Netz-Schnittstellen – Empfehlungen zu Schicht 2)*
I.440* (Q.920)	General aspects of the data link layer *(ISDN-Teilnehmer-Netz-Schnittstelle, Datensicherungsschicht – allgemeine Aspekte)*
I.441* (Q.921)	Data link layer specifications *(Spezifikation der Datensicherungsschicht)*
I.450 family	Relates to ISDN layer 3 recommendations *(ISDN-Teilnehmer-Netz-Schnittstellen – Empfehlungen zu Schicht 2)*
I.450* (Q.930)	General aspects of the network layer *(ISDN-Teilnehmer-Netz-Schnittstelle, Schicht 3 – allgemeine Aspekte)*

I.451* (Q.931) Specification for basic call control
(Spezifikation der Schicht 3 für die Basisabläufe der Verbindungssteuerung)

I.452* (Q.932) Generic procedures for the control of ISDN supplementary services
(Generelle Prozeduren für die Steuerung von ISDN-Zusatzdiensten)

I.460 family* Relates to multiplexing, rate adaptation and support of existing interfaces
(Multiplexbildung, Geschwindigkeitsanpassung und Unterstützung vorhandener Schnittstellen)

I.461* (X.30) Relates to support of X.20 bis, X.21 and X.21 bis-based DTEs by an ISDN
(Unterstützung von Datenendeinrichtungen (DEE) nach X.21 sowie X.21 bis und X.20 bis durch ein ISDN)

I.462* (X.31) Relates to support of packet mode DTEs by an ISDN
(Unterstützung von paketorientierten Endeinrichtungen durch ein ISDN)

I.463* (V.110) Relates to the interface adaptation of DTEs with a V interface to S interfaces
(Unterstützung von Datenendeinrichtungen (DEE) mit Schnittstellen nach der V-Serie durch ein ISDN)

I.464* Relates to rate adaptation and multiplexing for restricted 64 kbit/s transfer capability
(Multiplexbildung, Geschwindigkeitsanpassung und Unterstützung vorhandener Schnittstellen für die eingeschränkte 64 kbit/s-Übertragungsmöglichkeit)

I.465* (V.120) Support of DTEs with V interfaces with provision for statistical multiplexing *(Unterstützung von Datenendeinrichtungen (DEE) mit Schnittstellen nach der V-Serie und Bereitstellung statistischer Multiplexbildung durch ein ISDN)*

I.470* Relationship of terminal functions to ISDN
(Beziehungen der Endgerätefunktionen zum ISDN)

I.500 series Relates to internetwork interfaces and interworking
(Netz-Netz-Schnittstellen und Zusammenarbeit)

I.500* General structure of the ISDN interworking Recommendations
(Allgemeine Gliederung)

I.510* Definitions and general principles of ISDN interworking
(Definitionen und allgemeine Grundlagen)

I.520* General arrangements for network interworking between ISDNs
(Allgemeine Anordnungen für Zusammenarbeit zwischen ISDN)

I.530* Network interworking between an ISDN and a PSTN
(Zusammenarbeit zwischen einem ISDN und einem öffentlichen Telefonwählnetz)

I.540* (X.321) General arrangements for interworking between CSPDNs and ISDNs for the provision of data transmission
(Allgemeine Anordnungen für Zusammenarbeit zwischen leitungsvermittelten öffentlichen Datennetzen und ISDN zur Bereitstellung von Datenübertragungsdiensten)

I.550* (X.325) General arrangements for interworking between PSPDNs and ISDNs for the provision of data transmission
(Allgemeine Anordnungen für Zusammenarbeit zwischen paketvermittelten öffentlichen Datennetzen und ISDN zur Bereitstellung von Datenübertragungsdiensten)

I.560* (V.202)	Providing the telex service within the ISDN *(Bereitstellung des Telexdienstes im ISDN)*
I.570*	ISDN to Private interworking *(Zusammenarbeit zwischen einem ISDN und einem Privatnetz)*
I.580*	Interworking B-ISDN and 64 kbit/s *(Zusammenarbeit zwischen einem B-ISDN und einem 64-kbit/s Netz)*
I.600 series	Relates to maintenance principles and user-related testing *(Wartungsgrundlagen)*
I.601*	General maintenance principles of ISDN subscriber access and subscriber installation *(Allgemeine Wartungsgrundlagen für den ISDN-Teilnehmeranschluß und die Teilnehmerinstallation)*
I.602*	ISDN subscriber installations *(ISDN-Teilnehmerinstallation)*
I.603*	ISDN basic accesses *(ISDN-Basisanschlüsse)*
I.604*	ISDN primary rate accesses *(ISDN-Primärratenanschlüsse)*
I.605*	Static multiplexed ISDN basic accesses *(Statisch gemultiplexte ISDN-Basisanschlüsse)*
I.610*°	B-ISDN OAM principles and functions *(Betriebs- und Wartungsgrundlagen für den B-ISDN-Anschluß)*
I.700 series	Relates to ATM equipment *(ATM-Einrichtungen)*
I.731	Types and general characteristics of ATM equipment *(Typen und allgemeine Kenndaten)*
I.732	Functional characteristics of ATM equipment *(Funktionsmerkmale)*
I.751	ATM management of the network element view *(Management von ATM-Einrichtungen im Netz)*
I.761	Inverse multiplexing for ATM *(März 2000)*
I.762	ATM over fractional physical links *(ATM über physikalische Teilbitraten-Strecken, März 2000)*

° überholt

* Erhältlich in deutscher Übersetzung in: Joachim Claus (Hrsg.), H. v. Renouard, unitext, H.-D. Siebel (Mitübersetzer): ISDN – ITU-T-Empfehlungen der I-Serie, R. v. Decker's Verlag, G. Schenck, Heidelberg, September 1991)

** (Stand März 2001; Quellen: ITU-T Blue Book, Volume III – Fascicle III.7 to III.9 – INTEGRATED SERVICES DIGITAL NETWORK, November 1988; Joachim Claus (Hrsg.) op. cit., List of ITU-T I-Series Recommendations in Force)

Tabelle V/Table V. V Series of ITU-T Recommendations, relating to data communication over the telephone network*

V.2 defines power levels for data transmission over telephone lines

V.3 defines IA *(q.v.)* 5 and national variations (11/88)

V.4 defines binary 1s and 0s, parity bit use, start/stop bits (11/88) *(entspricht DIN 66022)*

V 5. 1defines the interface between switching system and access network *(entspricht ETS 300-324)*

V 5.2 defines the interface between switching system and access network *(entspricht ETS 300-347)*

V.7 odefines terms concerning data communication over the telephone network (11/88)

V.8 Procedures for starting sessions of data transmission over the public switched telephone network (05/99)

V.8 bisProcedures for the identification and selection of common modes of operation between Data Circuit-terminating Equipments (DCEs) and between Data Terminal Equipments (DTEs) over the public switched telephone network (09/98)

Interfaces and Voice Band Modems

V.10 defines electrical characteristics for unbalanced double-current interchange circuits (X.26) *(DIN 66259 Teil 2, EIA RS423)*

V.11 defines electrical characteristics for balanced double-current interchange circuits (X.27) *(DIN 66259 Teil 3, EIA RS422)*

V.12 defines electrical characteristics for balanced double-current interchange circuits for interfaces with data signalling rates up to 52 Mbit/s (08/95)

V.13 defines simulated carrier control (03/93)

V.14 defines transmission of start-stop characters over synchronous bearer channels (03/93)

V.15r elates to the use of acoustic coupling for data transmission

V.16 relates to medical analog data transmission modems (11/88)

V.17x relates to medical analog data transmission modems (11/88) *(Zweidrahtmodems für Faksimileübertragung)*

V.18o relates to operational and interworking requirements for DCEs relates to operational and interworking requirements for DCEs

V.19 relates to modems for parallel data transmission using telephone signalling frequencies (11/88)

V.20 relates to parallel data transmission modems (11/88) *(Modems für Parallel-Datenübertragung, nach DIN 66021 Teil 10)*

V.21 relates to 200/300 bps asynchronous modems, full duplex, FSK *(Duplex-Modem für das Postnetz, entspricht DIN 66021 Teil 1)*

V.22 relates to 600,1200 bps synchronous and asynchronous full duplex modems for 2-wire circuits, PSX (11/88) *(Duplex-Modem für das Postnetz und Zwei-draht-Mietleitungen, entspricht DIN 66021 Teil 2)*

V.22 bis relates to 2400 bit/s duplex dial-up modems, QAM (11/88) *(Duplex-Modem nach dem Frequenzgetrenntlageverfahren für das Postnetz und Zweidraht-Mietleitungen, entspricht DIN 66021 Teil 3)*

V.23 relates to 600,1200 bps synchronous and asynchronous half duplex/full duplex modems for 2-wire and 4-wire circuits, FM (11/88) *(DIN 66021 Teil 2)*

V.24 relates to DCE/DTE serial data communication interfaces (10/96)
(Verzeichnis von Definitionen von DEE-DÜE-Schnittstellenleitungen, entspricht EIA RS232C, DIN 66020 Teil 1)

V.24 bis relates to EIA RS485 transmission on 2-wire multiplex bus, allows up to 10 Mb/s over a maximum distance of 1200 m
(entspricht RS232 für hohe Datengeschwindigkeit und Fernverkehr)

V.25r elates to automatic calling and answering equipment and procedures or 2-wire dial-up systems (10/96)
(Automatische Anschalte- bzw. Wähleinrichtungen, DIN 66021 Teil 4)

V.25 bis relates to synchronous and asynchronous automatic diallers and answering machines in a PSTN, PSK (10/96)
(Automatische Anschalte- bzw. Wähleinrichtungen am Postnetz)

V.25 ter relates to serial asynchronous automatic dialling and control

V.26 relates to 2400 bps synchronous modems for 4-wire circuits, full duplex, PSK (11/88) *(DIN 66021 Teil 3)*

V.26 bis relates to 1200/2400 bit/s half duplex modems for PSTNs, PSK
(entspricht DIN 66021 Teil 3) (11/88)

V.26 ter relates to 2400 bit/s full-duplex modems with echo cancellation for PSTNs, PSK (11/88)
(Duplex-Modem mit Echokompensation für das Postnetz und Zwei-draht Mietleitungen)

V.27 relates to 4800 bps synchronous modems, PSK (11/88)
(Modem für Telefon-Mietleitungen)

V.27 bis relates to modems for 2- and 4-wire leased circuits, PSK

V.27 ter relates to modems for 2-wire dial-up circuits, PSK
(Modem für das Postnetz; V.27, V.27 bis, V.27 ter entsprechen DIN 66021 Teil 7 und DIN 66259 Teil 3)

V.28 relates to the electrical characteristics of V.24 (03/93)
(Elektrische Eigenschaften für unsymmetrische Doppelstrom-Schnittstellen, DIN 66259 Teil 1; RS232C)

V.29 relates to 9600 bps modems for synchronous use on point-to-point 4-wire leased telephone circuits, half duplex, PSK, QAM
(Modem für Vierdraht-Mietleitungen, Fax, DIN 66021 Teil 8)

V.30 relates to 50-110 bps FSK-type modems for 2-wire circuits

V.31 defines electrical characteristics for single-current interchange circuits with contacts *(entspricht DIN 66021 Teil 10)*

V.31 bis defines electrical characteristics for single-current interchange circuits with optocouplers

V.32 relates to 9600 bps modems for 2-wire circuits, full duplex, QAM
(Zweidraht-Duplex-Modems für das Postnetz und Telefon-Mietleitungen)

V.32 bis relates to 14400 bps duplex modems for PSTN operations and 2-wire leased lines (02/91)

V.32 ter relates to 19200 bps modems for 2-wire telephone circuits

V.33 relates to 14400 bps modems for 4-wire leased circuits
(Modems für Vierdraht-Mietleitungen)

V.34 relates to 2400 – 33600 bps duplex modems, QAM, clocked, trellis coding, electrically equivalent to V.10/V.11 (02/98)

Wideband Modems

V.35 relates to 48000 bps modems for 4-wire wideband circuits, residual sideband AM

V.36 relates to modems for synchronous data transmission using 60-108 kHz group band circuits (11/88) *(DIN 66021 Teil 9)*

V.37 relates to synchronous data transmission at a higher data signalling rate than 72 kbit/s using 60–108 kHz group band circuits
V.38 relates to data transmissions for 48, 56 and 64 kbit/s digital leased lines (10/96)

Error Control

V.41 code-independent error control system (11/88)
(Codeunabhängiges Fehler-überwachungssystem)
V.42 error correction method for modems with asynchr./synchr. conversion for 2-wire circuits, also covers LAPM
(Fehlerkorrekturverfahren für Modems mit Asynchron-Synchron-Umsetzung, abgeleitet von Microcom MNP (Microcom Networking Protocol))
V.42 bis relates to data compression for modems
(Datenkompressionsverfahren für Modems mit Asynchron-Synchron-Umsetzung, Ziv Lempel-Code)
V.43 relates to data flow control (02/98)

Transmission Quality and Maintenance

V.50 defines standard limits for the transmission quality of data transmission (11/88)
V.53 relates to limits for the maintenance of telephone circuits used for data transmission
V.54 relates to loop testing of modems and circuits between modems
(Schleifenschaltung für Modems)
V.56 relates to test setups and characteristics of line simulators
(Vergleichsmessungen an Modems an Telefonleitungen) (11/88)
V.56 bis Network transmission model for evaluating modem performance over 2-wire voice grade connections (08/95)
V.56 ter Test patterns for evaluation of 2-wire 4-kHz duplex modems (08/96)
V.58 Management information model for V-Series DCEs Interworking with other networks
V.59 Managed objects for diagnostic information of PSTN connected V series modem DCES
V.61 Simultaneous voice plus data modem, operating at a voice plus data signalling rate of 4800 bit/s
V.70 relates to procedures for the simultaneous transmission of data and digitally encoded voice signals over the GSTN (08/96)
V.75 relates to DSVD terminal control procedures (02/98)
V.76 relates to generic multiplexers using V.42 LAPM-based procedures
V.80 relates to in-band DCE control and synchronous data modes for asynchronous DTEs
V.90 relates to digital modem and analog modem pairs for use on the PSTN at rates of up to 56 kbit/s downstream and 33.6 kbit/s upstream (09/98)
V.91 relates to a digital modem operating at 64 kbit/s on 4-wire circuit switched connections (05/99)

Interworking with other Networks

V.100 relates to adaptive modems, interconnection between PDNs and the PSTN
V.110, relate to the interface adaptation of terminals with V interface to
V.120 ISDN S interfaces *(ITU-T-Empf. I.463)* (10/96, corr. 05/99)
V.130 ISDN terminal adapter framework
V.140 Procedures for establishing communication between two multiprotocol audiovisual terminals using digital channels at a multiple of 64 or 56 kbit/s

V.202	relates to the provision of the telex service within the ISDN *(ITU-T-Empf. I.560, Bereitstellung des Telexdienstes im ISDN)*
V.230	General data communication layer 1 specification *(ITU-T-Empf. I.463)*
V.250	relates to serial asynchronous automatic dailling and control
V.252	Procedure for control of V.70 and H.234 terminals by a DTE (02/98)
V.253	relates to the control of voice-related functions in a DCE by an asynchronous DTE (02/98)
V.300	relates to a 128-(144-)kbit/s DTE standardized for use on digital leased circuits (07/99)

° überholt

* s(Stand März 2002; Quellen u.a.: Funkschau 3/1990; List of ITU-T V-Series Recommendations in Force)

Tabelle VI/Table VI. X Series of ITU-T Recommendations, relating to data networks and open systems communication*

Services and Facilities

X.1 relates to the user classes of service
X.3 relates to the PAD facilities of a packet switching network *(PSN; DIN 66258 Teile 1, 2; 66348 Teil 1)*
X.4 relates to International Alphabet 5 code signals for character oriented data transmission *(DIN 66022)*
X.8 Multi-aspect PAD (MAP) framework and service definition
X.20 defines the interface between DTE and DCE for start-stop transmission on PDNs *(DIN 66244 Teil 6)*
X.20 bis relates to DTE for asynchronous duplex V-series modems on PDNs *(DIN 66021 Teil 6)*
X.21 defines the interface between DTE and DCE for synchronous operation on PDNs *(DIN 66244 Teile 2, 5, für IDN)*
X.21 bis relates to DTE for synchronous V-series modems on PDNs *(kompatibel zu V.24; DIN 66021 Teil 5, 6)*
X.24 defines DTE/DCE interchange circuits on PDNs *(DIN 66020 Teil 2, EIA RS449)*
X.25 relates to the interface between a PSN and a synchronous packet-mode DTE in ISO OSI layers 1,2,3 *(DIN 66244 Teil 3; DIN 66258 Teil 1, 2; DIN 66348 Teil 1; DBP-Protokoll P10, LAP B)*
X.26 relates to electrical characteristics for unbalanced double-current interchange circuits (V.10)*(DIN 66029; DIN 66259 Teil 2; EIA RS423)*
X.27 relates to electrical characteristics for balanced double-current interchange circuits (V.11)*(DIN 66029; DIN 66259 Teil 3; EIA RS422)*
X.28° relates to the interface between the PAD facilities of a PSN and an asynchronous DTE *(DIN 66258 Teil 1, 2; DIN 66348 Teil 1; DBP Protokoll P20A)*
X.29° relates to the interface between the PAD facilities of a PSN and a packet-mode DTE *(DIN 66258 Teil 1, 2; DIN 66348 Teil 1; DBP-Protokoll P20B)*
X.30 relates to support of X.20 bis, X.21 and X.21 bis-based DTEs by an ISDN *(ITU-T-Empf. I.461)*
X.31 relates to support of packet mode terminals by an ISDN *(ITU-T-Empf. I.462)*
X.32 relates to the interface between packet mode DTEs and DCEs accessing a PSPDN or CSPDN
X.36 relates to the interface between DTE and DCE for public data networks providing frame relay data transmission service by dedicated circuit
X.37 Encapsulation in X.25 packets of various protocols including frame relay
X.38 relates to G3 fax/DCE interfaces
X.39 Procedures for the exchange of data between a FPAD facility and a packet mode DTE or other FPAD

Transmission, Signalling and Switching

X.50, 51 relate to envelope coding for international multiplex connections
X.60 relates to common channel signalling for circuit switched data applications
X.70 relates to interexchange signalling between asynchronous networks
X.71 relates to interexchange signalling between synchronous networks
X.75 relates to interexchange packet-oriented trunks, signalling between public packet-switched networks
X.81 relates to interworking between an ISDN and a CSPDN
X.85 IP over SDH using LAPS
X.86 Ethernet over LAPS

Network Aspects

X.96 international routing principles and routing plan for PDNs *(Grundsätze internationaler Leitweglenkung und Leitwegplan für öffentliche Datennetze)*
X.110 international routing principles and routing plan for PDNs
X.115 Definition of address translation capability in PDNs
X.121 international numbering plan for packet-switched public data networks
X.124 Arrangement for the interworking of the E.164 and X.121 numbering plans for frame relay and ATM networks (06/99)
X.134° specifies portion boundaries and packet layer reference events for defining packet-switched service parameters
X.135° specifies speed of service performance values for PDNs when providing international packet-switched service
X.136° specifies accuracy and dependability (including blocking) performance values for PDNs when providing packet-switched service
X.137° Availability performance values for PDNs when providing international packet-switched service
X.140 General quality of service parameters for communication via PDNs
X.144 User information transfer performance parameters for data networks
X.150 relates to loop testing of data terminal stations with X interfaces *(X.20, X.21 usw.)*
X.160 Architecture for customer network management service for PDNs
X.171 Network-network management services for data networks

Administrative Arrangements

X.180 Administrative arrangements for international CUGs

Open System Interconnection Model and Notation

X.200 -219 Information technology. OSI reference model for ITU-T applications, ISO 7498, notation, service definition *(OSI-Referenzmodell (s. Tabelle I), Schreibweise, Dienstedefinition)*

Connection-mode Protocol Specifications

X.220 OSI protocol specifications *(OSI-Protokoll-Spezifikationen)*
X.281° Information technology – Elements of management information related to the OSI physical layer (06/99)
X.287 Managed objects for supporting upper layers

Conformance Testing

X 290 -296 relates to conformance testing, ISO 9646 (Konformitätsprüfung)

Interworking Between Networks

X.300 -320 relates to the interworking between public data networks, mobile data transmission systems, internetwork management *(Zusammenarbeit zwischen öffentlichen Datennetzen)*
X.321 General arrangements for interworking between CSPDNs and ISDNs for the provision of data transmission *(Allgemeine Anordnungen für Zusammenarbeit zwischen leitungsvermittelten öffentlichen Datennetzen und ISDN zur Bereitstellung von Datenübertragungsdiensten (I.540))*
X.325 General arrangements for interworking between PSPDNs and ISDNs for the provision of data transmission *(Allgemeine Anordnungen für Zusammenarbeit zwischen paketvermittelten öffentlichen Datennetzen und ISDN zur Bereitstellung von Datenübertragungsdiensten (I.550))*

Satellite Data Transmission Networks

X.350° relates to general interworking requirements for data transmission in international public mobile satellite systems

Management

X.370 relates to arrangements for the transfer of internetwork management information

Message Handling Systems

X.400 relates to message handling services (MHS), OSI application layer
(F.400) *(Zwischenspeicherungs-)*standard, ISO 10021-x
X.404 relates to MHS routing – Guide for messaging systems managers
X.411° Information technology – MHS message transfer system
X.412 Information technology – MHS routing (06/99)
X.419 relates to MHS protocol specifications
X.435° relates to the EDI messaging system (06/99)
X.460 relates to MHS management
X.481° MHS P2 Protocol Implementation Conformance Statement (PICS)
-485 (Konformität mit Protokoll-Implementierung im Mitteilungsdienst)
X.488 Message handling systems

Directory Service

X.500° OSI directory services *(für X.400-Adressierung, 02/01)*
X.509° relates to encrypted data transmission and authentication of electronically transmitted documents, directory
X.581 relates to the directory access protocol

OSI Networking

X.610 relates to the provision and support of the OSI connection-mode network service
X.623 Information technology. Protocol for providing the connectionless-mode network service
X.650 OSI reference model for naming and addressing

Abstract Syntax Notation One (ASN.1)

X.680° Information technology – ASN.1 Specification of basic notation
X.681° Information technology – ASN.1 Information object specification
X.690° Information technology – ASN.1 basic encoding rules (BER)
X.691° Information technology – ASN.1 packed encoding rules (PER)

OSI Systems Management

X.700 OSI management framework (ISO 7498/4)
(Die Netzverwaltung betreffende OSI-Richtlinien und Definitionen)
X.701° OSI system management overview (ISO 10040)
X.702 OSI management tutorial
X.710° OSI common management information service definition (ISO 9595)
X.711° OSI common management information protocol specification (ISO 9596-1)
X.712 OSI common management information protocol PICS proforma (ISO 9596-2)
X.720 Structure of management information (ISO 10165-1)
X.721 Definition of management information (ISO 10165-2)
X.722 Guidelines for the definition of managed objects (ISO 10165-4)
X.723 Generic management information (ISO 10165-5)
X.727 System management application layer managed objects (03/99)
X.730 Object management function (ISO 10164-1)

X.731 State management function (ISO 10164-2)
X.732 Attributes for representing relationships (ISO 10164-3)
X.733 Alarm reporting function (ISO 10164-4)
X.734 Event reporting function (ISO 10164-5)
X.735 Log control function (ISO 10164-6)
X.736 Security alarm reporting function (ISO 10164-7)
X.738 Measurement summarization function (ISO 10164-13)
X.739 Workload monitoring function (ISO 10164-11)
X.740 Security audit trail function (ISO 10164-8)
X.741 Objects and attributes for access control (ISO 10164-9)
X.742 Accounting meter function (ISO 10164-10)
X.745 Test management function (ISO 10164-12)
X.748 Systems management Part 22: Response time monitoring function
X.780 TMN guidelines for defining CORBA managed objects (01/01)
X.790 Trouble management function for ITU-T applications

Security

X.800 Security architecture for OSI for ITU-T applications
X.810 OSI security frameworks for open interconnection
X.830 OSI generic upper layers security
X.842 Information technology - Security techniques - Guidelines on the use and management of Trusted Third Party Services (10/00)

Transaction Processing

X.860° OSI distributes transaction processing- model

Open Distributed Processing

X.902 -903 Information technology – Open distributed processing – reference model
X.931 Information technology – Open distributed processing – protocol support for computational interactions (06/99)
X.960 Information technology – Open distributed processing – type repository function (06/99)

° überholt
* (Stand Mai 2001; Quellen u.a.: ITU-T Blue Book, Volume VIII - Data Communications, 1988; List of ITU-T X-Series Recommendations in Force)

Tabelle VII/Table VII. ETSI GSM-Spezifikationen für das europäische digitale zellulare Telekommunikationssystem*

GSM-Serie 01: Allgemeines

GSM	ETS	
01.02		General Description of a GSM PLMN *(Allgemeine Beschreibung)*
01.04		General Vocabulary/Abbreviations *(Allgemeines Vokabular/Abkürzungen)*
01.06		Service Introduction Concept *(Diensteeinführungskonzept)*
01.48		ISDN-based DECT/GSM interworking *(Zusammenarbeit zwischen DECT und GSM über das ISDN)*

GSM-Serie 02: Dienste

GSM	ETS	
02.01	300 500	Telecommunication Services of a GSM PLMN *(Allgemeines über die Telekommunikationsdienste eines GSM-Mobilfunknetzes)*
02.02	300 501	Bearer Services *(Trägerdienste)*
02.03	300 502	Teleservices *(Teledienste)*
02.04		General Supplementary Services *(Allgemeine Zusatzdienste)*
02.05		Simultaneous and Alternative Use of the Services *(Gleichzeitiger und alternativer Gebrauch der Dienste)*
02.07	300 505	Features of mobile stations (MS) *(Merkmale von Teilnehmergeräten)*
02.08		Quality of Service/Transparency *(Dienstgüte/Transparenz)*
02.11	300 507	Service Accessibility *(Zugänglichkeit für Dienste)*
02.16		International mobile station equipment identities *(Internationale Gerätekennungen)*
02.22		Personalization of GMS mobile equipment functionality *(Personenzuordnung der GMS-Mobilgerätefunktionen)*
02.24	300 510	Charge Advice Information *(Gebührenanzeigeinformationen)*
02.30	300 511	Man-Machine Interface *(Mensch-Maschine-Kommunikation)*
02.33		Lawful interception *(rechtmäßiges Abhören bzw. Abfangen)*
02.34		High-speed circuit-switched data transmission, Stage 1 *(Hochratige leitungsvermittelte Datenübertragung)*
02.40	300 512	Call Progress Indications *(Dienstanzeige)*
02.41		Operator determined barring *(vom Bediener bestimmte Sperre)*
02.42		Network identity and timezone *(Netzidentität und Zeitzone)*
02.63		Packet data on signalling channels *(Paketdaten auf Zeichengabekanälen)*
02.67		Multi-level precedence and preemption *(Priorität und Vorbelegung auf mehreren Ebenen)*
02.68		Voice group call service *(Sprach-Gruppenrufdienst)*
02.69		Voice broadcasting service *(Sprach-Rundsendedienst)*
02.72		Call deflection *(Rufablenkung)*
02.78		Customized Application for Mobile network Enhanced Logic (CAMEL) *(Kundenspezifische Anwendung für verbesserte Mobilnetz-Logik)*
02.79		Support of optical routing *(Unterstützung von optischer Wegelenkung)*
02.80		Supplementary Services *(Zusatzdienste)*
02.81		Line identification supplementary services *(Unterstützung von Leitungskennzeichnung)*
02.82		Call forwarding supplementary services *(Anrufumleitung)*
02.83		Call waitung and call holding supplementary services *(Anklopfen und Warteschaltung)*
02.84		Multi-party supplementary services *(Konferenzschaltung)*
02.85		Closed user group supplementary services *(geschlossene Benutzergruppe)*

02.86		Advice of Charge (AoC) supplementary services *(Gebührenanzeige)*
02.87		User-to-user signalling (UUS) supplementary services *(Teilnehmer-zu-Teilnehmer-Zeichengabe)*
02.88		Call barring supplementary services *(Anrufsperrung)*
02.90		Unstructured supplementary services *(unstrukturierte Zusatzdienste)*
02.91		Explicit call transfer *(explizite Rufumlegung)*
02.93		Completion of calls to busy subscribers *(Verbindungsherstellung zu belegtem Teilnehmer)*
02.95		Support of private numbering plans *(Unterstützung von privaten Numerierungsplänen)*
02.97		Multiple subscriber profile *(Mehrfach-Teilnehmerprofil)*

GSM-Serie 03: Netzfunktionen

03.02	300 522	Network Architecture *(Netzarchitektur)*
03.03	300 523	Routing, Numbering, Identification *(Leitweglenkung, Numerierung, Kennzeichnung)*
03.04	300 524	Routing of Calls *(Rufwegelenkung)*
03.07		Restoration procedures *(Wiederherstellungsverfahren)*
03.08		Organisation of subscriber data *(Organisation der Teilnehmerdaten)*
03.09		Hand-over procedures *(Weiterreichverfahren)*
03.10	300 528	Types of GSM PLMN Connections *(GSM-Mobilfunknetz-Verbindungstypen, Netzfähigkeiten)*
03.12		Location registration procedures *(Einbuchungsverfahren)*
03.13		Discontinuous reception (DRX) in the GSM system *(unterbrochener Empfang im GSM-System)*
03.14		DTMF signalling via the GSM system *(Mehrfrequenz-Zeichengabe über das GSM-System)*
03.15		Operator determined barring *(vom Bediener bestimmte Sperre)*
03.16		Subscriber data management *(Teilnehmerdatenverwaltung)*
03.20	300 534	*Security Related Network Functions (Sicherheitsbelange)*
03.34		High-speed circuit switched data transmission, Stage 2
03.38		Alphabets and languages *(Alphabete und Sprachen)*
03.40	300 536	Technical Implementation of Point-to-Point Short Message Services *(Technische Realisierung von Punkt-zu-Punkt-Kurzrufdiensten)*
03.41		SMS cell broadcasting *(SMS-Funkzellenrundspruch)*
03.43		Technical Implementation of Videotex Accesses *(Technische Realisierung von Bildschirmtextanschlüssen)*
03.44		GSM PLMN Support of Teletex *(Unterstützung von Teletex durch das GSM-Mobilfunknetz)*
03.45	300 538	Technical Implementation of Transparent Group 3 Fax Transmissions *(Technische Realisierung von transparenten Fax-Übertragungen* der *Gruppe 3)*
03.46	300 539	Technical Implementation of Non-Transparent Group 3 Fax Transmissions *(Technische Realisierung von nichttransparenten Fax-Übertragungen der Gruppe 3)*
03.49		Protocol stacks for interconnection between cell broadcasting centre (CBC) and BSC *(CBC-BSC-Protokollprofile)*
03.50	300 540	Transmission Planning in the GSM PLMN *(Übertragung)*
03.63		Packet data on signalling channel *(Paketdaten auf Zeichengabekanal)*
03.67		Multi-level precedence and preemption *(Priorität und Vorbelegung auf mehreren Ebenen)*
03.68		Voice group call service *(Sprach-Gruppenrufdienst)*
03.69		Voice broadcasting service *(Sprach-Rundsendedienst)*

03.70 300 541 Routing of Calls to/from PDNs *(Rufwegeleitung zu/von öffentlichen Datennetzen)*
03.80 Supplementary Services *(Zusatzdienste)*
03.81 Line identification supplementary services *(Unterstützung von Leitungskennzeichnung)*
03.82 Call forwarding supplementary services *(Anrufumleitung)*
03.83 Call waitung and call holding supplementary services *(Anklopfen und Warteschaltung)*
03.84 Multi-party supplementary services *(Konferenzschaltung)*
03.85 Closed user group supplementary services *(geschlossene Benutzergruppe)*
03.88 Call barring supplementary services *(Anrufsperrung)*
03.90 300 549 Unstructured Supplementary Service Data (USSD) *(Unstrukturierte Zusatzdienstdaten)*
03.91 Explicit call transfer *(explizite Rufumlegung)*

GSM-Serie 04: Mobilstation-Basisstationssystem-Schnittstelle

04.01 MS-BSS interface – general *(MS-BSS-Schnittstelle)*
04.02 300 551 GSM PLMN Reference Configuration *(GSM-Mobilfunknetz-Referenzkonfiguration)*
04.03 MS-BSS interface – channel structures *(MS-BSS-Schnittstelle: Kanalstrukturen)*
04.07 Mobile radio interface signalling layer 3 *(Zeichengabe an der Mobilfunkschnittstelle, Schicht 3)*
04.08 Mobile radio interface signalling layer 3 *(Zeichengabe an der Mobilfunkschnittstelle, Schicht 3, Spezifikation)*
04.10 300 558 Mobile Radio Interface Layer 3 Supplementary Services *(Zusatzdienste, Schicht 3)*
04.11 300 550 Point-to-Point Short Message Service *(Unterstützung eines Punkt-zu-Punkt-Kurzrufdienstes durch eine Mobilfunk-Schnittstelle)*
04.12 SMS cell broadcasting support at the mobile radio interface *(Unterstützung von SMS-Funkzellenrundspruch an der Mobilfunkschnittstelle)*
04.13 Performance requirements at the mobile radio interface *(Leistungserfordernisse an der Mobilfunkschnittstelle)*
04.21 300 562 Transmission Rate Adaptation at the MS-BSS Interface *(Geschwindigkeitsanpassung an der MS-BSS-Schnittstelle)*
04.22 Radio Link Protocol for Data and Telematic Services at the MS-BSS Interface *(Funkverbindungsprotokoll für Daten- und Telematikdienste an der MS-BSS-Schnittstelle)*
04.63 Packet data on signalling channels service *(Paketdaten auf Zeichengabekanälen)*
04.80 Supplementary services, formats and coding *(Formate und Codierung der Zusatzdienste)*
04.85 Closed user group supplementary services *(geschlossene Benutzergruppe)*
04.90 300 572 Unstructured Supplementary Service Data (USSD) *(Unstrukturierte Zusatzdienstdaten)*
04.91 Explicit call transfer supplementary services *(explizite Rufumlegung)*

GSM-Serie 05: Physikalische Schicht

05.01 Physical layer on the radio path *(Physikalische Schicht auf der Funkstrecke)*
05.02 Multiplexing and multiple access on the radio path *(Multiplexen und Vielfachzugriff auf der Funkstrecke)*
05.03 300 575 Channel Identification on the Radio Link *(Kanalkennzeichnung auf der Funkstrecke)*

05.05 300 577 Radio Transmission and Reception *(Funkübertragung und -empfang)*
05.08 Radio subsystem link control *(Steuerung des Funkstreckenteilsystems)*
05.10 300 036 Radio Subsystem Synchronisation *(Synchronisierung des Funkteilsystems)*
05.58 300 596 Radio Link Protocol *(Funkverbindungsprotokoll)*

GSM-Serie 06: Vollratiger Sprachverkehr

06.10 300 036 Transcoding *(Codeumsetzung)*
06.31 300 039 Discontinuous Transmission *(Schubabschaltung)*
06.51 300 723 Speech Processing *(Sprachverarbeitung)*
06.60 300 726 Speech Transcoding *(Sprachcodeumsetzung)*
06.82 300 730 Voice Activity Detection *(Gesprächserkennung)*

GSM-Serie 07: Endgeräteanpassung

07.01 300 041 Terminal Adapter Functions for Mobile Stations *(Allgemeines über Endgeräte-Anpassungsfunktionen für Mobilstationen)*
07.02 300 042 Terminal Adapter Functions for Services Using Asynchronous Bearer Capabilities *(Endgeräte-Anpassungsfunktionen für Dienste, die asynchrone Träger-Möglichkeiten nutzen)*
07.03 300 043 Terminal Adapter Functions for Services Using Synchronous Bearer Capabilities *(Endgeräte-Anpassungsfunktionen für Dienste, die synchrone Träger-Möglichkeiten nutzen)*
07.05 Use of the DTE-DCE interface for SMS and CBS *(Anwendung der Schnittstelle DTE-DCE für SMS und CBS)*
07.07 300 642 AT Command Set *(AT-Befehlssatz für Mobilgeräte)*

GSM-Serie 08: Zeichengabe

08.01 BSS-MSC interface *(Schnittstelle BSS-MSC)*
08.02 BSS-MSC interface principles *(Grundsätze der Schnittstelle BSS-MSC)*
08.06 300 589 Base Station System – Mobile Services Switching Centre Interface *(Basisstationssystem-Mobilvermittlungseinrichtungs-Schnittstelle)*
08.08 300 590 Mobile Services Switching Centre – Base Station System Interface *(Mobilvermittlungseinrichtung-Basisstationssystem-Schnittstelle)*
08.20 300 591 Transmission Rate Adaptation at the BSS-MSC Interface *(Geschwindigkeitsanpassung an der BSS-MSC-Schnittstelle)*
08.51 BSS-BTS interface – general aspects *(BSS-BTS-Schnittstelle – Allgemeines)*
08.52 BSS-BTS interface – principles *(BSS-BTS-Schnittstelle – Grundsätze)*
08.54 BSS-BTS interface – layer 1 structure *(BSS-BTS-Schnittstelle – Struktur der Schicht 1)*
08.56 BSS-BTS interface – layer 2 specifications *(BSS-BTS-Schnittstelle – Spezifikationen der Schicht 2)*
08.58 BSS-BTS interface – layer 3 specifications *(BSS-BTS-Schnittstelle – Spezifikationen der Schicht 2)*
08.60 300 597 Inband Control of Remote Transcoders *(Imband-Steuerung von entfernten Transcodern)*

GSM-Serie 09: Mobilanwenderteil

09.03 Signalling requirements on interworking between the ISDN or PSTN and the PLMN *(Zeichengabe bei Zusammenarbeit von ISDN bzw. öffentlichem Postnetz und dem Mobilfunknetz)*
09.04 Interworking between PLMN and PSPDN for PAD facility access *(Zusammenarbeit von Mobilfunknetz und paketvermitteltem öffentlichen Datennetz für PAD-Zugriff)*

09.05 Interworking of GSM PLMN and PAD in the PSPDN *(Zusammenarbeit von GSM-Mobilfunknetz und PAD im Datex-P-Netz)*

09.06 300 587 Interworking of GSM PLMN and the Synchronous Access to the PSPDN *(Zusammenarbeit von GSM-Mobilfunknetz und dem synchronen Zugang zum Datex-P-Netz)*

09.07 Interworking of GSM PLMN and PSTN/ISDN *(Zusammenarbeit von GSM-Mobilfunknetz und dem Postnetz/ISDN)*

09.08 Application of the BSS Application Part on the E interface *(Anwendung des BSS-Anwenderteils an der E-Schnittstelle)*

09.10 Information element mapping between MS-BSS and BSS-MSC signalling procedures and the Mobile Application Part (MAP) *(Abbildung von Nachrichtenelementen zw. MS-BSS- und BSS-MSC-Zeichengabeverfahren und dem Mobilanwenderteil)*

09.11 300 606 Signalling Interworking for Supplementary Services *(Zeichengabe-Zusammenarbeit für Zusatzdienste)*

09.90 Interworking between Phase 1 infrastructure and Phase 2 MS *(Zusammenarbeit zwischen der Infrastruktur der Phase 1 und Mobilgeräten der Phase 2)*

GSM-Serie 11: Konformität

11.10 300 607 Mobile Station Conformance *(Mobilstationskonformität)*

11.11 300 608 Subscriber Identity Module – Mobile Equipment Interface *(Teilnehmerkennungsmodul-Mobilgerätschnittstelle)*

11.14 Specification of the SIM application toolkit for the SIM-ME interface *(Spezifikation des SIM-Anwenderwerkzeugs für die SIM-ME-Schnittstelle)*

GSM-Serie 12: Netzmanagement

12.00 300 612 Objectives and Structure of GSM Network Management *(Rahmendefinition des GSM-Netzmanagementmodells)*

12.01 300 612 Common Aspects of GSM Network Management *(GSM-Netzmanagement)*

12.02 300 613 Subscriber, Mobile Equipment and Services Data Administration *(Verwaltung der Teilnehmer-, Mobilgerätedaten)*

12.03 300 614 Security Management *(Netzsicherheitsmanagement)*

12.04 300 615 Performance Data Measurements *(Betriebsdatenmessungen)*

12.05 300 616 Subscriber-Related Event and Call Data Management *(Verwaltung von teilnehmerbezogenen Ereignis- und Verbindungsdaten, s.a. GSM 12.02 und GSM 12.03)*

12.06 300 617 Network Change Control *(Netzänderungskontrolle)*

12.07 Operations and Performance Management *(Betriebs- und Leistungsmanagement, Auswertung der Betriebsmeßdaten, s.a. GSM 12.04* und GSM 12.06)

12.10 Maintenance Provisions for Operational Integrity of Mobile Stations *(Wartungshinweise)*

12.11 Maintenance of the Base Station System *(Wartung der Feststationsanlage)*

12.13 Maintenance of the Mobile Services Switching Centre *(Verweise auf ITU-T-Empfehlungen zur Wartung der Mobil-Vermittlungseinrichtung)*

12.14 Maintenance of the Location Registers *(Wartung der Standortdateien)*

12.20 300 622 Network Management Procedures and Messages *(Netzmanagement-Prozeduren und -Nachrichten)*

12.21 300 623 Network Management Procedures and Messages on the A-bis Interfaces *(Netzmanagement-Prozeduren und -Nachrichten an den A-bis-Schnittstellen)*

12.22 300 624 Interworking of GSM Management Procedures and Messages at the Base Station Controller *(Zusammenarbeit von GSM-Netzmanagement-Prozeduren und -Nachrichten an der Basisstationssteuerung)*

GSM-Serie 20: Kurzrufdienst

21.xx Short Message Service Mobile Station Terminated (SMS-MT), asynchronous duplex, 300 bits/s with PAD access *(Kurzrufdienst, Mobilstation eingehend)*

22.xx Short Message Service Mobile Station Originated (SMS-MO) asynchronous duplex, 1200 bits/s with PAD access *(Kurzrufdienst, Mobilstation abgehend)*

23.xx Short Message Service Mobile Cell Broadcast (SMS-CB)asynchronous duplex, 1200/75 bits/s with PAD access *(Kurzrufdienst, Funkzellenrundspruch)*

GSM-Serie 30: Data Packet Access, 1200 to 9600 bits/s, synchronous

GSM-Serie 40: PAD Access, 300 to 9600 bits/s, asynchronous

GSM-Serie 50: Direct Data Packet Access, 2400 to 9600 bits/s, synchronous

GSM-Serie 60: Alternating Voice/Data

61.xx Telefax Transmission, Voice or Fax Group 3 *(Telefax-Übertragung, Sprache oder Fax-Gruppe 3)*

62.xx Telefax Transmission, Fax Group 3 only *(Telefax-Übertragung, nur Fax-Gruppe 3)*

---

* (Stand Oktober 2000; Quellen u.a.: Funkschau 3/1990; ntz Bd.44 (1991) Heft 12, Bd.47 (1994) Heft 8; Mannesmann Mobilfunk: Trägerdienste im GSM-Standard (1992); ETSI Publications Catalogue (5. Mai 1995)

Tabelle VIII/Table VIII. Internet-IAB-Protokolle (RFCs)

RFC-Nummer:	
0001	Host Software. S. Crocker. 7-Apr-1969.
0114	File Transfer Protocol. A.K. Bhushan. 10-Apr-1971. (Updated by RFC0141, RFC0172, RFC0171) *(Dateiübertragungsprotokoll)*
0137	Telnet Protocol. T.C. O'Sullivan. 30-Apr-1971.
0760	DoD standard Internet Protocol (IP). J. Postel. 01-Jan-1980. (Obsoleted by RFC0791, RFC0777) *(Standard-Internetprotokoll des DoD)*
0761	DoD standard Transmission Control Protocol (TCP). J. Postel. 01-Jan-1980 *(Standard-Übertragungssteuerungsprotokoll des DoD)*
0768	User Datagram Protocol. J. Postel. 28-Aug-1980. (STANDARD)
0788	Simple Mail Transfer Protocol (SMTP). J. Postel. 01-Nov-1981. (Obsoleted by RFC0821) *(Einfaches E-Mail-Übertragungsprotokoll)*
0791	Internet Protocol. J. Postel. 01-Sep-1981. (Obsoletes RFC0760) (STANDARD STD0005)
0792	Internet Control Message Protocol. J. Postel. 01-Sep-1981. (Obsoletes RFC0777) (STANDARD STD0005) *(Nachrichtenprotokoll für IP-Dienste)*
0793	Transmission Control Protocol (TCP). J. Postel. 01-Sep-1981. (STANDARD STD0007) *(Übertragungssteuerungsprotokoll)*
0821	Simple Mail Transfer Protocol (SMTP). J. Postel. 01-Aug-1982. (STANDARD STD0010) *(Einfaches E-Mail-Übertragungsprotokoll)*
0826	Ethernet Address Resolution Protocol: Or converting network protocol addresses to 48.bit Ethernet address for transmission on Ethernet hardware. D.C. Plummer. 01-Nov-1982. (STANDARD STD0037) *(Adressenumsetzungs-protokoll)*
0827	Exterior Gateway Protocol (EGP). E.C. Rosen. 01-Oct-1982. (Updated by RFC0904)
0854	Telnet Protocol Specification (Telnet). J. Postel, J.K. Reynolds. 01-May-1983. (STANDARD STD 0008) *(Anwendungsprotokoll für virtuelle Terminaldienste)*
0856	Telnet Binary Transmission. J. Postel, J.K. Reynolds. 01-May-1983. (Obsoletes NIC 15389) (STANDARD STD0027)
0857	Telnet Echo Option. J. Postel, J.K. Reynolds. 01-May-1983. (Obsoletes NIC 15390) (STANDARD STD0028)
0858	Telnet Suppress Go Ahead Option. J. Postel, J.K. Reynolds. 01-May-1983. (Obsoletes NIC 15392) (STANDARD STD0029)
0862	Echo Protocol. J. Postel. 01-May-1983. (STANDARD STD0020)
0868	Time Protocol. J. Postel, K. Harrenstien. 01-May-1983. (STANDARD STD0026)
0888	"STUB" Exterior Gateway Protocol. L. Seamonson, E.C. Rosen. 01-Jan-1984. (Updated by RFC0904)
0891	DCN local-network protocols. D.L. Mills. 01-Dec-1983. (STANDARD STD0044)
0894	Standard for the transmission of IP datagrams over Ethernet networks. C. Hornig. 01-Apr-1984. (STANDARD STD0041)
0901	Official ARPA Internet protocols. J.K. Reynolds, J. Postel. 01-Jun-1984. (Obsoleted by RFC0924)

0907 Host Access Protocol specification. Bolt et al.. 01-Jul-1984. (Obsoleted by STD0040) (Updated by RFC1221) (STANDARD STD0040)

0922 Broadcasting Internet datagrams in the presence of subnets. J.C. Mogul. 01-Oct-1984. (STANDARD STD0005)

0950 Internet Standard Subnetting Procedure. J.C. Mogul, J. Postel. 01-Aug-1985. (Also STD0005) (Status: STANDARD)

0959 File Transfer Protocol (FTP). J. Postel, J.K. Reynolds. 01-Oct-1985.(Obsoletes RFC0765) (Updated by RFC2228, RFC2640) (STANDARD STD0009)

0974 Mail routing and the domain system. C. Partridge. 01-Jan-1986.(STANDARD STD0014)

1000 Request For Comments reference guide. J.K. Reynolds, J. Postel. 01-Aug-1987.

1001 Protocol standard for a NetBIOS service on a TCP/UDP transport: Concepts and methods. NetBIOS Working Group in the Defense Advanced Research Projects Agency, Internet Activities Board, End-to-EndServices Task Force. 01-Mar-1987. (STANDARD STD0019)

1006 ISO transport services on top of the TCP: Version 3. M.T. Rose,D.E. Cass. 01-May-1987. (Obsoletes RFC0983) (STANDARD STD0035)

1011 Official Internet Protocols (IP). J.K. Reynolds, J. Postel. 01-May-1987. (Obsoletes RFC0991)

1035 Domain names – implementation and specification. P.V. Mockapetris. 01-Nov-1987. (Obsoletes RFC0973, RFC0882, RFC0883) (Updated by RFC1101, RFC1183, RFC1348, RFC1876, RFC1982, RFC1995, RFC1996, RFC2065, RFC2181, RFC2136, RFC2137, RFC2308, RFC2535)(STANDARD STD0013)

1042 Standard for the transmission of IP datagrams over IEEE 802 networks.J. Postel, J.K. Reynolds. 01-Feb-1988. (Obsoletes RFC0948)(STANDARD STD0043)

1044 Internet Protocol on Network System's HYPERchannel: Protocol specification. K. Hardwick, J. Lekashman. 01-Feb-1988.(STANDARD STD0045)

1049 Content-type header field for Internet messages. M.A. Sirbu. 01-Mar-1988. (STANDARD STD0011 – Historic)

1055 Nonstandard for transmission of IP datagrams over serial lines: SLIP. J.L. Romkey. 01-Jun-1988. (STANDARD STD0047)

1057 RPC: Remote Procedure Call Protocol specification: Version 2. Sun Microsystems. 01-Jun-1988.

1058 Routing Information Protocol. C.L. Hedrick. 01-Jun-1988. (Updated by RFC1388, RFC1723) (STANDARD STD0034)

1074 NSFNET backbone SPF based Interior Gateway Protocol. J. Rekhter. 01-Oct-1988.

1083 IAB official protocol standards. Defense Advanced Research Projects Agency, Internet Activities Board. 01-Dec-1988. (Obsoleted by RFC1100, RFC1250, RFC2200, RFC2300, RFC2400) (STANDARD STD0001)

1087 Ethics and the Internet. Defense Advanced Research ProjectsAgency, Internet Activities Board. 01-Jan-1989.

1088 Standard for the transmission of IP datagrams over NetBIOS networks. L.J. McLaughlin. 01-Feb-1989. (STANDARD STD0048)

1094 NFS: Network File System Protocol specification. Sun Microsystems. 01-Mar-1989. (Also RFC1813)

1111 Request for comments on Request for Comments: Instructions to RFC authors. J. Postel. Aug-01-1989. (Obsoleted by RFC1543, RFC2223)

1112 Host extensions for IP multicasting. S.E. Deering. 01-Aug-1989. (Obsoletes RFC0988, RFC1054) (Updated by RFC2236) (STANDARD STD0005)

1117 Internet numbers. S. Romano et al., 01-Aug-1989. (Obsoleted by RFC1166)

1118 Hitchhikers guide to the Internet. E. Krol. 01-Sep-1989.

1119 Network Time Protocol (version 2) specification and implementation. D.L. Mills. 01-Sep-1989. (Obsoletes RFC0958, RFC1059) (Obsoleted by RFC1305) (STANDARD STD0012)

1120 Internet Activities Board. (IAB) V. Cerf. 01-Sep-1989. (Obsoleted by RFC1160)

1121 Act one - the poems. J. Postel et al.. 01-Sep-1989. (Status: INFORMATIONAL)

1122 Requirements for Internet hosts - communication layers. R.T. Braden. 01-Oct-1989. (STANDARD STD0003)

1123 Requirements for Internet hosts - application and support. R.T. Braden. 01-Oct-1989. (STANDARD STD0003) (STANDARD STD0003)

1132 Standard for the transmission of 802.2 packets over IPX networks. L.J. McLaughlin. 01-Nov-1989. (STANDARD STD0049)

1147 Network management tools catalog *(Werkzeuge für die Netzverwaltung)*

1155 Structure and identification of management information for TCP/IP-based internets. M.T. Rose, K. McCloghrie. 01-May-1990. (Obsoletes RFC1065) (STANDARD STD0016) *(Aufbau und Kennzeichnungvon Managementinformationen für TCP/IP-basierende Internet-Netze)*

1156 Management Information Base for network management ofTCP/IP-based internets. K. McCloghrie, M.T. Rose. 01-May-1990. *(Managementinfornations-Datenbank für Netzmanagement von TCP/IP)*

1157 Simple Network Management Protocol (SNMP). J.D. Case et al.01-May-1990. (Obsoletes RFC1098) (STANDARD STD0015) *(Einfaches Netzmanagement-protokoll)*

1161 SNMP over OSI *(SNMP über offene Kommunikation)*

1186 MD4 Message Digest Algorithm. R.L. Rivest. Oct-01-1990.

1201 Transmitting IP traffic over ARCNET networks. D. Provan. 01-Feb-1991. (Obsoletes RFC1051) (STANDARD STD0046)

1208 Glossary of networking terms. O.J. Jacobsen, D.C. Lynch. 01-Mar-1991.

1209 Transmission of IP datagrams over the SMDS Service. D.M. Piscitello, J. Lawrence. 01-Mar-1991. (STANDARD STD0052)

1213 Management Information Base for Network Management of TCP/IP-based internets: MIB-II. K. McCloghrie, M.T. Rose. 01-Mar-1991. (Obsoletes RFC1158) (Updated by RFC2011, RFC2012, RFC2013) (STANDARD STD0017) *(MIB-II für Netzmanagement von TCP/IP-basierenden Internet-Netzen)*

1214 OSI internet management: Management Information Base. L. LaBarre. 01-Apr-1991.

1238 CLNS (connectionless network service) MIB *(MIB für verbindungslose Dienste)*

1319 The MD2 Message-Digest Algorithm. B. Kaliski. April 1992.

1320 The MD4 Message-Digest Algorithm. R. Rivest. April 1992.

1321 The MD5 Message-Digest Algorithm. R. Rivest. April 1992.

1344 Implications of MIME for Internet Mail Gateways. N. Borenstein. June 1992.

1350 The TFTP Protocol (Revision 2). K. Sollins. July 1992. (Obsoletes RFC0784) (Updates RFC1350, RFC1783) (Updated by RFC1782, RFC1783, RFC1784, RFC1350, RFC1785, RFC2347, RFC2348, RFC2349) (STANDARD STD0033)

1351 SNMP administrative model *(SNMP-Verwaltungsmodell)*

1352 SNMP security protocols *(SNMP-Sicherheitsprotokolle)*

1353 Definition of Managed Objects for administration of SNMP parties *(Definition von Management-Objekten für die Verwaltung von SNMP- Partnern)*

1385 EIP: The Extended Internet Protocol. Z. Wang. November 1992.

1390 Transmission of IP and ARP over FDDI Networks. D. Katz. January 1993. (STANDARD STD0036)

1393 Traceroute Using an IP Option. G. Malkin. January 1993.

1410 IAB Official Protocol Standards. J. Postel, Editor. March 1993. (Obsoletes RFC1360) (Obsoleted by RFC1500, RFC2200, RFC2300, RFC2400) (STANDARD STD0001)

1421 Privacy Enhancement for Internet Electronic Mail: Part I: Message Encryption and Authentication Procedures. J. Linn. February 1993. (Obsoletes RFC1113) (PROPOSED STANDARD)

1436 The Internet Gopher Protocol (a distributed document search and retrieval protocol). F. Anklesaria et al., March 1993.

1438 Internet Engineering Task Force Statements Of Boredom (SOBs). A. Lyman Chapin, C. Huitema. 01-Apr-1993.

1441 Introduction to Version 2 of the Internet-standard network management framework *(Einführung in die SNMP-Version 2)*

1442 Structure of management information for SNMP Version 2 *(Aufbau der Managementinformationen)*

1443 Textual conventions for SNMP Version 2 *(Textkonventionen)*

1444 Conformance statements for SNMP Version 2 *(Konformität)*

1445 Administrative model for SNMP Version 2 *(Verwaltungsmodell)*

1446 Security protocols for SNMP Version 2 *(Sicherheitsprotokolle)*

1447 Party MIB for SNMP Version 2 *(Partner-MIB)*

1448 Protocol operations for SNMP Version 2 *(Protokolloperationen)*

1449 Transport mapping for SNMP Version 2 *(Transport-Mapping)*

1450 Management information base for SNMP Version 2 *(MIB)*

1451 Manager to manager management information base *(Manager-Manager-MIB)*

1452 Coexistence between Version 1 and Version 2 of the Internet-standard network management framework *(Koexistenz zwischen SNMP-Version 1 und 2)*

1460 Post Office Protocol – Version 3. M. Rose. June 1993. (Obsoletes RFC1225) (Obsoleted by RFC1725) (DRAFT STANDARD)

1519 Classless Inter-Domain Routing (CIDR): an Address Assignment and Aggregation Strategy. V. Fuller et al., September 1993. (Obsoletes RFC1338) (PROPOSED STANDARD)

1591 Domain Name System Structure and Delegation. J. Postel. March 1994.

1601 Charter of the Internet Architecture Board (IAB). C. Huitema. (PROPOSED STANDARD)

1602 The Internet Standards Process – Revision 2. Internet Architecture Board and Internet Engineering Steering Group. March 1994. (Obsoletes RFC1310) (Obsoleted by RFC2026, BCP0009) (Updated by RFC1871, BCP0002)

1631 The IP Network Address Translator (NAT). K. Egevang, P. Francis. May 1994.

1643 Definitions of Managed Objects for the Ethernet-like Interface Types. F. Kastenholz. July 1994. (Obsoletes RFC1623, RFC1398)(STANDARD STD0050)

1662 PPP in HDLC-like Framing. W. Simpson, Editor. July 1994. (Obsoletes RFC1549) (STANDARD STD0051)

1700 Assigned Numbers. J. Reynolds, J. Postel. October 1994. (Obsoletes RFC1340) (STANDARD STD0002)

1705 Six Virtual Inches to the Left: The Problem with IPng. R.Carlson, D. Ficarella. October 1994.

1722 RIP Version 2 Protocol Applicability Statement. G. Malkin. November 1994. (DRAFT STANDARD STD0057)

1733 Distributed Electronic Mail Models in IMAP4. M. Crispin. December 1994.

1738 Uniform Resource Locators (URL). T. Berners-Lee et al., December 1994. (Updated by RFC1808, RFC2368) (PROPOSED STANDARD)

1771 A Border Gateway Protocol 4 (BGP-4). Y. Rekhter, T. Li. March 1995. (Obsoletes RFC1654) (DRAFT STANDARD)

1793 Extending OSPF to Support Demand Circuits. J. Moy. April 1995. (PROPOSED STANDARD)

1796 Not All RFCs are Standards. C. Huitema et al., April 1995.

1797 Class A Subnet Experiment. Internet Assigned Numbers Authority (IANA). April 1995.

1812 Requirements for IP Version 4 Routers. F. Baker. June 1995. (Obsoletes RFC1716, RFC1009) (Updated by RFC2644) (PROPOSED STANDARD)

1813 NFS Version 3 Protocol Specification. B. Callaghan et al., June 1995. (Also RFC1094)

1831 RPC: Remote Procedure Call Protocol Specification Version 2. R. Srinivasan. August 1995. (PROPOSED STANDARD)

1855 Netiquette Guidelines. S. Hambridge. October 1995. (Also FYI0028)

1866 Hypertext Markup Language – 2.0. T. Berners-Lee, D. Connolly. November 1995. (PROPOSED STANDARD)

1870 SMTP Service Extension for Message Size Declaration. J. Klensin, N. Freed, K. Moore. November 1995. (Obsoletes RFC1653) (STANDARD STD0010)

1883 Internet Protocol, Version 6 (IPv6) Specification. S. Deering, R. Hinden. December 1995. (Obsoleted by RFC2460) (PROPOSED STANDARD)

1884 IP Version 6 Addressing Architecture. R. Hinden, S. Deering, Editors. December 1995. (Obsoleted by RFC2373) (PROPOSED STANDARD)

1886 DNS Extensions to support IP version 6. S. Thomson, C. Huitema. December 1995. (PROPOSED STANDARD)

1889 RTP: A Transport Protocol for Real-Time Applications. Audio-Video Transport Working Group, H. Schulzrinne et al., January 1996. (PROPOSED STANDARD)

1939 Post Office Protocol - Version 3. J. Myers & M. Rose. May 1996. (Obsoletes RFC1725) (Updated by RFC1957, RFC2449) (STANDARD STD0053)

1941 Frequently Asked Questions for Schools. J. Sellers & J. Robichaux. May 1996. (Also FYI0022)

1983 Internet Users' Glossary. G. Malkin. August 1996. (Obsoletes RFC1392)

2002 IP Mobility Support. C. Perkins. October 1996. (Updated by RFC2290) (PROPOSED STANDARD)

2015 MIME Security with Pretty Good Privacy (PGP). M. Elkins. October 1996. (PROPOSED STANDARD)

2045 Multipurpose Internet Mail Extensions (MIME) Part One: Format of (PROPOSED STANDARD) (Obsoletes RFC1521, RFC1522, RFC1590) (Updated by RFC2184, RFC2231) (DRAFT STANDARD)

2105 Cisco Systems' Tag Switching Architecture Overview. Y. Rekhter et al. February 1997. (INFORMATIONAL)

2134 Articles of Incorporation of Internet Society. ISOC Board of Trustees. April 1997.

2135 Internet Society By-Laws. ISOC Board of Trustees. April 1997.

2136 Dynamic Updates in the Domain Name System (DNS UPDATE). P. Vixie et al., April 1997. (PROPOSED STANDARD)

2150 Humanities and Arts: Sharing Center Stage on the Internet. J. Max, W. Stickle. October 1997.

2151 A Primer On Internet and TCP/IP Tools and Utilities. G. Kessler, S. Shepard. June 1997.

2205 Resource ReSerVation Protocol (RSVP) -- Version 1 Functional Specification. R. Braden et al., September 1997. (Updated by Specification. R. Braden et al., September 1997. (Updated by RFC2750) (PROPOSED STANDARD)

2299 Request for Comments Summary. A. Ramos. January 1999.

2328 OSPF Version 2. J. Moy. April 1998. (STANDARD STD0054)

2344 Reverse Tunneling for Mobile IP. G. Montenegro. May 1998.

2358 Definitions of Managed Objects for the Ethernet-like Interface Types. J. Flick, J. Johnson. June 1998. (Obsoletes RFC1650) (Obsoleted by RFC2665) (PROPOSED STANDARD)

2368 The mailto URL scheme. P. Hoffman et al., July 1998. (Updates RFC1738, RFC1808) (PROPOSED STANDARD)

2401 Security Architecture for the Internet Protocol. S. Kent et al., November 1998. (Obsoletes RFC1825) (PROPOSED STANDARD)

2406 IP Encapsulating Security Payload (ESP). S. Kent et al., November 1998. (Obsoletes RFC1827) (PROPOSED STANDARD)

2421 Voice Profile for Internet Mail - version 2. G. Vaudreuil, G. Parsons. September 1998. (Obsoletes RFC1911) (PROPOSED STANDARD)

2427 Multiprotocol Interconnect over Frame Relay. C. Brown, A. Malis. September 1998. (Obsoletes RFC1490, RFC1294) (STANDARD STD0055)

2428 FTP Extensions for IPv6 and NATs. M. Allman et al.. September 1998. v

2429 RTP Payload Format for the 1998 Version of ITU-T Rec. H.263 Video (H.263+). C. Bormann et al.. October 1998. (PROPOSED STANDARD)

2460 Internet Protocol, Version 6 (IPv6) Specification. S. Deering, R. Hinden. December 1998. (Obsoletes RFC1883) (DRAFT STANDARD)

2463 Internet Control Message Protocol (ICMPv6) for the Internet Protocol Version 6 (IPv6) Specification. A. Conta et al. December 1998. (Obsoletes RFC1885) (DRAFT STANDARD) *(Nachrichtenprotokoll für IP-Dienste)*

2580 Conformance Statements for SMIv2. K. McCloghrie et al. April 1999. (Obsoletes RFC1904) (STANDARD STD0058)

2581 TCP Congestion Control. M. Allman et al. April 1999. (Obsoletes RFC2001) (PROPOSED STANDARD)

2584 Definitions of Managed Objects for APPN/HPR in IP Networks. B. Clouston, B. Moore. May 1999. (PROPOSED STANDARD)

2585 Internet X.509 Public Key Infrastructure Operational Protocols: FTP and HTTP. R. Housley, P. Hoffman. May 1999. (PROPOSED STANDARD)

2616 Hypertext Transfer Protocol – HTTP/1.1. R. Fielding et al., June 1999. (Obsoletes RFC2068) (DRAFT STANDARD)

2645 ON-DEMAND MAIL RELAY (ODMR) SMTP with Dynamic IP Addresses. R. Gellens. August 1999. (PROPOSED STANDARD)

2647 Benchmarking Terminology for Firewall Performance. D. Newman. August 1999.

2732 Format for Literal IPv6 Addresses in URLs. R. Hinden et al. December 1999. (PROPOSED STANDARD)

2734 IPv4 over IEEE 1394. P. Johansson. December 1999. (PROPOSED STANDARD)

2752 Identity Representation for RSVP. S. Yadav et al.. January 2000. December 1999. (PROPOSED STANDARD)

2766 Network Address Translation – Protocol Translation (NAT-PT)

2794 Mobile IP Network Access Identifier Extension for Ipv4 (PROPOSED STANDARD)

2800 IAB Internet Official Protocol Standards J. Reynolds, R. Braden. May 2001 (obsoletes RFC2700, RFC2600, RFC2500, RFC2400, RFC2300, RFC2200, RFC2000, RFC1920, RFC1880, RFC1800, RFC1780, RFC1720, RFC1610, RFC1600, RFC1540, RFC1500, RFC1410, RFC1360, RFC1280, RFC1250, RFC1200, RFC1140, RFC1130, RFC1100, RFC1083) (STANDARD STD0001)

2806 URLs for Telephone Calls

2833 RTP Payload for DTMF Digits, Telephony Tones and Telephony Signals (PROPOSED STANDARD)

2855 DHCP for IEEE 1394 (PROPOSED STANDARD)

2893 Ipv6 Transition Mechanisms for Ipv6 Hosts and Routers (PROPOSED STANDARD)

2935 Internet Open Trading Protocol (IOTP) HTTP Supplement (PROPOSED STANDARD)

2946 Telnet Data Encryption Option (PROPOSED STANDARD)

2960 Stream Control Transmission Protocol (PROPOSED STANDARD)

3003 The audio/mpeg Media Type

3006 Integrated Services in the Presence of Compressible Flows

3024 Reverse Tunneling for Mobile IP, revised

3031	Multiprotocol Label Switching Architecture
3056	Connection of Ipv6 Domains via Ipv4 Clouds (PROPOSED STANDARD)
3070	Layer Two Tunneling Protocol (L2TP) over Frame Relay (PROPOSED STANDARD)
3115	Mobile IP Vendor/Organization-Specific Extensions (PROPOSED STANDARD)

* (Stand: Mai 2001; Quelle u.a.: IAB Official Protol Standards (RFC1130), Internet Official Protocol Standards (RFC2800, Mai 2001); ntz Bd.48 (1995) Heft 6, RFCs erhältlich bei: **rfc-info@ISI.EDU)**

Tabelle IX/Table IX. V.24/RS232C-Schnittstelle*

Pin No.	ITU-T V.24	EIA RS232C	Designation	DIN 66020	Bezeichnung
1	101	AA	Protective Ground Frame Ground	E1	Schutzerde
2	103	BA	Transmit Data (TD)	D1	Sendedaten
3	104	BB	Receive Data (RD)	D2	Empfangsdaten
4	105	CA	Request to Send (RTS)	S2	Sendeteil einschalten
5	106	CB	Clear to Send (CTS)	M2	Sendebereitschaft
6	107	CC	Data Set Ready (DSR)	M1	Betriebsbereitschaft
7	102	AB	Signal Ground (GND)	E2	Signalerde/Betriebserde
8	109	CF	Data Carrier Detect (DCD)	M5	Empfangssignalpegel
9	141		Loopback	PS3	Nahe Prüfstelle
10	»		»	»	einschalten
11	126	CK	Select Transmit Frquency	S5	Sendefrequenz
12	122	CF	Secondary DCD	HM5	Rückkanal Empfangssignalpegel
13	12	CB	Secondary CT	HM2	Rückkanal Sendebereit-schaft
14	118	SBA	Secondary TD (SXMT)	HD1	Sendedaten
15	114	DB	Transmit Clock (TC)	T2	Sendeschrittakt von DÜE
16	119	SBB	Secondary Receive Data (SRCV)	HD2	Empfangsdaten
17	115	DD	Receive Clock (RC)	T4	Empfangsschritttakt
18	142		Test Indicator	PM1	
19	120	SCA	Secondary RTS (BRTS)	HS2	Sendeteil einschalten
20	108.		Connect Data Set to Line	S1.1	Übertragungsleitung anschalten
	108.2	CD	Data Terminal Ready (DTR)	S1.2	Endgerät betriebsbereit
21	110	CG	Signal Quality (SQ)	M6	Empfangsgüte
22	125	CE	Ring Indicator (RI)	M3	Ankommender Ruf
23	111	CH	Select Data Signal Rate (SEL) *(from DTE)*	S4	Übertragungsgeschwindig-keit *(von DEE)*
	112	CI	Select Data Signal Rate (SEL) *(from DCE)*	M4	Übertragungsgeschwindig-keit *(von DÜE)*
24	113	DA	Transmit Clock	T1	Sendeschrittakt von DEE
25	142		Test Indicator	PM1	

* (Quelle u.a.: Elektronik-Sonderheft Nr.56 "Datenkommunikation", 2. Auflage)

Tabelle X/Table X. TEMEX-Schnittstellen*TEMEX Interfaces

TSS 11 *(TNA-Schnittstelle)*	input interface for bivalent information *(nach ITU-T V.31 bis)*
TSS 12 *(TNA-Schnittstelle)*	output interface for bivalent information *(nach ITU-T V.31 bis)*
TSS 13,14,15	input/output interfaces for bivalent information *(nach ITU-T X.21)*
TSS 17 *(LSt-LSt-Schnittstelle)*	input/output interface as for TSS 13 to 15 *(nach ITU-T X.21)*
TSS 19 *(TNA-Schnittstelle zum angeschlossenen Fernsprechapparat)*	network termination/connected telephone set interface
TSS 31 *(LSt-Schnittstelle zu HfD bzw. Datex-L)*	input/output interface for serial data transmission *(nach ITU-T X.20 für Asynchronmodus, nach X.21 für Synchronmodus, Kommunikations-Protokolle nach DIN 66019 4A/B (byteorientiert) oder nach DIN 66222 Teil 1 (bitorientiert))*
TSS 32 *(LSt-Schnittstelle, Modem/ Telefonnetz-Verbindung)*	input/output interface for serial data transmission *(nach ITU-T V.24; Verbindungsaufbau nach V.25 bis, Kommunikationsprotokolle nach DIN 66019 (byteorientiert))*

* (Quelle u.a.: TEMEX – a new telecommunication service of the Deutsche Bundespost, H. Lydorf, 1986)

Tabelle XI/Table XI. Europäische Videotexnetze*

Land	**Dienst**	**Kommunikations-Protokoll**	**Darstellungsstandard**
Deutschland Dänemark Schweden	Bildschirmtext EHKP Teledata Videotex Datavision	CEPT	Profil 1 (Alphageometrie)
Belgien GB Italien Niederlande	Videotex Prestel Videotel Viditel	Prestel and modifications of Prestel	CEPT Profil 3 (Prestel)
Österreich Schweiz	Bildschirmtext Videotex		CEPT Profil 1 (Alphageometrie)
Norwegen	Teledata	Teletel	Profil 1 … 3
Frankreich	Teletel	Teletel	Profil 2 (Antiope)
Spanien	Ibertex	Ibertex	Profil 1 (Alphageometrie)

* (Quelle u.a.: Funkschau 12, 3. Juni 1988)

Tabelle XII/Table XII. Kommunikationsschnittstellen

a) Telefon-/ISDN-Steckdose TAE8/IAE *(Deutsche Telekom AG)*

Anschlüsse ITU-T	DTAG		Beschreibung
f	3*	a1	Paar 1 an der TE/ZE_{S0}
e	4	b1	Paar 1 an der TE/ZE_{S0}
c	5	b2	Paar 2 an der TE/ZE_{S0}
d	6*	a2	Paar 2 an der TE/ZE_{S0}
g	7**	SV1	40V-Versorgung für Zusatzeinrichtung ZEy
h	8	SV2	40V-Versorgung für Zusatzeinrichtung ZEy
a	1	SV3	nicht verwendet
b	2	SV4	nicht verwendet

* kennzeichnet die Polarität des positiven Impulses
** kennzeichnet die Plus-Polarität der 40V-Versorgung für Zusatzeinrichtungen

b) Line jack unit LJU *(BT, to BS 6305)*

Pins	Description
1	not used at present
2	A wire
3	earth (if provided)
4	bell wire (shunt wire)
5	B wire
6	not used at present

c) Europäischer SCART-(Peritel)Verbinder
Fully wired SCART connections (view from the solder side)

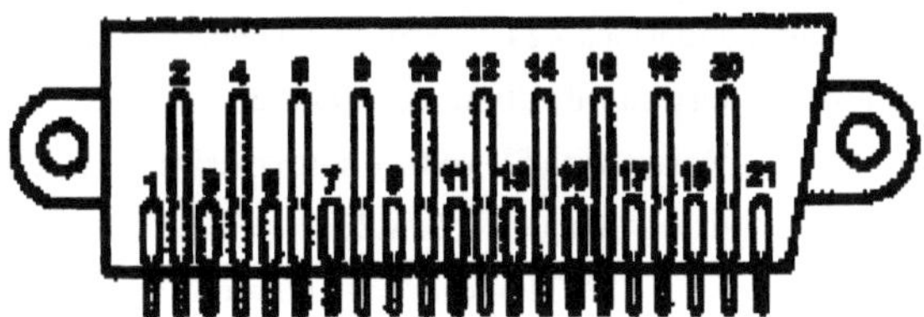

Pin 01:	Audio output R	Pin 13:	RGB Red group
Pin 02:	Audio input R	Pin 14:	Data ground
Pin 03:	Audio output L	Pin 15:	S-video chrominance/RGB Red input
Pin 04:	Audio ground		
Pin 05:	RGB Blue ground	Pin 16:	Fast blanking
Pin 06:	Audio input L	Pin 17:	Comp. video output gd.
Pin 07:	RGB Blue input	Pin 18:	Comp. video/S-video luminance input ground
Pin 08:	AV mode switching		
Pin 09:	RGB green ground	Pin 19:	Composite video output
Pin 10:	Data/RGB vert. sync	Pin 20:	Composite video/S-video luminance input
Pin 11:	RGB Green input	Pin 21:	Ground (shield)
Pin 12:	Data/RGB horiz.sync		

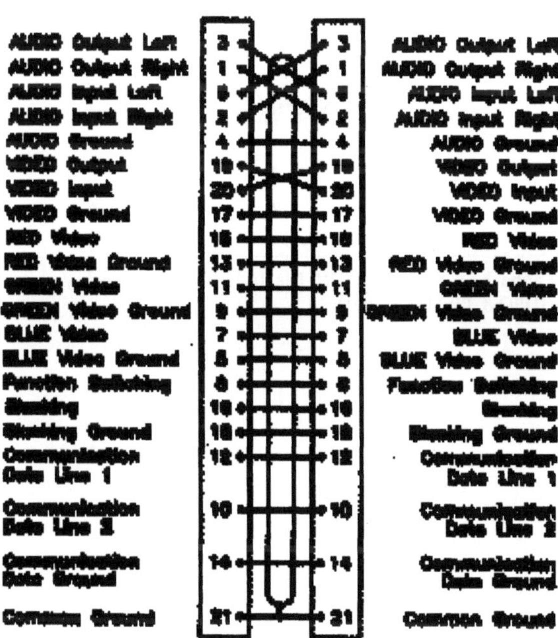

d) EIA RS-Schnittstellen

RS232	EIA standard for serial data communication; interfaces up to 20 kb/s and NRZ signalling (0 = +3 to 25V, 1 = -3 to -25V, adopted in ITU-T Recommendations V.24, V.28 and DIN 66020, see Tables V and IX)
RS232A	RS232 interface with 20mA current loop
RS232C	RS232 interface with 5V voltage source drive, s. Table IX
RS232D	RS232 revision to match V.24/V.28
RS422, RS423	correspond to RS232 logic for high data rate and long-range traffic
RS449	RS232 compatible high-speed serial data interface; electrical values specified by RS422 and RS423
RS485	corresponds to RS422, as bus system
RS511	preliminary communications interface in automation (based on IMMFS, MAP)

e) Schnitt durch das IEEE 1394 FireWire-Schnittstellenkabel

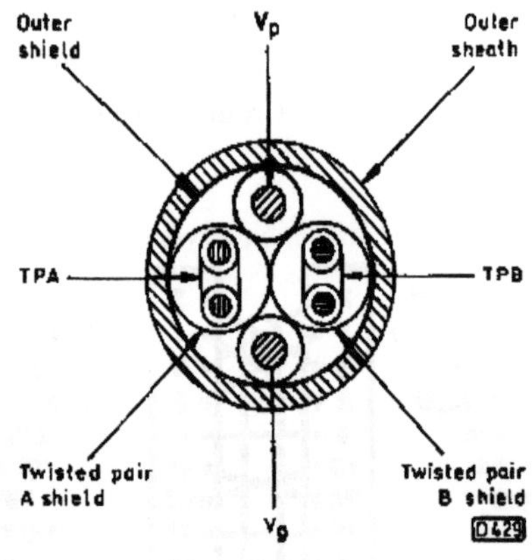

* (Quelle u.a.: A. Kanbach, A. Körber – ISDN, Die Technik, Hüthig Buch Verlag 1990; TELEVISION July 1998; WHAT VIDEO & TV March 2001)

Tabelle XIII/Table XIII. Nationale und internationale Normierungsorganisationen*

Internationale Organisationen

CEN (Comité Européen de Normalisation)
Rue de Stassart 36, 1050 Brussels, BELGIUM
Tel: + 322 550 0811 Fax: + 322 550 0819
Internet: http://www.cenorm.be

CENELEC (Comité Européen de Normalisation Electrotechniques)
Rue de Stassart 35, 1050 Brussels, BELGIUM
Tel: + 322 519 6871 Fax: + 322 519 6919
Internet: http://www.cenelec.be

CEPT (Conférence Européenne des Administrations des Postes et des Télécommunications)
Administration: CEPT, Norwegian Post and Telecommunication Authority, P.O. Box 447 Sentrum, N-0104 Oslo, NORWAY
Tel: + 47 22 82 4880 Fax: + 47 22 82 4890
Internet: http://www.npt.no; http://www.ero.dk

ECMA (European Computer Manufacturers Association)
114 Rue du Rhône, CH-1204 Geneva, SWITZERLAND
Tel: + 41 22 849 6000 Fax: + 41 22 849 6001
Internet: http://www.ecma.ch

ECTRA (European Committee for Telecommunications Regulatory Affairs)
contact: ERO
E-mail: ectra@ero.dk

ERC (European Radiocommunications Committee)
contact: ERO
E-mail: erc@ero.dk

ERO (European Radiocommunication Office)
Midtermolen 1, DK-2100 Copenhagen, DANMARK,
Tel: +45 35 25 0300 Fax: + 45 35 25 0330
E-mail: ero@ero.dk
Internet: http://www.ero.dk

ETO (European Telecommunications Office)
contact: ERO
E-mail: eto@ero.dk

ETSI (European Telecommunications Standards Institute)
Route de Lucioles, Sophia Antipolis Cedex, Valbonne, F-06921 FRANCE
Tel: + 33 92 944 200 Fax: + 33 93 654 716
Internet: http://www.etsi.org

EWOS (European Workshop for Open Systems)
Rue de Stassart 36, 1050 Brussels, BELGIUM
Tel: + 322 511 7455 Fax: + 322 511 8723
Internet: http://www.ewos.be;
Heute: **CEN/ISSS** (CEN Information Society Standardisation System)
Tel: + 32 2550 0813 Fax: + 32 2550 0966
Internet: http://www.cenorm.be/ISSS

IEC (International Electrotechnical Commission)
3 Rue de Varembé, CH-1211 Geneva 20, SWITZERLAND
Tel: + 41 22 919 0211 Fax: + 41 22 919 0300
Internet: http://www.iec.ch

ISO (International Organisation for Standardisation)
1 Rue de Varembé, CH-1211 Geneva 20, SWITZERLAND
Tel: + 41 22 749 0111 Fax: + 41 22 733 3430
Internet: http://www.iso.ch

ISOC (Internet Society)
4 Rue des Falaises, CH-1205 Geneva, SWITZERLAND
Tel: + 41 22 807 1444 Fax: + 41 22 807 1445
Internet: http://www.isoc.org

ITU (International Telecommunication Union)
Place des Nations, CH-1211 Geneva 20, SWITZERLAND
Tel: + 41 22 730 5111 Fax: + 41 22 733 7256
Internet: http://www.itu.ch

Nationale Organisationen und Mitgliedsorganisationen der ISO

Ägypten

Egyptian Organization for Standardization and Quality Control
2 Latin America Street, Garden City, Cairo, EGYPT
Tel: + 20 2 354 97 20 Fax + 20 2 355 78 41
E-mail: moi@idsc.gov.eg

Argentinien

Instituto Argentino de Normalizatión
Chile 1192, 1098 Buenos Aires
Tel: + 54 1 383 37 51 Fax: + 54 1 383 84 63
E-mail: iram2@sminter.com.ar

Australien

Standards Australia
1 The Crescent, Homebush, NSW 2140, P.O. Box 1055,
Strathfield, NSW 2135 AUSTRALIA
Tel: + 61 2 963 4111 Fax: + 61 2 959 3896
E-mail: intsec@standards.com.au,
Internet: http://www.standards.com.au

Belgien

Institut Belge de Normalisation (IBN/NBT)
Avenue de la Brabañonne 29, B-1000 Bruxelles BELGIUM
Tel: + 32 2 738 01 11 Fax: + 32 2 733 42 64
E-mail: croon@ibn.be
Internet: http://www.ibn.be

Brasilien

Associâo Brasileira de Normas Técnicas
Av. 13 de Maio, no 13, 280 andar, 20003-900 Rio de Janeiro-RJ BRAZIL
Tel: + 55 21 210 31 22 Fax: + 55 21 220 64 36
E-mail: abnt@embratel.net.br
Internet: http://www.abnt.org.br

Bulgarien

Committee of Posts & Telecommunications
6, Gourko Str. 1000 Sofia BULGARIA
Tel: + 359 2800 000 Fax: + 359 2803 008

Committee for Standardization and Metrology
21, 6th September Str., 1000 Sofia BULGARIA
Tel: + 359 2 85 91 Fax: + 359 2 80 14 02
E-mail: csm@tecno-link.com

China

China State Bureau of Technical Supervision
4, Zhichun Road, Haidan District, P.O. Box 8010, Beijing 100 088 CHINA
Tel: + 86 10 6 203 24 24 Fax: + 86 10 6 203 10 10
E-mail: intl@std.csbts.cn.net

Chinese Electronics Standardization Institute (CSBTS/CESI)
P.O. Box 1101, RC-Beijing 100 007 CHINA
Tel: + 86 10 6 203 24 24 Fax: + 86 10 6 203 10 10
E-mail: intl@std.csbts.cn.net

Dänemark

National Telecom Agency
Holsteinsgade 63 2100 Copenhagen DENMARK
Tel: + 45 35 430 333 Fax: + 45 35 431 434

Dansk Standard (DS)
Kollegievej 6, DK-2920 Charlottenlund DENMARK
Tel: + 45 39 96 61 01 Fax: 45 39 96 61 02
E-mail: dansk.standard@ds.dk
Internet: http://www.ds.dk

Deutschland

Deutsche Elektrotechnische Kommission im DIN und VDE (DKE)
Stresemannallee 15 60596 Frankfurt am Main GERMANY
Tel: + 49 69 6308 298 Fax: + 49 69 631 2925

Verband Deutscher Elektrotechniker (VDE)
Stresemannallee 15 60596 Frankfurt am Main GERMANY
Tel: + 49 69 6308 0 Fax: + 49 69 631 2925
Internet: http://www.vde.de

DIN Deutsches Institut für Normung e.V.
Burggrafenstraße 6, D-10787 Berlin, GERMANY
Tel: + 49 30 26 01-0 Fax: + 49 30 26 01 12 31
E-mail: postmaster@din.de
Internet: http://www.din.de

Finnland

Suomen Standardisoimisliitto (SFS)
P.O. Box 116 FIN-00241 Helsinki FINLAND
Tel: + 358 9 149 93 31 Fax: + 358 9 146 49 25
E-mail: sfs@sfs.fi
Internet: http://www.sfs.fi

Frankreich

Association Française de Normalisation (AFNOR)
Tour Europe Cedex 7 F-92049 Paris La Défense FRANCE
Tel: + 33 1 42 915 555 Fax: + 33 1 42 915 656
E-mail: international@email.afnor.fr
Internet: http://www.afnor.fr

Griechenland

Hellenic Standardisation Organisation (ELOT)
313, Acharnon Str. GR-11145 Athens GREECE
Tel: + 30 1 228 00 01 Fax: + 30 1 228 6219
E-mail: elotinfo@elot.gr
Internet: http://www.elot.gr

Großbritannien

British Standards Institution (BSI)
389 Chiswick High Road, London W4 4AL, UNITED KINGDOM
Tel: + 44 181 996 7412 Fax: + 44 181 996 7400
E-mail: info@bsi.org.uk
Internet: http://www.bsi.org.uk/

Indien

Bureau of Indian Standards
Manak Bhavan 9 Bahadur Shah Zafar Marg, New Delhi 110002 INDIA
Tel: + 91 11 323 79 91 Fax: + 91 11 323 69 02
E-mail: bisind@del2.vsnl.net.in

Indonesien

Badan Standardisasi Nasional (National Standardization Agency, Indonesia)
c/o Pusat Standardisasi – LIPI Jalan Jend. Gatot Subroto 10, Jakarta 12710, INDONESIA
Tel: + 62 21 522 16 86 Fax: + 62 21 520 65 74
E-mail: pustan@rad.net.id

Iran

Institute of Standards and Industrial Research of Iran (ISIRI)
P.O. Box 31585-163, Karaj IRAN
Tel: + 98 261 22 60 31-5 Fax: + 98 261 22 50 15

Irland

The National Standards Authority of Ireland (NSAI)
Glasnevin Dublin 9 IRELAND
Tel: + 353 1 807 38 00 Fax: + 353 1 807 38 38
E-mail: nsai@nsai.ie
Internet: http://www.nsai.ie/

Island

General Directorate of P & T
IS-150 Reykjavik ICELAND
Tel: + 354 5 506 000 Fax: + 354 5 506 009

Icelandic Council for Standardization
Keldnaholt, IS-112 Reykjavik ICELAND
Tel: + 354 570 71 50 Fax: + 354 570 71 11
E-mail: stri@stri.is
Internet: http://www.stri.is

Israel

Standards Institution of Israel
42 Chaim Levanon Street, Tel Aviv 69977 ISRAEL
Tel: + 972 3 646 51 54 Fax: + 972 3 641 96 83
E-mail: standard@netvision.net.il
Internet: http://www.sii.org.il/

Italien

Comitato Tecnico Italiano (CEI)
Viale Monza, 259 20156 Milano ITALY
Tel: + 39 02 257 731 Fax: + 39 25 773 210

Ente Nazionale Italiano di Unificazione
Via Battistotti Sassi 11/b, I-20133 Milano ITALY
Tel: + 39 2 70 02 41 Fax: + 39 2 70 10 61 49
E-mail: uni@uni.unicei.it
Internet: http://www.unicei.it/uni/

Japan

Nihon Kikaku Kyokai Gaikoku Kikaku Raiburari
(Japanese Standards Association) 4-1-24 Akasaka, Minato-ku, Tokyo 107 JAPAN
Tel: + 81 3 5838 001

Japanese Industrial Standards Committee (JISC)
c/o Standards Department, Ministry of International Trade and Industry,
1-3-1, Kasumigaseki, Chiyoda-ku, Tokyo 100 JAPAN
Tel: + 81 3 3501 20 96 Fax: + 81 3 3580 86 37
Internet: http://www.aist.go.jp/jisc/htm/jisc00.htm

Jugoslawien

Savezni zavod za standardizaciju (SZS)
Knesa Milosa 20, Post Pregr. 933 Yu-11000 Beograd Yugoslavia
Tel: + 381 11 36 13 150 Fax: + 381 11 68 2382
E-mail: bscepanovic@szs.sv.gov.yu

Kanada

Standards Council of Canada
45 O'Connor Street, Suite 1200, Ottawa, Ontario K1P 6N7 CANADA
Tel: + 1 613 238 32 22 Fax: + 1 613 995 45 64
E-mail: info@scc.ca
Internet: http://www.scc.ca

Korea, Republik

Korean National Institute of Technology and Quality (KNITQ)
1599 Kwanyang-dong, Dongan-ku, Anyang-city, Kyonggi-do 430-060 KOREA
Tel: + 82 3 43 84 18 61 Fax: + 82 3 43 84 60 77
E-mail: int_coop@mail.nitg.go.kr

Kroatien

State Office for Standardization and Metrology (DZNM)
Ulica Grada Vukovara 78 4100 Zagreb CROATIA
Tel: + 385 1 53 99 34 Fax: + 385 1 53 65 98
E-mail: ured.ravnatelja@dznm.hr
Internet: http://www.dznm.hr

Luxemburg

Service de l'Energie de l'Etat
B.P. 10 2010 Luxembourg LUXEMBOURG
Tel: + 352 46 97 461 Fax: + 352 22 2524

Malaysia

Department of Standards Malaysia
21st Floor, Wisma MPSA, Persiaran Perbandaran, 40675 Shah Alam,
Selangor Darul Ehsan MALAYSIA
Tel: + 60 3 559 80 33 Fax: + 60 3 559 24 97
E-mail: central@dsm4.gov.my
Internet: http://www.mastic.gov.my/kstas/dsm.htm

Malta

Office of the Prime Minister Telegraphy Branch
Auberge de Castille Valetta MALTA
Tel: + 356 225 231 Fax: + 356 234 494

Mexiko

Dirección General de Normas
Calle Puente de Tecamachalco No 6 Lomas de Tecamachalco,
Sección Fuentes, Naucalpan de Juárez, 53 950 Mexico MEXICO
Tel: + 52 5 729 94 75-6 Fax: + 52 5 729 94 84
E-mail: cidgn@secofi.gob.mx

Neuseeland

Standards New Zealand
Radio New Zealand House, 155 The Terrace,
Wellington 6001 NZ Post: Private Bag 2439, Wellington 6020 NEW ZEALAND
Tel: + 64 4 498 5990 Fax: + 64 4 498 5994
E-mail: snz@standards.synet.net.nz
Internet: http://www.standards.co.nz/

Niederlande

Netherlands Normalisatie Instituut (NNI)
Kalfjeslaan 2, P.O.Box 5059 NL-2600 GB Delft NETHERLANDS
Tel: + 31 15 6903 90 Fax: + 31 15 6901 90
E-mail: info@nni.nl
Internet: http://www.nni.nl

Norwegen

NTRA
Postboks 2592 SOLLI N-0203 Oslo 2 NORWAY
Tel: + 47 22 926 675 Fax: + 47 22 441 177

Norges Standardiseringsforbund
Drammensveien 145 A, Postboks 353 Skoyen, N-0212 Oslo NORWAY
Tel: + 47 22 04 9200 Fax: + 47 22 04 9211
E-mail: firmapost@nsf.telemax.no
Internet: http://www.standard.no/nsf

Österreich

Österreichisches Normungsinstitut (ÖNORM)
Heinestrasse 38, Postfach 130, A-1021 Vienna AUSTRIA
Tel: + 43 1 21 300 413 Fax: + 43 1 21 300 650
E-mail: elisabeth.stampfl-blaha@on-norm.at
Internet: http://www.on-norm.at

Pakistan

Pakistan Standards Institution (PSI)
39 Garden Road, Saddar, Karachi-74400 PAKISTAN
Tel: + 92 21 772 9527 Fax: + 92 21 772 8124

Polen

Institute of Telecommunications (IL)
1, Szachowa Street 04-894 Warsaw POLAND
Tel: + 48 221 203 41 Fax: + 48 221 290 07

Polski Kometet Normalizacyjny (PKN) (Polish Committee for Standardization)
ul. Elektoralna 2 P.O. Box 411 PL-00950 Warsaw POLAND
Tel.: + 48 22 620 5434 Fax: + 48 22 620 0741
E-mail: polknor@atos.warman.com.pl

Portugal

Instituto Português da Qualidade
Rua C à Avenida dos Três Vales P-2825 Monte da Caparica PORTUGAL
Tel: + 351 1 294 8100 Fax: + 351 1 294 8101
E-mail: ipq@mail.ipq.pt
Internet: http://www.ipq.pt

Rumänien

Institutul Român de Standardizare (IRS)
13, Jean-Louis Calderon Str. R-70201 Bucuresti 2 ROMANIA
Tel: + 40 1 211 3296 Fax: + 40 1 210 0833

Russland

State Committee of the Russian Federation for Standardization , Metrology and Certification
Leninski Prospekt 9, Moskva 117049 RUSSIA
Tel: + 7 095 236 4044 Fax: + 7 095 237 6032
E-mail: info@gost.ru
Internet: http://www.gost.ru

Saudi Arabien

Saudi Arabian Standards Organization (SASO)
Imam Saud Bin Abdul Aziz Bin Mohammed Road (West End)
P.O.Box 3437 Riyad 11471 SAUDI ARABIA
Tel: + 966 1 452 0000 Fax: + 966 1 452 0086
Internet: http://www.saso.org

Schweden

Information Technology Standardisation (ITS)
Electrum 325 16440 Kista SWEDEN
Tel: + 46 8 793 9000 Fax: + 46 8 751 5363

Standardisering I Sverige (SIS)
Eriksgatan 115, Box 6455, S-113 82 Stockholm SWEDEN
Tel: + 46 8 610 3000 Fax: + 46 8 30 7757
E-mail: info@sis.se
Internet: http://www.sis.se/

Schweiz

Pro Telecom/CS4 Commission for Standardization
Laupenstrasse 18A, Postfach 3001 Berne SWITZERLAND
Tel: + 41 31 382 4444 Fax: + 41 31 382 3331

Schweizerische Normen-Vereinigung (SNV)
Mühlebacherstraße 54, CH-8008 Zürich, SWITZERLAND
Tel: + 41 1 254 5454 Fax: + 41 1 354 5474
E-mail: info@snv.ch
Internet: http://www.snv.ch

Singapur

Singapore Productivity and Standards Board (PSB)
1 Science Park Drive, Singapore 118221 SINGAPORE
Tel: + 65 278 66 66 Fax: + 65 776 12 80
E-mail: cfs@psb.gov.sg
Internet: http://www.psb.gov.sg

Slovakische Republik

Slovak Office of Standards, Metrology and Testing UNMS SR
Stefanicova 3 81439 Bratislava SLOVAK REPUBLIC
Tel: + 421 7 39 1085 Fax: + 421 7 39 1050

Slovenien

Standards and Metrology Institute of the Republic of Slovvenia (SMIS)
Kotnikova 6 SI-1000 Ljubljana SLOVENIA
Tel: + 386 61 178 3000 Fax: +386 61 178 3196
E-mail: smis@usm.mzt.si
Internet: http://www.usm.mzt.si/

Spanien

Asociación Española de Normalizatión y Certificación (AENOR)
Génova, 6 E-28004 Madrid SPAIN
Tel: + 34 1 432 6000 Fax: + 34 1 310 4976
E-mail: aenor@aenor.es
Internet: http://www.aenor.es

Südafrika

South African Bureau of Standards (SABS)
1 Dr Lategan Rd., Groenkloof Post: Private Bag X191 Pretoria 0001 SOUTH AFRICA
Tel: + 27 12 428 7911 Fax: 27 12 344 1568
E-mail: postmaster@sabs.co.za
Internet: http://www.sabs.co.za

Tschechische Republik

Czech Standards Institute
Biskupsky dvur 5 110 02 Praha 1 CZECH REPUBLIC
Tel: + 42 02 21802 111 Fax: + 42 02 21 802 310
E-mail: u30-csni@login.cz

Türkei

PTT General Directorate Research and Development Center Republic of Turkey PTT AR-GE Müdürlügü Ahlatlibel TR-06095 Ankara TURKEY
Tel: + 90 312 366 3700 Fax: + 90 312 366 3705

Türk Standardlari Enstitüsü (TSE)
Necatibey Cad. 112, Bakanlikar TR-06100 Ankara TURKEY
Tel: + 90 312 417 8330 Fax: 90 312 425 4399
E-mail: didb@tse.org.tr

Ukraine

State Committee of Ukraine for Standardization, Metrology and Certification (DSTU)
174 Gorkiy Street, GSP, Kyiv-6, 252650 UKRAINE
Tel: + 380 44 226 2971 Fax: + 380 44 226 2970
E-mail: iso@dstul.kiev.ua

Ungarn

Telecom Standardization Centre (HSZK)
PF 84 1525 Budapest HUNGARY
Tel: + 361 1 759 685 Fax: + 361 1 759 332

Magyar Szabványügyi Testület (MSZT) (Hungarian Office for Standardization)
PF 24, Üllöiùt 25, H-1450 Budapest 9 HUNGARY
Tel: + 36 1 218 3011 Fax: + 36 1 218 5125
E-mail: gy.ponyai@helka.iif.hu
Internet: http://www.mszt.hu

U.S.A.

American National Standards Institute (ANSI)
11 West 42nd St., 13th Floor, New York, N.Y. 10036-8002 UNITED STATES OF AMERICA
Tel: + 1 212 642 4900 Fax: + 1 212 398 0023
E-mail: info@ansi.org
Internet: http://www.ansi.org

FCC (Federal Communications Commission)
1919 M Street, N.W. Washington, DC 20554 UNITED STATES OF AMERICA
Tel. + 1 202 418 0200 Fax: + 1 202 418 0232
Internet: http://www.fcc.gov

IAB (Internet Architecture Board)
USC Information Sciences Institute, 4676 Admiralty Way, Marina del Rey, CA 90292-6695, UNITED STATES OF AMERICA
Tel. + 1 213 822 1511,
Internet: http://www.isi.edu/1/iab

IEEE (Institute of Electrical and Electronic Engineers)
345 East 47th St., New York, N.Y. 10017-2384 UNITED STATES OF AMERICA
Tel: + 1 212 705 7900 Fax: + 1 212 752 4929
Internet: http://www.ieee.org

IESG (Internet Engineering Steering Group)
s. 'IETF'
Internet: http://www.ietf.org/iesg.html

IETF (Internet Engineering Task Force) Secretariat
Corporation for National Reesearch Initiatives 1895 Preston White Drive, Suite 100, Reston, VA 20191-5434, UNITED STATES OF AMERICA
Tel: + 1 703 620 8990 Fax: + 1 703 620 9071
Internet: http://www.ietf.org/secretariat.html

ISOC (Internet Society)
11150 Sunset Hills Rd., Suite 100, Reston, VA 20190-5321, United STATES OF AMERICA
Tel: + 1 703 326 9880 Fax: + 1 703 326 9881
Internet: http://www.isoc.org

Zypern

Cyprus Organisation for Standards and Control of Quality
Ministry of Commerce, Industry and Tourism, P.O. Box 4929 Nicosia 1421 CYPRUS
Tel: + 357 2 37 5053 Fax: + 357 2 37 5120

* (Stand: Mai 2001; Quelle u.a.: ETSI Publications Catalogue, 5 May 1995; World Guide to Scientific Associations and Learned Societies, K.G. Saur, 6th Edition, 1994, ISO Member States Publication 1998)

MIX
Papier aus verantwortungsvollen Quellen
Paper from responsible sources
FSC® C105338

If you have any concerns about our products,
you can contact us on
ProductSafety@springernature.com

In case Publisher is established outside the EU,
the EU authorized representative is:
Springer Nature Customer Service Center GmbH
Europaplatz 3, 69115 Heidelberg, Germany

Printed by Libri Plureos GmbH
in Hamburg, Germany